Grundlagen der Finanzwirtschaft

Grundlagen der Finanzwirtschaft

Analyse, Entscheidung und Umsetzung

3., aktualisierte Auflage

Jonathan Berk
Peter DeMarzo

PEARSON

Bibliografische Information der Deutschen Nationalbibliothek
Die Deutsche Nationalbibliothek verzeichnet diese Publikation in der Deutschen Nationalbibliografie;
detaillierte bibliografische Daten sind im Internet über http://dnb.dnb.de abrufbar.

10 9 8 7 6 5 4 3 2 1

19 18 17 16

ISBN 978-3-86894-243-9 (Buch)
ISBN 978-3-86326-756-8 (E-Book)

© 2016 by Pearson Deutschland GmbH
Lilienthalstraße 2, 85399 Hallbergmoos, Germany
Alle Rechte vorbehalten
www.pearson.de
A part of Pearson plc worldwide

Programmleitung: Martin Milbradt, mmilbradt@pearson.de
Lektorat: Elisabeth Prümm, epruemm@pearson.de
Fachlektorat: Hermann Locarek-Junge (Dresden)
               Klaus Röder (Regensburg)
Übersetzung: Wolfgang Wurbs (Bad Goisern)
              Peggy Plötz-Steger (Lützen)
              AMTRANS / Andrea Schömann (Linz)
Korrektorat: Christian Schneider
Umschlagillustration: Shutterstock; Copyright: isak55
Herstellung: Claudia Bäurle, cbaeurle@pearson.de
Satz: mediaService, Siegen (www.media-service.tv)
Druck und Weiterverarbeitung: Neografia a.s., Martin-Priekopa

Printed in Slovakia

Inhaltsübersicht

Inhaltsverzeichnis

Teil IV   Risiko und Ertrag   **315**

Teil VI   Die Bewertung   623

Teil VII   Langfristige Finanzierung   675

Vorwort

Über die Autoren

Jonathan Berk ist A.P. Giannini Professor für Finanzwirtschaft an der Graduate School of Business, Stanford University, und als wissenschaftlicher Mitarbeiter am National Bureau of Economic Research tätig. Bevor er nach Stanford kam, war er Sylvan Coleman Professor für Finanzwirtschaft an der Haas School of Business der University of California, Berkeley. Bis er seinen Doktortitel erhielt, arbeitete er bei Goldman Sachs (wo seine finanzwirtschaftliche Karriere begann).

Seine Forschungsschwerpunkte in der Finanzwirtschaft sind unter anderem Unternehmensbewertung, Kapitalstruktur, Investmentfonds, Kursbildung von Wertpapieren, experimentelle Wirtschaftsforschung und Arbeitsökonomie. Für seine Arbeiten erhielt er eine Reihe von Forschungspreisen, unter anderem den TIAA-CREF Paul A. Samuelson Award, den Smith Breeden Prize, die Auszeichnung für das Best Paper of the Year in *The Review of Financial Studies* und den FAME Research Prize. Seine Arbeit „A Critique of Size-Related Anomalies" wurde als eine der zwei besten Arbeiten ausgewählt, die jemals in *The Review of Financial Studies* veröffentlicht wurden. In Anerkennung seines Einflusses auf die praktische Finanzwirtschaft erhielt er den Bernstein-Fabozzi/Jacobs Levy Award, den Graham and Dodd Award of Excellence und den Roger F. Murray Prize. Er war acht Jahre lang Mitherausgeber des *Journal of Finance* und ist derzeit beratendes Vorstandsmitglied des *Journal of Portfolio Management.*

Berk wurde in Johannesburg, Südafrika, geboren, ist verheiratet und hat zwei Töchter. In seiner Freizeit fährt er begeistert Ski und Fahrrad.

Peter DeMarzo ist Mizuho Financial Group Professor für Finanzwirtschaft und außerordentlicher Dekan an der Stanford Graduate School of Business. Darüber hinaus ist er als wissenschaftlicher Mitarbeiter am National Bureau of Economic Research tätig. Derzeit leitet er MBA- und Doktorandenkurse für Finanzwirtschaft und Finanzmodellierung. Außerdem lehrte er an der Haas School of Business und an der Kellogg Graduate School of Management und war Stipendiat an der Hoover Institution.

Professor DeMarzo erhielt 2004 und 2006 den Sloan Teaching Excellence Award in Stanford und 1998 den Earl F. Cheit Outstanding Teaching Award an der U.C. Berkeley. DeMarzo fungierte als Mitherausgeber der Zeitschriften *The Review of Financial Studies*, *Financial Management* und *B.E. Journals in Economic Analysis and Policy* sowie als Direktor der American Finance Association. Er war Vizepräsident und dann Präsident der Western Finance Association. Sein Forschungsschwerpunkt liegt auf Finanzwirtschaft, Verbriefung von Vermögensgegenständen und Kontrahierung sowie Marktstruktur und -regulierung. Aktuell untersucht er Fragen zur optimalen Gestaltung von Verträgen und Wertpapieren, zur Regulierung des Insiderhandels und der Broker-Dealer und zum Einfluss von Informationsasymmetrien auf Unternehmensinvestitionen. Er erhielt eine Reihe von Auszeichnungen, unter anderem den Western Finance Association Corporate Finance Award und den Barclays Global Investors/Michael Brennan Best-Paper-Award der Zeitschrift *The Review of Financial Studies*.

Professor DeMarzo wurde in Whitestone, New York, geboren, ist verheiratet und hat drei Söhne. Mit seiner Familie geht er gerne wandern, fährt Fahrrad und Ski.

Vorwort der Originalausgabe

Die Motivation zum Schreiben dieses Lehrbuchs lag für uns in der folgenden zentralen Erkenntnis: Die Kernkonzepte der Finanzwirtschaft sind einfach und intuitiv. Die Herausforderung bei diesem Thema liegt darin, dass es für einen Anfänger oft schwierig ist, zwischen diesen Kerngedanken und anderen intuitiv attraktiven Ansätzen zu unterscheiden, die, wenn man sie auf die Entscheidungsfindung im Finanzbereich anwendet, zu falschen Entscheidungen führen können. Misst man diesen Kernkonzepten, die der Finanzwirtschaft zugrunde liegen, eine geringere Bedeutung zu, entgehen den Studenten die grundlegenden intellektuellen Werkzeuge, die sie benötigen, um gute von schlechten Entscheidungen unterscheiden zu können.

Wir stellen die Finanzwirtschaft als Anwendung einer Reihe von einfachen, schlagkräftigen Ideen vor. Im Mittelpunkt steht das Prinzip der Abwesenheit von Arbitragegelegenheiten bzw. das Gesetz des einheitlichen Preises – *im echten Leben bekommt man nichts ohne Gegenleistung*. Dieses einfache Konzept ist ein wirkmächtiges und wichtiges Werkzeug für Finanzentscheidungen. Diejenigen, die diese Entscheidungen treffen, können Fehlentscheidungen vermeiden, die durch die Finanzkrise ans Licht gekommen sind, indem sie dieses Konzept und die anderen in diesem Buch beschriebenen Grundprinzipien anwenden. Wir verwenden das Gesetz des einheitlichen Preises als Kompass. Es weist den Entscheidungsfindern den Weg und ist das Rückgrat des Buches.

Wir haben den Text, die Zahlen und Tabellen so aktualisiert, dass die Entwicklung des Faches in den letzten vier Jahren wiedergegeben wird, und dabei unter anderem besonders die folgenden Punkte herausgestellt:

- Die Finanzkrise der Jahre 2007 bis 2009 und die europäische Staatsschuldenkrise veranschaulichen auf pädagogisch wertvolle Weise, was schiefgehen kann, wenn Praktiker die Kernkonzepte ignorieren, die der finanziellen Entscheidungsfindung zugrunde liegen. Im Buch greifen wir diese wichtige Lektion in einer Reihe von Infokästen auf, in denen die globale Finanzkrise behandelt wird.

- Mit der neu eingefügten Tabelle der Finanzkennzahlen in Kapitel 2 können die Studenten die Finanzausweise analysieren.

- Durch die geänderte Anordnung der Kapitel 5 und 8 wird Kapitel 8 „Die Bewertung von Anleihen" jetzt zu Kapitel 6 und folgt auf Kapitel 5 „Zinssätze", wodurch eine sofortige Anwendung der Konzepte des Zeitwerts ermöglicht wird.

- Die neuen Excel-Infokästen geben praktische Anleitungen, wie mit Excel finanzielle Aufgaben gelöst werden können. Die Infokästen enthalten auch Excel-Screenshots als weitere Information für Studenten.

Jonathan Berk

Peter DeMarzo

Deutsches Vorwort der dritten deutschen Ausgabe

Es ist nun schon wieder vier Jahre her, seit wir die erste deutsche Auflage des US-amerikanischen Erfolgsbuches von Berk/DeMarzo übersetzt haben. Viel ist seitdem auf dem Gebiet der Finanzwirtschaft geschehen, das auch Einfluss auf die neue dritte Ausgabe in den USA hatte. Näheres dazu finden Sie im vorangegangenen Vorwort der US-Autoren. Die gründliche Überarbeitung der Originalausgabe und die erfolgreiche Einführung der deutschen Ausgabe haben wir zum Anlass genommen, uns einer erneuten Aktualisierung zuzuwenden.

Wir haben alle Aktualisierungen der englischen Ausgabe übernommen und auch wieder vereinzelt Adaptionen vorgenommen, wo es uns aus lokalen Gesichtspunkten sinnvoll erschien. In diesem Zusammenhang danken wir auch den Lesern für die zahlreichen Zusendungen und das wertvolle Feedback, von dem so ein Lehrbuch lebt. Wir haben dabei erneut feststellen können, wie sehr die Fachwelt auch in Deutschland, Österreich und der Schweiz mit dem Werk von Berk/DeMarzo verbunden ist.

Deshalb haben wir am Grundkonzept des Lehrbuches und an der Kapitelauswahl weiter nichts verändert. Der Leser erhält - wie auch in der Auflage zuvor - zusätzliche und überarbeitete deutsche Materialien inklusive Excel-Tabellen unter Extras Online auf www.pearson-studium.de zum Download.

Unser ausdrücklicher Dank gilt Herrn Wolfgang Wurbs, dem wir die vollständige Überarbeitung der Übersetzung verdanken.

Hermann Locarek-Junge (Dresden)

Klaus Röder (Regensburg)

Deutsches Vorwort der zweiten deutschen Ausgabe

Das Lehrbuch Grundlagen der Finanzwirtschaft (engl. Originaltitel Corporate Finance) von Jonathan Berk und Peter DeMarzo beleuchtet alle wichtigen Bereiche der Unternehmensfinanzierung sowie der Investitionsrechnung. Das innovative Lehrkonzept und der Erfolg des Lehrbuchs an renommierten Universitäten weltweit hatten uns veranlasst, es auch an den Universitäten Dresden (TU), Passau und Regensburg zu verwenden. Aus Sicht der Studierenden wird es allgemein als Vorteil empfunden, wenn in den Kursen Lehrbücher in deutscher Sprache eingesetzt werden. Wir haben es deshalb sehr begrüßt, als der Verlag sich entschloss, eine deutschsprachige Ausgabe des Werkes zu publizieren und es somit einem breiten Publikum in Deutschland, Österreich und der Schweiz besser zugänglich zu machen. Das Buch bereichert die Lehrbuchlandschaft, da es ohne Abstriche am theoretischen und fachlichen Anspruch stark an der Praxis des internationalen Finanzmanagements orientiert ist.

Der sehr übersichtliche Aufbau des umfangreichen Buchs mit Lernzielen, Zusammenfassungen sowie Übungsaufgaben schlägt die Brücke zwischen Theorie und Anwendung, wie es der Leser von amerikanischen Lehrbüchern gewohnt ist: Man wird Schritt für Schritt an die komplexe Materie der optimalen Kapitalstruktur, Dividendenpolitik, der Bewertung von Investitionen sowie der Unternehmensbewertung herangeführt. Für die deutschsprachige Ausgabe wurde an den erforderlichen Stellen auf die deutschen bzw. europäischen Rechtsverhältnisse eingegangen. Dies erfolgt mehr durch Weglassen spezifisch amerikanischer Details und Bezeichnungen als durch detaillierte zusätzliche Beschreibung der europäischen Handhabung. Insofern bleibt die Darstellung dieser Aspekte so abstrakt, dass sie sowohl Deutschland als auch Österreich und die Schweiz umfasst. Das Lehrbuch bleibt damit die deutschsprachige Ausgabe des amerikanischen Originals und ist keine spezielle europäische Adaption (European Edition). Weggelassen wurden gegenüber dem Original jedoch u. a. die Interviews mit den hierzulande eher unbekannten amerikanischen Managern und spezielle Aspekte amerikanischer steuerlicher und rechtlicher Vorschriften sowie einige weiterführende Kapitel im hinteren Teil des Buches und eine Reihe von Übungsaufgaben.

Gegenüber dem englischsprachigen Original unterscheiden sich auch die verwendeten Abkürzungen und Symbolbezeichnungen, z. B. wird das gebräuchliche KW für „Kapitalwert" statt NPV als Abkürzung von „Net Present Value" verwendet. Um dem Leser eine Brücke zwischen den Bezeichnungen zu bauen, sind im Glossar sowohl die deutschen als auch die entsprechenden englischen Bezeichnungen aufgeführt. Während sich das Original in diesen Bezeichnungen auch weitgehend mit der englischsprachigen Fassung des Tabellenkalkulationsprogramms MS-Excel deckt, konnte dies nicht bei allen deutschen Bezeichnungen aufrecht erhalten bleiben. So ist in MS-Excel die Funktion zur Berechnung des Kapitalwertes statt mit KW mit NBW („Nettobarwert") übersetzt, auch wenn dies im Deutschen unüblich ist. In Beispielen wird sowohl mit dem Euro (EUR) als auch mit dem Dollar (USD) gerechnet. Zahlen schreiben wir mit dem Dezimalkomma statt dem Dezimalpunkt.

Zielgruppe des vorliegenden Lehrbuchs sind Bachelorstudenten in BWL und VWL ab dem 2. Semester (Kurse „Investition und Finanzierung", „Investitionsrechnung" bis zur Vertiefung in den weiteren Vorlesungen „Finanzmanagement", „Finanzwirtschaft", „Unternehmensfinanzierung", „Unternehmensrechnung und Revision", „Unternehmensanalyse") sowie MBA-Studierende (als Einstiegsliteratur u. a. in die Kurse „Corporate Finance" und „Investment Banking"). In gleichem Maße ist das Buch für Praktiker geeignet, die sich für die aktuellen Entwicklungen des Finanzmanagements mittlerer und größerer Unternehmen im internationalen Zusammenhang interessieren.

Gregor Dorfleitner (Regensburg)

Hermann Locarek-Junge (Dresden)

Klaus Röder (Regensburg)

Niklas Wagner (Passau)

Warum das Fach Finanzwirtschaft studieren? Es ist sehr wichtig zu wissen, wie und warum finanzielle Entscheidungen getroffen werden, ohne Rücksicht darauf, welche Position man in einem Unternehmen hat. Dieses Buch beschäftigt sich damit, wie man optimale finanzielle Entscheidungen in einem großen Unternehmen wie einer Aktiengesellschaft (oder einer amerikanischen Corporation) trifft und welchen Prinzipien diese Entscheidungen folgen. In diesem Teil des Buches legen wir die Grundlage für unser Studium der Finanzwirtschaft. Wir beginnen in ▸Kapitel 1 mit einer Einführung zu den Gesellschaften und deren Unternehmensformen. Daraufhin untersuchen wir die Rolle der Finanzmanager und der externen Investoren bei der Entscheidungsfindung für das Unternehmen. Um optimale Entscheidungen treffen zu können, benötigt man Informationen. Daher betrachten wir in ▸Kapitel 2 eine wichtige Informationsquelle für die Entscheidungsfindung – die Finanzberichte des Unternehmens.

TEIL I

Einleitung

Das Unternehmen als Gesellschaft

1

5,451

ÜBERBLICK

Im Mittelpunkt dieses Buches steht die Beantwortung der Frage, wie Menschen in Unternehmen finanzielle Entscheidungen treffen. In diesem Kapitel stellen wir das Unternehmen als Gesellschaft vor und erklären auch andere Unternehmensformen. Ein wichtiger Erfolgsfaktor für ein Unternehmen ist dessen Fähigkeit, problemlos mit Anteilen handeln zu können, und deshalb werden wir auch die Rolle der Aktienbörsen für den Handel unter Investoren einer Gesellschaft und ihre Bedeutung für Eigentum und Beherrschung eines Unternehmens erklären.

1.1   Die vier Unternehmensformen

Wir beginnen unser Studium der Finanzwirtschaft damit, dass wir die vier Hauptformen von Unternehmen vorstellen: *Einzelunternehmen*, *Personengesellschaft (Partnership)* sowie die beiden Formen der Kapitalgesellschaft, die *Gesellschaft mit beschränkter Haftung (Limited Liability Company)* und die *Aktiengesellschaft (Corporation)*. Wir erklären jede dieser Unternehmensformen, doch unser Hauptaugenmerk liegt auf der wichtigsten Form für große Unternehmen, der Aktiengesellschaft. Wir beschreiben, was eine Aktiengesellschaft oder Corporation ist, und geben einen Überblick darüber, warum Aktiengesellschaften so erfolgreich sind.

Einzelunternehmen

Ein **Einzelunternehmen** ist ein Unternehmen, das von einer Person, dem Inhaber, geleitet wird. Einzelunternehmen sind meist sehr klein und beschäftigen nur wenige Mitarbeiter. Auch wenn sie nicht viel zu den Umsatzerlösen in der gesamten Wirtschaft beitragen, sind sie weltweit die gängigste Unternehmensform, wie in ▸Abbildung 1.1 dargestellt. Statistiken zeigen, dass 71 % der Unternehmen in den Vereinigten Staaten Einzelunternehmen sind, diese jedoch nur 5 % der Umsatzerlöse erwirtschaften.[1] Im Gegensatz dazu sind nur 19 % der Unternehmen Aktiengesellschaften, die jedoch 84 % der Umsatzerlöse in den Vereinigten Staaten erzielen.

Einzelunternehmen haben die folgenden Merkmale:

1. Da Einzelunternehmen einfach zu gründen sind, nutzen viele neue Unternehmen diese Organisationsform.

2. Die wichtigste Einschränkung eines Einzelunternehmens ist, dass es keine Trennung zwischen Unternehmen und Inhaber gibt: Das Unternehmen kann nur einen Inhaber haben. Gibt es weitere Investoren, können diese keine Anteile am Unternehmen halten.

3. Der Inhaber haftet für alle Verbindlichkeiten des Unternehmens persönlich und unbeschränkt. Gerät das Unternehmen mit Kreditzahlungen in Verzug, kann (und wird) der Kreditgeber vom Inhaber die Rückzahlung des Kredits aus dessen persönlichem Vermögen verlangen. Kann sich ein Inhaber die Rückzahlung des Kredits nicht leisten, muss er Privatinsolvenz anmelden.

4. Die Lebensdauer eines Einzelunternehmens ist auf die Lebenszeit des Inhabers beschränkt. Es ist schwierig, die Inhaberschaft an einem Einzelunternehmen zu übertragen.

Für die meisten Unternehmen überwiegen die Nachteile eines Einzelunternehmens. Sobald ein Unternehmen an den Punkt kommt, an dem es Kredite aufnehmen kann, ohne dass der Inhaber zustimmt persönlich zu haften, wandeln die Inhaber üblicherweise das Unternehmen in eine Form um, die die Haftung des Inhabers beschränkt.

---

1 Diese Information sowie weitere Statistiken zu Kleinunternehmen finden Sie auf *www.bizstats.com*.

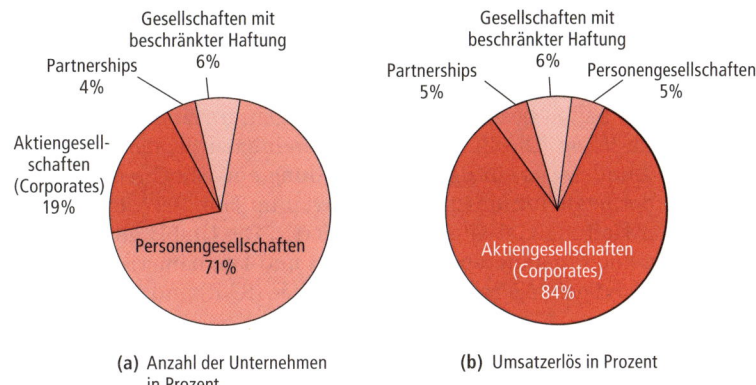

(a) Anzahl der Unternehmen in Prozent

(b) Umsatzerlös in Prozent

Abbildung 1.1: Formen von US-Unternehmen. In den Vereinigten Staaten gibt es vier verschiedene Formen von Unternehmen. Wie (a) und (b) zeigen, erwirtschaften Einzelunternehmen (Sole Proprietorships) in den Vereinigten Staaten im Vergleich zu den Corporations nur einen kleinen Bruchteil der Gesamterlöse, obwohl sie den Großteil der US-Unternehmen ausmachen.

Quelle: www.bizstats.com

Personengesellschaften

Eine **Personengesellschaft** ist fast identisch mit einem Einzelunternehmen, doch weist sie mehrere Inhaber auf. Die wichtigsten Merkmale einer Personengesellschaft sind:

1. *Alle* Gesellschafter haften für die Verbindlichkeiten des Unternehmens. Ein Kreditgeber kann *jeden* Gesellschafter auffordern, die ausstehenden Verbindlichkeiten des Unternehmens zurückzuzahlen.

2. Die Personengesellschaft endet mit dem Tod oder Austritt eines Gesellschafters. Die Gesellschaften können die Liquidation vermeiden, wenn der Gesellschaftsvertrag Möglichkeiten vorsieht wie beispielsweise Auszahlung des verstorbenen oder ausgeschiedenen Gesellschafters.

Einige alteingesessene, etablierte Unternehmen bleiben Personengesellschaften oder Einzelunternehmen. Oft sind das Unternehmen, deren Grundlage die Reputation des Inhabers ist. Beispielsweise werden Anwaltskanzleien, Gemeinschaftsarztpraxen und Wirtschaftsprüfungsgesellschaften als Personengesellschaften gegründet. Die persönliche Haftung der Gesellschafter erhöht das Vertrauen der Kunden, da die Gesellschafter bestrebt sind, ihren guten Ruf beizubehalten.

Eine **Kommanditgesellschaft** ist eine Gesellschaft mit zwei Arten von Inhabern: *Komplementäre* und *Kommanditisten*. Die Komplementäre haben die gleichen Rechte und Vorrechte wie die Gesellschafter einer (allgemeinen) Personengesellschaft: Sie haften persönlich für die Kreditverpflichtungen des Unternehmens. Kommanditisten *haften* hingegen *beschränkt*, ihre Haftung ist beschränkt auf ihre Einlage. Ihr Privatvermögen kann nicht gepfändet werden, um die ausstehenden Kreditverpflichtungen des Unternehmens zu zahlen. Zudem führt der Tod oder das Ausscheiden eines Kommanditisten nicht zur Auflösung des Unternehmens und der Anteil des Kommanditisten ist übertragbar. Ein Kommanditist hat jedoch keine geschäftsleitende Befugnis und kann rechtlich nicht in die Entscheidungsfindung im Unternehmen eingebunden werden. Private Equity Fonds und Risikokapitalgesellschaften sind Beispiele von Branchen, in denen es hauptsächlich Kommanditgesellschaften gibt. In diesen Gesellschaften tragen einige Komplementäre eigenes Kapital bei, zusätzliches Kapital wird von externen Investoren, den Kommanditisten, aufgebracht. Die Komplementäre bestimmen, wie das Kapital investiert wird. Meistens beteiligen sich diese aktiv an der Leitung der Unternehmen, in die sie investieren. Außer bei der Überwachung, wie sich die Einlage entwickelt, spielt der externe Investor keine Rolle in diesem Unternehmen.

Gesellschaften mit beschränkter Haftung

Eine **Gesellschaft mit beschränkter Haftung (GmbH, in den USA Limited Liability Company, LLC)** ist eine Kommanditgesellschaft ohne Komplementär, gilt jedoch im Gegensatz zu dieser als Kapitalgesellschaft. Alle Inhaber haften beschränkt, aber im Gegensatz zu den Kommanditisten können sie das Unternehmen auch leiten. Die LLC ist in den Vereinigten Staaten eine relativ neue Unternehmensform. Der erste Bundesstaat, in dem die Gründung einer LLC rechtlich zulässig war, war Wyoming im Jahr 1977; der letzte Bundesstaat war Hawaii im Jahr 1997. International sind Gesellschaften mit beschränkter Haftung viel älter und etablierter. Die GmbH gibt es in Deutschland seit 1892 und sie wurde dann auch in anderen europäischen und lateinamerikanischen Ländern eingeführt. In Frankreich heißt sie Société à responsabilité limitée (SAR) und in Italien und Spanien SRL beziehungsweise SL.

Aktiengesellschaften

Das Unterscheidungsmerkmal einer **Aktiengesellschaft (AG oder auch Corporation)** gegenüber dem Einzelunternehmen und auch der Personengesellschaft ist, dass es sich um eine juristisch definierte, künstliche Person (eine juristische Person oder eine Rechtseinheit) handelt, die getrennt von ihren Inhabern ist. Die AG verfügt über viele der Rechtsbefugnisse, die natürliche Personen haben. Die Aktiengesellschaft kann Verträge abschließen, Vermögensgegenstände erwerben und Verbindlichkeiten eingehen. Da eine AG eine unabhängige Rechtseinheit und von der Person ihrer Inhaber (Aktionäre) zu unterscheiden ist, ist nur sie für ihre eigenen Verpflichtungen verantwortlich. Folglich sind die Inhaber einer Gesellschaft (oder ihre Mitarbeiter, Kunden usw.) nicht für Verpflichtungen haftbar, die das Unternehmen eingeht. Gleichzeitig ist die Gesellschaft nicht für die persönlichen Verpflichtungen der Inhaber haftbar.

Gründung einer Corporation oder Aktiengesellschaft. Gesellschaften in der Rechtsform einer Corporation müssen in den USA rechtmäßig gegründet werden. Der Bundesstaat, in dem sie gegründet werden sollen, muss formell die Zustimmung zur Gründung in Form einer Charter erteilen. Die Gründung einer Corporation ist daher viel kostspieliger als die Gründung eines Einzelunternehmens. Delaware hat besonders attraktive rechtliche Bestimmungen für Corporations, sodass viele Unternehmen sich für eine Gründung in diesem Bundesstaat entscheiden. Aus Gründen der gerichtlichen Zuständigkeit ist eine Gesellschaft Bürgerin des Bundesstaates, in dem sie gegründet wurde. Die meisten Unternehmen beauftragen Anwälte mit der Erstellung einer Charter, die auch die Satzung und den Gesellschaftsvertrag umfasst. Die Charter enthält die Anfangsbestimmungen, die festlegen, wie die Gesellschaft geführt wird. Die Aktiengesellschaft wird in anderen Ländern jeweils nach einheitlichem nationalem Recht (Aktiengesetz, AktG) gegründet. Der Sitz innerhalb des Landes und die Satzung haben deshalb eine deutlich geringere Bedeutung als in den USA.

Inhaberschaft einer Aktiengesellschaft oder einer Corporation. Die Anzahl an Inhabern einer Aktiengesellschaft oder einer Corporation ist unbegrenzt. Da die meisten Gesellschaften viele Inhaber haben, hält jeder nur einen Bruchteil des Unternehmens. Das gesamte Eigentum an einer solchen Gesellschaft wird in Anteile verbrieft, die man als **Aktien** bezeichnet. Die Gesamtheit aller im Umlauf befindlichen Aktien einer Gesellschaft bezeichnet man als Aktien- oder **Eigenkapital** des Unternehmens. Den Inhaber einer Aktie am Unternehmen nennt man **Aktieninhaber**, **Aktionär** oder **Anteilseigner**. Die Inhaber einer Aktie haben Anspruch auf **Dividendenzahlungen**. Die Zahlungen erfolgen von der Gesellschaft an die Eigenkapitalhalter und liegen im Ermessen der Gesellschaft. Die Aktionäre erhalten in der Regel einen Anteil der Dividendenzahlung, der anteilig der Anzahl an Aktien entspricht, die sie halten. Ein Aktionär, der 25 % der Aktien des Unternehmens hält, hat Anspruch auf 25 % der Dividendenzahlungen. Ein unterscheidendes Merkmal einer Aktiengesellschaft ist, dass es keine Einschränkungen dahingehend gibt, wer Aktionär sein kann: Ein Aktionär muss keine bestimmten Kenntnisse oder Qualifikationen haben. Dies ermöglicht den freien Handel mit den Aktien der Gesellschaft und ist einer der wichtigsten Vorteile der Gründung eines Unternehmens als AG gegenüber einem Einzelunternehmen, einer Personengesellschaft oder GmbH. Gesellschaften können erhebliche Kapitalbeträge beschaffen, da sie Aktien an anonyme externe Investoren verkaufen können.

Die Verfügbarkeit externer Mittel hat den Corporations in den USA dazu verholfen, die Wirtschaft zu dominieren, wie Kreis (b) in ▶Abbildung 1.1 zeigt. Betrachten wir beispielsweise Wal-Mart Stores, eines der weltweit größten Unternehmen. Im Jahr 2011 hatte Wal-Mart Stores mehr als 2 Millionen

Mitarbeiter und wies einen Jahresumsatz von USD 422 Milliarden aus. Der Gesamtumsatz der fünf größten Unternehmen nach Erlösvolumen (Wal-Mart, Exxon Mobil, Chevron, ConocoPhillips und General Motors) lag im Jahr 2012 bei über USD 1,5 Billionen, ein Betrag, der mit den Gesamtumsätzen der mehr als 22 Millionen Einzelunternehmen in den Vereinigten Staaten vergleichbar ist.

Steuerliche Auswirkungen für Gesellschaften

Ein wichtiger Unterschied zwischen den verschiedenen Unternehmensformen ist die Art der Besteuerung. Da eine Kapitalgesellschaft eine eigene juristische Person ist, werden die Gewinne der Gesellschaft unabhängig von den Steuerpflichten der Inhaber besteuert. Die Aktionäre einer Kapitalgesellschaft zahlen *zweimal Steuern*: Zunächst zahlt das Unternehmen Steuern auf die Gewinne. Sobald dann die verbleibenden Gewinne an die Aktionäre ausgeschüttet werden, zahlen die Aktionäre ihre eigenen Steuern auf diesen Ertrag. Dieses System wird als *Doppelbesteuerung* bezeichnet.

Beispiel 1.1: Besteuerung der Gewinne von Kapitalgesellschaften

Fragestellung

Sie sind Aktionär einer Aktiengesellschaft. Diese erwirtschaftet einen Gewinn von EUR 5 pro Aktie vor Steuern. Nach Zahlung der Steuern wird die Gesellschaft den Rest des Gewinns an Sie als Dividende ausschütten. Die Dividende stellt für Sie Einkommen dar, das Sie versteuern müssen. Der Ertragsteuersatz liegt bei 40 % und Ihr Steuersatz auf Dividendeneinkünfte bei 15 %. Wie viel bleibt nach allen gezahlten Steuern vom Gewinn übrig?

Lösung

Zuerst zahlt das Unternehmen Steuern. Der Gewinn liegt bei EUR 5 pro Aktie und 0,40 × EUR 5 = EUR 2 sind als Steuern an den Staat abzuführen. Es bleiben EUR 3 für die Ausschüttung. Sie müssen jedoch 0,15 × EUR 3 = EUR 0,45 an Einkommensteuern auf diesen Betrag zahlen und so bleiben EUR 3 − EUR 0,45 = EUR 2,55 pro Aktie nach Zahlung aller Steuern übrig. Als Aktionär erhalten Sie von den ursprünglichen EUR 5 nur EUR 2,55 pro Aktie. Die restlichen EUR 2 + EUR 0,45 = EUR 2,45 werden als Steuern gezahlt. Somit liegt Ihr gesamter effektiver Steuersatz bei EUR 2,45 : 5 = 49 %.

S-Corporations. Diese Unternehmensform der Aktiengesellschaft ist eine Unternehmensform, die nicht der Doppelbesteuerung unterliegt. Der Internal Revenue Code des US-amerikanischen Steuerrechts gewährt **S-Corporations**, die sich für eine steuerliche Behandlung nach *Subchapter S* entscheiden, eine Befreiung von der Doppelbesteuerung. Gemäß dieser Bestimmung unterliegen die Gewinne (und Verluste) des Unternehmens nicht den Ertragsteuern, sondern werden stattdessen direkt den Aktionären auf Grundlage ihrer Anteile zugeordnet.

Besteuerung von Aktiengesellschaften rund um die Welt

Die meisten Länder bieten Investoren von Aktiengesellschaften eine gewisse Entlastung von der Doppelbesteuerung. Dreißig Länder bilden die Organisation für wirtschaftliche Zusammenarbeit und Entwicklung (OECD) und von diesen Ländern bietet nur Irland überhaupt keine Entlastung. Einige Länder, darunter Australien, Finnland, Mexiko, Neuseeland und Norwegen, gewähren eine vollständige Befreiung, indem Dividendeneinkünfte effektiv nicht besteuert werden. Die Vereinigten Staaten gewähren eine teilweise Befreiung in Form eines geringeren Steuersatzes auf Dividendeneinkünfte als auf andere Einkommensquellen. Seit 2012 werden Dividendeneinkünfte, für die diese steuerliche Regelung anwendbar ist, mit 15 % besteuert, was bei den meisten Investoren erheblich unter ihrem persönlichen Einkommensteuersatz liegt.

Zwar müssen die Aktionäre diese Gewinne als Einkommen in ihrer Steuererklärung ausweisen (auch wenn keine Ausschüttung stattfindet), doch fallen, nachdem die Aktionäre die Einkommensteuern gezahlt haben, keine weiteren Steuern an.

Beispiel 1.2:   Besteuerung von Gewinnen der S-Corporation

Fragestellung

Sehen wir uns erneut ▸Beispiel 1.1 an, gehen aber nun davon aus, dass sich das Unternehmen für die Behandlung nach Subchapter S entschieden hat und Ihr Steuersatz auf andere Einkünfte als Dividenden bei 30 % liegt.

Lösung

In diesem Fall zahlt das Unternehmen keine Steuern. Es erwirtschaftete einen Gewinn von USD 5 pro Aktie. Ganz gleich, ob sich das Unternehmen für eine Ausschüttung oder die Thesaurierung der Barmittel entscheidet, zahlen Sie Einkommensteuern von USD 0,30 × USD 5 = USD 1,50, was erheblich geringer ist als die USD 2,45, die in ▸Beispiel 1.1 gezahlt wurden.

Die Regierung gibt strenge Einschränkungen vor bezüglich der Bedingungen für die steuerliche Behandlung nach Subchapter S. Insbesondere müssen die Aktionäre dieser Unternehmen Personen sein, die US-Staatsbürger oder in den USA wohnhaft sind. Ihre Anzahl ist auf höchstens 100 Aktionäre beschränkt. Da die meisten Aktiengesellschaften keine Beschränkungen bezüglich der Anzahl der Aktionäre oder dahingehend haben, wer die Aktien hält, kommen sie nicht für die Behandlung nach Subchapter S infrage. Somit sind die meisten Aktiengesellschaften **C-Corporations**, also Aktiengesellschaften, die der Zahlung von Ertragsteuern unterliegen.

Verständnisfragen

1. Was ist eine Gesellschaft mit beschränkter Haftung (GmbH)? Wie unterscheidet sie sich von einer Kommanditgesellschaft?

2. Welche Vor- und Nachteile bringt die Gründung eines Unternehmens als Aktiengesellschaft mit sich?

1.2   Inhaberschaft im Vergleich zur Leitung von Unternehmen

Häufig ist es den Inhabern einer Aktiengesellschaft oder einer Corporation nicht möglich, direkten Einfluss auf das Unternehmen zu nehmen, da es viele Inhaber gibt und jeder dieser Inhaber seine Aktien frei veräußern kann. Bei einer Aktiengesellschaft oder einer Corporation sind die direkte Leitung und die Inhaberschaft häufig voneinander getrennt. Nicht die Inhaber, sondern der Vorstand *(Board of Directors)* und der Vorstandsvorsitzende *(Chief Executive Officer, CEO)* üben die direkte Leitung der AG bzw. Corporation aus. In diesem Abschnitt erklären wir, wie die Verantwortlichkeiten in der Corporation zwischen diesen beiden Organen aufgeteilt werden und wie sie *gemeinsam die Ziele des Unternehmens formulieren und verfolgen.*

Das Management-Team der Corporation[2]

Die Aktionäre einer Corporation üben ihre Kontrolle aus, indem sie das **Board of Directors** wählen. Die Personen, aus denen diese Gruppe besteht, haben die höchste Entscheidungsbefugnis im Unternehmen. In den meisten Aktiengesellschaften gewährt jede Aktie dem Aktionär eine Stimme für die Wahl des Boards, sodass die Investoren mit den meisten Aktien auch den größten Einfluss haben. Wenn ein oder zwei Aktionäre einen sehr großen Anteil der umlaufenden Aktien halten, können diese Aktionäre entweder selbst Mitglied des *Board of Directors* sein oder haben das Recht, eine bestimmte Anzahl an Mitgliedern des Boards zu ernennen.

Das Board of Directors stellt die Regeln auf, wie das Unternehmen geführt werden sollte (unter anderem die Vergütung der Vorstände), legt die Unternehmenspolitik fest und überwacht die Leistung des Unternehmens. Das Board of Directors delegiert die meisten Entscheidungen, die das Tagesgeschäft des Unternehmens betreffen, an die Geschäftsleitung. Der **Chief Executive Officer (CEO)** ist für die Führung des Unternehmens verantwortlich und setzt die Regeln und die Unternehmenspolitik um, die vom Board of Directors festgelegt wurden. Die Größe des übrigen Management-Teams ist vom Unternehmen abhängig. Die Trennung der Befugnisse in der Aktiengesellschaft zwischen dem Board of Directors und dem CEO ist nicht immer eindeutig. Es ist nicht unüblich, dass der CEO einer Corporation zugleich auch Vorsitzender des *Board of Directors* ist.[3] Der ranghöchste *Finanzleiter* ist der **Finanzvorstand (Chief Financial Officer, CFO)**, der häufig direkt an den CEO berichtet. ▸Abbildung 1.2 stellt einen Teil eines typischen Organigramms eines Unternehmens dar und stellt die Schlüsselpositionen heraus, die ein Finanzleiter einnehmen kann.

Der Leiter der Finanzabteilung

In der Aktiengesellschaft ist der Leiter der Finanzabteilung für drei Hauptaufgaben verantwortlich: Investitionsentscheidungen, Finanzentscheidungen treffen und die Cashflows des Unternehmens verwalten.

Investitionsentscheidungen. Die wichtigste Aufgabe des Finanzleiters ist, die Investitionsentscheidungen des Unternehmens zu treffen. Der Finanzleiter muss Kosten und Nutzen aller Investitionen und Projekte abwägen und entscheiden, welche davon eine gute Verwendung des Geldes darstellen, das die Investoren in das Unternehmen investiert haben. Diese Investitionsentscheidungen bilden die Grundlage dafür, was die Gesellschaft unternimmt und ob es für seine Inhaber einen Mehrwert schafft. In diesem Buch werden wir die Werkzeuge entwickeln, die notwendig sind, um diese Entscheidungen zu treffen.

---

2 Die hier dargestellte Struktur des monistischen Modells (einstufiges Verwaltungsmodell, One-Tier-Board, Vereinigungsmodell) wird im amerikanischen Lehrbuch beschrieben und ist international verbreitet. In der deutschen Aktiengesellschaft wird ein dualistisches (zweistufiges Verwaltungsmodell, Two-Tier-Board, Trennungsmodell) verwendet, in dem der Vorstand (als Top-Management) vom Aufsichtsrat (Supervisory Board) eingesetzt und kontrolliert wird. Diese Unterschiede können jedoch im Folgenden weitgehend vernachlässigt werden. Auch im dualistischen System wird der Vorstandssprecher oder der Vorstandsvorsitzende häufig als CEO und der Finanzvorstand als CFO bezeichnet. Beide Gremien tagen häufig gemeinsam.

3 In der deutschen Aktiengesellschaft ist ausgeschlossen, dass ein Vorstandsmitglied auch dem Aufsichtsrat angehört. Der Aufsichtsrat ist ein reines Überwachungsorgan.

Abbildung 1.2: Organigramm einer typischen Corporation. Das Board of Directors, das die Aktionäre der Corporation vertritt, beherrscht das Unternehmen und stellt den CEO ein, der dann für die Führung des Unternehmens verantwortlich ist.[4] Der CFO ist für die finanziellen Angelegenheiten des Unternehmens verantwortlich, der Controller übernimmt steuerliche Angelegenheiten sowie die Rechnungslegung und der Leiter der Finanzabteilung ist für die Investitionsplanung, das Risikomanagement und Aktivitäten im Bereich des Kreditmanagements zuständig.

DIE GLOBALE FINANZKRISE

Das Dodd-Frank-Gesetz

Als Reaktion auf die Finanzkrise im Jahr 2008 hat die US-Bundesregierung ihre Rolle bei der Kontrolle und Verwaltung von Finanzinstituten einer Überprüfung unterzogen. Der am 21. Juli 2010 verabschiedete Dodd-Frank Wall Street Reform and Consumer Protection Act hat die Regulierung der Finanzinstitute umfassend geändert. Dies erfolgte als Antwort auf den Ruf nach einer Reform des Regulierungssystems der Finanzinstitute nach dem Beinahezusammenbruch des internationalen Finanzsystems im Herbst 2008 und der darauf folgenden globalen Krise der Kreditmärkte. Tatsächlich wiederholte sich die Geschichte: Nach dem Zusammenbruch der Börse im Jahr 1929 und der darauf folgenden Großen Depression verabschiedete der Kongress den Glass-Steagall Act, durch den die Federal Deposit Insurance Corporation (FDIC) gegründet wurde und wichtige Bankreformen eingeführt wurden zur Regulierung der Transaktionen zwischen Geschäftsbanken und Wertpapierfirmen.

Mit dem Dodd-Frank Act sollen (1.) die Stabilität des US-Finanzsystems dadurch gefördert werden, dass „die Verantwortlichkeiten und Transparenz im Finanzsystem verbessert werden", (2.) der Idee des „too big to fail", dass man also die Finanzinstitute wegen ihrer Größe und Bedeutung nicht in Insolvenz gehen lassen kann, ein Ende gesetzt werden, (3.) die amerikanischen Steuerzahler dadurch geschützt werden, dass es zu keinen weiteren Rettungsaktionen kommt, und (4.) die Verbraucher vor missbräuchlichen Praktiken der Finanzinstitute geschützt werden. Die weitere Entwicklung wird zeigen, ob mit diesem Gesetz tatsächlich diese wichtigen Ziele erreicht werden.

Die Umsetzung der im Dodd-Frank Act enthaltenen weitreichenden Finanzreformen erfordert die Arbeit vieler Bundesbehörden, indem diese entweder Regeln oder sonstige regulatorische Maßnahmen erlassen. Mitte des Jahres 2012, zwei Jahre nach Verabschiedung des Dodd-Frank Acts, wurden 129 Reformen abgeschlossen, wodurch sich ein klareres Bild des regulatorischen Rahmens von Dodd-Frank ergibt. Die Durchführung weiterer 271 Regeln oder Maßnahmen, die viele der Kernreformen von Dodd-Frank enthalten, steht jedoch noch aus.

---

4 In der Aktiengesellschaft stellt der Aufsichtsrat alle Vorstandsmitglieder für ihre Funktionen ein. Häufig ist ein Vorstandsmitglied als Vorsitzender des Vorstands oder als Sprecher dieses Gremiums (CEO) bestellt. Ein Unterordnungsverhältnis wie in der Grafik muss in der Aktiengesellschaft aber nicht notwendigerweise bestehen.

Finanzentscheidungen. Hat der Leiter der Finanzabteilung (Finanzleiter) entschieden, welche Investitionen getätigt werden, entscheidet er zudem, wie diese bezahlt werden. Bei großen Investitionen kann es erforderlich sein, dass das Unternehmen zusätzliches Kapital aufbringt. Der Finanzleiter muss entscheiden, ob mehr Kapital von neuen oder bereits vorhandenen Inhabern beschafft wird, indem mehr Aktien (Eigenkapital) verkauft werden, oder ob ein Kredit aufgenommen wird (Fremdkapital). In diesem Lehrbuch werden wir die Merkmale jeder dieser Kapitalquellen diskutieren und der Frage nachgehen, wie man sich im Kontext der Kombination aus Fremd- und Eigenkapital des Unternehmens für eine dieser Quellen entscheidet.

Verwaltung von Barmitteln. Der Finanzleiter muss sicherstellen, dass das Unternehmen über ausreichende Barmittel verfügt, um die Verpflichtungen des Tagesgeschäfts zu erfüllen. Diese Aufgabe, auch als Verwaltung des *Betriebskapitals* bezeichnet, mag einfach erscheinen, kann aber in einem jungen, wachsenden Unternehmen über Erfolg und Misserfolg entscheiden. Sogar Unternehmen mit großartigen Produkten benötigen erhebliche Geldbeträge, um diese Produkte zu entwickeln und auf den Markt zu bringen. Beispielsweise hat Apple während der heimlichen Entwicklung des iPhones USD 150 Millionen ausgegeben. Boeing hat für die Produktion des Flugzeugtyps 787 bereits Milliardenbeträge aufgewendet, ehe die erste Maschine des Typs 787 abhob. Ein Unternehmen gibt für die Entwicklung eines neuen Produkts in der Regel viel Geld aus, bevor dieses Erträge erwirtschaftet. Die Aufgabe des Finanzleiters ist es, sicherzustellen, dass der fehlende Zugang zu Barmitteln den Erfolg des Unternehmens nicht behindert.

Das Ziel des Unternehmens

Theoretisch sollte das Ziel eines Unternehmens von den Inhabern gesetzt werden. Ein Einzelunternehmen hat nur einen Inhaber, der das Unternehmen leitet, sodass die Ziele eines Einzelunternehmens zugleich die des Inhabers sind. In Unternehmensformen mit vielen Inhabern ist das jeweilige Ziel des Unternehmens, und somit das der Manager, oftmals nicht so klar.

Viele Aktiengesellschaften haben tausende Inhaber (Aktionäre). Jeder von diesen dürfte unterschiedliche Interessen und Prioritäten verfolgen. An späterer Stelle in diesem Lehrbuch werden wir uns der Frage näher zuwenden, wessen Interessen und Prioritäten für die Ziele des Unternehmens maßgebend sind. Es mag vielleicht überraschen, dass die Interessen der Aktionäre aus folgendem Grund bei vielen, wenn nicht allen wichtigen Entscheidungen übereinstimmen: Die Aktionäre werden sich, ungeachtet ihrer persönlichen finanziellen Situation und Lebensphase, darin einig sein, dass sie in einer besseren Situation sind, wenn das Management Entscheidungen trifft, die den Wert der Aktien erhöhen. Beispielsweise waren die Aktien von Apple im Juni 2012 sechzigmal mehr wert als im Oktober 2001, als der erste iPod auf den Markt gebracht wurde. Eindeutig haben hier alle Aktionäre, die in diesem Zeitraum Aktien von Apple hielten, ungeachtet ihrer Präferenzen und sonstigen Unterschiede, von den Investitionsentscheidungen profitiert, die das Management von Apple getroffen hat.

Unternehmen und Gesellschaft

Sind Entscheidungen, die den Wert des Aktienkapitals eines Unternehmens erhöhen, für die Gesellschaft als Ganzes vorteilhaft? Meistens ja. Die Aktionäre von Apple sind zwar seit 2001 viel reicher, aber auch die Kunden sind mit Produkten wie dem iPod und dem iPhone, die sie sonst nicht haben könnten, besser dran. Doch selbst wenn das Unternehmen nur seine Aktionäre besserstellt, ist die Steigerung des Werts der Aktien gut für die Gesellschaft, solange niemand sonst durch die Entscheidungen schlechter gestellt wird.

Ein Problem entsteht, wenn die Steigerung des Aktienwerts auf Kosten anderer erfolgt. Stellen Sie sich ein Unternehmen vor, das durch seine Geschäftstätigkeit die Umwelt verschmutzt und die Kosten für die Beseitigung der Verschmutzung nicht übernimmt. Oder aber nicht das Unternehmen, sondern seine Produkte verschmutzen die Umwelt. In diesem Fall können die Entscheidungen, die das Vermögen der Aktionäre steigern, für die Gesellschaft als Ganzes kostspielig sein.

Die Finanzkrise im Jahr 2008 hat die Aufmerksamkeit auf ein anderes Beispiel von Entscheidungen gelenkt, die das Vermögen der Aktionäre steigern können, aber für die Gesellschaft kostspielig sind. Anfang des letzten Jahrzehnts gingen die Banken zu hohe Risiken ein. Eine Zeit lang profitierten die Aktionäre der Banken von dieser Strategie. Doch als die Spekulation nicht aufging, schadete die sich daraus ergebende Finanzkrise der kompletten Wirtschaft.

Wenn die Handlungen eines Unternehmens andere in der Wirtschaft schädigen, sind angemessene Maßnahmen des Staates und eine Regulierung erforderlich, die sicherstellen, dass die Interessen der Unternehmen und der Gesellschaft nicht voneinander abweichen. Solide Maßnahmen des Staates sollten es den Unternehmen ermöglichen, weiter die Maximierung des Werts für die Aktionäre so zu verfolgen, dass die Wirtschaft insgesamt davon profitiert.

Ethische Aspekte und Anreize in Aktiengesellschaften

Selbst wenn sich alle Inhaber einer Aktiengesellschaft oder einer Corporation bezüglich der Ziele des Unternehmens einig sind, müssen diese Ziele auch umgesetzt werden. Bei einer einfachen Unternehmensform wie dem Einzelunternehmen kann der Inhaber, der das Unternehmen leitet, sicherstellen, dass die Ziele des Unternehmens seinen eigenen entsprechen. Da aber eine Aktiengesellschaft nicht von den Aktionären, sondern von einem Management-Team geleitet wird, können Interessenkonflikte entstehen. Wie ist es den Aktionären möglich, sicherzustellen, dass das Management-Team ihre Ziele verfolgt?

Agency-Probleme. Viele argumentieren, dass die Manager aufgrund der Trennung von Inhaberschaft und Leitung einer Aktiengesellschaft wenig Anreiz haben, im Interesse der Aktionäre zu handeln, wenn das bedeutet, gegen ihr Eigeninteresse zu arbeiten. Stellen Manager, auch wenn sie im Auftrag der Aktionäre handeln, ihre eigenen Interessen über die Interessen der Aktionäre, so bezeichnen dies Wirtschaftswissenschaftler als **Agency-Problem**. Manager stehen vor einem ethischen Dilemma: Zu der Verantwortung zu stehen, die Interessen der Aktionäre an die erste Stelle zu setzen, oder nach ihrem besten eigenen Interesse zu handeln.

Dieses Agency-Problem wird in der Praxis dadurch angegangen, dass die Zahl der von den Managern zu treffenden, Entscheidungen, bei denen ihre eigenen Interessen erheblich von den Interessen der Aktionäre abweichen, minimiert wird. Beispielsweise werden die Vergütungsverträge der Manager so gestaltet, dass sichergestellt wird, dass die meisten Entscheidungen im Interesse der Aktionäre auch den Interessen des Managers entsprechen. Aktionäre koppeln die Vergütung der Spitzenmanager häufig an den Gewinn des Unternehmens oder an den Aktienkurs. Diese Strategie unterliegt jedoch *einer Einschränkung*: Ist die Vergütung zu eng an die Wertentwicklung gekoppelt, könnten die Aktionäre die Manager anhalten, ein höheres Risiko einzugehen, als sie eingehen möchten. In der Folge könnten Manager nicht Entscheidungen treffen, die die Aktionäre von ihnen verlangen. Oder es könnte schwierig sein, talentierte Manager zu finden, die bereit sind, diese Aufgabe zu übernehmen. Wenn auf der anderen Seite die Vergütungsverträge das Risiko der Manager mindern, indem eine gute Leistung honoriert wird, die Strafe für eine schlechte Leistung aber begrenzt ist, dann könnten Manager einen Anreiz haben, ein zu hohes Risiko einzugehen.

DIE GLOBALE FINANZKRISE

Das Dodd-Frank-Gesetz zur Regelung der Vergütung und Führung in Unternehmen

Die Frage der Vergütung ist einer der wichtigsten Interessenkonflikte zwischen Führungskräften und Aktionären. Um den Einfluss von Vorständen auf ihre eigene Vergütung und eine übermäßig hohe Vergütung zu verhindern, wird im Dodd-Frank Act die US-Wertpapieraufsicht SEC angewiesen, neue Vorschriften zu erlassen, die

- die Unabhängigkeit des für die Vergütung des Unternehmens zuständigen Komitees und seiner Berater verfügen;

- Aktionären Gelegenheit geben, in einer nicht verbindlichen beratenden Abstimmung die Vergütung von Führungskräften wenigstens einmal alle drei Jahre (die sogenannte „Say-on-Pay" Abstimmung) zu billigen;

- die Unternehmen verpflichten, hohe Bonuszahlungen (sogenannte „goldene Fallschirme") für entlassene Vorstände in der Folge einer Übernahme zu veröffentlichen und die Zustimmung der Aktionäre einzuholen;

- die Unternehmen verpflichten, die Beziehung des Gehalts von Führungskräften zur Wertentwicklung des Unternehmens zu veröffentlichen sowie das Verhältnis der Vergütung von CEOs insgesamt zur Vergütung eines durchschnittlichen Mitarbeiters;

- Bestimmungen zur Rückzahlung von Vergütungen vorsehen, die es den Unternehmen ermöglichen Zahlungen zurückzuerhalten, die auf der Grundlage falscher Finanzergebnisse geleistet wurden.

Ein weiteres Potenzial für Interessenkonflikte und ethische Aspekte entsteht dann, wenn einige Interessengruppen des Unternehmens von einer Entscheidung profitieren und andere benachteiligt werden. Aktionäre und Manager, aber auch Mitarbeiter und beispielsweise die Kommunen, in denen das Unternehmen tätig ist, sind Interessengruppen des Unternehmens. Die Manager können bei ihren Entscheidungen auch die Interessen anderer Gruppen berücksichtigen. Sie können beispielsweise eine verlustbringende Fabrik weiterführen, da diese der Hauptarbeitgeber in einer Kleinstadt ist, oder überdurchschnittliche Löhne an Fabrikarbeiter in einem Entwicklungsland zahlen oder eine Anlage mit höheren Umweltstandards betreiben, als das lokale Gesetz vorgibt.

In einigen Fällen sind diese Maßnahmen, von denen andere Interessengruppen profitieren, auch für die Aktionäre des Unternehmens dadurch von Vorteil, dass sie das Engagement der Mitarbeiter fördern, positive Werbung für Kunden sind oder andere indirekte Auswirkungen haben. Gehen diese Entscheidungen in anderen Fällen zugunsten von Interessengruppen auf Kosten der Aktionäre, dann stellen sie eine Art Wohltätigkeit des Unternehmens dar. In der Tat spenden viele, wenn nicht die meisten Unternehmen, gezielt (im Namen ihrer Aktionäre) für lokale und globale gemeinnützige und politische Zwecke. Wal-Mart Stores hat beispielsweise im Jahr 2010 USD 320 Millionen in bar für wohltätige Zwecke gespendet. Hierbei handelte es sich um die größte Barspende eines Unternehmens in jenem Jahr. Diese Maßnahmen sind kostspielig und verringern das Vermögen der Aktionäre. Auch wenn manche Aktionäre solche Maßnahmen unterstützen könnten, da sie ihren eigenen moralischen und ethischen Prioritäten entsprechen, ist es unwahrscheinlich, dass alle Aktionäre ebenso denken. So können mögliche Interessenkonflikte unter den Aktionären entstehen.

Citizens United gegen Federal Election Commission

Am 21. Januar 2010 gab das oberste Gericht der USA eine Entscheidung bekannt in einem Fall, der nach der Meinung einiger Gelehrter seit vielen Jahren der wichtigste den ersten Zusatzartikel zur amerikanischen Verfassung betreffende Fall war. In Citizens United vs. Federal Election Commission entschied das Gericht in einem umstrittenen Urteil mit fünf zu vier Stimmen, dass der erste Zusatzartikel der US-Verfassung Unternehmen und Gewerkschaften erlaubt, einen Kandidaten mit Geld zu unterstützen. Dieses Urteil hob die bestehende Beschränkung hinsichtlich der Ausgaben von Unternehmen für Wahlkämpfe auf. Da es jedoch sehr unwahrscheinlich ist, dass alle Aktionäre eines Unternehmens einstimmig einen bestimmten Kandidaten unterstützen würden, stellt die Ermöglichung derartiger Aktivitäten einen möglichen Interessenkonflikt dar.

Die Leistung des CEO. Eine andere Möglichkeit, wie Aktionäre die Manager dazu anhalten können, im Interesse der Aktionäre zu handeln, ist, sie zu disziplinieren, wenn sie es nicht tun. Wenn die Aktionäre mit der Leistung eines CEO nicht zufrieden sind, könnten sie auf den Vorstand Druck ausüben, diesen zu entlassen. Michael Eisner von Disney, Carly Fiorina von Hewlett Packard und Scott Thompson von Yahoo wurden Berichten zufolge von ihrem Vorstand zum Rücktritt gezwungen. Trotz dieser hochkarätigen Beispiele werden Direktoren und CEOs selten nach einem Aufstand der Aktionäre ersetzt. Stattdessen entscheiden sich unzufriedene Aktionäre häufig für den Verkauf ihrer Anteile. Natürlich muss jemand bereit sein, diese Aktien von den unzufriedenen Aktionären zu kaufen. Sind genug Aktionäre unzufrieden, können Investoren nur durch einen niedrigen Preis zum

Kauf (oder zum Halten) der Aktien veranlasst werden. Ebenso veranlassen gut geführte Unternehmen Investoren dazu, Aktien zu kaufen. Dies lässt den Aktienkurs steigen. Somit ist der Aktienkurs eines Unternehmens das Barometer für die Unternehmensleitung, das ständig darüber informiert, wie die Aktionäre ihre Leistung einschätzen.

Schneidet der Aktienkurs schlecht ab, könnte der Vorstand darauf reagieren, indem er den CEO absetzt. In einigen Unternehmen sitzen jedoch die Führungskräfte so fest im Sattel, weil der Vorstand nicht bereit ist, sie zu ersetzen. Dieser fehlende Wille, den CEO zu entlassen, rührt häufig daher, dass die Mitglieder des Vorstands enge Freunde des CEO sind und es ihnen daher an Objektivität mangelt. In Unternehmen, in denen der CEO, der schlechte Ergebnisse liefert, fest im Sattel sitzt, wird die erwartete andauernde schlechte Leistung zu einem Rückgang des Aktienkurses führen. Niedrige Aktienkurse stellen eine Gewinngelegenheit dar. Bei einer **feindlichen Übernahme** kann eine Einzelperson oder ein Unternehmen, manchmal auch Heuschrecke genannt, einen Großteil der Aktien kaufen und ausreichend Stimmrechte erwerben, um den Vorstand und den CEO zu ersetzen. Mit einem neuen, besseren Management-Team ist die Aktie eine viel attraktivere Investition. Dies führt in der Regel zu einem Kursanstieg und zu einem Gewinn für die Heuschrecke und die anderen Aktionäre. Auch wenn die Wörter „feindlich" und „Heuschrecke" eine negative Bedeutung haben, leisten die Heuschrecken den Aktionären einen wichtigen Dienst. Die bloße Drohung, infolge einer feindlichen Übernahme ersetzt zu werden, reicht häufig aus, unzulänglich arbeitende Manager zu disziplinieren und den Vorstand zu motivieren, schwierige Entscheidungen zu treffen. Wenn die Aktien eines Unternehmens also an der Börse gehandelt werden, wird ein „Markt für Unternehmenskontrolle" geschaffen, der Manager und Vorstände dazu ermutigt, im Interesse ihrer Anleger zu handeln.

Fluggesellschaften in Insolvenz

Nach dem erfolglosen Versuch die amerikanische Bundesregierung davon zu überzeugen, die Investoren der Gesellschaft mithilfe von Kreditgarantien zu retten, reichte United Airlines am 9. Dezember 2002 einen Antrag auf Gläubigerschutz ein. Obwohl United Airlines die nächsten drei Jahr in Insolvenz blieb, führte sie den Betrieb fort, beförderte Passagiere und weitete in einigen Märkten sogar die Kapazitäten aus. Eine dieser Expansionen hieß „Ted", der vom Pech verfolgte Versuch von United, eine Billig-Fluglinie zu starten, um direkt mit Southwest Airlines konkurrieren zu können. Obwohl die ursprünglichen Aktionäre von United alles verloren, ging der Flugbetrieb – was die Passagiere betraf – seinen gewohnten Gang. Es wurden weiter Flüge gebucht und United führte ihren Betrieb fort.

Der Gedanke ist naheliegend, dass alles „vorbei" ist, wenn ein Unternehmen einen Insolvenzantrag einreicht. Doch oft sind die Anleihehalter und andere Gläubiger besser dran, wenn es dem Unternehmen ermöglicht wird den Betrieb als operative Einheit weiterzuführen, als das Unternehmen zu liquidieren. United war nur eine von vielen Fluggesellschaften, die seit dem Jahr 2002 erst in Insolvenz gingen, um später gestärkt aus dem Insolvenzverfahren hervorzugehen. Auch U.S. Airways, Air Canada, Hawaiian Airlines, Northwest Airlines und Delta Airlines erging es so. Im November 2011 erklärte sich American Airlines als letzte Fluggesellschaft insolvent. Wie United im Jahr 2002 führte auch American Airlines den Flugbetrieb weiter, senkte die Kosten und führte ein Sanierungsprogramm durch. Diese Anstrengungen scheinen sich auszuzahlen – ohne die Kosten in Verbindung mit der Insolvenz wies American im zweiten Quartal 2012 einen Gewinn von USD 95 Millionen aus, den ersten Betriebsgewinn in einem zweiten Quartal seit 2007.

Insolvenz einer Aktiengesellschaft. In der Regel wird eine Aktiengesellschaft im Namen ihrer Aktionäre geführt. Nimmt eine Aktiengesellschaft jedoch einen Kredit auf, werden die Kreditgeber zu Investoren des Unternehmens. Während die Kreditgeber in der Regel das Unternehmen nicht beherrschen, sind sie, wenn das Unternehmen seine Kredite nicht tilgt, berechtigt, die Vermögensgegenstände des Unternehmens als Entschädigung für den Zahlungsausfall zu pfänden. Um eine solche

Pfändung zu verhindern, kann das Unternehmen versuchen, mit den Kreditgebern neu zu verhandeln oder Gläubigerschutz in einem Insolvenzverfahren zu beantragen.[5] Ist das Unternehmen jedoch nicht in der Lage, den Kredit zu tilgen oder mit den Kreditgebern zu verhandeln, wird die Herrschaft über das Unternehmen an sie übergehen.

Zahlt also ein Unternehmen seine Kredite nicht zurück, ist das Endergebnis eine Veränderung der Inhaberschaft am Unternehmen und die Herrschaft geht von den Eigenkapitalhaltern an die Kreditgeber über. Wichtig ist, dass eine Insolvenz nicht unweigerlich zu einer **Liquidierung** des Unternehmens führen muss, die die Schließung des Unternehmens und die Veräußerung der Vermögensgegenstände bedeutet. Auch wenn die Herrschaft an die Kreditgeber übergeht, ist es in deren Interesse, das Unternehmen so rentabel wie möglich zu verwalten, das Unternehmen also in vielen Fällen weiterzuführen. Beispielsweise meldete Federated Department Stores im Jahr 1990 Insolvenz an. Eines der bekanntesten Tochterunternehmen dieses Unternehmens war Bloomingdale`s, ein in den USA bekanntes Kaufhaus. Da Bloomingdale`s ein rentables Unternehmen war, verlangten weder die Eigenkapitalhalter noch die Kreditgeber es zu schließen, und so wurde es während der Insolvenz weitergeführt. Als Federated Department Stores im Jahr 1992 saniert wurde und aus der Insolvenz heraustrat, hatten die früheren Eigenkapitalhalter ihren Anteil an Bloomingdale`s verloren, aber diese Flaggschiff-Kette zeigte weiterhin gute Ergebnisse für ihre neuen Inhaber. Somit wurde der Wert als Unternehmen durch die Insolvenz nicht beeinträchtigt.

Um sich besser vorstellen zu können, was eine Aktiengesellschaft ausmacht, kann man sich zwei verschiedene Kategorien von Investoren vorstellen, die Ansprüche auf die Cashflows haben: Kreditgeber und Eigenkapitalhalter. Solange das Unternehmen die Forderungen der Kreditgeber erfüllen kann, verbleibt die Inhaberschaft in den Händen der Eigenkapitalhalter. Sobald das Unternehmen diese Forderungen jedoch nicht erfüllen kann, können die Kreditgeber die Herrschaft über das Unternehmen übernehmen.

Man kann sich die Insolvenz einer Aktiengesellschaft am besten als *Veränderung der Inhaberschaft* der Aktiengesellschaft vorstellen und nicht unbedingt als ein Scheitern der zugrunde liegenden Geschäftstätigkeit.

Verständnisfragen

1. Welche drei Hauptaufgaben hat der Leiter der Finanzabteilung?
2. Was ist das Principal-Agency-Problem, das in einer Aktiengesellschaft auftreten kann?
3. Wie kann sich die Anmeldung einer Insolvenz auf die Inhaberschaft einer Aktiengesellschaft auswirken?

1.3 Die Aktienbörse

Wie bereits erörtert, möchten die Aktionäre, dass die Manager eines Unternehmens den Wert ihrer Investition in das Unternehmen maximieren. Der Wert der Investition wird durch den Kurs der Aktie bestimmt. Da manche **Privatunternehmen** eine begrenzte Anzahl an Aktionären haben (sogenannte kleine oder „private" Aktiengesellschaften) und ihre Anteile nicht börslich gehandelt werden, kann es schwierig sein, deren Wert zu ermitteln. Viele Gesellschaften sind jedoch **Publikums-Aktiengesellschaften**, deren Aktien an geregelten Märkten, den **Aktienbörsen**, gehandelt werden. Diese Märkte bieten *Liquidität* und bestimmen einen Marktpreis für die Aktien des Unternehmens. Eine Investition ist dann **liquide**, wenn es möglich ist, die Aktie schnell und problemlos für einen Preis sehr nahe dem Preis zu verkaufen, zu dem man sie zum selben Zeitpunkt erwerben könnte. Diese Liquidität ist für externe Investoren attraktiv, da sie eine Flexibilität hinsichtlich des Zeitpunkts und der Dauer der Investition in das Unternehmen bietet. In diesem Abschnitt geben wir einen Überblick

---

5 Auf die Einzelheiten eines Insolvenzverfahrens und dessen Auswirkungen auf Entscheidungen innerhalb von Unternehmen soll in ▶TEIL V dieses Lehrbuchs näher eingegangen werden.

über die wichtigsten Aktienbörsen der Welt. Die Aktienanalyse und der Handel der Teilnehmer an diesen Märkten führen zu einem Aktienkurs, der den Managern ständig Informationen darüber liefert, wie die Aktionäre ihre Entscheidungen einschätzen.

Primär- und Sekundärmärkte für Aktien

Wenn ein Unternehmen selbst neue Aktien ausgibt und an Investoren verkauft, geschieht dies über den **Primärmarkt**. Nach dieser ersten Transaktion zwischen den Unternehmen und den Investoren werden die Aktien am **Sekundärmarkt** unter den Investoren gehandelt, und zwar ohne Mitwirken der Aktiengesellschaft. Wenn man beispielsweise 100 Aktien von Starbucks Coffee kaufen möchte, platziert man eine Order an einer Börse, an der Starbucks unter dem Tickersymbol SBUX gehandelt wird. Man würde die Aktien von jemandem erwerben, der bereits Aktien von Starbucks hält, und nicht von Starbucks selbst.

Die größten Aktienbörsen

Die bekannteste amerikanische Aktienbörse und die größte Aktienbörse der Welt ist die New York Stock Exchange (NYSE). Täglich wechseln dort Aktien im Wert von vielen Milliarden Dollar den Besitzer. Weitere amerikanische Aktienbörsen sind die American Stock Exchange (AMEX), die National Association of Security Dealers Automated Quotation (NASDAQ) und regionale Börsen wie die Midwest Stock Exchange. Die meisten anderen Länder haben mindestens eine Aktienbörse. Außerhalb der Vereinigten Staaten sind die größten Börsen mit den höchsten Umsätzen die London Stock Exchange (LSE), die Tokyo Stock Exchange (TSE) und Euronext. ▸Abbildung 1.3 zeigt die weltweit größten Aktienbörsen nach zwei der gängigsten Kennzahlen: dem gesamten Jahresvolumen an Aktien, das an der Börse gehandelt wird, und dem Gesamtwert aller inländischen Unternehmen, die an der Börse notiert sind.

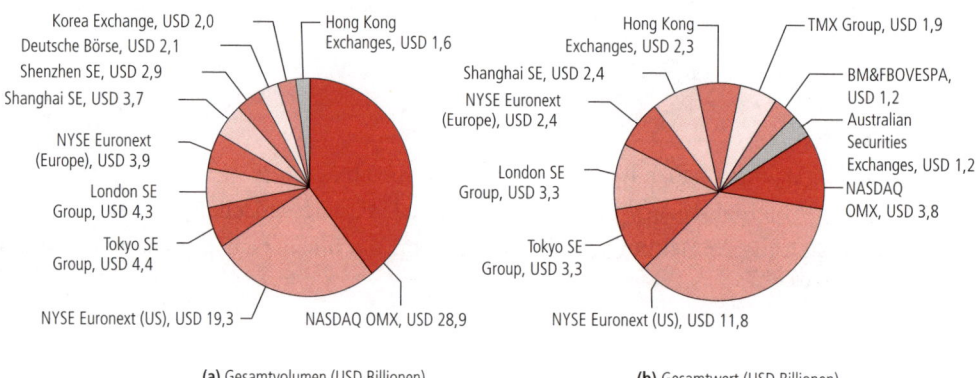

(a) Gesamtvolumen (USD Billionen)   **(b)** Gesamtwert (USD Billionen)

Abbildung 1.3: Aktienbörsen weltweit nach zwei gängigen Kennzahlen. Die zehn größten Aktienbörsen der Welt nach (a) der Gesamtzahl der an der Börse im Jahr 2011 gehandelten Aktien und (b) dem Gesamtwert der an der Börse zum Jahresende 2011 notierten inländischen Unternehmen.

Quelle: www.world-exchanges.org.

NYSE

Die NYSE ist der Ort, an dem der physische Wertpapierhandel stattfindet. Auf dem Parkett führen die Market Maker (die an der NYSE Specialists heißen) die Käufer und Verkäufer zusammen. Für jede Aktie, für die sie den Markt machen, geben sie zwei Preise an: den Preis, zu dem sie bereit sind die Aktie zu kaufen (den Geldkurs), und den Preis, zum dem sie bereit sind die Aktie zu verkaufen (den Briefkurs). Wenn ein Kunde zu diesen Preisen ein Handelsgeschäft durchführen will, führen sie den Handel zu diesem Preis aus (bis zu einer begrenzten Anzahl Aktien), selbst wenn sie keinen weiteren Kunden haben, der bereit ist, die andere Seite des Handelsgeschäfts einzunehmen. So stellen sie sicher, dass der Markt liquide ist, da die Kunden immer die Gewissheit haben, dass sie zu den angegebenen Preisen handeln können. Die Börse hat Regeln, mit denen versucht wird sicherzustellen, dass Geld- und Briefkurse nicht zu weit auseinander liegen und dass große Preisänderungen über eine Reihe von kleinen Änderungen erfolgen statt in einem großen Sprung. Die Briefkurse liegen über den Geldkursen. Diese Kursdifferenz nennt man **Geld-Brief-Spanne**. Kunden kaufen immer zum Briefkurs (dem höheren Kurs) und verkaufen zum Geldkurs (dem niedrigeren Kurs). Geld-Brief-Spannen sind **Transaktionskosten**, die Investoren für das Handelsgeschäft zu zahlen haben. Da die Specialists an einem physischen Markt wie der NYSE die andere Seite des Handelsgeschäfts ihrer Kunden einnehmen, sind diese Kosten ihr Gewinn. Es ist die Vergütung, die sie dafür verlangen, dass sie einen liquiden Markt bieten, indem sie bereit sind, jeden angegebenen Preis anzunehmen. Investoren zahlen auch andere Transaktionskosten wie zum Beispiel Provisionen.

NASDAQ

In der Wirtschaft von heute muss der Aktienmarkt kein physischer Ort sein. Die Anleger können Aktiengeschäfte (vielleicht sogar effizienter) per Telefon oder Computer durchführen. Einige Aktienmärkte sind daher eine Ansammlung von Händlern oder Market Makers, die über Computer und Telefon miteinander verbunden sind. Das bekannteste Beispiel eines solchen Marktes ist die NASDAQ. Ein wichtiger Unterschied zwischen der NYSE und der NASDAQ ist, dass an der NYSE jede Aktie nur einen Market Maker hat. An der NASDAQ können einzelne Aktien viele Market Maker haben, die sich Konkurrenz machen. Jeder Market Maker muss Geld- und Briefkurse in das NASDAQ-Netz einstellen, wo sie von allen Marktteilnehmern gesehen werden können. Im NASDAQ-System werden die besten Preise zuerst angegeben und Aufträge dementsprechend ausgeführt. Dadurch wird den Anlegern für Kauf oder Verkauf der momentan bestmögliche Preis garantiert.

In diesem Kapitel haben wir einen Überblick über die Finanzwirtschaft gegeben, die Rolle des Finanzleiters beschrieben und die Bedeutung der Aktienmärkte betont. In den folgenden Kapiteln entwickeln wir die Werkzeuge der Finanzanalyse und ein klares Verständnis dafür, wann sie eingesetzt werden und warum sie auch funktionieren. Diese Werkzeuge schaffen die Grundlage für die Verwendung der Finanzmarktdaten, die von den Aktienmärkten geliefert werden sowie von anderen Quellen, um die bestmöglichen finanzwirtschaftlichen Entscheidungen treffen zu können.

Verständnisfragen

1. Was ist die New York Stock Exchange (NYSE)?
2. Welchen Vorteil liefert eine Aktienbörse den Investoren einer Aktiengesellschaft?

Z U S A M M E N F A S S U N G

1.1 Die vier Unternehmensformen

- In den Vereinigten Staaten gibt es vier Unternehmensformen: Einzelunternehmen (Sole Proprietorship), Personengesellschaften (Partnership), Limited Liability Companies (Gesellschaften mit beschränkter Haftung, LLC) und Corporations (Aktiengesellschaften).

- Unternehmen mit unbeschränkter persönlicher Haftung sind Einzelunternehmen und Personengesellschaften.

- Unternehmen mit beschränkter Haftung sind Kommanditgesellschaften, Gesellschaften mit beschränkter Haftung und Aktiengesellschaften.

- Eine Corporation oder Aktiengesellschaft ist eine juristisch definierte künstliche Person (eine juristische Person oder Rechtseinheit), die viele Befugnisse einer natürlichen Person hat. Sie kann Verträge abschließen, Vermögensgegenstände erwerben und Verpflichtungen eingehen.

- Die Aktionäre einer Kapitalgesellschaft (in den USA C-Corporation, in Deutschland GmbH und AG) müssen zweimal Steuern zahlen. Zum einen zahlt das Unternehmen Steuern und dann zahlen die Investoren Steuern auf persönlicher Ebene auf sämtliche ausgeschütteten Beträge.

- S-Corporations sind in den USA von der Ertragsteuer befreit.

1.2 Inhaberschaft im Vergleich zur Leitung von Unternehmen

- Die Inhaberschaft einer Corporation oder einer Aktiengesellschaft ist in Aktien aufgeteilt, die zusammen als Eigenkapital bezeichnet werden. Diejenigen, die in diese Aktien investieren, nennt man Aktionäre, Aktieninhaber oder Anteilseigner.

- Die Inhaberschaft und die Leitung einer Corporation oder Aktiengesellschaft sind getrennt. Aktionäre üben ihre Kontrolle indirekt durch das Board of Directors (bei der AG durch den Aufsichtsrat) aus.

- Die Finanzleiter des Unternehmens sind für drei Hauptaufgaben zuständig: Sie treffen Investitionsentscheidungen, finanzielle Entscheidungen und verwalten die Cashflows des Unternehmens.

- Durch eine gute, die allgemeine Gesellschaft betreffende Politik sollte sichergestellt werden, dass auch die Gesellschaft profitiert, wenn das Unternehmen Maßnahmen ergreift, von denen die Aktionäre profitieren.

- Während die Aktionäre möchten, dass die Manager Entscheidungen treffen, die den Aktienkurs maximieren, müssen die Manager dieses Ziel oft den Wünschen anderer Interessengruppen (einschließlich sie selbst) anpassen.

- Die Insolvenz einer Aktiengesellschaft kann man sich als Wechsel der Inhaberschaft und Herrschaft über das Unternehmen vorstellen. Die Eigenkapitalhalter geben ihre Inhaberschaft und Herrschaft an die Fremdkapitalgeber ab.

1.3 Die Aktienbörse

- Die Aktien einer öffentlichen Aktiengesellschaft werden an Aktienbörsen gehandelt. Die Aktien einer privaten Aktiengesellschaft werden nicht an der Aktienbörse gehandelt.

Z U S A M M E N F A S S U N G

Weiterführende Literatur

Die **Literaturhinweise** zu diesem Kapitel finden Sie auf unserer begleitenden Website zum Buch unter *www.pearson-studium.de*.

Aufgaben

1. Was ist der wichtigste Unterschied zwischen einer Aktiengesellschaft und *allen* anderen Unternehmensformen?

2. Welches sind die wichtigsten Vor- und Nachteile der Gründung eines Unternehmens als Aktiengesellschaft?

3. Sie sind Aktionär einer amerikanischen C-Corporation. Das Unternehmen hat einen Gewinn von USD 2 pro Aktie vor Steuern erwirtschaftet. Nach Zahlung der Steuern wird das Unternehmen den Rest des Gewinns an Sie als Dividende auszahlen. Der Ertragsteuersatz beträgt 40 % und der Steuersatz auf persönlicher Ebene auf Einkünfte (sowohl auf Dividenden als auch auf andere Einkünfte) liegt bei 30 %. Wie viel bleibt Ihnen nach Zahlung aller Steuern?

4. Die Manager von Aktiengesellschaften arbeiten für die Inhaber des Unternehmens. Folglich sollten sie Entscheidungen treffen, die im Interesse der Inhaber sind, und nicht ihren eigenen Interessen folgen. Welche Strategien stehen den Aktionären zur Verfügung, um sicherzustellen, dass die Manager dazu motiviert werden, so zu handeln?

Die **Antworten** zu diesen Fragen finden Sie auf unserer begleitenden Website zum Buch unter *www.pearson-studium.de*.

Einführung in die Analyse von Finanzberichten

2

ÜBERBLICK

Wie bereits in ▶Kapitel 1 erörtert wurde, ist einer der großen Vorteile der Aktiengesellschaft als Unternehmensform, dass es keine Beschränkungen dahingehend gibt, wer Inhaber der Aktien sein kann. Jeder, der Geld zum Anlegen hat, ist ein potenzieller Anleger. Folglich sind die Aktien verteilt auf Einzelpersonen, die 100 Aktien halten, bis hin zu offenen Fonds und institutionellen Anlegern, die Millionen von Aktien halten. International Business Machines Corporation (IBM) hatte beispielsweise im Jahr 2012 circa 1,2 Milliarden Aktien im Umlauf, die von etwas weniger als 600.000 Aktionären gehalten wurden. Die meisten Aktionäre sind Kleinanleger. Warren Buffetts Berkshire Hathaway war der größte Aktionär mit einem Anteil von circa 6 %. Weniger als 1 % der Anteile an der Gesellschaft wurde von Führungskräften von IBM gehalten. Auch wenn die Unternehmensform der Aktiengesellschaft den Zugang des Unternehmens zum Investitionskapital stark erleichtert, bedeutet dies, dass der Aktienbesitz meist die einzige Verbindung des Investors zum Unternehmen ist. Wie erfahren Investoren genug über ein Unternehmen, um zu wissen, ob sie darin investieren sollen oder nicht? Wie können Finanzleiter den Erfolg ihres eigenen Unternehmens bewerten und es mit der Performance der Wettbewerber vergleichen? Eine Möglichkeit der Bewertung der Performance des Unternehmens und der Kommunikation dieser Informationen an die Investoren ist der *Finanzbericht*.

Unternehmen veröffentlichen regelmäßig Finanzberichte, um finanzielle Informationen an die Investorengemeinschaft zu kommunizieren. Eine detaillierte Beschreibung der Erstellung und eine Analyse dieser Finanzberichte sind so kompliziert, dass dafür ein ganzes Buch nötig wäre. An dieser Stelle soll dieses Thema nur kurz betrachtet und nur betont werden, welche Informationen die Investoren und Finanzleiter benötigen, um die Finanzierungsentscheidungen treffen zu können, die wir in diesem Buch erörtern.

Wir betrachten die vier Hauptarten des Finanzberichts, geben Beispiele für Finanzberichte von Unternehmen und erörtern, wo ein Investor oder Manager die verschiedenen Informationen über das Unternehmen finden könnte. Zudem betrachten wir einige Finanzkennzahlen, die Investoren und Manager verwenden, um die Performance und den Wert eines Unternehmens zu bewerten. Wir schließen das Kapitel mit einem Blick auf Missbrauchsfälle bei Finanzberichten, die für Schlagzeilen gesorgt haben.

2.1 Die Offenlegung von Finanzinformationen eines Unternehmens

Finanzberichte sind Rechenschaftsberichte, die Informationen über die vergangene Performance enthalten und vom Unternehmen regelmäßig (für gewöhnlich vierteljährlich und jährlich) veröffentlicht werden. US-amerikanische börsennotierte Unternehmen müssen ihre Finanzberichte bei der US-amerikanischen Wertpapier- und Börsenaufsicht (SEC) vierteljährlich auf Formular **10-Q** und jährlich auf Formular **10-K** einreichen. Zudem sind sie verpflichtet, ihren Aktionären jedes Jahr einen **Geschäftsbericht** sowie ihren Jahresabschluss vorzulegen. Privatunternehmen erstellen häufig auch Finanzberichte, aber sie müssen diese meist nicht der Öffentlichkeit mitteilen. Finanzberichte sind wichtige Werkzeuge, mit denen Investoren, Finanzanalysten und andere interessierte externe Parteien (wie zum Beispiel Gläubiger) Informationen über ein Unternehmen erhalten. Sie sind auch für die Manager des Unternehmens eine nützliche Informationsquelle bezüglich finanzieller Entscheidungen. In diesem Abschnitt untersuchen wir die Grundsätze für die Erstellung eines Finanzberichts und stellen die verschiedenen Arten von Finanzberichten vor.

Erstellung des Finanzberichts

Berichte über die Performance eines Unternehmens müssen verständlich und genau sein. **Allgemein anerkannte Rechnungslegungsstandards (Generally Accepted Accounting Principles, GAAP)** liefern allgemeine Regeln und eine Standardform, die börsennotierte Unternehmen bei der Erstellung ihrer Berichte verwenden. Diese Vereinheitlichung ermöglicht auch den Vergleich der Finanzergebnisse verschiedener Unternehmen.

Auch Investoren müssen sicher sein, dass die Finanzberichte richtig erstellt wurden. Aktiengesellschaften müssen einen neutralen Dritten, einen **Wirtschaftsprüfer**, damit beauftragen, die Jahresfinanzberichte zu prüfen und sicherzustellen, dass diese verlässlich und gemäß **GAAP** erstellt wurden.

Internationale Standards für Finanzberichte

Da die nationalen Vorschriften zur Rechnungslegung, in den USA GAAP genannt, von Land zu Land variieren, ist die Rechnungslegung bei international tätigen Unternehmen äußerst komplex. Auch für Investoren ist es schwierig, die Finanzberichte ausländischer Unternehmen zu interpretieren, worin oft das Haupthindernis für die internationale Kapitalmobilität gesehen wird. Da jedoch Unternehmen und Kapitalmärkte immer globaler werden, ist das Interesse an einer Harmonisierung der Rechnungslegungsstandards in den einzelnen Ländern gestiegen.

Das wichtigste Projekt zur Standardisierung begann im Jahr 1973, als Vertreter von zehn Ländern (einschließlich der Vereinigten Staaten) das Internationale Rechnungslegungs-Vereinheitlichungskomitee gründeten. Diese Bemühungen führten im Jahr 2001 zur Gründung des International Accounting Standards Board (IASB) mit Sitz in London. Nun hat der IASB eine Reihe internationaler Rechnungslegungsstandards (International Financial Reporting Standards, IFRS) veröffentlicht. Die IFRS werden weltweit immer mehr angewendet. Die Europäische Union (EU) erließ im Jahr 2002 eine Verordnung bezüglich Rechnungslegung, nach der alle börsennotierten europäischen Aktiengesellschaften ab 2005 diese IFRS in ihren Konzernabschlüssen anwenden müssen. Im Jahr 2012 haben mehr als 120 Länder, unter anderen die EU, Australien, Brasilien, Kanada, Russland, Hongkong, Taiwan, Singapur, China, Indien, die IFRS entweder als alternativ oder obligatorisch übernommen, und Japan wird in Kürze nachziehen. In der Tat akzeptieren jetzt alle großen Aktienbörsen der Welt die IFRS, mit Ausnahme der Vereinigten Staaten und Japan, die ihre jeweiligen Rechnungslegungsvorschriften beibehalten.

Der Hauptunterschied zwischen den U.S.-GAAP und den IFRS ist konzeptueller Art: Die U.S.-GAAP basieren hauptsächlich auf Rechnungslegungsvorschriften mit bestimmten Regelungen bezüglich ihrer Anwendung, während die IFRS mehr auf Grundsätzen beruhen, die eine professionelle Beurteilung durch Wirtschaftsprüfer verlangen. Zudem sind die spezifischen Vorschriften zu ihrer Anwendung begrenzt. Dennoch bestehen auch einige Unterschiede bezüglich der Regeln: Die U.S.-GAAP zum Beispiel untersagen grundsätzlich die Höherbewertung von nicht finanziellen Vermögensgegenständen, während die IFRS die Neubewertung einiger Vermögensgegenstände zum Marktwert zulassen. Die U.S.-GAAP beruhen bezüglich des Wertansatzes der Aktiva und Passiva auch weitgehend auf historischen Kosten und nicht auf dem „Marktwert".

Die Bemühungen, eine Angleichung zwischen den U.S.-GAAP und den IFRS zu erzielen, wurden in den Vereinigten Staaten durch den *Sarbanes-Oxley Act* im Jahr 2002 vorangetrieben. Dieses Gesetz enthielt eine Bestimmung für die Hinführung der US-amerikanischen Rechnungslegungsstandards zu international vereinheitlichten hochwertigen Rechnungslegungsstandards. Derzeit erfordern die Regeln der SEC immer noch, dass börsennotierte US-Unternehmen die U.S.-GAAP anwenden. Trotzdem haben Änderungen an den IFRS und U.S.-GAAP eine Angleichung der beiden Systeme bewirkt. Die verbleibenden Hauptunterschiede betreffen den Ertragsausweis, Wertminderungsaufwand, Leasing, Versicherungen und die Behandlung von Finanzinstrumenten. Mitte des Jahres 2012 überlegte die SEC noch, wie die IFRS in die U.S.-GAAP aufgenommen werden könnten.

Arten der Finanzberichte

Jedes börsennotierte Unternehmen muss vier Finanzberichte erstellen: Die *Bilanz*, die *Gewinn- und Verlustrechnung*, die *Kapitalflussrechnung* und die *Eigenkapitalveränderungsrechnung*. Diese Finanzberichte bieten Investoren und Gläubigern einen Überblick über die finanzielle Performance des Unternehmens. In den folgenden Abschnitten sehen wir uns den Inhalt dieser Finanzberichte näher an.

2.2 Die Bilanz

Die **Bilanz**[1] listet die *Aktiva* und *Passiva* eines Unternehmens auf und gibt eine Momentaufnahme der finanziellen Situation des Unternehmens zu einem gegebenen Zeitpunkt. ▶ Tabelle 2.1 zeigt die Bilanz eines fiktiven Unternehmens, der Global Conglomerate Corporation. Zu beachten ist, dass die Bilanz in zwei „Seiten" aufgeteilt ist: die Aktiva auf der linken und die Passiva auf der rechten Seite.

Die **Aktiva** enthalten die Barmittel, den Bestand, die Sachanlagen und andere Investitionen, die das Unternehmen getätigt hat. Die **Passiva** zeigen die Verbindlichkeiten gegenüber den Gläubigern des Unternehmens. Die rechte Seite der Bilanz enthält auch das *Eigenkapital.* Das **Eigenkapital** ist die Differenz zwischen den Aktiva und Passiva des Unternehmens und ein Maß des Nettovermögenswerts des Unternehmens.

Die Aktiva auf der linken Seite zeigen, wie das Unternehmen sein Kapital verwendet, wie es investiert. Die rechte Seite fasst die Kapitalquellen zusammen beziehungsweise zeigt, wie sich ein Unternehmen das erforderliche Kapital beschafft. Aufgrund der Art der Berechnung des Eigenkapitals müssen die rechte und die linke Seite gleich sein:

Die Bilanzidentität

$$\text{Aktiva} = \text{Passiva} + \text{Eigenkapital} \tag{2.1}$$

In ▶ Tabelle 2.1 entsprechen die gesamten Aktiva im Jahr 2012 (EUR 177,7 Millionen) den gesamten Passiva (EUR 155,5 Millionen) plus Eigenkapital (EUR 22,2 Millionen).

Wir untersuchen nun die Aktiva, Passiva und das Eigenkapital von Global im Detail.

Tabelle 2.1

Bilanz von Global Conglomerate Corporation für 2012 und 2011

GLOBAL CONGLOMERATE CORPORATION
Konzernbilanz
Für das am 31. Dezember zu Ende gegangene Jahr (in EUR Millionen)

Aktiva	2012	2011	Passiva und Eigenkapital	2012	2011
Umlaufvermögen			**Kurzfristige Verbindlichkeiten**		
Barmittel	21,2	19,5	Verbindlichkeiten	29,2	24,5
Forderungen	18,5	13,2	Schuldscheinverbindlichkeiten / kurzfristige Kredite	3,5	3,2
Bestand	15,3	14,3	Aktuelle Fälligkeiten langfristiger Kredite	13,3	12,3
Sonstiges Umlaufvermögen	2,0	1,0	Sonstige kurzfristige Verbindlichkeiten	2,0	4,0
Umlaufvermögen gesamt	57,0	48,0	Kurzfristige Verbindlichkeiten gesamt	48,0	44,0

---

1 In IFRS- und aktuellen U.S.-GAAP-Veröffentlichungen wird die Bilanz auch Statement of financial position genannt.

Anlagevermögen			Langfristige Verbindlichkeiten		
Grundstücke	22,2	20,7	Langfristige Schulden	99,9	76,3
Gebäude	36,5	30,5	Finanz-Leasingverpflichtungen	–	–
Ausrüstungen	39,7	33,2	Schulden gesamt	99,9	76,3
Abzüglich aufgelaufener Abschreibungen	−18,7	−17,5	Latente Steuern	7,6	7,4
Sachanlagen netto	79,7	66,9	Sonstige langfristige Verbindlichkeiten	–	–
Firmenwert und immaterielle Anlagewerte	20,0	20,0	Langfristige Verbindlichkeiten gesamt	107,5	83,7
Sonstiges Anlagevermögen	21,0	14,0	**Verbindlichkeiten gesamt**	**155,5**	**127,7**
Anlagevermögen gesamt	120,7	100,9	**Eigenkapital**	**22,2**	**21,2**
Aktiva gesamt	**177,7**	**148,9**	**Passiva gesamt und Eigenkapital**	**177,7**	**148,9**

Aktiva

In ▸Tabelle 2.1 sind die Aktiva von Global in Umlaufvermögen und Anlagevermögen aufgeteilt. Wir werden beide näher betrachten.

Umlaufvermögen. *Umlaufvermögen* sind entweder Barmittel oder Vermögensgegenstände, die innerhalb eines Jahres in Barmittel umgewandelt werden können. Diese Kategorie enthält Folgendes:

1. Barmittel und andere kurzfristige **börsengängige Wertpapiere**, die ein geringes Risiko darstellen und einfach verkauft und in Barmittel umgewandelt werden können (Geldmarktpapiere, zum Beispiel Staatspapiere, die innerhalb eines Jahres fällig werden).

2. **Forderungen aus Lieferungen und Leistungen** ergeben die Beträge, die dem Unternehmen von Kunden, die Waren oder Dienstleistungen auf Kredit gekauft haben, geschuldet werden.

3. **Bestände** setzen sich aus Rohstoffen und aus in Arbeit befindlichen Erzeugnissen und Fertigerzeugnissen zusammen.

4. Bei dem **Sonstigen Umlaufvermögen** handelt es sich um eine Sammelkategorie, die transitorische Posten (zum Beispiel Mieten oder Versicherungen, die im Voraus entrichtet wurden) enthält.

Anlagevermögen. Die erste Kategorie des **Anlagevermögens** beinhaltet die Sachanlagen netto. Darin enthalten sind Vermögensgegenstände wie Immobilien oder Maschinen, die mehr als ein Jahr lang materiellen Nutzen bringen. Wenn Global EUR 2 Millionen für neue Ausrüstungen ausgibt, wird dies im Posten Sachanlagen in der Bilanz ausgewiesen. Da Ausrüstungen aber verschleißen oder mit der Zeit veralten, wird Global den Wert, der für diese Ausrüstungen verbucht wird, jedes Jahr durch Abzug eines Betrages, die **Abschreibung**, mindern. Die aufgelaufenen Abschreibungen sind der während der Nutzungsdauer eines Anlagegegenstands insgesamt abgezogene Betrag. Das Unternehmen mindert den Wert des Anlagegegenstands (außer bei Grundstücken) über die Zeit entsprechend einem Abschreibungsplan, der von der Nutzungsdauer des Anlagegegenstands abhängt. Die Abschreibung ist keine echte Barausgabe, die das Unternehmen tätigt, sondern eine Methode, den Verschleiß von Ausrüstungen und Gebäuden zu erfassen, die desto mehr an Wert verlieren, je länger sie genutzt werden. Der **Buchwert** eines Vermögensgegenstandes, also der Wert, der in den Finanzberichten eines Unternehmens angegeben ist, entspricht den Beschaffungskosten abzüglich der aufgelaufenen Abschreibungen. Der Posten Sachanlagen netto zeigt den Buchwert dieser Vermögensgegenstände.

Wenn ein Unternehmen ein anderes Unternehmen übernimmt, erwirbt es eine Reihe materieller Vermögensgegenstände (wie Bestand und Sachanlagen), die dann in die Bilanz aufgenommen werden. In vielen Fällen zahlt das Unternehmen mehr für das andere Unternehmen als den Gesamtbuchwert der erworbenen Vermögensgegenstände. In diesem Fall wird der Unterschied zwischen dem für das

Unternehmen gezahlten Preis und dem Buchwert, der dessen materiellen Vermögensgegenständen zugeordnet wird, separat als **Firmenwert** und **immaterielle Anlagewerte** verbucht. Beispielsweise zahlte Global im Jahr 2010 EUR 25 Millionen für ein Unternehmen, dessen materielle Vermögensgegenstände einen Buchwert von EUR 5 Millionen hatten. Die restlichen EUR 20 Millionen erscheinen in ▶Tabelle 2.1 als Firmenwert und immaterielle Anlagewerte. Dieser Eintrag in der Bilanz erfasst den Wert der anderen immateriellen Anlagewerte, die das Unternehmen durch die Übernahme erworben hat wie beispielsweise Markennamen und Handelsmarken, Patente, Kundenbeziehungen und Mitarbeiter. Wenn das Unternehmen feststellt, dass der Wert dieser immateriellen Anlagewerte im Laufe der Zeit abnimmt, wird es den Betrag, der in der Bilanz erscheint, um eine **Amortisation** oder einen **Wertminderungsaufwand** mindern, der die Wertänderung der erworbenen Anlagewerte erfasst. Wie die Abschreibung ist auch die Amortisation kein tatsächlicher Baraufwand.

Im Posten Sonstiges Anlagevermögen können Positionen enthalten sein wie zum Beispiel Sachanlagen, die nicht für den Geschäftsbetrieb verwendet werden, Gründungskosten für ein neues Unternehmen, Investitionen in langfristige Wertpapiere und zum Verkauf gehaltene Vermögensgegenstände. Die Summe der gesamten Vermögensgegenstände des Unternehmens sind die Aktiva gesamt unten auf der linken Seite der Bilanz in ▶Tabelle 2.1.

Passiva

Wir untersuchen nun die auf der rechten Seite der Bilanz dargestellten Passiva, die in *kurzfristige* und *langfristige Verbindlichkeiten* unterteilt werden.

Kurzfristige Verbindlichkeiten. Verbindlichkeiten, die innerhalb eines Jahres beglichen werden, nennt man **kurzfristige Verbindlichkeiten**. Diese enthalten Folgendes:

1. **Verbindlichkeiten:** Der Betrag, der Lieferanten für Produkte oder Dienstleistungen geschuldet wird, die auf Kredit gekauft wurden.

2. **Kurzfristige Schulden** oder *Schuldscheinverbindlichkeiten* und *aktuelle Fälligkeiten langfristiger Schulden*: Alle Rückzahlungen von Schulden, die innerhalb des nächsten Jahres fällig werden.

3. Posten wie beispielsweise Löhne und Steuern, die geschuldet werden, aber noch nicht gezahlt wurden und zurückgestellte oder noch nicht verdiente Einnahmen, sprich Einnahmen, die für Produkte oder Dienstleistungen erhalten wurden, die noch nicht geliefert wurden.

Die Differenz zwischen dem Umlaufvermögen und den kurzfristigen Verbindlichkeiten ist das **Nettoumlaufvermögen**, also das Kapital, das kurzfristig für den Betrieb des Unternehmens zur Verfügung steht. Im Jahr 2012 betrug das *Nettoumlaufvermögen* von Global insgesamt EUR 9 Millionen (EUR 57 Millionen Umlaufvermögen, EUR 48 Millionen kurzfristige Verbindlichkeiten). Unternehmen mit niedrigem oder negativem Nettoumlaufvermögen stehen vor einer Mittelknappheit, wenn sie nicht aus ihrer laufenden Geschäftstätigkeit ausreichend Barmittel erwirtschaften.

Langfristige Verbindlichkeiten. Langfristige Verbindlichkeiten sind Verbindlichkeiten, die über ein Jahr hinausgehen. Wir beschreiben die wichtigsten Arten im Folgenden:

1. **Langfristige Schulden** sind Kredite oder Verpflichtungen mit einer Laufzeit von mehr als einem Jahr. Wenn ein Unternehmen Mittel beschaffen muss, um einen Vermögensgegenstand zu kaufen oder um eine Investition zu tätigen, kann es diese Mittel durch einen langfristigen Kredit beschaffen.

2. **Finanz-Leasingverträge** sind langfristige Leasingverträge, die das Unternehmen dazu verpflichten, regelmäßige Leasingzahlungen für die Nutzung eines Vermögensgegenstandes zu leisten.[2] Sie ermöglichen einem Unternehmen, einen Vermögensgegenstand zu nutzen, indem es diesen vom Inhaber des Vermögensgegenstandes least. Beispielsweise kann ein Unternehmen ein Gebäude leasen, das als Unternehmenssitz dient.

3. **Latente Steuern** sind Steuern, die geschuldet werden, aber noch nicht gezahlt wurden. Unternehmen erstellen grundsätzlich zwei verschiedene Sätze von Finanzberichten: einen zu Rechnungslegungszwecken und einen zu Steuerzwecken. Gelegentlich weichen die Regeln für diese

---

2 In ▶Kapitel 21 finden Sie eine präzise Definition des Finanz-Leasings.

beiden Berichtsarten voneinander ab. Latente Steuerverbindlichkeiten entstehen im Allgemeinen dann, wenn der Finanzertrag des Unternehmens den Steuerertrag übersteigt. Da latente Steuern später gezahlt werden, erscheinen sie als Verbindlichkeit in der Bilanz.[3]

Eigenkapital

Die Summe der kurzfristigen und langfristigen Verbindlichkeiten ergeben die Gesamtverbindlichkeiten. Die Differenz zwischen den Aktiva und den Gesamtverbindlichkeiten des Unternehmens ist das Eigenkapital. Dieses wird auch **Buchwert des Eigenkapitals** genannt. Wie bereits gesagt, misst diese Größe die Nettovermögenswerte des Unternehmens.

Idealerweise liefert uns die Bilanz eine genaue Feststellung des wahren Wertes des Eigenkapitals des Unternehmens, was aber leider sehr unwahrscheinlich ist: Erstens werden viele der Posten, die in der Bilanz aufgeführt werden, auf Grundlage ihrer historischen Kosten und nicht auf Grundlage ihres tatsächlichen heutigen Werts bewertet. Ein Bürogebäude wird in der Bilanz zum historischen Wert abzüglich Abschreibung erfasst, aber der tatsächliche heutige Wert des Bürogebäudes kann ganz anders und vielleicht viel *höher* sein als der Betrag, den das Unternehmen vor Jahren dafür gezahlt hat. Das Gleiche gilt für andere Sachanlagen sowie für den Firmenwert: Der wahre heutige Wert eines Vermögensgegenstandes kann vom Buchwert stark abweichen und diesen sogar übersteigen. Ein zweites und wahrscheinlich wichtigeres Problem ist, dass *viele der wertvollen Vermögensgegenstände eines Unternehmens nicht in der Bilanz erfasst sind.* Als Beispiel seien das Fachwissen der Mitarbeiter, der Ruf des Unternehmens am Markt, die Beziehungen zu Kunden und Lieferanten, der Wert künftiger Forschungs- und Entwicklungsinnovationen und die Qualität des Management-Teams genannt. Hierbei handelt es sich um Vermögensgegenstände, die den Wert des Unternehmens steigern, aber nicht in der Bilanz erscheinen.

Marktwert im Vergleich zum Buchwert

Aus diesen Gründen ist der Buchwert des Eigenkapitals eine ungenaue Bewertung des tatsächlichen Werts des Eigenkapitals des Unternehmens. Erfolgreiche Unternehmen können oftmals Kredite aufnehmen, die den Buchwert der Aktiva übersteigen, da die Gläubiger erkennen, dass der Marktwert der Aktiva weit höher als der Buchwert ist. Daher überrascht es nicht, dass sich der Buchwert des Eigenkapitals erheblich von dem Betrag unterscheidet, den die Investoren bereit sind für das Eigenkapital zu zahlen. Der gesamte *Marktwert* des Eigenkapitals eines Unternehmens entspricht dem Marktpreis der Aktie mal der Anzahl der umlaufenden Aktien.

$$\text{Marktwert des Eigenkapitals} = \text{umlaufende Aktien} \times \text{Marktpreis der Aktie} \qquad (2.2)$$

Der Marktwert des Eigenkapitals wird häufig auch **Marktkapitalisierung** genannt. Der Marktwert einer Aktie hängt nicht von den historischen Kosten der Vermögensgegenstände des Unternehmens ab, sondern vielmehr davon, was diese nach Ansicht der Investoren in Zukunft erwirtschaften.

Beispiel 2.1: Marktwert im Vergleich zum Buchwert

Fragestellung
Global hat 3,6 Millionen Aktien im Umlauf, die zu einem Kurs von je EUR 14 gehandelt werden. Wie hoch ist die Marktkapitalisierung von Global? Wie stellt sich diese Marktkapitalisierung im Vergleich zum Buchwert des Eigenkapitals dar?

Lösung
Die Marktkapitalisierung von Global liegt bei (3,6 Millionen Aktien) × (EUR 14/Aktie) = EUR 50,4 Millionen. Diese Marktkapitalisierung ist erheblich höher als der Buchwert des Eigenkapitals von EUR 22,2 Millionen. Somit sind die Investoren bereit, 50,4 : 22,2 = 2,27-mal den Betrag zu zahlen, den die Aktien von Global gemäß ihres Buchwertes „wert" sind.

---

3 Ein Unternehmen kann auch latente Steuerguthaben in Verbindung mit Steuergutschriften haben, die angefallen sind, aber erst in der Zukunft gezahlt werden.

Das Kurs-Buchwert-Verhältnis

In ▶Beispiel 2.1 haben wir das **Kurs-Buchwert-Verhältnis (KBV)**, auch bezeichnet als **Markt-Buchwert-Verhältnis**, von Global betrachtet. Hierbei handelt es sich um das Verhältnis der Marktkapitalisierung zum Buchwert des gezeichneten Kapitals.

$$\text{Kurs-Buchwert-Verhältnis} = \frac{\text{Marktwert des Eigenkapitals}}{\text{Buchwert des Eigenkapitals}} \qquad (2.3)$$

Das Kurs-Buchwert-Verhältnis ist bei den meisten erfolgreichen Unternehmen höher als 1. Dies ist ein Hinweis darauf, dass der Wert der Vermögensgegenstände, wenn sie verwendet werden, höher ist als ihre historischen Kosten. Abweichungen dieses Verhältnisses spiegeln die Unterschiede der grundlegenden Merkmale eines Unternehmens wider sowie den Mehrwert, der durch das Management geschaffen wird.

Im Juli 2012 hatte die Citigroup (C) ein Kurs-Buchwert-Verhältnis von 0,43. Dies spiegelt die Bewertung der Investoren wider: Der Wert vieler Vermögensgegenstände der Citigroup, wie beispielsweise die Hypothekenwertpapiere, lagen weit unter dem Buchwert. Gleichzeitig lag das durchschnittliche Kurs-Buchwert-Verhältnis großer US-amerikanischer Banken und Finanzinstitute bei 1,2 und bei allen großen US-amerikanischen Unternehmen bei 2,3. Im Gegensatz dazu hatte Pepsico (PEP) ein Kurs-Buchwert-Verhältnis von 4,8 und IBM ein Kurs-Buchwert-Verhältnis von 10,7. Analysten klassifizieren Unternehmen mit einem niedrigen Kurs-Buchwert-Verhältnis häufig als *Value Stocks* (Wertaktien) und solche mit hohen Kurs-Buchwert-Verhältnissen als *Growth Stocks* (Wachstumsaktien).

Unternehmenswert

Die Marktkapitalisierung misst den Marktwert des Eigenkapitals eines Unternehmens bzw. den Wert, der bleibt, wenn das Unternehmen seine Schulden getilgt hat. Aber was ist dann der Wert des Unternehmens selbst? Der **operative Unternehmenswert** eines Unternehmens (auch Gesamtunternehmenswert genannt) bewertet den Wert der zugrunde liegenden Vermögensgegenstände, die nicht durch Fremdkapital belastet und von Barmitteln und veräußerbaren Wertpapieren getrennt sind. Wir berechnen diesen wie folgt:

$$\text{Operativer Unternehmenswert} = \text{Marktwert des Eigenkapitals} + \text{Fremdkapital} - \text{Barmittel} \quad (2.4)$$

Gehen wir von der Marktkapitalisierung von Global in ▶Beispiel 2.1 aus. Im Jahr 2012 liegt die Marktkapitalisierung bei EUR 50,4 Millionen. Die Schulden betragen EUR 116,7 Millionen (EUR 3,5 Millionen an Schuldscheinverbindlichkeiten, EUR 13,3 Millionen an aktuellen Fälligkeiten langfristiger Verbindlichkeiten und restliche langfristige Verbindlichkeiten in Höhe von EUR 99,9 Millionen). Aufgrund der Barmittel von EUR 21,2 Millionen beträgt der operative Unternehmenswert von Global 50,4 + 116,7 − 21,2 = EUR 145,9 Millionen. Der operative Unternehmenswert kann als Kosten für die Übernahme des Unternehmens ausgelegt werden. Es würde somit 50,4 + 116,7 = EUR 167,1 Millionen kosten, das gesamte Eigenkapital von Global zu kaufen und die Schulden zu tilgen. Da wir aber auch die EUR 21,2 Millionen Barmittel kaufen würden, betragen die Nettokosten des Unternehmenskaufs nur 167,1 − 21,2 = EUR 145,9 Millionen.

Verständnisfragen

1. Was versteht man unter Bilanzidentität?
2. Der Buchwert der Aktiva eines Unternehmens ist gewöhnlich nicht gleich dem Marktwert dieser Akiva. Was sind einige der Gründe für diesen Unterschied?
3. Was versteht man unter dem operativen Unternehmenswert und was misst diese Größe?

2.3 Die Gewinn- und Verlustrechnung

Die **Gewinn- und Verlustrechnung (GuV)** oder die **Ergebnisrechnung** nennt die Erlöse und Aufwendungen über einen bestimmten Zeitraum. Die letzte Zeile der Gewinn- und Verlustrechnung oder das, was „unter dem Strich bleibt", zeigt das Nettoergebnis. Dieses misst die Profitabilität in diesem Zeitraum. Das Nettoergebnis wird auch als **Gewinn** des Unternehmens bezeichnet. In diesem Abschnitt untersuchen wir detailliert die Bestandteile der Gewinn- und Verlustrechnung und führen Kennzahlen ein, die wir zur Analyse dieser Daten verwenden können.

Berechnung des Gewinns

Während die Bilanz die Aktiva und Passiva des Unternehmens zu einem bestimmten Zeitpunkt zeigt, stellt die Gewinn- und Verlustrechnung den Fluss der Umsatzerlöse und Aufwendungen dar, die von diesen Aktiva und Passiva zwischen zwei Zeitpunkten generiert werden. ▶Tabelle 2.2 zeigt die Gewinn- und Verlustrechnung von Global für das Jahr 2012. Wir untersuchen jede Kategorie in dieser Auflistung.

Bruttogewinn. Die ersten beiden Zeilen der Gewinn- und Verlustrechnung nennen die Umsatzerlöse aus dem Verkauf von Waren und die Kosten, die entstanden sind, um die Waren herzustellen und zu verkaufen. Die Umsatzkosten sind Kosten, die direkt mit der Herstellung der verkauften Waren oder Dienstleistungen verbunden sind, wie beispielsweise die Herstellungskosten. Sonstige Kosten, wie administrativer Aufwand, Kosten für Forschung und Entwicklung sowie Zinsaufwand sind nicht in den Umsatzkosten enthalten. In der dritten Zeile steht der **Bruttogewinn**, der die Differenz zwischen den Umsatzerlösen und den Umsatzkosten ist.

Operativer Aufwand. Die nächste Gruppe von Posten ist der operative Aufwand. Hierbei handelt es sich um Aufwendungen im Rahmen der ordentlichen Geschäftstätigkeit, die nicht direkt mit der Herstellung der verkauften Waren oder Dienstleistungen verbunden sind. Sie enthalten administrative Aufwendungen und Gemeinkosten, Löhne, Marketingkosten und Forschungs- und Entwicklungskosten. Die dritte Gruppe des operativen Aufwands, Abschreibung und Amortisation, ist nicht als tatsächliche Barkosten zu betrachten, sondern stellt die geschätzten Kosten dar, die aus dem Verschleiß oder der Veralterung der Vermögensgegenstände des Unternehmens entstehen.[4] Der Bruttogewinn abzüglich des operativen Aufwands ist das **Betriebsergebnis**.

---

4 Nur bestimmte Arten der Amortisation, beispielsweise die Amortisation der Kosten eines erworbenen Patents, sind als Aufwand vor Steuern abzugsfähig. Unternehmen weisen Abschreibungen und Amortisationen nicht immer separat in der Gewinn- und Verlustrechnung aus, sondern inkludieren diese in den Aufwand je Funktion: Die Abschreibung eines Forschungs- und Entwicklungsgerätes würde in den Forschungs- und Entwicklungskosten inkludiert werden.

Tabelle 2.2

Gewinn- und Verlustrechnung von Global Conglomerate für die Jahre 2012 und 2011

GLOBAL CONGLOMERATE CORPORATION
Gewinn- und Verlustrechnung
Für das am 31. Dezember zu Ende gegangene Jahr (in EUR Millionen)

	2012	2011
Gesamtumsatz	186,7	176,1
Umsatzkosten	−153,4	−147,3
Bruttogewinn	33,3	28,8
Vertriebs- und Verwaltungsgemeinkosten	−13,5	−13,0
Forschung und Entwicklung	−8,2	−7,6
Abschreibung und Amortisation	−1,2	−1,1
Betriebsergebnis	10,4	7,1
Sonstige Erträge	–	–
Gewinn vor Zinsen und Steuern (EBIT)	10,4	7,1
Zinsertrag (Aufwand)	−7,7	−4,6
Ergebnis vor Steuern	2,7	2,5
Steuern	−0,7	−0,6
Nettoergebnis	2,0	1,9
Gewinn pro Aktie	EUR 0,556	EUR 0,528
Verwässerte Gewinne pro Aktie	EUR 0,526	EUR 0,500

Gewinn vor Zinsen und Steuern. Als Nächstes nehmen wir Ertrags- oder Kostenquellen auf, die aus den Tätigkeiten entstehen, die nicht zentraler Bestandteil des Geschäfts eines Unternehmens sind. Erträge aus den Finanzinvestitionen des Unternehmens sind ein Beispiel für sonstige Erträge, die hier genannt werden würden. Nach der Bereinigung um andere Quellen für Erträge oder Kosten erhalten wir den Gewinn des Unternehmens vor Zinsen und Steuern oder das **EBIT**.

Vorsteuer- und Nettoergebnis. Vom EBIT ziehen wir den Zinsaufwand in Verbindung mit dem ausstehenden Fremdkapital ab, um das Ergebnis vor Steuern zu berechnen, und dann ziehen wir die Ertragsteuern ab, um das Nettoergebnis des Unternehmens zu erhalten.

Das Nettoergebnis stellt den Gesamtgewinn des Unternehmens für die Eigenkapitalhalter dar. Der Gesamtgewinn wird häufig pro Aktie, als **Gewinn pro Aktie (Earnings per Share, EPS)**, dargestellt. Diesen berechnen wir, indem wir das Nettoergebnis durch die Gesamtzahl der im Umlauf befindlichen Aktien teilen:

$$\text{EPS} = \frac{\text{Nettoergebnis}}{\text{Aktien im Umlauf}} = \frac{\text{EUR 2,0 Millionen}}{\text{3,6 Millionen Aktien}} = 0,556 \text{ pro Aktie} \tag{2.5}$$

Auch wenn Global am Ende des Jahres 2012 nur 3,6 Millionen Aktien im Umlauf hat, kann die Anzahl an Aktien im Umlauf steigen, wenn Global seine Mitarbeiter oder Führungskräfte mit **Aktienoptionen** vergütet, die dem Inhaber das Recht gewähren, eine bestimmte Anzahl an Aktien bis zu einem bestimmten Datum zu einem bestimmten Preis zu kaufen. Wird die Option ausgeübt, gibt das Unternehmen neue Aktien aus und die Anzahl der im Umlauf befindlichen Aktien steigt. Die Anzahl an Aktien kann auch steigen, wenn das Unternehmen **Wandelschuldverschreibungen** ausgibt, eine Form des Fremdkapitals, das in Aktien umgewandelt werden kann. Da es dann mehr Aktien geben wird, durch die der gleiche Gewinn geteilt wird, bezeichnet man dieses Wachstum der Anzahl an Aktien als **Verwässerung**. Unternehmen legen das Potenzial der Verwässerung als **verwässerten Gewinn pro Aktie** offen, der den Gewinn pro Aktie so berechnet, als wären im Geld stehende Optionen oder andere aktienbasierte Vergütungen ausgeübt worden, beziehungsweise so, als wäre wandelbares Fremdkapital umgewandelt worden. Im Jahr 2011 gewährte Global seinen Führungskräften 200.000 Aktien, die bestimmten Beschränkungen unterlagen. Obwohl diese bisher noch nicht ausgeübt wurden, werden sie schließlich die Anzahl der Aktien erhöhen, sodass der verwässerte Gewinn pro Aktie von Global EUR 2 Millionen : 3,8 Millionen Aktien = EUR 0,526 beträgt.[5]

Verständnisfragen

1. Was ist der Unterschied zwischen dem Bruttogewinn und dem Nettoergebnis eines Unternehmens?

2. Was ist der verwässerte Gewinn pro Aktie?

2.4 Die Kapitalflussrechnung

Die Gewinn- und Verlustrechnung liefert eine Bewertung des Gewinns des Unternehmens über einen bestimmten Zeitraum. Sie gibt jedoch keinen Hinweis auf die *Barmittel*, die das Unternehmen erwirtschaftet hat. Es gibt zwei Gründe, warum das Nettoergebnis nicht den erwirtschafteten Barmitteln entspricht: Erstens gibt es unbare Einträge in der Gewinn- und Verlustrechnung, wie beispielsweise die Abschreibung und die Amortisation. Zweitens werden bestimmte Verwendungen von Barmitteln, wie der Kauf von Gebäuden oder Aufwendungen für Bestände, nicht in der Gewinn- und Verlustrechnung erfasst. Die **Kapitalflussrechnung** des Unternehmens verwendet die Informationen aus der Gewinn- und Verlustrechnung und der Bilanz, um festzustellen, wie viele Barmittel das Unternehmen während eines bestimmten Zeitraums erwirtschaftet hat und auf welche Weise diese verwendet wurden. Wie wir erkennen werden, liefert die Kapitalflussrechnung aus Sicht des Investors die wichtigsten Informationen dieser vier *Finanzberichte* für die Bewertung des Unternehmenswertes.

Die Kapitalflussrechnung ist in drei Abschnitte aufgeteilt: *Operative Geschäftstätigkeit, Investitionstätigkeiten* und *Finanzierungstätigkeiten*. Der erste Abschnitt behandelt die operativen Geschäftstätigkeiten und beginnt mit dem Nettoergebnis aus der Gewinn- und Verlustrechnung. Diese Zahl wird bereinigt, indem alle unbaren Einträge in Verbindung mit den operativen Geschäftstätigkeiten des Unternehmens zurückaddiert werden. Im nächsten Abschnitt, der Investitionstätigkeit, werden die Barmittel aufgelistet, die für Investitionen eingesetzt werden. Der dritte Abschnitt, Finanzierungstätigkeiten, zeigt die Kapitalflüsse zwischen dem Unternehmen und dessen Investoren. Die Kapitalflussrechnung von Global Conglomerate ist in ▶Tabelle 1.3 dargestellt. In diesem Abschnitt betrachten wir detailliert die einzelnen Komponenten der Kapitalflussrechnung.

---

5 Die Bereinigung um die Optionen erfolgt in der Regel nach der *Treasury-Stock-Methode*, bei der die Anzahl der hinzugefügten Aktien den gleichen Wert hat wie der Gewinn aus der Ausübung der Option. Bei einem Aktienkurs von Global von EUR 14 pro Aktie würde eine Option, die dem Mitarbeiter das Recht gewährt, eine Aktie für EUR 7 zu kaufen, (EUR 14 − EUR 7) : EUR 14 = 0,5 Aktien der verwässerten Anzahl an Aktien hinzufügen.

Tabelle 2.3		
Kapitalflussrechnung von Global Conglomerate für die Jahre 2012 und 2011		
GLOBAL CONGLOMERATE CORPORATION Die Kapitalflussrechnung Für das am 31. Dezember zu Ende gegangene Jahr (in EUR Millionen)		
	2012	**2011**
Operative Geschäftstätigkeit		
Nettoergebnis	2,0	1,9
Abschreibung und Amortisation	1,2	1,1
Sonstige unbare Positionen	−2,8	−1,0
Barauswirkung der Veränderungen von:		
Forderungen aus Lieferungen und Leistungen	−5,3	−0,3
Verbindlichkeiten	4,7	−0,5
Bestand	−1,0	−1,0
Barmittel aus operativer Geschäftstätigkeit	**−1,2**	**0,2**
Investitionstätigkeiten		
Kapitalaufwendungen	−14,0	−4,0
Übernahmen und sonstige Investitionstätigkeiten	−7,0	−2,0
Barmittel aus Investitionstätigkeiten	**−21,0**	**−6,0**
Finanztätigkeiten		
Gezahlte Dividenden	−1,0	−1,0
Verkauf oder Kauf von Aktien	–	–
Anstieg der Kredite	24,9	5,5
Barmittel aus Finanzierungstätigkeiten	**23,9**	**4,5**
Veränderung der Barmittel und barähnlichen Mittel	**1,7**	**−1,3**

Operative Geschäftstätigkeit

Der erste Abschnitt der Kapitalflussrechnung von Global bereinigt das Nettoergebnis um alle unbaren Posten in Verbindung mit der operativen Geschäftstätigkeit. Wird beispielsweise die Abschreibung bei der Berechnung des Nettoergebnisses abgezogen, so handelt es sich nicht um einen tatsächlichen Mittelabfluss. Daher addieren wir diesen Mittelabfluss zum Nettoergebnis bei der Berechnung der Barmittel zurück, die das Unternehmen generiert hat. Ebenso addieren wir etwaige andere unbare Aufwendungen wie latente Steuern oder Aufwendungen im Zusammenhang mit aktienbasierten Vergütungen wieder hinzu.

Als Nächstes bereinigen wir das Nettoergebnis um Veränderungen des Nettoumlaufvermögens, die aus Veränderungen der Forderungen aus Lieferungen und Leistungen, Verbindlichkeiten oder dem Bestand resultieren. Wenn ein Unternehmen ein Produkt verkauft, verbucht es den Umsatzerlös als Ertrag, auch wenn es aus dem Verkauf vielleicht nicht unmittelbar Barmittel erhalten hat. Stattdessen kann ein Unternehmen Lieferantenkredite gewähren und dem Kunden gestatten, erst in der Zukunft zu zahlen. Die Verpflichtung des Kunden wird den Forderungen aus Lieferungen und Leistungen hinzuaddiert. Wir verwenden folgende Richtlinien für die Bereinigung um Änderungen des Betriebskapitals:

1. *Forderungen aus Lieferungen und Leistungen:* Wird ein Umsatz als Bestandteil des Nettoergebnisses verbucht, aber die Barmittel wurden nicht vom Kunden erhalten, müssen wir die Cashflows bereinigen. Dies geschieht, indem wir den Anstieg der Forderungen aus Lieferungen und Leistungen *abziehen.*

2. *Verbindlichkeiten:* Hingegen *addieren* wir Zunahmen bei den Verbindlichkeiten hinzu, da Verbindlichkeiten Kredite des Unternehmens von dessen Lieferanten sind. Diese Kredite erhöhen die Barmittel, die dem Unternehmen zur Verfügung stehen.

3. *Bestand:* Schließlich *ziehen* wir Zugänge von den Beständen *ab.* Zugänge bei den Beständen werden nicht als Aufwand verbucht und tragen nicht zum Nettoergebnis bei. Die Kosten der Waren werden nur dann im Nettoergebnis erfasst, wenn die Waren tatsächlich verkauft wurden. Diese Kosten der Bestandszunahme sind jedoch ein Baraufwand des Unternehmens und müssen abgezogen werden.

Wir können der Bilanz die Veränderungen dieser Betriebskapitalposten entnehmen. In ▸Tabelle 2.1 stiegen die Forderungen aus Lieferungen und Leistungen von Global von EUR 13,2 Millionen im Jahr 2011 auf EUR 18,5 Millionen im Jahr 2012. Wir ziehen diesen Anstieg von 18,5 – 13,2 = EUR 5,3 Millionen in der Kapitalflussrechnung ab. Zu beachten ist, dass Global, auch wenn in der Gewinn- und Verlustrechnung ein positives Nettoergebnis ausgewiesen ist, tatsächlich einen negativen Cashflow von EUR 1,2 Millionen aus der operativen Geschäftstätigkeit zu verbuchen hatte. Dies ist zum Großteil auf den Anstieg der Forderungen zurückzuführen.

Investitionstätigkeit

Der nächste Abschnitt der Kapitalflussrechnung zeigt die Barmittel, die für Investitionstätigkeiten erforderlich sind. Der Kauf neuer Sachanlagen wird als **Investitionsaufwendung** bezeichnet. Wir wissen bereits, dass diese Aufwendungen nicht unmittelbar als Aufwand in der Gewinn- und Verlustrechnung erscheinen. Stattdessen erfassen Unternehmen diese Aufwendungen über die Zeit als Abschreibungsaufwendungen. Um den Cashflow eines Unternehmens zu ermitteln, haben wir bereits die Abschreibung zurückaddiert, da es sich um keinen tatsächlichen Mittelabfluss handelt. Nun ziehen wir den tatsächlichen Investitionsaufwand, den das Unternehmen hatte, ab. Ebenso ziehen wir auch andere erworbene Vermögensgegenstände und langfristige Investitionen ab, die das Unternehmen getätigt hat, wie beispielsweise Übernahmen oder ein Kauf von marktgängigen Wertpapieren. In ▸Tabelle 2.3 sehen wir, dass Global im Jahr 2012 EUR 21 Millionen in bar für Investitionstätigkeiten aufgewendet hat.

Finanzierungstätigkeit

Der letzte Abschnitt der Kapitalflussrechnung zeigt die Cashflows aus Finanzierungstätigkeiten. Dividenden, die an die Aktionäre gezahlt werden, sind Mittelabflüsse. Global entrichtete im Jahr 2012 Dividenden in Höhe von EUR 1 Million an die Aktionäre. Bei der Differenz zwischen dem Nettoergebnis und dem Betrag, den Global für Dividenden zahlt, handelt es sich um **Gewinnrücklagen** des betreffenden Jahres:

$$\text{Gewinnrücklagen} = \text{Nettoergebnis} - \text{Dividenden} \qquad (2.6)$$

Global bildete im Jahr 2012 Rücklagen aus seinem Gewinn von EUR 2 Millionen– EUR 1 Million = EUR 1 Million bzw. 50 % des Gewinns.

Nicht nur Barmittel, die das Unternehmen aus dem Verkauf eigener Aktien erhält, sondern auch Barmittel, die für den Kauf (Rückkauf) eigener Aktien verwendet werden, werden in Finanzierungstätigkeiten erfasst. Global hat im betreffenden Zeitraum keine Aktien ausgegeben oder zurückgekauft. Die letzten in diesem Abschnitt enthaltenen Posten resultieren aus den Veränderungen der kurz- und langfristigen Kredite. Global beschaffte Kapital durch eine Fremdkapitalemission. Dieser Anstieg des Fremdkapitals ist ein Mittelzufluss.

Die letzte Zeile der Kapitalflussrechnung fasst die Cashflows aus diesen drei Tätigkeiten zusammen zur Berechnung der Gesamtveränderung des Barsaldos des Unternehmens über den betreffenden Berechnungszeitraum. In diesem Fall erzielte Global Mittelzuflüsse von EUR 1,7 Millionen, was der Änderung der Barmittel vom Jahr 2011 auf das Jahr 2012, die bereits in der Bilanz ausgewiesen wurde, entspricht. Durch die Gesamtdarstellung in ▶Tabelle 2.3 ist ersichtlich, dass sich Global dafür entschieden hat, die Kosten der Investitionstätigkeit und operativen Geschäftätigkeit durch Kredite zu finanzieren. Auch wenn der Barsaldo des Unternehmens gestiegen ist, könnten die negativen operativen Cashflows und die relativ hohen Investitionsaufwendungen den Aktionären Grund zur Sorge geben. Würde dieses Muster anhalten, müsste Global Kapital aufnehmen durch weitere Kredite oder die Ausgabe von Aktien, um das Unternehmen fortführen zu können.

Beispiel 2.2:   **Die Auswirkung der Abschreibung auf den Cashflow**

Fragestellung

Angenommen, Global hatte im Jahr 2012 einen zusätzlichen Abschreibungsaufwand von EUR 1 Million und der Steuersatz von Global auf das Vorsteuerergebnis lag bei 26 %. Wie wirkt sich dieser Aufwand auf den Gewinn von Global aus? Wie würde er sich am Ende des Jahres auf die Barmittel auswirken?

Lösung

Die Abschreibung ist ein Betriebsaufwand und deshalb würden Betriebsergebnis, EBIT und Vorsteuerergebnis von Global um EUR 1 Million abnehmen. Diese Minderung des Vorsteuerergebnisses würde die Steuerschulden von Global um 26 % × EUR 1 Million = EUR 0,26 Millionen verringern. In der Kapitalflussrechnung würde das Nettoergebnis um EUR 0,74 Millionen zurückgehen. Wir würden jedoch die zusätzliche Abschreibung von EUR 1 Million zurückaddieren, da sie kein Baraufwand ist. Die Barmittel aus der operativen Geschäftätigkeit würden somit um −0,74 + 1 = EUR 0,26 Millionen steigen. Der Barsaldo von Global würde am Ende des Jahres um EUR 0,26 Millionen steigen, also um den Betrag der Steuerersparnis aus dem zusätzlichen Abzug der Abschreibung.

Verständnisfragen

1. Warum entspricht der Nettogewinn eines Unternehmens nicht den erwirtschafteten Barmitteln?

2. Aus welchen Bestandteilen setzt sich die Kapitalflussrechnung zusammen?

2.5   Sonstige Informationen eines Finanzberichts

Die wichtigsten Elemente des Finanzberichts eines Unternehmens sind die Bilanz, die Gewinn- und Verlustrechnung und die Kapitalflussrechnung, die wir bereits erörtert haben. Einige andere Informationen, die im Finanzbericht enthalten sind, sollten ebenfalls kurz erwähnt werden: die **Eigenkapitalveränderungsrechnung**, **der Bericht der Geschäftsleitung** und die **Anhänge zum Finanzbericht**.

Eigenkapitalveränderungsrechnung

Die **Eigenkapitalveränderungsrechnung** gliedert das in der Bilanz ausgewiesene Eigenkapital in den Betrag, der aus der Emission von Aktien stammt (Nennwert plus eingezahltes Kapital), gegenüber den Gewinnrücklagen auf. Da der Buchwert des Eigenkapitals zu finanziellen Zwecken keine nützliche Bewertung ist, wird die Eigenkapitalveränderungsrechnung von Finanzleitern nur selten herangezogen. Wir gehen deshalb nicht weiter auf die Berechnung ein. Wir können jedoch die Änderung des Eigenkapitals anhand der Daten aus den sonstigen Finanzausweisen des Unternehmens wie folgt ermitteln:[6]

---

6   Aktienverkäufe umfassen auch aktienbasierte Vergütungen.

Änderung des Eigenkapitals = einbehaltener Gewinn + Aktienverkäufe netto
= Nettoergebnis − Dividende +
Aktienverkäufe − Aktienrückkäufe   (2.7)

Global verzeichnete beispielsweise keine Aktienverkäufe oder Aktienrückkäufe, das Eigenkapital erhöhte sich im Jahr 2012 um den Betrag des einbehaltenen Gewinns von Euro 1 Million. Zu beachten ist, dass dieses Ergebnis dem bereits in der Bilanz von Global gezeigten Betrag der Änderung des Eigenkapitals entspricht.

Bericht der Geschäftsleitung

Der **Bericht der Geschäftsleitung** ist das Vorwort des Finanzberichts, in dem das Management des Unternehmens über das abgelaufene Jahr oder das Quartal berichtet, Hintergrundinformationen über das Unternehmen liefert und über wesentliche Ereignisse berichtet. Das Management kann auch Vorhaben des nächsten Jahres erörtern und über Ziele, neue Projekte und Pläne in der Zukunft informieren.

Das Management sollte auch bedeutende Risiken, mit denen das Unternehmen konfrontiert wird, sowie Probleme, die sich auf die Liquidität und Ressourcen des Unternehmens negativ auswirken können, diskutieren. Zudem muss das Management etwaige **nicht bilanzwirksame Transaktionen** offenlegen, also Transaktionen oder Vereinbarungen, die einen wesentlichen Einfluss auf die künftige Performance des Unternehmens haben können, aber nicht in der Bilanz erscheinen. Es wäre möglich, dass ein Unternehmen Garantien gegeben hat, Käufer für Verluste, die in Verbindung mit einem vom Unternehmen gekauften Vermögensgegenstand entstehen, zu entschädigen. Diese Garantien stellen eine mögliche künftige Verpflichtung des Unternehmens dar, die als Teil des Berichts der Geschäftsleitung offenzulegen ist.

Anhänge zum Finanzbericht

Zusätzlich zu den vier Finanzberichten veröffentlichen Unternehmen umfangreiche Anhänge mit weiteren Einzelheiten zu den in den Berichten enthaltenen Informationen. Die Anhänge dokumentieren wichtige Annahmen, die der Erstellung der Berichte zugrunde liegen. Sie geben häufig Informationen, die sich gezielt auf Tochterunternehmen oder einzelne Produktlinien beziehen und zeigen Einzelheiten zu den aktienbasierten Vergütungsplänen für Mitarbeiter und die verschiedenen Arten des ausstehenden Fremdkapitals. Auch Einzelheiten zu Übernahmen, Ausgliederungen, Leasingverhältnissen, Steuern, Schuldentilgungsplänen und Aktivitäten im Bereich Risikomanagement werden genannt. Die in den Anhängen enthaltenen Informationen sind häufig sehr wichtig für ein volles Verständnis der Finanzberichte.

Beispiel 2.3:   Umsätze nach Produktkategorie

Fragestellung
Im Bericht der Geschäftsleitung weist H. J. Heinz (HNZ) folgende Umsatzerlöse nach Produktkategorie aus (USD Millionen):

	2012	2011
Ketchup und Soßen	5.233	4.608
Speisen und Snacks	4.480	4.282
Babynahrung/Nahrungsmittel	1.232	1.175
Sonstiges	705	641

Welche Kategorie zeigte prozentual das höchste Wachstum? Wenn Heinz das gleiche prozentuale Wachstum nach Kategorien von 2012 auf 2013 verzeichnet, wie hoch wären dann die Umsatzerlöse insgesamt im Jahr 2013?

Lösung

Das prozentuale Wachstum der Umsätze bei Ketchup und Soßen lag bei 5.233 : 4.608 − 1 = 13,6 %, bei Speisen und Snacks bei 4,6 %, bei Babynahrung und Nahrungsmitteln bei 4,9 % und bei Sonstigem bei 10 %. Somit verzeichnete die Kategorie Ketchup und Soßen das höchste Wachstum.

Würden diese Wachstumsraten noch ein weiteres Jahr anhalten, so läge der Umsatz bei Ketchup und Soßen bei 5.233 × 1,136 = USD 5.945 Millionen und bei den anderen Kategorien bei USD 4.686 Millionen, USD 1.292 Millionen bzw. USD 776 Millionen. Dies ergäbe einen Gesamtumsatzerlös von USD 12,7 Milliarden.

Verständnisfragen

1. Wo werden außerbilanzielle Transaktionen im Finanzbericht eines Unternehmens offengelegt?

2. Welche Informationen geben die Anhänge zu den Finanzberichten?

2.6   Analyse des Finanzberichts

Investoren bewerten ein Unternehmen oft anhand von Berichten der Rechnungslegung, indem sie

1. analysieren, wie sich das Unternehmen im Zeitvergleich geändert hat, und/oder

2. das Unternehmen mit ähnlichen Unternehmen anhand einer Reihe gebräuchlicher Finanzkennzahlen vergleichen.

In diesem Abschnitt stellen wir die gebräuchlichsten Kennzahlen dar bezüglich Rentabilität, Liquidität, Betriebskapital, Zinsdeckungsgrad, Verschuldungsgrad, Bewertung und operative Rendite und erklären, wie jede dieser Kennzahlen in der Praxis angewendet wird.

Rentabilitätskennzahlen

Die Gewinn- und Verlustrechnung liefert sehr nützliche Daten bezüglich der Rentabilität der Geschäftstätigkeit eines Unternehmens und darüber, wie sich diese auf den Wert der Aktien des Unternehmens auswirkt. Die **Bruttomarge** eines Unternehmens ist das Verhältnis des Bruttogewinns zu den Umsatzerlösen (Umsatz):

$$\text{Bruttomarge} = \frac{\text{Bruttogewinn}}{\text{Umsatz}} \qquad (2.8)$$

Die Bruttomarge eines Unternehmens gibt an, ob es ein Produkt für mehr als die Herstellungskosten verkaufen kann. Im Jahr 2012 hatte Global beispielsweise eine Bruttomarge von 33,3 : 186,7 = 17,8 %. Da weitere Betriebskosten in einem Unternehmen anfallen, die über die direkten Umsatzkosten hinausgehen, ist die operative Marge, das Verhältnis des Betriebsergebnisses zu den Umsatzerlösen, eine weitere wichtige Rentabilitätskennzahl:

$$\text{Operative Marge} = \frac{\text{Betriebsergebnis}}{\text{Umsatz}} \qquad (2.9)$$

Die operative Marge zeigt, wie viel ein Unternehmen aus jedem Euro des Umsatzes vor Zinsen und Steuern erwirtschaftet. Die operative Marge von Global lag im Jahr 2012 bei 10,4 : 186,7 = 5,57 %, gegenüber 7,1 : 176,1 = 4,03 % im Jahr 2011. Wir können genauso die EBIT-Marge (EBIT : Umsatz) berechnen. Durch den Vergleich der operativen Margen oder EBIT-Margen von Unternehmen einer Branche kann die relative Effizienz der Geschäftstätigkeit des Unternehmens bewertet werden. In

▶Abbildung 2.1 werden die EBIT-Margen der Jahre 2007–2012 von vier großen amerikanischen Fluglinien verglichen. Zu beachten ist die Auswirkung der Finanzkrise der Jahre 2008 und 2009 auf die Rentabilität sowie die beständig niedrigen Gewinne von United Continental (UAL), der größten und ältesten Fluglinie, im Vergleich zu den Wettbewerbern.

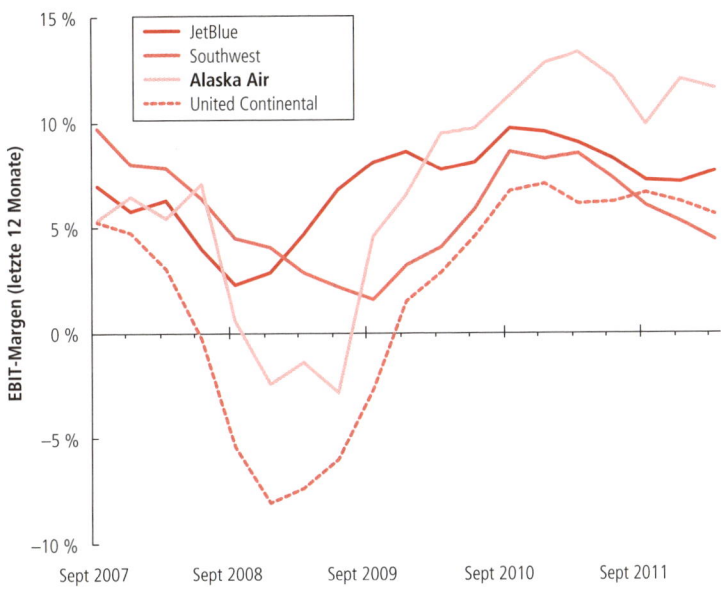

Abbildung 2.1: EBIT-Margen von vier US-Fluglinien. Jährliche (letzte 12 Monate) EBIT-Margen von vier US-Fluglinien: Alaska Airlines (ALK), JetBlue (JBLU), Southwest (LUV) und United Continental (UAL). Zu beachten ist der Rückgang der Rentabilität für alle Fluglinien im Gefolge der Finanzkrise im Jahr 2008, auf die Mitte 2010 die wirtschaftliche Erholung folgte. Beachtenswert ist auch die beständig niedrigere Rentabilität von United Continental im Vergleich zu den anderen Fluglinien.

Außer auf Unterschieden in der operativen Effizienz können Unterschiede bei den operativen Margen auch auf die Unternehmensstrategie zurückzuführen sein. Im Dezember 2011 hatte zum Beispiel der Luxuswarenhändler Nordstrom (JWN) im vergangenen Jahr eine operative Marge von 11,5 %. Wal-Mart Stores hatte eine operative Marge von lediglich 5,9 %. Die niedrigere operative Marge von 5,9 % von Wal-Mart Stores (WMT) war aber nicht die Folge von Ineffizienz. Die niedrigere operative Marge ist Teil der Strategie günstigere Preise in der Absicht anzubieten, alltägliche Produkte in großen Mengen zu verkaufen. Die Umsätze von Wal-Mart waren tatsächlich 41-mal höher als die von Nordstrom.

Die Nettoumsatzrendite eines Unternehmens schließlich ist das Verhältnis des Nettoergebnisses zu den Umsatzerlösen.

$$\text{Nettoumsatzrendite} = \frac{\text{Nettoergebnis}}{\text{Gesamtumsatz}} \tag{2.10}$$

Die Nettoumsatzrendite zeigt den Anteil eines jeden Euros der Umsatzerlöse, der den Eigenkapitalgebern zur Verfügung steht, nachdem das Unternehmen Zinsen und Steuern gezahlt hat. Im Jahr 2012 lag die Nettoumsatzrendite von Global bei 2,0 : 186,7 = 1,07 %. Beim Vergleich der Nettoumsatzrenditen muss man vorsichtig sein: Unterschiede bei den Nettoumsatzrenditen können zwar auf Unterschiede der Effizienz zurückzuführen sein, sie können aber auch aus unterschiedlichen Verschuldungsgraden resultieren, die die Höhe des Zinsaufwands bestimmen, sowie aus unterschiedlichen Annahmen, die der Rechnungslegung zugrunde liegen.

Liquiditätskennzahlen

Finanzanalysten bewerten häufig die Solvenz oder Liquidität anhand der Daten in der Bilanz eines Unternehmens. Insbesondere vergleichen die Gläubiger oft das Umlaufvermögen mit den kurzfristigen Verbindlichkeiten, um beurteilen zu können, ob das Betriebskapital des Unternehmens ausreicht für die Deckung des kurzfristigen Bedarfs. Dieser Vergleich lässt sich als Liquidität dritten Grades als Quotient aus Umlaufvermögen und kurzfristigen Verbindlichkeiten ausdrücken:

$$\text{Liquidität dritten Grades} = \frac{\text{Umlaufvermögen}}{\text{kurzfristige Verbindlichkeiten}}$$

Die Liquidität dritten Grades von Global stieg von 48 : 44 = 1,09 im Jahr 2011 auf 57 : 48 = 1,19 im Jahr 2012.

Ein stringenterer Test der Liquidität eines Unternehmens ist die **Liquidität zweiten Grades**, bei der nur Barmittel und bargeldnahe Mittel wie kurzfristige Anlagen und Forderungen aus Lieferungen und Leistungen mit den kurzfristigen Verbindlichkeiten verglichen werden. Im Jahr 2012 betrug Globals Liquidität zweiten Grades (21,2 + 18,5) : 48 = 0,83. Eine höhere Liquidität zweiten oder dritten Grades bedeutet ein geringeres Risiko, wenn das Unternehmen in naher Zukunft nicht ausreichend mit Barmitteln ausgestattet ist. Ein Grund die Vorratsbestände nicht einzubeziehen ist, dass sie möglicherweise nicht so liquide sind. Eine Zunahme der Verschuldung dritten Grades aufgrund einer ungewöhnlichen Zunahme der Vorratsbestände könnte ein Hinweis darauf sein, dass das Unternehmen Schwierigkeiten hat, seine Produkte zu verkaufen.

Letztendlich brauchen Unternehmen Barmittel, um die Gehälter der Mitarbeiter zu zahlen und andere Verpflichtungen zu erfüllen. Das Fehlen von Barmitteln kann für Unternehmen sehr kostspielig sein, weshalb sie ihre Liquiditätslage oft dadurch ermitteln, dass sie die **Barliquidität** berechnen, das ist der strengste Liquiditätsgrad:

$$\text{Barliquidität} = \frac{\text{Barmittel}}{\text{kurzfristige Verbindlichkeiten}}$$

Natürlich sind alle diese Liquiditätsgrade insoweit begrenzt als sie nur die liquiden Mittel eines Unternehmens berücksichtigen. Wenn das Unternehmen in der Lage ist, beträchtliche Barmittel schnell aus seiner laufenden Geschäftstätigkeit zu beschaffen, ist es möglicherweise sehr liquide, obwohl diese Liquiditätsgrade schlecht sind.

Beispiel 2.4:   **Berechnung der Liquiditätsgrade**

Fragestellung

Berechnen Sie die Liquidität zweiten Grades und die Barliquidität von Global. Wie hat sich auf der Grundlage dieser Maße die Liquidität vom Jahr 2011 zum Jahr 2012 verändert?

Lösung

Im Jahr 2011 war die Liquidität zweiten Grades von Global (19,5 + 13,2) : 44 = 0,74 und die Barliquidität 19,5 : 44 = 0,44. Im Jahr 2012 betrugen diese Maße 0,83 beziehungsweise 21,2 : 48 = 0,44. Globals Barliquidität blieb also in dieser Zeit stabil, während sich seine Liquidität zweiten Grades leicht verbesserte. Doch obwohl sich diese Liquiditätsmaße nicht verschlechterten, könnte ein Indikator, der den Investoren bezüglich der Liquidität von Global größere Sorgen bereiten könnte, der in der Kapitalflussrechnung ausgewiesene andauernde negative Cashflow aus der Geschäfts- und Investitionstätigkeit sein.

Betriebskapitalkennzahlen

Wir können die Daten aus Gewinn- und Verlustrechnung und der Bilanz des Unternehmens verwenden, um zu messen, wie effizient das Unternehmen sein Nettobetriebskapital verwendet. Um die Geschwindigkeit berechnen zu können, mit der ein Unternehmen seine Umsätze in Barmittel umsetzt, berechnen die Unternehmen oft die Forderungen des Unternehmens hinsichtlich des Werts des Umsatzes, den die Forderungen darstellen, und drücken diesen Wert in Tagen aus. Bezüglich dieser Dauer spricht man von der Debitorenlaufzeit.[7]

$$\text{Debitorenlaufzeit} = \frac{\text{Forderungen}}{\text{durchschnittlicher Tagesumsatz}} \qquad (2.11)$$

Der durchschnittliche Tagesumsatz von Global betrug im Jahr 2012 EUR 186,7 Millionen : 365 Tage = EUR 0,51 Millionen. Die Forderungen in Höhe von EUR 18,5 Millionen stellen bezogen auf den durchschnittlichen Tagesumsatz einen Wert von 18,5 : 0,51 = 36 Tagen dar. Mit anderen Worten gehen die Zahlungen der Kunden bei Global durchschnittlich in wenig mehr als einem Monat ein. Im Jahr 2011 stellten die Forderungen bezogen auf den durchschnittlichen Tagesumsatz einen Wert von nur 27 Tagen dar. Auch wenn die Debitorenlaufzeit saisonal bedingt schwanken kann, könnte ein unerklärter wesentlicher Anstieg ein Grund zur Sorge sein, eventuell ein Hinweis darauf, dass das Unternehmen bei der Eintreibung der Zahlungen nicht richtig vorgeht oder dass es versucht, die Umsätze durch großzügige Kreditbedingungen in die Höhe zu treiben.

Für die Verbindlichkeiten aus Lieferungen und Leistungen und den Bestand gibt es ähnliche Kennzahlen. Auch für diese Posten bietet sich ein Vergleich mit den Umsatzkosten an, die den an Lieferanten gezahlten Gesamtbetrag und verkaufte Vorratsbestände wiedergeben sollten. Die **Kreditorenlaufzeit** ist daher definiert als

$$\text{Kreditorenlaufzeit} = \frac{\text{Kreditoren}}{\text{durchschnittliche tägliche Umsatzkosten}} \qquad (2.12)$$

Gleichermaßen sind Bestandstage gleich Bestand : durchschnittliche tägliche Umsatzkosten.[8]

Umschlagskennzahlen sind eine weitere Möglichkeit das Betriebskapital zu messen. Umschlagskennzahlen werden berechnet, indem jährliche Erlöse oder Kosten als Vielfaches des entsprechenden Betriebskapitals ausgedrückt werden. Beispiel:

$$\text{Lagerumschlag} = \frac{\text{jährliche Umsatzkosten}}{\text{Vorratsbestand}} \qquad (2.13)$$

Der **Lagerumschlag** von Global im Jahr 2012 war 153,4 : 15,3 = 10,0-mal. Dies bedeutet, dass Global ungefähr das Zehnfache seines Lagerbestands in dem Jahr verkauft hat. Auf gleiche Weise ist der **Debitorenumsatz** gleich Jahresumsatz : Debitoren und **Kreditorenumsatz** = jährliche Umsatzkosten : Kreditoren. Zu beachten ist, dass ein höherer Umschlag mit weniger Tagen einhergeht, was einen effizienteren Einsatz des Betriebskapitals bedeutet.

Während Betriebskapitalkennzahlen aussagekräftig über die Zeit oder innerhalb einer Branche verglichen werden können, gibt es von Branche zu Branche große Unterschiede. Während ein US-Unternehmen durchschnittlicher Größe im Jahr 2012 eine Debitorenlaufzeit von circa 45 Tagen und eine Lagerbestandsdauer von 65 Tagen aufwies, haben Fluglinien häufig nur eine minimale Debitorenlaufzeit oder Bestandsdauer, da ihre Kunden im Voraus zahlen und sie eine Transportleistung, keine physischen Güter verkaufen. Andererseits haben Schnapsbrenner und Winzer oft eine sehr hohe Bestandsdauer (durchschnittlich mehr als 300 Tage), da ihre Produkte oft schon vor dem Verkauf eine lange Lagerdauer verzeichnen.

---

7 Die Debitorenlaufzeit kann ebenfalls auf Grundlage der *durchschnittlichen* Forderungen am Ende des laufenden Jahres und des Vorjahres berechnet werden.

8 Die Kreditorenlaufzeit kann auch berechnet werden anhand der durchschnittlichen Kreditoren oder des Bestandssaldos am Ende des laufenden und vergangenen Jahres.

Zinsdeckungskennzahlen

Kreditgeber beurteilen die Fähigkeit eines Unternehmens seine Zinsverbindlichkeiten zu erfüllen oft durch einen Vergleich des Gewinns mit dem Zinsaufwand anhand der **Zinsdeckungskennzahl**. Eine allgemein verwendete Kennzahl ist das EBIT eines Unternehmens als Vielfaches des Zinsaufwands. Eine hohe Kennzahl zeigt, dass das Unternehmen einen viel höheren Gewinn hat als erforderlich für die Deckung des Zinsaufwands. Ein EBIT/Zinsaufwand Deckungsverhältnis von über 5 % dient Kreditgebern oft als Maßstab für Kreditnehmer hoher Qualität. Wenn der Quotient aus EBIT/Zinsaufwand unter 1,5 sinkt, beginnen Kreditgeber zu hinterfragen, ob das Unternehmen seine Schulden zurückzahlen kann.

Der Abschreibungs- und Amortisationsaufwand wird bei der Berechnung des EBIT abgezogen, doch ein Unternehmen muss nicht tatsächlich Barmittel dafür ausgeben. Finanzanalytiker berechnen den Firmengewinn daher häufig als Gewinn vor Zinsen, Steuern, Abschreibungen und Amortisationen, auch genannt **EBITDA**, als Maß der Barmittel, die ein Unternehmen aus seiner Tätigkeit erwirtschaftet und verfügbar hat für Zinszahlungen.[9]

$$\text{EBITDA} = \text{EBIT} + \text{Abschreibungen und Amortisationen} \qquad (2.14)$$

Wir können ebenso das EBITDA/Zinsen Deckungsverhältnis berechnen.

Beispiel 2.5:   **Berechnung der Zinsdeckungskennzahl**

Fragestellung

Beurteilen Sie die Fähigkeit von Global seine Zinsverpflichtungen zu erfüllen, indem Sie anhand von EBIT und EBITDA die Zinsdeckungsverhältnisse berechnen.

Lösung

In den Jahren 2011 und 2012 hatte Global die folgenden Zinsdeckungsverhältnisse:

$$2011: \frac{\text{EBIT}}{\text{Zinsen}} = \frac{7,1}{4,6} = 1,54 \ \text{ und } \ \frac{\text{EBITDA}}{\text{Zinsen}} = \frac{7,1+1,1}{4,6} = 1,78$$

$$2012: \frac{\text{EBIT}}{\text{Zinsen}} = \frac{10,4}{7,7} = 1,35 \ \text{ und } \ \frac{\text{EBITDA}}{\text{Zinsen}} = \frac{10,4+1,2}{7,7} = 1,51$$

In diesem Fall könnte Globals niedriges und weiter fallendes Zinsdeckungsverhältnis zu Sorgen der Kreditgeber führen.

Verschuldungsgrade

Eine weitere wichtige Information, die wir aus der Bilanz erhalten, ist die Verschuldung des Unternehmens beziehungsweise der Umfang, in dem sich das Unternehmen auf Fremdkapital als Finanzierungsquelle verlässt. Der Verschuldungsgrad ist eine gängige Finanzkennzahl, die zur Bewertung der Verschuldung eines Unternehmens herangezogen wird. Wir berechnen dieses Verhältnis, indem wir den Gesamtbetrag aller kurz- und langfristigen Schulden, einschließlich aktueller Fälligkeiten, durch das gesamte gezeichnete Kapital dividieren.

$$\text{Verschuldungsgrad} = \frac{\text{gesamte Schulden}}{\text{gesamtes gezeichnetes Kapital}} \qquad (2.15)$$

---

9 Da Unternehmen den Abschreibungs- und Amortisationsaufwand in der Gewinn- und Verlustrechnung oft nicht getrennt angeben, wird das EBITDA gewöhnlich berechnet, indem das EBIT aus der Gewinn- und Verlustrechnung und die Abschreibungen und Amortisationen aus der Kapitalflussrechnung zusammengefasst werden. Zu beachten ist auch, dass das EBITDA am besten als Maß der *kurzfristigen* Fähigkeit eines Unternehmens betrachtet wird, seine Zinszahlungen zu leisten, da das Unternehmen schlussendlich möglicherweise investieren muss, um Vermögensgegenstände, die abgeschrieben werden, zu ersetzen.

Wir können dieses Verhältnis anhand des Buch- oder Marktwerts des Eigenkapitals und Fremdkapitals berechnen. Laut ►Tabelle 2.1 beinhaltet das Fremdkapital von Global im Jahr 2012 Schuldscheinverbindlichkeiten (EUR 3,5 Millionen), aktuelle Fälligkeiten langfristiger Verbindlichkeiten (EUR 13,3) und langfristige Verbindlichkeiten (EUR 99,9 Millionen). Dies ergibt insgesamt EUR 116,7. Aus diesem Grund liegt der Buch-Verschuldungsgrad unter Verwendung des Buchwerts des Eigenkapitals bei 116,7 : 22,2 = 5,3. Zu beachten ist der Anstieg gegenüber 2011: Damals lag der Buch-Verschuldungsgrad nur bei (3,2 + 12,3 + 76,3) : 21,2 = 4,3.

Aufgrund der schwierigen Interpretation des Buchwerts des Eigenkapitals ist der Buch-Verschuldungsgrad nicht besonders nützlich. Der Buchwert des Eigenkapitals könnte sogar negativ sein, wodurch das Verhältnis keine Aussagekraft mehr hätte. Domino´s Pizza (DPZ) beispielsweise hat sich aufgrund der Stärke seines Cashflows ständig über den Buchwert seiner Vermögenswerte hinaus verschuldet. Im Jahr 2012 hatte es Schulden von EUR 1,6 Milliarden, bei einem Buchwert der Vermögensgegenstände von insgesamt nur EUR 600 Millionen und einem Buchwert des Eigenkapitals von −EUR 1,4 Milliarden!

Es ist daher sehr informativ, die Schulden eines Unternehmens mit dem Marktwert seines Eigenkapitals zu vergleichen. Wir erwähnten bereits in ►Beispiel 2.1, dass im Jahr 2012 der gesamte Marktwert des Eigenkapitals von Global, seine Marktkapitalisierung, 3,6 Millionen Aktien × EUR 14/Aktie = EUR 50,4 Millionen betrug. Der *Markt*-Verschuldungsgrad von Global im Jahr 2012 war daher 116,7 : 50,4 = 2,3. Dies bedeutet, dass das Fremdkapital von Global ein wenig mehr als doppelt so hoch ist wie der Marktwert des Eigenkapitals.[10] Weiter unten in diesem Buch wird gezeigt, dass der *Markt-Verschuldungsgrad* wichtige Auswirkungen auf das Risiko und die Rendite der Aktien hat.

Wir können den Anteil der Fremdfinanzierung eines Unternehmens auch ausdrücken durch den **Gesamtverschuldungsgrad**

$$\text{Gesamtverschuldungsgrad} = \frac{\text{gesamtes Fremdkapital}}{\text{gesamtes Eigenkapital} + \text{gesamtes Fremdkapital}} \qquad (2.16)$$

Auch dieser Verschuldungsgrad kann mittels der Buch- oder Marktwerte berechnet werden.

Die Verschuldung erhöht zwar das Risiko für die Aktionäre des Unternehmens, doch die Unternehmen können auch Barmittelreserven halten, um das Risiko zu verringern. Ein weiteres nützliches Maß sind daher die **Nettoschulden**, das heißt die Verbindlichkeiten, die über die Barmittelreserven hinausgehen.

$$\text{Nettoschulden} = \text{Gesamtverbindlichkeiten} - \text{überschüssige Barmittel} + \text{kurzfristige Anlagen} \qquad (2.17)$$

Um zu verstehen, warum die Nettoschulden ein relevanteres Verschuldungsmaß sein können, betrachten wir eine Firma, die mehr Barmittel als ausstehende Schulden hat. Da diese Firma ihre Schulden sofort mit den verfügbaren Barmitteln zurückzahlen könnte, hat sich ihr Risiko nicht erhöht und sie hat keine Effektiv-Verschuldung.

Ebenso wie beim Gesamtverschuldungsgrad können wir anhand der Nettoschulden das **Schulden/ Unternehmenswertverhältnis** berechnen:

$$\text{Schulden/Unternehmenswertverhältnis} = \frac{\text{Nettoschulden}}{\text{Marktwert Eigenkapital} + \text{Nettoschulden}}$$
$$= \frac{\text{Nettoschulden}}{\text{Unternehmenswert}} \qquad (2.18)$$

---

10 Bei dieser Berechnung haben wir den Marktwert des Eigenkapitals mit dem Buchwert des Fremdkapitals verglichen. Streng genommen wäre es am besten, den Marktwert des Fremdkapitals zu verwenden. Da sich jedoch der Marktwert des Fremdkapitals nur wenig von dem Buchwert unterscheidet, wird diese Abweichung in der Praxis häufig ignoriert.

Bei Barmitteln von EUR 21,2 Millionen und kurz- und langfristigen Schulden von insgesamt EUR 116,7 Millionen von Global im Jahr 2012 betragen die Nettoschulden 116,7 − 21,2 = EUR 95,5 Millionen.[11] Bei einem Marktwert des gezeichneten Kapitals von EUR 50,4 Millionen beläuft sich der Unternehmenswert von Global im Jahr 2012 auf 50,4 + 95,5 = EUR 145,9 Millionen. Das Schulden/Unternehmenswertverhältnis ist dann 95,5 : 145,9 = 65,5 %. Das heißt, 65,5 % der Geschäftstätigkeit von Global wird durch Schulden finanziert.

Schließlich ist ein Maß des Verschuldungsgrads auch der **Eigenkapitalmultiplikator**, der als Buchwertverhältnis gemessen wird als Vermögenswerte insgesamt/Buchwert des Eigenkapitals. Wie wir in Kürze sehen werden, erfasst dieses Maß die Zunahme der rechnerischen Rendite des Unternehmens als Folge der Verschuldung. Der Marktwert-Eigenkapital-Multiplikator, der gewöhnlich als Unternehmenswert/Marktwert des Eigenkapitals gemessen wird, gibt die Zunahme des finanziellen Risikos der Aktionäre aufgrund der Verschuldung an.

Bewertungskennzahlen

Analysten verwenden eine Reihe von Bewertungskennzahlen, um den Marktwert eines Unternehmens zu messen. Die gängigste ist das Kurs-Gewinn-Verhältnis (KGV):

$$\text{KGV} = \frac{\text{Marktkapitalisierung}}{\text{Nettogewinn}} = \frac{\text{Aktienkurs}}{\text{Gewinn pro Aktie}} \qquad (2.19)$$

Das Kurs-Gewinn-Verhältnis ist das Verhältnis des Wertes des Eigenkapitals zum Gewinn als Gesamtbetrag oder zum Gewinn je Aktie. Das KGV von Global im Jahr 2012 lag bei 50,4 : 2,0 = 14 : 0,556 = 25,2. Anders gesagt, die Anleger sind bereit das 25-Fache des Gewinns von Global für den Kauf einer Aktie zu zahlen.

Das KGV ist eine einfache Kennzahl, mit der eine Bewertung möglich ist, die aufzeigt, ob eine Aktie über- oder unterbewertet ist. Dabei ist zu beachten, dass diese Bewertung auf der Vorstellung basiert, dass der Wert einer Aktie proportional zum Gewinn sein sollte, den das Unternehmen für seine Aktionäre erwirtschaften kann. KGV können von Branche zu Branche sehr unterschiedlich sein und sind in Branchen mit hohen erwarteten Wachstumsraten oft am höchsten. Im Januar 2012 lag das KGV eines durchschnittlich großen US-Unternehmens bei 17. Software-Firmen, die oft ein überdurchschnittlich hohes Wachstum aufweisen, hatten im Durchschnitt ein KGV von 32, während Unternehmen der Automobilbranche, die immer noch unter den Folgen der Rezession litten, ein durchschnittliches KGV von nur 9 hatten. Das Risiko eines Unternehmens wird sich auch negativ auf diese Kennzahl auswirken − ceteris paribus haben Unternehmen mit einem höheren Risiko ein niedrigeres KGV.

Da das KGV den Wert des Eigenkapitals berücksichtigt, reagiert es auf die Höhe der Verschuldung, für das sich das Unternehmen entscheidet. Das KGV ist daher nur beschränkt nützlich beim Vergleich von Unternehmen mit deutlich unterschiedlicher Verschuldung. Wir können diese Beschränkung vermeiden, wenn wir stattdessen den Marktwert der zugrunde liegenden Geschäftstätigkeit anhand von Bewertungskennzahlen des Verhältnisses Unternehmenswert zu den Erlösen oder Unternehmenswert zum Betriebsgewinn, EBIT oder EBITDA ermitteln. Mit diesen Kennzahlen wird der Wert des Unternehmens im Verhältnis zu den Umsätzen, dem Betriebsgewinn oder dem Cashflow verglichen. Wie mit dem KGV werden mit diesen Kennzahlen Unternehmen der gleichen Branche dahingehend verglichen, wie sie am Markt eingestuft werden.

---

11 Die Nettoschulden sollten zwar am besten durch Subtraktion der nicht für die Geschäftstätigkeit benötigten überschüssigen Barmittel ermittelt werden, doch wenn zusätzliche Informationen fehlen, ist es gängige Praxis, sämtliche in der Bilanz ausgewiesene Barmittel abzuziehen.

Ein häufiger Fehler

Nicht vergleichbare Kennzahlen

Bei der Betrachtung von Bewertungs- (und anderen) Kennzahlen ist sicherzustellen, dass die zu vergleichenden Posten entweder beide Beträge sind, die sich auf das gesamte Unternehmen oder beide nur auf die Eigenkapitalgeber beziehen. Der Aktienkurs und die Marktkapitalisierung eines Unternehmens sind beispielsweise Werte im Zusammenhang mit dem Eigenkapital des Unternehmens. Aus diesem Grund ist es sinnvoll, diese mit dem Gewinn pro Aktie oder dem Nettoergebnis zu vergleichen. Diese Beträge stehen den Eigenkapitalgebern zur Verfügung, nachdem die Zinsen an die Fremdkapitalgeber gezahlt wurden. Wir müssen jedoch vorsichtig sein, wenn wir die Marktkapitalisierung mit den Umsatzerlösen, dem Betriebsergebnis oder EBITDA vergleichen, da sich diese Beträge auf das gesamte Unternehmen beziehen und sowohl Eigenkapitalgeber als auch Fremdkapitalgeber Anspruch darauf haben. Es ist daher besser Umsatzerlöse, Betriebsergebnis oder EBITDA mit dem Unternehmenswert, in dem sowohl Eigen- als auch Fremdkapital enthalten sind, zu vergleichen.

Beispiel 2.6:   Berechnung von Rentabilität und Bewertungskennzahlen

Fragestellung

Gegeben sind die folgenden Daten vom Mai 2012 von Wal-Mart Stores (WMT) und Target Corporation (TGT) in EUR Milliarden:

	Wal-Mart Stores (WMT)	Target Corporation (TGT)
Umsatz	446,9	68,9
EBIT	26,6	5,3
Abschreibungen und Amortisationen	8,1	2,1
Nettogewinn	15,7	2,9
Marktkapitalisierung	200,9	38,4
Barmittel	6,6	0,8
Verbindlichkeiten	58,4	17,5

Vergleichen Sie die EBIT-Spannen, Nettogewinnmargen, KGV und das Verhältnis Unternehmenswert zu Umsatz, EBIT und EBITDA von Wal-Mart und Target.

Lösung

Wal-Mart hatte eine EBIT-Spanne von 26,6 : 446,9 = 6,0 %, eine Nettogewinnmarge von 15,7 : 446,9 = 3,5 % und ein KGV von 200,9 : 15,7 = 12,8. Sein Unternehmenswert war 200,9 + 58,4 − 6,6 = EUR 252,7 Milliarden, mit einem Verhältnis von 252,7 : 446,9 = 0,57 zum Umsatz, 252,7 : 26,6 = 9,5 zum EBIT und 252,7 : (26,6 + 8,1) = 7,3 zum EBITDA.

Target hatte eine EBIT-Spanne von 5,3 : 69,9 = 7,6 %, eine Nettogewinnmarge von 2,9 : 69,9 = 4,1 % und ein KGV von 38,4 : 2,9 = 13,2. Sein Unternehmenswert war 38,4 + 17,5 − 0,8 = EUR 55,1 Milliarden, mit einem Verhältnis von 55,1 : 69,9 = 0,79 zum Umsatz, 55,1 : 5,3 = 10,4 zum EBIT und 55,1 : (5,3 + 2,1) = 7,4 zum EBITDA.

Zu beachten ist, dass der Kurs von Target zwar zu einem wesentlich höheren Vielfachen des Umsatzes als Wal-Mart gehandelt wird, was wegen der höheren Gewinnmarge nicht überrascht, die anderen Bewertungsvielfachen aber ziemlich nahe beieinander liegen trotz des großen Unterschieds der Größe der beiden Unternehmen.

Das KGV oder das Verhältnis zum EBIT oder EBITDA sind nicht aussagekräftig, wenn das Unternehmensergebnis negativ ist. In diesem Fall ist es üblich, den Unternehmenswert im Verhältnis zum Umsatz zu betrachten. Das Risiko dabei ist allerdings, dass das Ergebnis negativ sein könnte, weil das den Ergebnissen zugrunde liegende Geschäftsmodell wie bei vielen Internet-Firmen Ende der 1990er-Jahre grundsätzlich fehlerhaft ist.

Investitionsrendite

Analysten bewerten oft die Investitionsrendite eines Unternehmens, indem dessen Ergebnis mit den Investitionen anhand von Kennzahlen wie die Eigenkapitalrendite (ROE, Return on Equity) verglichen wird.[12]

$$\text{ROE} = \frac{\text{Nettoergebnis}}{\text{Buchwert Eigenkapital}} \qquad (2.20)$$

Im Jahr 2012 betrug der ROE von Global 2,0 : 22,2 = 9,0 %. Der ROE liefert eine Bewertung der Rendite, die das Unternehmen aus vergangenen Investitionen erwirtschaftete. Ein hoher ROE kann ein Hinweis darauf sein, dass das Unternehmen in der Lage ist, Investitionsgelegenheiten zu finden, die sehr profitabel sind. Eine weitere gängige Kennzahl ist die Gesamtkapitalrentabilität (ROA, Return on Assets), die berechnet wird als[13]

$$\text{Gesamtkapitalrentabilität} = \frac{\text{Nettoergebnis} + \text{Zinsaufwand}}{\text{Buchwert der Vermögensgegenstände}} \qquad (2.21)$$

Der ROA enthält im Zähler den Zinsaufwand, da die Vermögensgegenstände im Nenner sowohl durch Fremdkapitalgeber als auch Eigenkapitalgeber finanziert wurden.

Als Maß der Performance hat der ROA den Vorteil, dass er nicht so stark wie der ROE auf die Verschuldung reagiert. Er reagiert jedoch auf das Betriebskapital, eine gleichwertige Erhöhung der Debitoren und Kreditoren beispielsweise steigert den Wert der Vermögensgegenstände insgesamt und führt zu einem niedrigeren ROA. Zur Vermeidung dieses Problems können wir den **ROIC (Return on Invested Capital), die Rendite des investierten Kapitals**, verwenden:

$$\text{Rendite des investierten Kapitals} = \frac{\text{EBIT} (1 - \text{Steuersatz})}{\text{Buchwert Eigenkapital} + \text{Nettoschulden}} \qquad (2.22)$$

Die Rendite des investierten Kapitals misst den vom Unternehmen selbst erwirtschafteten Gewinn nach Steuern, vor Zinsaufwand (oder Zinserträge) und vergleicht diese Kennzahl mit dem von Eigenkapital- und Fremdkapitalgebern aufgenommenen Kapital, das bereits eingesetzt wurde (das heißt, nicht bar gehalten wird). Von diesen drei Kennzahlen der Betriebsrendite ist der ROIC die nützlichste bei der Bewertung der Performance der zugrunde liegenden Geschäftstätigkeit.

---

12 Da das Nettoergebnis über das Jahr bemessen wird, kann der ROE auch auf Grundlage des durchschnittlichen Buchwerts des Eigenkapitals am Ende des laufenden und des Vorjahres berechnet werden.

13 Der ROA wird mitunter auch berechnet als Nettoergebnis/Vermögenswerte, wobei unzulässigerweise die Erträge, die von Aktiva erbracht werden, mit denen die Steuerschulden eines Unternehmens gedeckt werden, außer Acht gelassen werden (siehe auch Kasten „Nicht vergleichbare Kennzahlen"). Auch der Zinsaufwand, der zurückaddiert wird, ist manchmal nach Steuern, um den durch Verschuldung erlangten Vorteil der Steuerersparnis zu beseitigen. Schließlich kann wie beim ROE der durchschnittliche Buchwert der Vermögensgegenstände am Jahresanfang und Jahresende zugrunde gelegt werden.

Beispiel 2.7:   Berechnung der Betriebsrendite

Fragestellung

Beurteilen Sie, wie sich die Fähigkeit von Global, seine Vermögenswerte effektiv einzusetzen, im letzten Jahr verändert hat, indem Sie die Änderungen des ROA und ROIC berechnen.

Lösung

Im Jahr 2012 betrug der ROA von Global (2,0 + 7,7) : 177,7 = 5,5 % im Vergleich zum ROA des Jahres 2011 von (1,9 + 4,6) : 148,9 = 4,4 %.

Für die Berechnung des ROIC müssen wir das EBIT nach Steuern ermitteln, was wiederum eine Schätzung des Steuersatzes von Global voraussetzt. Da Nettoergebnis = Ergebnis vor Steuern × (1 – Steuersatz), können wir annehmen, dass (1 – Steuersatz) = Nettoergebnis : Ergebnis vor Steuern. Im Jahr 2012 ist daher EBIT × (1 – Steuersatz) = 10,4 × (2,0 : 2,7) = 7,7 und im Jahr 2011 7,1 × (1,9 : 2,5) = 5,4.

Zur Berechnung des investierten Kapitals ist zuerst zu beachten, dass sich die Nettoschulden von Global im Jahr 2011 beliefen auf 3,2 + 12,3 + 76,3 − 19,5 = 72,3 und auf 3,5 + 13,3 + 99,9 − 21,2 = 95,5 im Jahr 2012. Im Jahr 2012 war der ROIC daher 7,7 : (22,2 + 95,5) = 6,5 % im Vergleich zu 5,4 : (21,2 + 72,3) = 5,8 % im Jahr 2011.

Die Verbesserung des ROA und ROIC von Global von 2011 auf 2012 legt nahe, dass Global seine Vermögenswerte effektiver einsetzen und die Rendite in diesem Zeitraum steigern konnte.

Die DuPont Identität

Weitere Erkenntnisse aus dem ROE eines Unternehmens erhalten wir anhand der sogenannten **DuPont Identität**, die nach dem Unternehmen DuPont benannt wurde, das diese Formel bekannt machte. Diese Formel ermittelt den ROE nach der Rentabilität, Effizienz des Einsatzes der Vermögensgegenstände und der Verschuldung:

$$ROE = \underbrace{\left(\frac{\text{Nettoergebnis}}{\text{Umsatzerlöse}}\right)}_{\text{Nettogewinnspanne}} \times \underbrace{\left(\frac{\text{Umsatzerlöse}}{\text{gesamte Aktiva}}\right)}_{\text{Kapitalumschlag}} \times \underbrace{\left(\frac{\text{gesamte Aktiva}}{\text{Buchwert Eigenkapital}}\right)}_{\text{Eigenkapitalmultiplikator}} \qquad (2.23)$$

Der erste Term in der DuPont Identität ist die Nettogewinnspanne, die die Gesamtrentabilität misst. Der zweite Term berechnet den Kapitalumschlag und misst, wie effizient ein Unternehmen seine Vermögenswerte zur Erzielung der Umsatzerlöse einsetzt. Diese beiden Terme ergeben die Gesamtkapitalrendite. Wir berechnen den ROE, indem wir die beiden ersten Terme mit einem Verschuldungsmaß, dem Eigenkapitalmultiplikator, der den Wert der Vermögensgegenstände pro Euro des gezeichneten Kapitals angibt, multiplizieren. Je höher die Finanzierung durch Fremdkapital, desto größer der Eigenkapitalmultiplikator. Wenn wir diese Formel auf Global anwenden, erkennen wir, dass der Kapitalumschlag im Jahr 2012 186,7 : 177,7 = 1,05 war, bei einem Eigenkapitalmultiplikator von 177,7 : 22,2 = 8. Bei einer Nettogewinnspanne von 1,07 % können wir den ROE wie folgt berechnen:

$$ROE = 9,0 \% = 1,07 \% \times 1,05 \times 8$$

Beispiel 2.8:   Determinanten des ROE

Fragestellung

Für das im Januar 2012 zu Ende gegangene Jahr wies Wal-Mart Stores Umsatzerlöse von EUR 446,9 Milliarden auf, ein Nettoergebnis von EUR 15,7 Milliarden, Vermögenswerte von EUR 193,4 Milliarden und einen Buchwert des Eigenkapitals von EUR 71,3 Milliarden. Für den gleichen Zeitraum wies Target (TGT) Umsatzerlöse von EUR 69,9 Milliarden auf, ein Nettoergebnis von EUR 2,9 Milliarden, Vermögenswerte von EUR 46,6 Milliarden und einen Buchwert des Eigenkapitals von EUR 15,8 Milliarden. Vergleichen Sie Rentabilität, Kapital-umschlag, Eigenkapitalmultiplikator und Eigenkapitalrendite der beiden Unternehmen in die-sem Zeitraum. Wie groß wäre der ROE, wenn Target in der Lage gewesen wäre den gleichen Kapitalumschlag zu erzielen wie Wal-Mart?

Lösung

Wal-Marts Nettogewinnspanne aus ▶Beispiel 2.6 war 15,7 : 446,9 = 3,51 %, weniger als die Nettogewinnspanne von Target von 2,9 : 69,9 = 4,15 %. Andererseits verwendete Wal-Mart seine Vermögensgegenstände effizienter bei einem Kapitalumschlag von 446,9 : 193,4 = 2,31, im Vergleich zu nur 69,9 : 46,6 = 1,50 für Target. Schließlich wies Target auch eine höhere Verschuldung auf (bezogen auf den Buchwert), bei einem Eigenkapitalmultiplikator von 46,6 : 15,8 = 2,95 im Vergleich zum Eigenkapitalmultiplikator von Wal-Mart von 193,4 : 71,3 = 2,71. Jetzt berechnen wir den ROE jedes der Unternehmen unmittelbar anhand der DuPont Identität:

$$\text{Wal-Mart ROE} = \frac{15,7}{71,3} = 22,0\ \% = 3,51\ \% \times 2,31 \times 2,71$$

$$\text{Target ROE} = \frac{2,9}{15,8} = 18,4\ \% = 4,15\ \% \times 1,50 \times 2,95$$

Zu beachten ist, dass Target trotz einer höheren Nettogewinnspanne und Verschuldung wegen des niedrigeren Kapitalumschlags einen geringeren ROE hatte als Wal-Mart. Wenn Target den gleichen Kapitalumschlag wie Wal-Mart gehabt hätte, wäre sein ROE wesentlich höher gewe-sen: 4,15 % × 2,31 × 2,95 = 28,3 %.

Zum Abschluss der Darstellung der Finanzkennzahlen gibt ▶Tabelle 1.4 die unterschiedlichen Maße der Rentabilität, Liquidität, Betriebskapital, Zinsdeckung, Verschuldung, Bewertung und Betriebsrendite wieder.

Tabelle 2.4

Zusammenfassung wichtiger Finanzkennzahlen

Rentabilitätskennzahlen		Zinsdeckungskennzahlen	
Bruttospanne	$\dfrac{\text{Bruttogewinn}}{\text{Umsatzerlöse}}$	EBIT/ Zinsdeckung	$\dfrac{\text{EBIT}}{\text{Zinsaufwand}}$
Betriebesspanne	$\dfrac{\text{Betriebsergebnis}}{\text{Umsatzerlöse}}$	EBITDA/ Zinsdeckung	$\dfrac{\text{EBITDA}}{\text{Zinsaufwand}}$
EBIT-Spanne	$\dfrac{\text{EBIT}}{\text{Umsatzerlöse}}$	**Verschuldungsgrade**	
Nettogewinn-spanne	$\dfrac{\text{Nettogewinn}}{\text{Umsatzerlöse}}$	Verschuldungsgrad	$\dfrac{\text{Gesamtschulden}}{\text{Buch- oder Marktwert des Eigenkapitals}}$
Liquiditätskennzahlen		Gesamtverschuldung	$\dfrac{\text{Gesamtschulden}}{\text{gesamtes Eigenkapital} + \text{gesamte Schulden}}$
Liquidität 1. Grades	$\dfrac{\text{kurzfristige Vermögenswerte}}{\text{kurzfristige Schulden}}$	Schulden/ Unternehmenswertverhältnis	$\dfrac{\text{Nettoschulden}}{\text{Unternehmenswert}}$
Liquidität 2. Grades	$\dfrac{\text{Kasse} + \text{kurzfristige Anlagen} + \text{Debitoren}}{\text{kurzfristige Schulden}}$	Eigenkapitalmultiplikator (Buchwert)	$\dfrac{\text{gesamte Vermögenswerte}}{\text{Buchwert des Eigenkapitals}}$
Barliquidität	$\dfrac{\text{Barmittel}}{\text{kurzfristige Schulden}}$	Eigenkapitalmultiplikator (Marktwert)	$\dfrac{\text{Unternehmenswert}}{\text{Marktwert Eigenkapital}}$
Betriebskapitalkennzahlen		**Bewertungskennzahlen**	
Debitorenlaufzeit	$\dfrac{\text{Debitoren}}{\text{durchschnittliche Tagesumsätze}}$	Markt/Buchwertverhältnis	$\dfrac{\text{Marktwert Eigenkapital}}{\text{Buchwert Eigenkapital}}$
Kreditorenlaufzeit	$\dfrac{\text{Kreditoren}}{\text{durchschnittliche Tagesumsatzkosten}}$	Kurs-Gewinn-Verhältnis	$\dfrac{\text{Aktienkurs}}{\text{Gewinn pro Aktie}}$
Bestandsdauer	$\dfrac{\text{Bestand}}{\text{durchschnittliche Tagesumsatzkosten}}$	Unternehmenswertverhältnis	$\dfrac{\text{Unternehmenswert}}{\text{EBIT oder EBITDA oder Umsatz}}$
Debitorenumsatz	$\dfrac{\text{Jahresumsatz}}{\text{Debitoren}}$	**Investitionsrenditen**	
Kreditorenumsatz	$\dfrac{\text{Jahresumsatzkosten}}{\text{Kreditoren}}$	Kapitalumschlag	$\dfrac{\text{Umsatzerlöse}}{\text{gesamte Vermögenswerte}}$
Bestandsumsatz	$\dfrac{\text{Jahresumsatzkosten}}{\text{Bestand}}$	Eigenkapitalrendite (ROE)	$\dfrac{\text{Nettoergebnis}}{\text{Buchwert Eigenkapital}}$
		Gesamtkapitalrendite (ROA)	$\dfrac{\text{Nettoergebnis} + \text{Zinsaufwand}}{\text{Buchwert Vermögenswerte}}$
		Rendite des eingesetzten Kapitals (ROIC)	$\dfrac{\text{EBIT}(1 - \text{Steuersatz})}{\text{Buchwert Eigenkapital} + \text{Nettoschulden}}$

Verständnisfragen

1. Warum wird anhand des EBITDA die Fähigkeit eines Unternehmens beurteilt seine Zinsverbindlichkeiten zu erfüllen?

2. Was ist der Unterschied zwischen dem Buchwert des Verschuldungsgrads und dem Marktwert des Verschuldungsgrads?

3. Welche Bewertungsvielfachen wären am passendsten, um die Bewertungen von Unternehmen mit sehr unterschiedlichem Verschuldungsgrad vergleichen zu können?

4. Was versteht man unter der DuPont Identität?

2.7   Finanzberichte in der Praxis

Die verschiedenen von uns besprochenen Finanzberichte sind für Investoren und Finanzleiter von entscheidender Bedeutung. Trotz des Schutzes, den die GAAP und Wirtschaftsprüfer gewährleisten, kommt es leider auch bei den Finanzberichten zu Missbräuchen. Wir wollen jetzt zwei der schlimmsten Missbrauchsfälle aus den letzten Jahren betrachten.

Enron

Enron war der bekannteste Bilanzskandal in den ersten Jahren des neuen Jahrtausends. Enron begann als Betreiber von Erdgasleitungen und entwickelte sich dann zu einem weltweit tätigen Handelsunternehmen mit einer Vielzahl von Produkten in den Bereichen Erdgas, Erdöl, Strom und sogar Internet-Breitbandkapazitäten. Eine Reihe von Ereignissen führte dazu, dass Enron im Dezember 2000 einen Insolvenzantrag stellte mit dem bis dahin größten Forderungsvolumen in der US-Geschichte. Ende 2001 war der Marktwert der Enron-Aktien um mehr als USD 60 Milliarden gefallen.

Interessanterweise wurde Enron in den 1990er-Jahren und bis Ende 2001 als das profitabelste und erfolgreichste Unternehmen Amerikas gepriesen. Fortune bewertete Enron sechs Jahre lang von 1995 bis 2000 als „innovativstes Unternehmen in Amerika". Doch obwohl viele Unternehmensbereiche erfolgreich waren, lassen die später durchgeführten Nachforschungen darauf schließen, dass leitende Manager die Finanzausweise von Enron manipulierten, um die Anleger irrezuführen und den Aktienkurs künstlich aufzublähen und die Bonitätsbewertung aufrechtzuerhalten. Im Jahr 2000 waren 96 % der ausgewiesenen Erträge das Ergebnis von Bilanzmanipulationen.[14] Obwohl die von Enron angewendeten Bilanzmanipulationen ziemlich komplex waren, waren die meisten vorgetäuschten Transaktionen im Wesentlichen überraschend einfach. Enron verkaufte Vermögenswerte zu aufgeblähten Preisen an andere Unternehmen (oder auch in vielen Fällen an eigene Unternehmenseinheiten, die von Andrew Fastow, dem Finanzvorstand von Enron, geschaffen wurden) mit dem Versprechen, diese Vermögenswerte zu einem zukünftigen noch höheren Preis zurückzukaufen. So hatte Enron eigentlich Kredite aufgenommen und erhielt heute Geld gegen das Versprechen, in der Zukunft mehr zu zahlen. Doch Enron verbuchte das zufließende Geld als Ertrag und versteckte dann die Versprechen des Rückkaufs auf verschiedenste Weise.[15]

Schlussendlich war ein Großteil des Wachstums der Erlöse und der Gewinne Ende der 1990er-Jahre auf diese Art der Manipulation zurückzuführen.

---

14 Siehe John R. Kroger, „Enron, Fraud and Securities Reform: An Enron Prosecutor´s Perspective", *University of Colorado Law Review*, Dezember 2009, S. 57–138.

15 In einigen Fällen wurden diese Versprechen „Verpflichtungen aus Preis-Risikomanagement" genannt und in anderen Handelsaktivitäten versteckt, in anderen Fällen handelte es sich um außerbilanzielle Transaktionen, die nicht vollständig veröffentlicht wurden.

WorldCom

Der Rekord von Enron als größter Konkurs aller Zeiten hielt nur bis zum 21. Juli 2002, als WorldCom, dessen Marktkapitalisierung einen Höchststand von USD 120 Milliarden erreicht hatte, einen Insolvenzantrag stellte. Auch in diesem Fall hatte eine Reihe von Bilanzmanipulationen, die 1998 begannen, die finanziellen Schwierigkeiten vor den Anlegern verborgen.

Bei WorldCom bestand der Betrug darin, operativen Aufwand in Höhe von USD 3,85 Milliarden als langfristigen Kapitalaufwand zu bilanzieren. Diese Änderung wirkte sich unmittelbar auf eine Steigerung des ausgewiesenen Ergebnisses aus, denn der operative Aufwand wird sofort vom Ergebnis abgezogen, während der Kapitalaufwand langsam über die Zeit abgeschrieben wird. Natürlich steigerte diese Manipulation nicht den Cashflow von WorldCom, weil langfristige Investitionen in der Kapitalflussrechnung zum Zeitpunkt ihrer Entstehung abgezogen werden müssen.

Einigen Anlegern bereitete der im Vergleich zu den Branchenkonkurrenten übermäßige Kapitalaufwand Sorgen. Ein Anlageberater meinte: „Warnzeichen waren beispielsweise große Abweichungen der ausgewiesenen Ergebnisse von den sehr hohen Cashflows … (und) ein sehr hoher Kapitalaufwand über einen langen Zeitraum. Deshalb sind wir im Jahr 1999 aus WorldCom ausgestiegen".[16]

Das Sarbanes-Oxley-Gesetz

Die Fälle Enron und WorldCom zeigen wie wichtig richtige und aktuelle Finanzberichte für die Anleger sind. Die Probleme, die Enron und WorldCom und andere Unternehmen hatten, wurden von den Vorständen und Aktionären so lange versteckt, bis es zu spät war. In der Folge dieser Skandale glaubten viele, dass die Rechnungslegung dieser Unternehmen kein richtiges Bild ihrer finanziellen Gesundheit wiedergab. Im Jahr 2002 verabschiedete der Kongress daher das **Sarbanes-Oxley-Gesetz (SOX)**. Das Gesetz enthält zwar viele weitere Bestimmungen, die eigentliche Absicht des Gesetzes war jedoch sicherzustellen, dass Vorstände und Anleger bessere und zutreffendere Informationen erhielten. SOX versuchte dieses Ziel zu erreichen, indem 1. die Anreize und die Unabhängigkeit der Prüfungsabläufe überarbeitet, 2. die Strafen für die Veröffentlichung falscher Informationen verschärft und 3. die Unternehmen gezwungen wurden, ihre internen Kontrollen bezüglich der Finanzberichte zu überprüfen.

Wirtschaftsprüfer sollen sicherstellen, dass die Finanzberichte eines Unternehmens die finanzielle Lage richtig wiedergeben. In Wirklichkeit haben die meisten Wirtschaftsprüfer eine jahrelange Geschäftsbeziehung zu ihren Kunden, von denen sie lukrative Prüfungs- und Beratungsgebühren erhalten. Diese lange bestehende Beziehung und der Wunsch diese Gebühren weiter zu beziehen führen dazu, dass die Wirtschaftsprüfer keine große Bereitschaft zeigen, die Vorgehensweise der Geschäftsleitung infrage zu stellen. SOX behandelte dieses Problem, indem es strenge Grenzen für Gebühren setzte, die nicht die Prüfung der Rechnungslegung (Beratung oder sonstiges) betrafen, und die ein Wirtschaftsprüfer von einem Unternehmen erhalten kann. Das Gesetz machte es auch obligatorisch, den Wirtschaftsprüfer alle fünf Jahre zu wechseln, um zu verhindern, dass die Beziehung zwischen Wirtschaftsprüfer und zu prüfendem Unternehmen über einen längeren Zeitraum zu eng wird. Schließlich forderte SOX die SEC auf, die Unternehmen zu zwingen Prüfungsausschüsse einzusetzen, in denen externe Direktoren die Mehrheit haben, wobei wenigstens einer dieser externen Direktoren einen finanzwirtschaftlichen Hintergrund haben muss.

SOX verschärfte auch die Strafen für die Weitergabe falscher Informationen an die Aktionäre (Geldstrafen von bis zu USD 5 Millionen und bis zu 20 Jahre Gefängnis) und verpflichtete sowohl den geschäftsführenden Vorstand als auch den Finanzvorstand die Richtigkeit der Finanzausweise des Unternehmens persönlich zu bestätigen. Ferner müssen der geschäftsführende Vorstand und der Finanzvorstand Boni oder Gewinne aus dem Verkauf von Aktien zurückgeben, die aufgrund von Angaben in den Finanzberichten erfolgten, die sich später als falsch herausstellen.

Schließlich verpflichtet Paragraf 404 von SOX die Geschäftsleitung und die Vorstände börsennotierter Unternehmen die Abläufe, über die Mittel zugewiesen und kontrolliert werden, zu überprüfen und für richtig zu erklären und die Ergebnisse dieser Abläufe zu überwachen. Paragraf 404 hat wegen der möglicherweise hohen Kosten der Einhaltung und Überwachung dieser Vorschrift

---

16 Vgl. Robert Olstein, *Wall Street Journal* vom 23. August 2002.

für die Unternehmen wohl mehr Aufmerksamkeit erregt als jeder andere Paragraf von SOX. Diese Kosten können besonders für kleine Unternehmen (in Prozent ausgedrückt) von Bedeutung sein und einige Kritiker argumentierten, dass die Belastung ausreicht, um einige Unternehmen zu veranlassen sie zu vermeiden, indem sie nicht an die Börse gehen.

DIE GLOBALE FINANZKRISE

Das Schneeballsystem von Bernard Madoff

„Erst wenn die Ebbe kommt, weiß man, wer nackt geschwommen ist."

– Warren Buffett

Am 11. Dezember 2008 hat die US-Bundespolizei Bernie Madoff, Manager eines der größten und erfolgreichsten Hedgefonds, festgenommen. Es stellte sich heraus, dass sein USD 65 Milliarden[17] schwerer Fonds ein Betrugsfall war. Seine spektakuläre Performance der letzten 17 Jahre, er erzielte konstante Jahresrenditen zwischen 10 % und 15 %, war ein Lügenmärchen. Madoff hat das weltweit größte Schneeballsystem betrieben: Er hat das von neuen Investoren erhaltene Kapital dafür verwendet, alte Investoren auszuzahlen. Seine Strategie war so erfolgreich, dass Investoren, darunter Steven Spielberg und die New York University sowie eine Reihe größerer Banken und Anlageberater, mehr als zehn Jahre lang Schlange standen, um in seinen Fonds einzuzahlen. Madoff hätte diesen Betrug wahrscheinlich bis zu seinem Tod vertuschen können, wenn nicht die Finanzkrise viele Investoren dazu veranlasst hätte, zu versuchen Gelder aus den Madoff-Konten abzuziehen, um mit diesem Geld Verluste in anderen Portfolios abzudecken. Zudem führte die Finanzkrise dazu, dass es wenige neue Investoren gab, die sowohl über die Mittel verfügten als auch zu investieren bereit waren. Infolgedessen reichte Madoff das neue Kapital nicht aus, um die Investoren, die ihr Kapital zurückhaben wollten, auszuzahlen. Das System brach schließlich zusammen.

Wie konnte Madoff den vielleicht größten Betrug aller Zeiten so lange verbergen? Statt seine Finanzberichte einfach nur zu manipulieren, hat er sie mithilfe einer praktisch unbekannten Wirtschaftsprüfungsgesellschaft mit nur einem aktiven Prüfer *fingiert*. Auch wenn sich viele Anleger möglicherweise gefragt haben, warum ein so großer Fonds mit einem Vermögen von USD 65 Milliarden mit einer so winzigen und unbekannten Prüfungsgesellschaft zusammenarbeitet, haben zu wenige erkannt, dass das ein mögliches Warnzeichen war. Auch war das Unternehmen von Madoff privatrechtlich und unterlag somit nicht den strengen aufsichtsbehördlichen Vorgaben für börsennotierte Unternehmen (wie zum Beispiel dem Sarbanes-Oxley-Gesetz). Dieser Fall macht klar, dass es bei Anlageentscheidungen wichtig ist, nicht nur die Finanzberichte eines Unternehmens zu überprüfen, sondern auch die Verlässlichkeit und den Ruf der Wirtschaftsprüfer zu berücksichtigen, die diese Berichte erstellt haben.

Das Dodd-Frank-Gesetz

Um die Belastung aus der Erfüllung der Anforderungen des SOX-Gesetzes für kleinere Unternehmen zu verringern, nimmt der im Jahr 2010 verabschiedete Dodd-Frank Wall Street Reform and Consumer Protection Act Unternehmen im Börsenwert von weniger als USD 75 Millionen von den Vorschriften des Paragrafen 404 von SOX aus. Das Gesetz fordert die SEC auf zu untersuchen, wie die Kosten für mittlere Unternehmen mit im Umlauf befindlichen Aktien in Höhe von weniger als USD 250 Millionen verringert werden könnten und festzustellen, ob diese Maßnahmen mehr Unternehmen ermutigen würden, an US-Börsen zu gehen.

---

17 USD 65 Milliarden ist der Gesamtbetrag einschließlich (fiktiver) Erträge, den Madoff gegenüber seinen Anlegern ausgewiesen hat. Die Ermittler versuchen immer noch, den genauen Betrag festzustellen, den die Anleger in die Fonds eingezahlt haben, der sich anscheinend auf mehr als USD 17 Milliarden beläuft (siehe *www.madoff.com*).

Dodd-Frank erweiterte auch die Bestimmungen von SOX bezüglich Informanten, sodass diejenigen, die „Informationen bezüglich möglicher Verstöße gegen Bundeswertpapiergesetze (einschließlich sich daraus ergebender Regeln und Regulierungen)" geben, die zu Strafgebühren oder Wiedererlangung von Geldern durch die SEC oder andere Behörden führen, 10 bis 30 % der Strafgebühren oder wiedererlangten Beträge erhalten können.

Verständnisfragen

1. Beschreiben Sie mit welchen Transaktionen Enron seine ausgewiesenen Gewinne erhöht hat.

2. Was sagt das Sarbanes-Oxley-Gesetz und wie wurde es durch das Dodd-Frank-Gesetz geändert?

ZUSAMMENFASSUNG

2.1 Die Offenlegung von Finanzinformationen eines Unternehmens

- Finanzberichte sind Rechnungslegungsberichte, die ein Unternehmen regelmäßig erstellt, um über seine vergangene Performance zu berichten.

- Investoren, Finanzanalysten, Manager und andere interessierte Parteien wie beispielsweise Gläubiger ziehen Finanzberichte heran, um verlässliche Informationen über ein Unternehmen zu erhalten.

- Die vier obligatorischen Finanzberichte sind die Bilanz, die Gewinn- und Verlustrechnung, die Kapitalflussrechnung und die Eigenkapitalrechnung.

2.2 Die Bilanz

- Die Bilanz zeigt die aktuelle Finanzlage (Aktiva, Passiva und das gezeichnete Kapital) des Unternehmens zu einem bestimmten Zeitpunkt.

- Beide Seiten der Bilanz müssen gleich sein:

$$\text{Aktiva} = \text{Passiva} + \text{Eigenkapital} \qquad \text{(s. Gleichung 2.1)}$$

- Das Nettobetriebskapital, also das für den Betrieb des Unternehmens kurzfristig verfügbare Kapital, ist die Differenz zwischen den kurzfristigen Vermögenswerten und den kurzfristigen Verbindlichkeiten. Ohne Barmittel und Schulden sind die wichtigsten Bestandteile des Nettobetriebskapitals die Debitoren, Vorratsbestand und Kreditoren.

- Viele Vermögenswerte (zum Beispiel Immobilien, Betriebsanlagen und Betriebsausrüstung) sind in der Bilanz zu historischen Kosten statt aktuellem Marktwerten angegeben, während andere Vermögenswerte (wie zum Beispiel Kundenbeziehungen) überhaupt nicht angegeben sind.

- Das gezeichnete Kapital entspricht dem Buchwert des Eigenkapitals des Unternehmens. Es unterscheidet sich von dem Marktwert des Eigenkapitals, von dessen Marktkapitalisierung, aufgrund der Art und Weise, wie Aktiva und Passiva zu Rechnungslegungszwecken verbucht werden. Das Markt-Buchwert-Verhältnis eines Unternehmens ist in der Regel größer als 1. Der Unternehmenswert ist der Gesamtwert der zugrunde liegenden operativen Geschäftstätigkeit:

$$\text{Operativer Unternehmenswert} = \text{Marktwert des Eigenkapitals} + \text{Fremdkapital} - \text{Barmittel} \qquad \text{(s. Gleichung 2.4)}$$

2.3 Die Gewinn- und Verlustrechnung

■ Die Gewinn- und Verlustrechnung weist die Erlöse und Aufwendungen eines Unternehmens aus und ermittelt den Nettogewinn oder das Nettoergebnis in einem bestimmten Zeitraum.

■ Das operative Ergebnis entspricht den Erlösen abzüglich der Umsatzkosten und des Betriebsaufwands. Nach dem Abzug weiterer nicht zum operativen Ergebnis zu zählenden Posten oder Aufwendungen erhalten wir den Gewinn vor Steuern und Zinsen, das EBIT.

■ Nach Abzug von Zinsen und Steuern vom EBIT erhalten wir das Nettoergebnis, das durch die Anzahl der umlaufenden Aktien geteilt werden kann, um den Gewinn pro Aktie zu errechnen.

2.4 Die Kapitalflussrechnung

■ Die Kapitalflussrechnung zeigt die Quellen und die Verwendung der Barmittel des Unternehmens in einem bestimmten Zeitraum und kann aus der Gewinn- und Verlustrechnung und den Änderungen in der Bilanz abgeleitet werden.

■ Die Kapitalflussrechnung zeigt die für die operative Geschäftstätigkeit, Investitionen und Finanzierungstätigkeit verwendeten oder aus diesen erhaltenen Barmittel auf.

2.5 Sonstige Informationen eines Finanzberichts

■ Die Änderung des gezeichneten Kapitals kann berechnet werden aus einbehaltenen Gewinnen (Nettoergebnis abzüglich Dividenden) zuzüglich Nettoaktienverkäufe (neue Zuteilungen oder Emissionen, Rückkäufe netto).

■ Der Abschnitt Diskussion und Analyse des Managements des Finanzberichts enthält den vom Management gegebenen Überblick über die Performance des Unternehmens sowie die Mitteilung von Risiken, denen das Unternehmen ausgesetzt ist, einschließlich der Risiken aus außerbilanziellen Transaktionen.

■ Der Anhang des Finanzberichts enthält gewöhnlich wichtige Einzelheiten bezüglich der in den Hauptberichten verwendeten Zahlen.

2.6 Analyse des Finanzberichts

■ Mit Finanzkennzahlen kann die Performance eines Unternehmens im Zeitablauf berechnet und ein Unternehmen mit ähnlichen Unternehmen verglichen werden.

■ Wichtige Finanzkennzahlen messen die Rentabilität, Liquidität, das Betriebskapital, den Zinsdeckungsgrad, die Verschuldung, Bewertung und die operativen Erträge. Die ▶Tabelle 2.4 enthält eine Zusammenfassung.

■ Das EBITDA misst die Barmittel, die ein Unternehmen vor Investitionen erwirtschaftet:

$$\text{EBITDA} = \text{EBIT} + \text{Abschreibungen und Amortisationen} \qquad \text{(s. Gleichung 2.14)}$$

■ Die Nettoschulden zeigen die über die Barreserven hinausgehenden Schulden eines Unternehmens:

$$\text{Nettoschulden} = \text{Gesamtverbindlichkeiten} - \text{überschüssige Barmittel} + \text{kurzfristige Anlagen} \qquad \text{(s. Gleichung 2.17)}$$

■ Die DuPont Identität drückt den ROE in Bezug auf Rentabilität, Effizienz der Vermögenswerte und Verschuldung aus:

$$\text{ROE} = \underbrace{\left(\frac{\text{Nettoergebnis}}{\text{Umsatzerlöse}}\right)}_{\text{Nettogewinnspanne}} \times \underbrace{\left(\frac{\text{Umsatzerlöse}}{\text{gesamte Aktiva}}\right)}_{\text{Kapitalumschlag}} \times \underbrace{\left(\frac{\text{gesamte Aktiva}}{\text{Buchwert Eigenkapital}}\right)}_{\text{Eigenkapitalmultiplikator}} \qquad \text{(s. Gleichung 2.23)}$$

2.7 Finanzberichte in der Praxis

■ Die Bilanzskandale vor einigen Jahren haben darauf aufmerksam gemacht, wie wichtig Finanzberichte sind. Neue Gesetze haben die Strafen für Betrug und die Verfahren verschärft, die Unternehmen zur Sicherstellung der Richtigkeit der Berichte anwenden müssen.

Z U S A M M E N F A S S U N G

Weiterführende Literatur

Die **Literaturhinweise** zu diesem Kapitel finden Sie auf unserer begleitenden Website zum Buch unter *www.pearson-studium.de*

Aufgaben

1. Wer liest Finanzberichte? Nennen Sie mindestens drei Personenkreise. Nennen Sie für jeden dieser Personenkreise ein Beispiel für die Art von Informationen, an denen sie interessiert sind, und erklären Sie, warum.

2. Wie verändert sich der Buchwert des Eigenkapitals von Global Conglomerate von 2011 zu 2012 gemäß ▶Tabelle 2.1? Impliziert das, dass der Marktwert der Aktien von Global im Jahr 2012 gestiegen ist? Erklären Sie warum.

3. Mitte 2012 hatte Apple Barmittel in Höhe von USD 7,12 Milliarden, ein Umlaufvermögen von USD 28,75 Millionen, kurzfristige Verbindlichkeiten von USD 6,99 Milliarden und Bestände in Höhe von USD 0,25 Milliarden.

   a. Berechnen Sie die Liquidität dritten Grades.

   b. Berechnen Sie die Liquidität zweiten Grades.

   c. Im Juli 2012 hatte Dell eine Liquidität zweiten Grades von 1,25 und eine Liquidität dritten Grades von 1,30. Was können Sie über die Liquidität der Aktiva von Apple im Vergleich zu Dell sagen?

4. Global startet im Jahr 2012 eine aggressive Marketingstrategie, die die Umsätze um 15 % steigert. Die operative Marge fällt jedoch von 5,57 % auf 4,50 %. Wir unterstellen, dass es keine anderen Erträge gibt, dass der Zinsaufwand unverändert bleibt, und dass die Steuern denselben Anteil am Vorsteuerertrag wie 2011 haben.

   a. Wie hoch ist das EBIT von Global im Jahr 2012?

   b. Wie hoch ist der Ertrag von Global im Jahr 2012?

   c. Wenn das Kurs-Gewinn-Verhältnis von Global und die Anzahl der Aktien im Umlauf unverändert bleiben, wie hoch ist der Aktienkurs von Global im Jahr 2012?

Die **Antworten** zu diesen Fragen finden Sie auf unserer begleitenden Website zum Buch unter *www.pearson-studium.de*.

Für einen Finanzmanager beinhaltet die Bewertung finanzieller Entscheidungen die Berechnung des Barwertes der zukünftigen Cashflows eines Projektes. In ▸Kapitel 3 wird erklärt, wie der Barwert einer Investitionsmöglichkeit berechnet wird. In ▸Kapitel 4 wird das Gesetz des einheitlichen Preises zur Ableitung eines der zentralen Konzepte der Finanzwissenschaft – des *Zeitwertes des Geldes* – herangezogen. Es wird erklärt, wie ein Strom zukünftiger Cashflows zu bewerten ist und wie einige hilfreiche Abkürzungen zur Berechnung des Kapitalwerts verschiedener Arten von Cashflow-Mustern abgeleitet werden können. In ▸Kapitel 5 wird erörtert, wie Marktzinssätze zur Bestimmung der angemessenen Abzinsungssätze für eine Reihe von Cashflows verwendet werden. Das Gesetz des einheitlichen Preises wird verwendet, um zu zeigen, dass der zu verwendende Abzinsungssatz von der Rendite alternativer Anlagen abhängt, deren Zahlungsströme Laufzeiten und Risiken aufweisen, die den zu bewertenden Zahlungsströmen ähnlich sind. Diese Beobachtung führt hin zum wichtigen *Konzept der Kapitalkosten* einer Investitionsentscheidung.

Unternehmen bringen das Kapital, das sie für Investitionen benötigen, durch die Ausgabe von Wertpapieren auf. Das Wertpapier, das am einfachsten ausgegeben werden kann, ist die Anleihe. In ▸Kapitel 6 werden die Instrumente verwendet, die schon entwickelt wurden, um die Bewertung von Anleihen zu erklären. Es wird gezeigt, dass mit dem Gesetz des Einheitlichen Preises Anleihepreise und Anleiherenditen mit der Laufzeitstruktur der Marktzinssätze in Beziehung gesetzt werden können.

TEIL II

Instrumente

Abkürzungen

- *BW* Barwert
- *EW* Endwert
- *KW* Kapitalwert
- r_f risikoloser Zinssatz
- r_s Kalkulationszinssatz für Wertpapier *s*
- r_b Anleihekalkulationszinssatz

Finanzielle Entscheidungsfindung und das Gesetz des einheitlichen Preises

3

ÜBERBLICK

Mitte des Jahres 2007 beschloss Microsoft, einen Bieterkrieg mit seinen Wettbewerbern Google und Yahoo! aufzunehmen, um einen Anteil an der schnell wachsenden sozialen Netzwerkseite Facebook zu erwerben. Wie konnten die Manager von Microsoft entscheiden, ob es sich dabei um eine gute Entscheidung handelte?

Jede Entscheidung hat Folgen für die Zukunft, die den Wert des Unternehmens beeinflussen und für das Unternehmen sowohl zu Einzahlungen als auch Auszahlungen führen können. Letztendlich ist es Microsoft gelungen, einen Anteil von 1,6 % an Facebook zu erwerben, mit dem Recht auf der Facebook-Webseite Banneranzeigen in Höhe von USD 240 Millionen zu platzieren. Zusätzlich zu den sofort fälligen USD 240 Millionen entstanden Microsoft auch laufende Auszahlungen in Verbindung mit der Entwicklung von Software für die Plattform, für die Netzwerkinfrastruktur sowie für die internationalen Marketingmaßnahmen zur Gewinnung von Anzeigenkunden. Der geschäftliche Nutzen für Microsoft bestand auch aus mit den Anzeigenverkäufen verbundenen Erlösen sowie der Wertsteigerung des Anteils von 1,6 % an Facebook. Diese Entscheidung von Microsoft schien sich schließlich als richtig zu erweisen, denn zusätzlich zu der zum Zeitpunkt der Neuemission von Facebook im Mai 2012 erzielten Werbewirkung stieg der Anteil von Microsoft in Höhe von 1,6 % um mehr als eine Milliarde Dollar.

Im Allgemeinen ist eine Entscheidung für die Anleger des Unternehmens vorteilhaft, wenn sie den Wert des Unternehmens steigert. Dies ist dann der Fall, wenn der Wert der Vorteile (Einzahlungen) den Wert der Nachteile (Auszahlungen) übersteigt. Der Vergleich der Einzahlungen mit den Auszahlungen gestaltet sich jedoch oft schwierig, da sie sich zu verschiedenen Zeitpunkten einstellen, unter Umständen in verschiedenen Währungen oder mit unterschiedlichen Risiken verbunden sein können. Um alle Einzahlungen und Auszahlungen auf einen einheitlichen Zeitpunkt zu beziehen, müssen für gültige Vergleiche die Instrumente der Finanzwirtschaft herangezogen werden. In diesem Kapitel wird ein zentrales Prinzip der Finanzwirtschaft eingeführt, das wir *Bewertungsprinzip* nennen. Dieses besagt, dass mit aktuellen Marktpreisen der heutige Wert der mit einer Entscheidung verbundenen Einzahlungen und Auszahlungen bestimmt werden kann. Dieses Prinzip ermöglicht durch die Anwendung des Konzeptes des *Kapitalwertes (KW)* einen Vergleich der Einzahlungen mit den Auszahlungen eines Projektes in einer gemeinsamen monetären Einheit, das heißt in Euro. Eine Entscheidung kann dann durch die Beantwortung der folgenden Frage bewertet werden: *Übersteigt der heutige Barwert (BW) der Einzahlungen den heutigen Barwert der Auszahlungen?* Überdies wird aufgezeigt, dass der Kapitalwert den Nettobetrag angibt, um den die Entscheidung das Vermögen erhöht.

Anschließend wenden wir uns den Finanzmärkten zu. Dabei wenden wir die gleichen Instrumente zur Bestimmung der Preise von Wertpapieren an, die im Markt gehandelt werden. Es werden als *Arbitrage* bezeichnete Strategien erörtert, die die Ausnutzung von Situationen ermöglichen, in denen die Preise von öffentlich verfügbaren Anlagemöglichkeiten diesen Werten nicht entsprechen. Da Investoren unverzüglich handeln, um Arbitragemöglichkeiten zu nutzen, wird argumentiert, dass äquivalente Anlagemöglichkeiten, die gleichzeitig auf Wettbewerbsmärkten gegeben sind, auch denselben Preis haben müssen. Allen anderen in diesem Lehrbuch behandelten Fragen der Bewertung liegt dieses *Gesetz des einheitlichen Preises* zugrunde.

3.1 Bewertungsentscheidungen

Die Aufgabe eines Finanzleiters besteht darin, Entscheidungen im Namen der Anleger des Unternehmens zu treffen. So muss ein Manager im Fall einer Zunahme der Nachfrage nach den Produkten des Unternehmens entscheiden, ob die Preise erhöht oder die Produktion gesteigert werden soll. Wenn entschieden wird die Produktion zu erhöhen und eine neue Anlage ist erforderlich: Ist es dann besser, die Anlage zu *mieten* oder zu *kaufen*? Sollte das Unternehmen im Falle des Kaufs der Anlage *bar zahlen* oder die zur Zahlung *notwendigen Mittel aufnehmen*?

Ziel dieses Buches ist zu erklären, wie Entscheidungen getroffen werden können, die den Wert des Unternehmens für die Anleger erhöhen. Im Grunde ist diese Idee einfach und intuitiv: Bei guten Entscheidungen sind die Einzahlungen größer als die Auszahlungen. Natürlich sind die Möglichkeiten in der realen Welt gewöhnlich komplex und Vorteile und Nachteile daher häufig schwer zu quantifizieren. In vielen Fällen, wie in den folgenden Beispielen, besteht die Analyse aus Fertigkeiten aus anderen Bereichen der Unternehmensführung:

- *Marketing:* Vorhersage des Erlösanstieges aufgrund einer Werbekampagne
- *Rechnungswesen:* Schätzung der Steuerersparnisse aufgrund einer Umstrukturierung
- *Allgemeine ökonomische Aspekte:* Bestimmung der Zunahme der Nachfrage aufgrund einer Senkung des Preises eines Produktes
- *Produktionswirtschaft:* Schätzung der Produktivitätssteigerungen aufgrund einer Änderung der Managementstruktur
- *Strategie:* Prognose der Reaktion eines Wettbewerbers auf eine Preiserhöhung
- *Betrieb:* Schätzung der Kosteneinsparungen aufgrund einer Anlagenmodernisierung

Von nun an wird von der Annahme ausgegangen, dass die Analyse dieser anderen Bereiche abgeschlossen worden ist, um die mit einer Entscheidung verbundenen Vorteile und Nachteile quantifizieren zu können. Hat der Finanzleiter diese Aufgabe abgeschlossen, muss er die Vorteile mit den Nachteilen vergleichen und die beste Entscheidung für den Wert des Unternehmens treffen.

Analyse von Einzahlungen und Auszahlungen

Der erste Schritt bei der Entscheidungsfindung ist, die Einzahlungen und Auszahlungen einer Entscheidung festzustellen. Der nächste Schritt besteht darin, diese Einzahlungen und Auszahlungen zu quantifizieren. Um die Einzahlungen und Auszahlungen vergleichbar zu machen, müssen diese zu den gleichen Bedingungen, nämlich dem heutigen Barwert, bewertet werden. Dies soll anhand eines Beispiels konkretisiert werden:

Angenommen, ein Schmuckhersteller hat die Möglichkeit, heute 400 Unzen Silber gegen 10 Unzen Gold einzutauschen. Da sich der Wert einer Unze Gold vom Wert einer Unze Silber unterscheidet, ist es falsch, hier 400 Unzen mit 10 Unzen zu vergleichen und zu schlussfolgern, dass die größere Menge besser ist. Stattdessen müssen für einen Vergleich der Einzahlungen und Auszahlungen als Erstes die Werte zu gleichen Bedingungen quantifiziert werden.

Betrachten wir zunächst das Silber. Wie hoch ist dessen Wert heute? Nehmen wir an, Silber kann zu einem aktuellen Marktpreis von EUR 15 pro Unze gekauft und verkauft werden. Somit haben 400 Unzen Silber, auf die verzichtet wird, einen Wert von[1]

$$(400 \text{ Unzen Silber heute}) \times (\text{EUR } 15 \text{ pro Unze Silber heute}) = \text{EUR } 6.000 \text{ heute}$$

Beträgt der aktuelle Marktpreis für Gold EUR 900 pro Unze, so haben die erhaltenen 10 Unzen Gold einen Wert von:

$$(10 \text{ Unzen Gold heute}) \times (\text{EUR } 900 \text{ pro Unze Gold heute}) = \text{EUR } 9.000 \text{ heute}$$

Nachdem diese Transaktionen durch ein gemeinsames Wertmaß (heutiges Bargeld) quantifiziert worden sind, können sie miteinander verglichen werden. Das Handelsgeschäft des Schmuckherstellers entspricht einer Einzahlung von heute EUR 9.000 und einer Auszahlung in Höhe von heute EUR 6.000. Der Nettowert der Entscheidung ist daher: EUR 9.000 – EUR 6.000 = EUR 3.000 heute. Entscheidet sich der Schmuckhersteller für das Geschäft, stellt er sich um EUR 3.000 besser.

Die Verwendung von Marktpreisen zur Bestimmung von heutigen Barwerten

Bei der Bewertung der Entscheidung des Schmuckherstellers wurde der aktuelle Marktpreis verwendet, um die Unzen Silber beziehungsweise die Unzen Gold in Euro umzurechnen. Dabei haben wir uns jedoch nicht damit beschäftigt, ob der Schmuckhersteller diesen Preis für gerecht hält oder ob der Schmuckhersteller das Silber oder Gold auch verwenden würde. Spielen derartige Erwägungen eine Rolle? Angenommen, der Schmuckhersteller benötigt das Gold nicht oder ist der Ansicht, dass der aktuelle Goldpreis zu hoch ist. Würde er das Gold mit weniger als EUR 9.000 bewerten? Die Antwort lautet „nein", denn er kann das Gold jederzeit zum aktuellen Marktpreis verkaufen und dafür sofort EUR 9.000 erzielen. Desgleichen würde er dem Gold keinen höheren Wert als EUR 9.000

---

[1] An dieser Stelle könnte man sich Gedanken über Provisionen oder über andere Transaktionskosten machen, die beim Kauf oder Verkauf von Gold zusätzlich zum Marktpreis entstehen. Hier werden diese Transaktionskosten außer Acht gelassen und ihre Auswirkungen werden im Anhang zu diesem Kapitel erörtert.

beimessen, da er, selbst wenn er das Gold wirklich benötigt oder der Ansicht ist, dass der aktuelle Goldpreis zu niedrig ist, jederzeit 10 Unzen Gold für EUR 9.000 kaufen kann. Somit beträgt der Wert des Goldes für den Schmuckhersteller unabhängig von dessen eigenen Ansichten oder Präferenzen EUR 9.000.

Dieses Beispiel veranschaulicht ein wichtiges allgemeines Prinzip: Immer wenn ein Gut auf einem **Wettbewerbsmarkt** gehandelt wird – womit ein Markt bezeichnet wird, auf dem das Gut zum gleichen Preis gekauft *und* verkauft werden kann – bestimmt der Preis den Barwert des Gutes. An Wettbewerbsmärkten hängt der Wert des Gutes nicht von den Ansichten oder Präferenzen der Entscheidungsträger ab.

Beispiel 3.1: Bestimmung des Wertes durch Wettbewerbsmärkte

Fragestellung

Sie haben einen Radiowettbewerb gewonnen und sind enttäuscht, als Sie erfahren, dass der Preis aus vier Eintrittskarten für die Def Leppard Reunion Tour (mit einem aufgedruckten Ticketpreis von je EUR 40) besteht. Da Sie kein Fan des Power Rock der 80er-Jahre sind, beabsichtigen Sie nicht, dieses Konzert zu besuchen. Es besteht jedoch eine zweite Möglichkeit: Zwei Karten für das ausverkaufte Konzert Ihrer Lieblingsband (mit einem aufgedruckten Ticketpreis von je EUR 45) zu erhalten. Sie stellen fest, dass auf eBay Karten für das Def Leppard Konzert für EUR 30 pro Stück gekauft und verkauft werden und dass die Karten für das Konzert Ihrer Lieblingsband zu einem Preis von EUR 50 pro Stück gekauft und verkauft werden. Welchen Preis sollten Sie wählen?

Lösung

In diesem Fall sind die Preise auf dem Wettbewerbsmarkt und nicht persönliche Präferenzen (oder der aufgedruckte Preis der Eintrittskarten) maßgeblich:

4 Def Leppard Eintrittskarten × EUR 30 pro Stück = Marktwert von EUR 120

2 Eintrittskarten für die Lieblingsband × EUR 50 pro Stück = Marktwert von EUR 100

Statt die Eintrittskarten für das Konzert der Lieblingsband zu nehmen, sollten Sie sich für die Def Leppard Eintrittskarten entscheiden und diese auf eBay verkaufen. Mit dem Erlös könnten Sie zwei Eintrittskarten für das Konzert Ihrer Lieblingsband erwerben. So bleiben sogar noch EUR 20 für den Kauf eines T-Shirts übrig.

So kann man durch die Bewertung von Auszahlungen und Einzahlungen unter Verwendung von Preisen auf Wettbewerbsmärkten feststellen, ob sich das Unternehmen und seine Investoren durch eine Entscheidung besserstellen. Dieser Punkt ist eine der zentralen und stärksten Ideen in der Finanzwirtschaft, die als **Bewertungsprinzip** bezeichnet wird:

Der Wert eines Gutes für das Unternehmen oder für seine Investoren bestimmt sich nach dessen wettbewerblichem Marktpreis. Die Vorteile und Nachteile infolge einer Entscheidung sollten daher anhand dieser Marktpreise bewertet werden. Übersteigt der Wert der Einzahlungen den Wert der Auszahlungen, steigert die Entscheidung den Marktwert des Unternehmens.

Das Bewertungsprinzip ist im gesamten Text dieses Lehrbuchs die Grundlage für die Entscheidungsfindung. Im Rest dieses Kapitels wird dieses Prinzip zunächst auf Entscheidungen angewendet, deren Auszahlungen und Einzahlungen zu verschiedenen Zeitpunkten entstehen. Überdies wird das Hauptinstrument der Projektbewertung, die *Kapitalwertregel*, entwickelt. Danach werden deren Auswirkungen auf die Preise von Gütern am Markt betrachtet und das Konzept des *Gesetzes des einheitlichen Preises* entwickelt.

Beispiel 3.2: Die Anwendung des Bewertungsprinzips

Fragestellung

Sie sind Betriebsleiter in einem Unternehmen. Aufgrund eines bereits bestehenden Vertrags haben Sie die Möglichkeit, 200 Barrel (1 Barrel = 158,987294928 Liter) Öl und 1.500 Kilogramm Kupfer zu einem Gesamtpreis von EUR 12.000 zu erwerben. Der aktuelle wettbewerbliche Marktpreis für Öl beträgt EUR 50 pro Barrel und für Kupfer EUR 4 pro Kilogramm. Sie sind sich nicht sicher, ob Sie das ganze Öl und Kupfer brauchen und machen sich Sorgen, dass der Preis beider Güter in der Zukunft fallen könnte. Sollten Sie diese Möglichkeit nutzen?

Lösung

Zur Beantwortung dieser Frage müssen Auszahlungen und Einzahlungen unter Verwendung der Marktpreise in ihre jeweiligen Barwerte umgerechnet werden:

$$(200 \text{ Barrel Öl}) \times (\text{EUR 50 pro Barrel Öl heute}) = \text{heute EUR 10.000}$$

$$(1.500 \text{ Kilogramm Kupfer}) \times (\text{EUR 4 pro Kilogramm Kupfer heute}) = \text{heute EUR 6.000}$$

Der heutige Nettowert dieser Transaktion beträgt somit EUR 10.000 + EUR 6.000 − EUR 12.000 = EUR 4.000. Da der Nettowert positiv ist, sollte diese Transaktion durchgeführt werden. Dieser Wert hängt jedoch von den *gegenwärtigen* Marktpreisen für Öl und Kupfer ab. Selbst wenn der Betriebsleiter nicht das ganze Öl und Kupfer benötigt oder erwartet, dass die Preise dafür fallen, kann er sie zu den gegenwärtigen Marktpreisen verkaufen und den Wert von EUR 16.000 erzielen. Folglich ist diese Transaktion gut für das Unternehmen und erhöht dessen Wert um EUR 4.000.

Wenn wettbewerbliche Marktpreise nicht verfügbar sind

Wettbewerbliche Marktpreise ermöglichen die Berechnung des Wertes einer Entscheidung, ohne sich um den Geschmack oder die Meinungen des Entscheidungsträgers zu kümmern. Sind keine wettbewerblichen Marktpreise verfügbar, ist dies nicht mehr möglich. So haben beispielsweise die Preise in Einzelhandelsgeschäften nur eine Seite: Zwar kann die Ware zum ausgeschriebenen Preis gekauft, aber nicht zum gleichen Preis an das Geschäft verkauft werden. Diese einseitigen Preise können nicht zur Bestimmung eines genauen Barwertes verwendet werden. Sie geben den maximalen Wert der Ware an (da sie immer zu diesem Preis gekauft werden kann), doch für einen Kunden kann sie abhängig von seinen Präferenzen einen viel geringeren Wert haben.

Beispielsweise versuchen Banken seit Langem, neue Kontoinhaber zu gewinnen, indem sie Werbegeschenke für die Eröffnung eines neuen Kontos anbieten. Im Jahr 2012 bot ThinkForex für die Eröffnung eines neuen Kontos ein kostenloses iPad 3 an. Zu diesem Zeitpunkt betrug der Einzelhandelspreis dieses iPad-Modells USD 539. Doch da es keinen Wettbewerbsmarkt für den Handel mit iPads gibt, hängt der Wert des iPads davon ab, ob es gekauft wird oder nicht.

Plant der Kunde ohnehin, dieses iPad zu kaufen, hat es einen Wert von USD 539. Dies entspricht dem Preis, der ansonsten dafür gezahlt würde. Wenn das iPad aber nicht gebraucht oder gewünscht wird, hängt der Wert des Angebots von dem Preis ab, den man für das iPad beim Verkauf erzielen könnte. Könnte das iPad beispielsweise für USD 450 an einen Freund veräußert werden, dann hätte das Angebot von ThinkForex einen Wert von USD 450. Folglich liegt der Wert des Angebots von ThinkForex je nach individuellen Präferenzen zwischen USD 450 (das iPad wird nicht gewünscht) und USD 539 (der Kunde will unbedingt ein iPad).

3.2   Zinssätze und der Zeitwert des Geldes

Anders als bei den bisher dargestellten Beispielen fallen bei den meisten finanziellen Entscheidungen Auszahlungen und Einzahlungen zu verschiedenen Zeitpunkten an. So fallen beispielsweise bei typischen Investitionsvorhaben Auszahlungen sofort an, während Einzahlungen erst später erzielt werden. Im folgenden Abschnitt wird gezeigt, wie dieser Zeitunterschied bei der Bewertung eines Projektes berücksichtigt werden kann.

Der Zeitwert des Geldes

Betrachten wir eine Investitionsmöglichkeit mit den folgenden sicheren Zahlungen:

Einzahlung: EUR 100.000 heute

Auszahlung: EUR 105.000 in einem Jahr

Da beide Werte in Euro ausgedrückt werden, könnte der Eindruck entstehen, dass Auszahlung und Einzahlung unmittelbar vergleichbar sind: Dann wäre der Nettowert des Projekts EUR 105.000 − EUR 100.000 = EUR 5.000. Allerdings wird bei dieser Berechnung die zeitliche Entstehung von Auszahlung und Einzahlung nicht berücksichtigt und heutiges Geld genauso wie Geld in einem Jahr behandelt.

Ein heutiger Euro ist in der Regel mehr wert als ein Euro in einem Jahr. Wenn Sie heute EUR 1 haben, können Sie ihn anlegen. Sie können den Euro beispielsweise auf ein Bankkonto einzahlen, auf das 7 % Zinsen gezahlt werden. Am Ende des Jahres haben Sie dann EUR 1,07. Der Wertunterschied zwischen heutigem Geld und zukünftigem Geld wird als **Zeitwert des Geldes** bezeichnet.

Der Zinssatz: Ein zeitübergreifender Wechselkurs

Heutiges Geld kann durch das Einzahlen auf ein Sparkonto ohne Risiko in zukünftiges Geld umgewandelt werden. Desgleichen kann durch das Aufnehmen von Geld von einer Bank zukünftiges Geld in heutiges Geld umgewandelt werden. Der Kurs, zu dem wir heutiges Geld gegen zukünftiges Geld eintauschen können, wird durch den aktuellen Zinssatz bestimmt. Ebenso wie es ein Wechselkurs ermöglicht, Geld von einer Währung in eine andere zu tauschen, ermöglicht es der Zinssatz, Geld von einem Zeitpunkt auf einen anderen zu wechseln. Im Grunde ist ein Zinssatz wie ein zeitübergreifender Wechselkurs. Er gibt den heutigen Marktpreis von zukünftigem Geld an.

Wir nehmen an, der aktuelle Jahreszinssatz beträgt 7 %. Wenn bei diesem Zinssatz Geld angelegt oder aufgenommen wird, können wir EUR 1,07 in einem Jahr gegen EUR 1,00 heute eintauschen. Allgemeiner formuliert wird der **risikolose Zinssatz**, r_f, für einen gegebenen Zeitraum als der Zinssatz definiert, zu dem Geld ohne Risiko über diesen Zeitraum aufgenommen oder angelegt werden kann. So kann ohne Risiko $(1 + r_f)$ Euro in der Zukunft pro Euro heute und umgekehrt eingetauscht werden. $(1 + r_f)$ wird als **Zinsfaktor** für risikolose Kapitalflüsse bezeichnet, er legt den Wechselkurs über die Zeit fest und wird in Einheiten von „EUR in einem Jahr : EUR heute" angegeben.

Wie auch bei anderen Marktpreisen hängt der risikolose Zinssatz von Angebot und Nachfrage ab. Insbesondere gilt, dass das Angebot von Spargeldern zum risikolosen Zinssatz gleich der Nachfrage nach Geldaufnahme ist. Da der risikolose Zinssatz nunmehr bekannt ist, kann er zur Bewertung anderer Entscheidungen, bei denen Auszahlungen und Einzahlungen über die Zeit getrennt sind, herangezogen werden, ohne die Präferenzen des Anlegers zu kennen.

Wert der Investition in einem Jahr. Im Folgenden wird die bereits betrachtete Investition erneut bewertet, jetzt aber unter Berücksichtigung des Zeitwertes des Geldes. Beträgt der Zinssatz 7 %, kann die Auszahlung wie folgt ausgedrückt werden:

$$\text{Auszahlung} = (\text{EUR } 100.000 \text{ heute}) \times (\text{EUR } 1{,}07 \text{ in einem Jahr} : \text{EUR heute})$$
$$= \text{EUR } 107.000 \text{ in einem Jahr}$$

Diesen Betrag betrachten wir als die Opportunitätskosten für die Auszahlung von EUR 100.000 heute: Wir verzichten auf die EUR 107.000, die wir in einem Jahr gehabt hätten, wäre das Geld auf der Bank geblieben. Andererseits hätten wir in einem Jahr Verbindlichkeiten von EUR 107.000, wenn wir heute EUR 100.000 aufnehmen.

Sowohl die Auszahlungen als auch die Einzahlungen werden jetzt in „Euro in einem Jahr" ausgedrückt, sodass sie vergleichbar sind und der Nettowert der Investition berechnet werden kann:

$$\text{EUR } 105.000 - \text{EUR } 107.000 = -\text{EUR } 2.000 \text{ in einem Jahr}$$

Mit anderen Worten bedeutet dies, dass wir EUR 2.000 mehr erzielt hätten, wenn wir die EUR 100.000 statt dieser Investition auf die Bank gebracht hätten. Aus diesem Grund sollte die Investition abgelehnt werden. Wird die Investition dennoch getätigt, wären wir in einem Jahr um EUR 2.000 ärmer, als wenn wir sie unterließen.

Heutiger Wert der Investition. In der vorausgegangenen Berechnung wurde der Wert der Auszahlungen und Einzahlungen in Euro in einem Jahr ausgedrückt. Alternativ können wir den Zinsfaktor verwenden, um die Umrechnung in heutige Euro vorzunehmen. Betrachten wir hierfür die Auszahlung von EUR 105.000 in einem Jahr. Wie hoch ist der entsprechende Betrag in heutigen Euro ausgedrückt? Anders formuliert: Wie viel müssten wir heute auf das Bankkonto einzahlen, um in einem Jahr EUR 105.000 auf dem Konto zu haben? Dieser Betrag kann durch das Teilen durch den Zinsfaktor ermittelt werden:

$$\text{Betrag} = (\text{EUR } 105.000 \text{ in einem Jahr}) : (\text{EUR } 1{,}07 \text{ in einem Jahr} : \text{EUR heute})$$
$$= \text{EUR } 105.000 \times \frac{1}{1{,}07} \text{ heute}$$
$$= \text{EUR } 98.130{,}84 \text{ heute}$$

Dies entspricht auch dem Betrag, den uns die Bank heute als Kredit geben würde, wenn wir zusicherten, in einem Jahr EUR 105.000 zurückzuzahlen.[2] Somit entspricht dies dem wettbewerblichen Marktpreis, zu dem die EUR 105.000 in einem Jahr „gekauft" oder „verkauft" werden können.

Nun kann der Nettowert der Investition bestimmt werden:

$$\text{EUR } 98.130{,}84 - \text{EUR } 100.000 = -\text{EUR } 1.869{,}16 \text{ heute}$$

Auch in diesem Fall gibt das negative Ergebnis an, dass die Investition abgelehnt werden sollte. Würde die Investition getätigt, wären wir um EUR 1.869,16 heute ärmer, da wir für etwas, das nur EUR 98.130,84 wert war, auf EUR 100.000 verzichtet hätten.

Barwert im Vergleich zum Endwert. Diese Berechnung zeigt, dass die Entscheidung unabhängig davon, ob der Wert der Investition in Euro in einem Jahr oder in heutigen Euro ausgedrückt wird, gleich bleibt: Die Investition sollte abgelehnt werden. Tatsächlich wird nach der Umstellung von heutigen Euro auf Euro in einem Jahr

$$(-\text{EUR } 1.869{,}16 \text{ heute}) \times (\text{EUR } 1{,}07 \text{ in einem Jahr} : \text{EUR heute}) = -\text{EUR } 2.000 \text{ in einem Jahr}$$

---

2 Hier wird angenommen, dass die Bank zum risikolosen Zinssatz sowohl leiht als auch verleiht. Der Fall, in dem sich diese Zinssätze unterscheiden, wird unter „Arbitrage mit Berücksichtigung von Transaktionskosten" im Anhang zu diesem Kapitel erörtert.

deutlich, dass die beiden Ergebnisse gleichwertig sind, aber als Werte zu verschiedenen Zeitpunkten ausgedrückt werden. Wird der Wert in heutigen Euro ausgedrückt, so wird dies als **Barwert** *(BW)* der Investition bezeichnet. Wird der Wert in zukünftigen Euro ausgedrückt, so wird dies als **Endwert** *(EW)* der Investition bezeichnet.

Abzinsungsfaktoren und -sätze. Bei der Berechnung des Barwerts wie in der Berechnung oben kann der Term

$$\frac{1}{1+r} = \frac{1}{1{,}07} = 0{,}93458 \text{ Euro heute : Euro in einem Jahr}$$

als heutiger *Preis* von EUR 1 in einem Jahr interpretiert werden. Beachten Sie, dass der Wert weniger als EUR 1 beträgt. Da zukünftiges Geld heute weniger wert ist, spiegelt dessen Preis einen Zinsabschlag wider. Der Zinsabschlag stellt den Abschlag dar, zu dem zukünftiges Geld gekauft werden kann. Dieser Betrag $\frac{1}{1+r}$ wird als **Abzinsungsfaktor** für ein Jahr bezeichnet. Der risikolose Zinssatz wird auch als **Abzinsungssatz** für eine risikolose Anlage bezeichnet.

Beispiel 3.3: Vergleich von Einzahlungen zu verschiedenen Zeitpunkten

Fragestellung

Die Auszahlung für einen erdbebensicheren Umbau der San Francisco Bay Bridge betrug im Jahr 2004 circa USD 3 Milliarden. Zu dieser Zeit schätzten die Ingenieure, dass im Fall einer Verzögerung des Projektes bis ins Jahr 2005 die Auszahlungen um 10 % steigen würden. Wie hoch wären die Auswirkungen einer Verzögerung in Dollar des Jahres 2004 bei einem Zinssatz von 2 %?

Lösung

Verzögert sich das Projekt, würde es im Jahr 2005 USD 3 Milliarden × (1,10) = USD 3,3 Milliarden kosten. Zum Vergleich dieses Betrags mit der Auszahlung von USD 3 Milliarden im Jahr 2004 muss der Betrag mithilfe des Zinssatzes von 2 % umgerechnet werden:

USD 3,3 Milliarden in 2005 : (USD 1,02 in 2005 : USD in 2004)
= USD 3,235 Milliarden in 2004

Folglich betrugen die Kosten einer Verzögerung um ein Jahr:

USD 3,235 Milliarden – USD 3 Milliarden = USD 235 Millionen in 2004

Dies bedeutet, eine Verzögerung des Projektes um ein Jahr entspricht einem Verzicht auf Geld in Höhe von USD 235 Millionen.

Der risikolose Zinssatz kann genauso wie die wettbewerblichen Marktpreise zur Bestimmung von Werten verwendet werden. In ▶Abbildung 3.1 wird dargestellt, wie wettbewerbliche Marktpreise, Wechselkurse und Zinssätze verwendet werden, um von heutigen Dollar auf andere Güter, Währungen oder zukünftige Dollar umzurechnen.

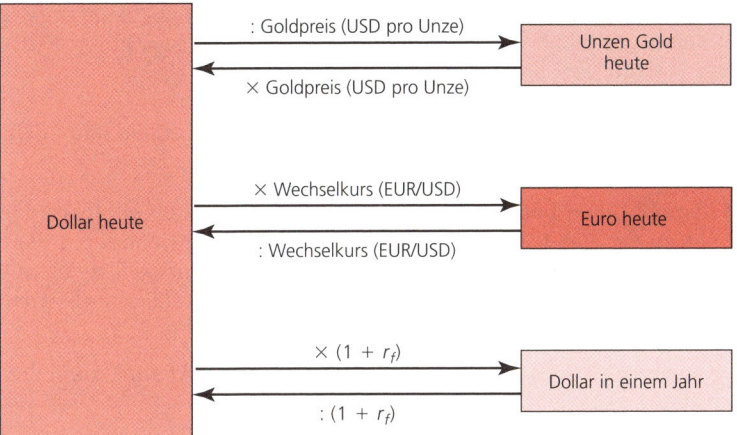

Abbildung 3.1: Umrechnung von heutigen Dollar auf Gold, zukünftige Dollar oder Euro und umgekehrt. Heutige Dollar können unter Verwendung des wettbewerblichen Marktpreises, des Wechselkurses oder des Zinssatzes auf verschiedene Güter, Währungen oder Zeitpunkte umgerechnet werden.

Verständnisfragen

1. Wie werden Ausgaben zu verschiedenen Zeitpunkten verglichen?
2. Was geschieht mit dem *heutigen* Wert einer Zusage von Geld in einem Jahr, wenn der Zinssatz steigt?

3.3 Der Barwert und die Kapitalwertentscheidungsregel

In ▶Abschnitt 3.2 wurde mithilfe des risikolosen Zinssatzes von heutigem Geld auf zukünftiges Geld umgerechnet. Solange Auszahlungen und Einzahlungen auf den gleichen Zeitpunkt umgerechnet werden, können sie für die Zwecke der Entscheidungsfindung verglichen werden. In der Praxis messen jedoch viele Unternehmen lieber Werte nach ihrem Barwert, also im heutigen Wert von Geld ausgedrückt. In diesem Abschnitt wird das Bewertungsprinzip zur Ableitung des Konzepts des Kapitalwertes (KW) sowie zur Definierung der „goldenen Regel" der finanziellen Entscheidungsfindung, *der Kapitalwertregel*, herangezogen.

Der Kapitalwert

Bei der Berechnung des Wertes von Auszahlungen oder Einzahlungen in heutigem Geld wird dieser als *Barwert* (*BW*) bezeichnet. Desgleichen wird der **Kapitalwert** (*KW*) eines Projektes oder einer Investition als Differenz zwischen dem Barwert der Einzahlungen und dem Barwert der Auszahlungen definiert:

Kapitalwert

$$KW = BW(\text{Einzahlungen}) - BW(\text{Auszahlungen}) \qquad (3.1)$$

Werden positive Zahlungen zur Darstellung von Einzahlungen und negative Zahlungen zur Darstellung von Auszahlungen verwendet und wird der Barwert mehrerer Zahlungen als Summe der Barwerte einzelner Zahlungen berechnet, so kann diese Definition auch wie folgt umformuliert werden:

$$KW = BW(\text{aller Projektzahlungen}) \qquad (3.2)$$

Dies heißt, der Kapitalwert entspricht der Gesamtsumme der Barwerte aller Projektzahlungen.

Beispielsweise wird einem Unternehmen folgende Investitionsmöglichkeit angeboten: Als Gegenleistung für EUR 500 heute erhält das Unternehmen in einem Jahr garantiert EUR 550. Beträgt der risikolose Zinssatz 8 % pro Jahr, dann gilt:

$$BW(\text{Einzahlung}) = (\text{EUR 550 in einem Jahr}) : (\text{EUR 1,08 in einem Jahr : EUR heute})$$
$$= \text{EUR 509,26 heute}$$

Dieser Barwert entspricht dem Betrag, der heute bei einer Bank eingezahlt werden müsste, um in einem Jahr EUR 550 zu erzielen (EUR 509,26 × 1,08 = EUR 550). Mit anderen Worten: *Der Barwert entspricht der Einzahlung, die heute notwendig ist, um das Ergebnis selbst zu erzielen – das heißt, er ist der Betrag, der zum aktuellen Zinssatz angelegt werden müsste, um die Auszahlung nachzubilden.*

Nachdem Auszahlungen und Einzahlungen als Barwert ausgedrückt sind, kann der Kapitalwert der Investition berechnet werden:

$$KW = \text{EUR 509,26} - \text{EUR 500} = \text{EUR 9,26 heute}$$

Was aber, wenn das Unternehmen nicht über die EUR 500 verfügt, die für die Anfangsauszahlung des Projektes notwendig sind? Hat das Projekt dann immer noch den gleichen Wert? Da der Wert mithilfe von wettbewerblichen Marktpreisen berechnet worden ist, sollte er nicht von persönlichen Präferenzen oder dem Bargeldbetrag abhängen, den das Unternehmen als Guthaben auf der Bank hat. Verfügt das Unternehmen nicht über EUR 500, könnte es EUR 509,26 zu einem Zinssatz von 8 % von der Bank aufnehmen und dann das Projekt durchführen. Wie gestalten sich in diesem Fall die Zahlungen?

Heute: EUR 509,26 (Darlehen) – EUR 500 (in das Projekt investiert) = EUR 9,26
In einem Jahr: EUR 550 (aus dem Projekt) – EUR 509,26 × 1,08 (Darlehensbetrag) = EUR 0

Nach dieser Transaktion verbleiben dem Unternehmen genau EUR 9,26 heute sowie keine zukünftigen Nettoverbindlichkeiten. Eine Durchführung des Projektes entspricht einem zusätzlichen Betrag von EUR 9,26 im Voraus. Der Kapitalwert drückt somit den Wert einer Investitionsentscheidung als heute erhaltenen Geldbetrag aus. *Solange der Kapitalwert positiv ist, erhöht die Entscheidung den Wert des Unternehmens und ist unabhängig vom aktuellen Geldbedarf oder den Präferenzen im Hinblick darauf, wann das Geld ausgegeben werden soll, eine gute Entscheidung.*

Die Kapitalwertentscheidungsregel

Da der Kapitalwert in heutigem Geld ausgedrückt wird, vereinfacht er die Entscheidungsfindung. Solange alle Auszahlungen und Einzahlungen des Projekts richtig erfasst sind, erhöhen Entscheidungen mit einem positiven Kapitalwert das Vermögen des Unternehmens und seiner Investoren. Diese Logik wird in der **Kapitalwertentscheidungsregel** erfasst:

Bei der Auswahl einer Investition die Alternative mit dem höchsten Kapitalwert wählen. Die Auswahl dieser Alternative entspricht dem Erhalt des heutigen Kapitalwerts der Investition in bar.

Annahme oder Ablehnung eines Projektes. Eine häufige finanzielle Entscheidung bezieht sich darauf, ob ein Projekt angenommen oder abgelehnt werden soll. Da bei einer Ablehnung eines Projekts der Kapitalwert im Allgemeinen 0 beträgt (dem Unternehmen entstehen aus der Nichtdurchführung des Projektes keine neuen Auszahlungen bzw. keine neuen Einzahlungen), bedeutet die Kapitalwertregel, dass:

- Projekte mit einem positiven Kapitalwert durchgeführt werden sollten, da dies dem heutigen Erhalt des Kapitalwerts dieser Projekte in bar gleichwertig ist.
- Projekte mit einem negativen Kapitalwert abgelehnt werden sollten, da durch die Annahme dieser Projekte das Vermögen der Investoren reduziert werden würde, während durch die Ablehnung dieser Projekte keine Einzahlungen entstehen ($KW = 0$).

Ist der Kapitalwert exakt gleich null, gewinnt oder verliert der Investor nicht, wenn er das Projekt durchführt statt es abzulehnen. Es ist zwar kein schlechtes Projekt, da der Wert des Unternehmens dadurch nicht verringert wird, aber der Wert des Unternehmens wird auch nicht erhöht.

Beispiel 3.4:   Der Kapitalwert entspricht heutigem Bargeld

Fragestellung

Ihre Firma muss einen neuen Kopierer zum Preis von EUR 9.500 kaufen. Als Teil einer Werbe-aktion bietet Ihnen der Hersteller an, in einem Jahr EUR 10.000 statt heute den Preis in bar zu bezahlen. Nehmen wir an, der risikolose Zinssatz beträgt 7 % pro Jahr. Ist das Angebot ein gutes Geschäft? Weisen Sie nach, dass der Kapitalwert des Angebots so gut wie Bargeld in der Tasche ist.

Lösung

Wird das Angebot angenommen, liegt der Vorteil darin, dass der Käufer die EUR 9.500 heute, die bereits als Kapitalwert ausgedrückt sind, nicht bezahlen muss (= Einzahlung). In einem Jahr beträgt die Auszahlung jedoch EUR 10.000. Aus diesem Grund wandeln wir diese Aus-zahlung in einen Barwert zum risikolosen Zinssatz um:

$$BW(\text{Auszahlung}) = (\text{EUR 10.000 in einem Jahr}) : (\text{EUR 1,07 in einem Jahr} : \text{EUR heute})$$
$$= \text{EUR 9.345,79 heute}$$

Der Kapitalwert des Werbeangebots entspricht der Differenz zwischen dem Barwert der Aus-zahlung und dem Barwert der Einzahlung:

$$KW = \text{EUR 9.500} - \text{EUR 9.345,79} = \text{EUR 154,21 heute}$$

Da der Kapitalwert positiv ist, ist diese Investition ein gutes Geschäft. Es entspricht dem Erhalt eines Rabatts in Höhe von EUR 154,21 heute und einem Preis von nur EUR 9.345,79 heute für den Kopierer. Um unser Angebot zu überprüfen, nehmen wir an, dass der Käufer das Angebot annimmt und EUR 9.345,79 bei einer Bank anlegt, die 7 % Zinsen zahlt. Bei diesem Zinssatz wächst der Geldbetrag auf EUR 9.345,79 × 1,07 = EUR 10.000 in einem Jahr, mit dem dann der Kopierer bezahlt werden kann.

Entscheidung zwischen Alternativen. Die Kapitalwertentscheidungsregel kann auch zur Entschei-dung zwischen Projekten verwendet werden. Dazu muss der Kapitalwert jeder Alternative berechnet und danach die Alternative mit dem höchsten Kapitalwert ausgewählt werden. Hierbei handelt es sich um die Alternative, die zum höchsten Zuwachs des Unternehmenswertes führt.

Beispiel 3.5:   Die Entscheidung zwischen alternativen Plänen

Fragestellung

Sie haben ein Geschäft im Bereich Hosting-Dienstleistungen für Webseiten aufgebaut, dann jedoch beschlossen Ihr Studium fortzusetzen. Nachdem Sie an die Universität zurückgekehrt sind, überlegen Sie, das Geschäft im nächsten Jahr zu verkaufen. Ein Investor hat angeboten, das Geschäft für EUR 200.000 zu kaufen, sobald Sie dazu bereit sind. Welche der folgenden drei Alternativen ist bei einem Zinssatz von 10 % die beste Lösung?

1. Der sofortige Verkauf des Geschäftes.

2. Zurückfahren und Weiterbetrieb des Geschäfts während des Studiums für ein weiteres Jahr und anschließender Verkauf des Geschäfts (wobei jetzt Auszahlungen in Höhe von EUR 30.000 anfallen, aber zum Ende des Jahres ein zahlungswirksamer Gewinn von EUR 50.000 erzielt wird).

3. Einstellen eines Mitarbeiters, der das Geschäft weiterführt, während Sie ein Jahr lang studieren, sowie anschließender Verkauf des Geschäfts (wobei Ihnen jetzt Auszahlungen von EUR 50.000 entstehen, aber zum Ende des Jahres ein zahlungswirksamer Gewinn von EUR 100.000 erzielt wird).

Lösung

Die Zahlungen und der Kapitalwert für jede Alternative sind in ▶Tabelle 3.1 berechnet. Bei den gegebenen drei Alternativen wäre die beste Wahl die Alternative mit dem höchsten Kapitalwert: Das Einstellen eines Managers und der Verkauf in einem Jahr. Diese Alternative entspricht dem Erhalt von EUR 222.727 heute.

			Tabelle 3.1
Zahlungen und Kapitalwerte für geschäftliche Alternativen für Webseiten			
	Heute	**In einem Jahr**	**KW**
Heutiger Verkauf	EUR 200.000	0	EUR 200.000
Zurückfahren des Betriebs	−EUR 30.000	EUR 50.000 EUR 200.000	$-EUR\,30.000 + \dfrac{EUR\,250.000}{1,10} = EUR\,197.273$
Einstellen eines Managers	−EUR 50.000	EUR 100.000 EUR 200.000	$-EUR\,50.000 + \dfrac{EUR\,300.000}{1,10} = EUR\,222.727$

Kapitalwert und Geldbedarf

Beim Vergleich von Projekten mit verschiedenen Mustern gegenwärtiger und zukünftiger Zahlungen können wir Präferenzen im Hinblick darauf haben, wann das Bargeld erhalten wird. Manch einer benötigt heute Bargeld, während andere lieber für die Zukunft sparen. Im Beispiel mit dem Geschäft für Hosting-Dienstleistungen für Webseiten erzielt die Alternative, einen Geschäftsführer einzustellen und das Geschäft in einem Jahr zu verkaufen, den höchsten Kapitalwert. Diese Option erfordert jedoch im Gegensatz zum Verkauf des Geschäftes und dem sofortigen Erhalt von EUR 200.000 eine Anfangsauszahlung von EUR 50.000. Angenommen, Sie benötigen heute EUR 60.000 in bar, um Studiengebühren und sonstige Aufwendungen zu bezahlen. Wäre der Verkauf des Geschäfts in diesem Fall die bessere Lösung?

Wie im Beispiel des Schmuckherstellers in ▶Abschnitt 3.1, der erwägt Silber gegen Gold einzutauschen, ist auch hier die Antwort wieder „nein". Solange man Geld zu einem Zinssatz von 10 % leihen und verleihen kann, ist die Einstellung eines Geschäftsführers unabhängig von den Präferenzen im Hinblick auf den Zeitpunkt der erhaltenen Zahlungen die beste Entscheidung. Um aufzuzeigen, warum dies die beste Lösung ist, sei angenommen, dass Sie EUR 110.000 zu einem Zinssatz von 10 % aufnehmen und den Geschäftsführer einstellen können. In diesem Fall schulden Sie in einem Jahr EUR 110.000 × 1,10 = EUR 121.000 für die in ▶Tabelle 3.2 dargestellten gesamten Zahlungen. Vergleichen wir diese Zahlungen mit den Zahlungen aus dem sofortigen Verkauf und der Anlage der verbleibenden EUR 140.000 (die bei einem Zinssatz von 10 % in einem Jahr auf EUR 140.000 × 1,10 = EUR 154.000 ansteigen). Mit beiden Strategien erhalten Sie heute EUR 60.000 in bar. Die Einstellung eines Geschäftsführers und die Aufnahme eines Darlehens führt jedoch zusätzlich zu EUR 179.000 − EUR 154.000 = EUR 25.000 in einem Jahr.[3] Somit gilt: Selbst wenn Sie heute EUR 60.000 benötigen, ist das Einstellen eines Geschäftsführers und der Verkauf in einem Jahr noch immer die beste Lösung.

---

3 Hierbei ist zu beachten, dass der *BW* dieser zusätzlichen Zahlung, EUR 25.000 : 1,10 = EUR 22.727, genau der Differenz der Kapitalwerte der beiden Alternativen entspricht.

Tabelle 3.2

Zahlungen bei Einstellung eines Geschäftsführers und Darlehensaufnahme im Vergleich zu Verkauf und Geldanlage

	Heute	In einem Jahr
Einstellung eines Geschäftsführers	−EUR 50.000	EUR 300.000
Geldaufnahme	EUR 110.000	−EUR 121.00
Gesamte erhaltene Zahlung	EUR 60.000	EUR 179.000
Im Vergleich zu Verkauf heute	EUR 200.000	EUR 0
Geldanlage	−EUR 140.000	EUR 154.000
Gesamte erhaltene Zahlung	EUR 60.000	EUR 154.000

Dieses Beispiel verdeutlicht das folgende allgemeine Prinzip:

Unabhängig von den Präferenzen im Hinblick auf gegenwärtiges und zukünftiges Bargeld sollte zunächst immer der Kapitalwert maximiert werden. Danach kann Geld geliehen oder verliehen werden, um die Zahlungen über die Zeit zu verschieben und das jeweils bevorzugte Zahlungs-Muster zu erhalten.

Verständnisfragen

1. Wie lautet die Kapitalwertentscheidungsregel?

2. Warum hängt die Kapitalwertentscheidungsregel nicht von den Präferenzen des Anlegers ab?

3.4 Arbitrage und das Gesetz des einheitlichen Preises

Bisher wurde die Bedeutung der Verwendung von Wettbewerbsmarktpreisen zur Berechnung des Kapitalwertes betont. Es stellt sich jedoch die Frage, ob es immer einen solchen einheitlichen Preis gibt. Was passiert, wenn das gleiche Gut auf verschiedenen Märkten zu unterschiedlichen Preisen gehandelt wird? Betrachten wir beispielsweise Gold: Gold wird auf vielen verschiedenen Märkten gehandelt, wobei New York und London die größten Märkte sind. Zur Bewertung einer Unze Gold könnten wir den Wettbewerbspreis auf einem dieser Märkte herausfinden. Nun sei aber angenommen, dass Gold in New York für USD 850 und in London für USD 900 pro Unze gehandelt wird. Welcher Preis sollte verwendet werden?

Glücklicherweise ergeben sich solche Situationen nicht und es lässt sich auch leicht erklären, warum dies nicht geschieht. An dieser Stelle sei daran erinnert, dass es sich hier um Wettbewerbsmarktpreise handelt, zu denen *sowohl gekauft als auch verkauft* werden kann. Somit kann man in dieser Situation Geld verdienen, indem einfach Gold zu USD 850 pro Unze in New York gekauft und sofort für USD 900 pro Unze in London verkauft wird.[4] Dadurch werden für jede gekaufte und verkaufte Unze USD 900 − USD 850 = USD 50 erzielt. Werden zu diesen Preisen 1 Million Unzen gehandelt, so würden ohne Risiko und ohne Investition USD 50 Millionen verdient! Dies ist ein Fall, in dem das alte Motto „Billig kaufen und teuer verkaufen" absolut eingehalten werden kann.

---

4 Es ist nicht notwendig, das Gold von New York nach London zu transportieren, da die Anleger auf diesen Märkten Eigentumsrechte an Gold handeln, das andernorts sicher gelagert ist.

Natürlich ist man dann nicht der Einzige, der solche Geschäfte tätigt. Jeder, der diese Preise wahrnimmt, wird so viele Unzen wie möglich handeln wollen. Innerhalb von Sekunden würden der Markt in New York mit Kaufaufträgen und der Markt in London mit Verkaufsaufträgen überflutet werden. Während einige Unzen (von den Glücklichen, die diese Chance als Erste gesehen hatten) zu diesem Preis gehandelt werden könnten, würde der Preis in New York als Reaktion auf all diese Aufträge schnell steigen und der Preis in London schnell fallen.[5] Die Preise würden sich so lange ändern, bis sie sich irgendwo in der Mitte, beispielsweise bei EUR 875 pro Unze, ausgleichen.

Arbitrage

Der Kauf und Verkauf gleichwertiger Güter auf verschiedenen Märkten unter Ausnutzung eines Preisunterschiedes wird als **Arbitrage** bezeichnet. Jede Situation, in der ohne Risiko oder Investition ein Gewinn erzielt werden kann, wird als **Arbitragemöglichkeit** bezeichnet. Da eine Arbitragemöglichkeit einen positiven Kapitalwert hat, versuchen Investoren, wenn sich auf den Finanzmärkten eine Arbitragemöglichkeit ergibt, diese auch schnell zu nutzen. Die Anleger, die diese Möglichkeit als Erste erkennen und unverzüglich handeln, sind in der Lage, sie zu nutzen. Sobald sie ihre Geschäfte ausführen, reagieren die Preise, was dazu führt, dass die Arbitragemöglichkeit verschwindet.

Arbitragemöglichkeiten ähneln Geld, das auf der Straße liegt: Hat es jemand entdeckt, ist es in Kürze weg. Der Normalzustand auf den Märkten sollte sein, dass keine Arbitragemöglichkeiten bestehen. Ein Wettbewerbsmarkt, auf dem keine Arbitragemöglichkeiten bestehen, wird als **normaler Markt**[6] bezeichnet.

NASDAQ SOES Bandits

Der NASDAQ-Aktienmarkt unterscheidet sich von anderen Märkten wie der New Yorker Börse NYSE insofern, als dort viele Händler tätig sind, die alle die gleichen Aktien handeln. So können beispielsweise an einem Tag zehn oder mehr Händler Preise einstellen, zu denen sie bereit sind, Aktien von Apple Computer (AAPL) zu handeln. An der NASDAQ wird auch ein Small Order Execution System (SOES) angewendet, das Privatanlegern ermöglicht, Handelsgeschäfte direkt bei einem Market Maker genannten Börsenmakler unverzüglich über ein elektronisches System auszuführen.

Als SOES Ende der 1980er-Jahre eingeführt wurde, trat ein neuer Händlertypus auf, der als „SOES Bandit" bezeichnet wird. Diese Händler beobachteten die Angebote verschiedener Händler und warteten darauf, dass sich Arbitragemöglichkeiten ergaben. Bot beispielsweise ein Händler an, AAPL zu USD 580,25 zu verkaufen und war ein anderer bereit, zu USD 580,30 zu kaufen, so konnte der SOES Bandit davon profitieren, indem er sofort 1.000 Aktien zu USD 580,25 von dem ersten Händler kaufte und 1.000 Aktien zu USD 580,30 an den zweiten Händler verkaufte. Bei diesem Geschäft wird ein Arbitragegewinn von $1.000 \times USD\ 0,05 = USD\ 50$ erzielt.

Früher konnten diese Händler durch die vielfache Ausführung solcher Geschäfte pro Tag beträchtliche Summen verdienen. So waren die anderen Händler durch die Aktivität dieser SOES Bandits innerhalb kurzer Zeit gezwungen, ihre eigenen Gebote viel aktiver zu überwachen, um ein solches „Abgreifen" von Profiten zu vermeiden. Heute tritt diese Art Arbitragemöglichkeit nur noch selten auf.*

*Siehe J. Harris und P. Schultz, „The Trading Profits of SOES Bandits", Journal of Financial Economics 50(2), Oktober 1998: 39–62.

---

5 Volkswirte würden sagen, dass das Angebot auf diesen Märkten nicht gleich der Nachfrage ist. In New York wäre die Nachfrage unendlich, da jeder kaufen wollen würde. Um das Gleichgewicht wiederherzustellen, sodass das Angebot gleich der Nachfrage ist, müsste der Preis in New York steigen. Desgleichen gäbe es in London so lange ein unendliches Angebot, bis die Preise dort sinken.

6 Mitunter wird der Begriff *effizienter Markt* auch zur Beschreibung eines Marktes verwendet, auf dem, neben anderen Merkmalen, keine Arbitragemöglichkeiten bestehen. Wir vermeiden diesen Begriff jedoch, da er häufig vage und widersprüchlich definiert wird.

Gesetz des einheitlichen Preises

An einem normalen Markt ist der Preis für Gold in London und New York zu jedem Zeitpunkt gleich. Dieselbe Logik findet immer dann Anwendung, wenn gleichwertige Anlagemöglichkeiten auf zwei verschiedenen Wettbewerbsmärkten gehandelt werden. Unterscheiden sich die Preise an den beiden Märkten, profitieren die Anleger davon sofort, indem sie auf dem Markt kaufen, auf dem günstig gehandelt, und auf dem Markt verkaufen, auf dem teuer gehandelt wird. Auf diese Weise gleichen sie die Preise aus. Infolgedessen unterscheiden sich die Preise nicht (wenigstens nicht lange). Dieses wichtige Merkmal wird als **Gesetz des einheitlichen Preises** bezeichnet:

Wenn gleichwertige Anlagemöglichkeiten gleichzeitig auf verschiedenen Wettbewerbsmärkten gehandelt werden, müssen sie auf beiden Märkten zum gleichen Preis gehandelt werden.

Eine nützliche Folge des Gesetzes des einheitlichen Preises besteht darin, dass bei der Bewertung von Auszahlungen und Einzahlungen zur Berechnung eines Kapitalwerts jeder Wettbewerbspreis zur Bestimmung eines Barwerts verwendet werden kann, ohne den Preis auf allen möglichen Märkten betrachten zu müssen.

> ### Verständnisfragen
> 1. Wie könnten Anleger von einer Verletzung des Gesetzes des einheitlichen Preises profitieren?
> 2. Wie beeinflussen die Handlungen von Anlegern, die eine Arbitragemöglichkeit nutzen, die Preise?

3.5 Arbitragefreiheit und Wertpapierpreise

Eine auf einem Finanzmarkt gehandelte Anlagemöglichkeit wird als **Finanztitel** (oder als **Wertpapier**) bezeichnet. Die Konzepte der Arbitrage und des Gesetzes des einheitlichen Preises haben wichtige Auswirkungen auf die Wertpapierpreise. Zunächst werden die Auswirkungen auf die Preise einzelner Wertpapiere sowie die Marktzinssätze untersucht. Danach wird die Perspektive auf die Bewertung eines Wertpapierbündels erweitert. Hierbei werden wichtige Einblicke in die Entscheidungsfindung von Unternehmen sowie den Unternehmenswert gewonnen, die die Untersuchung im gesamten Lehrbuch untermauern.

Die Bewertung eines Wertpapiers mit dem Gesetz des einheitlichen Preises

Das Gesetz des einheitlichen Preises besagt, dass die Preise gleichwertiger Anlagemöglichkeiten gleich sein sollten. Dieses Konzept kann zur Bewertung eines Wertpapiers verwendet werden, wenn wir eine andere gleichwertige Anlage finden können, deren Preis bereits bekannt ist. Dazu betrachten wir ein einfaches Wertpapier, das dem Inhaber eine einmalige Zahlung von EUR 1.000 in einem Jahr zusagt. Es sei angenommen, dass kein Risiko besteht, dass die Zahlung nicht erfolgt. Ein Beispiel für diese Art Wertpapier ist die **Anleihe**, ein Wertpapier, das von Staaten und Unternehmen verkauft wird, um heute gegen die zugesagte zukünftige Zahlung von Anlegern Geld zu beschaffen. Was können wir über den Preis dieser Anleihe auf einem normalen Markt schlussfolgern, wenn der risikolose Zinssatz 5 % beträgt?

Zur Beantwortung dieser Frage soll eine andere Anlage betrachtet werden, mit der die gleichen Zahlungen wie mit dieser Anleihe erzielt werden. Wir legen beispielsweise zu einem risikolosen Zinssatz Geld bei der Bank an. Wie viel muss heute angelegt werden, um in einem Jahr EUR 1.000 zu erhalten? Wie in ▶Abschnitt 3.3 gezeigt wurde, entsprechen die heutigen Kosten der Nachbildung eines zukünftigen Cashflows aus eigenen Mitteln deren Barwert:

$$BW(\text{EUR } 1.000 \text{ in einem Jahr}) = (\text{EUR } 1.000 \text{ in einem Jahr}) : (\text{EUR } 1{,}05 \text{ in einem Jahr} / \text{EUR heute})$$
$$= \text{EUR } 952{,}38 \text{ heute}$$

Werden heute EUR 952,38 zu einem risikolosen Zinssatz von 5 % angelegt, werden in einem Jahr risikolos EUR 1.000 erzielt.

Nun bestehen zwei Möglichkeiten, den gleichen Cashflow zu erzielen:

1. Der Kauf der Anleihe oder
2. die Anlage von EUR 952,38 zum risikolosen Zinssatz von 5 %.

Da diese Transaktionen gleichwertige Cashflows erzielen, besagt das Gesetz des einheitlichen Preises, dass diese auf einem normalen Markt den gleichen Preis (die gleichen Kosten) haben müssen. Daher gilt:

$$\text{Preis(Anleihe)} = \text{EUR } 952,38$$

Tabelle 3.3

Cashflow netto aus dem Kauf der Anleihe und der Darlehensaufnahme

	Heutige (EUR)	(EUR) in einem Jahr
Kauf der Anleihe	−940,00	+1.000,00
Darlehen von der Bank	+952,38	−1.000,00
Cashflow netto	+12,38	0,00

Ein alter Witz

Ein alter Witz, den viele Professoren der Finanzwirtschaft ihren Studenten gern erzählen, lautet wie folgt:

Ein Professor der Finanzwirtschaft und ein Student gehen eine Straße entlang. Der Student sieht einen Einhundert-Euro-Schein auf dem Gehweg und beugt sich hinunter, um ihn aufzuheben. Der Professor greift sofort ein und sagt: „Die Mühe können Sie sich sparen! Im Leben gibt es nichts umsonst. Würde es sich hierbei um einen echten Einhundert-Euro-Schein handeln, hätte ihn bereits jemand aufgehoben!"

Dieser Witz führt unweigerlich zu viel Gelächter, da hier über das Prinzip der Arbitragefreiheit auf Wettbewerbsmärkten gespottet wird. Doch ist das Gelächter abgeebbt, fragt der Professor, ob jemand *tatsächlich* schon einmal einen echten Einhundert-Euro-Schein auf der Straße gefunden hat. Die sich an diese Frage anschließende Stille ist die eigentliche Lehre aus diesem Witz.

Dieser Witz fasst den Zweck der Konzentration auf Märkte zusammen, auf denen es keine Arbitragemöglichkeiten gibt, denn Einhundert-Euro-Scheine, die auf der Straße liegen, sind ebenso wie Arbitragemöglichkeiten aus zwei Gründen äußerst selten:

1. Da die Summe von 100 Euro groß ist, geben die Menschen besonders gut darauf Acht.
2. In den seltenen Fällen, in denen tatsächlich jemand aus Versehen einen Einhundert-Euro-Schein fallen lässt, ist die Wahrscheinlichkeit diesen zu finden, ehe jemand anderes dies tut, äußerst gering.

Arbitragemöglichkeiten bei Wertpapieren finden

An dieser Stelle sei daran erinnert, dass das Gesetz des einheitlichen Preises auf der Möglichkeit der Arbitrage beruht: Hätte die Anleihe einen anderen Preis, bestünde eine Arbitragemöglichkeit. Wir nehmen beispielsweise an, dass die Anleihe zu einem Preis von EUR 940 gehandelt wird. Wie könnten wir von dieser Situation profitieren?

In diesem Fall können wir die Anleihe für EUR 940 kaufen und gleichzeitig EUR 952,38 bei einer Bank aufnehmen. Bei einem Zinssatz von 5 % schulden wir der Bank in einem Jahr EUR 952,38 × 1,05 = EUR 1.000. Der insgesamt aus diesen beiden Transaktionen erzielte Cashflow wird in ▸Tabelle 3.3 dargestellt. Mit dieser Strategie können wir in heutigem Geld für jede gekaufte Anleihe EUR 12,38 verdienen, ohne ein Risiko einzugehen oder in der Zukunft eigenes Geld zu zahlen. Natürlich wird aber, wenn wir – sowie andere, die diese Möglichkeit erkennen – beginnen, die Anleihe zu kaufen, der Preis schnell steigen, bis er EUR 952,38 erreicht und die Arbitragemöglichkeit verschwindet.

Eine ähnliche Arbitragemöglichkeit entsteht, wenn der Anleihepreis höher ist als EUR 952,38. Wird die Anleihe für EUR 960 gehandelt, sollten wir die Anleihe verkaufen und EUR 952,38 bei einer Bank anlegen. Wie in ▸Tabelle 3.4 dargestellt, erzielen wir dann EUR 7,62 in heutigem Geld und halten unsere zukünftigen Cashflows unverändert, indem wir die EUR 1.000, die wir für die Anleihe erhalten hätten, durch die EUR 1.000 ersetzen, die wir von der Bank erhalten. Auch in diesem Fall gilt: Der Preis fällt, wenn die Menschen anfangen, die Anleihe zu verkaufen, um diese Möglichkeit auszunutzen. Schließlich hat der Preis EUR 952,38 erreicht und die Arbitragemöglichkeit ist nicht mehr vorhanden.

Ist die Anleihe zu hoch bewertet, besteht die Arbitragestrategie aus dem Verkauf der Anleihe und der Anlage eines Teils des Erlöses. Doch wenn die Strategie aus dem Verkauf der Anleihe besteht, bedeutet dies, dass nur die momentanen Inhaber der Anleihe diese Möglichkeit ausnutzen können? Die Antwort lautet „nein". Auf den Finanzmärkten ist es möglich, ein Wertpapier, das man nicht besitzt, über einen *Leerverkauf* zu verkaufen. Bei einem **Leerverkauf** leiht eine Person, die beabsichtigt, das Wertpapier zu verkaufen, dieses zunächst von jemandem, der es bereits besitzt. Später muss die betreffende Person das Wertpapier entweder zurückgeben, indem es dieses zurückkauft, oder dem Besitzer den Erlös zahlen, den dieser erhalten hätte. So könnten wir die Anleihe in unserem Beispiel leerverkaufen, indem wir wirksam versprechen, dem momentanen Inhaber in einem Jahr EUR 1.000 zurückzuzahlen. Durch die Ausführung eines Leerverkaufes ist es möglich, die Arbitragemöglichkeit zu nutzen, wenn die Anleihe zu hoch bewertet ist, selbst wenn man die Anleihe nicht besitzt.

Tabelle 3.4
Cashflow netto aus dem Verkauf der Anleihe und der anschließenden Anlage

	Heutige (EUR)	(EUR) in einem Jahr
Verkauf der Anleihe	+960,00	−1.000,00
Anlage bei der Bank	−952,38	+1.000,00
Cashflow netto	+7,62	0,00

Beispiel 3.6: Berechnung des arbitragefreien Preises

Fragestellung

Im Folgenden wird ein Wertpapier betrachtet, das seinem Inhaber risikolos heute EUR 100 und EUR 100 in einem Jahr zahlt. Wir nehmen an, dass der risikolose Zinssatz 10 % beträgt. Wie hoch ist der arbitragefreie Preis des Wertpapiers heute (bevor die ersten EUR 100 gezahlt werden)? Welche Arbitragemöglichkeit besteht, wenn das Wertpapier zu EUR 195 gehandelt wird?

Lösung

Zunächst muss der Barwert der Cashflows des Wertpapiers berechnet werden. In diesem Fall gibt es zwei Cashflows: EUR 100 heute, die bereits als Barwert ausgedrückt sind, und EUR 100 in einem Jahr. Der Barwert des zweiten Cashflows ist gleich

EUR 100 in einem Jahr : (EUR 1,10 in einem Jahr : EUR heute) = EUR 90,91 heute

Somit beträgt der Gesamtbarwert der Cashflows EUR 100 + EUR 90,91 = EUR 190,91 heute. Dieser Betrag entspricht dem arbitragefreien Preis des Wertpapiers.

Wird das Wertpapier zu EUR 195 gehandelt, kann dessen Überbewertung durch den Verkauf zu EUR 195 genutzt werden. Wir können dann EUR 100 aus dem Verkaufserlös dazu verwenden, die EUR 100 zu ersetzen, die aus dem Wertpapier heute erzielt worden wären. Weiterhin würden wir EUR 90,91 aus dem Verkaufserlös zu einem Zinssatz von 10 % anlegen, um die EUR 100 zu ersetzen, die wir in einem Jahr erhalten hätten. Die verbleibenden EUR 195 − EUR 100 − EUR 90,91 = EUR 4,09 sind ein Arbitragegewinn.

Die Bestimmung des arbitragefreien Preises. Es wurde gezeigt, dass zu jedem anderen Preis als EUR 952,38 für diese Anleihe eine Arbitragemöglichkeit besteht. Damit muss auf einem normalen Markt der Preis dieser Anleihe EUR 952,38 betragen. Dieser Preis wird als **arbitragefreier Preis** für die Anleihe bezeichnet.

Durch die Anwendung der Argumentation für die Preisbildung dieser einfachen Anleihe kann ein allgemeines Verfahren zur Preisbildung anderer Wertpapiere beschrieben werden:

1. Die Bestimmung der Cashflows, die aus dem Wertpapier gezahlt werden.

2. Die Ermittlung der selbst erzeugten Kosten der eigenen Nachbildung dieser Cashflows. Dies entspricht dem Barwert der Cashflows aus dem Wertpapier.

Sofern der Preis des Wertpapiers nicht gleich dem Barwert ist, besteht eine Arbitragemöglichkeit. Die allgemeine Formel lautet:

Arbitragefreier Preis eines Wertpapiers

$$\text{Preis(Wertpapier)} = BW(\text{aller aus dem Wertpapier gezahlten Cashflows}) \tag{3.3}$$

Die Bestimmung des Zinssatzes aus Anleihepreisen. Bei einem risikolosen Zinssatz wird der arbitragefreie Preis einer risikolosen Anleihe durch ▶Gleichung 3.3 bestimmt. Dies trifft auch im umgekehrten Fall zu: Ist der Preis einer risikolosen Anleihe bekannt, kann ▶Gleichung 3.3 verwendet werden, um zu bestimmen, wie hoch der risikolose Zinssatz sein muss, wenn keine Arbitragemöglichkeit besteht.

Nehmen wir an, eine risikolose Anleihe, bei der in einem Jahr EUR 1.000 gezahlt werden, wird aktuell zu einem Wettbewerbsmarktpreis von EUR 929,80 gehandelt. Aus ▶Gleichung 3.3 wissen wir, dass der Preis der Anleihe gleich dem Barwert des von ihr gezahlten Cashflows von EUR 1.000 ist:

$$\text{EUR 929,80 heute} = (\text{EUR 1.000 in einem Jahr}) : (1 + r_f)$$

Diese Gleichung kann zur Bestimmung des risikolosen Zinssatzes umgestellt werden:

$$1 + r_f = \frac{\text{EUR 1.000 in einem Jahr}}{\text{EUR 929,80 heute}} = \text{EUR 1,0755 in einem Jahr/EUR heute}$$

Besteht keine Arbitragemöglichkeit, muss der risikolose Zinssatz 7,55 % betragen.

In der Praxis werden mithilfe dieser Methode Zinssätze berechnet. Finanznachrichtendienste melden die aktuellen Zinssätze durch die Ableitung der Zinssätze auf der Grundlage der aktuellen Preise risikoloser Staatsanleihen, die auf dem Markt gehandelt werden.

Hierbei ist zu beachten, dass der risikolose Zinssatz gleich dem prozentualen Zuwachs ist, der aus der Anlage in die Anleihe erzielt wird, und als **Rendite** der Anleihe bezeichnet wird.

$$\text{Rendite} = \frac{\text{Zuwachs am Ende des Jahres}}{\text{Anfängliche Ausgaben}} = \frac{1.000 - 929,80}{929,80} = \frac{1.000}{929,80} - 1 = 7,55\ \% \qquad (3.4)$$

Liegt keine Arbitrage vor, ist der risikolose Zinssatz folglich gleich der Rendite aus der Anlage in eine risikolose Anleihe. Wenn die Anleihe eine höhere Rendite als den risikolosen Zinssatz bietet, würde der Anleger einen Gewinn erzielen, indem er Geld zum risikolosen Zinssatz aufnimmt und in die Anleihe investiert. Hätte die Anleihe eine geringere Rendite als den risikolosen Zinssatz, würde der Anleger die Anleihe verkaufen und den Erlös zum risikolosen Zinssatz anlegen. Aus diesem Grund entspricht die Arbitragefreiheit dem Konzept, dass *alle risikolosen Anlagen dem Anleger die gleiche Rendite bieten* sollten.

Der Kapitalwert des Wertpapierhandels und Entscheidungsfindung bei Unternehmen

Es wurde aufgezeigt, dass Entscheidungen mit positivem Kapitalwert das Vermögen des Unternehmens sowie seiner Investoren erhöhen. Stellen Sie sich den Kauf eines Wertpapiers als Anlageentscheidung vor. Die Auszahlung für diese Investition entspricht dem Preis, den wir für das Wertpapier zahlen und der Vorteil ergibt sich aus den Cashflows, die wir aus dem Besitz des Wertpapiers erhalten. Zu welcher Schlussfolgerung über den Wert des Handels mit Wertpapieren gelangen wir, wenn diese zu arbitragefreien Preisen gehandelt werden? Aus ▸Gleichung 3.3 geht hervor, dass Einzahlungen und Auszahlungen auf einem normalen Markt gleich sind und somit der Kapitalwert des Kaufes eines Wertpapiers gleich null ist:

$$KW(\text{Wertpapierkauf}) =$$
$$BW(\text{alle aus dem Wertpapier erhaltenen Cashflows}) - \text{Preis(Wertpapier)} = 0$$

Desgleichen entspricht beim Verkauf eines Wertpapiers der Preis, den der Verkäufer erhält, der Einzahlung und die Auszahlungen entsprechen den Cashflows, auf die der Verkäufer verzichtet. Auch hier ist der Kapitalwert gleich null:

$$KW(\text{Wertpapierverkauf}) =$$
$$\text{Preis(Wertpapier)} - BW(\text{alle aus dem Wertpapier erhaltenen Cashflows}) = 0$$

Somit ist der Kapitalwert des Handels mit einem Wertpapier auf einem normalen Markt gleich null. Dieses Ergebnis ist nicht überraschend: Wäre der Kapitalwert des Kaufes eines Wertpapiers positiv, dann wäre der Kauf des Wertpapiers gleichwertig dem heutigen Erhalt von Geld, das heißt es bestünde eine Arbitragemöglichkeit. Da es auf normalen Märkten jedoch keine Arbitragemöglichkeiten gibt, muss der Kapitalwert sämtlicher Wertpapiergeschäfte gleich null sein.

Eine andere Möglichkeit, dieses Ergebnis zu verstehen, ist zu bedenken, dass bei jedem Geschäft sowohl ein Käufer als auch ein Verkäufer auftritt. Wenn auf einem Wettbewerbsmarkt ein Geschäft einer Partei einen positiven Kapitalwert bietet, muss der Kapitalwert für die andere Partei negativ sein. In diesem Fall würde eine der beiden Parteien dem Geschäft nicht zustimmen. Da sämtliche Geschäfte freiwillig sind, müssen sie zu Preisen erfolgen, zu denen keine der Parteien Wert verliert, und folglich zu Preisen, zu denen das Geschäft einen Kapitalwert von null hat.

Die Erkenntnis, dass der Wertpapierhandel auf einem normalen Markt eine Transaktion mit einem Kapitalwert von null ist, ist ein entscheidender Baustein unserer Untersuchung der Unternehmensfinanzierung. Durch den Wertpapierhandel auf einem normalen Markt wird weder Wert geschaffen noch Wert zerstört: Stattdessen wird Wert durch reale Investitionsprojekte eines Unternehmens geschaffen, wie beispielsweise die Entwicklung neuer Produkte, die Eröffnung neuer Geschäfte oder den Aufbau effizienterer Produktionsmethoden. Finanztransaktionen sind keine Wertschöpfungsquellen, sondern dienen der zeitlichen Abstimmung und der Anpassung des Risikos der Cashflows, um den Erfordernissen des Unternehmens oder seiner Investoren am besten zu entsprechen.

Eine wichtige Folge dieses Ergebnisses ist das Konzept, dass eine Entscheidung durch die Konzentration auf deren reale, nicht finanzielle, Komponenten bewertet werden kann. Die Investitionsentscheidung eines Unternehmens kann somit von der Wahl der Finanzierungsart getrennt werden. Dieses Konzept wird **Separationsprinzip** genannt:

Durch Wertpapiertransaktionen auf einem normalen Markt wird an sich weder Wert geschaffen noch vernichtet. Aus diesem Grund kann der Kapitalwert einer Anlageentscheidung getrennt von der Entscheidung bewertet werden, wie das Unternehmen die Investition finanzieren soll, oder von allen anderen Wertpapiertransaktionen, die das Unternehmen in Erwägung zieht.

Beispiel 3.7:   Die Trennung von Anlage und Finanzierung

Fragestellung

Ein Unternehmen erwägt die Durchführung eines Projektes, das eine heutige Anfangsinvestition von EUR 10 Millionen erfordert und für das Unternehmen in einem Jahr zu einem risikolosen Cashflow von EUR 12 Millionen führt. Anstatt die Investition in Höhe von EUR 10 Millionen vollständig aus eigenen Mitteln zu bezahlen, erwägt das Unternehmen, zusätzliche Mittel durch die Begebung eines Wertpapiers zu beschaffen, das den Investoren in einem Jahr EUR 5,5 Millionen zahlt. Nehmen wir an, der risikolose Zinssatz beträgt 10 %. Ist die Durchführung dieses Projektes ohne die Begebung des neuen Wertpapiers eine gute Entscheidung? Ist sie mit dem neuen Wertpapier eine gute Entscheidung?

Lösung

Ohne das neue Wertpapier beträgt die Auszahlung für das Projekt heute EUR 10 Millionen und die Einzahlung EUR 12 Millionen in einem Jahr. Durch Umwandlung der Einzahlung in einen Barwert erhalten wir

$$\text{EUR 12 Millionen in einem Jahr} : (\text{EUR 1,10 in einem Jahr} : \text{EUR heute})$$
$$= \text{EUR 10,91 Millionen heute}$$

und erkennen, dass das Projekt einen KW von EUR 10,91 Millionen – EUR 10 Millionen = EUR 0,91 Millionen heute hat.

Nun begibt das Unternehmen das neue Wertpapier. Auf einem normalen Markt entspricht der Preis dieses Wertpapiers dem Barwert seines zukünftigen Cashflows:

$$\text{Preis(Wertpapier)} = \text{EUR 5,5 Million} : 1,10 = \text{EUR 5 Millionen heute}$$

Das Unternehmen muss, nachdem es durch die Begebung des neuen Wertpapiers EUR 5 Millionen beschafft hat, nur weitere EUR 5 Millionen investieren, um das Projekt durchführen zu können.

Zur Berechnung des Kapitalwerts des Projektes in diesem Fall ist zu beachten, dass das Unternehmen in einem Jahr die Einzahlung aus dem Projekt in Höhe von EUR 12 Millionen erhält, aber den Investoren EUR 5,5 Millionen aus dem neuen Wertpapier schuldet, wodurch EUR 6,5 Millionen für das Unternehmen verbleiben. Dieser Betrag hat einen Barwert von

$$\text{EUR 6,5 Millionen in einem Jahr} : (\text{EUR 1,10 in einem Jahr} : \text{EUR heute})$$
$$= \text{EUR 5,91 Millionen heute}$$

Somit hat das Projekt den vorherigen Kapitalwert von EUR 5,91 Millionen – EUR 5 Millionen = EUR 0,91 Millionen heute.

In jedem der Fälle erhalten wir das gleiche Ergebnis bezüglich des Kapitalwertes. Das Separationsprinzip besagt, dass für jede Finanzierungsentscheidung für das Unternehmen, die auf einem normalen Markt stattfindet, das gleiche Ergebnis erzielt wird. Aus diesem Grund kann das Projekt bewertet werden, ohne die verschiedenen Finanzierungsmöglichkeiten, die das Unternehmen auswählen kann, explizit zu berücksichtigen.

Die Bewertung eines Portfolios

Bisher wurden die arbitragefreien Preise für einzelne Wertpapiere erörtert. Das Gesetz des einheitlichen Preises hat auch Auswirkungen auf Wertpapierbündel. Dazu seien die beiden Wertpapiere A und B betrachtet.

Aktienindex-Arbitrage

Die Wertadditivität ist das Prinzip hinter einer Art von Handelsaktivität, die als Aktienindex-Arbitrage bezeichnet wird. Aktienindizes (wie der Dow Jones Industrial Average und Standard and Poor's 500) stellen Portfolios aus einzelnen Aktien dar. An der NYSE und der NASDAQ können die einzelnen Aktien eines Index gehandelt werden. Es ist auch möglich, den ganzen Index (als einzelnes Wertpapier) an den Terminbörsen in Chicago oder als börsennotierten Fonds an der NYSE zu handeln. Liegt der Kurs des Indexwertpapiers unter dem Gesamtpreis der einzelnen Aktien, kaufen die Händler den Index und verkaufen die Aktien, um den Preisunterschied abzuschöpfen. Auf gleiche Weise verkaufen die Händler den Index und kaufen die einzelnen Aktien, wenn der Kurs des Indexwertpapiers höher ist als der Gesamtpreis der einzelnen Aktien. Die Investmentbanken, die im Bereich der Aktienindex-Arbitrage tätig sind, automatisieren diesen Prozess, indem sie die Kurse verfolgen und Aufträge über den Computer eingeben. Daher wird diese Tätigkeit auch als „Programmhandel" bezeichnet. Dabei ist ein Anteil des Programmhandels von 20–30 % des täglichen Handelsvolumens an der NYSE durch Aktivitäten im Bereich der Aktienindex-Arbitrage nicht ungewöhnlich*. Die Aktivitäten dieser Arbitrageure stellen sicher, dass die Kurse der Indexwertpapiere und die einzelnen Aktienpreise einander sehr nah folgen.

* Siehe http://usequities.nyx.com/markets/program-trading

Angenommen, ein drittes Wertpapier C weist die gleichen Cashflows wie A und B zusammen auf. In diesem Fall hat Wertpapier C den gleichen Wert wie die Wertpapiere A und B zusammen. Der Begriff **Portfolio** wird verwendet, um eine Zusammenstellung von Wertpapieren zu beschreiben. Was kann über den Preis von Wertpapier C im Vergleich zu den Preisen von A und B geschlussfolgert werden?

Wertadditivität. Da Wertpapier C dem Portfolio aus A und B gleichwertig ist, müssen diese nach dem Gesetz des einheitlichen Preises auch den gleichen Preis aufweisen. Dieses Konzept führt zu der als **Wertadditivität** bezeichneten Beziehung: Der Preis von C muss gleich dem Preis des Portfolios sein, der dem kombinierten Preis von A und B entspricht:

Wertadditivität

$$\text{Preis(C)} = \text{Preis(A + B)} = \text{Preis(A)} + \text{Preis(B)} \tag{3.5}$$

Da Wertpapier C Cashflows in Höhe der Summe aus A und B generiert, muss sein Wert oder Kurs gleich der Summe der Werte aus A und B sein. Andernfalls würde eine offensichtliche Arbitragemöglichkeit gegeben sein. Wenn beispielsweise der Gesamtpreis von A und B niedriger wäre als der Preis von C, könnte durch den Kauf von A und B und den Verkauf von C Gewinn erzielt werden. Durch diese Arbitrageaktivität würden sich die Preise schnell verändern, bis der Preis von Wertpapier C gleich dem Gesamtpreis von A und B ist.

Beispiel 3.8:   Die Bewertung eines Vermögensgegenstandes in einem Portfolio

Fragestellung

Holbrook Holdings ist eine börsennotierte Gesellschaft mit nur zwei Vermögenswerten: Sie besitzt einen Anteil von 60 % der Restaurantkette Harry's Hotcakes und eine Eishockeymannschaft. Angenommen, der Marktwert von Holbrook Holdings beträgt EUR 160 Millionen und der Marktwert der gesamten Harry's Hotcakes Kette (die ebenfalls eine börsennotierte Gesellschaft ist) EUR 120 Millionen. Wie hoch ist der Marktwert der Eishockeymannschaft?

Lösung

Man kann sich Holbrook als Portfolio vorstellen, das aus einem Anteil von 60 % an Harry's Hotcakes und der Eishockeymannschaft besteht. Nach der Wertadditivität muss die Summe des Wertes des Anteils an Harry's Hotcakes und der Eishockeymannschaft gleich dem Marktwert von Holbrook in Höhe von EUR 160 Millionen sein. Da der Anteil an Harry's Hotcakes einen Wert von 60 % × EUR 120 Millionen = EUR 72 Millionen hat, beträgt der Wert der Eishockeymannschaft EUR 160 Millionen – EUR 72 Millionen = EUR 88 Millionen.

DIE GLOBALE FINANZKRISE

Liquidität und die Informationsfunktion von Preisen

In der ersten Hälfte des Jahres 2008, als das Ausmaß und die Schwere des Abschwungs auf dem Wohnungsmarkt deutlich wurden, sorgten sich die Investoren zunehmend über den Wert von Wertpapieren, die durch Eigenheimhypotheken gedeckt wurden. Infolgedessen fiel das Handelsvolumen auf dem mehrere Billionen USD umfassenden Markt für hypothekarisch gesicherte Wertpapiere bis August 2008 dramatisch um mehr als 80 %. In den nächsten zwei Monaten kam der Handel mit vielen dieser Wertpapiere gänzlich zum Erliegen, wodurch die Märkte für diese Wertpapiere zunehmend illiquide wurden.

Wettbewerbsmärkte hängen von Liquidität ab; es muss ausreichend Käufer und Verkäufer eines Wertpapiers geben, damit jederzeit zum aktuellen Marktpreis gehandelt werden kann. Werden die Märkte illiquide, ist es unter Umständen nicht möglich, zum angegebenen Preis zu handeln. Infolgedessen können wir uns dann nicht mehr auf die Marktpreise als Maß des Wertes verlassen.

Durch den Zusammenbruch des Marktes für hypothekarisch gesicherte Wertpapiere ergaben sich zwei Probleme: An erster Stelle stand der Verlust an Handelsmöglichkeiten, wodurch für die Inhaber dieser Wertpapiere deren Verkauf schwierig wurde. Der Verlust von *Informationen* bildete jedoch ein potenziell größeres Problem. Ohne einen liquiden Wettbewerbsmarkt für diese Wertpapiere wurde deren zuverlässige Bewertung unmöglich. Überdies konnten Investoren die Banken ebenfalls nicht bewerten, da der Wert der Banken, die diese Wertpapiere hielten, auf der Summe aller Projekte und Investitionen dieser Banken basierte. Die Investoren reagierten auf diese Unsicherheit, indem sie sowohl die hypothekarisch gesicherten Wertpapiere als auch die Wertpapiere von Banken verkauften, die hypothekarisch gesicherte Wertpapiere hielten. Durch diese Aktivitäten verstärkte sich das Problem noch weiter, da die Preise bis auf scheinbar unrealistisch niedrige Niveaus sanken und dadurch die Solvenz des gesamten Finanzsystems bedroht wurde.

Der durch den Verlust von Liquidität beschleunigte Verlust von Informationen spielte beim Zusammenbruch der Kreditmärkte eine Schlüsselrolle. Da es sowohl für die Investoren als auch für die Aufsichtsbehörden zunehmend schwierig wurde, die Solvenz der Banken zu beurteilen, wurde die Beschaffung neuer Gelder für die Banken schwierig. Aufgrund ihrer Sorge, ob ihre Wettbewerber finanziell überleben, scheuten sich die Banken davor, Geld an andere Banken zu verleihen.

Dies hatte einen Zusammenbruch der Kreditvergabe zur Folge. Schließlich war der Staat gezwungen, einzugreifen und hunderte Milliarden Dollar auszugeben, um

1. neues Kapital zur Unterstützung der Banken zur Verfügung zu stellen und

2. durch die Schaffung eines Marktes für die nunmehr „toxischen" hypothekarisch besicherten Wertpapiere für Liquidität zu sorgen.

Allgemeiner formuliert bedeutet Wertadditivität, dass der Wert eines Portfolios gleich der Summe der Werte seiner Bestandteile ist. Der Einzelpreis und der Paketpreis müssen somit übereinstimmen.[7]

Wertadditivität und Unternehmenswert. Die Wertadditivität hat eine wichtige Folge für den Wert eines ganzen Unternehmens. Die Cashflows des Unternehmens entsprechen den gesamten Cashflows sämtlicher Projekte und Investitionen des Unternehmens. Deshalb entspricht gemäß dem Prinzip der Wertadditivität der Preis oder Wert des gesamten Unternehmens der Summe der Werte aller Projekte und Investitionen des Unternehmens. Mit anderen Worten bedeutet dies, dass unsere Kapitalwertentscheidungsregel mit der Maximierung des Wertes des gesamten Unternehmens übereinstimmt:

Zur Maximierung des Wertes des gesamten Unternehmens sollten Manager Entscheidungen treffen, die den Kapitalwert maximieren. Der Kapitalwert der Entscheidung entspricht deren Beitrag zum Gesamtwert des Unternehmens.

Wie geht es nun weiter?

Die in diesem Kapitel entwickelten Schlüsselkonzepte, das Bewertungsprinzip, der Kapitalwert oder das Gesetz des einheitlichen Preises, bilden die Grundlage für die finanzielle Entscheidungsfindung.

Das Gesetz des einheitlichen Preises ermöglicht uns die Bestimmung des Wertes von Aktien, Anleihen und anderen Wertpapieren auf der Grundlage ihrer Cashflows und bestätigt die optimale Eignung der Kapitalwertentscheidungsregel bei der Bestimmung von Projekten und Investitionen, die Wert schaffen. Im restlichen Verlauf dieses Lehrbuchs wird auf dieser Grundlage aufgebaut und die Einzelheiten der Anwendung dieser Prinzipien werden in der Praxis herausgearbeitet.

Der Einfachheit halber wurde in diesem Kapitel das Augenmerk auf Projekte gelegt, die risikolos waren und daher bekannte Auszahlungen und Einzahlungen aufwiesen. Die gleichen grundlegenden Instrumente des Bewertungsprinzips und des Gesetzes des einheitlichen Preises können auch für die Analyse risikobehafteter Investitionen angewendet werden. Dazu werden im ▶TEIL IV des Lehrbuchs Methoden zur Prüfung und Bewertung von Risiken detailliert untersucht. Denjenigen, die bereits jetzt Erkenntnisse und wichtige Grundlagen zu diesem Thema erhalten wollen, wird geraten, den Anhang zu diesem Kapitel zu lesen. Dort wird die Annahme eingeführt, dass Investoren risikoavers sind, und das in diesem Kapitel entwickelte Prinzip der Arbitragefreiheit angewendet, um zwei grundlegende Erkenntnisse im Hinblick auf die Auswirkungen des Risikos auf die Bewertung darzustellen:

1. Wenn Cashflows risikobehaftet sind, müssen sie zu einem Satz abgezinst werden, der dem risikolosen Zinssatz zuzüglich einer angemessenen Risikoprämie entspricht, und

2. die angemessene Risikoprämie ist umso höher, je mehr die Erträge aus dem Projekt relativ zum Gesamtrisiko in der Volkswirtschaft schwanken.

Schließlich behandelt der Anhang zu diesem Kapitel das wichtige praktische Thema der Transaktionskosten. Dort wird gezeigt: Unterscheiden sich Kauf- und Verkaufspreise beziehungsweise die

---

7 Dieses Merkmal von Finanzmärkten trifft auf vielen anderen *Nichtwettbewerbsmärkten* nicht zu. So kostet beispielsweise ein Hin- und Rückflugticket häufig viel weniger als zwei Einzelflugtickets. Diese Flugtickets werden natürlich nicht auf einem Wettbewerbsmarkt verkauft: Die Tickets können nicht zu den Listenpreisen gekauft *und* verkauft werden, da nur Fluggesellschaften diese Tickets verkaufen können. Für den Weiterverkauf von Tickets haben sie strenge Regeln. Wäre dies nicht der Fall, könnte durch den Kauf von Hin- und Rückflugtickets und deren Weiterverkauf an Personen, die nur jeweils ein Ticket benötigen, ein Gewinn erzielt werden.

Zinssätze für die Darlehensaufnahme und die Darlehensvergabe, so gilt das Gesetz des einheitlichen Preises weiter – jedoch nur bis zur Höhe der Transaktionskosten.

Verständnisfragen

1. Wie verändert sich der Wert eines Unternehmens, wenn das Unternehmen eine Investition tätigt, die einen positiven Kapitalwert hat?

2. Wie lautet das Separationsprinzip?

3. Was bieten liquide Märkte neben Handelsmöglichkeiten noch?

ZUSAMMENFASSUNG

3.1 Bewertungsentscheidungen

■ Zur Bewertung einer Entscheidung müssen die mit dieser Entscheidung verbundenen zusätzlichen Auszahlungen und Einzahlungen bewertet werden. Eine gute Entscheidung ist eine Entscheidung, bei der der Wert der Einzahlungen den Wert der Auszahlungen übersteigt.

■ Zum Vergleich von Auszahlungen und Einzahlungen, die zu unterschiedlichen Zeitpunkten, in verschiedenen Währungen oder mit unterschiedlichen Risiken entstehen, müssen sämtliche Auszahlungen und Einzahlungen gleich ausgedrückt werden. Typischerweise erfolgt dies durch die Umrechnung der Auszahlungen und Einzahlungen in heutiges Geld.

■ Ein Wettbewerbsmarkt ist ein Markt, auf dem ein Gut zum gleichen Preis gekauft und verkauft werden kann. Zur Bestimmung des Barwerts eines Gutes werden Preise aus Wettbewerbsmärkten verwendet.

3.2 Zinssätze und der Zeitwert des Geldes

■ Der Zeitwert des Geldes entspricht dem Wertunterschied zwischen heutigem Geld und zukünftigem Geld. Der aktuelle Marktzinssatz ist der Satz, zu dem heutiges Geld durch Geldaufnahme oder Anlegen gegen zukünftiges Geld eingetauscht werden kann. Der risikolose Zinssatz r_f ist der Satz, zu dem Geld ohne Risiko verliehen oder geliehen werden kann.

3.3 Der Barwert und die Kapitalwertentscheidungsregel

■ Der Barwert (*BW*) eines Cashflows entspricht dessen Wert in heutigem Geld ausgedrückt.

■ Der Kapitalwert (*KW*) eines Projektes ist gleich

$$BW(\text{Einzahlungen}) - BW(\text{Auszahlungen}) \qquad (\text{s. Gleichung 3.1})$$

■ Ein gutes Projekt ist ein Projekt mit einem positiven Kapitalwert. Die Kapitalwertentscheidungsregel besagt, dass bei der Auswahl aus einer Reihe Alternativen diejenige mit dem höchsten Kapitalwert gewählt werden sollte. Der Kapitalwert eines Projektes entspricht dem heutigen Barwert des Projektes.

■ Unabhängig von unseren Präferenzen im Hinblick auf Geld heute oder Geld in der Zukunft sollte zunächst stets der Kapitalwert maximiert werden. Dann kann Geld geliehen oder verliehen werden, um die Cashflows über die Zeit zu verschieben und das bevorzugte Cashflow-Muster zu finden.

3.4 Arbitrage und das Gesetz des einheitlichen Preises

- Arbitrage ist eine Handelsmethode für gleichwertige Güter unter Ausnutzung von Preisunterschieden auf verschiedenen Wettbewerbsmärkten.

- Ein normaler Markt ist ein Wettbewerbsmarkt ohne Arbitragemöglichkeiten.

- Das Gesetz des einheitlichen Preises besagt: Werden gleichwertige Güter oder Wertpapiere gleichzeitig auf verschiedenen Wettbewerbsmärkten gehandelt, so werden diese auf jedem Markt zum gleichen Preis gehandelt. Dieses Gesetz entspricht der Aussage, dass keine Arbitragemöglichkeiten bestehen sollten.

3.5 Arbitragefreiheit und Wertpapierpreise

- Der arbitragefreie Preis eines Wertpapiers entspricht

$$BW \text{ (aller aus dem Wertpapier gezahlten Cashflows)} \qquad \text{(s. Gleichung 3.3)}$$

- Arbitragefreiheit bedeutet, dass sämtliche risikolosen Anlagen dieselbe Rendite bieten sollten.

- Das Separationsprinzip besagt, dass Wertpapiertransaktionen auf einem normalen Markt an sich weder Wert schaffen noch zerstören. Infolgedessen kann der Kapitalwert einer Anlageentscheidung getrennt von den von einem Unternehmen erwogenen Wertpapiertransaktionen bewertet werden.

- Zur Maximierung des Wertes des gesamten Unternehmens sollten Manager Entscheidungen treffen, durch die der Kapitalwert maximiert wird. Der Kapitalwert der Entscheidung stellt dessen Beitrag zum Gesamtwert des Unternehmens dar.

- Wertadditivität bedeutet, dass der Wert eines Portfolios gleich der Summe der Werte seiner Bestandteile ist.

Z U S A M M E N F A S S U N G

Weiterführende Literatur

Die **Literaturhinweise** zu diesem Kapitel finden Sie auf unserer begleitenden Website zum Buch unter *www.pearson-studium.de*.

Aufgaben

1. Die Honda Motor Company erwägt, einen Rabatt von EUR 2.000 auf ihren Minivan anzubieten, wodurch der Preis für das Fahrzeug von EUR 30.000 auf EUR 28.000 sinken würde. Die Marketingabteilung schätzt, dass durch diesen Preisnachlass der Absatz im Laufe des nächsten Jahres von 40.000 auf 55.000 Fahrzeuge steigt. Die Gewinnspanne von Honda betrage bei diesem Preisnachlass EUR 6.000 pro Fahrzeug. Wie hoch sind Einzahlungen und Auszahlungen, wenn die Änderung des Absatzes die einzige Folge dieser Entscheidung ist? Ist das eine gute Idee?

2. Sie betreiben ein Bauunternehmen und haben gerade einen Bauauftrag für ein Bürogebäude des Staates erhalten. Der Bau wird ein Jahr dauern und erfordert eine Investition von EUR 10 Millionen heute und EUR 5 Millionen in einem Jahr. Der Staat zahlt Ihnen nach Fertigstellung des Gebäudes EUR 20 Millionen. Nehmen Sie an, die Auszahlungen und Auszahlungstermine sind sicher und der risikolose Zinssatz beträgt 10 %.

   a. Wie lautet der Kapitalwert für diese Investitionsmöglichkeit?

   b. Wie kann Ihr Unternehmen diesen Kapitalwert in Geld heute umwandeln?

3. Bank Eins bietet sowohl auf Spareinlagen als auch auf Darlehen einen risikolosen Zinssatz von 5,5 %. Bank Zwei bietet einen risikolosen Zinssatz von 6 % sowohl auf Spareinlagen als auch auf Darlehen.

   a. Welche Arbitragemöglichkeit besteht hier?

   b. Bei welcher Bank würde es zu einem Anstieg der Nachfrage nach Darlehen kommen? Bei welcher Bank würde es zu einem Anstieg der Einlagen kommen? Welches Angebot sollte Ihr Unternehmen annehmen?

   c. Welche Entwicklung würden Sie im Hinblick auf die von den beiden Banken angebotenen Zinssätze erwarten?

4. Die zugesagten Cashflows von drei Wertpapieren werden nachfolgend angegeben. Ermitteln Sie den arbitragefreien Preis jedes Wertpapiers vor der ersten Zahlung aus dem Wertpapier, wenn die Cashflows risikolos sind und der risikolose Zinssatz 5 % beträgt.

Wertpapier	Cashflow heute (EUR)	Cashflow in einem Jahr (EUR)
A	500	500
B	0	1.000
C	1.000	0

Die **Antworten** zu diesen Fragen finden Sie auf unserer begleitenden Website zum Buch unter *www.pearson-studium.de.*

Anhang Kapitel 3: Der Preis des Risikos

Bisher wurden nur Cashflows betrachtet, die kein Risiko aufweisen. In vielen Situationen sind Cashflows allerdings risikobehaftet. In diesem Abschnitt wird untersucht, wie der Barwert eines risikobehafteten Cashflows bestimmt wird.

Risikobehaftete im Vergleich zu risikolosen Cashflows

Es wird angenommen, der risikolose Zinssatz beträgt 4 % und im nächsten Jahr ist eine Stärkung oder Schwächung der Volkswirtschaft gleich wahrscheinlich. Im Folgenden werden eine Anlage in eine risikolose Anleihe sowie eine Anlage in einen Aktienmarktindex (ein Portfolio aller Aktien des Markts) betrachtet. Die risikolose Anleihe hat kein Risiko und zahlt unabhängig vom Zustand der Volkswirtschaft EUR 1.100. Der Cashflow aus einer Investition in den Marktindex hängt jedoch von der Stärke der Wirtschaft ab. Wir nehmen an, dass der Marktindex bei einer starken Wirtschaft EUR 1.400 wert ist, bei einer schwachen Wirtschaft jedoch nur EUR 800. Diese Beträge werden in ▶Tabelle 3A.1 zusammengefasst.

Im ▶Abschnitt 3.5 wurde gezeigt, dass der arbitragefreie Preis eines Wertpapiers gleich dem Barwert (BW) seiner Cashflows ist. So entspricht beispielsweise der Preis der risikolosen Anleihe dem risikolosen Zinssatz von 4 %:

Preis(risikolose Anleihe) $= BW$(Cashflows)
$= $ (EUR 1.100 in einem Jahr) : (1,04 EUR in einem Jahr : EUR heute)
$= $ EUR 1.058 heute

Nun wird der Marktindex betrachtet. Ein Investor, der diesen heute kauft, kann ihn in einem Jahr für einen Cashflow von entweder EUR 800 oder EUR 1.400 mit einem durchschnittlichen Erlös von EUR

$$\frac{1}{2}\left(\text{EUR } 800\right) + \frac{1}{2}\left(\text{EUR } 1.400\right) = \text{EUR } 1.100$$

verkaufen. Obwohl dieser durchschnittliche Erlös gleich dem Erlös der risikolosen Anleihe ist, hat der Marktindex heute einen niedrigeren Preis. Er erzielt *durchschnittlich* EUR 1.100, aber seine tatsächlichen Cashflows sind risikobehaftet, weshalb die Anleger nur bereit sind, heute EUR 1.000 statt EUR 1.058 für den Index zu zahlen. Wie erklärt sich dieser niedrigere Preis?

		Cashflow in einem Jahr	
Tabelle 3A.1			
Cashflows und Marktpreise (in EUR) einer risikolosen Anleihe und einer Anlage in das Marktportfolio			
Wertpapier	**Heutiger Marktpreis**	**Schwache Wirtschaft**	**Starke Wirtschaft**
Risikolose Anleihe	1.058	1.100	1.100
Marktindex	1.000	800	1.400

Risikoaversion und Risikoprämie

Um durchschnittlich EUR 1.100 zu erhalten, zahlen die Anleger intuitiv weniger, als in dem Fall, dass sie EUR 1.100 sicher erhalten, da sie Risiken nicht mögen. Insbesondere scheint es wahrscheinlich, dass für die meisten Menschen *die subjektiv empfundenen Nachteile aus dem Verlust eines Euros in schlechten Zeiten größer sind als der subjektiv wahrgenommene Vorteil aus einem zusätzlichen Euro in guten Zeiten.* Dies lässt darauf schließen, dass der Nutzen aus dem Erhalt von zusätzlichen EUR 300 (EUR 1.400 im Vergleich zu EUR 1.100) in einer guten wirtschaftlichen Lage gegenüber dem Verlust von EUR 300 (EUR 800 im Vergleich zu EUR 1.100) in einer schlechten wirtschaftlichen Lage weniger wichtig ist. Infolgedessen bevorzugen die Anleger den sicheren Erhalt von EUR 1.100.

Das Konzept der Anleger, sichere Erträge risikobehafteten Erträgen in gleicher durchschnittlicher Höhe vorzuziehen, wird als **Risikoaversion** bezeichnet und ist Ausdruck der Präferenzen eines Anlegers. Das Ausmaß der Risikoaversion kann von Anleger zu Anleger unterschiedlich hoch sein. Je risikoaverser die Anleger sind, desto niedriger ist der aktuelle Preis des Marktindex verglichen mit einer risikolosen Anleihe mit dem gleichen durchschnittlichen Erlös.

Da das Risiko für die Anleger wichtig ist, kann der risikolose Zinssatz nicht zur Berechnung des Barwertes eines risikobehafteten zukünftigen Cashflows verwendet werden. Bei der Anlage in ein riskantes Projekt erwarten die Investoren eine Rendite, die sie für das Risiko angemessen entschädigt. So erhalten beispielsweise Anleger, die den Marktindex zu seinem aktuellen Preis von EUR 1.000 kaufen, am Ende des Jahres durchschnittlich EUR 1.100. Dies entspricht einem durchschnittlichen Gewinn von EUR 100 oder einer Rendite von 10 % auf ihre anfängliche Anlage. Bei der Renditeberechnung eines Wertpapiers auf Grundlage der Zahlungen aus dem Wertpapier, die wir durchschnittlich erwarten, bezeichnen wir diese als **erwartete Rendite**:

$$\text{Erwartete Rendite einer risikobehafteten Anlage} = \frac{\text{erwarteter Gewinn am Jahresende}}{\text{anfängliche Auszahlung}} \quad (3A.1)$$

Natürlich ist die *tatsächlich eingetretene* Rendite höher oder niedriger, obwohl die erwartete Rendite des Marktindex 10 % beträgt. Wenn die Wirtschaft stark ist, steigt der Marktindex auf 1.400, was einer Rendite von

$$\text{Marktrendite bei starker Wirtschaft} = (1.400 - 1.000) : 1.000 = 40 \text{ \%}$$

entspricht. Ist die Wirtschaft schwach, fällt der Index auf 800 und erzielt eine Rendite von

$$\text{Marktrendite bei schwacher Wirtschaft} = (800 - 1.000) : 1.000 = -20 \text{ \%}.$$

Die erwartete Rendite von 10 % kann auch durch die Berechnung des Durchschnitts dieser tatsächlichen Renditen ermittelt werden:

$$\frac{1}{2} \, (40 \text{ \%}) \, + \, \frac{1}{2} \, (-20 \text{ \%}) \, = \, 10 \text{ \%}$$

Somit erzielen die Anleger im Marktindex eine erwartete Rendite von 10 % statt des risikolosen Zinssatzes von 4 % auf ihre Anlage. Die Differenz der Renditen in Höhe von 6 % wird als **Risikoprämie** des Marktindex bezeichnet. Die Risikoprämie eines Wertpapiers stellt den zusätzlichen Ertrag dar, den die Anleger zu erzielen hoffen, um für das Risiko aus dem Wertpapier entschädigt zu werden. Da Anleger risikoavers sind, lässt sich der Preis eines risikobehafteten Wertpapiers nicht einfach durch Abzinsen des erwarteten Cashflows zum risikolosen Zinssatz berechnen. Vielmehr gilt:

Ist ein Cashflow risikobehaftet, muss zur Berechnung seines Barwertes der durchschnittlich erwartete Cashflow mit einem Zinssatz abgezinst werden, der gleich dem risikolosen Zinssatz plus einer angemessenen Risikoprämie ist.

Der arbitragefreie Preis eines risikobehafteten Wertpapiers

Die Risikoprämie des Marktindex wird durch die Präferenzen der Anleger im Hinblick auf das Risiko bestimmt. Ebenso wie der risikolose Zinssatz zur Bestimmung des arbitragefreien Preises anderer risikoloser Wertpapiere verwendet wurde, kann die Risikoprämie des Marktindex zur Bewertung anderer risikobehafteter Wertpapiere verwendet werden. Angenommen, Wertpapier A zahlt den Anlegern EUR 600, wenn die Wirtschaft stark ist, und nichts, wenn die Wirtschaft schwach ist. Im Folgenden soll untersucht werden, wie der Marktpreis von Wertpapier A durch das Gesetz des einheitlichen Preises bestimmt werden kann.

Wie in ▶Tabelle 3A.2 dargestellt, sind die Cashflows des Portfolios in einem Jahr identisch mit den Cashflows des Marktindex, wenn wir Wertpapier A mit einer risikolosen Anleihe, die in einem Jahr EUR 800 zahlt, kombinieren. Nach dem Gesetz des einheitlichen Preises muss der Gesamtmarktwert der Anleihe und des Wertpapiers A gleich EUR 1.000, dem Wert des Marktindex, sein. Bei einem risikolosen Zinssatz von 4 % ist der Marktpreis der Anleihe gleich:

(EUR 800 in einem Jahr) : (EUR 1,04 in einem Jahr : EUR heute) = EUR 769 heute

Tabelle 3A.2

Die Bestimmung des Marktpreises von Wertpapier A (Cashflows in EUR)

Wertpapier	Heutiger Marktpreis	Cashflow in einem Jahr	
		Schwache Wirtschaft	Starke Wirtschaft
Risikolose Anleihe	769	800	800
Wertpapier A	?	0	600
Marktindex	1.000	800	1.400

Daher ist der anfängliche Marktpreis von Wertpapier A gleich EUR 1.000 – EUR 769 = EUR 231. Wäre der Preis von Wertpapier A höher oder niedriger als EUR 231, dann würden sich der Wert des Anleihe-Portfolios und Wertpapier A vom Wert des Marktindex unterscheiden. Dies wäre eine Verletzung des Gesetzes des einheitlichen Preises und hätte eine Arbitragemöglichkeit zur Folge.

Die Risikoprämie ist abhängig vom Risiko

Bei einem Anfangspreis von EUR 231 und einer erwarteten Zahlung von $\frac{1}{2}(0) + \frac{1}{2}(600) = 300$ hat

Wertpapier A eine erwartete Rendite von:

$$\text{erwartete Rendite von Wertpapier A} = \frac{300 - 231}{231} = 30\,\%$$

Beachten Sie, dass die erwartete Rendite von Wertpapier A die erwartete Rendite des Marktportfolios von 10 % übersteigt. Die Anleger, die in Wertpapier A investiert haben, erzielen eine Risikoprämie von 30 % – 4 % = 26 % über den risikolosen Zinssatz verglichen mit einer Risikoprämie von 6 % für das Marktportfolio. Warum sind die Risikoprämien so unterschiedlich?

Der Grund für diesen Unterschied wird ersichtlich, vergleicht man die tatsächlichen Renditen für beide Wertpapiere. Ist die Wirtschaft schwach, verlieren die Anleger, die in Wertpapier A angelegt haben, bei einer Rendite von −100 % alles. Ist jedoch die Wirtschaft stark, so erzielen die Anleger eine Rendite von (600 – 231) : 231 = 160 %. Im Gegensatz dazu verliert der Marktindex bei einer schwachen Wirtschaft 20 % und gewinnt bei einer starken Wirtschaft 40 %. Angesichts dieser viel variableren Renditen ist es nicht überraschend, dass Wertpapier A den Anlegern eine höhere Risikoprämie zahlen muss.

Das Risiko steht im Verhältnis zum Gesamtmarkt

Das Beispiel von Wertpapier A legt nahe, dass die Risikoprämie eines Wertpapiers davon abhängt, wie variabel seine Erträge sind. Bevor allerdings Schlussfolgerungen im Hinblick darauf gezogen werden, sollte ein weiteres Beispiel betrachtet werden.

Beispiel 3A.1: Eine negative Risikoprämie

Fragestellung

Angenommen, Wertpapier B zahlt EUR 600, wenn die Wirtschaft schwach ist und EUR 0, wenn die Wirtschaft stark ist. Wie hoch sind sein arbitragefreier Preis, seine erwartete Rendite und seine Risikoprämie?

Lösung

Werden der Marktindex und Wertpapier B in einem Portfolio kombiniert, so wird wie in der folgenden Tabelle dargestellt (Cashflows in EUR) der gleiche Ertrag wie bei einer risikolosen Anleihe, die EUR 1.400 zahlt, erzielt.

Wertpapier	Heutiger Marktpreis	Cashflow in einem Jahr	
		Schwache Wirtschaft	**Starke Wirtschaft**
Marktindex	1.000	800	1.400
Wertpapier B	?	600	0
Risikolose Anleihe	1.346	1.400	1.400

Da der Marktpreis der risikolosen Anleihe heute gleich EUR 1.400 : 1,04 = EUR 1.346 ist, können wir aus dem Gesetz des einheitlichen Preises schlussfolgern, dass Wertpapier B heute einen Marktwert von EUR 1.346 − 1.000 = 346 haben muss.

Ist die Wirtschaft schwach, erzielt Wertpapier B eine Rendite von (600 − 346) : 346 = 73,4 %. Ist die Wirtschaft stark, so zahlt Wertpapier B bei einer Rendite von −100 % nichts. Die erwartete Rendite von Wertpapier B entspricht deshalb $\frac{1}{2}$ (73,4 % + $\frac{1}{2}$ (−100 %) = −13,3 %. Die Risikoprämie beträgt −13,3 % − 4 % = −17,3 %, das heißt Wertpapier B liegt um durchschnittlich 17,3 % *unter* dem risikolosen Zinssatz.

Die Ergebnisse für Wertpapier B sind ziemlich eindrucksvoll. Werden die Wertpapiere A und B einzeln betrachtet, so scheinen sie sehr ähnlich – beide zahlen mit gleicher Wahrscheinlichkeit EUR 600 oder EUR 0. Trotzdem hat Wertpapier A einen viel geringeren Marktpreis als Wertpapier B (EUR 231 verglichen mit EUR 346). Im Hinblick auf die Rendite erzielt Wertpapier A eine erwartete Rendite von 30 % und Wertpapier B −13,3 %. Warum sind die Preise und die erwarteten Renditen so verschieden? Warum wären risikoaverse Anleger bereit, ein risikobehaftetes Wertpapier mit einer erwarteten Rendite zu kaufen, die niedriger als der risikolose Zinssatz ist?

Um dieses Ergebnis zu verstehen, ist Folgendes zu beachten: Wertpapier A zahlt EUR 600, wenn die Wirtschaft stark ist. Wertpapier B zahlt EUR 600, wenn die Wirtschaft schwach ist. An dieser Stelle sei daran erinnert, dass die Definition der Risikoaversion lautet: Anleger messen einem zusätzlichen Euro Ertrag in schlechten Zeiten einen höheren Wert bei als in guten Zeiten. Wenn das Vermögen der Anleger gering ist und diese dem Geld den höchsten Wert beimessen, lohnt sich Wertpapier B, da es bei einer schwachen Wirtschaft EUR 600 zahlt und der Marktindex schlecht abschneidet. Tatsächlich ist Wertpapier B vom Standpunkt des Investors nicht „risikobehaftet", sondern entspricht vielmehr einer Versicherungspolice gegen einen wirtschaftlichen Abschwung. Wird Wertpapier B zusammen mit dem Marktindex gehalten, kann das Risiko, das sich aus Marktschwankungen ergibt, beseitigt werden. Risikoaverse Anleger sind bereit, für diese Versicherung zu zahlen, indem sie eine Rendite unterhalb des risikolosen Zinssatzes akzeptieren.

Dieses Ergebnis verdeutlicht ein äußerst wichtiges Prinzip: Das Risiko aus einem Wertpapier kann nicht isoliert bewertet werden. Selbst wenn die Renditen eines Wertpapiers sehr variabel sind, reduziert das Wertpapier das Risiko des Anlegers. Somit wird das Risiko nicht erhöht, wenn die Renditen so schwanken, dass andere Risiken des Anlegers ausgeglichen werden. Infolgedessen kann das Risiko nur im Hinblick auf die anderen Risiken, mit denen Anleger konfrontiert werden, bewertet werden. Das heißt:

Das Risiko eines Wertpapiers muss im Verhältnis zu den Schwankungen anderer Anlagen in der Volkswirtschaft bewertet werden. Die Risikoprämie eines Wertpapiers ist umso höher, je mehr dessen Renditen im Gleichklang mit der Gesamtwirtschaft und dem Marktindex schwanken. Schwanken die Renditen eines Wertpapiers in die dem Marktindex entgegengesetzte Richtung, bietet es eine Versicherung und hat dann eine negative Risikoprämie.

In ▶Tabelle 3A.3 werden das Risiko und die Risikoprämien für die verschiedenen, bis hierher betrachteten Wertpapiere verglichen. Dabei wird für jedes Wertpapier der Unterschied der Rendite bei einer starken Wirtschaft mit der Rendite bei einer schwachen Wirtschaft verglichen. Hierbei ist zu beachten, dass die Risikoprämie für jedes Wertpapier proportional zu diesem Unterschied ist und dass die Risikoprämie negativ ausfällt, wenn die Renditen in der dem Markt entgegengesetzten Richtung schwanken.

Tabelle 3A.3

Risiko und Risikoprämien bei verschiedenen Wertpapieren

Wertpapier	Renditen		Unterschied der Renditen	Risikoprämie
	Schwache Wirtschaft	Starke Wirtschaft		
Risikolose Anleihe	4 %	4 %	0 %	0 %
Marktindex	−20 %	40 %	60 %	6 %
Wertpapier A	−100 %	160 %	260 %	26 %
Wertpapier B	73 %	−100 %	−173 %	−17,3 %

Risiko, Rendite und Marktpreise

Wir haben gezeigt, dass bei risikobehafteten Cashflows das Gesetz des einheitlichen Preises zur Berechnung des Barwertes verwendet werden kann, indem ein Portfolio konstruiert wird, das Cashflows mit gleichem Risiko hervorbringt. Wie in ▶Abbildung 3A.1 dargestellt, entspricht diese Berechnung von Preisen der Umrechnung zwischen heutigen Cashflows und den *erwarteten* zukünftigen Cashflows unter Verwendung eines Kalkulationszinssatzes r_s, der eine für das Risiko der Anlage angemessene Risikoprämie enthält:

$$r_s = r_f + (\text{Risikoprämie für Anlage } s) \qquad (3A.2)$$

Für diesen hier betrachteten einfachen Fall mit nur einer Risikoquelle (die Stärke der Wirtschaft) wurde aufgezeigt, dass die Risikoprämie einer Anlage davon abhängt, wie deren Renditen mit der Gesamtwirtschaft schwanken. In ▶TEIL IV des Lehrbuchs wird gezeigt, dass dieses Ergebnis auch in allgemeineren Situationen mit vielen Risikoquellen und mehr als zwei möglichen Zuständen der Wirtschaft zutrifft.

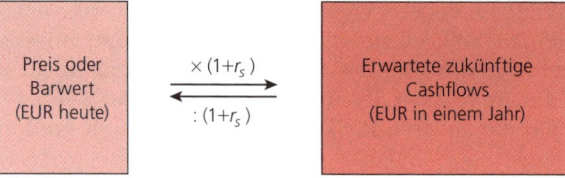

Abbildung 3A.1: Umrechnung zwischen heutigen Euro und Euro in einem Jahr bei Risiko. Sind die Cashflows risikobehaftet, bestimmt ▶ *Gleichung 3A.2* die erwartete Rendite r_s, die zur Umrechnung zwischen heutigen Preisen oder Barwerten und dem erwarteten zukünftigen Cashflow verwendet werden kann.

Beispiel 3A.2: Verwendung der Risikoprämie zur Berechnung eines Preises

Fragestellung

Es soll nun eine risikobehaftete Anleihe mit einem Cashflow von EUR 1.100 bei starker Wirtschaft und von EUR 1.000 bei schwacher Wirtschaft betrachtet werden. Es wird angenommen, dass eine Risikoprämie von 1 % für diese Anleihe angemessen ist. Wie gestaltet sich der Preis der Anleihe heute, wenn der risikolose Zinssatz 4 % beträgt?

Lösung

Nach ▶Gleichung 3A.2 ist der angemessene Kalkulationszinssatz für die Anleihe gleich

$$r_b = r_f + \text{(Risikoprämie für die Anleihe)} = 4\ \% + 1\ \% = 5\ \%$$

Der erwartete Cashflow der Anleihe in einem Jahr beträgt

$$\frac{1}{2}\,(\text{EUR } 1.100) + \frac{1}{2}\,(\text{EUR } 1.000) = \text{EUR } 1.050$$

Somit ist der Preis der Anleihe heute gleich:

Preis der Anleihe
= (Durchschnittlicher Cashflow in einem Jahr) : (1 + r_b EUR in einem Jahr : Euro heute)
= (EUR 1.050 in einem Jahr) : (EUR 1,05 in einem Jahr : EUR heute)
= EUR 1.000 heute

Bei diesem Preis beträgt die Rendite der Anleihe bei einer starken Wirtschaft 10 %, bei einer schwachen Wirtschaft 0 %. Hierbei ist zu beachten, dass der Unterschied zwischen den Renditen 10 % beträgt, was 1/6 der Variabilität des Marktindex entspricht (siehe ▶Tabelle 3A.1). Dementsprechend beträgt auch die Risikoprämie der Anleihe 1/6 der Risikoprämie des Marktindex.

Verständnisfragen

1. Warum unterscheidet sich die erwartete Rendite eines risikobehafteten Wertpapiers von einem risikolosen Zinssatz? Wonach bestimmt sich die Höhe seiner Risikoprämie?

2. Erklären Sie, warum das Risiko eines Wertpapiers nicht isoliert bewertet werden sollte.

Arbitrage mit Berücksichtigung von Transaktionskosten

In den bisherigen Beispielen sind die Kosten des Kaufs und Verkaufs von Gütern oder Wertpapieren nicht berücksichtigt worden. Auf den meisten Märkten müssen für den Wertpapierhandel **Transaktionskosten** gezahlt werden. Wie bereits in ▶Kapitel 1 erörtert, müssen für den Wertpapierhandel auf Märkten wie der NYSE und der NASDAQ *zwei Arten von Transaktionskosten* bezahlt werden. Zunächst muss *dem Makler eine Gebühr* für das Geschäft entrichtet werden. Des Weiteren zahlt man auch die *Geld-Brief-Spanne*, da ein etwas höherer Preis für den Kauf eines Wertpapiers (Briefkurs) gezahlt wird, als durch den Verkauf (Geldkurs) erzielt wird. So könnte beispielsweise der Kurs für die Aktie von Dell Inc. (Börsenkürzel DELL) wie folgt angegeben sein:

Geldkurs: USD 12,50

Briefkurs: USD 12,70

Diese Kursgebote können folgendermaßen interpretiert werden: Der Wettbewerbspreis für DELL liegt zwar bei USD 12,60, aber beim Kauf oder Verkauf fallen Transaktionskosten in Höhe von USD 0,10 pro Aktie an.[8]

Welche Folgen haben diese Transaktionskosten für die arbitragefreien Preise und das Gesetz des einheitlichen Preises? Weiter oben wurde bereits erklärt, dass der Preis für Gold in New York und London auf Wettbewerbsmärkten gleich sein muss. Angenommen, die Gesamttransaktionskosten von USD 5 pro Unze sind mit dem Kauf von Gold auf einem Markt und dessen Verkauf auf dem anderen Markt verbunden. Liegt der Goldpreis in New York bei USD 1.450 pro Unze und in London bei USD 1.452, dann funktioniert die Strategie „Billig kaufen und teuer verkaufen" nicht mehr:

Einzahlung: USD 1.450 pro Unze (Goldkauf in New York) + USD 5 (Transaktionskosten)

Auszahlung: USD 1.452 pro Unze (Goldverkauf in London)

Kapitalwert: USD 1.452 − USD 1.450 − USD 5 = −USD 3 pro Unze

Tatsächlich besteht in diesem Fall keine Arbitragemöglichkeit, bis sich die Preise um mehr als USD 5, den Betrag der Transaktionskosten, unterscheiden.

Die früheren Schlussfolgerungen über arbitragefreie Preise müssen mit der Formulierung „bis zu den Transaktionskosten" ergänzt werden. In diesem Beispiel gibt es nur einen Wettbewerbspreis für Gold bis zu einem Unterschied von USD 5 Transaktionskosten. Die anderen Schlussfolgerungen dieses Kapitels unterliegen der gleichen Einschränkung. Der Paketpreis sollte dem Einzelpreis bis auf die mit der Bündelung beziehungsweise Entbündelung verbundenen Transaktionskosten entsprechen. Der Preis eines Wertpapiers sollte dem Barwert seiner Cashflows bis auf die Transaktionskosten des Handels mit dem Wertpapier und den Cashflows entsprechen.

Glücklicherweise sind diese Kosten auf den meisten Finanzmärkten gering. Beispielsweise betrugen im Jahr 2012 die typischen Geld-Brief-Spannen für große Aktien der NYSE 2–5 Cent pro Aktie. Als erste Näherung können diese Spannen in unserer Analyse ignoriert werden. Eine Diskrepanz spielt nur in solchen Situationen eine Rolle, in denen der *KW* (im Verhältnis zu den Transaktionskosten) gering ist. In einem solchen Fall müssen sämtliche Transaktionskosten sorgfältig berücksichtigt werden, um zu entscheiden, ob der *KW* positiv oder negativ ist.

---

8 Jeder Preis zwischen Geld- und Briefkurs könnte der Wettbewerbspreis mit unterschiedlichen Transaktionskosten für den Kauf und Verkauf sein.

Beispiel 3A.3: Die arbitragefreie Preisspanne

Fragestellung

Im Folgenden wird eine Anleihe betrachtet, die zum Ende des Jahres EUR 1.000 zahlt. Angenommen, der Marktzinssatz für Einlagen beträgt 6 %, aber der Marktzinssatz für Darlehen 6,5 %. Wie groß ist die *arbitragefreie Preisspanne* für die Anleihe? Das heißt, was ist der höchste und niedrigste Preis, zu dem die Anleihe gehandelt werden könnte, ohne eine Arbitragemöglichkeit zu schaffen?

Lösung

Der arbitragefreie Preis für die Anleihe ist gleich dem Barwert der Cashflows. In diesem Fall hängt allerdings der Zinssatz, der verwendet werden sollte, davon ab, ob Geld geliehen oder verliehen wird. So wäre beispielsweise der Betrag, der heute bei der Bank angelegt werden müsste, um in einem Jahr EUR 1.000 zu erhalten, gleich

(EUR 1.000 in einem Jahr) : (1,06 EUR in einem Jahr : EUR heute) = EUR 943,40 heute

wobei der Zinssatz von 6 % verwendet wurde, der auf die Einlage erzielt wird. Der Betrag, der heute als Darlehen aufgenommen werden kann, wenn in einem Jahr EUR 1.000 zurückgezahlt werden sollen, ist gleich

(EUR 1.000 in einem Jahr) : (1,065 EUR in einem Jahr : EUR heute) = EUR 938,97 heute

wobei der höhere Zinssatz von 6,5 % verwendet wurde, der bei einer Darlehensaufnahme gezahlt werden muss.

Angenommen, der Anleihepreis P übersteigt EUR 943,40. Dann könnte durch den Verkauf der Anleihe zum aktuellen Preis und die Anlage von EUR 943,40 der Erträge zum Zinssatz von 6 % ein Gewinn erzielt werden. Damit würden am Ende des Jahres immer noch EUR 1.000 erzielt, aber der Anleger könnte den Differenzbetrag EUR $(P - 943,40)$ heute behalten. Durch diese Arbitragemöglichkeit wird verhindert, dass der Preis der Anleihe über EUR 943,40 steigt.

Alternativ dazu sei angenommen, dass der Anleihepreis P niedriger ist als EUR 938,97. In diesem Fall könnten EUR 938,97 zu 6,5 % aufgenommen und der Betrag P dieser Summe zum Kauf der Anleihe verwendet werden. Dadurch hätte der Anleger heute EUR $(938,97 - P)$ und keine Verpflichtung in der Zukunft, da er den Erlös aus der Anleihe in Höhe von EUR 1.000 zur Rückzahlung des Darlehens verwenden könnte. Durch diese Arbitragemöglichkeit wird verhindert, dass der Preis der Anleihe unter EUR 938,97 fällt.

Liegt der Anleihepreis P zwischen EUR 938,97 und EUR 943,40, so entsteht bei beiden oben stehenden Strategien ein Verlust und es besteht keine Arbitragemöglichkeit. Somit bedeutet Arbitragefreiheit statt eines genauen Preises einen engen Korridor an möglichen Preisen für die Anleihe (EUR 938,97 bis EUR 943,40).

Zusammenfassend kann gesagt werden: Bestehen Transaktionskosten, so stellt die Arbitrage sicher, dass die Preise gleichwertiger Güter und Wertpapiere nahe beieinander liegen. Die Preise können sich zwar unterscheiden, jedoch nicht um mehr als die Transaktionskosten der Arbitrage.

Verständnisfragen

1. Warum könnten verschiedene Anleger unterschiedliche Ansichten über den Wert einer Anlagemöglichkeit haben, wenn Transaktionskosten gegeben sind?
2. Um wie viel könnte sich dieser Wert unterscheiden?

- Bei riskanten Cashflows kann der risikolose Zinssatz nicht zur Berechnung der Barwerte verwendet werden. Der Barwert wird stattdessen durch den Aufbau eines Portfolios, das Cashflows mit identischem Risiko erzielt, und die anschließende Anwendung des Gesetzes des einheitlichen Preises bestimmt. Alternativ dazu können die erwarteten Cashflows durch Verwendung eines Kalkulationszinssatzes, der eine angemessene Risikoprämie enthält, abgezinst werden.

- Das Risiko eines Wertpapiers muss im Hinblick auf die Schwankungen anderer Anlagen in der Wirtschaft bewertet werden. Die Risikoprämie eines Wertpapiers ist umso höher, je mehr dessen Renditen mit der Entwicklung der Gesamtwirtschaft und des Marktindex schwanken. Schwanken die Renditen eines Wertpapiers zum Marktindex in die entgegengesetzte Richtung, bietet das Wertpapier eine Versicherung und hat eine negative Risikoprämie.

- Gibt es Transaktionskosten, können sich die Preise gleichwertiger Wertpapiere voneinander unterscheiden, jedoch nicht um mehr als die Transaktionskosten der Arbitrage.

Z U S A M M E N F A S S U N G

Aufgaben

Ein Stern (*) bezeichnet Aufgaben mit einem höheren Schwierigkeitsgrad.

1. Die Tabelle enthält die arbitragefreien Preise der Wertpapiere A und B, die wir bereits errechnet haben

   a. Welche Erlöse erzielt ein Portfolio, das aus einer Aktie des Wertpapiers A und einer Aktie des Wertpapiers B besteht?

   b. Wie lautet der Marktpreis des Portfolios? Welche erwartete Rendite erzielt der Anleger aus diesem Portfolio?

		Cashflow in einem Jahr	
Wertpapier	**Heutiger Marktpreis**	**Schwache Wirtschaft**	**Starke Wirtschaft**
Wertpapier A	231	0	600
Wertpapier B	346	600	0

2. Angenommen, Wertpapier C leistet eine Zahlung von Euro 600, wenn die Wirtschaft schwach ist und Euro 1.800, wenn die Wirtschaft stark ist. Der risikolose Zinssatz beträgt 4 %.

   a. Wertpapier C leistet dieselbe Zahlung wie welches Portfolio aus den Wertpapieren A und B in Aufgabe A.1?

   b. Wie lautet der arbitragefreie Preis von Wertpapier C?

   c. Wie hoch ist die erwartete Rendite von Wertpapier C, wenn beide Wirtschaftslagen gleich wahrscheinlich sind? Wie hoch ist die Risikoprämie?

   d. Wie unterscheidet sich die Rendite von Wertpapier C bei starker und bei schwacher Wirtschaft?

   e. Welche Arbitragemöglichkeit wäre gegeben, wenn Wertpapier C eine Risikoprämie von 10 % hätte?

*3. Sie arbeiten für Innovation Partners und erwägen, ein neues Wertpapier aufzulegen. Dieses Wertpapier würde in einem Jahr USD 1.000 zahlen, wenn die Endziffer im Schlusskurs des Dow Jones Industrial Index in einem Jahr eine gerade Zahl ist und USD 0, wenn diese Ziffer ungerade ist. Der risikolose Einjahreszinssatz beträgt 5 %. Angenommen, alle Anleger sind risikoavers.

   a. Was kann über den Preis dieses Wertpapiers gesagt werden, wenn es heute gehandelt würde?

   b. Das Wertpapier zahlt USD 1.000, wenn die Endziffer des Dow ungerade und USD 0, wenn die Endziffer gerade ist. Würde sich Ihre Antwort auf Frage a. ändern?

   c. Beide Wertpapiere (das Wertpapier mit Zahlung bei gerader Ziffer und das Wertpapier mit Zahlung bei ungerader Ziffer) werden heute am Markt gehandelt. Hätte dies Auswirkungen auf Ihre Antworten?

*4. Angenommen ein risikobehaftetes Wertpapier erzielt einen erwarteten Cashflow von Euro 80 in einem Jahr. Der risikolose Zinssatz beträgt 4 % und die erwartete Rendite aus dem Marktindex beträgt 10 %.

  a. Welche Risikoprämie wäre für ein Wertpapier angemessen. wenn die Rendite dieses Wertpapiers bei einer starken Wirtschaft hoch ist und niedrig, wenn die Wirtschaft schwach ist, die Rendite jedoch nur halb so stark schwankt wie der Marktindex?

  b. Wie lautet der Marktpreis des Wertpapiers?

5. Angenommen, die Hewlett-Packard (HPQ) Aktie wird derzeit an der NYSE zu einem Geldkurs von USD 28,00 und einem Briefkurs von USD 28,10 gehandelt. Gleichzeitig bietet ein NASDAQ Händler einen Geldkurs von USD 27,85 und einen Briefkurs von USD 27,95 für HPQ.

  a. Gibt es in diesem Fall eine Arbitragemöglichkeit? Falls ja, wie würden Sie diese nutzen?

  b. Angenommen, ein NASDAQ Händler erhöht sein Angebot eines Geldkurses auf USD 27,95 und eines Briefkurses auf USD 28,05. Gibt es jetzt eine Arbitragemöglichkeit? Falls ja, wie würden Sie diese nutzen?

  c. Was muss für den höchsten Geldkurs und den niedrigsten Briefkurs gelten, damit keine Arbitragemöglichkeit gegeben ist?

*6. Betrachten Sie ein Portfolio mit zwei Wertpapieren: eine Aktie von Johnson and Johnson (JNJ) und eine Anleihe, die in einem Jahr USD 100 zahlt. Angenommen, dieses Portfolio wird derzeit zu einem Geldkurs von USD 141,65 und einem Briefkurs von USD 142,25 gehandelt und die Anleihe zu einem Geldkurs von USD 91,75 und einem Briefkurs von USD 91,95. Wie hoch ist in diesem Fall die arbitragefreie Preisspanne für die JNJ Aktie?

Die **Antworten** zu diesen Fragen finden Sie auf unserer begleitenden Website zum Buch unter *www.pearson-studium.de*

Abkürzungen

- r Zinssatz
- C Cashflow
- ZW_n Zeitwert zum Zeitpunkt n, Abkürzung für den Anfangsbetrag in Annuitätentabellen
- C_n Cashflow zum Zeitpunkt n
- N Datum des letzten Cashflows in einem Zahlungsstrom
- KW Kapitalwert
- P Anfängliches Kapital oder anfängliche Einlage bzw. dementsprechender Barwert
- ZW Endwert, in Annuitätentabellen Abkürzung für die zusätzliche Abschlusszahlung
- g Wachstumsrate
- ZZR Abkürzung für die *Periodenzahl* oder das Datum des letzten Cashflows in Annuitätentabellen
- $ZINS$ Abkürzung für den Zinssatz in Annuitätentabellen
- RMZ Regelmäßige Zahlung, Abkürzung für Cashflow in Annuitätentabellen
- IZF Interner *Zinsfuß*
- BW_n *Barwert* zum Zeitpunkt n

Der Zeitwert des Geldes

4

ÜBERBLICK

Wie in ▶Kapitel 3 erörtert, muss ein Finanzmanager bei der Bewertung eines Projektes dessen Einzahlungen und Auszahlungen vergleichen. In den meisten Fällen sind diese Einzahlung und Auszahlungen über die Zeit verteilt. So hat beispielsweise General Motors (GM) im September 2008 seine Pläne bekanntgegeben, ab dem Modelljahr 2011 den Chevy Volt, ein Elektrofahrzeug mit verlängerter Reichweite, zu produzieren. Dieses Projekt von GM bedeutete beträchtliche anfängliche Forschungs- und Entwicklungskosten, wobei die Erlöse und Aufwendungen viele Jahre, ja sogar Jahrzehnte später anfallen. Wie können Finanzmanager die im Laufe vieler Jahre anfallenden Einzahlungen und Auszahlungen vergleichen?

Um ein langfristiges Projekt wie den Chevy Volt bewerten zu können, benötigen wir Instrumente, mit denen wir Cashflows vergleichen können, die zu verschiedenen Zeitpunkten auftreten. Diese Instrumente werden in diesem Kapitel entwickelt. Das erste Instrument ist eine visuelle Methode zur Darstellung eines Zahlungsstroms: der *Zeitstrahl*. Nach der Darstellung des Zeitstrahls werden drei wichtige Regeln für das Verschieben von Cashflows auf verschiedene Zeitpunkte eingeführt. Unter Verwendung dieser Regeln wird aufgezeigt, wie die Bar- und Endwerte der Einzahlungen und Auszahlungen eines allgemeinen Zahlungsstroms berechnet werden. Durch die Umwandlung aller Cashflows auf einen einheitlichen Zeitpunkt können mit diesen Instrumenten die Einzahlungen und Auszahlungen eines langfristigen Projekts verglichen und so der Kapitalwert (*KW*) ermittelt werden. Der *KW* drückt die Nettoauszahlung eines Projekts in Geld heute aus. Obwohl diese in diesem Kapitel entwickelten allgemeinen Verfahren zur Bewertung jeder Art von *Vermögensgegenstand* herangezogen werden können, gibt es Investitionen mit Cashflows, die ein regelmäßiges Muster aufweisen. Hier werden Lösungen für die Bewertung von *Annuitäten*, *ewigen Renten* und anderen Sonderfällen von Cashflows, die ein regelmäßiges Muster aufweisen, entwickelt.

4.1   Der Zeitstrahl

Zunächst wird die Bewertung von mehrere Perioden umfassenden Cashflows mit einigen grundlegenden Begriffen und Instrumenten betrachtet. Eine Reihe von Cashflows über mehrere Zeiträume hinweg wird als **Zahlungsstrom** bezeichnet. Ein solcher Zahlungsstrom kann auf einem **Zeitstrahl**, einer linearen Abbildung des zeitlichen *Ablaufs* der erwarteten Cashflows, dargestellt werden. Ein Zeitstrahl ist ein wichtiger erster Schritt bei der Einordnung und anschließenden Lösung eines Finanzproblems. Er wird im ganzen Lehrbuch verwendet.

Um darzustellen, wie ein Zeitstrahl konstruiert wird, nehmen wir an, ein Freund schuldet Ihnen Geld. Er hat zugestimmt, dieses Darlehen durch zwei Zahlungen in Höhe von je EUR 10.000 jeweils am Ende der nächsten beiden Jahre zurückzuzahlen. Diese Daten werden auf einem Zeitstrahl wie folgt dargestellt:

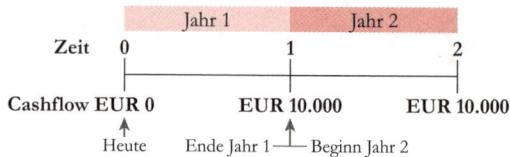

Der Zeitpunkt 0 stellt die Gegenwart dar. Der Zeitpunkt 1 liegt ein Jahr in der Zukunft und stellt das Ende des ersten Jahres dar. Der Cashflow von EUR 10.000 unter dem Zeitpunkt 1 entspricht der Zahlung, die Sie am Ende des ersten Jahres erhalten. Der Zeitpunkt 2 liegt zwei Jahre in der Zukunft und stellt das Ende des zweiten Jahres dar. Der Cashflow von EUR 10.000 unter dem Zeitpunkt 2 entspricht der Zahlung, die Sie am Ende des zweiten Jahres erhalten.

Zur Nachverfolgung der Cashflows auf dem Zeitstrahl ist jeder Punkt auf dem Zeitstrahl als ein bestimmter Zeitpunkt zu interpretieren. Der Abstand zwischen Zeitpunkt 0 und Zeitpunkt 1 stellt dann den Zeitraum zwischen diesen beiden Daten, in diesem Fall das erste Jahr des *Darlehens*, dar. Zeitpunkt 0 ist der Anfang des ersten Jahres, Zeitpunkt 1 das Ende des ersten Jahres. Dementsprechend liegt Zeitpunkt 1 am Beginn des zweiten Jahres und Zeitpunkt 2 entspricht dem Ende des zweiten Jahres. Durch diese Art der Bezeichnung der Zeit entspricht der Zeitpunkt 1 *sowohl* dem

Ende des Jahres 1 *als auch* dem Beginn des Jahres 2. Dies macht Sinn, da diese Daten effektiv den gleichen Zeitpunkt bilden.[1]

In diesem Fall sind beide Cashflows Zuflüsse. In vielen Fällen beinhaltet jedoch eine finanzielle Entscheidung sowohl Zuflüsse als auch Abflüsse. Zur Unterscheidung zwischen diesen beiden Arten von Cashflows wird jedem ein anderes Zeichen zugewiesen: *Zuflüsse* sind positive Cashflows, wohingegen Abflüsse negative Cashflows sind.

Um dies zu verdeutlichen, nehmen wir Folgendes an: Sie sind immer noch in großzügiger Stimmung und haben zugesagt, Ihrem Bruder heute EUR 10.000 zu leihen. Der Bruder hat zugesagt, dieses *Darlehen* in zwei Raten von EUR 6.000 jeweils zum Ende der nächsten beiden Jahre zurückzuzahlen. Der Zeitstrahl gestaltet sich wie folgt:

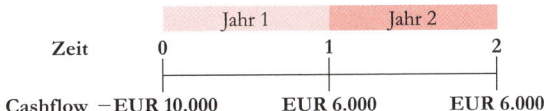

Zu beachten ist, dass der erste Cashflow zum Zeitpunkt 0 (heute) als –EUR 10.000 dargestellt wird, da es sich um einen Abfluss handelt. Die darauffolgenden Cashflows in Höhe von je EUR 6.000 sind positiv, da es sich um Zuflüsse handelt.

Bisher sind Zeitstrahlen zur Darstellung der Cashflows verwendet worden, die am Ende jedes Jahres auftreten. Zeitstrahlen können jedoch auch verwendet werden, um Cashflows abzubilden, die am Ende eines beliebigen Zeitraums auftreten. Falls Sie beispielsweise monatlich Miete zahlen, so könnten Sie einen Zeitstrahl wie im ersten Beispiel verwenden, um zwei Mietzahlungen darzustellen. In diesem Fall würde lediglich die Bezeichnung „Jahr" durch die Bezeichnung „Monat" ersetzt werden.

Viele der in diesem Kapitel enthaltenen Zeitstrahlen sind sehr einfach. Aus diesem Grund könnten Sie das Gefühl haben, dass es weder die Zeit noch den Aufwand lohnt, solche Zeitstrahlen zu konstruieren. Wenn wir jedoch an späterer Stelle schwierigere Probleme behandeln, werden wir feststellen, dass Zeitstrahlen auch die Ereignisse bei einer *Transaktion* oder Investition darstellen, die leicht übersehen werden können. Werden diese Cashflows nicht erkannt, wird eine fehlerhafte finanzielle Entscheidung getroffen. Aus diesem Grund empfehlen wir, sich *jedem* Problem durch das Zeichnen eines Zeitstrahls wie in diesem Kapitel zu nähern.

Beispiel 4.1:   Das Konstruieren eines Zeitstrahls

Fragestellung
Sie müssen für die nächsten beiden Jahre Studiengebühren in Höhe von EUR 10.000 pro Jahr bezahlen. Die Zahlung der Studiengebühren muss in gleichen Raten jeweils zu Beginn des Semesters erfolgen. Wie sieht der Zeitstrahl für die Zahlung der Studiengebühren aus?

Lösung
Wenn wir annehmen, dass heute der Beginn des ersten Semesters ist, erfolgt die erste Zahlung zum Zeitpunkt 0 (heute). Die verbleibenden Zahlungen erfolgen jeweils im Abstand von einem Semester. Bei Verwendung des Semesters als Länge des Zeitraums kann ein Zeitstrahl wie folgt konstruiert werden:

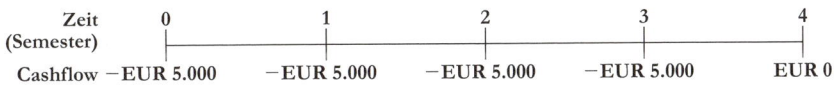

---

1 Es besteht kein Zeitunterschied zwischen einem am 31. Dezember um 23.59 Uhr gezahlten und einem am 1. Januar um 00:01 Uhr gezahlten Cashflow, auch wenn es einige andere Unterschiede, beispielsweise im Hinblick auf die Besteuerung, geben mag.

4.2   Drei goldene Regeln

Finanzielle Entscheidungen erfordern häufig den Vergleich oder das Zusammenlegen von Cashflows, die zu unterschiedlichen Zeitpunkten auftreten. Im folgenden Abschnitt werden drei wichtige, für die finanzielle Entscheidungsfindung zentrale Regeln eingeführt, die den Vergleich oder das Zusammenlegen von Zahlungen ermöglichen.

Regel 1: Vergleichen und Zusammenlegen von Zahlungen

Die erste Regel lautet, dass Zahlungen nur zum gleichen Zeitpunkt verglichen oder zusammengelegt werden können. Diese Regel formuliert eine in ▶Kapitel 3 eingeführte Schlussfolgerung um: Es können nur Cashflows in den gleichen Einheiten verglichen oder zusammengelegt werden. *Ein Euro heute* und *ein Euro in einem Jahr* sind nicht gleichwertig. Heute Geld zu besitzen ist wertvoller als in der Zukunft Geld zu haben: Wenn Sie Geld heute haben, können Sie darauf Zinsen erzielen.

Zum Vergleich oder Zusammenlegen von Cashflows zu unterschiedlichen Zeitpunkten müssen die Cashflows zunächst in die gleichen Einheiten umgewandelt oder auf den gleichen Zeitpunkt *verschoben* werden. Die nächsten beiden Regeln zeigen auf, wie die Cashflows auf dem Zeitstrahl verschoben werden.

Regel 2: Cashflows in die Zukunft verschieben

Wir besitzen heute EUR 1.000 und möchten den gleichwertigen Betrag in einem Jahr bestimmen. Beträgt der aktuelle Marktzinssatz 10 %, kann dieser Zinssatz als Wechselkurs für die Verschiebung des Cashflows in die Zukunft verwendet werden:

$$(\text{EUR 1.000 heute}) \times (\text{EUR 1,10 in einem Jahr : EUR heute}) = \text{EUR 1.100 in einem Jahr}$$

Es gilt: Entspricht der Marktzinssatz für das Jahr r, wird mit dem Zinsfaktor $(1 + r)$ multipliziert, um den Zahlungsstrom vom Anfang an das Ende des Jahres zu verschieben.

Das Verfahren, einen Wert oder einen Zahlungsstrom in die Zukunft zu verschieben, wird als **Aufzinsung** bezeichnet. *Die zweite Regel besagt: Wird ein Cashflow in die Zukunft verschoben, muss er aufgezinst werden.*

Diese Regel kann wiederholt angewendet werden. Nehmen wir an, wir wollen wissen, wie viel diese EUR 1.000 in zwei Jahren wert sind. Beträgt der Zinssatz für Jahr 2 auch 10 %, wird genau wie eben umgewandelt:

$$(\text{EUR 1.100 in einem Jahr}) \times (\text{EUR 1,10 in zwei Jahren : EUR in einem Jahr})$$
$$= \text{EUR 1.210 in zwei Jahren}$$

Diese Berechnung kann wie folgt auf einem Zeitstrahl abgebildet werden:

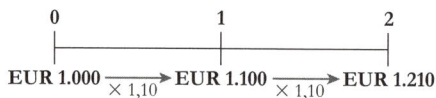

Bei einem Zinssatz von 10 % sind sämtliche Cashflows (EUR 1.000 zum Zeitpunkt 0; EUR 1.100 zum Zeitpunkt 1; EUR 1.210 zum Zeitpunkt 2) gleichwertig. Sie haben den gleichen Wert, werden jedoch in verschiedenen Einheiten (verschiedenen Zeitpunkten) ausgedrückt. Ein nach rechts zeigender Pfeil gibt an, dass der Wert in die Zukunft verschoben, das heißt aufgezinst wird.

Der Wert eines in die Zukunft verschobenen Cashflows wird als Endwert bezeichnet. Im obigen Beispiel sind die EUR 1.210 der Endwert der EUR 1.000 in zwei Jahren. Hierbei ist zu beachten, dass der Wert zunimmt, wenn der Cashflow weiter in die Zukunft verschoben wird. Der Wertunterschied zwischen heutigem und zukünftigem Geld stellt den **Zeitwert des Geldes** dar. Dieser spiegelt die Tatsache wider, dass später mehr Geld vorhanden ist, wenn das Geld früher zur Verfügung steht und investiert werden kann. An dieser Stelle ist zu beachten, dass der Äquivalenzwert im ersten Jahr um EUR 100, im zweiten Jahr hingegen um EUR 110 wächst. Im zweiten Jahr werden Zinsen auf die ursprünglichen EUR 1.000 zuzüglich der Zinsen auf die im ersten Jahr aufgelaufenen Zinsen von EUR 100 erzielt. Dieser Effekt des Erzielens von „Zinsen auf Zinsen" wird als **Zinseszins** bezeichnet.

Wie verändert sich der zukünftige Wert, wenn der Cashflow um drei Jahre verschoben wird? Unter weiterer Verwendung des gleichen Ansatzes wird der Cashflow nun ein weiteres Mal aufgezinst. Unter der Annahme, dass der Marktzinssatz bei 10 % liegt, erhalten wir:

$$\text{EUR } 1.000 \times (1{,}10) \times (1{,}10) \times (1{,}10) = \text{EUR } 1.000 \times (1{,}10)^3 = \text{EUR } 1.331$$

Es gilt: Zur Verschiebung eines Cashflows C um n Zeiträume in die Zukunft muss dieser um die n dazwischenliegenden Zinsfaktoren aufgezinst werden. Ist der Zinssatz r konstant, so gilt

Endwert eines Cashflows

$$ZW_n = C \times \underbrace{(1+r) \times (1+r) \times \dots \times (1+r)}_{n\text{-mal}} = C \times (1+r)^n \tag{4.1}$$

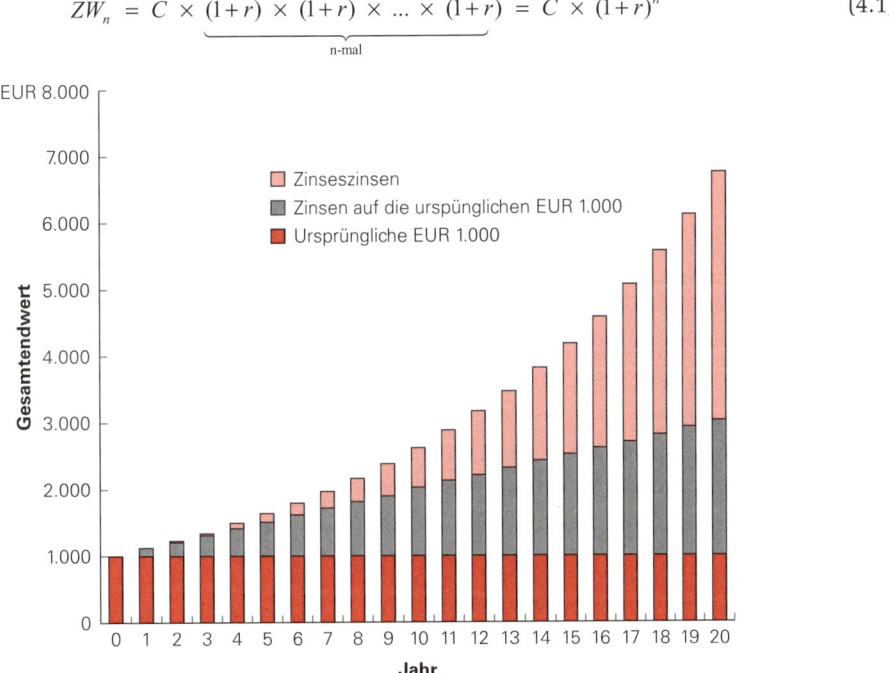

Abbildung 4.1: Die Zusammensetzung des Zinses über die Zeit. In diesem Balkendiagramm wird dargestellt, wie sich der Saldo und die Zusammensetzung der Zinsen im Laufe der Zeit verändern, wenn ein Anleger eine anfängliche Einlage von EUR 1.000, die durch den roten Bereich dargestellt wird, über 20 Jahre auf einem Sparkonto mit einem Zinssatz von 10 % investiert. Erkennbar ist, dass der hellrote Bereich, der den Zinseszinsen entspricht, anwächst und im Jahr 15 größer ist als der Bereich der Zinsen auf die ursprüngliche Einlage, der grau dargestellt wird. Im Jahr 20 beträgt der vom Investor erzielte Zinseszins EUR 3.727,50, während sich die auf die ursprünglichen EUR 1.000 erzielten Zinsen auf EUR 2.000 belaufen.

In ▸Abbildung 4.1 wird die Bedeutung des Erzielens von „Zinseszinsen" für das Wachstum des Saldos über die Zeit dargestellt. Die Art *Wachstum*, die aus der Aufzinsung resultiert, wird als geometrisches oder exponentielles Wachstum bezeichnet. Wie in ▸Beispiel 4.2 dargestellt, können die Auswirkungen der Aufzinsung über einen langen Zeithorizont betrachtet sehr dramatisch sein.

Beispiel 4.2:   Die Wirkung der Aufzinsung

Fragestellung

Sie legen EUR 1.000 auf einem Konto an, auf das 10 % Zinsen pro Jahr gezahlt werden. Wie viel Geld befindet sich in sieben Jahren auf dem Konto? Wie viel in 20 Jahren? Wie viel in 75 Jahren?

Lösung

Hier kann ▶Gleichung 4.1 zur Berechnung des Endwertes für jeden Fall verwendet werden:

$$\text{7 Jahre: EUR } 1.000 \times (1,10)^7 = \text{EUR } 1.948,72$$

$$\text{20 Jahre: EUR } 1.000 \times (1,10)^{20} = \text{EUR } 6.727,50$$

$$\text{75 Jahre: EUR } 1.000 \times (1,10)^{75} = \text{EUR } 1.271.895,37$$

Das Geld wird sich bei einem Zinssatz von 10 % in sieben Jahren beinahe verdoppeln. Nach 20 Jahren wird es sich beinahe um das Siebenfache erhöht haben. Wenn Sie das Geld 75 Jahre anlegen, werden Sie zum Millionär!

Die 72er Regel

Eine weitere Möglichkeit sich die Wirkung von Aufzinsen und Diskontieren vorzustellen ist sich zu überlegen, wie lange es dauert, bis sich der Anlagebetrag bei unterschiedlichen Zinsen verdoppelt. Angenommen, wir möchten wissen, wie viele Jahre es dauert, bis EUR 1 zu EUR 2 in der Zukunft ansteigt. Wir möchten die Anzahl der Jahre ermitteln, um

$$ZW = \text{EUR } 1 \times (1+r)^N = \text{EUR } 2$$

zu lösen. Wenn Sie diese Formel für verschiedene Zinssätze auflösen, erhalten Sie die folgende Approximation:

Anzahl Jahre bis zur Verdoppelung $\approx$ 72 : (Zinssatz in Prozent)

Diese einfache „Regel 72" ist ziemlich genau, das heißt, ein Jahr plus/minus der genauen Verdoppelungszeit bei Zinssätzen, die höher als 2 % sind. Liegt der Zinssatz beispielsweise bei 9 %, sollte die Verdoppelungszeit circa 72 : 9 = 8 Jahre sein. Tatsächlich ist $1,09^8 = 1,99$! Bei einem Zinssatz von 9 % würde sich Ihr Anlagebetrag alle acht Jahre ungefähr verdoppeln.

Regel 3: Cashflows in die Vergangenheit verschieben

In der dritten Regel wird beschrieben, wie Cashflows in die Vergangenheit verschoben werden können. Wir möchten den heutigen Wert von EUR 1.000 ermitteln, die wir in einem Jahr erhalten werden. Beträgt der aktuelle Marktzinssatz 10 %, kann dieser Wert durch die Umwandlung von Einheiten wie in ▶Kapitel 3 berechnet werden:

(EUR 1.000 in einem Jahr) : (EUR 1,10 in einem Jahr : EUR heute) = EUR 909,09 heute

Zur Rückwärtsverschiebung des Cashflows wird dieser durch den Zinsfaktor $(1 + r)$ geteilt, wobei r dem Zinssatz entspricht. Das Verfahren des Verschiebens eines Wertes oder eines Cashflow zurück in die Gegenwart, also die Bestimmung des heutigen *Äquivalenzwertes* eines zukünftigen Cashflows, wird als **Diskontieren** bezeichnet. *Die dritte Regel besagt, dass ein zukünftiger Cashflow zur Verschiebung in die Gegenwart diskontiert werden muss.*

Zur Verdeutlichung: Sie erwarten, die EUR 1.000 in zwei Jahren und nicht in einem Jahr zu erhalten. Beträgt der Zinssatz für beide Jahre 10 %, kann der folgende Zeitstrahl erstellt werden:

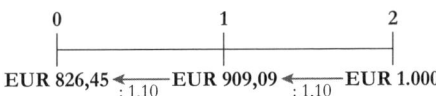

Beträgt der Zinssatz 10 %, sind alle Cashflows (EUR 826,45 zum Zeitpunkt 0; EUR 909,09 zum Zeitpunkt 1; EUR 1.000 zum Zeitpunkt 2) äquivalent. Sie stellen den gleichen Wert in verschiedenen Einheiten (Zeitpunkten) dar. Der Pfeil zeigt nach links und gibt damit an, dass der Wert in die Gegenwart verschoben bzw. diskontiert wird. Dabei ist zu beachten, dass der Wert mit der zunehmenden zeitlichen Verschiebung des Cashflows in die Gegenwart abnimmt.

Der Wert eines zukünftigen Cashflows zu einem früheren Zeitpunkt auf dem Zeitstrahl entspricht dessen Barwert zu dem betreffenden früheren Zeitpunkt, EUR 826,45 entsprechen also dem *Barwert* der EUR 1.000 in zwei Jahren zum Zeitpunkt 0. An dieser Stelle sei daran erinnert, dass aus ▸Kapitel 3 bekannt ist, dass der Barwert dem Preis für die Erzielung eines zukünftigen Cashflows bei eigener Anlage entspricht. Daher gilt, dass bei einer Investition der EUR 826,45 heute für zwei Jahre bei 10 % Zinsen unter Verwendung der zweiten goldenen Regel ein Endwert von EUR 1.000 erzielt werden würde:

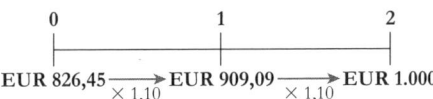

Wir nehmen an, die EUR 1.000 stehen erst in drei Jahren zur Verfügung und der Barwert wird berechnet. Bei einem Zinssatz von 10 % erhält man:

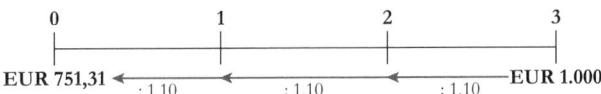

Der heutige Barwert eines Cashflows von EUR 1.000 ergibt sich in drei Jahren wie folgt:

$$\text{EUR } 1.000 : (1{,}10) : (1{,}10) : (1{,}10) = \text{EUR } 1.000 : (1{,}10)^3 = \text{EUR } 751{,}31$$

Ein Cashflow C muss zur Verschiebung um n Perioden in die Gegenwart um die n dazwischenliegenden Zinsfaktoren diskontiert werden. Ist der Zinssatz r konstant, so gilt:

Barwert eines Cashflows

$$BW = C : (1+r)^n = \frac{C}{(1+r)^n} \tag{4.2}$$

Beispiel 4.3:   Barwert eines einzigen zukünftigen Cashflows

Fragestellung

Sie überlegen sich in einen Sparbrief zu investieren, auf den in zehn Jahren EUR 15.000 ausgezahlt werden. Welchen Wert weist der Sparbrief heute auf, wenn der Marktzinssatz bei 6 % pro Jahr liegt?

Lösung

Die Cashflows für diesen Sparbrief werden im folgenden Zeitstrahl dargestellt:

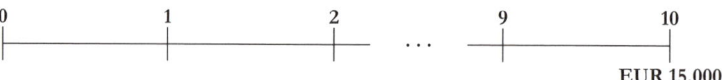

Somit ist der Sparbrief in zehn Jahren EUR 15.000 wert. Zur Bestimmung des heutigen Wertes wird der Barwert berechnet:

$$BW = \frac{15.000}{1,06^{10}} = \text{EUR } 8.375,92 \text{ heute}$$

Somit ist der Sparbrief aufgrund des Zeitwertes des Geldes heute viel weniger wert als der endgültige Erlös.

Die Anwendung der drei goldenen Regeln

Die drei goldenen Regeln gestatten den Vergleich und das Zusammenlegen von Cashflows, die zu verschiedenen Zeitpunkten auftreten. Wir planen, heute sowie jeweils zum Ende der nächsten beiden Jahre je EUR 1.000 zu sparen. Wie viel Geld steht in drei Jahren zur Verfügung, wenn ein fester Zinssatz von 10 % auf die Ersparnisse erzielt wird?

Auch hier beginnen wir mit einem Zeitstrahl:

Der Zeitstrahl stellt die drei Einlagen dar, die vorgenommen werden sollen. Nun muss deren Wert nach drei Jahren berechnet werden.

Die dargestellten drei goldenen Regeln können zur Lösung dieses Problems auf verschiedene Art und Weise angewandt werden. Zunächst betrachten wir die Einlage zum Zeitpunkt 0 und verschieben sie auf Zeitpunkt 1. Da sie dann im gleichen Zeitraum liegt wie die Einlage zum Zeitpunkt 1, können die beiden Beträge zur Bestimmung des zum Zeitpunkt 1 auf dem Konto befindlichen Gesamtbetrags zusammengelegt werden:

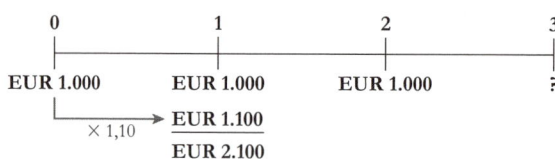

Unter Verwendung der ersten beiden Regeln können wir bestimmen, dass der gesamte Sparbetrag zum Zeitpunkt 1 EUR 2.100 beträgt. Setzen wir dies so fort, kann diese Aufgabe wie folgt gelöst werden:

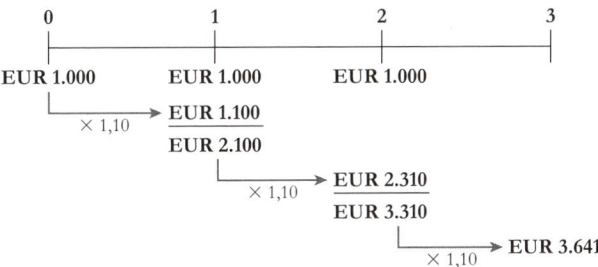

Der am Ende der drei Jahre auf der Bank zur Verfügung stehende Gesamtbetrag beläuft sich auf EUR 3.641. Dieser Betrag ist der Endwert unserer Spareinlagen von je EUR 1.000.

Ein weiterer Ansatz zur Lösung dieser Aufgabe ist die getrennte Berechnung des Endwertes jedes Cashflows im Jahr 3. Nachdem alle drei Beträge dann in Euro des Jahres 3 ausgedrückt sind, können sie zusammengelegt werden:

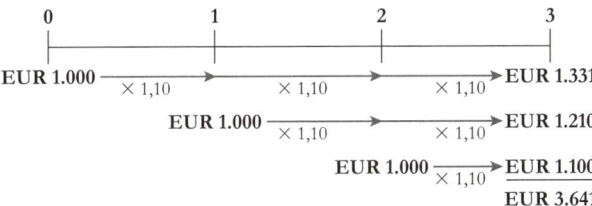

Mit beiden Berechnungen wird der gleiche Endwert errechnet: Solange die Regeln eingehalten werden, wird das gleiche Ergebnis erzielt. Die Reihenfolge, in der die Regeln angewandt werden, spielt dabei keine Rolle. Die ausgewählte Berechnung hängt davon ab, welche Regel für die betreffende Frage praktischer ist. In ▶ Tabelle 4.1 werden die drei goldenen Regeln sowie die damit verbundenen Formeln zusammengefasst.

Tabelle 4.1

Die drei goldenen Regeln		
Regel 1	Es können nur Werte zum gleichen Zeitpunkt verglichen oder kombiniert werden.	
Regel 2	Zur Verschiebung eines Cashflows in die Zukunft muss dieser aufgezinst werden.	Endwert eines Cashflows $$ZW_n = C \times (1+r)^n$$
Regel 3	Zur Verschiebung eines Cashflows in die Vergangenheit muss dieser diskontiert werden.	Barwert eines Cashflows $$BW = C : (1+r)^n = \frac{C}{(1+r)^n}$$

Beispiel 4.4:   Die Berechnung des Endwertes

Fragestellung

An dieser Stelle kehren wir zu dem bereits an früherer Stelle betrachteten Sparplan zurück: Wir wollen heute sowie jeweils zum Ende der nächsten beiden Jahre je EUR 1.000 sparen. Wie viel Geld steht bei einem festen Zinssatz von 10 % in drei Jahren auf der Bank zur Verfügung?

Lösung

Dieses Problem soll nun anders als weiter oben im Buch gelöst werden. Zunächst wird der Barwert der Cashflows berechnet. Diese Berechnung kann auf verschiedene Art und Weise durchgeführt werden. Hier wird jeder Cashflow getrennt behandelt und anschließend werden die Barwerte zusammengelegt.

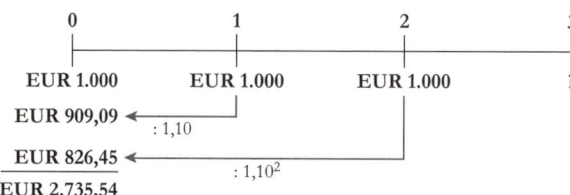

Ein Sparbetrag von EUR 2.735,54 heute entspricht einem Sparbetrag von EUR 1.000 pro Jahr über drei Jahre. Nun soll der Endwert in Jahr 3 berechnet werden:

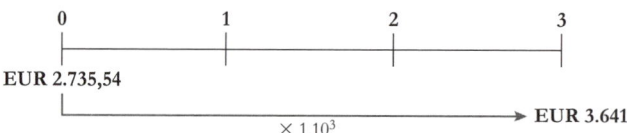

Die Lösung, der Wert von EUR 3.641, entspricht genau dem bereits an früherer Stelle ermittelten Ergebnis. Solange die drei goldenen Regeln angewandt werden, erhält man stets die richtige Lösung.

Verständnisfragen

1. Können Cashflows zu unterschiedlichen Zeitpunkten miteinander verglichen oder zusammengelegt werden?

2. Was sind Zinseszinsen?

3. Wie kann ein Cashflow in die Vergangenheit und in die Zukunft verschoben werden?

4.3 Die Bewertung einer Zahlungsreihe

Bei den meisten Anlagemöglichkeiten gibt es mehrere Cashflows, die zu unterschiedlichen Zeitpunkten gegeben sind. In ▶ Abschnitt 4.2 wurden die drei goldenen Regeln zur Bewertung solcher Cashflows angewandt. Nun wird dieser Ansatz durch die Ableitung einer allgemeinen Formel zur Bewertung einer Zahlungsreihe formalisiert.

Betrachten wir dazu eine Zahlungsreihe: C_0 zum Zeitpunkt 0, C_1 zum Zeitpunkt 1 und so weiter bis zu C_N zum Zeitpunkt N. Diese Zahlungsreihe wird auf einem Zeitstrahl wie folgt dargestellt:

Unter Verwendung der drei goldenen Regeln wird nun der Barwert dieser Zahlungsreihe in zwei Schritten berechnet: Zunächst wird der Barwert jedes einzelnen Cashflows berechnet. Danach können die Cashflows, nachdem sie in gemeinsame Einheiten von heutigen Euro umgewandelt worden sind, zusammengelegt werden.

Dieses Verfahren wird für einen gegebenen Zinssatz r wie folgt auf dem Zeitstrahl dargestellt:

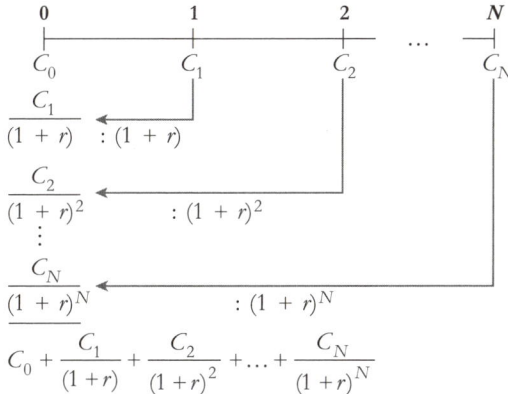

Aus diesem Zeitstrahl ergibt sich die allgemeine Formel für den Barwert einer Zahlungsreihe:

$$BW = C_0 + \frac{C_1}{(1+r)} + \frac{C_2}{(1+r)^2} + \ldots + \frac{C_N}{(1+r)^N} \qquad (4.3)$$

Diese Formel kann auch als Summation geschrieben werden:

Barwert einer Zahlungsreihe

$$BW = \sum_{n=0}^{N} BW(C_n) = \sum_{n=0}^{N} \frac{C_n}{(1+r)^n} \qquad (4.4)$$

Das Summenzeichen Σ bedeutet, „die einzelnen Elemente für jeden Zeitpunkt n von 0 bis N zu summieren". Hierbei ist zu beachten, dass gilt: $(1+r)^0 = 1$. Somit entspricht diese Abkürzung genau ▶ Gleichung 4.3. Der Barwert des Zahlungsstroms ist daher gleich der Summe der Barwerte jedes Cashflows. Aus ▶ Kapitel 3 ist bereits bekannt, dass der Barwert als der Geldbetrag definiert ist, der investiert werden müsste, um in der Zukunft den einzelnen Cashflow zu erzielen. Das gleiche Konzept gilt auch hier. Der Barwert ist der Betrag, der heute investiert werden muss, um den Zahlungsstrom C_0, C_1, ..., C_N zu erzeugen. Der Erhalt dieser Cashflows entspricht dem heutigen Besitz des Barwertes dieser Cashflows auf der Bank.

Beispiel 4.5: Der Barwert eines Zahlungsstroms

Fragestellung

Sie haben gerade Ihr Studium abgeschlossen und benötigen Geld für den Kauf eines neuen Autos. Ihr reicher Onkel Heinrich will Ihnen das Geld leihen, da Sie zustimmen, das Geld innerhalb von vier Jahren zurückzuzahlen. Sie bieten dem Onkel an, ihm den Zinssatz zu zahlen, den er auch für die Anlage des Geldes auf einem Sparkonto erhalten würde. Auf der Grundlage Ihres Einkommens und Ihrer Lebenshaltungskosten sind Sie der Meinung, in der Lage zu sein in einem Jahr EUR 5.000 sowie in den nächsten drei Jahren jeweils EUR 8.000 zurückzahlen zu können. Welchen Betrag können Sie von Onkel Heinrich leihen, wenn er auf andere Weise 6 % pro Jahr auf seine Ersparnisse erhalten würde?

Lösung

Die Cashflows, die Sie Onkel Heinrich versprechen können, sind wie folgt:

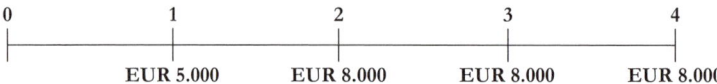

Wie viel Geld sollte Onkel Heinrich bereit sein Ihnen heute zu geben gegen Ihr Versprechen diese Zahlungen zu leisten? Onkel Heinrich sollte bereit sein, Ihnen einen Betrag zu leihen, der dem Barwert dieser Zahlungen entspricht. Das ist der Geldbetrag, den er zur Erzielung der gleichen Cashflows, die wie folgt berechnet werden, benötigen würde:

$$BW = \frac{5.000}{1,06} + \frac{8.000}{1,06^2} + \frac{8.000}{1,06^3} + \frac{8.000}{1,06^4}$$
$$= 4.716,98 + 7.119,97 + 6.716,95 + 6.336,75$$
$$= 24.890,65$$

Somit sollte Onkel Heinrich bereit sein, Ihnen im Gegenzug für die versprochenen Zahlungen EUR 24.890,65 zu leihen. Aufgrund des Zeitwertes des Geldes ist dieser Betrag geringer als der von Ihnen gezahlte Gesamtbetrag (EUR 5.000 + EUR 8.000 + EUR 8.000 + EUR 8.000 = EUR 29.000).

Im Folgenden soll die Antwort überprüft werden: Lässt der Onkel seine EUR 24.890,65, auf die er Zinsen von 6 % erhält, heute auf der Bank, so hätte er in vier Jahren:

$$ZW = \text{EUR } 24.890,65 \times (1,06)^4 = \text{EUR } 31.423,87 \text{ in vier Jahren}$$

Angenommen Onkel Heinrich gibt Ihnen das Geld und zahlt Ihre Zahlungen dann jedes Jahr bei der Bank ein. Welchen Betrag hat er dann in vier Jahren?

Dazu muss der Endwert der jährlichen Einlagen berechnet werden. Dies kann durch die Berechnung des Kontoguthabens für jedes Jahr geschehen:

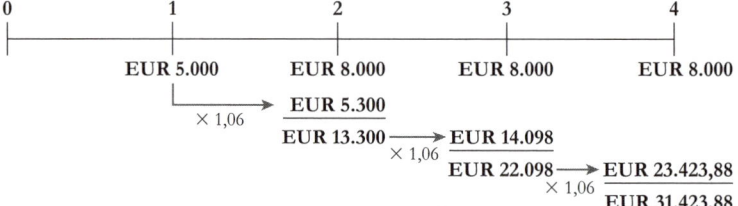

Somit erhalten wir über beide Möglichkeiten die gleiche Antwort (bis auf einen Cent, der auf die Rundung zurückzuführen ist).

Der letzte Absatz von ▶Beispiel 4.5 verdeutlicht einen allgemeinen Aspekt. Soll der Endwert eines Zahlungsstroms berechnet werden, so kann dies entweder direkt erfolgen (wie im zweiten in ▶Beispiel 4.5 verwendeten Ansatz) oder es kann zunächst der Barwert berechnet und dann in die Zukunft verschoben werden (wie beim ersten Ansatz im Beispiel). Da in beiden Fällen die drei goldenen Regeln eingehalten werden, erhalten wir auch das gleiche Ergebnis. Dieses Prinzip kann allgemeiner zur Aufstellung der folgenden Formel für den Endwert im Jahr n als Barwert eines Zahlungsstroms ausgedrückt werden:

Endwert eines Zahlungsstroms mit einem Barwert BW

$$ZW_n = BW \times (1 + r)^n \tag{4.5}$$

Verständnisfragen

1. Wie wird der Barwert eines Zahlungsstroms berechnet?
2. Wie wird der Endwert eines Zahlungsstroms berechnet?

4.4 Die Berechnung des Kapitalwerts

Nachdem die drei goldenen Regeln festgelegt sind und bestimmt wurde, wie Barwerte und Endwerte berechnet werden, wird im Folgenden nun das zentrale Ziel betrachtet: der Vergleich der Einzahlungen und Auszahlungen eines Projekts, um eine langfristige Investitionsentscheidung bewerten zu können. Die erste goldene Regel besagt, dass wir Cashflows zum gleichen Zeitpunkt bewerten müssen, um sie vergleichen zu können. Insbesondere definieren wir den **Kapitalwert (KW)** einer Investitionsentscheidung wie folgt:

$$KW = BW(\text{Einzahlungen}) - BW(\text{Auszahlungen}) \tag{4.6}$$

In diesem Zusammenhang entsprechen die Einzahlungen den Geldzuflüssen und die Auszahlungen den Geldabflüssen. Jede Investitionsentscheidung kann auf einem Zeitstrahl als Zahlungsstrom dargestellt werden, bei dem Geldabflüsse (Investitionen) negative Cashflows und Geldzuflüsse positive Cashflows sind. Daher ist der Kapitalwert einer Investitionsmöglichkeit auch gleich dem *Barwert* des Zahlungsstroms der Investitionsmöglichkeit:

$$KW = BW(\text{Einzahlungen}) - BW(\text{Auszahlungen}) = BW(\text{Einzahlungen} - \text{Auszahlungen})$$

Beispiel 4.6: Kapitalwert einer Investitionsmöglichkeit

Fragestellung
Ihnen wurde die folgende Investitionsmöglichkeit angeboten: Wenn Sie heute EUR 1.000 anlegen, erhalten Sie jeweils zum Ende der nächsten drei Jahre EUR 500. Sollten Sie diese Investitionsmöglichkeit wählen, wenn Sie auf anderem Wege 10 % pro Jahr auf Ihr Geld erzielen könnten?

Lösung
Wie gewohnt beginnen wir mit einem Zeitstrahl. Die Anfangsinvestition wird als negativer Cashflow bezeichnet, da zunächst Geld ausgegeben werden muss. Das Geld, das Sie erhalten, ist der positive Cashflow.

Um zu entscheiden, ob diese Investitionsmöglichkeit wahrgenommen werden sollte, wird der Kapitalwert durch die Berechnung des Barwerts des Zahlungsstroms bestimmt:

$$KW = -1.000 + \frac{500}{1,10} + \frac{500}{1,10^2} + \frac{500}{1,10^3} = \text{EUR } 243,43$$

Da der Kapitalwert positiv ist, übersteigen die Einzahlungen die Auszahlungen. Die Investition sollte durchgeführt werden. Tatsächlich gibt der Kapitalwert an, dass die Auswahl dieser Möglichkeit dem Erhalt eines zusätzlichen Betrags von EUR 243,43 entspricht, die heute ausgegeben werden können. Zur Verdeutlichung sei angenommen, Sie nehmen heute EUR 1.000 für die Investition in diese Anlage und zusätzlich EUR 243,43 auf, die Sie heute ausgeben können. Welchen Geldbetrag schulden Sie in drei Jahren für das Darlehen von EUR 1.243,43? Bei 10 % Zinsen beläuft sich der geschuldete Betrag auf

$$ZW = (\text{EUR } 1.000 + \text{EUR } 243,43) \times (1,10)^3 = \text{EUR } 1.655 \text{ in drei Jahren}$$

Gleichzeitig erzeugt diese Investitionsmöglichkeit auch Cashflows. Welchen Betrag haben Sie in drei Jahren gespart, wenn diese Cashflows auf ein Bankkonto eingezahlt werden? Der Endwert der Ersparnisse ist gleich:

$$ZW = (\text{EUR } 500 \times 1,10^2) + (\text{EUR } 500 \times 1,10) + \text{EUR } 500 = \text{EUR } 1.655 \text{ in drei Jahren}$$

Hieraus wird deutlich, dass die Ersparnisse auf der Bank zur Rückzahlung des Darlehens verwendet werden können. Daher können Sie bei der Wahl dieser Anlagemöglichkeit EUR 243,43 heute ohne zusätzliche Kosten ausgeben.

Im Prinzip haben wir erklärt, wie die zu Beginn dieses Kapitels gestellte Frage zu beantworten ist: Wie sollten Finanzmanager die aus der Durchführung eines mehrjährigen Projektes wie dem Chevy Volt resultierenden Cashflows bewerten? Wir haben gezeigt, wie der Kapitalwert einer Investitionsmöglichkeit wie der Chevy Volt, die mehr als eine Periode umfasst, berechnet werden kann. In der Praxis kann die Berechnung mühsam werden, wenn sie mehr als vier oder fünf Cashflows einbezieht. Aufgrund einer Reihe von Sonderfällen muss glücklicherweise nicht jeder Cashflow getrennt behandelt werden. Diese verkürzten Verfahren werden in ▶Abschnitt 4.5 behandelt.

Berechnungen mit Excel

Berechnung des KW

Während Berechnungen des Barwerts und des Endwerts mit einem Taschenrechner durchgeführt werden können, ist es oft nützlich diese Berechnungen anhand eines Tabellenkalkulationsprogramms zu bewerten. In der folgenden Excel-Tabelle wird der *KW* aus ▶Beispiel 4.6 ermittelt:

	A	B	C	D	E
1	Diskontierungssatz	10,0%			
2	Zeitraum	0	1	2	3
3	Cashflow C_t	-1000,0	500,0	500,0	500,0
4	Diskontfaktor	1,000	0,909	0,826	0,751
5	BW (C_t)	-1000,0	454,5	413,2	375,7
6	**KW**	**243,43**			

Die Zeilen 1 bis 3 liefern die wichtigsten Daten zur Lösung der Aufgabe, nämlich den Diskontierungssatz und den Zeitstrahl der Cashflows. Zeile 4 berechnet den Diskontfaktor, $\frac{1}{(1+r)^n}$, den Barwert eines im Jahr n erhaltenen Euro. Wir multiplizieren jeden Cashflow mit dem Diskontfaktor, um den in Zeile 5 gezeigten Barwert zu erhalten. Zeile 6 schließlich zeigt die Summe der Barwerte aller Cashflows, den Kapitalwert. Die Formeln der Zeilen 4 bis 6 werden nachfolgend wiedergegeben:

	A	B	C	D	E
4	Diskontfaktor	=1/(1+$B$1)^B2	=1/(1+$B$1)^C2	=1/(1+$B$1)^D2	=1/(1+$B$1)^E2
5	BW (C_t)	=B3*B4	=C3*C4	=D3*D4	=E3*E4
6	**KW**	=SUMME(B5:E5)			

Wir hätten den gesamten *KW* auch mithilfe einer einzelnen (langen) Formel in einem Schritt berechnen können. Wir empfehlen aber dieser Versuchung zu widerstehen und als bessere Lösung den *KW* Schritt für Schritt zu berechnen. So können Fehler leichter entdeckt und der Beitrag jedes Cashflows zum gesamten *KW* deutlich werden.

Die KW-Funktion von Excel

Excel hat eine integrierte *KW*-Funktion. Diese Funktion hat das Format NBW(Zinssatz, Wert1, Wert2, …), wobei „Zinssatz" der pro Periode verwendete Zinssatz zur Diskontierung der Cashflows ist und „Wert1", „Wert2" und so weiter die Cashflows (oder Cashflow-Ströme) sind. Leider berechnet die *KW*-Funktion den Barwert der Cashflows *unter der Annahme, dass der erste Cashflow zum Zeitpunkt 1 auftritt.* Wenn der erste Cashflow eines Projekts zum Zeitpunkt 0 anfällt, muss er daher getrennt hinzugefügt werden. Beispielsweise würde in obiger Tabelle die Formel

$$=B3+NBW(B1,C3:E3)$$

benötigt zur Berechnung des *KW* der angegebenen Cashflows.

Ein weiterer Fallstrick der *KW*-Funktion ist, dass Cashflows, für die kein Wert eingesetzt wurde, anders behandelt werden als Cashflows, die gleich null sind. Wenn der Cashflow keinen Wert enthält, *werden sowohl der Cashflow als auch die Periode ignoriert.* Betrachten Sie das folgende Beispiel, in dem der Cashflow der Periode 2 gelöscht wurde:

	A	B	C	D	E
1	Diskontierungssatz	10,0%			
2	Zeitraum	0	1	2	3
3	Cashflow C_t	-1000,0	500,0		500,0
4	Diskontfaktor	1,000	0,909	0,826	0,751
5	BW (C_t)	-1000,0	454,5	0,0	375,7
6	**KW**	**-169,80**	=SUMME(B5:E5)		
7	KW-Funktion	-132,23	=B3+NBW(B1;C3:E3)		

Unser ursprüngliches Verfahren gibt in Zeile 6 die richtige Lösung, während die *KW*-Funktion in Zeile 7 den Cashflow der Periode 3 behandelt als ob er in Periode 2 angefallen wäre, was eindeutig nicht beabsichtigt und falsch ist.

Verständnisfragen

1. Wie wird der Kapitalwert eines Zahlungsstroms berechnet?

2. Welchen Nutzen erzielt ein Unternehmen, wenn es ein Projekt mit positivem Kapitalwert eingeht?

4.5 Ewige Renten und endliche Renten

Die bis hierher abgeleiteten Formeln ermöglichen die Berechnung des Bar- oder Endwertes jedes Zahlungsstroms. In diesem Kapitel werden zwei besondere Arten von Zahlungsströmen untersucht, *ewige Renten* und *endliche Renten (Annuitäten)*, und es werden verkürzte Verfahren für deren Bewertung dargestellt. Diese Verfahren sind möglich, da die Cashflows ein regelmäßiges Muster aufweisen.

Ewige Renten

Eine **ewige Rente** ist ein Strom gleicher Zahlungen, die in regelmäßigen Abständen auftreten und für immer fortdauern. Ein Beispiel dafür ist eine als **Consol-Anleihe** (oder ewige Anleihe) bezeichnete britische Staatsanleihe. Consol-Anleihen versprechen dem Besitzer für immer jedes Jahr eine feste Zahlung.

Der Zeitstrahl für eine ewige Rente sieht wie folgt aus:

Dabei ist im Zeitstrahl zu beachten, dass die erste Zahlung nicht sofort erfolgt. *Sie entsteht zum Ende der ersten Periode.* Diese zeitliche Gestaltung wird mitunter als *nachschüssige Zahlung* bezeichnet und allgemein im gesamten Lehrbuch verwendet.

Unter Verwendung der Formel für den Barwert wird der Barwert einer ewigen Rente mit der Zahlung C und dem Zinssatz r gegeben durch:

$$BW = \frac{C}{(1+r)} + \frac{C}{(1+r)^2} + \frac{C}{(1+r)^3} + \ldots = \sum_{n=1}^{\infty} \frac{C}{(1+r)^n}$$

Hierbei ist zu beachten, dass in der Barwertformel $C_n = C$, da die Zahlung bei einer ewigen Rente konstant ist. Überdies gilt $C_0 = 0$, da die erste Zahlung in einer Periode erfolgt.

Zur Bestimmung des Wertes einer ewigen Rente gehen wir davon aus, dass eine Zahlung buchstäblich ewig weitergeht. An dieser Stelle stellt sich die Frage, wie – selbst bei einem verkürzten Verfahren – die Summe einer unendlichen Anzahl positiver Terme endlich sein kann. Die Antwort darauf ist, dass die zukünftigen Zahlungen um eine zunehmende Anzahl Perioden abgezinst werden, sodass ihr Beitrag zur Summe schließlich unerheblich wird.[2]

Zur Ableitung der verkürzten Formel wird der Wert einer ewigen Rente durch die Schaffung einer eigenen ewigen Rente berechnet. Wir können dann den Barwert der ewigen Rente berechnen, da nach dem Gesetz des einheitlichen Preises der Wert der ewigen Rente den Kosten entsprechen muss, die bei Schaffung der eigenen ewigen Rente entstanden sind. Zur Verdeutlichung sei angenommen, es könnten EUR 100 auf einem Bankkonto eingezahlt werden, auf dem man für immer 5 % Zinsen pro Jahr erhält. Am Ende des Jahres 1 wären EUR 105 auf dem Konto. Dies entspricht den ursprünglichen EUR 100 zuzüglich EUR 5 Zinsen. Werden die EUR 5 Zinsen abgehoben und die EUR 100 für ein weiteres Jahr investiert, befinden sich nach einem Jahr wieder EUR 105 auf dem Konto. Die EUR 5 können abgehoben und die EUR 100 für ein weiteres Jahr investiert werden. Durch die alljährliche Wiederholung dieses Vorgehens können ewig jedes Jahr EUR 5 abgehoben werden:

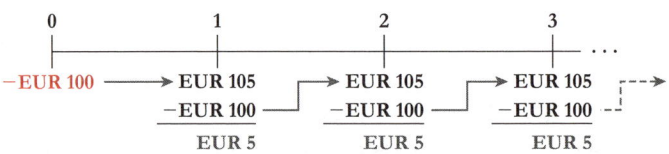

---

2 Mathematisch ausgedrückt handelt es sich um eine geometrische Reihe. Diese konvergiert, wenn gilt $r > 0$.

Historische Beispiele ewiger Renten

Unternehmen begeben bisweilen Anleihen, die sie ewige Anleihen nennen, in Wirklichkeit jedoch nicht „ewig" laufen. Mitte des Jahres 2010 begab beispielsweise die HSBC, die größte Bank Europas, „ewige" Anleihen in Höhe von USD 3,4 Milliarden, die den Anlegern jedes Jahr ohne Laufzeitbegrenzung einen festen Betrag zusagen. Doch obwohl die Anleihen keine Laufzeitbegrenzung haben, sind sie nicht wirklich echte ewige Anleihen, da HSBC das Recht hat, die Anleihe nach 5,5 Jahren zurückzuzahlen. Die Zahlungen aus der Anleihe könnten daher nicht ewig währen.

Ewige Anleihen zählten zu den ersten Anleihen, die je begeben wurden. Die ältesten ewigen Anleihen, aus denen immer noch Zinszahlungen erfolgen, wurden im Jahre 1624 von der *Hoogheemraadschap Lekdijk Bovendams*, einer für die Wartung der Deiche zuständigen holländischen Behörde, begeben. Um sich zu vergewissern, dass aus diesen Anleihen immer noch Zinsen gezahlt werden, kauften William Goetzmann und Geert Rouwenhorst, zwei Professoren der Finanzwirtschaft in Yale, im Juli 2003 eine dieser Anleihen und kassierten Zinsen für die letzten 26 Jahre. Bei der Emission der Anleihe im Jahr 1648 zahlte diese Anleihe die Zinsen in Carolusgulden. Im Laufe der nächsten 355 Jahre war die Währung der Zinszahlungen erst flämische Pfund, dann holländische Gulden und jetzt Euro. Zurzeit zahlt die Anleihe Zinsen in Höhe von EUR 11,34 jährlich.

Obwohl die holländischen Anleihen die ältesten noch vorhandenen ewigen Anleihen sind, stammen die ersten ewigen Anleihen aus viel früheren Zeiten. Beispielsweise wurden *cencus agreements* und *rentes*, Abwandlungen ewiger und endlicher Renten, im zwölften Jahrhundert in Italien, Frankreich und Spanien begeben. Mit diesen Anleihen sollten ursprünglich die Wuchergesetze der katholischen Kirche umgangen werden. Da die Rückzahlung des Kapitalbetrags nicht erforderlich war, galten sie in den Augen der Kirche nicht als Kredite.

Durch die heutige Anlage der EUR 100 in der Bank kann praktisch eine ewige Rente geschaffen werden, die EUR 5 pro Jahr auszahlt. Das Gesetz des einheitlichen Preises besagt, dass das gleiche Gut auf jedem Markt den gleichen Preis haben muss. Da die Bank die ewige Rente für EUR 100 „verkauft" (zu diesem Preis deren Schaffung gestattet), entspricht der Barwert der ewigen EUR 5 pro Jahr den Kosten für die eigene Anlage der EUR 100.

Dieses Argument soll nun verallgemeinert werden. Angenommen, ein Betrag P wird auf der Bank angelegt. Jedes Jahr können die erzielten Zinsen, $C = r \times P$, abgehoben werden und der Kapitalbetrag P verbleibt auf der Bank. Der Barwert des ewigen Erhalts von C entspricht damit den anfänglichen Kosten $P = C : r$. Deshalb gilt:

Barwert einer ewigen Rente

$$BW(C \text{ ewig}) = \frac{C}{r} \qquad (4.7)$$

Mit anderen Worten ausgedrückt bedeutet dies, dass durch die heutige Anlage des Betrags $C : r$ die Zinsen $(C / r) \times r = C$ in jedem Zeitraum für immer abgehoben werden können. Somit ist der Barwert der ewigen Rente gleich $C : r$.

Hier ist die Logik hinter unserer Argumentation zu beachten. Zur Bestimmung des Barwertes eines Zahlungsstroms wurden die eigenen Kosten der Schaffung der gleichen Zahlungen auf der Bank berechnet. Dies ist ein äußerst nützlicher und starker Ansatz, der überdies viel einfacher und schneller als die Summierung der unendlichen Terme ist.

Beispiel 4.7: Schenkung einer ewigen Rente

Fragestellung
Sie wollen Ihrer Alma Mater eine jährlich stattfindende MBA-Abschlussfeier schenken. Da sie ein denkwürdiges Ereignis sein soll, planen Sie für unbegrenzte Zeit EUR 30.000 pro Jahr für diese Feier ein. Wie viel müssen Sie für die Schenkung dieser Feier spenden, wenn die Universität 8 % pro Jahr auf ihre Anlagen erzielt und die erste Feier in einem Jahr stattfinden soll?

Lösung
Der Zeitstrahl für die Cashflows, die Sie zur Verfügung stellen wollen, sieht wie folgt aus:

Dies ist eine normale ewige Rente von EUR 30.000 pro Jahr. Die Geldmittel, die der Universität auf ewig gespendet werden müssen, entsprechen dem Barwert dieses Zahlungsstroms. Aus der Formel leiten wir her:

$$BW = C / r = \text{EUR } 30.000 / 0,08 = \text{EUR } 375.000 \text{ heute}$$

Wenn Sie heute EUR 375.000 spenden und wenn die Universität diesen Betrag auf ewig zu 8 % pro Jahr anlegt, verfügen die Absolventen des MBA-Studiengangs jedes Jahr über EUR 30.000 für ihre Abschlussfeier.

Ein häufiger Fehler

Einmal zu oft abgezinst
Die Formel für die ewige Rente beruht auf der Annahme, dass die erste Zahlung am Ende der ersten Periode (zum Zeitpunkt 1) erfolgt. Manchmal haben ewige Renten allerdings Cashflows, die zu einem späteren Zeitpunkt in der Zukunft beginnen. In diesem Fall kann die Formel für die ewige Rente so angepasst werden, dass der Barwert berechnet wird. Dies muss allerdings sorgfältig erfolgen, um einen häufigen Fehler zu vermeiden.

Um dies zu verdeutlichen, kehren wir noch einmal zu der im ▶Beispiel 4.7 beschriebenen MBA-Abschlussfeier zurück. Statt des sofortigen Beginns dieser neuen Tradition sei angenommen, dass die erste Feier erst in zwei Jahren (für die Studenten, die gerade ihr Studium angefangen haben) stattfinden wird. Wie würde sich durch diese Verzögerung der erforderliche Spendenbetrag verändern?

Jetzt sieht der Zeitstrahl wie folgt aus:

Wir müssen den Barwert dieser Cashflows ermitteln, da er der Geldbetrag ist, der heute in der Bank vorhanden sein muss, um die zukünftigen Feiern finanzieren zu können. Wir können die Formel der ewigen Rente jedoch nicht direkt anwenden, da diese Cashflows nicht *genau* die ewige Rente sind, wie wir sie definiert haben. Insbesondere der Cashflow in der ersten Periode „fehlt". Aber schauen Sie sich die Lage zum Termin 1 an – zu diesem Zeitpunkt ist die erste Feier eine Periode entfernt und danach erfolgen die Cashflows periodisch. Aus der Sicht von Zeitpunkt 1 *ist* dies eine ewige Rente und wir können die Formel anwenden. Aus der vorherigen Berechnung wissen wir, dass wir zum Zeitpunkt 1 EUR 375.000 benötigen, um für den Beginn der Feiern zum Zeitpunkt 2 ausreichend Geld zu haben. Wir schreiben daher den Zeitstrahl wie folgt um:

Das Ziel lässt sich nun einfacher umformulieren: Welcher Betrag muss heute investiert werden, damit in einem Jahr EUR 375.000 zur Verfügung stehen? Dies lässt sich mit einer einfachen Barwertberechnung lösen:

$$BW = \text{EUR } 375.000 : 1,08 = \text{EUR } 347.222 \text{ heute}$$

Ein häufiger Fehler besteht darin, den Betrag von EUR 375.000 zweimal abzuzinsen, da die erste Feier erst zwei Perioden später stattfindet. An dieser Stelle sei daran erinnert: *Mit der Barwertformel für die ewige Rente werden die Cashflows bereits auf eine Periode vor dem ersten Cashflow abgezinst.* Hier ist zu beachten, dass dieser häufige Fehler bei ewigen Renten, Annuitäten und auch bei all den anderen, in diesem Kapitel erörterten Sonderfällen auftreten kann. In all diesen Formeln werden die Cashflows auf eine Periode vor dem ersten Cashflow abgezinst.

Annuitäten

Eine **Annuität** ist ein Strom von N gleichen Cashflows, die in regelmäßigen Abständen gezahlt werden. Der Unterschied zwischen einer Annuität und einer ewigen Rente liegt darin, dass eine Annuität nach einer festgelegten Anzahl von Zahlungen endet. Die meisten Autokredite, Hypotheken und einige Anleihen sind Annuitäten. Die Cashflows einer Annuität werden wie folgt auf einem Zeitstrahl abgebildet.

Hierbei ist zu beachten, dass wir genau wie bei der ewigen Rente festlegen, dass die erste Zahlung zum Zeitpunkt 1 in einer Periode von heute an erfolgt. Der Barwert einer Annuität mit N Zeiträumen, mit der Zahlung C und einem Zinssatz r ist gleich:

$$BW = \frac{C}{(1+r)} + \frac{C}{(1+r)^2} + \frac{C}{(1+r)^3} + \ldots + \frac{C}{(1+r)^N} = \sum_{n=1}^{N} \frac{C}{(1+r)^n}$$

Der Barwert einer Annuität. Zur Bestimmung einer einfacheren Formel verwenden wir den gleichen Ansatz wie bei der ewigen Rente: Wir bestimmen eine Möglichkeit zur Schaffung einer Annuität. Zur Verdeutlichung nehmen wir an, Sie legen EUR 100 auf einem Konto an, das mit 5 % verzinst wird. Nach Ablauf eines Jahres verfügen Sie über EUR 105 auf der Bank (die ursprünglichen EUR 100 plus EUR 5 Zinsen). Mithilfe der gleichen Strategie wie bei der ewigen Rente sei nunmehr angenommen, Sie heben die EUR 5 Zinsen vom Konto ab und legen die EUR 100 ein weiteres Mal für ein zweites Jahr an. Auch hier haben Sie nach einem Jahr erneut EUR 105 und können dieses Verfahren wiederholen, also EUR 5 abheben und jedes Jahr wieder EUR 100 anlegen. Bei einer ewigen Rente bleibt das Kapital für immer investiert. Alternativ dazu könnten Sie nach 20 Jahren beschließen, das Konto aufzulösen und den Kapitalbetrag abzuheben. In diesem Fall sieht der Cashflow wie folgt aus:

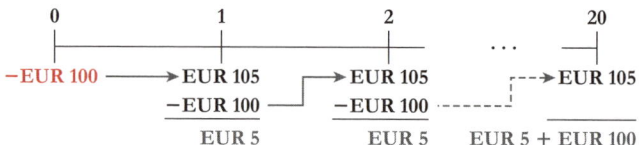

So wurde mit der Anfangsinvestition von EUR 100 eine zwanzigjährige Annuität von EUR 5 pro Jahr geschaffen, darüber hinaus erhalten Sie am Ende der 20 Jahre zusätzliche EUR 100. Nach dem Gesetz des einheitlichen Preises und da eine Anfangsinvestition von EUR 100 notwendig war, um die Cashflows auf dem Zeitstrahl zu erzielen, beträgt der Barwert dieser Cashflows EUR 100 oder

EUR 100 = BW(20-jährige Annuität von EUR 5 pro Jahr) + BW(EUR 100 in 20 Jahren)

Durch Umstellen der Terme erhalten wir

BW(20-jährige Annuität von EUR 5 pro Jahr) = EUR 100 − BW(EUR 100 in 20 Jahren)

$$= 100 - \frac{100}{1{,}05^{20}} = \text{EUR } 62{,}31$$

Somit ist der Barwert von EUR 5 für 20 Jahre gleich EUR 62,31. Intuitiv entspricht der Wert der Annuität der Anfangsinvestition auf dem Bankkonto minus dem Barwert des Kapitalbetrags, der nach 20 Jahren noch auf dem Konto verbleibt.

Das gleiche Konzept kann auch zur Ableitung der allgemeinen Formel herangezogen werden. Zunächst wird P bei der Bank investiert und in jeder Periode werden nur die Zinsen $C = r \times P$ abgehoben. Nach N Zeiträumen wird das Konto aufgelöst. Somit erhalten wir für eine Anfangsinvestition P eine Annuität von C pro Periode über N Perioden. *Überdies* erhalten wir am Ende unseren Anfangsbetrag P zurück. P ist der Gesamtbarwert der beiden Zahlungsströme oder

$P = BW$(Annuität von C über N Zeiträume) + BW(P zum Zeitpunkt N)

Durch Umstellen der Terme kann der Barwert der Annuität berechnet werden:

BW(Annuität von C über N Zeiträume) = P − BW(P zum Zeitpunkt N)

$$= P - \frac{P}{(1+r)^N} = P\left(1 - \frac{1}{(1+r)^N}\right) \tag{4.8}$$

An dieser Stelle sei daran erinnert, dass die periodische Zahlung C den in jeder Periode erzielten Zinsen entspricht, das heißt $C = r \times P$ oder anders gesagt, wir erhalten durch Auflösen nach P die Anfangskosten bezogen auf C.

$$P = C : r$$

Durch Einsetzen für P in ▶Gleichung 4.8 erhalten wir hier die Formel für den Barwert einer Annuität C für N Zeiträume.

Barwert einer Annuität[3]

$$BW(\text{Annuität von } C \text{ für } N \text{ Perioden zum Zinssatz } r) = C \times \frac{1}{r}\left(1 - \frac{1}{(1+r)^N}\right) \qquad (4.9)$$

Beispiel 4.8:   Der Barwert einer Annuität aus einem Lotteriegewinn

Fragestellung

Sie sind der glückliche Gewinner eines Preises von EUR 30 Millionen in der staatlichen Lotterie. Sie können sich nun den Preis entweder (a) in 30 Zahlungen von EUR 1 Million pro Jahr (ab heute) oder (b) mit EUR 15 Millionen heute auszahlen lassen. Welche Option sollten Sie wählen, wenn der Zinssatz 8 % beträgt?

Lösung

Mit Option (a) erhält der Gewinner das Preisgeld von EUR 30 Millionen, allerdings erst im Laufe der Zeit. Um dies richtig bewerten zu können, muss dieser Betrag auf einen Barwert umgerechnet werden. Der Zeitstrahl sieht wie folgt aus:

```
        0               1               2               29
        |               |               |        ...    |
   EUR 1 Million    EUR 1 Million    EUR 1 Million    EUR 1 Million
```

Da die erste Zahlung heute erfolgt, enden die Zahlungen mit dem letzten Betrag in 29 Jahren (nach insgesamt 30 Zahlungen). Die EUR 1 Million zum Zeitpunkt 0 sind bereits als Barwert ausgedrückt, doch muss der Barwert der noch verbleibenden Zahlungen berechnet werden. Dieser Fall gestaltet sich wie eine Annuität von EUR 1 Million pro Jahr über 29 Jahre, sodass die Annuitätenformel verwendet werden kann:

$$BW(\text{29-jährige Annuität von EUR 1 Million}) = \text{EUR 1 Million} \times \frac{1}{0{,}08}\left(1 - \frac{1}{0{,}08^{29}}\right)$$

$$= \text{EUR 1 Million} \times 11{,}16$$

$$= \text{EUR 11,16 Millionen heute}$$

Somit ist der Gesamtbarwert der Cashflows gleich EUR 1 Million + EUR 11,16 Millionen = EUR 12,16 Millionen.

Der Zeitstrahl ist wie folgt:

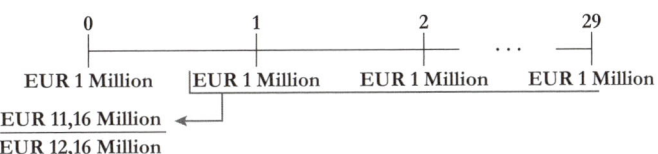

Die Option (b) mit einer Sofortzahlung von EUR 15 Millionen hat einen höheren Wert – obwohl der insgesamt gezahlte Geldbetrag nur die Hälfte von Option (a) beträgt. Der Grund für diese Differenz liegt im Zeitwert des Geldes. Verfügt der Gewinner heute über die EUR 15 Millionen, so kann er EUR 1 Million sofort verwenden und die verbleibenden EUR 14 Millionen zu einem Zinssatz von 8 % anlegen. Mit dieser Strategie erzielt der Gewinner EUR 14 Millionen × 8 % = EUR 1,12 Millionen pro Jahr für immer! Alternativ dazu könnte er heute EUR 15 Millionen – EUR 11,16 Millionen = EUR 3,84 Millionen ausgeben und die verbleibenden EUR 11,16 Millionen anlegen, wodurch er über die nächsten 29 Jahre EUR 1 Million pro Jahr abheben könnte, bevor das Konto leer ist.

---

3 Eine frühe Ableitung dieser Formel wird dem Astronomen Edmond Halley zugeschrieben („Of Compound Interest", nach Halleys Tod von Henry Sherwin, Sherwin´s Mathematical Tables, London; W. and J. Mount, T. Page and Son, 1761 veröffentlicht).

Endwert einer Annuität. Nachdem eine einfache Formel für den Barwert einer Annuität hergeleitet worden ist, kann leicht eine einfache Formel für den Endwert bestimmt werden. Soll der Wert in N Jahren in der Zukunft bestimmt werden, so wird der Barwert auf dem Zeitstrahl um N Perioden in die Zukunft verschoben, das heißt der Barwert wird über N Perioden zum Zinssatz r aufgezinst.

Endwert einer Annuität

$$ZW(\text{Annuität}) = BW \times (1+r)^N \tag{4.10}$$

$$= \frac{C}{r}\left(1 - \frac{1}{(1+r)^N}\right) \times (1+r)^N$$

$$= C \times \frac{1}{r}\left((1+r)^N - 1\right)$$

Diese Formel ist hilfreich, wenn bestimmt werden soll, wie ein Sparkonto im Laufe der Zeit wachsen wird. Im Folgenden soll dieses Ergebnis nun auf die Bewertung eines Rentensparplans angewendet werden.

Beispiel 4.9:   Annuität aus einem Rentensparplan

Fragestellung

Ellen ist 35 Jahre alt und hat entschieden, dass es jetzt an der Zeit ist, ernsthaft für das Alter vorzusorgen. Bis sie 65 ist, will sie am Ende jeden Jahres EUR 10.000 auf ein Rentenkonto einzahlen. Welchen Betrag hat Ellen angespart, wenn sie 65 ist, wenn das Konto eine Rendite von 10 % pro Jahr erzielt?

Lösung

Wie immer beginnen wir auch hier mit einem Zeitstrahl. In diesem Fall ist es hilfreich, sowohl die Zeitpunkte als auch Ellens Alter zu berücksichtigen:

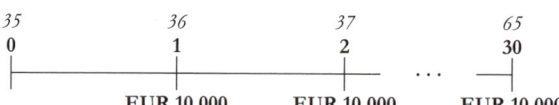

Ellens Sparplan sieht wie eine Annuität von EUR 10.000 pro Jahr über 30 Jahre aus. (*Hinweis:* Wenn man statt auf die Zeitpunkte und das Alter nur auf das Alter schaut, wird man leicht verwirrt. Ein häufiger Fehler ist zu glauben, dass es nur 65 − 36 = 29 Zahlungen sind. Wenn man sowohl die Zeitpunkte als auch das Alter aufschreibt, lässt sich dieses Problem vermeiden.)

Um den Betrag zu bestimmen, den Ellen im Alter von 65 Jahren auf dem Konto haben wird, berechnen wir den Endwert dieser Annuität:

$$ZW = \text{EUR } 10.000 \times \frac{1}{0{,}10}(1{,}10^{30} - 1)$$

$$= \text{EUR } 10.000 \times 164{,}49$$

$$= \text{EUR } 1{,}645 \text{ Millionen im Alter von 65}$$

Geometrisch wachsende Cashflows

Bis hierher wurden nur Zahlungsströme berücksichtigt, die in jeder Periode den gleichen Cashflow aufweisen. Wird jedoch stattdessen davon ausgegangen, dass die Cashflows in jeder Periode mit einer konstanten Wachstumsrate zunehmen, kann auch eine einfache Formel für den Barwert des zukünftigen Zahlungsstroms abgeleitet werden.

Geometrisch wachsende ewige Rente. Eine **geometrisch wachsende ewige Rente** ist ein Strom von Zahlungen, die für immer in regelmäßigen Abständen auftreten und mit einer konstanten Rate wachsen. So weist beispielsweise eine wachsende ewige Rente mit einer Anfangszahlung von EUR 100, die um eine Rate von 3 % steigt, den folgenden Zeitstrahl auf:

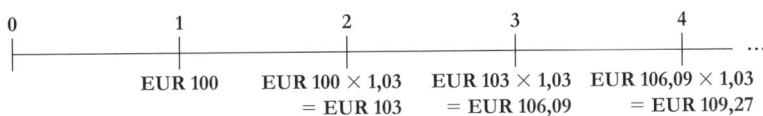

Eine wachsende ewige Rente weist gewöhnlich mit einer ersten Zahlung C und einer Wachstumsrate g die folgende Reihe von Zahlungsströmen auf:

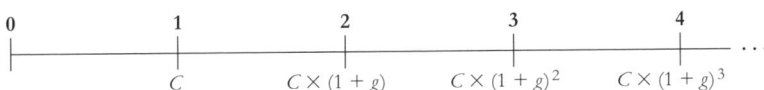

Wie im Fall der ewigen Rente mit gleichmäßigen Cashflows legen wir auch hier fest, dass die erste Zahlung zum Zeitpunkt 1 erfolgt. Hierbei ist auch eine zweite wichtige Festlegung zu berücksichtigen: *Die erste Zahlung wächst nicht, das heißt* die erste Zahlung ist gleich C, obwohl sie erst in einer Periode erfolgt. Es gilt, dass der Cashflow in Periode n nur $n - 1$ Wachstumsperioden durchläuft. Durch Einsetzen der Cashflows aus dem oben stehenden Zeitstrahl in die allgemeine Formel für den Barwert eines Zahlungsstroms erhalten wir:

$$BW = \frac{C}{(1+r)} + \frac{C(1+g)}{(1+r)^2} + \frac{C(1+g)^2}{(1+r)^3} + \ldots = \sum_{n=1}^{\infty} \frac{C(1+g)^{n-1}}{(1+r)^n}$$

Gilt $g \geq r$, wachsen die Cashflows noch schneller, als sie diskontiert werden: Jeder Term in der Summe wird größer statt kleiner. In diesem Fall ist die Summe unendlich. Was bedeutet ein unendlicher Barwert? An dieser Stelle sei daran erinnert, dass der Barwert die Kosten der eigenen Schaffung der Cashflows darstellt. Ein unendlicher Barwert bedeutet, dass es unabhängig davon, mit wie viel Geld man beginnt, *unmöglich* ist, *auf ewig* eine Wachstumsrate g beizubehalten und diese Cashflows selbst nachzubilden. Geometrisch wachsende ewige Renten dieser Art können in der Praxis nicht gegeben sein, da niemand bereit wäre, eine solche zu einem endlichen Preis anzubieten. Ein Versprechen, einen Betrag zu zahlen, der immer schneller wächst als der Zinssatz, würde wahrscheinlich nicht eingehalten oder von einem klugen Käufer geglaubt werden.

Die einzigen umsetzbaren geometrisch wachsenden ewigen Renten sind diejenigen, bei denen die geometrische Wachstumsrate geringer als der Zinssatz ist, sodass jeder nachfolgende Term in der Summe niedriger als der vorherige Term und die Gesamtsumme endlich ist. Demzufolge nehmen wir an, dass bei einer geometrisch wachsenden ewigen Rente gilt $g < r$.

Zur Ableitung der Formel für den Barwert einer geometrisch wachsenden ewigen Rente wird die gleiche Logik wie für eine normale ewige Rente herangezogen: Es wird der Betrag berechnet, der heute eingezahlt werden müsste, um die ewige Rente selbst nachzubilden. Im Fall einer normalen ewigen Rente wurde eine ewige konstante Zahlung geschaffen, indem die erzielten Zinsen in jedem Jahr abgehoben wurden und der Kapitalbetrag erneut investiert wurde. Um den Betrag zu erhöhen, der jedes Jahr abgehoben werden kann, muss der in jedem Jahr wieder angelegte Kapitalbetrag steigen. Deshalb wird weniger als der volle Betrag der in jeder Periode erzielten Zinsen abgehoben, um die verbleibenden Zinsen zur Erhöhung des Kapitalbetrags zu verwenden.

Betrachten wir dazu einen konkreten Fall: Sie wollen eine ewige Rente schaffen, die um 2 % jährlich wächst. Dazu legen Sie EUR 100 in ein Bankkonto an, auf das 5 % Zinsen gezahlt werden. Am Ende des ersten Jahres sind auf dem Konto EUR 105: die ursprünglichen EUR 100 plus EUR 5 Zinsen. Wenn nur EUR 3 abgehoben werden, können EUR 102 wieder angelegt werden, das sind 2 % mehr als der ursprüngliche Betrag. Dieser Betrag steigt dann im folgenden Jahr auf EUR 102 × 1,05 = EUR 107,10. Dann können EUR 3 × 1,02 = EUR 3,06 abgehoben werden, wonach ein Kapitalbetrag von EUR 107,10 − EUR 3,06 = EUR 104,04 verbleibt. Hierbei ist zu beachten, dass EUR 102 × 1,02 = EUR 104,04. Das heißt, sowohl der abgehobene Betrag als auch der reinvestierte Kapitalbetrag steigen in jedem Jahr um 2 %. Auf einem Zeitstrahl sehen diese Cashflows wie folgt aus:

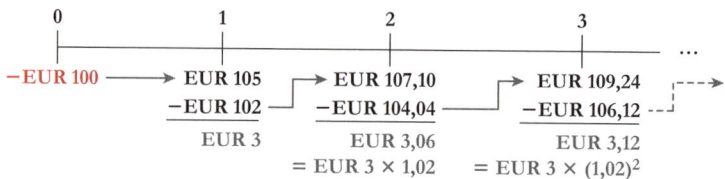

Durch die Einhaltung dieser Strategie wurde eine geometrisch wachsende ewige Rente geschaffen, die mit EUR 3 beginnt und pro Jahr um 2 % wächst. Diese geometrisch wachsende ewige Rente muss über einen EUR 100 entsprechenden Barwert verfügen.

Dieses Argument kann nun verallgemeinert werden. Im Fall einer ewigen Rente mit gleichen Zahlungen wird ein Betrag P bei der Bank eingezahlt und die Zinsen werden in jedem Jahr abgehoben. Da der Kapitalbetrag P immer auf der Bank bleibt, könnte dieses Muster auf ewig beibehalten werden. Soll der in jedem Jahr von der Bank abgehobene Betrag um g steigen, so muss auch der Kapitalbetrag auf der Bank um den gleichen Faktor g wachsen. Das heißt, anstelle der Wiederanlage von P im zweiten Jahr sollte $P(1 + g) = P + gP$ wieder angelegt werden. Um den Kapitalbetrag um gP zu erhöhen, kann nur $C = rP - gP = P(r - g)$ abgehoben werden. Durch Auflösen dieser Gleichung nach P, den auf das Konto eingezahlten Anfangsbetrag, erhalten wir den Barwert einer geometrisch wachsenden ewigen Rente mit dem anfänglichen Cashflow C:

Barwert einer geometrisch wachsenden ewigen Rente

$$BW(\text{geometrisch wachsende ewige Rente}) = \frac{C}{r - g} \tag{4.11}$$

Um ein intuitives Verständnis für die Formel für eine geometrisch wachsende ewige Rente zu entwickeln, beginnen wir mit der Formel für eine ewige Rente. Im Fall weiter oben musste ein ausreichender Geldbetrag bei der Bank eingezahlt werden, um sicherzustellen, dass die erzielten Zinsen den Cashflows der regelmäßigen ewigen Rente entsprechen. Im Fall einer geometrisch wachsenden ewigen Rente muss ein höherer Betrag bei der Bank eingezahlt werden, da auch das Wachstum der Cashflows finanziert werden muss. Aber wie viel mehr muss eingezahlt werden? Wenn die Bank Zinsen von 5 % zahlt, so kann, wenn sichergestellt werden soll, dass der Kapitalbetrag um 2 % pro Jahr steigt, nur die Differenz abgehoben werden, also 5 % − 2 % = 3 %. Somit ist der Barwert der ewigen Rente nicht mehr gleich dem ersten Cashflow geteilt durch den Zinssatz, sondern nunmehr ist es der erste Cashflow geteilt durch die *Differenz* zwischen dem Zinssatz und der Wachstumsrate.

Beispiel 4.10:   Schenkung einer geometrisch wachsenden ewigen Rente

Fragestellung

In ▶Beispiel 4.7 plante ein Absolvent, seiner Universität Geld für die Finanzierung einer jährlich stattfindenden MBA-Abschlussfeier in Höhe von EUR 30.000 zu spenden. Bei einem Zinssatz von 8 % pro Jahr entsprach die erforderliche Spende dem Barwert von

$$BW = \text{EUR } 30.000 : 0,08 = \text{EUR } 375.000 \text{ heute}$$

Bevor der Verband der MBA-Studenten die Spende angenommen hat, bat er den Spender, die Spende so zu erhöhen, dass die Auswirkungen der Inflation auf die Kosten der Feier in zukünftigen Jahren berücksichtigt werden. Auch wenn der Betrag von EUR 30.000 für die Feier im nächsten Jahr ausreichend ist, werden nach den Schätzungen der Studenten die Kosten für die Feier danach um 4 % pro Jahr steigen. Wie viel müsste heute gespendet werden, um dieser Bitte nachzukommen?

Lösung

Die Kosten für die Feier im nächsten Jahr betragen EUR 30.000, danach steigen die Kosten pro Jahr für immer um 4 %. Aus dem Zeitstrahl erkennen wir die Form einer geometrisch wachsenden ewigen Rente. Zur Finanzierung der wachsenden Kosten muss der heutige Barwert von

$$BW = \text{EUR } 30.000 : (0,08 - 0,04) = \text{EUR } 750.000 \text{ heute}$$

zur Verfügung gestellt werden. Der Spender muss somit die Höhe seiner Spende verdoppeln!

Geometrisch wachsende Annuität. Eine **geometrisch wachsende Annuität** ist ein Strom von N in regelmäßigen Abständen gezahlten, geometrisch wachsenden Cashflows. Es handelt sich um eine geometrisch wachsende Rente, die schließlich doch endet. Auf dem folgenden Zeitstrahl wird eine geometrisch wachsende Annuität mit einem anfänglichen Cashflow C, der in jeder Periode bis zur Periode N mit der Wachstumsrate g wächst, dargestellt:

Die weiter oben angewendeten Grundsätze treffen noch immer zu:

1. Der erste Cashflow entsteht zum Ende der ersten Periode und

2. der erste Cashflow nimmt nicht zu.

Damit spiegelt der letzte Cashflow nur $N - 1$ Wachstumsperioden wider.

Der Barwert einer über N Perioden geometrisch wachsenden Annuität mit dem anfänglichen Cashflow C, der Wachstumsrate g und dem Zinssatz r ist durch die folgende Gleichung gegeben:

Barwert einer geometrisch wachsenden Annuität

$$BW = C \times \frac{1}{r - g} \left(1 - \left(\frac{1 + g}{1 + r} \right)^N \right) \qquad (4.12)$$

Da die Annuität nur eine endliche Anzahl von Termen hat, funktioniert ▶Gleichung 4.12 auch, wenn $g > r$.[4] Das Verfahren zur Ableitung dieses einfachen Ausdrucks des Barwerts einer geometrisch wachsenden Annuität ist gleich dem Verfahren für eine normale Annuität.

---

4 ▶Gleichung 4.11 funktioniert nicht bei $g = r$, aber in diesem Fall heben sich Wachstum und Diskontierung auf und der Barwert entspricht dem Erhalt aller Cashflows zu Termin 1: $BW = C \times N : (1 + r)$.

Beispiel 4.11:   **Vorsorgesparen mit einer geometrisch wachsenden Annuität**

Fragestellung

In ▶Beispiel 4.9 wollte Ellen pro Jahr EUR 10.000 für ihre Rente sparen. Obwohl EUR 10.000 der Höchstbetrag ist, den sie im ersten Jahr sparen kann, erwartet sie, dass ihr Gehalt jedes Jahr steigt, sodass sie ihre Sparbeträge um 5 % pro Jahr erhöhen kann. Wie viel wird Ellen bei diesem Plan gespart haben, wenn sie 65 Jahre alt ist, wenn sie Zinsen von 10 % pro Jahr auf ihre Ersparnisse erzielt?

Lösung

Ihr neuer Sparplan wird durch den folgenden Zeitstrahl dargestellt:

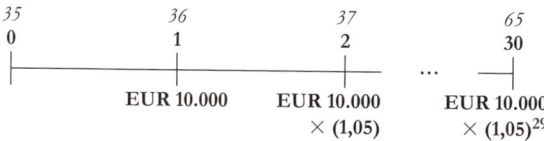

Dieses Beispiel beinhaltet eine geometrisch wachsende Annuität über 30 Jahre mit einer Steigerungsrate von 5 % und einem anfänglichen Cashflow von EUR 10.000. Der Barwert dieser geometrisch wachsenden Annuität ist gegeben durch:

$$BW = EUR\ 10.000 \times \frac{1}{0,10-0,05}\left(1-\left(\frac{1,05}{1,10}\right)^{30}\right)$$

$$= EUR\ 10.000 \times 15,0463$$

$$= EUR\ 150.463\ \text{heute}$$

Der von Ellen vorgesehene Sparplan entspricht einem *heutigen* Betrag von EUR 150.463 auf der Bank. Um den Betrag zu bestimmen, über den sie im Alter von 65 Jahren verfügen wird, müssen wir diesen Betrag um 30 Jahre in die Zukunft verschieben:

$$EW = EUR\ 150.463 \times 1,10^{30}$$

$$= EUR\ 2,625\ \text{Millionen in 30 Jahren}$$

Im Alter von 65 Jahren wird Ellen mithilfe des neuen Sparplans EUR 2,625 Millionen gespart haben. Diese Summe ist beinahe EUR 1 Million höher als die Summe, die sie ohne die zusätzliche jährliche Steigerung der Sparbeträge erzielt hätte.

Die Formel für die geometrisch wachsende Annuität umfasst alle anderen Formeln in diesem Abschnitt. Um aufzuzeigen, wie die anderen Formeln aus dieser hergeleitet werden, betrachten wir zunächst eine geometrisch wachsende ewige Rente. Es handelt sich um eine geometrisch wachsende Annuität mit $N = \infty$. Wenn $g < r$, so gilt:

$$\frac{1+g}{1+r} < 1\ ,\ \text{daher}\ \left(\frac{1+g}{1+r}\right)^{N} \to 0\ ,\ \text{wenn}\ N \to \infty$$

Wenn gilt $N = \infty$, so lautet die Formel für eine geometrisch wachsende Annuität:

$$BW = \frac{C}{r-g}\left(1-\left(\frac{1+g}{1+r}\right)^{N}\right) = \frac{C}{r-g}(1-0) = \frac{C}{r-g}$$

Dies entspricht der Formel für eine geometrisch wachsende ewige Rente. Die Formeln für eine regelmäßige Annuität und eine entsprechende ewige Rente ergeben sich ebenfalls aus der Formel, wenn die Steigerungsrate $g = 0$. Wenn Sie daher die Formel für die ewig wachsende Annuität im Gedächtnis behalten, haben Sie alle Formeln!

Verständnisfragen

1. Wie wird der Barwert der folgenden Zahlungsströme berechnet?

   a. Ewige Rente

   b. Annuität

   c. Geometrisch wachsende ewige Rente

   d. Geometrisch wachsende Annuität

2. Inwieweit stehen die Formeln für den Barwert einer ewigen Rente, einer Annuität, einer geometrisch wachsenden ewigen Rente und einer geometrisch wachsenden Annuität in Beziehung?

4.6   Berechnung einer Annuität mithilfe eines Tabellenkalkulations- oder Finanzrechners

Tabellenkalkulationsprogramme wie Excel und die gewöhnlich verwendeten Finanzrechner haben eine Reihe von Funktionen, die die von Finanzexperten am häufigsten durchgeführten Berechnungen ausführen. In Excel heißen diese Funktionen *ZZR*, *ZINS*, *BW*, *RMZ* und *ZW*. Diese Funktionen beruhen auf dem Zeitstrahl einer Annuität:

Der zur Diskontierung dieser Cashflows verwendete Zinssatz wird mit *ZINS* bezeichnet. Damit gibt es insgesamt fünf Variablen: *ZZR*, *ZINS*, *BW*, *RMZ* und *ZW*. Bei jeder Funktion werden vier dieser Variablen als Eingangsgrößen verwendet. Mit diesen wird dann der Wert der fünften Variable ermittelt, der sicherstellt, dass der *KW* der Cashflows gleich null ist. Die Funktionen lösen somit die Aufgabe:

$$KW = BW + RMZ \times \frac{1}{ZINS}\left(1 - \frac{1}{(1 + ZINS)^{ZZR}}\right) + \frac{ZW}{(1 + ZINS)^{ZZR}} = 0 \qquad (4.13)$$

Der Barwert der Annuitätszahlungen *RMZ* plus Barwert der Abschlusszahlung *ZW* plus Anfangsbetrag *BW* besitzt einen *KW* von null. Im Folgenden sollen einige Beispiele dazu betrachtet werden.

Beispiel 4.12:   Die Berechnung des Endwertes in Excel

Fragestellung

Sie wollen EUR 20.000 auf einem Konto anlegen, auf das 8 % Zinsen gezahlt werden. Welcher Betrag ist nach 15 Jahren auf dem Konto?

Lösung

Zunächst wird dieses Problem auf dem folgenden Zeitstrahl dargestellt:

$$BW = -\text{EUR } 20{,}000 \qquad RMZ = \text{EUR } 0 \qquad \text{EUR } 0 \qquad ZW = ?$$

Zur Berechnung der Lösung werden die vier bekannten Variablen eingegeben (ZZR = 15, $ZINS$ = 8 %, BW = −20.000, RMZ = 0). Mithilfe der Excel-Funktion $ZW(ZINS; ZZR; RMZ; BW)$ wird nach der zu bestimmenden Variablen (ZW) aufgelöst. In diesem Fall berechnet die Tabellenkalkulation einen Endwert von EUR 63.443.

	ZZR	ZINS	BW	RMZ	ZW	Excel-Formel
Gegeben	15	8,00 %	−20.000	0		
Auflösen nach ZW					63.443	=ZW(0,08;15;0;−20000)

Hierbei ist zu beachten, dass BW als negative Zahl (der Betrag, der auf das Konto *eingezahlt* wurde) eingegeben wird, während ZW als positive Zahl (der Betrag, der vom Konto *abgehoben* werden kann) angegeben wird. Die korrekte Verwendung der Vorzeichen ist bei der Verwendung der Tabellenkalkulationsfunktionen wichtig, um die Richtung anzugeben, in die das Geld fließt.

Zur Prüfung des Ergebnisses kann die Aufgabe auch direkt gelöst werden:

$$ZW = \text{EUR } 20.000 \times 1{,}08^{15} = \text{EUR } 63.443$$

Die Excel-Tabellenkalkulation aus ▶Beispiel 4.12, die auch in der Zusammenfassung oder unter *www.berk-demarzo.com* verfügbar ist, wurde so angelegt, dass jede der fünf Variablen berechnet werden kann. Diese Tabellenkalkulation wird auch als **Annuitätentabelle** bezeichnet. Dazu werden die vier einzugebenden Variablen in der obersten Zeile eingefügt und die Stelle für die zu berechnende Variable wird leer gelassen. Die Tabellenkalkulation berechnet daraufhin die fünfte Variable und zeigt die Antwort in der untersten Zeile an. Überdies zeigt die Tabellenkalkulation auch die Excel-Funktion an, die zur Bestimmung der Lösung verwendet wird. Im Folgenden soll ein komplexeres Beispiel betrachtet werden, das verdeutlicht, wie praktisch die Annuitätentabelle ist.

Beispiel 4.13:   Die Verwendung der Annuitätenfunktion in der Tabellenkalkulation

Fragestellung

Sie wollen EUR 20.000 auf ein Konto anlegen, auf das 8 % Zinsen gezahlt werden. 15 Jahre lang wollen Sie am Ende jeden Jahres jeweils EUR 2.000 abheben. Welcher Betrag ist nach 15 Jahren noch auf dem Konto?

Lösung

Auch hier beginnen wir mit dem Zeitstrahl, der die anfängliche Einzahlung und die späteren Abhebungen wiedergibt:

$$
\begin{array}{ccccc}
0 & 1 & 2 & & ZZR = 15 \\
\vdash & \dashv & \dashv & \cdots & \dashv \\
\end{array}
$$

$BW = -$ EUR 20.000 $RMZ =$ EUR 2.000   EUR 2.000   EUR 2.000 $+ ZW = $?

Der Zeitstrahl gibt an, dass die Abhebungen eine Annuitätszahlung bilden, die der Anleger aus dem Bankkonto erhält. Hier ist zu beachten, dass BW negativ ist (Geld wird auf das Konto *eingezahlt*), während RMZ positiv ist (Geld wird von dem Konto *abgehoben*). Danach wird mithilfe der Annuitätentabelle nach dem Endsaldo auf dem Konto, ZW, aufgelöst:

	ZZR	ZINS	BW	RMZ	ZW	Excel-Formel
Gegeben	15	8,00 %	−20.000	2.000		
Auflösen nach ZW					9.139	=ZW(0,08;15;2000;−20000)

Nach 15 Jahren befinden sich noch EUR 9.139 auf dem Konto.

Diese Lösung kann auch direkt berechnet werden. Ein Ansatz dazu besteht darin, die Einzahlung und die Abhebungen als separate Konten zu betrachten. Auf dem Konto mit der Einlage von EUR 20.000 wachsen die Ersparnisse in 15 Jahren wie in ▶Beispiel 4.12 berechnet auf EUR 63.443. Unter Verwendung der Formel für den Endwert der Annuität wachsen die Schulden, wenn über 15 Jahre zu 8 % EUR 2.000 pro Jahr aufgenommen werden, auf:

$$
\text{EUR } 2.000 \times \frac{1}{0,08}(1,08^{15} - 1) = \text{EUR } 54.304
$$

Nach Abzahlung der Schulden verfügt der Anleger nach 15 Jahren über EUR 63.443 − EUR 54.304 = EUR 9.139.

Zur Ausführung der gleichen Berechnungen kann auch ein tragbarer elektronischer Finanzrechner verwendet werden. Diese Rechner sind in ihrer Funktion der Tabellenkalkulation sehr ähnlich. Dazu werden jeweils vier der fünf Variablen eingegeben und der Rechner berechnet dann die fünfte Variable.

Verständnisfragen

1. Welche Instrumente können zur Vereinfachung der Berechnung der Barwerte verwendet werden?

2. Wie ist die Vorgehensweise bei der Verwendung der Annuitätenfunktion in der Tabellenkalkulation?

4.7 Unterjährige Cashflows

Bisher haben wir nur in regelmäßigen Zeitabständen auftretende Zahlungsströme betrachtet. Können dieselben Rechenverfahren verwendet werden, wenn die Cashflows beispielsweise monatlich gegeben sind? Die Antwort lautet „ja", denn alles, was wir bis jetzt über jährliche Zahlungsströme gelernt haben, gilt auch für monatliche Zahlungsströme, falls

1. der Zinssatz als monatlicher Zinssatz angegeben ist,

2. die Anzahl der Zeiträume in Monaten ausgedrückt ist.

Angenommen Sie haben eine Kreditkarte, die monatlich 2 % Zinsen bezahlt. Wenn Sie auf Ihrer Kreditkarte heute ein Guthaben von EUR 1.000 haben und sechs Monate lang keine Zahlungen ausführen, haben Sie in einem Jahr ein Guthaben von

$$ZW = C \times (1+r)^n = \text{EUR } 1.000 \times (1,02)^6 = \text{EUR } 1.126,16$$

Wir wenden die Formel für den Endwert genau wie in den vorherigen Beispielen an, wobei jedoch r dem *Monatszinssatz* und n der Anzahl der *Monate* entspricht.

Wie im folgenden Beispiel gezeigt wird, gilt dieselbe Logik auch für Annuitäten.

Beispiel 4.14: Bewertung einer Annuität mit monatlichen Zahlungsströmen

Fragestellung

Sie möchten sich ein neues Auto kaufen und haben zwei Möglichkeiten der Bezahlung. Sie können entweder sofort bar EUR 20.000 zahlen oder einen Kredit aufnehmen, den Sie die nächsten 48 Monate (vier Jahre) mit EUR 500 monatlich tilgen müssen. Für welche Möglichkeit sollten Sie sich entscheiden, wenn der monatliche Zinssatz, den Sie für Ihre Barmittel erhalten, 0,5 % beträgt?

Lösung

Wir beginnen mit einem Zeitstrahl der Tilgungszahlungen des Kredits:

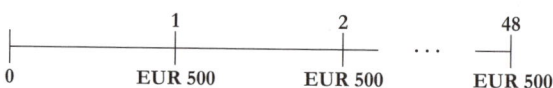

Der Zeitstrahl zeigt, dass der Kredit eine Annuität mit 48 Perioden ist. Aus der Annuitätenformel ergibt sich der Barwert

$$BW(\text{48 Perioden Annuität zu je EUR 500}) = \text{EUR } 500 \times \frac{1}{0,005}\left(1 - \frac{1}{1,005^{48}}\right)$$

$$= \text{EUR } 21.290$$

Alternativ können wir zur Lösung dieser Aufgabe auch die Annuitätentabelle verwenden:

	ZZR	ZINS	BW	RMZ	ZW	Excel-Formel
Gegeben	48	0,50 %		500	0	
Auflösen nach BW			−21.290		9.139	=BW(0,005;48;500;0)

Der Aufnahme des Kredits entspricht daher der Zahlung von EUR 21.290 heute und kostet mehr als bar zu zahlen. Sie sollten das Auto bar bezahlen.

Verständnisfragen

1. Hängen die Formeln für die Barwerte und Endwerte von den Zahlungsströmen ab, die in jährlichen Zeitabständen auftreten?

2. Welchen Zinssatz müssen Sie bei unterjährigen Zahlungsströmen verwenden? Wie viele Perioden müssen Sie einsetzen?

4.8 Auflösen nach den Barzahlungen

Bis jetzt haben wir den Barwert oder Endwert eines Zahlungsstroms berechnet. Manchmal allerdings kennen wir den Barwert oder Endwert, jedoch nicht die Cashflows. Das beste Beispiel ist ein Darlehen: Sie wissen zwar wie viel Sie aufnehmen wollen (der Barwert) und Sie kennen den Zinssatz, wissen jedoch nicht, wie viel Sie jedes Jahr zurückzahlen müssen. Nehmen wir an, Sie gründen eine Firma und dazu benötigen Sie eine anfängliche Investition von EUR 100.000. Der Manager der Bank hat zugestimmt, Ihnen einen Kredit in Höhe dieses Betrags zu gewähren. Laut Konditionen dieses Kredits zahlen Sie die nächsten 10 Jahre jedes Jahr einen gleich hohen Betrag bei einem Zinssatz von 8 % für die erste Zahlung, die heute in einem Jahr fällig ist. Wie hoch ist Ihre jährliche Zahlung?

Aus der Sicht der Bank sieht der Zeitstrahl wie folgt aus:

Die Bank gibt Ihnen EUR 100.000 heute gegen 10 gleich hohe Zahlungen in den nächsten 10 Jahren. Sie müssen den Betrag der Zahlung C ermitteln, den die Bank benötigt. Damit die Bank bereit ist, Ihnen EUR 100.000 zu leihen, müssen die Tilgungszahlungen einen Barwert von EUR 100.000 haben, wenn sie mit dem Zinssatz der Bank in Höhe von 8 % bewertet werden.

$$100.000 = BW(\text{Annuität mit Laufzeit 10 Jahre von } C \text{ pro Jahr, bewertet zum Kreditzins})$$

Die Verwendung der Formel für den Barwert einer Annuität

$$100.000 = C \times \frac{1}{0,08}\left(1 - \frac{1}{1,08^{10}}\right) = C \times 6,71$$

und Auflösung dieser Gleichung nach C ergibt

$$C = \frac{100.000}{6,71} = \text{EUR } 14.903$$

Für den Erhalt von EUR 100.000 heute müssen Sie 10-jährliche Zahlungen in Höhe von EUR 14.903 leisten.

Wir können diese Rechenaufgabe auch anhand der Annuitätenfunktion lösen:

	ZZR	ZINS	BW	RMZ	ZW	Excel-Formel
Gegeben	10	8,00 %	100.000		0	
Auflösen nach RMZ				–14.903		=RMZ(0,08;10;100000;0)

Bei der Auflösung nach dem Darlehensbetrag kann man sich im Allgemeinen den aufgenommenen Betrag (Nennwert des Darlehens) als den Barwert der Zahlungen vorstellen, wenn sie nach dem Zinssatz des Darlehens bewertet werden. Wenn die Rückzahlungen des Darlehens eine Annuität sind, können wir nach dem Darlehensbetrag auflösen, indem wir die Annuitätenformel umkehren. Wird dieses Verfahren formell geschrieben, beginnen wir mit dem Zeitstrahl (aus der Perspektive der Bank) für ein Darlehen mit dem Darlehensbetrag P, für das N regelmäßige Zahlungen C und ein Zinssatz r erforderlich sind:

Durch Gleichsetzen des Barwerts der Zahlungen mit dem Darlehensbetrag erhalten wir:

$$P = BW(\text{Annuität } C \text{ über } N \text{ Perioden}) = C \times \frac{1}{r}\left(1 - \frac{1}{(1+r)^N}\right)$$

Durch Auflösen dieser Gleichung nach C erhalten wir die allgemeine Formel zur Rückzahlung des Darlehens in Bezug auf den ausstehenden Nennwert (Darlehenssumme) P, den Zinssatz r und die Anzahl der Zahlungen N:

Darlehensrückzahlung oder Annuität

$$C = \frac{P}{\frac{1}{r}\left(1 - \frac{1}{(1+r)^N}\right)} \tag{4.14}$$

Beachten Sie, dass bei einer ewigen Rente der Cashflow einfach durch $C = rP$ dargestellt wird. Wenn wir ▸Gleichung 4.14 umschreiben zu

$$C = \frac{rP}{\left(1 - \frac{1}{(1+r)^N}\right)}$$

erkennen wir, dass die Zahlung einer Annuität die Zahlung des entsprechenden Betrags einer gleichwertigen ewigen Rente immer übersteigt. Das macht auch Sinn, weil die Annuität schlussendlich endet.

Beispiel 4.15: Die Berechnung einer Annuität

Fragestellung
Ihre Biotechfirma plant, einen neuen DNA-Sequenzer für EUR 500.000 zu kaufen. Der Verkäufer fordert eine Anzahlung von 20 % des Kaufpreises, ist aber bereit den Restbetrag zu finanzieren und bietet ein Darlehen mit einer Laufzeit von 48 Monaten mit monatlichen Tilgungszahlungen und einem Zinssatz von 0,5 % pro Monat. Wie hoch ist die monatliche Rückzahlung?

Lösung
Bei einer Anzahlung von 20 % × EUR 500.000 = EUR 100.000 beläuft sich der Darlehensbetrag auf EUR 400.000. Wir beginnen mit dem Zeitstrahl (aus der Sicht des Verkäufers), wobei jede Periode einen Monat darstellt:

Mithilfe von ▶Gleichung 4.14 kann wie folgt nach der Darlehensrückzahlung C aufgelöst werden:

$$C = \frac{P}{\frac{1}{r}\left(1 - \frac{1}{(1+r)^N}\right)} = \frac{400.000}{\frac{1}{0,005}\left(1 - \frac{1}{(1,005)^{48}}\right)} = \text{EUR } 9.394$$

Mithilfe der Annuitätentabelle kann bestimmt werden:

	ZZR	ZINS	BW	RMZ	ZW	Excel-Formel
Gegeben	48	0,50 %	−400.000		0	
Auflösen nach RMZ				9.394		=RMZ(0,005;48;−400000;0)

Ihre Firma muss zur Rückzahlung des Darlehens in jedem Monat EUR 9.394 zahlen.

Das gleiche Konzept kann auch zum Auflösen nach den Cashflows verwendet werden, wenn statt des Barwertes der Endwert bekannt ist.

Wir nehmen an, Sie hätten gerade eine Tochter bekommen. Sie beschließen daher, für die Zukunft vorzusorgen und beginnen in diesem Jahr, für die Hochschulausbildung Ihrer Tochter zu sparen. Sie möchten bis zum 18. Geburtstag Ihrer Tochter einen Betrag von EUR 60.000 gespart haben. Welchen Betrag müssen Sie in jedem Jahr ansparen, um dieses Ziel zu erreichen, wenn Sie 7 % Zinsen auf die Sparbeträge erzielen können?

Der Zeitstrahl für dieses Beispiel sieht wie folgt aus:

Sie möchten pro Jahr einen bestimmten Betrag C sparen und dann in 18 Jahren EUR 60.000 von dem Konto abheben. Deshalb muss die Annuität bestimmt werden, die in 18 Jahren einen Endwert von EUR 60.000 hat. Mithilfe der Formel für den Endwert einer Annuität aus ▶Gleichung 4.10 bestimmen wir:

$$60.000 = ZW(\text{Annuität}) = C \times \frac{1}{0,07}(1,07^{18} - 1) = C \times 34$$

Deshalb gilt: $C = \dfrac{60.000}{34} = \text{EUR } 1.765$

Sie müssen also einen Betrag von EUR 1.765 pro Jahr sparen. Erfolgt dies, so wachsen die Ersparnisse bei einem Zinssatz von 7 % bis zum 18. Geburtstag des Kindes auf EUR 60.000 an.

Im Folgenden soll diese Aufgabe mithilfe der Annuitätenformel gelöst werden:

	ZZR	ZINS	BW	RMZ	ZW	Excel-Formel
Gegeben	18	7,00 %	0		60.000	
Auflösen nach RMZ				−1.765		=RMZ(0,07;18;0;60000)

Auch hier zeigt das Ergebnis, dass über 18 Jahre EUR 1.765 gespart werden müssen, um einen Betrag von EUR 60.000 zu erzielen.

4.9 Der interne Zinsfuß

In einigen Situationen kennen Sie den Barwert und die Cashflows einer Anlagemöglichkeit, jedoch nicht den Zinssatz, zu dem diese gleichgesetzt werden. Dieser Zinssatz wird als **interner Zinsfuß** *(IZF)* bezeichnet und als der Zinssatz definiert, zu dem der Kapitalwert der Cashflows gleich null gesetzt wird.

Nehmen wir beispielsweise eine Anlagemöglichkeit an, die heute eine Investition von EUR 1.000 erfordert und in sechs Jahren einen Erlös von EUR 2.000 erzielt. Auf dem Zeitstrahl entspricht dies:

Eine Möglichkeit zur Analyse dieser Investition besteht in der Beantwortung der folgenden Frage: Welcher Zinssatz r wäre notwendig, damit der KW dieser Investition gleich null ist?

$$KW = -1.000 + \frac{2.000}{(1+r)^6} = 0$$

Durch Umstellen erhalten wir:

$$1.000 \times (1+r)^6 = 2.000$$

Das heißt: r ist der Zinssatz, der auf die EUR 1.000 erzielt werden müsste, um in sechs Jahren einen Endwert von EUR 2.000 zu erzielen. Nun kann wie folgt nach r aufgelöst werden:

$$1 + r = \left(\frac{2.000}{1.000}\right)^{\frac{1}{6}} = 1,1225$$

oder $r = 12,25\ \%$. Dieser Zinssatz ist der *IZF* dieser Anlagemöglichkeit. Die Investition entspricht dem Erzielen eines Zinssatzes von 12,25 % pro Jahr auf den investierten Geldbetrag über einen Zeitraum von sechs Jahren.

Gibt es wie im oben stehenden Beispiel nur zwei Cashflows, kann der *IZF* leicht bestimmt werden. Dazu soll der allgemeine Fall betrachtet werden, in dem heute ein Betrag P investiert und in N Jahren ZW erzielt wird. Dann erfüllt der *IZF* die Gleichung

$$P \times (1 + IZF)^N = ZW \text{ und das bedeutet}$$

$$IZF \text{ mit zwei Cashflows} = (ZW : P)^{1/N} - 1 \tag{4.15}$$

In der Formel ist zu beachten, dass die Gesamtrendite der Investition über N Jahre, $ZW : P$, genommen und durch Potenzieren mit $1/N$ in einen entsprechenden einjährigen Zinssatz umgewandelt wird. Der IZF ist auch einfach für eine ewige Rente zu berechnen, wie im nächsten Beispiel gezeigt wird.

Beispiel 4.16: Den IZF für eine ewige Rente berechnen

Fragestellung
Jessica hat gerade ihr Studium mit dem MBA abgeschlossen. Statt die angebotene Arbeitsstelle bei Baker, Bellingham and Botts, einer angesehenen Investmentbank, anzunehmen, hat sie sich dazu entschieden selbst eine Firma zu gründen. Sie meint hierzu eine anfängliche Investition von EUR 1 Million zu benötigen. Danach wird die Firma am Ende des ersten Jahres einen Cashflow von EUR 100.000 erzielen, und dieser Betrag wird in jedem darauf folgenden Jahr um 4 % steigen. Welchen IZF hat diese Anlagemöglichkeit?

Lösung
Der Zeitstrahl sieht folgendermaßen aus:

Der Zeitstrahl zeigt, dass die zukünftigen Cashflows eine geometrisch wachsende ewige Rente sind mit einer Wachstumsrate von 4 %. Aus ▶Gleichung 4.11 wissen wir, dass der Barwert einer geometrisch wachsenden ewigen Rente $C : (r - g)$ ist. Der KW dieser Investition wäre daher gleich null, falls

$$1.000.000 = \frac{100.000}{r - 0,04}$$

Wir können diese Gleichung nach r auflösen:

$$r = \frac{100.000}{1.000.000} + 0,04 = 0,14$$

Der IZF dieser Investition ist also 14 %.

Allgemein formuliert: Wenn wir P investieren und eine ewige Rente mit einem anfänglichen Cashflow C und einer Wachstumsrate g erhalten, können wir mit der Formel für die geometrisch wachsende ewige Rente den

$$IZF \text{ einer geometrisch wachsenden ewigen Rente} = (C : P) + g \qquad (4.16)$$

bestimmen.

Nun soll ein komplexeres Beispiel betrachtet werden: Ein Unternehmen muss einen neuen Gabelstapler kaufen. Der Verkäufer bietet dem Unternehmen zwei Möglichkeiten an:

1. einen Preis für den Gabelstapler, wenn er bar bezahlt wird, oder

2. jährliche Zahlungen, wenn ein Darlehen vom Händler aufgenommen wird.

Zur Bewertung des vom Händler angebotenen Darlehens müsste der Zinssatz für das Darlehen mit dem Zinssatz, den die Bank dem Unternehmen anbieten würde, verglichen werden. Wie wird der vom Händler berechnete Zinssatz nun auf der Grundlage der vom Händler angebotenen Darlehensrückzahlung berechnet?

In diesem Fall muss der IZF des Händlerdarlehens berechnet werden. Der Barpreis für den Gabelstapler beträgt EUR 40.000 und der Händler bietet einen Kredit ohne Anzahlung und mit vier jährlichen Rückzahlungen von je EUR 15.000. Der Kredit hat den folgenden Zeitstrahl:

0	1	2	3	4
EUR 40.000	−EUR 15.000	−EUR 15.000	−EUR 15.000	−EUR 15.000

Der Zeitstrahl zeigt, dass der Kredit eine Annuität mit einer Laufzeit von vier Jahren ist bei einer Rückzahlung von EUR 15.000 pro Jahr und einem Barwert von EUR 40.000. Für das Nullsetzen des *KW* der Cashflows muss der Barwert der Zahlungen gleich dem Kaufpreis sein:

$$40.000 = 15.000 \times \frac{1}{r}\left(1 - \frac{1}{(1+r)^4}\right)$$

Der Wert von *r*, mit dem diese Gleichung gelöst wird, der *IZF*, entspricht dem für den Kredit berechneten Zinssatz. Leider gibt es in diesem Fall keine einfache Möglichkeit zum Auflösen nach dem Zinssatz *r*.[5] Die einzige Möglichkeit zur Auflösung dieser Gleichung besteht in der Annahme von Werten für *r*, bis schließlich der richtige Wert gefunden wird.

An dieser Stelle beginnen wir mit der Annahme *r* = 10 %. In diesem Fall ist der Wert der Annuität gleich

$$15.000 \times \frac{1}{0,10}\left(1 - \frac{1}{1,10^4}\right) = 47.548$$

Damit ist der Barwert der Zahlungen zu hoch. Um diesen zu senken, muss ein höherer Zinssatz verwendet werden. Dieses Mal wird ein Zinssatz von 20 % angenommen:

$$15.000 \times \frac{1}{0,20}\left(1 - \frac{1}{1,20^4}\right) = 38.831$$

Jetzt ist der Barwert der Zahlungen zu niedrig. Also muss ein Zinssatz zwischen 10 % und 20 % genommen werden. Diese Annahmen werden fortgesetzt, bis der korrekte Zinssatz gefunden wird. Versuchen wir nun 18,45 %:

$$15.000 \times \frac{1}{0,1845}\left(1 - \frac{1}{1,1845^4}\right) = 40.000$$

Der vom Händler berechnete Zinssatz beträgt 18,45 %.

Die Verwendung einer Tabellenkalkulation oder eines Rechners zur Automatisierung dieses Verfahrens ist eine einfachere Lösung als das Erraten des *IZF* und die manuelle Berechnung von Werten. Bilden die Cashflows wie im vorliegenden Beispiel eine Annuität, kann die Annuitätenformel in Excel zur Berechnung des *IZF* verwendet werden. An dieser Stelle sei daran erinnert, dass die Annuitätenformel ▸Gleichung 4.13 löst. Die Tabelle stellt sicher, dass der *KW* der Investition in die Annuität gleich null ist. Ist die unbekannte Variable der Zinssatz, so wird nach dem Zinssatz aufgelöst, zu dem der *KW* gleich null ist, das heißt, nach dem *IZF*. In diesem Fall gilt:

	ZZR	ZINS	BW	RMZ	ZW	Excel-Formel
Gegeben	4		40.000	−15.000	0	
Auflösen nach ZINS		18,45 %				=ZINS(4;−15000;40000;0)

---

5 Bei fünf oder mehr Perioden und allgemeinen Cashflows gibt es *keine* allgemeine Formel zum Auflösen nach *r*. In diesem Fall bilden Versuch und Irrtum (manuelle Suche oder mittels Computer) die *einzige* Möglichkeit zur Berechnung des *IZF*.

Mithilfe der Annuitätentabelle wird der korrekte *IZF* von 18,45 % bestimmt.

Beispiel 4.17: Die Berechnung des internen Zinssatzes für eine Annuität

Fragestellung

Baker, Bellingham and Botts waren so beeindruckt von Jessica, dass die Bank beschlossen hat, ihre Firma zu finanzieren. Als Gegenleistung für eine Anfangsinvestition von EUR 1 Million vereinbart Jessica der Bank über die nächsten 30 Jahre jeweils zum Jahresende EUR 125.000 zu zahlen. Wie hoch ist unter der Annahme, dass Jessica ihren Verpflichtungen nachkommt, der interne Zinssatz für die Investition von Baker, Bellingham and Botts in ihr Unternehmen?

Lösung

Im Folgenden wird der Zeitstrahl (aus der Perspektive von Baker, Bellingham and Botts) dargestellt:

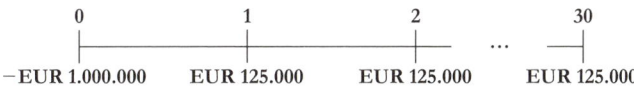

Der Zeitstrahl zeigt, dass die zukünftigen Cashflows eine Annuität mit einer Laufzeit von 30 Jahren bilden. Für das Nullsetzen des *KW* ist Folgendes erforderlich:

$$1.000.000 = 125.000 \times \frac{1}{r}\left(1 - \frac{1}{(1+r)^{30}}\right)$$

Unter Zuhilfenahme der Annuitätentabelle zum Auflösen nach *r* erhalten wir:

	ZZR	ZINS	BW	RMZ	ZW	Excel-Formel
Gegeben	30		−1.000.000	125.000	0	
Auflösen nach ZINS		12,09 %				=ZINS(30;125000;−1000000;0)

Der *IZF* auf diese Anlage beträgt 12,09 %. In diesem Fall kann der *IZF* von 12,09 % als Effektivzins des Darlehens interpretiert werden.

In diesem Kapitel wurden die Instrumente eingeführt, die ein Finanzmanager zur Anwendung der Kapitalwertregel verwenden muss, wenn Cashflows zu unterschiedlichen Zeitpunkten auftreten. Wie dargestellt wurde, ist der zur Abzinsung oder Aufzinsung der Cashflows verwendete Zinssatz eine wichtige Variable für sämtliche Berechnungen der Bar- oder Endwerte. Im gesamten Kapitel wurde der Zinssatz als gegeben angenommen. Was bestimmt aber den Zinssatz, der bei der Abzinsung von Cashflows verwendet werden sollte? Das Gesetz des einheitlichen Preises impliziert, dass wir uns zur Bewertung des Wertes von Cashflows über die Zeit auf Marktinformationen stützen müssen. In ▶Kapitel 5 werden die Faktoren, die Marktzinssätze beeinflussen, sowie die Berechnung dieser Marktzinssätze vorgestellt. Das Verständnis für die Regeln der Zinssatzberechnung ermöglicht uns auch eine Erweiterung der Anwendung der in diesem Kapitel vorgestellten Instrumente auf Situationen, in denen die Cashflows mehr als einmal pro Jahr erfolgen und Zinsen mehr als einmal pro Jahr auflaufen.

Verständnisfragen

1. Was ist der interne Zinsfuß?

2. In welchen zwei Fällen ist der interne Zinsfuß leicht zu berechnen?

Berechnungen mit Excel

Die IKV-Funktion von Excel

Mit der integrierten Funktion IKV von Excel kann der *IZF* eines Zahlungsstroms berechnet werden. Die IKV-Funktion hat das Format IKV(Werte,Schätzwert), wobei „Werte" die Spannbreite der Zahlungsströme umfasst und „Schätzwert" ein optional gewählter erster Zinssatz ist, mit dem Excel die Suche nach dem *IZF* beginnt. Unterbleibt die Angabe des optionalen „Schätzwertes" so startet Excel die Suche des *IZF* bei 10 %. Siehe auch folgendes Beispiel:

◢	A	B	C	D	E
1	Zeitraum	0	1	2	3
2	Cashflow C_t	-1000,0	300,0	400,0	500,0
3	IZF	8,9%	=IKV(B2:E2)		

Zur IKV-Funktion sind drei Punkte anzumerken: Erstens sollten die in die IKV-Funktion eingegebenen Werte alle Cashflows des Projekts enthalten, einschließlich des Werts zum Termin 0. In diesem Sinn sind die IKV- und NBW-Funktion in Excel widersprüchlich. Zweitens lässt die IKV-Funktion wie die NBW-Funktion die Periode, die leere Zellen enthält, außer Betracht. Wie wir in ▶Kapitel 7 erörtern werden, können schließlich einige Einstellungen der IKV-Funktion dazu führen, dass abhängig vom ersten geratenen Wert keine Lösung oder unterschiedliche Lösungen gefunden werden.

ZUSAMMENFASSUNG

4.1 Zeitstrahl

- Der Zeitstrahl ist ein wichtiger erster Schritt bei der Anordnung der Cashflows in einer finanziellen Aufgabe.

4.2 Drei goldene Regeln

- Es gibt drei goldene Regeln:
  - Nur Cashflows, die zum gleichen Zeitpunkt auftreten, können miteinander verglichen oder zusammengelegt werden.
  - Um einen Cashflow in die Zukunft zu verschieben, muss er aufgezinst werden.
  - Um einen zukünftigen Cashflow in die Gegenwart zu verschieben, muss er diskontiert werden.
- Der heutige Endwert eines Cashflows C in n Jahren ist gleich:

$$C \times (1+r)^n \qquad \text{(s. Gleichung 4.1)}$$

- Die Anzahl der Jahre bis sich der Wert einer Anlage verdoppelt ist ungefähr gleich 72 geteilt durch den erzielten Zinssatz.
- Der heutige Barwert eines in n Jahren erhaltenen Cashflows C ist gleich:

$$C : (1+r)^n \qquad \text{(s. Gleichung 4.2)}$$

4.3 Die Bewertung einer Zahlungsreihe

- Der Barwert eines Zahlungsstroms ist gleich:

$$BW = \sum_{n=0}^{N} \frac{C_n}{(1+r)^n} \qquad \text{(s. Gleichung 4.4)}$$

- Der Barwert entspricht dem Betrag, den Sie heute auf der Bank haben müssten, um den Zahlungsstrom nachbilden zu können.
- Der Endwert eines Zahlungsstroms mit einem Barwert BW zu Termin n ist gleich:

$$ZW_n = BW \times (1+r)^n \qquad \text{(s. Gleichung 4.5)}$$

4.4 Die Berechnung des Kapitalwerts

- Der KW einer Anlagemöglichkeit ist gleich BW (Einzahlungen – Auszahlungen). Der Kapitalwert ist der Nettoerlös einer Investition ausgedrückt als gleichwertiger Barbetrag heute.

4.5 Ewige Renten und endliche Renten

- Eine ewige Rente ist ein in jeder Periode für immer gezahlter, konstanter Cashflow. Der Barwert einer ewigen Rente ist gleich:

$$\frac{C}{r} \qquad \text{(s. Gleichung 4.7)}$$

■ Eine Annuität ist ein in jeder Periode über N Perioden gezahlter konstanter Cashflow C. Der Barwert einer Annuität ist gleich:

$$C \times \frac{1}{r} \left(1 - \frac{1}{(1+r)^N}\right) \qquad \text{(s. Gleichung 4.9)}$$

Der Endwert einer Annuität zum Ende der Laufzeit der Annuität ist gleich:

$$C \times \frac{1}{r} \left((1+r)^N - 1\right) \qquad \text{(s. Gleichung 4.10)}$$

■ Bei einer geometrisch wachsenden ewigen Rente oder Annuität wächst der Cashflow in jeder Periode um eine konstante Rate g. Der Barwert einer geometrisch wachsenden ewigen Rente ist gleich:

$$\frac{C}{r-g} \qquad \text{(s. Gleichung 4.11)}$$

Der Barwert einer geometrisch wachsenden Annuität ist gleich:

$$C \times \frac{1}{r-g} \left(1 - \left(\frac{1+g}{1+r}\right)^N\right) \qquad \text{(s. Gleichung 4.12)}$$

4.6 Berechnung einer Annuität mithilfe eines Tabellenkalkulations- oder Finanzrechners

■ Bar- und Endwerte können mit einem Tabellenkalkulationsprogramm leicht berechnet werden. Die meisten Programme haben integrierte Formeln für die Berechnung von Annuitäten.

4.7 Unterjährige Cashflows

■ Monatliche Zahlungsströme (oder jede andere Periodenlänge) können genauso bewertet werden wie jährliche Zahlungsströme, wenn Zinssatz und die Anzahl der Perioden monatlich ausgedrückt werden.

4.8 Auflösen nach den Barzahlungen

■ Mit den Formeln für die Annuität und die ewige Rente kann nach den Annuitätszahlungen C aufgelöst werden, wenn entweder der Barwert oder der Endwert bekannt ist. Die periodische Zahlung C eines N Perioden langen Darlehens mit dem Kapitalbetrag P und dem Zinssatz r ist

$$C = \frac{P}{\dfrac{1}{r}\left(1 - \dfrac{1}{(1+r)^N}\right)} \qquad \text{(s. Gleichung 4.14)}$$

4.9 Der interne Zinsfuß

■ Der interne Zinsfuß (*IZF*) einer Anlagemöglichkeit ist der Zinssatz, zu dem der *KW* der Anlagemöglichkeit gleich null gesetzt wird.

- Bei nur zwei Zahlungsströmen kann der *IZF* berechnet werden als

$$IZF \text{ mit zwei Cashflows} = (ZW : P)^{1/N} - 1 \qquad \text{(s. Gleichung 4.15)}$$

- Wenn die Cashflows eine geometrisch wachsende Rente mit einem anfänglichen Cashflow *C* mit einer Wachstumsrate *g* sind, kann der *IZF* berechnet werden als

$$IZF \text{ einer geometrisch wachsenden ewigen Rente} = (C : P) + g \quad \text{(s. Gleichung 4.16)}$$

Z U S A M M E N F A S S U N G

Weiterführende Literatur

Die **Literaturhinweise** zu diesem Kapitel finden Sie auf unserer begleitenden Website zum Buch unter *www.pearson-studium.de*.

Aufgaben

1. Sie haben gerade ein Darlehen mit einer Laufzeit von fünf Jahren bei einer Bank aufgenommen, um einen Verlobungsring zu kaufen. Der Ring kostet EUR 5.000. Sie planen EUR 1.000 selbst aufzubringen und EUR 4.000 als Darlehen aufzunehmen. Am Ende jeden Jahres müssen Sie Zahlungen in Höhe von EUR 1.000 leisten. Stellen Sie den Zeitstrahl für das Darlehen aus Ihrer Perspektive dar. Wie würde sich der Zeitstrahl davon unterscheiden, wenn er die Perspektive der Bank darstellt?

2. Berechnen Sie den Endwert von EUR 2.000

   a. in fünf Jahren bei einem Zinssatz von 5 % pro Jahr.

   b. in zehn Jahren bei einem Zinssatz von 5 % pro Jahr.

   c. in fünf Jahren bei einem Zinssatz von 10 % pro Jahr.

   d. Warum ist der in Aufgabe (a) erzielte Zinsbetrag kleiner als die Hälfte des in Aufgabe (b) erzielten Zinsbetrags?

3. Sie erhalten über die nächsten drei Jahre jeweils zum Ende des Jahres EUR 100.

   a. Wie gestaltet sich der Barwert dieser Cashflows bei einem Zinssatz von 8 %?

   b. Wie hoch ist der Endwert des von Ihnen in (a) berechneten Barwertes in drei Jahren?

   c. Es sei angenommen, Sie zahlen die Cashflows auf ein Bankkonto ein, auf das 8 % Zinsen pro Jahr gezahlt werden. Welchen Saldo weist das Konto zum Ende jedes der nächsten drei Jahre (nachdem Sie die Einzahlung vorgenommen haben) aus? Wie gestaltet sich der Abschlusssaldo des Kontos im Vergleich zur Antwort auf Frage (b)?

4. Ihnen ist eine einzigartige Anlagemöglichkeit angeboten worden. Wenn Sie heute EUR 10.000 investieren, erhalten Sie in einem Jahr EUR 500, in zwei Jahren EUR 1.500 und in zehn Jahren EUR 10.000.

   a. Wie hoch ist der Kapitalwert der Anlagemöglichkeit bei einem Zinssatz von 6 % pro Jahr? Sollten Sie dieses Angebot annehmen?

   b. Wie hoch ist der Kapitalwert der Anlagemöglichkeit bei einem Zinssatz von 2 % pro Jahr? Sollten Sie das Angebot jetzt annehmen?

Die **Antworten** zu diesen Fragen finden Sie auf unserer begleitenden Website zum Buch unter *www.pearson-studium.de*.

Anhang Kapitel 4: Auflösen nach der Anzahl der Perioden

Außer nach den Zahlungen oder dem Zinssatz kann auch danach aufgelöst werden, wie lange es dauert, bis ein Geldbetrag auf einen bekannten Wert angestiegen ist. In diesem Fall sind der Zinssatz, der Barwert und der Endwert bekannt. Wir müssen berechnen, wie lange es dauert, bis der Barwert den Betrag des Endwerts erreicht.

Angenommen wir legen EUR 10.000 auf ein Konto an, das 10 % Zinsen zahlt, und möchten wissen, wie lange es dauert, bis der Betrag auf EUR 20.000 steigt.

Wir möchten N bestimmen. Aus der Formel muss N so bestimmt werden, dass der Endwert unseres Anlagebetrags gleich EUR 20.000 ist.

$$EW = \text{EUR } 10.000 \times 1{,}10^{N} = \text{EUR } 20.000 \qquad (4A.1)$$

Ein Ansatz besteht darin, wie beim *IZF* so lange herumzuprobieren, bis N gefunden wird. Beispielsweise wird es bei $N = 7$ Jahre und $EW =$ EUR 19.487 länger als 7 Jahre dauern. Bei $N = 8$ Jahre und $EW =$ EUR 21.436 dauert es zwischen 7 und 8 Jahren. Diese Aufgabe kann auch mit einer Tabellenkalkulation gelöst werden. In diesem Fall lösen wir nach N auf:

	ZZR	ZINS	BW	RMZ	ZW	Excel-Formel
Gegeben		10,00 %	– 10.000	0	20.000	
Auflösen nach ZZR	7,27					=ZZR(0,10;0;–10000;20000)

Es dauert ungefähr 7,3 Jahre, bis der Anlagebetrag auf EUR 20.000 angestiegen ist. Schließlich kann diese Aufgabe auch rechnerisch gelöst werden. Durch Teilen beider Seiten der Gleichung 4A.1 durch EUR 10.000 erhalten wir

$$1{,}10^{N} = \frac{20.000}{10.000} = 2$$

Nach dem Exponenten wird aufgelöst, indem wir beide Seiten logarithmieren und $\ln(x^{y}) = y \ln(x)$ verwenden:

$$N \ln(1{,}10) = \ln(2)$$

$$N = \frac{\ln(2)}{\ln(1{,}10)} = \frac{0{,}6931}{0{,}0953} \approx 7{,}3 \text{ Jahre}$$

Beispiel 4A.1: Auflösen nach der Anzahl der Perioden in einem Sparplan

Fragestellung

Sie sparen für eine Anzahlung auf ein Haus. Sie haben bereits EUR 10.050 gespart und können es sich leisten, zusätzlich EUR 5.000 pro Jahr am Jahresende zu sparen. Wie lange dauert es, bis Sie EUR 60.000 angespart haben, wenn Sie im Jahr 7,25 % auf Ihr Sparguthaben erzielen.

Lösung

Der Zeitstrahl für diese Aufgabe sieht wie folgt aus:

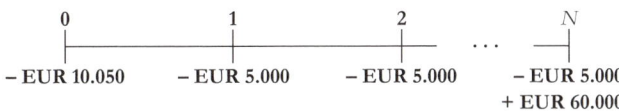

Nach N muss so aufgelöst werden, dass der Endwert des gegenwärtigen Sparguthabens zuzüglich des Endwerts des geplanten zusätzlichen Sparbetrags (der eine Annuität ist) gleich dem gewünschten Betrag ist:

$$10.050 \times 1{,}0725^N + 5.000 \times \frac{1}{0{,}0725}(1{,}0725^N - 1) = 60.000$$

Um rechnerisch auflösen zu können, wird die Gleichung wie folgt umgestellt:

$$1{,}0725^N = \frac{60.000 \times 0{,}0725 + 5.000}{10.050 \times 0{,}0725 + 5.000} = 1{,}632$$

Jetzt können wir nach N auflösen:

$$N = \frac{\ln(1{,}632)}{\ln(1{,}0725)} = 7{,}0 \text{ Jahre}$$

Das Sparen auf die Anzahlung dauert 7 Jahre. Diese Aufgabe kann auch mithilfe der Tabellenkalkulation gelöst werden:

	ZZR	ZINS	BW	RMZ	ZW	Excel-Formel
Gegeben		7,25 %	−10.050	− 5.000	60.000	
Auflösen nach ZZR	7,00					=ZZR(0,0725;−5000;−10050;60000)

Abkürzungen

- r_{eff} Effektiver Jahreszinssatz
- r Zinssatz oder Kalkulationszinssatz
- r_r realer Zinssatz
- r_{nom} nominaler Jahreszins
- r_n Zinssatz oder Kalkulationszinssatz für eine Laufzeit von n-Jahren
- BW Barwert
- ZW Endwert
- KW Kapitalwert
- C Cashflow
- C_n Cashflow, der in Periode n entsteht
- k Anzahl der unterjährigen Zinszahlungsperioden
- i Inflationsrate
- n Periodenanzahl
- τ Steuersatz
- e 2,71828...
- $\ln$ natürlicher Logarithmus
- r_{cc} stetig verzinster Kalkulationszinssatz
- g_{cc} stetig verzinste Wachstumsrate
- $\bar{C}_1$ im ersten Jahr durchschnittlich erhaltener Cashflow

Zinssätze

5

ÜBERBLICK

In ▶Kapitel 4 wurden die Mechanismen der Berechnung von Barwerten und Endwerten bei einem gegeben Marktzinssatz untersucht. Doch wie wird dieser Zinssatz ermittelt? In der Praxis werden Zinsen auf verschiedene Art gezahlt und Zinssätze auf unterschiedliche Art und Weise angegeben. Mitte 2012 bot die Metropolitan National Bank Sparkonten mit einem Zinssatz von 1,65 %, der am Ende jedes Jahres gezahlt wurde, während die AIG Bank einen Jahreszinssatz von nur 1,60 % bot, der jedoch täglich gezahlt wurde. Zinssätze können sich auch hinsichtlich des Anlagehorizontes unterscheiden. Im Juli 2012 erzielten Anleger auf risikolose US-amerikanische Treasury Bills mit einer Laufzeit von einem Jahr weniger als 0,25 %, während mit US-Staatsanleihen mit einer Laufzeit von zwanzig Jahren mehr als 2,3 % erzielt werden konnten. Und Zinssätze können sich hinsichtlich des Risikos oder steuerlicher Konsequenzen unterscheiden: Der amerikanische Staat kann Darlehen zu niedrigeren Zinssätzen aufnehmen als Johnson & Johnson, wobei dieses Unternehmen wiederum Darlehen zu niedrigeren Zinssätzen aufnehmen kann als American Airlines.

In diesem Kapitel werden diejenigen Faktoren, die Zinssätze beeinflussen, betrachtet. Es wird erörtert, wie der entsprechende Kalkulationszinssatz für eine Reihe von Cashflows bestimmt werden kann. Dazu wird betrachtet, wie Zinsen gezahlt und Zinssätze angegeben werden. Im nächsten Schritt wird aufgezeigt, wie der in einem Jahr gezahlte effektive Zinssatz bei unterschiedlich angegebenen Nominalzinssätzen berechnet wird. Anschließend werden die Hauptdeterminanten von Zinssätzen, nämlich Inflation und Maßnahmen des Staates, betrachtet. Da sich die Zinssätze tendenziell im Laufe der Zeit verändern, fordern Anleger auf der Grundlage ihrer Erwartungen für unterschiedliche Anlagehorizonte verschiedene Zinssätze. Am Ende dieses Kapitels wird die Rolle des Risikos bei der Bestimmung von Zinssätzen untersucht und es wird gezeigt, wie Zinssätze zur Bestimmung des nach Berücksichtigung der Steuern erhaltenen (oder gezahlten) effektiven Betrags angepasst werden.

5.1 Wie Zinssätze angegeben und angepasst werden

Zinssätze werden auf verschiedene Art angegeben. Während der Zinssatz in der Regel als Jahreszinssatz angegeben wird, können Zinszahlungen in unterschiedlichen Zeitabständen, beispielsweise monatlich oder halbjährlich, erfolgen. Bei der Bewertung von Cashflows muss allerdings ein *Kalkulationszinssatz*, der dem Zeitraum der Cashflows entspricht, verwendet werden. Dieser Kalkulationszinssatz sollte die tatsächliche Rendite widerspiegeln, die über diesen Zeitraum erzielt werden könnte. In diesem Kapitel werden die Mechanismen der Auslegung und Anpassung des Zinssatzes zur Bestimmung des richtigen Kalkulationszinssatzes untersucht.

Der effektive Jahreszinssatz

Oft werden Zinssätze als **effektiver Jahreszinssatz** (r_{eff}) angegeben. Dieser weist den tatsächlichen Zinsbetrag aus, der am Ende eines Jahres erzielt wird.[1] Der Zinssatz wird wie bisher in diesem Lehrbuch angegeben: In ▶Kapitel 4 wurde r_{eff} in den Berechnungen zum Zeitwert des Geldes als Kalkulationszinssatz r verwendet. So steigt beispielsweise eine Anlage von EUR 100.000 bei einem r_{eff} von 5 % in einem Jahr auf:

$$\text{EUR } 100.000 \times (1 + r) = \text{EUR } 100.000 \times (1{,}05) = \text{EUR } 105.000$$

Nach zwei Jahren steigt sie auf:

$$\text{EUR } 100.000 \times (1 + r)^2 = \text{EUR } 100.000 \times (1{,}05)^2 = \text{EUR } 110.250$$

Anpassung des Kalkulationszinssatzes an verschiedene Zeiträume. Das vorangegangene Beispiel zeigt, dass ein effektiver Jahreszinssatz von 5 % über zwei Jahre Gesamtzinsen von 10,25 % über den gesamten Zeitraum entspricht:

$$\text{EUR } 100.000 \times (1{,}05)^2 = \text{EUR } 100.000 \times 1{,}1025 = \text{EUR } 110.250$$

Allgemein gilt, dass durch entsprechendes Potenzieren des Zinsfaktors $(1 + r)$ ein äquivalenter Zinssatz über einen längeren Zeitraum berechnet werden kann.

---

1 Der effektive Jahreszinssatz (r_{eff}) wird häufig als jährliche Rendite oder jährlicher *Effektivzins* bezeichnet.

Das gleiche Verfahren kann zur Bestimmung des entsprechenden Zinssatzes für Zeiträume, die kürzer als ein Jahr sind, verwendet werden. In diesem Fall wird der Zinsfaktor $(1 + r)$ mit der entsprechenden rationalen Zahl (Bruchzahl) potenziert. So sind beispielsweise 5 % Zinsen in einem Jahr gleich dem Erhalt von

$$(1 + r)^{1/2} = (1{,}05)^{1/2} = \text{EUR } 1{,}0247$$

für jeden investierten Euro für ein halbes Jahr oder entsprechend für sechs Monate. Ein effektiver Jahreszinssatz von 5 % entspricht somit einem Zinssatz von ca. 2,47 % alle sechs Monate. Dieses Ergebnis kann durch die Berechnung der Zinsen überprüft werden, die durch eine Anlage zu diesem Zinssatz für einen Zeitraum von zweimal sechs Monaten erzielt werden würde:

$$(1 + r_{6Mo})^2 = (1{,}0247)^2 = \text{EUR } 1{,}05 = 1 + r_{1J}$$

Allgemeine Gleichung für die Periodenumwandlung beim Kalkulationszinssatz. Der Kalkulationszinssatz r kann für eine Periode mithilfe der folgenden Formel in einen äquivalenten Kalkulationszinssatz für n Perioden umgewandelt werden:

$$\text{Äquivalenter Kalkulationszinssatz über } n \text{ Perioden} = (1 + r)^n - 1 \tag{5.1}$$

In dieser Formel kann n (zur Berechnung eines Zinssatzes über mehr als eine Periode) größer als 1 oder (zur Berechnung eines Zinssatzes über einen Teil einer Periode) kleiner als 1 sein. Bei der Berechnung von Bar- und Endwerten ist es praktisch, den Zinssatz so anzupassen, dass er dem Zeitraum der Cashflows entspricht. Wie in ▶Beispiel 5.1 dargestellt, ist diese Anpassung für die Anwendung der Formel für ewige oder endliche Renten *notwendig*.

Beispiel 5.1: Die Bewertung monatlicher Cashflows

Fragestellung

Sie erhalten eine Gutschrift monatlicher Zinsen auf Ihr Bankkonto, wobei der Zinssatz als effektiver Jahreszinssatz (r_{eff}) mit 6 % angegeben wird. Welchen Zinsbetrag erzielen Sie monatlich? Welchen Betrag müssen Sie am Ende jedes Monats ansparen, wenn sich heute kein Geld auf dem Konto befindet und der Betrag in zehn Jahren auf EUR 100.000 zunehmen soll?

Lösung

Aus ▶Gleichung 5.1 wissen wir, dass ein r_{eff} von 6 % gleich $(1{,}06)^{1/12} - 1 = 0{,}4868$ % pro Monat ist. Der Zeitstrahl für unseren Sparplan kann nun wie folgt mithilfe von jeweils einen Monat umfassenden Perioden erstellt werden:

Der Sparplan kann als monatliche Annuität mit $10 \times 12 = 120$ monatlichen Zahlungen betrachtet werden. Der gesparte Gesamtbetrag kann dann mithilfe von ▶Gleichung 4.10 als Endwert dieser Annuität berechnet werden:

$$ZW(\text{Annuität}) = C \times \frac{1}{r} \left[(1+r)^n - 1 \right]$$

Dann kann mithilfe des äquivalenten monatlichen Zinssatzes $r = 0,4868\,\%$ und $n = 120$ Monaten nach der monatlichen Zahlung C aufgelöst werden:

$$C = \frac{ZW(\text{Annuit\ t})}{\frac{1}{r}\left[(1+r)^n - 1\right]} = \frac{\text{EUR } 100.000}{\frac{1}{0,004868}\left[(1,004868)^{120} - 1\right]} = \text{EUR } 615,47 \text{ pro Monat}$$

Dieses Ergebnis kann auch mit der Annuitätenfunktion berechnet werden:

	ZZR	ZINS	BW	RMZ	ZW	Excel-Formel
Gegeben	120	0,4868 %	0		100.000	
Auflösen nach RMZ				−615,47		=RMZ(0,004868;120;0;100000)

In zehn Jahren haben wir EUR 100.000, wenn EUR 615,47 pro Monat angespart und bei einem effektiven Jahreszinssatz von 6 % monatlich Zinsen erzielt werden.

Ein häufiger Fehler

Die Verwendung des falschen Abzinsungssatzes in der Annuitätenformel

Die Periode des Kalkulationszinssatzes muss der Periodizität der Cashflows in der Annuitätenformel entsprechen. Da die Cashflows in ▶Beispiel 5.1 monatlich auftreten, muss zuerst der r_{eff} in einen monatlichen Abzinsungssatz umgewandelt werden. In diesem Fall besteht ein häufiger Fehler darin, die Annuität als jährliche Annuität mit einer Laufzeit von zehn Jahren und einem dem r_{eff} von 6 % entsprechenden Abzinsungssatz zu behandeln. Dann erhalten wir

$$C = \frac{\text{EUR } 100.000}{\frac{1}{0,06}\left[(1,06)^{10} - 1\right]} = \text{EUR } 7.586,80$$

Dies entspricht dem Betrag, der pro Jahr, nicht pro Monat, angelegt werden müsste. Hierbei ist Folgendes zu beachten: Bei dem Versuch, dies durch die Division durch 12 in einen monatlichen Betrag umzuwandeln, erhalten wir EUR 7.586,80 : 12 = EUR 632,23. Dieser Betrag ist höher als der nach ▶Beispiel 5.1 benötigte. Der Grund, weshalb wir weniger sparen können, liegt darin, dass durch das Einzahlen des Betrags als monatlicher Betrag und nicht als Einmalbetrag am Ende jedes Jahres auf die Einzahlungen auch im Laufe des Jahres Zinsen erzielt werden.

Nominaler Jahreszins

Banken geben Zinssätze auch als **nominalen Jahreszins** (r_{nom}) an. Dieser bezeichnet den Betrag der in einem Jahr erzielten **einfachen Zinsen**, das heißt den Zinsbetrag, der *ohne* Zinseszinseffekt erzielt wird. Da hierbei der Zinseszinseffekt nicht berücksichtigt wird, ist die Angabe des nominalen Jahreszinses in der Regel niedriger als der tatsächlich erzielte Zinsbetrag. Zur Berechnung des tatsächlich in einem Jahr erzielten Betrags muss der nominale Jahreszinssatz zunächst in einen effektiven Jahreszinssatz umgewandelt werden.

Die Granite Bank bewirbt Sparkonten mit einem Zinssatz von 6 % r_{nom} mit monatlicher Zinszahlung. In diesem Fall erhalten Sie in jedem Monat 6 % : 12 = 0,5 %. Das heißt, der r_{nom} mit monatlicher Zinszahlung bietet tatsächlich eine Möglichkeit, einen *monatlichen* Zinssatz statt einen Jahreszinssatz anzugeben. Da die Zinsen in jedem Monat auflaufen, erzielen Sie am Ende eines Jahres:

$$\text{EUR } 1 \times (1,005)^{12} = \text{EUR } 1,061678$$

zu einem effektiven Jahreszinssatz von 6,1678 %. Die auf die Spareinlage erzielten 6,1678 % sind aufgrund des Zinseszinseffektes höher als der angegebene nominale Jahreszinssatz von 6 %: In späteren Monaten werden Zinsen auf die in den früheren Monaten gezahlten Zinsen erzielt (Zinseszinseffekt).

Hierbei muss beachtet werden, dass r_{nom} *an sich nicht als Kalkulationszinssatz verwendet* werden kann, da der nominale Jahreszinssatz die tatsächlich im Laufe eines Jahres erzielten Zinsen nicht widerspiegelt. Stattdessen ist der nominale Jahreszins mit k Zinszahlungsperioden eine Möglichkeit zur Angabe des in jeder Zinszahlungsperiode erzielten, tatsächlichen Zinssatzes:

$$\text{Zinssatz pro Zinszahlungsperiode} = \frac{r_{nom}}{k_{Perioden/Jahr}} \qquad (5.2)$$

Nachdem in ▶Gleichung 5.2 der pro Zinszahlungsperiode erzielte Zinssatz berechnet worden ist, kann durch Aufzinsung mithilfe der ▶Gleichung 5.1 der effektive Jahreszinssatz berechnet werden. Somit wird der einem nominalen Jahreszinssatz mit k Zinszahlungsperioden pro Jahr entsprechende effektive Jahreszinssatz durch die folgende Umrechnungsformel gegeben:

Umwandlung eines nominalen Jahreszinssatzes in einen effektiven Jahreszinssatz

$$1 + r_{eff} = \left(1 + \frac{r_{nom}}{k}\right)^k \qquad (5.3)$$

In ▶Tabelle 5.1 werden die effektiven Jahreszinssätze dargestellt, die einem nominalen Jahreszinssatz von 6 % bei unterschiedlichen Zinszahlungsintervallen entsprechen. Der effektive Jahreszinssatz nimmt aufgrund der Möglichkeit, öfter Zinsen auf die erhaltenen Zinsen zu erzielen, mit der Häufigkeit der Zinszahlungen zu. Anlagebeträge können dabei häufiger als täglich verzinst werden. Im Grunde könnte das Verzinsungsintervall auch stündlich oder sogar sekündlich sein. Das Konzept der **stetigen Verzinsung**, bei der die Zinsen in jedem Moment aufgezinst werden, bildet dabei die Grenze.[2]

In der Praxis hat eine häufiger als tägliche Verzinsung allerdings vernachlässigbare Auswirkungen auf den effektiven Jahreszinssatz und findet sich auch nur selten.

Bei der Arbeit mit dem nominalen Jahreszinssatz müssen wir

1. zur Bestimmung des tatsächlichen Zinssatzes pro Zinszahlungsperiode den nominalen Jahreszinssatz durch die Anzahl der unterjährigen Zinszahlungsperioden dividieren (▶Gleichung 5.2).

2. Treten die Cashflows in einem anderen Intervall als der Zinszahlungsperiode auf, ist der entsprechende Kalkulationszinssatz durch Aufzinsung zu bestimmen (▶Gleichung 5.1).

Nach der Ausführung dieser Schritte kann der Kalkulationszinssatz zur Bewertung des Bar- oder Endwertes einer Reihe von Cashflows herangezogen werden.

Tabelle 5.1

Effektive Jahreszinssätze für einen nominalen Jahreszinssatz von 6 % bei verschiedenen Zinszahlungsperioden

Zinszahlungsintervall	Effektiver Jahreszinssatz
Jährlich	$(1 + 0{,}06 : 1)^1 - 1 = 6\,\%$
Halbjährlich	$(1 + 0{,}06 : 2)^2 - 1 = 6{,}09\,\%$
Monatlich	$(1 + 0{,}06 : 12)^{12} - 1 = 6{,}1678\,\%$
Täglich	$(1 + 0{,}06 : 365)^{365} - 1 = 6{,}1831\,\%$

---

2 Ein nominaler Jahreszinssatz von 6 % mit stetiger Verzinsung hat einen effektiven Jahreszinssatz von ca. 6,1837 % zur Folge. Dies entspricht beinahe der täglichen Verzinsung. Siehe Anhang für eine weitere Erörterung der stetigen Verzinsung.

Beispiel 5.2:   Die Umwandlung eines nominalen Jahreszinssatzes in einen Kalkulationszinssatz

Fragestellung

Ein Unternehmen kauft ein neues Telefonsystem, dessen Abschreibungswert auf vier Jahre angesetzt wird. Das System kann zu Anschaffungskosten von EUR 150.000 gekauft oder vom Hersteller für EUR 4.000, die zum Ende jedes Monats gezahlt werden, geleast werden. Das Unternehmen kann ein Darlehen mit einem nominalen Jahreszinssatz von 5 % mit halbjährlicher Zinszahlung aufnehmen. Sollte das Unternehmen das System kaufen oder dieses für EUR 4.000 pro Monat leasen?

Lösung

Die Kosten für das Leasing des Systems entsprechen einer Annuität von EUR 4.000 pro Monat mit einer Laufzeit von 48 Monaten:

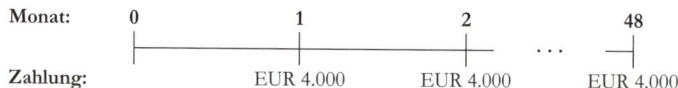

Monat:	0	1	2	48

| Zahlung: | | EUR 4.000 | EUR 4.000 | ... | EUR 4.000 |

Der Barwert der Cashflows für die Leasingvariante kann mithilfe der Annuitätenformel berechnet werden. Zunächst muss der Kalkulationszinssatz berechnet werden, der einer Periodenlänge von einem Monat entspricht. Dazu werden die Kreditkosten von 5 % r_{nom} mit halbjährlicher Zinszahlung in einen monatlichen Kalkulationszinssatz umgewandelt. Mithilfe der ▶Gleichung 5.2 bestimmen wir, dass der nominale Jahreszins einem sechsmonatigen Kalkulationszinssatz von 5 % : 2 = 2,5 % entspricht. Zur Umwandlung eines sechsmonatigen Kalkulationszinssatzes in einen einmonatigen Kalkulationszinssatz wird der sechsmonatige Zinssatz unter Zuhilfenahme von ▶Gleichung 5.1 um 1/6 aufgezinst:

$$(1{,}025)^{1/6} - 1 = 0{,}4124 \text{ \% pro Monat}$$

Alternativ dazu könnte zunächst ▶Gleichung 5.3 verwendet werden, um den nominalen Jahreszinssatz in einen effektiven Jahreszinssatz umzuwandeln: $1 + r_{eff} = (1 + 0{,}05 : 2)^2 = 1{,}050625$. Danach kann der effektive Jahreszinssatz mithilfe von ▶Gleichung 5.1 in einen monatlichen Zinssatz umgewandelt werden: $(1{,}050625)^{1/12} - 1 = 0{,}4124$ % pro Monat.

Mit diesem Kalkulationszinssatz kann nun die Annuitätenformel (▶Gleichung 4.9) zur Berechnung des Barwertes der 48 monatlichen Zahlungen verwendet werden:

$$BW = 4.000 \times \frac{1}{0{,}004124} \left(1 - \frac{1}{1{,}004124^{48}}\right) = \text{EUR } 173.867$$

Es kann aber auch die Annuitätenfunktion verwendet werden:

	ZZR	ZINS	BW	RMZ	ZW	Excel-Formel
Gegeben	48	0,4124 %		–4.000	0	
Auflösen nach BW			173.867			=BW(0,004124;48;–4000;0)

Die Zahlung von EUR 4.000 pro Monat über 48 Monate entspricht somit der Zahlung eines Barwertes von EUR 173.867 heute. Diese Kosten sind um EUR 173.867 − EUR 150.000 = EUR 23.867 höher als die Kosten für den Kauf des Systems. Folglich ist es günstiger, EUR 150.000 für das System zu zahlen, als es zu leasen. Dieses Ergebnis kann dahingehend interpretiert werden, dass das Unternehmen bei einem nominalen Jahreszinssatz von 5 % mit halbjährlicher Zinszahlung und dem Versprechen, pro Monat EUR 4.000 zurückzuzahlen, heute ein Darlehen von EUR 173.867 aufnehmen kann. Mit diesem Darlehen könnte das Unternehmen das Telefonsystem kaufen und hätte zudem EUR 23.867 für andere Zwecke zur Verfügung.

Verständnisfragen

1. Welcher Unterschied besteht zwischen der Angabe von effektivem Jahreszinssatz und nominalem Jahreszinssatz?

2. Warum kann der nominale Jahreszinssatz als solcher nicht als Kalkulationszinssatz verwendet werden?

5.2 Anwendung: Zinssätze und Darlehen

Nachdem erläutert worden ist, wie der Kalkulationszinssatz aus einer Zinssatzangabe berechnet werden kann, soll nun dieses Konzept zur Lösung von zwei häufig auftretenden Finanzproblemen angewendet werden: die Berechnung einer Darlehenszahlung und die Berechnung des Restsaldos eines Darlehens.

Die Berechnung von Zahlungen auf Darlehen. Zur Berechnung von Zahlungen auf Darlehen wird der noch offene Darlehenssaldo unter Verwendung des Kalkulationszinssatzes aus dem angegebenen Zinssatz des Darlehens mit dem Barwert der Darlehenszahlungen gleichgesetzt. Dann wird nach der Zahlung auf das Darlehen aufgelöst.

Viele Darlehen, wie Hypotheken und Fahrzeugkredite, sind Kredite mit **Annuitätentilgung**: Dies bedeutet, dass in jedem Monat Zinsen auf das Darlehen sowie ein gewisser Teil des Kreditbetrags gezahlt werden. In der Regel ist dabei jede monatliche Zahlung gleich hoch und das Darlehen mit der letzten Zahlung vollständig getilgt. Typische Kreditbedingungen für ein Darlehen für ein neues Fahrzeug könnten beispielsweise lauten: 6,75 % nominaler Jahreszins, Laufzeit 60 Monate. Wird das Zinszahlungsintervall für den nominalen Jahreszinssatz nicht ausdrücklich angegeben, so entspricht es dem Intervall zwischen zwei Zahlungen oder in diesem Fall dem Zeitraum eines Monats. Dieses Angebot bedeutet daher, dass das Darlehen in 60 gleich hohen monatlichen Zahlungen mit einem nominalen Jahreszinssatz von 6,75 % mit monatlicher Zinszahlung zurückgezahlt wird. Der Zeitstrahl für einen Fahrzeugkredit über EUR 30.000 mit diesen Bedingungen sieht wie folgt aus:

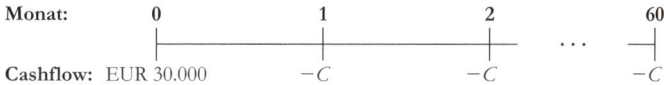

Monat:	0	1	2		60
Cashflow:	EUR 30.000	$-C$	$-C$	…	$-C$

Die Zahlung C ist so festgelegt, dass der Barwert der Cashflows, der mithilfe des Darlehenszinssatzes bewertet wird, dem ursprünglichen Kapitalbetrag von EUR 30.000 entspricht. In diesem Fall entspricht der nominale Jahreszins von 6,75 % mit monatlicher Zinszahlung einem einmonatigen Kalkulationszinssatz von 6,75 % : 12 = 0,5625 %. Nunmehr muss die Zahlung C unter Verwendung der Annuitätenformel zur Berechnung des Barwertes der Zahlungen auf das Darlehen folgende Bedingung erfüllen:

$$C \times \frac{1}{0,005625} \left(1 - \frac{1}{1,005625^{60}}\right) = 30.000$$

Daher gilt:

$$C = \frac{30.000}{\dfrac{1}{0,005625}\left(1 - \dfrac{1}{1,005625^{60}}\right)} = \text{EUR } 590,50$$

Alternativ dazu kann auch mithilfe der Annuitätenfunktion nach der Zahlung C aufgelöst werden:

	ZZR	ZINS	BW	RMZ	ZW	Excel-Formel
Gegeben	60	0,5625 %	30.000		0	
Auflösen nach RMZ				−590,50		=RMZ(0,005625;60;30000;0)

Berechnung des ausstehenden Darlehensbetrags. Der ausstehende Betrag eines Darlehens, auch als Restschuld bezeichnet, entspricht dem Barwert der übrigen zukünftigen Darlehenszahlungen, die mithilfe des Zinssatzes des Darlehens bewertet werden.

Beispiel 5.3:   Die Berechnung des ausstehenden Betrags eines Darlehens

Fragestellung

Vor zwei Jahren hat ein Unternehmen für den Kauf eines kleinen Bürogebäudes ein Annuitätendarlehen mit einer Laufzeit von 30 Jahren aufgenommen. Das Darlehen hat bei monatlichen Zahlungen von EUR 2.623,33 einen nominalen Jahreszinssatz von 4,80 %. Welcher Betrag wird aus dem Darlehen heute noch geschuldet? Wie viel Zinsen hat das Unternehmen im vergangenen Jahr auf das Darlehen gezahlt?

Lösung

Nach zwei Jahren verbleiben 28 Jahre oder 336 Monate:

Der verbleibende Darlehensbetrag entspricht dem Barwert der übrigen Zahlungen bei einem Darlehenszinssatz von 4,8 % : 12 = 0,4 % pro Monat:

$$\text{Saldo nach 2 Jahren} = \text{EUR } 2.623,33 \times \frac{1}{0,004}\left(1 - \frac{1}{1,004^{336}}\right) = \text{EUR } 484.332$$

Im vergangenen Jahr hat das Unternehmen insgesamt Zahlungen in Höhe von EUR 2.623,33 × 12 = EUR 31.480 auf das Darlehen geleistet. Zur Bestimmung des Zinsbetrages ist es am einfachsten, zunächst den Betrag zu bestimmen, der zur Rückzahlung des Kapitalbetrags aufgewendet wurde. Der Darlehensbetrag vor einem Jahr war bei einer verbleibenden Laufzeit von 29 Jahren (348 Monaten):

$$\text{Saldo nach 1 Jahr} = \text{EUR } 2.623,33 \times \frac{1}{0,004}\left(1 - \frac{1}{1,004^{348}}\right) = \text{EUR } 492.354$$

Somit ist der Betrag im vergangenen Jahr um EUR 492.354 − EUR 484.332 = EUR 8.022 gesunken. Von den geleisteten Gesamtzahlungen wurden EUR 8.022 für die Rückzahlung des Kapitalbetrags aufgewendet, die restlichen EUR 31.480 − EUR 8.022 = EUR 23.458 wurden für Zinszahlungen aufgewendet.

5.3 Die Determinanten von Zinssätzen

Wie werden die Zinssätze festgelegt? Im Wesentlichen werden Zinssätze auf dem Markt auf der Grundlage der Bereitschaft von Marktteilnehmern bestimmt, Geld zu leihen oder zu verleihen. In diesem Abschnitt werden einige der Faktoren betrachtet, die Zinssätze beeinflussen können, wie Inflation, Maßnahmen des Staates sowie Erwartungen im Hinblick auf zukünftiges Wachstum.

DIE GLOBALE FINANZKRISE

Lockzinsangebote und zweitklassige Kredite

Einige Darlehen, wie **variable Hypotheken**, weisen Zinssätze auf, die über die Laufzeit des Darlehens nicht konstant bleiben. Ändert sich der Zinssatz für ein solches Darlehen, werden die Darlehenszahlungen auf der Grundlage des aktuell ausstehenden Saldos des Darlehens, des neuen Zinssatzes und der verbleibenden Laufzeit des Darlehens neu berechnet.

Variable Hypotheken bildeten in den USA den häufigsten Typ der sogenannten „zweitklassigen Kredite", die Eigenheimkäufern mit niedriger Bonität gewährt wurden. Bei diesen Darlehen waren die Anfangszinsen, die passenderweise auch als *Lockzinsangebote* bezeichnet wurden, häufig niedrig. Nach einem kurzen Zeitraum (häufig zwei bis fünf Jahre) stiegen die Zinssätze schnell, wodurch sich auch die monatlichen Zahlungen erhöhten. Nehmen wir beispielsweise an, der Zinssatz auf das Darlehen mit einer Laufzeit von 30 Jahren in ▸Beispiel 5.3 sei ein Lockzinsangebot gewesen und nach zwei Jahren sei der Zinssatz von 4,8 % auf 7,2 % angestiegen. Bei einem nach zwei Jahren verbleibenden Restbetrag von EUR 484.332 wird sich bei dem höheren Zinssatz von 7,2 % : 12 = 0,6 % pro Monat die monatliche Zahlung von EUR 2.623,33 erhöhen auf

$$\text{Neue monatliche Zahlung} = \frac{\text{EUR } 484.332}{\dfrac{1}{0,006}\left(1 - \dfrac{1}{1,006^{336}}\right)} = \text{EUR } 3.355,62$$

Obwohl das Darlehen zu dem anfänglichen Lockzinssatz erschwinglich gewesen sein könnte, konnten sich viele Darlehensnehmer dieser Subprime-Hypotheken die höheren Zahlungen nicht leisten, die nach der Zinssatzanpassung erforderlich wurden. Vor 2007, als die Zinssätze niedrig und die Immobilienpreise hoch waren (und noch weiter stiegen), konnten solche Darlehensnehmer einen Zahlungsausfall einfach durch eine Refinanzierung ihrer Darlehen auf neue Darlehen, die zu Anfang ebenfalls geringe Lockzinsangebote aufwiesen, vermeiden. Auf diese Weise konnten sie ihre Zahlungen gering halten. Als im Jahr 2007 die Hypothekenzinsen stiegen und die Immobilienpreise zu sinken begannen, war diese Strategie der Rückzahlung der Darlehen jedoch nicht mehr möglich. In vielen Fällen überstieg der ausstehende Darlehensbetrag den Marktwert der Immobilien. Aufgrund dieser Tatsache waren die Kreditgeber nicht mehr bereit, die Darlehen zu refinanzieren. Viele Hauseigentümer, die nun ein Darlehen aufgenommen hatten, dessen Zinssatz sie sich nicht mehr leisten konnten, konnten die Kreditzahlungen nicht mehr aufbringen. Die Anzahl der Zwangsversteigerungen von Immobilien mit zweitklassigen Hypotheken schnellte in die Höhe.

Um zu verhindern, dass Kreditgeber in Zukunft mit billigen Anfangszinsen dazu verlocken Hypotheken aufzunehmen, die sich die Kreditnehmer dann später möglicherweise nicht leisten können, macht das Dodd-Frank-Gesetz den Kreditgebern zur Pflicht zu überprüfen, ob das Einkommen der Kreditnehmer für die Rückzahlung der Hypothek auch dann ausreicht, wenn der anfängliche niedrige Zinssatz nicht mehr gegeben ist

Inflation und reale Zinssätze im Vergleich zu nominalen Zinssätzen

Die von Banken und anderen Finanzinstituten sowie in diesem Lehrbuch zur Abzinsung von Cashflows verwendeten Zinssätze sind **nominale Zinssätze**. Diese geben den Zinssatz an, um den ein Geldbetrag bei einer Anlage über einen bestimmten Zeitraum steigt. Natürlich gilt, dass die nominalen Zinssätze, wenn die Preise in der Volkswirtschaft durch die Inflation ebenfalls steigen, nicht der Zunahme der Kaufkraft entsprechen, die sich aus der Anlage ergibt. Die inflationsbereinigte Wachstumsrate der Kaufkraft wird durch den als r_r bezeichneten **realen Zinssatz** angegeben. Wenn r der nominale Zinssatz und i die Inflationsrate bezeichnet, kann die Wachstumsrate der Kaufkraft wie folgt berechnet werden:

$$\text{Zunahme der Kaufkraft} = 1 + r_r = \frac{1+r}{1+i} = \frac{\text{Zunahme des Geldes}}{\text{Zunahme der Preise}} \tag{5.4}$$

▶Gleichung 5.4 kann nun zur Bestimmung der folgenden Formel für den realen Zinssatz in Verbindung mit einer praktischen Annäherung für den realen Zinssatz bei niedrigen Inflationsraten umgestellt werden:

Der reale Zinssatz

$$r_r = \frac{r-i}{1+i} \approx r - i \tag{5.5}$$

Das heißt, der reale Zinssatz ist ungefähr gleich dem nominalen Zinssatz abzüglich der Inflationsrate.[3]

Beispiel 5.4:   Die Berechnung des realen Zinssatzes

Fragestellung

Zu Beginn des Jahres 2008 betrugen die Zinssätze für US-amerikanische Staatsanleihen mit einer Laufzeit von einem Jahr ca. 3,3 %, während sich die Inflationsrate in jenem Jahr auf 0,1 % belief. Zu Beginn des Jahres 2011 betrugen die Zinssätze für Anleihen mit einer Laufzeit von einem Jahr 0,3 % und die Inflation belief sich in jenem Jahr auf ca. 3,0 %. Wie hoch war der reale Zinssatz im Jahr 2008 und wie hoch war er 2011?

Lösung

Mithilfe der ▶Gleichung 5.5 bestimmen wir den realen Zinssatz für 2008 als (3,3 % − 0,1 %) : (1,001) = 3,20 %. Im Jahr 2011 betrug der reale Zinssatz (0,3 % − 3,0 %) : (1,03) = −2,62 %. Hierbei ist zu beachten, dass der reale Zinssatz im Jahr 2011 negativ war. Dies gibt an, dass die Zinssätze unzureichend waren, um mit der Inflation Schritt zu halten: Die Anleger, die US-amerikanische Staatsanleihen kauften, konnten am Ende des Jahres weniger kaufen, als sie zu Beginn des Jahres für ihr Geld erhalten hätten. Andererseits gab es 2008 keine Inflation und der erzielte reale Zinssatz war nur geringfügig niedriger als der nominale Zinssatz.

In ▶Abbildung 5.1 wird die Geschichte der US-amerikanischen Zinssätze und Inflationsraten seit 1960 dargestellt. Zu beachten ist, dass die nominalen Zinssätze tendenziell mit der Inflation schwanken. Intuitiv betrachtet hängt die Bereitschaft einer Person zu sparen von der Zunahme der Kaufkraft ab, von der ausgegangen werden kann (und die durch den realen Zinssatz angegeben wird). Daher ist bei einer hohen Inflationsrate ein höherer nominaler Zinssatz nötig, um Menschen zum Sparen zu motivieren. Zu beachten ist jedoch, dass an historischen Daten gemessen die letzten Jahre in gewisser Weise außergewöhnlich waren, denn die nominalen Zinssätze waren extrem niedrig und dies führte zu negativen realen Zinssätzen.

---

3 Der reale Zinssatz sollte nicht als Kalkulationszinssatz für zukünftige Cashflows verwendet werden; er kann lediglich verwendet werden, wenn auch die Cashflows inflationsbereinigt sind (in diesem Fall werden sie als *„reale Cashflows"* bezeichnet). Dieser Ansatz ist jedoch fehleranfällig, sodass wir in diesem Lehrbuch stets nominale Cashflows einschließlich einer Zunahme aufgrund von Inflation verwenden und mithilfe nominaler Zinssätze abzinsen

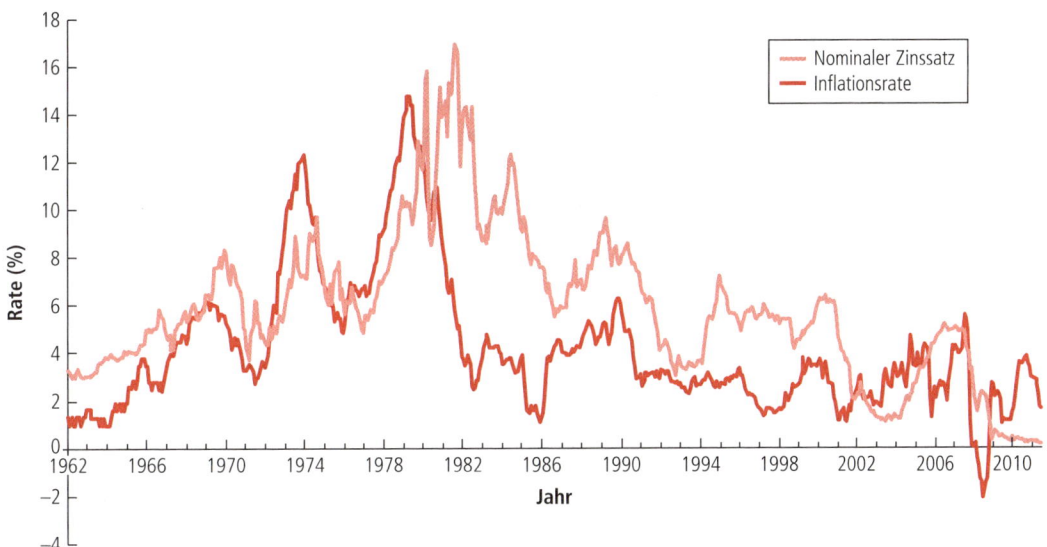

Abbildung 5.1: US-amerikanische Zinssätze und Inflationsraten, 1962–2012. Die Zinssätze entsprechen den Zinssätzen für Treasury Bills (US-Schatzbriefe) mit einer Laufzeit von einem Jahr und den Inflationsraten auf der Grundlage des Anstiegs des Verbraucherpreisindexes für das jeweilige Jahr, wobei beide Serien vom US-amerikanischen Bureau of Labor Statistics monatlich ermittelt wurden. Der Unterschied zwischen diesen beiden Serien gibt in etwa den vom Inhaber der Anleihen erhaltenen Realzinssatz wieder. Zu beachten ist, dass die Zinssätze tendenziell hoch sind, wenn auch die Inflationsrate hoch ist.

Investitionsentscheidung und Zinspolitik

Die Zinssätze beeinflussen auch die Entscheidung von Unternehmen, sich Kapital zu beschaffen und zu investieren. Es folgt die Betrachtung einer risikolosen Anlagemöglichkeit, die eine Anfangsinvestition von EUR 10 Millionen erfordert und danach vier Jahre lang einen Cashflow von EUR 3 Millionen jährlich erzeugt. Beträgt der risikolose Zinssatz 5 %, hat diese Investition einen Kapitalwert von:

$$KW = -10 + \frac{3}{1,05} + \frac{3}{1,05^2} + \frac{3}{1,05^3} + \frac{3}{1,05^4} = \text{EUR } 0,638 \text{ Millionen}$$

Beträgt der Zinssatz 9 %, fällt der Kapitalwert auf:

$$KW = -10 + \frac{3}{1,09} + \frac{3}{1,09^2} + \frac{3}{1,09^3} + \frac{3}{1,09^4} = -\text{EUR } 0,281 \text{ Millionen}$$

Die Investition ist somit nicht mehr rentabel. Der Grund dafür liegt in der Tatsache, dass die positiven Cashflows mit einem höheren Zinssatz abgezinst werden. Dies reduziert ihren Barwert. Die Einzahlung von EUR 10 Millionen fällt heute an, sodass deren Barwert vom Kalkulationszinssatz unabhängig ist.

Allgemeiner formuliert: Wenn die Einzahlungen einer Investition vor deren Auszahlungen anfallen, führt ein Anstieg des Zinssatzes zum Absinken des Kapitalwertes einer Investition. Ceteris paribus führen höhere Zinssätze deshalb tendenziell zu einer Verringerung der für Unternehmen verfügbaren Investitionen mit positivem Kapitalwert. Die US-Notenbank sowie die Zentralbanken in anderen Ländern nutzen diese Beziehung zwischen den Zinssätzen und den Investitionen für den Versuch einer Steuerung der Volkswirtschaft. Sie können die Zinssätze erhöhen, um Investitionen zu reduzieren, wenn sich die Wirtschaft „überhitzt" und die Inflation steigt. Sie können jedoch auch die Zinssätze senken, um Investitionen anzukurbeln, wenn sich das Wachstum der Volkswirtschaft verlangsamt oder sie sich in einer Rezession befindet.

Geldpolitik, Deflation und die Finanzkrise von 2008. Als die Finanzkrise die Wirtschaft im Jahr 2008 traf, reagierte die US-Notenbank unverzüglich, um durch die Reduzierung des kurzfristigen Zinszielbandes auf 0 % bis zum Jahresende die Auswirkungen auf die gesamte Wirtschaft abzumildern. Während diese Form der Geldpolitik im Allgemeinen recht effektiv ist, war die Inflationsrate negativ, da die Verbraucherpreise Ende des Jahres 2008 fielen. Der reale Zinssatz blieb somit selbst bei einem nominalen Zinssatz von 0 % anfänglich positiv. Die Folge dieser Deflation und die Gefahr, dass sich diese Deflation fortsetzen könnte, führten dazu, dass die US-Notenbank über keine weiteren Waffen verfügte, die sie sonst im Kampf gegen die Konjunkturflaute verwendete. Sie konnte die Zinssätze nicht weiter senken.[4] Dieses Problem war einer der Gründe, weshalb die US-amerikanische und andere Regierungen begannen, andere Maßnahmen, wie beispielsweise eine Erhöhung der staatlichen Ausgaben und Investitionen, zur Ankurbelung ihrer Volkswirtschaften in Erwägung zu ziehen.

Die Zinsstrukturkurve und Abzinsungssätze

Die von Banken für Investitionen angebotenen oder für Darlehen berechneten Zinssätze hängen vom Zeithorizont oder der *Laufzeit* der Investition oder des Darlehens ab. Die Beziehung zwischen der Laufzeit einer Anlage und dem Zinssatz wird als **Laufzeitstruktur** der Zinssätze bezeichnet. In ▶Abbildung 5.2 werden die Laufzeitstruktur und die entsprechende **Zinsstrukturkurve** risikoloser US-amerikanischer Zinssätze im November 2006, 2007 und 2008 dargestellt. Hier ist zu beachten, dass der Zinssatz vom Zeithorizont abhängt und die Differenz zwischen kurzfristigen und langfristigen Zinssätzen im Jahr 2008 besonders ausgeprägt war.

Laufzeit (Jahre)	Zeitpunkt		
	Nov. 06	Nov. 07	Nov. 08
0,5	5,23%	3,32%	0,47%
1	4,99%	3,16%	0,91%
2	4,80%	3,16%	0,98%
3	4,72%	3,12%	1,26%
4	4,63%	3,34%	1,69%
5	4,64%	3,48%	2,01%
6	4,65%	3,63%	2,49%
7	4,66%	3,79%	2,90%
8	4,69%	3,96%	3,21%
9	4,70%	4,00%	3,38%
10	4,73%	4,18%	3,41%
15	4,89%	4,44%	3,86%
20	4,87%	4,45%	3,87%

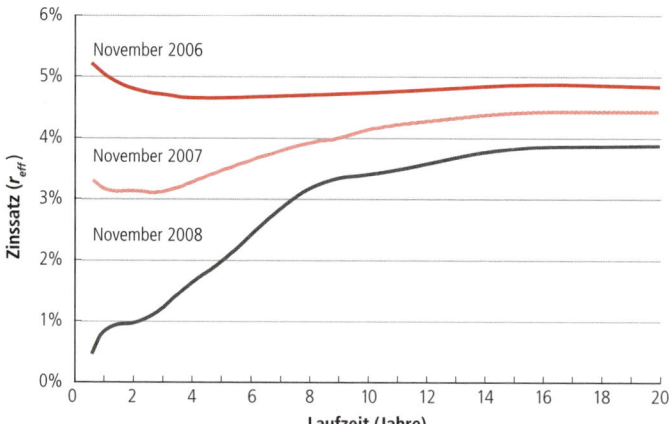

Abbildung 5.2: **Laufzeitstruktur risikoloser US-amerikanischer Zinssätze für November 2006, 2007 und 2008.** In der Abbildung wird der für die Anlage in risikolosen US-amerikanischen Schatzpapieren mit verschiedenen Laufzeiten verfügbare Zinssatz dargestellt. Die Zinssätze unterscheiden sich in jedem Fall in Abhängigkeit vom Anlagehorizont (Daten von U.S. Treasury STRIPS).

Die Zinsstruktur kann zur Berechnung der Bar- und Endwerte eines risikolosen Cashflows über verschiedene Anlagehorizonte verwendet werden. So würden beispielsweise im November 2008 für ein Jahr zum Zinssatz für ein Jahr angelegte USD 100 bis zum Ende eines Jahres auf einen Endwert von

$$USD\ 100 \times 1,0091 = USD\ 100,91$$

steigen und im November 2008 für eine Laufzeit von zehn Jahren zum Zinssatz für zehn Jahre angelegte USD 100 würden auf

---

4   Warum konnte die Notenbank nicht weitergehen und die nominalen Zinssätze negativ werden lassen? Da die Haushalte immer über Barmittel verfügen oder ihr Geld auf einem Sparkonto anlegen und zumindest einen Null-Ertrag erzielen können, kann der nominale Zinssatz niemals *deutlich* negativ sein. Da aber das Horten von Barmitteln teuer ist und die Investoren viele Banken als unsicher betrachteten, waren die Zinssätze für US-amerikanische Schatzbriefe zu einigen Zeitpunkten während dieser Phase tatsächlich leicht negativ (bis zu –0,05 %). Siehe ▶Kapitel 8 bezüglich einer weiteren Erörterung dieses Themas.

$$\text{USD } 100 \times (1{,}0341)^{10} = \text{USD } 139{,}84$$

steigen.[5]

Nun soll die gleiche Logik bei der Berechnung des Barwerts von Cashflows mit unterschiedlichen Fälligkeiten angewendet werden. Ein in zwei Jahren erhaltener risikoloser Cashflow soll mit dem Zinssatz für eine Laufzeit von zwei Jahren abgezinst werden und ein in zehn Jahren erhaltener Cashflow soll zum Zinssatz für eine Laufzeit von zehn Jahren abgezinst werden. Allgemein gilt, dass ein in n Jahren anfallender risikoloser Cashflow C_n einen Barwert von

$$BW = \frac{C_n}{(1 + r_n)^n} \tag{5.6}$$

hat, wobei r_n der (als r_{eff} ausgedrückte) risikolose Zinssatz für eine Laufzeit von n Jahren ist. Mit anderen Worten bedeutet dies, dass bei der Berechnung eines Barwertes die Laufzeit des Cashflows und die Laufzeit des Kalkulationszinssatzes aufeinander abgestimmt werden müssen.

Durch Anwenden der ▶Gleichung 5.6 für Cashflows in verschiedenen Jahren erhalten wir die allgemeine Formel für den Barwert eines Zahlungsstroms:

Barwert eines Zahlungsstroms unter Verwendung der Zinsstruktur von Kalkulationszinssätzen

$$BW = \frac{C_1}{1+r_1} + \frac{C_2}{(1+r_2)^2} + \ldots + \frac{C_N}{(1+r_N)^N} = \sum_{n=1}^{\infty} \frac{C_n}{(1+r_n)^n} \tag{5.7}$$

Hier ist der Unterschied zwischen ▶Gleichung 5.7 und ▶Gleichung 4.4 zu beachten. Für jeden Cashflow wird auf Grundlage des Zinssatzes aus der Zinsstrukturkurve mit der gleichen Laufzeit ein anderer Kalkulationszinssatz verwendet. Verläuft die Zinsstrukturkurve relativ flach, wie im November 2006, ist der Unterschied relativ gering und wird häufig durch Abzinsung mithilfe eines einzigen „durchschnittlichen" Zinssatzes r ignoriert. Unterscheiden sich jedoch kurz- und langfristige Zinssätze deutlich, wie dies im November 2008 der Fall war, sollte ▶Gleichung 5.7 verwendet werden.

Achtung: Sämtliche vorgestellten verkürzten Verfahren zur Berechnung von Barwerten (die Formeln für Annuitäten und ewige Renten sowie die Annuitätentabelle) beruhen auf der Abzinsung aller Cashflows *mit dem gleichen Zinssatz*. In Situationen, in denen die Cashflows mit unterschiedlichen Zinssätzen abgezinst werden müssen, können diese Verfahren *nicht* verwendet werden.

Beispiel 5.5: **Die Verwendung der Zinsstrukturkurve zur Berechnung von Barwerten**

Fragestellung

Hier soll der Barwert im November 2008 einer risikolosen endlichen Rente von EUR 1.000 pro Jahr mit einer Laufzeit von fünf Jahren und der in ▶Abbildung 5.2 gegebenen Zinsstrukturkurve für November 2008 berechnet werden.

Lösung

Zur Berechnung des Barwertes wird jeder Cashflow mit dem entsprechenden Zinssatz abgezinst:

$$BW = \frac{1.000}{1{,}0091} + \frac{1.000}{1{,}0098^2} + \frac{1.000}{1{,}0126^3} + \frac{1.000}{1{,}0169^4} + \frac{1.000}{1{,}0201^5} = \text{EUR } 4.775{,}25$$

Hierbei ist zu beachten, dass die Annuitätenformel nicht verwendet werden kann, da für jeden Cashflow unterschiedliche Kalkulationszinssätze vorliegen.

---

5 Man könnte auch zehn Jahre lang anlegen, indem man zehn Jahre hintereinander zum Zinssatz für ein Jahr anlegt. Da wir jedoch nicht wissen, wie sich die Zinssätze in der Zukunft entwickeln, wäre der letztendliche Erlös nicht risikolos.

Die Zinsstrukturkurve und die Volkswirtschaft

▶Abbildung 5.3 zeigt die Abstände zwischen kurzfristigen und langfristigen Zinssätzen anhand historischer Daten. Von Zeit zu Zeit liegen die kurzfristigen nahe an den langfristigen Zinssätzen, während sie sich zu anderen Zeitpunkten deutlich unterscheiden können. Wie erklärt sich dieser veränderliche Verlauf der Zinsstrukturkurve?

Die Bestimmung des Zinssatzes. Die US-Notenbank legt die sehr kurzfristigen Zinssätze durch ihren Einfluss auf den **Leitzins** fest. Beim Leitzins handelt es sich um den Zinssatz, zu dem Banken über Nacht Barreserven leihen können. Alle anderen Zinssätze auf der Zinsstrukturkurve werden vom Markt bestimmt und so lange angepasst, bis das Angebot für die Darlehensvergabe für jede Laufzeit der Nachfrage nach der Aufnahme von Darlehen entspricht. Wie noch aufgezeigt werden wird, haben die Erwartungen im Hinblick auf den zukünftigen Zinssatz wesentliche Auswirkungen auf die Bereitschaft der Investoren, über längere Zeiträume Geld zu verleihen oder zu leihen und damit auf den Verlauf der Zinsstrukturkurve.

Ein häufiger Fehler

Die Verwendung der Annuitätenformel bei nicht flacher Zinsstrukturkurve (wenn die Abzinsungssätze je nach Laufzeit variieren)

Ein häufiger Fehler bei der Berechnung des Barwertes einer Annuität besteht in der Verwendung der Annuitätenformel mit einem einzigen Zinssatz, obwohl die Zinssätze sich je nach Anlagehorizont unterscheiden. So kann beispielsweise der Barwert der Annuität mit einer fünfjährigen Laufzeit aus ▶Beispiel 5.5 nicht mithilfe des Zinssatzes für eine Laufzeit von fünf Jahren vom November 2008 berechnet werden:

$$BW \neq EUR\ 1.000 \times \frac{1}{0{,}0201}\left(1 - \frac{1}{1{,}0201^5}\right) = EUR\ 4.712{,}09$$

Zur Bestimmung des einen Zinssatzes, der zur Bewertung der Annuität verwendet werden könnte, muss zunächst der Barwert der Annuität mithilfe von ▶Gleichung 5.7 bestimmt und dann nach deren IZF aufgelöst werden. Bei der Annuität aus ▶Beispiel 5.5 wird zur Bestimmung des IZF von 1,55 % die unten stehende Annuitätenfunktion verwendet. Der IZF der Annuität liegt in jedem Fall zwischen dem höchsten und dem niedrigsten zur Berechnung des Barwertes der betreffenden Annuität verwendeten Kalkulationszinssatz, wie dies auch im Beispiel unten der Fall ist.

	ZZR	ZINS	BW	RMZ	ZW	Excel-Formel
Gegeben	5		−4.775,25	1.000	0	
Auflösen nach ZINS		1,55 %				=ZINS(5;1000;−4775,25;0)

Zinssatzerwartungen. Angenommen, die kurzfristigen Zinssätze entsprechen den langfristigen Zinssätzen. Wenn die Investoren in der Zukunft steigende Zinssätze erwarten, wollen sie nicht jetzt langfristige Investitionen tätigen. Stattdessen könnten sie sich durch kurzfristige Investitionen sowie die Wiederanlage nach dem Anstieg der Zinssätze besser stellen. Langfristige Zinssätze sind bei der Erwartung steigender Zinssätze tendenziell höher als die kurzfristigen Zinssätze, um so Investoren anzulocken.

Desgleichen gilt: Die Darlehensnehmer wollen keine Darlehen zu langfristigen Zinssätzen aufnehmen, die den kurzfristigen Zinssätzen entsprechen, wenn erwartet wird, dass die Zinssätze zukünftig sinken werden. In diesem Fall würden sie sich durch die kurzfristige Darlehensaufnahme und die Aufnahme eines neuen Darlehens, nachdem die Zinssätze gesunken sind, besserstellen. Besteht also die Erwartung, dass die Zinssätze sinken werden, so sind die langfristigen Zinssätze tendenziell niedriger als die kurzfristigen Zinssätze, um so Darlehensnehmer anzulocken.

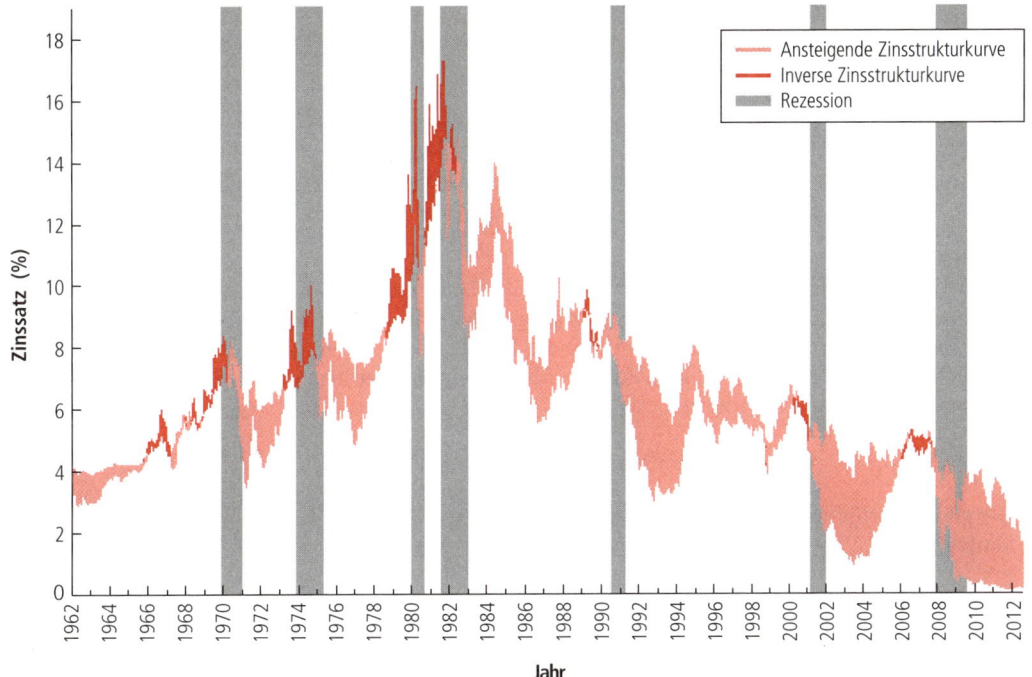

Abbildung 5.3: Kurzfristige und langfristige US-amerikanische Zinssätze und Rezessionen. In der Abbildung werden die Zinssätze für US-amerikanische Schatzanleihen mit einer Laufzeit von einem Jahr und zehn Jahren dargestellt. Ist die Spanne hellrot markiert, weist dies auf einen Anstieg der Zinsstrukturkurve hin (der Zinssatz für ein Jahr ist niedriger als der Zinssatz für zehn Jahre). Die Spanne ist dunkelrot markiert, wenn die Zinsstrukturkurve invers verläuft (der Zinssatz für ein Jahr übersteigt den Zinssatz für zehn Jahre). Die grauen Balken geben die Daten der US-amerikanischen Rezessionen an, die vom National Bureau for Economic Research ermittelt wurden. Zu beachten ist, dass die inversen Kurven den Rezessionen oft um 12 bis 18 Monate vorausgehen. In Rezessionen sinken die Zinssätze tendenziell, wobei die kurzfristigen Zinssätze weiter fallen. Infolgedessen verläuft die Zinsstrukturkurve nach dem Ende einer Rezession tendenziell steil.

Diese Argumente implizieren, dass der Verlauf der Zinsstrukturkurve stark von den Zinssatzerwartungen abhängt. Eine deutlich ansteigende *(steile)* Zinsstrukturkurve, bei der die langfristigen Zinssätze viel höher als die kurzfristigen Zinssätze sind, deutet im Allgemeinen darauf hin, dass erwartet wird, dass die Zinssätze in der Zukunft steigen werden (siehe die in ▶Abbildung 5.2 dargestellte Zinsstrukturkurve für November 2008). Eine sinkende *(inverse)* Zinsstrukturkurve, bei der die langfristigen Zinssätze niedriger als die kurzfristigen Zinssätze sind, deutet im Allgemeinen auf ein erwartetes Absinken der zukünftigen Zinssätze hin (siehe die in ▶Abbildung 5.2 dargestellte Zinsstrukturkurve für November 2006). Da die Zinssätze tendenziell als Reaktion auf eine Abschwächung der Wirtschaft fallen, wird eine inverse Zinsstrukturkurve als negative Prognose im Hinblick auf das Wachstum der Wirtschaft interpretiert. Tatsächlich ging, wie aus ▶Abbildung 5.3 hervorgeht, jeder der letzten sieben Rezessionen in den Vereinigten Staaten eine Phase voraus, in der die Zinsstrukturkurve invers verlief. Umgekehrt gilt, dass die Zinsstrukturkurve tendenziell steil verläuft, wenn die Volkswirtschaft eine Rezession überwindet und die Erwartung steigender Zinssätze besteht.[6]

Offensichtlich bietet die Zinsstrukturkurve äußerst wichtige Informationen für Führungskräfte von Unternehmen. Neben der Angabe der Kalkulationszinssätze für risikolose Cashflows mit unter-

---

6   Neben den Erwartungen im Hinblick auf die Zinssätze können auch andere Faktoren, insbesondere das Risiko, Auswirkungen auf den Verlauf der Zinsstrukturkurve haben. Siehe ▶Kapitel 8 bezüglich einer weiteren Erörterung.

schiedlichem Zeithorizont ist sie auch ein potenzieller Frühindikator für das zukünftige Wirtschaftswachstum.

Beispiel 5.6: Der Vergleich von kurz- und langfristigen Zinssätzen

Fragestellung

Der aktuelle Zinssatz für Anlagen mit einer Laufzeit von einem Jahr betrage 1 %. Wie lauten die Zinssätze r_1, r_2 und r_3 der Zinsstrukturkurve heute, wenn mit Sicherheit bekannt ist, dass der Zinssatz für Anlagen mit einer Laufzeit von einem Jahr im nächsten Jahr 2 % und im darauffolgenden Jahr 4 % beträgt? Verläuft die Zinsstrukturkurve flach, steigend oder invers?

Lösung

Es ist bereits bekannt, dass der Zinssatz für eine Laufzeit von einem Jahr r_1 = 1 %. Bei der Bestimmung des Zinssatzes für eine Laufzeit von zwei Jahren ist zu beachten, dass, wenn zum aktuellen Zinssatz für eine Laufzeit von einem Jahr ein Euro für ein Jahr investiert und danach im nächsten Jahr zum dann neuen Zinssatz für ein Jahr wiederangelegt wird, nach zwei Jahren der folgende Betrag erzielt wird:

$$\text{EUR } 1 \times (1{,}01) \times (1{,}02) = \text{EUR } 1{,}0302$$

Der gleiche Erlös sollte auch erzielt werden, wenn zum aktuellen Zinssatz für eine zweijährige Laufzeit r_2 angelegt wird:

$$\text{EUR } 1 \times (1 + r_2)^2 = \text{EUR } 1{,}0302$$

Andernfalls bestünde hier eine Arbitragemöglichkeit: Wenn die Anlage zum Zinssatz für die zweijährige Laufzeit zu einem höheren Erlös führt, könnten die Anleger für zwei Jahre anlegen und jedes Jahr zum Zinssatz für ein Jahr Darlehen aufnehmen. Führt die Anlage zum Zinssatz für die zweijährige Laufzeit zu einem niedrigeren Erlös, könnten die Investoren jedes Jahr zum Zinssatz für ein Jahr investieren und zum Zinssatz für zwei Jahre Darlehen aufnehmen.

Durch Auflösen nach r_2 erhalten wir:

$$r_2 = (1{,}0302)^{1/2} - 1 = 1{,}499 \text{ \%}$$

Desgleichen sollte mit der Anlage zum einjährigen Zinssatz über drei Jahre der gleiche Erlös erzielt werden wie bei der Anlage zum aktuellen Zinssatz für eine Laufzeit von drei Jahren:

$$(1{,}01) \times (1{,}02) \times (1{,}04) = 1{,}0714 = (1 + r_3)^3$$

Nun kann nach $r_3 = (1{,}0714)^{1/3} - 1 = 2{,}326$ % aufgelöst werden. Somit hat die aktuelle Zinsstrukturkurve r_1 = 1 %, r_2 = 1,499 % und r_3 = 2,326 %. Die Zinsstrukturkurve steigt infolge der für die Zukunft erwarteten höheren Zinssätze an.

Verständnisfragen

1. Worin besteht der Unterschied zwischen einem nominalen und einem realen Zinssatz?

2. Wie beeinflussen die Erwartungen der Anleger im Hinblick auf zukünftige kurzfristige Zinssätze den Verlauf der aktuellen Zinsstrukturkurve?

5.4 Risiko und Steuern

In diesem Abschnitt werden zwei weitere bei der Bewertung der Zinssätze wichtige Faktoren erörtert: Risiko und Steuern.

Risiko und Zinssatz

Im vorangehenden Abschnitt wurde bereits aufgezeigt, dass sich die Zinssätze mit dem Anlagehorizont verändern. Darüber hinaus verändern sich die Zinssätze auch je nach Kreditnehmer. So zeigt ▸Abbildung 5.4 die von Investoren für Kredite mit einer Laufzeit von fünf Jahren für eine Reihe verschiedener Kreditnehmer Mitte des Jahres 2012 geforderten Zinssätze.

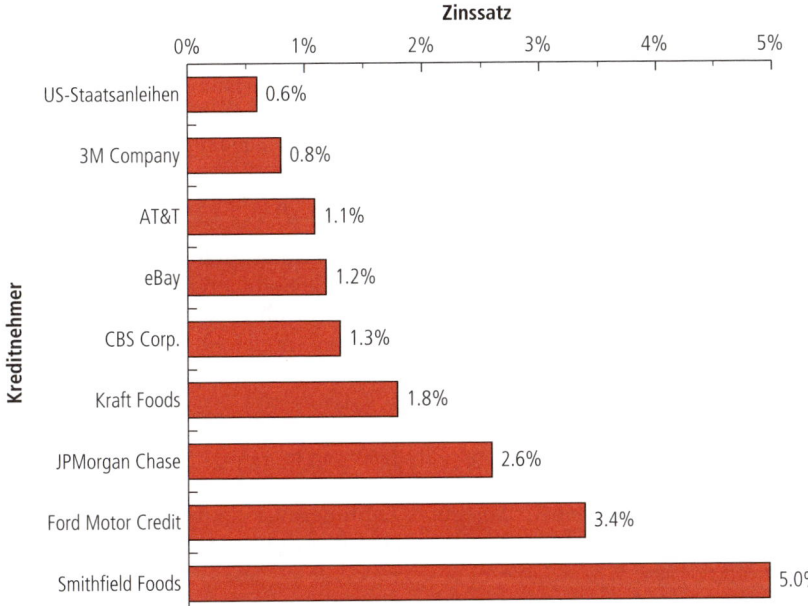

Abbildung 5.4: Zinssätze für Kredite mit einer Laufzeit von fünf Jahren für verschiedene Kreditnehmer im Juli 2012. Die dargestellten Zinssätze beruhen auf den Renditen von Anleihen mit einer Laufzeit von fünf Jahren für jeden Emittenten. Hierbei ist die Abhängigkeit der Zinssätze vom Risiko des Kreditnehmers zu beachten.

Quelle: FINRA.org.

Warum unterscheiden sich diese Zinssätze so deutlich? Der niedrigste Zinssatz ist der auf die US-amerikanischen Treasury Notes (US-amerikanische Staatsanleihen mit kurzer Laufzeit) gezahlte Zins. US-amerikanische Schatzpapiere gelten in der Regel als risikolos, da keine Möglichkeit besteht, dass der Staat die Zinsen nicht zahlt und die Anleihebedingungen nicht erfüllt. Aus diesem Grund bezeichnet der „risikolose Zinssatz" den Zinssatz auf US-amerikanische Schatzpapiere.

Bei allen anderen Kreditnehmern besteht ein Ausfallrisiko. Bei diesen Krediten ist der angegebene Zinssatz der *maximale* Betrag, den die Investoren erhalten. Unter Umständen erhalten sie jedoch weniger, wenn das betreffende Unternehmen in finanziellen Schwierigkeiten steckt und nicht in der Lage ist, den Kredit vollständig zurückzuzahlen. Zum Ausgleich des Risikos, dass die Investoren unter Umständen weniger erhalten, wenn das Unternehmen die Zahlungsverpflichtungen nicht erfüllt, verlangen sie einen höheren Zinssatz als den auf US-amerikanische Schatzpapiere. Die Differenz zwischen dem Zinssatz für den Kredit und dem Zinssatz für Schatzpapiere hängt davon ab, wie die Anleger die Wahrscheinlichkeit einer Nichtzahlung durch das Unternehmen einschätzen.

An späterer Stelle werden Instrumente zur Bewertung des Risikos verschiedener Anlagen und zur Bestimmung des Zinssatzes oder Kalkulationszinssatzes entwickelt, mit denen die Investoren angemessen für das Ausmaß des eingegangenen Risikos entschädigt werden. Es sei daran erinnert, dass es bei der Abzinsung zukünftiger Cashflows wichtig ist, einen Kalkulationszinssatz zu verwenden, der sowohl dem Zeithorizont als auch dem Risiko der Cashflows entspricht. Insbesondere *entspricht der richtige Kalkulationszinssatz für einen Cashflow der am Markt für andere Anlagen mit vergleichbarem Risiko und vergleichbarer Laufzeit verfügbaren Rendite.*

Beispiel 5.7:   Das Abzinsen risikobehafteter Cashflows

Fragestellung

Der US-amerikanische Staat schuldet Ihrem Unternehmen EUR 1.000, die in fünf Jahren zurückgezahlt werden sollen. Wie hoch ist der Barwert dieses Cashflows auf der Grundlage der Zinssätze aus ▶Abbildung 5.4? Andererseits schuldet Smithfield Foods Ihrem Unternehmen EUR 1.000. Schätzen Sie den Barwert für diesen Fall.

Lösung

Unter der Annahme, dass die Zahlungsverpflichtung des amerikanischen Staates als risikolos betrachtet werden kann (es ist nicht möglich, dass die Zahlung nicht erfolgt), kann der Cashflow mithilfe des risikolosen Treasury-Zinssatzes von 0,6 % abgezinst werden:

$$BW = \text{EUR } 1.000 : (1{,}006)^5 = \text{EUR } 970{,}53$$

Die Zahlungsverpflichtung von Smithfield Foods ist allerdings nicht risikolos. Es besteht keine Garantie dafür, dass Smithfield Foods nicht in finanzielle Schwierigkeiten gerät und somit die EUR 1.000 nicht zahlt. Da das Risiko dieser Zahlungsverpflichtung wahrscheinlich mit dem in ▶Abbildung 5.4 dargestellten fünfjährigen Darlehen vergleichbar ist, ist der Zinssatz des Darlehens in Höhe von 5 % ein angemessenerer Kalkulationszinssatz für die Berechnung des Barwertes in diesem Fall:

$$BW = \text{EUR } 1.000 : (1{,}05)^5 = \text{EUR } 783{,}53$$

Hierbei ist aufgrund des höheren Risikos eines Zahlungsausfalls der deutlich niedrigere Barwert der Schulden von Smithfield im Vergleich zum Barwert der Staatsschulden zu beachten.

Zinssatz nach Steuern

Werden Cashflows aus einer Anlage besteuert, reduziert sich der tatsächliche Cashflow des Anlegers um den Betrag der Steuern. Die Besteuerung von Unternehmensinvestitionen wird an späterer Stelle noch detailliert erörtert. Hier betrachten wir die Auswirkungen von Steuern auf die auf Ersparnisse erzielten (bzw. auf Darlehen gezahlten) Zinsen. Durch Steuern wird der Zinsbetrag, den der Investor behalten kann, verringert. Dieser verringerte Betrag wird als **Zinssatz nach Steuern** bezeichnet.

Als Beispiel sei eine Anlage betrachtet, auf die für ein Jahr 8 % Zinsen (r_{eff}) gezahlt werden. Investiert ein Anleger zu Beginn eines Jahres EUR 100, erzielt er am Jahresende Zinsen in Höhe von 8 % × EUR 100 = EUR 8. Diese Zinsen können allerdings als Einkommen steuerpflichtig sein.[7] Ist der Anleger in einer Steuerklasse mit einem Steuersatz von 40 %, schuldet er

$$(40 \% \text{ Einkommensteuer}) \times (\text{EUR } 8 \text{ Zinsen}) = \text{EUR } 3{,}20 \text{ Steuern}$$

Somit erhält der Anleger nach der Bezahlung der Steuern nur EUR 8 − EUR 3,20 = EUR 4,80. Dieser Betrag entspricht einem erzielten Zinsbetrag von EUR 4,80 ohne Steuern. Das heißt, der Zinssatz nach Steuern beträgt 4,80 %.

---

7 In den Vereinigten Staaten ist das Zinseinkommen von Einzelpersonen nur dann nicht steuerpflichtig, wenn es in einem steuerbegünstigten Pensionskonto erzielt wird oder die Anlage in steuerbefreiten Wertpapieren (wie Kommunalobligationen) erfolgt. Zinsen auf US-amerikanische Schatzpapiere sind von kommunalen und einzelstaatlichen Steuern befreit. Von Unternehmen erzielte Zinseinkünfte werden ebenfalls zum Körperschaftsteuersatz versteuert.

Es gilt: Ist der Zinssatz gleich r und der Steuersatz gleich τ, erzielt der Anleger für jeden investierten Euro Zinsen in Höhe von r und muss Steuern in Höhe von $\tau \times r$ auf diese Zinsen entrichten. Somit entspricht der äquivalente Steuersatz nach Zinsen

Steuersatz nach Zinsen

$$r - (\tau \times r) = r\,(1 - \tau) \tag{5.8}$$

Durch Anwenden dieser Formel auf unser obiges Beispiel mit einem Zinssatz von 8 % und einem Steuersatz von 40 % bestimmen wir den Zinssatz von 8 % $\times$ (1 − 0,40) = 4,80 % nach Steuern.

Die gleiche Rechnung kann auch auf Darlehen angewandt werden. In einigen Fällen sind die Zinsen auf Darlehen steuerlich absetzbar.[8] In diesem Fall werden die Kosten der Zinszahlungen durch die Vorteile der steuerlichen Absetzbarkeit ausgeglichen. Der Nettoeffekt besteht darin, dass, wenn die Zinsen auf ein Darlehen steuerlich absetzbar sind, der effektive Zinssatz nach Steuern gleich $r\,(1 - \tau)$ ist. Mit anderen Worten bedeutet dies, die Möglichkeit zum Abzug der Steueraufwendungen senkt den auf das Darlehen gezahlten effektiven Zinssatz nach Steuern.

Beispiel 5.8: Vergleich von Zinssätzen nach Steuern

Fragestellung

Sie haben eine Kreditkarte mit einem r_{nom} von 14 % mit monatlicher Zinszahlung, ein Sparkonto mit r_{eff} von 5 % und ein Wohnungsbaudarlehen mit r_{nom} von 7 % mit monatlicher Zinszahlung. Ihr Einkommensteuersatz beträgt 40 %. Die Zinsen auf das Sparkonto sind steuerpflichtig und die auf das Wohnungsbaudarlehen zu zahlenden Zinsen können von der Steuer abgezogen werden. Wie hoch ist der effektive Zinssatz nach Steuern jedes Instrumentes als r_{eff} ausgedrückt? Sie möchten ein neues Auto kaufen und Ihnen wird ein Kredit mit r_{nom} = 4,8 % und monatlicher Zinszahlung (die nicht steuerlich absetzbar ist) angeboten. Sollten Sie den Autokredit beanspruchen?

Lösung

Da Steuern in der Regel jährlich gezahlt werden, wird zunächst jeder Zinssatz in einen effektiven Jahreszinssatz umgewandelt, um den tatsächlich im Laufe des Jahres erzielten oder gezahlten Zinsbetrag zu ermitteln. Das Sparkonto hat einen effektiven Jahreszinssatz von 5 %. Mithilfe von ▶Gleichung 5.3 bestimmen wir, dass der effektive Jahreszinssatz der Kreditkarte gleich $(1 + 0,14 : 12)^{12} - 1 = 14,93$ % und dass der effektive Jahreszinssatz des Wohnungsbaudarlehens gleich $(1 + 0,07 : 12)^{12} - 1 = 7,23$ % ist.

Als Nächstes berechnen wir für jeden Zinssatz den Zinssatz nach Steuern. Da die Kreditkartenzinsen nicht steuerlich absetzbar sind, ist der Zinssatz nach Steuern in diesem Fall gleich dem Zinssatz vor Steuern, er beträgt also 14,93 %. Der Zinssatz nach Steuern für das Wohnungsbaudarlehen, der in den USA steuerlich absetzbar ist, beträgt 7,23 % $\times$ (1 − 0,40) = 4,34 %. Der Zinssatz nach Steuern, der auf das Sparkonto erzielt wird, beläuft sich auf 5 % $\times$ (1 − 0,40) = 3 %.

Im nächsten Schritt wird der Autokredit betrachtet, dessen effektiver Jahreszinssatz $(1 + 0,048 : 12)^{12} - 1 = 4,91$ % entspricht. Die Zinsen sind nicht steuerlich absetzbar, sodass dieser Zinssatz auch dem Zinssatz nach Steuern entspricht. Deshalb ist der Autokredit nicht die billigste Quelle für Geldmittel. Hier wäre es am besten, Ersparnisse zu verwenden, die Opportunitätskosten in Höhe des Zinssatzes nach Steuern von 3 %, auf die verzichtet wurde, aufweisen. Sofern wir nicht über ausreichende Ersparnisse verfügen, sollte das Wohnungsbaudarlehen verwendet werden, das Kosten nach Steuern in Höhe von 4,34 % aufweist. Ganz sicher sollten hier die Mittel nicht über die Kreditkarte aufgenommen werden.

---

8 In den Vereinigten Staaten sind für Einzelpersonen Zinsen nur bei Eigenheimhypotheken oder Wohnungsbaudarlehen (bis zu bestimmten Grenzwerten), bestimmten Studentendarlehen und Darlehen für den Kauf von Wertpapieren steuerlich absetzbar. Zinsen auf andere Arten von Verbraucherdarlehen sind nicht steuerlich absetzbar, hingegen sind Zinsen auf Schulden für Unternehmen steuerlich absetzbar.

5.5 Die Opportunitätskosten des Kapitals

Wie in diesem Kapitel gezeigt wurde, schwanken die am Markt gegebenen Zinssätze aufgrund der Art und Weise wie sie angegeben werden, der Laufzeit der Anlage und des Risikos. Die tatsächliche, bei einem Investor verbleibende Rendite hängt darüber hinaus davon ab, wie die Zinsen besteuert werden. In diesem Kapitel wurden die Instrumente zur Berücksichtigung dieser Differenzen hergeleitet und Erkenntnisse darüber gewonnen, wie Zinssätze bestimmt werden.

Ein häufiger Fehler

Einzelne US-Staaten graben ein USD 3 Billionen tiefes Loch, weil sie einen falschen Kalkulationszins verwenden

Fast jeder Staat der USA bietet den Beschäftigten einen bestimmten Pensionsplan, der je nach Dauer der Beschäftigung beim Staat und des letzten Gehalts eine Rente garantiert. Diese zugesagten Zahlungen sind die Verbindlichkeiten des Plans, und da diese Zahlungen garantiert sind, lassen sie sich mit einer risikolosen Anleihe vergleichen. Um diese Verpflichtungen zu erfüllen, stellen die Staaten Gelder zur Verfügung und investieren sie in risikobehaftete Vermögenswerte wie Aktien oder Unternehmensanleihen.

Leider machten die Staaten einen häufigen und in dem Fall entscheidenden Fehler bei der Ermittlung ihres Finanzierungsbedarfs: Sie berechneten den Barwert der Verbindlichkeiten mittels eines willkürlich gewählten Kalkulationszinssatzes (meistens 8 %), der in keinem Verhältnis steht zum Ausmaß des Risikos der sich aus dem Plan ergebenden Verbindlichkeiten.

Da diese Verbindlichkeiten garantiert sind, ist der risikolose Zinssatz, der zurzeit weit unter 8 % liegt, der richtige Kalkulationszinssatz für die Verbindlichkeiten aus dem Pensionsplan.[9] Dieser Fehler hat dazu geführt, dass die Staaten den Wert ihrer Verbindlichkeiten extrem unterbewerteten – und unterfinanzierte Pensionspläne bedeuten für den Steuerzahler eine mögliche zukünftige Verpflichtung. Wie hoch ist diese Verpflichtung? Die Professoren Robert Novy-Marx und Joshua Rauh[10] rechneten aus, dass sich die Unterfinanzierung der Pensionen im Jahr 2008 auf insgesamt mindestens USD 3 *Billionen* belief. Sie schätzten auch, dass mit einer Wahrscheinlichkeit von weniger als 5 % in den nächsten 15 Jahren die Staaten in der Lage sein werden ihren Pensionsverpflichtungen nachzukommen, ohne sich an den Steuerzahler zu wenden. Noch schlimmer ist, dass die Staaten die Gelder sehr wahrscheinlich dann benötigen, wenn sich die Märkte in einem Abschwung befinden, genau dann, wenn die Steuerzahler am wenigsten in der Lage sind zu zahlen.

In ▶Kapitel 3 wurde argumentiert, dass der Marktzinssatz den Umrechnungskurs angibt, der zur Berechnung der Barwerte und zur Bewertung einer Investitionsmöglichkeit notwendig ist. Da aller-

---

9 Die Staaten rechtfertigen oft den Zinssatz von 8 % als die Rendite, die sie aus ihren Anlagen erwarten. Doch die Risiken aus ihren Anlagen sind nicht mit dem Risiko aus den Pensionsplänen vergleichbar (beispielsweise ist die Rendite der Aktien nicht garantiert). Dieses Argument ist daher grundsätzlich falsch.

10 R. Novy-Marx und J. Rauh, The Liabilities and Risks of State-Sponsored Pension Plans, Journal of Economic Perspectives, Volume 23, Number 4, Fall 2009.

dings so viele Zinssätze zur Auswahl stehen, ist der Begriff „Marktzinssatz" von Natur aus mehrdeutig. Deshalb beruht im weiteren Verlauf dieses Buchs der zur Bewertung von Cashflows verwendete Kalkulationszinssatz auf den *Opportunitätskosten des Kapitals* des Investors (*Kapitalkosten*), die der *besten am Markt verfügbaren erwarteten Rendite für eine Anlage mit vergleichbarem Risiko und vergleichbarer Laufzeit entsprechen.*

Die Kapitalkosten sind für ein Unternehmen, das Kapital von externen Investoren beschaffen möchte, eindeutig relevant. Um für Kapitalgeber attraktiv zu sein, muss das Unternehmen eine erwartete Rendite bieten, die der Rendite, die Investoren mit dem gleichen Risiko und Zeithorizont anderweitig erzielen könnten, entspricht. Die gleiche Logik gilt auch, wenn ein Unternehmen ein Projekt erwägt, das es intern finanzieren kann. Da alle in ein neues Projekt investierte Gelder auch an die Aktionäre zu einer anderweitigen Investition ausgezahlt werden könnten, sollte das neue Projekt nur eingegangen werden, wenn es eine bessere Rendite bietet als die anderen Investitionsmöglichkeiten der Aktionäre.

Somit sind die Opportunitätskosten des Kapitals der Maßstab, mit dem die Cashflows der neuen Anlage bewertet werden sollten. Bei einem risikolosen Projekt entspricht dies in der Regel dem Zinssatz auf US-amerikanische Schatzpapiere mit ähnlicher Laufzeit. Die Kapitalkosten für risikobehaftete Projekte übersteigen oft je nach Art und Ausmaß des Risikos diesen Betrag. In ▶TEIL IV des Lehrbuchs werden Instrumente zur Schätzung der Kapitalkosten für risikobehaftete Projekte vorgestellt.

Verständnisfragen

1. Was sind die Opportunitätskosten des Kapitals?
2. Warum bestehen selbst auf einem Wettbewerbsmarkt unterschiedliche Zinssätze?

Z U S A M M E N F A S S U N G

5.1 Wie Zinssätze angegeben und angepasst werden

- Der effektive Jahreszinssatz (r_{eff}) gibt den tatsächlich in einem Jahr erzielten Zinsbetrag an. r_{eff} kann als Kalkulationszinssatz für jährliche Cashflows verwendet werden.

- Bei einem gegebenen effektiven Jahreszinssatz r_{eff} ist der äquivalente Kalkulationszinssatz für ein Zeitintervall von n Jahren, wobei n auch ein Teil eines Jahres sein kann, gleich:

$$(1 + r)^n - 1 \qquad \text{(s. Gleichung 5.1)}$$

- Ein nominaler Jahreszins (r_{nom}) gibt den in einem Jahr erzielten Gesamtzinsbetrag ohne Berücksichtigung des Zinseszinseffektes an. Nominale Jahreszinssätze können nicht als Kalkulationszinssatz verwendet werden.

- Bei einem r_{nom} mit k Zinszahlungsintervallen im Jahr ist der pro Zinszahlungsintervall erzielte Zinserlös $r_{nom} : k$.

- Bei einem r_{nom} mit k Zinszahlungsintervallen im Jahr ist der r_{eff} gegeben durch:

$$1 + r_{eff} = \left(1 + \frac{r_{nom}}{k}\right)^k \qquad \text{(s. Gleichung 5.3)}$$

- Bei einem gegebenen nominalen Jahreszinssatz erhöht sich der effektive Jahreszinssatz mit der Häufigkeit der Zinszahlung.

5.2 Anwendung: Zinssätze und Darlehen

■ Darlehenszinssätze werden in der Regel als nominale Zinssätze angegeben, wobei das Zinszahlungsintervall des Nominalzinssatzes der Zahlungshäufigkeit entspricht.

■ Der ausstehende Saldo eines Darlehens ist bei einer Bewertung mithilfe des effektiven Zinssatzes pro Zahlungsintervall auf der Grundlage des Darlehenszinssatzes gleich dem Barwert der Darlehenszahlungen.

5.3 Die Determinanten von Zinssätzen

■ Angegebene Zinssätze sind nominale Zinssätze, mit denen die Wachstumsrate des investierten Geldes angegeben wird. Der reale Zinssatz gibt die inflationsbereinigte Wachstumsrate der Kaufkraft an.

■ Bei einem gegebenen nominalen Zinssatz r_{nom} und einer Inflationsrate i ist der reale Zinssatz gleich:

$$r_r = \frac{r - i}{1 + i} \approx r - i \qquad \text{(s. Gleichung 5.5)}$$

■ Die nominalen Zinssätze sind tendenziell hoch, wenn auch die Inflation hoch ist und niedrig, wenn die Inflation gering ist.

■ Höhere Zinssätze reduzieren tendenziell den Kapitalwert typischer Anlageprojekte. So erhöht die US-amerikanische Notenbank die Zinssätze, um Investitionen zu reduzieren und die Inflation zu bekämpfen, während sie die Zinssätze senkt, um Investitionen und Wirtschaftswachstum anzuregen.

■ Die Zinssätze schwanken je nach Zinsstruktur der Zinssätze mit dem Anlagehorizont. Die Kurve, in der Zinssätze als Funktion des Zeithorizontes eingetragen werden, wird als Zinsstrukturkurve bezeichnet.

■ Cashflows sollten mit dem ihrem Anlagehorizont entsprechenden Kalkulationszinssatz abgezinst werden. Daher ist der BW eines Zahlungsstroms gleich:

$$BW = \frac{C_1}{1 + r_1} + \frac{C_2}{(1 + r_2)^2} + \ldots + \frac{C_N}{(1 + r_N)^N} = \sum_{n=1}^{\infty} \frac{C_n}{(1 + r_n)^n} \qquad \text{(s. Gleichung 5.7)}$$

■ Die Formeln für Annuitäten und ewige Renten können nicht verwendet werden, wenn die Kalkulationszinssätze sich mit dem Anlagehorizont verändern.

■ Der Verlauf der Zinsstrukturkurve schwankt tendenziell mit den Erwartungen der Anleger im Hinblick auf das zukünftige Wirtschaftswachstum und die zukünftigen Zinssätze. Vor Rezessionen verläuft die Kurve tendenziell invers und nach dem Ende einer Rezession tendenziell steil.

5.4 Risiko und Steuern

■ Die Zinssätze auf Schatzpapiere des US-amerikanischen Staates werden als risikolose Zinssätze betrachtet. Da andere Kreditnehmer unter Umständen ihren Zahlungsverpflichtungen nicht nachkommen könnten, zahlen sie höhere Zinssätze auf ihre Kredite.

■ Der richtige Kalkulationszinssatz für einen Cashflow entspricht der auf dem Markt für andere Investitionen mit vergleichbarem Risiko und vergleichbarer Laufzeit verfügbaren erwarteten Rendite.

■ Werden die Zinsen auf eine Investition mit τ besteuert oder sind die Zinsen auf ein Darlehen steuerlich absetzbar, dann ist der effektive Zinssatz nach Steuern gleich

$$r(1 - \tau) \qquad \text{(s. Gleichung 5.8)}$$

5.5 Die Opportunitätskosten des Kapitals

- Die Opportunitätskosten des Kapitals sind die beste verfügbare erwartete Rendite, die am Markt für eine Investition mit vergleichbarem Risiko und vergleichbarer Laufzeit angeboten wird.

- Die Opportunitätskosten des Kapitals sind der Maßstab, mit dem die Cashflows einer neuen Investition bewertet werden sollten.

Z U S A M M E N F A S S U N G

Weiterführende Literatur

Die **Literaturhinweise** zu diesem Kapitel finden Sie auf unserer begleitenden Website zum Buch unter *www.pearson-studium.de.*

Aufgaben

1. Ihre Bank bietet Ihnen ein Konto, auf das für eine Einlage mit einer Laufzeit von zwei Jahren insgesamt 20 % Zinsen gezahlt werden. Bestimmen Sie den äquivalenten Kalkulationszinssatz für eine Periode mit einer Dauer von

   a. 6 Monaten.

   b. einem Jahr.

   c. einem Monat.

2. Capital One bewirbt einen Motorradkredit mit einer Laufzeit von 60 Monaten und einem nominalen Jahreszinssatz von 5,99 %. Wie hoch ist Ihre monatliche Zahlung, wenn Sie EUR 8.000 aufnehmen müssen, um Ihren Traum von einer Harley Davidson wahr zu machen?

3. 1975 betrugen die Zinssätze in den Vereinigten Staaten 7,85 % und die Inflationsrate belief sich auf 12,3 %. Wie hoch war der reale Zinssatz 1975? Wie könnte sich die Kaufkraft der Ersparnisse im Laufe des Jahres verändert haben?

4. Es sei angenommen, dass der Leihzinssatz von Wal Mart für fünf Jahre 3,1 % und der entsprechende Leihzinssatz von GE Capital 10 % beträgt. Was würden Sie bevorzugen? EUR 500, die Wal Mart heute zahlt, oder ein Versprechen, dass das Unternehmen Ihnen in fünf Jahren EUR 700 zahlen wird? Welche Variante würden Sie wählen, wenn GE Capital Ihnen die gleichen Alternativen anbieten würde?

Die **Antworten** zu diesen Fragen finden Sie auf unserer begleitenden Website zum Buch unter *www.pearson-studium.de.*

Anhang Kapitel 5: Stetige Zinssätze und Zahlungen

In diesem Anhang wird erörtert, wie Cashflows abgezinst werden, wenn Zinsen stetig gezahlt oder wenn Cashflows kontinuierlich erhalten werden.

Kalkulationszinssätze bei einem nominalen Jahreszinssatz mit stetiger Verzinsung

Einige Anlagen werden häufiger als täglich verzinst. Beim Übergang von einer täglichen zu einer stündlichen ($k = 24 \times 365$) und schließlich zu einer sekündlichen Verzinsung ($k = 60 \times 60 \times 24 \times 365$) erreichen wir die Grenze der stetigen Verzinsung, die für jeden Moment berechnet wird ($k = \infty$). ▶Gleichung 5.3 kann nicht zur Berechnung des Kalkulationszinssatzes aus einem angebotenen nominalen Jahreszinssatz auf der Grundlage einer stetigen Verzinsung verwendet werden. In diesem Fall wird der Kalkulationszinssatz für eine Periodendauer von einem Jahr, also r_{eff}, durch ▶Gleichung 5A.1 gegeben:

Effektiver Jahreszinssatz zu einem stetig verzinsten nominalen Jahreszinssatz

$$(1 + r_{eff}) = e^{r_{nom}}$$

$$(5A.1)$$

wobei die mathematische Konstante[11] $e = 2{,}71828\ldots$ ist. Nachdem der effektive Jahreszinssatz bekannt ist, kann der Kalkulationszinssatz für jede Länge der Zinszahlungsperiode mittels ▶Gleichung 5.1 bestimmt werden.

Alternativ dazu können wir ▶Gleichung 5A.1 durch Ableiten des natürlichen Logarithmus (ln) beider Seiten umkehren, wenn r_{eff} bekannt ist und der entsprechende, stetig verzinste nominale Jahreszinssatz bestimmt werden soll:[12]

Stetig verzinster nominaler Jahreszinssatz zu einem effektiven Jahreszinssatz

$$r_{nom} = \ln(1 + r_{eff})$$

$$(5A.2)$$

Stetig verzinste Zinssätze werden in der Praxis nicht oft verwendet. Von Zeit zu Zeit werden sie von Banken als Marketingtrick verwendet, doch besteht kaum ein Unterschied zwischen der täglichen und der stetigen Verzinsung. So wird bei einem nominalen Jahreszins von 6 % mit täglicher Verzinsung ein effektiver Jahreszinssatz von $(1 + 0{,}06 : 365)^{365} - 1 = 6{,}18313$ % erzielt, während der effektive Jahreszinssatz bei stetiger Verzinsung $e^{0{,}06} - 1 = 6{,}18365$ % beträgt.

Stetig eingehende Zahlungen

Wie kann der Barwert einer Investition berechnet werden, aus der stetige Zahlungen eingehen? Betrachten wir als Beispiel die Zahlungsströme eines Online-Buchladens: Das Unternehmen schätzt, dass es Cashflows von EUR 10 Millionen pro Jahr erhält. Diese EUR 10 Millionen gehen allerdings über das ganze Jahr und nicht am Jahresende ein, die EUR 10 Millionen werden also *kontinuierlich (stetig)* über das ganze Jahr gezahlt.

Der Barwert der kontinuierlich eingehenden Zahlungen kann mit einer Variante der Formel für die geometrisch wachsende ewige Rente berechnet werden. Gehen die Zahlungen ab sofort mit einer anfänglichen Rate von EUR C pro Jahr ein und steigen die Cashflows mit einer Rate g pro Jahr, so ist der Barwert der Cashflows bei einem (als effektivem Jahreszinssatz ausgedrückten Kalkulationszinssatz) r pro Jahr gleich:

---

11 Die potenzierte Konstante e wird auch als Funktion exp geschrieben, d.h. $e^{r_{nom}} = \exp(r_{nom})$. Diese Funktion ist in den meisten Tabellenkalkulationen und Rechnern integriert.

12 An dieser Stelle sei daran erinnert, dass $\ln(e^x) = x$.

Barwert einer stetig wachsenden ewigen Rente[13]

$$BW = \frac{C}{r_{cc} - g_{cc}} \tag{5A.3}$$

wobei $r_{cc} = \ln(1 + r)$ und $g_{cc} = \ln(1 + g)$ jeweils der Kalkulationszinssatz und die Wachstumsrate als stetig verzinste nominale Jahreszinssätze ausgedrückt sind.

Es besteht noch eine weitere Annäherungsmethode zum Umgang mit kontinuierlich eingehenden Zahlungen. Dabei entspricht C_1 den im ersten Jahr eingehenden gesamten Cashflows. Da die Cashflows im gesamten Jahr eingehen, kann man sie als „durchschnittlich" in der Mitte des Jahres eingehend betrachten. In diesem Fall sollten die Cashflows um 1/2 Jahr weniger abgezinst werden:

$$\frac{C}{r_{cc} - g_{cc}} \approx \frac{\overline{C_1}}{r - g} \times (1+r)^{1/2} \tag{5A.4}$$

In der Praxis funktioniert die Annäherung in ▶Gleichung 5A.4 gut. Allgemeiner formuliert bedeutet sie, dass wir bei kontinuierlich eingehenden Cashflows die Barwerte hinreichend genau berechnen können, indem wir annehmen, alle Cashflows würden für das Jahr in der Mitte des Jahres eingehen.

Beispiel 5A.1: Die Bewertung von Projekten mit kontinuierlichen Cashflows

Fragestellung

Ein Unternehmen erwägt, eine Ölbohrinsel zu kaufen. Die Ölbohrinsel wird zunächst 30 Millionen Barrel Öl pro Jahr produzieren. Das Unternehmen hat einen langfristigen Vertrag, der ihm den Verkauf des Öls mit einem Zahlungsüberschuss von EUR 1,25 pro Barrel ermöglicht. Wie viel wäre das Unternehmen für die Ölbohrinsel zu zahlen bereit, wenn die durch die Ölbohrinsel geförderte Menge Öl im Laufe des Jahres um 3 % sinkt (g) und der Kalkulationszinssatz 10 % pro Jahr (r_{eff}) beträgt?

Lösung

Nach den Schätzungen wird die Ölbohrinsel zunächst Überschüsse von (30 Millionen Barrel) × (EUR 1,25 pro Barrel) = EUR 37,5 Millionen pro Jahr erwirtschaften. Der Kalkulationszinssatz von 10 % ist gleich einem stetig verzinsten nominalen Jahreszinssatz $r_{cc} = \ln(1 + 0,10) = 9,531$ %. Desgleichen hat die Wachstumsrate einen nominalen Jahreszinssatz $g_{cc} = \ln(1 - 0,003) = 3,046$ %. Aus ▶Gleichung 5A.3 wissen wir, dass der Barwert der Zahlungsüberschüsse der Ölbohrinsel

$$BW(\text{Cashflows}) = 37,5 : (r_{cc} - g_{cc}) = 37,5 : (0,09531 + 0,03046) = \text{EUR } 298,16 \text{ Millionen}$$

beträgt.

Alternativ kann der Barwert eng angenähert werden: Der anfängliche Zahlungsüberschuss der Ölbohrinsel beträgt EUR 37,5 Millionen pro Jahr. Am Ende des Jahres wird der Zahlungsüberschuss um 3 % auf 37,5 × (1 − 0,03) = EUR 36,375 Millionen pro Jahr gesunken sein. Somit beträgt der durchschnittliche Zahlungsüberschuss während des Jahres ungefähr (37,5 + 36,375) : 2 = EUR 36,938 Millionen. Durch eine Bewertung der Cashflows, als ob diese in der Mitte jedes Jahres eingingen, erhalten wir:

$$BW(\text{Cashflows}) = \left[36,938 / (r - g)\right] \times (1+r)^{1/2}$$

$$= \left[36,938 / (0,10 + 0,03)\right] \times (1,10)^{1/2} = \text{EUR } 298,01 \text{ Millionen}$$

Zu beachten ist, dass mit beiden Verfahren sehr ähnliche Ergebnisse erzielt werden.

---

13 Mithilfe der Formel für die ewige Rente kann eine Annuität als Differenz zwischen zwei ewigen Renten bewertet werden.

Abkürzungen

- K Kuponzahlung auf eine Anleihe
- n Periodenzahl
- r_{eff} Effektivverzinsung, effektiver Jahreszins
- P Ausgabekurs einer Anleihe
- NOM Nennwert (Nominalwert) einer Anleihe
- $r_{eff,\,n}$ Effektivverzinsung einer Nullkuponanleihe mit n Perioden bis zur Fälligkeit
- r_n Zinssatz oder Kalkulationszinssatz für einen Cashflow, der in Periode n eintritt
- BW Barwert
- ZZR Abkürzung für die Periodenzahl oder das Datum des letzten Cashflows in Annuitätentabellen
- $ZINS$ Abkürzung für den Zinssatz in Annuitätentabellen
- RMZ Abkürzung für Cashflow in Annuitätentabellen
- f_n einjähriger Terminzinssatz für Jahr n

Die Bewertung von Anleihen

6

ÜBERBLICK

Nach einer Unterbrechung von vier Jahren gab der US-amerikanische Staat im August 2005 zum ersten Mal wieder Treasury Bonds mit einer Laufzeit von 30 Jahren heraus. Obwohl dieser Schritt zumindest teilweise darauf zurückzuführen war, dass die Regierung Geld zur Finanzierung des Rekordhaushaltsdefizites benötigte, erfolgte die Entscheidung, die Anleihen mit dreißigjähriger Laufzeit zu begeben, auch als Reaktion auf die Nachfrage der Anleger nach langfristigen, risikolosen, durch den US-amerikanischen Staat gedeckten Wertpapieren. Diese neuen Treasury Bonds mit dreißigjähriger Laufzeit sind Teil eines viel größeren Marktes für öffentlich gehandelte Anleihen. Im Januar 2012 hatten die gehandelten Schuldverschreibungen des US-amerikanischen Finanzministeriums einen Wert von etwa USD 10 Billionen, USD 2 Billionen mehr als der Wert aller börslich gehandelten US-Unternehmensanleihen. Unter Berücksichtigung der von Kommunen, Regierungsbehörden und sonstigen Emittenten begebenen Anleihen hatten die Anleger beinahe USD 37 Billionen auf den US-Anleihemärkten investiert – verglichen mit USD 15 Billionen, die auf den US-Aktienmärkten angelegt waren.[1]

In diesem Kapitel werden die grundlegenden Arten von Anleihen und deren Bewertung betrachtet. Kenntnisse über Anleihen und deren Preisbildung sind aus mehreren Gründen nützlich: Erstens können die Preise risikoloser Staatsanleihen zur Bestimmung des risikolosen Zinssatzes verwendet werden, mit der die in ▸Kapitel 5 erörterte Zinsstrukturkurve erstellt wird. Wie dort aufgezeigt, enthält die Zinsstrukturkurve wichtige Informationen für die Bewertung der risikolosen Cashflows und die Beurteilung der Erwartungen im Hinblick auf die Inflation und das wirtschaftliche Wachstum. Zweitens begeben Unternehmen häufig Anleihen, um ihre eigenen Investitionen zu finanzieren, und die von den Investoren auf diese Anleihen erzielten Renditen sind einer der Faktoren, die die Kapitalkosten des Unternehmens bestimmen. Zudem bieten Anleihen eine Möglichkeit, die Untersuchung der Preisbildung von Wertpapieren auf einem Wettbewerbsmarkt zu beginnen. Die in diesem Kapitel entwickelten Konzepte sind insbesondere für das Thema der Bewertung von Aktien in ▸Kapitel 9 hilfreich.

Am Anfang dieses Kapitels werden die zugesagten Cashflows für verschiedene Arten von Anleihen bewertet. Bei den gegebenen Cashflows einer Anleihe kann das Gesetz des einheitlichen Preises herangezogen werden, um die Rendite der Anleihe unmittelbar mit deren Preis in Beziehung zu setzen. Überdies wird beschrieben, wie sich Anleihepreise im Laufe der Zeit dynamisch ändern, und die Beziehungen zwischen den Preisen und Renditen verschiedener Anleihen werden untersucht. Schließlich werden Anleihen betrachtet, bei denen ein Ausfallrisiko besteht, weshalb deren Cashflows nicht mit Sicherheit bekannt sind. Ein wichtiger Punkt ist auch zu untersuchen, wie sich Unternehmens- und Staatsanleihen in der jüngsten Wirtschaftskrise verhalten haben.

6.1 Cashflows, Preise und Renditen von Anleihen

In diesem Abschnitt wird betrachtet, wie Anleihen definiert werden. Danach wird die grundlegende Beziehung zwischen den Anleihepreisen und der Effektivverzinsung der Anleihen untersucht.

Anleiheterminologie

Aus ▸Kapitel 3 ist bekannt, dass eine Anleihe ein von Staaten und Unternehmen verkauftes Wertpapier ist zur heutigen Beschaffung von Kapital von Anlegern gegen zugesagte Zahlungen in der Zukunft. Die Bedingungen der Anleihen werden als Teil der **Anleiheurkunde**[2] festgelegt, in der die Beträge und Zeitpunkte aller zur leistenden Zahlungen angegeben werden. Diese Zahlungen erfolgen bis zum endgültigen Rückzahlungstermin, der als **Fälligkeitstermin** der Anleihe bezeichnet wird. Die bis zum Rückzahlungstermin verbleibende Zeit wird als **Laufzeit** der Anleihe bezeichnet.

---

1 Quellen: Standard & Poor's Indexes, *www.djindexes.com* und Securities Industry and Financial Markets Association, *www.sifma.org*.

2 Die ausgedruckte Anleiheurkunde besteht aus Mantel und Bogen. Der Mantel verbrieft die Forderungen des Gläubigers und enthält die Anleihebedingungen. Der Bogen besteht aus den Kupons, die abgetrennt werden, um die Zinszahlungen zu erhalten. Heutzutage werden allerdings die meisten Anleiheurkunden nicht mehr ausgedruckt.

Aus Anleihen erfolgen normalerweise zwei Arten von Zahlungen an die Inhaber: Die zugesagten Zinszahlungen einer Anleihe werden als **Kupons** bezeichnet. Im Anleiheschein wird festgelegt, dass die Kupons bis zum Fälligkeitstermin der Anleihe regelmäßig (z. B. halbjährlich oder jährlich) bezahlt werden. Die Schuldsumme bzw. der **Nennwert** einer Anleihe ist der nominale Betrag, der zur Berechnung der Zinszahlungen verwendet wird. Der Nennwert wird in der Regel bei Fälligkeit zurückgezahlt. Der Nennwert wird in Standardstückelungen, wie beispielsweise EUR 1.000, angegeben. Eine Anleihe mit einem Nennwert von EUR 1.000 wird beispielsweise häufig als „EUR 1.000 Anleihe" bezeichnet.

Der Betrag jeder Kuponzahlung wird durch den **Kuponzins** der Anleihe bestimmt. Dieser Kuponzins wird durch den Emittenten festgelegt und auf der Anleiheurkunde angegeben. Gewöhnlich wird der Kuponzins als Jahreszins angegeben. Somit ist der Betrag jeder Kuponzahlung K gleich:

Kuponzahlung

$$K = \frac{\text{Kuponzins} \times \text{Nennwert}}{\text{Anzahl der Kuponzahlungen pro Jahr}} \tag{6.1}$$

So werden beispielsweise auf eine „EUR 1.000-Anleihe mit einem Kuponzins von 10 % und halbjährlichen Zahlungen" alle sechs Monate Kuponzahlungen von EUR 1.000 × 10 % : 2 = EUR 50 geleistet.

Nullkuponanleihen

Die einfachste Form der Anleihe ist eine **Nullkuponanleihe** oder **Zerobond**: eine Anleihe, auf die keine Kuponzahlungen geleistet werden. Die einzige Geldzahlung, die der Anleger erhält, ist der Nennwert der Anleihe zum Fälligkeitstermin. **Treasury Bills**, US-amerikanische Schatzwechsel mit einer Laufzeit von bis zu einem Jahr, sind Nullkuponanleihen. Aus ▶Kapitel 4 ist bekannt, dass der Barwert eines zukünftigen Cashflows niedriger ist als der Cashflow selbst. Infolgedessen ist vor dem Fälligkeitstermin der Preis einer Nullkuponanleihe niedriger als ihr Nennwert. Das heißt, Nullkuponanleihen werden **unter pari** (zu einem niedrigeren Preis als dem Nennwert) gehandelt. Deshalb werden sie auch als **Diskontanleihen** bezeichnet.

Angenommen eine einjährige, risikolose Nullkuponanleihe mit einem Nennwert von EUR 100.000 hat einen Anfangspreis von EUR 96.618,36. Kauft ein Anleger diese Anleihe und hält sie bis zum Fälligkeitstermin, würden folgende Cashflows entstehen:

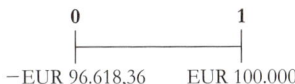

Obwohl auf die Anleihe keine direkten „Zinsen" gezahlt werden, wird der Investor für den Zeitwert seines Geldes entschädigt, indem er die Anleihe mit einem Abschlag auf ihren Nennwert kauft.

Effektivverzinsung. Wir erinnern uns, dass der IZF einer Anlagemöglichkeit gleich dem Kalkulationszinssatz ist, zu dem der Kapitalwert der Cashflows der Anlagemöglichkeit gleich null ist. Der IZF einer Anlage in eine Nullkuponanleihe entspricht der Rendite, die Investoren auf ihr Geld erzielen, wenn sie die Anleihe zum aktuellen Preis kaufen und bis zu ihrer Fälligkeit halten. Der IZF einer Investition in eine Anleihe hat die besondere Bezeichnung **Effektivverzinsung** (r_{eff}) oder wird einfach *Rendite* genannt:

Die Effektivverzinsung einer Anleihe entspricht dem Kalkulationszinssatz, zu dem der Barwert der zugesagten Zahlungen aus der Anleihe dem aktuellen Marktpreis der Anleihe gleichgesetzt wird.

Intuitiv entspricht die Effektivverzinsung einer Nullkuponanleihe der Rendite, die ein Investor aus dem Besitz der Anleihe bis zur Fälligkeit und dem Erhalt der zugesagten Nennwertzahlung erzielt.

Im Folgenden soll die Effektivverzinsung der bereits erörterten einjährigen Nullkuponanleihe bestimmt werden. Definitionsgemäß löst die Effektivverzinsung der einjährigen Anleihe die folgende Gleichung:

$$96.618,36 = \frac{100.000}{1 + r_{eff\,1}}$$

In diesem Fall gilt:

$$1 + r_{eff\,1} = \frac{100.000}{96.618,36} = 1,035$$

Die Effektivverzinsung für diese Anleihe beträgt somit 3,5 %. Da die Anleihe risikolos ist, entspricht die Investition in diese Anleihe und deren Besitz bis zur Fälligkeit dem Erzielen eines Zinssatzes von 3,5 % auf die Anfangsinvestition. Somit ist nach dem Gesetz des einheitlichen Preises der risikolose Wettbewerbszinssatz gleich 3,5 %. Das heißt, alle einjährigen, risikolosen Anlagen müssen Zinsen von 3,5 % erzielen.

Desgleichen ergibt sich aus der Effektivverzinsung $r_{eff,\,n}$ für eine Nullkuponanleihe mit n Perioden bis zur Fälligkeit, dem aktuellen Preis P und dem Nennwert NOM folgender Zusammenhang:

$$P = \frac{NOM}{(1 + r_{eff,\,n})^n} \qquad (6.2)$$

Durch Umstellen dieses Ausdrucks erhalten wir die

Effektivverzinsung $r_{eff,\,n}$ einer Nullkuponanleihe mit einer Laufzeit von n Jahren

$$r_{eff,\,n} = \left(\frac{NOM}{P}\right)^{1/n} - 1 \qquad (6.3)$$

Die Effektivverzinsung ($r_{eff,\,n}$) in ▸Gleichung 6.3 entspricht der Rendite pro Periode für das Halten der Anleihe von heute bis zur Fälligkeit zum Zeitpunkt n.

Beispiel 6.1:   Renditen für verschiedene Fälligkeiten

Fragestellung

Die folgenden Nullkuponanleihen werden zu den unten angegebenen Preisen pro EUR 100 Nennwert gehandelt. Bestimmen Sie die entsprechenden Spotzinssätze, durch die die Nullkuponzinsstrukturkurve festgelegt wird.

Fälligkeit	1 Jahr	2 Jahre	3 Jahre	4 Jahre
Preis	EUR 96,62	EUR 92,45	EUR 87,63	EUR 83,06

Lösung

Mithilfe von ▸Gleichung 6.3 bestimmen wir:

$r_{eff,\,1} = (100 : 96,62) \quad - 1 = 3,50\ \%$

$r_{eff,\,2} = (100 : 92,45)^{1/2} - 1 = 4,00\ \%$

$r_{eff,\,3} = (100 : 87,63)^{1/3} - 1 = 4,50\ \%$

$r_{eff,\,4} = (100 : 83,06)^{1/4} - 1 = 4,75\ \%$

Risikolose Zinssätze. In vorangegangenen Kapiteln wurde bereits der Marktzinssatz r_n erörtert, der für risikolose Cashflows von heute bis zum Zeitpunkt n verfügbar ist. Dieser Zinssatz wurde als Kapitalkosten für einen risikolosen Cashflow verwendet, der zum Zeitpunkt n anfällt. Da eine Null-kuponanleihe ohne Ausfallrisiko, die zum Zeitpunkt n fällig wird, über den gleichen Zeitraum eine risikolose Rendite bietet, garantiert das Gesetz des einheitlichen Preises, dass der risikolose Zinssatz gleich der Rendite einer solchen Anleihe bis zu ihrer Fälligkeit ist.

Risikoloser Zinssatz mit Fälligkeit n

$$r_n = r_{eff,\,n} \qquad\qquad (6.4)$$

Infolgedessen wird die Effektivverzinsung von risikolosen Nullkuponanleihen der entsprechenden Fälligkeit häufig als *der* risikolose Zinssatz bezeichnet. Einige Finanzexperten verwenden für diese Nullkuponrenditen ohne Ausfallrisiko auch den Begriff **Spotzins**.

DIE GLOBALE FINANZKRISE

Reine Nullkuponanleihen notieren über pari

Am 9. Dezember 2008, mitten in einer der schlimmsten Finanzkrisen der Geschichte, geschah das Undenkbare: Zum ersten Mal seit der Weltwirtschaftskrise wurden US-amerikanische Treasury Bills (Schatzwechsel) mit einer negativen Rendite gehandelt. Das heißt, diese risiko-losen Nullkuponanleihen wurden über pari gehandelt. Bloomberg.com meldete damals: „Wer-den zum heutigen negativen Kalkulationszinssatz von 0,01 % USD 1 Million in dreimonatige Treasury Bills zu einem Preis von 100,002556 investiert, so erhält der Anleger bei Fälligkeit den Pariwert mit einem Verlust von USD 25,56."

Ein negativer Ertrag aus einer Treasury Bill bedeutet, dass die Anleger eine Arbitragemöglich-keit haben: Durch den *Verkauf* der Anleihe und das Halten der Erlöse in Geld würden sie einen risikolosen *Gewinn* von USD 25,56 erzielen. Warum haben sich die Anleger nicht auf diese Arbitragemöglichkeit gestürzt und sie damit letztlich eliminiert?

Erstens bestanden die negativen Renditen nicht sehr lange, was darauf hindeutet, dass die Anleger tatsächlich diese Möglichkeit sehr schnell genutzt haben. Zweitens könnte sich diese Möglichkeit bei genauerer Betrachtung doch nicht als sichere, risikolose Arbitragemöglichkeit erwiesen haben. Verkauft ein Anleger ein Treasury-Wertpapier, muss er sich entscheiden, wo er den Erlös investieren oder wo er das Geld halten will. In normalen Zeiten wären die Investoren zufrieden, die Erlöse bei einer Bank anzulegen und würden diese Anlage als risikolos betrach-ten. Allerdings waren die Zeiten zu diesem Zeitpunkt nicht normal: Viele Anleger waren sehr besorgt über die finanzielle Stabilität von Banken und anderen Finanzinstituten. Vielleicht schreckten die Investoren vor dieser „Arbitragemöglichkeit" zurück, da sie besorgt waren, dass das Geld, das sie erhalten würden, *nirgendwo* sicher angelegt werden könnte. Selbst wenn das Geld „unter die Matratze" gelegt wird, besteht die Gefahr eines Diebstahls! Damit kann der Betrag von USD 25,56 als derjenige Preis betrachtet werden, den die Investoren zu zahlen bereit waren, damit das US-amerikanische Finanzministerium zu einem Zeitpunkt, als keine andere Investition wirklich sicher schien, ihr Geld sicher für sie verwahrt.

Im Juli 2012 wiederholte sich dieses Phänomen in Europa, als die Anleger neu begebene deut-sche Staatsanleihen kauften, die eine negative Rendite von −0,06 % aufwiesen. Die negative Rendite spiegelte die Sorge über die Sicherheit der europäischen Banken wider. Außerdem beunruhigte die Anleger der Gedanke, dass Länder wie Deutschland ihre Schulden auf eine neue stärkere Währung umstellen könnten, falls die Währungszone auseinanderbrechen sollte. Die Anleger waren deshalb möglicherweise bereit, zur Absicherung gegen das Risiko der Auf-lösung der Währungszone eine negative Rendite in Kauf zu nehmen.

In ▸Kapitel 5 wurde die Zinsstrukturkurve eingeführt, auf der der risikolose Zinssatz für verschiedene Fälligkeiten abgetragen wird. Diese risikolosen Zinssätze entsprechen den Renditen risikoloser Nullkuponanleihen. Daher wird die in ▸Kapitel 5 eingeführte Zinsstrukturkurve auch als **Nullkuponzinsstrukturkurve** bezeichnet.

Kuponanleihen

Wie bei Nullkuponanleihen erhalten die Investoren bei Fälligkeit den Nennwert von **Kuponanleihen**. Überdies werden auf diese Anleihen auch regelmäßige Kuponzinszahlungen geleistet. Derzeit werden auf den Finanzmärkten zwei Arten von Kuponanleihen des US-amerikanischen Finanzministeriums gehandelt: **Treasury Notes**, die ursprüngliche Laufzeiten von einem bis zehn Jahre haben, und **Treasury Bonds**, die ursprüngliche Laufzeiten von mehr als zehn Jahren haben.

Kuponanleihen mit der Bundesrepublik Deutschland als Schuldner, die bei Emission eine Laufzeit zwischen zehn und dreißig Jahren aufweisen, werden als **Bundesanleihen** bezeichnet. Die Bundesrepublik Deutschland begibt auch Kuponanleihen mit einer Laufzeit von fünf Jahren. Diese werden als **Bundesobligationen** bezeichnet. Bei **Bundesanleihen** und **Bundesobligationen** erfolgen die Kuponzahlungen üblicherweise einmal jährlich. **Finanzierungsschätze** mit einer Laufzeit von einem Jahr und zwei Jahren werden von der Bundesrepublik Deutschland als Nullkuponanleihen begeben. Weitere Hinweise finden sich unter *www.deutsche-finanzagentur.de*.

Beispiel 6.2:   Die Cashflows einer Kuponanleihe

Fragestellung

Das US-amerikanische Finanzministerium hat gerade eine USD 1.000-Anleihe mit fünfjähriger Laufzeit und halbjährlichen Kuponzahlungen begeben. Der Nominalzins beträgt 5 %. Welche Cashflows erhält der Investor, wenn er diese Anleihe bis zu ihrer Fälligkeit hält?

Lösung

Der Nennwert dieser Anleihe beträgt USD 1.000. Da auf diese Anleihe halbjährliche Kuponzahlungen geleistet werden, wissen wir aus ▸Gleichung 6.1, dass der Investor alle sechs Monate eine Kuponzahlung in Höhe von K = USD 1.000 × 5 % : 2 = USD 25 erhält. Im Folgenden wird ein Zeitstrahl auf der Grundlage einer Periode von sechs Monaten dargestellt:

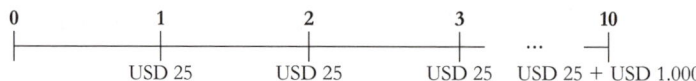

Hierbei ist zu beachten, dass die letzte Zahlung heute in fünf Jahren (10 Perioden von sechs Monaten) erfolgt und aus einer Kuponzahlung von USD 25 und der Zahlung des Nennwertes von USD 1.000 besteht.

Auch die Effektivverzinsung einer Kuponanleihe kann berechnet werden. Es ist bereits bekannt, dass die Effektivverzinsung einer Anleihe gleich dem IZF der Investition in die Anleihe und des Besitzes bis zu ihrer Fälligkeit ist. Damit entspricht die Effektivverzinsung dem *einzigen* Kalkulationszinssatz, zu dem der Barwert der verbleibenden Cashflows der Anleihe, wie im folgenden Zeitstrahl dargestellt, deren aktuellem Preis entspricht:

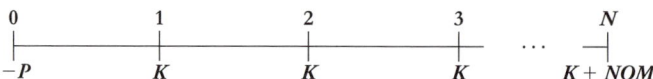

Da die Kuponzahlungen eine Annuität darstellen, entspricht die Effektivverzinsung dem Zinssatz y, mit dem die folgende Gleichung gelöst wird:[3]

Effektivverzinsung einer Kuponanleihe

$$P = K \times \frac{1}{y}\left(1 - \frac{1}{(1+y)^N}\right) + \frac{NOM}{(1+y)^N} \tag{6.5}$$

Anders als im Fall der Nullkuponanleihen gibt es leider keine einfache Formel, um direkt nach der Effektivverzinsung aufzulösen. Stattdessen muss entweder mithilfe von Versuch und Irrtum oder der in ▶Kapitel 4 vorgestellten Annuitätentabelle (oder der IZF-Funktion in Excel) vorgegangen werden.

Bei der Berechnung der Effektivverzinsung einer Anleihe durch Lösen der ▶Gleichung 6.5 wird die Rendite als Zinssatz pro *Kuponintervall* berechnet. Diese Rendite wird in den USA in der Regel durch Multiplizieren mit der Anzahl Kupons pro Jahr, das heißt durch Umstellen auf einen nominalen Jahreszinssatz mit dem gleichen Zinszahlungsintervall wie der Kuponzinssatz, als Jahreszinssatz angegeben (Effektivzins nach US-Konvention).[4]

Beispiel 6.3: Berechnung der Effektivverzinsung einer Kuponanleihe

Fragestellung
Wir betrachten die in ▶Beispiel 6.2 bereits beschriebene Anleihe von USD 1.000 mit einem Kuponzins von 5 % und halbjährlichen Kuponzahlungen. Wie hoch ist die Effektivverzinsung der Anleihe, wenn sie aktuell zu einem Preis von USD 957,35 gehandelt wird?

Lösung
Da auf die Anleihe noch 10 Kuponzahlungen ausstehen, wird die Rendite y durch Auflösen der folgenden Gleichung berechnet:

$$957,35 = 25 \times \frac{1}{y}\left(1 - \frac{1}{(1+y)^{10}}\right) + \frac{1.000}{(1+y)^{10}}$$

Dies kann durch Versuch und Irrtum oder mithilfe der Annuitätentabelle gelöst werden:

	ZZR	ZINS	BW	RMZ	ZW	Excel-Formel
Gegeben	10		−957,35	25	1.000	
Auflösen nach ZINS		3,00 %				=ZINS(10;25;−957,35;1000)

Deshalb gilt $y = 3\ \%$. Da auf die Anleihe halbjährlich Kuponzahlungen geleistet werden, entspricht dies der Rendite für einen Zeitraum von sechs Monaten. Zur Umrechnung auf einen Jahreszins wird diese Rendite mit der Anzahl Kuponzahlungen pro Jahr multipliziert. Damit hat die Anleihe bei halbjährlicher Zinszahlung eine Effektivverzinsung von 6 % nach US-Konvention. Nach deutscher Preisangabenverordnung (PAngV) ergibt sich eine Rendite bzw. ein effektiver Zinssatz von $[(1 + 0{,}03)^2] - 1 = 6{,}09\ \%$.

---

3 In ▶Gleichung 8.5 wurde angenommen, dass die erste Kuponzahlung heute in einer Periode erfolgt. Erfolgt die erste Kuponzahlung in weniger als einer Periode, kann der Barpreis der Anleihe durch Anpassung des Preises in ▶Gleichung 8.5 durch Multiplizieren mit $(1 + y)^f$ bestimmt werden, wobei f der Anteil des Kuponintervalls ist, der bereits vergangen ist. (Überdies werden Anleihepreise häufig auch als *Clean Price* angegeben, der durch den Abzug des Betrags, der als Stückzins *(aufgelaufene Zinsen)* bezeichnet wird und gleich $f \times K$ ist, vom Barpreis P berechnet wird. Siehe dazu den Exkurs „Preis mit und ohne Berücksichtigung von Stückzinsen für Kuponanleihen" in diesem Kapitel.

4 In Europa gelten andere Konventionen. Diese werden in Deutschland in der PAngV geregelt. Dort wird der effektive Jahreszins einer Kuponanleihe mit x Kuponzahlungen pro Jahr in Abhängigkeit des effektiven Zinssatzes pro Kuponintervall wie folgt ermittelt: $r_{eff} = \left[(1 + \text{effektiver Zinssatz je Kuponintervall})^x\right] - 1$.

Zur Berechnung des Preises einer Anleihe auf der Grundlage ihrer Effektivverzinsung kann auch ▶Gleichung 6.5 herangezogen werden. Hier werden die Cashflows einfach mithilfe der Rendite wie in ▶Beispiel 6.4 dargestellt abgezinst.

Beispiel 6.4: **Berechnung des Preises einer Anleihe aus deren Effektivverzinsung**

Fragestellung

An dieser Stelle soll erneut die in ▶Beispiel 6.3 dargestellte Anleihe von USD 1.000 mit fünf-jähriger Laufzeit, einem Kuponzins von 5 % und halbjährlicher Kuponzahlung betrachtet wer-den. Sie erfahren, dass die Effektivverzinsung der Anleihe auf 6,30 %, als Jahreszins nach US-Konvention mit halbjährlicher Zinszahlung ausgedrückt, gestiegen ist. Zu welchem Preis wird die Anleihe nun gehandelt?

Lösung

Bei der gegebenen Rendite kann der Preis mithilfe der ▶Gleichung 6.5 berechnet werden. Zunächst ist zu beachten, dass ein Jahreszins nach US-Konvention von 6,30 % einem halbjähr-lichen Zinssatz von 3,15 % entspricht. Damit ist der Preis der Anleihe gleich:

$$P = 25 \times \frac{1}{0,0315} \left(1 - \frac{1}{1,0315^{10}} \right) + \frac{1.000}{1,0315^{10}} = \text{USD } 944,98$$

Außerdem kann auch die Annuitätentabelle verwendet werden:

	ZZR	ZINS	BW	RMZ	ZW	Excel-Formel
Gegeben	10	3,15 %		25	1.000	
Auflösen nach BW			−944,98			=BW(0,0315;10;25;1000)

Da jeder Preis in eine Rendite umgewandelt werden kann und umgekehrt, sind Preise und Ren-diten häufig austauschbar. So könnte beispielsweise die Anleihe in ▶Beispiel 6.4 als Anleihe mit einer Rendite von 6,30 % oder einem Preis von USD 944,98 pro USD 1.000 Nennwert angegeben werden. Tatsächlich geben Anleihehändler gewöhnlich Anleiherenditen und nicht Anleihepreise an. Ein Vorteil der Angabe der Effektivverzinsung anstelle des Preises liegt darin, dass die Rendite vom Nennwert der Anleihe unabhängig ist. Wenn auf dem Anleihemarkt Preise angegeben werden, erfolgt dies üblicherweise als Prozentsatz des Nennwertes. Damit würde die Anleihe in ▶Beispiel 6.4 mit einem Preis von 94,498 angegeben werden, was bei dem Nennwert der Anleihe von USD 1.000 einen tatsächlichen Preis von USD 944,98 bedeuten würde.

Verständnisfragen

1. Welche Beziehung besteht zwischen dem Preis einer Anleihe und deren Effektivverzin-sung?

2. Der risikolose Zinssatz für eine Laufzeit von n Jahren kann aus der Rendite welcher Art von Anleihe bestimmt werden?

6.2 Das dynamische Verhalten von Anleihepreisen

Wie bereits erwähnt, werden Nullkuponanleihen unter pari gehandelt. Das heißt, dass der Preis vor der Fälligkeit niedriger ist als der jeweilige Nennwert. Kuponanleihen können **unter pari**, **über pari** (zu einem Preis, der höher als ihr Nennwert ist) oder **zu pari** (zu einem ihrem Nennwert entspre-chenden Preis) gehandelt werden. Im folgenden Abschnitt wird dargelegt, wann eine Anleihe unter pari oder über pari gehandelt wird und wie sich die Preise einer Anleihe im Laufe der Zeit und aufgrund von Schwankungen der Zinssätze verändern.

Abschläge und Aufschläge

Wird die Anleihe mit einem Preisabschlag gehandelt, erzielt der Käufer der Anleihe eine Rendite *sowohl* aus dem Erhalt der Kuponzahlungen *als auch* aus dem Erhalt eines Nennwertes, der den für die Anleihe gezahlten Preis übersteigt. Infolgedessen übersteigt die Effektivverzinsung einer Anleihe, wenn diese mit einem Abschlag gehandelt wird, den Kuponzins. Aufgrund der Beziehung zwischen Anleihepreisen und -renditen trifft dies auch umgekehrt zu: Übersteigt die Effektivverzinsung einer Kuponanleihe den Kuponzins, so ist der Barwert ihrer Cashflows bei der Effektivverzinsung niedriger als ihr Nennwert und die Anleihe wird mit einem Abschlag gehandelt.

Eine Anleihe, auf die Kuponzahlungen geleistet werden, kann auch zu einem Wert über ihrem Nennwert gehandelt werden. In diesem Fall verringert sich die Rendite des Anlegers aus den Kupons durch den Erhalt eines Nennwertes, der niedriger ist als der für die Anleihe gezahlte Preis. Somit wird eine Anleihe über pari gehandelt, wenn ihre Effektivverzinsung geringer als ihr Kuponzins ist.

Wird eine Anleihe zu einem ihrem Nennwert entsprechenden Preis gehandelt, wird dies als „zu pari" bezeichnet. Eine Anleihe wird zu pari gehandelt, wenn ihr Kuponzins gleich ihrer Effektivverzinsung ist. Eine Anleihe, die mit einem Abschlag gehandelt wird, wird auch als „unter pari" bezeichnet, während eine Anleihe, die mit einem Aufschlag gehandelt wird, als „über pari" bezeichnet wird.

Diese Merkmale der Preise von Kuponanleihen werden in ▶Tabelle 6.1 zusammengefasst.

Tabelle 6.1

Anleihepreise unmittelbar nach einer Kuponzahlung

Wenn der Anleihepreis	höher als der Nennwert ist,	gleich dem Nennwert ist,	niedriger als der Nennwert ist,
wird dies als	„über pari" oder „mit einem Aufschlag" bezeichnet.	„zu pari" bezeichnet.	„unter pari" oder „mit einem Abschlag" bezeichnet.
Dies geschieht, wenn	Kuponzins > Effektivverzinsung	Kuponzins = Effektivverzinsung	Kuponzins < Effektivverzinsung

Beispiel 6.5: Bestimmung des Abschlags oder Aufschlags einer Kuponanleihe

Fragestellung

Es werden drei Anleihen mit dreißigjähriger Laufzeit und jährlichen Kuponzahlungen betrachtet. Eine Anleihe hat einen Kuponzins von 10 %, eine andere Anleihe hat einen Kuponzins von 5 % und eine weitere einen Kuponzins von 3 %. Wie hoch ist der Preis jeder Anleihe pro EUR 100 Nennwert, wenn die Effektivverzinsung jeder Anleihe 5 % beträgt? Welche Anleihe wird über pari, welche wird unter pari und welche wird zu pari gehandelt?

Lösung

Der Preis jeder Anleihe kann mithilfe der ▶Gleichung 6.4 berechnet werden. Demzufolge sind die Anleihepreise gleich

$$P\,(10\,\%\,\text{Kupon}) = 10 \times \frac{1}{0{,}05}\left(1 - \frac{1}{1{,}05^{30}}\right) + \frac{100}{1{,}05^{30}} = \text{EUR } 176{,}86 \ (\text{über pari gehandelt})$$

$$P\,(5\ \%\ \text{Kupon}) = 5 \times \frac{1}{0{,}05}\left(1 - \frac{1}{1{,}05^{30}}\right) + \frac{100}{1{,}05^{30}} = \text{EUR } 100{,}00 \ \ (\text{zu pari gehandelt})$$

$$P\,(3\ \%\ \text{Kupon}) = 3 \times \frac{1}{0{,}05}\left(1 - \frac{1}{1{,}05^{30}}\right) + \frac{100}{1{,}05^{30}} = \text{EUR } 69{,}26 \ \ (\text{unter pari gehandelt})$$

Die meisten Emittenten von Kuponanleihen wählen einen Kuponzins, der so gestaltet ist, dass die Anleihen *zunächst* zu oder beinahe zu pari, das heißt zum Nennwert, gehandelt werden. Beispielsweise legt das US-amerikanische Finanzministerium die Kuponzinsen auf die Treasury Notes und Bonds auf diese Weise fest. Nach dem Ausgabedatum verändert sich der Marktpreis einer Anleihe gewöhnlich aus zwei Gründen im Laufe der Zeit:

1. Die Anleihe nähert sich im Laufe der Zeit ihrem Fälligkeitstermin. Bleibt die Effektivverzinsung der Anleihe fix, so verändert sich der Barwert der verbleibenden Cashflows, wenn die Restlaufzeit abnimmt.

2. Änderungen der Marktzinssätze beeinflussen zu jedem Zeitpunkt die Effektivverzinsung der Anleihe sowie deren Preis, also den Barwert der restlichen Cashflows.

Diese beiden Effekte werden im restlichen Abschnitt untersucht.

Zeiteffekte und Anleihepreise

Im Folgenden werden die Auswirkungen der Zeit auf den Preis einer Anleihe untersucht. Angenommen ein Anleger kauft eine Nullkuponanleihe mit dreißigjähriger Laufzeit und einer Effektivverzinsung von 5 %. Bei einem Nennwert von EUR 100 wird die Anleihe zunächst zu einem Preis von

$$P\,(30\ \text{Jahre bis Fälligkeit}) = \frac{100}{1{,}05^{30}} = \text{EUR } 23{,}14$$

gehandelt. Nun soll der Preis dieser Anleihe fünf Jahre später betrachtet werden, wenn bis zur Fälligkeit noch 25 Jahre verbleiben. Beträgt die Effektivverzinsung der Anleihe weiterhin 5 %, so beläuft sich der Anleihepreis in fünf Jahren auf:

$$P\,(25\ \text{Jahre bis Fälligkeit}) = \frac{100}{1{,}05^{25}} = \text{EUR } 29{,}53$$

Zu beachten ist, dass der Preis der Anleihe höher und damit der Abschlag auf den Nennwert geringer ist, wenn die Restlaufzeit kürzer ist. Der Abschlag sinkt, da sich die Rendite nicht verändert hat, aber die Zeit bis zum Erhalt des Nennwertes ist kürzer. Hat der Anleger die Anleihe für EUR 23,14 gekauft und dann nach fünf Jahren für EUR 29,53 verkauft, beläuft sich der IZF der Anlage auf

$$\left(\frac{29{,}53}{23{,}14}\right)^{1/5} - 1 = 5\ \%$$

Somit entspricht die Rendite der Effektivverzinsung der Anleihe. Dieses Beispiel verdeutlicht eine allgemeinere Eigenschaft von Anleihen: *Hat sich die Effektivverzinsung einer Anleihe nicht verändert, so ist bei einem vorzeitigen Verkauf der Anleihe der IZF einer Investition in die Anleihe gleich deren ursprünglicher Effektivverzinsung.*

Diese Ergebnisse treffen auch auf Kuponanleihen zu. Das Muster der Preisveränderungen im Laufe der Zeit ist allerdings bei Kuponanleihen komplizierter, da die meisten Cashflows im Laufe der Zeit näherrücken. Einige Cashflows verschwinden auch, wenn die Kuponzahlungen erfolgt sind. Diese Effekte werden in ▶Beispiel 6.6 verdeutlicht.

Beispiel 6.6:   Der Zeiteffekt bei einer Kuponanleihe

Fragestellung

Wir betrachten eine Kuponanleihe mit dreißigjähriger Laufzeit, einem Kuponzins von 10 % (jährliche Zahlung) und einem Nennwert von EUR 100. Wie hoch ist der Anfangspreis dieser Anleihe bei einer Effektivverzinsung von 5 %? Wie hoch ist der Preis (Dirty Price) unmittelbar vor und nach der Zahlung des ersten Kupons bei unveränderter Effektivverzinsung?

Lösung

Der Preis dieser Anleihe mit einer Laufzeit von dreißig Jahren wurde in ▶Beispiel 6.5 berechnet:

$$P = 10 \times \frac{1}{0,05}\left(1 - \frac{1}{1,05^{30}}\right) + \frac{100}{1,05^{30}} = \text{EUR } 176,86$$

Nun werden die Cashflows dieser Anleihe in einem Jahr, unmittelbar vor der ersten Kuponzahlung, betrachtet. Die Anleihe hat nun eine verbleibende Laufzeit von 29 Jahren und der Zeitstrahl gestaltet sich wie folgt:

Auch hier wird der Preis durch Abzinsen der Cashflows um die Effektivverzinsung berechnet. Hier ist zu beachten, dass zum Zeitpunkt null ein Cashflow von EUR 10 zu berücksichtigen ist, nämlich der Kupon, der in Kürze gezahlt wird. In diesem Fall ist es am einfachsten, den ersten Kupon getrennt zu behandeln und die restlichen Cashflows wie in ▶Gleichung 6.5 zu bewerten:

$$P \text{ (kurz vor dem ersten Kupon)} = 10 + 10 \times \frac{1}{0,05}\left(1 - \frac{1}{1,05^{29}}\right) + \frac{100}{1,05^{29}} = \text{EUR } 185,71$$

Hier ist zu beachten, dass der Anleihepreis höher als zu Beginn ist. Auf die Anleihe wird die gleiche Gesamtzahl Kuponzahlungen geleistet, doch muss der Anleger nicht so lange auf die erste Zahlung warten. Der Preis könnte auch ausgehend von der Tatsache berechnet werden, dass Anleger, die in die Anleihe investieren, im Laufe des Jahres eine Rendite von 5 % erzielen sollten, da die Effektivverzinsung der Anleihe auch weiterhin 5 % beträgt: EUR 176,86 × 1,05 = EUR 185,71.

Was geschieht mit dem Preis der Anleihe kurz nach der ersten Kuponzahlung? Der Zeitstrahl ist bis auf die Tatsache, dass der neue Inhaber der Anleihe zum Zeitpunkt null keine Kuponzahlung erhält, gleich dem oben dargestellten. Damit ist der Preis der Anleihe (bei gleicher Effektivverzinsung) kurz nach der Kuponzahlung gleich:

$$P \text{ (kurz nach dem ersten Kupon)} = 10 \times \frac{1}{0,05}\left(1 - \frac{1}{1,05^{29}}\right) + \frac{100}{1,05^{29}} = \text{EUR } 175,71$$

Der Preis der Anleihe sinkt sofort nach der Kuponzahlung um den Betrag des Kupons (EUR 10). Dies spiegelt die Tatsache wider, dass der Inhaber den Kupon nicht mehr erhält. In diesem Fall ist der Preis niedriger als der Anfangspreis der Anleihe. Da nun weniger Kuponzahlungen verbleiben, trägt der neue Inhaber den Preisrückgang der Anleihe. Trotzdem erzielt ein Anleger, der die Anleihe zu Beginn der Laufzeit kauft, den ersten Kupon erhält und die Anleihe dann verkauft, eine Rendite von 5 %, sofern sich die Rendite der Anleihe nicht ändert: (10 + 175,71) : 176,86 = 1,05.

In ▸Abbildung 6.1 wird der Effekt der Zeit auf die Preise von Anleihen unter der Annahme dargestellt, dass die Effektivverzinsung konstant bleibt. Zwischen den Kuponzahlungen steigen die Preise aller Anleihen mit einer der Effektivverzinsung entsprechenden Rate, in dem Maße wie die restlichen Cashflows der Anleihe dem Ende der Laufzeit näherkommen. Nach der Zahlung jedes Kupons sinkt jedoch der Preis einer Anleihe um den Betrag des Kupons. Wird die Anleihe über pari gehandelt, ist der Preisrückgang nach einer Kuponzahlung höher als der Preisanstieg zwischen den Kuponzahlungen, sodass der Preisaufschlag der Anleihe im Laufe der Zeit tendenziell abnimmt. Wird die Anleihe unter pari gehandelt, übersteigt der Preisanstieg zwischen den Kuponzahlungen den Preisrückgang bei einer Kuponzahlung, sodass der Preis der Anleihe steigt und ihr Preisabschlag im Laufe der Zeit abnimmt. Letztlich erreichen die Preise sämtlicher Anleihen ihren Nennwert, wenn die Anleihen fällig werden und die letzte Kuponzahlung erfolgt.

Die Effektivverzinsung bleibt bei allen in ▸Abbildung 6.1 dargestellten Anleihen bei 5 %: Die Investoren erzielen eine Rendite von 5 % auf ihre Anlage. Bei der Nullkuponanleihe wird diese Rendite ausschließlich durch die Zunahme des Preises der Anleihe erzielt. Im Fall der Kuponanleihe mit einem Kuponzins von 10 % kommt diese Rendite aus der Kombination aus Kuponzahlungen und der Reduzierung des Preises über die Zeit.

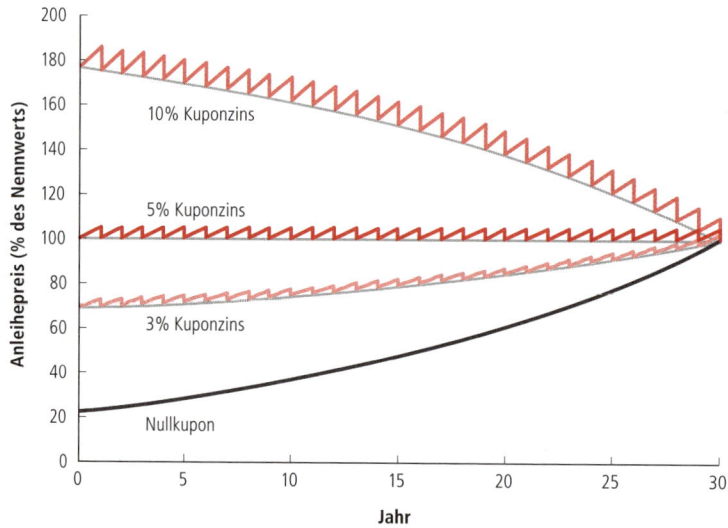

Abbildung 6.1: Anleihepreise im Zeitablauf. Die Grafik verdeutlicht die Wirkung der Zeit auf die Anleihepreise bei konstanter Rendite. Der Preis einer Nullkuponanleihe steigt stufenlos an. Auch der Preis einer Kuponanleihe steigt zwischen den Kuponzahlungen an, sinkt dann aber zum Zeitpunkt der Kuponzahlung um den Betrag der Kuponzahlung. Die graue Linie zeigt für jede Kuponzahlung den Trend des Anleihepreises kurz nach jeder Kuponzahlung an.

Zinssatzänderungen und Anleihepreise

Wenn sich Zinssätze in der Volkswirtschaft ändern, ändern sich auch die Renditen, die Investoren für die Anlage in Anleihen verlangen. Im Folgenden soll der Effekt von Schwankungen der Effektivverzinsung einer Anleihe auf deren Preis betrachtet werden.

Dazu betrachten wir eine Nullkuponanleihe mit einer Laufzeit von 30 Jahren und einer Effektivverzinsung von 5 %. Bei einem Nennwert von EUR 100 wird die Anleihe zunächst zu folgendem Preis gehandelt:

$$P \text{ (bei 5 \% Effektivverzinsung)} = \frac{100}{1{,}05^{30}} = \text{EUR } 23{,}14$$

Angenommen, die Zinssätze steigen plötzlich an, sodass die Anleger nun für die Anlage in diese Anleihe eine Effektivverzinsung von 6 % verlangen, so würde diese Änderung der Rendite implizieren, dass der Preis der Anleihe wie folgt sinkt:

$$P \text{ (bei 6 \% Effektivverzinsung)} = \frac{100}{1,06^{30}} = \text{EUR } 17,41$$

Im Vergleich zum Anfangspreis ändert sich der Preis der Anleihe um $(17,41 - 23,14) : 23,14 = -24,8 \%$. Dies entspricht einem deutlichen Preisverfall.

Dieses Beispiel verdeutlicht ein allgemeines Phänomen: Eine höhere Effektivverzinsung impliziert einen höheren Kalkulationszinssatz für die restlichen Cashflows einer Anleihe, wodurch deren Barwert, und damit der Preis der Anleihe, reduziert wird. *Deshalb sinken bei steigenden Zinssätzen und Anleiherenditen die Anleihepreise und umgekehrt.*

Die Sensitivität des Preises einer Anleihe im Hinblick auf Änderungen der Zinssätze hängt von der zeitlichen Gestaltung ihrer Cashflows ab. Dabei wird der Barwert eines in der nahen Zukunft erhaltenen Cashflows aufgrund der Abzinsung über einen kürzeren Zeitpunkt weniger deutlich von den Zinssätzen beeinflusst als ein Cashflow in der fernen Zukunft. Somit reagieren Nullkuponanleihen mit kürzerer Laufzeit weniger stark auf Änderungen des Zinssatzes als Nullkuponanleihen mit längerer Laufzeit. Desgleichen reagieren Anleihen mit höheren Kuponzinsen, da sie zunächst höhere Cashflows zahlen, weniger stark auf Zinssatzänderungen als die ansonsten identischen Anleihen mit niedrigeren Kuponzinsen. Die Sensitivität des Preises einer Anleihe gegenüber Änderungen der Zinssätze wird durch die **Duration** der Anleihe gemessen. Anleihen mit hoher Duration reagieren stark auf Änderungen des Zinssatzes.

Preis mit und ohne Berücksichtigung von Stückzinsen für Kuponanleihen

Wie in ▶Abbildung 6.1 dargestellt, weisen die Kuponanleihepreise um den Zeitpunkt jeder Kuponzahlung sägezahnförmige Schwankungen auf: Der Wert der Kuponanleihe steigt, je näher die nächste Kuponzahlung kommt, und sinkt dann, nachdem die Kuponzahlung erfolgt ist. Diese Schwankung tritt selbst dann auf, wenn die Effektivverzinsung der Anleihe unverändert bleibt.

Da die Anleihehändler sich mehr für die durch Änderungen der Rendite der Anleihe hervorgerufenen Änderungen des Preises der Anleihe als für diese vorhersehbaren Muster um den Zeitpunkt der Kuponzahlung interessieren, wird der Preis einer Anleihe häufig nicht als tatsächlicher Barpreis angegeben, der auch als **Dirty Price** (Preis einschließlich Stückzinsen) oder **Rechnungspreis** bezeichnet wird. Stattdessen werden Anleihen in der Regel als **Clean Price** quotiert. Dabei handelt es sich um den um aufgelaufene Zinsen, den bereits aufgelaufenen Betrag der nächsten Kuponzahlung, bereinigten Barpreis:

$$\text{Clean Price} = \text{Barpreis (Dirty Price)} - \text{aufgelaufene Zinsen (Stückzinsen)}$$

$$\text{Stückzinsen} = \text{Kuponbetrag} \times \left(\frac{\text{Tage seit letzter Kuponzahlung}}{\text{Tage in aktueller Kuponperiode}} \right)$$

Hierbei ist zu beachten, dass die aufgelaufenen Zinsen unmittelbar vor einer Kuponzahlung gleich dem vollen Betrag des Kupons sind, während die aufgelaufenen Zinsen unmittelbar nach der Kuponzahlung gleich null sind. Damit steigen und sinken im Zuge jeder Kuponzahlung die aufgelaufenen Zinsen in einem sägezahnförmigen Muster.

Wie ▶Abbildung 6.1 verdeutlicht, weist auch der Barpreis (Dirty Price) von Anleihen ein sägezahnförmiges Muster auf. Wenn nun die aufgelaufenen Zinsen vom Barpreis der Anleihe abgezogen werden und der Clean Price berechnet wird, verschwindet dieses sägezahnförmige Muster des Barpreises. Damit konvergiert der Clean Price, wie durch die grauen Linien in ▶Abbildung 6.1 angegeben, sofern sich die Effektivverzinsung der Anleihe nicht ändert, im Laufe der Zeit in Richtung Nennwert der Anleihe.

Beispiel 6.7:   Die Zinssensitivität von Anleihen

Fragestellung

Wir betrachten eine Nullkuponanleihe mit einer Laufzeit von 15 Jahren und eine Kuponanleihe mit einer Laufzeit von dreißig Jahren und jährlicher Kuponzahlung bei einem Kuponzins von 10 %. Um welchen Prozentsatz ändert sich der Preis jeder Anleihe, wenn die Effektivverzinsung von 5 % auf 6 % steigt?

Lösung

Zunächst muss der Preis jeder Anleihe zu jeder Effektivverzinsung bestimmt werden:

Effektivverzinsung	Nullkuponanleihe, 15 Jahre Laufzeit	Kuponanleihe, 10 % jährlicher Kupon, 30 Jahre Laufzeit
5 %	$\dfrac{100}{1{,}05^{15}} = \text{EUR } 48{,}10$	$10 \times \dfrac{1}{0{,}05}\left(1 - \dfrac{1}{1{,}05^{30}}\right) + \dfrac{100}{1{,}05^{30}} = \text{EUR } 176{,}86$
6 %	$\dfrac{100}{1{,}06^{15}} = \text{EUR } 41{,}7$	$10 \times \dfrac{1}{0{,}06}\left(1 - \dfrac{1}{1{,}06^{30}}\right) + \dfrac{100}{1{,}06^{30}} = \text{EUR } 155{,}06$

Bei einem Anstieg der Effektivverzinsung von 5 % auf 6 % ändert sich der Preis der Nullkuponanleihe mit fünfzehnjähriger Laufzeit um (41,73 − 48,10) : 48,10 = −13,2 %. Bei der Anleihe mit dreißigjähriger Laufzeit und jährlichen Kuponzahlungen von 10 % beläuft sich die Preisänderung auf (155,06 − 176,86) : 176,86 = −12,3 %. Obwohl die Anleihe mit dreißigjähriger Laufzeit eine längere Laufzeit hat, ist ihre Sensitivität gegenüber einer Änderung der Rendite aufgrund ihres hohen Kuponzinses tatsächlich geringer als die der Nullkuponanleihe mit fünfzehnjähriger Laufzeit.

Tatsächlich unterliegen Anleihepreise sowohl den Auswirkungen der Zeit als auch von Änderungen der Zinssätze. Aufgrund des Zeiteffektes konvergieren die Anleihepreise zum Nennwert der Anleihe, sie schwanken allerdings aufgrund unvorhersehbarer Änderungen der Anleiherenditen gleichzeitig auch nach oben und nach unten. In ▶Abbildung 6.2 wird dieses Verhalten durch die Darstellung der über die Laufzeit möglichen Änderungen des Preises der Nullkuponanleihe mit dreißigjähriger Laufzeit veranschaulicht. Hierbei ist zu beachten, dass der Anleihepreis tendenziell zum Nennwert konvergiert, wenn die Anleihe das Fälligkeitsdatum erreicht, aber auch nach oben geht, wenn die Rendite sinkt und nach unten geht, wenn die Rendite steigt.

Wie ▶Abbildung 6.2 verdeutlicht, unterliegt die Anleihe vor dem Fälligkeitstermin einem Zinsänderungsrisiko. Entscheidet sich ein Investor zu verkaufen und ist die Effektivverzinsung der Anleihe gleichzeitig gesunken, erzielt er einen hohen Preis und eine hohe Rendite. Ist die Effektivverzinsung der Anleihe gestiegen, ist der Anleihepreis zum Zeitpunkt des Verkaufs niedrig und der Anleger erzielt eine niedrige Rendite. Im Anhang zu diesem Kapitel wird erörtert, wie Unternehmen mit dieser Art Risiko umgehen.

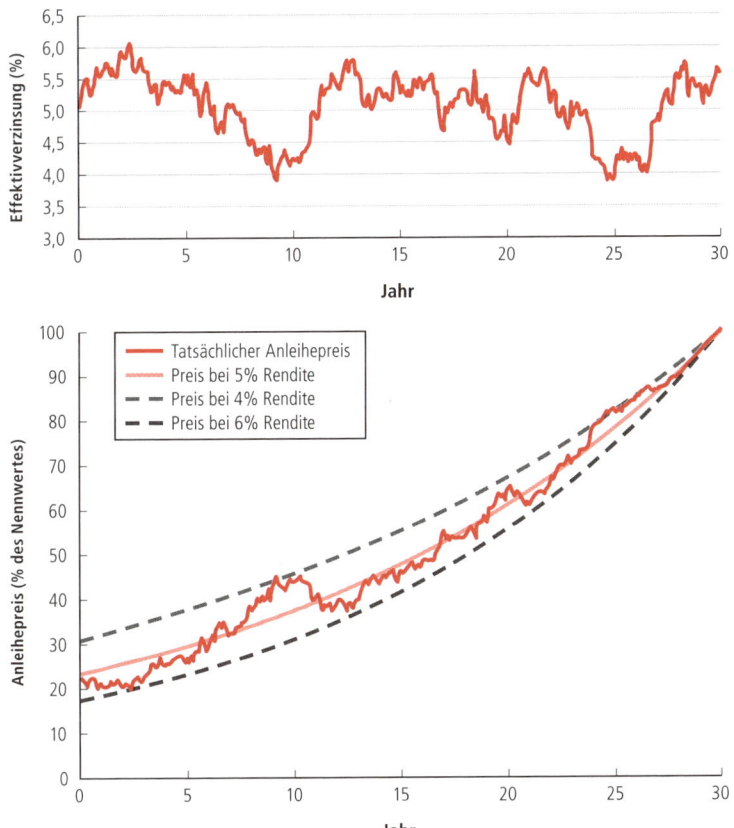

Abbildung 6.2: Effektivverzinsung und die Schwankungen der Anleihepreise im Laufe der Zeit. Die Kurven illustrieren die Änderungen bei Preis und Rendite während der Laufzeit einer Nullkuponanleihe mit dreißigjähriger Laufzeit. Die obere Kurve verdeutlicht die Änderungen der Effektivverzinsung der Anleihe über deren Laufzeit. In der unteren Grafik wird der tatsächliche Anleihepreis in rot dargestellt. Da die Effektivverzinsung über die Laufzeit der Anleihe nicht konstant bleibt, verändert sich der Preis der Anleihe, wenn er im Laufe der Zeit zum Nennwert konvergiert. Überdies wird auch der Preis dargestellt, der sich ergäbe, wenn die Effektivverzinsung bei 4 %, 5 % oder 6 % fix bliebe.

Verständnisfragen

1. Wie verändert sich der Barpreis (Dirty Price) einer Anleihe zwischen Kuponzahlungen, wenn sich die Effektivverzinsung nicht ändert?

2. Welches Risiko besteht für einen Anleger bei einer Anleihe ohne Ausfallrisiko, wenn er plant, die Anleihe vor ihrer Fälligkeit zu verkaufen?

3. Wie beeinflusst der Kuponzins einer Anleihe deren Duration – die Sensitivität des Anleihepreises auf Änderungen des Zinssatzes?

6.3 Die Zinsstrukturkurve und Arbitrage mit Anleihen

Bisher stand im Mittelpunkt unserer Betrachtung die Beziehung zwischen dem Preis einer einzelnen Anleihe und ihrer Effektivverzinsung. In diesem Abschnitt wird die Beziehung zwischen den Preisen und Renditen verschiedener Anleihen untersucht. Mithilfe des Gesetzes des einheitlichen Preises wird aufgezeigt, dass mit den Spotzinssätzen, die den Renditen der risikolosen Nullkuponanleihen entsprechen, der Preis und die Rendite jeder anderen risikolosen Anleihe bestimmt werden können. Infolgedessen bietet die Zinsstrukturkurve ausreichende Informationen für die Bewertung sämtlicher solcher Anleihen.

Nachbildung einer Kuponanleihe

Da die Cashflows einer Kuponanleihe mithilfe von Nullkuponanleihen nachgebildet werden können, kann das Gesetz des einheitlichen Preises zur Berechnung des Preises einer Kuponanleihe aus den Preisen von Nullkuponanleihen herangezogen werden. So kann beispielsweise eine Anleihe mit einem Nennwert von EUR 1.000 und einer Laufzeit von drei Jahren, auf die jährliche Kupons von 10 % gezahlt werden, wie folgt mithilfe von drei Nullkuponanleihen nachgebildet werden:

Zeitpunkt	0	1	2	3
Kuponanleihe		EUR 100	EUR 100	EUR 1.100
Nullkuponanleihe, 1 Jahr		EUR 100		
Nullkuponanleihe, 2 Jahre			EUR 100	
Nullkuponanleihe, 3 Jahre				EUR 1.100
Nullkuponanleihenportfolio		EUR 100	EUR 100	EUR 1.100

Hier entspricht jede Kuponzahlung der Kuponanleihe einer Nullkuponanleihe mit einem Nennwert in Höhe der jeweiligen Kuponzahlung und einer der bis zum Kupontermin entsprechenden Laufzeit. Desgleichen entspricht die letzte Zahlung auf die Anleihe (letzter Kupon plus Rückzahlung des Nennwertes) in drei Jahren einer Nullkuponanleihe mit dreijähriger Laufzeit und einem Nennwert von EUR 1.100. Da die Cashflows der Kuponanleihen identisch mit den Cashflows aus dem Portfolio von Nullkuponanleihen sind, muss nach dem Gesetz des einheitlichen Preises der Preis des Portfolios von Nullkuponanleihen gleich dem Preis der Kuponanleihe sein.

Um dies zu verdeutlichen, sei angenommen, dass die aktuellen Renditen und Preise von Nullkuponanleihen wie in ▶Tabelle 6.2 dargestellt lauten. Sie sind mit denen in ▶Beispiel 6.1 identisch. Die Kosten des Portfolios von Nullkuponanleihen, das die Kuponanleihe mit dreijähriger Laufzeit nachbildet, können wie folgt berechnet werden:

Tabelle 6.2

Renditen und Preise (pro EUR 100 Nennwert) von Nullkuponanleihen

Nullkuponanleihe	Notwendiger Nennwert	Kosten	
Laufzeit 1 Jahr	100	96,62	
Laufzeit 2 Jahre	100	92,45	
Laufzeit 3 Jahre	1.100	$11 \times 87,63 = 963,93$	
	Gesamtkosten	EUR 1.153,00	

Fälligkeit	1 Jahr	2 Jahre	3 Jahre	4 Jahre
Effektivverzinsung	3,50 %	4,00 %	4,50 %	4,75 %
Preis	EUR 96,62	EUR 92,45	EUR 87,63	EUR 83,06

Nach dem Gesetz des einheitlichen Preises muss die Kuponanleihe mit dreijähriger Laufzeit zu einem Preis von EUR 1.153 gehandelt werden. Wäre der Preis der Kuponanleihe höher, könnte ein Anleger durch den Verkauf der Kuponanleihe und den Kauf des Portfolios mit Nullkuponanleihen einen Arbitragegewinn erzielen. Wäre der Preis der Kuponanleihe niedriger, könnte ein Anleger durch den Kauf der Kuponanleihe und den Leerverkauf der Nullkuponanleihen einen Arbitragegewinn erzielen.

Die Bewertung einer Kuponanleihe mithilfe von Nullkuponrenditen

Bisher wurden die *Preise* der Nullkuponanleihen zur Herleitung des Preises der Kuponanleihe benutzt. Alternativ dazu können die *Renditen* der Nullkuponanleihen verwendet werden. Es sei daran erinnert, dass die Effektivverzinsung einer Nullkuponanleihe dem Marktzinssatz für eine risikolose Anlage mit einer der Laufzeit der Nullkuponanleihe entsprechenden Laufzeit entspricht. Der Preis einer Kuponanleihe muss daher gleich dem Barwert ihrer zum Marktzinssatz abgezinsten Kuponzahlungen und dem entsprechenden Nennwert sein (siehe ▶Gleichung 5.7 in ▶Kapitel 5):

Preis einer Kuponanleihe

$$P = BW(\text{Cashflows der Anleihe}) \tag{6.6}$$
$$= \frac{K}{1 + r_{eff,1}} + \frac{K}{\left(1 + r_{eff,2}\right)^2} + ... + \frac{K + ZW}{\left(1 + r_{eff,n}\right)^n}$$

wobei K die Kuponzahlung der Anleihe, $r_{eff,n}$ die Effektivverzinsung einer *Nullkuponanleihe*, die zum gleichen Zeitpunkt, zu dem die n-te Kuponzahlung erfolgt, ihre Fälligkeit erreicht, und ZW der Nennwert der Anleihe ist. Bei der bereits an früherer Stelle betrachteten EUR 1.000-Anleihe mit dreijähriger Laufzeit und jährlichen Kupons von 10 %, kann unter Verwendung der Nullkuponrenditen aus ▶Tabelle 6.2 ▶Gleichung 6.6 zur Berechnung des Preises verwendet werden:

$$P = \frac{100}{1,035} + \frac{100}{1,04^2} + \frac{100 + 1.000}{1,045^3} = \text{EUR } 1.153$$

Dieser Preis ist identisch mit dem Preis, der bereits durch Nachbilden der Zahlungen der Anleihe ermittelt wurde. Damit kann der arbitragefreie Preis einer Kuponanleihe durch Abzinsen ihrer Cashflows mithilfe der Nullkuponrenditen bestimmt werden. Mit anderen Worten bedeutet das: Die Informationen in der Nullkuponzinsstrukturkurve reichen aus, um den Preis aller anderen risikolosen Anleihen zu bestimmen.

Renditen von Kuponanleihen

Mit den Renditen von Nullkuponanleihen kann ▶Gleichung 6.6 zur Bestimmung des Preises einer Kuponanleihe verwendet werden. In ▶Abschnitt 6.1 wurde aufgezeigt, wie die Effektivverzinsung einer Kuponanleihe aus deren Preis bestimmt werden kann. Durch Zusammenlegen dieser Ergebnisse kann die Beziehung zwischen den Renditen von Nullkuponanleihen und Renditen von Anleihen mit Kuponzahlung bestimmt werden.

Wir betrachten auch hier die EUR 1.000-Anleihe mit dreijähriger Laufzeit und jährlichem Kupon von 10 %. Mit den Nullkuponrenditen in ▶Tabelle 6.2 kann ein Preis von EUR 1.153 für diese Anleihe berechnet werden. Aus ▶Gleichung 6.5 ist die Effektivverzinsung dieser Anleihe der Zinssatz y, der die folgende Gleichung erfüllt:

$$P = 1.153 = \frac{100}{\left(1 + y\right)} + \frac{100}{\left(1 + y\right)^2} + \frac{100 + 1.000}{\left(1 + y\right)^3}$$

Unter Verwendung der Annuitätentabelle kann nach der Rendite y aufgelöst werden:

	ZZR	ZINS	BW	RMZ	ZW	Excel-Formel
Gegeben	3		−1.153	100	1.000	
Auflösen nach ZINS		4,44 %				=ZINS(3;100;−1153;1000)

Somit beläuft sich die Effektivverzinsung der Anleihe auf 4,44 %. Dieses Ergebnis kann wie folgt überprüft werden:

$$P = \frac{100}{1,0444} + \frac{100}{1,0444^2} + \frac{100 + 1.000}{1,0444^3} = \text{EUR } 1.153$$

Da die Kuponanleihe zu verschiedenen Zeitpunkten Cashflows bietet, ist die Effektivverzinsung einer Kuponanleihe ein gewichteter Durchschnitt der Renditen der Nullkuponanleihen mit gleichen und kürzeren Laufzeiten. Die Gewichte hängen auf komplexe Art und Weise vom Umfang der Cashflows in jeder Periode ab. Im vorliegenden Beispiel beliefen sich die Renditen der Nullkuponanleihen auf 3,5 %, 4,0 % und 4,5 %. Bei der Kuponanleihe stammt ein Großteil des Wertes bei der Barwertberechnung aus dem Barwert des dritten Cashflows, da dieser die Kapitalsumme enthält, sodass die Rendite der Nullkuponanleihe mit dreijähriger Laufzeit in Höhe von 4,5 % am nächsten kommt.

Beispiel 6.8: Renditen auf Anleihen mit der gleichen Fälligkeit

Fragestellung

Bei den folgenden Nullkuponrenditen sollen die Effektivverzinsung für eine Nullkuponanleihe mit dreijähriger Laufzeit, eine Kuponanleihe mit dreijähriger Laufzeit und jährlichen Kupons von 4 % sowie eine Kuponanleihe mit dreijähriger Laufzeit und jährlichen Kupons von 10 % miteinander verglichen werden. Alle drei Anleihen weisen kein Ausfallrisiko auf.

Fälligkeit	1 Jahr	2 Jahre	3 Jahre	4 Jahre
Effektivverzinsung Nullkuponanleihe	3,50 %	4,00 %	4,50 %	4,75 %

Lösung

Nach den zur Verfügung stehenden Informationen beträgt die Effektivverzinsung der Nullkuponanleihe mit dreijähriger Laufzeit 4,50 %. Da die Renditen den in ▶Tabelle 6.2 angegebenen entsprechen, haben wir bereits die Effektivverzinsung für die 10 % Kuponanleihe als 4,44 % berechnet. Zur Berechnung der Rendite der 4 % Kuponanleihe muss zunächst deren Preis berechnet werden. Mithilfe von ▶Gleichung 6.6 wird ermittelt:

$$P = \frac{40}{1,035} + \frac{40}{1,04^2} + \frac{40 + 1.000}{1,045^3} = \text{EUR } 986,98$$

Der Preis der Anleihe mit einem Kupon von 4 % beträgt EUR 986,98. Nach ▶Gleichung 6.5 wird mit der Effektivverzinsung der Anleihe die folgende Gleichung gelöst:

$$\text{EUR } 986,98 = \frac{40}{(1+y)} + \frac{40}{(1+y)^2} + \frac{40 + 1.000}{(1+y)^3}$$

Die Effektivverzinsung kann mithilfe der Annuitätentabelle berechnet werden:

	ZZR	ZINS	BW	RMZ	ZW	Excel-Formel
Gegeben	3		−986,98	40	1.000	
Auflösen nach ZINS		4,47 %				=ZINS(3,40;−986,98;1000)

Die Ergebnisse können für die betrachteten Anleihen mit dreijähriger Laufzeit wie folgt zusammengefasst werden:

Kuponzins	0 %	4 %	10 %
Effektivverzinsung	4,50 %	4,47 %	4,44 %

▶Beispiel 6.8 zeigt, dass Kuponanleihen mit der gleichen Laufzeit je nach ihren Kuponzinsen unterschiedliche Renditen erzielen können. Steigt der Kupon, werden frühere Cashflows bei der Berechnung des Barwertes vergleichsweise wichtiger als spätere Cashflows. Verläuft die Zinsstrukturkurve nach oben geneigt, wie dies auf die Renditen in ▶Beispiel 6.8 zutrifft, nimmt die sich daraus ergebende Effektivverzinsung mit dem Kuponzins der Anleihe ab. Wenn alternativ dazu die Zinsstrukturkurve der Nullkuponanleihe nach unten geneigt verläuft, steigt die Effektivverzinsung mit dem Kuponzins. Verläuft die Strukturkurve flach, haben alle Nullkupon- und Kuponanleihen unabhängig von ihren Fälligkeiten und Kuponzinsen die gleiche Rendite.

Zinsstrukturkurven bei US-Schatzanweisungen

Wie in diesem Abschnitt gezeigt wurde, kann die Zinsstrukturkurve von Nullkuponanleihen zur Bestimmung des Preises und der Effektivverzinsung anderer risikoloser Anleihen verwendet werden. Die grafische Darstellung der Renditen von Kuponanleihen verschiedener Fälligkeiten wird als **Kupon-Zinsstrukturkurve** bezeichnet. Wenn US-amerikanische Anleihehändler von der „Zinsstrukturkurve" sprechen, so meinen sie häufig die Kupon-Zinsstrukturkurve für Schatzwechsel. Wie in ▶Beispiel 6.8 gezeigt, können zwei Kuponanleihen mit der gleichen Fälligkeit unterschiedliche Renditen haben. Üblicherweise wird in der Praxis immer die Rendite der zuletzt emittierten Anleihen, die als **On-the-Run Bonds** bezeichnet werden, grafisch dargestellt. Mithilfe ähnlicher Methoden wie den in diesem Abschnitt angewendeten kann das Gesetz des einheitlichen Preises zur Bestimmung der Renditen von Nullkuponanleihen unter Verwendung der Kupon-Zinsstrukturkurve angewendet werden. Somit bieten beide Arten der Zinsstrukturkurve ausreichend Informationen zur Bewertung aller anderen risikolosen Anleihen.

Verständnisfragen

1. Wie wird der Preis einer Kuponanleihe aus den Preisen von Nullkuponanleihen berechnet?
2. Wie wird der Preis einer Kuponanleihe aus den Renditen von Nullkuponanleihen berechnet?
3. Erklären Sie, warum zwei Kuponanleihen mit der gleichen Fälligkeit jeweils unterschiedliche Effektivverzinsungen haben können.

6.4 Unternehmensanleihen

Bisher lag in diesem Kapitel das Augenmerk auf Anleihen ohne Ausfallrisiko, wie beispielsweise US-amerikanischen Schatzwechseln, deren Cashflows mit Sicherheit bekannt sind. Bei anderen Anleihen, wie **Unternehmensanleihen** (von Unternehmen emittierte Anleihen), könnte der Emittent ausfallen, das heißt er könnte unter Umständen nicht den vollständigen, im Anleiheprospekt zugesagten Betrag zurückzahlen. Dieses Ausfallrisiko, das als **Bonitätsrisiko** bezeichnet wird, bedeutet, dass die Cashflows der Anleihe nicht sicher bekannt sind.

Renditen von Unternehmensanleihen

Wie beeinflusst das Bonitätsrisiko Anleihepreise und -renditen? Da die von der Anleihe zugesagten Cashflows das Maximum sind, auf das die Anleihegläubiger hoffen können, sind die Cashflows, die ein Käufer einer Anleihe mit Bonitätsrisiko zu erhalten *erwartet*, unter Umständen niedriger als dieser Betrag. Infolgedessen zahlen die Investoren weniger für Anleihen mit Bonitätsrisiko als für eine ansonsten identische risikolose Anleihe. Da die Effektivverzinsung einer Anleihe mithilfe der *zugesagten* Cashflows berechnet wird, ist die Rendite von Anleihen mit Bonitätsrisiko höher als die ansonsten identischer Anleihen ohne Ausfallrisiko. Im Folgenden soll der Effekt des Bonitätsrisikos auf die Anleiherenditen und Investorenrenditen durch den Vergleich verschiedener Fälle verdeutlicht werden.

Kein Ausfall der Anleihe. Wir nehmen an, dass der US-amerikanische nicht ausfallgefährdete Treasury Bill als einjährige Nullkuponanleihe eine Effektivverzinsung von 4 % aufweist. Wie hoch sind Preis und Rendite einer einjährigen USD 1.000-Nullkuponanleihe, die von der Avant Corporation begeben wird? Nehmen wir zunächst an, dass alle Investoren der Ansicht sind, dass *keine* Möglichkeit besteht, dass Avant innerhalb des nächsten Jahres seinen Verpflichtungen nicht nachkommt. In diesem Fall erhalten die Investoren, wie durch die Anleihe zugesagt, in einem Jahr sicher USD 1.000. Da die Anleihe risikolos ist, garantiert das Gesetz des einheitlichen Preises, dass sie die gleiche Rendite hat wie die einjährige Nullkuponanleihe des amerikanischen Schatzwechsels. Aus diesem Grund ist der Preis der Anleihe gleich:

$$P = \frac{1.000}{1 + r_{eff,1}} = \frac{1.000}{1,04} = \text{USD } 961,54$$

Sicherer Ausfall der Anleihe. Nehmen wir nun an, die Investoren glauben, dass Avant am Ende des Jahres seinen Verpflichtungen sicher nicht mehr nachkommen und nur noch 90 % seiner offenen Verpflichtungen zahlen kann. In diesem Fall wissen die Anleihegläubiger, dass sie nur USD 900 erhalten werden, auch wenn die Anleihe die Zahlung von USD 1.000 zum Jahresende zugesagt hat. Die Investoren können diesen Fehlbetrag genau vorhersagen, sodass die Zahlung von USD 900 risikolos ist und die Anleihe noch immer für ein Jahr eine risikolose Investition ist. Deshalb wird der Preis der Anleihe durch Abzinsen dieses Cashflows unter Verwendung des risikolosen Zinssatzes als Kapitalkosten berechnet:

$$P = \frac{900}{1 + r_{eff,1}} = \frac{900}{1,04} = \text{USD } 865,38$$

Durch die Erwartung eines Zahlungsausfalls werden die von den Investoren erwarteten Cashflows und damit der Preis, den sie zu zahlen bereit sind, gesenkt.

Sind US-Schatzpapiere wirklich risikolos?

Die meisten Anleger betrachten US-Schatzpapiere als risikolose Wertpapiere. Das heißt, sie glauben nicht, dass Zahlungen aus diesen Wertpapieren nicht geleistet werden. Auch in diesem Lehrbuch wird diese Ansicht vertreten. Doch sind US-Schatzpapiere wirklich nicht ausfallgefährdet? Die Antwort hängt davon ab, was man unter „risikolos" versteht.

Niemand kann sich sicher sein, dass der amerikanische Staat niemals seine Zahlungsverpflichtungen aus seinen Anleihen nicht erfüllt. Doch die meisten glauben, die Wahrscheinlichkeit sei sehr gering, dass dieses Ereignis eintritt. Wichtiger ist, dass die Wahrscheinlichkeit eines Zahlungsausfalls geringer ist als bei allen anderen Anleihen. Zu sagen die Rendite aus US-Schatzpapieren sei risikolos bedeutet in Wirklichkeit, dass US-Schatzpapiere weltweit die auf US-Dollar lautende Anlagemöglichkeit mit dem geringsten Risiko sind.

Trotzdem kam es in der Vergangenheit zu Vorfällen, in denen die Inhaber von US-Schatzpapieren nicht wirklich das bekamen, was ihnen versprochen worden war. So reduzierte im Jahr 1790 der amerikanische Finanzminister Alexander Hamilton den Zinssatz auf ausstehende Verbindlichkeiten und im Jahr 1933 setzte Präsident Franklin Roosevelt das Recht der Anleihehalter aus, Zahlungen statt in Geld in Gold zu erhalten.

Ein neues Risiko trat Mitte 2011 auf, als eine Reihe hoher Haushaltsdefizite in den USA die **Schuldengrenze** überstieg. Diese Beschränkung wurde vom Kongress eingeführt, um den Gesamtbetrag der Schulden, die die Regierung aufnehmen kann, zu begrenzen. Ein vom Kongress verabschiedetes Gesetz verpflichtete das Finanzministerium bis August 2011 seine Verbindlichkeiten zu begleichen und so einen Zahlungsausfall zu vermeiden. Standard & Poor's reagierte auf die politische Ungewissheit, ob der Kongress die Grenze rechtzeitig anheben würde, und setzte das Rating der amerikanischen Staatsanleihen herab. Letztendlich erhöhte der Kongress die Schuldengrenze und es kam nicht zu einem Zahlungsausfall. Dieses Ereignis war jedoch eine Mahnung, dass keine Anlage wirklich „risikolos" sein dürfte.

Mithilfe des Preises der Anleihe kann die Effektivverzinsung der Anleihe berechnet werden. Bei der Berechnung dieser Rendite werden die *zugesagten* Cashflows P und nicht die *tatsächlichen* Cashflows verwendet. Somit gilt:

$$r_{eff} = \frac{ZW}{P} - 1 = \frac{1.000}{865,38} - 1 = 15,56 \ \%$$

Die Effektivverzinsung der Avant-Anleihe von 15,56 % ist viel höher als die Effektivverzinsung der risikolosen Treasury Bills. Dieses Ergebnis bedeutet allerdings nicht, dass Anleger, die die Anleihe kaufen, tatsächlich eine Rendite von 15,56 % erhalten. Da Avant der Zahlungsverpflichtung nicht nachkommen wird, ist die erwartete Rendite der Anleihe gleich seinen Kapitalkosten von 4 %:

$$\frac{900}{865,38} = 1,04$$

Hierbei ist zu beachten, dass die *Effektivverzinsung einer Anleihe mit Ausfallrisiko höher ist als die erwartete Rendite einer Anlage in die Anleihe*. Da die Effektivverzinsung mithilfe der zugesagten und nicht der erwarteten Cashflows berechnet wird, ist die Effektivverzinsung immer höher als die erwartete Rendite aus einer Anlage in die Anleihe.

Ausfallrisiko. Die beiden Beispiele mit den Anleihen von Avant waren natürlich Extremfälle. Im ersten Fall nahmen wir an, dass die Wahrscheinlichkeit eines Ausfalls gleich null war, während im zweiten Fall angenommen wurde, dass Avant definitiv seiner Zahlungsverpflichtung nicht nachkommen würde. In Wirklichkeit liegt die Wahrscheinlichkeit, dass Avant seiner Zahlungsverpflichtung nicht nachkommt, irgendwo zwischen diesen beiden Extremen (und bei den meisten Unternehmen wahrscheinlich sehr nahe bei null).

Um dies zu verdeutlichen, soll noch einmal die von Avant emittierte einjährige USD 1.000-Null-kuponanleihe betrachtet werden. Wir nehmen dieses Mal an, dass die Auszahlungen unsicher sind. Insbesondere besteht eine Wahrscheinlichkeit von 50 %, dass der gesamte Nennwert der Anleihe zurückgezahlt wird, und eine Wahrscheinlichkeit von 50 %, dass ein Ausfall eintritt und der Anleger USD 900 erhält. Somit erhält der Anleger durchschnittlich USD 950.

Zur Bestimmung des Preises dieser Anleihe muss dieser erwartete Cashflow mithilfe von Kapital-kosten in Höhe der erwarteten Rendite anderer Wertpapiere mit gleichem Risiko abgezinst werden. Ist die Wahrscheinlichkeit, dass Avant wie die meisten anderen Unternehmen auch seiner Zahlungs-verpflichtung bei einer schlechten volkswirtschaftlichen Lage nicht nachkommt, höher als bei einer guten wirtschaftlichen Lage, besagen die Ergebnisse von ▶Kapitel 3, dass die Investoren eine Risiko-prämie für die Investition in diese Anleihe verlangen. Damit sind die Fremdkapitalkosten von Avant, die der erwarteten Rendite entsprechen, die die Anleihegläubiger von Avant verlangen, um sie für das Risiko der Cashflows der Anleihe zu entschädigen, höher als der risikolose Zinssatz von 4 %.

Angenommen, die Investoren verlangen eine Risikoprämie von 1,1 Prozent (oder 110 Basispunkte) für diese Anleihe, sodass die angemessenen Kapitalkosten (4 % + 1,1 % =) 5,1 % betragen.[5] Nun ist der Barwert der Cashflows der Anleihe gleich:

$$P = \frac{950}{1,051} = \text{USD } 903,90$$

Demzufolge ist die Effektivverzinsung der Anleihe in diesem Fall gleich 10,63 %:

$$r_{eff} = \frac{NOM}{P} - 1 = \frac{1.000}{903,90} - 1 = 10,63\,\%$$

Natürlich ist die zugesagte Effektivverzinsung von 10,63 % der Höchstbetrag, den die Investoren erhalten. Kommt es bei Avant zu einem Zahlungsausfall, erhalten sie nur USD 900 bei einer Rendite von (900 : 903,90) – 1 = –0,43 %. Die durchschnittliche Rendite ist gleich 0,50 × (10,63 %) + 0,50 × (–0,43 %) = 5,1 %, die Kapitalkosten der Anleihe.

Die Preise, die erwartete Rendite und die Effektivverzinsung der Avant-Anleihe unter den verschiedenen Annahmen zu einem möglichen Ausfall werden in ▶Tabelle 6.3 zusammengefasst. Dabei ist zu beachten, dass bei zunehmender Wahrscheinlichkeit eines Ausfalls der Preis der Anleihe sinkt und ihre Effektivverzinsung steigt. Umgekehrt ist *bei einem Ausfallrisiko die erwartete Rendite der Anleihe, die gleich den Fremdkapitalkosten des Unternehmens ist, niedriger als die Effektivver-zinsung. Überdies bedeutet eine höhere Effektivverzinsung nicht zwangsläufig, dass die erwartete Rendite einer Anleihe höher ist.*

Tabelle 6.3

Preis, erwartete Rendite und Effektivverzinsung einer einjährigen Nullkupon-anleihe von Avant mit unterschiedlichen Ausfallwahrscheinlichkeiten

Avant-Anleihe (1 Jahr, Nullkupon)	Anleihepreis	Effektivverzinsung	Erwartete Rendite
Ohne Ausfallrisiko	USD 961,54	4,00 %	4 %
Ausfallwahrscheinlichkeit 50 %	USD 903,90	10,63 %	5,1 %
Sicherer Ausfall	USD 865,38	15,56 %	4 %

---

5 Verfahren zur Schätzung der angemessenen Risikoprämie für risikobehaftete Anleihen werden in ▶Kapitel 12 entwickelt.

Anleiheratings

Es wäre für jeden Investor schwierig wie auch ineffizient, das Ausfallrisiko jeder Anleihe selbst zu untersuchen. Demzufolge bewerten verschiedene Unternehmen die Kreditwürdigkeit von Anleihen und stellen Investoren diese Informationen zur Verfügung. Durch diese Ratings können die Investoren die Kreditwürdigkeit einer bestimmten Anleiheemission bewerten. Somit unterstützen die Ratings eine umfassende Beteiligung von Investoren sowie relativ liquide Märkte. Die beiden bekanntesten Ratingunternehmen sind Standard & Poor's und Moody's. In ▶Tabelle 6.4 werden die von jedem der Unternehmen verwendeten Rating-Klassen zusammengefasst. Anleihen mit dem höchsten Rating werden mit der geringsten Ausfallwahrscheinlichkeit bewertet.

Tabelle 6.4

Anleiheratings

Rating*	Beschreibung (Moody's)
Investment Grade	
Aaa/AAA	Als von bester Qualität bewertet. Diese Anleihen tragen das geringste Anlagerisiko und werden als „erstklassig" bezeichnet. Die Zinszahlungen werden durch eine hohe oder außerordentlich stabile Sicherheitsmarge geschützt und das Kapital ist sicher. Auch wenn sich die verschiedenen Schutzelemente möglicherweise ändern, beeinträchtigen die in diesem Zusammenhang vorstellbaren Änderungen die grundsätzlich starke Position solcher Emissionen höchstwahrscheinlich nicht.
Aa/AA	Nach allen Standards als von hoher Qualität bewertet. Zusammen mit der „Aaa"-Gruppe bilden diese Anleihen die gewöhnlich als „hochwertige Anleihen" (high grade) bezeichnete Klasse. Diese Anleihen werden niedriger als die besten Anleihen bewertet, da die Sicherheitsmargen unter Umständen nicht so hoch sind wie bei mit Aaa bewerteten Wertpapieren oder die Schwankungen der Schutzelemente eventuell ein größeres Ausmaß aufweisen oder andere Elemente können gegeben sein, die das langfristige Risiko etwas größer als bei den mit Aaa bewerteten Wertpapieren erscheinen lassen.
A/A	Diese Anleihen weisen viele günstige Anlageeigenschaften auf und werden als Schuldverschreibung von gehobener mittlerer Qualität betrachtet. Die Faktoren zur Besicherung des Kapitals und der Zinsen werden als angemessen betrachtet, allerdings können Aspekte vorliegen, die zu einem Zeitpunkt in der Zukunft auf eine Anfälligkeit gegenüber einer Beeinträchtigung hindeuten.
Baa/BBB	Diese Anleihen werden als Schuldverschreibungen mittlerer Qualität betrachtet, das heißt, sie sind weder hochgradig noch schlecht geschützt. Die Sicherheit der Zinsen und des Kapitalbetrags scheinen gegenwärtig angemessen, doch es fehlen unter Umständen bestimmte Schutzelemente oder sie sind über einen längeren Zeitraum typischerweise unzuverlässig. Solchen Anleihen fehlen herausragende Anlageeigenschaften und de facto haben auch sie einen spekulativen Charakter.
Spekulative Anleihen	
Ba/BB	Diese Anleihen haben im Ergebnis der Bewertung spekulative Elemente; ihre Zukunft kann nicht als gut gesichert betrachtet werden. Häufig ist der Schutz der Zins- und Kapitalzahlungen nur sehr bescheiden und damit nicht gut im Hinblick auf gute und schlechte Zeiten in der Zukunft geschützt. Anleihen dieser Klasse sind von Unsicherheit im Hinblick auf ihre Bestandssicherheit gekennzeichnet.
B/B	Diesen Anleihen fehlen Eigenschaften einer wünschenswerten Investition. Die Sicherheit der Zins- und Kapitalzahlung oder der Einhaltung anderer Vertragsbedingungen über einen längeren Zeitraum kann gering sein.
Caa/CCC	Anleihen von niedrigem Rang. Solche Emissionen können bereits im Zahlungsverzug sein oder es können Gefahrenmomente im Hinblick auf das Kapital oder die Zinsen vorliegen.
Ca/CC	Diese Anleihen sind hochgradig spekulativ. Bei derartigen Anleihen kommt es häufig zu Ausfällen oder sie haben andere deutliche Mängel.
C/C, D	Anleiheklasse mit der niedrigsten Bewertung. Bei so bewerteten Emissionen bestehen nur äußerst geringe Aussichten, dass sie jemals als wirklich investmentwürdig eingestuft werden.

*Ratings: Moody's/Standard & Poor's

Quelle: www.moodys.com.

Anleihen der höchsten vier Kategorien werden aufgrund ihres geringen Ausfallrisikos auch als **Investment-Grade-Anleihen** bezeichnet. Anleihen in den untersten fünf Kategorien werden häufig als **spekulative Anleihen**, **Junk Bonds** (Ramschanleihen) oder **hochrentierliche Anleihen** bezeichnet, da die Wahrscheinlichkeit eines Ausfalls hoch ist. Das Rating hängt vom Risiko einer Insolvenz sowie davon ab, ob der Anleihegläubiger im Fall einer Insolvenz erfolgreich Ansprüche auf die Vermögenswerte des Unternehmens geltend machen kann. Daher haben begebene Schuldverschreibungen mit nachrangiger Priorität im Insolvenzfall ein niedrigeres Rating als Emissionen des gleichen Unternehmens, für die Forderungen im Konkursfall eine hohe Priorität haben oder die durch einen bestimmten Vermögensgegenstand wie ein Gebäude oder eine Anlage gedeckt sind.

Zinsstrukturkurven von Unternehmensanleihen

Genau wie aus risikolosen Treasury-Wertpapieren eine Zinsstrukturkurve konstruiert werden kann, kann auch eine vergleichbare Zinsstrukturkurve für Unternehmensanleihen erstellt werden. In ▶Abbildung 6.3 werden die durchschnittlichen Renditen US-amerikanischer Unternehmensanleihen mit drei verschiedenen Standard & Poor's Ratings dargestellt: zwei Kurven für investmentwürdige Anleihen (AAA und BBB) und eine Kurve für Junk Bonds (B). ▶Abbildung 6.3 enthält auch die Zinsstrukturkurve für US-amerikanische Treasury-Wertpapiere (mit Kuponzahlung). Der Unterschied zwischen den Renditen der Unternehmensanleihen und den Treasury-Renditen wird als **Default Spread** oder **Credit Spread** bezeichnet und ist ein bonitätsbedingter Risikoaufschlag. Credit Spreads schwanken je nach geänderter Wahrnehmung der Wahrscheinlichkeit einer Nichtzahlung. Deshalb sind als Folge der Finanzkrise die Credit Spreads teilweise massiv gestiegen. Zu beachten ist, dass der Credit Spread bei Anleihen mit niedrigen Ratings und einer entsprechend höheren Ausfallwahrscheinlichkeit hoch ist.

Verständnisfragen

1. Die Rendite einer Anleihe mit Ausfallrisiko übersteigt die Rendite einer ansonsten identischen Anleihe ohne Ausfallrisiko aus zwei Gründen. Um welche Gründe handelt es sich dabei?

2. Was ist ein Anleihe-Rating?

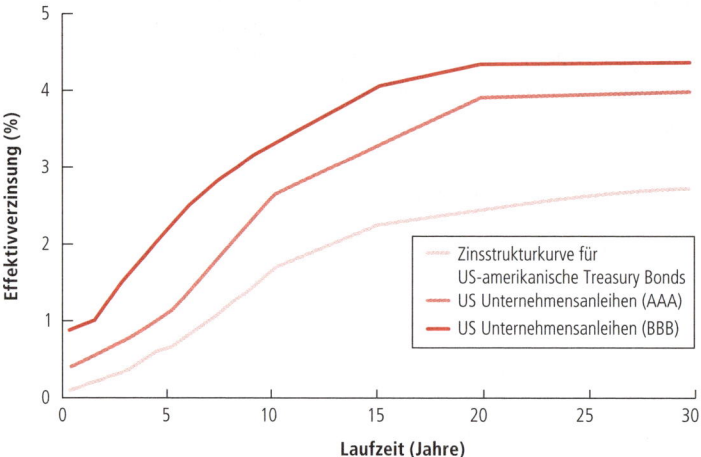

Abbildung 6.3: Zinsstrukturkurven von Unternehmensanleihen mit unterschiedlichen Ratings, Juni 2012. In dieser Abbildung werden die Zinsstrukturkurve für US-amerikanische Treasury-Bonds und Zinsstrukturkurven für Unternehmensanleihen mit verschiedenen Ratings dargestellt. Hier ist zu beachten, dass die Effektivverzinsung für schlechter bewertete Anleihen, bei denen eine höhere Ausfallswahrscheinlichkeit besteht, höher ist.

Quelle: Bloomberg.

6.5 Staatsanleihen

Staatsanleihen sind Anleihen, die von staatlichen Behörden oder Regierungsstellen begeben werden. Wir haben bereits eine Art Staatsanleihe behandelt – die US-Schatzpapiere. Zwar gelten US-Schatzpapiere im Allgemeinen als nicht ausfallgefährdet, doch von den Staatsanleihen vieler anderer Länder kann das nicht gesagt werden. Bis vor Kurzem galt der Zahlungsausfall einer Staatsanleihe als typisches Merkmal des Kapitalmarkts eines Schwellenlandes. Die jüngsten Erfahrungen mit griechischen Staatsanleihen waren für die Anleger ein Weckruf, dass auch für Anleihen von Staaten, die nicht Entwicklungsländer sind, ein Ausfallrisiko besteht. Im Jahr 2012 stellte Griechenland die Zahlungen auf seine Anleihen ein und schrieb USD 100 Milliarden beziehungsweise 50 % der ausstehenden Verbindlichkeiten ab – die größte Umschuldung von Staatsschulden der Geschichte. Und Griechenland ist kein einmaliger Fall, denn wie ▸Abbildung 6.5 zeigt, gab es Zeiten, in denen mehr als ein Drittel aller Schuldnerstaaten die Zahlungen entweder einstellten oder umschuldeten.

DIE GLOBALE FINANZKRISE

Die Kreditkrise und Anleiherenditen

Die Finanzkrise, in der 2008 die Volkswirtschaften der Welt versanken, entstand als Kreditkrise, deren erste Anzeichen im August 2007 zu erkennen waren. Zu dieser Zeit führten Probleme auf dem Hypothekenmarkt zur Insolvenz mehrerer großer Hypothekenbanken. Der Ausfall dieser Banken und die Herabstufung vieler der von diesen Banken begebenen Wertpapiere, die durch die vergebenen Hypotheken gedeckt waren, veranlasste viele Anleger, das Risiko auch anderer Wertpapiere in ihren Portfolios neu zu bewerten. Je stärker die Risiken wahrgenommen wurden und je mehr die Anleger versuchten, ihre Gelder in sicherere US-amerikanische Treasury-Wertpapiere zu verlagern, desto mehr sanken die Preise von Unternehmensanleihen. Damit stiegen deren Credit Spreads wie in ▸Abbildung 6.4, Panel A, dargestellt verglichen mit den Treasury-Wertpapieren an. Teil A der Abbildung zeigt die Renditespannen für langfristige Unternehmensanleihen, wobei zu erkennen ist, dass selbst bei den mit Aaa am höchsten bewerteten Anleihen die Spreads dramatisch von einem typischen Niveau von 0,5 Prozentpunkten bis zum Herbst 2008 auf über 2 Prozentpunkte gestiegen sind. Teil B verdeutlicht ein ähnliches Muster für den Zinssatz, den Banken auf kurzfristige Darlehen zahlen mussten, verglichen mit den Renditen der kurzfristigen Treasury Bills. Diese Zunahme der Kreditkosten machte die Beschaffung des für neue Investitionen benötigten Kapitals für die Unternehmen teurer und verlangsamte somit das Wirtschaftswachstum. Die Verringerung dieser Spreads zu Beginn des Jahres 2009 wurde von vielen als wichtiger erster Schritt zur Linderung der andauernden Auswirkungen der Finanzkrise auf den Rest der Volkswirtschaft gesehen. Zu beachten ist in diesem Zusammenhang jedoch die jüngste Zunahme der Spreads im Gefolge der europäischen Schuldenkrise und der darauf folgenden ungewissen weiteren wirtschaftlichen Entwicklung.

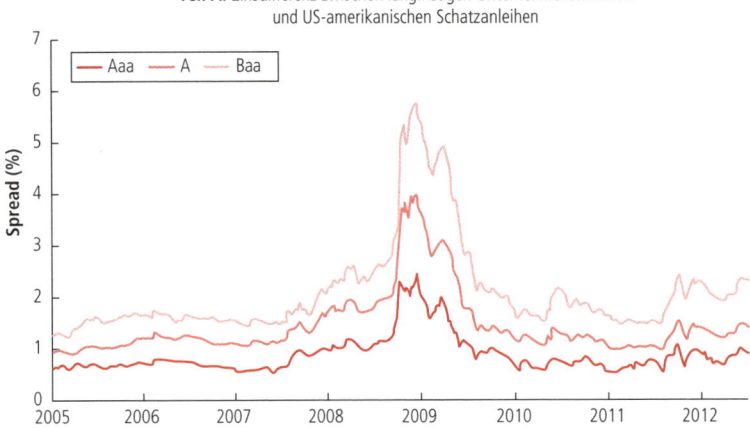

Teil A: Zinsdifferenz zwischen langfristigen Unternehmensanleihen und US-amerikanischen Schatzanleihen

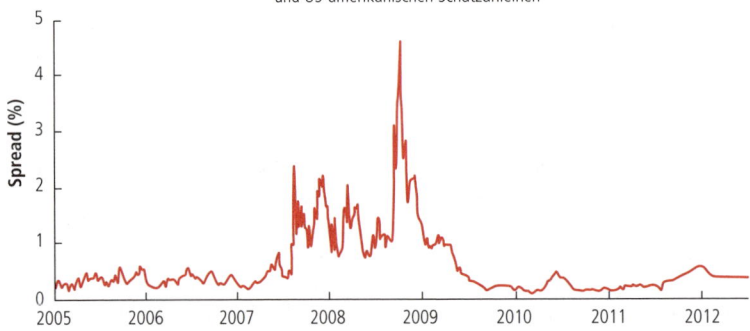

Teil B: Zinsdifferenz zwischen kurzfristigen Krediten an internationale Großbanken (LIBOR) und US-amerikanischen Schatzanleihen

Abbildung 6.4: Credit Spreads und die Finanzkrise. Teil A zeigt die Renditespanne zwischen langfristigen (30 Jahre) US-Unternehmens- und Schatzanleihen. Teil B zeigt die Renditespanne zwischen kurzfristigen Krediten an internationale Großbanken(LIBOR) und US-Schatzanweisungen (auch Treasury-Eurodollar oder „TED" Spread genannt). Zu beachten ist der drastische Anstieg dieser Spannen ab August 2007 und dann erneut im September 2008, bevor sie Anfang 2009 wieder kleiner wurden. Diese Spannen kehrten zwar bis Mitte 2011 zu den vor der Krise bestehenden Abständen zurück, jedoch ist die Zunahme der Spannen im Jahr 2012 als Reaktion auf die europäische Schuldenkrise beachtenswert.

Quelle: Bloomberg.com.

Da die Schulden der meisten Staaten risikobehaftet sind, verhalten sich Preise und Renditen von Schuldverschreibungen des Staates ganz ähnlich wie Unternehmensanleihen: Die von Staaten begebenen Anleihen mit einem hohen Ausfallrisiko haben hohe Renditen und niedrige Preise. Trotzdem gibt es einen wichtigen Unterschied zwischen dem Zahlungsausfall einer Anleihe des Staates und einer Unternehmensanleihe.

Im Gegensatz zu einem Unternehmen kann ein Staat, der Schwierigkeiten hat seine finanziellen Verpflichtungen zu erfüllen, gewöhnlich zur Begleichung seiner Schulden zusätzliches Geld drucken. Natürlich führt das wahrscheinlich zu hoher Inflation und einer starken Abwertung der Währung. Infolgedessen überlegen sich die Anleihehalter sorgfältig, wie hoch die zu erwartende Inflation sein wird, wenn sie die Rendite festlegen, die sie akzeptieren werden, weil sie davon ausgehen, dass sie ihr Geld in einer Währung zurückerhalten, die weniger wert ist als zum Zeitpunkt der Emission der Anleihen.

Für die meisten Länder ist es aus politischen Gründen besser ihre Schulden „wegzuinflationieren" als sich sofort als zahlungsunfähig zu erklären. Staaten erklären sich jedoch auch als zahlungsunfähig entweder, weil die erforderliche Inflation oder Abwertung zu drastisch wäre oder bisweilen auch weil es zu einem Wechsel des politischen Regimes gekommen ist, beispielsweise wurden die Schuldverschreibungen des russischen Zaren nach der Revolution 1917 wertloses Papier.

Die Schulden europäischer Staaten sind ein interessanter Sonderfall. Die Mitgliedstaaten der Europäischen Wirtschafts- und Währungsunion (EWWU) haben eine gemeinsame Währung, den Euro, und haben somit die Kontrolle über ihr Geldangebot an die Europäische Zentralbank (EZB) abgetreten. Infolgedessen kann kein einzelner Staat einfach Geld drucken, um seine Schulden zu begleichen. Außerdem trifft die Inflation alle Bürger in der Währungsunion und zwingt letztlich die Bürger eines Staates die Schuldenlast eines anderen Staates zu schultern. Da sich die einzelnen Länder nicht dazu entscheiden können, ihre Schulden wegzuinflationieren, ist die Einstellung der Zahlungen eine reelle Möglichkeit in der EWWU. Dieses Risiko wurde im Jahr 2012 mit der Nichtzahlung Griechenlands Wirklichkeit.

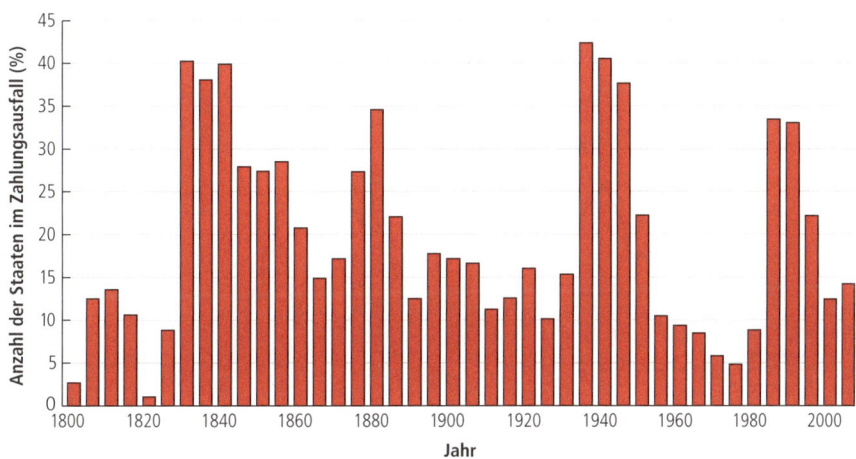

Abbildung 6.5: Anteil der Staaten, die die Rückzahlung ihrer Schulden eingestellt oder umgeschuldet haben, 1800 bis 2006. Die Grafik zeigt für jeden 5-Jahres-Zeitraum den durchschnittlichen Anteil der Schuldnerstaaten pro Jahr, die entweder die Zahlungen eingestellt haben oder im Begriff waren umzuschulden. Höchststände traten in der Vergangenheit um die Zeit des Zweiten Weltkriegs und der Schuldenkrisen in Lateinamerika, Asien und Russland in den 1980er- und 1990er-Jahren auf.

DIE GLOBALE FINANZKRISE

Renditen europäischer Staatsanleihen: ein Rätsel

Bevor mit der EWWU der Euro als einheitliche europäische Währung geschaffen wurde, unterschieden sich die Renditen der von europäischen Staaten begebenen Staatsanleihen sehr stark. Diese Unterschiede gaben vor allem die unterschiedlichen Inflationserwartungen und Währungsrisiken wieder (siehe ▶Abbildung 6.6). Nachdem die Währungsunion jedoch Ende 1998 eingeführt worden war, glichen sich die Anleiherenditen aller Staaten im Wesentlichen der Rendite der deutschen Staatsanleihen an. Die Investoren waren anscheinend zu dem Schluss gekommen, dass es zwischen den Schuldverschreibungen der europäischen Staaten in der Währungsunion nur geringe Unterschiede gab. Sie meinten anscheinend, alle Staaten hätten dasselbe Ausfall-, Inflations- und Währungsrisiko und wären daher gleich „sicher".

Die Investoren dachten wohl, ein unmittelbarer Zahlungsausfall sei undenkbar. Sie meinten anscheinend, die Mitgliedstaaten würden ihre Haushalte verantwortlich gestalten und ihre Schuldverschreibungen so verwalten, dass ein Zahlungsausfall unter allen Umständen vermieden wurde. Nachdem die Finanzkrise im Jahr 2008 zeigte, wie töricht diese Annahme war, gingen, wie ▶Abbildung 6.6 veranschaulicht, die Anleiherenditen wieder in dem Maße auseinander, wie die Investoren die Wahrscheinlichkeit einschätzten, dass einige Staaten (besonders Portugal und Irland) nicht in der Lage sein könnten ihre Schulden zurückzuzahlen und gezwungen wären sich für zahlungsunfähig zu erklären.

Im Nachhinein betrachtet ermöglichte die Währungsunion den schwächeren Mitgliedstaaten sich zu drastisch niedrigeren Zinssätzen zu verschulden statt die haushaltspolitische Verantwortung zu stärken. Diese Staaten reagierten darauf, indem sie ihre Verschuldung erhöhten, und wenigstens im Fall Griechenlands bis zu dem Punkt, an dem ein Zahlungsausfall unvermeidlich wurde.

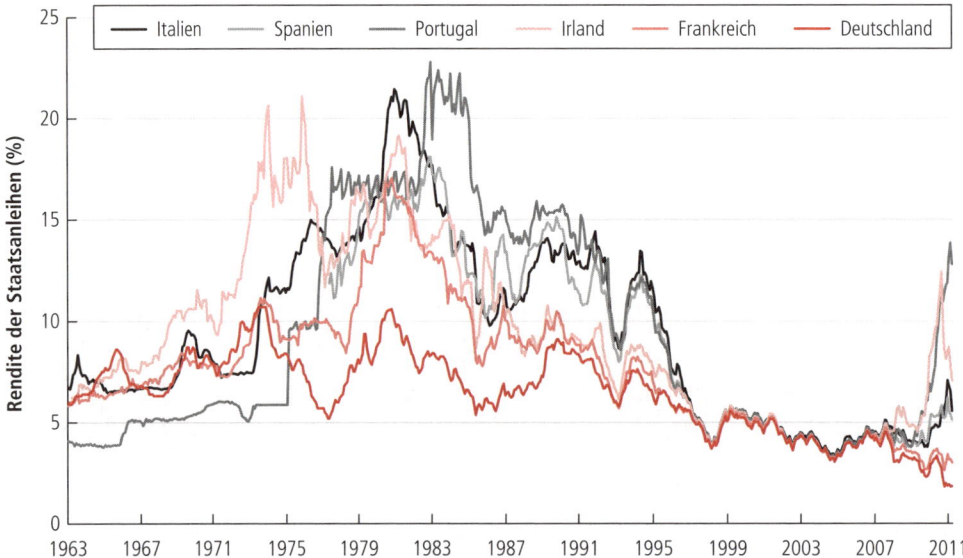

Abbildung 6.6: Renditen europäischer Staatsanleihen 1963–2011. Die Grafik zeigt die Renditen von Staatsanleihen, die von sechs Mitgliedstaaten der EWWU begeben wurden. Vor der Einführung des Euro im Jahr 1999 schwankten die Renditen je nach Inflationserwartungen und Währungsrisiko. Nach der Einführung des Euro glichen sich die Renditen an. Sie liefen jedoch nach der Finanzkrise 2008 wieder auseinander, als die Investoren die Möglichkeiten eines Zahlungsausfalls erkannten.

Quelle: Nowakwoski, David, „Government Bonds/Rates: High, Low and Normal", Roubini Global Economics, 8. Juni 2012.

Verständnisfragen

1. Warum sind die Renditen von Staatsanleihen von Land zu Land unterschiedlich?
2. Welche Möglichkeiten hat ein Land, wenn es entscheidet, dass es seinen Zahlungsverpflichtungen nicht mehr nachkommen kann?

Z U S A M M E N F A S S U N G

6.1 Cashflows, Preise und Renditen von Anleihen

■ Auf Anleihen werden sowohl Kupon- als auch Kapital- oder Nennwertzahlungen an die Investoren geleistet. Üblicherweise wird der Kuponzins einer Anleihe als nominaler Jahreszins angegeben, sodass der Betrag jeder Kuponzahlung K gleich:

$$K = \frac{\text{Kuponzins} \times \text{Nennwert}}{\text{Anzahl der Kuponzahlungen pro Jahr}} \qquad \text{(s. Gleichung 6.1)}$$

■ Bei Nullkuponanleihen erfolgen keine Kuponzahlungen, sodass die Investoren nur den Nennwert der Anleihe erhalten.

■ Der interne Zinsfuß einer Anleihe wird als deren Effektivverzinsung (oder Rendite) bezeichnet. Die Effektivverzinsung einer Anleihe entspricht dem Kalkulationszinssatz, zu dem der Barwert der zugesagten Anleihezahlungen dem aktuellen Marktpreis der Anleihe gleichgesetzt wird.

■ Die Effektivverzinsung einer Nullkuponanleihe wird durch folgende Gleichung angegeben:

$$r_{eff,n} = \left(\frac{NOM}{P} \right)^{1/n} - 1 \qquad \text{(s. Gleichung 6.3)}$$

■ Der risikolose Zinssatz einer Anlage bis zum Zeitpunkt n ist gleich der Effektivverzinsung einer risikolosen Nullkuponanleihe, die zum Termin n fällig wird. Eine grafische Darstellung dieser Zinssätze und Fälligkeiten wird als Nullkuponzinsstrukturkurve bezeichnet.

■ Die Effektivverzinsung einer Kuponanleihe entspricht dem Kalkulationszinssatz y, zu dem der Barwert der zukünftigen Cashflows der Anleihe deren Preis gleichgesetzt wird:

$$P = K \times \frac{1}{y} \left(1 - \frac{1}{(1+y)^N} \right) + \frac{NOM}{(1+y)^N} \qquad \text{(s. Gleichung 6.5)}$$

6.2 Das dynamische Verhalten von Anleihepreisen

■ Eine Anleihe wird über pari gehandelt, wenn der Kuponzins die Effektivverzinsung der Anleihe übersteigt. Die Anleihe wird unter pari gehandelt, wenn der Kuponzins niedriger als die Effektivverzinsung ist. Ist der Kuponzins einer Anleihe gleich der Effektivverzinsung, wird die Anleihe zu pari gehandelt.

■ Kommt eine Anleihe ihrer Fälligkeit näher, nähert sich der Preis der Anleihe deren Nennwert.

■ Hat sich die Effektivverzinsung der Anleihe nicht geändert, so ist der IZF einer Anlage in die Anleihe gleich deren Effektivverzinsung auch bei einem frühzeitigen Verkauf der Anleihe.

■ Anleihepreise ändern sich, wenn sich die Zinssätze ändern. Steigen die Zinssätze, sinken die Anleihepreise und umgekehrt.

– Nullkuponanleihen mit langer Laufzeit reagieren stärker auf Änderungen der Zinssätze als Nullkuponanleihen mit kurzer Laufzeit.

– Anleihen mit niedrigen Kuponzinsen reagieren stärker auf Änderungen der Zinssätze als Anleihen mit ähnlicher Laufzeit und hohen Kuponzinsen.

– Die Duration einer Anleihe misst die Sensitivität des Preises der Anleihe gegenüber Änderungen der Zinssätze.

6.3 Die Zinsstrukturkurve und Arbitrage mit Anleihen

■ Da eine Kuponanleihe mithilfe eines Portfolios von Nullkuponanleihen nachgebildet werden kann, ist es möglich den Preis einer Kuponanleihe auf der Grundlage der Nullkuponzinsstrukturkurve unter Anwendung des Gesetzes des einheitlichen Preises zu bestimmen.

$$P = BW(\text{Cashflows der Anleihe}) \qquad \text{(s. Gleichung 6.6)}$$

$$= \frac{K}{1 + r_{eff,1}} + \frac{K}{\left(1 + r_{eff,2}\right)^2} + \ldots + \frac{K + ZW}{\left(1 + r_{eff,n}\right)^n}$$

■ Verläuft die Zinsstrukturkurve nicht flach, haben Anleihen mit gleicher Laufzeit und unterschiedlichen Kuponzinsen verschiedene Effektivverzinsungen.

6.4 Unternehmensanleihen

■ Leistet ein Anleihe-Emittent eine Anleihezahlung nicht vollständig (oder pünktlich), ist es zu einem Ausfall der Zahlung gekommen.

– Die Gefahr eines Ausfalls wird als Ausfall- oder Bonitätsrisiko bezeichnet.

– US-amerikanische Treasury-Wertpapiere gelten generell als nicht ausfallgefährdet.

■ Die erwartete Rendite einer Unternehmensanleihe, die den Fremdkapitalkosten des Unternehmens entspricht, ist gleich dem risikolosen Zinssatz zuzüglich einer Risikoprämie. Die erwartete Rendite ist geringer als die Effektivverzinsung, da die Effektivverzinsung einer Anleihe mit den zugesagten statt den erwarteten Cashflows berechnet wird.

■ Die Kreditwürdigkeit von Anleihen wird für Investoren in Anleiheratings zusammengefasst.

■ Die Differenz zwischen den Renditen von Treasury-Wertpapieren und Renditen von Unternehmensanleihen wird als Credit Spread oder Default Spread bezeichnet. Der Credit Spread schafft für die Investoren einen Ausgleich für die Differenz zwischen den zugesagten und den erwarteten Cashflows und für das Ausfallrisiko.

6.5 Staatsanleihen

■ Staatsanleihen werden von Staaten emittiert.

■ Die Renditen von Staatsanleihen geben die Erwartungen der Anleger hinsichtlich Inflation, Währung und Ausfallrisiko wieder.

■ Die Staaten können ihre Schulden zurückzahlen, indem sie zusätzliches Geld drucken, was im Allgemeinen zu einem Anstieg der Inflation und einer scharfen Abwertung der Währung führt.

■ Wenn ein „Weginflationieren" der Schulden nicht machbar oder politisch nicht von Vorteil ist, können sich Staaten dazu entscheiden, die Zahlungen auf ihre Schulden einzustellen.

Z U S A M M E N F A S S U N G

Weiterführende Literatur

Die **Literaturhinweise** zu diesem Kapitel finden Sie auf unserer begleitenden Website zum Buch unter *www.pearson-studium.de*.

Aufgaben

1. Eine dreißigjährige Anleihe mit einem Nennwert von EUR 1.000 hat einen Kuponzins von 5,5 % und halbjährliche Zinszahlungen.

   a. Wie hoch ist die Kuponzahlung auf diese Anleihe?

   b. Zeichnen Sie auf einem Zeitstrahl die Cashflows für die Anleihe ein.

2. Eine EUR 1.000-Anleihe mit siebenjähriger Laufzeit, einem Kuponzins von 8 % und halbjährlichen Kupons wird mit einer Effektivverzinsung von 6,75 % gehandelt.

   a. Wird diese Anleihe aktuell unter pari, zu pari oder über pari gehandelt? Erklären Sie.

   b. Zu welchem Preis wird die Anleihe gehandelt, wenn die Effektivverzinsung der Anleihe auf 7 % (nach US-Konvention mit halbjährlicher Zinszahlung) steigt?

Für die nächste Aufgabe nehmen wir an, die Renditen auf Nullkuponanleihen ohne Ausfallrisiko entsprechen den in der folgenden Tabelle zusammengefassten Werten:

Fälligkeit (in Jahren)	1	2	3	4	5
Nullkupon-Effektiv-verzinsung	4,00 %	4,30 %	4,50 %	4,70 %	4,80 %

3. Wie hoch ist der heutige Preis einer Anleihe ohne Ausfallrisiko mit einer Laufzeit von zwei Jahren, einem Nennwert von EUR 1.000 und einem jährlichen Kuponzins von 6 %? Wird diese Anleihe unter pari, zu pari oder über pari gehandelt?

4. Erklären Sie, warum die erwartete Rendite einer Unternehmensanleihe nicht gleich deren Effektivverzinsung ist.

Die **Antworten** zu diesen Fragen finden Sie auf unserer begleitenden Website zum Buch unter *www.pearson-studium.de.*

Anhang Kapitel 6: Terminzinssätze

Aufgrund des mit Zinssatzänderungen verbundenen Risikos benötigen die Manager von Unternehmen Instrumente, die das Risikomanagement unterstützen. Eines der wichtigsten Instrumente ist der **Zinsterminkontrakt (Zins-Forward)**, eine Art Tauschkontrakt (Swap). Dieser bezeichnet einen heutigen Vertrag, mit dem der Zinssatz für ein Darlehen oder eine Investition in der Zukunft festgeschrieben wird. In diesem Anhang wird erklärt, wie Terminzinssätze aus Nullkuponrenditen abgeleitet werden können.

Die Berechnung von Terminzinssätzen

Ein **Terminzinssatz** (oder **Forward Rate**) ist ein Zinssatz, der heute für ein Darlehen oder eine Investition in der Zukunft garantiert werden kann. In diesem Abschnitt werden Zinsterminkontrakte für Investitionen mit einer Laufzeit von einem Jahr betrachtet. Somit ist bei der Bezeichnung Terminzins für Jahr 5 der *heute* verfügbare Zinssatz für eine Investition mit einer Laufzeit von einem Jahr, die in vier Jahren beginnt und in fünf Jahren zurückgezahlt wird, gemeint.

Das Gesetz des einheitlichen Preises kann zur Berechnung des Terminzinssatzes aus der Nullkuponzinsstrukturkurve angewandt werden. Der Terminzinssatz für Jahr 1 ist der Zinssatz auf eine Investition, die heute beginnt und in einem Jahr zurückgezahlt wird. Dieser entspricht einer Investition in eine Nullkuponanleihe mit einer Laufzeit von einem Jahr. Deshalb müssen nach dem Gesetz des einheitlichen Preises diese Zinssätze übereinstimmen:

$$f_1 = r_{eff, 1} \tag{6A.1}$$

Nun soll der zweijährige Terminzinssatz betrachtet werden. Angenommen, die Rendite der Nullkuponanleihe mit einjähriger Laufzeit beträgt 5,5 % und die Rendite der Nullkuponanleihe mit zweijähriger Laufzeit beträgt 7 %. Nun bestehen zwei Möglichkeiten, das Geld risikolos über zwei Jahre zu investieren: Zum einen kann zu einem Zinssatz von 7 % in die Nullkuponanleihe mit zweijähriger Laufzeit investiert und nach zwei Jahren pro investierten Euro EUR $(1{,}07)^2$ erzielt werden. Zum anderen kann in die Anleihe mit einem Jahr Laufzeit und einem Zinssatz von 5,5 % investiert werden, auf die am Ende eines Jahres EUR 1,055 gezahlt werden. Gleichzeitig kann der zu erzielende Zinssatz durch die Investition der EUR 1,055 über das zweite Jahr garantiert werden, indem ein Zinsterminkontrakt für das zweite Jahr zum Zinssatz f_2 geschlossen wird. In diesem Fall werden am Ende der zwei Jahre EUR $(1{,}055) (1 + f_2)$ erzielt. Da beide Strategien risikolos sind, müssen sie laut dem Gesetz des einheitlichen Preises die gleiche Rendite erzielen:

$$(1{,}07)^2 = (1{,}055) (1 + f_2)$$

Durch Umstellen erhalten wir:

$$(1 + f_2) = \frac{1{,}07^2}{1{,}055} = 1{,}0852$$

Deshalb ist in diesem Fall der Terminzinssatz für das Jahr 2 gleich $f_2 = 8{,}52$ %.

Der Terminzinssatz für das Jahr n kann im Allgemeinen durch den Vergleich einer Anlage in eine Nullkuponanleihe über n Jahre mit einer Anlage in eine Nullkuponanlage mit einer Laufzeit von $(n-1)$ Jahren bestimmt werden, wobei der im n-ten Jahr erzielte Zinssatz durch einen Zinsterminkontrakt garantiert wird. Da beide Strategien risikolos sind, müssen sie den gleichen Erlös erzielen, da andernfalls eine Arbitragemöglichkeit bestünde. Durch den Vergleich der Erlöse dieser Strategien erhalten wir:

$$(1 + r_{eff, n})^n = (1 + r_{eff, n-1})^{n-1} (1 + f_n)$$

Diese Gleichung kann zur Bestimmung der allgemeinen Formel für den Terminzinssatz umgestellt werden:

$$f_n = \frac{(1 + r_{eff,n})^n}{(1 + r_{eff,n-1})^{n-1}} - 1 \qquad (6A.2)$$

Beispiel 6A.1: Berechnung von Terminzinssätzen

Fragestellung

Berechnen Sie die Terminzinssätze für die Jahre 1 bis 5 für die folgenden Effektivverzinsungen von Nullkuponanleihen:

Laufzeit	1	2	3	4
Effektivverzinsung	5,00 %	6,00 %	6,00 %	5,75 %

Lösung

Mithilfe der ▶Gleichungen 6A.1 und 6A.2 bestimmen wir:

$$f_1 = r_{eff,1} = 5,00 \ \%$$

$$f_2 = \frac{(1 + r_{eff,2})^2}{(1 + r_{eff,1})} - 1 = \frac{1,06^2}{1,05} - 1 = 7,01 \ \%$$

$$f_3 = \frac{(1 + r_{eff,3})^3}{(1 + r_{eff,2})^2} - 1 = \frac{1,06^3}{1,06^2} - 1 = 6,00 \ \%$$

$$f_4 = \frac{(1 + r_{eff,4})^4}{(1 + r_{eff,3})^3} - 1 = \frac{1,0575^4}{1,06^3} - 1 = 5,00 \ \%$$

Hier ist Folgendes zu beachten: Wenn die Zinsstrukturkurve in Jahr n ansteigt (das heißt, wenn $r_{eff,n}$ > $r_{eff,n-1}$), ist der Terminzinssatz höher als die Effektivverzinsung der Nullkuponanleihe, also f_n > $r_{eff,n}$. Desgleichen ist der Terminzinssatz niedriger als die Rendite der Nullkuponanleihe, wenn die Zinsstrukturkurve sinkt. Verläuft die Zinsstrukturkurve flach, ist der Terminzinssatz gleich der Rendite der Nullkuponanleihe.

Die Berechnung von Renditen für Anleihen aus Terminzinssätzen

Mit ▶Gleichung 6A.2 wird der Terminzinssatz mithilfe der Nullkuponrenditen berechnet. Überdies können die Nullkuponrenditen auch aus den Terminzinssätzen berechnet werden. Um dies zu erkennen, ist zu berücksichtigen, dass bei der Verwendung von Zinsterminkontrakten zur Festschreibung eines Zinssatzes für eine Investition in Jahr 1, Jahr 2 usw. bis Jahr n eine risikolose Anlage mit einer Laufzeit von n Jahren geschaffen werden kann. Die Rendite aus dieser Strategie muss der Rendite aus einer Nullkuponanleihe mit einer Laufzeit von n Jahren entsprechen. Daher gilt:

$$(1 + f_1) \times (1 + f_2) \times \ ... \ \times (1 + f_n) = (1 + r_{eff,n})^n \qquad (6A.3)$$

So kann mithilfe der Terminzinssätze aus ▶Beispiel 6A.1 die Effektivverzinsung einer Nullkuponanleihe mit einer Laufzeit von vier Jahren berechnet werden:

$$1 + r_{eff,4} = \left[(1 + f_1)(1 + f_2)(1 + f_3)(1 + f_4) \right]^{1/4}$$

$$= \left[(1,05)(1,0701)(1,06)(1,05) \right]^{1/4}$$

$$= 1,0575$$

Terminzinssätze und zukünftige Zinssätze

Ein Terminzinssatz ist der Zinssatz, der heute vertraglich für eine Investition in der Zukunft festgelegt wird. Wie gestaltet sich dieser Zinssatz verglichen mit dem Zinssatz, der in der Zukunft tatsächlich gelten wird? Es wäre leichtgläubig anzunehmen, dass der Terminzinssatz ein guter Indikator für die zukünftigen Zinssätze sein könnte. In der Realität ist dies in der Regel nicht der Fall: Der Terminzinssatz ist nur dann ein guter Indikator, wenn die Investoren sich keine Sorgen über das Risiko machen.

Beispiel 6A.2: Terminzinssätze und zukünftige Spot Rates

Fragestellung

JoAnne Wilford ist Finanzvorstand bei Wafer Thin Semiconductor. Sie muss über zwei Jahre einen Teil des Kassenbestands in risikolose Anleihen investieren. Die aktuelle Effektivverzinsung von Nullkuponanleihen mit einer Laufzeit von einem Jahr beträgt 5 %. Der einjährige Terminzinssatz beläuft sich auf 6 %. Sie versucht, sich zwischen drei möglichen Strategien zu entscheiden: (1) Kauf einer Anleihe mit zweijähriger Laufzeit, (2) Kauf einer Anleihe mit einjähriger Laufzeit und Abschluss eines Zinsterminkontraktes zur Sicherung des Zinssatzes für das zweite Jahr oder (3) Kauf einer Anleihe mit einjähriger Laufzeit und Verzicht auf den Terminkontrakt und Wiederanlage zu dem im nächsten Jahr geltenden Zinssatz. Bei welchen Szenarien würde sie sich mit der riskanten Strategie besser stellen?

Lösung

Nach ▸Gleichung 6A.3 führen sowohl Strategie (1) als auch Strategie (2) zur gleichen risikolosen Rendite von $(1 + r_{eff,\,2})^2 = (1 + r_{eff,\,1})(1 + f_2) = (1{,}05)(1{,}06)$. Mit der dritten Strategie wird $(1{,}05)(1 + r)$ erzielt, wobei r der einjährige Zinssatz im nächsten Jahr ist. Beläuft sich der zukünftige Zinssatz auf 6 %, dann werden mit beiden Strategien die gleichen Renditen erzielt. Andernfalls stellt sich Wafer Thin Semiconductor mit Strategie (3) besser, wenn der Zinssatz im nächsten Jahr höher als der Terminzinssatz in Höhe von 6 % ist, und schlechter, wenn der Zinssatz niedriger als 6 % ist.

Wie ▸Beispiel 6A.2 verdeutlicht, kann der Terminzinssatz auch als Break-Even-Zinssatz betrachtet werden. Tritt dieser Zinssatz in der Zukunft tatsächlich ein, sind die Investoren in Bezug auf eine Investition in eine Anleihe mit zweijähriger Laufzeit und eine Investition in eine Anleihe mit einjähriger Laufzeit und der Wiederanlage des Geldes in einem Jahr indifferent. Wären die Investoren nicht über das Risiko besorgt, so wären sie in Bezug auf die beiden Strategien indifferent, wenn der erwartete einjährige Spotzins gleich dem aktuellen Terminzins ist. Allerdings machen sich die Investoren *doch* Sorgen über das Risiko. Wären die erwarteten Renditen beider Strategien gleich, würden die Anleger je nachdem, ob sie bereit sind, zukünftige Schwankungen des Zinssatzes zu akzeptieren, die eine Strategie der anderen vorziehen. In der Regel spiegelt der erwartete zukünftige Spotzinssatz die Präferenzen der Anleger im Hinblick auf das Risiko zukünftiger Zinssatzschwankungen wider. Damit gilt

$$\text{Erwarteter zukünftiger Kassazinssatz} = \text{Terminzinssatz} + \text{Risikoprämie} \tag{6A.4}$$

Die Risikoprämie kann in Abhängigkeit von den Präferenzen der Investoren positiv oder negativ sein.[6] Infolgedessen sind Terminzinssätze tendenziell keine idealen Indikatoren der zukünftigen Spot-Zinssätze.

---

6 Die empirische Forschung legt nahe, dass die Risikoprämie tendenziell negativ ist, wenn die Zinsstrukturkurve nach oben geneigt verläuft, und dass sie tendenziell positiv ist, wenn sie nach unten geneigt verläuft. Siehe E. Fama und R. Bliss, „The Information in Long-Maturity Forward Rates", *American Economic Review*, Bd. 77, Nr. 4 (1987), S. 680–692; und J. Campbell und R. Shiller, „Yield Spreads and Interest Rate Movements: A Bird's Eye View", *Review of Economic Studies*, Bd. 58, Nr. 3 (1991), S. 495–514.

Aufgaben

Ein Stern (*) kennzeichnet Aufgaben mit einem höheren Schwierigkeitsgrad.

Die Aufgaben A.1–A.4 beziehen sich auf die folgende Tabelle:

Laufzeit (Jahren)	1	2	3	4	5
r_{eff} der Nullkuponanleihe	4,0 %	5,5 %	5,5 %	5,0 %	4,5 %

A.1. Wie hoch ist der Terminzinssatz für das 2. Jahr (der heute angegebene Terminzinssatz für eine Anlage, deren Laufzeit in einem Jahr beginnt und in zwei Jahren endet)?

A.2. Wie hoch ist der Terminzinssatz für das 3. Jahr (der heute angegebene Terminzinssatz für eine Anlage, deren Laufzeit in zwei Jahren beginnt und in drei Jahren endet)? Was können Sie über Terminzinssätze sagen, wenn deren Zinsstrukturkurve flach ist?

A.3. Wie hoch ist der Terminzinssatz für das 5. Jahr (der heute angegebene Terminzinssatz für eine Anlage, deren Laufzeit in vier Jahr beginnt und in fünf Jahren endet)?

*A.4. Angenommen, sie möchten den Zinssatz für eine Anlage festschreiben, deren Laufzeit in einem Jahr beginnt und in fünf Jahren endet. Welchen Zinssatz würden Sie erhalten, wenn es keine Arbitragemöglichkeiten gäbe?

*A.5. Angenommen, die Rendite einer einjährigen Nullkuponanleihe beträgt 5 %. Der Terminzinssatz für das 2. Jahr ist 4 % und der Terminzinssatz für das 3. Jahr ist 3 %. Wie hoch ist die Effektivverzinsung einer Nullkuponanleihe, deren Laufzeit in drei Jahren endet?

Da die grundlegenden Instrumente für die finanzielle Entscheidungsfindung bereits vorgestellt worden sind, beginnen wir nun mit deren Anwendung. Eine der wichtigsten Entscheidungen, mit denen ein Finanzmanager konfrontiert wird, ist die Auswahl der Investitionen, die das Unternehmen eingehen sollte. In ▶Kapitel 7 wird die *Kapitalwertregel* mit anderen von Unternehmen mitunter verwendeten Investitionsregeln verglichen und erklärt, warum die Kapitalwertregel überlegen ist. Das Verfahren der Kapitalaufteilung des Unternehmens auf die Investitionen wird als Investitionsplanung bezeichnet. In ▶Kapitel 8 wird die Methode des *diskontierten Cashflows* für solche Entscheidungen dargestellt. Beide Kapitel verdeutlichen die Wirksamkeit der in Teil II vorgestellten Instrumente.

Viele Unternehmen beschaffen das für Investitionen benötigte Kapital durch die Ausgabe von Aktien. Wie bestimmen Anleger den Preis, den sie für eine Aktie zu zahlen bereit sind? Und wie beeinflussen die Entscheidungen der Manager diesen Wert? In ▶Kapitel 9 (Die Bewertung von Aktien) wird gezeigt, wie *das Gesetz des Einheitlichen Preises* durch die Betrachtung der zukünftigen Dividenden und freien Cashflows zu mehreren alternativen Methoden zur Bewertung des Eigenkapitals eines Unternehmens führt. Außerdem wird gezeigt, wie es sich mit ähnlichen, börslich gehandelten Unternehmen vergleichen lässt.

TEIL III

Grundlagen der Bewertung

Abkürzungen

- *r*   Kalkulationszinssatz
- *KW*   Kapitalwert
- *IZF*   interner Zinsfuß
- *BW*   Barwert
- *ZZR*   Abkürzung für die Periodenzahl oder das Datum des letzten Cashflows in Annuitätentabellen
- *ZINS*   Abkürzung für den Zinssatz in Annuitätentabellen
- *RMZ*   Abkürzung für Cashflow in Annuitätentabellen

Investitionsentscheidungen

7

ÜBERBLICK

Im Jahr 2000 begannen Toshiba und Sony mit einer neuen DVD-Technologie zu experimentieren. Dies führte zur Entwicklung der Blu-Ray High Definition DVD-Spieler durch Sony und zur Markteinführung des HD-DVD-Spielers durch Toshiba. Damit begann ein acht Jahre andauernder Kampf um das neue Format, der erst im Februar 2008 endete, als Toshiba beschloss, die Produktion der HD-DVD-Abspielgeräte einzustellen und das Format aufzugeben. Wie kamen die Manager von Toshiba und Sony zu der Entscheidung, in die neuen DVD-Formate zu investieren? Und wie kamen die Manager von Toshiba zu der Erkenntnis, dass es die beste Entscheidung wäre, die HD-DVD-Produktion einzustellen? In beiden Fällen trafen die Manager eine Entscheidung, von der sie glaubten, dass sie den Wert ihrer Unternehmen maximieren würde.

In diesem Kapitel wird gezeigt, dass die Kapitalwertregel die Entscheidungsregel ist, mit der Manager den Wert des Unternehmens maximieren sollten. Manche Unternehmen verwenden dennoch andere Methoden zur Bewertung von Investitionen und zur Entscheidung darüber, welche Projekte verfolgt werden sollen. Im vorliegenden Kapitel werden folgende häufig verwendete Verfahren vorgestellt: Die *Amortisationsdauerregel* und die *Regel des internen Zinsfußes*. Danach werden die auf der Grundlage dieser Regeln getroffenen Entscheidungen mit Entscheidungen verglichen, die auf der Grundlage der Kapitalwertregel getroffen wurden. Zudem werden die Umstände dargestellt, unter denen alternative Regeln zu schlechten Anlageentscheidungen führen dürften. Nachdem wir diese Regeln im Kontext eines einzelnen, eigenständigen Projektes vorgestellt haben, wird die Perspektive so erweitert, dass auch Entscheidungen zwischen einander ausschließenden Anlagemöglichkeiten betrachtet werden. Abschließend wird die Projektauswahl bei beschränkter Kapitalverfügbarkeit oder Einschränkung anderer Ressourcen betrachtet.

7.1 Der Kapitalwert und Einzelprojekte

Wir beginnen die Darstellung der Regeln für Investitionsentscheidungen mit der Betrachtung einer Ja-oder-Nein-Entscheidung bei einem Einzelprojekt. Indem das Unternehmen dieses Projekt durchführt, beschränkt es seine Fähigkeit, andere Projekte anzunehmen, nicht. Die Analyse beginnt mit der bekannten Kapitalwertregel aus ▶Kapitel 3: *Bei einer Investitionsentscheidung ist die Alternative mit dem höchsten Kapitalwert auszuwählen. Die Wahl dieser Alternative entspricht deren heutigem Erhalt des Kapitalwerts in bar*. Bei einem Einzelprojekt muss zwischen der Annahme und der Ablehnung des Projektes eine Entscheidung getroffen werden. In diesem Fall besagt die Kapitalwertregel, dass der Kapitalwert des Projektes mit null (dem Kapitalwert, wenn nichts getan wird) verglichen werden sollte und dass das Projekt akzeptiert werden sollte, wenn der Kapitalwert positiv ist.

Die Anwendung der Kapitalwertregel

Den Forschern bei Frederick's Feed and Farm ist ein Durchbruch gelungen. Sie sind davon überzeugt, dass sie einen neuen, umweltfreundlichen Dünger mit beträchtlichen Kosteneinsparungen im Vergleich zur bestehenden Produktlinie des Unternehmens für Düngemittel produzieren können. Für den Dünger wird ein neues Werk benötigt, das unverzüglich für EUR 250 Millionen gebaut werden kann. Die Finanzmanager schätzen, dass die Vorteile des neuen Düngers wie auf dem folgenden Zeitstrahl dargestellt ab dem ersten Jahr und dann für immer bei EUR 35 Millionen pro Jahr liegen:

Wie in ▶Kapitel 4 erklärt, ist der Kapitalwert dieses ewigen Zahlungsstroms bei einem Kalkulationszinssatz r gleich:

$$KW = -250 + \frac{35}{r} \tag{7.1}$$

Die Finanzmanager, die für dieses Projekt zuständig sind, schätzen, dass die Kapitalkosten bei 10 % pro Jahr liegen. Unter Verwendung dieser Kapitalkosten in ▶Gleichung 7.1 ergibt sich ein positiver

Kapitalwert von EUR 100 Millionen. Die Kapitalwertregel besagt, dass der Wert des Unternehmens sich heute um EUR 100 Millionen erhöht, wenn die Investition getätigt wird. Folglich sollte Frederick's Feed and Farm das Projekt durchführen.

Das Kapitalwertprofil und der IZF

Der Kapitalwert des Projektes hängt von den entsprechenden Kapitalkosten ab. Häufig kann jedoch ein gewisses Maß an Unsicherheit im Hinblick auf die Kapitalkosten des Projektes bestehen. In diesem Fall ist es hilfreich, ein **Kapitalwertprofil** zu berechnen, in dem der Kapitalwert (*KW*) des Projektes über einen bestimmten Bereich von Kalkulationszinssätzen grafisch dargestellt wird. In ▶Abbildung 7.1 wird der Kapitalwert des Düngemittelprojektes als Funktion des Kalkulationszinssatzes *r* dargestellt.

Hierbei ist zu beachten, dass der Kapitalwert nur bei Kalkulationszinssätzen positiv ist, die niedriger als 14 % sind. Bei *r* = 14 % ist der Kapitalwert gleich null. Wir erinnern uns an ▶Kapitel 4: Der interne Zinsfuß (*IZF*) einer Anlage ist gleich dem Kalkulationszinssatz, bei dem der *KW* der Cashflows des Projekts gleich null ist. Somit hat das Düngemittelprojekt einen *IZF* von 14 %.

Der *IZF* eines Projektes gibt nützliche Informationen im Hinblick darauf, wie stark der Kapitalwert eines Projektes auf Fehler bei der Schätzung der Kapitalkosten reagiert. Bei dem Düngemittelprojekt ist der Kapitalwert wie in ▶Abbildung 7.1 dargestellt negativ, wenn die Schätzung der Kapitalkosten einen *IZF* von 14 % übersteigt. Daher ist die Entscheidung das Projekt einzugehen richtig, solange unsere Schätzung von 10 % um nicht mehr als vier Prozentpunkte von den tatsächlichen Kapitalkosten abweicht. Im Allgemeinen gilt: *Die Differenz zwischen den Kapitalkosten und dem IZF entspricht dem maximalen Schätzfehler der Kapitalkosten, der bestehen kann, ohne die ursprüngliche Entscheidung zu ändern.*

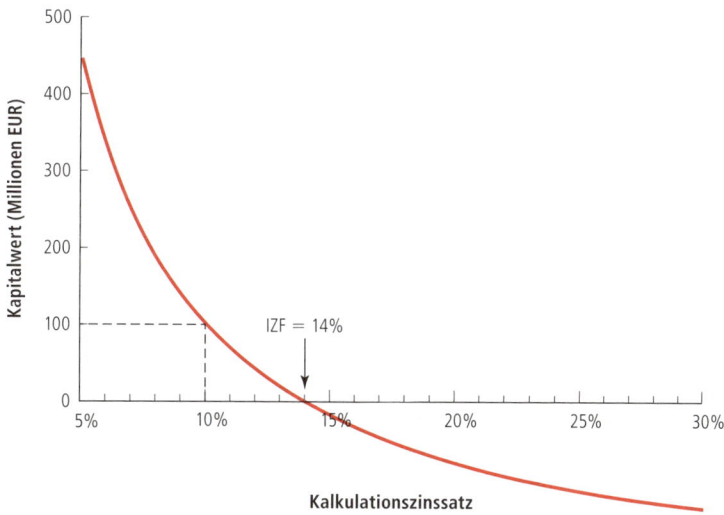

Abbildung 7.1: Der Kapitalwert des Düngemittelprojektes von Fredrick's Feed and Farm. In der Grafik wird der Kapitalwert als Funktion des Kalkulationszinssatzes dargestellt. Der Kapitalwert ist nur bei Kalkulationszinssätzen positiv, die niedriger als 14 % – der interne Zinsfuß (IZF) – sind. Bei Kapitalkosten von 10 % hat das Projekt einen positiven Kapitalwert von EUR 100 Millionen.

Alternative Regeln im Vergleich mit der Kapitalwertregel

Obwohl die Kapitalwertregel die genaueste und zuverlässigste Entscheidungsregel ist, wird in der Praxis eine große Bandbreite an Instrumenten, häufig in Verbindung mit der Kapitalwertregel, angewendet. Einer Studie aus dem Jahr 2001 ist zu entnehmen, dass 75 % der von John Graham und Campbell Harvey[1] untersuchten Unternehmen die Kapitalwertregel für Anlageentscheidungen ver-

---

1 „The Theory and Practice of Corporate Finance: Evidence from the Field", *Journal of Financial Economics*, Bd. 60 (2001), S. 187–243.

wendeten. Dieses Ergebnis unterscheidet sich deutlich von den Feststellungen einer ähnlichen Studie aus dem Jahr 1977, die von L.J. Gitman und J.R. Forrester[2] durchgeführt worden war: Sie ermittelten, dass nur 10 % der Unternehmen die Kapitalwertregel anwendeten. Die Studie von Graham und Harvey besagt, dass ein Viertel der US-amerikanischen Unternehmen die Kapitalwertregel nicht verwendet. Es ist nicht klar, warum in der Praxis andere Investitionsplanungsverfahren angewendet werden. Da man jedoch diese Verfahren in der Geschäftswelt finden kann, sollte bekannt sein, um welche es sich dabei handelt, auf welche Art sie verwendet werden und wie der Vergleich mit der Kapitalwertregel aussieht.

Bei der Bewertung alternativer Regeln zur Projektauswahl in den folgenden Abschnitten ist zu beachten, dass mit anderen Investitionsregeln mitunter die gleiche Antwort wie mit der Kapitalwertregel erreicht wird. Dies ist jedoch nicht immer der Fall: Besteht zwischen den Regeln ein Widerspruch, so bedeutet das Verfolgen der alternativen Regel, dass entweder ein Projekt mit einem negativen Kapitalwert eingegangen oder dass eine Anlagemöglichkeit mit positivem Kapitalwert abgelehnt wird. In diesen Fällen führen die alternativen Regeln zu schlechten Entscheidungen, durch die sich das Vermögen reduziert.

Verständnisfragen

1. Erklären Sie die Kapitalwertregel für Einzelprojekte.
2. Was gibt der Unterschied zwischen den Kapitalkosten und dem IZF an?

7.2   Die interne Zinsfußregel

Eine Interpretation des internen Zinsfußes ist, dass dieser der durchschnittlichen Rendite entspricht, die durch das Eingehen der Anlagemöglichkeit erzielt wird. Die **interne Zinsfuß-Investitionsregel** beruht auf folgendem Konzept: Ist die durchschnittliche Rendite auf die Anlagemöglichkeit (der IZF) größer als auf andere Alternativen am Markt mit gleichwertigem Risiko und gleicher Laufzeit (den Kapitalkosten des Projektes), sollte die Investitionsmöglichkeit eingegangen werden. Diese Regel wird wie folgt formuliert:

> *IZF-Investitionsregel: Eine Investitionsmöglichkeit sollte eingegangen werden, wenn der IZF die Opportunitätskosten des Kapitals übersteigt. Eine Möglichkeit, deren IZF geringer ist als die Opportunitätskosten des Kapitals, sollte abgelehnt werden.*

Die Anwendung der internen Zinsfußregel

Wie die Kapitalwertregel wird die interne Zinsfußregel auf Einzelprojekte eines Unternehmens angewendet. Dabei wird mit der internen Zinsfußregel in vielen, allerdings nicht in allen Situationen die korrekte Lösung (die gleiche Lösung wie mit der Kapitalwertregel) ermittelt. Sie gibt beispielsweise bei der Frage nach dem Düngemittelprojekt für Fredrick's Feed and Farm die korrekte Antwort. ▶ Abbildung 7.1 ist Folgendes zu entnehmen: Liegen die Kapitalkosten unterhalb des internen Zinsfußes (14 %), weist das Projekt immer einen positiven Kapitalwert auf und sollte eingegangen werden. Im Beispiel des Düngemittelprojektes von Fredrick's Feed and Farm stimmen die Kapitalwertregel und die interne Zinsfußregel überein, sodass mit der internen Zinsfußregel die korrekte Antwort ermittelt wird. Dies muss allerdings nicht immer zutreffen. Tatsächlich ist es so, dass die *interne Zinsfußregel nur dann bei einem Einzelprojekt garantiert funktioniert, wenn sämtliche negativen Cashflows des Projektes vor dessen positiven Cashflows auftreten.* Ist dies nicht der Fall, kann die interne Zinsfußregel zu falschen Entscheidungen führen. Im Folgenden sollen einige Situationen untersucht werden, in denen die interne Zinsfußregel nicht funktioniert.

---

2 „A Survey of Capital Budgeting Techniques Used by Major U.S. Firms", *Financial Management*, Bd. 6 (1977), S. 66–71.

Falle Nr. 1: Verzögerte Investitionen

John Star, der Gründer von SuperTech, dem erfolgreichsten Unternehmen der letzten 20 Jahre, ist gerade als Vorstandsvorsitzender zurückgetreten. Ein großer Verlag hat ihm angeboten, EUR 1 Million im Voraus zu zahlen, wenn er zustimmt ein Buch über seine Erfahrungen zu schreiben. Er schätzt, dass er für das Verfassen des Buches drei Jahre benötigt. Die Zeit, die er mit Schreiben verbringt, bedeutet den Verzicht auf andere Einnahmequellen in Höhe von EUR 500.000 pro Jahr. Unter Berücksichtigung des Risikos seiner anderen Einnahmequellen und der verfügbaren Anlagemöglichkeiten schätzt Star die Opportunitätskosten des Kapitals auf 10 %. Der Zeitstrahl der Anlagemöglichkeit von Star gestaltet sich wie folgt:

Der Kapitalwert der Investitionsmöglichkeit von Star ist gleich:

$$KW = 1.000.000 - \frac{500.000}{1+r} - \frac{500.000}{(1+r)^2} - \frac{500.000}{(1+r)^3}$$

Der interne Zinsfuß wird durch Nullsetzen des Kapitalwertes und Auflösen nach r bestimmt. Mithilfe der Annuitätentabelle bestimmen wir:

	ZZR	ZINS	BW	RMZ	ZW	Excel-Formel
Gegeben	3		1.000.000	−500.000	0	
Auflösen nach r		23,38 %				=ZINS(3;−500000;1000000;0)

Der interne Zinsfuß von 23,38 % ist höher als die Opportunitätskosten des Kapitals von 10 %. Laut interner Zinsfußregel sollte Star den Vertrag unterzeichnen. Welche Entscheidung sollte aber nach der Kapitalwertregel getroffen werden?

$$KW = 1.000.000 - \frac{500.000}{1,1} - \frac{500.000}{1,1^2} - \frac{500.000}{1,1^3} = -EUR\ 243.426$$

Bei einem Kalkulationszinssatz von 10 % ist der Kapitalwert negativ. Star sollte daher den Vertrag mit dem Verlag nicht unterzeichnen, da sein Vermögen durch den Vertragsabschluss verringert würde.

Um zu verdeutlichen, warum die interne Zinsfußregel hier versagt, wird in ▶Abbildung 7.2 das Kapitalwertprofil des Buchvertrags dargestellt. Unabhängig von der Höhe der Kapitalkosten führen die interne Zinsfußregel und die Kapitalwertregel zu genau gegensätzlichen Empfehlungen. Das heißt, der Kapitalwert ist nur dann positiv, wenn die Opportunitätskosten des Kapitals *über* 23,38 % (dem IZF) liegen. Tatsächlich sollte Star die Investition nur dann eingehen, wenn die Opportunitätskosten des Kapitals höher sind als der interne Zinsfuß – dies ist das Gegenteil von dem, was die interne Zinsfußregel empfiehlt.

In ▶Abbildung 7.2 wird ebenfalls das Problem der Anwendung der internen Zinsfußregel in diesem Fall dargestellt. Bei den meisten Investitionsmöglichkeiten treten die Einzahlungen zu Beginn auf, während Auszahlungen später erzielt werden. In diesem Fall bekommt Star das Geld *im Voraus* und die Auszahlungen für die Erstellung des Buches entstehen *später*. Dies ist so, als ob Star ein Darlehen aufnimmt – er erhält heute gegen eine zukünftige Verbindlichkeit Geld. Bei der Aufnahme eines Darlehens wird ein möglichst *niedriger* Zinssatz bevorzugt. In diesem Fall wird der IZF am besten als der Zinssatz interpretiert, den Star bezahlt und nicht als der Zinssatz, den er erzielt. Damit ist die optimale Regel für Star, Geld zu leihen, solange dieser Zinssatz *niedriger* als seine Kapitalkosten ist.

Auch wenn mit der internen Zinsfußregel in diesem Fall nicht die richtige Antwort gegeben wird, bietet der interne Zinsfuß *in Verbindung mit der Kapitalwertregel* trotzdem nützliche Informationen.

Wie bereits an früherer Stelle erwähnt, gibt der IZF an, wie stark die Anlageentscheidung auf die Unsicherheit bei der Schätzung der Kapitalkosten reagiert. In diesem Fall ist die Differenz zwischen den Kapitalkosten und dem IZF mit 13,38 Prozentpunkten groß. Damit hätte Star die Kapitalkosten um 13,38 Prozentpunkte unterschätzen müssen, damit der Kapitalwert positiv wird.

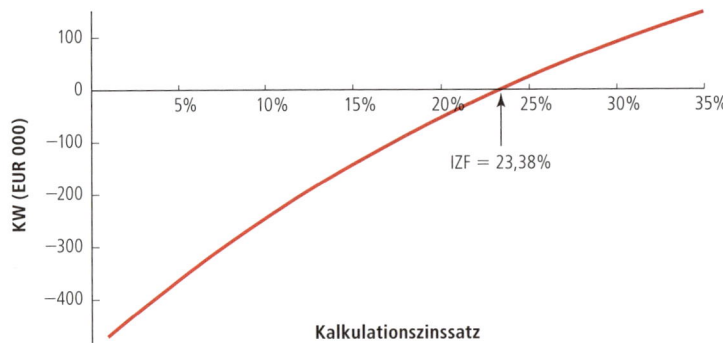

Abbildung 7.2: Der Kapitalwert des Buchvertrags von John Star über EUR 1 Million. Wenn die Auszahlungen einer Investition vor den Einzahlungen auftreten, ist der Kapitalwert eine ansteigende Funktion des Kalkulationszinssatzes und die interne Zinsfußregel funktioniert nicht.

Falle Nr. 2: Mehrere interne Zinsfüße

Star hat dem Verlag mitgeteilt, dass er das Angebot verbessern muss, damit Star es annimmt. Der Verlag bietet ihm daraufhin die Zahlung eines Honorars an, wenn das Buch herauskommt. Dafür soll Star eine geringere Vorauszahlung akzeptieren. Star wird bei Veröffentlichung und Verkauf des Buches heute in vier Jahren ein Autorenhonorar von EUR 1 Million und sofort eine Vorauszahlung von EUR 550.000 erhalten. Sollte Star das neue Angebot annehmen oder ablehnen?

Wir beginnen erneut mit einem Zeitstrahl:

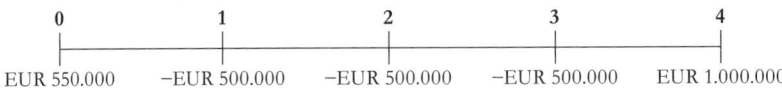

Der Kapitalwert des neuen Angebots für Star ist gleich:

$$KW = 550.000 - \frac{500.000}{1+r} - \frac{500.000}{(1+r)^2} - \frac{500.000}{(1+r)^3} + \frac{1.000.000}{(1+r)^4}.$$

Durch Nullsetzen des Kapitalwertes und Auflösen nach r wird der interne Zinsfuß bestimmt. In diesem Fall gibt es *zwei* interne Zinsfüße, das heißt zwei Werte für r, mit denen der Kapitalwert gleich null gesetzt wird. Diese Tatsache kann durch Einsetzen der internen Zinsfüße von 7,164 % und 33,673 % in die Gleichung überprüft werden. Da es mehr als einen internen Zinsfuß gibt, kann die interne Zinsfußregel hier nicht angewendet werden.

Zur Orientierung wenden wir uns der Kapitalwertregel zu. In ▶ Abbildung 7.3 wird das Kapitalwertprofil des neuen Angebots dargestellt. Wenn die Kapitalkosten *entweder* unter 7,164 % oder über 33,673 % liegen, sollte Star die Anlagemöglichkeit eingehen. Ist dies nicht der Fall, sollte er das Angebot ablehnen. Hierbei ist zu beachten, dass die beiden internen Zinsfüße dennoch als Grenzen für die Kapitalkosten nützlich sind, auch wenn die interne Zinsfußregel in diesem Fall nicht funktioniert. Ist die Schätzung der Kapitalkosten falsch und sind diese tatsächlich geringer als 7,164 % oder höher als 33,673 %, so ändert sich die Entscheidung, das Projekt nicht zu verfolgen. Selbst wenn Star sich nicht sicher ist, ob seine tatsächlichen Kapitalkosten 10 % betragen, kann er im Hinblick auf seine Entscheidung sehr sicher sein, das Geschäft abzulehnen. Dies gilt, solange er überzeugt ist, dass seine Kapitalkosten innerhalb dieser Grenzen liegen.

Bestehen mehrere interne Zinsfüße, gibt es keine einfache Lösung für das Problem der internen Zinsfußregel. In diesem Beispiel ist der Kapitalwert zwischen den internen Zinsfüßen negativ. Es wäre aber auch eine umgekehrte Situation möglich. Überdies gibt es Situationen, in denen es mehr als zwei interne Zinsfüße gibt.[3] Bestehen mehrere interne Zinsfüße, besteht nur die Möglichkeit, sich auf die Kapitalwertregel zu verlassen.

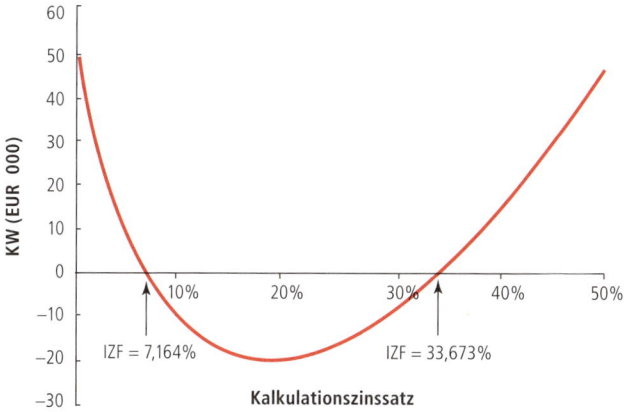

Abbildung 7.3: Kapitalwert des Buchgeschäfts von John Star mit Autorenhonorar. In diesem Fall gibt es mehrere interne Zinsfüße, wodurch die interne Zinsfußregel ungültig wird. Hier sollte Star das Angebot nur dann eingehen, wenn die Opportunitätskosten des Kapitals entweder unter 7,164 % oder über 33,673 % liegen.

Ein häufiger Fehler

Interner Zinsfuß im Vergleich zur internen Zinsfußregel

Die Beispiele in diesem Abschnitt verdeutlichen die potenziellen Mängel der internen Zinsfußregel bei der Entscheidung für die Annahme oder Ablehnung eines Einzelprojektes. Wie bereits zu Beginn gezeigt, können diese Probleme nur vermieden werden, wenn alle negativen Cashflows des Projektes vor den positiven Cashflows auftreten. Andernfalls ist es nicht möglich, sich auf die interne Zinsfußregel zu verlassen. Jedoch bleibt der interne Zinsfuß sogar in diesem Fall ein sehr hilfreiches Instrument. Der interne Zinsfuß misst die durchschnittliche Rendite über die Laufzeit einer Investition und gibt die Sensitivität des Kapitalwertes im Hinblick auf Schätzfehler bei den Kapitalkosten an. Es kann sehr nützlich sein, den internen Zinsfuß zu kennen, doch kann es auch gefährlich sein, sich bei Anlageentscheidungen auf diesen zu verlassen.

Falle Nr. 3: Nicht existenter interner Zinsfuß

Nach langwierigen Verhandlungen gelingt es Star, den Verlag zu überzeugen, die Anfangszahlung neben dem Autorenhonorar von EUR 1.000.000 in vier Jahren bei Veröffentlichung des Buches auf EUR 750.000 zu erhöhen. Bei diesen Cashflows existiert kein interner Zinsfuß, es gibt also keinen Kalkulationszinssatz, zu dem der Kapitalwert gleich null gesetzt wird. Aus diesem Grund bietet die interne Zinsfußregel hier keinerlei Orientierung. Zur Bewertung dieses letzten Angebots betrachten wir noch einmal das in ▸Abbildung 7.4 dargestellte Kapitalwertprofil. Es ist ersichtlich, dass der Kapitalwert für jeden Kalkulationszinssatz positiv und das Angebot somit attraktiv ist. Man darf sich an dieser Stelle jedoch nicht in die Irre führen lassen und glauben, dass der Kapitalwert immer positiv ist, wenn kein interner Zinsfuß vorhanden ist – er kann genauso gut immer negativ sein.

---

3 Die Anzahl der internen Zinsfüße kann ebenso hoch sein wie die Anzahl der Änderungen des Vorzeichens der Cashflows des Projektes im Laufe der Zeit.

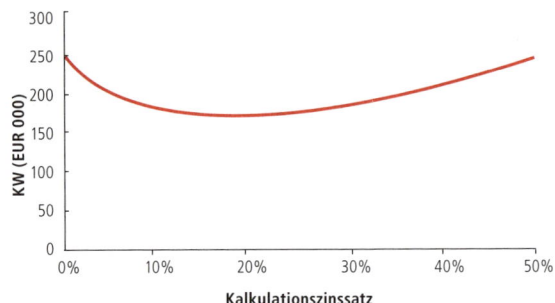

Abbildung 7.4: Kapitalwert des letzten Angebots von John Star. In diesem Fall ist der Kapitalwert bei jedem Kalkulationszinssatz positiv, weshalb es keinen internen Zinsfuß gibt. Die interne Zinsfußregel kann also nicht angewendet werden.

Beispiel 7.1:   Probleme mit der internen Zinsfußregel

Fragestellung

Es werden Projekte mit den folgenden Cashflows betrachtet:

Projekt	0	1	2
A	−375	−300	900
B	−22.222	50.000	−28.000
C	400	400	−1.056
D	−4.300	10.000	−6.000

Welches dieser Projekte weist einen nahe bei 20 % liegenden internen Zinsfuß auf? Bei welchem dieser Projekte gilt die interne Zinsfußregel?

Lösung

In ▸Abbildung 7.5 wird das Kapitalwertprofil für jedes Projekt dargestellt. Aus den Kapitalwertprofilen können wir erkennen, dass die Projekte A, B und C jeweils einen internen Zinsfuß von ungefähr 20 % haben, während Projekt D keinen internen Zinsfuß hat. Hier ist auch zu beachten, dass Projekt B einen weiteren internen Zinsfuß von 5 % hat.

Die interne Zinsfußregel gilt nur dann, wenn das Projekt bei jedem Kalkulationszinssatz unterhalb des internen Zinsfußes einen positiven Kapitalwert aufweist. Folglich gilt die interne Zinsfußregel nur für Projekt A. Hierbei handelt es sich um das einzige Projekt, bei dem die negativen Cashflows vor den positiven auftreten.

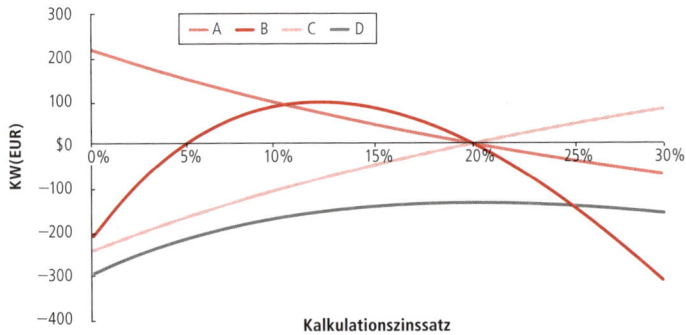

Abbildung 7.5: Kapitalwertprofile für ▸Beispiel 7.1. Während die interne Zinsfußregel bei Projekt A funktioniert, gilt sie bei allen anderen Projekten nicht.

7.3 Die Amortisationsregel

In diesem Abschnitt wird die *Amortisationsregel* als alternative Entscheidungsregel für Einzelprojekte innerhalb eines Unternehmens untersucht. Die **Amortisationsregel** besagt, dass ein Projekt nur dann eingegangen werden sollte, wenn dessen Cashflows die Anfangsinvestition in einem vorgegebenen Zeitraum zurückzahlen. Zur Anwendung der Amortisationsregel wird zuerst der Zeitraum berechnet, der zur Rückzahlung der Anfangsinvestition notwendig ist: die sogenannte **Amortisationsdauer**. Das Projekt wird nur dann akzeptiert, wenn die Amortisationsdauer kürzer ist als ein vorgegebener Zeitraum (in der Regel einige Jahre). Andernfalls wird das Projekt abgelehnt. So könnte ein Unternehmen beispielsweise jedes Projekt annehmen, das eine Amortisationszeit von weniger als zwei Jahren hat.

Die Anwendung der Amortisationsregel

Zur Verdeutlichung der Amortisationsregel kehren wir zum Beispiel von Fredrick's Feed and Farm zurück.

Beispiel 7.2: Die Amortisationsregel

Fragestellung

Das Unternehmen Fredrick's Feed and Farm setzt voraus, dass alle Projekte eine Amortisationsdauer von fünf Jahren oder weniger haben. Würde das Unternehmen das Düngemittelprojekt nach dieser Regel durchführen?

Lösung

Es sei daran erinnert, dass das Projekt eine Anfangsinvestition von EUR 250 Millionen erfordert und dann EUR 35 Millionen pro Jahr generiert. Die Summe der Cashflows von Jahr 1 bis Jahr 5 ist gleich EUR 35 Millionen × 5 = EUR 175 Millionen. Die Anfangsinvestition von EUR 250 Millionen wird somit nicht abgedeckt. Tatsächlich ist die Anfangsinvestition erst bis Jahr 8 zurückgezahlt (EUR 35 Millionen × 8 = EUR 280 Millionen). Da die Amortisationszeit für dieses Projekt fünf Jahre übersteigt, wird Fredrick's Feed and Farm das Projekt ablehnen.

Bei Verwendung der Amortisationsregelanalyse in ▶Beispiel 7.2 wird Fredrick's das Projekt ablehnen. Der Kapitalwert beträgt jedoch, wie an früherer Stelle aufgezeigt, bei Kapitalkosten von 10 % EUR 100 Millionen. Die Anwendung der Amortisationsregel wäre ein Fehler, da sich Fredrick's ein Projekt mit einem Wert von EUR 100 Millionen entgehen lassen würde.

Fallen bei der praktischen Anwendung der Amortisationsregel

Die Amortisationsregel ist unzuverlässiger als die Kapitalwertregel, da sie

1. die Kapitalkosten des Projektes und den Zeitwert des Geldes außer Betracht lässt,

2. die Cashflows nach der Amortisationszeit nicht berücksichtigt

3. und sich auf ein Ad-hoc-Entscheidungskriterium stützt (welche Anzahl Jahre soll als richtige Anzahl für die Amortisationszeit gefordert werden?).

Trotz dieser Probleme gaben ca. 57 % der von Graham und Harvey befragten Unternehmen an, dass sie die Amortisationsregel im Rahmen ihres Entscheidungsfindungsprozesses einsetzen.

Warum berücksichtigen manche Unternehmen die Amortisationsregel? Die Antwort auf diese Frage steht wohl mit ihrer Einfachheit in Zusammenhang. Typischerweise wird diese Regel bei kleinen Anlageentscheidungen verwendet: Beispielsweise ob ein neuer Kopierer gekauft oder der alte Kopierer gewartet werden soll. In solchen Fällen sind die Kosten einer falschen Entscheidung wahrscheinlich nicht hoch genug, um die Zeit zu rechtfertigen, die notwendig ist, um den Kapitalwert zu berechnen. Außerdem bietet die Amortisationsregel auch Informationen im Hinblick auf die Dauer der Zeit, für die Kapital an ein Projekt gebunden ist. Einige Unternehmen sind nicht bereit, ohne eine umfangreichere Prüfung Kapital für langfristige Investitionen aufzuwenden. Überdies gilt, dass bei einer kurzen erforderlichen Amortisationszeit (von einem oder zwei Jahren) die meisten Projekte, die die Amortisationsregel erfüllen, einen positiven Kapitalwert haben. Also verringern Unternehmen unter Umständen den Aufwand, indem sie zuerst die Amortisationsregel anwenden und sich erst dann die Zeit nehmen, den Kapitalwert zu berechnen, wenn die Amortisationsregel nicht greift.

Warum gibt es neben der Kapitalwertregel noch andere Regeln?

Professor Graham und Professor Harvey haben festgestellt, dass eine beträchtliche Minderheit der von ihnen untersuchten Unternehmen (25 %) die Kapitalwertregel nicht anwendet, und dass mehr als die Hälfte (75 %) der befragten Unternehmen die Amortisationsregel anwendet. Es scheint überdies so, dass die meisten Unternehmen *sowohl* die Kapitalwertregel *als auch* die interne Zinsfußregel anwenden. Warum verwenden Unternehmen andere Regeln als die Kapitalwertregel, wenn diese zu fehlerhaften Entscheidungen führen können?

Eine mögliche Erklärung für dieses Phänomen könnte sein, dass die Ergebnisse der Untersuchung von Graham und Harvey irreführend sein könnten. Manager können die Amortisationsregel für die Zwecke der Kapitalplanung oder als schnelleres Verfahren verwenden, um einen schnellen Überblick über das Projekt zu erhalten, bevor sie den Kapitalwert berechnen. Desgleichen können Finanzmanager, die den internen Zinsfuß als Sensitivitätsmaß in Verbindung mit der Kapitalwertregel anwenden, unter Umständen im Fragebogen das Kästchen „IZF" und das Kästchen „KW" angekreuzt haben. Trotzdem hat aber auch eine signifikante Minderheit der befragten Manager angegeben, dass sie nur die interne Zinsfußregel anwenden, also erklärt dies nicht alles.

Manager verwenden möglicherweise ausschließlich die interne Zinsfußregel, da die Opportunitätskosten des Kapitals zur Berechnung des internen Zinsfußes nicht bekannt sein müssen. Dieser Vorteil ist jedoch oberflächlich: Obwohl zur *Berechnung* des IZF die Kapitalkosten nicht bekannt sein müssen, müssen sie sicherlich zur *Anwendung* der internen Zinsfußregel bekannt sein. Demzufolge sind die Opportunitätskosten des Kapitals genauso wichtig für die interne Zinsfußregel wie für die Kapitalwertregel.

Unserer Meinung nach verwenden einige Unternehmen ausschließlich die interne Zinsfußregel, da der interne Zinsfuß die Attraktivität einer Investitionsmöglichkeit zusammenfasst, ohne eine Annahme im Hinblick auf die Kapitalkosten zu erfordern. Eine grafische Darstellung des Kapitalwertes als Funktion des Kalkulationszinssatzes, das heißt das Kapitalwertprofil des Projektes, wäre jedoch eine nützlichere Zusammenfassung. Zudem sind für das Kapitalwertprofil keine Kapitalkosten notwendig. Das Kapitalwertprofil hat den deutlichen Vorteil, dass es viel informativer und zuverlässiger ist.

Verständnisfragen

1. Können nach der Amortisationsregel Projekte abgelehnt werden, die einen positiven Kapitalwert aufweisen? Können nach dieser Regel Projekte eingegangen werden, die einen negativen Kapitalwert aufweisen?

2. Welche Regel sollte angewendet werden, wenn mit der Amortisationsregel nicht die gleiche Lösung wie mit der Kapitalwertregel ermittelt wird? Warum ist das so?

7.4 Die Auswahlentscheidung bei mehreren Projekten

Bisher wurden nur Entscheidungen betrachtet, bei denen es um die Annahme oder Ablehnung eines einzelnen Projektes ging. Manchmal muss ein Unternehmen jedoch nur ein Projekt aus mehreren möglichen Projekten auswählen. In diesem Fall schließen sich Entscheidungen gegenseitig aus. Beispielsweise gilt dies, wenn ein Manager alternative Verpackungsdesigns für ein neues Produkt bewertet. Bei der Auswahl eines Projektes, das die Wahl der anderen Projekte ausschließt, werden wir mit sich ausschließenden Investitionsmöglichkeiten konfrontiert.

Die Kapitalwertregel und sich ausschließende Investitionen

Bei sich ausschließenden Investitionen muss bestimmt werden, welche Projekte einen positiven Kapitalwert aufweisen. Danach müssen die Projekte in eine Reihenfolge gebracht werden, um das beste Projekt zu bestimmen. In dieser Situation bietet die Kapitalwertregel eine direkte Antwort: *Wähle das Projekt mit dem höchsten Kapitalwert.* Da der Kapitalwert den Wert des Projektes in heutigem Bargeld ausdrückt, führt die Auswahl des Projektes mit dem höchsten Kapitalwert auch zur größten Steigerung des Vermögens.

Beispiel 7.3: Der Kapitalwert und sich ausschließende Projekte

Fragestellung

In der Nähe Ihrer Universität steht eine kleine Gewerbeimmobilie zum Verkauf. Angesichts dieses Standorts sind Sie der Meinung, dass ein auf Studenten ausgerichtetes Geschäft dort sehr erfolgreich wäre. Sie haben verschiedene Möglichkeiten recherchiert und sind zu den folgenden Cashflow-Schätzungen (einschließlich der Ausgaben für den Kauf der Immobilie) gekommen. Welche Investition sollten Sie wählen?

Projekt	Anfangsinvestition	Cashflow erstes Jahr	Wachstumsrate	Kapitalkosten
Buchladen	EUR 300.000	EUR 63.000	3,0 %	8 %
Café	EUR 400.000	EUR 80.000	3,0 %	8 %
Musikgeschäft	EUR 400.000	EUR 104.000	0,0 %	8 %
Elektronikgeschäft	EUR 400.000	EUR 100.000	3,0 %	11 %

Lösung

Unter der Annahme, dass jedes der Geschäfte unbegrenzt besteht, kann der Barwert der Cashflows aus jedem Geschäft als ewige Rente mit konstantem Wachstum berechnet werden. Der Kapitalwert jedes Projektes ist gleich:

$$KW(\text{Buchladen}) = -300.000 + \frac{63.000}{8\ \% - 3\ \%} = \text{EUR } 960.000$$

$$KW(\text{Café}) = -400.000 + \frac{80.000}{8\ \% - 3\ \%} = \text{EUR } 1.200.000$$

$$KW(\text{Musikgeschäft}) = -400.000 + \frac{104.000}{8\ \%} = \text{EUR } 900.000$$

$$KW(\text{Elektronikgeschäft}) = -400.000 + \frac{100.000}{11\ \% - 3\ \%} = \text{EUR } 850.000$$

Damit haben alle Alternativen einen positiven Kapitalwert. Da wir nur eine Alternative auswählen können, ist das Café die beste Lösung.

Die interne Zinsfußregel und sich ausschließende Investitionen

Da der IZF ein Maß der erwarteten Rendite der Investition in das Projekt ist, könnte man versucht sein, die interne Zinsfußregel auf den Fall sich ausschließender Investitionen auszudehnen, indem das Projekt mit dem höchsten internen Zinsfuß ausgewählt wird. Die Auswahl eines Projektes gegenüber einem anderen aufgrund eines höheren internen Zinsfußes kann leider zu Fehlern führen: Insbesondere dann, *wenn sich Projekte in der Größenordnung ihrer Investition, der zeitlichen Abfolge ihrer Cashflows oder im Hinblick auf ihr Risiko unterscheiden, können ihre internen Zinsfüße nicht sinnvoll verglichen werden.*

Größenunterschiede. Würden Sie eine Rendite von 500 % auf EUR 1 oder eine Rendite von 20 % auf EUR 1 Million bevorzugen? Obwohl eine Rendite von 500 % ganz sicher beeindruckend klingt, erzielen Sie damit letztlich nur EUR 5. Der zweite Fall hört sich nicht so toll an, doch Sie erzielen damit EUR 200.000. Dieser Vergleich verdeutlicht einen wichtigen Mangel des internen Zinsfußes: Da es sich um eine Rendite handelt, kann nicht vorhergesehen werden, welcher Wert tatsächlich geschaffen wird, ohne die Größe der Investition zu kennen.

Wenn ein Projekt einen positiven Kapitalwert hat, so verdoppelt sich sein Kapitalwert, wenn seine Größe verdoppelt werden kann: Dem Gesetz des einheitlichen Preises zufolge erhöht die Verdopplung der Cashflows einer Investitionsmöglichkeit deren Wert auf das Doppelte. Allerdings weist der interne Zinsfuß diese Eigenschaft nicht auf – er wird durch die Größe der Anlagemöglichkeit nicht beeinflusst, da der interne Zinsfuß die durchschnittliche Rendite der Investition misst. Daher können wir die interne Zinsfußregel nicht verwenden, um Projekte unterschiedlicher Größe zu vergleichen.

Zur Verdeutlichung dieser Situation sei eine Investition in das Buchgeschäft im Vergleich zu dem Café aus ▶Beispiel 7.3 betrachtet. Der interne Zinsfuß kann jeweils wie folgt berechnet werden:

Buchladen:
$$-300.000 + \frac{63.000}{IZF - 3\,\%} = 0 \Rightarrow IZF = 24\,\%$$

Café:
$$-400.000 + \frac{80.000}{IZF - 3\,\%} = 0 \Rightarrow IZF = 23\,\%$$

Beide Projekte haben interne Zinsfüße, die ihre Kapitalkosten von 8 % übersteigen. Aber obwohl das Café einen niedrigeren internen Zinsfuß hat, erzeugt es aufgrund des größeren Umfangs der Investition (EUR 400.000 verglichen mit EUR 300.000) auch einen höheren Kapitalwert (EUR 1,2 Millionen verglichen mit EUR 960.000) und besitzt daher einen höheren Wert.

Unterschiede im zeitlichen Ablauf. Selbst wenn Projekte die gleiche Größe haben, kann der interne Zinsfuß aufgrund von Unterschieden im zeitlichen Ablauf der Cashflows zu einer falschen Rangeinteilung der Projekte führen. Der interne Zinsfuß wird als Rendite ausgedrückt, aber der Geldwert einer bestimmten Rendite und damit deren Kapitalwert hängen davon ab, wie lange die Rendite erzielt wird. Eine sehr hohe jährliche Rendite ist viel wertvoller, wenn sie über mehrere Jahre erzielt wird als nur über wenige Tage. Als Beispiel betrachten wir die folgenden kurz- und langfristigen Projekte:

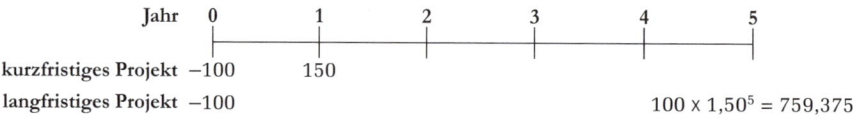

Beide Projekte haben einen internen Zinsfuß von 50 %, doch hat ein Projekt eine Laufzeit von einem Jahr, während das andere Projekt einen Zeithorizont von fünf Jahren hat. Betragen die Kapitalkosten für beide Projekte 10 %, so hat das kurzfristige Projekt einen Kapitalwert von $-100 + 150 : 1,10 =$ EUR 36,36, während das langfristige Projekt einen Kapitalwert von $-100 + 759.375 : 1,10^5 =$ EUR 371,51 hat. Hierbei ist zu beachten, dass trotz desselben IZF das langfristige Projekt einen mehr als zehnmal höheren Wert hat als das kurzfristige Projekt.

Selbst wenn Projekte denselben Zeithorizont haben, unterscheidet sich häufig das Muster der Cashflows über die Zeit. Dazu seien noch einmal die Alternativen der Investition in das Café und in das

Musikgeschäft aus ▶Beispiel 7.3 betrachtet. Beide Investitionen haben dieselbe anfängliche Größe und denselben Zeithorizont (unendlich). Der IZF der Investition in das Musikgeschäft ist gleich:

Musikgeschäft: $\qquad -400.000 + \dfrac{104.000}{IZF} = 0 \Rightarrow IZF = 26\ \%$

Aber auch wenn das Musikgeschäft einen höheren internen Zinsfuß aufweist als das Café (26 % verglichen mit 23 %), hat es doch einen niedrigeren Kapitalwert (EUR 900.000 verglichen mit EUR 1,2 Millionen). Der Grund, warum das Café einen höheren Kapitalwert aufweist, obwohl sein interner Zinsfuß niedriger ist, liegt in seiner höheren Wachstumsrate. Das Café hat niedrigere anfängliche Cashflows, aber höhere langfristige Cashflows als das Musikgeschäft. Die Tatsache, dass die Cashflows des Cafés vergleichsweise später auftreten, macht das Café tatsächlich zu der langfristigeren Investition.

Unterschiede im Risiko. Um zu ermitteln, ob der interne Zinsfuß eines Projektes attraktiv ist, muss er mit den Kapitalkosten des Projektes verglichen werden, die durch das Risiko des Projektes bestimmt werden. Daher muss ein interner Zinsfuß, der für ein sicheres Projekt attraktiv ist, nicht auch für ein riskantes Projekt attraktiv sein. Als einfaches Beispiel lässt sich hier anführen, dass ein Investor, der ganz zufrieden damit ist, eine Rendite von 10 % auf eine risikolose Anlagemöglichkeit zu erzielen, viel unzufriedener wäre, eine erwartete Rendite von 10 % auf eine Anlage in einem riskanten, neu gegründeten Unternehmen zu erzielen. Bei der Einstufung der Projekte nach ihren internen Zinsfüßen werden Unterschiede im Risiko nicht berücksichtigt.

Unter erneuter Verwendung des ▶Beispiel 7.3 soll die Anlage in das Elektronikgeschäft betrachtet werden. Der IZF des Elektronikgeschäfts ist gleich:

Elektronikgeschäft: $\qquad -400.000 + \dfrac{100.000}{IZF - 3\ \%} = 0 \Rightarrow IZF = 28\ \%$

Dieser interne Zinsfuß ist höher als der aller anderen Investitionsmöglichkeiten, doch weist das Elektronikgeschäft den niedrigsten Kapitalwert auf. In diesem Fall ist die Investition in das Elektronikgeschäft riskanter, wie durch die höheren Kapitalkosten bewiesen. Trotz des höheren *IZF* ist dieses Projekt nicht ausreichend rentabel, um genauso attraktiv zu sein wie die sichereren Alternativen.

Der inkrementelle interne Zinsfuß

Bei der Entscheidung zwischen zwei Projekten besteht eine Alternative zum Vergleich der internen Zinsfüße in der Berechnung des **inkrementellen internen Zinsfußes**. Diese Alternative ist der interne Zinsfuß der inkrementellen Cashflows, die sich aus der Ersetzung eines Projektes durch ein anderes ergeben würden. Der inkrementelle interne Zinsfuß gibt den Kalkulationszinssatz an, zu dem der Wechsel von einem Projekt zu einem anderen rentabel wird. Dann kann wie im folgenden Beispiel statt eines direkten Vergleichs der Projekte die Entscheidung, von einem Projekt zum anderen zu wechseln, mithilfe der internen Zinsfußregel bewertet werden.

Beispiel 7.4:	**Die Verwendung des inkrementellen Zinsfußes zum Vergleich von Alternativen**

Fragestellung

Ein Unternehmen erwägt die Überholung seiner Produktionsanlage. Das technische Team hat zwei Vorschläge erarbeitet: Einen für eine kleinere Überholung und einen für eine Generalüberholung. Die beiden Optionen haben die folgenden Cashflows (in Millionen Euro ausgedrückt):

Vorschlag	0	1	2	3
Kleine Überholung	−10	6	6	6
Generalüberholung	−50	25	25	25

Wie lautet der interne Zinsfuß jedes Vorschlags? Wie hoch ist der inkrementelle Zinsfuß? Was sollte das Unternehmen tun, wenn die Kapitalkosten für beide Projekte 12 % betragen?

Lösung

Der interne Zinsfuß jedes Vorschlags kann mithilfe des Annuitätenrechners berechnet werden. Bei der kleinen Überholung ist der interne Zinsfuß gleich 36,3 %:

	ZZR	ZINS	BW	RMZ	ZW	Excel-Formel
Gegeben	3		−10	6	0	
Auflösen nach Zinssatz		36,3 %				=ZINS(3;6;−10;0)

Bei der Generalüberholung ist der interne Zinsfuß gleich 23,4 %:

	ZZR	ZINS	BW	RMZ	ZW	Excel-Formel
Gegeben	3		−50	25	0	
Auflösen nach Zinssatz		23,4 %				=ZINS(3;25;−50;0)

Welches Projekt ist am besten? Weil die Projekte verschiedene Größen haben, können ihre internen Zinsfüße nicht direkt verglichen werden. Zur Berechnung des inkrementellen internen Zinsfußes des Wechsels von einer kleinen Überholung zur Generalüberholung werden zunächst die inkrementellen Cashflows der Differenzinvestition berechnet:

Vorschlag	0	1	2	3
Generalüberholung	−50	25	25	25
Minus: Kleine Überholung	−(−10)	−6	−6	−6
Inkrementeller Cashflow	−40	19	19	19

Die Cashflows der Differenzinvestition weisen einen internen Zinsfuß von 20 % auf:

	ZZR	ZINS	BW	RMZ	ZW	Excel-Formel
Gegeben	3		−40	19	0	
Auflösen nach Zinssatz		20,0 %				=ZINS(3;19;−40;0)

Da der inkrementelle interne Zinsfuß die Kapitalkosten in Höhe von 12 % übersteigt, scheint ein Wechsel auf die Generalüberholung attraktiv, das heißt der größere Umfang ist ausreichend, um den niedrigeren IZF auszugleichen. Dieses Ergebnis kann unter Verwendung von ▶ Abbildung 7.6 überprüft werden, in der die Kapitalwertprofile für jedes Projekt dargestellt werden. Bei den Kapitalkosten in Höhe von 12 % übersteigt der Kapitalwert der Generalüberholung trotz des geringeren internen Zinsfußes tatsächlich den Kapitalwert der kleinen Überholung. Hier ist auch zu beachten, dass der inkrementelle interne Zinsfuß den Schnittpunkt der Kapitalwertprofile, den Kalkulationszinssatz, zu dem die Wahl des besten Projektes von der Generalüberholung zur kleinen Überholung wechselt, bestimmt.

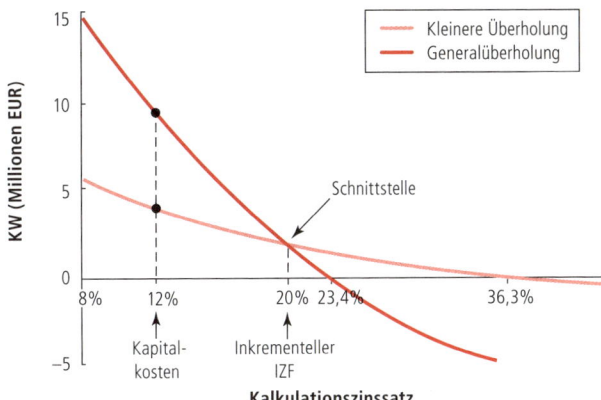

Abbildung 7.6: Vergleich kleiner Überholung mit Generalüberholung. Beim Vergleich der Kapitalwertprofile der kleinen Überholung und der Generalüberholung in ▶Beispiel 7.4 wird deutlich, dass die Generalüberholung trotz ihres niedrigeren internen Zinsfußes zu Kapitalkosten von 12 % einen höheren Kapitalwert aufweist. Hier ist auch zu erkennen, dass der inkrementelle interne Zinsfuß von 20 % die Schnittstelle oder den Kalkulationszinssatz bestimmt, zu dem sich die optimale Entscheidung ändert.

Wie in ▶Beispiel 7.4 deutlich wurde, bestimmt der inkrementelle interne Zinsfuß den Kalkulationszinssatz, zu dem sich die optimale Entscheidung ändert. Doch auch bei der Verwendung des inkrementellen internen Zinsfußes zur Auswahl zwischen Projekten treten alle die Probleme auf, die auch bei der internen Zinsfußregel entstehen:

- Selbst wenn bei den einzelnen Projekten die negativen vor den positiven Cashflows entstehen, muss dies nicht für die inkrementellen Cashflows zutreffen. Ist dies nicht der Fall, ist der inkrementelle IZF schwer zu interpretieren oder kann unter Umständen nicht bestehen oder nicht eindeutig sein.

- Der inkrementelle Zinsfuß kann angeben, ob der Wechsel von einem Projekt zu einem anderen rentabel ist. Er gibt allerdings nicht an, ob jedes der Projekte auch selbst einen positiven Kapitalwert aufweist.

- Weisen die einzelnen Projekte verschiedene Kapitalkosten auf, ist nicht klar, mit welchen Kapitalkosten der inkrementelle Zinsfuß verglichen werden sollte. In diesem Fall wird nur mit der Kapitalwertregel, die die Abzinsung jedes Projektes zu seinen eigenen Kapitalkosten ermöglicht, eine zuverlässige Antwort ermittelt.

Wann können Renditen verglichen werden?

In diesem Kapitel wurden die vielen Probleme herausgestellt, die bei dem Versuch entstehen, die internen Zinsfüße verschiedener Projekte zu vergleichen. Es gibt jedoch viele Situationen, in denen ein Vergleich von Renditen angemessen ist. Wenn wir beispielsweise erwägen, für das nächste Jahr Geld auf einem Sparkonto anzulegen, würden wir die effektiven Jahreszinssätze der verschiedenen Konten vergleichen und die einträglichste Möglichkeit auswählen.

Wann ist es angemessen, Renditen so zu vergleichen? An dieser Stelle sei daran erinnert, dass *Renditen nur verglichen werden können, wenn Anlagen*

1. *dieselbe Größe aufweisen,*
2. *denselben zeitlichen Ablauf haben und*
3. *dasselbe Risiko aufweisen.*

Beim Vergleich zweier Anlageprojekte werden zwar normalerweise eine Bedingung oder auch mehrere dieser Bedingungen verletzt. Sie werden jedoch umso wahrscheinlicher erfüllt, wenn eine der Anlagen in börslich gehandelten Wertpapieren oder bei einer Bank erfolgt. Bei einer Anlage bei einer Bank oder in börslich gehandelten Wertpapieren können die Größe der Investition sowie der Anlagehorizont gewöhnlich so ausgewählt werden, dass sich die Anlagemöglichkeiten entsprechen. In diesem Fall ist der Vergleich der Renditen aussagekräftig, solange Alternativen mit demselben Risiko verglichen werden.[4]

Ein häufiger Fehler

Interner Zinsfuß und Projektfinanzierung

Da der interne Zinsfuß an sich kein Wertmaß ist, kann er leicht durch eine Umstrukturierung der Cashflows des Projektes manipuliert werden. Der interne Zinsfuß eines Projektes kann insbesondere leicht erhöht werden, indem ein Teil der Anfangsinvestition finanziert wird. Ein häufiger Fehler in der Praxis besteht darin, diesen höheren internen Zinsfuß als Zeichen dafür anzusehen, dass die Finanzierung attraktiv ist. Als Beispiel dafür sei eine Investition in neue Ausrüstungen betrachtet, die die folgenden Cashflows aufweist:

Diese Investition hat einen internen Zinsfuß von 30 %. Angenommen, der Verkäufer der Ausrüstung bietet an, dem Käufer EUR 80 zu leihen, sodass zunächst nur EUR 20 bezahlt werden müssen. Im Gegenzug müssen wir in einem Jahr EUR 100 zahlen. Durch diese Finanzierung des Projektes gestalten sich die Cashflows wie folgt:

Der interne Zinsfuß des Projektes ist nunmehr gleich (30 : 20) − 1 = 50 %. Bedeutet dieser höhere interne Zinsfuß, dass das Projekt attraktiver ist? Mit anderen Worten ausgedrückt: Ist die Finanzierung ein gutes Geschäft?

Die Antwort auf diese Frage lautet „nein". An dieser Stelle sei daran erinnert, dass interne Zinsfüße nicht verglichen werden können. Somit ist ein interner Zinsfuß von 50 % nicht zwangsläufig besser als ein interner Zinsfuß von 30 %. In diesem Fall ist das Projekt mit Finanzierung eine im Umfang viel kleinere Investition als ohne Finanzierung. Darüber hinaus führt die Darlehensaufnahme wahrscheinlich zu einer Erhöhung des Risikos des Projektes. Die Auswirkungen der Verschuldung auf das Risiko werden ausführlich in TEIL IV und TEIL V dieses Lehrbuches behandelt.

In diesem speziellen Beispiel ist zu beachten, dass zunächst EUR 80 gegen die Zahlung von EUR 100 in einem Jahr aufgenommen worden sind. Der interne Zinsfuß dieses Darlehens ist gleich (100 : 80) − 1 = 25 % (dies ist auch der inkrementelle Zinsfuß der Ablehnung der Finanzierung). Dieser Zinssatz ist wahrscheinlich viel höher als die Kosten der Darlehensaufnahme des Unternehmens, wenn es über andere Mittel Geld aufnimmt. Wenn dies der Fall ist, wäre die Aufnahme der Finanzierung in das Projekt trotz des höheren internen Zinsfußes ein Fehler.

---

4 Tatsächlich bildet diese Bedingung auch die Grundlage für unsere Definition der Kapitalkosten in ▶Kapitel 5.

Zusammenfassend kann Folgendes formuliert werden: Obwohl der inkrementelle interne Zinsfuß mit dem Kalkulationszinssatz, zu dem sich unsere optimale Projektauswahl ändern würde, nützliche Informationen bietet, ist seine Anwendung als Regel zur Entscheidungsfindung schwierig und fehleranfällig. Die Anwendung der Kapitalwertregel ist wesentlich einfacher.

Verständnisfragen

1. Erklären Sie für einander ausschließende Projekte, warum die Wahl eines Projektes gegenüber einem anderen Projekt aufgrund eines höheren internen Zinsfußes zu Fehlern führen kann.

2. Was ist der inkrementelle interne Zinsfuß und wo liegen seine Schwächen als Regel für die Entscheidungsfindung?

7.5 Projektauswahl bei beschränkten Ressourcen

Prinzipiell sollte ein Unternehmen alle Investitionen mit positivem Kapitalwert eingehen, die es ermitteln kann. In der Praxis bestehen allerdings häufig Beschränkungen im Hinblick auf die Anzahl der Projekte, die ein Unternehmen eingehen kann. So kann bei sich ausschließenden Projekten das Unternehmen beispielsweise nur eines der Projekte eingehen, selbst wenn viele davon attraktiv sind. Diese Beschränkung ist häufig auf begrenzte Ressourcen zurückzuführen, beispielsweise wenn nur eine Immobilie zur Verfügung steht, in der entweder ein Café oder ein Buchladen eröffnet werden kann. Bisher sind wir von der Annahme ausgegangen, dass die verschiedenen, von dem Unternehmen erwogenen Projekte die gleichen Anforderungen im Hinblick auf die Ressourcen haben (in ▶Beispiel 7.3 würde jedes Projekt die Immobilie zu 100 % nutzen). In diesem Abschnitt wird ein Ansatz für Situationen entwickelt, in denen die zur Auswahl stehenden Projekte unterschiedliche Anforderungen an die Ressourcen stellen.

Die Bewertung von Projekten mit unterschiedlichen Ressourcenanforderungen

In einigen Situationen benötigen verschiedene Projekte unterschiedliche Mengen einer bestimmten knappen Ressource. So verbrauchen verschiedene Produkte unterschiedliche Anteile der Produktionskapazitäten eines Unternehmens oder können unterschiedliche Anteile der Zeit und Aufmerksamkeit der Unternehmensleitung erfordern. Kann eine Ressource nicht erweitert werden, sodass nicht alle potenziellen Möglichkeiten realisiert werden können, muss das Unternehmen die beste *Zusammenstellung* von Investitionen auswählen, die das Unternehmen bei den gegebenen verfügbaren Ressourcen tätigen kann.

Manager arbeiten im Rahmen eines vorgegebenen Budgets, das den Kapitalbetrag beschränkt, den sie über einen bestimmten Zeitraum investieren können. In diesem Fall besteht das Ziel des Managers darin, die Projekte auszuwählen, mit denen der Gesamtkapitalwert maximiert wird, wobei das Budget einzuhalten ist. Angenommen Sie erwägen die drei in ▶Tabelle 7.1 dargestellten Projekte durchzuführen. Ohne Budgetbeschränkung würden Sie in alle diese Projekte mit positivem Kapitalwert investieren. Nun sei angenommen, dass Sie ein Budget von höchstens EUR 100 Millionen für Investitionen zur Verfügung haben. Projekt I hat zwar den höchsten Kapitalwert, würde aber das gesamte Budget aufbrauchen. Die Projekte II und III können beide durchgeführt werden (zusammen würden auch sie das gesamte Budget aufbrauchen) und der addierte Kapitalwert dieser Projekte übersteigt den Kapitalwert von Projekt I. Daher ist bei einem Budget von EUR 100 Millionen die beste Wahl die Durchführung der Projekte II und III zur Erzielung eines addierten Kapitalwertes von EUR 130 Millionen gegenüber nur EUR 110 Millionen für Projekt I.

Rentabilitätsindex

Beachten Sie, dass wir in der letzten Spalte von ▶Tabelle 7.1 das Verhältnis des Kapitalwertes zur Anfangsinvestition des Projekts mit aufgenommen haben. Dieses Verhältnis gibt an, dass wir für jeden in Projekt I investierten Euro EUR 1,10 an Wert (über den investierten Euro hinaus) erzeugen.[5] Sowohl Projekt II als auch Projekt III erzeugen höhere Kapitalwerte pro investierten Euro als Projekt I, was darauf hindeutet, dass bei diesen Projekten das verfügbare Budget effizienter eingesetzt wird.

	Tabelle 7.1

Mögliche Projekte bei einem Budget von EUR 100 Millionen			
Projekt	**Kapitalwert (EUR Millionen)**	**Anfangsinvestition (EUR Millionen)**	**Rentabilitätsindex KW Investition**
I	110	100	1,1
II	70	50	1,4
III	60	50	1,2

In diesem einfachen Beispiel ist die optimale Kombination der durchzuführenden Projekte unmittelbar erkennbar. In tatsächlichen Situationen mit vielen Projekten und Ressourcen kann die Bestimmung der optimalen Kombination schwierig sein. Die Praktiker verwenden häufig den **Rentabilitätsindex** zur Bestimmung der optimalen Kombination von Projekten, die in solchen Situationen ausgeführt werden sollten:

Rentabilitätsindex

$$\text{Rentabilitätsindex} = \frac{\text{Wertzuwachs}}{\text{verbrauchte Ressource}} = \frac{\text{Kapitalwert}}{\text{verbrauchte Ressource}} \tag{7.2}$$

Der Rentabilitätsindex misst den geschaffenen Wert als Kapitalwert pro verbrauchte Ressourceneinheit. Nach der Berechnung des Rentabilitätsindex können die Projekte auf dessen Grundlage in eine Rangfolge eingeteilt werden. Angefangen mit dem höchsten Index wird die Rangordnung mit allen Projekten nach unten fortgesetzt, bis die Ressource aufgebraucht ist. In ▶Tabelle 7.1 entspricht das in der letzten Spalte berechnete Verhältnis dem Rentabilitätsindex bei investiertem Geld als knapper Ressource. Hier ist zu beachten, wie nach der „Rentabilitätsindexregel" die Projekte II und III richtig ausgewählt werden. Diese Regel kann auch angewendet werden, wenn andere Ressourcen knapp sind, wie in ▶Beispiel 7.5 dargestellt wird.

---

5 Die Praktiker addieren diesem Verhältnis manchmal 1 hinzu, um den investierten Euro zu berücksichtigen (d.h. das Projekt I erzeugt insgesamt EUR 2,10 pro investierten Euro und schöpft EUR 1,10 an neuem Wert). Wenn wir jedoch diesen EUR 1 auslassen und nur den Kapitalwert berücksichtigen, ermöglicht dies die Anwendung des Verhältnisses auf andere Ressourcen neben den Barmittelbudgets (wie in ▶Beispiel 7.5 dargestellt).

Beispiel 7.5:   Rentabilitätsindex bei beschränkter Personalgröße

Fragestellung

Ihre Abteilung bei NetIt, einer großen Netzwerkfirma, hat einen Projektvorschlag für die Entwicklung eines neuen Netzwerkrouters zur Verwendung im Privatbereich zusammengestellt. Der erwartete Kapitalwert des Projektes beträgt EUR 17,7 Millionen und für das Projekt werden 50 Softwareingenieure benötigt. NetIt verfügt über insgesamt 190 Ingenieure und das Routerprojekt muss mit den folgenden anderen Projekten um diese Ingenieure konkurrieren:

Projekt	Kapitalwert (EUR Millionen)	Anzahl Ingenieure
Router	17,7	50
Projekt A	22,7	47
Projekt B	8,1	44
Projekt C	14,0	40
Projekt D	11,5	61
Projekt E	20,6	58
Projekt F	12,9	32
Gesamt	107,5	332

Welche Priorität sollte NetIt diesen Projekten einräumen?

Lösung

Das Ziel besteht in der Maximierung des Gesamtkapitalwertes, der mit 190 Ingenieuren (maximal) geschaffen werden kann. Dazu wird der Rentabilitätsindex für jedes Projekt mit der Anzahl der Ingenieure (AI) im Nenner berechnet. Danach werden die Projekte auf der Grundlage des Index in eine Rangordnung gebracht:

Projekt	Kapitalwert (EUR Millionen)	Anzahl Ingenieure (AI)	Rentabilitätsindex (KW pro AI)	Kumulierte erforderliche AI
Projekt A	22,7	47	0,483	47
Projekt F	12,9	32	0,403	79
Projekt E	20,6	58	0,355	137
Router	17,7	50	0,354	187
Projekt C	14,0	40	0,350	
Projekt D	11,5	61	0,189	
Projekt B	8,1	44	0,184	

Wir weisen nunmehr den Projekten in absteigender Reihenfolge gemäß Rentabilitätsindex die Ressource zu. Die letzte Spalte zeigt die kumulierte Nutzung der Ressource, wenn jedes Projekt eingegangen wird, bis die Ressource aufgebraucht ist. Zur Maximierung des Kapitalwertes innerhalb der Beschränkung von 190 Ingenieuren sollte NetIt die ersten vier Projekte in der Liste auswählen. Es gibt keine andere Kombination von Projekten, mit denen mehr Wert geschöpft wird, ohne mehr Ingenieure einsetzen zu müssen, als in dem Unternehmen vorhanden sind. Hierbei ist allerdings zu beachten, dass die beschränkte Ressource NetIt zwingt, auf drei ansonsten wertvolle Projekte (C, D und B) mit einem Gesamtkapitalwert von EUR 33,6 Millionen zu verzichten.

An dieser Stelle sei daran erinnert, dass die beschränkten Ressourcen des Unternehmens in den oben stehenden Beispielen dazu führen, dass es auf Projekte mit positivem Kapitalwert verzichten muss. Der höchste aus diesen verbleibenden Projekten verfügbare Rentabilitätsindex bietet nützliche Hinweise im Hinblick auf den Wert dieser Ressource für das Unternehmen. In ▶Beispiel 7.5 würde beispielsweise Projekt C einen Kapitalwert von EUR 350.000 pro Ingenieur schaffen. Wenn das Unternehmen neue Ingenieure zu Kosten von weniger als EUR 350.000 pro Ingenieur einstellen und ausbilden könnte, würde sich dies lohnen, um Projekt C ausführen zu können. Alternativ dazu würde es sich auch lohnen, Ingenieure, die einer anderen Abteilung des Unternehmens für Projekte mit einem Rentabilitätsindex von weniger als EUR 350.000 pro Ingenieur zugeteilt worden sind, dieser Abteilung zuzuordnen, um Projekt C durchführen zu können.

Defizite des Rentabilitätsindex

Obwohl der Rentabilitätsindex leicht berechnet und angewendet werden kann, müssen zwei Bedingungen erfüllt sein, damit er absolut zuverlässig ist:

1. Die nach der Rangeinteilung gemäß dem Rentabilitätsindex eingegangenen Projekte müssen die verfügbare Ressource vollständig aufbrauchen.

2. Es gibt nur eine relevante Ressourcenbeschränkung.

Um aufzuzeigen, warum die erste Bedingung notwendig ist, sei in ▶Beispiel 7.5 angenommen, dass NetIt ein zusätzliches kleines Projekt mit einem Kapitalwert von nur EUR 120.000 hat, für das drei Ingenieure benötigt werden. Der Rentabilitätsindex ist in diesem Fall gleich $0,12 : 3 = 0,04$, sodass dieses Projekt am unteren Ende der Rangfolge einzuordnen wäre. Hier ist allerdings zu beachten, dass drei der 190 Mitarbeiter nach der Auswahl der ersten vier Projekte nicht eingesetzt werden. Infolgedessen würde es Sinn machen dieses Projekt einzugehen, selbst wenn es in der Rangfolge als Letztes eingeordnet ist. Dieses Defizit kann auch weit oben eingeordnete Projekte beeinflussen. So sei beispielsweise in ▶Tabelle 7.1 angenommen, dass Projekt III einen Kapitalwert von nur EUR 25 Millionen hat, wodurch es deutlich schlechter wäre als die anderen Projekte. In diesem Fall wäre die beste Wahl Projekt I, obwohl Projekt II einen höheren Rentabilitätsindex hat.

In vielen Fällen kann ein Unternehmen mit mehreren Ressourcenbeschränkungen konfrontiert sein. So kann beispielsweise eine Beschränkung des Budgets und der Personalgröße gegeben sein. Liegt mehr als eine beschränkte Ressource vor, gibt es keinen einfachen Index, der zur Rangeinteilung der Projekte verwendet werden kann. Stattdessen sind lineare und ganzzahlige Programmiermethoden speziell entwickelt worden, um diese Art Problem zu lösen. Selbst wenn viele mögliche Alternativen bestehen, kann unter Verwendung dieser Methoden mithilfe eines Computer die Reihe Projekte leicht berechnet werden, mit denen der Gesamtkapitalwert bei mehreren Beschränkungen maximiert wird.

Verständnisfragen

1. Erklären Sie, warum die Rangeinteilung von Projekten nach ihrem Kapitalwert unter Umständen bei der Bewertung von Projekten mit verschiedenen Ressourcenanforderungen nicht optimal ist.

2. Wie können bei Ressourcenbeschränkungen mit dem Rentabilitätsindex attraktive Projekte festgestellt werden?

Z U S A M M E N F A S S U N G

7.1 Der Kapitalwert und Einzelprojekte

■ Wenn das Ziel die Maximierung des Vermögens ist, gibt die Kapitalwertregel immer die richtige Lösung.

■ Die Differenz zwischen den Kapitalkosten und dem internen Zinsfuß entspricht dem maximalen Schätzfehler, der bei den Kapitalkosten auftreten kann, ohne dass die ursprüngliche Entscheidung geändert werden muss.

7.2 Die interne Zinsfußregel

■ Es sollte jede Anlagemöglichkeit eingegangen werden, deren interner Zinsfuß die Opportunitätskosten des Kapitals übersteigt. Jede Anlagemöglichkeit, deren interner Zinsfuß niedriger ist als die Opportunitätskosten des Kapitals, ist abzulehnen.

■ Sofern nicht sämtliche negative Cashflows des Projektes vor den positiven Cashflows auftreten, kann die interne Zinsfußregel die falsche Lösung geben und sollte deshalb nicht verwendet werden. Überdies kann es auch mehrere interne Zinsfüße geben oder ein interner Zinsfuß kann nicht vorhanden sein.

7.3 Die Amortisationsregel

■ Die Amortisationsregel berechnet den Zeitraum, der zur Rückzahlung der Anfangsinvestition (Amortisationsdauer) erforderlich ist. Ist die Amortisationsdauer kürzer als ein vorab festgelegter Zeitrahmen, ist das Projekt anzunehmen. Andernfalls ist das Projekt abzulehnen.

■ Die Amortisationsregel ist einfach und begünstigt kurzfristige Anlagen. Allerdings führt sie häufig zu falschen Ergebnissen.

7.4 Die Auswahlentscheidung bei mehreren Projekten

■ Bei der Auswahl zwischen sich ausschließenden Anlagemöglichkeiten ist die Möglichkeit mit dem höchsten Kapitalwert auszuwählen.

■ Der interne Zinsfuß kann nur dann zum Vergleich von Anlagemöglichkeiten verwendet werden, wenn die Anlagen den gleichen Umfang, den gleichen zeitlichen Ablauf und das gleiche Risiko haben.

■ Inkrementeller interner Zinsfuß: Beim Vergleich zweier sich ausschließender Möglichkeiten ist der inkrementelle interne Zinsfuß der IZF der Differenz zwischen den Cashflows der beiden Alternativen (Differenzinvestition). Der inkrementelle interne Zinsfuß gibt den Kalkulationszinssatz an, zu dem sich die Wahl des optimalen Projektes ändert.

7.5 Projektauswahl bei beschränkten Ressourcen

■ Bei der Auswahl zwischen Projekten, die um die gleiche Ressource konkurrieren, erfolgt die Rangeinteilung der Projekte nach ihren Rentabilitätsindizes und die Auswahl der Reihe von Projekten mit den höchsten Rentabilitätsindizes, die unter der Bedingung der beschränkten Ressource trotzdem durchgeführt werden können.

$$\text{Rentabilitätsindex} = \frac{\text{Wertzuwachs}}{\text{verbrauchte Ressource}} = \frac{\text{Kapitalwert}}{\text{verbrauchte Ressource}} \quad \text{(s. Gleichung 7.2)}$$

■ Der Rentabilitätsindex ist nur dann völlig zuverlässig, wenn die nach dem Rentabilitätsindex eingestufte Reihe von Projekten die verfügbare Ressource vollständig aufbraucht und es nur eine relevante Ressourcenbeschränkung gibt.

Z U S A M M E N F A S S U N G

Weiterführende Literatur

Die **Literaturhinweise** zu diesem Kapitel finden Sie auf unserer begleitenden Website zum Buch unter *www.pearson-studium.de.*

Aufgaben

1. Ihr Bruder will sich EUR 10.000 von Ihnen leihen. Er hat Ihnen angeboten, in einem Jahr EUR 12.000 zurückzuzahlen. Wie gestaltet sich hier der Kapitalwert, wenn die Kapitalkosten dieser Anlagemöglichkeit 10 % betragen? Sollten Sie diese Anlagemöglichkeit annehmen? Berechnen Sie den IZF und verwenden Sie diesen zur Bestimmung der maximal zulässigen Abweichung in der Schätzung der Kapitalkosten, damit die Entscheidung unverändert bleibt.

2. Sie erwägen eine Investition in ein Bekleidungsgeschäft. Das Unternehmen benötigt heute EUR 100.000 und erwartet, Ihnen in einem Jahr EUR 120.000 zurückzuzahlen. Wie hoch ist der IZF dieser Anlagenmöglichkeit? Bei dem gegebenen Risiko der Anlagemöglichkeit betragen Ihre Kapitalkosten 20 %. Was besagt die interne Zinsfußregel darüber, ob Sie investieren sollten?

3. Sie sind Immobilienmakler und überlegen, ein Werbeschild für Ihre Leistungen an einer lokalen Bushaltestelle aufstellen zu lassen. Das Schild kostet EUR 5.000 und wird ein Jahr lang gezeigt. Sie erwarten, dass Sie damit zusätzliche Erlöse von EUR 500 pro Monat erzeugen. Wie lange ist die Amortisationszeit?

4. Sie müssen sich zwischen zwei sich ausschließenden Anlagemöglichkeiten entscheiden. Für beide ist die gleiche Anfangsinvestition von EUR 10 Millionen erforderlich. Investition A erzeugt für immer EUR 2 Millionen pro Jahr (beginnend ab dem Ende des ersten Jahres). Investition B erzeugt am Ende des ersten Jahres EUR 1,5 Millionen und die Erlöse wachsen danach jedes Jahr um 2 % pro Jahr.

   a. Welche Anlage hat den höheren internen Zinsfuß?

   b. Welche Investition hat den höheren Kapitalwert, wenn die Kapitalkosten 7 % betragen?

   c. Bei welchen Werten der Kapitalkosten erhalten wir in diesem Fall durch die Auswahl des höheren IZF die korrekte Antwort auf die Frage, welche Investition die bessere Alternative ist?

Die **Antworten** zu diesen Fragen finden Sie auf unserer begleitenden Website zum Buch unter *www.pearson-studium.de.*

Abkürzungen

- *IZF*   Interner Zinsfuß
- *EBIT*   Gewinn vor Finanzergebnis, außerordentlichem Ergebnis und Steuern
- τ_c marginaler Körperschaftssteuersatz
- *KW*   Kapitalwert
- NUV_t Nettoumlaufvermögen in Jahr t
- ΔNUV_t Anstieg des Nettoumlaufvermögens zwischen Jahr t und Jahr $t-1$
- *CapEx* Investitionsaufwand
- FCF_t freier Cashflow in Jahr t
- *BW*   Barwert
- r geplante Kapitalkosten

Grundlagen der Investitionsplanung

8

ÜBERBLICK

Anfang des Jahres 2008 gab die McDonald's Corporation, die führende Fast-Food-Kette der Welt, bekannt, dass sie über die nächsten zwei Jahre an nahezu 14.000 Standorten in den USA Cappuccino, Caffè Latte und Mokka in ihr Angebot aufnehmen würde. John Betts, der für die nationale Getränkestrategie zuständige Vizepräsident, beschrieb die Einführung als „die größte Herausforderung für McDonald's seit der Einführung des Frühstücks vor 35 Jahren". Betts fügte hinzu, dass die Ergänzungen der Speisekarte von McDonald's einen Umsatz von bis zu USD 1 Milliarde ausmachen könnten. Die Entscheidung von McDonald's „hochwertige" Kaffeeoptionen in die Speisekarte aufzunehmen, stellt eine klassische Investitionsplanungsentscheidung dar. Um solche Entscheidungen fällen zu können, stützt sich McDonald's hauptsächlich auf die Kapitalwertregel. Wie können Manager die Einzahlungen und Auszahlungen eines solchen Projektes quantifizieren, um dessen Kapitalwert zu berechnen?

Eine wichtige Aufgabe der Finanzmanager von Unternehmen liegt darin zu bestimmen, welche Projekte oder Investitionen ein Unternehmen eingehen sollte. Die *Investitionsplanung*, auf der in diesem Kapitel das Hauptaugenmerk liegt, ist das Verfahren zur Analyse von Anlagemöglichkeiten und zur Entscheidung, welche akzeptiert werden sollten. Wie in ▶Kapitel 77 aufgezeigt, ist die Kapitalwertregel die genaueste und zuverlässigste Methode der Zuteilung der Ressourcen eines Unternehmens, um deren Wert zu maximieren. Zur Umsetzung der Kapitalwertregel muss der Kapitalwert der Projekte berechnet werden. Anschließend dürfen nur solche Projekte akzeptiert werden, die einen positiven Kapitalwert aufweisen. Der erste Schritt in diesem Verfahren ist die Prognose der Einzahlungen und Auszahlungen des Projektes sowie die Schätzung der daraus folgenden erwarteten zukünftigen Cashflows des Projektes. Im vorliegenden Kapitel wird das Verfahren zur Schätzung der erwarteten Cashflows eines Unternehmens detailliert betrachtet. Diese bilden die entscheidenden Eingangsgrößen bei der Entscheidungsfindung für eine Investition. Mithilfe dieser Cashflows kann dann der Kapitalwert des Projektes (sein Beitrag zum Wert des Unternehmens für die Aktionäre) berechnet werden. Da die Cashflow-Prognosen fast immer mit Unsicherheit behaftet sind, wird gezeigt, wie die Sensitivität des Kapitalwerts gegenüber der Unsicherheit in den Prognosen berechnet werden kann.

8.1 Prognose von Einnahmen

Ein **Investitionsplan** führt die Projekte und Investitionen auf, die ein Unternehmen während des nächsten Jahres durchzuführen plant. Zur Bestimmung dieser Liste analysieren Unternehmen alternative Projekte und entscheiden mithilfe eines als **Investitionsplanung** bezeichneten Verfahrens, welche Projekte akzeptiert werden sollen. Dieser Prozess beginnt mit Prognosen der zukünftigen Auswirkungen des Projektes auf das Unternehmen. Einige dieser Auswirkungen beeinflussen die Einnahmen des Unternehmens, während andere die Ausgaben beeinflussen. Das Ziel besteht in der Bestimmung der Auswirkungen, die die Entscheidung auf die zukünftigen Cashflows des Unternehmens hat, sowie in der Bewertung des Kapitalwertes dieser Cashflows. So kann das Management die Auswirkungen der Entscheidung auf den Wert des Unternehmens beurteilen.

Wie in ▶Kapitel 2 bereits betont, bilden Einnahmen *keine tatsächlichen Cashflows*. Die Finanzmanager beginnen die Herleitung der prognostizierten Cashflows eines Projektes aus praktischen Gründen häufig mit der Prognose der Einnahmen. Infolgedessen *beginnen* wir mit der Bestimmung der **zusätzlichen Einnahmen** eines Projektes, also mit dem Betrag, um den sich die Einnahmen des Unternehmens in Folge der Investitionsentscheidung wie erwartet ändern sollen. In Abschnitt 8.2 wird daraufhin gezeigt, wie die zusätzlichen Einnahmen zur Prognose der *Cashflows* des Projektes verwendet werden können.

Im Folgenden soll eine hypothetische Investitionsplanungsentscheidung betrachtet werden, mit der die Manager des Geschäftsbereichs Linksys von Cisco Systems, einem Hersteller von Netzwerk-Hardware für Verbraucher, konfrontiert werden. Linksys erwägt die Entwicklung einer als HomeNet bezeichneten drahtlosen Heimnetzwerkanwendung, die sowohl die Hardware als auch die Software umfasst und die notwendig ist, um einen ganzen Haushalt von jedem beliebigen Internetanschluss aus bedienen zu können. Neben dem Anschluss von Computer und Druckern werden über HomeNet neue, internetfähige Stereoanlagen, digitale Videorecorder, Heizungs- und Klimaanlagen, Haushaltsgeräte, Telefon- und Sicherheitssysteme und Büroausrüstungen und anderes gesteuert. Linksys hat bereits eine intensive Machbarkeitsstudie zum Preis von USD 300.000 durchgeführt, um die Attraktivität des neuen Produktes zu bewerten.

Einnahmen- und Ausgabenschätzungen

Zu Beginn werden die Einnahmen- und Ausgabenschätzungen für HomeNet geprüft. Der Zielmarkt von HomeNet sind Wohnhäuser gehobener Qualität mit intelligenter Haustechnik und Heimbüros. Auf der Grundlage umfassender Marketingstudien beträgt die Absatzprognose für HomeNet 100.000 Einheiten pro Jahr. Angesichts der Geschwindigkeit der technologischen Änderungen erwartet Linksys, dass das Produkt eine Lebensdauer von vier Jahren hat. Es soll bei einem erwarteten Großhandelspreis von USD 260 über Geschäfte für hochwertige Elektronik zu einem Verkaufspreis von USD 375 verkauft werden.

Die Entwicklung der neuen Hardware ist vergleichsweise preiswert, da bereits bestehende Technologien in einem neu gestalteten, für private Haushalte geeigneten Gehäuse verpackt werden können. Teams von Industriedesignern werden dieses Gehäuse und seine Verpackung für den Markt der privaten Haushalte ästhetisch ansprechend gestalten. Linksys erwartet, dass sich die gesamten Ausgaben für die technische Entwicklung und das Design auf USD 5 Millionen belaufen werden. Nach der Fertigstellung des Designs wird die eigentliche Produktion zu Ausgaben (einschließlich Verpackung) von USD 110 pro Einheit ausgelagert.

Neben den Hardwareanforderungen muss Linksys eine neue Softwareanwendung entwickeln, um die virtuelle Steuerung des Haushalts via Internet zu ermöglichen. Für dieses Softwareentwicklungsprojekt ist eine Koordinierung mit jedem der Internetgerätehersteller erforderlich. Überdies wird erwartet, dass ein spezielles Team von 50 Softwareingenieuren ein ganzes Jahr benötigt, um dieses Entwicklungsprojekt abzuschließen. Die Kosten eines Softwareingenieurs (einschließlich der Zusatzleistungen und der damit verbundenen Kosten) belaufen sich pro Jahr auf USD 200.000. Zur Überprüfung der Kompatibilität neuer internetfähiger Haushaltsgeräte mit dem HomeNet-System muss Linksys auch neue Anlagen installieren, für die eine Anfangsinvestition von USD 7,5 Millionen erforderlich ist, wenn diese Geräte verfügbar sind.

Nach einem Jahr ist die Software- und Hardwareentwicklung abgeschlossen und die neuen Anlagen sind betriebsbereit. Zu diesem Zeitpunkt ist das HomeNet-System versandbereit. Linksys geht davon aus, dass es USD 2,8 Millionen pro Jahr für Marketing und Support für dieses Produkt ausgeben wird.

Inkrementelle Einnahmenprognose

Mithilfe der Einnahmen- und Kostenschätzungen können die zusätzlichen Einnahmen von HomeNet, wie in der Kalkulationstabelle in ▶Tabelle 8.1 dargestellt, prognostiziert werden. Nachdem das Produkt in Jahr 0 entwickelt wurde, generiert es über die nächsten vier Jahre jedes Jahr Umsätze von 100.000 Einheiten × USD 260 pro Einheit = USD 26 Millionen. Die Ausgaben für die Produktion dieser Einheiten belaufen sich auf 100.000 Einheiten × USD 110 pro Einheit = USD 11 Millionen pro Jahr. Damit generiert HomeNet, wie in Zeile 3 in ▶Tabelle 8.1 dargestellt, einen Bruttogewinn von USD 26 Millionen − USD 11 Millionen = USD 15 Millionen pro Jahr. Hierbei ist Folgendes zu beachten: Obwohl während des gesamten Jahres Einnahmen und Ausgaben anfallen, wurde die Standardregel angewendet, nach der Einnahmen und Ausgaben zum Ende des Jahres aufgeführt werden, in dem diese entstehen.[1]

Die Betriebskosten des Projektes sind für Marketing und Support USD 2,8 Millionen pro Jahr, die als Vertriebs-, allgemeine und Verwaltungskosten aufgeführt werden. In Jahr 0 gibt Linksys USD 5 Millionen für das Design und die technische Gestaltung sowie 50 × USD 200.000 = USD 10 Millionen für die Software aus, sodass sich die Forschungs- und Entwicklungskosten auf insgesamt USD 15 Millionen belaufen.

---

1 Infolgedessen werden Cashflows, die zum Ende eines Jahres auftreten, in einer anderen Spalte aufgeführt als diejenigen Cashflows, die zu Beginn des nächsten Jahres auftreten, selbst wenn alle Cashflows mit nur einem Abstand von wenigen Wochen entstehen. Sofern eine höhere Genauigkeit erforderlich ist, werden die Cashflows vierteljährlich oder monatlich geschätzt. Siehe Anhang zu ▶Kapitel 5 bezüglich der Methode zur Umwandlung stetig eingehender Cashflows in jährliche.

Tabelle 8.1

TABELLENKALKULATION Die inkrementelle Einnahmenprognose für HomeNet

	Jahr	0	1	2	3	4	5
Inkrementelle Einnahmenprognose (in USD 1.000)							
1	Umsatz	–	26.000	26.000	26.000	26.000	–
2	Herstellkosten verkaufter Waren	–	–11.000	–11.000	–11.000	–11.000	–
3	**Bruttogewinn**	–	15.000	15.000	15.000	15.000	–
4	Vertrieb, Allgemeines und Verwaltung	–	–2.800	–2.800	–2.800	–2.800	–
5	Forschung und Entwicklung	–15.000	–	–	–	–	
6	Abschreibung	–	–1.500	–1.500	–1.500	–1.500	–1.500
7	**EBIT**	–15.000	10.700	10.700	10.700	10.700	–1.500
8	Ertragsteuer 40 %	6.000	–4.280	–4.280	–4.280	–4.280	600
9	**Nettoeinkommen bei Eigenfinanzierung**	**–9.000**	**6.420**	**6.420**	**6.420**	**6.420**	**–900**

Investitionsaufwand und Abschreibung. HomeNet benötigt auch USD 7,5 Millionen an Anlagen, die notwendig sind, damit andere Hersteller von Geräten die Spezifikationen laden können und damit die Kompatibilität aller neuen, von diesen Herstellern produzierten, internetfähigen Geräte überprüft werden kann. Zur Unterstützung der Entwicklung kompatibler Produkte und als Service für bestehende Kunden will Linksys diese Ausrüstungen auch nach dem Auslaufen der aktuellen Version des Produktes selbst weiterbetreiben. Aus ▶Kapitel 2 ist bekannt, dass Investitionen in das Sachanlagevermögen, obwohl sie einen zahlungswirksamen Aufwand bilden, bei der Berechnung der *Erträge* nicht direkt als Aufwendungen aufgeführt werden. Stattdessen zieht das Unternehmen jedes Jahr einen Teil der Kosten dieser Posten als Abschreibung ab. Zur Berechnung der Abschreibung werden mehrere unterschiedliche Methoden angewendet: Die einfachste Methode ist die **lineare Abschreibung**, bei der die Anschaffungskosten des Vermögensgegenstandes (abzüglich eines erwarteten Restwertes) gleichmäßig über die geschätzte Nutzungsdauer aufgeteilt werden.[2] Unter der Annahme, dass die Ausrüstungen am Ende des Jahres 0 gekauft werden und bei Anwendung der linearen Abschreibung über eine Nutzungsdauer der neuen Ausrüstungen von fünf Jahren, betragen die Abschreibungsaufwendungen für HomeNet von Jahr 1 bis 5 jeweils USD 1,5 Millionen pro Jahr.[3] Nach Abzug dieser Abschreibungsaufwendungen erhalten wir die in Zeile 7 in ▶Tabelle 8.1 ausgewiesene Prognose für den Gewinn von HomeNet vor Finanzergebnis, außerordentlichem Ergebnis und Steuern (EBIT). Diese Behandlung der Investitionen in Sachanlagen ist einer der wesentlichen Gründe, weshalb die Einnahmen nicht genau den Cashflows entsprechen.

Zinsaufwendungen. In ▶Kapitel 2 wurde aufgezeigt, dass zur Berechnung des Nettogewinns eines Unternehmens zunächst die Zinsaufwendungen vom EBIT abgezogen werden müssen. Bei der Bewertung einer Investitionsplanungsentscheidung wie dem HomeNet-Projekt werden allerdings im Allgemeinen *Zinsaufwendungen nicht berücksichtigt.* Alle zusätzlichen Zinsaufwendungen werden im Zusammenhang mit der Entscheidung des Unternehmens darüber, wie das Projekt finanziert

---

2 Andere Methoden werden in ▶Abschnitt 8.4 erörtert.

3 An dieser Stelle sei daran erinnert, dass die Ausrüstung im Jahr 5 weiterverwendet wird, auch wenn das Produkt nicht mehr verkauft wird. Zu beachten ist ferner, dass wir wie in Kapitel 2 den Abschreibungsaufwand getrennt aufführen, statt ihn in den sonstigen Aufwand einzubeziehen, das heißt, Herstellkosten der verkauften Waren, Vertriebs-, Gemein und Verwaltungskosten und Forschungs- und Entwicklungskosten sind „reine" Kosten und enthalten keine unbaren Aufwendungen. Die Verwendung reiner Kosten wird in finanzmathematischen Modellen bevorzugt.

werden soll, berücksichtigt.[4] Daher wird das HomeNet-Projekt so bewertet, *als ob* Cisco keinerlei Schulden zur Finanzierung des Projektes einsetzt (unabhängig davon, ob dies tatsächlich der Fall ist). Die Betrachtung alternativer Finanzierungsentscheidungen wird bis ▶TEIL V dieses Lehrbuchs aufgeschoben. Aus diesem Grund wird der in der Tabellenkalkulation in ▶Tabelle 8.1 berechnete Nettogewinn als **Nettogewinn bei Eigenfinanzierung** des Projektes bezeichnet. Dieser Nettogewinn enthält keine mit Schulden verbundenen Zinsaufwendungen.

Steuern. Der letzte zu berücksichtigende Aufwandsposten ist die Körperschaftssteuer bzw. Ertragsteuer auf Unternehmensgewinne. Der zu verwendende richtige Steuersatz ist der **marginale Körperschafts-steuersatz** des Unternehmens. Dabei handelt es sich um den Steuersatz, den das Unternehmen auf einen *zusätzlichen* Euro bzw. US-Dollar des Gewinns vor Steuern zahlt. In ▶Tabelle 8.1 wird von der Annahme ausgegangen, dass der marginale Körperschaftssteuersatz für das HomeNet-Projekt jedes Jahr 40 % beträgt. Der Steueraufwand auf den inkrementellen Gewinn wird in Zeile 8 wie folgt berechnet:

$$Ertragsteuer = EBIT \times \tau_c \tag{8.1}$$

wobei τ_c der marginale Körperschaftssteuersatz des Unternehmens ist.

Im Jahr 1 trägt HomeNet weitere USD 10,7 Millionen zum EBIT von Cisco bei. Dies hat zur Folge, dass Cisco einen zusätzlichen Betrag von USD 10,7 Millionen × 40 % = USD 4,28 Millionen an Körperschaftssteuer zahlen muss. Dieser Betrag wird abgezogen, um den Beitrag zu bestimmen, den HomeNet nach Steuern zum Nettogewinn leistet.

Im Jahr 0 ist das EBIT von HomeNet allerdings negativ. Sind Steuern in diesem Fall relevant? Ja. Durch HomeNet reduziert sich der steuerpflichtige Gewinn von Cisco im Jahr 0 um USD 15 Millionen. Solange Cisco im Jahr 0 an anderer Stelle einen zu versteuernden Gewinn erwirtschaftet, der die Verluste von HomeNet ausgleichen kann, hat Cisco im Jahr 0 eine Steuerschuld, die USD 15 Millionen × 40 % = USD 6 Millionen *niedriger* ist. Das Unternehmen sollte diese Steuereinsparungen dem HomeNet-Projekt gutschreiben. Eine ähnliche Gutschrift ergibt sich im Jahr 5, in dem das Unternehmen die letzten Abschreibungsaufwendungen für die Ausrüstungen geltend macht.

Beispiel 8.1: Die Besteuerung von Verlusten für Projekte in rentablen Unternehmen

Fragestellung

Die Kellogg Company plant, eine neue Produktlinie mit ballaststoffreichem Frühstücksgebäck ohne Transfette auf den Markt zu bringen. Durch die hohen Werbeaufwendungen im Zusammenhang mit der Markteinführung des neuen Produktes entstehen im nächsten Jahr Betriebsverluste von USD 15 Millionen. Kellogg erwartet, aus anderen Produkten als Frühstücksgebäck im nächsten Jahr einen Gewinn vor Steuern in Höhe von USD 460 Millionen zu erzielen. Welchen Steuerbetrag muss Kellogg im nächsten Jahr ohne das neue Gebäckprodukt zahlen, wenn das Unternehmen einen Steuersatz von 40 % auf seinen Gewinn vor Steuern zahlt? Welchen Betrag muss es unter Berücksichtigung des neuen Gebäckproduktes zahlen?

---

4 Dieser Ansatz geht auf das Separationsprinzip aus ▶Kapitel 3 zurück: Haben Wertpapiere einen angemessenen Preis, so ist der Kapitalwert einer festen Reihe von Cashflows davon unabhängig, wie diese Cashflows finanziert werden. An späterer Stelle dieses Lehrbuchs werden Fälle betrachtet, bei denen die Finanzierung den Wert des Projektes beeinflussen kann. Die Investitionsplanungsmethoden werden in ▶Kapitel 18 dementsprechend erweitert.

Lösung

Ohne die neuen Gebäckprodukte muss Kellogg im nächsten Jahr USD 460 Millionen × 40 % = USD 184 Millionen an Körperschaftssteuer zahlen. Mit den neuen Gebäckprodukten beträgt der Gewinn von Kellogg vor Steuern im nächsten Jahr nur USD 460 Millionen – USD 15 Millionen = USD 445 Millionen und das Unternehmen muss USD 445 Millionen × 40 % = USD 178 Millionen an Steuern entrichten. Damit wird durch die Einführung des neuen Produktes der von Kellogg im nächsten Jahr zu zahlende Steuerbetrag um USD 184 Millionen – USD 178 Millionen = USD 6 Millionen gesenkt.

Die Berechnung des Nettogewinns bei Eigenfinanzierung. Die Berechnung in der Tabellenkalkulation in ▶Tabelle 8.1 kann als folgende Kurzformel für den Nettogewinn bei Eigenfinanzierung ausgedrückt werden:

$$
\begin{aligned}
\text{Nettogewinn bei Eigenfinanzierung} &= EBIT \times (1 - \tau_c) \\
&= (\text{Umsatz} - \text{Ausgaben} - \text{Abschreibungen}) \times (1 - \tau_c)
\end{aligned}
\tag{8.2}
$$

Der Nettogewinn bei Eigenfinanzierung eines Projektes ist somit gleich seinen inkrementellen Umsatzerlösen abzüglich Ausgaben und Abschreibungen, nach Steuern bewertet.[5]

Indirekte Effekte auf inkrementelle Einnahmen

Bei der Berechnung der inkrementellen Einnahmen einer Investitionsentscheidung sollten *sämtliche* Änderungen der Einnahmen des Unternehmens bei Annahme des Projekts gegenüber der Situation ohne das Projekt berücksichtigt werden. Bisher wurden nur die direkten Auswirkungen des HomeNet-Projektes analysiert, doch kann das HomeNet-Projekt auch indirekte Konsequenzen für andere Bereiche innerhalb von Cisco nach sich ziehen. Da diese indirekten Auswirkungen auch die Einnahmen von Cisco beeinflussen, müssen diese in der Analyse berücksichtigt werden.

Opportunitätskosten. Bei vielen Projekten wird eine Ressource eingesetzt, über die das Unternehmen bereits verfügt. Da das Unternehmen für den Erwerb dieser Ressource für ein neues Projekt kein Bargeld zahlen muss, ist die Annahme verlockend, dass die Ressource kostenlos zur Verfügung steht. Die betreffende Ressource könnte jedoch in vielen Fällen im Rahmen einer anderen Möglichkeit oder eines anderen Projektes einen Wert für das Unternehmen bieten. Die **Opportunitätskosten** der Verwendung einer Ressource entsprechen dem Wert, den diese bei der besten alternativen Verwendung hätte erzielen können.[6] Da dieser Wert verloren geht, wenn die Ressource in einem anderen Projekt verwendet wird, sollten die Opportunitätskosten als inkrementelle Auszahlungen des Projektes berücksichtigt werden. Im Fall des HomeNet-Projektes nehmen wir an, dass für das Projekt Raum für ein neues Labor benötigt wird. Auch wenn sich das Labor in einer bestehenden Einrichtung befinden wird, müssen die Opportunitätskosten für die Nichtverwendung des betreffenden Raumes auf andere Weise berücksichtigt werden.

---

5   Der Nettogewinn bei Eigenfinanzierung wird auch als Nettobetriebsgewinn nach Steuern (NOPAT, Net Operating Profit After Tax) bezeichnet.

6   In ▶Kapitel 5 wurden die Opportunitätskosten des Kapitals als derjenige Zinssatz definiert, der für eine alternative Investition mit gleichem Risiko erzielt werden könnte. Desgleichen werden die Opportunitätskosten der Verwendung eines bestehenden Vermögensgegenstandes in einem Projekt als der Cashflow definiert, der durch die nächstbeste alternative Verwendung des Vermögensgegenstandes erzielt werden kann.

Beispiel 8.2:   Die Opportunitätskosten des Laborraums für das HomeNet-Projekt

Fragestellung

Das neue HomeNet-Labor wird sich in einem Lagerhausbereich befinden, den das Unternehmen andernfalls während der Jahre 1 bis 4 für USD 200.000 pro Jahr vermietet hätte. Wie beeinflussen diese Opportunitätskosten die inkrementellen Einnahmen von HomeNet?

Lösung

In diesem Fall entsprechen die Opportunitätskosten des Lagerhausbereichs der entgangenen Miete. Durch diese Kosten würden sich die inkrementellen Einnahmen von HomeNet während der Jahre 1 bis 4 um USD 200.000 × (1 – 40 %) = USD 120.000, den Gewinn nach Steuern aus der Vermietung des Lagerraums, verringern.

Ein häufiger Fehler

Die Opportunitätskosten eines ungenutzten Vermögensgegenstandes

Die Schlussfolgerung, dass die Opportunitätskosten eines Vermögensgegenstandes, der im Moment nicht genutzt wird, gleich null sind, ist ein häufiger Fehler. So könnte das Unternehmen über ein Lagerhaus verfügen, das momentan leer steht oder im Besitz einer Anlage sein, die im Moment nicht genutzt wird. In vielen Fällen ist die Nutzung des betreffenden Vermögensgegenstandes unter Umständen im Vorgriff auf ein neues Projekt eingestellt und der Vermögensgegenstand wäre andernfalls durch das Unternehmen genutzt worden. Selbst wenn das Unternehmen keine andere Verwendung für den Vermögensgegenstand hat, könnte es sich immer noch entscheiden, diesen zu verkaufen oder zu vermieten. Der aus der alternativen Verwendung, dem Verkauf oder der Vermietung erzielte Wert stellt Opportunitätskosten dar, die als Teil der inkrementellen Cashflows berücksichtigt werden müssen.

Projektexternalitäten. Projektexternalitäten sind indirekte Auswirkungen des Projektes, durch die die Gewinne aus anderen Geschäftsaktivitäten des Unternehmens gesteigert oder reduziert werden können. In dem anfänglichen Beispiel McDonald's hätten einige Cappuccino-Käufer andernfalls ein anderes Getränk, etwa ein Limonadengetränk, gekauft. Verdrängen Umsätze eines neuen Produkts Umsätze eines bereits bestehenden Produktes, wird diese Situation häufig als **Kannibalisierung** bezeichnet. Angenommen, ungefähr 25 % des Umsatzes von HomeNet kommen von Kunden, die, wäre HomeNet nicht verfügbar, einen bereits erhältlichen drahtlosen Linksys-Router gekauft hätten. Ist diese Umsatzreduzierung des bereits erhältlichen drahtlosen Routers eine Folge der Entscheidung für die Entwicklung von HomeNet, muss sie auch bei der Berechnung der inkrementellen Einnahmen von HomeNet berücksichtigt werden.

In der Tabellenkalkulation in ▶Tabelle 8.2 wird die inkrementelle Einnahmenprognose von HomeNet unter Berücksichtigung der Opportunitätskosten des Laborraumes und der erwarteten Kannibalisierung des bereits erhältlichen Produktes neu berechnet. Durch die Opportunitätskosten des Laborraumes in ▶Beispiel 8.2 werden die Vertriebs-, Gemein- und Verwaltungskosten von USD 2,8 Millionen auf USD 3,0 Millionen erhöht. Im Hinblick auf die Kannibalisierung sei angenommen, dass der bereits erhältliche Router zu einem Großhandelspreis von USD 100 verkauft wird, sodass der erwartete Umsatzverlust

$$\text{USD } 25 \% \times 100.000 \text{ Einheiten} \times \text{USD } 100 : \text{Einheit} = \text{USD } 2,5 \text{ Millionen}$$

beträgt. Im Vergleich mit ▶Tabelle 8.1 sinkt die Absatzprognose von USD 26 Millionen auf USD 23,5 Millionen. Überdies sei angenommen, dass die Kosten des bereits erhältlichen Routers sich auf USD 60 pro Einheit belaufen. Da Cisco nicht mehr so viele seiner bereits erhältlichen drahtlosen

Router herstellen muss, sinken die inkrementellen Auszahlungen der für das HomeNet-Projekt verkauften Produkte nun um:

$$25\ \% \times 100.000\ \text{Einheiten} \times (\text{USD } 60\ \text{Kosten pro Einheit}) = \text{USD } 1{,}5\ \text{Millionen}$$

von USD 11 Millionen auf USD 9,5 Millionen. Damit sinkt unter Berücksichtigung dieser Externalität der inkrementelle Bruttogewinn von HomeNet auf USD 2,5 Millionen – USD 1,5 Millionen = USD 1 Million.

Aufgrund der entgangenen Miete für den Laborraum und des entgangenen Absatzes des bereits erhältlichen Routers sinken somit im Vergleich der Tabellenkalkulationen in ▶Tabelle 8.1 und ▶Tabelle 8.2 die Prognosen für den Nettogewinn bei Eigenfinanzierung von HomeNet in den Jahren 1 bis 4 von USD 6,42 Millionen auf USD 5,7 Millionen.

				Tabelle 8.2

TABELLENKALKULATION Die inkrementelle Ertragsprognose für HomeNet unter Berücksichtigung von Kannibalisierung und entgangener Miete

	Jahr	0	1	2	3	4	5
	Inkrementelle Ertragsprognose (in USD 1.000)						
1	Umsatz	–	23.500	23.500	23.500	23.500	–
2	Herstellkosten verkaufter Waren	–	−9.500	−9.500	−9.500	−9.500	–
3	**Bruttogewinn**	–	14.000	14.000	14.000	14.000	–
4	Vertrieb, Allgemeines und Verwaltung	–	−3.000	−3.000	−3.000	−3.000	–
5	Forschung und Entwicklung	−15.000	–	–	–	–	–
6	Abschreibung	–	−1.500	−1.500	−1.500	−1.500	−1.500
7	**EBIT**	−15.000	9.500	9.500	9.500	9.500	−1.500
8	Ertragsteuer 40 %	6.000	−3.800	−3.800	−3.800	−3.800	600
9	**Nettogewinn bei Eigenfinanzierung**	−9.000	5.700	5.700	5.700	5.700	−900

Versunkene Kosten und inkrementelle Einnahmen

Versunkene Kosten (Sunk Costs) sind unwiederbringliche Auszahlungen aus der Vergangenheit, für die das Unternehmen bereits haftet. Versunkene Kosten wurden oder werden unabhängig von der Entscheidung gezahlt, ob das Projekt fortgeführt werden soll oder nicht. Deshalb sind sie im Hinblick auf die aktuelle Entscheidung nicht inkrementell und sollten in der Analyse auch nicht berücksichtigt werden. Aus diesem Grund wurden in der Analyse die für Marketing- und Machbarkeitsstudien für HomeNet ausgegebenen USD 300.000 nicht aufgenommen. Da diese USD 300.000 bereits ausgegeben worden sind, sind sie versunkene Kosten. In diesem Zusammenhang gilt folgende Faustregel: *Beeinflusst die Entscheidung den Cashflow nicht, sollte der Cashflow die Entscheidung nicht beeinflussen.* Im Folgenden werden einige häufig auftretende Beispiele für versunkene Kosten angegeben.

Fixe Gemeinkosten. Gemeinkosten sind mit Tätigkeiten verbunden, die nicht direkt einer einzelnen Geschäftstätigkeit zugeordnet werden können, sondern die viele verschiedene Bereiche des Unternehmens betreffen. Für buchhalterische Zwecke werden diese Aufwendungen häufig den verschiedenen Geschäftstätigkeiten zugeordnet. Insoweit diese Gemeinkosten fix sind und in jedem Fall entstehen, sind sie für das Projekt nicht inkrementell und sollten daher nicht berücksichtigt werden. Als inkrementelle Aufwendungen sollten nur die *zusätzlichen* zahlungswirksamen Gemeinkosten berücksichtigt werden, die aufgrund der Entscheidung, das Projekt durchzuführen entstehen.

Forschungs- und Entwicklungsaufwendungen in der Vergangenheit. Wenn ein Unternehmen bereits beträchtliche Ressourcen für die Entwicklung eines neuen Produktes zugeteilt hat, kann unter Umständen die Tendenz bestehen, weiter in das Produkt zu investieren, selbst wenn sich die Bedingungen am Markt geändert haben und das Produkt wahrscheinlich nicht rentabel ist. Ein Grund, der mitunter dafür angegeben wird, ist, dass das bereits investierte Geld „verloren" ist, wenn das Produkt aufgegeben wird. In anderen Fällen wird die Entscheidung getroffen, ein Projekt aufzugeben, da es unmöglich ausreichend erfolgreich sein kann, um die Ausgaben der bereits erfolgten Investition wiederzuerlangen. Tatsächlich trifft keines der beiden Argumente zu: Alle bereits ausgegebenen Gelder sind versunkene Kosten und somit irrelevant. Die Entscheidung über eine Weiterverfolgung oder Aufgabe eines Projektes sollte ausschließlich auf den inkrementellen Einzahlungen und Auszahlungen des Produktes in der Zukunft beruhen.

Unvermeidbare Wettbewerbseffekte. Bei der Entwicklung eines neuen Produkts bereitet den Firmen oft die Kannibalisierung bereits vorhandener Produkte Sorgen. Aber wenn die Umsätze als Folge der von Wettbewerbern eingeführten neuen Produkte wahrscheinlich sowieso zurückgehen, dann sind diese verlorenen Umsätze versunkene Kosten und sollten in die Prognosen nicht aufgenommen werden.

Der Trugschluss der versunkenen Kosten

Der *Trugschluss der versunkenen Kosten* ist ein Begriff, der besagt, dass Menschen dazu neigen, sich von versunkenen Kosten beeinflussen zu lassen und „gutes Geld schlechtem Geld hinterherzuwerfen". Mit anderen Worten wird weiterhin in ein Projekt mit negativem Kapitalwert investiert, weil bereits eine große Summe in das Projekt investiert worden ist und das Gefühl besteht, dass die bereits getätigte Investition verschwendet war, wenn das Projekt nicht fortgeführt wird. Der Trugschluss der versunkenen Kosten wird mitunter auch als „Concorde-Effekt" bezeichnet. Dieser Begriff bezieht sich auf die Entscheidung der britischen und französischen Regierung, die gemeinsame Entwicklung der Concorde weiter zu finanzieren, selbst als klar war, dass der Absatz des Flugzeugs deutlich hinter dem Betrag zurückbleiben würde, der notwendig war, um die Kosten der weiteren Entwicklung zu rechtfertigen. Obwohl die britische Regierung das Projekt als kommerzielles und finanzielles Desaster betrachtete, verhinderten die politischen Auswirkungen eine Einstellung des Projektes. Andernfalls hätte man öffentlich eingestehen müssen, dass alle in der Vergangenheit getätigten Ausgaben für das Projekt zu nichts führen würden.

Die komplexe reale Welt

Wir haben die Betrachtung des HomeNet-Beispiels vereinfacht, um uns auf die Arten von Effekten konzentrieren zu können, die Finanzmanager erwägen, wenn sie die inkrementellen Einnahmen eines Projektes schätzen. Bei einem Projekt in der realen Welt dürften die Schätzungen dieser Einnahmen und Ausgaben viel komplizierter sein. So ist die Annahme, dass in jedem Jahr die gleiche Anzahl an HomeNet-Einheiten verkauft wird, wahrscheinlich unrealistisch. Ein neues Produkt hat in der Regel zunächst einen geringeren Absatz, da die Verbraucher das Produkt erst allmählich kennenlernen. Dann beschleunigt sich der Absatz, erreicht ein Niveau, auf dem er verbleibt, und sinkt dann schließlich, wenn das Produkt veraltet oder mit verstärktem Wettbewerb konfrontiert wird.

Desgleichen ändern sich im Laufe der Zeit gewöhnlich auch der durchschnittliche Verkaufspreis eines Produktes und seine Produktionskosten. Die Preise und Ausgaben steigen tendenziell mit der allgemeinen Höhe der Inflation in der Volkswirtschaft. Häufig sinken die Preise von Technologieprodukten, da neuere, bessere Technologien entwickelt werden und die Produktionskosten sinken. Überdies verringert sich durch Wettbewerb in den meisten Branchen im Laufe der Zeit die Gewinnspanne. Diese Faktoren sollten bei der Schätzung der Einnahmen und Ausgaben eines Projektes berücksichtigt werden.

Beispiel 8.3: Produktannahme und Preisänderungen

Fragestellung

Der Absatz von HomeNet soll im Jahr 1 100.000 Einheiten, in Jahr 2 und 3 125.000 Einheiten und schließlich im Jahr 4 50.000 Einheiten umfassen. Zudem sollen der Verkaufspreis und die Herstellungskosten für HomeNet wie bei anderen Netzwerkprodukten um 10 % pro Jahr sinken. Im Gegensatz dazu wird erwartet, dass die Vertriebs-, Verwaltungsaufwendungen und Gemeinkosten mit der Inflation um 4 % pro Jahr steigen. Aktualisieren Sie die Prognose der inkrementellen Einnahmen aus der Tabellenkalkulation in ▶Tabelle 8.2, um diese Effekte zu berücksichtigen.

Lösung

Die inkrementellen Erträge von HomeNet unter diesen neuen Annahmen werden in der folgenden Tabellenkalkulation dargestellt:

	Jahr	0	1	2	3	4	5
	Inkrementelle Ertragsprognose (in USD 1.000)						
1	Umsatz	–	23.500	26.438	23.794	8.566	–
2	Herstellkosten verkaufter Waren	–	−9.500	−10.688	−9.619	−3.463	–
3	**Bruttogewinn**	–	14.000	15.750	14.175	5.103	–
4	Vertriebs-, Gemein- und Verwaltungskosten		−3.000	−3.120	−3.245	−3.375	–
5	Forschung und Entwicklung	−15.000	–	–	–	–	
6	Abschreibung	–	−1.500	−1.500	−1.500	−1.500	−1.500
7	**EBIT**	−15.000	9.500	11.130	9.430	228	−1.500
8	Ertragsteuer 40 %	6.000	−3.800	−4.452	−3.772	−91	600
9	**Nettogewinn bei Eigenfinanzierung**	−9.000	5.700	6.678	5.658	137	−900

Der Verkaufspreis beträgt zum Beispiel im Jahr 2 USD 260 × 0,90 = USD 234 pro Einheit für HomeNet und USD 100 × 0,90 = USD 90 für das kannibalisierte Produkt. Damit ist der inkrementelle Absatz im Jahr 2 gleich 125.000 Einheiten × (USD 234 pro Einheit) − 31.250 kannibalisierte Einheiten × (USD 90 pro Einheit) = USD 26,438 Millionen.

Verständnisfragen

1. Wie wird der Nettogewinn bei Eigenfinanzierung prognostiziert?
2. Sollten versunkene Kosten in den Cashflow-Prognosen eines Projektes berücksichtigt werden? Warum oder warum nicht?
3. Erklären Sie, warum die Opportunitätskosten der Verwendung einer Ressource als inkrementelle Ausgaben eines Projektes berücksichtigt werden müssen.

8.2 Bestimmung des freien Cashflows und des Kapitalwertes

Wie in ▸Kapitel 2 erörtert, sind die Einnahmen ein buchhalterisches Maß der Leistung des Unternehmens. Sie stellen keine realen Gewinne dar, denn das Unternehmen kann seine Einnahmen nicht zum Kauf von Waren, zur Bezahlung von Mitarbeitern, zur Finanzierung neuer Investitionen oder zur Zahlung von Dividenden an seine Aktionäre verwenden. Für all das braucht das Unternehmen Barmittel. Daher müssen zur Bewertung einer Investitionsplanungsentscheidung deren Konsequenzen für die verfügbaren Barmittel des Unternehmens bestimmt werden. Der inkrementelle Effekt eines Projektes auf die verfügbaren Barmittel des Unternehmens wird als **freier Cashflow** des Projektes bezeichnet.

In diesem Abschnitt wird der freie Cashflow des HomeNet-Projektes mithilfe der in Abschnitt 8.1 entwickelten Ertragsprognose vorhergesagt. Danach wird diese Prognose zur Berechnung des Kapitalwertes des Projektes verwendet.

Die Berechnung des freien Cashflows aus den Erträgen

Wie in ▸Kapitel 2 erörtert, bestehen wichtige Unterschiede zwischen Erträgen oder Einnahmen und Cashflows. Erträge umfassen nicht zahlungswirksame Aufwendungen, wie Abschreibungen, und beinhalten ebenfalls nicht die Kosten von Kapitalanlagen. Um den freien Cashflow von HomeNet aus dessen inkrementellen Erträgen zu bestimmen, müssen diese Unterschiede berücksichtigt werden.

Investitionsaufwand und Abschreibung. Die Abschreibungen sind keine zahlungswirksamen Aufwendungen, die das Unternehmen zahlt. Sie sind vielmehr eine für buchhalterische und steuerliche Zwecke verwendete Methode zur Aufteilung der ursprünglichen Ausgaben für den Kauf des Vermögensgegenstandes über dessen Nutzungsdauer. Da Abschreibungen kein Cashflow sind, werden sie in der Cashflow-Prognose nicht berücksichtigt. Stattdessen werden die tatsächlichen zahlungswirksamen Kosten des Vermögensgegenstandes bei dessen Kauf berücksichtigt.

Zur Berechnung des freien Cashflows von HomeNet muss der Abschreibungsaufwand für die neuen Ausrüstungen (ein nicht zahlungswirksamer Aufwand) zu den Einnahmen addiert und der tatsächliche Investitionsaufwand von USD 7,5 Millionen, der für die Anlagen im Jahr 0 gezahlt wird, abgezogen werden. Diese Anpassungen werden in den Zeilen 10 und 11 der Tabellenkalkulation in ▸Tabelle 8.3 (die auf der inkrementellen Einnahmenprognose aus ▸Tabelle 8.2 basiert) dargestellt.

Nettoumlaufvermögen (NUV). In ▸Kapitel 2 wurde das Nettoumlaufvermögen als Differenz zwischen Umlaufvermögen und kurzfristigen Verbindlichkeiten definiert. Die Hauptelemente des Nettoumlaufvermögens sind Barmittel, Vorräte, Forderungen und Verbindlichkeiten:

Nettoumlaufvermögen   = Umlaufvermögen − kurzfristige Verbindlichkeiten
                                   = Barmittel + Vorräte + Forderungen − Verbindlichkeiten   (8.3)

Bei den meisten Projekten muss das Unternehmen in das Nettoumlaufvermögen investieren. Unternehmen müssen unter Umständen über ein Mindestbarguthaben[7] zur Zahlung unerwarteter Aufwendungen sowie Vorräte von Rohmaterialien und fertigen Produkten verfügen, um Unsicherheiten bei der Produktion und Schwankungen der Nachfrage berücksichtigen zu können. Hinzu kommt, dass Kunden die von ihnen gekauften Waren möglicherweise nicht sofort bezahlen. Während der Absatz sofort als Bestandteil der Einnahmen gezählt wird, erhält das Unternehmen erst dann Bargeld, wenn die Kunden ihre Schulden tatsächlich begleichen. In der Zwischenzeit nimmt das Unternehmen den von Kunden geschuldeten Betrag in seine Forderungen auf. Damit messen die Forderungen des Unternehmens den Gesamtkredit, den das Unternehmen seinen Kunden gewährt hat. Desgleichen messen die Verbindlichkeiten den Kredit, den das Unternehmen von seinen Lieferanten erhalten hat. Die Differenz zwischen den Forderungen und den Verbindlichkeiten entspricht dem Nettobetrag des Unternehmenskapitals, der infolge dieser Kredittransaktionen, die auch als **Lieferantenkredit** bezeichnet werden, verbraucht wird.

---

7 Die im Nettoumlaufvermögen enthaltenen Barmittel sind Mittel, die *nicht* investiert wurden, um eine Marktrendite zu erzielen. Diese Mittel umfassen nicht investierte Barmittel auf dem Girokonto des Unternehmens oder in einem Tresor oder einer Geldkassette des Unternehmens oder (bei Einzelhandelsgeschäften) in Registrierkassen oder an anderen Orten, die für den Betrieb des Geschäftes benötigt werden.

Tabelle 8.3

TABELLENKALKULATION Berechnung des freien Cashflows von HomeNet (einschließlich Kannibalisierung und entgangene Miete)

Jahr	0	1	2	3	4	5
Inkrementelle Einnahmen-prognose (in USD 1.000)						
1 Umsatz	–	23.500	23.500	23.500	23.500	–
2 Herstellkosten verkaufter Waren	–	–9.500	–9.500	–9.500	–9.500	–
3 **Bruttogewinn**	–	14.000	14.000	14.000	14.000	–
4 Vertriebs-, Gemein- und Verwaltungskosten	–	–3.000	–3.000	–3.000	–3.000	–
5 Forschung und Entwicklung	–15.000	–	–	–	–	–
6 Abschreibung	–	–1.500	–1.500	–1.500	–1.500	–1.500
7 **EBIT**	–15.000	9.500	9.500	9.500	9.500	–1.500
8 Ertragsteuer 40 %	6.000	–3.800	–3.800	–3.800	–3.800	600
9 **Nettogewinn bei Eigenfinanzierung**	–9.000	5.700	5.700	5.700	5.700	–900
Freier Cashflow (in USD 1.000)						
10 Plus: Abschreibung	–	1.500	1.500	1.500	1.500	1.500
11 Minus: Kapitalaufwand	–7.500	–	–	–	–	–
12 Minus: Zunahme Nettoumlaufvermögen	–	–2.100	–	–	–	2.100
13 **Freier Cashflow**	–16.500	5.100	7.200	7.200	7.200	2.700

Angenommen, HomeNet hat keinen Bedarf an zusätzlichem Bargeld oder zusätzlichen Vorräten, die Produkte werden direkt vom beauftragten Hersteller zum Kunden versandt. Es wird jedoch erwartet, dass Forderungen im Zusammenhang mit HomeNet 15 % des Jahresumsatzes ausmachen und dass sich die Verbindlichkeiten auf 15 % der jährlichen Kosten der verkauften Waren (COGS, Costs Of Goods Sold) belaufen.[8] Der Bedarf von HomeNet an Nettoumlaufvermögen wird in der Tabellenkalkulation in ▶Tabelle 8.4 dargestellt.

In ▶Tabelle 8.4 wird gezeigt, dass das HomeNet-Projekt im Jahr 0 kein Nettoumlaufvermögen benötigt, während es in den Jahren 1 bis 4 USD 2,1 Millionen an Nettoumlaufvermögen sowie im Jahr 5 kein Nettoumlaufvermögen benötigt. Wie beeinflusst dieser Bedarf den freien Cashflow des Projektes? Steigerungen des Nettoumlaufvermögens sind eine Investition, durch die das dem Unternehmen zur Verfügung stehende Geld und somit auch der freie Cashflow reduziert wird. Die Zunahme des Nettoumlaufvermögens in Jahr t wird definiert als:

$$\Delta NUV_t = NUV_t - NUV_{t-1} \tag{8.4}$$

---

8 Benötigen die Kunden zur Zahlung im Durchschnitt N Tage, so bestehen die Forderungen aus den Umsätzen, die in den letzten N Tagen getätigt worden sind. Sind die Umsätze über das Jahr gleichmäßig verteilt, sind die Forderungen gleich (N : 365)-mal dem Jahresumsatz. Somit entsprechen Forderungen in Höhe von 15 % des Umsatzes einer durchschnittlichen Zahlungsfrist von $N = 15 \% \times 365 = 55$ Debitorentagen. Das Gleiche trifft auch auf die Verbindlichkeiten zu. Siehe ▶Gleichung 2.9 in ▶Kapitel 2.

	Jahr	0	1	2	3	4	5
Tabelle 8.4							
TABELLENKALKULATION Bedarf an Nettoumlaufvermögen von HomeNet							
Prognose des Nettoumlaufvermögens (in USD 1.000)							
1 Geldbedarf		–	–	–	–	–	–
2 Vorräte		–	–	–	–	–	–
3 Forderungen (15 % des Umsatzes)		–	3.525	3.525	3.525	3.525	–
4 Verbindlichkeiten (15 % COGS)		–	–1.425	–1.425	–1.425	–1.425	–
5 **Nettoumlaufvermögen**		–	**2.100**	**2.100**	**2.100**	**2.100**	–

Die Prognose des Bedarfs von HomeNet an Nettoumlaufvermögen kann zum Abschluss der Schätzung des freien Cashflows von HomeNet in ▸Tabelle 8.3 verwendet werden. Im Jahr 1 steigt das Nettoumlaufvermögen um USD 2,1 Millionen. Diese Zunahme stellt Ausgaben für das Unternehmen dar, wie in Zeile 12 in ▸Tabelle 8.3 ausgewiesen. Diese Reduzierung des freien Cashflows entspricht der Tatsache, dass USD 3,525 Millionen des Umsatzes des Unternehmens und USD 1,425 Millionen seiner Herstellkosten (COGS) im Jahr 1 noch nicht gezahlt worden sind.

In den Jahren 2 bis 4 ändert sich das Nettoumlaufvermögen nicht, sodass keine weiteren Beiträge notwendig sind. Nach der Einstellung des Projektes im Jahr 5 sinkt das Nettoumlaufvermögen um USD 2,1 Millionen, nachdem die Zahlungen der letzten Kunden eingegangen sind und die letzten Rechnungen bezahlt wurden. Diese USD 2,1 Millionen werden, wie in Zeile 12 in ▸Tabelle 8.3 gezeigt, dem freien Cashflow im Jahr 5 hinzuaddiert.

Nun wird nach der Bereinigung des Gewinns bei Eigenfinanzierung von HomeNet um Abschreibungen, Investitionsaufwand und Zunahmen des Nettoumlaufvermögens der freie Cashflow von HomeNet, wie in Zeile 13 der Tabellenkalkulation in ▸Tabelle 8.3 gezeigt, berechnet. Hier ist zu beachten, dass der freie Cashflow in den ersten beiden Jahren aufgrund der Anfangsinvestition in Anlagen sowie des für das Projekt benötigten Nettoumlaufvermögens niedriger ist als der Gewinn bei Eigenfinanzierung. In späteren Jahren übersteigt der freie Cashflow den Gewinn bei Eigenfinanzierung, da Abschreibungen keine zahlungswirksamen Aufwendungen sind. Im letzten Jahr erlangt das Unternehmen schließlich die Investition in das Nettoumlaufvermögen zurück, wodurch der freie Cashflow weiter gestärkt wird.

Beispiel 8.4: Nettoumlaufvermögen bei sich ändernden Umsätzen

Fragestellung

Prognostizieren Sie die erforderliche Investition in das Nettoumlaufvermögen von HomeNet nach dem Szenario in ▸Beispiel 8.3.

Lösung

Die erforderlichen Investitionen in das Nettoumlaufvermögen werden in der folgenden Tabelle dargestellt:

Jahr		0	1	2	3	4	5
Prognose des Nettoumlaufvermögens (in USD 1.000)							
1	Forderungen (15 % des Umsatzes)	–	3.525	3.966	3.569	1.285	–
2	Verbindlichkeiten (15 % COGS)	–	−1.425	−1.603	−1.443	−519	–
3	**Nettoumlaufvermögen**	–	2.100	2.363	2.126	765	–
4	**Erhöhungen NUV**	–	2.100	263	−237	−1.361	−765

In diesem Fall ändert sich das Nettoumlaufvermögen in jedem Jahr. Im Jahr 1 ist eine hohe Anfangsinvestition in das Umlaufvermögen erforderlich. Dieser folgt im Jahr 2 bei weiter steigenden Umsätzen eine geringe Investition. Das Umlaufkapital wird bei fallenden Umsätzen in den Jahren 3 bis 5 zurückerlangt.

Die direkte Berechnung des Cashflows

Wie zu Beginn dieses Kapitels angemerkt, beginnen Praktiker in der Regel den Prozess der Investitionsplanung mit der Prognose der Einnahmen. Deshalb gehen wir an dieser Stelle genauso vor. Der freie Cashflow von HomeNet hätte auch direkt mithilfe folgender Kurzformel berechnet werden können:

Freier Cashflow

$$\text{Freier Cashflow} = \overbrace{(\text{Einnahmen} - \text{Ausgaben} - \text{Abschreibungen}) \times (1 - \tau_c)}^{\text{Nettogewinn bei Eigenfinanzierung}} \quad (8.5)$$
$$+ \text{Abschreibungen} - \text{Investitionen in Sachanlagen} - \Delta NUV$$

An dieser Stelle ist zu beachten, dass wir bei der Berechnung der inkrementellen Einnahmen des Projektes zunächst die Abschreibungen abziehen und diese dann, da es sich um einen nicht zahlungswirksamen Aufwand handelt, bei der Berechnung des freien Cashflows wieder hinzuaddieren.

Damit besteht die einzige Wirkung der Abschreibung darin, dass sie das zu versteuernde Einkommen des Unternehmens senkt. Tatsächlich kann ▸Gleichung 8.5 auch wie folgt umgestellt werden:

$$\text{Freier Cashflow} = (\text{Einnahmen} - \text{Ausgaben}) \times (1 - \tau_c) \quad (8.6)$$
$$- \text{Investitionen in Sachanlagen} - \Delta NUV$$
$$+ \tau_c \times \text{Abschreibungen}$$

Der letzte Term in ▸Gleichung 8.6 ($\tau_c \times$ Abschreibungen) wird **Tax-Shield aus Abschreibungen (Steuerfreibetrag aus Abschreibungen)** genannt. Hierbei handelt es sich um die Steuerersparnis, die aus der Möglichkeit des Abzugs der Abschreibung bei der Gewinnermittlung entsteht. Infolgedessen haben Abschreibungsaufwendungen eine *positive* Wirkung auf den freien Cashflow. Unternehmen weisen häufig unterschiedliche Abschreibungsaufwendungen für buchhalterische und für steuerliche Zwecke aus. Da nur die steuerlichen Konsequenzen der Abschreibung für den freien Cashflow maßgeblich sind, sollten in der Prognose die Abschreibungsaufwendungen verwendet werden, die das Unternehmen für steuerliche Zwecke verwendet.

Die Berechnung des Kapitalwertes

Zur Berechnung des Kapitalwertes von HomeNet muss dessen freier Cashflow zu den entsprechenden Kapitalkosten abgezinst werden.[9] Wie in ▶Kapitel 5 erörtert, entsprechen die Kapitalkosten eines Projektes der erwarteten Rendite, die Investoren auf die beste alternative Anlage mit ähnlichem Risiko und ähnlicher Laufzeit erzielen könnten. Die zur Schätzung der Kapitalkosten notwendigen Verfahren werden in ▶TEIL IV ermittelt. Vorerst sei angenommen, dass die Manager von Cisco glauben, dass das HomeNet-Projekt ein ähnliches Risiko wie andere Projekte im Geschäftsbereich Linksys aufweist und dass die entsprechenden Kapitalkosten für diese Projekte 12 % betragen.

Zu diesen Kapitalkosten wird der Barwert jedes freien Cashflows in der Zukunft berechnet. Wie in ▶Kapitel 4 erörtert, beträgt bei Kapitalkosten von $r = 12$ % der Barwert des freien Cashflows im Jahr t (oder FCF_t)

$$BW(FCF_t) = \frac{FCF_t}{(1+r)^t} = FCF_t \times \underbrace{\frac{1}{(1+r)^t}}_{\substack{\text{jährlicher} \\ \text{Abzinsungsfaktor}}} \tag{8.7}$$

Der Kapitalwert des HomeNet-Projektes wird in der Tabellenkalkulation in ▶Tabelle 8.5 berechnet. In Zeile 3 wird der Abzinsungsfaktor berechnet, und in Zeile 4 wird der freie Cashflow zur Bestimmung des Barwertes mit dem Abzinsungsfaktor multipliziert. Der Kapitalwert des Projektes ist gleich der Summe des Barwerts jedes freien Cashflows, wie in Zeile 5 ausgewiesen:[10]

$$KW = -16.500 + 4.554 + 5.740 + 5.125 + 4.576 + 1.532 = 5.027$$

Tabelle 8.5

TABELLENKALKULATION Die Berechnung des Kapitalwertes von HomeNet

	Jahr	0	1	2	3	4	5
KW (in USD 1.000)							
1 **Freier Cashflow**		−16.500	5.100	7.200	7.200	7.200	2.700
2 Kapitalkosten Projekt							
3 Abzinsungsfaktor	12 %	1,000	0,893	0,797	0,712	0,636	0,567
4 **BW des freien Cashflows**		−16.500	4.554	5.740	5.125	4.576	1.532
5 **KW**		5.027					

---

9 Anstatt einen eigenen Zeitstrahl für diese Cashflows zu erstellen, können wir die letzte Zeile der Tabellenkalkulation in ▶Tabelle 7.3 als Zeitstrahl interpretieren.

10 Der KW kann auch mit der Excel KW-Funktion berechnet werden, um den Barwert der Cashflows in den Jahren 1 bis 5 zu erhalten, und dann den Cashflow im Jahr 0 hinzuzuaddieren (d.h. $= KW(r, FCF_1, FCF_5) + FCF_0$).

Verwendung von Excel

Investitionsplanung mithilfe eines Tabellenkalkulationsprogramms

Prognosen und Analysen der Investitionsplanung werden am einfachsten mit einem Tabellenkalkulationsprogramm durchgeführt. An dieser Stelle zeigen wir einige der praktischsten Vorgehensweisen für die Entwicklung der eigenen Investitionsplanung.

Visualisierung der Projektdaten

Jede Analyse einer Investitionsplanung beginnt mit einer Reihe von Annahmen über die zukünftigen Einnahmen und Kosten im Zusammenhang mit einer Investition. Diese Annahmen werden im Rahmen der Tabellenkalkulation in einer Tabelle visualisiert. Auf diese Weise können diese Annahmen leicht gefunden, überprüft und falls nötig abgeändert werden. Nachfolgend ein Beispiel des HomeNet-Projekts.

	A	B	C	D	E	F	G	H	I
1	**Investitionsplanung von HomeNet**								
2	**Wichtige Annahmen**			_Jahr 0_	_Jahr 1_	_Jahr 2_	_Jahr 3_	_Jahr 4_	_Jahr 5_
3		_Einnahmen und Ausgaben_							
4		Verkaufte HomeNet-Anlagen			100	100	100	100	
8		Durchschnittlicher Preis je HomeNet-Anlage			$ 260,00	$ 260,00	$ 260,00	$ 260,00	
9		Ausgaben je HomeNet-Anlage			$ 110,00	$ 110,00	$ 110,00	$ 110,00	
10		Kannibalisierungsrate			25%	25%	25%	25%	
11		Durchschnittlicher Preis je Anlage altes Produkt			$ 100,00	$ 100,00	$ 100,00	$ 100,00	
12		Ausgaben altes Produkt je Anlage			$ 60,00	$ 60,00	$ 60,00	$ 60,00	
13		_Betriebsaufwand_							
14		Marketing und Support			$ -2.800,00	$ -2.800,00	$ -2.800,00	$ -2.800,00	
15		Entgangene Miete			$ -200,00	$ -200,00	$ -200,00	$ -200,00	
16		Hardware Entwicklung und Forschung		$ -5.000,00					
17		Software Entwicklung und Forschung		$ -10.000,00					
18		Laborausrüstung		$ -7.500,00					
19		_Sonstige Annahmen_							
20		_Abschreibungsplan_		0,0%	20,0%	20,0%	20,0%	20,0%	20,0%
21		_Ertragssteuersatz_		40,0%	40,0%	40,0%	40,0%	40,0%	40,0%
22		_Forderungen (% Umsatz)_		15,0%	15,0%	15,0%	15,0%	15,0%	15,0%
23		_Verbindlichkeiten (% COGS)_		15,0%	15,0%	15,0%	15,0%	15,0%	15,0%

Übersichtlicher mit Farbcodes

Verwenden Sie in Tabellenkalkulationsmodellen eine blaue Schriftfarbe, um Zahlenannahmen von Formeln unterscheiden zu können. Für die Schätzungen von Einnahmen und Kosten werden beispielsweise für Jahr 1 Zahlenwerte eingesetzt, wohingegen Schätzungen für spätere Jahre den Schätzungen für das Jahr 1 gleichgesetzt werden. So wird klar, welche Zellen die wichtigsten Annahmen enthalten, falls sie zu einem späteren Zeitpunkt zu ändern wären.

Flexibel bleiben

Zu beachten ist, dass in der Visualisierung des HomeNet-Projekts alle Annahmen auf Jahresbasis angegeben sind, auch wenn davon ausgegangen wird, dass diese Annahmen konstant bleiben. Beispielsweise geben wir für jedes Jahr die Menge und den durchschnittlichen Verkaufspreis der HomeNet-Anlagen an. Dann berechnen wir für jedes Jahr auf der Grundlage der jeweiligen Jahresannahmen die Einnahmen von HomeNet. So bleiben wir flexibel, falls wir später feststellen, dass sich die Anpassungsrate von HomeNet im Laufe der Zeit ändern könnte, oder falls wir erwarten, dass die Preise wie in Beispiel 8.3 einem Trend folgen.

Keine Direkteingabe

Da Ihre Annahmen jetzt klar und leicht zu ändern sind, kann auf numerische Werte, die Sie benötigen, um Ihre Projektionen zu entwickeln, in der visualisierten Darstellung Bezug genommen werden. Geben Sie nie numerische Werte direkt in die Formeln ein. Bei der Berechnung der Steuern in Zelle E34 unten verwenden wir zum Beispiel „=−E21*E33" statt „=−0,40*E33". Während die letztere Formel die gleiche Lösung errechnen würde, weil der Steuersatz direkt eingegeben wurde, wäre es schwierig das Modell zu aktualisieren, falls sich die Prognose des Steuersatzes ändern sollte.

	A	B	C	D	E	F	G	H	I
				Jahr 0	Jahr 1	Jahr 2	Jahr 3	Jahr 4	Jahr 5
26	*Prognose der inkrementellen Einnahmen*								
33		EBIT		-15000	9500	9500	9500	9500	-1500
34		Steuern		6000	=-E21*E33	-3800	-3800	-3800	600
35		**Nettogewinn bei Eigenfinanzierung**		-9000	5700	5700	5700	5700	-900

Auf der Grundlage unserer Schätzung beträgt der Kapitalwert von HomeNet USD 5,027 Millionen. Während sich die Kosten der Anfangsinvestition von HomeNet auf USD 16,5 Millionen belaufen, beträgt der Barwert des zusätzlichen freien Cashflows, den Cisco aus dem Projekt erzielt, USD 21,5 Millionen. Damit entspricht das Eingehen des HomeNet-Projektes für Cisco dem heutigen Erhalt eines zusätzlichen Betrags von USD 5 Millionen als Kontoguthaben.

Verständnisfragen

1. Welche Anpassungen müssen am Nettogewinn mit Eigenfinanzierung eines Projektes vorgenommen werden, um dessen freie Cashflows zu bestimmen?

2. Was ist ein Abschreibungs-Tax-Shield?

8.3   Die Auswahl unter mehreren Alternativen

Bisher wurde die Investitionsplanungsentscheidung für die Einführung der HomeNet-Produktlinie erörtert. Zur Analyse der Entscheidung wurden der freie Cashflow des Projektes sowie der Kapitalwert berechnet. Da ein zusätzlicher Kapitalwert von null für das Unternehmen erzeugt wird, wenn das HomeNet-Projekt *nicht* durchgeführt wird, ist das HomeNet-Projekt die beste Entscheidung für das Unternehmen, sofern der Kapitalwert positiv ist. In vielen Situationen müssen jedoch sich ausschließende Alternativen verglichen werden, die jeweils Auswirkungen auf die Cashflows des Unternehmens haben. Wie in ▶Kapitel 77 erläutert, kann in solchen Fällen die beste Entscheidung gefällt werden, indem zunächst der mit jeder Alternative verbundene freie Cashflow berechnet und anschließend die Alternative mit dem höchsten Kapitalwert ausgewählt wird.

Die Bewertung verschiedener Produktionsalternativen

Angenommen Cisco erwägt einen alternativen Produktionsplan für das HomeNet-Produkt. Der aktuelle Plan sieht die vollständige Auslagerung der Produktion zu einem Preis von USD 110 pro Anlage vor. Alternativ dazu könnte Cisco das Produkt auch intern zu zahlungswirksamen Kosten von USD 95 pro Anlage montieren. Die letztgenannte Option erfordert allerdings im Voraus zu zahlende Betriebskosten von USD 5 Millionen für die Umstellung der Montageanlage, und wenn die Produktion im Jahr 1 beginnt, muss Cisco Vorräte halten, die der Produktion eines Monats entsprechen.

Zur Auswahl zwischen diesen beiden Alternativen wird der mit jeder Möglichkeit verbundene freie Cashflow berechnet und der jeweilige Kapitalwert verglichen, um die für das Unternehmen vorteilhafteste Lösung zu bestimmen. Beim Vergleich der Alternativen dürfen allerdings nur die Cashflows verglichen werden, die sich voneinander unterscheiden. Cashflows, die in jedem Szenario gleich sind, wie die Einnahmen von HomeNet, können ignoriert werden.

In der Tabellenkalkulation in ▶Tabelle 8.6 werden die zwei Montageoptionen unter Berechnung des Kapitalwertes der Kapitalkosten für jede Option verglichen. Der Unterschied im EBIT ergibt sich aus den Anfangskosten für die Einrichtung der firmeninternen Anlage im Jahr 0 und den unterschiedlichen Montagekosten: USD 110 pro Einheit × 100.000 Einheiten pro Jahr = USD 11 Millionen pro Jahr bei Auslagerung gegenüber USD 95 pro Einheit × 100.000 Einheiten pro Jahr = USD 9,5 Millionen pro Jahr intern. Steuerbereinigt sind die Auswirkungen auf den Nettogewinn bei Eigenfinanzierung in den Zeilen 3 und 9 zu erkennen.

Da sich die Optionen bezüglich des Investitionsaufwandes nicht unterscheiden (es gibt keinen im Zusammenhang mit der Montage), muss für einen Vergleich der freien Cashflows für jede Option nur der unterschiedliche Bedarf an Nettoumlaufvermögen berücksichtigt werden. Bei der Auslagerung der Montage machen die Verbindlichkeiten 15 % der Herstellkosten der Waren oder 15 % × USD 11 Millionen = USD 1,65 Millionen aus. Dieser Betrag ist der Kredit, den Cisco im Jahr 1 von seinem Lieferanten erhält und den das Unternehmen bis zum Jahr 5 beibehält. Da Cisco diesen Betrag von seinem Lieferanten leiht, *sinkt* das Nettoumlaufvermögen im Jahr 1 um USD 1,65 Millionen und erhöht den freien Cashflow von Cisco. Im Jahr 5 steigt das Nettoumlaufvermögen von Cisco, da das Unternehmen seine Lieferanten bezahlt, und der freie Cashflow sinkt um den gleichen Betrag.

Wenn die Montage betriebsintern erfolgt, belaufen sich die Verbindlichkeiten auf 15 % × USD 9,5 Millionen = USD 1,425 Millionen. Cisco muss jedoch dazu Vorräte vorhalten, die der Produktion eines Monats entsprechen. Diese haben Ausgaben von USD 9,5 Millionen : 12 = USD 0,792 Millionen zur Folge. Damit sinkt das Nettoumlaufvermögen von Linksys im Jahr 1 um USD 1,425 Millionen – USD 0,792 Millionen = USD 0,633 Millionen und steigt dann im Jahr 5 um den gleichen Betrag.

Tabelle 8.6

TABELLENKALKULATION Kapitalwerte der Ausgaben für ausgelagerte und interne Montage der HomeNet-Geräte

	Jahr	0	1	2	3	4	5
Ausgelagerte Montage (in USD 1.000)							
1	**EBIT**	–	−11.000	−11.000	−11.000	−11.000	–
2	Einkommensteuer 40 %	–	4.400	4.400	4.400	4.400	–
3	**Nettogewinn bei Eigenfinanzierung**	–	−6.600	−6.600	−6.600	−6.600	–
4	Minus: Steigerungen NUV	–	1.650	–	–	–	−1.650
5	**Freier Cashflow**	–	−4.950	−6.600	−6.600	−6.600	−1.650
6	**KW bei 12 %**	−19.510					
Interne Montage (in USD 1.000)							
7	**EBIT**	−5.000	−9.500	−9.500	−9.500	−9.500	–
8	Einkommensteuer 40 %	2.000	3.800	3.800	3.800	3.800	–
9	**Nettogewinn bei Eigenfinanzierung**	−3.000	−5.700	−5.700	−5.700	−5.700	–
10	Minus: Steigerungen NUV	–	633	–	–	–	−633
11	**Freier Cashflow**	−3.000	−5.067	−5.700	−5.700	−5.700	−633
12	**KW bei 12 %**	−20.107					

Der Vergleich der freien Cashflows für die Alternativen von Cisco

Nach der Berücksichtigung der Steigerungen des Nettoumlaufvermögens wird der freie Cashflow jeder Alternative in den Zeilen 5 und 11 verglichen und die jeweiligen Kapitalwerte werden unter Verwendung der Kapitalkosten des Projektes in Höhe von 12 % berechnet.[11] Hier ist der Kapitalwert in jedem Fall negativ, da nur die Produktionskosten bewertet werden. Die Auslagerung bei Barwertkosten von USD 19,5 Millionen ist jedoch gegenüber USD 20,1 Millionen bei der betriebsinternen Produktion der Geräte etwas preiswerter.[12]

> **Verständnisfragen**
>
> **1.** Wie wird eine Auswahl zwischen sich ausschließenden Investitionsentscheidungen getroffen?
>
> **2.** Welche Cashflows können bei der Auswahl zwischen Alternativen ignoriert werden?

8.4 Weitere Anpassungen des freien Cashflows

In diesem Abschnitt wird eine Reihe von Komplikationen betrachtet, die bei der Schätzung des freien Cashflows eines Projektes entstehen können, wie beispielsweise nicht zahlungswirksame Aufwendungen, alternative Abschreibungsmethoden, Liquidations- oder Fortführungswerte und steuerliche Verlustvorträge.

Sonstige nicht zahlungswirksame Positionen. In der Regel sollten sonstige nicht zahlungswirksame Positionen, die als Teil der inkrementellen Einnahmen aufgeführt werden, nicht in den freien Cashflow eines Projektes aufgenommen werden. Das Unternehmen sollte nur tatsächliche zahlungswirksame Erträge und Aufwendungen berücksichtigen. So addiert das Unternehmen bei der Berechnung des freien Cashflows alle Amortisationen auf immaterielle Vermögensgegenstände (wie Patente) dem Nettogewinn aus Eigenfinanzierung hinzu.

Zeitlicher Ablauf der Cashflows. Zur Vereinfachung wurden die Cashflows für HomeNet so behandelt, als würden sie am Ende jedes Jahres anfallen. In Wirklichkeit verteilen sich die Cashflows über das gesamte Jahr. Sofern ein höherer Genauigkeitsgrad erforderlich ist, kann der freie Cashflow auch vierteljährlich, monatlich oder sogar kontinuierlich prognostiziert werden.

Beschleunigte Abschreibung. Da die Abschreibung über den Tax-Shield aus Abschreibungen einen positiven Beitrag zum Cashflow des Unternehmens leistet, liegt es im besten Interesse des Unternehmens, die schnellste für steuerliche Zwecke zulässige Abschreibungsmethode zu verwenden. Dadurch beschleunigt das Unternehmen seine Steuerersparnis und steigert deren Barwert. Beispielsweise ist in manchen Ländern eine degressive Abschreibung zulässig.

Liquidations- oder Restwert. Vermögensgegenstände, die nicht mehr benötigt werden, haben häufig einen Wiederverkaufswert oder einen gewissen Restwert, wenn die Teile als Schrott verkauft werden. Einige Vermögensgegenstände können auch einen negativen Liquidationswert haben. So kann es beispielsweise Geld kosten, gebrauchte Anlagen zu entfernen und zu entsorgen.

Bei der Berechnung des freien Cashflows berücksichtigen wir den Liquidationswert aller Vermögensgegenstände, die nicht mehr benötigt werden und entsorgt werden können. Wird ein Vermögensgegenstand liquidiert, so wird der Verkaufserlös besteuert. Der steuerliche Gewinn, der durch den

---

11 Auch wenn an dieser Stelle davon ausgegangen wird, dass dies nicht der Fall ist, können sich unter Umständen in bestimmten Situationen die Risiken dieser Alternativen vom Risiko des Gesamtprojektes oder auch voneinander unterscheiden. Dadurch sind unterschiedliche Kapitalkosten für jeden Fall anzusetzen.

12 Diese beiden Fälle können auch in einer einzigen Tabellenkalkulation verglichen werden, in der die Differenz zwischen den Cashflows direkt berechnet wird, statt die freien Cashflows für jede Option einzeln zu berechnen. Hier wurde jedoch der getrennten Berechnung der Vorzug gegeben, da diese klarer ist und sich auf Fälle verallgemeinern lässt, in denen mehr als zwei Alternativen bestehen.

Verkauf entsteht, wird als Differenz zwischen dem Verkaufspreis und dem Buchwert des Vermögensgegenstandes berechnet:

$$\text{Steuerlicher Gewinn} = \text{Verkaufspreis} - \text{Buchwert} \tag{8.8}$$

Der Buchwert ist gleich den ursprünglichen Anschaffungskosten oder dem Kaufpreis des Vermögensgegenstandes abzüglich des Betrages, der bereits für steuerliche Zwecke abgeschrieben wurde:

$$\text{Buchwert} = \text{Kaufpreis} - \text{kumulierte Abschreibung} \tag{8.9}$$

Der freie Cashflow des Projektes muss angepasst werden, um den Cashflow nach Steuern zu berücksichtigen, der sich aus einem Verkauf des Vermögensgegenstandes ergeben würde[13]:

$$\begin{aligned}
&\text{Cashflow nach Steuern aus Verkauf des Vermögensgegenstandes} \\
&= \text{Verkaufspreis} - (\tau_c \times \text{steuerlicher Gewinn})
\end{aligned} \tag{8.10}$$

Beispiel 8.5: Die Hinzuaddierung des Restwertes zum freien Cashflow

Fragestellung

Angenommen, neben den USD 7,5 Millionen an neuen Anlagen, die für HomeNet benötigt werden, wird ein Teil der Ausrüstung aus einer anderen Linksys-Anlage in das Labor verlegt. Diese Ausrüstung hat einen Wiederverkaufswert von USD 2 Millionen und einen Buchwert von USD 1 Million. Behält das Unternehmen die Ausrüstung statt sie zu verkaufen, kann der verbleibende Buchwert im nächsten Jahr abgeschrieben werden. Wird das Labor im Jahr 5 geschlossen, hat die Ausrüstung noch einen Restwert von USD 800.000. Wie muss der freie Cashflow von HomeNet in diesem Fall angepasst werden?

Lösung

Die vorhandene Ausrüstung hätte für USD 2 Millionen verkauft werden können. Die Erlöse nach Steuern aus diesem Verkauf sind Opportunitätskosten für die Nutzung der Ausrüstung im HomeNet-Labor. Daher müssen wir den freien Cashflow von HomeNet in Jahr 0 um den Verkaufspreis abzüglich Steuern reduzieren, die geschuldet gewesen wären, wenn der Verkauf zustande gekommen wäre: USD 2 Millionen – 40 % × (USD 2 Millionen – USD 1 Million) = USD 1,6 Millionen.

Im Jahr 1 kann der Restbuchwert der Ausrüstung in Höhe von USD 1 Million abgeschrieben werden, wodurch sich ein Tax-Shield aus Abschreibung von 40 % × USD 1 Million = USD 400.000 ergibt. Im Jahr 5 verkauft das Unternehmen die Ausrüstung zu einem Restwert von USD 800.000. Da die Ausrüstung zu diesem Zeitpunkt vollständig abgeschrieben ist, muss der Gesamtbetrag als Kapitalgewinn versteuert werden, sodass der Cashflow nach Steuern aus dem Verkauf gleich USD 800.000 × (1 – 40 %) = USD 480.000 ist.

In der folgenden Tabellenkalkulation werden diese Anpassungen an den freien Cashflow aus der Tabellenkalkulation in ▶Tabelle 8.3 ausgewiesen und der freie Cashflow und Kapitalwert von HomeNet in diesem Fall neu berechnet.

---

13 Liegt der Verkaufspreis unter dem ursprünglichen Kaufpreis des Vermögensgegenstandes, wird der Verkaufserlös wie eine Wiedererlangung der Abschreibung behandelt und als normales Einkommen besteuert. Liegt der Verkaufspreis über dem ursprünglichen Kaufpreis des Vermögensgegenstandes, dann wird dieser Anteil des Verkaufserlöses als Kapitalertrag betrachtet und kann in bestimmten Fällen mit einem niedrigeren Kapitalertragssteuersatz besteuert werden.

Jahr	0	1	2	3	4	5
Freier Cashflow und KW (in USD 1.000)						
1 Freier Cashflow ohne Anpassungen der Ausrüstung für Nutzung der vorhandenen Ausrüstung	−16.500	5.100	7.200	7.200	7.200	2.700
2 Restwert nach Steuern	−1.600	–	–	–	–	480
3 Tax-Shield aus Abschreibung	–	400	–	–	–	–
4 **Freier Cashflow mit Ausrüstung**	−18.100	5.500	7.200	7.200	7.200	3.180
5 **KW bei 12 %**	4.055					

End- oder Fortführungswert

Mitunter prognostiziert das Unternehmen den freien Cashflow ausdrücklich über einen kürzeren Zeithorizont als den gesamten Zeithorizont des Projektes oder der Anlage. Dies ist notwendigerweise so bei Investitionen mit einer unbestimmten Dauer, wie zum Beispiel einer Erweiterung des Unternehmens. In diesem Fall wird der Wert des restlichen Cashflows über den Zeithorizont der Prognose hinaus durch die Aufnahme eines zusätzlichen, einmaligen Cashflows am Ende des Prognosezeitraums geschätzt, der als **End-** oder **Fortführungswert** des Projektes bezeichnet wird. Dieser Betrag ist der Marktwert (zum letzten Prognosezeitraum) des freien Cashflows aus dem Projekt über alle Zeitpunkte in der Zukunft.

Je nach Situation werden zur Schätzung des Fortführungswertes einer Investition verschiedene Methoden eingesetzt. So wird bei der Analyse von Investitionen mit langer Nutzungsdauer allgemein der freie Cashflow über einen kurzen Zeithorizont ausdrücklich berechnet und angenommen, dass die Cashflows über den Prognosehorizont hinaus mit einer bestimmten konstanten Rate wachsen (Zweiphasenkonzept).

Beispiel 8.6: Fortführungswert bei ewigem Wachstum

Fragestellung

Base Hardware erwägt, eine Reihe neuer Einzelhandelsgeschäfte zu eröffnen. Die Projektionen der Cashflows für die neuen Geschäfte werden unten dargestellt (in Millionen Euro):

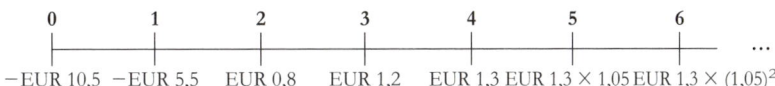

Nach Jahr 4 erwartet Base Hardware, dass der freie Cashflow aus den Geschäften mit einer Wachstumsrate von 5 % pro Jahr steigt. Welcher Fortführungswert im Jahr 4 erfasst den Wert der zukünftigen freien Cashflows in Jahr 5 und darüber hinaus, wenn die entsprechenden Kapitalkosten für diese Investition 10 % betragen? Wie hoch ist der Kapitalwert der neuen Geschäfte?

Lösung

Da der zukünftige freie Cashflow über Jahr 4 hinaus um 5 % pro Jahr wachsen soll, kann der Fortführungswert in Jahr 4 des freien Cashflows in Jahr 5 und darüber hinaus als ewige Rente mit konstantem Wachstum berechnet werden:

Fortführungswert in Jahr 4 $= BW(FCF$ in Jahr 5 und darüber hinaus)

$$= \frac{FCF_4 \times (1+g)}{r-g} = \text{EUR } 1{,}30 \text{ Millionen} \times 21 = \text{EUR } 27{,}3 \text{ Millionen}$$

Hier ist zu beachten, dass wir unter der Annahme konstanten Wachstums den Fortführungswert als Vielfaches des letzten freien Cashflows des Projektes berechnen können. Die freien Cashflows der Investition können wie folgt umformuliert werden (in Tausend EUR):

Jahr	0	1	2	3	4
Freier Cashflow (Jahre 0–4)	−10.500	−5.500	800	1.200	1.300
Fortführungswert					27.300
Freier Cashflow	−10.500	−5.500	800	1.200	28.600

Der Kapitalwert der Investition in die neuen Geschäfte ist gleich:

$$KW = -10.500 - \frac{5.500}{1{,}10} + \frac{800}{1{,}10^2} + \frac{1.200}{1{,}10^3} + \frac{28.600}{1{,}10^4} = \text{EUR } 5.597$$

oder EUR 5.597 Millionen.

Steuerliche Verlustvorträge. Ein Unternehmen ermittelt in der Regel seinen Grenzsteuersatz durch die Bestimmung seiner Steuerklasse auf der Grundlage der Gesamthöhe seines Einkommens vor Steuern. Zwei weitere Merkmale des Steuergesetzes, die als **steuerliche Verlustvorträge** und **Verlustrückträge** bezeichnet werden, ermöglichen es Unternehmen, Verluste aus dem laufenden Jahr mit Gewinnen aus den letzten Jahren zu verrechnen. Seit dem Jahr 1997 können Unternehmen in den USA Verluste zwei Jahre in die Vergangenheit rücktragen und 20 Jahre in die Zukunft vortragen. Diese Steuerbestimmung bedeutet, dass das Unternehmen Verluste aus einem Jahr mit Einkommen aus den letzten beiden Jahren verrechnen oder die Verluste für eine Verrechnung mit Einkommen aus den nächsten 20 Jahren vorhalten kann. Wenn ein Unternehmen die Verluste rücktragen kann, erhält es im laufenden Jahr eine Rückerstattung für Steuerrückstände. Ansonsten muss das Unternehmen den Verlust vortragen und zur Verrechnung des zukünftigen steuerpflichtigen Einkommens verwenden. Verfügt ein Unternehmen über steuerliche Verlustvorträge, die sein aktuelles Einkommen vor Steuern deutlich übersteigen, dann erhöhen sich durch heute erzieltes zusätzliches Einkommen die von dem Unternehmen zu zahlenden Steuern erst, wenn die steuerlichen Verlustvorträge erschöpft sind. Durch diese Verzögerung wird der Barwert der Steuerschuld reduziert.

Beispiel 8.7: Steuerliche Verlustvorträge

Fragestellung

Verian Industries hat ausstehende steuerliche Verlustvorträge von EUR 100 Millionen aus Verlusten in den vergangenen sechs Jahren. Wann zahlt Verian zum ersten Mal Steuern, wenn das Unternehmen von nun an ein Einkommen vor Steuern von EUR 30 Millionen pro Jahr erzielt? In welchem Jahr werden die Steuern des Unternehmens steigen, wenn Verian im nächsten Jahr zusätzlich EUR 5 Millionen verdient?

Lösung

Bei einem Einkommen vor Steuern von EUR 30 Millionen pro Jahr kann Verian seine steuerlichen Verlustvorträge bis zum Jahr 4 nutzen, um die Zahlung von Steuern zu vermeiden (in Millionen Euro):

Jahr	1	2	3	4	5
Einkommen vor Steuern	30	30	30	30	30
Steuerlicher Verlustvortrag	−30	−30	−30	−10	
Steuerpflichtiges Einkommen	0	0	0	20	30

Wenn Verian im ersten Jahr zusätzliche EUR 5 Millionen verdient, schuldet das Unternehmen in Jahr 4 Steuern auf zusätzliche EUR 5 Millionen:

Jahr	1	2	3	4	5
Einkommen vor Steuern	35	30	30	30	30
Steuerlicher Verlustvortrag	−35	−30	−30	−5	
Steuerpflichtiges Einkommen	0	0	0	25	30

Somit verzögern sich die steuerlichen Auswirkungen der aktuellen Einnahmen, wenn ein Unternehmen über steuerliche Verlustvorträge verfügt, so lange, bis diese Verlustvorträge aufgebraucht sind. Durch diese Verzögerung wird der Barwert der steuerlichen Auswirkungen gesenkt. Mitunter erzielen die Unternehmen eine Annäherung an die Auswirkungen steuerlicher Verlustvorträge, indem sie einen niedrigeren Grenzsteuersatz verwenden.

Verständnisfragen

1. Erklären Sie, warum es für ein Unternehmen vorteilhaft ist, den schnellsten für steuerliche Zwecke zulässigen Abschreibungsplan zu verwenden.

2. Was ist der Fortführungs- oder Endwert eines Projektes?

Der „American Recovery and Reinvestment Act" aus dem Jahr 2009

Am 17. Februar 2009 unterzeichnete Präsident Obama den „American Recovery and Reinvestment Act". Dieses Gesetz enthielt, wie der frühere „Economic Stimulus Act" aus dem Jahr 2008, eine Reihe steuerlicher Änderungen, mit denen Unternehmen geholfen und Investitionen gefördert werden sollten:

Zusätzliche Abschreibung. Mit dem Gesetz wurde eine zeitlich begrenzte Bestimmung, die zum ersten Mal als Bestandteil des Economic Stimulus Act aus dem Jahr 2008 verabschiedet wurde, erweitert. Nach dieser wurde eine zusätzliche Abschreibung von 50 % der Kosten des Vermögensgegenstandes im ersten Jahr ermöglicht. Durch eine weitere Beschleunigung des Abschreibungsbetrags erhöht diese Maßnahme den Barwert von Tax-Shields aus Abschreibung im Zusammenhang mit neuen Investitionen und steigert den Kapitalwert dieser Investitionen.

Erhöhte Verbuchung von Investitionsaufwendungen als Aufwand nach Paragraf 179. Paragraf 179 des amerikanischen Steuergesetzes gestattet kleinen und mittleren Unternehmen den sofortigen Abzug des vollständigen Kaufpreises von Investitionsgütern, statt diesen im Laufe der Zeit abzuschreiben. Der Kongress hat die Grenze für diesen Abzug im Jahr 2008 auf höchstens USD 250.000 verdoppelt. Diese höhere Grenze wurde durch das Gesetz bis zum Jahr 2009 verlängert. Auch hier erhöht sich durch die Möglichkeit des Steuerabzugs für solche Ausgaben sofort deren Barwert und Investitionen werden attraktiver.

Verlängerte Verlustrückträge für kleine Unternehmen. Nach dem Gesetz könnten kleine Unternehmen im Jahr 2008 entstandene Verluste bis zu fünf Jahre statt der bis dahin üblichen zwei Jahre rücktragen. Auch wenn diese Verlängerung den Kapitalwert neuer Investitionen nicht direkt beeinflusste, bedeutete sie doch, dass für Unternehmen in Schwierigkeiten die Rückerstattung bereits gezahlter Steuern wahrscheinlicher wurde, wodurch diesen mitten in der Finanzkrise dringend benötigtes Bargeld zur Verfügung gestellt wurde.

8.5 Die Analyse eines Projektes

Bei der Bewertung eines Investitionsplanungsprojektes sollten Finanzmanager die Entscheidung treffen, die den Kapitalwert maximiert. Wie bereits erörtert, müssen zur Berechnung des Kapitalwertes eines Projektes die inkrementellen Cashflows geschätzt und ein Abzinsungssatz gewählt werden. Mit diesen Eingangsgrößen ist die Berechnung des Kapitalwertes relativ unkompliziert. Der schwierigste Teil der Investitionsplanung ist jedoch zu entscheiden, wie die Cashflows und die Kapitalkosten geschätzt werden sollen. Diese Schätzungen unterliegen häufig einer erheblichen Unsicherheit. In diesem Abschnitt werden Verfahren vorgestellt, mit denen die Bedeutung dieser Unsicherheit bewertet wird und die wesentlichen Treiber der Wertschöpfung in dem Projekt bestimmt werden.

Break-Even-Analyse

Besteht Unsicherheit im Hinblick auf die Eingangsgröße für eine Investitionsplanungsentscheidung, ist es oft hilfreich, den **Break-Even-Wert** für diese Eingangsgröße zu bestimmen. Dieser entspricht dem Wert, bei dem die Investition einen Kapitalwert von null hat, und wird auch als Gewinnschwelle bezeichnet. Ein Beispiel für einen Break-Even-Wert, das bereits betrachtet worden ist, ist die Berechnung des internen Zinsfußes (IZF). Aus ▶Kapitel 77 ist bekannt, dass der IZF eines Projektes den maximalen Fehler der Kapitalkosten angibt, der möglich wäre, bevor sich die optimale Investitionsentscheidung ändern würde. Mithilfe der Excel-Funktion IKV berechnet die Tabellenkalkulation in ▶Tabelle 8.7 einen IZF von 24,1 % für den freien Cashflow des HomeNet-Projektes.[14] Somit können die tatsächlichen Kapitalkosten bis zu 24,1 % betragen und das Projekt hätte immer noch einen positiven Kapitalwert.

---

14 Das Format in Excel ist =IKV(FCF0:FCF5).

Tabelle 8.7

TABELLENKALKULATION Berechnung des IZF für HomeNet

	Jahr	0	1	2	3	4	5
KW (in USD 1.000) und IZF							
1	Freier Cashflow	−16.500	5.100	7.200	7.200	7.200	2.700
2	KW bei 12 %	5.027					
3	IZF	24,1 %					

Es besteht kein Grund, die Aufmerksamkeit auf die Unsicherheit im Hinblick auf die Schätzung der Kapitalkosten zu beschränken. In einer **Break-Even-Analyse** wird für jeden Parameter der Wert berechnet, zu dem der Kapitalwert des Projektes gleich null ist.[15] In ▶Tabelle 8.8 wird der Break-Even-Wert für mehrere wesentliche Parameter dargestellt. So wird beispielsweise das HomeNet-Projekt auf der Grundlage der anfänglichen Annahmen bei einem Umsatz von knapp unter 80.000 Einheiten pro Jahr den Break-Even erreichen. Alternativ dazu kann das Projekt bei einem Verkaufspreis von USD 232 pro Einheit den Break-Even bei einem Umsatz von 100.000 Einheiten pro Jahr erreichen.

Die Break-Even-Werte wurden bezüglich des Kapitalwerts des Projektes untersucht, der die nützlichste Perspektive für die Entscheidungsfindung bietet. Mitunter werden allerdings auch andere buchhalterische Konzepte der Gewinnschwelle betrachtet. So könnte beispielsweise der **EBIT-Break-Even** für den Umsatz berechnet werden. Dieser entspricht dem Wert des Umsatzes, bei dem das EBIT des Projektes gleich null ist. Während aber der EBIT-Break-Even-Wert für den Umsatz an HomeNet-Einheiten nur ungefähr 32.000 Einheiten pro Jahr beträgt, ist der Kapitalwert bei dieser Umsatzhöhe angesichts der großen Anfangsinvestition, die für das Projekt erforderlich ist, gleich −USD 11,8 Millionen.

Tabelle 8.8

Break-Even-Werte für HomeNet

Parameter	Break-Even-Wert
Verkaufte Einheiten	79.759 Einheiten pro Jahr
Großhandelspreis	USD 232 pro Einheit
Kosten der Waren	USD 138 pro Einheit
Kapitalkosten	24,1 %

Sensitivitätsanalyse

Die **Sensitivitätsanalyse** ist ein weiteres wichtiges Instrument für die Investitionsplanung. Bei der Sensitivitätsanalyse wird die Kapitalwertberechnung in die einzelnen Annahmen aufgeteilt und es wird aufgezeigt, wie sich der Kapitalwert bei Änderungen der zugrunde liegenden Annahmen ändert. So ermöglicht die Sensitivitätsanalyse die Untersuchung der Auswirkungen von Fehlern in den Kapitalwertschätzungen für das Projekt. Mit einer Sensitivitätsanalyse wird deutlich, welche Annahmen am wichtigsten sind. Danach können weitere Ressourcen und Anstrengungen dafür eingesetzt werden, diese Annahmen weiterzuentwickeln. Überdies zeigt eine solche Analyse auch, welche Aspekte des Projektes bei der tatsächlichen Durchführung am kritischsten sind.

---

15 Diese Break-Even-Werte können in Excel einfach durch systematisches manuelles Ausprobieren oder mithilfe der Zielwertsuche oder des Solver-Tools berechnet werden.

Zur Verdeutlichung dieser Tatsache seien die der Berechnung des Kapitalwerts von HomeNet zugrunde liegenden Annahmen betrachtet. Jede Erlös- und Kostenannahme dürfte beträchtlicher Unsicherheit unterliegen. In ▸Tabelle 8.9 werden die Annahmen des Basis-Szenarios zusammen mit dem Best und Worst Case für mehrere Schlüsselaspekte des Projektes dargestellt.

Tabelle 8.9

Parameterannahmen für HomeNet im Worst Case und im Best Case

Parameter	Anfangsannahme	Worst Case	Best Case
Verkaufte Einheiten (Tausend)	100	70	130
Verkaufspreis (USD/Einheit)	260	240	280
Stückkosten (USD)	110	120	100
NUV (in USD 1.000)	2.100	3.000	1.600
Kannibalisierung	25 %	40 %	10 %
Kapitalkosten	12 %	15 %	10 %

Zur Bestimmung der Bedeutung dieser Unsicherheit wird der Kapitalwert des HomeNet-Projektes unter den Annahmen zum Best und Worst Case für jeden Parameter neu berechnet. Wenn beispielsweise nur 70.000 Einheiten pro Jahr verkauft werden, sinkt der Kapitalwert des Projektes auf USD −2,4 Millionen. Diese Berechnung wird dann für jeden Parameter wiederholt. Das Ergebnis wird in ▸Abbildung 8.1 dargestellt. Dieser ist zu entnehmen, dass die wichtigsten Parameterannahmen die Anzahl der verkauften Einheiten und der Verkaufspreis pro Einheit sind. Diese Annahmen müssen während des Schätzungsprozesses genauestens geprüft werden. Überdies verdienen diese Aspekte als die wichtigsten treibenden Faktoren für den Wert des Projektes erhöhte Aufmerksamkeit bei der Durchführung des Projektes.

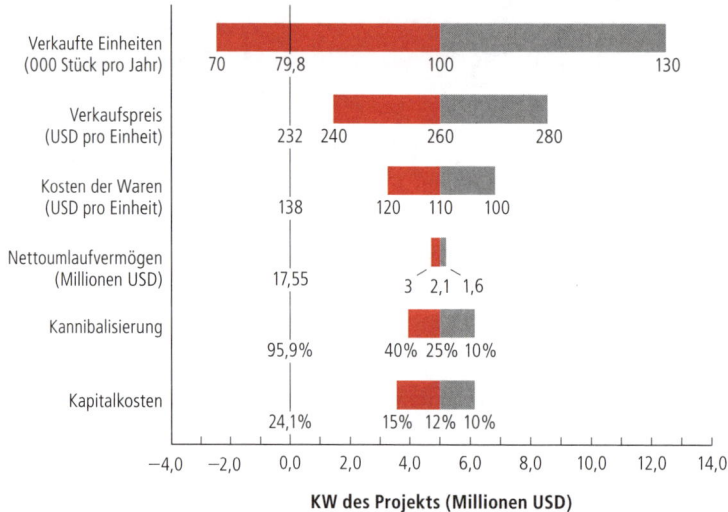

Abbildung 8.1: Der Kapitalwert von HomeNet unter den Parameterannahmen des Best und des Worst Case. Die grauen Balken geben die Änderung des Kapitalwertes unter den Annahmen des Best Case für jeden Parameter an, während die roten Balken die Änderung unter den Annahmen des Worst Case anzeigen. Überdies werden die Break-Even-Werte für jeden Parameter angegeben. Unter den anfänglichen Annahmen beträgt der Kapitalwert von HomeNet USD 5,0 Millionen.

Beispiel 8.8:   Sensitivität gegenüber Marketing- und Support-Kosten

Fragestellung

Die aktuelle Prognose für die Marketing- und Support-Kosten von HomeNet beläuft sich für die Jahre 1 bis 4 auf USD 3 Millionen pro Jahr. Angenommen, die Marketing- und Support-Kosten können sich auf bis zu USD 4 Millionen pro Jahr belaufen. Wie hoch ist der Kapitalwert von HomeNet in diesem Fall?

Lösung

Diese Frage kann durch eine Änderung der Vertriebs- und Verwaltungsaufwendungen und Gemeinkosten in der Tabellenkalkulation in ▶Tabelle 8.3 auf USD 4 Millionen und die anschließende Berechnung des Kapitalwertes des sich daraus ergebenden freien Cashflows beantwortet werden. Die Auswirkungen dieser Änderung können auch wie folgt berechnet werden: Durch einen Anstieg der Marketing- und Support-Kosten um USD 1 Million sinkt das EBIT um USD 1 Million. Damit sinkt der freie Cashflow von HomeNet um einen Betrag nach Steuern von USD 1 Million × (1 − 40 %) = USD 0,6 Millionen pro Jahr. Der Barwert dieses Rückgangs ist gleich:

$$BW = \frac{-0,6}{1,12} + \frac{-0,6}{1,12^2} + \frac{-0,6}{1,12^3} + \frac{-0,6}{1,12^4} = \text{USD} -1,8 \text{ Millionen}$$

Der Kapitalwert von HomeNet würde auf USD 5,0 Millionen − USD 1,8 Millionen = USD 3,2 Millionen sinken.

Szenarioanalyse

In der Analyse wurden bisher die Konsequenzen der Änderung jeweils nur eines Parameters betrachtet. In der Realität können bestimmte Faktoren jedoch mehr als einen Parameter beeinflussen. In der **Szenarioanalyse** werden die Auswirkungen der Änderung mehrerer Projektparameter auf den Kapitalwert betrachtet. Beispielsweise kann durch eine Senkung des Preises von HomeNet die Anzahl der verkauften Einheiten gesteigert werden. Die Szenarioanalyse kann zur Bewertung alternativer Preisbildungsstrategien für das HomeNet-Produkt in ▶Tabelle 8.10 verwendet werden. In diesem Fall ist die aktuelle Strategie optimal. In ▶Abbildung 8.2 werden die Kombinationen aus Preis und Volumen dargestellt, die zum gleichen Kapitalwert von USD 5 Millionen für HomeNet führen wie die aktuelle Strategie. Nur Strategien mit Preis-Menge-Kombinationen oberhalb der Kurve führen zu einem höheren Kapitalwert.

Tabelle 8.10

Szenarioanalyse alternativer Preisbildungsstrategien

Strategie	Verkaufspreis (USD/Einheit)	Erwartete Anzahl verkaufter Einheiten (in 1.000)	KW (in USD 1.000)
Aktuelle Strategie	260	100	5.027
Preissenkung	245	110	4.582
Preiserhöhung	275	90	4.937

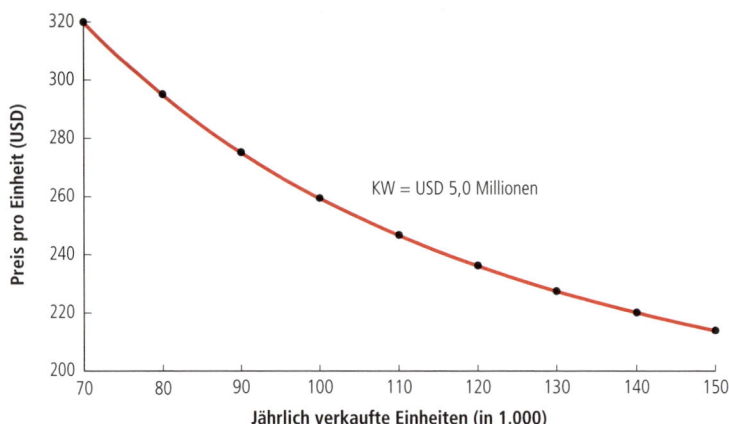

Abbildung 8.2: Preis-Volumen-Kombinationen für HomeNet mit gleichem Kapitalwert. Die Kurve zeigt alternative Kombinationen aus Preis pro Einheit und der jährlichen Menge, die zu einem Kapitalwert von USD 5,0 Millionen führen. Preisbildungsstrategien mit Kombinationen oberhalb dieser Kurve führen zu einem höheren Kapitalwert und sind besser.

Verständnisfragen

1. Was ist die Sensitivitätsanalyse?

2. Wie unterscheidet sich die Szenarioanalyse von der Sensitivitätsanalyse?

Excel verwenden

Hier beschreiben wir einige nützliche Excel-Instrumente, die bei der Projektanalyse helfen.

Die Funktion Zielwertsuche für die Break-Even-Analyse

Die Zielwertsuche-Funktion bestimmt den Break-Even-Punkt für wichtige Annahmen in unserem Modell. Um beispielsweise die Break-Even-Schwelle der Geräte für Jahresumsätze bestimmen zu können, wird das Zielwertsuche-Fenster (siehe das Menü Daten > Was-wäre-wenn-Analyse) verwendet. Die Eingabezelle ist die Zelle, in der wir den KW berechneten (Zelle D51). Um ihren Wert auf 0 (Break-Even-Wert) zu setzen, ändern wir den durchschnittlichen Verkaufspreis (Zelle E8). Excel probiert dann so lange herum, bis der Verkaufspreis gefunden ist, zu dem der KW des Projekts null ist, in diesem Fall USD 231,66.

Datentabellen für die Sensitivitätsanalyse

Datentabellen zur Bildung des KW-Profils ermöglichen die Berechnung der Sensitivität des KW auf eine andere Eingangsvariable in unserem Finanzmodell. Excel kann auch eine zweidimensionale Datentabelle berechnen, in der gleichzeitig die Sensitivität des KW auf zwei Eingabedaten gezeigt wird. Die unten stehende Datentabelle zeigt zum Beispiel Kapitalwerte für verschiedene Kombinationen des F&E-Budgets für Hardware und die Herstellungskosten von HomeNet.

	C	D	E	F	G	H
55	KW		HomeNet Kosten/Einheit			
56		5026	$ 110,00	$ 105,00	$ 100,00	$ 95,00
57		-5000	5026	5913	6800	7686
58		-5500	4726	5613	6500	7386
59		-6000	4426	5313	6200	7086
60		-6500	4126	5013	5900	6786
61		-7000	3826	4713	5600	6486
62		-7500	3526	4413	5300	6186
63		-8000	3226	4113	5000	5886
64		-8500	2926	3813	4700	5586
65		-9000	2626	3513	4400	5286
66		-9500	2326	3213	4100	4986
67		-10000	2026	2913	3800	4686

(Spalte C: F&E-Ausgaben Hardware)

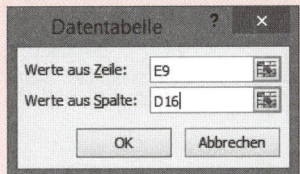

Datentabelle

Werte aus Zeile: E9

Werte aus Spalte: D16

OK   Abbrechen

Diese Datentabelle wird gebildet, indem die Werte jeder Eingabe an die Seiten der Tabelle sowie eine Formel eingesetzt werden für den zu berechnenden Wert in der linken oberen Ecke (Zelle D56, die in diesem Fall nur eine Verknüpfung zu der Zelle ist, in der der KW berechnet wurde). Wählen Sie die gesamte Tabelle (D56:H67), öffnen Sie das Fenster „Datentabelle" (siehe das Menü Daten > Was-wäre-wenn-Analyse) und geben Sie die Stellen in unserer Übersichtsdarstellung der Kostenannahme (Eingabezelle Zeile E9) und des Hardwarebudgets (Eingabezelle Spalte D16) ein. Die Datentabelle zeigt zum Beispiel, dass der KW steigt, wenn die Herstellungskosten auf USD 100 je Einheit gesenkt werden durch Steigerung des Hardwarebudgets auf USD 7,5 Millionen.

Szenarien in der Übersichtsdarstellung des Projekts

Die Übersichtsdarstellung des Projekts zeigt lediglich unsere Annahmen des Basisfalls. Wir können mehrere Szenarien in der Übersichtsdarstellung unseres Projekts aufbauen, indem wir zusätzliche Zeilen mit anderen Annahmen hinzufügen und dann mit der Index-Funktion von Excel das Szenario auswählen, das wir in unserer Analyse verwenden wollen. Beispielsweise zeigen die Zeilen 5–7 auf der nächsten Seite andere Annahmen des Jahresumsatzes für HomeNet. Wir wählen dann das zu analysierende Szenario aus, indem wir die entsprechende Zahl (in diesem Fall 1, 2 oder 3) in die farblich unterlegte Zelle (C4) eingeben und mit der Index-Funktion die entsprechenden Daten in die Zeile 4 ziehen.

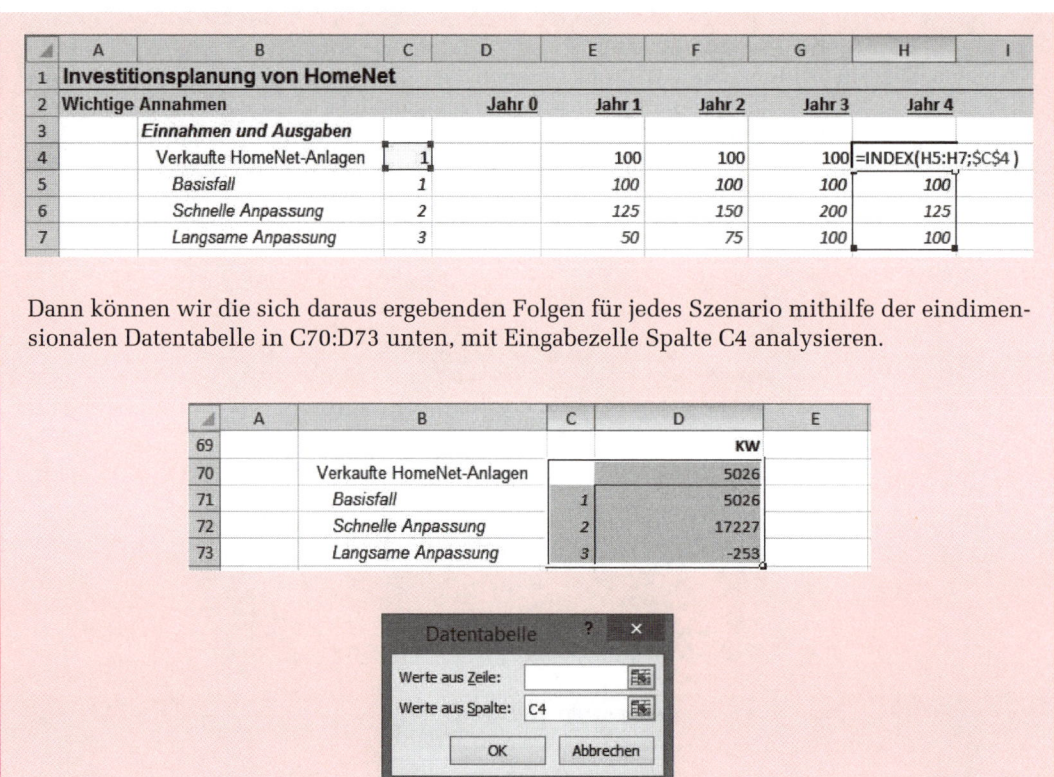

	A	B	C	D	E	F	G	H	I
1	Investitionsplanung von HomeNet								
2	Wichtige Annahmen				Jahr 0	Jahr 1	Jahr 2	Jahr 3	Jahr 4
3		*Einnahmen und Ausgaben*							
4		Verkaufte HomeNet-Anlagen	1			100	100	100	=INDEX(H5:H7;$C$4)
5		*Basisfall*	1			100	100	100	100
6		*Schnelle Anpassung*	2			125	150	200	125
7		*Langsame Anpassung*	3			50	75	100	100

Dann können wir die sich daraus ergebenden Folgen für jedes Szenario mithilfe der eindimensionalen Datentabelle in C70:D73 unten, mit Eingabezelle Spalte C4 analysieren.

	A	B	C	D	E
69				KW	
70		Verkaufte HomeNet-Anlagen		5026	
71		*Basisfall*	1	5026	
72		*Schnelle Anpassung*	2	17227	
73		*Langsame Anpassung*	3	-253	

Datentabelle ? ✕

Werte aus Zeile:

Werte aus Spalte: C4

OK   Abbrechen

ZUSAMMENFASSUNG

8.1 Prognose von Einnahmen

■ Die Investitionsplanung ist der Prozess der Analyse von Investitionsmöglichkeiten und der Entscheidung, welche davon eingegangen werden sollen. Ein Investitionsplan ist eine Liste sämtlicher Projekte, die ein Unternehmen in der nächsten Periode durchzuführen plant.

■ Die Kapitalwertregel wird zur Bewertung von Investitionsentscheidungen verwendet. Die Investitionen werden getätigt, mit denen der Kapitalwert maximiert wird. Bei der Entscheidung über die Annahme oder Ablehnung eines Projektes werden Projekte mit positivem Kapitalwert angenommen.

■ Die inkrementellen Einnahmen eines Projektes sind der Betrag, um den das Projekt die Einnahmen des Unternehmens ändern soll.

■ Die inkrementellen Einnahmen sollten alle mit dem Projekt verbundenen inkrementellen Erlöse und Ausgaben, einschließlich Projektexternalitäten und Opportunitätskosten, enthalten, aber versunkene Kosten und Zinsaufwendungen ausschließen.

– Projektexternalitäten sind Cashflows, die auftreten, wenn ein Projekt andere Bereiche des Geschäftes eines Unternehmens beeinflusst.

– Opportunitätskosten sind die Kosten der Verwendung eines bestehenden Vermögensgegenstandes. Diese werden gemessen durch den Wert, den der Vermögensgegenstand bei der besten alternativen Verwendung erzielt hätte.

- Versunkene Kosten sind unwiederbringliche Kosten, die bereits entstanden sind.

- Zins- und sonstige Finanzierungsaufwendungen werden bei der Bestimmung des Netto-gewinns bei Eigenfinanzierung des Projektes nicht berücksichtigt.

■ Steuern werden unter Verwendung des Grenzsteuersatzes auf der Grundlage des von den anderen Bereichen des Unternehmens generierten Nettogewinns unter Berücksichtigung steuerlicher Verlustrückträge oder -vorträge geschätzt.

■ Bei der Bewertung einer Investitionsentscheidung wird das Projekt zuerst isoliert von der Entscheidung bezüglich der Finanzierung des Projektes betrachtet. Daher lassen wir Zins-aufwendungen außer Betracht und berechnen den Nettogewinn bei Eigenfinanzierung des Projektes:

$$\text{Nettogewinn bei Eigenfinanzierung} = EBIT \times (1 - \tau_c)$$
$$= (\text{Umsatz} - \text{Ausgaben} - \text{Abschreibungen}) \times (1 - \tau_c)$$

(s. Gleichung 8.2)

8.2 Bestimmung des freien Cashflows und des Kapitalwertes

■ Der freie Cashflow wird aus den inkrementellen Einnahmen berechnet, indem sämtliche nicht zahlungswirksamen Aufwendungen außer Acht gelassen und sämtliche Investitionen berücksichtigt werden.

- Abschreibungen sind keine zahlungswirksamen Aufwendungen, also werden sie hin-zugerechnet.

- Investitionen in langfristige Sachanlagen werden abgezogen.

- Erhöhungen des Nettoumlaufvermögens werden abgezogen. Das Nettoumlaufvermögen wird definiert als:

$$\text{Barmittel} + \text{Vorräte} + \text{Forderungen} - \text{Verbindlichkeiten} \qquad \text{(s. Gleichung 8.3)}$$

■ Die grundlegende Berechnung des freien Cashflows ist gleich:

$$\text{Freier Cashflow} = \overbrace{(\text{Einnahmen} - \text{Ausgaben} - \text{Abschreibungen}) \times (1 - \tau_c)}^{\text{Nettogewinn bei Eigenfinanzierung}} \quad \text{(s. Gleichung 8.5)}$$
$$+ \text{Abschreibungen} - \text{Investitionen in Sachanlagen} - \Delta NUV$$

■ Der Abzinsungssatz für ein Projekt ist gleich dessen Kapitalkosten: die erwartete Rendite von Wertpapieren mit vergleichbarem Risiko und Zeithorizont.

8.3 Die Auswahl unter mehreren Alternativen

■ Bei der Auswahl einer Investitionsmöglichkeit unter Investitionsmöglichkeiten, die sich gegenseitig ausschließen, ist die Möglichkeit mit dem höchsten KW zu wählen.

■ Bei der Auswahl unter mehreren Alternativen müssen nur die Komponenten des freien Cashflows berücksichtigt werden, durch die sich die verschiedenen Alternativen unter-scheiden.

8.4 Weitere Anpassungen des freien Cashflows

■ Abschreibungsaufwendungen beeinflussen den freien Cashflow nur über den Tax-Shield aus Abschreibung. Unternehmen sollten im Allgemeinen den schnellsten Abschreibungsplan verwenden, der für steuerliche Zwecke zulässig ist.

■ Der freie Cashflow sollte auch den Liquidations- oder Restwert (nach Steuern) von Vermögensgegenständen enthalten, die am Ende des Prognosezeitraums veräußert werden. Er kann auch den Endwert (Fortführungswert) enthalten, wenn das Projekt über den Zeithorizont der Prognose hinaus fortgeführt wird.

■ Beim Verkauf eines Vermögensgegenstandes müssen auf die Differenz zwischen dem Verkaufspreis und dem Buchwert des Vermögensgegenstandes, der sich nach kumulierten Abschreibungen ergibt, Steuern gezahlt werden.

■ Der End- oder Fortführungswert sollte den Barwert der zukünftigen Cashflows des Projektes über den Prognosezeitraum hinaus widerspiegeln.

8.4 Die Analyse eines Projektes

■ Bei der Break-Even-Analyse wird der Wert eines Parameters berechnet, der einen Kapitalwert des Projektes von null zur Folge hat.

■ Die Sensitivitätsanalyse gliedert die Kapitalwertberechnung in die einzelnen Annahmen ihrer Komponenten auf. Damit wird deutlich, wie sich der Kapitalwert bei Änderungen der Werte der zugrunde liegenden Eingangsparameter ändert.

■ In der Szenarioanalyse werden die Auswirkungen der gleichzeitigen Änderung mehrerer Parameter betrachtet.

Z U S A M M E N F A S S U N G

Weiterführende Literatur

Die **Literaturhinweise** zu diesem Kapitel finden Sie auf unserer begleitenden Website zum Buch unter *www.pearson-studium.de.*

Aufgaben

1. Pisa Pizza, ein Unternehmen, das Tiefkühlpizza vertreibt, erwägt die Einführung einer gesünderen Variante seiner Pizza, die einen geringen Cholesteringehalt hat und keine Transfette enthält. Das Unternehmen erwartet, dass sich der Umsatz der neuen Pizza auf EUR 20 Millionen pro Jahr belaufen wird. Während ein Großteil dieses Umsatzes durch neue Kunden generiert werden wird, schätzt Pisa Pizza, dass 40 % des Umsatzes von Kunden stammen wird, die auf die neue, gesündere Pizza umsteigen, statt die Originalversion zu kaufen.

a. Die Kunden geben den gleichen Betrag für jede Version aus. Wie hoch ist der inkrementelle Umsatz, der mit der Einführung der neuen Pizza verbunden ist?

b. 50 % der Kunden, die von der ursprünglichen Pizza von Pisa Pizza auf das gesündere Produkt umsteigen, würden zu einer anderen Marke wechseln, wenn Pisa Pizza keine gesündere Pizza auf den Markt bringt. Wie hoch ist in diesem Fall der inkrementelle Umsatz, der mit der Einführung der neuen Pizza verbunden ist?

2. Cellular Access Inc. ist ein Mobilfunkanbieter, der für das letzte Geschäftsjahr ein Nettoeinkommen von EUR 250 Millionen ausgewiesen hat. Das Unternehmen hatte Abschreibungsaufwendungen in Höhe von EUR 100 Millionen, Investitionen in Sachanlagen von EUR 200 Millionen und keine Zinsaufwendungen. Das Nettoumlaufvermögen hat sich um EUR 10 Millionen erhöht. Berechnen Sie den freien Cashflow für Cellular Access für das letzte Geschäftsjahr.

3. Ein Fahrradhersteller produziert momentan 300.000 Einheiten pro Jahr und erwartet, dass das Produktionsniveau in der Zukunft stabil bleibt. Das Unternehmen kauft von einem externen Zulieferer Fahrradketten zu einem Preis von EUR 2 pro Kette. Der Werksleiter ist der Ansicht, dass es billiger wäre, diese Ketten selbst zu fertigen, statt sie einzukaufen. Die direkten Produktionskosten für die betriebsinterne Fertigung werden auf nur EUR 1,50 pro Kette geschätzt. Die notwendigen Maschinen würden EUR 250.000 kosten und wären nach zehn Jahren veraltet. Die Investition könnte allerdings für steuerliche Zwecke mithilfe eines linearen Abschreibungsplanes über zehn Jahre völlig abgeschrieben werden. Der Werks-leiter schätzt, dass der Betrieb zusätzliches Umlaufkapital von EUR 50.000 benötigen würde, argumentiert allerdings, dass diese Summe ignoriert werden kann, da sie zum Ende der zehn Jahre zurückerlangt wird. Die erwarteten Erlöse aus der Verschrottung der Maschinen nach zehn Jahren betragen EUR 20.000.

Wie hoch ist der Kapitalwert der Entscheidung, die Ketten intern zu fertigen statt sie von einem Lieferanten zu kaufen, wenn das Unternehmen einen Steuersatz von 35 % hat und die Opportunitätskosten des Kapitals 15 % betragen?

4. Markov Manufacturing hat vor Kurzem EUR 15 Millionen für den Kauf einer bei der Produktion von CD-Laufwerken eingesetzten Anlage ausgegeben. Das Unternehmen erwartet, dass diese Anlage eine Nutzungsdauer von fünf Jahren hat und dass der marginale Körperschaftssteuersatz 35 % beträgt. Das Unternehmen plant, die lineare Abschreibung zu verwenden.

   a. Wie hoch ist die mit dieser Anlage verbundene jährliche Abschreibung?

   b. Wie hoch ist der jährliche Tax-Shield aus Abschreibung?

Die **Antworten** zu diesen Fragen finden Sie auf unserer begleitenden Website zum Buch unter *www.pearson-studium.de.*

Abkürzungen

- P_t — Aktienkurs am Ende des Jahres t
- r_E — Eigenkapitalkosten
- N — Endzeitpunkt oder Betrachtungshorizont
- g — erwartete Dividendenwachstumsrate
- Div_t — in Zeitpunkt t gezahlte Dividende
- EPS_t — Gewinn je Aktie in Zeitpunkt t
- BW — Barwert
- $EBIT$ — ordentliches Ergebnis vor Zinsen und Steuern
- FCF_t — freier Cashflow zum Zeitpunkt t
- V_t — Unternehmenswert zum Zeitpunkt t
- τ_c — Körperschaftssteuersatz
- r_{WACC} — gewichteter durchschnittlicher Kapitalkostensatz
- g_{FCF} — erwartete Wachstumsrate des freien Cashflows
- $EBITDA$ — Jahresergebnis vor Zinsen, Steuern, Abschreibungen auf Sachanlagen und Abschreibungen auf immaterielle Vermögensgegenstände

Die Bewertung von Aktien

9

ÜBERBLICK

Am 16. Januar 2006 gab der Schuh- und Bekleidungshersteller Kenneth Cole Productions Inc. bekannt, dass der Vorstandsvorsitzende des Unternehmens, Paul Blum, zurückgetreten war, um „sich neuen beruflichen Herausforderungen zu widmen". Der Aktienkurs des Unternehmens war in den vorangegangenen beiden Jahren bereits um mehr als 16 Prozent gefallen und das Unternehmen war gerade dabei ein umfangreiches Projekt zur Restrukturierung seiner Marke umzusetzen. Die Meldung, dass nun der Vorstandsvorsitzende, der seit mehr als 15 Jahren für das Unternehmen tätig gewesen war, zurücktrat, wurde von vielen Anlegern als schlechtes Zeichen gedeutet. Am nächsten Tag fiel der Kurs der Aktien von Kenneth Cole an der New Yorker Börse um mehr als 6 Prozent auf USD 26,75, bei einem Handelsumsatz von 300.000 Aktien, mehr als dem Doppelten des durchschnittlichen täglichen Volumens. Wie könnte ein Anleger in diesem Fall entscheiden, ob er eine Aktie wie die von Kenneth Cole zu diesem Kurs kaufen oder verkaufen sollte? Warum sollten die Aktien bei Mitteilung dieser Nachricht plötzlich 6 Prozent weniger wert sein? Welche Maßnahmen können Manager des Unternehmens ergreifen, um den Kurs der Aktien wieder steigen zu lassen?

Zur Beantwortung dieser Fragen ziehen wir das Gesetz des einheitlichen Preises heran. Wie in ▶ Kapitel 3 aufgezeigt wurde, impliziert das Gesetz des einheitlichen Preises, dass der Preis eines Wertpapiers dem Barwert der erwarteten Zahlungen entsprechen sollte, die ein Anleger aus dem Besitz des Wertpapiers erhält. Im vorliegenden Kapitel wird dieses Konzept auf Aktien angewendet. Zur Bewertung einer Aktie müssen daher die erwarteten Zahlungen, die ein Anleger erhält, sowie die entsprechenden Kapitalkosten, mit denen diese Zahlungen abgezinst werden müssen, bekannt sein. Beide Größen können schwierig zu schätzen sein und viele der dazu notwendigen Details werden erst in den folgenden Kapiteln dieses Lehrbuchs entwickelt. In diesem Kapitel wird die Untersuchung der Aktienbewertung mit der Bestimmung der relevanten Zahlungen und der Entwicklung der wesentlichen Instrumente begonnen, die von Praktikern zur Aktienbewertung verwendet werden.

Unsere Analyse beginnt mit der Betrachtung der Dividenden und Kurssteigerungen, die von Anlegern erzielt werden, die die Aktie über unterschiedliche Zeiträume halten. Daraus wird das Dividendendiskontierungsmodell (*Dividend-Discount-Modell*) der Aktienbewertung entwickelt. Im nächsten Schritt werden die Instrumente aus ▶ Kapitel 8 zur Bewertung der Aktien auf der Grundlage der vom Unternehmen erzielten freien Cashflows angewendet. Nach der Herleitung dieser Verfahren zur Aktienbewertung auf der Grundlage der abgezinsten Cashflows werden diese mit der Verwendung von Bewertungsmultiplikatoren verglichen. Das Kapitel schließt mit einer Erörterung der Rolle des Wettbewerbs bei der Bestimmung der in Aktienkursen enthaltenen Informationen sowie deren Bedeutung für Anleger und Manager von Unternehmen.

9.1   Das Dividendendiskontierungsmodell

Das Gesetz des einheitlichen Preises bedeutet, dass zur Bewertung eines Wertpapiers die erwarteten Zahlungen, die ein Anleger aus dessen Besitz erzielt, bestimmt werden müssen. Wir beginnen daher die Analyse der Aktienbewertung mit der Betrachtung der Zahlungen, die ein Anleger über einen Anlagehorizont von einem Jahr erzielt. Danach wird die Aktienbewertung aus dem Blickwinkel von Anlegern mit längeren Anlagehorizonten betrachtet. Es wird aufgezeigt, dass die Bewertung der Aktien nicht vom Anlagehorizont abhängt, wenn die Anleger von denselben Grundlagen ausgehen. Mithilfe dieses Ergebnisses wird die erste Methode zur Bewertung einer Aktie abgeleitet: das *Dividendendiskontierungsmodell*.

Geldanlage für ein Jahr

Es gibt zwei mögliche Quellen von Zahlungen, die sich aus dem Besitz einer Aktie ergeben. Erstens kann das Unternehmen an seine Aktionäre Geld in Form einer Dividende ausschütten. Zweitens kann der Anleger durch die Entscheidung, die Aktien zu einem Zeitpunkt in der Zukunft zu verkaufen, Geld erhalten. Der durch Dividenden und aus dem Verkauf der Aktie erzielte Gesamtbetrag hängt vom Anlagehorizont des Anlegers ab. Zunächst soll eine Anlage für ein Jahr betrachtet werden.

Kauft ein Anleger eine Aktie, zahlt er den aktuellen Marktpreis für die Aktie P_0. Solange der Anleger die Aktie hält, hat er Anspruch auf alle auf die Aktien gezahlten Dividenden. Im Folgenden seien Div_1 die pro Aktie während des Jahres gezahlten Gesamtdividenden. Am Ende des Jahres verkauft der Anleger seine Aktie zum neuen Marktpreis P_1. Einfachheitshalber nehmen wir an, dass alle Dividenden am Ende des Jahres gezahlt werden. Damit erhalten wir den folgenden Zeitstrahl für diese Anlage:

Die zukünftigen Dividendenzahlungen sowie der zukünftige Aktienkurs im obigen Zeitstrahl sind natürlich nicht mit Sicherheit bekannt. Vielmehr beruhen diese Werte auf den Erwartungen des Anlegers zum Zeitpunkt des Kaufes der Aktien. Aufgrund dieser Erwartungen ist der Anleger bereit, die Aktie zum heutigen Kurs zu kaufen, solange der Kapitalwert dieser Transaktion nicht negativ ist, also solange der aktuelle Kurs den Barwert der erwarteten zukünftigen Dividenden und des Verkaufspreises nicht übersteigt. Da diese künftigen Zahlungen risikobehaftet sind, kann ihr Barwert nicht mithilfe des risikolosen Zinssatzes berechnet werden. Stattdessen müssen die Zahlungen anhand der **Eigenkapitalkosten** r_E für die Aktie, das heißt für den erwarteten Ertrag anderer auf dem Markt verfügbarer Anlagen mit einem dem Risiko der Aktien des Unternehmens vergleichbaren Risiko, abgezinst werden. Damit erhalten wir die folgende Bedingung, unter der ein Anleger bereit wäre, die Aktie zu kaufen:

$$P_0 \leq \frac{Div_1 + P_1}{1 + r_E}$$

Desgleichen muss ein Anleger, um die Aktie verkaufen zu wollen, heute mindestens den Barwert erhalten, den er erhalten würde, wenn er mit dem Verkauf der Aktie bis zum nächsten Jahr warten würde:

$$P_0 \geq \frac{Div_1 + P_1}{1 + r_E}$$

Da es aber für jeden Käufer der Aktie einen Verkäufer geben muss, müssen *beide* Gleichungen zutreffen. Der Aktienkurs sollte daher folgende Bedingung erfüllen:

$$P_0 = \frac{Div_1 + P_1}{1 + r_E} \tag{9.1}$$

Wie bereits in ▶Kapitel 3 dargestellt gilt, dass in einem Wettbewerbsmarkt Kauf oder Verkauf einer Aktie eine Anlagemöglichkeit mit einem Kapitalwert von null sein muss.

Dividendenrendite, Kurssteigerung und Aktienrendite

▶Gleichung 9.1 kann durch Multiplikation mit $(1 + r_E)$, Division durch P_0 und Subtraktion von 1 auf beiden Seiten neu interpretiert werden:

Aktienrendite

$$r_E = \frac{Div_1 + P_1}{P_0} - 1 = \underbrace{\frac{Div_1}{P_0}}_{\text{Dividendenrendite}} + \underbrace{\frac{P_1 - P_0}{P_0}}_{\text{Kurssteigerungsrate}} \tag{9.2}$$

Der erste Term auf der rechten Seite der ▶Gleichung 9.2 ist die **Dividendenrendite** der Aktie. Dieser Term entspricht der erwarteten jährlichen Dividende der Aktie geteilt durch deren aktuellen Kurs. Die Dividendenrendite ist der prozentuale Ertrag, den ein Anleger aus der auf die Aktie gezahlten Dividende zu erzielen erwartet. Der zweite Term auf der rechten Seite der ▶Gleichung 9.2 spiegelt die **Kursveränderung** wider, die ein Anleger auf die Aktie erzielt. Diese ist der Unterschied zwischen dem erwarteten Verkaufspreis und dem Kaufpreis der Aktie, $P_1 - P_0$. Die Kurssteigerung wird durch den aktuellen Aktienkurs geteilt, um so den Kursgewinn oder Kursverlust als prozentualen Ertrag, die sogenannte **Kurssteigerungsrate, die auch negativ sein kann,** auszudrücken.

Die Summe aus Dividendenrendite und Kurssteigerungsrate wird als **Aktienrendite** bezeichnet. Die Aktienrendite entspricht dem erwarteten Ertrag, den ein Anleger für eine Investition in die Aktie für ein Jahr erzielt. Damit besagt ▶ Gleichung 9.2, dass die Aktienrendite den Kapitalkosten entsprechen sollte. Mit anderen Worten: *Die erwartete Aktienrendite sollte gleich der erwarteten Rendite anderer auf dem Markt verfügbarer Anlagen mit gleichem Risiko sein.*

Beispiel 9.1: Aktienkurse und -renditen

Fragestellung

Sie erwarten, dass die Drogeriekette Walgreen Company Dividenden von USD 0,44 pro Aktie zahlt und am Ende des Jahres zu einem Kurs von USD 33 gehandelt wird. Wie hoch ist der höchste Kurs, den ein Anleger heute für Walgreen-Aktien zahlen würde, wenn Anlagen mit einem ähnlichen Risiko wie die Walgreen-Aktien eine erwartete Rendite von 8,5 % aufweisen? Welche Dividendenrendite und welche Kurssteigerungsrate würden Sie bei diesem Kurs erwarten?

Lösung

Mithilfe von ▶ Gleichung 9.1 erhalten wir

$$P_0 = \frac{Div_1 + P_1}{1 + r_E} = \frac{0,44 + 33,00}{1,085} = \text{USD } 30,82$$

Zu diesem Kurs beträgt die Dividendenrendite der Walgreen-Aktien $Div_1 : P_0 = 0,44 : 30,82 = 1,43\ \%$. Die erwartete Kurssteigerung ist gleich USD 33,00 – USD 30,82 = USD 2,18 pro Aktie. Somit beträgt die Kurssteigerungsrate 2,18 : 30,82 = 7,07 %. Bei diesem Kurs beläuft sich daher die erwartete Aktienrendite der Walgreen-Aktie auf 1,43 % + 7,07 % = 8,5 %. Dieses Ergebnis entspricht den Eigenkapitalkosten.

Wie Leerverkäufe funktionieren

Liegt die erwartete Aktienrendite unter der anderer Anlagen mit vergleichbarem Risiko, entscheiden sich Investoren, die diese Aktie besitzen, wohl dafür, diese zu verkaufen und anderweitig zu investieren. Wie stellt sich die Situation aber dar, wenn der Anleger die Aktie nicht besitzt? Kann man von dieser Situation profitieren?

Die Antwort lautet: Ja, durch einen Leerverkauf der Aktie. Zum Leerverkauf einer Aktie muss Kontakt mit dem Makler aufgenommen werden, der versuchen wird, die Aktie von einem Inhaber dieser Aktie zu leihen.* Angenommen, Max Mustermann hat die Aktien in seinem Wertpapierdepot. Der Makler kann für den Anleger aus Mustermanns Depot Aktien leihen, sodass er diese zum aktuellen Marktpreis auf dem Markt verkaufen könnte. Natürlich muss zu einem bestimmten Zeitpunkt der Leerverkauf durch den Aktienkauf am Markt und die Rückgabe dieser Aktien an das Depot von Max Mustermann glattgestellt werden. Überdies muss der Anleger zwischenzeitlich Max Mustermann alle auf die Aktie ausgeschütteten Dividenden zahlen, damit sich dieser durch das Verleihen seiner Aktien an den Anleger nicht schlechter stellt.**

In folgender Tabelle werden die Zahlungen aus dem Kauf mit denen aus einem Leerverkauf von Aktien verglichen:

	Zeitpunkt 0	Zeitpunkt t	Zeitpunkt 1
Zahlungen aus dem Kauf einer Aktie	$-P_0$	$+Div_t$	$+P_1$
Zahlungen aus dem Leerverkauf einer Aktie	$+P_0$	$-Div_t$	$-P_1$

Beim Leerverkauf einer Aktie erhält der Anleger zunächst den aktuellen Aktienkurs. Dann muss er alle ausgeschütteten Dividenden zahlen, solange die Leerverkaufsposition nicht glattgestellt ist. Schließlich muss zum Glattstellen der Position der zukünftige Aktienkurs gezahlt werden. Diese Zahlungen sind genau das Gegenteil zur Zahlung aus dem Kauf einer Aktie.

Da die Zahlungen umgekehrt sind, muss bei einem Leerverkauf einer Aktie, statt den Ertrag zu erhalten, der Ertrag an die Person *gezahlt* werden, von der die Aktie geliehen wurde. Ist dieser Ertrag aber niedriger als der Ertrag, den Sie durch die Anlage des Geldes mit einer anderen Anlage mit gleichem Risiko zu erzielen erwarten, weist diese Strategie einen positiven Kapitalwert auf und ist attraktiv. [1]***

In der Praxis spiegeln Leerverkäufe den Wunsch bestimmter Anleger wider, gegen die Aktie zu wetten. Beispielsweise stand Washington Mutual im Juli 2008 aufgrund ihres ungedeckten Risikos aus Subprime-Hypotheken am Rande der Insolvenz. Obwohl der Aktienkurs im vorangegangenen Jahr um mehr als 90 Prozent gefallen war, hatten viele Anleger offensichtlich das Gefühl, dass die Aktie immer noch nicht attraktiv war. Der Bestand an offenen Leerverkaufspositionen, auch **Short Interest** genannt, von Washington Mutual überstieg 500 Millionen. Dies entsprach mehr als 50 Prozent der ausstehenden Aktien von Washington Mutual.

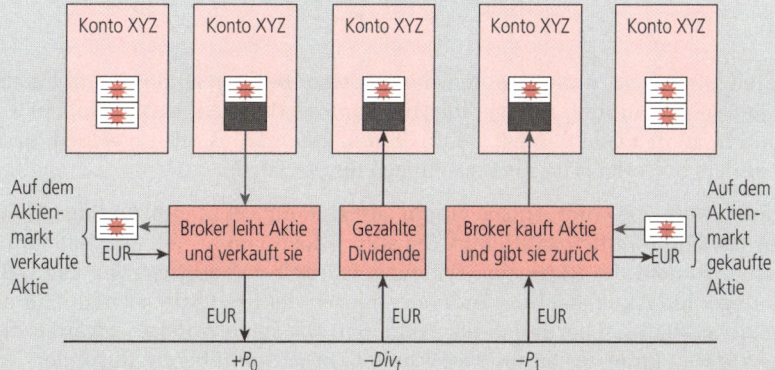

Abbildung 9.1: **Die mit einem Leerverkauf verbundenen Zahlungen.** P_0 ist der Anfangskurs der Aktie, P_1 ist der Kurs der Aktie bei Abschluss des Leerverkaufs und Div_t sind zu jedem Zeitpunkt t zwischen 0 und 1 auf die Aktien gezahlte Dividenden.

* Der Verkauf einer Aktie, ohne zuerst die Aktie zum Ausleihen zu beschaffen, wird als *ungedeckter Leerverkauf* bezeichnet und ist in einigen Ländern durch die Börsenaufsicht, in den USA durch die SEC, untersagt.

** In der Praxis muss Max Mustermann nicht zwangsläufig wissen, dass der Anleger seine Aktien geliehen hat. Max Mustermann erhält weiterhin Dividenden und wenn er die Aktien benötigt, ersetzt der Broker diese entweder, indem er

1. Aktien von jemandem anderen leiht oder

2. den Leerverkäufer zwingt, seine Position glattzustellen und die Aktien auf dem Markt zu kaufen.

*** In der Regel stellt der Broker für die Beschaffung der zu leihenden Aktien eine Gebühr in Rechnung und verlangt, dass der Leerverkäufer Sicherheiten hinterlegt, die seine Fähigkeit zum Kauf der Aktien zu einem späteren Zeitpunkt garantieren. Diese Kosten von Leerverkäufen sind jedoch in der Regel tendenziell gering.

Das Ergebnis in ▶Gleichung 9.2 entspricht den Erwartungen: Das Unternehmen muss seinen Aktionären einen Ertrag bieten, der dem entspricht, den sie anderweitig bei gleichem Risiko erzielen können. Bietet die Aktie eine höhere Rendite als andere Wertpapiere mit gleichem Risiko, würden die Anleger diese anderen Anlagen verkaufen und stattdessen die Aktie kaufen. Dadurch würde der aktuelle Kurs der Aktie steigen, wodurch die Dividendenrendite und die künftig erwartete Kursver-

---

1 Diese Strategien werden in ▶Kapitel 11 erörtert.

änderung sinken würden, bis ▶Gleichung 9.2 wieder erfüllt ist. Bietet die Aktie einen geringeren erwarteten Ertrag, würden die Anleger die Aktie verkaufen und der aktuelle Kurs würde dadurch fallen, bis ▶Gleichung 9.2 wieder erfüllt ist.

Geldanlage für mehrere Jahre

▶Gleichung 9.1 hängt vom erwarteten Aktienkurs in einem Jahr, von P_1, ab. Nun nehmen wir an, ein Anleger plant, die Aktie zwei Jahre zu halten. In diesem Fall erhält er, wie auf dem folgenden Zeitstrahl dargestellt, sowohl in Jahr 1 als auch in Jahr 2 Dividenden, bevor er die Aktie verkauft:

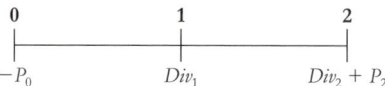

Durch Gleichsetzen des Aktienkurses mit dem Barwert der zukünftigen Cashflows erhalten wir in diesem Fall:[2]

$$P_0 = \frac{Div_1}{1+r_E} + \frac{Div_2 + P_2}{(1+r_E)^2} \qquad (9.3)$$

Die beiden ▶Gleichungen 9.1 und 9.3 unterscheiden sich: Bei Investitionen mit einem Anlagehorizont von zwei Jahren sind für den Anleger die Dividende und der Aktienkurs in Jahr 2 wichtig, doch diese Terme sind nicht in ▶Gleichung 9.1 enthalten. Bedeutet dieser Unterschied, dass eine Anlage für zwei Jahre anders bewertet wird als eine Anlage für ein Jahr?

Die Antwort lautet: Nein, bei einer Anlage für ein Jahr sind die Dividende und der Aktienkurs in Jahr 2 für den Anleger nicht unmittelbar wichtig. Sie sind jedoch von mittelbarer Bedeutung, da sie den Kurs beeinflussen, zu dem die Aktie zum Ende des Jahres 1 verkauft werden kann. Beispielsweise verkauft der Anleger die Aktie an einen anderen Anleger, der die Aktie ebenfalls für ein Jahr halten will und die gleiche Meinung bezüglich der Aktie hat. Der neue Anleger erwartet, die Dividenden und den Aktienkurs am Ende des Jahres 2 zu erhalten. Er ist somit bereit, folgenden Kurs zu zahlen:

$$P_1 = \frac{Div_2 + P_2}{1+r_E}$$

Durch Einsetzen dieses Terms für P_1 in ▶Gleichung 9.1 erhalten wir das gleiche Ergebnis wie in ▶Gleichung 9.3 dargestellt:

$$P_0 = \frac{Div_1 + P_1}{1 + r_E} = \frac{Div_1}{1 + r_E} + \frac{1}{1 + r_E}\overbrace{\left(\frac{Div_2 + P_2}{1 + r_E}\right)}^{P_1}$$

$$= \frac{Div_1}{1 + r_E} + \frac{Div_2 + P_2}{(1 + r_E)^2}$$

Somit ist die Formel für den Aktienkurs für eine Anlage für zwei Jahre gleich der Formel für eine Folge aus zwei Anlagen für ein Jahr.

---

2 Durch die Verwendung der gleichen Eigenkapitalkosten für beide Perioden nehmen wir an, dass die Eigenkapitalkosten nicht von der Laufzeit der Cashflows abhängen. Andernfalls müsste die Zinsstruktur der Eigenkapitalkosten berücksichtigt werden, wie dies bei der Zinsstrukturkurve risikoloser Cashflows in ▶Kapitel 5 der Fall war. Dieser Schritt würde die Analyse verkomplizieren, während sich die Ergebnisse nicht ändern würden.

Die Gleichung des Dividendendiskontierungsmodells

Dieses Verfahren kann für eine beliebige Anzahl von Jahren fortgeführt werden, indem der letzte Aktienkurs durch den Wert ersetzt wird, den der nächste Inhaber der Aktie zu zahlen bereit wäre. Dies führt zum allgemeinen **Dividendendiskontierungsmodell** für den Aktienkurs, bei dem der Zeithorizont N frei wählbar ist.

Dividendendiskontierungsmodell

$$P_0 = \frac{Div_1}{1+r_E} + \frac{Div_2}{(1+r_E)^2} + \ldots + \frac{Div_N}{(1+r_E)^N} + \frac{P_N}{(1+r_E)^N} \qquad (9.4)$$

▶Gleichung 9.4 gilt für eine einzelne Anlage für N Jahre, bei der die Dividenden für N Jahre angesammelt werden und die Aktie anschließend verkauft wird, oder für eine Reihe von Anlagen, bei der die Aktie über kürzere Zeiträume gehalten und anschließend weiterverkauft wird. Hierbei ist zu beachten, dass ▶Gleichung 9.4 für *jeden Betrachtungshorizont N* gilt. Daher messen alle Anleger, die in Bezug auf die Aktie die gleiche Meinung haben, der Aktie unabhängig von den jeweiligen Anlagehorizonten den gleichen Wert bei. Die Frage, wie lange sie beabsichtigen, die Aktie zu halten und ob sie ihre Erträge als Dividenden oder Kurssteigerungen erzielen, ist irrelevant. In dem Sonderfall, bei dem das Unternehmen letztlich Dividenden zahlt und nie übernommen wird, können die Aktien für immer gehalten werden. Demzufolge kann N in ▶Gleichung 9.4 unendlich werden und dann wie folgt umgeschrieben werden:

$$P_0 = \frac{Div_1}{1+r_E} + \frac{Div_2}{(1+r_E)^2} + \frac{Div_3}{(1+r_E)^3} + \ldots = \sum_{n=1}^{\infty} \frac{Div_n}{(1+r_E)^n} \qquad (9.5)$$

Das heißt, *der Kurs der Aktie ist gleich dem Barwert der erwarteten zukünftigen auf die Aktie gezahlten Dividenden.*

Verständnisfragen

1. Wie wird die Aktienrendite berechnet?
2. Welcher Diskontierungssatz wird zur Abzinsung der zukünftigen Zahlungen einer Aktie verwendet?
3. Warum sind ein Anleger mit einem kurzfristigen Anlagehorizont und ein Anleger mit einem langfristigen Anlagehorizont mit der gleichen Meinung bezüglich einer Aktie bereit, den gleichen Preis für eine Aktie zu zahlen?

9.2 Die Anwendung des Dividendendiskontierungsmodells

▶Gleichung 9.5 gibt den Wert der Aktie im Hinblick auf die erwarteten zukünftigen, von dem Unternehmen gezahlten Dividenden an. Eine Schätzung dieser Dividenden, insbesondere für die ferne Zukunft, ist natürlich schwierig. Eine häufig verwendete Vereinfachung besteht darin anzunehmen, dass die Dividenden langfristig mit einer konstanten Rate wachsen. Im folgenden Abschnitt werden die Auswirkungen dieser Annahme auf die Aktienkurse betrachtet und die Beziehung zwischen Dividenden und Wachstum untersucht.

Konstantes Dividendenwachstum

Die einfachste Prognose der zukünftigen Dividenden des Unternehmens besagt, dass die Dividenden ewig mit einer konstanten Rate g weiterwachsen. Dieser Fall ergibt den folgenden Zeitstrahl für die Zahlungen für einen Anleger, der heute die Aktie kauft und hält:

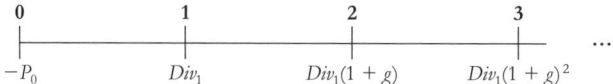

Da die erwarteten Dividenden eine wachsende ewige Rente bilden, kann ▶Gleichung 4.10 zur Berechnung ihres Barwertes verwendet werden. Damit erhalten wir die folgende einfache Formel für den Aktienkurs:[3]

Modell des konstanten Dividendenwachstums

$$P_0 = \frac{Div_1}{r_E - g} \tag{9.6}$$

Gemäß dem **Modell des konstanten Dividendenwachstums** hängt der Wert des Unternehmens ab von der Höhe der Dividende für das kommende Jahr geteilt durch die um die erwartete Wachstumsrate der Dividende bereinigten Eigenkapitalkosten.

Beispiel 9.2: Die Bewertung eines Unternehmens mit konstantem Dividendenwachstum

Fragestellung

Consolidated Edison Inc. (Con Edison) ist ein Versorgungsunternehmen, das das Gebiet von New York City versorgt. Angenommen, Con Edison plant, im kommenden Jahr Dividenden in Höhe von USD 2,36 pro Aktie auszuschütten. Schätzen Sie den Wert der Con Edison Aktie bei Eigenkapitalkosten von 7,5 % und einem erwarteten zukünftigen Dividendenwachstum von 1,5 % pro Jahr.

Lösung

Wenn erwartet wird, dass die Dividenden ewig mit einer Rate von 1,5 % pro Jahr wachsen, kann ▶Gleichung 9.6 zur Berechnung des Preises einer Aktie von Con Edison herangezogen werden:

$$P_0 = \frac{Div}{r_E - g} = \frac{\text{USD } 2,36}{0,075 - 0,015} = \text{USD } 39,33$$

Für eine weitere Auslegung von ▶Gleichung 9.6 ist zu beachten, dass diese wie folgt umgestellt werden kann:

$$r_E = \frac{Div_1}{P_0} + g \tag{9.7}$$

Im Vergleich von ▶Gleichung 9.7 mit ▶Gleichung 9.2 wird deutlich, dass g gleich der erwarteten Kurssteigerungsrate ist. Mit anderen Worten entspricht bei konstantem erwartetem Dividendenwachstum die erwartete Wachstumsrate des Aktienkurses der Wachstumsrate der Dividende.

Dividenden oder Investition und Wachstum

In der ▶Gleichung 9.6 steigt der Aktienkurs des Unternehmens mit der Höhe der aktuellen Dividende Div_1 und der erwarteten Wachstumsrate g. Zur Maximierung seines Aktienkurses würde ein Unternehmen gerne beide Größen steigern. Das Unternehmen wird dabei allerdings häufig mit einer

---

3 Wie in ▶Kapitel 4 erörtert, erfordert diese Formel, dass $g < r_E$. Ansonsten ist der Barwert der wachsenden ewigen Rente unendlich. Die Schlussfolgerung in diesem Fall ist, dass ein ewiges Wachstum der Dividenden einer Aktie mit einer Rate $g > r_E$ unmöglich ist. Übersteigt die Wachstumsrate r_E, muss dies zeitlich begrenzt sein, und das Modell des konstanten Dividendenwachstums gilt nicht mehr.

Abwägung von Alternativen konfrontiert: Zur Erhöhung des Wachstums sind unter Umständen Investitionen nötig, und das für Investitionen ausgegebene Geld kann nicht zur Zahlung von Dividenden eingesetzt werden. Mit dem Modell des konstanten Dividendenwachstums kann ein besseres Verständnis der Abwägung von Alternativen entwickelt werden.

„Theory of Investment Value" von John Burr Williams

Die erste formale Herleitung des Dividend-Discount-Modells erschien in *„Theory of Investment Value"* von John Burr Williams im Jahr 1938. Dieses Werk war ein wichtiger Meilenstein in der Geschichte der Wissenschaft von der Unternehmensfinanzierung, da Williams erstmals nachwies, dass sich die Unternehmensfinanzierung auf bestimmte Prinzipien stützte, die mithilfe formaler analytischer Methoden hergeleitet werden konnten. Williams formulierte dies im Vorwort wie folgt:

Die Wahrheit ist, dass die mathematische Methode ein sehr starkes neues Instrument ist, dessen Anwendung zu deutlichen Verbesserungen in der Investitionsanalyse zu führen verspricht. In der Geschichte der Wissenschaft galt immer, dass die Erfindung neuer Instrumente der Schlüssel zu neuen Entdeckungen war und wir können erwarten, dass die gleiche Regel auch in diesem Fachgebiet der Wirtschaftswissenschaften zutrifft.

Williams' Werk wurde zu seiner Zeit nicht allgemein anerkannt. Tatsächlich besteht die Legende, dass es in Harvard zu einer sehr lebhaften Debatte darüber kam, ob es als Dissertation zulässig war. Später war Williams als Anleger sehr erfolgreich und zum Zeitpunkt seines Todes im Jahr 1989 war die Bedeutung der mathematischen Methode für die Unternehmensfinanzierung unbestritten. Die Erkenntnisse, die sich aus diesem „neuen" Instrument ergaben, hatten die Praxis der Unternehmensfinanzierung grundlegend verändert. Heute gilt Williams als Begründer der Fundamentalanalyse. Sein Werk bereitete den Weg für die Verwendung der *Pro-Forma*-Modellierung von Jahresabschlüssen und Cashflows für Bewertungszwecke sowie für viele andere Konzepte, die heute für die moderne Finanzwirtschaft von zentraler Bedeutung sind.[4]

Ein einfaches Wachstumsmodell. Was bestimmt die Wachstumsrate der Dividende eines Unternehmens? Wenn wir die **Ausschüttungsquote der Dividende** eines Unternehmens als den Anteil des Gewinns definieren, den das Unternehmen in jedem Jahr als Dividende auszahlt, dann kann die Dividende des Unternehmens pro Aktie zum Zeitpunkt t wie folgt berechnet werden:

$$Div_t = \underbrace{\frac{Gewinn_t}{\text{ausstehende Aktien}_t}}_{\text{Gewinn je Aktie}_t} \times \text{Dividendenausschüttungsquote}_t \qquad (9.8)$$

Die jährliche Dividende entspricht dem Gewinn des Unternehmens je Aktie (EPS) mal der Dividendenausschüttungsquote. Somit hat das Unternehmen drei Möglichkeiten, seine Dividende zu steigern:

1. Es kann seinen Gewinn (Nettoertrag) steigern.
2. Es kann seine Dividendenausschüttungsquote erhöhen.
3. Es kann die Anzahl seiner ausstehenden Aktien verringern.

Wir nehmen an, das Unternehmen begibt keine neuen Aktien (oder kauft seine bestehenden Aktien zurück), sodass die Anzahl der ausstehenden Aktien unverändert ist. Im Folgenden soll nun die Alternative der Optionen 1 und 2 untersucht werden.

Ein Unternehmen hat zwei Möglichkeiten der Verwendung seines Gewinns: Es kann den Gewinn an die Anleger ausschütten oder es behält den Gewinn ein und reinvestiert ihn. Durch die heutige Investition von Geld kann ein Unternehmen seine zukünftige Dividende erhöhen. Zur Vereinfa-

---

4 ▶Kapitel 14 enthält einen weiteren Beitrag hierzu.

chung nehmen wir an, das Unternehmen wächst ohne Investitionen nicht, sodass die aktuell von dem Unternehmen erzielte Gewinnhöhe konstant bleibt. Wenn sämtliche Steigerungen der zukünftigen Gewinne ausschließlich aus neuen, mit den einbehaltenen Gewinnen getätigten Investitionen resultieren, gilt:

$$\text{Gewinnänderung} = \text{Neue Investition} \times \text{Rendite der neuen Investition} \qquad (9.9)$$

Die neue Investition ist gleich dem Gewinn mal der **Thesaurierungsquote** des Unternehmens, dem vom Unternehmen einbehaltenen Anteil des aktuellen Gewinns:

$$\text{Neue Investition} = \text{Gewinn} \times \text{Thesaurierungsquote} \qquad (9.10)$$

Durch Einsetzen von ▸Gleichung 9.10 in ▸Gleichung 9.9 und Division durch den Gewinn erhalten wir eine Gleichung für die Wachstumsrate des Gewinns:

$$\text{Gewinnwachstumsrate} = \frac{\text{Gewinnänderung}}{\text{Gewinn}} \qquad (9.11)$$
$$= \text{Thesaurierungsquote} \times \text{Rendite der neuen Investition}$$

Entscheidet sich das Unternehmen, seine Dividendenausschüttungsquote konstant zu halten, dann entspricht das Dividendenwachstum dem Gewinnwachstum:

$$g = \text{Thesaurierungsquote} \times \text{Rendite der neuen Investition} \qquad (9.12)$$

Profitables Wachstum. ▸Gleichung 9.12 zeigt, dass ein Unternehmen seine Wachstumsrate steigern kann, indem es einen größeren Anteil seines Gewinns einbehält. Wenn das Unternehmen jedoch einen größeren Anteil seines Gewinns thesauriert, kann es nur einen geringeren Teil dieses Gewinns ausschütten und muss gemäß ▸Gleichung 9.8 seine Dividende verringern. Sollte ein Unternehmen zur Steigerung des Aktienkurses seine Dividende reduzieren und mehr investieren oder sollte es die Investitionen reduzieren und seine Dividende erhöhen? Es ist wenig überraschend, dass die Antwort von der Rentabilität der Investitionen des Unternehmens abhängt. Im Folgenden wird ein Beispiel hierzu betrachtet.

Beispiel 9.3:   Dividendenkürzungen für profitables Wachstum

Fragestellung
Für Crane Sporting Goods erwartet man im kommenden Jahr einen Gewinn je Aktie von USD 6. Statt diesen Gewinn zu reinvestieren und so zu wachsen, plant das Unternehmen, den gesamten Gewinn als Dividende auszuschütten. Da kein Wachstum erwartet wird, beträgt der aktuelle Aktienkurs von Crane USD 60.

Angenommen, Crane könnte seine Dividendenausschüttungsquote auf absehbare Zeit auf 75 % reduzieren und die thesaurierten Gewinne für die Eröffnung neuer Geschäfte einsetzen. Es wird erwartet, dass sich die Rendite der Anlage in diese neuen Geschäfte auf 12 % beläuft. Welche Auswirkungen hätte diese neue Strategie unter der Annahme unveränderter Eigenkapitalkosten auf den Aktienkurs von Crane?

Lösung
Zunächst sollen die Eigenkapitalkosten von Crane geschätzt werden. Crane plant, eine Dividende zu zahlen, die dem Gewinn pro Aktie von USD 6 entspricht. Bei einem Aktienkurs von USD 60 beträgt die Dividendenrendite von Crane USD 6 : USD 60 = 10 %. Wird kein Wachstum erwartet ($g = 0$), kann ▸Gleichung 9.7 zur Schätzung von r_E verwendet werden:

$$r_E = \frac{Div_1}{P_0} + g = 10\ \% + 0\ \% = 10\ \%$$

Mit anderen Worten bedeutet dies, dass der erwartete Ertrag anderer Aktien mit gleichwertigem Risiko auf dem Markt 10 % betragen muss, um bei der momentanen Strategie den Aktienkurs von Crane zu rechtfertigen.

Als Nächstes werden die Konsequenzen der neuen Strategie betrachtet: Wenn Crane seine Dividendenausschüttungsquote auf 75 % reduziert, sinkt nach ▶Gleichung 9.8 die Dividende des Unternehmens im kommenden Jahr auf $Div_1 = EPS_1 \times 75\,\% = \text{USD } 6 \times 75\,\% = \text{USD } 4{,}50$. Da das Unternehmen nun 25 % seines Gewinns einbehalten wird, um in neue Geschäfte zu investieren, steigt gleichzeitig seine Wachstumsrate nach ▶Gleichung 9.12 auf:

$$g = \text{Thesaurierungsquote} \times \text{Rendite neuer Anlage} = 25\,\% \times 12\,\% = 3\,\%$$

Unter der Annahme, dass Crane sein Wachstum mit dieser Rate fortführen kann, ist es möglich, den Aktienkurs bei der neuen Strategie mithilfe des Modells des konstanten Dividendenwachstums aus ▶Gleichung 9.6 zu berechnen:

$$P_0 = \frac{Div_1}{r_E - g} = \frac{\text{USD } 4{,}50}{0{,}10 - 0{,}03} = \text{USD } 64{,}29$$

Somit sollte der Aktienkurs von Crane von USD 60 auf USD 64,29 steigen, wenn das Unternehmen zur Steigerung von Investitionen und Wachstum seine Dividende kürzt. Dies gibt an, dass die Investition einen positiven Kapitalwert hat. Durch den Einsatz der Gewinne für die Investition in Projekte, die eine Rendite (12 %) bieten, die höher ist als die Eigenkapitalkosten (10 %), hat Crane für seine Aktionäre einen Wert geschaffen.

In ▶Beispiel 9.3 erhöhte sich der Aktienkurs des Unternehmens durch eine Kürzung der Dividenden des Unternehmens zugunsten des Wachstums. Wie das nächste Beispiel zeigt, ist dies nicht immer der Fall.

Beispiel 9.4: Unprofitables Wachstum

Fragestellung
Das Management von Crane Sporting Goods entscheidet sich, die Dividendenausschüttungsquote auf 75 % zu senken, um wie in ▶Beispiel 9.3 in neue Geschäfte zu investieren. Doch nun beläuft sich die Rendite dieser neuen Investitionen auf 8 % statt auf 12 %. Was wird in diesem Fall bei einem erwarteten Gewinn je Aktie von USD 6 in diesem Jahr und den Eigenkapitalkosten von 10 % mit dem aktuellen Aktienkurs von Crane geschehen?

Lösung
Wie in ▶Beispiel 9.3 sinkt die Dividende von Crane auf USD 6 × 75 % = USD 4,50. Aufgrund der niedrigeren Rendite der neuen Investition beträgt die Wachstumsrate des Unternehmens bei der neuen Strategie $g = 25\,\% \times 8\,\% = 2\,\%$. Somit ist der neue Aktienkurs gleich:

$$P_0 = \frac{Div_t}{r_E - g} = \frac{\text{USD } 4{,}50}{0{,}10 - 0{,}02} = \text{USD } 56{,}25$$

Damit haben die neuen Investitionen einen negativen Kapitalwert, selbst wenn Crane mit der neuen Strategie wächst. Der Aktienkurs von Crane sinkt, wenn das Unternehmen seine Dividende kürzt, um neue Investitionen mit einer Rendite von nur 8 % zu tätigen, wenn die Investoren des Unternehmens 10 % auf andere Investitionen mit ähnlichem Risiko erzielen können.

Bei einem Vergleich von ▶Beispiel 9.3 mit ▶Beispiel 9.4 wird deutlich, dass die Auswirkungen einer Dividendenkürzung zugunsten des Wachstums eines Unternehmens entscheidend von der Rendite der neuen Investition abhängen. In ▶Beispiel 9.3 übersteigt die Rendite der neuen Investition von

12 Prozent die Eigenkapitalkosten des Unternehmens in Höhe von 10 Prozent, sodass die Investition einen positiven Kapitalwert aufweist. In ▶Beispiel 9.4 beträgt die Rendite der neuen Investition nur 8 Prozent, sodass sie einen negativen Kapitalwert aufweist, selbst wenn sie zu einem Gewinnwachstum führt. *Damit erhöht eine Kürzung der Dividenden eines Unternehmens zur Steigerung der Investitionen den Aktienkurs nur dann, wenn die neuen Investitionen einen positiven Kapitalwert haben.*

Sich ändernde Wachstumsraten

Erfolgreiche neue Unternehmen erzielen zunächst oft sehr hohe Gewinnwachstumsraten. Während dieser Phase des hohen Wachstums behalten die Unternehmen häufig 100 Prozent ihrer Gewinne ein, um profitable Investitionsmöglichkeiten nutzen zu können. Im Zuge der Entwicklung der Unternehmen verlangsamt sich ihr Wachstum auf Raten, die eher für etablierte Unternehmen typisch sind. Zu diesem Zeitpunkt übersteigt ihr Gewinn den Investitionsbedarf und sie beginnen, Dividenden auszuschütten.

Das Modell des konstanten Dividendenwachstums kann aus mehreren Gründen nicht zur Bewertung der Aktien dieser Unternehmen herangezogen werden: Erstens zahlen diese Unternehmen häufig *keine* Dividenden, wenn sie noch jung sind. Zweitens verändern sich ihre Wachstumsraten bis zur Reifephase der Unternehmen kontinuierlich. Die allgemeine Form des Dividend-Discount-Modells kann jedoch zur Bewertung eines solchen Unternehmens verwendet werden, indem das Modell des konstanten Dividendenwachstums zur Berechnung des zukünftigen Aktienkurses der Aktie P_N des reifen Unternehmens nach der Stabilisierung der erwarteten Wachstumsrate herangezogen wird:

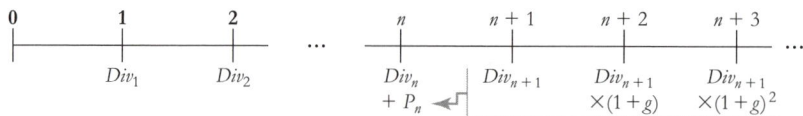

Wenn insbesondere erwartet wird, dass das Unternehmen nach dem Jahr $N + 1$ mit einer langfristigen Rate g wächst, so gilt gemäß Modell des konstanten Dividendenwachstums:

$$P_N = \frac{Div_{N+1}}{r_E - g} \tag{9.13}$$

Diese Schätzung von P_N kann dann im Dividend-Discount-Modell als Rest- oder Fortführungswert verwendet werden. Durch Einsetzen von ▶Gleichung 9.13 in ▶Gleichung 9.4 erhalten wir:

Dividendendiskontierungsmodell mit konstantem langfristigem Wachstum

$$P_0 = \frac{Div_1}{1+r_E} + \frac{Div_2}{(1+r_E)^2} + \dots + \frac{Div_N}{(1+r_E)^N} + \frac{1}{(1+r_E)^N}\left(\frac{Div_{N+1}}{r_E - g}\right) \tag{9.14}$$

Beispiel 9.5: Die Bewertung eines Unternehmens mit zwei unterschiedlichen Wachstumsraten

Fragestellung

Small Fry Inc. hat gerade eine Sorte Kartoffelchips erfunden, die genau wie Pommes Frites aussehen und schmecken. Angesichts der phänomenalen Reaktion des Marktes auf dieses Produkt reinvestiert Small Fry seinen gesamten Gewinn, um zu expandieren. Der Gewinn belief sich im vergangenen Jahr auf USD 2 je Aktie und es wird erwartet, dass der Gewinn bis zum Ende des Jahres 4 mit einer Rate von 20 % pro Jahr wachsen wird. Zu diesem Zeitpunkt bringen wahrscheinlich andere Unternehmen Konkurrenzprodukte auf den Markt. Die Analysten prognostizieren, dass Small Fry zum Ende des Jahres 4 die Investitionen kürzen und anfangen wird, 60 % seines Gewinns als Dividende auszuschütten, und dass sich das Wachstum auf eine langfristige Rate von 4 % verlangsamt. Wie hoch ist der Wert einer Aktie heute, wenn sich die Eigenkapitalkosten von Small Fry auf 8 % belaufen?

Lösung

Die prognostizierte Wachstumsrate der Gewinne von Small Fry sowie die Ausschüttungsquote können zur Prognose der zukünftigen Gewinne und Dividenden wie in der folgenden Tabelle dargestellt verwendet werden:

	Jahr	0	1	2	3	4	5	6
Gewinne								
1	EPS-Wachstumsrate (im Vergleich zum Vorjahr)		20 %	20 %	20 %	20 %	4 %	4 %
2	EPS	USD 2,00	USD 2,40	USD 2,88	USD 3,46	USD 4,14	USD 4,31	USD 4,49
Dividende								
3	Dividendenausschüttungsquote		0 %	0 %	0 %	60 %	60 %	60 %
4	Dividende		USD –	USD –	USD –	USD 2,49	USD 2,59	USD 2,69

Von USD 2,00 in Jahr 0 ausgehend wächst der Gewinn je Aktie (EPS) bis Jahr 4 um 20 % pro Jahr, danach verlangsamt sich das Wachstum auf 4 %. Bis Jahr 4 ist die Dividendenausschüttungsquote von Small Fry gleich null. Zu diesem Zeitpunkt sinken aufgrund des Wettbewerbs die Investitionsmöglichkeiten und die Ausschüttungsquote steigt auf 60 %. Durch Multiplikation des EPS mit der Dividendenausschüttungsquote werden in Zeile 4 die zukünftigen Dividenden von Small Fry prognostiziert.

Ab Jahr 4 wachsen die Dividenden von Small Fry mit der erwarteten langfristigen Rate von 4 % pro Jahr. Somit kann das Modell des konstanten Dividendenwachstums zur Prognose des Aktienkurses von Small Fry zum Ende des dritten Jahres verwendet werden. Bei Eigenkapitalkosten von 8 % gilt:

$$P_3 = \frac{Div_4}{r_E - g} = \frac{\text{USD } 2,49}{0,08 - 0,04} = \text{USD } 62,25$$

Dann wird das Dividendendiskontierungsmodell (▶Gleichung 9.4) mit diesem Endwert verwendet:

$$P_0 = \frac{Div_1}{1 + r_E} + \frac{Div_2}{(1 + r_E)^2} + \frac{Div_3}{(1 + r_E)^3} + \frac{P_3}{(1 + r_E)^3} = \frac{\text{USD } 62,25}{(1,08)^3} = \text{USD } 49,42$$

Wie dieses Beispiel verdeutlicht, ist das Dividendendiskontierungsmodell für jedes prognostizierte Muster von Dividenden flexibel genug.

Grenzen des Dividendendiskontierungsmodells

Beim Dividend-Discount-Modell werden die Aktien auf der Grundlage einer Prognose der zukünftigen an die Aktionäre ausgeschütteten Dividenden bewertet. Anders als bei einer Staatsanleihe, deren Cashflows praktisch mit Sicherheit bekannt sind, ist jede Prognose der zukünftigen Dividenden eines Unternehmens mit einem hohen Grad an Unsicherheit verbunden.

Im Folgenden soll das bereits im Einführungsteil des Kapitels vorgestellte Beispiel von Kenneth Cole Productions (KCP) betrachtet werden. Zu Beginn des Jahres 2006 hat KCP eine jährliche Dividende von USD 0,72 ausgeschüttet. Bei Eigenkapitalkosten von 11 % und einem erwarteten Dividendenwachstum von 8 % liefert das Modell des konstanten Dividendenwachstums für KCP einen Aktienkurs von:

$$P_0 = \frac{Div_1}{r_E - g} = \frac{\text{USD } 0,72}{0,11 - 0,08} = \text{USD } 24,00$$

wobei dies relativ nahe am tatsächlichen Kurs der Aktie zu diesem Zeitpunkt von USD 26,75 liegt. Bei einer Dividendenwachstumsrate von 10 % würde diese Schätzung auf USD 72 pro Aktie steigen, bei einer Dividendenwachstumsrate von 5 % würde die Schätzung auf USD 12 pro Aktie sinken. So wird deutlich, dass selbst kleine Änderungen der angenommenen Dividendenwachstumsrate große Änderungen des geschätzten Aktienkurses zur Folge haben können.

Überdies ist es schwer zu bestimmen, welche Schätzung der Dividendenwachstumsrate angemessener ist. Zwischen 2003 und 2005 hat KCP seine Dividende mehr als verdoppelt, während der Gewinn in dieser Zeit jedoch fast stagnierte. Demzufolge konnte diese hohe Dividendenwachstumsrate wahrscheinlich nicht aufrechterhalten werden. Zur Prognose der Dividenden müssen der Gewinn des Unternehmens, die Dividendenausschüttungsquote und die zukünftige Aktienanzahl betrachtet werden.

Der zukünftige Gewinn hängt aber auch von den Zinsaufwendungen ab, die wiederum davon abhängen, wie viel Fremdkapital das Unternehmen aufnimmt. Die Anzahl der Aktien und die Dividendenausschüttungsquote hängen davon ab, ob das Unternehmen einen Teil seines Gewinns für Aktienrückkäufe einsetzt. Da Entscheidungen über die Fremdkapitalaufnahme und Aktienrückkäufe im Ermessen der Unternehmensführung liegen, kann eine zuverlässige Prognose schwierig sein.[5] Im nächsten Abschnitt werden zwei alternative Methoden vorgestellt, mit denen einige dieser Schwierigkeiten vermieden werden.

Verständnisfragen

1. Welche drei Möglichkeiten hat ein Unternehmen, seine zukünftige Dividende pro Aktie zu erhöhen?

2. Unter welchen Umständen kann ein Unternehmen durch ein Kürzung der Dividende und eine Erhöhung der Investitionen seinen Aktienkurs erhöhen?

---

5 Entscheidungen der Unternehmensführung im Hinblick auf die Fremdkapitalaufnahme oder den Rückkauf von Aktien werden in ▶TEIL V des Lehrbuchs erörtert.

9.3 Das Total-Payout-Modell und das Free-Cashflow-Diskontierungsmodell

In diesem Abschnitt werden zwei alternative Ansätze zur Bewertung der Aktien eines Unternehmens dargestellt, mit denen einige der Schwierigkeiten des Dividendendiskontierungsmodells vermieden werden. Zunächst betrachten wir das *Total-Payout-Modell*, bei dem die Entscheidung des Unternehmens zwischen Dividenden und Aktienrückkäufen ignoriert werden kann. Danach wird das Free-Cashflow-Diskontierungsmodell *(Discounted-Free-Cash-Flow-(DFCF)-Model)* betrachtet, das sich auf die Zahlungen an alle Investoren des Unternehmens, sowohl Eigen- als auch Fremdkapitalgeber, konzentriert und so ermöglicht, die Schätzung der Auswirkungen der Entscheidungen des Unternehmens zur Fremdkapitalaufnahme auf den Gewinn zu vermeiden.

Aktienrückkäufe und das Dividendendiskontierungsmodell

Im Zuge der Erörterung des Dividendendiskontierungsmodells haben wir implizit angenommen, dass das vom Unternehmen ausgezahlte Kapital als Dividende ausgeschüttet wird. Allerdings hat in der jüngeren Vergangenheit eine zunehmende Anzahl von Unternehmen Dividendenausschüttungen durch *Aktienrückkäufe* ersetzt. Bei einem **Aktienrückkauf** setzt das Unternehmen überschüssige liquide Mittel zum Rückkauf eigener Aktien ein. Aktienrückkäufe haben für das Dividendendiskontierungsmodell zwei Konsequenzen: Erstens hat das Unternehmen umso weniger Kapital zur Auszahlung der Dividende zur Verfügung, je mehr Mittel es zum Rückkauf von Aktien einsetzt. Zweitens sinkt die Anzahl der Aktien des Unternehmens durch den Rückkauf der Aktien, wodurch der Gewinn und die Dividende pro Aktie steigen.

Nach dem Dividendendiskontierungsmodell wurde eine Aktie aus der Perspektive eines einzigen Aktionärs durch die Abzinsung der vom Aktionär erzielten Dividenden betrachtet:

$$P_0 = BW(\text{zukünftige Dividenden pro Aktie}) \tag{9.15}$$

Eine alternative Methode, die unter Umständen zuverlässiger ist, wenn ein Unternehmen Aktien zurückkauft, ist das Gesamtausschüttungsmodell, besser bekannt unter dem englischen Begriff **Total-Payout-Modell**, bei dem das *gesamte* Eigenkapital des Unternehmens statt nur einer Aktie betrachtet wird. Dazu werden die Gesamtausschüttungen betrachtet, die ein Unternehmen an seine Aktionäre vornimmt und die dem für Dividenden *und* Aktienrückkäufe ausgegebenen Gesamtbetrag entsprechen.[6] Dann wird dies durch die aktuelle Anzahl der ausstehenden Aktien dividiert, um so den Aktienkurs zu bestimmen.

Total-Payout-Modell

$$P_0 = \frac{BW(\text{zukünftige Gesamtdividenden und -rückkäufe})}{\text{ausstehende Aktien}_0} \tag{9.16}$$

Die gleichen Vereinfachungen, die durch die Annahme des konstanten Wachstums in ▶Abschnitt 9.2 erzielt wurden, können auch auf das Total-Payout-Modell angewendet werden. Die einzige Änderung besteht darin, dass die *Gesamtdividenden und Aktienrückkäufe abgezinst werden und die Gewinnwachstumsrate (und nicht der Gewinn je Aktie) zur Prognose des Wachstums der Gesamtausschüttungen des Unternehmens verwendet wird.* Diese Methode kann zuverlässiger und leichter anwendbar sein, wenn das Unternehmen Aktienrückkäufe einsetzt.

---

6 Die Gesamtausschüttungen können als der Betrag angesehen werden, den der Anleger erzielen würde, wenn er 100 % der Aktien des Unternehmens in seinem Besitz hätte: Er erhielte sämtliche Dividenden plus der Erlöse aus dem Verkauf der Aktien an das Unternehmen im Zuge des Aktienrückkaufs.

Beispiel 9.6: Bewertung bei Aktienrückkäufen

Fragestellung

Titan Industries hat 217 Millionen Aktien im Umlauf und erwartet zum Ende des Jahres Gewinne in Höhe von USD 860 Millionen. Titan plant, insgesamt 50 % seiner Gewinne auszuschütten, wobei 30 % als Dividende ausgeschüttet und 20 % zum Rückkauf von Aktien eingesetzt werden. Bestimmen Sie den Kurs der Titan-Aktie unter der Annahme von Eigenkapitalkosten von 10 %, wenn erwartet wird, dass der Gewinn von Titan um 7,5 % pro Jahr steigt und die Ausschüttungsquote konstant bleibt.

Lösung

In diesem Jahr wird Titan Gesamtausschüttungen von 50 % × USD 860 Millionen = USD 430 Millionen leisten. Auf der Grundlage der Eigenkapitalkosten von 10 % und einer erwarteten Gewinnwachstumsrate von 7,5 % kann der Barwert der zukünftigen Ausschüttungen von Titan als wachsende ewige Rente berechnet werden:

$$BW(\text{zukünftige Gesamtdividenden und -rückkäufe}) = \frac{\text{USD 430 Millionen}}{0,10 - 0,075}$$
$$= \text{USD 17,2 Milliarden}$$

Dieser Barwert stellt den Gesamtwert des Eigenkapitals von Titan, das heißt seine Marktkapitalisierung, dar. Zur Berechnung des Aktienkurses wird durch die aktuelle Anzahl der ausstehenden Aktien geteilt:

$$P_0 = \frac{\text{USD 17,2 Milliarden}}{\text{217 Millionen Aktien}} = \text{USD 79,26 pro Aktie}$$

Beim Total-Payout-Modell müssen wir die Aufteilung des Unternehmens zwischen Dividenden und Aktienrückkäufen nicht kennen. Um diese Methode mit dem Dividendendiskontierungsmodell zu vergleichen, muss berücksichtigt werden, dass Titan Dividenden von 30 % × USD 860 Millionen : (217 Millionen Aktien) = USD 1,19 pro Aktie bei einer Dividendenrendite von 1,19 : 79,26 = 1,50 % auszahlen wird. Nach ▶Gleichung 9.7 ist die Wachstumsrate des Gewinns je Aktie, der Dividende und des Aktienkurses $g = r_E - Div_1 : P_0 = 8,50$ %. Diese Wachstumsrate pro Aktie übersteigt die Wachstumsrate des Gesamtgewinns von 7,5 %, da die Anzahl der im Umlauf befindlichen Aktien von Titan im Laufe der Zeit aufgrund von Aktienrückkäufen sinkt.[7]

Das Free-Cashflow-Diskontierungsmodell

Beim Total-Payout-Modell bewerten wir zuerst das Eigenkapital des Unternehmens statt nur einer Aktie. Beim **Free-Cashflow-Diskontierungsmodell** *(Discounted-Free-Cash-Flow-Model, DFCF)* gehen wir einen Schritt weiter und bestimmen zunächst den Gesamtwert des Unternehmens für alle Investoren, *sowohl* für Eigen- *als auch* für Fremdkapitalgeber. Zunächst wird der Unternehmenswert geschätzt, der in ▶Kapitel 2 als

$$\text{Unternehmenswert} = \text{Marktwert des Eigenkapitals} + \text{Schulden} - \text{liquide Mittel} \tag{9.17}$$

---

7 Der Unterschied der Wachstumsraten je Aktie und des Gesamtgewinns ergibt sich aus der „Rückkaufrendite" von Titan in Höhe von (20 % × USD 860 Millionen : 217 Millionen Aktien) : (USD 79,26/Aktie) = 1 %. Tatsächlich wird Titan bei einem erwarteten Aktienkurs von USD 79,26 × 1,085 = USD 86,00 im nächsten Jahr 20 % × USD 860 Millionen : (USD 86 pro Aktie) = 2 Millionen Aktien zurückkaufen. Durch den Rückgang der Anzahl der Aktien von 217 Millionen auf 215 Millionen wächst das EPS um den Faktor 1,075 × (217 : 215) = 1,085 oder 8,5 %.

definiert wurde.[8] Der Unternehmenswert ist der Wert des dem Unternehmen zugrunde liegenden Geschäfts, der nicht durch Schulden belastet und von allen liquiden Mitteln und handelbaren Wertpapieren getrennt ist. Der Unternehmenswert kann als Nettokosten des Erwerbs des Eigenkapitals des Unternehmens unter Verwendung seiner liquiden Mittel und Rückzahlung sämtlicher Schulden und somit als Besitz des nicht verschuldeten Unternehmens interpretiert werden. Der Vorteil des DFCF-Modells besteht darin, dass es uns die Bewertung eines Unternehmens erlaubt, ohne zunächst explizit die Dividenden, die Aktienrückkäufe oder den Einsatz von Fremdkapital zu prognostizieren.

Die Bewertung des Unternehmens. Wie kann der Unternehmenswert eines Unternehmens geschätzt werden? Zur Schätzung des Wertes des Eigenkapitals des Unternehmens haben wir den Barwert der Gesamtausschüttungen des Unternehmens an die Eigenkapitalgeber berechnet. Desgleichen wird zur Schätzung des Unternehmenswertes der Barwert des *freien Cashflows* (FCF) berechnet, den das Unternehmen zur Auszahlung an alle Investoren, sowohl an Eigen- als auch an Fremdkapitalgeber, zur Verfügung hat. Die Berechnung des freien Cashflows für ein Projekt wurde in ▶Kapitel 88 dargestellt. An dieser Stelle wird nun die gleiche Berechnung für das ganze Unternehmen durchgeführt:

$$\text{Freier Cashflow} = \overbrace{EBIT \times (1 - \tau_c)}^{\textit{Nettoergebnis ohne Fremdkapital}} + \text{Abschreibungen} - \text{Kapitaleinsatz}$$
$$- \text{Steigerungen des Nettoumlaufvermögens} \tag{9.18}$$

Bei der Betrachtung des gesamten Unternehmens ist es natürlich, die **Nettoinvestition** des Unternehmens als dessen die Abschreibungen übersteigenden Kapitaleinsatz zu definieren:

$$\text{Nettoinvestition} = \text{Kapitaleinsatz} - \text{Abschreibungen} \tag{9.19}$$

Wir können Nettoinvestitionen auch als Investitionen interpretieren, mit denen das Wachstum des Unternehmens unterstützt werden soll, das höher ist als für die Beibehaltung des vorhandenen Kapitals erforderlich ist. Mit dieser Definition kann die Formel des freien Cashflows wie folgt umgestellt werden:

$$\text{Freier Cashflow} = EBIT \times (1 - \tau_c) - \text{Nettoinvestition} - \text{Erhöhung des Nettoumlaufvermögens} \tag{9.20}$$

Der freie Cashflow misst die vom Unternehmen erzielten liquiden Mittel bevor Zahlungen an Eigen- und Fremdkapitalgeber in Betracht gezogen werden.

Somit wird der aktuelle Unternehmenswert V_0 durch die Berechnung des Barwerts des freien Cashflows des Unternehmens geschätzt, genau wie der Wert eines Projektes durch die Berechnung des Kapitalwertes des freien Cashflows des Projektes bestimmt wird:

Free-Cashflow-Diskontierungsmodell

$$V_0 = BW(\text{zukünftiger freier Cashflow des Unternehmens}) \tag{9.21}$$

Bei gegebenem Unternehmenswert kann der Aktienkurs unter Verwendung von ▶Gleichung 9.17 aufgelöst nach dem Wert des Eigenkapitals durch anschließendes Dividieren durch die Gesamtzahl der ausstehenden Aktien geschätzt werden:

$$P_0 = \frac{V_0 + \text{liquide Mittel}_0 - \text{Schulden}_0}{\text{ausstehende Aktien}_0} \tag{9.22}$$

Intuitiv besteht der Unterschied zwischen dem DFCF-Modell und dem Dividendendiskontierungsmodell darin, dass bei Letzterem die liquiden Mittel und die Schulden indirekt durch die Auswirkungen von Zinserträgen und -aufwendungen auf den Gewinn berücksichtigt werden. Beim DFCF-

---

8 Genau genommen bezeichnen wir hier mit liquiden Mitteln diejenigen liquiden Mittel des Unternehmens über dessen Working Capital-Bedarf hinaus. Hierbei handelt sich um die Mittel, die das Unternehmen zum Marktzinssatz investiert hat.

Modell werden Zinsertrag und Zinsaufwand ignoriert (der freie Cashflow beruht auf dem EBIT), anschließend allerdings in ▶Gleichung 9.22 direkt um liquide Mittel und Schulden bereinigt.

Die Umsetzung des Modells. Der wesentliche Unterschied zwischen dem DFCF-Modell und den von uns betrachteten früheren Modellen liegt im Diskontierungssatz. In den früheren Berechnungen wurden die Eigenkapitalkosten des Unternehmens r_E verwendet, da die Cashflows an die Eigenkapitalgeber abgezinst wurden. In diesem Fall wird der freie Cashflow, der sowohl an die Eigen- als auch an die Fremdkapitalgeber gezahlt wird, diskontiert. Daher sollte der mit r_{WACC} bezeichnete, **gewichtete durchschnittliche Kapitalkostensatz (WACC)** des Unternehmens verwendet werden. Dieser entspricht den durchschnittlichen Kapitalkosten, die das Unternehmen allen Investoren, sowohl Eigen- als auch Fremdkapitalgebern, zahlen muss. Hat das Unternehmen keine Schulden, so gilt $r_{WACC} = r_E$. Hat sich das Unternehmen allerdings verschuldet, entspricht r_{WACC} dem Durchschnitt der Fremd- und Eigenkapitalkosten des Unternehmens. In diesem Fall gilt: Da Fremdkapital weniger risikobehaftet ist als Eigenkapital, ist r_{WACC} im Allgemeinen niedriger als r_E. Der WACC kann auch dahingehend ausgelegt werden, dass er das durchschnittliche Risiko sämtlicher Investitionen des Unternehmens widerspiegelt. Methoden zur Berechnung des WACC werden detailliert in ▶TEIL IV und TEIL V des Lehrbuchs dargestellt.

Mit dem gewichteten durchschnittlichen Kapitalkostensatz des Unternehmens wird das DFCF-Modell sehr ähnlich dem Dividendendiskontierungsmodell umgesetzt. Der freie Cashflow des Unternehmens wird bis zu einem bestimmten Betrachtungshorizont zusammen mit einem End- bzw. Fortführungswert des Unternehmens prognostiziert:

$$V_0 = \frac{FCF_1}{1 + r_{WACC}} + \frac{FCF_2}{(1 + r_{WACC})^2} + ... + \frac{FCF_N + V_N}{(1 + r_{WACC})^N} \tag{9.23}$$

Häufig wird der Endwert geschätzt, indem eine konstante langfristige Wachstumsrate g_{FCF} für freie Cashflows über das Jahr N hinaus angenommen wird, sodass gilt:

$$V_N = \frac{FCF_{N+1}}{r_{WACC} - g_{FCF}} = \left(\frac{1 + g_{FCF}}{r_{WACC} - g_{FCF}} \right) \times FCF_N \tag{9.24}$$

Die langfristige Wachstumsrate g_{FCF} beruht typischerweise auf der erwarteten langfristigen Wachstumsrate der Erlöse des Unternehmens.

Beispiel 9.7:   Die Bewertung von Kenneth Cole mithilfe des freien Cashflows

Fragestellung

Kenneth Cole (KCP) hatte im Jahr 2005 einen Umsatz von USD 518 Millionen. Sie erwarten, dass der Umsatz des Unternehmens im Jahr 2006 mit einer Rate von 9 % wächst, dass sich diese Wachstumsrate bis zum Jahr 2011 jedoch um 1 % pro Jahr auf eine langfristige Wachstumsrate für die Bekleidungsindustrie von 4 % verlangsamen wird. Auf Grundlage der Rentabilität und des Investitionsbedarfs von KCP in der Vergangenheit erwarten Sie zudem, dass sich das EBIT auf 9 % des Umsatzes belaufen wird, dass die Erhöhung des Bedarfs an Nettoumlaufvermögen 10 % einer Umsatzsteigerung betragen und dass sich die Nettoinvestitionen (der die Abschreibungen übersteigende Kapitaleinsatz) auf 8 % einer Umsatzsteigerung belaufen werden. Wie lautet Ihre Schätzung des Wertes der KCP-Aktie zu Beginn des Jahres 2006, wenn KCP über liquide Mittel von USD 100 Millionen verfügt, Schulden von USD 3 Millionen hat sowie 21 Millionen ausstehende Aktien, einen Steuersatz von 37 % und einen gewichteten durchschnittlichen Kapitalkostensatz von 11 % aufweist?

Lösung

Mithilfe der ▶Gleichung 9.20 kann der zukünftige freie Cashflow von KCP auf der Grundlage der obigen Schätzungen wie folgt geschätzt werden:

Jahr		2005	2006	2007	2008	2009	2010	2011
FCF Prognose (USD Millionen)								
1	Umsatz	518,0	564,6	609,8	652,5	691,6	726,2	755,3
2	Wachstum gegenüber Vorjahr		9,0 %	8,0 %	7,0 %	6,0 %	5,0 %	4,0 %
3	**EBIT (9 % des Umsatzes)**		50,8	54,9	58,7	62,2	65,4	68,0
4	Minus: Einkommenssteuer (37 % EBIT)		−18,8	−20,3	−21,7	−23,0	−24,2	−25,1
5	Minus: Nettoinvestition (8 % Δ Umsatz)		−3,7	−3,6	−3,4	−3,1	−2,8	−2,3
6	Minus: Änderung NUV (10 % Δ Umsatz)		−4,7	−4,5	−4,3	−3,9	−3,5	−2,9
7	**Freier Cashflow**		23,6	26,4	29,3	32,2	35,0	37,6

Da Sie erwarten, dass der freie Cashflow von KCP nach 2011 mit einer konstanten Rate wächst, kann die ▶Gleichung 9.24 zur Berechnung eines Unternehmensendwertes herangezogen werden:

$$V_{2011} = \left(\frac{1 + g_{FCF}}{r_{WACC} - g_{FCF}} \right) \times FCF_{2011} = \left(\frac{1,04}{0,11 - 0,04} \right) \times 37,6 = \text{USD } 558,6 \text{ Millionen}$$

Nach ▶Gleichung 9.23 entspricht der aktuelle Unternehmenswert von KCP dem Barwert seiner freien Cashflows zuzüglich des Unternehmensendwerts:

$$V_0 = \frac{23,6}{1,11} + \frac{26,4}{1,11^2} + \frac{29,3}{1,11^3} + \frac{32,2}{1,11^4} + \frac{35,0}{1,11^5} + \frac{37,6 + 558,6}{1,11^6} = \text{USD } 424,8 \text{ Millionen}$$

Nun kann der Wert einer Aktie von KCP mithilfe von ▶Gleichung 9.22 geschätzt werden:

$$P_0 = \frac{424,8 + 100 - 3}{21} = \text{USD } 24,85$$

Verbindung zur Investitionsplanung. Zwischen dem DFCF-Modell und der in ▶Kapitel 3 eingeführten Kapitalwertregel der Investitionsplanung besteht eine wichtige Verbindung: Da der freie Cashflow des Unternehmens der Summe der freien Cashflows aus den gegenwärtigen und zukünftigen Investitionen des Unternehmens entspricht, kann der Unternehmenswert als Gesamtkapitalwert, den das Unternehmen aus der Fortführung bestehender Projekte und dem Beginn neuer Projekte erzielen wird, interpretiert werden. Der Kapitalwert eines einzelnen Projektes ist daher dessen Beitrag zum Unternehmenswert. Zur Maximierung des Aktienkurses des Unternehmens sollten nur Projekte mit positivem Kapitalwert eingegangen werden.

Aus ▶Kapitel 88 ist bereits bekannt, dass zur Schätzung der freien Cashflows eines Projektes viele Prognosen und Schätzungen notwendig sind. Das Gleiche trifft auch auf das Unternehmen zu: Der zukünftige Umsatz, die zukünftigen betrieblichen Aufwendungen, Steuern, der Kapitalbedarf und weitere Faktoren müssen prognostiziert werden. Einerseits gibt uns die Schätzung der freien Cashflows auf diese Art und Weise die Flexibilität, viele Einzelheiten der zukünftigen Perspektiven des Unternehmens zu berücksichtigen. Andererseits unterliegt jede Annahme unweigerlich einer gewissen Unsicherheit. Deshalb ist die Durchführung einer Sensitivitätsanalyse wie in ▶Kapitel 88 beschrieben wichtig, um diese Unsicherheit durch die Spannbreite potenzieller Werte für die Aktie zu beschreiben.

Beispiel 9.8:   Sensitivitätsanalyse zur Aktienbewertung

Fragestellung

Im ▶Beispiel 9.7 wurde angenommen, dass sich die Umsatzwachstumsrate im Jahr 2006 auf 9 % beläuft und sich dann auf eine langfristige Wachstumsrate von 4 % verringert. Wie würde sich Ihre Schätzung des Wertes der Aktie ändern, wenn ab dem Jahr 2006 von einer Umsatzsteigerung um 4 % ausgegangen wird? Wie würde sich die Schätzung ändern, wenn überdies erwartet wird, dass sich das EBIT auf 7 % statt auf 9 % des Umsatzes beläuft?

Lösung

Bei einer Umsatzsteigerung von 4 % und einer EBIT-Marge von 9 % erzielt KCP im Jahr 2006 einen Umsatz von 518 × 1,04 = USD 538,7 Millionen und ein EBIT von 9 % (538,7) = USD 48,5 Millionen. Bei dem gegebenen Anstieg des Umsatzes von 538,7 − 518,0 = USD 20,7 Millionen erwarten wir Nettoinvestitionen von 8 % (20,7) = USD 1,7 Millionen und ein zusätzliches Nettoumlaufvermögen von 10 % (20,7) = USD 2,1 Millionen. Damit beträgt der erwartete FCF von KCP im Jahr 2006:

$$FCF_{06} = 48,5 \ (1 - 0,37) - 1,7 - 2,1 = \text{USD } 26,8 \text{ Millionen}$$

Da ein konstantes Wachstum von 4 % erwartet wird, können wir den Unternehmenswert von KCP als wachsende ewige Rente schätzen:

$$V_0 = \text{USD } 26,8 : (0,11 - 0,04) = \text{USD } 383 \text{ Millionen}$$

bei einem anfänglichen Aktienwert von $P_0 = (383 + 100 - 3) : 21 = \text{USD } 22,86$. Damit wird beim Vergleich dieses Ergebnisses mit dem Ergebnis aus ▶Beispiel 9.7 deutlich, dass ein höheres anfängliches Umsatzwachstum von 9 % gegenüber 4 % einen Beitrag von ca. USD 2 zum Wert der Aktien von KCP leistet.

Wenn wir überdies erwarten, dass die EBIT-Marge von KCP sich nur auf 7 % beläuft, würde bei einem Unternehmenswert von $V_0 = \text{USD } 20 : (0,11 - 0,04) = \text{USD } 286 \text{ Millionen}$ und einem Aktienwert von $P_0 = (286 + 100 - 3) : 21 = \text{USD } 18,24$ die Schätzung des FCF auf

$$FCF_{06} = (0,07 \times 538,7) \ (1 - 0,37) - 1,7 - 2,1 = \text{USD } 20,0 \text{ Millionen}$$

sinken. Somit wird deutlich, dass bei diesem Szenario durch die Aufrechterhaltung einer EBIT-Marge von 9 % gegenüber 7 % ein Beitrag zum Aktienwert von KCP in Höhe von mehr als USD 4,50 geleistet wird.

In ▶Abbildung 2.2 werden die verschiedenen bis hierher erörterten Bewertungsmethoden zusammengefasst. Der Wert der Aktie wird durch den Barwert ihrer zukünftigen Dividenden bestimmt. Die Marktkapitalisierung des Eigenkapitals des Unternehmens kann aus dem Barwert der gesamten Ausschüttungen des Unternehmens aus Dividenden und Aktienrückkäufen geschätzt werden. Schließlich wird der Unternehmenswert des betreffenden Unternehmens durch den Barwert des freien Cashflows des Unternehmens bestimmt, der den liquiden Mitteln entspricht, mit denen das Unternehmen Zahlungen an Eigen- und Fremdkapitalgeber leisten kann.

Der Barwert ...	bestimmt ...
der Dividendenzahlungen	den Aktienkurs.
der Gesamtausschüttungen (sämtliche Dividenden und Aktienrückkäufe)	den Eigenkapitalwert.
des freien Cashflows (die für Zahlungen an alle Wertpapierinhaber verfügbaren Barmittel)	den Unternehmenswert.

Abbildung 9.2: Vergleich der Modelle des diskontierten Cashflows zur Aktienbewertung. Der Wert der Aktien, der Gesamtwert des Eigenkapitals des Unternehmens oder der Unternehmenswert kann durch die Berechnung des Barwertes der Dividenden, der Gesamtausschüttungen oder der freien Cashflows des Unternehmens geschätzt werden.

Verständnisfragen

1. Wie unterscheidet sich die beim Total-Payout-Modell verwendete Wachstumsrate von der beim Dividendendiskontierungsmodell verwendeten Wachstumsrate?

2. Was ist der Gesamtunternehmenswert eines Unternehmens?

3. Wie kann der Aktienkurs eines Unternehmens auf der Grundlage seiner prognostizierten freien Cashflows geschätzt werden?

9.4 Die Bewertung auf der Grundlage vergleichbarer Unternehmen

Bisher wurde ein Unternehmen oder dessen Aktien durch die Betrachtung der erwarteten zukünftigen Cashflows oder Zahlungen an den Aktionär bewertet. Das Gesetz des einheitlichen Preises besagt dann, dass der Wert gleich dem Barwert der zukünftigen Cashflows oder Zahlungen ist, da der Barwert der Betrag ist, der anderweitig auf dem Markt investiert werden müsste, um Cashflows mit gleichem Risiko nachzubilden.

Eine weitere Anwendungsmöglichkeit des Gesetzes des einheitlichen Preises liegt in der Multiplikatormethode. Bei der **Multiplikatormethode** wird statt der direkten Bewertung der Cashflows des Unternehmens der Wert des Unternehmens auf der Grundlage des Wertes anderer, vergleichbarer Unternehmen oder Investitionen geschätzt, von denen erwartet wird, dass sie in der Zukunft zu sehr ähnlichen Cashflows führen. Beispielsweise betrachten wir den Fall eines neuen Unternehmens, das *identisch* zu einem bestehenden börsennotierten Unternehmen ist. Wenn diese Unternehmen identische Cashflows erzielen, besagt das Gesetz des einheitlichen Preises, dass wir den Wert des bestehenden Unternehmens zur Bestimmung des Wertes des neuen Unternehmens verwenden können.

In der Realität gibt es natürlich keine identischen Unternehmen: Selbst zwei Unternehmen derselben Branche, die gleichartige Produkte verkaufen, dürften, auch wenn sie sich in vielerlei Hinsicht sehr ähneln, eine unterschiedliche Größe aufweisen. In diesem Abschnitt werden Möglichkeiten der Berücksichtigung von Größenunterschieden zur Bewertung von Unternehmen mit ähnlicher Geschäftstätigkeit mithilfe von Multiplikatoren betrachtet und anschließend die Stärken und Schwächen dieses Ansatzes erörtert.

Bewertungsmultiplikatoren

Die Größenunterschiede von Unternehmen können berücksichtigt werden, indem ihr Wert durch einen **Bewertungsmultiplikator** ausgedrückt wird, der das Verhältnis des Wertes zu einem Maß der Größe des Unternehmens ist. Zur Verdeutlichung betrachten wir die Bewertung eines Bürogebäudes: Ein verwendbares natürliches Maß wäre der Preis pro Quadratmeter anderer, vor Kurzem in dem Gebiet verkaufter Gebäude. Durch Multiplikation der Größe des betrachteten Bürogebäudes mit dem durchschnittlichen Preis pro Quadratmeter wird normalerweise eine hinreichende Schätzung des

Wertes des Gebäudes ermittelt. Dieses Konzept kann auch auf Aktien angewendet werden, indem die Quadratmeterzahl durch ein angemesseneres Maß der Größe des Unternehmens ersetzt wird.

Das Kurs-Gewinn-Verhältnis. Das in ▸Kapitel 2 vorgestellte Kurs-Gewinn-Verhältnis (price earnings ratio, PER) ist der am häufigsten verwendete Bewertungsmultiplikator. Das KGV eines Unternehmens ist gleich dem Aktienkurs geteilt durch den Gewinn je Aktie. Die unmittelbar einsichtige Erkenntnis, die der Verwendung des KGV zugrunde liegt, ist, dass beim Kauf einer Aktie gewissermaßen die Rechte an den zukünftigen Gewinnen des Unternehmens gekauft werden. Da Unterschiede bezüglich der Höhe der Gewinne eines Unternehmens wahrscheinlich weiter bestehen, sollte der Anleger bereit sein, für eine Aktie mit höheren aktuellen Gewinnen proportional mehr zu zahlen. Damit können wir den Wert der Aktie eines Unternehmens schätzen, indem sein aktueller Gewinn je Aktie (earnings per share, EPS) mit dem durchschnittlichen KGV vergleichbarer Unternehmen multipliziert wird.

Zur Interpretation des KG-Multiplikators betrachten wir die in ▸Gleichung 9.6 für den Fall des konstanten Dividendenwachstums hergeleitete Aktienkursgleichung: $P_0 = Div_1 : (r_E - g)$. Dividieren wir beide Seiten dieser Gleichung durch EPS_1, erhalten wir folgende Gleichung:

$$\text{Forward } P/E = \frac{P_0}{EPS_1} = \frac{Div_1 / EPS_1}{r_E - g} = \frac{\text{Dividendenausschüttungsquote}}{r_E - g} \tag{9.25}$$

▸Gleichung 9.25 gibt eine Formel für das sogenannte **Forward KGV** des Unternehmens. Dies entspricht dem auf der Grundlage der **Forward Earnings** des Unternehmens (des erwarteten Gewinn über die nächsten zwölf Monate) berechneten KG-Multiplikator. Überdies kann mithilfe der **Trailing Earnings** (des Gewinns der vorangegangenen zwölf Monate) auch das **Trailing KGV** eines Unternehmens berechnet werden.[9] Für Bewertungszwecke wird das Forward KGV bevorzugt, da das Interesse an zukünftigen Gewinnen am größten ist.[10]

▸Gleichung 9.25 impliziert, dass zwei Aktien, wenn sie die gleiche Ausschüttung und die gleichen Wachstumsraten des Gewinns pro Aktie (und damit die gleichen Eigenkapitalkosten) aufweisen, auch das gleiche KGV haben sollten. Überdies zeigt die Gleichung auf, dass Unternehmen und Branchen mit hohen Wachstumsraten beziehungsweise Unternehmen und Branchen, die ihren Investitionsbedarf deutlich übersteigende liquide Mittel generieren, sodass sie hohe Ausschüttungsquoten aufrechterhalten können, auch hohe KG-Multiplikatoren haben sollten.

Beispiel 9.9:   Die Bewertung mithilfe des Kurs-Gewinn-Verhältnisses

Fragestellung

Das Möbelunternehmen Herman Miller Inc. weist einen Gewinn je Aktie von USD 1,38 auf. Schätzen Sie mithilfe des KGV als Bewertungsmultiplikator einen Wert für Herman Miller, wenn das durchschnittliche KGV der Aktien vergleichbarer Möbelhersteller 21,3 beträgt. Welche Annahmen liegen dieser Schätzung zugrunde?

Lösung

Der Aktienkurs für Herman Miller wird durch Multiplikation des Gewinns je Aktie mit dem KGV vergleichbarer Unternehmen geschätzt. Somit gilt: P_0 = USD 1,38 × 21,3 = USD 29,39. Diese Schätzung beruht auf der Annahme, dass Herman Miller ein ähnliches zukünftiges Risiko, ähnliche Ausschüttungsquoten und Wachstumsraten wie vergleichbare Unternehmen der Branche aufweisen wird.

---

9   Unter der Annahme eines Wachstums des Gewinns pro Aktie mit einer Rate g_0 zwischen Zeitpunkt 0 und 1 gilt: Trailing KGV = $P_0 : EPS = (1 + g_0)P_0 : EPS_1 = (1 + g_0)$ (Forward KGV), sodass die Trailing-Multiplikatoren bei wachsenden Unternehmen tendenziell höher sind. Deshalb muss beim Vergleich von Multiplikatoren sichergestellt werden, dass über Unternehmen hinweg einheitlich entweder Trailing- oder Forward-Multiplikatoren verwendet werden.

10 Da wir uns für die dauerhaften Komponenten des Gewinns des Unternehmens interessieren, ist es auch gängige Praxis, einmalige Sonderposten bei der Berechnung eines KGV zu Bewertungszwecken nicht zu berücksichtigen.

Unternehmenswertmultiplikatoren. Auch die Verwendung von Bewertungsmultiplikatoren auf Grundlage des Unternehmenswertes ist gängige Praxis. Wie in ▶Abschnitt 9.3 erörtert wurde, ist die Verwendung des Unternehmenswertes vorteilhaft, wenn wir Unternehmen mit verschiedenen Verschuldungsgraden vergleichen wollen, da der Unternehmenswert den Gesamtwert des dem Unternehmen zugrunde liegenden Geschäfts und nicht nur den Eigenkapitalwert darstellt.

Da der Unternehmenswert den Gesamtwert des Unternehmens vor der Rückzahlung der Schulden darstellt, teilen wir zur Bildung eines angemessenen Multiplikators den Unternehmenswert durch ein Maß des Gewinns oder der Cashflows vor Zinszahlungen. Zu betrachtende, gängige Multiplikatoren sind der Unternehmenswert zu EBIT, EBITDA (Jahresergebnis vor Zinsen, Steuern, Abschreibungen auf Sachanlagen und Abschreibungen auf immaterielle Vermögensgegenstände) und freiem Cashflow. Da der Kapitaleinsatz jedoch von Periode zu Periode deutlich schwanken kann, beispielsweise wenn das Unternehmen zusätzliche Kapazitäten schaffen und in einem Jahr ein neues Werk bauen, dann aber über viele Jahre hinweg die Kapazitäten nicht mehr erweitern muss, stützen sich die meisten Praktiker auf das Verhältnis von Unternehmenswert zum EBITDA als Multiplikator. Aus ▶Gleichung 9.24 folgt bei einem erwarteten konstanten Wachstum des freien Cashflows:

$$\frac{V_0}{EBITDA_1} = \frac{FCF_1 \,/\, EBITDA_1}{r_{WACC} - g_{FCF}} \tag{9.26}$$

Wie im Fall des KG-Multiplikators ist dieser Multiplikator bei Unternehmen mit hohen Wachstumsraten und einem niedrigen Kapitalbedarf höher, sodass der freie Cashflow im Verhältnis zum EBITDA hoch ist.

Beispiel 9.10: Die Bewertung mithilfe des Unternehmenswertmultiplikators

Fragestellung

Rocky Shoes and Boots (RCKY) weist einen Gewinn je Aktie von USD 2,30 und ein EBITDA von USD 30,7 Millionen auf. Überdies hat RCKY 5,4 Millionen ausstehende Aktien und Fremdkapital in Höhe von EUR 125 Millionen (abzüglich liquider Mittel). Sie glauben, die Deckers Outdoor Corporation sei im Hinblick auf das zugrunde liegende Geschäft mit RCKY vergleichbar, doch Deckers hat kein Fremdkapital. Schätzen Sie den Wert der RCKY Aktien mithilfe beider Multiplikatoren, wenn Deckers ein KGV von 13,3 und ein Verhältnis von Unternehmenswert zu EBITDA von 7,4 aufweist. Welche Schätzung ist wahrscheinlich genauer?

Lösung

Mithilfe des KGV von Deckers würden wir einen Aktienkurs P_0 = USD 2,30 × 13,3 = USD 30,59 für RCKY schätzen. Mithilfe des Verhältnisses von Unternehmenswert zu EBITDA würden wir den Unternehmenswert von RCKY auf V_0 = USD 30,7 Millionen × 7,4 = USD 227,2 Millionen schätzen. Danach wird zur Schätzung des Aktienkurses von RCKY das Fremdkapital abgezogen und durch die Anzahl der Aktien dividiert: P_0 = (227,2 − 125) : 5,4 = USD 18,93. Da sich die Verschuldungsgrade der Unternehmen stark unterscheiden, würden wir erwarten, dass die zweite Schätzung, die auf dem Unternehmenswert beruht, zuverlässiger ist.

Andere Multiplikatoren. Auch viele andere Bewertungsmultiplikatoren sind möglich. Die Betrachtung des Unternehmenswertes als Vielfaches des Umsatzes kann hilfreich sein, wenn die Annahme angemessen ist, dass die Unternehmen in der Zukunft ähnliche Margen beibehalten. Bei Unternehmen mit erheblichen materiellen Vermögenswerten wird mitunter das Kurs-Buchwert-Verhältnis je Aktie verwendet. Einige Multiplikatoren sind auch für eine bestimmte Branche spezifisch. So ist es beispielsweise beim Kabelfernsehen angebracht, den Unternehmenswert je Abonnent zu betrachten.

Grenzen des Einsatzes von Multiplikatoren

Wären vergleichbare Unternehmen identisch, würden sich ihre Multiplikatoren exakt entsprechen. Da Unternehmen jedoch nicht identisch sind, hängt der Nutzen eines Bewertungsmultiplikators von der Art der Unterschiede zwischen den Unternehmen ab und von der Sensitivität der Multiplikatoren im Hinblick auf diese Unterschiede.

In ▶Tabelle 9.1 werden mehrere Bewertungsmultiplikatoren für Kenneth Cole sowie für andere Unternehmen der Schuhindustrie zum Januar 2006 dargestellt. Überdies wird auch der Durchschnitt für jeden Multiplikator mit der Spannbreite um den Durchschnitt herum (in Prozent) dargestellt. Im Vergleich zwischen Kenneth Cole und den Durchschnittswerten für die Branche sieht KCP seinem KGV zufolge etwas überbewertet aus (das heißt es wird mit einem höheren KG-Multiplikator gehandelt) und den anderen dargestellten Multiplikatoren zufolge etwas unterbewertet. Für sämtliche Multiplikatoren wird jedoch eine erhebliche Streuung über die Branche hinweg deutlich. Auch wenn das Verhältnis von Unternehmenswert zu EBITDA die geringste Schwankung aufweist, können wir selbst damit nicht erwarten, eine genaue Schätzung des Wertes zu erhalten.

Die Unterschiede in diesen Multiplikatoren sind am wahrscheinlichsten auf unterschiedliche erwartete zukünftige Wachstumsraten, unterschiedliche Rentabilität und Risiko (und damit Kapitalkosten) sowie – im Fall von Puma – auf Unterschiede in den Bilanzierungsvorschriften zwischen Deutschland und den Vereinigten Staaten zurückzuführen. Da die Investoren auf dem Markt wissen, dass solche Unterschiede bestehen, werden die Aktien dementsprechend bewertet. Bei der Bewertung eines Unternehmens mithilfe von Multiplikatoren besteht jedoch keine Klarheit darüber, wie diese Unterschiede anders als durch eine Eingrenzung der Reihe der verwendeten vergleichbaren Unternehmen berücksichtigt werden können.

Somit besteht ein wesentlicher Schwachpunkt der Bewertung über vergleichbare Unternehmen darin, dass die wichtigen Unterschiede zwischen Unternehmen nicht berücksichtigt werden. Ein Unternehmen könnte eine außergewöhnliche Unternehmensführung, ein anderes Unternehmen einen effizienten Fertigungsprozess entwickelt oder sich ein Patent auf eine neue Technologie gesichert haben. Bei der Anwendung eines Bewertungsmultiplikators werden solche Unterschiede ignoriert.

Eine weitere Grenze von Multiplikatoren besteht darin, dass sie nur Informationen über den Wert des Unternehmens *im Hinblick auf* andere Unternehmen in der Vergleichsgruppe bieten. Die Verwendung von Multiplikatoren ist beispielsweise bei der Frage, ob eine ganze Branche überbewertet ist, nicht hilfreich. Dieser Aspekt gewann während des Internet-Booms der späten 1990er-Jahre besondere Bedeutung. Da viele dieser Unternehmen keine positiven Cashflows oder Gewinne erzielten, wurden zu ihrer Bewertung neue Multiplikatoren geschaffen (z.B. das Verhältnis von Kurs zu „Seitenaufrufen"). Während mit diesen Multiplikatoren der Wert eines dieser Unternehmen im Verhältnis zu den anderen gerechtfertigt werden konnte, war es viel schwieriger, die Aktienkurse vieler dieser Unternehmen mithilfe einer realistischen Schätzung der Cashflows und des DFCF-Modells zu erklären.

Tabelle 9.1

Aktienkurse und Multiplikatoren für die Schuhindustrie, Januar 2006

Ticker-symbol	Name	Aktien-kurs (USD)	Marktkapita-lisierung (USD Millionen)	Unterneh-mens-wert (USD Millionen)	KGV	Kurs-Buch-wert	Unterneh-menswert/ Umsatz	Unterneh-menswert/ EBITDA
KCP	Kenneth Cole Productions	26,75	562	465	16,21	2,22	0,90	8,36
NKE	NIKE, Inc.	84,20	21.830	20.518	16,64	3,59	1,43	8,75
PMMAY	Puma AG	312,05	5.088	4.593	14,99	5,02	2,19	9,02
RBK	Reebok International	58,72	3.514	3.451	14,91	2,41	0,90	8,58
WWW	Wolverine World Wide	22,10	1.257	1.253	17,42	2,71	1,20	9,53
BWS	Brown Shoe Company	43,36	800	1.019	22,62	1,91	0,47	9,09
SKX	Sketchers U.S.A.	17,09	683	614	17,63	2,02	0,62	6,88
SRR	Stride Rite Corp.	13,70	497	524	20,72	1,87	0,89	9,28
DECK	Deckers Outdoor Corp.	30,05	373	367	13,32	2,29	1,48	7,44
WEYS	Weyco Group	19,90	230	226	11,97	1,75	1,06	6,66
RCKY	Rocky Shoes & Boots	19,96	106	232	8,66	1,12	0,92	7,55
DFZ	R.G. Barry Corp.	6,83	68	92	9,20	8,11	0,87	10,75
BOOT	LaCrosse Footwear	10,40	62	75	12,09	1,28	0,76	8,30
			Durchschnitt (exkl. KCP)		15,01	2,84	1,06	8,49
			Maximum		+51 %	+186 %	+106 %	+27 %
			Minimum		−42 %	−61 %	−56 %	−22 %

Vergleich mit diskontierten Cashflows

Die Verwendung eines Bewertungsmultiplikators auf der Grundlage vergleichbarer Unternehmen betrachtet man am besten als „verkürztes" Modell des diskontierten Cashflows. Statt die Kapitalkosten und zukünftigen Gewinne oder freie Cashflows eines Unternehmens getrennt zu schätzen, stützen wir uns auf die Bewertung des Wertes anderer Unternehmen mit ähnlichen Zukunftsaussichten durch den Markt. Neben ihrer Einfachheit hat die Multiplikatormethode den Vorteil, dass sie auf den tatsächlichen Preisen realer Unternehmen und nicht auf möglicherweise unrealistischen Prognosen der zukünftigen Cashflows beruht.

Andererseits haben die Modelle des diskontierten Cashflows den Vorteil, dass sie die Berücksichtigung spezifischer Informationen über die Rentabilität, die Kapitalkosten oder das zukünftige Wachstumspotenzial des Unternehmens sowie die Durchführung einer Sensitivitätsanalyse ermöglichen. Da der wahre Treiber des Unternehmenswertes in der Fähigkeit des betreffenden Unternehmens liegt, Cashflows für die Investoren zu generieren, sind die Modelle des diskontierten Cashflows potenziell genauer und aufschlussreicher als die Bewertungsmultiplikatoren.

Aktienbewertungsmodelle: das letzte Wort

Letztlich bietet keine einzelne Methode eine endgültige Lösung im Hinblick auf den wahren Wert einer Aktie. Bei allen Ansätzen müssen Annahmen und Prognosen getroffen werden, die zu unsicher sind, um eine definitive Bewertung des Wertes eines Unternehmens zu ermöglichen. Die meisten Praktiker in der realen Welt setzen deshalb eine Kombination dieser Ansätze ein und vertrauen den Ergebnissen eher, wenn diese über eine Reihe von Methoden hinweg übereinstimmen.

In ▶Abbildung 9.3 werden die Spannbreiten der Werte für Kenneth Cole Productions verglichen, die mithilfe der verschiedenen, in diesem Kapitel erörterten Bewertungsmethoden ermittelt worden sind. Der Aktienkurs von Kenneth Cole in Höhe von USD 26,75 im Januar 2006 liegt innerhalb der mit all diesen Methoden geschätzten Spannbreite. Daher können wir allein auf der Grundlage dieser Anhaltspunkte nicht schlussfolgern, dass die Aktie offensichtlich zu hoch oder zu niedrig bewertet ist.

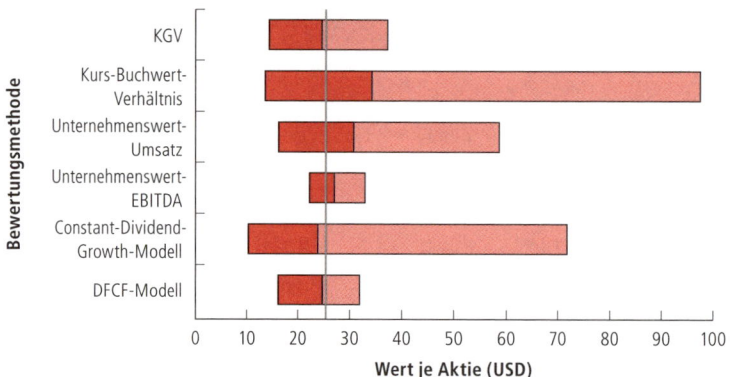

Abbildung 9.3: Spannbreite der Bewertungen der KCP-Aktien mithilfe alternativer Bewertungsmethoden. Die Multiplikatoren beziehen sich auf die Tief-, Höchst- und Durchschnittswerte der vergleichbaren Unternehmen aus ▶Tabelle 9.1. Das Modell des konstanten Dividendenwachstums basiert auf Eigenkapitalkosten von 11 % und Dividendenwachstumsraten von 4 %, 8 % und 10 %, wie am Ende von ▶Abschnitt 9.2 angegeben. Das DFCF-Modell bezieht sich auf ▶Beispiel 9.7. Die Grenzen zwischen den roten und hellroten Bereichen beruhen auf durchschnittlichen Multiplikatoren oder Annahmen des Base Case. Die roten und hellroten Bereiche geben die Unterschiede zum Szenario mit dem niedrigsten Multiplikator/dem Worst Case Szenario und zum Szenario mit dem höchsten Multiplikator/dem Best Case Szenario an. Der tatsächliche Aktienkurs von KCP in Höhe von USD 26,75 wird durch die graue Linie angegeben.

Verständnisfragen

1. Nennen Sie einige häufig verwendete Bewertungsmultiplikatoren.

2. Welche impliziten Annahmen werden bei der Bewertung eines Unternehmens mithilfe von auf vergleichbaren Unternehmen beruhenden Multiplikatoren getroffen?

9.5 Informationen, Wettbewerb und Aktienkurse

Wie in ▶Abbildung 9.4 dargestellt, setzen die in diesem Kapitel beschriebenen Modelle die erwarteten zukünftigen Cashflows des Unternehmens, seine (durch das Risiko bestimmten) Kapitalkosten und den Wert seiner Aktien in Beziehung zueinander. Welche Schlussfolgerungen sollten aber gezogen werden, wenn der tatsächliche Marktpreis einer Aktie nicht mit unserer Schätzung ihres Wertes vereinbar scheint? Ist es wahrscheinlicher, dass die Aktie falsch bewertet ist oder dass uns bei den Schätzungen des Risikos und der zukünftigen Cashflows ein Fehler unterlaufen ist? Dieses Kapitel schließt mit einer Betrachtung dieser Frage sowie den Folgen für Manager von Unternehmen.

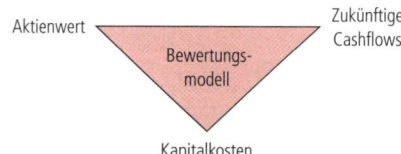

Abbildung 9.4: Das Bewertungsdreieck. Mit Bewertungsmodellen wird die Beziehung zwischen den zukünftigen Cashflows des Unternehmens, seinen Kapitalkosten und dem Wert seiner Aktien bestimmt. Dabei können die erwarteten Cashflows der Aktie und ihre Kapitalkosten zur Bewertung ihres Marktpreises herangezogen werden. Umgekehrt kann der Marktpreis zur Bewertung der zukünftigen Cashflows oder Kapitalkosten des Unternehmens herangezogen werden.

Informationen in Aktienkursen

Betrachten wir folgende Situation: Sie sind als neuer Junior Analyst mit der Analyse der Aktien von Kenneth Cole und der Bewertung der Aktie beauftragt. Sie prüfen eingehend die Jahresabschlüsse des Unternehmens der letzten Jahre, untersuchen die Trends in der Branche und prognostizieren die zukünftigen Gewinne, Dividenden und freien Cashflows des Unternehmens. Sie gehen die Zahlen sorgfältig durch und schätzen den Wert des Unternehmens auf USD 30 pro Aktie. Während Sie unterwegs sind, um Ihrem Chef die Analyse zu präsentieren, treffen Sie im Fahrstuhl auf einen etwas erfahreneren Kollegen. Es stellt sich heraus, dass Ihr Kollege die gleiche Aktie analysiert hat und zu anderen Ansichten gelangt ist. Der Analyse des Kollegen zufolge beträgt der Wert der Aktie nur USD 20. Wie würden Sie nun handeln?

Die meisten Menschen würden in dieser Situation ihre eigene Analyse überdenken. Die Tatsache, dass jemand, der die Aktie sorgfältig analysiert hat, zu einer deutlich anderen Schlussfolgerung gelangt ist, deutet stark darauf hin, dass wir etwas übersehen haben könnten. Angesichts dieser Informationen von unserem Kollegen würden wir wohl unsere Analyse überdenken und unsere Bewertung des Wertes der Aktie nach unten anpassen. Natürlich könnte auch der Kollege seine Meinung auf der Grundlage unserer Bewertung überdenken. Nachdem wir unsere Analysen gemeinsam betrachtet hätten, würden wir wohl letztlich eine übereinstimmende Schätzung irgendwo zwischen USD 20 und USD 30 pro Aktie erhalten, das heißt am Ende dieses Vorgangs wären unsere Ansichten ähnlich.

Diese Art von Begegnung findet auf dem Aktienmarkt an jedem Tag unzählige Male statt. Wenn ein Käufer eine Aktie kaufen will, deutet die Bereitschaft anderer, die gleiche Aktie zu verkaufen, darauf hin, dass sie die Aktie anders bewerten, da nicht *sowohl* der Kapitalwert des Kaufes *als auch* des Verkaufs der Aktien positiv sein können. Somit sollte die Information, dass andere bereit sind zu handeln, dazu führen, dass Käufer und Verkäufer ihre Bewertungen überprüfen. Letztlich handeln die Anleger so lange, bis sie im Hinblick auf den Wert der Aktie übereinstimmen. Also aggregieren die Aktienmärkte die Informationen und Ansichten vieler unterschiedlicher Investoren.

Somit liegt der Unterschied,

a. dass Ihr Bewertungsmodell der Aktie einen Kurs von USD 30 pro Stück beimisst,

b. diese aber zu USD 20 pro Aktie auf dem Markt gehandelt wird,

darin begründet, dass Tausende von Anlegern, von denen viele Experten sind, die Zugriff auf die besten Informationen haben, Ihrer Bewertung nicht zustimmen. Aufgrund dieses Wissens sollten Sie Ihre ursprüngliche Analyse noch einmal überprüfen. An dieser Stelle wäre ein sehr überzeugender Grund nötig, um der eigenen Schätzung angesichts solcher gegenteiliger Meinungen trauen zu können.

Welche Schlussfolgerung können wir aus dieser Diskussion ziehen? Es sei an ▶ Abbildung 9.4 erinnert, in der mit einem Bewertungsmodell die zukünftigen Cashflows des Unternehmens, seine Kapitalkosten und sein Aktienkurs miteinander verbunden werden. Mit anderen Worten bedeutet dies: Bei genauen Informationen über zwei dieser Variablen ermöglicht das Bewertungsmodell Schlussfolgerungen über die dritte Variable. Damit hängt die Art und Weise, wie wir ein Bewertungsmodell einsetzen, von der Qualität unserer Informationen ab: Das Modell sagt das meiste über die Variable aus, für die unsere früheren Informationen am wenigsten zuverlässig waren.

Bei börsennotierten Unternehmen sollte der Marktpreis der Aktie bereits sehr genaue Informationen liefern, da diese die Ansichten einer Vielzahl von Anlegern zusammenfassen. In den meisten Situationen wird deshalb am besten ein Bewertungsmodell so angewandt, dass es auf der Grundlage des aktuellen Aktienkurses Aussagen über die zukünftigen Cashflows oder Kapitalkosten eines Unternehmens trifft. Eine weitere Bewertung des Aktienkurses wäre nur in dem vergleichsweise seltenen Fall sinnvoll, in dem wir über bestimmte, bessere Informationen als andere Anleger über die Cashflows und die Kapitalkosten des Unternehmens verfügen.

Beispiel 9.11: Die Verwendung der in Marktpreisen enthaltenen Informationen

Fragestellung

Tecnor Industrial S.A. zahlt in diesem Jahr eine Dividende von EUR 5 pro Aktie. Seine Eigenkapitalkosten betragen 10 % und Sie erwarten, dass die Dividende mit einer Rate von circa 4 % pro Jahr zunimmt. Sie sind allerdings etwas unsicher im Hinblick auf die genaue Wachstumsrate. Wie würden Sie Ihre Meinung bezüglich der Dividendenwachstumsrate anpassen, wenn die Tecnor-Aktie aktuell zu einem Kurs von EUR 76,92 pro Aktie gehandelt wird?

Lösung

Bei Anwendung des Modells des konstanten Dividendenwachstums mit einer Wachstumsrate von 4 % würden wir einen Aktienkurs $P_0 = 5 : (0{,}10 - 0{,}04) =$ EUR 83,33 pro Aktie schätzen. Der Marktpreis von EUR 76,92 bedeutet allerdings, dass die meisten Investoren erwarten, dass die Dividenden etwas langsamer wachsen werden. Nehmen wir nun auch weiter eine konstante Wachstumsrate an, können wir mithilfe von ▶Gleichung 9.7 nach der mit dem aktuellen Marktpreis übereinstimmenden Wachstumsrate auflösen:

$$g = r_E - Div_1 : P_0 = 10\ \% - 5 : 76{,}92 = 3{,}5\ \%$$

Somit sollten wir bei diesem Marktpreis für die Aktie unsere Erwartungen im Hinblick auf die Dividendenwachstumsrate senken, sofern wir keine sehr überzeugenden Gründe haben, unserer eigenen Schätzung zu trauen.

Wettbewerb und effiziente Märkte

Die Vorstellung, dass Märkte die Informationen vieler Investoren aggregieren und dass diese Informationen in den Wertpapierkursen widergespiegelt werden, ist eine natürliche Folge des Wettbewerbs unter Investoren. Wenn Informationen verfügbar wären, die angeben, dass der Kauf einer Aktie einen positiven Kapitalwert hat, so würden sich Investoren, die über diese Informationen verfügen, für den Kauf der Aktie entscheiden. Ihre Bemühungen die Aktie zu kaufen, würden dann den Aktienkurs nach oben treiben. Einer ähnlichen Logik zufolge würden Investoren, die über die Information verfügen, dass der Verkauf einer Aktie einen positiven Kapitalwert hat, diese Aktie verkaufen und der Kurs der Aktie würde fallen.

Die Vorstellung, dass der Wettbewerb unter Anlegern die Folge hat, dass *alle* Handelsmöglichkeiten mit positivem Kapitalwert eliminiert werden, wird die **Hypothese effizienter Märkte** (efficient markets hypothesis, EMH) genannt. Nach dieser Hypothese wird für Wertpapiere auf der Grundlage ihrer zukünftigen Cashflows und aller den Investoren verfügbaren Informationen ein angemessener Preis gebildet.

Das der Hypothese effizienter Märkte zugrunde liegende Prinzip ist der Wettbewerb. Was geschieht, wenn neue Informationen verfügbar werden, die den Wert des Unternehmens beeinflussen? Die Wettbewerbsintensität und damit die Richtigkeit der Hypothese effizienter Märkte hängen von der Anzahl der Anleger ab, die über diese Informationen verfügen. Im Folgenden sollen zwei wichtige Fälle betrachtet werden.

Öffentlich verfügbare und leicht zu interpretierende Informationen. Für alle Investoren verfügbare Informationen sind Informationen in Nachrichtenmeldungen, Jahresabschlüssen, Pressemitteilungen der Unternehmen oder in anderen öffentlichen Datenquellen. Können die Auswirkungen dieser Informationen auf die zukünftigen Cashflows des Unternehmens leicht festgestellt werden, dann können alle Investoren die Auswirkungen dieser Informationen auf den Wert des Unternehmens bestimmen.

In dieser Situation sind ein starker Wettbewerb unter den Anlegern sowie eine beinahe sofortige Reaktion des Aktienkurses auf solche Meldungen zu erwarten. Dabei können einige Investoren unter Umständen durch Glück eine geringe Anzahl von Aktien handeln, ehe sich der Preis völlig anpasst. Die meisten Investoren würden allerdings feststellen, dass der Aktienkurs bereits die neuen Informationen wiedergibt, bevor sie darauf reagieren konnten. Mit anderen Worten bedeutet dies, dass wir erwarten, dass die Hypothese effizienter Märkte in Bezug auf diese Art von Informationen uneingeschränkt zutrifft.

Beispiel 9.12: Reaktionen des Aktienkurses auf öffentlich verfügbare Informationen

Fragestellung

Myox Labs gibt bekannt, dass es aufgrund möglicher Nebenwirkungen eines seiner führenden Medikamente vom Markt nimmt. Infolgedessen sinkt für die nächsten zehn Jahre der erwartete zukünftige freie Cashflow jährlich um EUR 85 Millionen. Myox Labs hat 50 Millionen ausstehende Aktien, keine Schulden und Eigenkapitalkosten von 8 %. Was würde mit dem Myox-Aktienkurs nach dieser Meldung passieren, wenn sie für die Investoren völlig überraschend käme?

Lösung

In diesem Fall kann die Methode des abgezinsten freien Cashflows verwendet werden. Ohne Schulden gilt $r_{WACC} = r_E = 8$ %. Mithilfe der Annuitätenformel kann bestimmt werden, dass durch den Rückgang des erwarteten freien Cashflows der Unternehmenswert von Myox wie folgt sinkt:

$$\text{EUR 85 Millionen} \times \frac{1}{0{,}08}\left(1 - \frac{1}{1{,}08^{10}}\right) = \text{EUR 570 Millionen}$$

Der Aktienkurs sollte daher um EUR 570 : 50 = EUR 11,40 pro Aktie sinken. Da diese Nachricht öffentlich zugänglich ist und die Auswirkungen auf den erwarteten freien Cashflow des Unternehmens klar sind, würden wir erwarten, dass der Aktienkurs beinahe sofort um diesen Betrag sinkt.

Private oder schwer zu interpretierende Informationen. Einige Informationen sind nicht öffentlich verfügbar. Beispielsweise investiert ein Analyst unter Umständen Zeit und Mühe in das Einholen von Informationen von den Mitarbeitern, Konkurrenten, Lieferanten oder Kunden eines Unternehmens, die für die zukünftigen Cashflows des Unternehmens wichtig sind. Diese Informationen stehen anderen Investoren, die nicht ähnlich aufwändig Informationen gesammelt haben, nicht zur Verfügung.

Auch wenn Informationen öffentlich verfügbar sind, können sie schwer zu interpretieren sein. So kann es beispielsweise für Laien in diesem Bereich schwer sein, Forschungsberichte zu neuen Technologien zu interpretieren. Die Konsequenzen einer hochkomplexen Geschäftstransaktion völlig zu verstehen, kann ein hohes Maß an juristischem und bilanztechnischem Fachwissen und Anstrengungen erfordern. Bestimmte Berater kennen die Präferenzen der Verbraucher und die Wahrscheinlichkeit, ob ein Produkt akzeptiert wird, besser. In diesen Fällen ist, selbst wenn die grundlegenden Informationen öffentlich verfügbar sind, die Interpretation, wie diese Informationen die zukünftigen Cashflows des Unternehmens beeinflussen, selbst eine private Information.

Wenn private Informationen in die Hände einer vergleichsweise kleinen Gruppe von Investoren gelangen, können diese Investoren davon profitieren, indem sie ihre Informationen ausnutzen.[11] In diesem Fall trifft die Hypothese der effizienten Märkte im engeren Sinne nicht zu. Beginnen die informierten Investoren allerdings zu handeln, verschieben sich tendenziell die Preise, sodass im Laufe der Zeit die Preise auch ihre Informationen widerspiegeln.

Wenn die Gewinnchancen aus dieser Art von Information hoch sind, dann versuchen auch andere das Expertenwissen zu entwickeln und bringen die zum Erwerb dieses Wissens notwendigen Ressourcen auf. Sind mehr Anleger besser informiert, steigt der Wettbewerb um die Ausnutzung dieser

---

11 Selbst mit privaten Informationen kann es für informierte Investoren schwierig sein, von diesen Informationen zu profitieren, da sie andere finden müssen, die bereit sind, mit ihnen zu handeln: Der Markt für die betreffende Aktie muss ausreichend *liquide* sein. Auf einem liquiden Markt müssen andere Investoren auf dem Markt andere Gründe haben, um zu handeln (z.B. Verkauf von Aktien zum Kauf eines Hauses) und diese müssen somit bereit sein zu handeln, selbst wenn sie mit dem Risiko konfrontiert werden, dass andere Anleger eventuell besser informiert sind. Siehe ▶Kapitel 13 zu weiteren Einzelheiten.

Informationen. Damit sollten wir langfristig erwarten, dass das Ausmaß der „Ineffizienz" am Markt durch die Kosten der Informationsbeschaffung begrenzt ist.

Beispiel 9.13: Reaktionen des Aktienkurses auf private Informationen

Fragestellung

Phenyx Pharmaceuticals hat gerade die Entwicklung eines neuen Medikamentes angekündigt, für das es eine Zulassung durch die Arzneimittelzulassungsbehörde beantragt hat. Bei einer Zulassung steigt der Marktwert von Phenyx durch die zukünftigen Gewinne aus dem neuen Medikament um EUR 750 Millionen oder EUR 15 pro Aktie bei 50 Millionen ausstehenden Aktien. Was würden Sie erwarten, was bei der Bekanntgabe dieser Meldung mit dem Aktienkurs von Phenyx geschieht, wenn die Entwicklung dieses Medikaments für die Investoren überraschend käme und die durchschnittliche Wahrscheinlichkeit einer Zulassung durch die Arzneimittelzulassungsbehörde bei 10 % liegt? Was kann mit dem Aktienkurs im Laufe der Zeit geschehen?

Lösung

Da viele Investoren wissen dürften, dass die Wahrscheinlichkeit einer Zulassung durch die Arzneimittelzulassungsbehörde bei 10 % liegt, sollte der Wettbewerb zu einem sofortigen Anstieg des Aktienkurses um 10 % × EUR 15 = EUR 1,50 pro Aktie führen. Im Laufe der Zeit dürften allerdings die Analysten und Experten auf dem Gebiet ihre eigene Bewertung der wahrscheinlichen Wirksamkeit des Medikaments vornehmen. Wenn sie zu der Schlussfolgerung gelangen, dass das Medikament vielversprechender als der Durchschnitt ist, werden sie beginnen, ihre privaten Informationen zu nutzen und die Aktie zu kaufen. Der Kurs wird dadurch im Laufe der Zeit tendenziell höher. Wenn die Experten jedoch zu der Schlussfolgerung gelangen, dass das Medikament weniger vielversprechend als der Durchschnitt ist, verkaufen sie tendenziell die Aktie und der Kurs wird im Laufe der Zeit sinken. Beispiele für mögliche Entwicklungen des Kurses werden in ▶ Abbildung 9.5 dargestellt. Während diese Anleger unter Umständen ihre überlegenen Informationen nutzen und einen Gewinn erzielen können, können die Aktien für uninformierte Anleger, die nicht wissen, welches Ergebnis eintreten wird, sinken oder fallen, und somit scheint sie für uninformierte Anleger zum Zeitpunkt der Ankündigung fair bewertet.

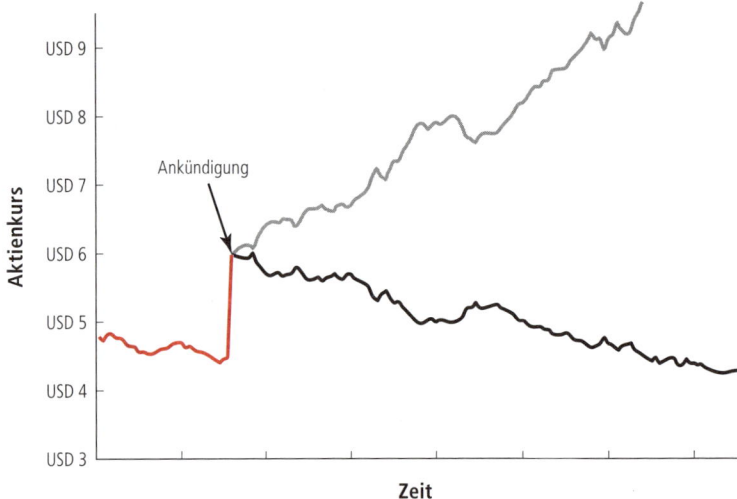

Abbildung 9.5: Mögliche Entwicklungen des Aktienkurses zu Beispiel 9.13. Der Aktienkurs von Phenyx schnellt mit der Mitteilung aufgrund der durchschnittlichen Wahrscheinlichkeit einer Zulassung in die Höhe. Der Aktienkurs steigt dann nach oben (graue Linie) oder fällt nach unten (schwarze Linie), wenn die informierten Anleger auf ihre richtige Bewertung der Wahrscheinlichkeit der Zulassung des Medikaments hin handeln. Da ein uninformierter Anleger nicht weiß, welches Ergebnis eintreten wird, ist der Kurs der Aktie bei der Mitteilung angemessen, auch wenn er im Nachhinein unter- oder überbewertet erscheint.

Lehren für Investoren und Unternehmensmanager

Die Auswirkungen des Wettbewerbs aufgrund von Informationen zu Aktienkursen haben sowohl für Anleger als auch für Unternehmensmanager wichtige Konsequenzen.

Konsequenzen für Investoren. Wie auf anderen Märkten sollten die Investoren nur dann in der Lage sein, Handelsmöglichkeiten mit positivem Kapitalwert auf Wertpapiermärkten zu bestimmen, wenn gewisse Hindernisse oder Einschränkungen des freien Wettbewerbs bestehen. Der Wettbewerbsvorteil eines Investors kann verschiedene Formen aufweisen. Der Investor kann beispielsweise über Fachkenntnisse oder Zugang zu nur wenigen Menschen bekannten Informationen verfügen. Der Anleger kann auch geringere Transaktionskosten als andere Marktteilnehmer haben und so Möglichkeiten nutzen, die andere als nicht rentabel bewerten würden. In jedem Fall muss die Quelle dieser Handelsmöglichkeit mit positivem Kapitalwert schwer zu wiederholen sein, da ansonsten die Gewinne durch den Wettbewerb verloren gehen würden.

Auch wenn die Tatsache, dass Handelsmöglichkeiten mit einem positiven Kapitalwert nur selten auftreten, enttäuschend sein kann, gibt es gute Nachrichten: Wenn der Kurs der Aktien nach unseren Bewertungsmodellen angemessen ist, können die Käufer der Aktien davon ausgehen, dass sie zukünftig Cashflows erhalten, die sie für das Risiko der Investition angemessen entschädigen. Der durchschnittliche Anleger kann somit in solchen Fällen mit Zuversicht investieren, selbst wenn er nicht über alle Informationen verfügt.

Konsequenzen für Manager von Unternehmen. Falls Aktien mit den hier beschriebenen Modellen fair bewertet sind, wird der Wert des Unternehmens durch die Cashflows, die das Unternehmen an seine Investoren zahlen kann, bestimmt. Dieses Ergebnis hat mehrere wichtige Konsequenzen für Unternehmensmanager.

- *Sich auf den Kapitalwert und den freien Cashflow konzentrieren.* Ein Manager, der den Kurs der Aktien seines Unternehmens erhöhen will, sollte Investitionen eingehen, die den Barwert des freien Cashflows des Unternehmens erhöhen. Damit stehen die in ▶Kapitel 88 beschriebenen Methoden der Investitionsplanung völlig mit dem Ziel der Maximierung des Aktienkurses des Unternehmens im Einklang.

- *Bilanzillusion vermeiden.* Viele Manager machen den Fehler, sich auf den Bilanzgewinn und nicht auf freie Cashflows zu konzentrieren. Bei effizienten Märkten beeinflussen die bilanziellen Konsequenzen einer Entscheidung den Wert des Unternehmens nicht direkt und sollten deshalb kein treibender Faktor für die Entscheidungsfindung sein,

- *Finanztransaktionen zur Unterstützung von Investitionen verwenden.* Bei effizienten Märkten kann das Unternehmen seine Aktien zum fairen Kurs an neue Investoren verkaufen. Daher sollte das Unternehmen bei der Kapitalbeschaffung zur Finanzierung von Anlagemöglichkeiten mit positivem Kapitalwert nicht eingeschränkt sein.

Hypothese effizienter Märkte im Vergleich zur Arbitragefreiheit

Zwischen der Hypothese effizienter Märkte und dem in ▶Kapitel 3 eingeführten Konzept des normalen Marktes, das auf dem Konzept der Arbitrage beruht, besteht ein wichtiger Unterschied: Eine Arbitragemöglichkeit ist eine Situation, in der zwei Wertpapiere oder Portfolios mit *identischen* Cashflows verschiedene Preise haben. Da in dieser Situation jeder einen Gewinn erzielen kann, indem er das Wertpapier mit dem niedrigen Preis kauft und das Wertpapier mit dem hohen Preis verkauft, erwarten wir, dass die Investoren diese Möglichkeiten sofort ausnutzen und diese Möglichkeiten dann nicht mehr vorhanden sind. Damit bestehen in einem normalen Markt keine Arbitragemöglichkeiten.

Die Hypothese effizienter Märkte, dass der Kapitalwert der Investition gleich null ist, lässt sich am besten, wie in ▶Gleichung 9.2, im Hinblick auf die Rendite ausdrücken. Wenn der Kapitalwert der Investition gleich null ist, ist der Preis jedes Wertpapiers gleich dem Barwert seiner erwarteten Cashflows, wenn diese zu Kapitalkosten abgezinst werden, die das Risiko widerspiegeln. Somit impliziert die Hypothese effizienter Märkte, dass Wertpapiere mit *gleichwertigem Risiko* auch die gleiche *erwartete Rendite* haben sollten. Deshalb ist die Hypothese effizienter Märkte ohne eine Definition des „gleichwertigen Risikos" unvollständig. Überdies besteht kein Grund zu erwarten, dass die Hypothese effizienter Märkte völlig zutrifft, da die Investoren das Risiko der Wertpapiere *prognostizieren* müssen und diese unterschiedlich bewerten können; deshalb sollte diese Hypothese am besten als idealisierte Annäherung für einen Markt hoher Konkurrenz angesehen werden.

Um die Gültigkeit der Hypothese effizienter Märkte zu prüfen und, wichtiger noch, um die in diesem Kapitel eingeführten Modelle des abgezinsten Cashflows zur Aktienbewertung umzusetzen, brauchen wir eine Theorie, wie die Investoren das Risiko der Investition in ein Wertpapier einschätzen können und wie dieses Risiko die erwartete Rendite des Wertpapiers bestimmt. Die Entwicklung einer solchen Theorie bildet den Gegenstand von ▶TEIL IV, dem nächsten Teil dieses Lehrbuchs.

Kenneth Cole Productions – Was ist geschehen?

Die Prognose der Zukunft ist die größte Herausforderung bei der Bewertung einer Aktie. Häufig treten Ereignisse ein, die dazu führen, dass die Performance des Unternehmens die Erwartungen der Analysten übersteigt oder unterschreitet. Oft handelt es sich dabei um unternehmensspezifische Ereignisse. In anderen Fällen liegen diese Ereignisse außerhalb der Kontrolle des Unternehmens. So konnte beispielsweise niemand das Ausmaß des wirtschaftlichen Zusammenbruchs in den Jahren 2008 und 2009 sowie die Auswirkungen vorhersehen, die dieser auf den Einzelhandel weltweit haben würde. Im Folgenden soll betrachtet werden, was tatsächlich bei Kenneth Cole Productions geschehen ist.

Aufgrund unerwarteter Probleme im Unternehmen war der Rest des Jahres 2006 für KCP schwierig. Trotz starken Wachstums im Großhandelssegment trat im Bereich der Einzelhandelsgeschäfte ein unerwarteter hoher Rückgang des Umsatzes in den Geschäften in Höhe von 13 % ein. Insgesamt stiegen die Einnahmen von KCP 2006 um nur 3,6 %. Dieser Wert lag deutlich unter den Prognosen der Analysten. Aufgrund der Verluste im Einzelhandelssegment sank die EBIT-Marge von KCP unter 7 %.

Nach dem Weggang des Vorstandsvorsitzenden war es für KCP auch schwierig, eine neue Unternehmensführung zu finden. In der Doppelrolle als Vorstandsvorsitzender und Geschäftsführer stand Kenneth Cole, dem Gründer des Unternehmens, weniger Zeit für die kreativen Aspekte der Marke zur Verfügung, worunter das Image der Marke litt. Der Umsatz ging im Jahr 2007 um 4,8 % zurück und die EBIT-Marge sank auf 1 %. Allerdings bestand auch Grund zum Optimismus. Im Frühjahr des Jahres 2008 stellte KCP Jill Granoff, eine ehemalige Geschäftsführerin des Modeunternehmens Liz Claiborne, als neuen geschäftsführenden Vorstand ein.

Der Optimismus währte jedoch nicht lange. Wie viele andere Einzelhandelsunternehmen wurde KCP im Herbst des Jahres 2008 schwer von den Auswirkungen der Finanzkrise getroffen. Das Unternehmen war mit hohen Vorräten belastet und musste die Preise deutlich senken. Am Ende des Jahres war der Umsatz um 3,6 % gesunken. Noch schlimmer war, dass KCP bei einer EBIT-Marge von −2 % Betriebsverluste meldete. Die Analysten prognostizierten, dass das Jahr 2009 mit Umsatzrückgängen von mehr als 8 % und EBIT-Margen von unter −4 % das bis dahin schwierigste Jahr für KCP werden würde.

Aufgrund der schlechten Performance halbierte KCP zu Beginn des Jahres 2008 die Dividende und setzte die Dividendenzahlungen zu Beginn des Jahres 2009 ganz aus. Das Diagramm zeigt den Aktienkurs von KCP von Januar 2006 bis zum Anfang des Jahres 2009. Es wird deutlich, dass die KCP-Anleger in diesem Zeitraum kein gutes Geschäft machten. Die Aktie verlor bis Anfang 2009 mehr als 70 % an Wert, wobei 50 % dieses Verlustes infolge der Finanzkrise eintrat.

Als sich die Wirtschaft im Jahr 2010 erholte, wurde KCP wieder rentabel und die Umsätze stiegen im zweistelligen Bereich. Anfang 2012 machte Kenneth Cole, der Unternehmensgründer, das Angebot das Unternehmen von den Aktionären zu kaufen. Das Geschäft wurde am 25. September 2012 zu einem Preis von USD 15,25 pro Aktie, der noch weit unter dem Wert von Anfang 2006 lag, abgeschlossen. Wichtig ist jedoch zu erkennen, dass wir zwar *jetzt* wissen, dass KCP Anfang 2006 überteuert war, dies jedoch nicht bedeutet, dass der Markt für die KCP-Aktie damals „ineffizient" war. Wie wir schon gesehen haben, war es durchaus möglich, dass der Kurs der KCP-Aktie angemessen war aufgrund der vertretbaren Erwartungen der Anleger hinsichtlich des zukünftigen Wachstums zum damaligen Zeitpunkt. Leider erfüllten sich diese Erwartungen nicht aufgrund von unternehmensinternen Problemen und der schwierigen Lage der Wirtschaft.

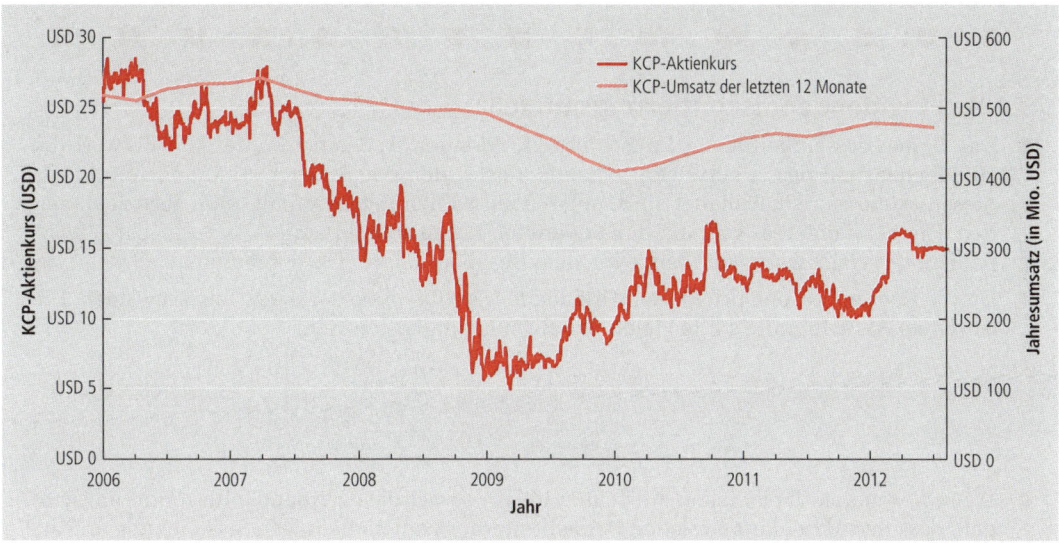

Verständnisfragen

1. Erklären Sie die Hypothese effizienter Märkte.

2. Was sind die Schlussfolgerungen aus der Hypothese effizienter Märkte für Unternehmens-manager?

9.1 Das Dividendendiskontierungsmodell

■ Das Gesetz des einheitlichen Preises besagt, dass der Wert einer Aktie dem Barwert der Dividenden und des zukünftigen Verkaufspreises, den der Anleger erhält, entspricht. Da diese Cashflows risikobehaftet sind, müssen sie zu den Eigenkapitalkosten abgezinst werden. Hierbei handelt es sich um den erwarteten Ertrag anderer am Markt verfügbarer Wertpapiere mit gleichwertigem Risiko wie dem Eigenkapital des Unternehmens.

■ Die Aktienrendite entspricht der Dividendenrendite plus der Kurssteigerungsrate. Die erwartete Aktienrendite sollte gleich den Eigenkapitalkosten sein:

$$r_E = \frac{Div_1 + P_1}{P_0} - 1 = \underbrace{\frac{Div_1}{P_0}}_{\text{Dividendenrendite}} + \underbrace{\frac{P_1 - P_0}{P_0}}_{\text{Kurssteigerungsrate}} \qquad \text{(s. Gleichung 9.2)}$$

■ Wenn Investoren die gleichen Ansichten teilen, besagt das Dividendendiskontierungsmodell, dass der Aktienkurs für jeden Betrachtungshorizont N die folgende Gleichung erfüllt:

$$P_0 = \frac{Div_1}{1 + r_E} + \frac{Div_2}{(1 + r_E)^2} + ... + \frac{Div_N}{(1 + r_E)^N} + \frac{P_N}{(1 + r_E)^N} \qquad \text{(s. Gleichung 9.4)}$$

■ Wenn auf die Aktie schließlich eine Dividende gezahlt wird und nie übernommen wird, besagt das Dividendendiskontierungsmodell, dass der Aktienkurs gleich dem Barwert aller zukünftigen Dividendenzahlungen ist.

9.2 Die Anwendung des Dividendendiskontierungsmodells

■ Das Modell des konstanten Dividendenwachstums nimmt an, dass die Dividenden mit einer konstanten erwarteten Rate g wachsen. In diesem Fall ist g auch die erwartete Kursteigerungsrate und

$$P_0 = \frac{Div_1}{r_E - g} \qquad \text{(s. Gleichung 9.6)}$$

■ Die zukünftigen Dividenden hängen von den Gewinnen, den ausstehenden Aktien und der Dividendenausschüttungsquote ab:

$$Div_t = \underbrace{\frac{\text{Gewinn}_t}{\textit{ausstehende } \text{Aktien}_t}}_{\text{Gewinn je Aktie}_t} \times \text{Dividendenausschüttungsquote}_t \qquad (\text{s. Gleichung 9.8})$$

■ Wenn die Dividendenausschüttungsquote und die Anzahl der ausstehenden Aktien konstant ist und sich die Gewinne nur als Folge neuer Investitionen aus einbehaltenen Gewinnen ändern, wird die Wachstumsrate der Gewinne des Unternehmens, der Dividenden und des Aktienkurses wie folgt berechnet:

$$g = \text{Thesaurierungsquote} \times \text{Rendite der neuen Investition} \qquad \text{(s. Gleichung 9.12)}$$

■ Durch eine Kürzung der Dividenden des Unternehmens zur Steigerung der Investitionen erhöht sich der Aktienkurs nur dann, wenn die neuen Investitionen einen positiven Kapitalwert aufweisen.

- Wenn das Unternehmen nach der Periode $N + 1$ eine langfristige Wachstumsrate g aufweist, kann das Dividendendiskontierungsmodell angewendet und die Formel des Modells des konstanten Dividendenwachstums eingesetzt werden, um den Endwert der Aktie P_N zu schätzen.

- Das Dividendendiskontierungsmodell ist im Hinblick auf die Dividendenwachstumsrate, dessen genaue Schätzung schwierig ist, empfindlich.

9.3 Das Total-Payout-Modell und das Free-Cashflow-Diskontierungsmodell

- Führt das Unternehmen Aktienrückkäufe durch, ist die Verwendung des Total-Payout-Modells zur Bewertung des Unternehmens zuverlässiger. Bei diesem Modell ist der Wert des Eigenkapitals gleich dem Barwert der gesamten zukünftigen Dividenden und Rückkäufe. Zur Bestimmung des Aktienkurses wird der Wert des Eigenkapitals durch die anfängliche Anzahl ausstehender Aktien des Unternehmens dividiert:

$$P_0 = \frac{BW(\text{zukünftige Gesamtdividenden und -rückkäufe})}{\text{ausstehende Aktien}_0} \quad \text{(s. Gleichung 9.16)}$$

- Für die Wachstumsrate der Gesamtausschüttung ist die Wachstumsrate des Gewinns und nicht des Gewinns pro Aktie maßgeblich.

- Hat ein Unternehmen Schulden, so ist die Verwendung des DFCF-Modells zuverlässiger. Bei diesem Modell

  a. kann der zukünftige freie Cashflow des Unternehmens wie folgt geschätzt werden:

  $$\text{Freier Cashflow} = EBIT \times (1 - \tau_c) - \text{Nettoinvestition}$$
  $$- \text{Erhöhung des Nettoumlaufvermögens}$$
  $$\text{(s. Gleichung 9.20)}$$

  wobei die Nettoinvestition gleich dem die Abschreibung übersteigenden Kapitaleinsatz des Unternehmens ist;

  b. ist der Unternehmenswert des Unternehmens (der Marktwert des Eigenkapitals plus Schulden abzüglich überschüssiger liquider Mittel) gleich dem Barwert des zukünftigen freien Cashflows des Unternehmens:

  $$V_0 = BW(\text{zukünftiger freier Cashflow des Unternehmens}) \quad \text{(s. Gleichung 9.21)}$$

  c. werden die Cashflows mithilfe des gewichteten durchschnittlichen Kapitalkostensatzes abgezinst. Hierbei handelt es sich um den erwarteten Ertrag, den das Unternehmen den Investoren zahlen muss, um diese für das Risiko sowohl aus dem Halten der Schulden als auch des Eigenkapitals zu entschädigen;

  d. kann der Unternehmensendwert unter der Annahme geschätzt werden, dass der freie Cashflow mit einer konstanten Rate, die typischerweise der Rate der langfristigen Gewinnsteigerung entspricht, wächst;

  e. wird der Aktienkurs durch Subtrahieren der Schulden und Addieren liquider Mittel zum Unternehmenswert und anschließendes Dividieren durch die anfängliche Anzahl ausstehender Aktien des Unternehmens bestimmt:

  $$P_0 = \frac{V_0 + \text{liquide Mittel}_0 - \text{Schulden}_0}{\text{ausstehende Aktien}_0} \quad \text{(s. Gleichung 9.22)}.$$

9.4 Die Bewertung auf der Grundlage vergleichbarer Unternehmen

- Aktien können auch durch die Verwendung von Bewertungsmultiplikatoren auf der Grundlage vergleichbarer Unternehmen bewertet werden. Zu den häufig für diesen Zweck eingesetzten Multiplikatoren gehören das KG-Verhältnis und das Verhältnis des Unternehmenswertes zum EBITDA. Bei der Verwendung von Multiplikatoren wird davon ausgegangen, dass vergleichbare Unternehmen das gleiche Risiko und das gleiche zukünftige Wachstum wie das bewertete Unternehmen aufweisen.

- Kein Bewertungsmodell bietet einen definitiven Wert für die Aktie. Am besten sollten daher mehrere Methoden verwendet werden, um einen angemessenen Bereich für den Wert festzulegen.

9.5 Informationen, Wettbewerb und Aktienkurse

- Aktienkurse fassen die Informationen vieler Anleger zusammen. Wenn sich also unsere Bewertung nicht mit dem Marktpreis der Aktie vereinbaren lässt, deutet dies am wahrscheinlichsten darauf hin, dass unsere Annahmen im Hinblick auf die Cashflows des Unternehmens falsch sind.

- Durch den Wettbewerb zwischen den Anlegern werden Handelsmöglichkeiten mit positivem Kapitalwert tendenziell beseitigt. Der Wettbewerb ist dann am stärksten, wenn die Informationen öffentlich verfügbar und leicht zu interpretieren sind. Investoren mit nicht öffentlich verfügbaren Informationen können von ihren Informationen profitieren, was sich nur allmählich in den Preisen niederschlägt.

- Die Hypothese effizienter Märkte besagt, dass durch Wettbewerb alle Geschäfte mit positivem Kapitalwert verschwinden. Dies entspricht der Aussage, dass Wertpapiere mit gleichwertigem Risiko auch die gleichen erwarteten Erträge aufweisen.

- An einem effizienten Markt finden Anleger ohne eine Quelle für einen Wettbewerbsvorteil keine Handelsmöglichkeiten mit positivem Kapitalwert. Dagegen erzielt der durchschnittliche Anleger einen angemessenen Ertrag auf seine Anlage.

- An einem effizienten Markt sollten sich die Manager von Unternehmen zur Erhöhung des Aktienkurses auf die Maximierung des Barwertes des freien Cashflows aus den Investitionen des Unternehmens statt auf die bilanziellen Konsequenzen oder die Finanzpolitik konzentrieren.

Z U S A M M E N F A S S U N G

Weiterführende Literatur

Die **Literaturhinweise** zu diesem Kapitel finden Sie auf unserer begleitenden Website zum Buch unter *www.pearson-studium.de.*

Aufgaben

1. Dorpac Corporation weist eine Dividendenrendite von 1,5 % auf. Die Eigenkapitalkosten von Dorpac betragen 8 %. Es wird erwartet, dass die Dividende mit einer konstanten Rate wächst.

   a. Wie hoch ist die erwartete Wachstumsrate der Dividende von Dorpac?

   b. Wie hoch ist die erwartete Wachstumsrate des Aktienkurses von Dorpac?

2. Es wird erwartet, dass die Heavy Metal Corporation über die nächsten fünf Jahre die folgenden freien Cashflows generiert:

Jahren	1	2	3	4	5
FCF (EUR Millionen)	53	68	78	75	82

Es wird angenommen, dass die freien Cashflows mit dem Durchschnitt der Branche von 4 % pro Jahr wachsen werden. Lösen Sie die folgenden Aufgaben unter Verwendung des DFCF-Modells und gewichteter durchschnittlicher Kapitalkosten von 14 %:

a. Schätzen Sie den Unternehmenswert der Heavy Metal Corporation.

b. Schätzen Sie den Aktienkurs des Unternehmens, wenn es keine überschüssigen liquiden Mittel, Schulden in Höhe von EUR 300 Millionen und 40 Millionen ausstehende Aktien hat.

3. Betrachten Sie die folgenden Daten für die Luftfahrtindustrie zum 1. August 2012 (UW = Unternehmenswert, NA = nicht aussagekräftig, da der Divisor negativ ist). Erörtern Sie die Schwierigkeiten der Verwendung von Multiplikatoren zur Bewertung einer Fluggesellschaft.

Name der Gesellschaft	Marktkap.	UW	UW/ Umsatz	UW/ EBITDA	UW/ EBIT	KGV	Kurs-Buchwert
Delta Air Lines	4.799,6	16.887,6	0,7×	15,0×	NA	NA	NA
AMR Corp.	1.296,5	8.743,5	0,4×	17,5×	NA	NA	NA
JetBlue Airways	1.246,9	3.834,9	1,1×	10,4×	25,7×	NA	1,0×
Continental Airlines	1.216,8	4.506,8	0,3×	14,7×	NA	NA	NA
UAL Corp.	701,0	6.192,0	0,3×	NA	NA	NA	NA
Air Tran Holdings	651,3	1.354,7	0,5×	21,7×	NA	NA	2,3×
SkyWest	588,7	1.699,7	0,5×	3,8×	7,5×	6,5×	0,5×
Hawaiian	257,1	262,1	0,2×	1,7×	2,7×	3,6×	NA
Pinnacle Airlines	44,0	699,7	0,8×	6,6×	10,1×	3,4×	1,0×

Quelle: Capital IQ.

4. Mitte des Jahres 2012 hatte die Coca-Cola Company einen Aktienkurs von USD 46. Die Dividende betrug USD 1,52 und Sie erwarten, dass Coca-Cola seine Dividende für immer um ca. 7 % pro Jahr erhöht.

a. Welchen Aktienkurs würden Sie auf der Grundlage Ihrer Schätzung der Dividendenwachstumsrate bei Eigenkapitalkosten der Coca-Cola Company von 8 % erwarten?

b. Was würden Sie bei dem gegebenen Aktienkurs von Coca-Cola über Ihre Bewertung der zukünftigen Dividendsteigerung von Coca-Cola schlussfolgern?

Die **Antworten** zu diesen Fragen finden Sie auf unserer begleitenden Website zum Buch unter *www.pearson-studium.de.*

Zur richtigen Anwendung des Gesetzes des einheitlichen Preises müssen Investitionsmöglichkeiten, die ein gleichwertiges Risiko aufweisen, verglichen werden. In diesem Teil des Lehrbuchs wird erklärt, wie Risiken über Anlagemöglichkeiten hinweg gemessen und verglichen werden können. In ▸Kapitel 10 wird die wesentliche Erkenntnis vorgestellt, dass Anleger nur eine Risikoprämie für das Risiko verlangen, das sie nicht kostenlos durch die Diversifikation ihrer Portfolios eliminieren können. Beim Vergleich von Anlagemöglichkeiten spielt daher nur das nicht diversifizierbare Marktrisiko eine Rolle. Intuitiv betrachtet, besagt diese Erkenntnis, dass die Risikoprämie einer Anlage von der Sensitivität gegenüber dem Marktrisiko abhängt. In ▸Kapitel 11 werden diese Konzepte quantifiziert und die Entscheidungen der Anleger zum optimalen Anlageportfolio hergeleitet. Danach werden die Auswirkungen der Annahme betrachtet, dass alle Anleger ihr Anlageportfolio optimal auswählen. Diese Annahme führt zum *Capital-Asset-Pricing-Modell* (CAPM), dem zentralen Modell der Finanzwirtschaft, mit dem das Konzept des „gleichwertigen Risikos" quantifiziert wird und somit Risiko und Rendite in Beziehung gesetzt werden. In ▸Kapitel 12 werden diese Konzepte angewendet und die praktischen Aspekte der Schätzung der Kapitalkosten für Unternehmen und einzelne Anlageprojekte betrachtet. Schließlich wird in ▸Kapitel 13 das Verhalten von Privatanlegern sowie professioneller Investoren näher betrachtet. Dadurch werden einige Stärken und Schwächen des CAPM sowie Möglichkeiten der Verbindung des CAPM mit dem Prinzip der Arbitragefreiheit deutlich. Dies führt dann zu einem allgemeineren Modell von Risiko und Rendite.

TEIL IV

Risiko und Ertrag

Abkürzungen

- p_R Wahrscheinlichkeit der Rendite R
- $Var(R)$ Varianz der Rendite R
- $SA(R)$ Standardabweichung der Rendite R
- $E[R]$ Erwartungswert der Rendite R
- Div_t zum Zeitpunkt t ausgezahlte Dividende
- P_t Kurs zum Zeitpunkt t
- R_t realisierte Rendite eines Wertpapiers von Zeitpunkt $t-1$ bis t
- $\overline{R}$ durchschnittliche Rendite
- b_s Betafaktor des Wertpapiers s
- r Kapitalkosten einer Anlagemöglichkeit

Kapitalmärkte und die Bewertung des Risikos

10

ÜBERBLICK

Über den Fünfjahreszeitraum von 2003 bis zum Ende des Jahres 2007 erzielten die Anleger von General Mills Inc. eine durchschnittliche Rendite von 7 % pro Jahr. Innerhalb dieses Zeitraums trat allerdings eine gewisse Schwankung auf, da die jährliche Rendite Werte zwischen –1,2 % im Jahr 2003 und knapp 20 % im Jahr 2006 aufwies. Über den gleichen Zeitraum erzielten die Anleger von eBay Inc. eine durchschnittliche Rendite von 25 %. Die Investoren erhielten hier jedoch eine Rendite von über 90 % im Jahr 2003 und –30 % im Jahr 2006. Schließlich erzielten Anleger, die in Schatzwechsel mit einer Laufzeit von drei Monaten investiert hatten, während dieses Zeitraums eine durchschnittliche Rendite von 2,9 %, mit einem Minimum von 1,3 % im Jahr 2004 und einem Maximum von 5 % im Jahr 2007. Es wird deutlich, dass diese drei Investitionen Renditen erzielten, die im Hinblick auf die durchschnittliche Höhe und die Schwankung sehr verschieden waren. Wie erklären sich diese Unterschiede?

Im vorliegenden Kapitel wird erörtert, warum diese Unterschiede bestehen. Unser Ziel ist, eine Theorie zu entwickeln, mit der die Beziehung zwischen der durchschnittlichen Rendite und deren Schwankungen erklärt werden kann, sowie daraus die Risikoprämie abzuleiten, die Investoren für verschiedene Wertpapiere und Investitionen fordern. Mit dieser Theorie wird dann erklärt, wie die Kapitalkosten für eine Anlagemöglichkeit bestimmt werden.

Wir beginnen die Untersuchung der Beziehung zwischen Risiko und Rendite mit der Untersuchung historischer Daten für börsennotierte Wertpapiere. Es wird aufgezeigt, dass Aktien zwar ein höheres Risiko als Anleihen aufweisen, aber auch höhere durchschnittliche Erträge erzielten. Die höhere durchschnittliche Rendite auf Aktien kann als Entschädigung der Investoren für das von ihnen eingegangene höhere Risiko interpretiert werden.

Wir werden jedoch auch feststellen, dass eine Entschädigung nicht für jedes Risiko notwendig ist. Durch ein Portfolio aus vielen verschiedenen Anlagen können die Investoren Risiken eliminieren, die für einzelne Wertpapiere spezifisch sind. Nur die Risiken, die nicht durch ein großes Portfolio diversifiziert werden können, bestimmen die von Investoren geforderte Risikoprämie. Diese Beobachtungen gestatten es uns, die Definition dessen, was das Risiko ausmacht, wie es gemessen werden kann und damit, wie die Kapitalkosten bestimmt werden können, weiterzuentwickeln.

10.1 Einführung in Risiko und Ertrag

Wir beginnen die Betrachtung von Risiko und Ertrag, indem wir den Einfluss des Risikos auf Anlageentscheidungen und Renditen veranschaulichen. Wir nehmen an, Ihre amerikanischen Urgroßeltern hätten Ende des Jahres 1925 zu Ihren Gunsten USD 100 investiert. Sie wiesen den Broker an, bis Anfang 2012 sämtliche auf das Konto erzielte Dividenden und Zinsen wiederanzulegen. Wie hätten sich die USD 100 entwickelt, wenn sie in eine der folgenden Anlagemöglichkeiten investiert worden wären?

1. Standard & Poor's 500 (S&P 500): Ein durch Standard & Poor's strukturiertes Portfolio, das bis zum Jahr 1957 90 sowie danach 500 US-amerikanische Aktien beinhaltet. Die darin enthaltenen Unternehmen sind die Marktführer in ihren jeweiligen Branchen und gehören im Hinblick auf den Marktwert zu den größten am US-amerikanischen Markt gehandelten Unternehmen.

2. Aktien kleinerer Unternehmen: Ein vierteljährlich aktualisiertes Portfolio aus an der NYSE, der New Yorker Börse, gehandelten Wertpapieren mit Marktkapitalisierungen im Bereich der unteren 20 %.

3. Globales Portfolio: Ein Portfolio internationaler Aktien aus allen großen Aktienmärkten der Welt in Nordamerika, Europa und Asien.[1]

---

1 Dieser Index beruht auf dem Morgan Stanley Capital International World Index von 1970. Vor 1970 ist der Index strukturiert von Global Financial Data, mit anfänglichen Gewichtungen von ca. 44 % für Nordamerika, 44 % für Europa und 12 % für Asien, Afrika und Australien.

4. Unternehmensanleihen: Ein Portfolio langfristiger, mit AAA bewerteter, US-amerikanischer Unternehmensanleihen mit Laufzeiten von maximal 20 Jahren.[2]

5. Schatzwechsel: Investition in US-amerikanische Schatzwechsel (Treasury Bills) mit einer Laufzeit von einem Monat.

In ▶ Abbildung 10.1 wird das Ergebnis der Anlage von USD 100 in jedes dieser fünf Anlageportfolios von Ende 1925 bis Anfang des Jahres 2012 ohne Transaktionskosten dargestellt. Während dieses Zeitraums von 86 Jahren erzielten kleinere Unternehmen in den Vereinigten Staaten die höchste langfristige Rendite, gefolgt von den im S&P 500 enthaltenen großen Unternehmen, den internationalen Aktien im Weltportfolio, den Unternehmensanleihen und an letzter Stelle den Schatzwechseln. Alle diese Anlagen stiegen stärker als die vom Verbraucherpreisindex (VPI) gemessene Inflation. Auf den ersten Blick ist die Kurve in der Tat eindrucksvoll: Hätten Ihre Urgroßeltern USD 100 in das Portfolio aus Aktien kleinerer Unternehmen investiert, so hätte die Anlage Anfang 2012 einen Wert von über USD 2,6 Millionen gehabt! Im Gegensatz dazu hätte die Investition bei einer Anlage in Schatzwechsel nur einen Wert von circa USD 2.000 gehabt. Warum sollte man bei dieser großen Differenz in irgendetwas anderes als in Aktien kleinerer Unternehmen investieren? Doch der erste Eindruck kann täuschen. Über den ganzen Anlagezeitraum ließen zwar Aktien, besonders Aktien kleinerer Unternehmen, die anderen Anlagemöglichkeiten hinter sich, doch es gab auch Zeiten mit beträchtlichen Verlusten. Wenn Ihre Urgroßeltern in der Depressionszeit der 1930er-Jahre die USD 100 in ein Portfolio mit Aktien kleinerer Unternehmen angelegt hätten, wäre die Anlage im Jahr 1928 auf USD 181 gestiegen, dann jedoch auf nur noch USD 15 im Jahr 1932 gesunken. Tatsächlich haben erst im Zweiten Weltkrieg Aktien eine bessere Rendite erzielt als Unternehmensanleihen. Von größerer Bedeutung ist, dass Ihre amerikanischen Urgroßeltern die Verluste zu einer Zeit erlitten hätten, als sie ihre Ersparnisse am dringendsten brauchten - in der schlimmsten Zeit der Weltwirtschaftskrise. Eine ähnliche Geschichte lässt sich auch für die Finanzkrise im Jahr 2008 erzählen, denn alle Aktienportfolios stürzten um mehr als 50 % ab, wobei das Aktienportfolio kleinerer Unternehmen um fast 70 % zurückging (über USD 1,5 Millionen!) vom Höchststand im Jahr 2007 auf den tiefsten Stand im Jahr 2009. Wieder wurden viele Anleger doppelt getroffen, nämlich vom Risiko arbeitslos zu werden, als die Unternehmen anfingen ihre Mitarbeiter zu entlassen, und davon, dass gleichzeitig ihre Ersparnisse an Wert verloren. Deshalb schnitten in diesen 86 Jahren zwar die Aktienportfolios am besten ab, doch diese Wertentwicklung hatte einen Preis - das Risiko hoher Verluste bei einem Rückgang des Marktes. Andererseits erzielten die Anleger mit Schatzwechseln jedes Jahr konstante, wenn auch bescheidene Erträge. Die in ▶ Abbildung 10.1 dargestellte Anlage mit einer Laufzeit von 86 Jahren machen nur wenige Anleger. Um Risiko und Renditen dieser Anlagen aus einer anderen Perspektive zu betrachten, zeigt ▶ Abbildung 10.2 die Ergebnisse für realistischere Anlagehorizonte und unterschiedliche Anfangstermine der Anlagen. Bild (a) zeigt beispielsweise den Wert jeder Anlage nach einem Jahr und verdeutlicht, dass wir die gleiche schon hinsichtlich der Wertentwicklung beobachtete Einstufung erhalten, wenn wir die Anlagen nach der Volatilität ihrer jährlichen Wertzunahmen und -rückgänge einstufen: Aktien kleinerer Unternehmen hatten die am stärksten schwankenden Renditen, gefolgt vom S&P 500, dem Weltportfolio, den Unternehmensanleihen und schließlich den Schatzwechseln. Die Bilder (b), (c) und (d) in ▶ Abbildung 10.2 zeigen die Ergebnisse für 5-, 10- und 20-jährige Anlagehorizonte. Zu beachten ist, dass sich mit längerem Anlagehorizont die relative Wertentwicklung der Aktienportfolios verbessert. Trotzdem gab es auch bei einem Anlagehorizont von 10 Jahren Zeiten, in denen sich Aktien schlechter entwickelten als Schatzwechsel. Und während Anleger in Aktien kleinerer Unternehmen meistens besser abschnitten, war dies auch bei einem Anlagehorizont von 20 Jahren nicht sicher. Anfang der 1980er-Jahre entwickelte sich die Anlage in Aktien kleinerer Unternehmen schlechter als sowohl der S&P 500 als auch Unternehmensanleihen über die nächsten 20 Jahre. Schließlich könnten Aktienanleger mit langen möglichen Anlagehorizonten in dieser Zeit einen Bedarf an liquiden Mitteln haben und sich gezwungen sehen, ihre Anlagen im Vergleich zu sichereren Alternativen mit einem Verlust zu verkaufen.

---

2 Auf der Grundlage von Moody´s AAA Corporate Bond Index.

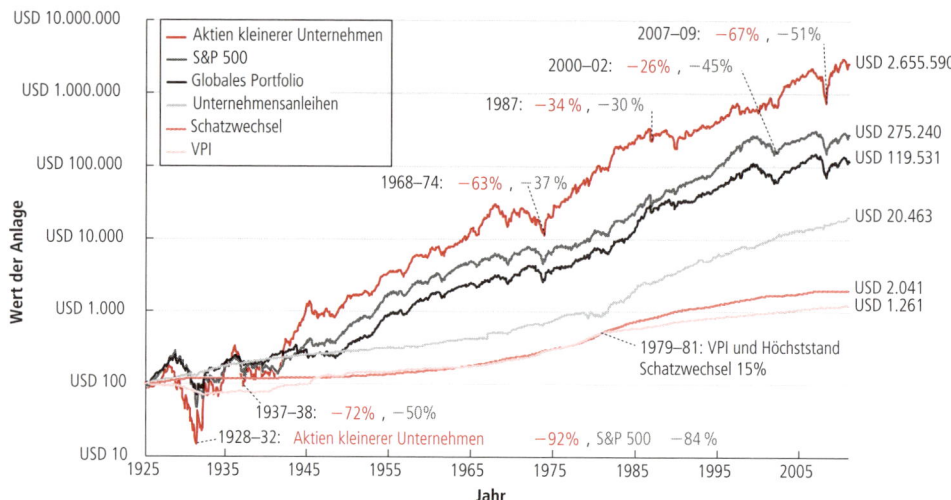

Abbildung 10.1: Der Wert der Ende des Jahres 1925 in Aktien großer US-amerikanischer Unternehmen (S&P 500), kleinerer Unternehmen, in globale Aktien, Unternehmensanleihen und Schatzwechseln investierten USD 100. Die dargestellten Renditen wurden jeweils zum Jahresende berechnet und unterliegen der Annahme, dass sämtliche Dividenden und Zinsen reinvestiert werden; Transaktionskosten wurden nicht berücksichtigt. Überdies wird auch die Änderung des Verbraucherpreisindex (VPI) dargestellt. Zu beachten ist, dass Aktien zwar im Allgemeinen eine bessere Wertentwicklung hatten als Schatzwechsel und Anleihen, aber auch Zeiten mit beträchtlichen Verlusten aufwiesen (die angegebenen Zahlen stellen Höchststand bis Tiefststand dar, mit kleinen Aktien in rot und S&P in hellrot).

Quelle: Chicago Center for Research in Security Prices (CRSP) für die US-amerikanischen Aktien und den VPI, Standard and Poor's, MSCI sowie Global Financial Data für den globalen Index, die Schatzwechsel und die Unternehmensanleihen.

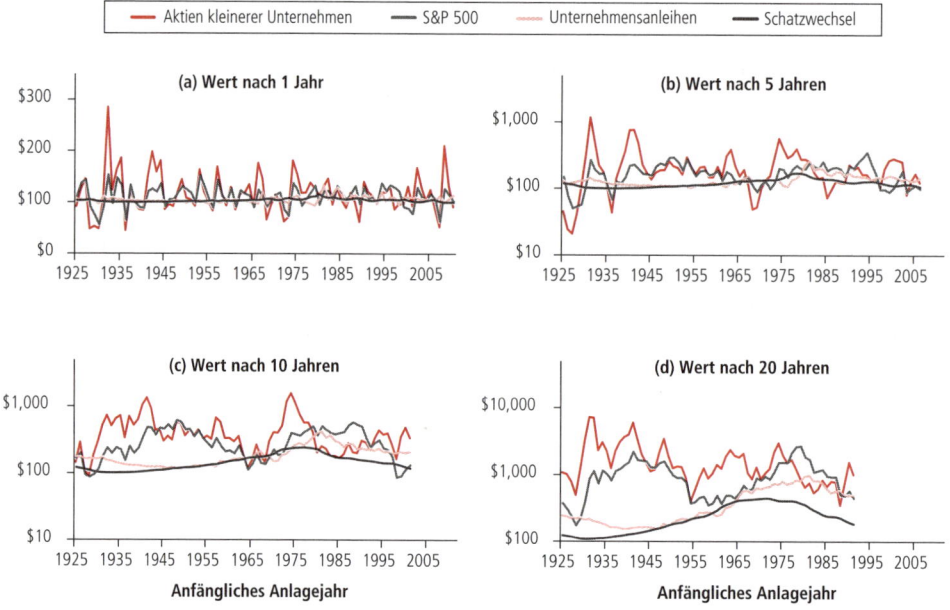

Abbildung 10.2: Wert der Anlage von USD 100 in alternative Vermögenswerte mit verschiedenen Zeithorizonten. Jedes Bild zeigt das Ergebnis der Anlage von USD 100 am Ende des anfänglichen Anlagejahrs für jede Anlagemöglichkeit mit Anlagehorizonten von 1, 5, 10 und 20 Jahren. Das heißt, dass jeder Punkt auf den Kurven das Ergebnis einer Anlage über den angegebenen Anlagehorizont ist in Abhängigkeit vom anfänglichen Anlagetermin. Dividenden und Zinsen werden reinvestiert und Transaktionskosten sind nicht enthalten. Zu beachten ist, dass Aktien kleiner Unternehmen die stärkste unterschiedliche Wertentwicklung für den Zeitraum von einem Jahr aufweisen, gefolgt von Aktien großer Unternehmen und Unternehmensanleihen. Bei längeren Anlagehorizonten verbesserte sich die relative Wertentwicklung von Aktien, sie blieben jedoch riskanter.

Quelle: Chicago Center for Research in Security Prices (CRSP) für die US-amerikanischen Aktien und den VPI, Standard and Poor's, MSCI sowie Global Financial Data für den globalen Index, die Schatzwechsel und die Unternehmensanleihen.

In ▶Kapitel 3 wurde erklärt, warum Investoren Schwankungen im Wert ihrer Anlagen nicht mögen und warum Investitionen, die in Marktabschwüngen eher Verluste erleiden, die Anleger für dieses Risiko mit höheren erwarteten Renditen entschädigen müssen. Die ▶Abbildung 10.1 und ▶Abbildung 10.2 geben einen zwingenden historischen Nachweis dieses Verhältnisses zwischen Risiko und Rendite, wie es an einem effizienten Markt auch zu erwarten ist. Doch obwohl klar ist, dass die Anleger Risiken nicht mögen und deshalb eine Risikoprämie verlangen, ist unser Ziel in diesem Kapitel, dieses Verhältnis zu quantifizieren. Wir wollen erklären, *wie viel* die Anleger verlangen (in Form einer höheren erwarteten Rendite, um ein bestimmtes Risiko zu tragen). Hierzu müssen wir zuerst die Instrumente entwickeln, mit denen wir Risiko und Rendite messen können. Dies ist das Ziel des nächsten Abschnitts.

Verständnisfragen

1. Welche der folgenden Anlagen erzielte von 1926 bis 2009 die höchsten Rendite: S&P 500, Aktien kleinerer Unternehmen, das globale Portfolio, Unternehmensanleihen oder Schatzwechsel?

2. Welche dieser Anlagen war am variabelsten bei einem Anlagehorizont von nur einem Jahr? Welche war am wenigsten variabel?

10.2 Übliche Maße für Rendite und Risiko

Trifft ein Manager eine Anlageentscheidung oder kauft ein Anleger ein Wertpapier, so hat er eine Vorstellung im Hinblick auf das jeweilige Risiko und die Rendite, die die Anlage wahrscheinlich erzielen wird. Daher betrachten wir zunächst die Standardmöglichkeiten, Risiko zu definieren und zu messen.

Wahrscheinlichkeitsverteilungen

Unterschiedliche Wertpapiere weisen unterschiedliche anfängliche Kurse auf, zahlen unterschiedliche Cashflows und werden zu verschiedenen zukünftigen Kursen verkauft. Um die Wertpapiere vergleichbar zu machen, wird ihre Wertentwicklung durch die Rendite ausgedrückt. Die Rendite gibt die prozentuale Zunahme des Wertes einer Investition pro anfänglich in das Wertpapier investierten Euro an. Ist eine Anlage risikobehaftet, kann sie verschiedene Renditen erzielen. Jede mögliche Rendite hat eine gewisse Eintrittswahrscheinlichkeit. Diese Informationen werden mit einer **Wahrscheinlichkeitsverteilung** zusammengefasst, die dem Eintreten jeder möglichen Rendite R eine Wahrscheinlichkeit p_R zuweist.

Hierzu ein einfaches Beispiel: Die Aktien von BFI werden momentan zu einem Kurs von EUR 100 pro Aktie gehandelt. Sie glauben, es besteht eine Wahrscheinlichkeit von 25 %, dass der Aktienkurs in einem Jahr bei EUR 140 steht, eine Wahrscheinlichkeit von 50 %, dass der Aktienkurs dann EUR 110 beträgt und eine Wahrscheinlichkeit von 25 %, dass sich der Aktienkurs dann auf EUR 80 beläuft. BFI zahlt keine Dividende, sodass diese Ergebnisse Renditen von 40 %, 10 % beziehungsweise −20 % entsprechen. Die Wahrscheinlichkeitsverteilung der Renditen von BFI wird in ▶Tabelle 10.1 zusammengefasst.

Überdies kann die Wahrscheinlichkeitsverteilung auch in einem Histogramm, wie in ▶Abbildung 10.3 gezeigt, dargestellt werden.

Tabelle 10.1

Wahrscheinlichkeitsverteilung der Renditen von BFI

Aktueller Aktienkurs (EUR)	Aktienkurs in einem Jahr (EUR)	Wahrscheinlichkeitsverteilung	
		Rendite R	Wahrscheinlichkeit p_R
	140	0,40	25 %
100	110	0,10	50 %
	80	−0,20	25 %

Erwartete Rendite

Mit der Wahrscheinlichkeitsverteilung von Renditen kann die erwartete Rendite berechnet werden. Dazu wird die **erwartete Rendite** als gewichteter Durchschnitt der möglichen Renditen berechnet, wobei die Gewichte den Wahrscheinlichkeiten entsprechen.[3]

Erwartete Rendite

$$\text{Erwartete Rendite} \ = \ E[R] = \sum_R p_R \times R \tag{10.1}$$

Die erwartete Rendite entspricht der Rendite, die durchschnittlich erzielt werden würde, wenn die Investition viele Male wiederholt werden könnte und dabei jedes Mal die Rendite aus der gleichen Verteilung gezogen werden könnte. Im Histogramm entspricht die erwartete Rendite, wenn die Wahrscheinlichkeiten als Gewichte betrachtet werden, dem „Gleichgewichtspunkt" der Verteilung. Die erwartete Rendite von BFI beträgt:

$$E[R_{BFI}] = 25 \ \% \ (−0,20) + 50 \ \% \ (0,10) + 25 \ \% \ (0,40) = 10 \ \%$$

Diese erwartete Rendite entspricht dem „Gleichgewichtspunkt" in ▶Abbildung 10.3.

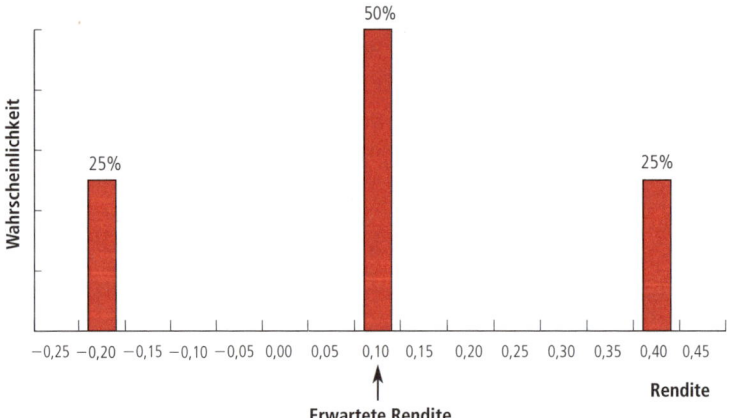

Abbildung 10.3: Wahrscheinlichkeitsverteilung der Renditen von BFI. Die Höhe einer Säule im Histogramm gibt die Wahrscheinlichkeit des damit verbundenen Ergebnisses an.

---

3 Das Symbol $\sum_R$ bedeutet, dass die Summe des Ausdrucks, in diesem Fall $p_R \times R$, über alle möglichen Renditen R berechnet wird.

Varianz und Standardabweichung

Zwei häufig verwendete Maße des Risikos einer Wahrscheinlichkeitsverteilung sind deren *Varianz* und *Standardabweichung*. Die **Varianz** ist die erwartete quadrierte Abweichung vom Erwartungswert und die **Standardabweichung** ist die Quadratwurzel der Varianz.

Varianz und Standardabweichung der Renditeverteilung

$$Var(R) = E\left[\left(R - E\ [R]\right)^2\right] = \sum_R p_R \times \left(R - E[R]\right)^2$$

$$SA(R) = \sqrt{Var(R)} \tag{10.2}$$

Ist die Rendite risikolos und weicht niemals vom Erwartungswert ab, so ist die Varianz gleich null. Andernfalls nimmt die Varianz mit der Höhe der Abweichungen vom Erwartungswert zu. Deshalb bildet die Varianz ein Maß dessen, wie „ausgedehnt" die Verteilung der Rendite ist. Die Varianz der Rendite von BFI ist gleich:

$$Var(R_{BFI}) = 25\ \% \times (-0,20 - 0,10)^2 + 50\ \% \times (0,10 - 0,10)^2 + 25\ \% \times (0,40 - 0,10)^2$$
$$= 0,045$$

Die Standardabweichung der Rendite entspricht der Quadratwurzel der Varianz. Somit gilt für BFI:

$$SA(R) = \sqrt{Var(R)} = \sqrt{0,045} = 21,2\ \% \tag{10.3}$$

In der Finanzwirtschaft wird die Standardabweichung einer Rendite als deren **Volatilität** bezeichnet. Während die Varianz und die Standardabweichung beide die Variabilität der Renditen messen, ist die Standardabweichung leichter zu interpretieren, da sie in denselben Einheiten angegeben wird wie die Renditen selbst.[4]

Beispiel 10.1: Berechnung der erwarteten Rendite und der Volatilität

Fragestellung

Die Wahrscheinlichkeit einer Rendite der AMC-Aktie von 45 % oder −25 % sei gleich hoch. Wie hoch sind die erwartete Rendite und Volatilität?

Lösung

Zunächst wird die erwartete Rendite mit Hilfe des wahrscheinlichkeitsgewichteten Durchschnitts der möglichen Renditen berechnet:

$$E[R] = \sum_R p_R \times R = 50\ \% \times 0,45 + 50\ \% \times (-0,25) = 10,0\ \%$$

Zur Berechnung der Volatilität wird zunächst die Varianz bestimmt:

$$Var(R) = \sum_R p_R \times \left(R - E[R]\right)^2 = 50\ \% \times (0,45 - 0,10)^2 + 50\ \% \times (-0,25 - 0,10)^2$$
$$= 0,1225$$

Dann ist die Volatilität bzw. Standardabweichung gleich der Quadratwurzel der Varianz:

$$SA(R) = \sqrt{Var(R)} = \sqrt{0,1225} = 35\ \%$$

---

4 Auch wenn die Varianz und die Standardabweichung die häufigsten Maße des Risikos bilden, unterscheiden sie nicht zwischen dem Upside und dem Downside Risk. Zu den alternativen Maßen, die sich auf das Downside Risk konzentrieren, gehören die Semivarianz (ausschließlich Varianz der Verluste) und der Expected Tail Loss (der erwartete Verlust in den schlechtesten *x* % der Ergebnisse). Da mit diesen Maßen häufig die gleiche Reihenfolge entsteht (wie in ▶Beispiel 10.1 oder bei einer Normalverteilung der Renditen), sie aber in ihrer Anwendung komplizierter sind, werden diese alternativen Risikomaße nur in Ausnahmefällen angewendet.

Hierbei ist zu beachten, dass sowohl AMC als auch BFI die gleiche erwartete Rendite von 10 % aufweisen. Die Renditen von AMC besitzen jedoch eine größere Streuung als die von BFI: Die hohen Renditen sind höher und die niedrigen Renditen sind niedriger, als im Histogramm in ▶Abbildung 10.4 dargestellt. Infolgedessen weist AMC eine höhere Varianz und Volatilität als BFI auf.

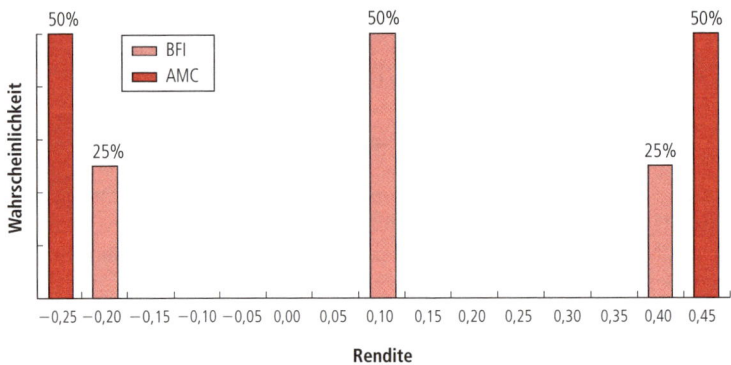

Abbildung 10.4: Wahrscheinlichkeitsverteilung der Renditen für BFI und AMC. Auch wenn beide Aktien die gleiche erwartete Rendite aufweisen, hat die Rendite von AMC eine größere Varianz und Standardabweichung.

Wenn die Wahrscheinlichkeitsverteilungen, die Investoren für verschiedene Wertpapiere erwarten, beobachtet werden könnten, so könnten ihre erwarteten Renditen und Volatilitäten berechnet und die Beziehung zwischen diesen untersucht werden. In den meisten Fällen kennen wir natürlich die genaue Wahrscheinlichkeitsverteilung wie im Fall von BFI nicht. Wie können aber Risiko und Rendite ohne diese Informationen geschätzt und verglichen werden? Die Extrapolation aus historischen Daten ist ein verbreiteter Ansatz. Sie ist eine angemessene Strategie, wenn wir uns in einer stabilen Umgebung befinden und überzeugt sind, dass die Verteilung der zukünftigen Renditen die der vergangenen Renditen widerspiegeln sollte. Dazu sollen im Folgenden die historischen Renditen von Aktien und Anleihen betrachtet werden, um zu erkennen, was auf dieser Grundlage über die Beziehung zwischen Risiko und Ertrag ausgesagt werden kann.

Verständnisfragen

1. Wie wird die erwartete Rendite einer Aktie berechnet?
2. Welche beiden Maße des Risikos werden am häufigsten verwendet und in welcher Beziehung stehen sie zueinander?

10.3   Historische Renditen von Aktien und Anleihen

In diesem Abschnitt wird erklärt, auf welche Weise durchschnittliche Renditen und Volatilitäten mit historischen Börsendaten berechnet werden. Die Verteilung von vergangenen Renditen kann hilfreich sein, wenn wir versuchen, die Verteilung von Renditen zu schätzen, die Investoren in der Zukunft erwarten können. Zunächst wird erklärt, wie historische Renditen berechnet werden.

Die Berechnung historischer Renditen

Unter allen möglichen Renditen ist die **realisierte Rendite** die Rendite, die tatsächlich über einen bestimmten Zeitraum eintritt. Wie wird die realisierte Rendite für eine Aktie gemessen? Angenommen, ein Anleger investiert zum Zeitpunkt t zum Kurs P_t in eine Aktie. Wenn auf die Aktie in Zeitpunkt $t + 1$ eine Dividende Div_{t+1} gezahlt wird und der Anleger die Aktie in diesem Zeitpunkt zum Kurs P_{t+1} verkauft, so ist die realisierte Rendite aus der Investition in die Aktie von t bis $t + 1$ gleich:

$$R_{t+1} = \frac{Div_{t+1} + P_{t+1}}{P_t} - 1 = \frac{Div_{t+1}}{P_t} + \frac{P_{t+1} - P_t}{P_t}$$ (10.4)

$$= \text{Dividendenrendite} + \text{Kurssteigerungsrate}$$

Wie in ▸Kapitel 9 erörtert, ist dies die realisierte Rendite R_{t+1}, die als Prozentsatz des anfänglichen Aktienkurses ausgedrückte Aktienrendite, die aus Dividenden und Kurssteigerung erzielt wird.[5]

Die Berechnung realisierter Jahresrenditen. Hält der Anleger die Aktie über das Datum der ersten Dividendenzahlung hinaus, muss zur Berechnung der Rendite festgelegt werden, wie alle zwischenzeitlich erhaltenen Dividenden investiert werden. Um uns auf die Renditen eines einzigen Wertpapiers zu konzentrieren, nehmen wir an, dass *sämtliche Dividenden sofort reinvestiert und zum Kauf zusätzlicher Aktien des gleichen Unternehmens oder zusätzlicher Anteile des gleichen Wertpapiers eingesetzt werden.* In diesem Fall kann die ▸Gleichung 10.4 zur Berechnung der Rendite der Aktie zwischen Dividendenzahlungen verwendet werden. Anschließend werden die Renditen aus jedem Dividendenintervall aufgezinst und somit die Rendite über einen längeren Zeithorizont berechnet. Wenn beispielsweise am Ende jedes Quartals Dividende auf eine Aktie gezahlt wird, wobei R_{Q1}, ..., R_{Q4} die realisierten Renditen für jedes Quartal sind, so ist die realisierte Jahresrendite R_{annual} gleich:

$$1 + R_{annual} = (1 + R_{Q1})(1 + R_{Q2})(1 + R_{Q3})(1 + R_{Q4})$$ (10.5)

Beispiel 10.2: Realisierte Renditen auf Aktien von Microsoft

Fragestellung
Welche realisierten Jahresrenditen haben die Aktien von Microsoft im Jahr 2004 und im Jahr 2008 erzielt?

Lösung
Bei der Berechnung der Jahresrendite von Microsoft nehmen wir an, dass die Erträge aus den Dividendenzahlungen sofort in Microsoft-Aktien wiederangelegt werden. So bleiben die Erträge über die ganze Laufzeit voll in Microsoft investiert. Dazu schauen wir uns den Kurs der Microsoft-Aktie am Anfang und Ende des Jahres an sowie die Dividendentermine (Yahoo!Finance ist eine gute Quelle für diese Daten). Aus diesen Daten können wir die folgende Tabelle erstellen (Kurse und Dividenden in USD/Aktie):

Datum	Kurs (USD)	Dividende (USD)	Rendite	Datum	Kurs (USD)	Dividende (USD)	Rendite
31.12. 2003	27,37			31.12.2007	36,60		
23.08.2004	27,24	0,08	−0,18 %	19.2.2008	28,17	0,11	−20,56 %
15.11.2004	27,39	3,08	11,86 %	13.5.2008	29,78	0,11	6,11 %
31.12.2004	26,72		−2,45 %	19.08.2008	27,32	0,11	−7,89 %
				18.11.2008	19,62	0,13	−27,71 %
				31.12.2008	19,44		−0,92 %

Die Rendite vom 31. Dezember 2003 bis 23. August 2004 entspricht

$$\frac{0{,}08 + 27{,}24}{27{,}37} - 1 = -0{,}18 \, \%$$

---

5 Die realisierte Rendite kann für jedes Wertpapier gleich berechnet werden, indem die Dividendenzahlungen durch alle auf das Wertpapier geleistete Cashflows ersetzt werden. So treten beispielsweise bei einer Anleihe Kuponzahlungen an die Stelle der Dividenden.

Die restlichen Renditen in der Tabelle sind auf ähnliche Weise berechnet. Anschließend können die jährlichen Renditen mithilfe von ▶Gleichung 10.5 berechnet werden:

$$R_{2004} = (0,9982)(1,1186)(0,9755) - 1 = 8,92\ \%$$

$$R_{2008} = (0,7944)(1,0611)(0,9211)(0,7229)(0,9908) - 1 = -44,39\ \%$$

In ▶Beispiel 10.2 werden zwei Merkmale der Erträge aus dem Besitz einer Aktie wie der von Microsoft verdeutlicht. Erstens tragen sowohl die Dividenden als auch die Kurssteigerungen zur realisierten Aktienrendite bei. Eine Nichtberücksichtigung einer dieser Größen würde einen sehr irreführenden Eindruck über die Wertentwicklung der Aktie von Microsoft geben. Zweitens sind die Renditen risikobehaftet. In Jahren wie 2004 sind die Renditen positiv, während sie in anderen Jahren, wie im Jahr 2008, negativ sind. Dies bedeutet, dass die Aktionäre von Microsoft im Laufe dieses Jahres Geld verloren haben.

Die realisierten Renditen können für jede Investition gleich berechnet werden. Überdies können auch die realisierten Renditen für ein ganzes Portfolio berechnet werden, indem die während des Jahres auf das Portfolio geleisteten Zins- und Dividendenzahlungen sowie die Änderungen des Marktwertes des Portfolios nachverfolgt werden. So werden beispielsweise die realisierten Renditen für den S&P 500 Index in ▶Tabelle 10.2 dargestellt, in der für Vergleichszwecke auch die Renditen für Microsoft und Schatzwechsel mit dreimonatiger Laufzeit aufgeführt werden.

Der Vergleich von realisierten Jahresrenditen. Nachdem die realisierten Jahresrenditen berechnet worden sind, können sie verglichen werden, um aufzuzeigen, welche Anlagen in einem bestimmten Jahr eine bessere Wertentwicklung erzielt haben.

Tabelle 10.2

Realisierte Renditen für den S&P 500, Microsoft und US-amerikanische Schatzwechsel von 2002 bis 2011

Jahresende	S&P 500 Index	Gezahlte Dividenden*	Realisierte Rendite S&P 500	Realisierte Rendite Microsoft	Rendite einmonatiger Schatzwechsel
2001	1.148,08				
2002	879,82	14,53	−22,1 %	−22,0 %	1,6 %
2003	1.111,92	20,80	28,7 %	6,8 %	1,0 %
2004	1.211,92	20,98	10,9 %	8,9 %	1,2 %
2005	1.248,29	23,15	4,9 %	−0,9 %	3,0 %
2006	1.418,30	27,16	15,8 %	15,8 %	4,8 %
2007	1.468,36	27,86	5,5 %	20,8 %	4,7 %
2008	903,25	21,85	−37,0 %	−44,4 %	1,5 %
2009	1.115,10	27,19	26,5 %	60,5 %	0,1 %
2010	1.257,64	25,44	15,1 %	−6,5 %	0,1 %
2011	1.257,60	26,59	2,1 %	−4,5 %	0,0 %

*Auf die 500 Aktien in dem Portfolio gezahlte Gesamtdividende bezogen auf die Anzahl der Aktien jedes im Index enthaltenen Unternehmens, angepasst an das Jahresende, unter der Annahme, dass die Dividenden nach der Ausschüttung reinvestiert wurden.

Quelle: Daten von Standard & Poor's, Microsoft sowie Daten des US-amerikanischen Schatzamtes.

▶Tabelle 10.2 ist zu entnehmen, dass die Wertentwicklung der Aktie von Microsoft 2007 und 2009 besser war als der S&P 500 und US-Schatzwechsel. Andererseits schnitten US-Schatzwechsel in den Jahren 2002 und 2008 besser ab als die Microsoft-Aktie und der S&P 500. Auch die Gesamttendenz ist zu beachten, also dass sich die Rendite von Microsoft in sieben von zehn Jahren in die gleiche Richtung bewegt wie der S&P 500.

Über einen bestimmten Zeitraum beobachten wir nur eine einmalige Ziehung aus der Wahrscheinlichkeitsverteilung der Renditen. Wenn die Wahrscheinlichkeitsverteilung allerdings gleich bleibt, können wir durch die Beobachtung der realisierten Rendite über mehrere Perioden mehrfache Ziehungen feststellen. Durch das Zählen, wie oft die realisierte Rendite innerhalb eines bestimmten Bereichs liegt, kann die zugrunde liegende Wahrscheinlichkeitsverteilung geschätzt werden. Im Folgenden soll dieses Vorgehen mit den Daten aus ▶Abbildung 10.1 verdeutlicht werden.

In ▶Abbildung 10.5 werden die jährlichen Renditen für jede der US-amerikanischen Investitionen in ▶Abbildung 10.1 in einem Häufigkeitsdiagramm (einem sogenannten Histogramm) dargestellt. Die Höhe jeder Säule stellt die Anzahl der Jahre dar, in denen sich die jährlichen Renditen in jedem auf der x-Achse angegebenen Bereich befanden. Diese Form der Darstellung der Wahrscheinlichkeitsverteilung mit historischen Daten wird als **empirische Verteilung** der Renditen bezeichnet.

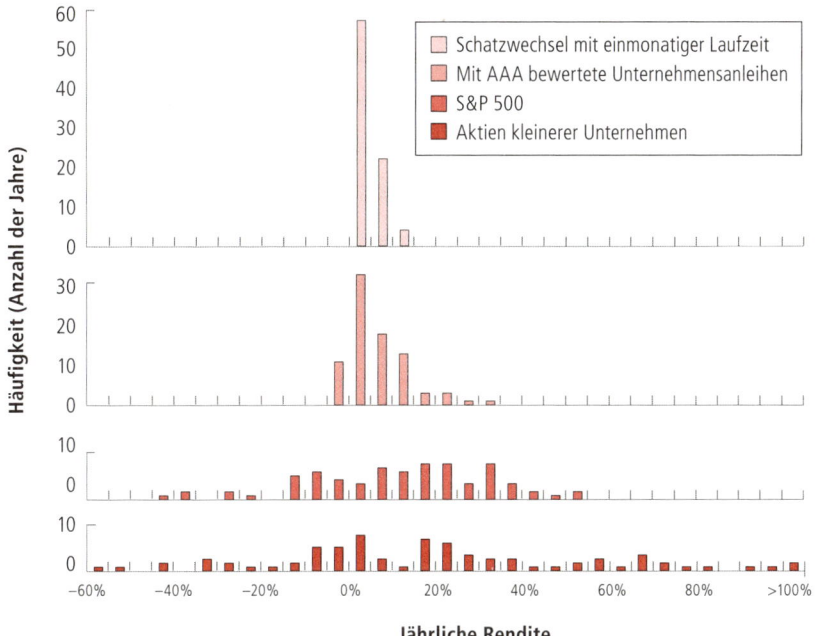

Abbildung 10.5: **Die empirische Verteilung der Jahresrenditen großer US-amerikanischer Aktien (S&P 500), Aktien kleinerer Unternehmen, Unternehmensanleihen und Schatzwechsel von 1926 bis 2011.** Die Höhe jeder Säule stellt die Anzahl der Jahre dar, in denen sich die Jahresrenditen in jedem 5 %-Intervall bewegten. Hierbei ist im Vergleich zu den Renditen von Unternehmensanleihen und Schatzwechseln die größere Schwankungsbreite der Aktienrenditen (insbesondere bei den Aktien kleinerer Unternehmen) zu beachten.

Durchschnittliche Jahresrenditen

Die **durchschnittliche Jahresrendite** einer Investition während einer Periode in der Vergangenheit ist einfach das arithmetische Mittel der realisierten Renditen für jedes Jahr. Das heißt, wenn R_t die realisierte Rendite eines Wertpapiers in Jahr t ist, so ist die durchschnittliche jährliche Rendite für die Jahre 1 bis T:

Durchschnittliche Jahresrendite eines Wertpapiers

$$\overline{R} = \frac{1}{T}(R_1 + R_2 + \dots + R_T) = \frac{1}{T}\sum_{t=1}^{T} R_t \qquad (10.6)$$

Hierbei ist zu beachten, dass die durchschnittliche Jahresrendite dem „Gleichgewichtspunkt" der empirischen Verteilung entspricht. In diesem Fall wird die Wahrscheinlichkeit, dass eine Rendite in einem bestimmten Intervall liegt, dadurch gemessen, wie oft die realisierte Rendite in diesem Bereich liegt. Deshalb ermöglicht die durchschnittliche Rendite, wenn die Wahrscheinlichkeitsverteilung der Renditen über die Zeit hinweg gleich ist, eine Schätzung der erwarteten Rendite.

Mit den Daten aus ▸Tabelle 10.2 wird die durchschnittliche Rendite für den S&P 500 für die Jahre 2002 bis 2011 wie folgt bestimmt:

$$\overline{R} = \frac{1}{10}(-0{,}221 + 0{,}287 + 0{,}109 + 0{,}049 + 0{,}158 + 0{,}055$$
$$-0{,}37 + 0{,}265 + 0{,}151 + 0{,}021) = 5{,}0\ \%$$

Die durchschnittliche Rendite von Schatzwechseln belief sich von 2002 bis 2011 auf 1,8 %. Die Anleger erzielten deshalb in diesem Zeitraum aus der Investition in den S&P 500 durchschnittlich 3,2 % mehr als aus einer Investition in US-Schatzwechsel. In ▸Tabelle 10.3 werden die durchschnittlichen Renditen für verschiedene US-amerikanische Anlagen von 1926 bis 2011 dargestellt.

Tabelle 10.3

Durchschnittliche Jahresrenditen von Aktien kleinerer US-amerikanischer Unternehmen, Aktien großer Unternehmen (S&P 500), Unternehmensanleihen und US-amerikanischen Schatzwechseln von 1926 bis 2011.

Investition	Durchschnittliche Jahresrendite
Aktien kleinerer Unternehmen	18,7 %
S&P 500	11,7 %
Unternehmensanleihen	6,6 %
Schatzwechsel	3,6 %

Varianz und Volatilität der Renditen

Aus ▸Abbildung 10.4 wird deutlich, dass die Schwankungsbreite der Renditen für jede Anlage sehr unterschiedlich ist. Die Verteilung der Renditen der Aktien kleinerer Unternehmen weist die größte Spannweite auf. Die Aktien der großen Unternehmen des S&P 500 weisen Renditen auf, die weniger schwanken als die der kleinen Unternehmen, allerdings schwanken sie viel stärker als die Renditen von Unternehmensanleihen oder Schatzwechseln.

Zur Quantifizierung dieses Unterschieds in der Schwankungsbreite kann die Standardabweichung der Wahrscheinlichkeitsverteilung geschätzt werden. Wie bereits an früherer Stelle wird auch hier die empirische Verteilung zur Ableitung der Schätzung herangezogen. Mithilfe der gleichen Logik wie beim Erwartungswert schätzen wir die Varianz durch die Berechnung des durchschnittlichen Quadrats der Abweichung vom Erwartungswert. Da wir den Erwartungswert nicht wirklich kennen, wird die beste Schätzung des Erwartungswerts, also die durchschnittliche realisierte Rendite, verwendet.[6]

Schätzung der Varianz anhand der realisierten Renditen

$$Var(R) = \frac{1}{T-1} \sum_{t=1}^{T} (R_t - \overline{R})^2 \tag{10.7}$$

---

6   Hier wird durch $T-1$ und nicht durch T dividiert, da wir die tatsächliche erwartete Rendite nicht kennen und deshalb Abweichungen von der geschätzten durchschnittlichen Rendite $\overline{R}$ berechnen müssen. Bei der Berechnung der durchschnittlichen Rendite aus den Daten verlieren wir allerdings einen Freiheitsgrad (im Wesentlichen „verbrauchen" wir einen der Datenpunkte), sodass wir effektiv nur über $T-1$ verbleibende Datenpunkte zur Schätzung der Varianz verfügen.

Die Standardabweichung oder Volatilität wird als Quadratwurzel der Varianz geschätzt.[7]

Beispiel 10.3: Die Berechnung der historischen Volatilität

Fragestellung

Wie lauten Varianz und Volatilität der Renditen des S&P 500 für die Jahre 2002 bis 2011 mit den Daten aus ▶Tabelle 10.2?

Lösung

An früherer Stelle wurde bereits die durchschnittliche Jahresrendite des S&P 500 während dieses Zeitraums als 5,0 % berechnet. Deshalb gilt:

$$Var(R) = \frac{1}{T-1} \sum_t (R - \overline{R})^2$$

$$= \frac{1}{10-1} \left[(-0,221 - 0,05)^2 + (0,287 - 0,05)^2 + \ldots + (0,021 - 0,05)^2 \right]$$

$$= 0,042$$

Damit entspricht die Volatilität oder Standardabweichung $SA(R) = \sqrt{Var(R)} = \sqrt{0,042} = 20,5 \%$.

Die Standardabweichung der Renditen kann zur Quantifizierung der in ▶Abbildung 10.5 dargestellten Unterschiede in der Schwankungsbreite der Verteilungen, der sogenannten Volatilität, berechnet werden. Diese Ergebnisse werden in ▶Tabelle 10.4 dargestellt.

Beim Vergleich der Volatilitäten in ▶Tabelle 10.4 wird deutlich, dass die Aktien kleinerer Unternehmen wie erwartet die historischen Renditen mit der höchsten Schwankungsbreite hatten, gefolgt von den Aktien großer Unternehmen. Die Renditen von Unternehmensanleihen und Schatzwechseln weisen eine viel geringere Schwankungsbreite als Aktien auf, wobei die Schatzwechsel die Anlagekategorie mit der geringsten Volatilität sind.

Tabelle 10.4

Die Volatilität der Aktien kleinerer US-amerikanischer Unternehmen, der Aktien großer Unternehmen (S&P 500), von Unternehmensanleihen und Schatzwechseln von 1926 bis 2011

Investition	Volatilität der Rendite (Standardabweichung)
Aktien kleiner Unternehmen	39,2 %
S&P 500	20,3 %
Unternehmensanleihen	7,0 %
Schatzwechsel	3,1 %

---

7 Handelt es sich bei den in ▶Gleichung 10.7 verwendeten Renditen nicht um Jahresrenditen, wird die Varianz in der Regel durch Multiplikation mit der Anzahl der Perioden pro Jahr auf eine Jahresbasis umgestellt. Werden zum Beispiel Monatsrenditen verwendet, wird die Varianz mit 12 und die Standardabweichung dementsprechend mit $\sqrt{12}$ multipliziert.

Schätzfehler: Die Verwendung vergangener Renditen zur Prognose der Zukunft

Zur Schätzung der Kapitalkosten einer Investition muss die erwartete Rendite bestimmt werden, die Investoren fordern, um sie für das Risiko der betreffenden Investition zu entschädigen. Sind die Verteilung der vergangenen Renditen und die Verteilung der zukünftigen Renditen gleich, könnten die Renditen betrachtet werden, die die Investoren in der Vergangenheit auf die gleichen oder ähnliche Investitionen zu erzielen erwartet haben, unter der Annahme, dass sie auch in Zukunft die gleiche Rendite fordern werden. Bei diesem Ansatz bestehen allerdings zwei Probleme. Erstens:

> *Wir wissen nicht, was die Investoren in der Vergangenheit erwartet haben. Wir können nur die tatsächlich realisierten Renditen beobachten.*

Beispielsweise haben die Investoren im Jahr 2008 mit der Investition in den S&P 500 37 % verloren. Dies entsprach sicher nicht dem, was die Anleger zu Beginn des Jahres erwartet hatten, da sie in diesem Fall stattdessen in Schatzwechsel investiert hätten.

Wenn wir der Ansicht sind, dass Anleger im Durchschnitt weder übermäßig optimistisch noch übermäßig pessimistisch sind, sollte im Laufe der Zeit die durchschnittliche realisierte Rendite der erwarteten Rendite der Anleger entsprechen. Mithilfe dieser Annahme können wir die durchschnittliche historische Rendite zur Ableitung der erwarteten Rendite heranziehen. An dieser Stelle tritt allerdings das zweite Problem auf:

> *Die durchschnittliche Rendite ist nur eine Schätzung der tatsächlichen erwarteten Rendite und unterliegt einem Schätzfehler.*

Aufgrund der Volatilität der Renditen von Aktien kann dieser Schätzfehler selbst bei Daten zu vielen Jahren groß sein, wie im nächsten Abschnitt gezeigt wird.

Standardfehler. Der Schätzfehler einer statistischen Schätzung wird durch ihren *Standardfehler* gemessen. Der **Standardfehler** entspricht der Standardabweichung des geschätzten Mittelwerts der Verteilung von seinem wahren Wert: Es handelt sich um die Standardabweichung der durchschnittlichen Rendite. Der Standardfehler gibt einen Anhaltspunkt darüber, inwieweit der Mittelwert der Stichprobe von der erwarteten Rendite abweichen könnte. Ist die Verteilung der Rendite einer Aktie in jedem Jahr identisch und ist die Rendite jedes Jahres von den Renditen der Vorjahre unabhängig,[8] wird der Standardfehler der Schätzung der erwarteten Rendite wie folgt berechnet:

Standardfehler der Schätzung der erwarteten Rendite

$$SA(\text{Durchschnitt unabhängiger, identischer Risiken}) = \frac{SA(\text{individuelles Risiko})}{\sqrt{\text{Anzahl Beobachtungen}}} \qquad (10.8)$$

Da in circa 95 % der Fälle die durchschnittliche Rendite innerhalb von zwei Standardfehlern der tatsächlich erwarteten Rendite liegt,[9] kann der Standardfehler zur Bestimmung eines angemessenen Bereichs für den tatsächlich erwarteten Wert verwendet werden. Das **95 %-Konfidenzintervall** der erwarteten Rendite ist gleich:

$$\text{Historische durchschnittliche Rendite} \pm (2 \times \text{Standardfehler}) \qquad (10.9)$$

Bei einer Volatilität von 20,3 % betrug beispielsweise die durchschnittliche Rendite des S&P 500 von 1926 bis 2011 11,7 %. Unter der Annahme, dass die Renditen in jedem Jahr aus einer unabhängigen und identischen Verteilung (IID) stammen, ist das 95 %-Konfidenzintervall der erwarteten Rendite des S&P 500 während dieses Zeitraums

---

8 Die Aussage, dass die Renditen unabhängig und identisch verteilt sind (IID), gibt an, dass die Wahrscheinlichkeit, dass die Rendite einen bestimmten Wert annimmt, in jedem Jahr gleich ist und nicht von vergangenen Renditen abhängt. Ebenso hängt die Chance, dass bei einem Münzwurf Kopf gewinnt, nicht von der Anzahl der vergangenen Würfe ab. Es handelt sich somit um eine angemessene erste Annäherung an Aktienrenditen.

9 Wenn die Renditen unabhängig sind und aus einer Normalverteilung stammen, liegt der geschätzte Mittelwert in 95,44 % der Fälle innerhalb von zwei Standardfehlern des tatsächlichen Mittelwertes. Selbst wenn Renditen nicht normalverteilt sind, ist diese Formel bei einer ausreichenden Anzahl unabhängiger Beobachtungen annähernd korrekt.

$$11,7 \ \% \ \pm \ 2(\frac{20,3 \ \%}{\sqrt{86}}) \ = \ 11,7 \ \% \ \pm \ 4,4 \ \%$$

beziehungsweise geht von 7,3 % bis 16,1 %. Somit können wir selbst bei Daten für 86 Jahre die erwartete Rendite des S&P 500 mit nicht besonders hoher Genauigkeit schätzen. Wenn wir nun der Ansicht sind, dass die Verteilung sich im Laufe der Zeit verändert hat und wir nur Daten aus der jüngeren Vergangenheit zur Schätzung der erwarteten Rendite heranziehen können, ist die Schätzung sogar noch ungenauer.

Grenzen der Schätzungen der erwarteten Rendite. Aktien einzelner Unternehmen weisen tendenziell eine höhere Volatilität als große Portfolios auf und viele können unter Umständen erst seit einigen Jahren bestehen, wodurch nur wenige Daten zur Schätzung der Renditen zur Verfügung stehen. Aufgrund des in diesen Fällen vergleichsweise hohen Schätzfehlers ist die von Investoren in der Vergangenheit erzielte durchschnittliche Rendite keine zuverlässige Schätzung der erwarteten Rendite eines Wertpapiers. Stattdessen muss eine andere Methode zur Schätzung der erwarteten Rendite hergeleitet werden, die sich stärker auf verlässlichere statistische Schätzungen stützt. Im restlichen Kapitel wird die folgende alternative Strategie verfolgt: Zunächst betrachten wir, wie das Risiko eines Wertpapiers gemessen wird. Danach wird die Beziehung zwischen Risiko und Rendite, die noch bestimmt werden muss, zur Schätzung der erwarteten Rendite des Wertpapiers herangezogen.

Beispiel 10.4:   Die Genauigkeit der Schätzungen der erwarteten Rendite

Fragestellung

Wie lautet das 95 %-Konfidenzintervall für unsere Schätzung der erwarteten Rendite des S&P 500 ausschließlich unter Verwendung der Renditen für den S&P 500 von 2002 bis 2011 (siehe ▸Tabelle 10.2)?

Lösung

Die durchschnittliche Rendite für den S&P 500 während dieses Zeitraums wurde an früherer Stelle dieses Kapitels mit 5,0 % bei einer Volatilität von 20,5 % berechnet (siehe ▸Beispiel 10.3). Der Standardfehler unserer Schätzung der erwarteten Rendite beträgt $20,5 \ \% : \sqrt{10} = 6,5 \ \%$ und das 95 %-Konfidenzintervall beträgt $5 \ \% \pm (2 \times 6,5 \ \%)$ bzw. liegt zwischen $-8 \ \%$ und 18 %. Wie dieses Beispiel zeigt, können mit Daten für nur wenige Jahre die erwarteten Renditen von Aktien nicht zuverlässig geschätzt werden.

Verständnisfragen

1. Wie wird die durchschnittliche Jahresrendite einer Investition geschätzt?

2. Obwohl wir für die Renditen des S&P 500 über Daten zu 86 Jahren verfügen, kann die erwartete Rendite des S&P 500 nicht mit großer Genauigkeit geschätzt werden. Warum ist das so?

Arithmetische Durchschnittsrenditen und geometrische Durchschnittsrenditen

Die durchschnittliche jährliche Rendite wird durch die Berechnung des *arithmetischen* Mittels bestimmt. Eine Alternative dazu bildet die geometrische Durchschnittsrendite (auch durchschnittliche jährliche Wachstumsrate genannt), die als *geometrisches* Mittel der jährlichen Renditen $R_1, ..., R_T$ berechnet wird:

$$\text{Geometrische Durchschnittsrendite} = [(1 + R_1) \times (1 + R_2) \times ... \times (1 + R_T)]^{1/T} - 1$$

Sie entspricht dem internen Zinsfuß einer Anlage über die Periode:

$$(\text{Endwert} : \text{Anfangsbetrag der Anlage})^{1/T} - 1$$

Zum Beispiel belief sich unter Verwendung der Daten aus ▶Abbildung 10.1 die geometrische Durchschnittsrendite des S&P 500 von 1926 bis 2011 auf

$$(275{,}240 : 100)^{1/86} - 1 = 9{,}65\ \%$$

Das heißt, eine Anlage in den S&P 500 von 1926 bis 2011 entsprach einer Rendite von 9,65 % pro Jahr in diesem Zeitraum. Die geometrische Durchschnittsrendite für Aktien kleinerer Unternehmen betrug 12,6 %, für Unternehmensanleihen 6,4 % und für Schatzwechsel 3,6 %.

In jedem Fall liegt die geometrische Durchschnittsrendite unter der in ▶Tabelle 10.3 ausgewiesenen durchschnittlichen Jahresrendite. Dieser Unterschied ist Ausdruck der Tatsache, dass Renditen schwanken. Um die Wirkung der Volatilität zu erkennen, sei angenommen, eine Anlage habe eine Jahresrendite von +20 % in einem Jahr und −20 % im nächsten Jahr. Die durchschnittliche Jahresrendite beträgt $\frac{1}{2}$ (20 % − 20 %) = 0 %, doch der Wert von einem angelegten Dollar beträgt nach 2 Jahren

$$\text{USD } 1 \times (1{,}20) \times (0{,}80) = \text{USD } 0{,}96$$

Dies bedeutet, dass ein Anleger Geld verloren hätte, da die Rendite von 20 % auf eine Anlage von USD 1 erzielt wird, während der Verlust von 20 % auf eine größere Anlage von USD 1,20 entsteht. In diesem Fall ist die geometrische Durchschnittsrendite gleich:

$$(0{,}96)^{1/2} - 1 = -2{,}02\ \%$$

Diese Logik impliziert, dass die geometrische Durchschnittsrendite immer unter der arithmetischen Durchschnittsrendite liegt und dass die Differenz mit der Volatilität der durchschnittlichen Renditen steigt. In der Regel beträgt die Differenz ungefähr die Hälfte der Varianz der Renditen.

Welche dieser Renditen beschreibt die Rendite einer Anlage besser? Die geometrische Durchschnittsrendite bietet eine bessere Beschreibung der langfristigen *historischen* Entwicklung einer Investition. Diese Rendite beschreibt die gleichwertige, risikolose Rendite, die zur Nachbildung der Entwicklung der Investition über denselben Zeitraum erforderlich wäre. Die Rangordnung der langfristigen Entwicklung der verschiedenen Investitionen entspricht der Rangordnung ihrer geometrischen Durchschnittsrenditen. Damit ist die geometrische Durchschnittsrendite die Rendite, die am häufigsten zu Vergleichszwecken herangezogen wird. So geben beispielsweise Investmentfonds ihre geometrischen Durchschnittsrenditen über die letzten fünf oder zehn Jahre an.

Die arithmetische Durchschnittsrendite sollte dagegen dann verwendet werden, wenn wir versuchen, die *erwartete* Rendite einer Investition über einen *zukünftigen* Zeithorizont auf der Grundlage der Wertentwicklung in der Vergangenheit zu schätzen. Wenn wir die vergangenen Renditen als unabhängige Fälle aus der gleichen Verteilung sehen, bietet die arithmetische Durchschnittsrendite eine erwartungstreue Schätzung der wirklichen erwarteten Rendite.*

Wenn beispielsweise bei der oben erwähnten Rendite die gleiche Wahrscheinlichkeit besteht, dass sie in der Zukunft jährliche Renditen von +20 % und −20 % erwirtschaftet, so ist es, über viele Perioden von jeweils zwei Jahren betrachtet, gleich wahrscheinlich, dass eine Investition von USD 1 auf folgende Beträge anwächst:

$$(1{,}20)(1{,}20) = \text{USD } 1{,}44$$

$$(1{,}20)(0{,}80) = \text{USD } 0{,}96$$

$$(0,80)(1,20) = USD\ 0,96$$

$$oder\ (0,80)(0,80) = USD\ 0,64$$

Damit ist der durchschnittliche Wert in zwei Jahren gleich $(1,44 + 0,96 + 0,96 + 0,64) : 4 =$ USD 1, sodass die erwartete Jahres- und Zweijahresrendite jeweils 0 % beträgt.

* Damit dieses Ergebnis zutrifft, müssen wir die historischen Renditen mithilfe des gleichen Zeitintervalls wie bei der zu schätzenden erwarteten Rendite berechnen: Wir verwenden den Mittelwert vergangener Monatsrenditen zur Schätzung der zukünftigen Monatsrenditen oder den Mittelwert vergangener Jahresrenditen zur Schätzung der zukünftigen Jahresrendite. Aufgrund des Schätzfehlers wird sich die Schätzung für verschiedene Zeitintervalle von dem Ergebnis unterscheiden, das man erhält, wenn man die arithmetische Durchschnittsrendite mit der Zinseszins-Formel auf das andere Zeitintervall hochrechnet. Bei ausreichend großer Datengrundlage konvergieren die Ergebnisse allerdings.

10.4 Der historische Trade-Off zwischen Risiko und Rendite

In ▶Kapitel 3 wurde das Konzept erörtert, dass Investoren risikoavers sind: Der Nutzen, den sie aus einer Steigerung des Einkommens erzielen, ist geringer als die persönlichen Kosten eines gleichwertigen Rückgangs des Einkommens. Dieses Konzept besagt, dass sich Investoren nur dann für ein Portfolio, das volatiler ist, entscheiden würden, wenn sie eine höhere Rendite zu erzielen erwarten. In diesem Abschnitt wird die historische Beziehung zwischen Volatilität und durchschnittlichen Renditen quantifiziert.

Die Renditen großer Portfolios

In ▶Tabelle 10.3 und ▶Tabelle 10.4 wurden die historischen Durchschnittsrenditen und Volatilitäten verschiedener Arten von Anlagen berechnet. Diese werden in der ▶Tabelle 10.5 zusammengelegt, in der die Volatilitäten und *Überrenditen* für jede Anlage aufgeführt werden. Die **Überrendite** ist die Differenz zwischen der Durchschnittsrendite einer Anlage und der Durchschnittsrendite von Schatzwechseln, einer risikolosen Anlage, und misst die durchschnittliche Risikoprämie, die Investoren für das Risiko der Anlage erhalten haben.

Tabelle 10.5

Volatilität und Überrendite von Aktien kleinerer US-amerikanischer Unternehmen, Aktien großer Unternehmen (S&P 500), Unternehmensanleihen und Schatzwechseln von 1926 bis 2011

Anlage	Volatilität der Rendite (Standardabweichung)	Überrendite (durchschnittliche, die Rendite von Schatzwechseln übersteigende Rendite)
Aktien kleiner Unternehmen	39,2 %	15,1 %
S&P 500	20,3 %	8,1 %
Unternehmensanleihen	7,0 %	3,0 %
Schatzwechsel	3,1 %	0,0 %

In ▶Abbildung 10.6 wird die Durchschnittsrendite gegenüber der Volatilität verschiedener Anlagen dargestellt. Neben den bereits betrachteten Beispielen werden auch Daten für ein großes Portfolio aus Mid-Cap Aktien, also Aktien von Unternehmen mittlerer Größe am US-amerikanischen Markt sowie ein globaler Index aus Aktien der größten an Aktienmärkten in Nordamerika, Europa und Asien gehandelten Unternehmen aufgenommen. Hier ist die positive Beziehung zu beachten, dass Anlagen mit der höheren Volatilität die Investoren mit höheren Durchschnittsrenditen entschädigt haben.

▶Abbildung 10.6 und ▶Tabelle 10.5 stimmen mit unserer Ansicht überein, dass Investoren risiko-avers sind. Anlagen mit einem höheren Risiko müssen den Investoren als Entschädigung für das zusätzliche, von ihnen eingegangene Risiko höhere Durchschnittsrenditen bieten.

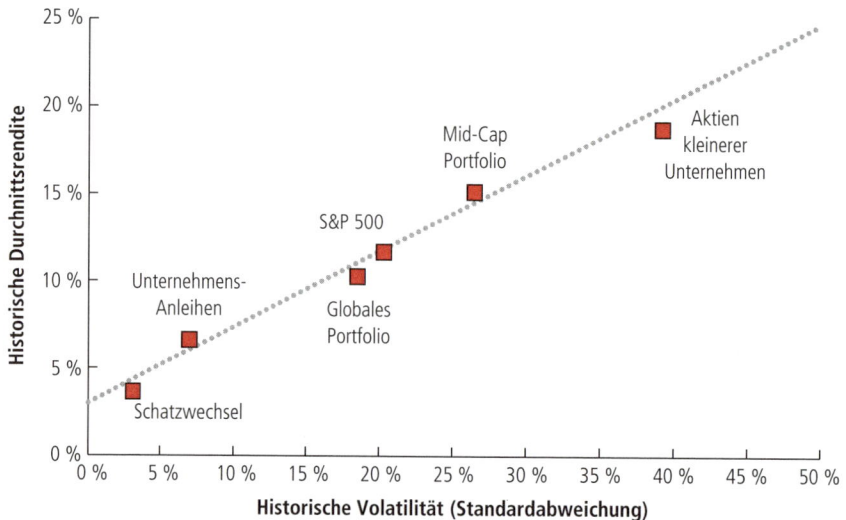

Abbildung 10.6: **Der historische Trade-Off zwischen Risiko und Rendite in großen Portfolios.** Zu beachten ist das allgemein ansteigende Verhältnis zwischen historischer Volatilität und der Durchschnittsrendite dieser großen Portfolios. Zusätzlich zu den in ▶Abbildung 10.1 gezeigten Portfolios wurde auch ein Mid-Cap Portfolio aus Aktien von 10 % der US-amerikanischen Unternehmen, deren Größe knapp über dem Median aller US-amerikanischen Aktien liegt, sowie ein globales Portfolio aus Aktien großer Unternehmen aus Nordamerika, Europa und Asien berücksichtigt (Daten von 1926 bis 2011).

Quelle: CRSP, Morgan Stanley Capital International.

Die Renditen einzelner Aktien

▶Abbildung 10.6 verdeutlicht das folgende einfache Modell der Risikoprämie: Anlagen mit einer höheren Volatilität sollten eine höhere Risikoprämie und damit höhere Renditen haben. Bei der Betrachtung von ▶Abbildung 10.5 ist es naheliegend, eine Linie durch das Portfolio zu ziehen und zu schlussfolgern, dass alle Anlagen auf oder in der Nähe dieser Linie liegen sollten, dass also die erwartete Rendite proportional zur Volatilität steigen sollte. Diese Schlussfolgerung scheint für die bisher betrachteten Portfolios auch ungefähr zutreffend zu sein. Stimmt das? Trifft dies auf einzelne Aktien zu?

Die Antwort auf beide Fragen lautet leider „Nein". In ▶Abbildung 10.7 wird dargestellt, dass bei der Betrachtung der Volatilität und Rendite einzelner Aktien keine eindeutige Beziehung zwischen diesen Größen zu erkennen ist. Jeder Punkt stellt die Renditen der Anlage in die Aktien des *N*.-größten, in den USA gehandelten Unternehmens (vierteljährlich aktualisiert) für *N* = 1 bis 500 von 1926 bis 2011 dar.

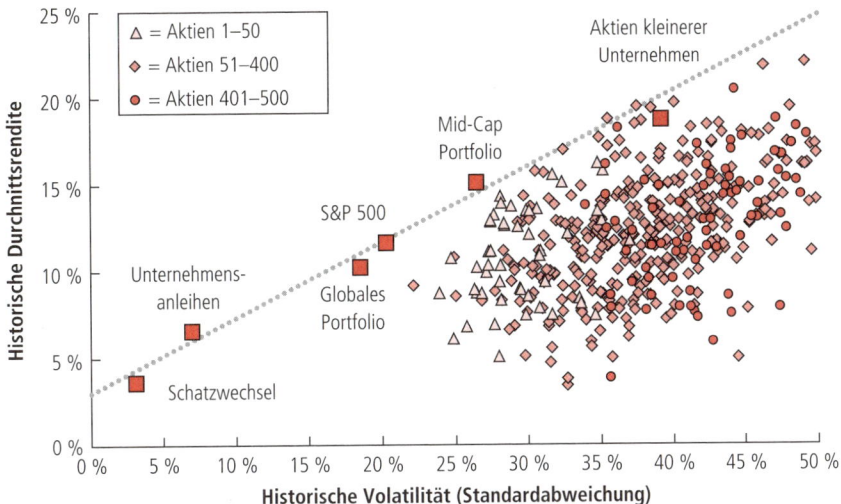

Abbildung 10.7: Historische Volatilität und Rendite für 500 einzelne Aktien, jährlich nach Größe geordnet. Anders als im Fall der großen Portfolios gibt es keine konkrete Beziehung zwischen der Volatilität und der durchschnittlichen Rendite einzelner Aktien. Einzelne Aktien haben eine höhere Volatilität und niedrigere Durchschnittsrendite als das für große Portfolios dargestellte Verhältnis (jährliche Daten von 1926 bis 2011).

Quelle: CRSP.

Aus diesen Daten lassen sich mehrere wichtige Beobachtungen ableiten. Erstens besteht eine Beziehung zwischen Größe und Risiko. Aktien größerer Unternehmen haben insgesamt eine niedrigere Volatilität. Zweitens sind selbst die Aktien der größten Unternehmen volatiler als ein Portfolio aus Aktien größerer Unternehmen, der S&P 500. Schließlich besteht keine eindeutige Beziehung zwischen Volatilität und Rendite. Während die Aktien der kleinsten Unternehmen eine etwas höhere Durchschnittsrendite haben, weisen viele Aktien eine höhere Volatilität und niedrigere Durchschnittsrenditen als andere Aktien auf. Zudem scheinen alle Aktien ein höheres Risiko und niedrigere Renditen vorzuweisen, als wir aufgrund einer einfachen Extrapolation unserer Daten aus großen Portfolios prognostiziert hätten.

Damit ist die Volatilität, auch wenn sie vielleicht ein angemessenes Maß des Risikos bei der Bewertung eines großen Portfolios bietet, nicht angemessen, um die Renditen der einzelnen Wertpapiere zu erklären. Warum würden die Anleger keine höhere Rendite für Aktien mit einer höheren Volatilität fordern? Und wie erklärt sich, dass der S&P 500, ein Portfolio aus den Aktien der 500 größten Unternehmen, viel weniger riskant ist als alle 500 Aktien einzeln betrachtet? Zur Beantwortung dieser Fragen müssen wir die Messung des Risikos für einen Anleger genauer betrachten.

Verständnisfragen

1. Was ist eine Überrendite?
2. Steigen die erwarteten Renditen gut diversifizierter großer Aktienportfolios anscheinend mit der Volatilität?
3. Steigen die erwarteten Renditen einzelner Aktien anscheinend mit der Volatilität?

10.5 Gemeinsames und unabhängiges Risiko

In diesem Abschnitt klären wir, warum sich das Risiko eines einzelnen Wertpapiers vom Risiko eines aus ähnlichen Wertpapieren bestehenden Portfolios unterscheidet. Wir beginnen mit einem Beispiel aus der Versicherungsbranche.

Einbruchs- im Vergleich zur Erdbebenversicherung: ein Beispiel

Im Folgenden werden zwei Arten von Hausversicherungen betrachtet: Einbruchsversicherungen und Erdbebenversicherungen. Zur Verdeutlichung nehmen wir an, dass das Risiko jeder dieser beiden Gefahren für ein Haus im Gebiet von San Francisco ähnlich ist. In jedem Jahr besteht eine Wahrscheinlichkeit von einem Prozent eines Einbruchs in das Haus sowie eine Wahrscheinlichkeit von einem Prozent einer Beschädigung des Hauses durch ein Erdbeben. Somit ist die Wahrscheinlichkeit, dass die Versicherungsgesellschaft einen Versicherungsanspruch für ein einzelnes Haus zahlt, bei beiden Versicherungspolicen gleich. Angenommen, eine Versicherungsgesellschaft hat jeweils 100.000 Policen jeder dieser Versicherungsarten mit Hausbesitzern in San Francisco abgeschlossen. Wir wissen, dass sich die Risiken der einzelnen Policen ähnlich sind, aber ähneln sich auch die Risiken der aus Policen bestehenden Portfolios?

Zunächst soll die Einbruchsversicherung betrachtet werden. Da die Wahrscheinlichkeit eines Einbruchs in ein Haus ein Prozent beträgt, würden wir erwarten, dass in circa ein Prozent der 100.000 Häuser eingebrochen wird. Damit beläuft sich die Anzahl der Versicherungsansprüche aufgrund eines Einbruchs auf circa 1.000 pro Jahr. Die tatsächliche Anzahl der Ansprüche kann in jedem Jahr etwas, aber nicht viel höher oder niedriger sein. Die Wahrscheinlichkeit, dass bei der Versicherungsgesellschaft eine unterschiedliche Anzahl von Ansprüchen geltend gemacht wird, kann unter der Annahme geschätzt werden, dass die Einbruchsfälle voneinander unabhängig sind. Die Tatsache, dass in ein Haus eingebrochen wird, verändert die Wahrscheinlichkeit eines Einbruchs in andere Häuser nicht. Fast immer wird die Anzahl der Ansprüche zwischen 875 und 1.125 (0,875 % beziehungsweise 1,125 % der Anzahl der abgeschlossenen Policen) liegen. Wenn die Versicherungsgesellschaft in diesem Fall für 1.200 Ansprüche ausreichende Reserven hält, so wird sie mit an Sicherheit grenzender Wahrscheinlichkeit über ausreichend Reserven zur Erfüllung ihrer Verpflichtungen aus den Einbruchsversicherungspolicen verfügen.

Nun betrachten wir die Erdbebenversicherung: In den meisten Jahren kommt es zu keinem Erdbeben. Da sich die Häuser aber in der gleichen Stadt befinden, ist es im Falle eines Erdbebens wahrscheinlich, dass alle Häuser betroffen sind und die Versicherungsgesellschaft in diesem Fall bis zu 100.000 Ansprüche zu erwarten hat. Infolgedessen muss die Versicherungsgesellschaft zur Abdeckung von Ansprüchen aus allen 100.000 Policen über ausreichende Reserven verfügen, um im Erdbebenfall ihren Verpflichtungen nachkommen zu können.

Damit führen die Erdbeben- und die Einbruchsversicherung, selbst wenn die erwartete Anzahl der Ansprüche gleich ist, zu Portfolios mit sehr unterschiedlichen Risikomerkmalen. Bei der Erdbebenversicherung besteht ein hohes Risiko im Hinblick auf die Anzahl der Ansprüche. Die Anzahl der Ansprüche ist mit hoher Wahrscheinlichkeit gleich null, doch mit der Wahrscheinlichkeit von einem Prozent muss die Versicherungsgesellschaft Ansprüche auf *alle* ausgestellten Policen zahlen. In diesem Fall unterscheidet sich das Risiko des Portfolios der Versicherungspolicen nicht vom Risiko einer einzelnen Police: Es ist immer noch alles oder nichts. Im Fall der Einbruchsversicherung hingegen ist die Anzahl der Ansprüche in einem Jahr ziemlich vorhersehbar. Jahr für Jahr wird diese Anzahl sehr nahe bei einem Prozent der Gesamtanzahl der Policen beziehungsweise bei 1.000 Ansprüchen liegen. Das Portfolio der Einbruchsversicherungen weist somit beinahe kein Risiko auf![10]

Risikotypen. Warum sind die Portfolios aus Versicherungspolicen so unterschiedlich, wenn doch die einzelnen Policen ganz ähnlich sind? Intuitiv liegt der wesentliche Unterschied zwischen den Policen darin, dass ein Erdbeben alle Gebäude gleichzeitig betrifft, sodass das Risiko über alle

---

10 Im Fall der Versicherung kann dieser Unterschied im Risiko, und damit in den erforderlichen Reserven, zu einem deutlichen Unterschied in den Kosten der Versicherung führen. In der Tat gilt der Kauf einer Erdbebenversicherung als teurer, selbst wenn das Risiko für einen einzelnen Haushalt ähnlich anderen Risiken, wie dem eines Einbruchs oder eines Brandes, ist.

Gebäude hinweg völlig korreliert ist. Ein Risiko, das völlig korreliert ist, wird als **gemeinsames Risiko** bezeichnet. Im Gegensatz dazu ist das Einbruchsrisiko, da Einbrüche in verschiedene Gebäude nicht miteinander in Beziehung stehen, unkorreliert und unabhängig. Risiken, die keine Korrelation aufweisen, werden als **unabhängige Risiken** bezeichnet. Bei unabhängigen Risiken haben einige Hausbesitzer Pech und andere Glück, aber insgesamt ist die Anzahl der Ansprüche recht vorhersehbar. Das Ausgleichen unabhängiger Risiken in einem großen Portfolio wird als **Diversifikation** bezeichnet.

Die Rolle der Diversifikation

Dieser Unterschied kann durch die Standardabweichung des Prozentsatzes der Ansprüche quantifiziert werden. Zunächst betrachten wir die Standardabweichung für einen einzelnen Hausbesitzer. Zu Beginn des Jahres erwartet der Hausbesitzer eine Wahrscheinlichkeit von einem Prozent, dass ein Anspruch für den jeweiligen Versicherungstyp geltend gemacht wird. Am Ende des Jahres wird der Hausbesitzer aber entweder einen Anspruch eingereicht haben (100 %) oder nicht (0 %). Mit ▸Gleichung 10.2 wird die Standardabweichung wie folgt bestimmt:

$$SA(\text{Anspruch}) = \sqrt{Var(\text{Anspruch})}$$
$$= \sqrt{0,99 \times (0-0,01)^2 + 0,01 \times (1-0,01)^2} = 9,95~\%$$

Für den Hausbesitzer ist die Standardabweichung für einen Verlust durch ein Erdbeben und durch einen Einbruch gleich hoch.

Nun betrachten wir die Standardabweichung des Prozentsatzes der Ansprüche für die Versicherungsgesellschaft. Im Fall der Erdbebenversicherung beträgt, da es sich um ein gemeinsames Risiko handelt, der Prozentsatz der Ansprüche entweder 100 % oder 0 % (wie für den Hausbesitzer). Der Prozentsatz der beim Erdbebenversicherer eingehenden Ansprüche ist damit ebenfalls durchschnittlich gleich einem Prozent bei einer Standardabweichung von 9,95 %.

Obwohl der Einbruchsversicherer ebenfalls durchschnittlich ein Prozent Ansprüche erhält, ist das Portfolio, da das Einbruchsrisiko über die Haushalte hinweg unabhängig ist, viel weniger riskant. Zur Quantifizierung dieses Unterschieds wird die Standardabweichung des Mittelwerts der Ansprüche mit ▸Gleichung 10.8 berechnet. Dabei erinnern wir uns, dass die Standardabweichung des Mittelwerts bei unabhängigen und identischen Risiken als Standardfehler, der mit der Quadratwurzel der Anzahl der Beobachtungen abnimmt, bekannt ist. Deshalb gilt:

$$SA(\text{Prozentsatz Ansprüche aus Diebstahl}) = \frac{SA(\text{einzelner Anspruch})}{\sqrt{\text{Anzahl der Beobachtungen}}}$$

$$= \frac{9,95~\%}{\sqrt{100.000}} = 0,03~\%$$

Somit besteht für den Versicherer gegen Einbruch *kaum* ein Risiko.

Das Prinzip der Diversifikation wird in der Versicherungsbranche routinemäßig eingesetzt. Neben der Einbruchsversicherung stützen sich auch viele andere Versicherungsarten (wie beispielsweise Lebens-, Kranken- und Kraftfahrzeugversicherungen) auf die Tatsache, dass die Anzahl der Ansprüche in einem großen Portfolio relativ vorhersehbar ist. Selbst im Fall der Erdbebenversicherung können die Versicherer durch den Verkauf von Policen in unterschiedlichen geografischen Regionen oder durch die Kombination verschiedener Arten von Policen einen gewissen Grad an Diversifikation erreichen. Diversifikation reduziert aber auch in vielen anderen Zusammenhängen das Risiko. Landwirte beispielsweise verringern ihr Risiko des Ausfalls der Ernte einer Feldfrucht, indem sie verschiedene Arten von Feldfrüchten anbauen. Auch Unternehmen können ihre Lieferkette oder Produktlinie diversifizieren, um das Risiko einer Unterbrechung der Lieferungen oder eines Nachfrageschocks zu verringern.

Fragestellung

In einem Roulettekessel in Las Vegas sind normalerweise die Ziffern 1 bis 36 sowie 0 und 00 (im klassischen Roulette gibt es nur 37 Zahlen ohne die 00) angebracht. Jedes dieser Ergebnisse ist jedes Mal, wenn das Rad gedreht wird, gleich wahrscheinlich. Wettet man auf eine Zahl und liegt richtig, ist die Auszahlung gleich 35:1. Wettet man EUR 1, so erhält man bei einem Gewinn EUR 36 (EUR 35 plus die ursprünglichen EUR 1) oder nichts, wenn man verliert. Sie setzen EUR 1 auf Ihre Lieblingszahl. Wie hoch ist der erwartete Gewinn des Kasinos? Wie hoch ist die Standardabweichung dieses Gewinns bei einem einzelnen Spieleinsatz? Im gesamten Kasino werden in einem typischen Monat 9 Millionen ähnliche Wetten abgegeben. Wie hoch ist dann die Standardabweichung der durchschnittlichen Einnahmen des Kasinos pro in jedem Monat gewetteten Euro?

Lösung

Da im Roulettekessel 38 Zahlen angebracht sind, stehen die Chancen auf einen Gewinn 1/38. Das Kasino verliert bei einem Gewinn EUR 38 und erzielt EUR 1, wenn Sie verlieren. Deshalb ergibt sich mit ▶Gleichung 10.1 folgender erwarteter Gewinn des Kasinos:

$$E[\text{Auszahlung}] = (1/38) \times (-\text{EUR } 35) + (37/38) \times (\text{EUR } 1) = \text{EUR } 0{,}0526$$

Auf jeden eingesetzten Euro erzielt das Kasino im Durchschnitt 5,26 Cent. Bei einem einzelnen Spieleinsatz wird die Standardabweichung dieses Gewinns mithilfe von ▶Gleichung 10.2 wie folgt berechnet:

$$SA(\text{Auszahlung}) = \sqrt{(1/38) \times (-35 - 0{,}0526)^2 + (37/38) \times (1 - 0{,}0526)^2} = \text{EUR } 5{,}76$$

Diese Standardabweichung ist verglichen mit der Höhe der Gewinne recht hoch. Doch wenn viele solche Spieleinsätze erfolgen, wird das Risiko diversifiziert. Mit ▶Gleichung 10.8 ergibt sich eine Standardabweichung der durchschnittlichen Einnahmen des Kasinos pro eingesetztem Euro, das heißt der Standardfehler des an das Kasino ausgezahlten Betrags, von lediglich:

$$SA(\text{durchschnittliche Auszahlung}) = \frac{\text{EUR } 5{,}76}{\sqrt{9.000.000}} = \text{EUR } 0{,}0019$$

Mit anderen Worten, mit der gleichen bereits in ▶Gleichung 10.9 verwendeten Logik liegt mit einer Wahrscheinlichkeit von 95 % der Gewinn des Kasinos pro Euro im Intervall von EUR 0,0526 ± (2 × 0,0019) = EUR 0,0488 bis EUR 0,0564. Bei eingesetzten EUR 9 Millionen liegen die monatlichen Gewinne des Kasinos fast immer zwischen EUR 439.000 und EUR 508.000. Dies entspricht einem sehr niedrigen Risiko. Die Schlüsselannahme ist natürlich, dass jeder Spieleinsatz getrennt erfolgt und dass die Ergebnisse der Spiele unabhängig voneinander sind. Würden EUR 9 Millionen in einem einzelnen Spiel gesetzt, wäre das Risiko des Kasinos hoch und läge bei einem Verlust von 35 × EUR 9 Millionen = EUR 315 Millionen, wenn der Spieler gewinnt. Aus diesem Grund legen Kasinos oft Grenzen für den einzelnen Spieleinsatz fest.

Verständnisfragen

1. Welcher Unterschied besteht zwischen dem gemeinsamen Risiko und dem unabhängigen Risiko?
2. Unter welchen Umständen wird das Risiko in einem großen Portfolio von Versicherungsverträgen diversifiziert?

10.6 Diversifikation von Aktienportfolios

Wie das Versicherungsbeispiel zeigt, hängt das Risiko eines Portfolios aus Versicherungsverträgen davon ab, ob es sich bei den einzelnen Risiken innerhalb des Portfolios um gemeinsame oder unabhängige Risiken handelt. Unabhängige Risiken werden in einem großen Portfolio diversifiziert, während dies bei gemeinsamen Risiken nicht der Fall ist. Im Folgenden sollen nun die Auswirkungen dieses Unterschiedes auf das Risiko aus Aktienportfolios betrachtet werden.[11]

Unternehmensspezifisches und systematisches Risiko

Über einen gegebenen Zeitraum besteht das Risiko des Besitzes einer Aktie darin, dass die Dividenden plus dem Aktienkurs bei Verkauf höher oder niedriger als erwartet sein können, wodurch die realisierte Rendite mit einem Risiko behaftet ist. Wodurch werden Dividenden oder Aktienkurse und damit die Renditen höher oder niedriger als erwartet? In der Regel schwanken Aktienkurse und Dividenden aufgrund von zwei Arten von Nachrichten:

1. *Unternehmensspezifische Nachrichten* sind gute oder schlechte Nachrichten über das Unternehmen selbst. So könnte ein Unternehmen beispielsweise bekanntgeben, dass es ihm gelungen ist, den Marktanteil innerhalb seiner Branche zu erhöhen.

2. *Marktweite Nachrichten* sind Nachrichten über die Volkswirtschaft insgesamt und beeinflussen somit sämtliche Aktien. So kann beispielsweise die Bundesbank bekanntgeben, dass sie die Zinssätze senken wird, um die Wirtschaft anzukurbeln.

Schwankungen der Rendite einer Aktie aufgrund von Nachrichten über unternehmensspezifische Risiken sind unabhängige Risiken. Wie Diebstähle in verschiedenen Gebäuden stehen diese Risiken über die Aktien hinweg nicht miteinander in Beziehung. Diese Art von Risiko wird auch als **unternehmensspezifisches**, **idiosynkratisches** oder **diversifizierbares Risiko** bezeichnet.

Schwankungen der Rendite einer Aktie aufgrund von marktweiten Nachrichten stellen ein gemeinsames Risiko dar. Wie im Fall von Erdbeben betreffen solche Nachrichten alle Aktien gleichzeitig. Diese Art Risiko wird auch als **systematisches**, **nicht diversifizierbares** oder **Marktrisiko** bezeichnet.

Durch das Zusammenlegen vieler Aktien in einem großen Portfolio werden die unternehmensspezifischen Risiken für jede Aktie ausgeglichen und diversifiziert. Gute Nachrichten wirken sich auf einige Aktien, und schlechte Nachrichten wirken sich auf andere Aktien aus. Die Anzahl guter oder schlechter Nachrichten ist insgesamt relativ konstant. Das systematische Risiko betrifft alle Unternehmen und damit das gesamte Portfolio, und wird nicht diversifiziert.

Betrachten wir im Folgenden ein Beispiel dazu. Angenommen, Unternehmen vom Typ S werden *nur* durch die wirtschaftliche Lage beeinflusst, für die eine Chance von 50 zu 50 besteht, dass sie gut oder schlecht ist. Ist die wirtschaftliche Lage gut, so erzielen Aktien von Unternehmen des Typs S eine Rendite von 40 %. Ist die wirtschaftliche Lage schlecht, dann beläuft sich die Rendite dieser Unternehmen auf −20 %. Da diese Unternehmen mit systematischen Risiken der wirtschaftlichen Lage konfrontiert werden, wird durch ein großes Portfolio aus Aktien von Unternehmen des Typs S das Risiko nicht diversifiziert. Ist die wirtschaftliche Lage gut, erzielt das Portfolio die gleiche Rendite von 40 % wie jedes Unternehmen des Typs S, und ist die wirtschaftliche Lage schlecht, so erzielt auch das Portfolio eine Rendite von −20 %.

Nun sollen Unternehmen vom Typ I betrachtet werden, die nur von idiosynkratischen, unternehmensspezifischen Risiken beeinflusst werden. Dabei ist es gleichermaßen wahrscheinlich, dass sich die Renditen aufgrund von Faktoren, die für den lokalen Markt des Unternehmens spezifisch sind, auf 35 % oder −25 % belaufen. Da es sich hier um unternehmensspezifische Risiken handelt, wird das Risiko eines Portfolios aus Aktien vieler Unternehmen des Typs I diversifiziert. Circa die Hälfte der Unternehmen wird Renditen von 35 % erzielen, während die andere Hälfte Renditen von −25 % erzielen wird, sodass die Rendite des Portfolios nahe der durchschnittlichen Rendite von 0,5 (35 %) + 0,5 (−25 %) = 5 % liegt.

---

11 Harry Markowitz hat als Erster die Rolle der Diversifikation bei der Bildung eines optimalen Aktienportfolios formalisiert. Siehe H. Markowitz, „Portfolio Selection", *Journal of Finance*, Bd. 7 (1952), S. 77–91.

In ▶ Abbildung 10.8 wird dargestellt, wie die Volatilität mit der Größe des Portfolios für Aktien von Unternehmen des Typs S und des Typs I abnimmt. Unternehmen des Typs S weisen nur ein systematisches Risiko auf. Wie im Fall der Erdbebenversicherung ändert sich die Volatilität des Portfolios nicht, wenn die Zahl der Unternehmen zunimmt. Unternehmen des Typs I weisen nur idiosynkratische Risiken auf. Wie im Fall der Einbruchsversicherung wird das Risiko mit zunehmender Anzahl der Unternehmen diversifiziert und die Volatilität sinkt. Wie aus ▶ Abbildung 10.8 ersichtlich ist, wird das Risiko bei einer großen Anzahl von Unternehmen im Wesentlichen beseitigt.

Natürlich entsprechen reale Unternehmen nicht Unternehmen des Typs S oder des Typs I. Unternehmen unterliegen sowohl systematischen, marktweiten Risiken als auch unternehmensspezifischen Risiken. ▶ Abbildung 10.8 zeigt auch, wie sich die Volatilität mit der Größe eines Portfolios mit Aktien typischer Unternehmen ändert. Tragen Unternehmen beide Arten von Risiken, so wird durch die Zusammenfassung der Aktien vieler Unternehmen in einem Portfolio nur das unternehmensspezifische Risiko diversifiziert. Deshalb sinkt die Volatilität so lange, bis nur das systematische Risiko verbleibt, das alle Unternehmen betrifft.

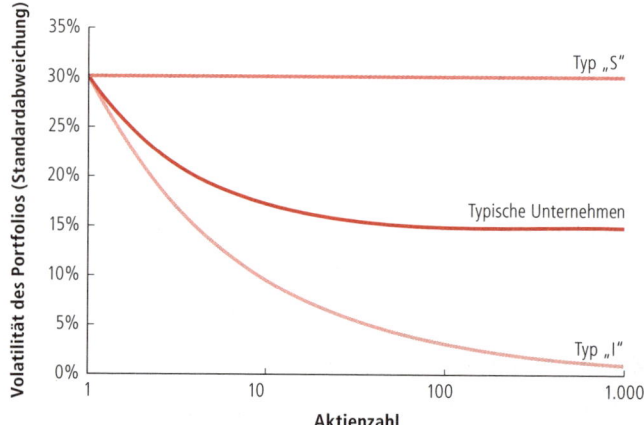

Abbildung 10.8: Die Volatilität von Portfolios aus Aktien von Unternehmen des Typs S und des Typs I. Da Unternehmen des Typs S nur ein systematisches Risiko aufweisen, ändert sich die Volatilität des Portfolios nicht. Unternehmen des Typs I weisen nur idiosynkratische Risiken auf, die mit einer zunehmenden Anzahl der Unternehmen im Portfolio diversifiziert und eliminiert werden. Typische Aktien haben jedoch eine Mischung aus beiden Risikoarten, sodass das Risiko eines Portfolios durch Diversifikation des idiosynkratischen Risikos ausgeschaltet wird, während das systematische Risiko weiterbesteht.

Dieses Beispiel erklärt eines der in ▶ Abbildung 10.7 dargestellten Rätsel. Dort wurde gezeigt, dass der S&P 500 eine viel geringere Volatilität aufweist als jede der einzelnen Aktien. Nun wird deutlich, warum dies der Fall ist. Die einzelnen Aktien haben jeweils unternehmensspezifische Risiken, die durch die Zusammenfassung der Aktien in einem Portfolio eliminiert werden. Das Portfolio kann damit insgesamt eine geringere Volatilität als jede der darin enthaltenen Aktien aufweisen.

Beispiel 10.6: Portfoliovolatilität

Fragestellung

Wie hoch ist die Volatilität der durchschnittlichen Renditen von zehn Unternehmen des Typs S? Wie hoch ist die Volatilität der durchschnittlichen Rendite von zehn Unternehmen des Typs I?

Lösung

Unternehmen des Typs S weisen gleich wahrscheinliche Renditen von 40 % oder −20 % auf. Die erwartete Rendite entspricht $\frac{1}{2}(40\ \%) + \frac{1}{2}(-20\ \%) = 10\ \%$.

Es gilt:

$$SA(R_S) = \sqrt{\frac{1}{2}(0,40 - 0,10)^2 + \frac{1}{2}(-0,20 - 0,10)^2} = 30\ \%$$

Da alle Unternehmen des Typs S gleichzeitig hohe oder niedrige Renditen erzielen, beträgt auch die durchschnittliche Rendite von zehn Unternehmen des Typs S 40 % oder −20 %. Damit hat sie wie in ▶Abbildung 10.8 dargestellt die gleiche Volatilität von 30 %.

Unternehmen des Typs I erzielen gleich wahrscheinliche Renditen von 35 % oder −25 %. Ihre erwartete Rendite ist gleich $\frac{1}{2}(35\ \%) + \frac{1}{2}(-25\ \%) = 5\ \%$, sodass gilt

$$SA(R_I) = \sqrt{\frac{1}{2}(0,35 - 0,05)^2 + \frac{1}{2}(-0,25 - 0,05)^2} = 30\ \%$$

Da die Renditen von Unternehmen des Typs I unabhängig sind, hat ▶Gleichung 10.8 zufolge die durchschnittliche Rendite von zehn Unternehmen des Typs I, wie in ▶Abbildung 10.8 dargestellt, eine Volatilität von $30\ \% : \sqrt{10} = 9,5\ \%$.

Arbitragefreiheit und Risikoprämie

Im Folgenden sollen erneut Unternehmen des Typs I betrachtet werden, die nur das unternehmensspezifische Risiko tragen. Sollten die Investoren, da jedes einzelne Unternehmen des Typs I ein Risiko trägt, erwarten, dass sie bei einer Anlage in Unternehmen des Typs I eine Risikoprämie erzielen?

In einem Wettbewerbsmarkt lautet die Antwort auf diese Frage „Nein". Um zu verdeutlichen, warum dies der Fall ist, nehmen wir an, die erwartete Rendite von Unternehmen des Typs I übersteigt den risikolosen Zinssatz. In diesem Fall könnten Investoren durch ein großes Portfolio aus vielen Unternehmen des Typs I das unternehmensspezifische Risiko dieser Unternehmen diversifizieren und eine Rendite oberhalb des risikolosen Zinssatzes erzielen, ohne ein beträchtliches Risiko einzugehen.

Die oben beschriebene Situation ähnelt sehr einer Arbitragemöglichkeit, die Investoren sehr attraktiv finden würden. Sie würden zum risikolosen Zinssatz Geld leihen und in ein Portfolio aus Unternehmen des Typs I investieren, das ihnen bei einem sehr geringen Risiko eine höhere Rendite bietet.[12] Wenn immer mehr Investoren diese Situation ausnutzen und Aktien von Unternehmen des Typs I kaufen, würden die aktuellen Aktienkurse von Unternehmen des Typs I steigen, wodurch deren erwartete Renditen sinken würden. Wir wissen bereits, dass, wie in ▶Gleichung 10.4 dargestellt, der aktuelle Aktienkurs P_t bei der Berechnung der Rendite der Aktie den Nenner bildet. Diese Handelsgeschäfte würden erst dann aufhören, wenn die Rendite der Unternehmen des Typs I gleich dem risikolosen Zinssatz ist. Durch den Wettbewerb zwischen den Investoren sinkt die Rendite der Unternehmen des Typs I bis auf die risikolose Rendite.

---

12 Wenn die Investoren tatsächlich ein ausreichend großes Portfolio halten und das gesamte Risiko völlig diversifizieren könnten, würde sich eine echte Arbitragemöglichkeit bieten.

Das oben angeführte Argument ist im Wesentlichen eine Anwendung des Gesetzes des einheitlichen Preises. Da ein großes Portfolio aus Unternehmen des Typs I kein Risiko aufweist, muss es den risikolosen Zinssatz erzielen. Dieses Argument der Arbitragefreiheit legt das folgende, allgemeinere Prinzip nahe:

Die Risikoprämie für das diversifizierbare Risiko ist gleich null, und deshalb werden die Anleger nicht für das unternehmensspezifische Risiko entschädigt.

Dieses Prinzip kann auf alle Aktien und Wertpapiere angewendet werden. Es impliziert, dass die Risikoprämie einer Aktie nicht durch ihr diversifizierbares, unternehmensspezifisches Risiko beeinflusst wird. Wenn das diversifizierbare Risiko von Aktien durch eine zusätzliche Risikoprämie ausgeglichen würde, dann könnten Anleger die Aktien kaufen, die zusätzliche Prämie erzielen und gleichzeitig das Risiko diversifizieren und eliminieren. Dadurch könnten die Anleger eine zusätzliche Prämie erzielen, ohne ein zusätzliches Risiko einzugehen. Diese Möglichkeit, für nichts Geld zu erhalten, würde schnell ausgenutzt und dadurch eliminiert werden.[13]

Da die Investoren durch Diversifikation ihrer Portfolios das unternehmensspezifische Risiko „kostenlos" eliminieren können, ist für ein solches Portfolio keine „Entschädigung" oder Risikoprämie notwendig. Diversifikation reduziert allerdings das systematische Risiko nicht: Selbst bei einem großen Portfolio ist ein Anleger Risiken ausgesetzt, die die gesamte Volkswirtschaft und damit sämtliche Wertpapiere betreffen. Da Investoren risikoavers sind, fordern sie für das Eingehen eines systematischen Risikos eine Risikoprämie. Ansonsten würden sie sich durch den Verkauf der Aktien und die Investition in risikolose Anleihen besser stellen. Da die Investoren durch Diversifikation das unternehmensspezifische Risiko kostenlos eliminieren können, wohingegen das systematische Risiko nur durch den Verzicht auf erwartete Renditen ausgeschaltet werden kann, bestimmt das systematische Risiko des Wertpapiers die Risikoprämie, die Anleger für das Halten des Wertpapiers fordern. Diese Tatsache führt zum zweiten Grundprinzip:

Die Risikoprämie eines Wertpapiers wird durch dessen systematisches Risiko bestimmt und hängt nicht vom diversifizierbaren Risiko ab.

DIE GLOBALE FINANZKRISE

Die Vorteile der Diversifikation bei einem Börsenkrach

Die untere Abbildung veranschaulicht die Vorteile der Diversifikation über die letzten 40 Jahre. Die rote Kurve stellt die historische Volatilität des S&P 500 Portfolios, auf der Grundlage täglicher Renditen in jedem Quartal annualisiert, dar. Die graue Kurve entspricht der durchschnittlichen, nach der Größe jeder Aktie gewichteten Volatilität der einzelnen Aktien im Portfolio. Damit entspricht der grau schattierte Bereich dem idiosynkratischen Risiko, dem durch Halten und Diversifizierung des Portfolios beseitigten Risiko. Der rote Bereich zeigt das Marktrisiko, das nicht diversifiziert werden kann.

Die Marktvolatilität schwankt deutlich und steigt in Krisenzeiten dramatisch an. Zu erkennen ist jedoch auch, dass der Anteil des nicht durch Diversifizierung ausschaltbaren Risikos ebenfalls schwankt und in Zeiten der Krise abzunehmen scheint. So ist beispielsweise seit dem Jahr 1970 im Durchschnitt ungefähr 50 % der Volatilität einzelner Aktien diversifizierbar: Der graue Bereich umfasst circa 50 % des Gesamtbereichs. Wie die Abbildung zeigt, ist dieser Anteil sowohl während des Börsenkrachs von 1987 als auch während der Finanzkrise 2008/2009 und der jüngsten Schuldenkrise in der Eurozone drastisch gesunken, sodass nur circa 20 % der Volatilität einzelner Aktien diversifiziert werden konnten. Die kombinierte Wirkung aus der gestiegenen Volatilität und der gesunkenen Diversifikation während der Krise im Jahr 2008 war so schwerwiegend, dass sich das für die Anleger interessante Risiko, das Marktrisiko, zwischen 2006 und dem letzten Quartal 2008 von 10 % auf 70 % *versiebenfacht* hat.

---

13 Das wesentliche Element dieses Arguments wird in S. Ross, „The Arbitrage Theory of Capital Asset Pricing", *Journal of Economic Theory*, Bd. 13 (Dezember 1976), S. 341–360 dargestellt.

Obwohl man sich durch Diversifikation immer besserstellt, ist es wichtig zu berücksichtigen, dass die Vorteile der Diversifikation von den wirtschaftlichen Bedingungen abhängen. In Zeiten extremer Krisen können die Vorteile schwinden, wodurch eine Rezession für die Investoren besonders schmerzlich wird.

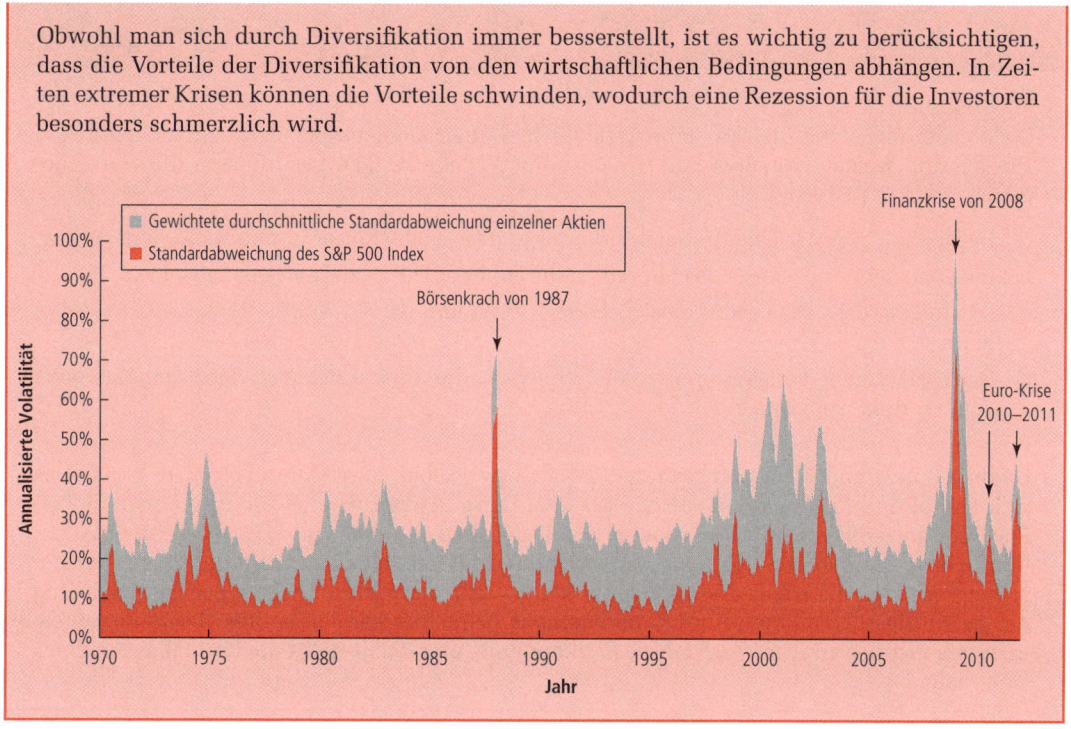

Dieses Prinzip impliziert, dass die Volatilität einer Aktie, die ein Maß des Gesamtrisikos ist, also das systematische Risiko plus diversifizierbares Risiko, bei der Bestimmung der Risikoprämie, die Anleger erzielen, nicht sehr hilfreich ist. Als Beispiel betrachten wir ein weiteres Mal Unternehmen des Typs S und I. Wie in ▶Beispiel 10.6 berechnet, beträgt die Volatilität eines einzelnen Unternehmens des Typs S oder I 30 %. Obwohl beide Arten von Unternehmen die gleiche Volatilität haben, weisen Unternehmen des Typs S eine erwartete Rendite von 10 % und Unternehmen des Typs I eine erwartete Rendite von 5 % auf. Die Differenz der erwarteten Renditen leitet sich aus dem Unterschied in der Art des Risikos ab, das jedes der Unternehmen trägt. Unternehmen des Typs I haben nur ein unternehmensspezifisches Risiko, das keine Risikoprämie erfordert, sodass die erwartete Rendite von 5 % für Unternehmen des Typs I gleich dem risikolosen Zinssatz ist. Unternehmen des Typs S weisen nur systematische Risiken auf. Da die Anleger für solche Risiken eine Entschädigung verlangen, bietet die erwartete Rendite von 10 % für Unternehmen des Typs S den Anlegern eine Risikoprämie von 5 % über dem risikolosen Zinssatz.

Nun haben wir eine Erklärung für das zweite Rätsel in ▶Abbildung 10.7. Auch wenn die Volatilität unter Umständen ein angemessenes Maß für das Risiko für ein gut diversifiziertes Portfolio bietet, ist sie kein angemessenes Maß für ein einzelnes Wertpapier. Damit sollte keine eindeutige Beziehung zwischen der Volatilität und der durchschnittlichen Rendite einzelner Wertpapiere bestehen. Demzufolge muss zur Schätzung der erwarteten Rendite eines Wertpapiers ein Maß des systematischen Risikos bestimmt werden.

In ▶Kapitel 3 wurde argumentiert, dass die Risikoprämie einer Investition davon abhängt, wie sich ihre Renditen in Bezug auf die Volkswirtschaft insgesamt entwickeln. Insbesondere verlangen risikoaverse Investoren eine Prämie für die Investition in Wertpapiere, die in schlechten Zeiten schlechte Ergebnisse erzielen. Wir erinnern uns beispielsweise an die Ergebnisse der Aktien kleinerer Unternehmen in ▶Abbildung 10.1 während der Weltwirtschaftskrise. Dieses Konzept deckt sich mit dem Konzept des in diesem Kapitel definierten systematischen Risikos. Das volkswirtschaftliche Risiko, also das Risiko von Rezessionen und Booms, ist ein systematisches Risiko, das nicht diversifizierbar ist. Aus diesem Grund weist eine Anlage, die von der Wirtschaftslage abhängt, ein systematisches Risiko auf und erfordert deshalb eine Risikoprämie.

Beispiel 10.7:   Diversifizierbares und systematisches Risiko

Fragestellung

Welche der folgenden Risiken einer Aktie dürften unternehmensspezifische, diversifizierbare Risiken und welche systematische Risiken sein? Welche Risiken beeinflussen die von Anlegern geforderte Risikoprämie?

a. Das Risiko, dass der Unternehmensgründer und Geschäftsführer in den Ruhestand geht.

b. Das Risiko eines Anstiegs des Ölpreises, durch den die Produktionskosten steigen.

c. Das Risiko, dass das Produktdesign fehlerhaft ist und das Produkt zurückgerufen werden muss.

d. Das Risiko einer Verlangsamung der Wirtschaft, die einen Rückgang der Nachfrage nach dem Produkt nach sich zieht.

Lösung

Da der Ölpreis und die Verlangsamung der Volkswirtschaft alle Aktien betreffen, handelt es sich bei (b) und (d) um systematische Risiken. Diese Risiken werden nicht in einem großen Portfolio diversifiziert und beeinflussen somit die Risikoprämie, die Anleger für die Investition in eine Aktie fordern. Bei den Risiken (a) und (c) handelt es sich um unternehmensspezifische Risiken, die somit diversifizierbar sind. Auch wenn diese Risiken bei der Schätzung der zukünftigen Cashflows eines Unternehmens betrachtet werden sollten, beeinflussen sie nicht die von den Anlegern geforderte Risikoprämie, und damit nicht die Kapitalkosten eines Unternehmens.

Ein häufiger Fehler

Der Trugschluss der langfristigen Diversifikation

Wir haben bereits gesehen, dass Anleger ihr Risiko stark verringern können, indem sie die investierten Euro auf viele verschiedene Anlagen aufteilen und so das diversifizierbare Risiko in ihren Portfolios ausschalten können. Hat diese Logik auch über die Zeit Bestand? Können wir also, wenn wir über viele Jahre anlegen, auch das Risiko beseitigen, dem wir in einem bestimmten Jahr ausgesetzt sind? Spielt das Risiko auf lange Sicht überhaupt noch eine Rolle? ►Abbildung 10.8 besagt, dass die Volatilität der durchschnittlichen Jahresrendite mit der Anzahl der Anlagejahre abnimmt, wenn die Renditen jedes Jahr unabhängig voneinander sind. Als langfristige Investoren kümmert uns natürlich nicht die Volatilität unserer *durchschnittlichen* Rendite, sondern vielmehr die Volatilität unserer über die Anlagedauer *kumulierten* Rendite. Diese Volatilität nimmt mit der Anlagedauer zu, wie im folgenden Beispiel verdeutlicht wird. Im Jahr 1925 stieg der Wert der Aktien großer US-amerikanischer Unternehmen um ungefähr 30 %. Ein Anfang 1925 angelegter Betrag von USD 77 stieg bis zum Ende des Jahres auf USD 77 × 1,30 = USD 100. ►Abbildung 10.1 zeigt, dass die Anlage von USD 100 im S&P 500 ab dem Jahr 1926 bis zu Beginn des Jahres 2012 auf circa USD 275.000 gestiegen wäre. Nehmen wir jedoch an, dass die Aktien im Jahr 1925 stattdessen um 35 % gefallen wären. Der anfängliche angelegte Betrag von USD 77 wäre dann zu Beginn des Jahres 1926 nur USD 77 × (1 − 35 %) = USD 50 wert. Wenn sich danach die Renditen nicht geändert hätten, wäre die Anlage im Jahr 2012 nur noch halb so viel wert, nämlich USD 137.500. Trotz des langen Anlagezeitraums hat der Unterschied in der Rendite des ersten Jahres immer noch eine starke Wirkung auf die schließliche Auszahlung. Die Finanzkrise im Jahr 2008 machte vielen Anlegern die Wirklichkeit dieses Trugschlusses deutlich. Betrachten wir zum Beispiel einen langfristig orientierten Anleger, der im Jahr 1925 USD 100 in die Aktien kleinerer Unternehmen investiert hat. Bei einem Anlagezeitraum von 81 Jahren (bis Ende 2006) hätte er etwas mehr als USD 2 Millionen. Wäre die Anlagedauer 83 Jahre gewesen (bis Ende 2008), wäre der Wert seines Portfolios um über 50 % auf gerade einmal USD 1 Million gefallen. Auch in diesem Fall hat ein längerer Anlagezeitraum das Risiko nicht verringert!

Allgemeiner formuliert lässt sich sagen, dass, wenn die Renditen über den Anlagezeitraum unabhängig sind, sodass die zukünftigen Renditen nicht durch in der Vergangenheit erzielte Renditen beeinflusst sind, jede Änderung des Werts eines Portfolios heute umgesetzt wird zu einer prozentual gleichen Änderung des zukünftigen Werts des Portfolios, und dass über die Anlagedauer keine Diversifikation erreicht wird. Die einzige Möglichkeit, das Risiko durch die Anlagedauer zu reduzieren ist, wenn eine unterdurchschnittliche Rendite heute bedeutet, dass die zukünftigen Renditen über dem Durchschnitt liegen dürften (und umgekehrt). Diese Phänomen wird bisweilen auch *Mean Reversion* (Wiederannäherung an den Mittelwert) genannt und bedeutet, dass mit den vergangenen niedrigen Renditen die zukünftigen hohen Renditen am Aktienmarkt vorhergesagt werden können. Für kurze Anlagehorizonte von einigen Jahren kann die Wiederannäherung an den Mittelwert am Aktienmarkt nicht nachgewiesen werden. Für längere Zeiträume wird sie tatsächlich durch einige historische Daten nachgewiesen. Es ist jedoch nicht klar, wie verlässlich diese Nachweise sind, denn ausreichend lange Zeiträume von Jahrzehnten mit genauen Aktienmarktdaten sind nicht verfügbar, oder ob die nachgewiesenen Muster anhalten. Selbst wenn es bei den Aktienrenditen langfristig zu einer Wiederannäherung an den Mittelwert kommt, ist eine Diversifikationsstrategie des Kaufen-und-Halten trotzdem nicht optimal. Da die Wiederannäherung an den Mittelwert bedeutet, dass sich mit vergangenen Renditen die zukünftigen Renditen vorhersagen lassen, sollte man dann mehr in Aktien investieren, wenn hohe Renditen vorhergesagt werden und weniger investieren, wenn vorhergesagt wird, dass die Renditen niedrig sind. Diese Strategie ist ganz anders als die Diversifizierung, die wir durch das Halten vieler verschiedener Aktien erhalten, bei denen sich nicht vorhersagen lässt, welche gute und welche schlechte unternehmensspezifische Schocks haben werden.

Verständnisfragen

1. Erklären Sie, warum die Risikoprämie des diversifizierbaren Risikos gleich null ist.

2. Warum wird die Risikoprämie eines Wertpapiers nur durch dessen systematisches Risiko bestimmt?

10.7 Die Messung des systematischen Risikos

Wie bereits erörtert, können die Investoren das unternehmensspezifische Risiko in ihren Anlagen durch Diversifikation ihrer Portfolios eliminieren. Infolgedessen interessiert sich ein Anleger bei der Bewertung des Risikos einer Anlage für deren systematisches Risiko, das nicht mittels Diversifikation eliminiert werden kann. Anleger wollen für die Übernahme des systematischen Risikos durch eine höhere Rendite entschädigt werden. Zur Bestimmung der zusätzlichen Rendite oder Risikoprämie, die Anleger für eine Investition fordern, müssen wir zunächst das systematische Risiko der Anlage messen.

Die Bestimmung des systematischen Risikos: das Marktportfolio

Zur Messung des systematischen Risikos einer Aktie müssen wir bestimmen, welcher Anteil der Schwankung ihrer Rendite auf systematische, marktweite Risiken und nicht auf diversifizierbare, unternehmensspezifische Risiken zurückzuführen ist. Wir wollen wissen, wie anfällig die Aktie gegenüber systematischen Schocks ist, die die Volkswirtschaft als Ganzes treffen.

Um zu bestimmen, wie sensibel die Rendite einer Aktie beispielsweise gegenüber Zinssatzänderungen ist, betrachten wir, um wie viel sich die Rendite durchschnittlich bei jeder Änderung des Zinssatzes um ein Prozent ändern würde. Desgleichen untersuchen wir zur Beantwortung der Frage, wie sensibel die Rendite einer Aktie auf Änderungen des Ölpreises reagiert, die durchschnittliche Änderung der Rendite bei einer Änderung des Ölpreises um ein Prozent. Wir können ebenso zur Bestimmung der Sensitivität einer Aktie im Hinblick auf das systematische Risiko die durchschnittliche Änderung der Rendite für jede Änderung der Rendite eines Portfolios, *die ausschließlich aufgrund des systematischen Risikos schwankt*, um ein Prozent betrachten.

Damit besteht der erste Schritt bei der Messung des systematischen Risikos darin, ein Portfolio zu finden, das *ausschließlich* systematische Risiken aufweist. Änderungen im Preis dieses Portfolios entsprechen systematischen Schocks, die die gesamte Volkswirtschaft betreffen. Ein solches Portfolio wird als **effizientes Portfolio** bezeichnet. Ein effizientes Portfolio kann nicht weiter diversifiziert werden, es besteht also keine Möglichkeit, das Risiko des Portfolios zu reduzieren, ohne dessen erwartete Rendite zu senken. Wie kann ein solches Portfolio bestimmt werden?

Wie in den nächsten Kapiteln aufgezeigt wird, ist eine der wesentlichen Fragen der modernen Finanzwirtschaft, die beste Möglichkeit zur Bestimmung eines effizienten Portfolios zu finden. Da die Diversifikation mit der Anzahl der in einem Portfolio gehaltenen Aktien zunimmt, sollte ein effizientes Portfolio ein großes Portfolio aus vielen verschiedenen Aktien sein. Damit bietet sich das **Marktportfolio**, ein Portfolio aus allen auf den Kapitalmärkten gehandelten Aktien und Wertpapieren, als ein effizientes Portfolio an. Da es aber schwierig ist, Daten für die Renditen vieler Anleihen und Aktien kleinerer Unternehmen zu finden, ist folgendes Vorgehen allgemein üblich: Unter der Annahme, dass der S&P 500 groß genug ist, um im Wesentlichen vollständig diversifiziert zu sein, verwendet man diesen als Annäherung für das Marktportfolio.

Sensitivität gegenüber dem systematischen Risiko: das Beta

Unter der Annahme, dass das Marktportfolio (oder der S&P 500) effizient ist, sind Änderungen des Wertes des Marktportfolios systematische Schocks der Volkswirtschaft. In diesem Fall kann das systematische Risiko eines Wertpapiers durch die Berechnung der Sensitivität der Rendite eines Wertpapiers gegenüber der Rendite des Marktportfolios gemessen werden, die auch als **Beta** (β) des Wertpapiers bezeichnet wird. Genauer formuliert gilt:

Das Beta eines Wertpapiers ist die erwartete prozentuale Änderung seiner Rendite bei einer Änderung der Rendite des Marktportfolios um ein Prozent.

Beispiel 10.8:   Schätzung des Beta-Faktors

Fragestellung

Angenommen, das Marktportfolio steigt tendenziell um 47 %, wenn die wirtschaftliche Lage gut ist, und sinkt um 25 %, wenn die wirtschaftliche Lage schlecht ist. Wie hoch ist das Beta eines Unternehmens des Typs S, das bei einer guten wirtschaftlichen Lage durchschnittlich eine Rendite von 40 % und bei einer schlechten wirtschaftlichen Lage eine Rendite von −20 % erzielt? Wie hoch ist das Beta eines Unternehmens vom Typ I, das nur ein idiosynkratisches, unternehmensspezifisches Risiko aufweist?

Lösung

Das systematische Risiko der wirtschaftlichen Lage erzeugt eine Änderung der Rendite des Marktportfolios von 47 % − (−25 %) = 72 %. Die Rendite von Unternehmen des Typs S ändert sich durchschnittlich um 40 % − (−20 %) = 60 %. Damit ist das Beta des Unternehmens gleich β_S = 60 % : 72 % = 0,833. Jede Änderung der Rendite des Marktportfolios um ein Prozent führt durchschnittlich zu einer Änderung der Rendite von Unternehmen des Typs S um 0,833 %. Die Rendite von Unternehmen des Typs I weist nur ein unternehmensspezifisches Risiko auf und wird somit nicht durch die wirtschaftliche Lage beeinflusst. Die Renditen des Unternehmens werden nur durch für das Unternehmen spezifische Risiken beeinflusst. Da dieses Unternehmen unabhängig davon, ob die wirtschaftliche Lage gut oder schlecht ist, die gleiche erwartete Rendite aufweist, gilt β_I = 0 % : 72 % = 0.

Betafaktoren von realen Unternehmen. Statistische Methoden zur Schätzung des Betas aus historischen Aktienrenditen werden in ▶Kapitel 12 betrachtet. Dort wird aufgezeigt, dass das Beta mit Daten für nur wenige Jahre hinreichend genau geschätzt werden kann. Dies war bei den erwarteten Renditen, wie in ▶Beispiel 10.4 aufgezeigt, nicht der Fall. Mit Hilfe des S&P 500 zur Darstellung der

Marktrendite weist ▶Tabelle 10.1 die Betas verschiedener Aktien von 2007 bis 2012 aus. Wie in folgender Tabelle dargestellt, hat jede Änderung der Marktrendite um ein Prozent während dieser Zeit durchschnittlich zu einer Änderung der Rendite von eBay um 1,48 %, wohingegen sich die Rendite von Coca-Cola jeweils nur um 0,54 % geändert hat.

Tabelle 10.6

Betas im Hinblick auf den S&P 500 für einzelne Aktien (auf der Grundlage monatlicher Daten von 2007 bis 2012)

Unternehmen	Tickersymbol	Branche	Eigenkapital-Beta
General Mills	GIS	Lebensmittelverarbeitung	0,20
Consolidated Edison	ED	Versorgungsunternehmen	0,28
The Hershey Company	HSY	Lebensmittelverarbeitung	0,28
Abbott Laboratories	ABT	Pharmazeutika	0,31
Newmont Mining	NEM	Gold	0,32
Wal-Mart Stores	WMT	Verbrauchermärkte	0,35
Clorox	CLX	Haushaltswaren	0,39
Kroger	KR	Lebensmitteleinzelhandel	0,42
Altria Group	MO	Tabak	0,43
Amgen	AMGN	Biotechnologie	0,44
McDonald's	MCD	Restaurants	0,47
Procter & Gamble	PG	Haushaltsprodukte	0,47
Pepsico	PEP	Softgetränke	0,51
Coca-Cola	KO	Softgetränke	0,54
Johnson & Johnson	JNJ	Pharmazeutika	0,59
PetSmart	PETM	Fachgeschäft	0,75
Molson Coors Brewing	TAP	Brauerei	0,78
Nike	NKE	Schuhe	0,91
Microsoft	MSFT	Systemsoftware	1,01
Southwest Airlines	LUV	Fluggesellschaft	1,09
Intel	INTC	Halbleiter	1,09
Whole Foods Market	WFM	Lebensmitteleinzelhandel	1,10
Foot Locker	FL	Bekleidungseinzelhandel	1,11
Oracle	ORCL	Systemsoftware	1,12
Amazon.com	AMZN	Interneteinzelhandel	1,13
Google	GOOG	Internetdienstleistungen und -software	1,14
Starbucks	SBUX	Restaurants	1,20
Walt Disney	DIS	Filme und Unterhaltung	1,21
Cisco Systems	CSCO	Kommunikationsausrüstungen	1,23
Apple	AAPL	Computerhardware	1,26
PulteGroup	PHM	Wohnungsbau	1,28

Unternehmen	Tickersymbol	Branche	Eigenkapital-Beta
Dell	DELL	Computerhardware	1,41
Salesforce.com	CRM	Anwendungssoftware	1,47
Marriott International	MAR	Hotels und Ferienanlagen	1,48
eBay	EBAY	Internetdienstleistungen	1,48
Coach	COH	Bekleidung und Luxusgüter	1,60
Macy's	M	Kaufhäuser	1,67
Juniper Networks	JNPR	Kommunikationsanlagen	1,71
Williams-Sonoma	WSM	Einzelhandel Einrichtungs-gegenstände	1,72
Tiffany & Co.	TIF	Bekleidung und Luxusgüter	1,80
Caterpillar	CAT	Baumaschinen	1,85
Erhan Allen Interiors	ETH	Hauseinrichtungen	1,95
Autodesk	ADSK	Anwendungssoftware	2,14
Harley-Davidson	HOG	Motorradhersteller	2,23
Advanced Micro Devices	AMD	Halbleiter	2,24
Ford Motor	F	Autohersteller	2,38
Sotheby's	BID	Auktionsleistungen	2,39
Wynn Resorts Ltd.	WYNN	Kasinos und Spielhallen	2,41
United States Steel	X	Stahl	2,52
Saks	SKS	Kaufhäuser	2,57

Quelle: CapitallQ.

Die Interpretation von Betas. Das Beta misst die Sensitivität eines Wertpapiers gegenüber marktweiten Risikofaktoren. Im Fall einer Aktie ist dieser Wert damit verbunden, wie anfällig die der Aktie zugrunde liegenden Erlöse und Cashflows im Hinblick auf die allgemeinen wirtschaftlichen Bedingungen sind. Das durchschnittliche Beta einer Aktie auf dem Markt beträgt circa 1. Der durchschnittliche Aktienkurs ändert sich bei jeder Änderung des Gesamtmarktes um ein Prozent tendenziell um circa ein Prozent. Aktien in zyklischen Branchen, bei denen Erlöse und Gewinne während des Konjunkturzyklus deutlich schwanken, dürften eine höhere Sensitivität gegenüber dem systematischen Risiko und Betas aufweisen, die größer als 1 sind, wohingegen Aktien nicht zyklischer Unternehmen tendenziell Betas von weniger als 1 haben.

Hier sind die vergleichsweise niedrigen Betas zum Beispiel von Consolidated Edison (Versorgungsunternehmen), Abbott Labs (Pharmazeutika) sowie General Mills und Hershey (Lebensmittelverarbeitung) zu beachten. Versorgungsunternehmen sind oft stabil und hochgradig reguliert und somit gegenüber Schwankungen des Marktes insgesamt nicht anfällig. Arzneimittel- und Lebensmittelhersteller sind ebenfalls sehr unempfindlich. Die Nachfrage nach den Produkten dieser Branchen scheint nicht mit dem Auf und Ab der Volkswirtschaft als Ganzes in Beziehung zu stehen.

Andererseits haben die Aktien von Technologieunternehmen oft höhere Betas. Dazu können die Aktien von Apple (1,26), Dell (1,41), Autodesk (2,14) und Advanced Micro Devices (2,24) als Beispiele herangezogen werden. Gesamtwirtschaftliche Schocks haben auf diese Aktien verstärkte Auswirkungen. Geht es dem Markt insgesamt gut, steigen die Aktien von AMD beinahe doppelt so stark an. Gerät der Markt allerdings ins Stolpern, fällt der Aktienkurs oft zweimal so tief. An dieser Stelle ist auch das hohe Beta von Saks und Tiffany & Co., Einzelhändlern im Bereich der Luxusgüter, im Vergleich zum viel geringeren Beta der Wal-Mart Stores zu beachten. Vermutlich reagiert der Umsatz hier deutlich anders auf wirtschaftliche Auf- und Abschwünge. Schließlich erkennen wir, dass hoch verschuldete Unternehmen zyklischer Branchen wie Ford Motor oder U.S. Steel oft hohe Betas haben, die ihre Sensitivität gegenüber der Lage der Wirtschaft wiedergeben.

Verständnisfragen

1. Was ist das Marktportfolio?

2. Definieren Sie das Beta eines Wertpapiers.

Ein häufiger Fehler

Beta und Volatilität

Wir erinnern uns, dass sich das Beta von der Volatilität unterscheidet. Die Volatilität misst das Gesamtrisiko, das heißt sowohl das Marktrisiko als auch unternehmensspezifische Risiken, sodass keine zwangsläufige Beziehung zwischen der Volatilität und dem Beta besteht. Beispielsweise wiesen Anfang des Jahres 2012 die Aktien von Amgen und Cisco Systems eine ähnliche Volatilität auf. Amgen hat allerdings ein viel niedrigeres Beta. Obwohl Arzneimittelhersteller ein hohes Maß an Risiko im Hinblick auf die Entwicklung und Zulassung neuer Medikamente eingehen, bezieht sich dieses Risiko nicht auf den Rest der Volkswirtschaft. Auch wenn die Ausgaben für die Gesundheitsvorsorge mit der wirtschaftlichen Lage etwas schwanken, weisen sie viel geringere Schwankungen auf als die Ausgaben für Technologie. Damit sind die Volatilitäten der beiden Unternehmen zwar ähnlich, doch ist ein viel größerer Anteil des Risikos der Amgen-Aktien diversifizierbar, während die Aktien von Cisco einen viel größeren Anteil des systematischen Risikos aufweisen.

10.8 Das Beta und die Kapitalkosten

In diesem Lehrbuch wird immer wieder betont, dass Finanzmanager eine Anlagemöglichkeit auf der Grundlage ihrer Kapitalkosten bewerten sollten, die der für alternative Anlagen am Markt mit vergleichbarem Risiko und vergleichbarer Laufzeit verfügbaren erwarteten Rendite entsprechen. Bei riskanten Anlagen entsprechen diese Kapitalkosten dem risikolosen Zinssatz zuzüglich einer angemessenen Risikoprämie. Da wir nun das systematische Risiko einer Anlage nach deren Beta messen können, sind wir in der Lage, die von Anlegern geforderte Risikoprämie zu schätzen.

Die Schätzung der Risikoprämie

Bevor die Risikoprämie einer einzelnen Aktie geschätzt werden kann, müssen wir die Risikoeinstellung der Anleger feststellen können. Die Höhe der von Anlegern für eine riskante Anlage geforderten Risikoprämie hängt von ihrer Risikoaversion ab. Statt zu versuchen die Risikoaversion direkt zu messen, kann sie indirekt gemessen werden, indem die Risikoprämie betrachtet wird, die Investoren für die Investition in das systematische Risiko oder Marktrisiko fordern.

Die Marktrisikoprämie. Die Risikotoleranz der Anleger im Hinblick auf das Marktrisiko lässt sich aus dem Marktportfolio ableiten. Die von Anlegern durch das Eingehen des Marktrisikos erzielte Risikoprämie entspricht der Differenz zwischen der erwarteten Rendite des Marktportfolios und dem risikolosen Zinssatz:

$$\text{Marktrisikoprämie} = E[R_{Mkt}] - r_f \tag{10.10}$$

Wenn beispielsweise der risikolose Zinssatz 5 % beträgt und sich die erwartete Rendite des Marktportfolios auf 11 % beläuft, entspricht die Marktrisikoprämie 6 %. Ebenso wie der Marktzinssatz die Geduld der Anleger widerspiegelt und den Zeitwert des Geldes bestimmt, spiegelt die Marktrisikoprämie die Risikotoleranz der Anleger wider und bestimmt den Marktpreis des Risikos in der Volkswirtschaft.

Bereinigung um Beta. Die Marktrisikoprämie entspricht der Vergütung, die die Anleger für das Halten eines Portfolios mit einem Betafaktor von 1, das Marktportfolio an sich, zu erzielen erwarten. Dazu betrachten wir im Folgenden eine Anlagemöglichkeit mit einem Beta von 2. Diese Anlage hat ein systematisches Risiko, das zweimal so hoch ist wie eine Investition in das Marktportfolio. Für jeden in diese Anlagemöglichkeit investierten Euro könnte bei genau der gleichen Höhe des systematischen Risikos der doppelte Betrag in das Marktportfolio investiert werden. Damit verlangen die Anleger nach dem Gesetz des einheitlichen Preises die doppelte Risikoprämie für eine Investition in eine Anlagemöglichkeit mit einem Beta von 2, da diese Möglichkeit auch ein doppelt so hohes systematisches Risiko aufweist.

Zusammenfassend kann gesagt werden: Das Beta der Investition kann zur Bestimmung der Höhe einer Investition in das Marktportfolio, die das gleiche systematische Risiko hat, verwendet werden. Damit sollten die Kapitalkosten r_I einer Investition mit einem Beta β_I die folgende Formel erfüllen, um die Anleger für den Zeitwert ihres Geldes sowie das von ihnen eingegangene systematische Risiko zu entschädigen:

Die Schätzung der Kapitalkosten einer Investition aus deren Beta

$$
\begin{aligned}
r_I &= \text{risikoloser Zinssatz} + \beta_I \times \text{Marktrisikoprämie} \\
&= r_f + \beta_I \times (E[R_{Mkt}] - r_f)
\end{aligned}
\tag{10.11}
$$

Als Beispiel seien die Aktien von eBay und General Mills unter Verwendung der Schätzungen des Beta in ▸Tabelle 10.6 betrachtet. Nach ▸Gleichung 10.11 sind die Eigenkapitalkosten für jedes dieser Unternehmen bei einer Marktrisikoprämie von 6 % und einem risikolosen Zinssatz von 5 % gleich:

$$
\begin{aligned}
r_{EBAY} &= 5\ \% + 1{,}48 \times 6\ \% = 13{,}9\ \% \\
r_{GIS} &= 5\ \% + 0{,}20 \times 6\ \% = 6{,}2\ \%
\end{aligned}
$$

Somit ist die Differenz der durchschnittlichen Renditen dieser beiden Aktien, die zu Beginn dieses Kapitels dargestellt wurde, nicht besonders überraschend. Die Investoren von Aktien von eBay fordern als Entschädigung für das wesentlich höhere systematische Risiko von eBay eine durchschnittlich viel höhere Rendite.

Beispiel 10.9:   Erwartete Renditen und das Beta

Fragestellung
Der risikolose Zinssatz betrage 5 % und die Wahrscheinlichkeiten für eine gute und eine schlechte wirtschaftliche Lage sind gleich hoch. Bestimmen Sie mit ▸Gleichung 10.11 die Kapitalkosten für die in ▸Beispiel 10.8 betrachteten Unternehmen des Typs S. Wie fällt der Vergleich dieser Kapitalkosten mit den erwarteten Renditen dieser Unternehmen aus?

Lösung
Wenn die Wahrscheinlichkeit einer guten wirtschaftlichen Lage genauso hoch wie die Wahrscheinlichkeit einer schlechten wirtschaftlichen Lage ist, beträgt die erwartete Marktrendite

$$
E[R_{Mkt}] = \frac{1}{2}(0{,}47) + \frac{1}{2}(-0{,}25) = 11\ \%
$$

und die Marktrisikoprämie ist gleich $E[R_{Mkt}] - r_f = 11\ \% - 5\ \% = 6\ \%$. Bei einem Beta von 0,833 für Unternehmen des Typs S, wie in ▸Beispiel 10.8 berechnet, beträgt die Schätzung der Kapitalkosten für Unternehmen des Typs S nach ▸Gleichung 10.11:

$$
r_s = r_f + \beta_S \times (E[R_{Mkt}] - r_f) = 5\ \% + 0{,}833 \times (11\ \% - 5\ \%) = 10\ \%
$$

Dies entspricht der erwarteten Rendite dieser Aktien: $\frac{1}{2}(40\,\%) + \frac{1}{2}(-20\,\%) = 10\,\%$.

Damit können Anleger, die diese Aktien halten, eine Rendite erwarten, die sie angemessen für das systematische Risiko entschädigt, das sie durch das Halten der Aktien eingehen, wie dies auch in einem Wettbewerbsmarkt erwartet würde.

Was geschieht, wenn eine Aktie ein negatives Beta aufweist? Laut ▶Gleichung 10.11 hätte eine solche Aktie eine negative Risikoprämie. Sie hätte eine erwartete Rendite unterhalb des risikolosen Zinssatzes. Auch wenn dies zunächst unsinnig erscheint, ist zu beachten, dass Aktien mit einem negativen Beta in schlechten Zeiten oft gute Ergebnisse erzielen und somit der Besitz solcher Aktien eine Versicherung gegen das systematische Risiko anderer Aktien im Portfolio bietet.[14] Risikoaverse Anleger sind bereit, durch eine Rendite unterhalb des risikolosen Zinssatzes für diese Versicherung zu zahlen.

Das Capital-Asset-Pricing-Modell

Die ▶Gleichung 10.11 zur Schätzung der Kapitalkosten wird als das **Capital-Asset-Pricing-Modell (CAPM)**[15], die wichtigste in der Praxis verwendete Methode zur Schätzung der Kapitalkosten bezeichnet. In diesem Kapitel wurde eine intuitive Erklärung des CAPM und dessen Verwendung des Marktportfolios als Benchmark für das systematische Risiko gegeben. Eine umfassende Herleitung des Modells und seiner Annahmen erfolgt in ▶Kapitel 11, in dem auch das von professionellen Fondsmanagern eingesetzte Verfahren zur Portfolio-Optimierung detailliert dargestellt wird. Danach werden in ▶Kapitel 12 die praktischen Aspekte der Umsetzung des CAPM betrachtet und statistische Instrumente zur Schätzung der Betas einzelner Aktien in Verbindung mit Methoden zur Schätzung des Betas und der Kapitalkosten von Projekten innerhalb dieser Unternehmen entwickelt. Schließlich werden in ▶Kapitel 13 die empirischen Beweise für und gegen das CAPM sowohl als Modell des Anlegerverhaltens als auch als Prognose der erwarteten Renditen betrachtet und einige vorgeschlagene Erweiterungen des CAPM vorgestellt.

Verständnisfragen

1. Wie kann das Beta eines Wertpapiers zur Schätzung seiner Kapitalkosten verwendet werden?

2. Wie hoch sollten, wenn eine riskante Anlage ein Beta von null aufweist, die Kapitalkosten dieser Anlage nach dem CAPM sein? Wie lässt sich dies begründen?

---

14 Siehe Beispiel 3A.1 in ▶Kapitel 3 als Beispiel eines solchen Wertpapiers.

15 Das CAPM wurde erstmals unabhängig voneinander von Lintner und Sharpe entwickelt. Siehe J. Lintner, „The Valuation of Risk Assets and the Selection of Risky Investments in Stock Portfolios and Capital Budgets", *Review of Economics and Statistics*, Bd. 47 (1965), S. 13–37, und W. Sharpe, „Capital Asset Prices: A Theory of Market Equilibrium under Conditions of Risk", *Journal of Finance*, Bd. 19 (1964), S. 425–442.

10.1 Einführung in Risiko und Ertrag

- In historischer Betrachtung über lange Zeiträume hat die Anlage in Aktien immer besser abgeschnitten als die Anlage in Anleihen.

- Historisch gesehen war die Anlage in Aktien auch immer viel riskanter als die Anlage in Anleihen. Selbst bei einem Anlagezeitraum von 5 Jahren ist es in der Vergangenheit oft vorgekommen, dass Aktien wesentlich schlechter abschnitten als Anleihen.

10.2 Übliche Maße für Rendite und Risiko

- Die Wahrscheinlichkeitsverteilung fasst Informationen zu verschiedenen möglichen Renditen und der Wahrscheinlichkeit des Eintretens dieser Renditen zusammen.

  a. Die erwartete Rendite ist die im Durchschnitt erwartete Rendite:

$$\text{Erwartete Rendite} = E[R] = \sum_R p_R \times R \qquad \text{(s. Gleichung 10.1)}$$

  b. Die Varianz oder Standardabweichung misst die Variabilität der Renditen:

$$Var(R) = E\left[\left(R - E\left[R\right]\right)^2\right] = \sum_R p_R \times \left(R - E[R]\right)^2$$

$$SA(R) = \sqrt{Var(R)} \qquad \text{(s. Gleichung 10.2)}$$

  c. Die Standardabweichung einer Rendite wird auch als deren Volatilität bezeichnet.

10.3 Historische Renditen von Aktien und Anleihen

- Die realisierte Rendite oder Gesamtrendite einer Investition ist gleich der Summe aus der Dividendenrendite und der Kurssteigerungsrate.

  a. Mithilfe der empirischen Verteilung der realisierten Renditen können die erwartete Rendite und die Varianz der Verteilung der Renditen durch die Berechnung der durchschnittlichen Jahresrendite und der Varianz der realisierten Renditen bestimmt werden:

$$\overline{R} = \frac{1}{T}(R_1 + R_2 + \ldots + R_T) = \frac{1}{T}\sum_{t=1}^{T} R_t \qquad \text{(s. Gleichung 10.6)}$$

$$Var(R) = \frac{1}{T-1}\sum_{t=1}^{T}(R_t - \overline{R})^2 \qquad \text{(s. Gleichung 10.7)}$$

  b. Die Quadratwurzel der geschätzten Varianz entspricht einer Schätzung der Volatilität der Renditen.

  c. Da die historische Durchschnittsrendite eines Wertpapiers nur eine Schätzung der tatsächlich erwarteten Rendite des Wertpapiers ist, wird der Standardfehler der Schätzung zur Messung der Höhe des Schätzfehlers verwendet:

$$SA(\text{Durchschnitt unabhängiger, identischer Risiken}) = \frac{SA(\text{individuelles Risiko})}{\sqrt{\text{Anzahl Beobachtungen}}}$$

$$\text{(s. Gleichung 10.8)}$$

10.4 Der historische Trade-Off zwischen Risiko und Rendite

- Im Vergleich historischer Daten großer Portfolios weisen die Aktien kleinerer Unternehmen eine höhere Volatilität und höhere Durchschnittsrenditen als die Aktien großer Unternehmen auf, die wiederum eine höhere Volatilität und höhere Durchschnittsrenditen als Anleihen aufweisen. Es besteht keine eindeutige Beziehung zwischen der Volatilität und der Rendite einzelner Aktien.

  a. Die Aktien größerer Unternehmen weisen tendenziell eine geringere Gesamtvolatilität auf, aber selbst die Aktien der größten Unternehmen tragen normalerweise ein höheres Risiko als ein Portfolio aus Aktien großer Unternehmen.

  b. Sämtliche Aktien scheinen höhere Risiken und geringere Renditen aufzuweisen, als auf der Grundlage einer Extrapolation der Daten für große Portfolios prognostiziert werden würde.

10.5 Gemeinsames und unabhängiges Risiko

- Das Gesamtrisiko eines Wertpapiers besteht sowohl aus dem idiosynkratischen Risiko als auch aus dem systematischen Risiko.

  a. Die Schwankung der Rendite einer Aktie aufgrund unternehmensspezifischer Nachrichten wird als idiosynkratisches Risiko bezeichnet. Diese Art Risiko wird auch unternehmensspezifisches oder diversifizierbares Risiko genannt. Hierbei handelt es sich um das von anderen gesamtwirtschaftlichen Schocks unabhängige Risiko.

  b. Das auch als Marktrisiko oder nicht diversifizierbares Risiko bezeichnete systematische Risiko ist auf den gesamten Markt betreffende Entwicklungen zurückzuführen, die sämtliche Aktien gleichzeitig beeinflussen. Dieses Risiko haben alle Aktien gemeinsam.

10.6 Diversifikation von Aktienportfolios

- Durch Diversifikation wird das idiosynkratische Risiko eliminiert, jedoch nicht das systematische Risiko.

  a. Da die Anleger das idiosynkratische Risiko ausschalten können, fordern sie für dieses Risiko keine Risikoprämie.

  b. Da die Anleger das systematische Risiko nicht ausschalten können, müssen sie für dieses Risiko entschädigt werden. Infolgedessen hängt die Risikoprämie einer Aktie von der Höhe des systematischen Risikos und nicht vom Gesamtrisiko ab.

10.7 Die Messung des systematischen Risikos

- Ein effizientes Portfolio ist ein Portfolio, das nur vom systematischen Risiko betroffen ist und nicht weiter diversifiziert werden kann. Dies bedeutet, es besteht keine Möglichkeit, das Risiko des Portfolios zu reduzieren, ohne die erwartete Rendite zu senken.

- Das Marktportfolio ist ein Portfolio, das alle Aktien aller Unternehmen und Wertpapiere am Markt enthält. Das Marktportfolio wird häufig als effizientes Portfolio betrachtet.

- Ist das Marktportfolio effizient, kann das systematische Risiko eines Wertpapiers durch dessen Beta (β) gemessen werden. Das Beta eines Wertpapiers entspricht der Sensitivität der Rendite des Wertpapiers gegenüber der Rendite des Gesamtmarktes.

10.8 Das Beta und die Kapitalkosten

■ Die Marktrisikoprämie ist gleich der erwarteten Überrendite des Marktportfolios:

$$\text{Marktrisikoprämie} = E[R_{Mkt}] - r_f \qquad \text{(s. Gleichung 10.10)}$$

Sie spiegelt die Gesamtrisikotoleranz der Anleger wider und stellt den Marktpreis des Risikos in der Volkswirtschaft dar.

■ Die Kapitalkosten einer riskanten Anlage sind gleich dem risikolosen Zinssatz zuzüglich einer Risikoprämie. Das Capital-Asset-Pricing-Modell (CAPM) besagt, dass die Risikoprämie gleich dem Beta der Anlage mal der Marktrisikoprämie ist:

$$r_I = r_f + \beta_I \times (E[R_{Mkt}] - r_f) \qquad \text{(s. Gleichung 10.11)}$$

Z U S A M M E N F A S S U N G

Weiterführende Literatur

Die **Literaturhinweise** zu diesem Kapitel finden Sie auf unserer begleitenden Website zum Buch unter *www.pearson-studium.de.*

Aufgaben

1. Die Renditen einer Aktie für die letzten vier Jahre gestalten sich wie folgt:

1	2	3	4
−4 %	+28 %	+12 %	+4 %

   a. Wie hoch ist die durchschnittliche Jahresrendite?

   b. Wie hoch ist die Varianz der Renditen der Aktie?

   c. Wie hoch ist die Standardabweichung der Renditen der Aktie?

2. Betrachten Sie eine Volkswirtschaft mit zwei Arten von Unternehmen: S und I. Die Renditen der Unternehmen des Typs S entwickeln sich alle in die gleiche Richtung, während sich die Renditen von Unternehmen des Typs I voneinander unabhängig entwickeln. Bei beiden Unternehmensarten besteht eine Wahrscheinlichkeit von 60 %, dass sie eine Rendite von 15 % erzielen, sowie eine Wahrscheinlichkeit von 40 %, dass sie eine Rendite von −10 % erzielen. Wie hoch ist die Volatilität (Standardabweichung) eines Portfolios, das aus einer gleich hohen Investition in 20 Unternehmen (a) des Typs S und (b) des Typs I besteht?

3. Die Wahrscheinlichkeit, dass das Marktportfolio um 30 % wächst oder um 10 % sinkt, ist gleich hoch.

   a. Berechnen Sie das Beta eines Unternehmens, das durchschnittlich um 43 % steigt, wenn auch der Markt *wächst,* und um 17 % sinkt, wenn auch der Markt *fällt.*

   b. Berechnen Sie das Beta eines Unternehmens, das um durchschnittlich 18 % wächst, wenn der Markt *sinkt* und um 22 % sinkt, wenn der Markt *wächst.*

   c. Berechnen Sie das Beta eines Unternehmens, das *unabhängig* von der Entwicklung des Markts mit einer Rate von 4 % wächst.

4. Der risikolose Zinssatz beträgt 4 %.

   a. i. Verwenden Sie das in Aufgabe 3.a berechnete Beta zur Schätzung der erwarteten Rendite.

   ii. Wie gestaltet sich dies im Vergleich zur tatsächlich erwarteten Rendite der Aktie?

   b. i. Verwenden Sie das in Aufgabe 3.b berechnete Beta zur Schätzung der erwarteten Rendite.

   ii. Wie gestaltet sich dies im Vergleich zur tatsächlich erwarteten Rendite der Aktie?

Die **Antworten** zu diesen Fragen finden Sie auf unserer begleitenden Website zum Buch unter *www.pearson-studium.de.*

Abkürzungen

- R_i Rendite des Wertpapiers (oder des Investitionsobjekts) i
- x_i in Wertpapier i investierter Anteil
- $E[Ri]$ erwartete Rendite
- r_f risikoloser Zinssatz
- $\bar{R}_i$ durchschnittliche Rendite des Wertpapiers (oder des Investitionsobjekts) i
- $Corr(R_i, R_j)$ Korrelation zwischen den Renditen von i und j
- $Cov(R_i, R_j)$ Kovarianz zwischen den Renditen von i und j
- $SA(R)$ Standardabweichung (Volatilität) der Rendite R
- $Var(R)$ Varianz der Rendite R
- n Anzahl der Wertpapiere in einem Portfolio
- R_{xP} Rendite eines Portfolios, bei dem ein Anteil x in Portfolio P und ein Anteil $(1-x)$ in ein risikoloses Wertpapier investiert wird.
- β^P_i Beta oder Sensitivität des Investitionsobjekts i gegenüber Schwankungen des Portfolios P
- β_i Beta des Investitionsobjekts i bezogen auf das Marktportfolio
- r_i geforderte Rendite oder Kapitalkosten des Wertpapiers oder Investitionsobjekts i

Die optimale Portfolioallokation und das Capital-Asset-Pricing-Modell

11

ÜBERBLICK

Dieses Kapitel baut auf den in ▶Kapitel 10 eingeführten Konzepten auf, um zu erklären, wie ein Investor ein effizientes Portfolio auswählen kann. Insbesondere wird aufgezeigt, wie mithilfe der statistischen Methoden der *Mittelwert-Varianz-Portfoliooptimierung* das optimale Portfolio für einen Anleger bestimmt werden kann, der bei gegebener Volatilität (die der Anleger zu akzeptieren bereit ist) die höchstmögliche Rendite erzielen will. Diese eleganten und praktischen Methoden werden regelmäßig von professionellen Anlegern, Finanzmanagern und Finanzinstituten eingesetzt. Danach werden die Annahmen des Capital-Asset-Pricing-Modells (CAPM), des wichtigsten Modells zur Beziehung zwischen Risiko und Ertrag, vorgestellt. Unter diesen Annahmen ist das effiziente Portfolio das Marktportfolio aus allen Aktien und Wertpapieren. Infolgedessen hängt die erwartete Rendite eines Wertpapiers von dessen Beta gegenüber dem Marktportfolio ab.

In ▶Kapitel 10 wurde die Berechnung der erwarteten Rendite und Volatilität einer einzelnen Aktie erklärt. Zur Bestimmung des effizienten Portfolios müssen wir ein Verständnis dafür entwickeln, wie die beiden Größen für ein Aktienportfolio bestimmt werden. Zu Beginn dieses Kapitels wird deshalb die Berechnung der erwarteten Rendite und Volatilität eines Portfolios erklärt. Unter Verwendung dieser statistischen Werkzeuge wird beschrieben, wie ein Anleger ein effizientes Portfolio aus einzelnen Aktien konstruieren kann. Danach werden die Auswirkungen auf die erwartete Rendite und die Kapitalkosten einer Investition betrachtet, wenn alle Investoren versuchen, dies zu tun.

Wir untersuchen diese Konzepte aus der Perspektive eines Aktieninvestors. Diese Konzepte sind jedoch auch für Finanzmanager von Unternehmen wichtig. Schließlich sind Finanzmanager auch Investoren, die im Namen ihrer Aktionäre finanzielle Mittel investieren. Tätigt ein Unternehmen eine neue Investition, so müssen die Finanzmanager sicherstellen, dass diese Investition einen positiven Kapitalwert hat. Die Kapitalkosten der Investitionsmöglichkeit müssen dazu jedoch bekannt sein. Hierbei ist das CAPM, wie im nächsten Kapitel gezeigt wird, die von den meisten großen Unternehmen hauptsächlich eingesetzte Methode zur Berechnung der Kapitalkosten.

11.1   Die erwartete Rendite eines Portfolios

Zur Bestimmung eines optimalen Portfolios muss eine Methode zur Festlegung des Portfolios und zur Analyse seiner Rendite gefunden werden. Ein Portfolio kann durch seine **Portfoliogewichte**, also den Anteil der Gesamtinvestition an jedem einzelnen Investitionsobjekt, beschrieben werden:

$$x_i = \frac{\text{Wert der Investitionsobjekts } i}{\text{Gesamtwert des Portfolios}} \tag{11.1}$$

Diese Portfoliogewichte summieren sich auf 1, das heißt $\sum_i x_i = 1$, sodass sie angeben, wie das Kapital zwischen den verschiedenen einzelnen Investitionen in das Portfolio aufgeteilt wird.

Wir betrachten beispielsweise ein Portfolio aus 200 Aktien der Walt Disney Company mit einem Wert von USD 30 pro Aktie und 100 Aktien von Coca-Cola im Wert von USD 40 pro Aktie. Der Gesamtwert des Portfolios entspricht 200 × USD 30 + 100 × USD 40 = USD 10.000 und die entsprechenden Portfoliogewichte x_D und x_C betragen:

$$x_D = \frac{200 \times \text{USD } 30}{\text{USD } 10.000} = 60\,\%$$

$$x_C = \frac{100 \times \text{USD } 40}{\text{USD } 10.000} = 40\,\%$$

Mit den gegebenen Portfoliogewichten kann die Rendite des Portfolios berechnet werden. Dazu nehmen wir an, dass $x_1, ..., x_n$ die Portfoliogewichte der n Investitionen in ein Portfolio sind und dass diese Investitionen die Renditen $R_1, ..., R_n$ erzielen. Dann ist die Rendite des Portfolios R_p gleich dem gewichteten Durchschnitt der Renditen der Investitionen in das Portfolio, wobei die Gewichtung den Portfoliogewichten entspricht:

$$R_P = x_1 R_1 + x_2 R_2 + ... + x_n R_n = \sum_i x_i R_i \tag{11.2}$$

Die Berechnung der Rendite eines Portfolios ist unkompliziert, sofern die Renditen der einzelnen Aktien und die Portfoliogewichte bekannt sind.

Beispiel 11.1: Die Berechnung von Portfoliorenditen

Fragestellung

Ein Anleger kauft 200 Aktien der Walt Disney Company zu USD 30 pro Aktie und 100 Aktien von Coca-Cola zu USD 40 pro Aktie. Wie hoch ist der neue Wert des Portfolios, wenn der Kurs der Disney-Aktie auf USD 36 steigt und der Kurs der Coca-Cola-Aktie auf USD 38 fällt? Welche Rendite erzielt das Portfolio dann? Zeigen Sie, dass ▶Gleichung 11.2 zutrifft. Wie sind die neuen Portfoliogewichte nach der Kursänderung?

Lösung

Der neue Wert des Portfolios entspricht $200 \times USD\ 36 + 100 \times USD\ 38 = USD\ 11.000$. Dies bedeutet eine Kurssteigerung um USD 1.000 oder einer Rendite von 10 % auf die Investition von USD 10.000. Die Rendite der Disney-Aktie betrug $36 : 30 - 1 = 20\ \%$ und die Rendite der Coca-Cola-Aktie $38 : 40 - 1 = -5\ \%$. Bei anfänglichen Portfoliogewichten von 60 % in Disney-Aktien und 40 % in Coca-Cola-Aktien kann mit ▶Gleichung 11.2 auch die Rendite des Portfolios berechnet werden:

$$R_P = x_D R_D + x_C R_C = 0,6 \times (20\ \%) + 0,4 \times (-5\ \%) = 10\ \%$$

Nach der Kursänderung sind die neuen Portfoliogewichte:

$$x_D = \frac{200 \times USD\ 36}{USD\ 11.000} = 65,45\ \%, \quad x_C = \frac{100 \times USD\ 38}{USD\ 11.000} = 34,55\ \%$$

Somit haben sich ohne Umschichtung die Gewichte derjenigen Aktien erhöht, deren Renditen die Portfoliorendite übersteigen.

▶Gleichung 11.2 ermöglicht zudem die Berechnung der erwarteten Rendite eines Portfolios. Da der Erwartungswert einer Summe der Summe der Erwartungswerte entspricht und der Erwartungswert eines bekannten Vielfachen gleich dem Vielfachen seiner Erwartungswerte ist, erhalten wir folgende Formel im Hinblick auf die erwartete Rendite eines Portfolios:

$$E[R_P] = E\left[\sum_i x_i R_i\right] = \sum_i E\left[x_i R_i\right] = \sum_i x_i E\left[R_i\right] \tag{11.3}$$

Somit entspricht die erwartete Rendite eines Portfolios dem mit den Portfoliogewichten gewichteten Durchschnitt der erwarteten Rendite der Portfoliobestandteile.

Beispiel 11.2: Erwartete Rendite eines Portfolios

Fragestellung

Ein Anleger investiert USD 10.000 in Aktien von Ford und USD 30.000 in Aktien von Tyco International. Der Anleger erwartet eine Rendite von 10 % der Ford-Aktien und von 16 % der Tyco-Aktien. Wie hoch ist die erwartete Rendite des Portfolios?

Lösung

Der Anleger hat insgesamt USD 40.000 investiert, sodass die Portfoliogewichte gleich $10.000 : 40.000 = 0,25$ für die Ford-Aktien und $30.000 : 40.000 = 0,75$ für die Tyco-Aktien sind. Damit ist die erwartete Rendite des Portfolios gleich:

$$E[R_P] = x_F E[R_F] + x_T E[R_T] = 0,25 \times 10\ \% + 0,75 \times 16\ \% = 14,5\ \%$$

Verständnisfragen

1. Was ist ein Portfoliogewicht?
2. Wie wird die Rendite eines Portfolios berechnet?

11.2 Die Volatilität eines Portfolios mit zwei Aktien

Wie in ▸Kapitel 10 dargestellt, wird bei der Portfoliobildung von Aktien ein Teil des Risikos durch Diversifikation eliminiert. Die Höhe des verbleibenden Risikos hängt davon ab, inwieweit die Aktien gemeinsamen Risiken ausgesetzt sind. Im folgenden Abschnitt werden die statistischen Instrumente dargestellt, die zur Quantifizierung gemeinsamer Risiken von Aktien und zur Bestimmung der Volatilität eines Portfolios verwendet werden können.

Risiken bündeln

Zunächst soll ein einfaches Beispiel verdeutlichen, wie sich das Risiko verändert, wenn einzelne Aktien zu einem Portfolio gebündelt werden. In ▸Tabelle 11.1 werden jährliche Renditen für drei hypothetische Aktien zusammen mit den jeweiligen durchschnittlichen Renditen und Volatilitäten dargestellt. Während die drei Aktien gleiche Volatilität und gleiche durchschnittliche Rendite aufweisen, unterscheiden sie sich in den tatsächlich realisierten Renditen in den einzelnen Perioden. Wenn die Aktien der Fluggesellschaften gute Ergebnisse erbracht haben, erzielten die Aktien der Ölgesellschaft tendenziell schlechte Ergebnisse (siehe die Jahre 2007 bis 2008). Wenn die Fluggesellschaften schlechte Ergebnisse erzielten, wiesen die Aktien der Ölgesellschaft tendenziell gute Ergebnisse (2010 bis 2011) auf.

In ▸Tabelle 11.1 werden überdies die Renditen für zwei unterschiedliche Portfolios dargestellt. Das erste Portfolio besteht zu gleichen Teilen aus Aktien der beiden Fluggesellschaften North Air und West Air, das zweite Portfolio zu gleichen Teilen aus Aktien von West Air und Tex Oil. Die durchschnittliche Rendite beider Portfolios entspricht gemäß ▸Gleichung 11.3 der durchschnittlichen Rendite der Aktien. Ihre Volatilitäten unterscheiden sich allerdings mit 12,1 % beziehungsweise 5,1 % sehr deutlich von der Volatilität *sowohl* einzelner Aktien *als auch* voneinander.

Dieses Beispiel verdeutlicht zwei wichtige Phänomene: Erstens sinkt durch die mit der Portfoliobildung verbundenen Diversifikationseffekte das Risiko. Da Aktienrenditen nicht vollständig gleichläufig sind, wird in einem Portfolio ein Teil des Risikos ausgeglichen. Infolgedessen weisen beide Portfolios ein niedrigeres Risiko als die einzelnen Aktien auf. Zweitens hängt die Höhe des Risikos, das eliminiert wird, davon ab, inwieweit die Aktien gemeinsame Risiken aufweisen und ihre Kurse gleichläufig sind. Da die Aktien beider Fluggesellschaften tendenziell zur gleichen Zeit gute oder schlechte Ergebnisse erzielen, weist das Portfolio mit den Aktien der Fluggesellschaften eine Volatilität auf, die nur geringfügig niedriger als die der einzelnen Aktien ist. Im Gegensatz dazu entwickeln sich die Aktien der Fluggesellschaften und der Ölgesellschaft nicht in die gleiche Richtung; tendenziell entwickeln sie sich sogar in entgegengesetzte Richtungen. Infolgedessen hebt sich das zusätzliche Risiko auf, sodass dieses Portfolio ein viel geringeres Risiko hat. Der Vorteil der Diversifikation ist kostenlos – ohne dass sich die durchschnittliche Rendite verringert.

Tabelle 11.1

Aktien- und Portfoliorenditen

Jahr	Aktienrenditen			Portfoliorenditen	
	North Air	West Air	Tex Oil	$1/2R_N + 1/2R_W$	$1/2R_W + 1/2R_T$
2007	21 %	9 %	−2 %	15,0 %	3,5 %
2008	30 %	21 %	−5 %	25,5 %	8,0 %
2009	7 %	7 %	9 %	7,0 %	8,0 %
2010	−5 %	−2 %	21 %	−3,5 %	9,5 %
2011	−2 %	−5 %	30 %	−3,5 %	12,5 %
2012	9 %	30 %	7 %	19,5 %	18,5 %
Durchschnittliche Rendite	10,0 %	10,0 %	10,0 %	10,0 %	10,0 %
Volatilität	13,4 %	13,4 %	13,4 %	12,1 %	5,1 %

Die Bestimmung von Kovarianz und Korrelation

Zur Bestimmung des Risikos eines Portfolios muss mehr bekannt sein als das Risiko und die Renditen der darin enthaltenen Aktien: Wir müssen zum einen das Ausmaß, zu dem die Aktien ein gemeinsames Risiko haben, kennen und wissen, inwieweit die Aktienrenditen gleichläufig sind. In diesem Abschnitt werden die beiden statistischen Maße *Kovarianz* und *Korrelation* eingeführt, die die Quantifizierung der gemeinsamen Änderung der Renditen ermöglichen.

Kovarianz. Die **Kovarianz** ist der Erwartungswert des Produkts der Abweichungen zweier Renditen von ihren Mittelwerten. Die Kovarianz zwischen den Renditen R_i und R_j ist gleich:

Kovarianz zwischen den Renditen R_i und R_j

$$Cov(R_i, R_j) = E[(R_i - E[R_i])(R_j - E[R_j])] \tag{11.4}$$

Bei der Schätzung der Kovarianz aus historischen Daten wird die folgende Formel verwendet:[1]

Schätzung der Kovarianz aus historischen Daten

$$Cov(R_i, R_j) = \frac{1}{T-1} \sum_t (R_{i,t} - \bar{R}_i)(R_{j,t} - \bar{R}_j) \tag{11.5}$$

Intuitiv betrachtet liegen die Renditen, wenn sich zwei Aktien in die gleiche Richtung entwickeln, zur gleichen Zeit über oder unter dem Durchschnitt und die Kovarianz ist positiv. Wenn sich die Aktien in entgegengesetzte Richtungen entwickeln, liegt eine tendenziell immer dann über dem Durchschnitt, wenn die andere unter dem Durchschnitt liegt, und die Kovarianz ist negativ.

Korrelation. Während das Vorzeichen der Kovarianz leicht zu interpretieren ist, trifft das auf ihren Betrag nicht zu. Er ist höher, wenn die Aktien volatiler sind (und somit größere Abweichungen von ihren erwarteten Renditen aufweisen) und umso höher, je stärker sich die Aktien in eine gemeinsame Richtung entwickeln. Zur Quantifizierung der Stärke des Zusammenhangs zwischen Aktien

---

1   Wie bei ▶Gleichung 10.7 für die historische Volatilität wird hier durch $T − 1$ und nicht durch T dividiert, um die Tatsache zu berücksichtigen, dass wir die Daten zur Berechnung der durchschnittlichen Renditen $\bar{R}$ verwendet und damit einen Freiheitsgrad eliminiert haben.

kann die **Korrelation** zwischen zwei Aktienrenditen berechnet werden, die als Kovarianz der Renditen dividiert durch die Standardabweichung der einzelnen Renditen bezeichnet wird:

$$Corr(R_i, R_j) = \frac{Cov(R_i, R_j)}{SA(R_i)\, SA(R_j)} \tag{11.6}$$

Die Korrelation zwischen zwei Aktien zeigt das gleiche Vorzeichen wie ihre Kovarianz und ist somit ähnlich zu interpretieren. Die Division durch die Volatilitäten stellt sicher, dass die Korrelation immer zwischen −1 und +1 liegt. Dies ermöglicht uns die Einschätzung der Stärke der Beziehung zwischen den Aktien. Wie in ▶Abbildung 11.1 dargestellt, bildet die Korrelation eine Art „Barometer" für die Stärke, wie weit die Renditen gemeinsamen Risiken ausgesetzt sind und sich in die gleiche Richtung entwickeln. Je näher die Korrelation bei +1 liegt, desto stärker entwickeln sich die Renditen infolge des gemeinsamen Risikos in die gleiche Richtung. Ist die Korrelation und damit die Kovarianz gleich 0, so sind die Renditen *unkorreliert*: Es besteht weder eine Tendenz für eine Entwicklung in die gleiche Richtung noch eine Tendenz für eine Entwicklung in die entgegengesetzte Richtung. Unabhängige Risiken sind unkorreliert. Je näher die Korrelation bei −1 liegt, desto mehr entwickeln sich die Renditen tendenziell in entgegengesetzte Richtungen.

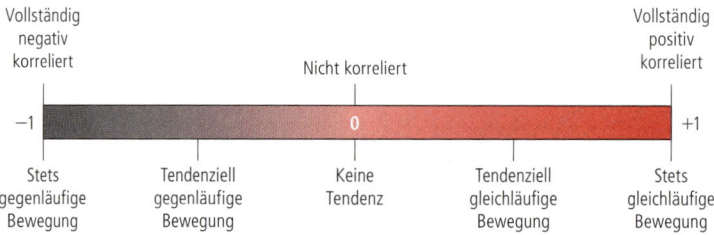

Abbildung 11.1: Korrelation. Die Korrelation misst, wie sich Renditen in Abhängigkeit voneinander entwickeln. Sie liegt zwischen +1 (die Renditen entwickeln sich immer in die gleiche Richtung) und −1 (die Renditen entwickeln sich immer in die entgegengesetzte Richtung). Bei unabhängigen Risiken besteht keine Tendenz zu einer gleichgerichteten Entwicklung und die Korrelation beträgt null.

Beispiel 11.3: Die Kovarianz und Korrelation einer Aktie mit sich selbst

Fragestellung

Wie hoch sind Kovarianz und Korrelation einer Aktienrendite mit sich selbst?

Lösung

R_s sei die Rendite der Aktie. Aus der Definition der Kovarianz ist bekannt:

$$Cov(R_s, R_s) = E\big[(R_s - E[R_s])(R_s - E[R_s])\big] = E\big[(R_s - E[R_s])^2\big]$$
$$= Var(R_s)$$

wobei sich die letzte Gleichung aus der Definition der Varianz ergibt. Das heißt, die Kovarianz einer Aktie mit sich selbst entspricht einfach ihrer Varianz. Somit gilt:

$$Corr(R_S, R_s) = \frac{Cov(R_s, R_s)}{SA(R_s)\, SA(R_s)} = \frac{Var(R_s)}{SA(R_s)^2} = 1$$

wobei sich die letzte Gleichung aus der Definition der Standardabweichung ergibt. Die Rendite einer Aktie ist somit völlig positiv mit sich selbst korreliert, da sie sich immer perfekt synchron mit sich selbst bewegt.

Ein häufiger Fehler

Die Berechnung der Varianz, Kovarianz und Korrelation in Excel

Das Tabellenkalkulationsprogramm Excel berechnet die Standardabweichung, Varianz, Kovarianz und Korrelation nicht einheitlich. Bei den Excel-Funktionen STABW und VARIANZ wird die ▶Gleichung 10.7 korrekt zur Schätzung der Standardabweichung und Varianz aus historischen Daten verwendet. Bei der Excel-Funktion KOVAR wird jedoch die ▶Gleichung 11.5 *nicht* verwendet; stattdessen dividiert Excel durch T und nicht durch $T - 1$. Deshalb muss zur Schätzung der Kovarianz aus historischen Daten mithilfe von KOVAR diese Unstimmigkeit durch Multiplikation mit der Anzahl Beobachtungen und Division durch die Beobachtungszahl minus eins, sprich KOVAR$*T : (T - 1)$ korrigiert werden. Als Alternative dazu kann die Funktion KORREL zur Berechnung der Korrelation verwendet werden. Da die Funktion KORREL so umgesetzt wurde, dass sie mit STABW und VARIANZ im Einklang steht, kann die Kovarianz durch Multiplizieren der Korrelation mit der Standardabweichung jeder Rendite geschätzt werden.

Beispiel 11.4: Die Berechnung der Kovarianz und der Korrelation

Fragestellung

Wie hoch sind die Kovarianz und die Korrelation zwischen North Air und West Air und zwischen West Air und Tex Oil auf Basis der Daten in ▶Tabelle 11.1?

Lösung

Von den Renditen in ▶Tabelle 11.1 wird die mittlere Rendite (10 %) subtrahiert und dann das Produkt dieser Abweichungen zwischen den Aktienpaaren berechnet. Zur Berechnung der Kovarianz werden diese dann wie in ▶Tabelle 11.2 addiert und durch $T - 1 = 5$ geteilt.

Aus der Tabelle ist ersichtlich, dass North Air und West Air eine positive Kovarianz aufweisen. Dies deutet tendenziell auf eine gleichläufige Entwicklung hin. Dagegen weisen West Air und Tex Oil eine negative Kovarianz auf. Dies deutet tendenziell auf eine gegenläufige Entwicklung hin. Die Stärke dieser Tendenzen kann mit der Korrelation beurteilt werden, die durch Division der Kovarianz durch die Standardabweichungen beider Aktien (13,4 %) bestimmt wird. Die Korrelation bei North Air und West Air beträgt 62,4 %, die Korrelation bei West Air und Tex Oil beläuft sich auf −71,3 %.

Tabelle 11.2

Die Berechnung der Kovarianz und Korrelation von Aktienpaaren

Jahr	Abweichung vom Mittelwert			North Air und West Air	West Air und Tex Oil
	$(R_N - \bar{R}_N)$	$(R_W - \bar{R}_W)$	$(R_T - \bar{R}_T)$	$(R_N - \bar{R}_N)(R_W - \bar{R}_W)$	$(R_W - \bar{R}_W)(R_T - \bar{R}_T)$
2007	11 %	−1 %	−12 %	−0,0011	0,0012
2008	20 %	11 %	−15 %	0,0220	−0,0165
2009	−3 %	−3 %	−1 %	0,0009	0,0003
2010	−15 %	−12 %	11 %	0,0180	−0,0132
2011	−12 %	−15 %	20 %	0,0180	−0,0300
2012	−1 %	20 %	−3 %	−0,0020	−0,0060
$\text{Summe} = \sum_t (R_{i,T} - \bar{R}_i)(R_{j,T} - \bar{R}_j) =$				0,0558	−0,0642
Kovarianz: $Cov(R_i, R_j) = \dfrac{1}{T-1}\,\text{Summe} =$				0,0112	−0,0128
Korrelation: $Corr(R_i, R_j) = \dfrac{Cov(R_i, R_j)}{SA(R_i)\,SA(R_j)} =$				0,624	−0,713

Tabelle 11.3

Historische jährliche Volatilitäten und Korrelationen ausgewählter Aktien (auf Basis monatlicher Renditen, 1996–2011)

	Microsoft	Dell	Alaska Air	Southwest Airlines	Ford Motor	Heinz	General Mills
Volatilität (Standardabweichung)	35 %	47 %	38 %	32 %	53 %	19 %	17 %
Korrelation mit							
Microsoft	1,00	0,63	0,24	0,25	0,27	0,17	0,10
Dell	0,63	1,00	0,19	0,24	0,31	0,12	0,09
Alaska Air	0,24	0,19	1,00	0,36	0,15	0,26	0,15
Southwest Airlines	0,25	0,24	0,36	1,00	0,31	0,26	0,22
Ford Motors	0,27	0,31	0,15	0,31	1,00	0,16	0,05
Heinz	0,17	0,12	0,26	0,26	0,16	1,00	0,50
General Mills	0,10	0,09	0,15	0,22	0,05	0,50	1,00

Wann besteht zwischen Renditen eine hohe Korrelation? Aktienrenditen bewegen sich oft in die gleiche Richtung, wenn wirtschaftliche Ereignisse ähnliche Auswirkungen auf sie haben. Deshalb weisen Aktienrenditen von Unternehmen der gleichen Branche tendenziell höhere Korrelationen auf als dies bei Unternehmen in verschiedenen Branchen der Fall ist. Diese Tendenz wird in ▶ Tabelle 11.3 dargestellt, in der die Volatilität der Renditen einzelner Aktien sowie die Korrelation zwischen diesen für die Stammaktien verschiedener Unternehmen gezeigt werden. Im Folgenden sollen Microsoft und Dell betrachtet werden: Die Renditen der Aktien dieser beiden Technologieunternehmen weisen eine höhere Korrelation miteinander (63 %) auf als mit der Rendite jedes Unternehmens anderer Branchen (31 % oder niedriger). Das Gleiche gilt auch für die Aktien der Fluggesellschaften und der Lebensmittelindustrie. Ihre Renditen weisen die höchste Korrelation mit dem anderen Unternehmen aus ihrer Branche und eine viel geringere Korrelation mit den Unternehmen außerhalb ihrer Branche auf. General Mills und Heinz weisen die geringste Korrelation mit den Aktien jedes der anderen Unternehmen auf. In der Tat haben General Mills und Ford eine Korrelation von nur 5 %. Dies deutet darauf hin, dass sie im Wesentlichen unkorrelierten Risiken ausgesetzt sind. Hierbei ist jedoch zu beachten, dass sämtliche Korrelationen positiv sind und dies deutet auf eine allgemein gleichläufige Entwicklung der Aktienrenditen hin.

Beispiel 11.5: Die Berechnung der Kovarianz aus der Korrelation

Fragestellung

Wie hoch ist die Kovarianz zwischen Microsoft und Dell gemäß den Daten aus ▸Tabelle 11.3?

Lösung

Die ▸Gleichung 11.6 kann nach der Kovarianz aufgelöst werden:

$$Cov(R_M, R_D) = Corr(R_M, R_D) \times SA(R_M) \times SA(R_D)$$
$$= (0,63) \times (0,35) \times (0,47) = 0,1036$$

Die Berechnung der Varianz und Volatilität eines Portfolios

Nun verfügen wir über die Instrumente zur Berechnung der Varianz eines Portfolios. Für ein aus zwei Aktien bestehendes Portfolio mit $R_P = x_1 R_1 + x_2 R_2$ gilt:

$$Var(R_P) = Cov(R_P, R_P) \tag{11.7}$$
$$= Cov(x_1 R_1 + x_2 R_2, \ x_1 R_1 + x_2 R_2)$$
$$= x_1 x_1 Cov(R_1, R_1) + x_1 x_2 Cov(R_1, R_2) + x_2 x_1 Cov(R_2, R_1) + x_2 x_2 Cov(R_2, R_2)$$

In der letzten Zeile der ▸Gleichung 11.7 verwenden wir die Tatsache, dass wir wie beim Erwartungswert die Reihenfolge der Kovarianzbildung mit Summen und Multiplikatoren verändern können.[2] Durch Zusammenfassung der Terme und die Erkenntnis aus ▸Beispiel 11.4, dass $Cov(R_i, R_i) = Var(R_i)$, gelangen wir zur Haupterkenntnis dieses Abschnitts:

Die Varianz eines Portfolios mit zwei Aktien

$$Var(R_P) = x_1^2 Var(R_1) + x_2^2 Var(R_2) + 2 x_1 x_2 Cov(R_1, R_2) \tag{11.8}$$

Auch hier ist die Volatilität gleich der Quadratwurzel der Varianz $SA(R_P) = \sqrt{Var(R_P)}$.

Diese Formel soll nun anhand der Aktien der Fluggesellschaft und der Ölgesellschaft in ▸Tabelle 11.1 überprüft werden. Dazu soll das Portfolio mit Aktien von West Air und Tex Oil betrachtet werden. Die Varianz jeder Aktie ist gleich dem Quadrat seiner Volatilität: $0,134^2 = 0,018$. Aus ▸Beispiel 11.3 wissen wir, dass die Kovarianz zwischen den Aktien gleich −0,0128 ist. Deshalb ist die Varianz eines Portfolios, bei dem in jede Aktie 50 % investiert wird, gleich:

$$Var\left(\frac{1}{2} R_W + \frac{1}{2} R_T\right) = x_W^2 Var(R_W) + x_T^2 Var(R_T) + 2 x_W x_T Cov(R_W, R_T)$$
$$= \left(\frac{1}{2}\right)^2 (0,018) + \left(\frac{1}{2}\right)^2 (0,018) + 2\left(\frac{1}{2}\right)\left(\frac{1}{2}\right)(-0,0128)$$
$$= 0,0026$$

---

2 Dies bedeutet: $Cov(A + B, \ C) = Cov(A,C) + Cov(B,C)$ sowie $Cov(mA,B) = m \ Cov(A, \ B)$.

Die Volatilität des Portfolios ist gleich $\sqrt{0,0026} = 5,1\,\%$: Dies entspricht der Berechnung in ▶Tabelle 11.1. Beim Portfolio mit North Air- und West Air-Aktien ist die Berechnung abgesehen von der höheren Kovarianz der Aktien von 0,0112, die zu einer höheren Volatilität von 12,1 % führt, identisch.

▶Gleichung 11.8 zeigt, dass die Varianz des Portfolios von der Varianz der einzelnen Aktien *und* der Kovarianz zwischen diesen abhängt. ▶Gleichung 11.8 kann durch die Berechnung der Kovarianz aus der Korrelation (wie in ▶Beispiel 11.5) umgeformt werden:

$$Var(R_P) = x_1^2 SA(R_1)^2 + x_2^2 SA(R_2)^2 + 2x_1x_2 Corr(R_1,\ R_2)SA(R_1)SA(R_2) \tag{11.9}$$

Die ▶Gleichungen 11.8 und 11.9 zeigen, dass das Portfolio mit zwei Aktien bei einem in jede Aktie investierten positiven Betrag umso variabler ist, je mehr sich beide Aktien in die gleiche Richtung entwickeln und je höher ihre Kovarianz oder Korrelation sind. Das Portfolio weist die größte Varianz auf, wenn die Aktien eine völlig positive Korrelation von +1 haben.

Beispiel 11.6:   Die Berechnung der Volatilität eines Portfolios mit zwei Aktien

Fragestellung

Wie hoch ist gemäß den Daten aus der ▶Tabelle 11.3 die Volatilität eines Portfolios, bei dem jeweils der gleiche Betrag in Microsoft- und in Dell-Aktien investiert wurde? Wie hoch ist die Volatilität eines Portfolios, bei dem jeweils der gleiche Betrag in Dell- und Alaska Air-Aktien investiert wurde?

Lösung

Bei Portfoliogewichten von 50 % sowohl für die Aktien von Microsoft als auch für die Aktien von Dell ist die Varianz des Portfolios nach ▶Gleichung 11.9 gleich:

$$Var(R_P) = x_M^2 SA(R_M)^2 + x_D^2 SA(R_D)^2 + 2x_M x_D Corr(R_M, R_D)SA(R_M)SA(R_D)$$
$$= (0,50)^2(0,35)^2 + (0,50)^2(0,47)^2 + 2(0,50)(0,50)(0,63)(0,35)(0,47)$$
$$= 0,1377$$

Deshalb ist die Volatilität gleich $SA(R) = \sqrt{Var(R)} = \sqrt{0,1083} = 32,9\,\%$.

Für das Portfolio mit Aktien von Dell und Alaska Air gilt:

$$VAR(R_P) = x_D^2\ SA(R_D)^2 + x_A^2\ SA(R_A)^2 + 2x_D x_A Corr(R_D, R_A)SA(R_D)SA(R_A)$$
$$= (0,50)^2(0,47)^2 + (0,50)^2(0,38)^2 + 2(0,50)(0,50)(0,19)(0,47)(0,38)$$
$$= 0,1083$$

Damit ist die Volatilität in diesem Fall gleich $SA(R) = \sqrt{VAR(R)} = \sqrt{0,1377} = 37,1\,\%$.

Das Portfolio aus Aktien von Dell und Alaska Air ist weniger volatil als die einzelnen Aktien. Es ist auch weniger volatil als das Portfolio mit Aktien von Dell und Microsoft. Obwohl die Renditen von Alaska Air volatiler als die Renditen von Microsoft sind, führt die viel geringere Korrelation mit den Renditen von Dell zu einer höheren Diversifikation für das Portfolio.

Verständnisfragen

1. Was misst die Korrelation?
2. Wie beeinflusst die Korrelation zwischen den Aktien in einem Portfolio die Volatilität des Portfolios?

11.3 Die Volatilität eines großen Portfolios

Ein Portfolio mit mehr als zwei Aktien vergrößert den Diversifikationsvorteil. Auch wenn diese Berechnungen am besten per Computer vorgenommen werden sollten, vermittelt ein Verständnis für diese Berechnungen wichtige Erkenntnisse im Hinblick auf den Umfang des Diversifikationseffekts, der durch das Halten vieler Aktien erreicht werden kann.

Die Varianz großer Portfolios

Wir erinnern uns, dass die Rendite eines Portfolios aus n Aktien einfach dem gewichteten Durchschnitt der Renditen der Aktien in dem Portfolio entspricht:

$$R_P = x_1 R_1 + x_2 R_2 + \ldots + x_N R_N = \sum_i x_i R_i$$

Mithilfe der Eigenschaften der Kovarianz kann die Varianz eines Portfolios wie folgt angegeben werden:

$$Var(R_P) = Cov(R_P, R_P) = Cov\left(\sum_i x_i R_i, R_P\right) = \sum_i x_i Cov(R_i, R_P) \qquad (11.10)$$

Diese Gleichung besagt, dass die *Varianz eines Portfolios gleich der gewichteten durchschnittlichen Kovarianz jedes Aktienpaars des Portfolios* ist. Dieser Ausdruck zeigt, dass das Risiko eines Portfolios davon abhängt, wie sich jede Aktienrendite gegenüber dem Portfolio entwickelt.

Diese Formel kann durch das Ersetzen des zweiten R_P durch einen gewichteten Durchschnitt sogar noch weiter reduziert und vereinfacht werden:

$$Var(R_P) = \sum_i x_i Cov(R_i, R_P) = \sum_i x_i Cov\left(R_i, \sum_j x_j R_j\right) \qquad (11.11)$$
$$= \sum_i \sum_j x_i x_j Cov(R_i, R_j)$$

Diese Formel gibt an, dass die Varianz eines Portfolios gleich der Summe der Kovarianzen der Renditen sämtlicher Aktienpaare im Portfolio multipliziert mit ihren jeweiligen Portfoliogewichten ist.[3] Dies bedeutet, die Gesamtvariabilität des Portfolios hängt von der Gleichläufigkeit der Entwicklung der im Portfolio enthaltenen Aktienrenditen ab.

Diversifikation bei gleichgewichteten Portfolios

▶Gleichung 11.11 kann zur Berechnung der Varianz eines **gleichgewichteten Portfolios** verwendet werden. Dabei handelt es sich um ein Portfolio, bei dem jeweils der gleiche Betrag in jede Aktie investiert wird. Ein gleichgewichtetes Portfolio aus n Aktien hat die Portfoliogewichte $x_i = 1/N$. In diesem Fall erhalten wir die folgende Formel:[4]

Varianz eines gleichgewichteten Portfolios mit n Aktien

$$Var(R_P) = \frac{1}{n}(\text{durchschnittliche Varianz der einzelnen Aktien}) \qquad (11.12)$$
$$+ \left(1 - \frac{1}{n}\right)(\text{durchschnittliche Kovarianz zwischen den Aktien})$$

▶Gleichung 11.12 veranschaulicht Folgendes: Nimmt die Anzahl der Aktien n deutlich zu, wird die Varianz des Portfolios hauptsächlich durch die durchschnittliche Kovarianz zwischen den Aktien bestimmt. Beispielsweise betrachten wir ein Portfolio aus zufällig ausgewählten Aktien. Die historische Volatilität der Aktienrendite eines typischen Großunternehmens beträgt circa 40 % und die

---

3 Rückblickend wird deutlich, dass in ▶Gleichung 11.11 der Fall der beiden Aktien aus ▶Gleichung 11.7 verallgemeinert wird.

4 Bei einem Portfolio aus n Aktien gibt es n Varianzterme (jedes Mal, wenn in ▶Gleichung 11.11 gilt $i = j$) jeweils mit dem Gewicht $x_i^2 = 1/n^2$, was für die durchschnittliche Varianz ein Gewicht von $n/n^2 = 1/n$ impliziert. Es gibt $n^2 - n$ Kovarianzterme (alle $n \times n$ Aktienpaare abzüglich der n Varianzterme) mit dem Gewicht $x_i x_j = 1 : n^2$ für jeden, was ein Gewicht von $(n^2 - n) : n^2 = 1 - 1 : n$ für die durchschnittliche Kovarianz bedeutet.

typische Korrelation zwischen den Aktienrenditen großer Unternehmen circa 28 %. Wie entwickelt sich die Volatilität eines gleichgewichteten Portfolios mit der Anzahl der Aktien?

Nach ▶Gleichung 11.12 variiert die Volatilität eines gleichgewichteten Portfolios mit der Anzahl der Aktien n wie folgt:

$$SA(R_P) = \sqrt{\frac{1}{n}(0,40)^2 + \left(1 - \frac{1}{n}\right)(0,28 \times 0,40 \times 0,40)}$$

Die Volatilität verschiedener Anzahlen von Aktien wird in ▶Abbildung 11.2 dargestellt. Hier ist zu erkennen, dass die Volatilität bei steigender Anzahl der Aktien in einem Portfolio abnimmt. Tatsächlich wird beinahe die Hälfte der Volatilität der einzelnen Aktien in einem großen Portfolio durch Diversifikation eliminiert. Der Grenznutzen der Diversifikation ist zu Beginn am stärksten: Die Reduktion der Volatilität beim Wechsel von einer Aktie zu einem Portfolio mit zwei Aktien ist viel höher als der Rückgang bei einer Zunahme von 100 auf 101 Aktien. In der Tat kann beinahe der gesamte Diversifikationseffekt bereits mit circa 30 Aktien erreicht werden. Selbst bei einem sehr großen Portfolio kann nicht das gesamte Risiko eliminiert werden. Die Varianz des Portfolios konvergiert gegen die durchschnittliche Kovarianz, sodass die Volatilität auf $\sqrt{0,28 \times 0,4 \times 0,4} = 21,17\%$ sinkt.[5]

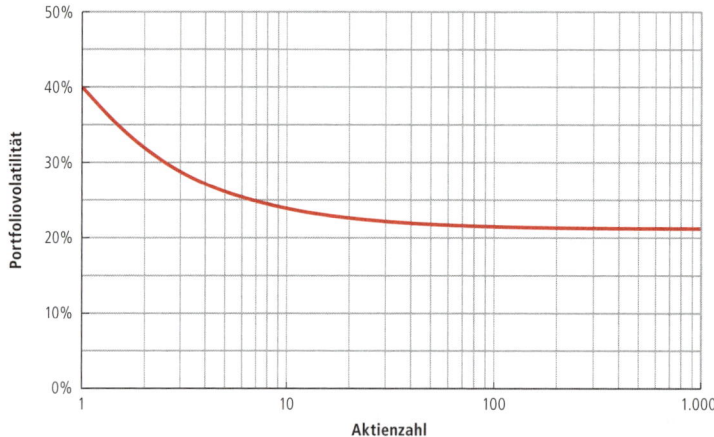

Abbildung 11.2: Volatilität eines gleichgewichteten Portfolios in Abhängigkeit zur Aktienanzahl. Die Volatilität sinkt, wenn die Anzahl der Aktien in dem Portfolio wächst. Allerdings bleibt auch in einem sehr großen Portfolio das Marktrisiko bestehen.

Beispiel 11.7:   Diversifikation mit Aktien verschiedener Branchen oder Länder

Fragestellung

Aktien einer einzelnen Branche weisen tendenziell eine höhere Korrelation auf als Aktien verschiedener Branchen. Desgleichen weisen Aktien von Unternehmen in verschiedenen Ländern durchschnittlich eine geringere Korrelation auf als Aktien von Unternehmen des gleichen Landes. Wie gestaltet sich die Volatilität eines sehr großen Portfolios mit Aktien aus einer Branche, in der die Aktien eine Volatilität von 40 % und eine Korrelation von 60 % haben? Wie gestaltet sich die Volatilität eines sehr großen Portfolios internationaler Aktien mit einer Volatilität von 40 % und einer Korrelation von 10 %?

---

5 An diese Stelle fragt man sich unter Umständen, was geschieht, wenn die durchschnittliche Kovarianz negativ ist. Hier zeigt sich: Auch wenn die Kovarianz eines Aktienpaares negativ sein kann, so kann die durchschnittliche Kovarianz bei einem großen Portfolio nicht negativ sein, denn die Renditen aller Aktien können sich nicht gleichzeitig in entgegengesetzte Richtungen entwickeln.

Lösung

Nach ▶Gleichung 11.12 wird die Volatilität des Branchenportfolios mit $n \to \infty$ durch folgende Gleichung angegeben:

$$\sqrt{\text{durchschnittliche Kovarianz}} = \sqrt{0,60 \times 0,40 \times 0,40} = 31,0\ \%$$

Diese Volatilität ist höher als im Fall der Verwendung von Aktien aus verschiedenen Branchen wie in ▶Abbildung 11.2. Infolgedessen bietet die Zusammenfassung von Aktien der gleichen Branche, die höher korreliert sind, geringere Diversifikationseffekte. Durch die Verwendung internationaler Aktien kann ein höherer Grad an Diversifikation erreicht werden. In diesem Fall gilt:

$$\sqrt{\text{durchschnittliche Kovarianz}} = \sqrt{0,10 \times 0,40 \times 0,40} = 12,6\ \%$$

Die ▶Gleichung 11.12 kann auch zur Herleitung eines der wesentlichen, in ▶Kapitel 10 erörterten Ergebnisse herangezogen werden: Sind die Risiken voneinander unabhängig, kann das gesamte Risiko durch ein großes Portfolio eliminiert werden.

Beispiel 11.8: Die Volatilität bei unabhängigen Risiken

Fragestellung

Wie hoch ist die Volatilität eines gleichgewichteten Durchschnitts aus n unabhängigen, identischen Risiken?

Lösung

Sind die Risiken voneinander unabhängig, sind sie unkorreliert und die Kovarianz ist gleich null. Mit der ▶Gleichung 11.12 ist die Volatilität des gleichgewichteten Risikoportfolios gleich:

$$SA(R_P) = \sqrt{Var(R_P)} = \sqrt{\tfrac{1}{n} Var(\text{individuelles Risiko})} = \frac{SA(\text{individuelles Risiko})}{\sqrt{n}}$$

Dieses Ergebnis entspricht der ▶Gleichung 10.8, die an früherer Stelle zur Bewertung unabhängiger Risiken herangezogen wurde. Hierbei ist Folgendes zu beachten: Geht $n \to \infty$, sinkt die Volatilität auf 0, das heißt, ein sehr großes Portfolio hat *kein* Risiko. In diesem Fall kann das gesamte Risiko ausgeschaltet werden, da kein gemeinsames Risiko besteht.

Diversifikation bei beliebigen Portfoliogewichten

Die Ergebnisse im vorangegangenen Abschnitt hängen von der Gleichgewichtung des Portfolios ab. Bei einem Portfolio mit beliebigen Gewichten kann die ▶Gleichung 11.10 wie folgt im Hinblick auf die Korrelation umgestellt werden:

$$Var(R_P) = \sum_i x_i Cov(R_i,\ R_P) = \sum_i x_i SA(R_i)\, SA(R_P)\, Corr(R_i, R_P)$$

Durch Division beider Seiten dieser Gleichung durch die Standardabweichung der Portfoliorenditen erhalten wir die folgende, wichtige Zerlegung der Volatilität eines Portfolios:

Volatilität eines Portfolios mit beliebigen Gewichten

$$SA(R_P) = \sum_i \overbrace{x_i \times SA(R_i) \times Corr(R_i, R_P)}^{\substack{\text{Beitrag von Wertpapier } i \\ \text{zur Volatilität des Portfolios}}} \tag{11.13}$$

$\uparrow$ Gehaltener Anteil i $\uparrow$ Gesamtrisiko von i $\uparrow$ Anteil des Risikos von i, der mit P geteilt wird

Die ▶Gleichung 11.13 gibt an, dass jedes Wertpapier zur Volatilität des Portfolios beiträgt, je nach seiner Volatilität oder seinem Gesamtrisiko skaliert mit der Korrelation mit dem Portfolio, die eine Korrektur des Anteils am Gesamtrisikos des Portfolios darstellt. Deshalb ist bei der Zusammenfassung von Aktien in einem Portfolio, bei dem jede Aktie ein positives Gewicht erhält, das Risiko des Portfolios niedriger als die gewichtete durchschnittliche Volatilität der einzelnen Aktien, sofern die Aktien keine völlig positive Korrelation von +1 mit dem Portfolio (und damit miteinander) aufweisen:

$$SA(R_P) = \sum_i x_i SA(R_i)\, Corr(R_i, R_P) < \sum_i x_i SA(R_i) \tag{11.14}$$

Vergleichen Sie ▶Gleichung 11.14 mit ▶Gleichung 11.13 im Hinblick auf die erwartete Rendite. Die erwartete Portfoliorendite ist gleich der gewichteten durchschnittlichen erwarteten Rendite der Portfoliobestandteile, doch ist die Volatilität eines Portfolios *geringer als* die gewichtete durchschnittliche Volatilität. Ein gewisser Teil der Volatilität kann durch die Diversifikation eliminiert werden.

Verständnisfragen

1. Wie ändert sich die Volatilität eines gleichgewichteten Portfolios, wenn diesem weitere Aktien hinzugefügt werden?

2. Wie ändert sich die Volatilität eines Portfolios im Vergleich zur gewichteten durchschnittlichen Volatilität der in diesem Portfolio enthaltenen Aktien?

11.4 Risiko und Rendite: die Zusammensetzung eines effizienten Portfolios

Da nun bekannt ist, wie die erwartete Rendite und die Volatilität eines Portfolios berechnet werden, können wir zum Hauptziel des Kapitels zurückkehren, nämlich zu der Frage, wie ein Investor ein effizientes Portfolio erstellen kann.[6] Dazu beginnen wir mit dem einfachsten Fall: Ein Anleger kann sich nur zwischen zwei Aktien entscheiden.

Effiziente Portfolios mit zwei Aktien

Betrachten wir ein Portfolio aus Intel- und Coca-Cola-Aktien. Wir nehmen an, ein Anleger glaubt, dass diese Aktien nicht korreliert sind und die folgenden Renditen erzielen:

Aktie	Erwartete Rendite	Volatilität
Intel	26 %	50 %
Coca-Cola	6 %	25 %

Wie sollte der Anleger ein Portfolio aus diesen beiden Aktien zusammenstellen? Sind einige Portfolios gegenüber anderen vorzuziehen?

---

6 Die Methoden der Portfoliooptimierung wurden in einer Arbeit von Harry Markowitz aus dem Jahr 1952 sowie in den damit verbundenen Arbeiten von Andrew Roy (1952) und Bruno de Finetti (1940) entwickelt.

Zur Beantwortung dieser Fragen sollen nun die erwartete Rendite und die Volatilität verschiedener Kombinationen der Aktien berechnet werden. Beispielsweise soll ein Portfolio betrachtet werden, bei dem 40 % in Intel-Aktien und 60 % in Coca-Cola-Aktien investiert werden. Die erwartete Rendite kann mit ▶Gleichung 11.3 wie folgt berechnet werden:

$$E\left[R_{40\text{-}60}\right] = x_i E\left[R_I\right] + x_C E\left[R_C\right] = 0,40(26\text{ %}) + 0,60(6\text{ %}) = 14\text{ %}$$

Die Varianz kann mit ▶Gleichung 11.9 berechnet werden:

$$Var(R_{40\text{-}60}) = x_I^2 SA(R_I)^2 + x_C^2 SA(R_C)^2 + 2x_I x_C Corr(R_I, R_C)\, SA(R_I)\, SA(R_C)$$
$$= 0,40^2(0,50)^2 + 0,60^2(0,25)^2 + 2(0,40)(0,60)(0)(0,50)(0,25) = 0,0625$$

sodass die Volatilität gleich $SA(R_{40\text{-}60}) = \sqrt{0,0625} = 25\text{ %}$ ist. In ▶Tabelle 11.4 werden die Ergebnisse für verschiedene Portfoliogewichte dargestellt.

Tabelle 11.4

Erwartete Renditen und Volatilität verschiedener 2-Aktien-Portfolios

Portfoliogewichte		Erwartete Rendite (%)	Volatilität (%)
x_I	x_C	$E[R_p]$	$SA[R_p]$
1,00	0,00	26,0	50,0
0,80	0,20	22,0	40,3
0,60	0,40	18,0	31,6
0,40	0,60	14,0	25,0
0,20	0,80	10,0	22,3
0,00	1,00	6,0	25,0

Aufgrund der Diversifikation kann ein Portfolio mit einer noch geringeren Volatilität als die der beiden einzelnen Aktien bestimmt werden: Beispielsweise hat ein Portfolio bestehend aus 20 % Intel- und 80 % Coca-Cola-Aktien eine Volatilität von nur 22,3 %. Da wir aber wissen, dass die Investoren sich für die Volatilität *und* die erwartete Rendite interessieren, müssen beide gleichzeitig betrachtet werden. Dazu werden die Volatilität und die erwartete Rendite jedes Portfolios in ▶Abbildung 11.3 dargestellt. Die Portfolios aus ▶Tabelle 11.4 werden mit den Portfoliogewichten bezeichnet. Die Kurve (eine Hyperbel) stellt mögliche Portfolios mit unterschiedlicher Portfoliogewichtung dar.

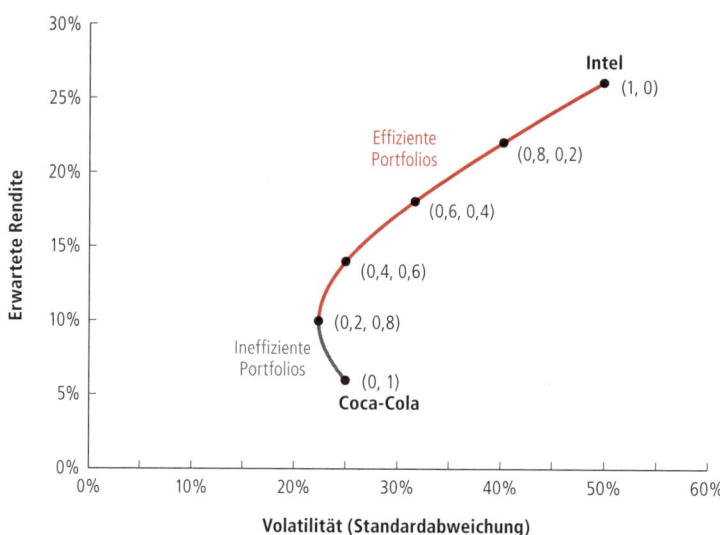

Abbildung 11.3: Volatilität und die erwartete Rendite bei Portfolios bestehend aus Intel- und Coca-Cola-Aktien mit den Portfoliogewichten (x_I, x_C) für Intel- und Coca-Cola-Aktien. Die Portfolios im roten Bereich der Kurve, bei denen mindestens 20 % in Intel-Aktien investiert sind, sind effizient. Dagegen sind die Portfolios im grauen Bereich der Kurve, bei denen weniger als 20 % in Intel-Aktien investiert sind, ineffizient – ein Anleger kann durch die Auswahl eines alternativen Portfolios bei niedrigerem Risiko eine höhere erwartete Rendite erzielen.

Welche der in ▶Abbildung 11.3 angegebenen Allokationsmöglichkeiten ist für einen Anleger sinnvoll, der seinen Nutzen sowohl im Hinblick auf die erwartete Rendite als auch auf die Volatilität bewertet? Angenommen der Anleger erwägt, 100 % in Coca-Cola-Aktien zu investieren. Wie aus ▶Abbildung 11.3 ersichtlich, stellt sich der Anleger mit anderen Portfolios – wie dem Portfolio mit 20 % Intel-Aktien und 80 % Coca-Cola-Aktien – in *zweierlei* Hinsicht besser: (1) Diese Portfolios erzielen eine höhere erwartete Rendite und (2) haben eine geringere Volatilität. Infolgedessen ist eine ausschließliche Anlage in Coca-Cola-Aktien nicht sinnvoll.

Die Bestimmung ineffizienter Portfolios. Ein Portfolio wird allgemein als **ineffizientes Portfolio** bezeichnet, wenn es möglich ist, ein anderes Portfolio zu finden, das bezüglich der erwarteten Rendite und der Volatilität besser ist. Aus ▶Abbildung 11.3 wird deutlich, dass ein Portfolio ineffizient ist, wenn oberhalb und links, also nordwestlich davon, andere Portfolios vorhanden sind. Die Anlage allein in Coca-Cola-Aktien ist ineffizient. Das Gleiche trifft auf alle Portfolios mit mehr als 80 % Coca-Cola-Aktien (dem grauen Teil der Kurve) zu. Ineffiziente Portfolios sind für einen Anleger, der hohe Renditen bei geringer Volatilität anstrebt, nicht optimal.

Die Bestimmung effizienter Portfolios. Im Gegensatz dazu sind Portfolios mit mindestens 20 % Intel-Aktien effizient (dies entspricht dem roten Teil der Kurve): Es gibt keine andere Portfolio- Allokation bezüglich der beiden Aktien, die eine höhere erwartete Rendite bei geringerer Volatilität bietet. Während jedoch ineffiziente Portfolios als schlechtere Anlageentscheidungen ausgeschlossen werden können, ist eine Rangordnung der effizienten Portfolios nicht ohne Weiteres möglich: Die Anleger wählen diese Portfolios auf der Grundlage ihrer eigenen Präferenzen im Hinblick auf Rendite und Risiko aus. So würde beispielsweise ein extrem konservativer Anleger, dem es nur auf die Risikominimierung ankommt, das Portfolio mit der geringsten Volatilität auswählen (20 % Intel, 80 % Coca-Cola). Dagegen könnte sich ein aggressiver Anleger dazu entscheiden, 100 % in Intel-Aktien zu investieren. Selbst wenn dieser Ansatz ein höheres Risiko hat, ist der Anleger eventuell bereit, das Risiko einzugehen, um eine höhere erwartete Rendite zu erzielen.

Beispiel 11.9:   Die Verbesserung der Rendite durch Wahl eines effizienten Portfolios

Fragestellung
Sally Ferson hat 100 % ihres Kapitals in Coca-Cola-Aktien investiert und hätte gern eine Beratung zu ihrer Anlage. Sie möchte die höchstmögliche erwartete Rendite erzielen, ohne die Volatilität zu steigern. Welches Portfolio würden Sie empfehlen?

Lösung
In ▸Abbildung 11.3 ist ersichtlich, dass Sally bis zu 40 % in Intel-Aktien investieren kann, ohne die Volatilität zu erhöhen. Da Intel-Aktien eine höhere erwartete Rendite aufweisen als Coca-Cola-Aktien, erzielt Sally höhere erwartete Renditen, wenn sie mehr Kapital in Intel-Aktien investiert. Deshalb sollte man Sally empfehlen, 40 % ihres Kapitals in Intel-Aktien zu investieren und 60 % in Coca-Cola-Aktien anzulegen. Dieses Portfolio hat die gleiche Volatilität in Höhe von 25 %, aber eine erwartete Rendite von 14 % statt der von ihr gegenwärtig erzielten 6 %.

Der Effekt der Korrelation

In ▸Abbildung 11.3 gingen wir davon aus, dass die Aktienrenditen von Intel und Coca-Cola nicht korreliert sind. Im Folgenden soll betrachtet werden, welche Risiko-Rendite-Kombinationen sich bei anderen Korrelationen ergeben würden.

Die Korrelation hat keine Auswirkungen auf die erwartete Rendite eines Portfolios. So hätte beispielsweise das 40 %-zu-60 %-Portfolio immer noch eine erwartete Rendite von 14 %. Allerdings ändert sich wie in ▸Abschnitt 11.2 aufgezeigt die Volatilität des Portfolios in Abhängigkeit von der Korrelation. Insbesondere gilt, dass die mögliche Volatilität umso niedriger ist, je niedriger die Korrelation ist. In ▸Abbildung 11.3 neigt sich die Kurve, mit der die Portfolios dargestellt werden, bei niedrigerer Korrelation und damit niedrigerer Volatilität der Portfolios nach links, wie in ▸Abbildung 11.4 dargestellt wird.

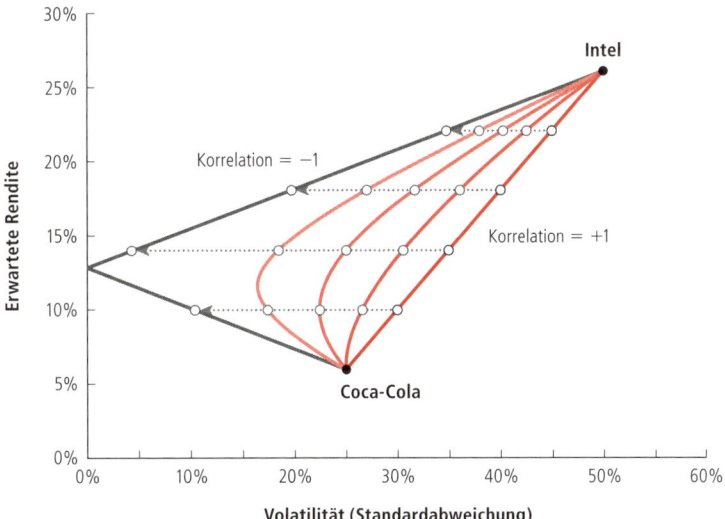

Abbildung 11.4: Die Auswirkungen einer Veränderung der Korrelation zwischen den Intel- und Coca-Cola-Aktien auf die Volatilität und die erwartete Rendite. In dieser Abbildung werden Korrelationen von 1, 0,5, 0, –0,5 und –1 dargestellt. Je niedriger die Korrelation, desto geringer das Risiko der Portfolios.

Sind die Aktien vollständig positiv korreliert, kann die Reihe der Portfolios durch eine Gerade zwischen ihnen kenntlich gemacht werden. In diesem Extremfall (die rote Linie in ▸Abbildung 11.4) ist die Volatilität der Portfolios gleich der gewichteten durchschnittlichen Volatilität der beiden Aktien: Es gibt keine Diversifikation. Ist die Korrelation geringer als 1, fällt die Volatilität der Portfolios jedoch aufgrund der Diversifikation und die Kurve wölbt sich nach links. Die Reduktion des Risikos (und die Wölbung der Kurven) nimmt bei abnehmender Korrelation zu. Im anderen Extremfall der vollständig negativen Korrelation (graue Kurve) wird die Linie von der Ordinate ausgehend wieder eine Gerade. Insbesondere ist es möglich ein Portfolio zu halten, das kein Risiko aufweist, wenn zwei Aktien völlig negativ korreliert sind.

Leerverkäufe

Bisher wurden nur Portfolios betrachtet, bei denen ein positiver Betrag in die Wertpapiere investiert wurde, der Anleger also eine **Long Position**, das heißt eine Bestandsposition hält. Es ist jedoch auch möglich durch eine **Short Position** oder Leerverkaufsposition einen *negativen* Betrag in eine Aktie zu investieren.[7] Dabei verkauft ein Anleger heute eine nicht in seinem Besitz befindliche Aktie mit der Verpflichtung, die Aktie in der Zukunft zurückzukaufen. Wie ein Leerverkauf im Einzelnen abläuft, wurde in Kapitel 9 erläutert. Das folgende Beispiel zeigt, dass eine Leerverkaufsposition ein Portfoliobestandteil sein kann, indem einer Aktie ein negatives Portfoliogewicht zugewiesen wird.

Beispiel 11.10: Erwartete Rendite und Volatilität bei einem Leerverkauf

Fragestellung

Sie verfügen über EUR 20.000, die Sie investieren können. Sie entscheiden sich, Coca-Cola-Aktien im Wert von EUR 10.000 leerzuverkaufen und den Erlös aus dem Leerverkauf plus EUR 20.000 in Intel-Aktien anzulegen. Wie hoch sind die erwartete Rendite und die Volatilität Ihres Portfolios?

Lösung

Der Leerverkauf kann als negative Investition von –EUR 10.000 in Coca-Cola-Aktien betrachtet werden. Überdies haben wir + EUR 30.000 in Intel-Aktien investiert, sodass sich die Nettoinvestition insgesamt auf EUR 30.000 – EUR 10.000 = EUR 20.000 in bar beläuft. Die entsprechenden Portfoliogewichte lauten:

$$x_1 = \frac{\text{Wert der Investition in Intel}}{\text{Gesamtwert des Portfolios}} = \frac{30.000}{20.000} = 150\,\%$$

$$x_C = \frac{\text{Wert der Investition in Coca-Cola}}{\text{Gesamtwert des Portfolios}} = \frac{-10.000}{20.000} = -50\,\%$$

Hierbei ist zu beachten, dass sich die Portfoliogewichte immer noch auf 100 % summieren. Mithilfe dieser Portfoliogewichte können die erwartete Rendite und die Volatilität des Portfolios wie oben mit den ▸Gleichungen 11.3 und 11.8 berechnet werden:

$$E[R_P] = x_I E[R_I] + x_C E[R_C] = 1,50 \times 26\,\% + (-0,50) \times 6\,\% = 36\,\%$$

$$SA(R_P) = \sqrt{Var(R_P)} = \sqrt{x_1^2 Var(R_I) + x_C^2 Var(R_C) + 2x_I x_C Cov(R_I, R_C)}$$
$$= \sqrt{1,5^2 \times 0,50^2 + (0,50)^2 \times 0,25^2 + 2(1,5)(-0,5)(0)} = 76,0\,\%$$

Hier ist zu beachten, dass in diesem Fall durch den Leerverkauf zwar die erwartete Rendite des Portfolios steigt, doch auch die Volatilität über die entsprechenden Werte der einzelnen Aktien hinaus ansteigt.

---

7 Siehe Exkurs in ▸Kapitel 9 zur Funktionsweise eines Leerverkaufs.

Der Leerverkauf ist profitabel, wenn erwartet wird, dass der Preis der Aktie in der Zukunft fällt. Wir erinnern uns, dass der Anleger, wenn eine Aktie für einen Leerverkauf geliehen wird, verpflichtet ist, die Aktie in der Zukunft zu kaufen und zurückzugeben. Wenn der Aktienkurs also fällt, erhält der Anleger einen höheren Verkaufserlös für die Aktien als es kostet, diese in der Zukunft zu ersetzen. Wie aber das vorangegangene Beispiel zeigt, kann ein Leerverkauf selbst dann vorteilhaft sein, wenn der Anleger einen Anstieg des Aktienkurses erwartet, sofern die Erlöse in eine andere Aktie mit einer noch höheren erwarteten Rendite investiert werden. Abgesehen davon kann ein Leerverkauf das Risiko des Portfolios auch deutlich erhöhen, wie das Beispiel ebenfalls zeigt.

In ▶Abbildung 11.5 wird der Effekt von Leerverkäufen auf die mögliche Portfolioallokation des Anlegers dargestellt. Ein Leerverkauf von Intel-Aktien für eine Anlage in Coca-Cola-Aktien ist nicht effizient (rot gestrichelter Teil der Kurve), denn es existieren andere Portfolios mit einer höheren erwarteten Rendite *und* einer niedrigeren Volatilität. Da jedoch erwartet wird, dass Intel bessere Ergebnisse erzielt als Coca-Cola, ist ein Leerverkauf von Coca-Cola-Aktien zugunsten einer Anlage in Intel-Aktien effizient. Obwohl eine solche Strategie zu einer höheren Volatilität führt, bietet sie dem Anleger eine höhere erwartete Rendite. Diese Strategie könnte für einen aggressiven Investor attraktiv sein.

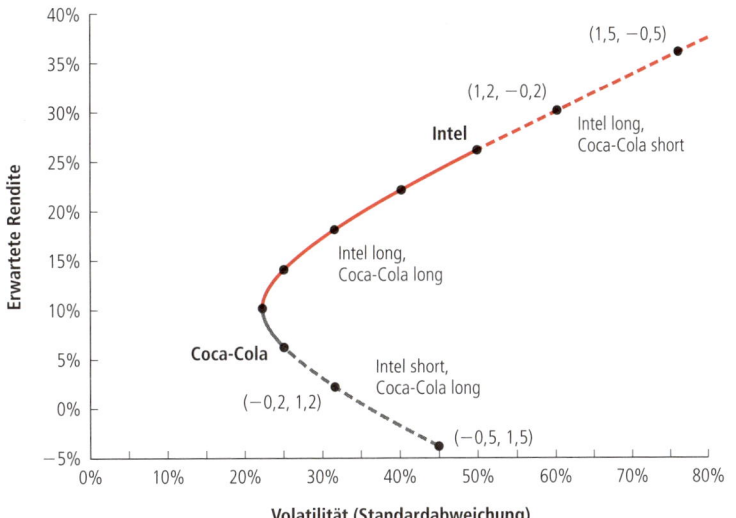

Abbildung 11.5: Die Portfolioallokationen aus Intel- und Coca-Cola-Aktien unter Berücksichtigung von Leerverkäufen. Die Bezeichnungen geben die Portfoliogewichte (x_I, x_C) von Intel- und Coca-Cola-Aktien an. Rot kennzeichnet effiziente Portfolios, während Grau ineffiziente Portfolios angibt. Die gestrichelten Kurven geben Positionen an, die entweder einen Leerverkauf von Coca-Cola-Aktien (rot) oder Intel-Aktien (grau) erfordern. Ein Leerverkauf von Intel-Aktien zugunsten einer Anlage in Coca-Cola-Aktien ist ineffizient. Andererseits ist ein Leerverkauf von Coca-Cola-Aktien zugunsten einer Anlage in Intel effizient und könnte für einen aggressiven Investor attraktiv sein, der hohe erwartete Renditen anstrebt.

Effiziente Portfolios mit vielen Aktien

Aus ▶Abschnitt 11.3 ist bekannt, dass durch die Aufnahme weiterer Aktien in ein Portfolio das Risiko aufgrund der Diversifikation verringert wird. Im Folgenden sollen nun die Auswirkungen der Aufnahme einer dritten Aktie, von Bore Industries, in unser Portfolio betrachtet werden. Diese Aktie ist nicht mit Intel und Coca-Cola korreliert, soll aber eine sehr niedrige Rendite von 2 % und die gleiche Volatilität wie Coca-Cola (25 %) aufweisen. In ▶Abbildung 11.6 werden die Portfolios dargestellt, die mit diesen drei Aktien gebildet werden können.

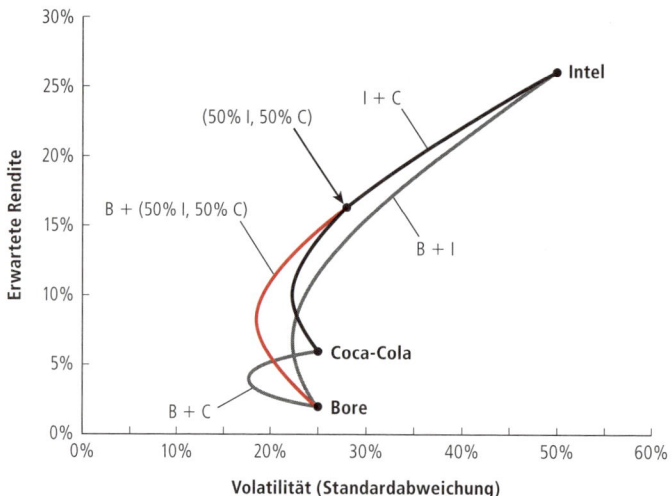

Abbildung 11.6: Die erwartete Rendite und Volatilität ausgewählter Portfolioallokationen aus Aktien von Intel, Coca-Cola und Bore Industries. Durch die Kombination von Bore (B) mit Intel (I), Coca-Cola (C) und Intel mit Coca-Cola werden neue Risiko-Rendite-Möglichkeiten geschaffen. Überdies kann sich ein Anleger auch besserstellen als nur mit Coca-Cola und Intel (schwarze Kurve). Aus Bore- und Coca-Cola-Aktien (B + C) bestehende Portfolios sowie aus Bore- und Intel-Aktien (B + I) bestehende Portfolios werden in der Abbildung grau dargestellt. Die rote Kurve entspricht einer Portfolioallokation bestehend aus Bore Industries mit einem Portfolio aus Intel und Coca-Cola.

Da die Bore-Aktie schlechter abschneidet als die Coca-Cola-Aktie – sie hat die gleiche Volatilität, aber eine geringere Rendite – könnte man meinen, dass kein Anleger eine Bestandsposition in Bore-Aktien halten will. Allerdings werden bei dieser Schlussfolgerung die Diversifikationsmöglichkeiten, die die Bore-Aktie bietet, nicht berücksichtigt. In ▶Abbildung 11.6 werden die Ergebnisse der Verbindung der Bore-Aktie mit Coca-Cola oder Intel (graue Kurven) beziehungsweise der Verbindung der Bore-Aktie mit einem 50-50-Portfolio aus Coca-Cola und Intel (rote Kurve) dargestellt.[8] Hier ist zu beachten, dass einige der Portfolios, die durch die Zusammenfassung nur von Intel und Coca-Cola erstellt wurden (schwarze Kurve), schlechter abschneiden als diese neuen Möglichkeiten.

> ## Nobelpreise
>
> ### Harry Markowitz und James Tobin
> Die Verfahren der Mittelwert-Varianz-Portfoliooptimierung, mit denen ein Anleger das Portfolio mit der höchsten erwarteten Rendite ausfindig machen kann für jedes Niveau der Varianz (oder Volatilität), wurden in dem Artikel „Portfolio Selection" von Harry Markowitz, der 1952 *im Journal of Finance* veröffentlicht wurde, entwickelt. Der Ansatz von Markowitz wurde zu einem der von den Wall Street Banken am häufigsten verwendeten Verfahren der Portfoliooptimierung. In Anerkennung seines Beitrags auf diesem Gebiet wurde Markowitz 1990 der Nobelpreis für Wirtschaftswissenschaften verliehen. Markowitz Arbeit machte klar, dass die Kovarianz eines Wertpapiers mit dem Portfolio eines Anlegers dessen inkrementelles Risiko bestimmt, und dass deshalb das Risiko einer Anlage nicht isoliert bewertet werden kann. Er zeigte auch, dass die Diversifizierung keine Kosten verursacht, da sie die Möglichkeit bietet das Risiko zu verringern, ohne die erwartete Rendite dafür zu opfern. In seinen späteren Arbeiten entwickelte Markowitz numerische Algorithmen zur Berechnung der effizienten Grenze für ein Wertpapierportfolio.

---

8 Enthält ein Portfolio ein anderes Portfolio, so kann das Gewicht jeder Aktie durch Multiplikation der Portfoliogewichte berechnet werden. Beispielsweise besteht ein Portfolio mit 30 % Bore-Aktien und 70 % aus dem Portfolio (aus 50 % Intel und 50 % Coca-Cola) aus 30 % Bore-Aktien, 70 % × 50 % = 35 % Intel-Aktien und 70 % × 50 % = 35 % Coca-Cola-Aktien.

Viele derselben Ideen wurden gleichzeitig von Andrew Roy in seinem Artikel „Safety First and the Holding of Assets" entwickelt, der im gleichen Jahr in *Econometrica* veröffentlicht wurde. Nach der Verleihung des Nobelpreises schrieb Markowitz nachsichtig: „Ich werde oft der Vater der modernen Portfoliotheorie genannt, aber Roy kann diese Ehre genauso in Anspruch nehmen". Interessanterweise entdeckte Mark Rubinstein viele dieser Ideen in einem bereits 1940 erschienenen Artikel von Bruno de Finetti in der italienischen Fachzeitschrift *Giornale dell'Istituto Italiano degli Attuari,* doch die Arbeit blieb bis zu ihrer Übersetzung im Jahr 2004 unbekannt.** Während Markowitz annahm, dass sich die Anleger für jedes Portfolio an der Effizienzlinie risikobehafteter Anlagen entscheiden könnten, erweiterte Tobin diese Theorie, indem er die Auswirkungen der Möglichkeit risikobehaftete Wertpapiere mit einer risikolosen Anlage zu kombinieren betrachtete. Wie in ▶Abschnitt 11.5 noch gezeigt wird, können wir in diesem Fall ein einziges optimales Portfolio risikobehafteter Wertpapiere ermitteln, das nicht von der Risikotoleranz eines Anlegers abhängt. In seinem 1958 in der *Review of Economic Studies* veröffentlichten Artikel „Liquidity Preference as Behavior Toward Risk" wies Tobin ein „Trennungstheorem" nach, das die Verfahren von Markowitz zur Ermittlung dieses optimalen risikobehafteten Portfolios anwendete. Das Trennungstheorem zeigte, dass Anleger ihre ideale Risikoposition dadurch wählen könnten, dass sie ihre Anlagen im optimalen Portfolio und die risikolose Anlage variierten. Tobin erhielt 1981 den Nobelpreis für Wirtschaftswissenschaften für seine Beiträge zur Finanz- und Volkswirtschaft.

*   H. Markowitz, „The Early History of Portfolio Theory: 1600-1960", Financial Analysts Journal 55, 1999: 5–16.

** M. Rubinstein, „Bruno de Finetti and Mean-Variance Portfolio Selection", Journal of Investment Management 4, 2006: 3-4. Die Ausgabe enthält auch eine Übersetzung der Arbeit von de Finetti mit Anmerkungen von Harry Markowitz.

Bei Aufnahme von Bore-Aktien in jedes Portfolio mit Intel und Coca-Cola sowie der Berücksichtigung von Leerverkäufen erhalten wir statt einer einzelnen Kurve einen ganzen Bereich aus verschiedenen Risiko- und Renditemöglichkeiten. Dieser Bereich wird in der schattierten Zone in ▶Abbildung 11.7 dargestellt. Zu beachten ist jedoch, dass die meisten dieser Portfolios ineffizient sind. Die effizienten Portfolios, also die Portfolios mit der für eine gegebene Volatilitätshöhe höchstmöglichen erwarteten Rendite, sind die im nordwestlichen Randbereich des schattierten Teils gelegenen Portfolios, die bei diesen drei Aktien als **Effizienzlinie** bezeichnet wird. In diesem Fall liegt keine der Aktien auf der Effizienzlinie, somit wäre es nicht effizient, das gesamte Kapital in eine einzige Aktie zu investieren.

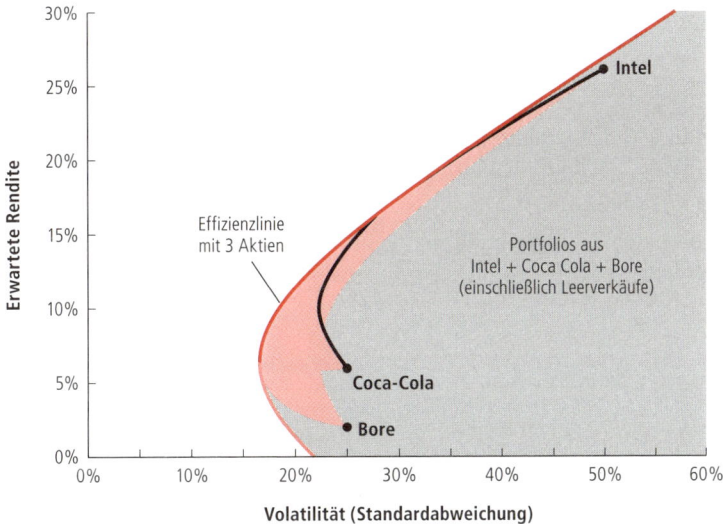

Abbildung 11.7: Die Volatilität und erwartete Rendite aller Portfolios bestehend aus Intel-, Coca-Cola- und Bore-Aktien. Portfolios mit allen drei Aktien werden dargestellt. Der hellrote Bereich zeigt Portfolios ohne Leerverkäufe und der graue Bereich Portfolios mit Leerverkäufen. Die besten Kombinationen aus Risiko und Rendite liegen auf der Effizienzlinie (schwarze Kurve). Die Effizienzlinie verbessert sich (erzielt bei jedem Risikoniveau eine höhere Rendite) beim Wechsel von zwei auf drei Aktien (rote Kurve).

Wenn das Portfolio von zwei auf drei Aktien erweitert wird, verbessert sich die Effizienzlinie. Grafisch gesehen befindet sich die alte Effizienzlinie mit jeweils zwei Aktien innerhalb der neuen Linie. Die Aufnahme neuer Anlagemöglichkeiten ermöglicht eine größere Diversifizierung und verbessert die Effizienzlinie. In ▶Abbildung 11.8 werden historische Daten verwendet, um den Effekt der Portfolioerweiterung von drei Aktien (Exxon Mobil, GE und IBM) auf zehn Aktien darzustellen. Obwohl die neu hinzugefügten Aktien für sich betrachtet schlechtere Risiko-Rendite-Kombinationen aufzuweisen scheinen, verbessert sich durch ihre Aufnahme die Effizienzlinie aufgrund der zusätzlichen Diversifikationseffekte. Damit sollten zur Erzielung der bestmöglichen Risiko- und Renditeallokationen so lange weitere Aktien in das Portfolio aufgenommen werden bis sämtliche Anlagemöglichkeiten vertreten sind. Schließlich können wir auf der Grundlage von Schätzungen der erwarteten Renditen, Volatilitäten und Korrelationen die Effizienzlinie für *alle* verfügbaren risikobehafteten Anlagen konstruieren, die die bestmöglichen, durch optimale Diversifikation erzielbare Risiko- und Renditekombinationen darstellt.

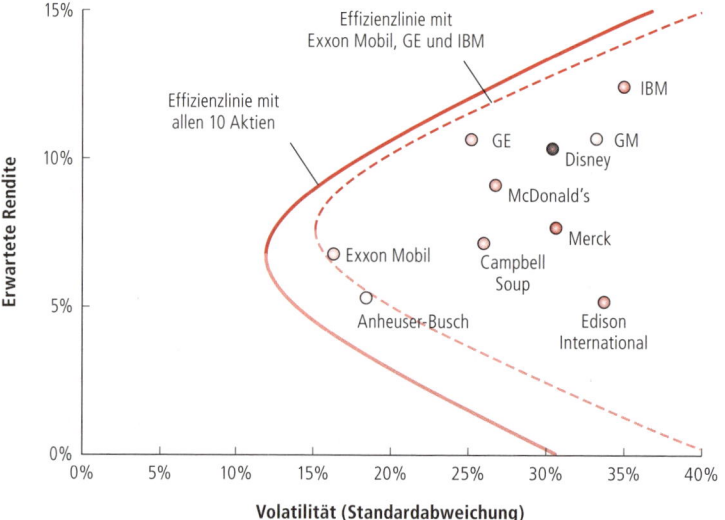

Abbildung 11.8: Effizienzlinien mit drei und zehn Aktien. Die Effizienzlinie erweitert sich, wenn weitere Aktien aufgenommen werden (auf der Grundlage der monatlichen Renditen von 1996 bis 2004).

Verständnisfragen

1. Wie beeinflusst die Korrelation zwischen zwei Aktien das Risiko und die Rendite von Portfolios mit diesen zwei Aktien?

2. Was ist die Effizienzlinie?

3. Wie verändert sich die Effizienzlinie, wenn mehr Aktien zur Bildung von Portfolios verwendet werden?

11.5 Risikolose Anlageformen und Kreditaufnahme

Bisher haben wir die Risiko- und Renditemöglichkeiten betrachtet, die sich bei der Portfoliobildung mit risikobehafteten Anlagen ergeben. Durch die Berücksichtigung aller risikobehafteten Anlagen bei der Bestimmung der Effizienzlinie wird die maximale Diversifikation erreicht.

Neben der Diversifikation gibt es noch eine andere Möglichkeit zur Reduktion des Risikos, die noch nicht berücksichtigt worden ist: Ein Teil des Kapitals kann in sicheren, risikolosen Anlageformen wie Schatzwechsel investiert werden. Natürlich reduziert sich dadurch die erwartete Rendite. Umgekehrt gilt, dass ein aggressiver Investor, der hohe erwartete Renditen anstrebt, entscheiden könnte, Fremdkapital aufzunehmen und zusätzlich am Aktienmarkt zu investieren. In diesem Abschnitt wird aufgezeigt, wie durch die Wahl des in risikobehafteten und in risikolosen Wertpapieren zu investierenden Betrags ermöglicht wird, das *optimale Portfolio* mit risikobehafteten Wertpapieren für einen Anleger zu bestimmen.

Die Investition in risikolose Wertpapiere

Betrachten wir ein beliebiges risikobehaftetes Portfolio mit den Renditen R_P. Dazu sollen die Auswirkungen auf das Risiko und die Rendite der Anlage eines Teils des Kapitals x in das Portfolio sowie der Anlage des verbleibenden Teils $(1 - x)$ in risikolose Schatzwechsel mit einer Rendite von r_f betrachtet werden.

Mithilfe der ▶Gleichung 11.3 und der ▶Gleichung 11.8 werden die erwartete Rendite und die Varianz dieses Portfolios, dessen Rendite mit R_{xP} bezeichnet wird, berechnet. Zunächst ist die erwartete Rendite gleich

$$E[R_{xP}] = (1-x)r_f + xE[R_P] \tag{11.15}$$
$$= r_f + x(E[R_P] - r_f)$$

Die erste Gleichung gibt einfach an, dass die erwartete Rendite gleich dem gewichteten Durchschnitt der erwarteten Renditen der Schatzwechsel und des Portfolios ist. Da wir den aktuellen risikolosen Zinssatz für US-Schatzwechsel schon kennen, muss für diese keine erwartete Rendite berechnet werden. In der zweiten Gleichung wird die erste Gleichung umgeformt und wir kommen so zu folgender Interpretation: Unsere erwartete Rendite ist gleich dem risikolosen Zinssatz zuzüglich des Anteils x an der Risikoprämie des Portfolios, $E[R_P] - r_f$.

Als Nächstes wird die Volatilität berechnet. Da der risikolose Zinssatz r_f fix ist und sich nicht gleichläufig (oder gegenläufig) mit dem Portfolio entwickelt, sind sowohl seine Volatilität als auch seine Kovarianz bezüglich des Portfolios gleich null. Daher gilt:

$$SA(R_{xP}) = \sqrt{(1-x)^2 Var(r_f) + x^2 Var(R_P) + 2(1-x)x Cov(r_f, R_P)} \tag{11.16}$$
$$= \sqrt{x^2 Var(R_P)}$$
$$= xSA(R_P) \qquad 0$$

Somit entspricht die Volatilität anteilig der Volatilität des Portfolios P auf der Grundlage des angelegten Betrags.

Die graue Kurve in ▶Abbildung 11.9 stellt Kombinationen aus Volatilität und erwarteter Rendite für verschiedene Werte von x dar. Aus den ▶Gleichungen 11.15 und 11.16 geht hervor, dass bei einer Erhöhung des in P investierten Anteils x sowohl das Risiko als auch die Risikoprämie proportional zunehmen. Daher entspricht die Kurve einer *Geraden* von der risikolosen Anlage durch P hindurch.

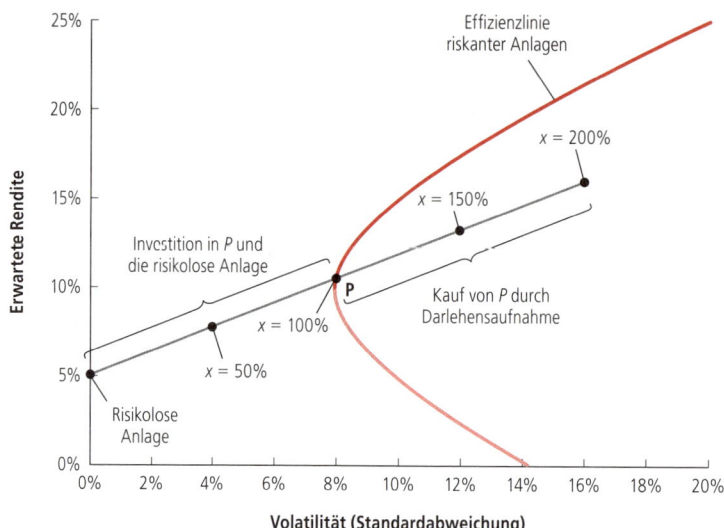

Abbildung 11.9: Die Risiko-Rendite-Allokationen aus der Kombination einer risikolosen Anlage und eines risikobehafteten Portfolios. Bei einem gegebenen risikolosen Zinssatz von 5 % stellt der Punkt mit einer Volatilität von 0 % und einer erwarteten Rendite von 5 % die risikolose Anlage dar. Die graue Kurve gibt die durch die Investition von x in Portfolio P und $(1 - x)$ in die risikolose Anlage erzielten Portfolios an. Investitionen mit dem Gewicht $x > 100$ % in Portfolio P erfordern eine Kreditaufnahme zum risikolosen Zinssatz.

Geldaufnahme und Aktienkauf auf Kredit

Bei einer Erhöhung des in Portfolio P investierten Anteils x von 0 auf 100 % bewegen wir uns entlang der Geraden in ▸Abbildung 11.9 von der risikolosen Investition zum Punkt P. Erhöhen wir x auf über 100 %, so erhalten wir auf der Geraden Punkte über P hinaus. In diesem Fall wird die risikolose Anlage leerverkauft, und deshalb muss die risikolose Rendite bezahlt werden. Mit anderen Worten bedeutet dies, dass wir Geld zum risikolosen Zinssatz aufnehmen.

Die Geldaufnahme für die Investition in Aktien wird als **Aktienkauf auf Kredit** oder als Hebelwirkung bezeichnet. Ein Portfolio, das aus einer Leerverkaufsposition in der risikolosen Anlage besteht, wird als *gehebeltes* Portfolio bezeichnet. Wie wir erwarten würden, sind kreditfinanzierte Anlagen eine riskante Anlagestrategie. Zu beachten ist, dass der Bereich der grauen Kurve mit $x >$ 100 % in ▸Abbildung 11.9 ein höheres Risiko aufweist als das Portfolio P selbst. Zugleich können allerdings kreditfinanzierte Anlagen höhere erwartete Renditen bieten als die Investition in P allein aus den verfügbaren Barmitteln.

Beispiel 11.11: Aktienkauf auf Kredit

Fragestellung
Ein Anleger verfügt über Barmittel von EUR 10.000 und entscheidet sich, weitere EUR 10.000 zu einem Zinssatz von 5 % aufzunehmen, um EUR 20.000 in das Portfolio Q zu investieren, das eine erwartete Rendite von 10 % sowie eine Volatilität von 20 % aufweist. Wie hoch sind die erwartete Rendite und Volatilität dieser Anlage? Wie hoch ist die realisierte Rendite, wenn Q im Laufe des Jahres um 30 % steigt? Was hoch ist sie, wenn Q um 10 % sinkt?

Lösung
Der Anleger hat seine Investition in Q durch Kreditaufnahme verdoppelt, sodass $x = 200$ % gilt. Aus ▸Gleichung 11.15 und ▸Gleichung 11.16 geht hervor, dass damit sowohl die erwartete Rendite als auch das Risiko bezüglich Portfolio Q gestiegen sind:

$$E[R_{xQ}] = r_f + x(E[R_Q] - r_f) = 5\ \% + 2 \times (10\ \% - 5\ \%) = 15\ \%$$
$$SA(R_{xQ}) = xSA(R_Q) = 2 \times (20\ \%) = 40\ \%$$

Wenn Q um 30 % steigt, ist die Investition EUR 26.000 wert, doch der Anleger hat Schulden in Höhe von EUR $10.000 \times 1,05 = \text{EUR } 10.500$, sodass der Nettoerlös der Anfangsinvestition von EUR 10.000 EUR 15.500 beziehungsweise einer Rendite von 55 % entspricht. Fällt Q um 10 %, verbleiben EUR 18.000 − EUR 10.500 = EUR 7.500 und die Rendite ist gleich −25 %. Damit hat sich durch die Kreditaufnahme die Bandbreite der Renditen verdoppelt (55 % − (−25 %) = 80 % gegenüber 30 % − (−10 %) = 40 %). Dies entspricht einer Verdopplung der Volatilität des Portfolios.

Die Bestimmung des Tangentialportfolios

Bei erneuter Betrachtung der ▶Abbildung 11.9 wird deutlich, dass das Portfolio P nicht das beste Portfolio für die Kombination mit der risikolosen Anlage ist. Durch die Verbindung der risikolosen Anlage mit einem auf der Effizienzlinie etwas höher als Portfolio P gelegenen Portfolio erhalten wir eine Kurve, die steiler verläuft als die Kurve durch P. Bei einer steileren Kurve erzielen wir bei jedem Maß der Volatilität eine höhere erwartete Rendite.

Um die höchstmögliche erwartete Rendite bei einer gegebenen Volatilität zu erzielen, muss das Portfolio bestimmt werden, das bei Kombination mit der risikolosen Anlage die steilstmögliche Kurve erzeugt. Der Anstieg einer Kurve durch ein gegebenes Portfolio P wird häufig als **Sharpe Ratio** des Portfolios bezeichnet:

$$\text{Sharpe Ratio} = \frac{\text{überrendite des Portfolios}}{\text{Volatilität des Portfolios}} = \frac{E[R_P] - r_f}{SA(R_P)} \tag{11.17}$$

Die Sharpe Ratio misst das Verhältnis von Überschussrendite pro Einheit des übernommenen Risikos (reward-to-volatility ratio) eines Portfolios.[9] Das optimale Portfolio für die Kombination mit der risikolosen Anlage ist das Portfolio mit der höchsten Sharpe Ratio, bei dem die Kurve der risikolosen Anlage, wie in ▶Abbildung 11.10 dargestellt, die Effizienzlinie der risikobehafteten Anlage gerade tangiert. Das Portfolio im Tangentialpunkt wird als **Tangentialportfolio** bezeichnet. Sämtliche anderen Portfolios der risikobehafteten Anlagen liegen unterhalb dieser Kurve. Da das Tangentialportfolio die höchste Sharpe Ratio aller Portfolios in der Wirtschaft aufweist, bietet das Tangentialportfolio die höchste Überschussrendite pro Volatilitätseinheit aller verfügbaren Portfolios.[10]

---

9 Die Sharpe Ratio wurde zuerst durch William Sharpe als Maß für den Vergleich der Performance von Investmentfonds eingeführt. Siehe W. Sharpe, „Mutual Fund Performance", *Journal of Business*, Bd. 39 (1996), S. 11–138.

10 Die Sharpe Ratio kann auch als Anzahl der Standardabweichungen interpretiert werden, um die die Rendite des Portfolios sinken muss, damit die Ergebnisse unter denen der risikolosen Anlage liegen. Sind die Renditen normalverteilt, ist das Tangentialportfolio das Portfolio mit der höchsten Wahrscheinlichkeit einer Rendite oberhalb des risikolosen Zinssatzes.

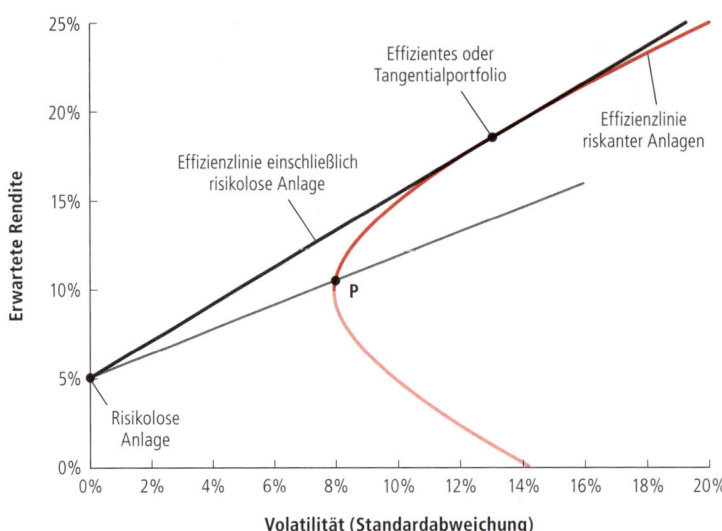

Abbildung 11.10: Das effiziente Portfolio bzw. Tangentialportfolio. Das Tangentialportfolio ist das Portfolio mit der höchsten Sharpe Ratio. Investitionen auf der schwarzen Kurve, die die risikolose Investition und das Tangentialportfolio verbinden, bieten den besten für einen Anleger verfügbaren Trade-Off zwischen Risiko und Ertrag. Infolgedessen wird das Tangentialportfolio auch als das effiziente Portfolio bezeichnet.

Wie aus ▶Abbildung 11.10 hervorgeht, bieten Kombinationen aus der risikolosen Anlage und dem Tangentialportfolio den besten für einen Anleger verfügbaren Trade-Off zwischen Risiko und Rendite. Diese Beobachtung hat eine bemerkenswerte Konsequenz: Das Tangentialportfolio ist effizient und nachdem die risikolose Anlage hinzugenommen worden ist sind alle effizienten Portfolios Kombinationen aus der risikolosen Anlage und dem Tangentialportfolio. Deshalb hängt das optimale Portfolio mit *risikobehafteten* Anlagen nicht mehr davon ab, wie konservativ oder aggressiv der Anleger ist. Jeder Anleger sollte *unabhängig davon, wie risikofreudig er ist,* in das Tangentialportfolio investieren. Die Präferenzen des Anlegers bestimmen nur, wie viel in das Tangentialportfolio und die risikolose Anlage angelegt werden soll. Konservative Anleger investieren einen kleinen Betrag und wählen ein Portfolio auf der Kurve in der Nähe der risikolosen Anlage. Aggressive Anleger investieren mehr und wählen ein Portfolio in der Nähe des Tangentialportfolios oder durch den Kauf von Aktien auf Kredit sogar ein Portfolio, das über diesen Punkt hinausgeht. Beide Arten von Anlegern entscheiden sich jedoch für das *gleiche* Portfolio risikobehafteter Anlagen, für das Tangentialportfolio.

Damit haben wir eines der Hauptziele dieses Kapitels erreicht und erklärt, wie *das* effiziente Portfolio risikobehafteter Anlagen bestimmt werden kann. **Das effiziente Portfolio** ist das Tangentialportfolio, das Portfolio mit der höchsten Sharpe Ratio in der Wirtschaft. Durch die Verbindung dieses Portfolios mit der risikolosen Anlage erzielt ein Anleger bei jedem für ihn akzeptablen Volatilitätsniveau die höchstmögliche erwartete Rendite.

Beispiel 11.12: Die optimale Portfolioauswahl

Fragestellung

Ihr Onkel bittet Sie um Rat zu seinen Anlagen. Momentan hat er EUR 100.000 in ein Portfolio *P* in ▶Abbildung 11.10 investiert, das eine erwartete Rendite von 10,5 % und eine Volatilität von 8 % hat. Angenommen, der risikolose Zinssatz beträgt 5 % und das Tangentialportfolio hat eine erwartete Rendite von 18,5 % sowie eine Volatilität von 13 %. Welches Portfolio würden Sie zur Maximierung seiner erwarteten Rendite ohne Erhöhung der Volatilität empfehlen? Welches Portfolio würden Sie empfehlen, wenn Ihr Onkel lieber seine erwartete Rendite beibehalten, aber sein Risiko minimieren möchte?

Lösung

In beiden Fällen sind die besten Portfolios Kombinationen aus der risikolosen Anlage und dem Tangentialportfolio. Wenn wir einen Betrag x in das Tangentialportfolio T investieren, sind nach ▸Gleichung 11.15 und ▸Gleichung 11.16 die erwartete Rendite und die Volatilität gleich:

$$E[R_{xT}] = r_f + x(E[R_T] - r_f) = 5\ \% + x(18,5\ \% - 5\ \%)$$

$$SA(R_{xT}) = x\ SA(R_T) = x(13\ \%)$$

Zur Aufrechterhaltung einer Volatilität von 8 % gilt x = 8 % : 13 % = 61,5 %. In diesem Fall sollte Ihr Onkel EUR 61.500 in das Tangentialportfolio und die verbleibenden EUR 38.500 in die risikolose Anlage investieren. Seine erwartete Rendite ist dann gleich 5 % + (61,5 %) (13,5 %) = 13,3 %, dies entspricht bei dieser Risikohöhe der höchstmöglichen Rendite.

Alternativ dazu muss x, um die erwartete Rendite auf dem aktuellen Wert von 10,5 % zu halten, die Gleichung 5 % + x (13,5 %) = 10,5 % erfüllen, sodass gilt x = 40,7 %. Jetzt sollte Ihr Onkel EUR 40.700 in das Tangentialportfolio und EUR 59.300 in die risikolose Anlage investieren, um die Volatilität auf (40,7 %)(13 %) = 5,29 % zu senken, den niedrigstmöglichen Wert für die gegebene erwartete Rendite.

Verständnisfragen

1. Was wissen Sie über die Sharpe Ratio des Tangentialportfolios?

2. Wie unterscheiden sich die Portfolios eines konservativen und eines aggressiven Investors, wenn die Investoren optimale Portfolios halten?

11.6 Das Tangentialportfolio und geforderte Renditen

Bisher haben wir die optimale Portfolioauswahl für einen Anleger beurteilt und sind zu der Schlussfolgerung gelangt, dass das Tangential- oder effiziente Portfolio in ▸Abbildung 11.10 die höchste Sharpe Ratio und damit den bestmöglichen Trade-Off zwischen Risiko und Ertrag bietet. Nun wenden wir uns den Folgen dieses Ergebnisses für die Kapitalkosten eines Unternehmens zu. Denn wenn ein Unternehmen neues Kapital beschaffen will, müssen die Anleger das Unternehmen attraktiv finden, um ihre Investition zu erhöhen. In diesem Abschnitt leiten wir eine Bedingung her, mit der bestimmt wird, ob ein Portfolio durch die Vergrößerung des Anteils eines bestimmten Wertpapiers verbessert werden kann, und benutzen diese Bedingung dann zur Berechnung der geforderten Rendite eines Anlegers.

Die Verbesserung des Portfolios: das Beta und die geforderte Rendite

Wir betrachten ein beliebiges Portfolio P, um zu untersuchen, ob die Sharpe Ratio durch den Verkauf eines Teils der risikolosen Anlagen (oder durch Kreditaufnahme) und die Investition der Erlöse in ein Investitionsobjekt i erhöht werden könnte. Dieses Vorgehen hat zwei Konsequenzen:

1. Erwartete Rendite: Da wir auf die risikolose Rendite verzichten und durch die Rendite von i ersetzen, steigt unsere erwartete Rendite um die Überrendite von i, $E[R_i] - r_f$.

2. Volatilität: Wir fügen dem Portfolio das Risiko, das i mit dem Portfolio gemeinsam hat, hinzu (das restliche Risiko von i wird diversifiziert). Nach ▸Gleichung 11.13 wird das inkrementelle Risiko gemessen durch die Volatilität von i multipliziert mit seiner Korrelation mit P: $SA(R_i) \times Corr(R_i, R_P)$.

Ist die Zunahme der Rendite durch die Investition in i ausreichend, um die Zunahme des Risikos auszugleichen? Eine andere Möglichkeit, wie das Risiko hätte erhöht werden können, wäre die

Anlage eines höheren Betrags in das Portfolio P selbst gewesen. In diesem Fall gibt die Sharpe Ratio von P

$$\frac{E[R_P] - r_f}{SA(R_P)}$$

an, um wie viel die Rendite bei einer Erhöhung des Risikos steigen würde. Da durch die Investition in i das Risiko um $SA(R_i) \times Corr(R_i, R_P)$ zunimmt, bietet diese Investition eine höhere Renditesteigerung als durch P allein, wenn[11]

$$\underbrace{E[R_i] - r_f}_{\substack{\text{zusätzliche Rendite } i \\ \text{aus Investitionsobjekt}}} > \overbrace{\underbrace{SA(R_i) \times Corr(R_i, R_P)}_{\text{inkrementelle Volatilität von Investitionsobjekt } i} \times \underbrace{\frac{E[R_P] - r_f}{SA(R_P)}}_{\substack{\text{Aus Portfolio } P \text{ erzielbare Rendite} \\ \text{pro Einheit der Volatilität}}}}^{\text{zusätzliche Rendite aus der Übernahme des gleichen Risikos bei der Investition in } P} \tag{11.18}$$

Um eine weitere Interpretation dieser Bedingung zu erzielen, werden die Volatilitäts- und Korrelationsterme in ▶Gleichung 11.18 kombiniert, um das Beta der *Investition i in das Portfolio P* zu definieren:

$$\beta_i^P = \frac{SA(R_i) \times Corr(R_i, R_P)}{SA(R_P)} \tag{11.19}$$

β_i^P misst die Sensitivität der Anlage i gegenüber Schwankungen des Portfolios P: Bei jeder Änderung der Rendite des Portfolios um 1 % wird erwartet, dass sich aufgrund der gemeinsamen Risiken von i und P die Rendite von i um β_i^P% ändert. Mit dieser Definition kann ▶Gleichung 11.18 wie folgt umgestellt werden:

$$E[R_i] > r_f + \beta_i^P \times (E[R_P] - r_f)$$

Das heißt: *Durch eine Erhöhung des in i investierten Betrags steigt die Sharpe Ratio des Portfolios P, wenn dessen erwartete Rendite E[R$_i$] die geforderte Rendite des Portfolios P übersteigt*, die definiert wird als

$$r_i \equiv r_f + \beta_i^P \times (E[R_P] - r_f) \tag{11.20}$$

Die **geforderte Rendite** ist die erwartete Rendite, die zum Ausgleich des Risikos notwendig ist, das die Investition i zum Portfolio beiträgt. Die geforderte Rendite für eine Anlage i ist gleich dem risikolosen Zinssatz plus der Risikoprämie des aktuellen Portfolios P skaliert um die Sensitivität von i gegenüber P, β_i^P. Übersteigt die erwartete Rendite von i diese geforderte Rendite, so verbessert sich die Performance des Portfolios durch die Erhöhung des Portfolioanteils von i.

---

[11] ▶Gleichung 11.18 kann auch als Vergleich der Sharpe Ratio der Anlage i mit der Sharpe Ratio des Portfolios geschrieben werden, das durch seine Korrelation (der Teil des Risikos, der ihnen gemeinsam ist) skaliert ist:

$$\frac{E[R_i] - r_f}{SA(R_i)} > Corr(R_i, R_p) \times \frac{E[R_p] - r_f}{SA(R_p)}$$

Beispiel 11.13: Die geforderte Rendite eines Investitionsobjekts

Fragestellung

Sie haben aktuell in den Omega-Fonds, einen Fonds mit einer breiten Basis, der eine erwartete Rendite von 15 % und eine Volatilität von 20 % hat, sowie in risikolose Schatzpapiere mit einer Verzinsung von 3 % investiert. Ihr Broker empfiehlt Ihnen die zusätzliche Aufnahme eines Immobilienfonds in Ihr Portfolio. Der Immobilienfonds hat eine erwartete Rendite von 9 %, eine Volatilität von 35 % und eine Korrelation von 0,10 mit dem Omega-Fonds. Verbessert sich Ihr Portfolio durch die Aufnahme des Immobilienfonds?

Lösung

R_{IF} ist die Rendite des Immobilienfonds und R_O ist die Rendite des Omega-Fonds. Nach ▶Gleichung 11.19 entspricht das Beta des Immobilienfonds mit dem Omega-Fonds:

$$\beta_{IF}^O = \frac{SA(R_{IF}) \; Corr(R_{IF}, \; R_O)}{SA(R_O)} = \frac{35 \; \% \times 0,10}{20 \; \%} = 0,175$$

Danach kann die ▶Gleichung 11.20 verwendet werden, um die geforderte Rendite zu bestimmen, bei der der Immobilienfonds zu einer attraktiven Ergänzung des Portfolios wird:

$$r_{IF} = r_f + \beta_{IF}^O(E[R_O] - r_f) = 3 \; \% + 0,175 \times (15 \; \% - 3 \; \%) = 5,1 \; \%$$

Da die erwartete Rendite von 9 % die geforderte Rendite von 5,1 % übersteigt, verbessert sich die Sharpe Ratio des Portfolios durch die Anlage eines Betrags in den Immobilienfonds.

Erwartete Renditen und das effiziente Portfolio

Übersteigt die erwartete Rendite eines Wertpapiers die geforderte Rendite, dann kann das Ergebnis des Portfolios P durch die Aufnahme eines größeren Anteils dieses Wertpapiers gesteigert werden. Aber wie viel mehr sollte hinzugenommen werden? Wenn wir Anteile des Wertpapiers i kaufen, steigt dessen Korrelation (und damit dessen Beta) mit unserem Portfolio, wodurch schließlich die geforderte Rendite bis auf $E[R_i] = r_i$ steigt.

Damit werden wir, wenn die Möglichkeit zum Kauf oder Verkauf von am Markt gehandelten Wertpapieren nicht beschränkt ist, so lange weiter umschichten bis die erwartete Rendite jedes Wertpapiers gleich deren geforderten Rendite ist, bis also für sämtliche i gilt: $E[R_i] = r_i$. An diesem Punkt verbessert weiteres Umschichten das Verhältnis von Risiko und Ertrag des Portfolios nicht, sodass unser Portfolio das optimale, effiziente Portfolio ist. Dies bedeutet: *Ein Portfolio ist dann und nur dann effizient, wenn die erwartete Rendite jedes verfügbaren Wertpapiers gleich der geforderten Rendite ist.*

Nach ▶Gleichung 11.20 impliziert dieses Ergebnis die folgende Beziehung zwischen der erwarteten Rendite jedes Wertpapiers und dessen Betafaktor zum effizienten Portfolio:

Erwartete Rendite eines Wertpapiers

$$E[R_i] = r_i = r_f + \beta_i^{eff} \times (E[R_{eff}] - r_f) \tag{11.21}$$

wobei R_{eff} die Rendite des effizienten Portfolios, des Portfolios mit der höchsten Sharpe Ratio jedes Portfolios des Anlageuniversums, ist.

Beispiel 11.14: Die Bestimmung des effizienten Portfolios

Fragestellung

Betrachten Sie erneut den Omega-Fonds und den Immobilienfonds aus ▶Beispiel 11.13. Angenommen, Sie haben EUR 100 Millionen in den Omega-Fonds investiert. Wie viel sollten Sie neben dieser Position in den Immobilienfonds investieren, um ein effizientes Portfolio aus diesen beiden Fonds zu bilden?

Lösung

Für jeden in den Omega-Fonds investierten Euro leihen wir x_{IF} Euro zur Anlage in den Immobilienfonds (oder verkaufen Schatzwechsel im Wert von x_{IF}). Dann hat das Portfolio eine Rendite von $R_P = R_O + x_{IF}(R_{IF} - r_f)$, wobei R_O die Rendite des Omega-Fonds und R_{IF} die Rendite des Immobilienfonds ist. In ▶Tabelle 2.5 wird die Veränderung der erwarteten Rendite und Volatilität des Portfolios bei einer Erhöhung der Investition in x_{IF} in den Immobilienfonds mithilfe der folgenden Formeln dargestellt:

$$E[R_P] = E[R_O] + x_{IF}(E[R_{IF}] - r_f)$$

$$Var(R_P) = Var[R_O + x_{IF}(R_{IF} - r_f)] = Var(R_O) + x_{IF}^2 Var(R_{IF}) + 2x_{IF}Cov(R_{IF}, R_O)$$

Durch die Aufnahme des Immobilienfonds verbessert sich zunächst die Sharpe Ratio des Portfolios wie durch ▶Gleichung 11.17 definiert. Bei Hinzufügung weiterer Anteile des Immobilienfonds steigt jedoch dessen wie folgt berechnete Korrelation mit dem Portfolio:

$$Corr(R_{IF}, R_P) = \frac{Cov(R_{IF}, R_P)}{SA(R_{IF})\,SA(R_P)} = \frac{Cov(R_{IF}, R_O + x_{IF}(R_{IF} - r_f))}{SA(R_{IF})\,SA(R_P)}$$

$$= \frac{x_{IF}Var(R_{IF}) + Cov(R_{IF}, R_O)}{SA(R_{IF})\,SA(R_P)}$$

Der mit ▶Gleichung 11.19 berechnete Betafaktor des Immobilienfonds steigt ebenfalls. Dies hat einen Anstieg der geforderten Rendite zur Folge. Die geforderte Rendite ist gleich den 9 % der erwarteten Rendite des Immobilienfonds bei circa $x_{IF} = 11$ %. Dies entspricht der Investitionshöhe, bei der die Sharpe Ratio maximiert wird. Damit enthält das effiziente Portfolio mit diesen zwei Fonds EUR 0,11 am Immobilienfonds für jeden in den Omega-Fonds investierten Euro.

Tabelle 11.5

Sharpe Ratio und geforderte Rendite bei verschiedenen Anlagen in den Immobilienfonds

x_{IF}	$E[R_P]$	$SA[R_P]$	Sharpe Ratio	$Corr(R_{IF}, R_P)$	β_{IF}^P	Geforderte Rendite r_{IF}
0 %	15,00 %	20,00 %	0,6000	10,0 %	0,18	5,10 %
4 %	15,24 %	20,19 %	0,6063	16,8 %	0,29	6,57 %
8 %	15,48 %	20,47 %	0,6097	23,4 %	0,40	8,00 %
10 %	15,60 %	20,65 %	0,6103	26,6 %	0,45	8,69 %
11 %	15,66 %	20,74 %	0,6104	28,2 %	0,48	9,03 %
12 %	15,72 %	20,84 %	0,6103	29,7 %	0,50	9,35 %
16 %	15,96 %	21,30 %	0,6084	35,7 %	0,59	10,60 %

An dieser Stelle ist die Bedeutung von ▶Gleichung 11.21 zu beachten. In dieser Gleichung wird die Beziehung zwischen dem Risiko eines Investitionsobjektes und seiner erwarteter Rendite bestimmt. Sie besagt, dass *die angemessene Risikoprämie für eine Anlage anhand ihres Betafaktors bezüglich des effizienten Portfolios bestimmt werden kann*. Das effiziente oder Tangentialportfolio, das die höchstmögliche Sharpe Ratio jedes Portfolios am Markt darstellt, ist der Vergleichsmaßstab, der das in der Wirtschaft vorhandene systematische Risiko kennzeichnet.

In ▶Kapitel 10 wurde argumentiert, dass das *Marktportfolio* aus sämtlichen risikobehafteten Wertpapieren gut diversifiziert sein sollte und damit als Vergleichsmaßstab zur Messung des systematischen Risikos verwendet werden könnte. Um die Verbindung zwischen dem Marktportfolio und dem effizienten Portfolio zu verstehen, müssen wir die Auswirkungen der gemeinsamen Anlageentscheidungen aller Anleger betrachten. Dies wird im nächsten Abschnitt geschehen.

> ### Verständnisfragen
>
> **1.** Wann verbessert eine neue Investition die Sharpe Ratio eines Portfolios?
>
> **2.** Mit welchem Portfolio werden die Kapitalkosten einer Investition durch deren Beta bestimmt?

11.7 Das Capital-Asset-Pricing-Modell

Wie in ▶Abschnitt 11.6 gezeigt wurde, können wir, wenn wir das effiziente Portfolio bestimmen können, die erwartete Rendite eines Wertpapiers auf der Grundlage seines Betas zum effizienten Portfolio nach ▶Gleichung 11.21 berechnen. Bei der Umsetzung dieses Ansatzes sind wir allerdings mit einem wichtigen praktischen Problem konfrontiert, denn zur Bestimmung des effizienten Portfolios müssen wir die erwarteten Renditen, Volatilitäten und Korrelationen zwischen Investitionsobjekten kennen. Diese Werte sind schwer zu prognostizieren. Wie können wir nun unter diesen Umständen die Theorie in die Praxis umsetzen?

Zur Beantwortung dieser Frage kehren wir zum Capital-Asset-Pricing-Modell (CAPM, Kapitalmarktgleichgewichtmodell) zurück, das in ▶Kapitel 10 eingeführt wurde. Dieses Modell ermöglicht uns die Bestimmung des effizienten Portfolios aus risikobehafteten Anlagen, ohne die erwartete Rendite jedes einzelnen Wertpapiers kennen zu müssen. Stattdessen werden beim CAPM die optimalen Entscheidungen von Anlegern verwendet, um das effiziente Portfolio in Form des Marktportfolios zu finden, das Portfolio, das sämtliche Aktien und Wertpapiere des Marktes enthält. Um dieses bemerkenswerte Ergebnis zu erhalten, treffen wir drei Annahmen im Hinblick auf das Verhalten der Anleger.[12]

Die Annahmen des CAPM

Dem CAPM liegen drei Hauptannahmen zugrunde. Die erste Annahme ist bereits seit ▶Kapitel 3 bekannt:

1. *Anleger können sämtliche Wertpapiere zu Marktpreisen kaufen und verkaufen (ohne Steuern oder Transaktionskosten) und können Kapital zum risikolosen Zinssatz verleihen oder leihen.*

Die zweite Annahme besteht darin, dass sich *alle* Anleger wie in diesem Kapitel bisher beschrieben verhalten und ein Portfolio aus gehandelten Wertpapieren auswählen, das bei einer Volatilität, die sie zu akzeptieren bereit sind, die höchstmögliche erwartete Rendite bietet:

2. *Die Anleger halten nur effiziente Portfolios gehandelter Wertpapiere, also Portfolios, die bei einer bestimmten Volatilität die maximale erwartete Rendite erzielen.*

Natürlich gibt es viele Anleger in der Welt und jeder kann seine eigenen Schätzungen der Volatilitäten, Korrelationen und erwarteten Renditen der verfügbaren Wertpapiere haben. Doch die

---

12 Das CAPM wurde von William Sharpe als Modell für Risiko und Rendite in einer Studie aus dem Jahr 1964 sowie in ähnlichen Studien von Jack Treynor (1962), John Lintner (1965) und Jan Mossin (1966) entwickelt.

Anleger kommen zu diesen Schätzungen nicht willkürlich. Sie gründen diese Schätzungen auf historische Daten und andere Informationen (unter anderem Marktpreisen), die für die Öffentlichkeit umfassend zugänglich sind. Wenn alle Investoren öffentlich zugängliche Informationsquellen nutzen, dürften ihre Schätzungen ähnlich sein. Demzufolge ist es nicht unangemessen, einen Sonderfall zu betrachten, in dem alle Anleger die gleichen Schätzungen im Hinblick auf zukünftige Investitionen und Renditen, also **homogene Erwartungen**, haben. Obwohl die Erwartungen der Anleger in der Realität nicht völlig identisch sind, sollte die Annahme homogener Erwartungen auf vielen Märkten eine angemessene Annäherung sein. Überdies gibt sie die dritte vereinfachende Annahme des CAPM:

3. *Anleger haben homogene Erwartungen bezüglich der Volatilitäten, Korrelationen und erwarteten Renditen von Wertpapieren.*

Angebot, Nachfrage und die Effizienz des Marktportfolios

Haben Investoren homogene Erwartungen, bestimmt jeder Anleger das gleiche Portfolio als dasjenige Portfolio mit der höchsten Sharpe Ratio in der Wirtschaft. Damit investieren alle Anleger in das *gleiche* effiziente Portfolio mit risikobehafteten Wertpapieren, in das Tangentialportfolio aus ▶ Abbildung 11.10, und passen diese Investition nur durch Hinzunahme von risikolosen Wertpapieren an ihre jeweilige Risikopräferenz an.

Wenn allerdings jeder Anleger das Tangentialportfolio hält, muss auch das kombinierte Portfolio risikobehafteter Wertpapiere *aller* Investoren dem Tangentialportfolio entsprechen. Darüber hinaus muss, da jedes Wertpapier einem Anleger gehört, die Summe der Portfolios aller Investoren gleich dem Portfolio sämtlicher auf dem Markt verfügbarer risikobehafteter Wertpapiere sein, das in ▶ Kapitel 10 als das Marktportfolio definiert wurde. *Das effiziente Portfolio, das Tangentialportfolio, das aus risikobehafteten Wertpapieren besteht (das von allen Anlegern gehaltene Portfolio), muss daher dem Marktportfolio entsprechen.*

Die Erkenntnis, dass das Marktportfolio effizient ist, sagt in Wirklichkeit nur aus, dass die *Nachfrage gleich dem Angebot sein muss*. Alle Anleger fragen das effiziente Portfolio nach und das Angebot an Wertpapieren entspricht dem Marktportfolio. Aus diesem Grund müssen sie übereinstimmen. Wenn ein Wertpapier kein Bestandteil des effizienten Portfolios wäre, würde es kein Anleger besitzen wollen und die Nachfrage nach diesem Wertpapier entspräche nicht dem Angebot. Infolgedessen würde der Preis dieses Wertpapiers fallen, wodurch die erwartete Rendite so lange steigen würde bis es als Anlage attraktiv werden würde. Auf diese Art und Weise passen sich die Preise auf dem Markt so an, dass das effiziente Portfolio und das Marktportfolio übereinstimmen und die Nachfrage gleich dem Angebot ist.

Beispiel 11.15: Portfoliogewichtungen und das Marktportfolio

Fragestellung

Nach umfassender Recherche haben Sie das effiziente Portfolio ermittelt. Als Bestandteil Ihrer Anlagen haben Sie entschieden, EUR 10.000 in Microsoft- und EUR 5.000 in Pfizer-Aktien zu investieren. Ihre Freundin, die vermögender, aber in ihren Investitionsentscheidungen konservativer ist, hat EUR 2.000 in Pfizer investiert. Wie viel hat Ihre Freundin in Microsoft investiert, wenn auch ihr Portfolio effizient ist? Was können Sie über die Marktkapitalisierung von Microsoft im Vergleich zu der von Pfizer sagen, wenn alle Investoren effiziente Portfolios halten?

Lösung

Da alle effizienten Portfolios eine Kombination aus der risikolosen Investition und dem Tangentialportfolio sind, haben sie dieselben Anteile an risikobehafteten Aktien. Da Sie doppelt so viel in Microsoft wie in Pfizer angelegt haben, muss das Gleiche auch auf Ihre Freundin zutreffen. Aus diesem Grund hat Ihre Freundin EUR 4.000 in Microsoft-Aktien angelegt. Wenn alle Anleger effiziente Portfolios halten, muss das Gleiche auch auf jedes ihrer Portfolios zutreffen. Da alle Investoren zusammen sämtliche Aktien von Microsoft und Pfizer besitzen, muss die Marktkapitalisierung von Microsoft doppelt so hoch sein wie die von Pfizer.

Optimale Investitionen: die Kapitalmarktlinie

Wenn die Annahmen des CAPM zutreffen, ist das Marktportfolio effizient, sodass das Tangential-portfolio in ▶Abbildung 11.10 wirklich das Marktportfolio ist. Dieses Ergebnis wird in ▶Abbildung 11.11 dargestellt. Wir erinnern uns, dass die Tangentiallinie die bei jedem Volatilitätsniveau höchst-möglich erzielbare erwartete Rendite grafisch darstellt. Verläuft die Tangente durch das Marktport-folio, wird sie als **Kapitalmarktlinie (KML)** bezeichnet. Gemäß dem CAPM sollten alle Anleger eine Portfolioallokation aus dem risikolosen Wertpapier und dem Marktportfolio auf der Kapitalmarkt-linie auswählen.

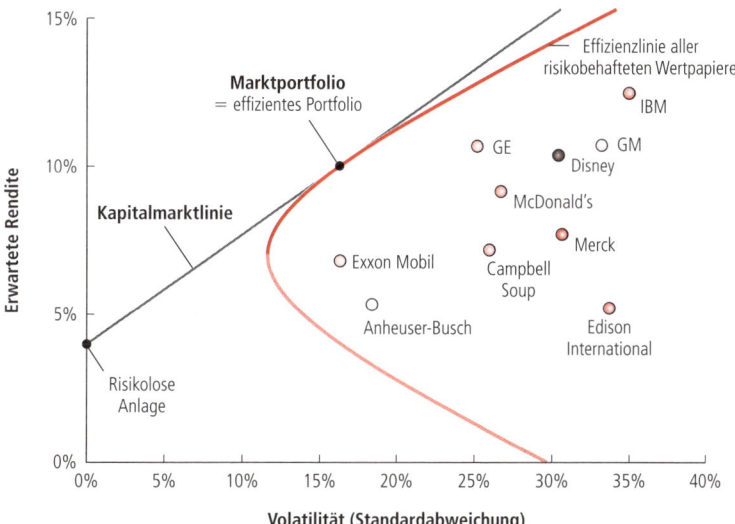

Abbildung 11.11: Die Kapitalmarktlinie. Haben Anleger homogene Erwartungen, so stimmen das Marktportfolio und das effiziente Portfolio überein. Deshalb stellt die Kapitalmarktlinie, die der Linie aus der risikolosen Anlage durch das Marktportfolio entspricht, für jede Volatilität die höchste verfügbare erwartete Rendite dar.

Verständnisfragen

1. Erklären Sie, warum das Marktportfolio nach dem CAPM effizient ist.
2. Was ist die Kapitalmarktlinie (KML)?

11.8 Die Bestimmung der Risikoprämie

Mit den Annahmen des CAPM kann das effiziente Portfolio bestimmt werden: Es ist gleich dem Marktportfolio. Damit kann, wenn die erwartete Rendite eines Wertpapiers oder die Kapitalkosten eines Investitionsobjekts nicht bekannt sind, das *CAPM zur Bestimmung dieser Größen mithilfe des Marktportfolios als Bezugsgröße herangezogen werden.*

Marktrisiko und Beta

In ▶Gleichung 11.21 wurde gezeigt, dass die erwartete Rendite eines Investitionsobjekts durch des-sen Beta zum effizienten Portfolio bestimmt wird. Wenn aber das Marktportfolio effizient ist, kann ▶Gleichung 11.21 wie folgt umgeformt werden:

Die CAPM-Gleichung für die erwartete Rendite

$$E[R_i] = r_i = r_f + \underbrace{\beta_i \times (E[R_{Mkt}] - r_f)}_{\text{Risikoprämie für Wertpapier } i}$$ (11.22)

wobei β_i das Beta des Investitionsobjekts i im Bezug zum Marktportfolio ist, das (mithilfe der ▶Gleichung 11.19 und der ▶Gleichung 11.6) wie folgt definiert wird:

$$\beta_i = \frac{\overbrace{SA(R_i) \times Corr(R_i, R_{Mkt})}^{\text{Volatilität von } i, \text{ die } i \text{ mit dem Markt teilt}}}{SA(R_{Mkt})} = \frac{Cov(R_i, R_{Mkt})}{Var(R_{Mkt})} \tag{11.23}$$

Das Beta eines Investitionsobjekts misst dessen Volatilität aufgrund des Marktrisikos in Bezug auf den Gesamtmarkt und erfasst somit die Sensitivität des Investitionsobjekts gegenüber dem Marktrisiko.

▶Gleichung 11.22 entspricht dem von uns am Ende des ▶Kapitel 10 intuitiv hergeleiteten Ergebnis. Sie besagt, dass wir zur Bestimmung der angemessenen Risikoprämie einer Anlage die Marktrisikoprämie (den Betrag um den die erwartete Rendite des Marktes den risikolosen Zinssatz übersteigt) mit dem in den Renditen des Investitionsobjekts vorhandenen Marktrisiko, das durch dessen Beta in Bezug auf den Markt gemessen wird, erneut skalieren müssen.

Die CAPM-Gleichung kann wie folgt interpretiert werden: Gemäß dem Gesetz des einheitlichen Preises sollten Anlagen mit einem vergleichbaren Risiko auf einem Wettbewerbsmarkt die gleiche erwartete Rendite erzielen. Da die Anleger das unternehmensspezifische Risiko durch die Diversifizierung ihrer Portfolios eliminieren können, ist das Beta der Anlage zum Marktportfolio β_i das richtige Risikomaß. Wie das nächste Beispiel zeigt, besagt die ▶Gleichung 11.22, dass die erwartete Rendite des Investitionsobjekts deshalb der erwarteten Rendite des Portfolios auf der Kapitalmarktlinie mit dem gleichen Marktrisiko entsprechen sollte.

Beispiel 11.16: Die Berechnung der erwarteten Rendite einer Aktie

Fragestellung

Angenommen, die risikolose Rendite betrage 4 % und das Marktportfolio habe eine erwartete Rendite von 10 % bei einer Volatilität von 16 %. Die Aktien von Campbell Soup haben eine Volatilität von 26 % und eine Korrelation mit dem Markt von 0,33. Wie hoch ist das Beta von Campbell Soup zum Markt? Welches Portfolio auf der Kapitalmarktlinie hat ein gleichwertiges Marktrisiko und wie hoch ist seine erwartete Rendite?

Lösung

Das Beta kann mithilfe der ▶Gleichung 11.23 berechnet werden:

$$\beta_{CPB} = \frac{SA(R_{CPB})\, Corr(R_{CPB}, R_{Mkt})}{SA(R_{Mkt})} = \frac{26\,\% \times 0,33}{16\,\%} = 0,54$$

Bei jeder Änderung des Marktportfolios um ein Prozent ändert sich die Aktie von Campbell Soup tendenziell um 0,54 %. Die gleiche Sensitivität gegenüber dem Marktrisiko könnte auch durch die Anlage von 54 % in das Marktportfolio und 46 % in das risikolose Wertpapier erzielt werden. Da die Aktie von Campbell Soup das gleiche Marktrisiko aufweist, sollte sie die gleiche erwartete Rendite wie dieses Portfolio erzielen, die sich auf folgenden Betrag beläuft (mithilfe der ▶Gleichung 11.15 mit $x = 0,54$):

$$E[R_{CPB}] = r_f + x(E[R_{Mkt}] - r_f) = 4\,\% + 0,54(10\,\% - 4\,\%)$$
$$= 7,2\,\%$$

Da $x = \beta_{CPB}$ gilt, entspricht diese Berechnung genau der ▶Gleichung 11.22. Damit fordern die Anleger eine erwartete Rendite von 7,2 %, um sie für das mit der Aktie von Campbell Soup verbundene Risiko zu entschädigen.

Beispiel 11.17: Eine Aktie mit negativem Beta

Fragestellung

Angenommen, die Aktie von Bankruptcy Auction Services Inc. (BAS) habe ein negatives Beta von −0,30. Vergleichen Sie die gemäß dem CAPM erwartete Rendite dieser Aktie mit dem risikolosen Zinssatz. Ist das Ergebnis sinnvoll?

Lösung

Da die erwartete Rendite des Marktes höher als der risikolose Zinssatz ist, impliziert ▶Gleichung 11.22, dass die erwartete Rendite von BAS *unterhalb* des risikolosen Zinssatzes liegt. Wenn beispielsweise der risikolose Zinssatz 4 % beträgt und sich die erwartete Rendite auf dem Markt auf 10 % beläuft, gilt:

$$E[R_{BAS}] = 4\ \% - 0{,}30(10\ \% - 4\ \%) = 2{,}2\ \%$$

Dieses Ergebnis scheint merkwürdig zu sein: Warum sollten die Anleger bereit sein, eine erwartete Rendite von 2,2 % auf diese Aktie zu akzeptieren, wenn sie in eine sichere Anlage investieren und damit 4 % erzielen könnten? Ein kluger Anleger wird nicht nur BAS Aktien, sondern auch andere Wertpapiere halten als Bestandteil eines gut diversifizierten Portfolios. Da die Aktien von BAS tendenziell steigen, wenn der Markt und die meisten anderen Wertpapiere fallen, bieten sie eine „Rezessionsversicherung" für das Portfolio, und die Anleger zahlen für diese Versicherung, indem sie eine erwartete Rendite unterhalb des risikolosen Zinssatzes akzeptieren.

Nobelpreis

William Sharpe über das CAPM

William Sharpe erhielt im Jahr 1990 den Nobelpreis für seine Entwicklung des Capital Asset Pricing Modells. In einem Interview mit Jonathan Burton* aus dem Jahr 1998 äußerte er sich zum CAPM wie folgt: Im Mittelpunkt der Portfoliotheorie stand, was ein einzelner Anleger mit einem optimalen Portfolio machte. Ich fragte, „Was ist, wenn alle optimieren?" Sie alle haben das Buch von Markowitz und sie tun, was er sagt. Dann beschließen einige Anleger, mehr IBM-Aktien zu halten, doch die Aktien reichen nicht aus, um die Nachfrage zu befriedigen. Damit kommt die IBM-Aktie unter Preisdruck und sie steigt. An diesem Punkt müssen sie ihre Schätzung des Risikos und der Rendite ändern, denn sie zahlen jetzt mehr für die Aktie. Der Druck auf steigende und fallende Kurse geht so lang weiter, bis die Kurse ein Gleichgewicht erreichen und jeder Anleger alle verfügbaren Aktien halten will. Was lässt sich an diesem Punkt über die Beziehung zwischen Risiko und Rendite sagen? Die Antwort ist, dass die erwartete Rendite proportional ist zum Beta in Bezug auf das Marktportfolio. Das CAPM war und ist eine Gleichgewichtstheorie. Warum sollte jemand erwarten, mehr zu verdienen, wenn er in das eine statt in das andere Wertpapier investiert? Der Anleger muss dafür entschädigt werden, dass er bei schlechten Marktverhältnissen schlecht abschneidet. Das Wertpapier, das gerade dann schlecht abschneidet, wenn der Anleger in schlechten Zeiten Geld braucht, ist das Wertpapier, das die Anleger hassen und das einen kompensierenden Vorteil haben muss, denn warum sonst sollte es jemand halten? Dieser kompensierende Vorteil muss darin bestehen, dass man davon ausgeht, in normalen Zeiten besser abzuschneiden. Die wichtigste Erkenntnis des CAPM ist, dass höhere erwartete Renditen mit einem größeren Risiko einhergehen, in schlechten Zeiten schlecht abzuschneiden. Das Beta ist das Maß dafür. Wertpapiere oder Anlageklassen mit höheren Betas schneiden oft auch schlechter ab in schlechten Zeiten als die mit niedrigen Betas.

Das CAPM unterliegt sehr einfachen, sehr robusten Annahmen, die ein schönes, sauberes Ergebnis liefern. Und dann sagten wir alle fast sofort: Lasst uns noch mehr Komplexität in das Modell bringen, um der realen Welt noch näher zu kommen. So gingen einige über zu dem was ich das „erweiterte" Capital-Asset-Pricing-Modell nenne, in dem die erwartete Rendite eine Funktion von Beta, Steuern, Liquidität, Dividendenrendite und anderen Dingen ist, für die sich die Leute interessieren könnten. Hat sich das CAPM weiterentwickelt? Natürlich. Doch das grundlegende Konzept bleibt unverändert, nämlich dass es keinen Grund gibt eine Rendite zu erwarten, nur weil man das Risiko trägt. Sonst würde man eine Menge Geld in Las Vegas verdienen. Wenn es eine Vergütung für das eingegangene Risiko gibt, muss es etwas Besonderes sein. Dahinter muss eine wissenschaftliche Überlegung stehen, denn sonst wäre die Welt ein sehr verrückter Ort. Ich denke jetzt überhaupt nicht anders über diese grundlegenden Vorstellungen.

*Jonathan Burton, „Revisiting the Capital Asset Pricing Model", Dow Jones Asset Manager, (Mai/Juni 1998), Seite 20–28.

Die Wertpapierlinie

Die ▸Gleichung 11.22 impliziert, dass zwischen dem Beta einer Aktie und deren erwarteter Rendite eine lineare Beziehung besteht. In ▸Abbildung 11.13 wird diese durch die risikolose Anlage (mit einem Beta von 0) und das Marktportfolio (mit einem Beta von 1) in Form einer Geraden grafisch dargestellt. Diese Gerade wird als *Wertpapiermarktlinie (WML)*, oft auch kurz als *Wertpapierlinie* bezeichnet. Nach den Annahmen des CAPM ist die **Wertpapierlinie** die Gerade, auf der alle Investitionsobjekte, wie in ▸Abbildung 11.13 gezeigt, liegen sollten, wenn ihre erwarteten Renditen grafisch im Verhältnis zu den Beta-Faktoren eingetragen werden.

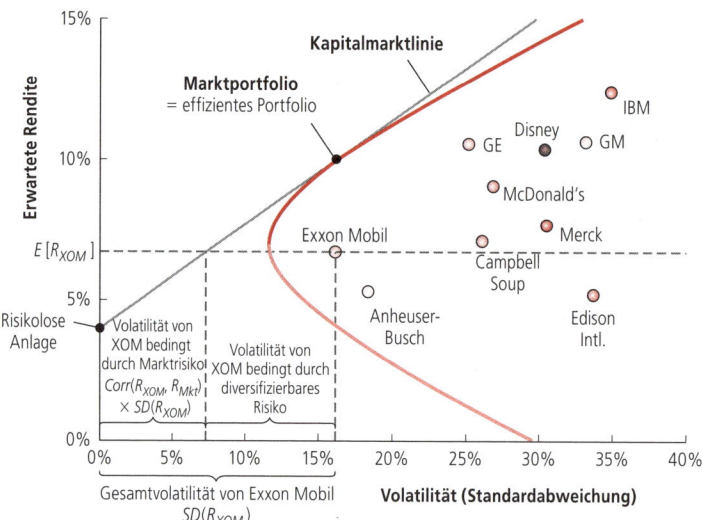

Abbildung 11.12: Die Kapitalmarktlinie und die Wertpapierlinie. Die Kapitalmarktlinie stellt Portfolioallokationen bestehend aus einer risikolosen Anlage und dem effizienten Portfolio dar. Sie gibt die höchste erwartete Rendite an, die für jedes Volatilitätsniveau erreicht werden kann. Nach dem CAPM liegt das Marktportfolio auf der KML; alle anderen Aktien und Portfolios enthalten, wie für Exxon Mobil (XOM) dargestellt, diversifizierbare Risiken und liegen rechts der KML.

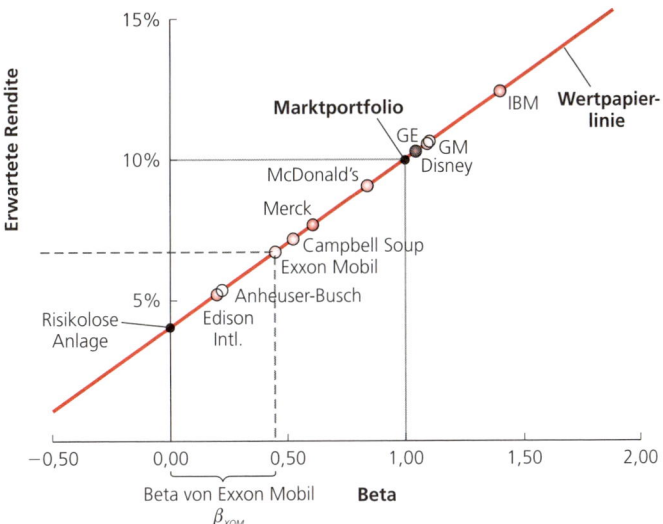

Abbildung 11.13: Die WML stellt die erwartete Rendite für jedes Wertpapier als Funktion seines Betas zum Markt dar. Nach dem CAPM ist das Marktportfolio effizient, sodass alle Aktien und Portfolios auf der WML liegen sollten.

Dieses Ergebnis steht im Gegensatz zu der in ▶Abbildung 11.12 dargestellten Kapitalmarktlinie, bei der keine eindeutige Beziehung zwischen der Volatilität der einzelnen Aktie und ihrer erwarteten Rendite besteht. Wie für Exxon Mobil (XOM) dargestellt, ist die erwartete Rendite einer Aktie nur auf den Anteil ihrer Volatilität zurückzuführen, den sie mit dem Markt teilt – $Corr(R_{XOM}, R_{Mkt}) \times SA(R_{XOM})$. Der Abstand jeder Aktie von der Kapitalmarktlinie nach rechts ist auf das diversifizierbare Risiko der betreffenden Aktie zurückzuführen. Die Beziehung zwischen Risiko und Rendite eines einzelnen Wertpapiers wird nur deutlich, wenn statt des Gesamtrisikos das Marktrisiko gemessen wird.

Das Beta eines Portfolios

Da die Wertpapierlinie für alle handelbaren Anlagemöglichkeiten gilt, kann sie auch auf Portfolios angewendet werden. Demzufolge wird die erwartete Rendite eines Portfolios durch ▶Gleichung 11.22 gegeben und hängt deshalb vom Beta des Portfolios ab. Mit ▶Gleichung 11.23 kann das Beta eines Portfolios $R_P = \sum_i x_i R_i$ wie folgt berechnet werden:

$$\beta_P = \frac{Cov(R_P, R_{Mkt})}{Var(R_{Mkt})} = \frac{Cov(\sum_i x_i R_i, R_{Mkt})}{Var(R_{Mkt})} = \sum_i x_i \frac{Cov(R_i, R_{Mkt})}{Var(R_{Mkt})} \tag{11.24}$$
$$= \sum_i x_i \beta_i$$

Mit anderen Worten ist das *Beta eines Portfolios gleich dem gewichteten durchschnittlichen Beta der Portfoliobestandteile.*

Beispiel 11.18: Die erwartete Rendite eines Portfolios

Fragestellung

Die Aktie von Kraft Foods habe ein Beta von 0,50 und das Beta von Boeing betrage 1,25. Wie hoch ist die erwartete Rendite eines gleichgewichteten Portfolios mit Kraft Foods- und Boeing-Aktien gemäß dem CAPM, wenn der risikolose Zinssatz 4 % und die erwartete Rendite des Marktportfolios 10 % beträgt?

Lösung

Es bestehen zwei Möglichkeiten zur Berechnung der erwarteten Rendite des Portfolios. Erstens kann die WML zur separaten Berechnung der erwarteten Rendite von Kraft Foods (KFT) und Boeing (BA) verwendet werden:

$$E\left[R_{KFT}\right] = r_f + \beta_{KFT}\left(E\left[R_{Mkt}\right] - r_f\right) = 4\ \% + 0,50(10\ \% - 4\ \%) = 7,0\ \%$$

$$E\left[R_{BA}\right] = r_f + \beta_{BA}\left(E\left[R_{MKT}\right] - r_f\right) = 4\ \% + 1,25(10\ \% - 4\ \%) = 11,5\ \%$$

Dann ist die erwartete Rendite des gleichgewichteten Portfolios P gleich:

$$E\left[R_p\right] = \frac{1}{2}E\left[R_{KFT}\right] + \frac{1}{2}E\left[R_{BA}\right] = \frac{1}{2}(7\ \%) + \frac{1}{2}(11,5\ \%) = 9,25\ \%$$

Alternativ dazu kann das Beta des Portfolios mithilfe der ▶Gleichung 11.24 berechnet werden:

$$\beta_p = \frac{1}{2}\beta_{KFT} + \frac{1}{2}\beta_{BA} = \frac{1}{2}(0,50) + \frac{1}{2}(1,25) = 0,875$$

Dann kann die erwartete Rendite des Portfolios aus der WML bestimmt werden:

$$E[R_P] = r_f + \beta_P(E[R_{Mkt}] - r_f) = 4\ \% + 0,875(10\ \% - 4\ \%) = 9,25\ \%$$

Zusammenfassung des Capital-Asset-Pricing-Modells

In den letzten beiden Abschnitten haben wir die Konsequenzen der Annahmen des CAPM untersucht, nämlich dass die Märkte Wettbewerbsmärkte sind, dass die Anleger effiziente Portfolios wählen und homogene Erwartungen haben. Das CAPM führt daher zu zwei wesentlichen Schlussfolgerungen:

- Das Marktportfolio ist das effiziente Portfolio. Daher wird die höchste erwartete Rendite bei jedem Volatilitätsniveau mit einem Portfolio auf der Kapitalmarktlinie erzielt, die eine Anlage in das Marktportfolio mit einer risikolosen Anlage oder Kreditaufnahme kombiniert.

- Die Risikoprämie einer Anlage ist proportional zu deren Beta zum Markt. Deshalb wird die Beziehung zwischen Risiko und der geforderten Rendite durch die in ▶Gleichung 11.22 und ▶Gleichung 11.23 beschriebene Wertpapierlinie angegeben.

Das CAPM-Modell beruht auf robusten Annahmen. Da einige dieser Annahmen das Verhalten der Anleger nicht vollständig beschreiben, sind einige der Schlussfolgerungen des Modells nicht völlig zutreffend. So ist es zum Beispiel sicher nicht richtig, dass jeder Anleger das Marktportfolio hält. Das Verhalten einzelner Anleger wird in ▶Kapitel 13 detaillierter untersucht, in dem wir auch mögliche Erweiterungen des CAPM betrachten. Trotzdem finden Finanzökonomen das dem CAPM zugrunde liegende qualitative Konzept überzeugend, sodass es noch immer das am häufigsten eingesetzte und wichtigste Modell zu Risiko und Rendite ist. Auch wenn dieses Modell nicht vollkommen ist, wird es allgemein als nützliche Annäherung betrachtet und von Unternehmen und Praktikern zur Schätzung der erwarteten Rendite eines Wertpapiers sowie der Kapitalkosten einer Investition als praktisches Mittel verwendet. In ▶Kapitel 12 wird detaillierter erklärt, wie das Modell angewendet wird. Dabei betrachten wir eingehender die Konstruktion des Marktportfolios und entwickeln ein Mittel zur Schätzung des Betas von Wertpapieren von Unternehmen und der ihnen zugrunde liegenden Investitionen.

Verständnisfragen

1. Was ist die Wertpapierlinie (WML)?

2. Wie kann die erwartete Rendite einer Aktie nach dem CAPM bestimmt werden?

Z U S A M M E N F A S S U N G

11.1 Die erwartete Rendite eines Portfolios

■ Das Portfoliogewicht ist der anfänglich in Investitionsobjekt i investierte Anteil x_i des Kapitals des Anlegers. Die Portfoliogewichte aller Portfoliobestandteile summieren sich auf 1.

$$x_i = \frac{\text{Wert des Investitionsobjekts } i}{\text{Gesamtwert des Portfolios}}$$ (s. Gleichung 11.1)

■ Die erwartete Rendite eines Portfolios entspricht dem gewichteten Durchschnitt der erwarteten Renditen der Investitionsobjekte in diesem Portfolio unter Verwendung der Portfoliogewichte.

$$E[R_P] = \sum_i x_i E[R_i]$$ (s. Gleichung 11.3)

11.2 Die Volatilität eines Portfolios mit zwei Aktien

■ Zur Bestimmung des Risikos eines Portfolios muss bekannt sein, wie stark sich die Aktienrenditen in die gleiche Richtung entwickeln. Die gemeinsame Entwicklung der Renditen wird durch Kovarianz und Korrelation gemessen.

a. Die Kovarianz zwischen den Renditen R_i und R_j wird definiert durch

$$Cov(R_i, R_j) = E[(R_i - E[R_i])(R_j - E[R_j])]$$ (s. Gleichung 11.4)

und wird anhand historischer Daten unter Verwendung der folgenden Formel geschätzt:

$$Cov(R_i, R_j) = \frac{1}{T-1} \sum_t (R_{i,t} - \bar{R}_i)(R_{j,t} - \bar{R}_j)$$ (s. Gleichung 11.5)

b. Die Korrelation wird als Kovarianz der Renditen dividiert durch die Standardabweichung jeder Rendite definiert. Die Korrelation liegt immer zwischen −1 und +1. Sie stellt den auf das Risiko zurückzuführenden Teil der Volatilität eines Wertpapiers dar, der allen Wertpapieren gemeinsam ist.

$$Corr(R_i, R_j) = \frac{Cov(R_i, R_j)}{SA(R_i)\, SA(R_j)}$$ (s. Gleichung 11.6)

- Die Varianz eines Portfolios hängt von der Kovarianz der darin enthaltenen Aktien ab.

    a. Bei einem Portfolio mit zwei Aktien ist die Varianz des Portfolios gleich:

$$Var(R_P) = x_1^2 Var(R_1) + x_2^2 Var(R_2) + 2x_1 x_2 (R_1, R_2)$$
$$= x_1^2 SA(R_1)^2 + x_2^2 SA(R_2)^2 + 2x_1 x_2 Corr(R_1, R_2)\ SA(R_1)\ SA(R_2)$$

(s. Gleichung 11.8 und 11.9)

    b. Sind die Portfoliogewichte positiv, so sinkt die Varianz des Portfolios bei sinkender Kovarianz oder Korrelation zwischen den beiden Aktien in einem Portfolio.

11.3 Die Volatilität eines großen Portfolios

- Die Varianz eines gleichgewichteten Portfolios ist gleich

$$Var(R_P) = \frac{1}{n}(\text{durchschnittliche Varianz der einzelnen Aktien}) \qquad \text{(s. Gleichung 11.12)}$$
$$+ \left(1 - \frac{1}{n}\right)(\text{durchschnittliche Kovarianz zwischen den Aktien})$$

1. Durch die Diversifikation werden unabhängige Risiken eliminiert. Die Volatilität eines großen Portfolios ergibt sich aus dem gemeinsamen Risiko zwischen den Aktien in einem Portfolio.

2. Jedes Wertpapier trägt wie folgt zur Volatilität des Portfolios bei: Individuelles Gesamtrisiko skaliert mit der Korrelation des Wertpapiers mit dem Portfolio, wodurch eine Bereinigung um den Anteil des Gesamtrisikos vorgenommen wird, den das Portfolio gemeinsam hat.

$$SA(R_P) = \sum_i x_i \times SA(R_i) \times Corr(R_i, R_P) \qquad \text{(s. Gleichung 11.13)}$$

11.4 Risiko und Rendite: die Zusammensetzung eines effizienten Portfolios

- Effiziente Portfolios bieten den Anlegern bei einer gegebenen Risikohöhe die höchstmögliche erwartete Rendite. Die Menge effizienter Portfolios wird als Effizienzlinie bezeichnet. Wenn Investoren weitere Aktien in ein Portfolio aufnehmen, verbessert sich das effiziente Portfolio.

    a. Ein Anleger, der hohe erwartete Renditen und eine geringe Volatilität anstrebt, sollte nur in effiziente Portfolios investieren.

    b. Anleger wählen auf der Grundlage ihrer Risikopräferenz aus der Menge effizienter Portfolios aus.

- Anleger können bei ihrer Portfoliobildung Leerverkäufe einsetzen. Ein Portfolio ist im Hinblick auf Wertpapiere mit negativen Portfoliogewichten short. Durch den Leerverkauf wird die Menge möglicher Portfolioallokationen erweitert.

11.5 Risikolose Anlageformen und Kreditaufnahme

- Portfolios können durch die Kombination einer risikolosen Anlage mit einem Portfolio risikobehafteter Anlagen gebildet werden.

    a. Die erwartete Rendite und Volatilität für diese Portfolioart ist gleich:

$$E[R_{xP}] = r_f + x(E[R_P] - r_f) \qquad \text{(s. Gleichung 11.15)}$$

$$SA(R_{xP}) = xSA(R_P) \qquad \text{(s. Gleichung 11.16)}$$

b. Die Risiko-Rendite-Kombinationen aus der risikolosen Anlage und einem risikobehafteten Portfolio liegen auf einer die beiden Anlagenarten verbindenden Geraden.

■ Das Ziel eines Anlegers, der die höchstmögliche erwartete Rendite bei jedem Volatilitätsniveau erzielen möchte, besteht darin, das Portfolio zu finden, das bei einer Verbindung mit der risikolosen Anlage die steilstmögliche Kurve erzeugt. Die Steigung dieser Kurve wird als Sharpe Ratio des Portfolios bezeichnet.

$$\text{Sharpe Ratio} = \frac{\text{Überrendite des Portfolios}}{\text{Volatilität des Portfolios}} = \frac{E[R_P]-r_f}{SA(R_P)} \qquad \text{(s. Gleichung 11.17)}$$

■ Das risikobehaftete Portfolio mit der höchsten Sharpe Ratio wird als effizientes Portfolio bezeichnet. Das effiziente Portfolio ist, unabhängig von der Einstellung des Anlegers zum Risiko, die optimale Kombination aus risikobehafteten Anlagen. Ein Anleger kann ein gewünschtes Risikoniveau durch die Wahl des in das effiziente Portfolio zu investierenden Betrags im Verhältnis zur risikolosen Anlage bestimmen.

11.6 Das Tangentialportfolio und geforderte Renditen

■ Das Beta gibt die Sensitivität der Rendite einer Anlage gegenüber den Schwankungen der Portfoliorendite an. Das Beta einer Anlage zu einem Portfolio ist gleich:

$$\beta_i^P \equiv \frac{SA(R_i) \times Corr(R_i, R_P)}{SA(R_P)} \qquad \text{(s. Gleichung 11.19)}$$

■ Durch den Kauf von Anteilen des Wertpapiers i verbessert sich die Sharpe Ratio eines Portfolios, wenn die erwartete Rendite die geforderte Rendite übersteigt:

$$r_i = r_f + \beta_i^P \times (E[R_P]-r_f) \qquad \text{(s. Gleichung 11.20)}$$

■ Ein Portfolio ist effizient, wenn für alle Wertpapiere gilt: $E[R_i] = r_i$. Deshalb gilt die folgende Beziehung zwischen dem Beta und den erwarteten Renditen gehandelter Wertpapiere:

$$E[R_i] = r_i \equiv r_f + \beta_i^{eff} \times (E[R_{eff}]-r_f) \qquad \text{(s. Gleichung 11.21)}$$

11.7 Das Capital-Asset-Pricing-Modell

■ Dem Capital-Asset-Pricing-Modell (CAPM) liegen drei Hauptannahmen zugrunde:

a. Anleger handeln Wertpapiere zu Marktpreisen (ohne Steuern oder Transaktionskosten) und können zum risikolosen Zinssatz leihen und verleihen.

b. Anleger wählen effiziente Portfolios aus.

c. Anleger haben homogene Erwartungen im Hinblick auf die Volatilitäten, Korrelationen und erwarteten Renditen von Wertpapieren.

■ Da das Angebot der Wertpapiere gleich der Nachfrage nach Wertpapieren sein muss, impliziert das CAPM, dass das Marktportfolio aus allen risikobehafteten Wertpapieren das effiziente Portfolio ist.

■ Nach den Annahmen des CAPM ist die Kapitalmarktlinie (KML), die die Menge der durch die Kombination der risikolosen Anlage mit dem Marktportfolio erzielbaren Allokationen bildet, gleich der Menge der Portfolios mit der bei jeder Volatilität höchstmöglichen erwarteten Rendite.

■ Die CAPM-Gleichung besagt, dass die Risikoprämie jedes Wertpapiers gleich der mit dem Beta des Wertpapiers multiplizierten Marktrisikoprämie ist. Diese Beziehung wird als Wertpapiermarktlinie (WML) oder Wertpapierlinie bezeichnet und bestimmt die geforderte Rendite einer Anlage:

$$E[R_i] = r_i = r_f + \underbrace{\beta_i \times (E[R_{Mkt}] - r_f)}_{\text{Risikoprämie für Wertpapier } i}$$ (s. Gleichung 11.22)

■ Das Beta eines Wertpapiers misst den Betrag des Risikos eines Wertpapiers, das es mit dem Marktportfolio oder dem Marktrisiko gemeinsam hat. Das Beta wird wie folgt definiert:

$$\beta_i = \frac{\overbrace{SA(R_i) \times Corr(R_i, R_{Mkt})}^{\text{Volatilität von } i, \text{ die } i \text{ mit dem Markt teilt}}}{SA(R_{Mkt})} = \frac{Cov(R_i, R_{Mkt})}{Var(R_{Mkt})}$$ (s. Gleichung 11.23)

■ Das Beta eines Portfolios ist gleich dem gewichteten durchschnittlichen Beta der Portfoliobestandteile.

Z U S A M M E N F A S S U N G

Weiterführende Literatur

Die **Literaturhinweise** zu diesem Kapitel finden Sie auf unserer begleitenden Website zum Buch unter *www.pearson-studium.de*.

Aufgaben

1. Schätzen Sie die durchschnittliche Rendite und Volatilität jeder Aktie, die Kovarianz sowie die Korrelation zwischen diesen beiden Aktien mithilfe der Daten in der folgenden Tabelle.

Jahr	2007	2008	2009	2010	2011	2012
Aktie A	−10 %	20 %	5 %	−5 %	2 %	9 %
Aktie B	21 %	7 %	30 %	−3 %	−8 %	25 %

2. Ein Hedgefonds hat ein Portfolio aus nur zwei Aktien gebildet. Dabei wurden Oracle-Aktien im Wert von USD 35.000.000 leerverkauft und Intel-Aktien im Wert von USD 85.000.000 gekauft. Die Korrelation zwischen den Aktienrenditen von Oracle und Intel beträgt 0,65. Die erwarteten Renditen und Standardabweichungen der beiden Aktien werden in der Tabelle unten dargestellt:

	Erwartete Rendite	Standard- abweichung
Oracle	12,00 %	45,00 %
Intel	14,50 %	40,00 %

a. Wie hoch ist die erwartete Rendite des Hedgefonds-Portfolios?

b. Wie hoch ist die Standardabweichung des Hedgefonds-Portfolios?

3. Sie verfügen über EUR 100.000, die Sie investieren können. Sie entscheiden sich, EUR 150.000 in den Markt zu investieren, indem Sie EUR 50.000 Fremdkapital aufnehmen.

a. Wie hoch ist die Rendite der Anlage bei einem risikolosen Zinssatz von 5 % und einer erwarteten Marktrendite von 10 %?

b. Wie hoch ist die Volatilität Ihrer Anlage bei einer Marktvolatilität von 15 %?

4. Sie fassen alle Aktien der Welt in zwei sich gegenseitig ausschließende Portfolios zusammen (jede Aktie kann nur in einem Portfolio enthalten sein): Wachstumsaktien und Wertaktien. Wir nehmen an, beide Portfolios besitzen die gleiche Größe (im Hinblick auf den Gesamtwert), eine Korrelation von 0,5 sowie die folgenden Eigenschaften:

	Erwartete Rendite	Volatilität
Wertaktien	13 %	12 %
Wachstumsaktien	17 %	25 %

Der risikolose Zinssatz beträgt 2 %.

a. Wie hoch sind die erwartete Rendite und die Volatilität des Marktportfolios (das eine 50-50-Kombination der beiden Portfolios bildet)?

b. Trifft das CAPM auf diese Wirtschaft zu? (*Hinweis:* Ist das Marktportfolio effizient?)

Die **Antworten** zu diesen Fragen finden Sie auf unserer begleitenden Website zum Buch unter *www.pearson-studium.de.*

Anhang Kapitel 11: Das CAPM bei unterschiedlichen Zinssätzen

In diesem Kapitel gingen wir davon aus, dass für Sparguthaben und Kredite derselbe risikolose Zinssatz gilt. Tatsächlich erhalten Anleger für ihre Sparguthaben weniger Zinsen, als sie für einen Kredit zahlen müssen. Beispielsweise sind die Zinsen der bei einem Broker aufgenommenen kurzfristigen Effektenkredite oft 1 bis 2 % höher als die für kurzfristige Schatzpapiere erhaltenen Zinsen. Banken, Pensionsfonds und andere Anleger mit hohen Beträgen an Sicherheiten können zu Zinssätzen Kredite aufnehmen, die zwar üblicherweise nur bis zu 1 % über dem Satz für risikolose Wertpapiere liegen, aber trotzdem unterschiedlich sind. Wirken sich diese unterschiedlichen Zinssätze auf die Schlussfolgerungen des CAPM aus?

Die Effizienzlinie bei unterschiedlichen Guthaben- und Kreditzinsen

In ▶ Abbildung 11A.1 sind die Risiko-Rendite-Möglichkeiten bei unterschiedlichen Guthaben- und Kreditzinsen dargestellt. In dieser Grafik ist $r_S = 3$ % der risikolose Guthabenzins und $r_B = 6$ % der Kreditzins. Jeder Zinssatz hat ein anderes Tangentialportfolio, das mit T_S beziehungsweise T_B bezeichnet wird. Ein konservativer Anleger, der ein Portfolio mit einem niedrigen Risiko wünscht, kann das Portfolio T_S mit Sparguthaben zum Zinssatz r_S kombinieren, um Risiko-Rendite-Kombinationen entlang der unteren grünen Linie zu erzielen. Ein aggressiver Anleger, der eine hohe erwartete Rendite wünscht, kann in das Portfolio T_B investieren und dabei zum Teil einen Kredit zum Zinssatz r_B einsetzen. Durch Anpassung der Höhe des Kredits kann der Anleger Risiko-Rendite-Kombinationen auf der oberen grünen Linie erzielen. Die Kombinationen auf der oberen Linie sind nicht so wünschenswert wie die Kombinationen, die sich ergeben würden, wenn der Anleger zum Zinssatz r_S einen Kredit aufnehmen könnte, doch der Anleger ist nicht in der Lage, zum niedrigeren Zinssatz Geld aufzunehmen. Schließlich können sich Anleger mit dazwischen liegenden Präferenzen dazu entscheiden, ein Portfolio auf dem zwischen T_S und T_B liegenden Teil der roten Kurve zu wählen, das ohne Finanzierung erfolgt.

Bei unterschiedlichen Guthaben- und Kreditzinsen werden Anleger mit unterschiedlichen Präferenzen daher unterschiedliche Portfolios mit risikobehafteten Wertpapieren wählen. Jedes Portfolio von T_S bis T_B auf der Kurve könnte gewählt werden. Die erste Schlussfolgerung des CAPM − dass das Marktportfolio das einzige effiziente Portfolio ist − ist daher nicht mehr gültig.

Die Wertpapierlinie bei unterschiedlichen Zinssätzen

Die wichtigere Schlussfolgerung des CAPM für die Unternehmensfinanzierung ist die Wertpapierlinie, die das Risiko einer Anlage zu deren geforderter Rendite in Beziehung setzt. Wie sich zeigt, ist die Wertpapierlinie auch bei unterschiedlichen Zinssätzen immer noch gültig. Um zu erkennen, warum das so ist, nutzen wir das folgende Ergebnis:

Eine Kombination von Portfolios auf der Effizienzlinie risikobehafteter Anlagen liegt auch auf der Effizienzlinie risikobehafteter Anlagen.[13]

Da alle Anleger Portfolios auf der Effizienzlinie zwischen T_S und T_B halten und da alle Anleger zusammen das Marktportfolio halten, muss das Marktportfolio auf der Grenze zwischen T_S und T_B liegen. Aufgrund dessen ist das Marktportfolio bei einem bestimmten risikolosen Zinssatz r^* zwischen r_S und r_B die Tangente, wie in ▶ Abbildung 11A.1 als gepunktete Linie dargestellt. Da unsere Bestimmung der Wertpapierlinie nur davon abhängig ist, dass das Marktportfolio bei einem bestimmten Zinssatz die Tangente ist, gilt die WML immer noch in der folgenden Form:

$$E\left[R_i\right] = r^* + \beta_i \times \left(E\left[R_{MKT}\right] - r^*\right) \tag{11A.1}$$

---

13 Für ein intuitives Verständnis dieses Ergebnisses ist zu beachten, dass Portfolios auf der Effizienzlinie kein diversifizierbares Risiko enthalten (sonst könnten wir das Risiko weiter verringern, ohne die erwartete Rendite zu senken). Aber auch eine Kombination von Portfolios, die kein diversifizierbares Risiko enthalten, enthält auch kein diversifizierbares Risiko, ist also auch effizient.

Das heißt, die WML hält einen bestimmten Zinssatz r^* zwischen r_S und r_B anstelle von r_f. Der Zinssatz r^* hängt vom Anteil der Sparer und Kreditnehmer in der Volkswirtschaft ab. Doch auch ohne diese Anteile zu kennen, muss sich r^* in einer engen Bandbreite bewegen und wir können mit ▶Gleichung 11A.1 eine angemessene Schätzung der erwarteten Renditen geben, da die Guthaben- und Kreditzinssätze oft nahe beieinander liegen.[14]

Ein ähnliches Argument kann bezüglich der Wahl des zu verwendenden risikolosen Zinssatzes vorgebracht werden. Wie in ▶Kapitel 6 erörtert, variiert der risikolose Zinssatz mit dem Anlagehorizont gemäß Zinsstrukturkurve. Wenn ein Anleger sein optimales Portfolio auswählt, tut er dies, indem er mithilfe des risikolosen Zinssatzes die Tangente ermittelt, die seinem Anlagehorizont entspricht. Wenn alle Anleger denselben Anlagehorizont haben, dann bestimmt der diesem Horizont entsprechende risikolose Zinssatz die WML. Wenn die Anleger unterschiedliche Horizonte haben (aber immer noch homogene Erwartungen), dann gilt ▶Gleichung 11A.1 für einen bestimmten Zinssatz r^* auf der aktuellen Zinsstrukturkurve, wobei der Satz vom Anteil der Anleger mit dem jeweiligen Anlagehorizont abhängt.[15]

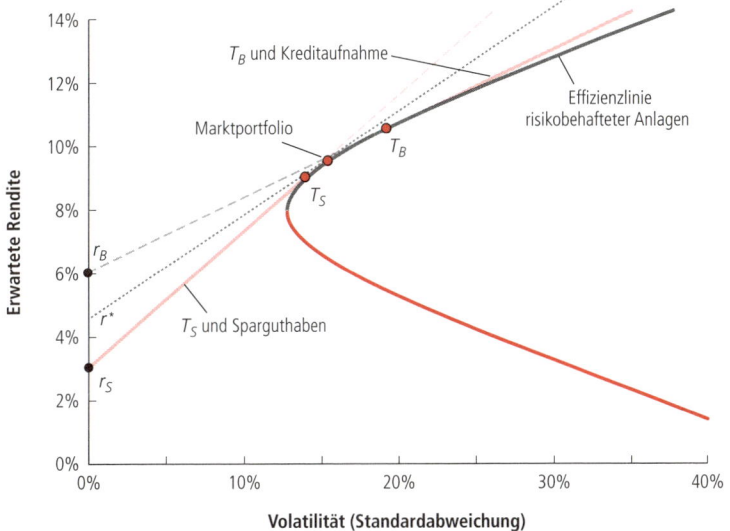

Abbildung 11A.1: Das CAPM bei unterschiedlichen Zinssätzen für Sparguthaben und Kredite. Anleger, die zum Zinssatz r_S sparen, investieren in Portfolio T_S, und Anleger, die zum Zinssatz r_B Kredit aufnehmen, investieren in Portfolio T_B. Einige Anleger werden möglicherweise weder sparen noch Kredit aufnehmen und in ein Portfolio auf der Effizienzlinie zwischen T_S und T_B investieren. Da alle Anleger Portfolios auf der Effizienzlinie von T_S bis T_B wählen, befindet sich das Marktportfolio auf der Effizienzlinie zwischen diesen. Die gepunktete Tangente durch das Marktportfolio legt den Zinssatz r^* fest, der in der WML verwendet werden kann.

---

14 Dieses Ergebnis wurde von M. Brennan in „Capital Market Equilibrium with Divergent Borrowing and Lending Rates", *Journal of Financial and Quantitative Analysis* 6 (1973), S. 61–69 gezeigt.

15 Wir können die Argumente in diesem Abschnitt weiter verallgemeinern auf Situationen, in denen es keinen risikolosen Vermögenswert gibt; siehe Fischer Black, „Capital Market Equilibrium with Restricted Borrowing", *Journal of Business* 45 (1972), S. 444–455, und Mark Rubinstein, „The Fundamental Theorem of Parameter-Preference Security Valuation", *Journal of Financial and Quantitative Analysis* 1 (1973), S. 61–69.

Abkürzungen

- r_i geforderte Rendite für Wertpapier i
- $E[R_i]$ erwartete Rendite für Wertpapier i
- r_f risikoloser Zinssatz
- r_{WACC} durchschnittliche, gewichtete Kapitalkosten (WACC)
- β_i Beta des Investitionsobjekts i in Bezug auf das Marktportfolio
- MW_i Gesamtmarktkapitalisierung des Wertpapiers i
- E Marktwert des Eigenkapitals
- D Marktwert des Fremdkapitals
- α_i Alpha des Wertpapiers i
- τ_c Körperschaftssteuersatz
- β_U Unverschuldetes oder Asset-Beta
- β_E Eigenkapital-Beta
- β_D Fremdkapital-Beta
- r_E Eigenkapitalkosten
- r_D Fremdkapitalkosten
- r_U unverschuldete Kapitalkosten

Die Schätzung der Kapitalkosten

12

ÜBERBLICK

Bei der Bewertung von Investitionsmöglichkeiten müssen Finanzmanager die Kapitalkosten schätzen. Wenn beispielsweise die Führungskräfte der Intel Corporation ein Investitionsprojekt bewerten, müssen sie die entsprechenden Kapitalkosten für das Projekt schätzen, um dessen Kapitalwert bestimmen zu können. Die Kapitalkosten sollten eine Risikoprämie enthalten, die die Anleger von Intel für das Risiko des neuen Projekts entschädigt. Wie kann Intel diese Risikoprämie und damit die Kapitalkosten schätzen?

In den letzten beiden Kapiteln wurde ein methodischer Ansatz zur Beantwortung dieser Frage entwickelt: das Capital-Asset-Pricing-Modell. In diesem Kapitel werden diese Kenntnisse zur Berechnung der Kapitalkosten für eine Anlagemöglichkeit verwendet. Zu Beginn des Kapitels konzentrieren wir uns auf eine Investition in die Aktien eines Unternehmens. Wir zeigen, wie die Eigenkapitalkosten des Unternehmens geschätzt werden. Hierbei wird auch auf die praktischen Einzelheiten der Bestimmung des Marktportfolios und der Schätzung der Eigenkapital-Betas eingegangen. Als Nächstes werden Methoden zur Schätzung der Fremdkapitalkosten eines Unternehmens auf Grundlage seiner Rendite oder seines Betas entwickelt. Danach wird die Investition in ein neues Projekt betrachtet und gezeigt, wie die Kapitalkosten dieses Projekts auf der Grundlage der unverschuldeten Kapitalkosten, also der Kapitalkosten bei Eigenfinanzierung, vergleichbarer Unternehmen geschätzt werden. Zum Schluss wird das Konzept der durchschnittlichen gewichteten Kapitalkosten als Instrument zur Bewertung teilweise fremdfinanzierter Projekte und Investitionen eingeführt.

12.1 Die Eigenkapitalkosten

Wir erinnern uns, dass die Kapitalkosten der besten am Markt verfügbaren erwarteten Rendite von Investitionsobjekten mit *vergleichbarem* Risiko entsprechen. Mithilfe des Capital-Asset-Pricing-Modells (CAPM) kann eine Anlage mit vergleichbarem Risiko gefunden werden. Gemäß dem CAPM ist das Marktportfolio ein gut diversifiziertes, effizientes Portfolio, welches das nicht diversifizierbare Risiko in der Volkswirtschaft repräsentiert. Deshalb haben Anlagen ähnliche Risiken, wenn sie die gleiche, durch ihr Beta bezüglich des Marktportfolios gemessene Sensitivität gegenüber dem Marktrisiko haben.

Somit entsprechen die Kapitalkosten eines Investitionsobjekts der erwarteten Rendite der verfügbaren Investitionen mit demselben Beta. Die Schätzung der Eigenkapitalkosten erfolgt dabei durch die Gleichung der Wertpapierlinie des CAPM für ein gegebenes Beta β_i eines Investitionsobjekts wie folgt:

CAPM Gleichung für die Kapitalkosten (Wertpapierlinie)

$$r_i = r_f + \underbrace{\beta_i \times (E[R_{Mkt}] - r_f)}_{\text{Risikoprämie für Wertpapier } i} \tag{12.1}$$

Mit anderen Worten fordern die Anleger eine Risikoprämie, die mit dem Betrag vergleichbar ist, den sie durch das Eingehen des gleichen Marktrisikos bei einer Investition in das Marktportfolio erhalten würden.

Als erste Anwendung des CAPM wird im Folgenden eine Anlage in die Aktien eines Unternehmens betrachtet. Wie bereits in ▸Kapitel 9 gezeigt wurde, müssen zur Bewertung einer Aktie die Eigenkapitalkosten berechnet werden. Dies kann mithilfe der ▸Gleichung 12.1 erfolgen, sofern das Beta der Aktien des Unternehmens bekannt ist.

Beispiel 12.1: Die Berechnung der Eigenkapitalkosten

Fragestellung

Angenommen, Sie schätzen, dass die Aktie von eBay eine Volatilität von 30 % und ein Beta von 1,45 aufweist. Mit einem ähnlichen Verfahren werden für UPS eine Volatilität von 37 % und ein Beta von 0,79 ermittelt. Welche der Aktien hat ein höheres Gesamtrisiko? Welche hat ein höheres Marktrisiko? Berechnen Sie die Eigenkapitalkosten für eBay und UPS bei einem risikolosen Zinssatz von 3 % und einer geschätzten Marktrendite von 8 %. Welches Unternehmen hat höhere Eigenkapitalkosten?

Lösung

Das Gesamtrisiko wird durch die Volatilität gemessen. Deshalb weist die UPS-Aktie ein höheres Gesamtrisiko als die eBay-Aktie auf. Das systematische Risiko wird durch das Beta gemessen. Da Google ein höheres Beta hat, hat diese Aktie ein höheres Marktrisiko als UPS.

Bei einem geschätzten Beta von eBay in Höhe von 1,45 ist zu erwarten, dass sich der Aktienkurs von eBay bei jeder einprozentigen Veränderung des Marktes um 1,45 % ändert. Daher ist die Risikoprämie von eBay das 1,45-Fache der Marktrisikoprämie, und die Eigenkapitalkosten von eBay (nach ▶Gleichung 12.1) entsprechen:

$$r_{ebay} = 3\ \% + 1,45 \times (8\ \% - 3\ \%) = 3\ \% + 7,25\ \% = 10,25\ \%$$

UPS hat ein niedrigeres Beta von 0,79. Die Eigenkapitalkosten von UPS sind gleich:

$$r_{UPS} = 3\ \% + 0,79 \times (8\ \% - 3\ \%) = 3\ \% + 3,95\ \% = 6,95\ \%$$

Da das Marktrisiko nicht diversifiziert werden kann, bestimmt das Marktrisiko auch die Kapitalkosten. Damit hat eBay, auch wenn die Aktie weniger volatil ist, höhere Eigenkapitalkosten als UPS.

Obwohl die Berechnungen in ▶Beispiel 12.1 einfach sind, sind zu ihrer Umsetzung eine Reihe wichtiger Eingabegrößen notwendig. So muss insbesondere Folgendes durchgeführt werden:

- Konstruktion des Marktportfolios und Bestimmung der erwarteten Überrendite über den risikolosen Zinssatz hinaus
- Schätzung des Betas beziehungsweise der Sensitivität der Aktie gegenüber dem Marktportfolio

In den nächsten beiden Abschnitten wird die Schätzung dieser Eingabegrößen detaillierter erklärt.

Verständnisfragen

1. Nach dem CAPM können die Kapitalkosten einer Investition durch den Vergleich der Investition mit welchem Portfolio bestimmt werden?
2. Welche Eingabegrößen sind zur Schätzung der Eigenkapitalkosten eines Unternehmens mithilfe des CAPM nötig?

12.2 Das Marktportfolio

Zur Anwendung des CAPM müssen wir das Marktportfolio bestimmen. In diesem Abschnitt wird untersucht, wie das Marktportfolio konstruiert wird. Das Marktportfolio stellvertretend abbildende Ersatzgrößen werden untersucht und die Schätzung der Marktrisikoprämie wird erklärt.

Die Konstruktion des Marktportfolios

Da das Marktportfolio dem Gesamtangebot an Wertpapieren entspricht, sollte der Anteil jedes Wertpapiers dem Anteil am Gesamtmarkt entsprechen, den das Wertpapier ausmacht. Somit enthält das Marktportfolio einen größeren Anteil der größten Aktien und einen kleineren Anteil der kleinsten Aktien. Insbesondere ist die Anlage in jedes Wertpapier i proportional zu dessen Marktkapitalisierung, die dem Gesamtmarktwert der ausstehenden Aktien entspricht:

$$MW_i = (\text{Anzahl der ausstehenden Aktien von } i) \times (\text{Preis für } i \text{ pro Aktie}) \qquad (12.2)$$

Danach werden die Portfoliogewichte jedes Wertpapiers wie folgt berechnet:

$$x_i = \frac{\text{Marktwert von } i}{\text{Gesamtmarktwert aller Wertpapiere im Portfolio}} = \frac{MW_i}{\sum_j MW_j} \qquad (12.3)$$

Ein Portfolio wie das Marktportfolio, in dem jedes Wertpapier im Verhältnis zu seiner Marktkapitalisierung gehalten wird, wird **wertgewichtetes Portfolio** genannt. Ein wertgewichtetes Portfolio ist zugleich ein *Portfolio mit gleichen Besitzanteilen*, bei dem wir einen gleichen Anteil der jeweiligen Aktie an der Gesamtzahl der ausstehenden Aktien des jeweiligen Wertpapiers in dem Portfolio halten. Die letztgenannte Tatsache impliziert, dass selbst bei Kursänderungen keine Umschichtung zur Aufrechterhaltung eines wertgewichteten Portfolios erfolgen muss, sondern nur dann, wenn sich die Anzahl der ausstehenden Anteile eines Wertpapiers ändert. Da zur Aufrechterhaltung eines wertgewichteten Portfolios nur sehr wenig Umschichtung nötig ist, wird es auch **passives Portfolio** genannt.

Marktindizes

Wenn wir uns ganz auf US-amerikanische Aktien konzentrieren, können wir, statt das Marktportfolio selbst zu konstruieren, mehrere beliebte Marktindizes verwenden, mit denen versucht wird, die Ergebnisse des US-amerikanischen Aktienmarktes darzustellen.

Beispiele für Marktindizes. Ein **Marktindex** gibt den Wert eines bestimmten Wertpapierportfolios an. Der S&P 500 ist ein Index, der ein wertgewichtetes Portfolio aus 500 der größten US-amerikanischen Aktien abbildet.[1] Der S&P 500 war der erste allgemein bekannte wertgewichtete Index und bildet in amerikanischen Lehrbüchern häufig das zur Darstellung des „Marktportfolios" verwendete Standardportfolio bei der praktischen Anwendung des CAPM. Obwohl der S&P 500 Index nur 500 der mehr als 7.000 börsennotierten US-amerikanischen Aktien enthält, stellt er im Hinblick auf die Marktkapitalisierung mehr als 70 % des US-amerikanischen Aktienmarktes dar, da er die größten Aktien enthält.

In der jüngeren Vergangenheit geschaffene Indizes, wie beispielsweise der Wilshire 5000, bieten einen wertgewichteten Index *sämtlicher* an den großen Börsen notierter Aktien.[2] Obwohl dieser Index vollständiger ist als der S&P 500 und damit den Gesamtmarkt besser repräsentiert, sind die Renditen sehr ähnlich. In der Zeit zwischen 1990 und 2009 belief sich die Korrelation der wöchentlichen Wertänderungen beider Indizes auf beinahe 99 %. Auffgrund dieser Ähnlichkeit sehen viele Anleger den S&P 500 als passendes Maß der Wertentwicklung des gesamten US-amerikanischen Aktienmarktes.

---

1 Standard and Poor's tauscht regelmäßig Aktien im Index aus, im Durchschnitt 20 bis 25 Aktien pro Jahr. Obwohl die Größe ein Kriterium ist, versucht Standard and Poor's auch, eine angemessene Abbildung der verschiedenen Wirtschaftsbereiche aufrechtzuerhalten, und wählt Unternehmen aus, die in ihren Branchen führend sind. Seit dem Jahr 2005 beruhen die Wertgewichte in dem Index auf der Anzahl der tatsächlich für den Börsenhandel verfügbaren Aktien, die in Streubesitz sind.

2 Der Wilshire 5000 begann bei seiner ersten Veröffentlichung im Jahr 1974 mit ungefähr 5.000 Aktien, doch seitdem ist die Anzahl der in dem Index enthaltenen Aktien mit den US-amerikanischen Aktienmärkten gewachsen. Ähnliche Indizes sind der Dow Jones U.S. Total Market Index und der S&P Total Market Index.

Wertgewichtete Portfolios und Anpassung an die Marktverhältnisse

Da wertgewichtete Portfolios passiv verwaltet werden, sind sie im Hinblick auf die Transaktionskosten sehr effektiv. Die Portfoliogewichte müssen bei Kursänderungen nicht angepasst werden. Zur Verdeutlichung soll das folgende Beispiel dienen: Wir investieren, wie unten dargestellt, EUR 50.000 in ein wertgewichtetes Portfolio aus Microsoft-, Google- und Oracle-Aktien:

Marktdaten					Unser Portfolio	
Aktie	Aktien-kurs (USD)	Ausstehende Aktien (Milliarden)	Marktkapi-talisierung (USD Milliarden)	Prozent der Gesamt-zahl	Anfangs-investition	Gekaufte Aktien
Microsoft	25,00	10,00	250	50 %	USD 25.000	1.000
Google	500,00	0,30	150	30 %	USD 15.000	30
Oracle	20,00	5,00	100	20 %	USD 10.000	500
Gesamt			500	100 %	USD 50.000	

Hierbei ist zu beachten, dass die Investition in jede Aktie proportional zur Marktkapitalisierung jeder Aktie ist. Überdies ist die Anzahl der Aktien im Portfolio proportional zu den ausstehenden Aktien jedes Unternehmens.

Der Preis für Microsoft-Aktien steigt nun auf USD 30 pro Aktie und der Aktienkurs von Google sinkt auf USD 400 pro Aktie. Im Folgenden sollen die neuen Wertgewichte sowie die Auswirkungen auf das Portfolio berechnet werden:

Aktie	Aktien-kurs (USD)	Ausstehende Aktien (Milliarden)	Marktkapi-talisierung (USD Milliarden)	Prozent der Gesamt-zahl	Gehaltene Aktien	Neuer Wert der Investi-tion
Microsoft	30,00	10,00	300	57,7 %	1.000	USD 30.000
Google	400,00	0,30	120	23,1 %	30	USD 12.000
Oracle	20,00	5,00	100	19,2 %	500	USD 10.000
Gesamt			520	100 %		USD 52.000

Hierbei ist Folgendes zu beachten: Obwohl sich die Wertgewichte geändert haben, hat sich auch der Wert der Investition in jede Aktie geändert und bleibt proportional zur Marktkapitalisierung jeder Aktie. Beispielsweise ist unser Gewicht der Microsoft-Aktie gleich USD 30.000 : USD 52.000 = 57,7 %. Dieser Prozentsatz entspricht dem Marktgewicht von Microsoft. Um ein wertgewichtetes Portfolio aufrechtzuerhalten, muss damit nicht als Reaktion auf Preisänderungen umgeschichtet werden. Eine Anpassung ist nur erforderlich, wenn Unternehmen Aktien emittieren oder einziehen oder die Zusammensetzung der im Portfolio vertretenen Unternehmen sich ändert.

Der am häufigsten angegebene US-amerikanische Aktienindex ist der Dow Jones Industrial Index (DJIA), der aus einem Portfolio aus den Aktien 30 großer Industrieunternehmen der USA besteht. Auch wenn der DJIA in gewissem Maße repräsentativ ist, bildet er eindeutig nicht den ganzen Markt ab. Überdies ist er ein *preisgewichtetes* (und kein wertgewichtetes) *Portfolio*. Ein **preisgewichtetes Portfolio** umfasst, unabhängig von der Größe, für jede Aktie die gleiche Anzahl. Trotz der Tatsache, dass der DJIA nicht für den ganzen Markt repräsentativ ist, wird er von Medien oft genannt, da er einer der ältesten Aktienindizes ist.[3]

In einen Marktindex anlegen. Es ist einfach, in den S&P 500 und den Wilshire 5000, die die Wertentwicklung des US-amerikanischen Marktes abbilden, zu investieren. Viele Investmentfondsgesellschaften bieten Fonds, sogenannte **Indexfonds**, an, die in die Indexportfolios investieren. Überdies bilden *Exchange-Traded-Funds (ETFs, börsengehandelte Fonds)* diese Portfolios ab. Ein **ETF** ist ein Wertpapier, das direkt an der Börse gehandelt wird und wie eine Aktie den Besitz eines Aktienportfolios darstellt. So werden beispielsweise Standard and Poor's Depository Receipts (SPDR)[4], an der American Stock Exchange (Kürzel: SPY) gehandelt und stellen Besitzanteile am S&P 500 dar. Der Total Stock Market ETF von Vanguard (Kürzel: VTI)[5] beruht auf dem Wilshire 5000 Index. Durch die Investition in einen Index oder einen ETF kann ein einzelner Anleger mit nur einem geringen Anlagebetrag einfach die Vorteile einer umfassenden Diversifizierung nutzen.

Obwohl Praktiker bezüglich des CAPM den S&P 500 als Marktportfolio verwenden, tun sie dies nicht aus der Überzeugung, dass dieser Index *tatsächlich* das Marktportfolio ist. Stattdessen betrachten sie den Index als **Proxy**, also stellvertretend für den Markt, als ein Portfolio, dessen Rendite ihrer Ansicht nach das tatsächliche Marktportfolio genau nachbildet. Natürlich hängt die Frage, wie gut das Modell funktioniert, davon ab, wie genau der Marktstellvertreter das tatsächliche Marktportfolio nachbildet. In ▶Kapitel 13 werden wir dieses Thema wieder aufgreifen.

Die Marktrisikoprämie

Wir erinnern uns, dass die Marktrisikoprämie, die der erwarteten Überrendite des Marktportfolios $E[R_{Mkt}] - r_f$ entspricht, ein wesentliches Element des CAPM ist. Die Marktrisikoprämie ist die Vergleichsgröße, mit der wir die Bereitschaft der Anleger bewerten, das Marktrisiko zu übernehmen. Bevor wir diese Größe schätzen können, müssen wir zunächst die Wahl des im CAPM zu verwendenden risikolosen Zinssatzes erörtern.

Die Bestimmung des risikolosen Zinssatzes. Der risikolose Zinssatz im CAPM entspricht dem risikolosen Zinssatz, zu dem Investoren sowohl Barmittel aufnehmen als auch anlegen können. In der Regel bestimmen wir den risikolosen Zinssatz anhand der Renditen von US-Schatzpapieren. Die meisten Anleger müssen allerdings einen wesentlich höheren Zinssatz für die Kreditaufnahme zahlen. So mussten beispielsweise Mitte des Jahres 2012 in den USA selbst die Kreditnehmer bester Bonität beinahe 0,30 % über den US-Zinsen für Schatzpapiere für kurzfristige Kredite zahlen. Selbst wenn ein Kredit im Wesentlichen risikolos ist, entschädigt diese Prämie die Kreditgeber für den Liquiditätsunterschied im Vergleich zu einer Anlage in US-Schatzpapiere. Infolgedessen verwenden Praktiker in ▶Gleichung 12.1 bisweilen die Zinssätze von Unternehmensanleihen der besten Bonität anstelle der Verzinsung von Schatzpapieren.

Auch wenn Staatanleihen in Deutschland und in den USA im Grunde kein Ausfallrisiko haben, unterliegen sie doch einem Zinsrisiko, sofern keine dem betreffenden Anlagehorizont entsprechende Fristigkeit gewählt wird. Welcher Anlagehorizont sollte bei der Wahl eines Zinssatzes auf der Zinsstrukturkurve gewählt werden? Auch hier kann das CAPM erweitert werden, um verschiedene Anlagehorizonte zu berücksichtigen. Der ausgewählte risikolose Zinssatz sollte der Rendite für einen „durchschnittlichen" Zeithorizont entsprechen. Bei Befragungen gibt eine breite Mehrheit der großen Unternehmen und Finanzanalysten an, dass sie die Renditen langfristiger Anleihen (mit einer Laufzeit von 10 bis 30 Jahren) zur Bestimmung des risikolosen Zinssatzes verwenden.[6]

Die historische Risikoprämie. Ein Ansatz zur Schätzung der Marktrisikoprämie $E[R_{Mkt}] - r_f$ besteht in der Verwendung der durchschnittlichen historischen Überrendite des Marktes, die über den risiko-

---

3 Der Dow Jones Industrial Index wurde erstmals im Jahr 1884 veröffentlicht.

4 Umgangssprachlich werden die SPDR auch „Spiders" genannt. Auch andere Anbieter außerhalb der USA bieten ETFs an, die den S&P 500 und andere Indizes abbilden.

5 Umgangssprachlich wird der VTI auch „Viper" genannt. Der Begriff Total Stock Market betrifft nur die USA. Andere Kapitalmärkte haben auch marktbreite Indizes. Will man den weltweiten Kapitalmarkt abbilden, so sind dazu ETFs für den MSCI World Index und den MSCI Emerging Market Index verfügbar. Siehe auch ▶Kapitel 13.

6 Siehe Robert Bruner et al., „Best Practices in Estimating the Cost of Capital: Survey and Synthesis", *Financial Practice and Education*, Bd. 8 (1998), S. 13–28.

losen Zinssatz hinausgeht.[7] Bei diesem Ansatz ist es wichtig, die historischen Aktienrenditen über den gleichen Zeithorizont wie für den risikolosen Zinssatz zu messen.

Da wir uns für die *zukünftige* Marktrisikoprämie interessieren, ist die Wahl der Schätzperiode problematisch. Wie wir in ▶Kapitel 10 festgestellt haben, sind viele Jahre notwendig, um erwartete Renditen mit gerade einmal mäßiger Genauigkeit schätzen zu können. Doch haben sehr alte Daten unter Umständen nur wenig Relevanz für die heutigen Erwartungen der Investoren in Bezug auf die Marktrisikoprämie.

In ▶Tabelle 12.1 werden Überrenditen für den S&P 500 gegenüber den Renditen einjähriger und zehnjähriger Staatsanleihen auf Grundlage von Daten seit dem Jahr 1926 sowie über die letzten 50 Jahre dargestellt. Dabei ergibt sich in beiden Zeiträumen eine geringere Risikoprämie, wenn der S&P 500 mit längerfristigen Staatsanleihen verglichen wird. Dieser Unterschied ergibt sich vor allem daraus, dass aus historischer Sicht die Zinsstrukturkurve in den USA tendenziell nach oben geneigt verlief, also die langfristigen Zinssätze höher waren als die kurzfristigen.

Die ▶Tabelle 12.1 verdeutlicht zudem, dass die Marktrisikoprämie im Laufe der Zeit gefallen ist, wobei der S&P 500 über die letzten 50 Jahre eine deutlich niedrigere Überrendite ausweist als über den ganzen Zeitraum betrachtet. Für diesen Rückgang gibt es mehrere mögliche Erklärungen: Erstens beteiligen sich heute mehr Anleger am Aktienmarkt, sodass das Risiko breiter gestreut werden kann. Zweitens sind durch Finanzinnovationen wie Investmentfonds und ETFs die Kosten der Diversifizierung deutlich gesunken. Drittens ist die Gesamtvolatilität des Marktes vor dem jüngsten Anstieg als Folge der Finanzkrise des Jahres 2008 im Laufe der Zeit gesunken. All diese Gründe können das Risiko von Aktien verringert und somit zu einer geringeren von Anlegern geforderten Prämie beigetragen haben. Die meisten Forscher und Analysten sind der Ansicht, dass die zukünftigen erwarteten Renditen für den Markt wahrscheinlich näher bei den historischen Zahlen aus der jüngeren Vergangenheit, für den amerikanischen Kapitalmarkt also in einem Bereich von circa 4 bis 6 % über Schatzwechseln und 3 bis 5 % über längerfristigen Staatsanleihen liegen werden.[8]

Tabelle 12.1

Historische Überrenditen des S&P 500 im Vergleich mit einjährigen Schatzwechseln und zehnjährigen US-amerikanischen Staatsanleihen

S&P 500 Überrendite gegenüber	Periode	
	1926–2012	1962–2012
einjährigen Schatzwechseln	7,7 %	5,5 %
zehnjährigen Staatsanleihen*	5,9 %	3,8 %

*Auf der Basis eines Vergleichs aufgezinster Renditen über eine Haltedauer von zehn Jahren.

Ein grundlegender Ansatz. Die Verwendung historischer Daten zur Schätzung der Marktrisikoprämie hat zwei Nachteile: Erstens sind trotz Daten zu 50 (oder mehr) Jahren die Standardfehler der Schätzungen groß.[9] Zweitens können wir, da diese Daten die Vergangenheit wiedergeben, nicht sicher sein, dass sie auch für die aktuellen Erwartungen repräsentativ sind.

Alternativ dazu kann ein fundamentaler Ansatz zur Schätzung der Marktrisikoprämie verwendet werden. Mit der Bewertung der zukünftigen Cashflows eines Unternehmens kann die erwartete Ren-

---

7 Da wir uns für die erwartete Rendite interessieren, ist der zu verwendende richtige Durchschnitt der arithmetische Durchschnitt. Siehe ▶Kapitel 10.

8 I. Welch, „Views of Financial Economists On The Equity Premium And Other Issues", *Journal of Business*, Bd. 73 (2000), S. 501–537 (mit einer Aktualisierung aus dem Jahr 2009), J. Graham und C. Harvey, „The Equity Risk Premium in 2008: Evidence from the Global CFO Outlook Survey", SSRN 2008 sowie I. Welch und A. Goyal, „A Comprehensive Look at The Empirical Performance of Equity Premium Prediction", *Review of Financial Studies*, Bd. 21 (2008), S. 1455–1508.

9 Selbst bei Verwendung von Daten ab dem Jahr 1926 beträgt das 95 %-Konfidenzintervall für die Überrendite ±4,5%.

dite des Marktes durch Auflösen nach dem Kalkulationszinssatz, der mit der aktuellen Höhe des Index vereinbar ist, geschätzt werden. So ergibt sich beispielsweise bei Anwendung des in ▶Kapitel 9 vorgestellten Modells des erwarteten konstanten Dividendenwachstums die erwartete Marktrendite aus der Gleichung:

$$r_{Mkt} = \frac{Div_1}{P_0} + g = \text{Dividendenrendite} + \text{erwartete Kurssteigerungsrate} \tag{12.4}$$

Obwohl dieses Modell für ein einzelnes Unternehmen sehr ungenau ist, ist die Annahme einer konstanten Wachstumsrate bei der Betrachtung des Gesamtmarktes angemessener. Wenn der S&P 500 eine aktuelle Dividendenrendite von 2 % aufweist und wir annehmen, dass sowohl die Gewinne als auch die Dividenden um 6 % pro Jahr wachsen, würde mit diesem Modell die erwartete Rendite des S&P 500 auf 8 % geschätzt. Mithilfe solcher Verfahren geben die Forscher im Allgemeinen Schätzungen im Bereich von 3-5 % für die zukünftige Eigenkapitalrisikoprämie an.[10]

Verständnisfragen

1. Wie bestimmen Sie das Gewicht einer Aktie in einem Marktportfolio?

2. Was ist ein Markt-Proxy?

3. Wie kann die Marktrisikoprämie geschätzt werden?

12.3   Die Schätzung des Betas

Nach der Bestimmung eines Proxy für das Marktportfolio besteht der nächste Schritt in der Umsetzung des CAPM zur Bestimmung des Betas des Wertpapiers, das die Sensitivität der Renditen eines Wertpapiers gegenüber denen des Marktes angibt. Da das Beta das Marktrisiko eines Wertpapiers und nicht sein diversifizierbares Risiko erfasst, ist es das angemessene Risikomaß für ein gut diversifiziertes Portfolio.

Die Verwendung historischer Renditen

Idealerweise würden wir das *zukünftige* Beta einer Aktie kennen wollen, um zu wissen, wie sensibel die zukünftigen Renditen eines Wertpapiers gegenüber dem Marktrisiko sind. In der Praxis kann das Beta nur auf Grundlage der historischen Sensitivität der Aktie geschätzt werden. Dieser Ansatz hat Sinn, wenn das Beta einer Aktie im Laufe der Zeit relativ stabil bleibt, was bei den meisten Unternehmen der Fall zu sein scheint.

Viele Datenquellen bieten Betaschätzungen auf der Grundlage historischer Daten. In der Regel schätzen diese Datenquellen Korrelationen und Volatilitäten aus wöchentlichen oder monatlichen Renditen von zwei bis fünf Jahren und verwenden den S&P 500 als Marktportfolio. Die ▶Tabelle 10.6 zeigt geschätzte Betas für eine Reihe großer Unternehmen in verschiedenen Branchen.

Wie in ▶Abschnitt 10.1 erörtert, spiegeln die Unterschiede in den Betas die Sensitivität der Rendite eines Unternehmens gegenüber der allgemeinen wirtschaftlichen Entwicklung wider. So weisen beispielsweise Apple, Autodesk und andere Technologieaktien hohe Betas (nahe 2) auf, da die Nachfrage nach ihren Produkten normalerweise mit der Konjunktur schwankt: Unternehmen und Verbraucher neigen dazu, in guten Zeiten in Technologie zu investieren, doch reduzieren sie diese Ausgaben, wenn sich die Konjunktur verschlechtert. Im Gegensatz dazu besteht nur ein sehr gerin-

---

10 Siehe E. Fama und K. French, „The Equity Premium", *Journal of Finance*, Bd. 57 (2002), S. 637–659; und J. Siegel, „The Long-Run Equity Risk Premium", CFA Institute Tagungsband *Points of Inflection: New Directions for Portfolio Management* (2004). Desgleichen geben L. Pastor, M. Sinha und B. Swaminathan eine implizierte Risikoprämie von 2–4 % über die Rendite zehnjähriger Staatsanleihen hinausgehend an in: „Estimating the Intertemporal Risk-Return Tradeoff Using the Implied Cost of Capital", *Journal of Finance*, Bd. 63 (2008), S. 2859–2897.

ger Zusammenhang zwischen der Nachfrage nach Körperpflege- und Haushaltsprodukten und der Konjunktur: Unternehmen, wie Procter & Gamble, die diese Waren herstellen, haben tendenziell sehr niedrige Betas (nahe 0,5).

Im Folgenden soll Cisco Systems als Beispiel betrachtet werden. In ▶Abbildung 12.1 werden die monatlichen Renditen für Cisco und die monatlichen Renditen für den S&P 500 von Anfang 2000 bis 2012 dargestellt. Hierbei ist die allgemeine Tendenz bei Cisco für hohe Renditen bei einer guten konjunkturellen Lage und niedrige Renditen bei einer schlechten konjunkturellen Lage zu beachten. Tatsächlich entwickelt sich die Cisco-Aktie tendenziell in die gleiche Richtung wie der Markt – allerdings mit einer größeren Schwankung. Es liegt nahe, dass das Beta von Cisco größer als 1 ist.

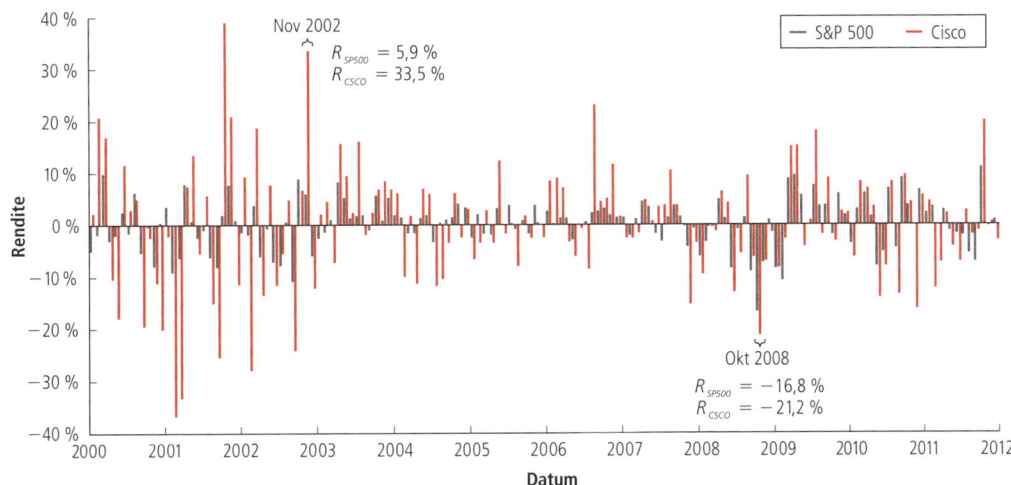

Abbildung 12.1: Monatliche Renditen der Cisco-Aktie und des S&P 500, 2000–2012. Die Renditen von Cisco bewegen sich tendenziell in die gleiche Richtung wie die des S&P 500 – allerdings mit einer größeren Schwankung.

Anstelle der Darstellung der Renditen über die Zeit wird die Sensitivität der Cisco-Aktie gegenüber dem Markt noch deutlicher, wenn man die Überrendite von Cisco gegen die Überrendite des S&P 500 grafisch darstellt, wie dies in ▶Abbildung 12.2 gezeigt wird. Jeder Punkt in dieser Abbildung stellt die realisierten Überrenditen von Cisco und dem S&P 500 in einem der in ▶Abbildung 12.1 eingetragenen Monate dar. So betrug beispielsweise im November 2002 die Rendite von Cisco 33,5 % und die Rendite des S&P 500 5,9 % (während risikolose Schatzwechsel nur 0,12 % erzielten). Nachdem auf diese Weise jeder Monat dargestellt worden ist, kann die Ausgleichsgerade durch diese Punkte bestimmt werden.[11]

Die Bestimmung der Ausgleichsgeraden

Wie das Streudiagramm verdeutlicht, weisen die Renditen von Cisco eine positive Kovarianz mit dem Markt auf: Die Renditen von Cisco steigen tendenziell, wenn der Markt steigt und umgekehrt. Überdies erkennen wir in der Darstellung der Ausgleichsgeraden, dass eine Änderung der Marktrendite um 10 % einer Änderung der Rendite von Cisco um etwas mehr als 15 % entspricht. Das bedeutet: Die Rendite von Cisco schwankt um das Eineinhalbfache stärker als der Gesamtmarkt, und das Beta von Cisco liegt nahe bei 1,6. Allgemeiner formuliert gilt:

Das Beta entspricht der Steigung der Ausgleichsgeraden in der grafischen Darstellung der Überrenditen des Wertpapiers gegenüber der Überrendite des Marktes.[12]

---

11 Als Ausgleichsgerade wird hier die Gerade bezeichnet, mit der die Summe der Abweichungsquadrate von der Geraden minimiert wird. In Excel kann diese Gerade durch Hinzufügen einer linearen Trendlinie zum Diagramm bestimmt werden.

12 Die genaue Steigung kann mithilfe der STEIGUNG()-Funktion in Excel oder durch die Anzeige der Gleichung für die Trendlinie im Diagramm berechnet werden. Das in der Gleichung angegebene R^2 ist das Quadrat der Korrelation der Renditen.

Um dieses Ergebnis ganz verstehen zu können, erinnern wir uns, dass das Beta das Marktrisiko eines Wertpapiers misst, das heißt die prozentuale Änderung der Rendite eines Wertpapiers bei einer Änderung der Rendite des Marktportfolios um 1 %.

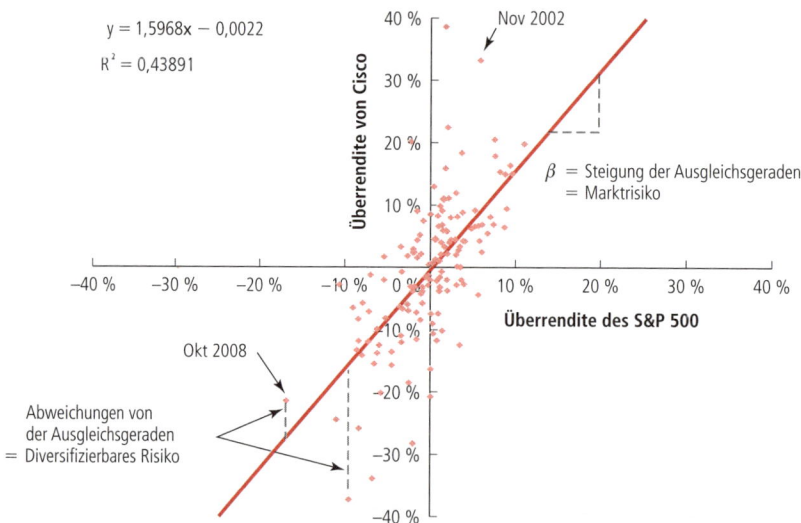

Abbildung 12.2: Streudiagramm der monatlichen Überrenditen von Cisco im Vergleich zum S&P 500, 2000–2012. Das Beta entspricht der Steigung der Ausgleichsgeraden. Das Beta misst die erwartete Änderung der Überrendite von Cisco bei einer Änderung der Überrendite des Marktes um ein Prozent. Abweichungen von der Ausgleichsgeraden entsprechen dem diversifizierbaren, nicht marktbezogenen Risiko. In diesem Fall beträgt das geschätzte Beta von Cisco 1,60.

Die Ausgleichsgerade in ▶Abbildung 12.2 erfasst die Komponenten der Rendite eines Wertpapiers, die auf der Grundlage des Marktrisikos erklärt werden können, sodass ihre Steigung dem Beta des Wertpapiers entspricht. Hierbei ist zu beachten, dass in jedem einzelnen Monat die Renditen des Wertpapiers höher oder niedriger als die Ausgleichsgerade sind. Derartige Abweichungen von der Ausgleichsgeraden resultieren aus dem Risiko, das nicht mit dem Markt insgesamt verbunden ist. Im Diagramm sind diese Abweichungen durchschnittlich gleich null, da die Punkte oberhalb der Geraden die Punkte unterhalb der Geraden ausgleichen. Sie stellen das unternehmensspezifische Risiko dar, das diversifizierbar ist und in einem großen Portfolio ausgeglichen wird.

Die Verwendung der linearen Regression

Die statistische Methode, mit der die Ausgleichsgerade durch eine Menge von Punkten bestimmt wird, heißt **lineare Regression**. Wie in ▶Abbildung 12.2 dargestellt, lässt sich die Überrendite eines Wertpapiers, entsprechend der linearen Regression als Summe dreier Terme schreiben:[13]

$$(R_i - r_f) = \alpha_i + \beta_i(R_{Mkt} - r_f) + \varepsilon_i \qquad (12.5)$$

Der erste Term α_i ist die Konstante oder der Schnittpunktterm der Regression. Der Term $\beta_i(R_{MKT} - r_f)$ stellt die Sensitivität der Aktie gegenüber dem Marktrisiko dar. Ist beispielsweise die Marktrendite ein Prozent höher, so steigt die Rendite des Wertpapiers um β_i %. Der letzte Term ε_i wird als **Fehlerterm** oder **Residualterm** bezeichnet: Er stellt die Abweichung von der Regressionsgeraden dar und ist im Durchschnitt null (ansonsten könnte die Anpassung verbessert werden). Dieser Fehlerterm entspricht dem diversifizierbaren Risiko der Aktie, also dem vom Markt unabhängigen Risiko.

Betrachten wir die Erwartungswerte beider Seiten der ▶Gleichung 12.5, erhalten wir durch Umformung, da der Fehlerterm im Erwartungswert gleich null ist ($E[\varepsilon_i] = 0$):

---

13 In der Terminologie der Regression ist die Überrendite der Aktie die *abhängige* (oder *y*-) *Variable* und die Überrendite des Marktes die *unabhängige* (oder *x*-) *Variable*. Die Ausgleichsgerade heißt oft auch Regressionsgerade.

$$E[R_i] = \underbrace{r_f + \beta_i(E[R_{Mkt}] - r_f)}_{\text{Erwartete Rendite von } i \text{ aus WML}} + \underbrace{\alpha_i}_{\text{Abstand über/unter WML}}$$

(12.6)

Die Konstante α_i, die als **Alpha** der Aktie bezeichnet wird, misst die historische Wertentwicklung der Aktie bezogen auf die durch die Wertpapierlinie prognostizierte erwartete Rendite. Sie entspricht dem Abstand der durchschnittlichen Rendite der Aktie über oder unter der WML. Damit kann α_i als risikoadjustiertes Maß der historischen Wertentwicklung der Aktie interpretiert werden.[14] Gemäß den Annahmen des CAPM sollte sich α_i nicht deutlich von null unterscheiden.

Mit dem Regressionsdatenanalyse-Tool in Excel wird das geschätzte Beta von Cisco für die monatlichen Renditen von 2000 bis 2012 mit 1,60 bei einem 95 %-Konfidenzintervall von 1,30 bis 1,90 bestimmt. Unter der Annahme, dass die Sensitivität von Cisco gegenüber dem Marktrisiko über die Zeit hinweg stabil bleibt, würden wir erwarten, dass sich das Beta von Cisco auch in der nahen Zukunft in diesem Bereich bewegt. Mit diesem Schätzwert für Beta können nun die Eigenkapitalkosten von Cisco geschätzt werden.

Beispiel 12.2: Die Verwendung der Regressionsanalyse zur Schätzung der Eigenkapitalkosten

Fragestellung

Der risikolose Zinssatz betrage 3 % und die Marktrisikoprämie 5 %. Welche Bandbreite der Eigenkapitalkosten von Cisco ist mit dem 95 %-Konfidenzintervall für das Beta des Unternehmens vereinbar?

Lösung

Mit den Daten von 2000 bis 2012 und bei Verwendung des CAPM bedeutet das Beta von 1,6 Eigenkapitalkosten von 3 % + 1,6(5 %) = 11 % für Cisco. Doch unsere Schätzung ist unsicher und das 95 %-Konfidenzintervall für Ciscos Beta von 1,3 bis 1,9 ergibt eine Bandbreite für Ciscos Eigenkapitalkosten von 3 % + 1,3(5 %) = 9,5 % bis 3 % + 1,9(5 %) = 12,50 %.

Warum kann man erwartete Renditen nicht direkt schätzen?

Wir verwenden historische Daten zur Schätzung des Betas und Bestimmung der erwarteten Rendite (oder der Kapitalkosten einer Investition) gemäß dem CAPM. Warum kann man stattdessen nicht einfach die durchschnittliche historische Rendite als Schätzwert für die erwartete Rendite verwenden? Diese Methode wäre doch bestimmt einfacher und direkter.

Wie bereits in ▸ Kapitel 10 gezeigt wurde, ist es äußerst schwierig, die durchschnittliche Rendite einzelner Aktien aus historischen Daten abzuleiten, wie zum Beispiel bei der Cisco-Aktie, die von 2000 bis 2012 eine durchschnittliche Jahresrendite von −1,30 % bei einer Volatilität von 42 % erzielte. Bei Daten zu 12 Jahren ist der Standardfehler unserer Schätzung der erwarteten Rendite gleich 42 % : $\sqrt{12}$ = 12,1 %. Dies führt zu einem 95 %-Konfidenzintervall von −1,30 % ± 24,2 %! Selbst bei Daten zu 100 Jahren betragen die Konfidenzgrenzen ± 8,4 %. Natürlich besteht Cisco nicht seit 100 Jahren, und selbst wenn dies der Fall wäre, würde das Unternehmen von heute dem Unternehmen vor 100 Jahren nur sehr wenig ähneln.

---

14 Bei Anwendung auf diese Weise wird α_i häufig als Jensen-Alpha bezeichnet. Sie kann mit der INTERCEPT()-Funktion in Excel berechnet werden. Die Verwendung der Regression zur Prüfung des CAPM wurde durch F. Black, M. Jensen und M. Scholes in „The Capital-Asset-Pricing-Model: Some Empirical Tests" in M. Jensen, Hrsg., *Studies in the Theory of Capital Markets* (Praeger, 1972) eingeführt.

Gleichzeitig können wir mithilfe der in diesem Abschnitt beschriebenen Methoden das Beta mit hinreichender Genauigkeit aus Daten zu nur zwei Jahren ableiten. Das CAPM kann zumindest theoretisch viel genauere Schätzwerte zu erwarteten Aktienrenditen liefern, als auf Basis der historischen Durchschnittsrenditen bestimmt werden können.

Die Schätzung des Alphas von Cisco aus der Regression beträgt –0,22 %. Mit anderen Worten heißt dies, dass bei dem gegebenen Beta die durchschnittliche monatliche Rendite von Cisco 0,22 % niedriger war, als von der Wertpapierlinie gefordert. Der Standardfehler der Schätzung des Alphas beträgt jedoch circa 0,7 %, sodass sich die Schätzung statistisch nicht deutlich von null unterscheidet. Wie erwartete Renditen sind auch Alphas ohne sehr lange Datenreihen schwer mit hoher Genauigkeit zu schätzen. Überdies sind die Alphas einzelner Aktien sehr wenig beständig:[15] Obwohl Cisco in diesem Zeitraum hinter der geforderten Rendite zurückblieb, wird dies nicht zwangsläufig auch weiter so sein.

In diesem Abschnitt wurde ein Überblick über die vorwiegend verwendete Methodik zur Schätzung des Marktrisikos eines Wertpapiers gegeben. Im Anhang zu diesem Kapitel werden einige zusätzliche praktische Überlegungen und verbreitete Verfahren zur Prognose des Betas erörtert.

Verständnisfragen

1. Wie kann das Beta einer Aktie aus historischen Renditen geschätzt werden?
2. Wie wird das Alpha einer Aktie definiert? Wie wird es interpretiert?

12.4 Die Fremdkapitalkosten

In den vorangegangenen Abschnitten wurde gezeigt, wie das CAPM zur Schätzung der Eigenkapitalkosten eines Unternehmens eingesetzt werden kann. Wie verhält es sich aber im Hinblick auf die Schulden eines Unternehmens? Welche erwartete Rendite fordern die Gläubiger eines Unternehmens? In diesem Abschnitt werden einige der am häufigsten verwendeten Methoden zur Schätzung der **Fremdkapitalkosten** des Unternehmens vorgestellt, also der Kapitalkosten, die das Unternehmen für aufgenommenes Fremdkapital zahlen muss. Neben der Tatsache, dass diese Informationen hilfreich für das Unternehmen und seine Anleger sind, wird im nächsten Abschnitt dargestellt, dass die Kenntnis der Fremdkapitalkosten für die Schätzung der Kapitalkosten eines Projektes nützlich ist.

Fremdkapitalverzinsung und Rendite

Aus ▶Kapitel 6 ist bekannt, dass die Effektivverzinsung einer Anleihe der IZF ist, den ein Anleger bei Halten der Anleihe bis zu deren Fälligkeit aus dem Erhalt der zugesicherten Zahlungen erzielt. Deshalb kann, wenn nur ein geringes Risiko besteht, dass das Unternehmen die Zahlungen nicht leisten kann, die Effektivverzinsung der Anleihe als Schätzung der erwarteten Rendite der Anleger verwendet werden. Besteht allerdings ein deutliches Ausfallrisiko, überschätzt die Effektivverzinsung, also die zugesicherte Rendite, die erwartete Rendite der Anleger.

Um die Beziehung zwischen der Verzinsung von Fremdkapital und der erwarteten Rendite zu verstehen, gehen wir von einer einjährigen Anleihe mit einer Effektivverzinsung y aus. Damit verspricht die Anleihe für jeden heute in die Anleihe investierten Euro in einem Jahr EUR $(1 + y)$ zu zahlen. Wir nehmen an, für die Anleihe besteht eine Ausfallwahrscheinlichkeit von p, und die Inhaber der

---

15 In der Tat hatte die Rendite von Cisco im Zeitraum 1996 bis 2000 ein monatliches Alpha von 3,1 %, was deutlich über der geforderten Rendite lag. Doch wie wir bereits wissen, hat dieses positive Alpha nicht höhere zukünftige Renditen prognostiziert.

Anleihe erhalten in diesem Fall nur EUR $(1 + y - L)$, wobei L den erwarteten Verlust pro Euro an Schulden bei einem Ausfall darstellt. In diesem Fall ist die erwartete Rendite der Anleihe gleich:[16]

$$r_d = (1 - p)y + p(y - L) = y - pL \qquad (12.7)$$
$$= \text{Effektivverzinsung} - \text{Wahrscheinlichkeit (Ausfall)} \times \text{erwartete Verlustrate}$$

Die Bedeutung dieser Anpassungen hängt natürlich davon ab, wie riskant die Anleihe ist. Anleihen mit schlechterem Rating (und höherer Rendite) tragen ein größeres Ausfallrisiko. In ▶Tabelle 12.2 werden die durchschnittlichen jährlichen Ausfallraten mit ihren Ratings sowie die in Rezessionen auftretenden Spitzenausfallraten dargestellt. Um eine Vorstellung von den Auswirkungen auf die erwarteten Renditen von Anleiheinhabern zu bekommen, ist zu beachten, dass die durchschnittliche Verlustrate für unbesicherte Schulden circa 60 % beträgt. Damit würde bei einer mit B bewerteten Anleihe in durchschnittlichen Zeiten die erwartete Rendite der Anleiheinhaber ungefähr $0,055 \times 0,60 = 3,30\%$ unter der Effektivverzinsung der Anleihe liegen. Andererseits gibt aufgrund der vernachlässigbaren Ausfallrate die Rendite einer mit AA bewerteten Anleihe außerhalb von Rezessionsphasen eine angemessene Schätzung der erwarteten Rendite der Anleihe.

Tabelle 12.2

Jährliche Ausfallraten nach der Bewertung von Schuldtiteln (1983–2011)[17]

Rating:	AAA	AA	A	BBB	BB	B	CCC	CC-C
Ausfallrate:								
Durchschnitt	0,0 %	0,1 %	0,2 %	0,5 %	2,2 %	5,5 %	12,2 %	14,1 %
In Rezessionen	0,0 %	1,0 %	3,0 %	3,0 %	8,0 %	16,0 %	48,0 %	79,0 %

Ein häufiger Fehler

Die Verwendung der Fremdkapitalverzinsung als deren Kapitalkosten

Wie in diesem Abschnitt betont wird, spiegelt die Effektivverzinsung des Fremdkapitals eines Unternehmens die zugesicherte Rendite der Anleihe ohne Ausfall wider. Die erwartete Rendite des Anlegers aus den Schuldtiteln ist bei der Berücksichtigung des Ausfallrisikos gewöhnlich niedriger. Trotzdem ist es nicht ungewöhnlich, dass Unternehmen die Verzinsung ihrer Schulden als Annäherung an ihre Fremdkapitalkosten verwenden. Diese Annäherung kann angemessen sein, wenn die Schulden sehr sicher sind, sodass das Risiko eines Ausfalls gering ist. Sind die Schulden eines Unternehmens allerdings risikobehaftet, so übertreibt die Effektivverzinsung die Fremdkapitalkosten, wobei das Ausmaß dieses Fehlers mit steigendem Risiko der Schulden zunimmt.

Beispielsweise hatten Mitte des Jahres 2009 von der AMR Corp. (der Muttergesellschaft von American Airlines) begebene langfristige Anleihen eine Effektivverzinsung von über 20 %. Diese Anleihen waren mit CCC bewertet und ihre Effektivverzinsung gab die erwartete Rendite viel zu hoch an angesichts des gegebenen signifikanten Ausfallrisikos von AMR. De facto würde bei risikolosen Zinssätzen von 3 % und einer Marktrisikoprämie von 5 % eine erwartete Rendite von 20 % für AMR ein Fremdkapital-Beta von mehr als 3 bedeuten, was unangemessen hoch wäre und sogar die Eigenkapital-Betas vieler Unternehmen dieser Branche übersteigt.

---

16 Auch wenn diese Gleichung für eine einjährige Anleihe hergeleitet wurde, trifft die gleiche Formel unter Annahme einer konstanten Effektivverzinsung, Ausfall- und Verlustrate auch auf eine mehrjährige Anleihe zu.

17 Die durchschnittlichen Raten sind auf der Grundlage einer Haltedauer von zehn Jahren annualisiert. Die Schätzungen für Rezessionen beruhen auf den höchsten jährlichen Raten.

Tatsächlich hat AMR am 29. November 2011 einen Konkursantrag gestellt, wobei die Anleihehalter beinahe 80 % dessen, was ihnen zustand, verloren. Die in diesem Abschnitt beschriebenen Methoden bieten eine viel bessere Schätzung der Fremdkapitalkosten eines Unternehmens in Fällen wie AMR, wenn die Wahrscheinlichkeit eines Zahlungsausfalls hoch ist.

Fremdkapital-Betas

Alternativ dazu können die Fremdkapitalkosten mithilfe des CAPM geschätzt werden. Prinzipiell wäre es möglich, die Fremdkapital-Betas mithilfe ihrer historischen Renditen genauso zu schätzen wie die Eigenkapital-Betas. Da jedoch Bankkredite gar nicht und viele Unternehmensanleihen, wenn überhaupt, nur selten gehandelt werden, lassen sich in der Praxis nur selten zuverlässige Daten zu den Renditen einzelner Schuldtitel beschaffen. Aus diesem Grund ist eine andere Methode zur Schätzung des Fremdkapital-Betas notwendig. In ▶Kapitel 21 wird eine Methode zur Schätzung des Fremdkapital-Betas eines einzelnen Unternehmens mit den Daten zum Aktienkurs entwickelt. Eine Annäherung an das Beta ist auch mithilfe von Schätzungen des Betas von Anleiheindizes nach der Rating-Kategorie, wie in ▶Tabelle 12.3 dargestellt, möglich. Wie in der Tabelle angegeben, sind die Fremdkapital-Betas tendenziell niedrig, obwohl sie bei riskanten Schuldtiteln mit niedrigem Rating und langer Laufzeit deutlich erhöht sein können.

Tabelle 12.3					
Durchschnittliche Fremdkapital-Betas nach Rating und Laufzeit[18]					
Nach der Bewertung	**A und höher**	**BBB**	**BB**	**B**	**CCC**
Durchschnittliches Beta	< 0,05	0,10	0,17	0,26	0,31
Nach Laufzeit	**(BBB und höher)**	**1–5 Jahre**	**5–10 Jahre**	**10–15 Jahre**	**> 15 Jahre**
Durchschnittliches Beta		0,01	0,06	0,07	0,14

Quelle: S. Schaefer und I. Strebulaev, „Risk in Capital Structure Arbitrage", Stanford GSB Arbeitspapier, 2009

Beispiel 12.3: Die Schätzung der Fremdkapitalkosten

Fragestellung

Mitte des Jahres 2012 hatte das Bauunternehmen KB Home ausstehende Anleihen mit sechsjähriger Laufzeit, einer Effektivverzinsung von 6 % und einem B-Rating. Schätzen Sie die erwartete Rendite der Schuldtitel von KB Home bei einem risikolosen Zins von 1 % und einer Marktrisikoprämie von 5 %.

---

18 Hier ist zu beachten, dass es sich um durchschnittliche Fremdkapital-Betas über Branchen hinweg handelt. In Branchen, die einem geringeren (höheren) Marktrisiko ausgesetzt sind, würden niedrigere (höhere) Fremdkapital-Betas erwartet werden. Eine einfache Methode zur Annäherung an diese Differenz besteht in der Anpassung der Fremdkapital-Betas in ▶Tabelle 12.3 durch Multiplikation mit dem relativen Asset-Beta für die betreffende Branche. Siehe ▶Abbildung 12.4.

Lösung

Angesichts des niedrigen Ratings der Schuldtitel sowie der Rezession der Wirtschaft zu diesem Zeitpunkt wissen wir, dass die Effektivverzinsung der Schuldtitel von KB Home wahrscheinlich deren erwartete Rendite deutlich zu hoch angibt. Mithilfe der Ausfallratenschätzung bei einer Rezession aus ▶Tabelle 12.2 und einer erwarteten Verlustrate von 60 % erhalten wir aus ▶Gleichung 12.7:

$$r_D = 6\ \% - 5,5\ \%(0,60) = 2,7\ \%$$

Alternativ dazu kann die erwartete Rendite der Anleihe mit dem CAPM und einem geschätzten Beta von 0,26 aus ▶Tabelle 12.3 geschätzt werden. In diesem Fall gilt:

$$r_D = 1\ \% + 0,26(5\ \%) = 2,3\ \%$$

Auch wenn beide Schätzungen grobe Annäherungen sind, bestätigen sie, dass die erwartete Rendite der Schuldtitel von KB Home deutlich unter der versprochenen Rendite liegt.

Hierbei ist zu beachten, dass beide im vorliegenden Abschnitt erörterte Methoden lediglich Schätzmethoden sind, die durch genauere Informationen zum Unternehmen und seinem Ausfallrisiko natürlich noch verbessert werden könnten. Überdies haben wir uns auf die Fremdkapitalkosten aus der Perspektive eines externen Investors konzentriert. Die effektiven Fremdkapitalkosten des Unternehmens können aufgrund der steuerlichen Abzugsfähigkeit von Zinszahlungen niedriger sein. Wir werden in ▶Abschnitt 12.6 zu diesem Thema zurückkehren.

Verständnisfragen

1. Warum überschätzt die Effektivverzinsung des Fremdkapitals eines Unternehmens dessen Fremdkapitalkosten?

2. Beschreiben Sie zwei Methoden, mit denen die Fremdkapitalkosten eines Unternehmens geschätzt werden können.

12.5 Die Kapitalkosten eines Projektes

In ▶Kapitel 8 wurde bereits erklärt, auf welche Weise entschieden wird, ob ein Projekt durchgeführt werden soll oder nicht. Obwohl für diese Entscheidung die Kapitalkosten des Projektes benötigt werden, wurde darauf verwiesen, dass diese Schätzung an späterer Stelle dieses Lehrbuchs erklärt wird. Diese Erklärung soll nun folgen. Wie in ▶Kapitel 8 nehmen wir an, dass das Projekt an sich, also unabhängig von Finanzierungsentscheidungen, bewertet wird. Zunächst nehmen wir an, dass das Projekt nur durch Eigenkapital finanziert wird, dass also kein Fremdkapital zur Finanzierung eingesetzt wird, und betrachten den Fall einer teilweisen Fremdfinanzierung in ▶Abschnitt 12.6.

Beim Eigenkapital oder Fremdkapital eines Unternehmens werden die Kapitalkosten auf Grundlage der historischen Risiken dieser Wertpapiere geschätzt. Da ein neues Projekt selbst kein öffentlich gehandeltes Wertpapier darstellt, ist dieser Ansatz nicht möglich. Stattdessen ist die häufigste Methode zur Schätzung des Betas eines Projektes dessen Bestimmung auf Basis vergleichbarer Unternehmen derselben Branche wie das in Betracht gezogene Projekt. In der Tat ist das Unternehmen, das das Projekt ausführt, häufig ein solches vergleichbares Unternehmen (und manchmal auch das einzige). Wenn nun die Kapitalkosten vergleichbarer Unternehmen geschätzt werden können, können diese Schätzwerte stellvertretend für die Kapitalkosten des Projekts verwendet werden.

Vollständig eigenkapitalfinanzierte Unternehmen als Vergleichsunternehmen

Die einfachste Situation ist die, in der wir ein vollständig eigenkapitalfinanziertes Unternehmen, also ein Unternehmen ohne Fremdkapital, in einer einzelnen Branche finden können, das mit dem Projekt vergleichbar ist. Da das Unternehmen vollständig eigenkapitalfinanziert ist, ist das Halten von Aktien des Unternehmens gleich dem Besitz des Portfolios der dem Unternehmen zugrunde liegenden Vermögenswerte. Damit können, wenn die durchschnittliche Investition des Unternehmens ein unserem Projekt ähnliches Marktrisiko aufweist, das Eigenkapital-Beta und Kapitalkosten des vergleichbaren Unternehmens als Schätzung des Betas und der Kapitalkosten des Projekts verwendet werden.

Beispiel 12.4: **Schätzung des Betas eines Projekts eines Unternehmens mit nur einem Produkt**

Fragestellung

Sie haben gerade Ihren MBA-Abschluss gemacht und haben schon immer gerne Kaffee getrunken. Während Ihres zweijährigen Studiums haben Sie viele Abende in Peet's Coffee and Tea (PEET) verbracht und überlegen, ob Sie den Erfolg dieses Unternehmens an Standorten wiederholen könnten, an denen es diese Kette noch nicht gibt. Schätzen Sie die Kapitalkosten dieser Investitionsmöglichkeit unter der Annahme eines risikolosen Zinssatzes von 3 % sowie einer Marktrisikoprämie von 5 % und entwickeln Sie einen Finanzplan.

Lösung

Bei Verwendung von Google:Finance stellen wir fest, dass PEET kein Fremdkapital und ein geschätztes Beta von 0,83 aufweist. Mithilfe des Betas von PEET als Schätzwert für das Projekt-Beta kann ▶Gleichung 12.1 zur Schätzung der Kapitalkosten dieser Investitionsmöglichkeit herangezogen werden:

$$r_{Projekt} = r_f + \beta_{PEET}(E[R_{Mkt}] - r_f) = 3\ \% + 0,83 \times 5\ \% = 7,15\ \%$$

Damit können wir unter der Annahme, dass unser Café eine ähnliche Sensitivität gegenüber dem Marktrisiko wie PEET aufweist, die entsprechenden Kapitalkosten unserer Investition auf 7,15 % berechnen. Mit anderen Worten bedeutet dies, dass Sie statt in ein neues Café zu investieren, einfach durch den Kauf von PEET-Aktien in die Cafés der PEET-Kette investieren könnten. Bei dieser Alternative muss die neue Investition, um rentabel zu sein, eine erwartete Rendite aufweisen, die mindestens der von PEET-Aktien entspricht, die sich nach dem CAPM auf 7,15 % beläuft.

Anteilig fremdfinanzierte Unternehmen als Vergleichsgrößen

Die Situation ist allerdings etwas komplizierter, wenn das vergleichbare Unternehmen teilweise durch Fremdkapital finanziert ist. In diesem Fall werden die durch die Vermögenswerte des Unternehmens generierten Cashflows verwendet, um sowohl an die Anleihehalter als auch die Aktieninhaber Zahlungen zu leisten. Infolgedessen sind die Eigenkapitalrenditen des Unternehmens allein nicht repräsentativ für die zugrunde liegenden Vermögenswerte. Tatsächlich ist aufgrund der Verschuldung des Unternehmens das Eigenkapital häufig viel riskanter. Das Beta des Eigenkapitals eines anteilig fremdfinanzierten Unternehmens bietet damit keine gute Schätzung für das Beta der Vermögenswerte des Unternehmens und des betreffenden Projekts.

Wie kann nun in diesem Fall das Beta der Vermögenswerte des vergleichbaren Unternehmens geschätzt werden? Wie in ▶Abbildung 12.3 dargestellt, kann ein Anspruch auf die Vermögenswerte des Unternehmens durch das gleichzeitige Halten *sowohl* des Fremdkapitals *als auch* des Eigenkapitals des Unternehmens nachgebildet werden. Da die Cashflows des Unternehmens entweder für Zahlungen an die Anleiheinhaber oder die Aktionäre erfolgen, besteht durch das Halten beider Wertpapierarten ein Anspruch auf alle von den Vermögenswerten des Unternehmens erzeugten Cashflows. Die Rendite der Vermögenswerte ist damit gleich der Rendite eines Portfolios aus dem

Fremdkapital und dem Eigenkapital des Unternehmens. Aus dem gleichen Grund entspricht das Beta der Vermögenswerte des Unternehmens dem Beta dieses Portfolios.

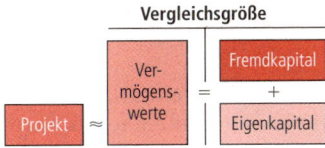

Abbildung 12.3: Die Verwendung eines anteilig fremdfinanzierten Unternehmens als Vergleichsgröße für das Risiko eines Projektes. Wenn wir ein anteilig fremdfinanziertes Unternehmen finden, dessen Vermögenswerte ein mit unserem Projekt vergleichbares Marktrisiko haben, können wir die Kapitalkosten des Projektes auf der Grundlage eines Portfolios aus dem Fremd- und Eigenkapital des Unternehmens schätzen.

Kapitalkosten bei Eigenfinanzierung

Wie in ▶Kapitel 11 gezeigt, entspricht die erwartete Rendite eines Portfolios dem gewichteten Durchschnitt der erwarteten Renditen der in dem Portfolio enthaltenen Wertpapiere, wobei die Gewichte den relativen Marktwerten der verschiedenen gehaltenen Wertpapiere entsprechen. Damit sind die **Asset-Kapitalkosten** beziehungsweise die **Kapitalkosten bei Eigenfinanzierung** eines Unternehmens, die der von den Anlegern des Unternehmens für das Halten der zugrunde liegenden Vermögenswerte geforderten erwarteten Rendite entsprechen, der gewichtete Durchschnitt der Eigenkapital- und Fremdkapitalkosten des Unternehmens:

$$
\begin{pmatrix} \text{Asset- oder} \\ \text{Kapitalkosten bei} \\ \text{Eigenfinanzierung} \end{pmatrix} = \begin{pmatrix} \text{durch Eigenkapital} \\ \text{finanzierter Anteil} \\ \text{des Unternehmenswerts} \end{pmatrix} \begin{pmatrix} \text{Eigen-} \\ \text{kapitalkosten} \end{pmatrix} +
$$

$$
\begin{pmatrix} \text{durch} \\ \text{Fremdkapital} \\ \text{finanzierter Anteil} \\ \text{des Unternehmenswerts} \end{pmatrix} \begin{pmatrix} \text{Fremd-} \\ \text{kapitalkosten} \end{pmatrix}
$$

Mathematisch lässt sich dies wie folgt ausdrücken: Sind E und D die Gesamtmarktwerte des Eigenkapitals beziehungsweise des Fremdkapitals des Unternehmens und r_E und r_D die Eigenkapital- beziehungsweise Fremdkapitalkosten, so können die Asset- oder Eigenkapitalkosten des Unternehmens bei Eigenfinanzierung r_U wie folgt geschätzt werden:[19]

Asset- oder Kapitalkosten bei Eigenfinanzierung

$$
r_U = \frac{E}{E+D} r_E + \frac{D}{E+D} r_D \tag{12.8}
$$

Unlevered Beta. Da das Beta eines Portfolios dem gewichteten Durchschnitt der Betas der Portfoliobestandteile entspricht, verfügen wir über einen ähnlichen Ausdruck für das **Asset** oder **Unlevered Beta** (Beta bei Eigenfinanzierung) des Unternehmens, der zur Schätzung des Betas des Projekts verwendet werden kann.

Asset oder Unlevered Beta

$$
\beta_U = \frac{E}{E+D} \beta_E + \frac{D}{E+D} \beta_D \tag{12.9}
$$

---

19 Zur Vereinfachung wird hier angenommen, dass das Unternehmen einen konstanten Verschuldungsgrad aufrechterhält, sodass die Gewichte $E : (E + D)$ und $D : (E + D)$ fix sind. Infolgedessen treffen die ▶Gleichungen 12.8 und 12.9 *selbst bei Bestehen von Steuern* zu. Siehe ▶Kapitel 18 bezüglich Einzelheiten und Analyse der Rahmenbedingungen bei einem veränderlichen Verschuldungsgrad.

Diese Formeln sollen nun in einem Beispiel angewandt werden.

Beispiel 12.5: Eigenfinanzierung der Kapitalkosten

Fragestellung

Ihr Unternehmen erwägt, seinen Geschäftsbereich Haushaltsprodukte zu erweitern. Sie stellen fest, dass Procter & Gamble (PG) ein Unternehmen mit vergleichbaren Investitionen ist. Das Eigenkapital von PG hat eine Marktkapitalisierung von USD 144 Milliarden und ein Beta von 0,57. Überdies hat PG mit AA bewertete ausstehende Schuldtitel im Wert von USD 37 Milliarden mit einer durchschnittlichen Rendite von 3,1 %. Schätzen Sie die Kapitalkosten der Investition Ihres Unternehmens bei einem risikolosen Zinssatz von 3 % und einer Marktrisikoprämie von 5 %.

Lösung

Da Investitionen in diesen Geschäftsbereich den Investitionen in die Vermögenswerte von PG bei gleichzeitigem Halten der Anleihen und der Aktien dieses Unternehmens entsprechen, können wir unsere Kapitalkosten auf der Grundlage der Kapitalkosten von PG bei Eigenfinanzierung schätzen. Zunächst werden die Eigenkapitalkosten von PG mithilfe des CAPM als $r_E = 3\ \% + 0{,}57(5\ \%) = 5{,}85\ \%$ geschätzt. Da die Schuldtitel von PG hoch bewertet sind, setzen wir die Fremdkapitalkosten näherungsweise mit der Fremdkapitalverzinsung von 3,1 % an. Somit sind die Kapitalkosten von PG bei Eigenfinanzierung gleich:

$$r_U = \frac{144}{144+37}\,5{,}85\ \% + \frac{37}{144+37}\,3{,}1\ \% = 5{,}29\ \%$$

Alternativ dazu kann das unverschuldete Beta von PG geschätzt werden. Bei dessen hohen Rating gilt unter der Annahme, dass das Fremdkapital-Beta von PG gleich null ist:

$$\beta_U = \frac{144}{144+37}\,0{,}57 + \frac{37}{144+37}\,0 = 0{,}453$$

Unter Verwendung dieses Ergebnisses als Schätzwert für Betas des Projektes können die Kapitalkosten des Projektes nach dem CAPM mit $r_U = 3\ \% + 0{,}453 \times (5\ \%) = 5{,}27\ \%$ berechnet werden.

Der geringfügige Unterschied in r_U bei der Verwendung der beiden Methoden ergibt sich, da wir im ersten Fall angenommen haben, dass die erwartete Rendite der Schulden von PG gleich der zugesicherten Rendite von 3,1 % ist. Im zweiten Fall haben wir hingegen angenommen, dass das Fremdkapital ein Beta von null hat, was nach dem CAPM eine erwartete Rendite in Höhe des risikolosen Zinssatzes von 3 % bedeutet. Die Wahrheit liegt irgendwo zwischen diesen beiden Ergebnissen, da die Schuldtitel von PG nicht gänzlich risikolos sind.

Liquide Mittel und Nettoverschuldung. Mitunter halten Unternehmen hohe, ihren betrieblichen Bedarf übersteigende Barguthaben. Diese liquiden Mittel stellen in der Bilanz des Unternehmens einen risikolosen Vermögenswert dar und senken das durchschnittliche Risiko der Vermögenswerte. Häufig interessiert uns aber das Risiko des dem Unternehmen zugrunde liegenden Geschäftsbetriebs ohne dessen Kassenbestände. Das heißt, wir interessieren uns für das Risiko des *Unternehmenswertes*, der in ▶Kapitel 2 als Kombination aus Marktwert des Eigenkapitals und des Fremdkapitals des Unternehmens abzüglich eines etwaigen Barmittelüberschusses definiert wurde. In diesem Fall kann die Verschuldung des Unternehmens im Hinblick auf seine **Nettoverschuldung** gemessen werden:

Nettoverschuldung = Fremdkapital − Bargeldüberschuss und kurzfristige Investitionen   (12.10)

Die hinter der Verwendung der Nettoverschuldung stehende Erkenntnis ist wie folgt: Hält das Unternehmen EUR 1 an Barmitteln und EUR 1 an risikolosem Fremdkapital, so sind die auf die Barmittel erzielten Zinsen gleich den auf das Fremdkapital gezahlten Zinsen. Auf diese Weise heben sich die

Zahlungen aus jeder dieser Quellen gegenseitig auf, als würde das Unternehmen keine Barmittel und kein Fremdkapital halten.[20]

Hierbei ist zu beachten, dass das Nettofremdkapital negativ ist, wenn das Unternehmen mehr liquide Mittel als Fremdkapital hat. In diesem Fall übersteigen das unverschuldete Beta und die Kapitalkosten des Unternehmens dessen Eigenkapital-Beta und Eigenkapitalkosten, da das Risiko des Eigenkapitals des Unternehmens durch seinen Kassenbestand gemindert wird.

Beispiel 12.6: Liquide Mittel und Beta

Fragestellung

Mitte des Jahres 2012 hatte Dell Inc. eine Marktkapitalisierung von USD 21 Milliarden, USD 8 Milliarden Fremdkapital und USD 13 Milliarden liquide Mittel. Schätzen Sie das Asset-Beta bei einem geschätzten Eigenkapital-Beta von 1,41.

Lösung

Dell hat eine Nettoverschuldung von 8 − 13 = USD −5 Milliarden, weshalb der Unternehmenswert von Dell mit USD 21 − 5 = USD 16 Milliarden dem Gesamtwert des zugrunde liegenden Geschäfts ohne Fremdkapital und ohne liquide Mittel entspricht. Unter der Annahme, dass die Schuldtitel und Barinvestitionen von Dell risikolos sind, kann das Beta des Unternehmenswerts wie folgt geschätzt werden:

$$\beta_U = \frac{E}{E+D}\beta_E + \frac{D}{E+D}\beta_D = \frac{21}{21-5}\,1{,}41 + \frac{-5}{21-5}\,0 = 1{,}85$$

Hier ist zu beachten, dass in diesem Fall aufgrund der liquiden Bestände das Eigenkapital von Dell weniger risikobehaftet ist als die zugrunde liegenden Geschäftsaktivitäten.

Branchen-Betas

Da wir nunmehr Anpassungen im Hinblick auf den Verschuldungsgrad verschiedener Unternehmen zur Ermittlung ihrer Asset-Betas vornehmen können, ist es auch möglich, Schätzwerte von Asset-Betas mehrerer Unternehmen derselben Branche oder desselben Geschäftszweigs miteinander zu verbinden. Dies ist äußerst hilfreich, da wir damit den Schätzfehler senken und die Genauigkeit des geschätzten Betas für unser Projekt verbessern können.

---

20 Wir können uns den Unternehmenswert V auch als Portfolio aus Eigenkapital und Fremdkapital abzüglich Barmittel $V = E + D − C$ vorstellen, mit C als Bargeldüberschuss. In diesem Fall lautet die natürliche Erweiterung von ▶Gleichung 12.9 wie folgt:

$$\beta_U = \frac{E}{E+D-C}\,\beta_E + \frac{D}{E+D-C}\,\beta_D - \frac{C}{E+D-C}\,\beta_C$$

Ähnliches gilt für ▶Gleichung 12.8. Die Abkürzung über die Verwendung der Nettoverschuldung ist gleichwertig, wenn die Baranlagen und Schuldtitel des Unternehmens ein ähnliches Marktrisiko haben oder wenn das Debt-Beta das kombinierte Risiko aus den Schuldtitel- und Barpositionen des Unternehmens widerspiegelt.

Beispiel 12.7: Die Schätzung eines Branchen-Betas

Fragestellung

Betrachten Sie die folgenden Daten für US-amerikanische Warenhäuser Mitte des Jahres 2009, die das Eigenkapital-Beta, das Verhältnis von Nettoverschuldung zu Unternehmenswert *(D/V)* sowie die Ratings der Schuldtitel für jedes Unternehmen enthalten. Schätzen Sie den Mittelwert und Median der Asset-Betas für die Branche.

Unternehmen	Börsenkürzel	Eigenkapital-Beta	D/V	Bewertung Schuldtitel
Dillard's	DDS	2,38	0,59	B
J. C. Penney Company	JCP	1,60	0,17	BB
Kohl's	KSS	1,37	0,08	BBB
Macy's	M	2,16	0,62	BB
Nordstrom	JWN	1,94	0,35	BBB
Saks	SKS	1,85	0,50	CCC
Sears Holdings	SHLD	1,36	0,23	BB

Lösung

Zu beachten ist, dass das *D/V* den Anteil der Finanzierung über Fremdkapital und $(1 - D/V)$ den Anteil der Eigenkapitalfinanzierung angibt. Mithilfe der Daten zu den Fremdkapital-Betas aus ▸Tabelle 12.3 kann die ▸Gleichung 12.9 für jedes Unternehmen angewendet werden. So gilt beispielsweise für Dillard's:

$$\beta_U = \frac{E}{E+D}\beta_E + \frac{D}{E+D}\beta_D = (1-0,59)2,38 + (0,59)0,26 = 1,13$$

Die Berechnung für jedes Unternehmen ergibt die folgenden Schätzgrößen:

Börsenkürzel	Eigenkapital-Beta	D/V	Bewertung Schuldtitel	Debt-Beta	Asset-Beta
DDS	2,38	0,59	B	0,26	1,13
JCP	1,60	0,17	BB	0,17	1,36
KSS	1,37	0,08	BBB	0,10	1,27
M	2,16	0,62	BB	0,17	0,93
JWN	1,94	0,35	BBB	0,10	1,30
SKS	1,85	0,50	CCC	0,31	1,08
SHLD	1,36	0,23	BB	0,17	1,09
				Mittelwert	1,16
				Median	1,13

Die großen Unterschiede in den Eigenkapital-Betas der Unternehmen sind hauptsächlich auf unterschiedliche Verschuldungsgrade zurückzuführen. Die Asset-Betas der Unternehmen ähneln sich stark, was darauf hindeutet, dass die zugrunde liegenden Geschäfte in dieser Branche ein ähnliches Marktrisiko aufweisen. Durch diese Art der Kombination der Schätzwerte aus mehreren eng miteinander verbundenen Unternehmen lässt sich eine viel genauere Bestimmung des Betas für Investitionen in dieser Branche herleiten.

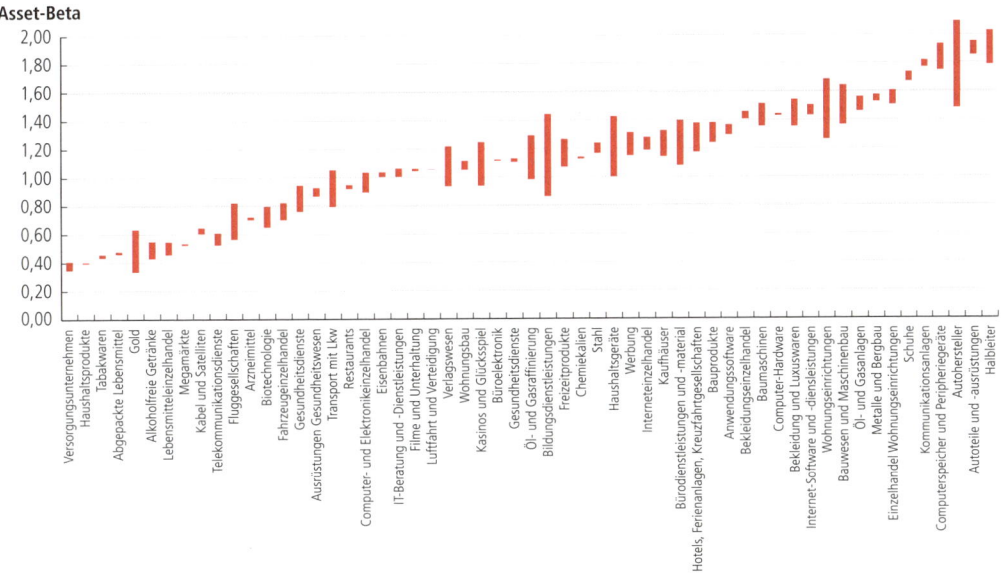

Abbildung 12.4: Branchen-Betas (2012). Das Diagramm stellt die mittleren zweijährigen und fünfjährigen Asset-Betas von Unternehmen aus dem S&P 500 in ausgewählten Branchen dar. Hierbei sind die niedrigen Asset-Betas von weniger zyklischen Branchen, wie Versorgungsunternehmen und Herstellern von Haushaltprodukten, gegenüber den viel höheren Asset-Betas von Technologieunternehmen und Einzelhändlern von Luxusgütern und kapitalintensiven zyklischen Branchen, zum Beispiel Autos, zu beachten.

Quelle: Berechnungen des Autors aufgrund von Daten von Capital IQ

In ▶Abbildung 12.4 werden Schätzwerte der Branchen-Betas für US-amerikanische Unternehmen dargestellt. Hier ist zu erkennen, dass Unternehmen, die eine geringere Sensitivität gegenüber den Markt- und wirtschaftlichen Bedingungen aufweisen, wie Versorgungsunternehmen und Hersteller von Haushaltprodukten, tendenziell niedrigere Asset-Betas haben als stärker zyklisch geprägte Branchen, wie beispielsweise Hersteller von Luxus-Gütern und High-Tech-Produkten.

Verständnisfragen

1. Welche Daten können zur Schätzung des Betas eines Projektes verwendet werden?
2. Warum unterscheidet sich das Eigenkapital-Beta eines anteilig fremdfinanzierten Unternehmens von seinem Asset-Beta?

12.6 Merkmale des Projektrisikos und der Einfluss der Finanzierung

Bisher wurden die Kapitalkosten eines Projektes durch dessen Vergleich mit den eigenkapitalfinanzierten Vermögenswerten von Unternehmen in der gleichen Branche bewertet. Überdies wurde angenommen, dass das Projekt selbst ohne Fremdkapital finanziert wird, insbesondere gingen wir davon aus, dass das Projekt ausschließlich durch Eigenkapital finanziert werden soll. In diesem Abschnitt betrachten wir, warum und wie unsere Analyse unter Umständen angepasst werden muss, um Unterschiede zwischen Projekten sowohl im Hinblick auf das Risiko als auch auf die Finanzierungsart berücksichtigen zu können.

Unterschiedliche Projektrisiken

Die Asset-Betas von Unternehmen spiegeln das Marktrisiko des *durchschnittlichen* Projektes eines Unternehmens wider. Dabei können allerdings einzelne Projekte eine höhere oder niedrigere Sensitivität gegenüber dem Marktrisiko aufweisen. Ein Finanzmanager, der eine neue Investition bewertet, sollte versuchen zu bewerten, wie sich dieses Projekt im Vergleich mit einem durchschnittlichen Projekt darstellen würde.

So hat beispielsweise der Mischkonzern 3M sowohl einen Geschäftsbereich Gesundheitswesen als auch einen Geschäftsbereich Computerbildschirme und -grafik. Diese Geschäftsbereiche dürften sehr unterschiedliche Marktrisiken haben.[21] Das Asset-Beta von 3M stellt das durchschnittliche Risiko dieser Geschäftsbereiche sowie der anderen Geschäftsbereiche des Konzerns dar und wäre kein angemessenes Risikomaß für Projekte in einem der beiden Geschäftsbereiche. Stattdessen sollten Finanzmanager Projekte auf der Grundlage der Asset-Betas von Unternehmen bewerten, die in einem ähnlichen Geschäftsbereich tätig sind. Aus diesem Grund ist es für Unternehmen mit mehreren Geschäftsbereichen für die Schätzung der zutreffenden Kapitalkosten für die einzelnen Geschäftsbereiche hilfreich, für jeden Geschäftsbereich eine Reihe von Vergleichsunternehmen zu finden, die genau die gleichen Geschäfte tätigen.

Selbst in Unternehmen mit nur einem Geschäftszweig haben einige Projekte offensichtlich andere Merkmale im Hinblick auf das Marktrisiko als die anderen Tätigkeitsbereiche des Unternehmens. Wenn beispielsweise Cisco Systems überlegt, ob zum Ausbau seines Hauptsitzes ein neues Bürogebäude gekauft oder angemietet werden soll, weisen die mit dieser Entscheidung verbundenen Cashflows gegenüber den mit den typischen Projekten des Unternehmens zur Entwicklung von Netzwerk-Software und Hardware verbundenen Cashflows ein ganz anderes Marktrisiko auf. Aus diesem Grund sollte das Unternehmen hier andere Kapitalkosten ansetzen.[22]

Ein weiterer Faktor, der das Marktrisiko eines Projektes beeinflussen kann, ist dessen Grad an **Operating Leverage (Hebelwirkung des operativen Geschäfts)**, das dem relativen Verhältnis von fixen zu variablen Kosten entspricht. Bleibt die Zyklizität der Erlöse des Projekts fix, so steigen durch einen höheren Anteil der Fixkosten die Sensitivität der Cashflows des Projekts gegenüber dem Marktrisiko und das Beta des Projektes. Zur Berücksichtigung dieser Tatsache sollten Projekten mit einem überdurchschnittlich hohen Anteil der Fixkosten und damit mit einem überdurchschnittlichen Operating Leverage höhere Kapitalkosten zugewiesen werden.

Beispiel 12.8: Operating Leverage und Beta

Fragestellung

Wir betrachten ein Projekt, bei dem dauerhaft erwartete, jährliche Erlöse von EUR 120 und Kosten von EUR 50 entstehen. Die Kosten sind dabei vollständig variabel, sodass die Gewinnmarge des Projekts konstant bleibt. Das Projekt hat ein Beta von 1,0, der risikolose Zinssatz beträgt 5 % und die erwartete Marktrendite beläuft sich auf 10 %. Welchen Wert hat dieses Projekt? Wie hoch wären sein Wert und sein Beta, wenn die Erlöse bei einem Beta von 1,0 weiter schwanken, die Kosten stattdessen aber bei EUR 50 pro Jahr vollständig fix wären?

Lösung

Der erwartete Cashflow des Projektes beläuft sich auf EUR 120 – EUR 50 = EUR 70 pro Jahr. Bei einem Beta von 1,0 betragen die entsprechenden Kapitalkosten r = 5 % + 1,0(10 % – 5 %) = 10 %. Damit ist der Wert des Projektes bei unendlicher Laufzeit und vollständig variablen Kosten gleich EUR 70 : 10 % = EUR 700.

---

21 Hier ist in ▶Abbildung 12.4 der Unterschied der Asset-Betas zwischen den Produkten für das Gesundheitswesen und den Peripheriegeräten zu beachten.

22 Das mit dem Mieten oder mit Leasing verbundene Risiko und die entsprechenden Kapitalkosten werden in ▶Kapitel 21 detaillierter erörtert.

Wenn aber nun die Kosten fix sind, kann der Wert des Projektes durch separates Abzinsen der Erlöse und Kosten berechnet werden. Die Erlöse haben immer noch ein Beta von 1,0 und damit Kapitalkosten von 10 % bei einem Barwert von EUR 120 : 10 % = EUR 1.200. Da die Kosten fix sind, sollten sie mit dem risikolosen Zinssatz von 5 % abgezinst werden, sodass ihr Barwert EUR 50 : 5 % = EUR 1.000 ist. Damit hat das Projekt bei fixen Kosten einen Wert von nur EUR 1.200 − EUR 1.000 = EUR 200.

Wie hoch ist jetzt das Beta des Projektes? Wir können uns das Projekt als Portfolio vorstellen, das im Hinblick auf die Erlöse long (long = Erlöse fallen erst später an) und im Hinblick auf die Kosten short (short = Kosten sofort) ist. Das Beta des Projektes entspricht dem gewichteten Durchschnitt der Erlös- und Kosten-Betas beziehungsweise

$$\beta_P = \frac{R}{R-C}\beta_R - \frac{C}{R-C}\beta_C = \frac{1.200}{1.200-1.000}1,0 - \frac{1.000}{1.200-1.000}0 = 6,0$$

Bei einem Beta von 6,0 sind die Kapitalkosten des Projektes bei fixen Kosten gleich r = 5 % + 6,0(10 % − 5 %) = 35 %. Zur Überprüfung des Projektes ist zu beachten, dass der Barwert der erwarteten Gewinne dann EUR 70 : 35 % = 200 beträgt. Wie dieses Beispiel zeigt, kann sich durch eine Erhöhung des Anteils der Fixkosten gegenüber den variablen Kosten das Beta eines Projektes deutlich erhöhen und damit der Wert des Projektes sinken.

Ein häufiger Fehler

Anpassung an das Ausführungsrisiko

Wenn ein Unternehmen ein neues Produkt auf den Markt bringt oder eine andere Art neuer Investition ausführt, unterliegt es häufig einem höheren **Ausführungsrisiko**. Hierbei handelt es sich um das Risiko, dass das Projekt aufgrund von Fehlern des Unternehmens bei der Ausführung unter Umständen nicht die prognostizierten Cashflows erzielt. So besteht beispielsweise eine höhere Wahrscheinlichkeit von Verzögerungen bei der Produktion oder Fehlern beim Marketing.

Unternehmen versuchen manchmal dieses Risiko zu berücksichtigen, indem sie neuen Projekten höhere Kapitalkosten zuweisen. Solche Anpassungen sind in der Regel fehlerhaft, da das Ausführungsrisiko normalerweise ein unternehmensspezifisches Risiko ist, das diversifizierbar ist. Als Aktionär, der in viele Unternehmen investiert, können Sie das Risiko, dass einige Unternehmen von Ausführungsfehlern betroffen sind, andere jedoch nicht, diversifizieren. Die Kapitalkosten des Projektes sollten nur von dessen Sensitivität gegenüber marktweiten Risiken abhängen.

Natürlich heißt dies nicht, dass das Ausführungsrisiko ignoriert werden sollte. Dieses Risiko sollte vielmehr in den erwarteten, durch das Projekt generierten Cashflows erfasst werden. Wenn beispielsweise erwartet wird, dass ein Projekt im nächsten Jahr einen freien Cashflow von EUR 100 erzeugt, allerdings eine Wahrscheinlichkeit von 20 % besteht, dass das Projekt fehlschlägt und keinen Cashflow generiert, beträgt der erwartete Cashflow nur EUR 80. Damit ist, obwohl die Kapitalkosten gleich bleiben, der von uns abgezinste erwartete freie Cashflow umso niedriger, je höher das Maß des Ausführungsrisikos ist.

Die Finanzierung und die durchschnittlichen gewichteten Kapitalkosten

In ▶Abschnitt 12.2 wurde angenommen, dass das von uns bewertete Projekt vollständig durch Eigenkapital finanziert wird. Das heißt, das Unternehmen plant nicht, infolge des Projektes weitere Kredite aufzunehmen. Welche Bedeutung hat diese Finanzierungsannahme und wie könnten sich die Kapitalkosten des Projektes verändern, wenn das Unternehmen doch Fremdkapital zur Finanzierung des Projektes einsetzt?

Die vollständige Antwort auf diese Fragen ist Gegenstand von ▶TEIL V dieses Lehrbuchs, in dem die vielen Auswirkungen der Wahl der Finanzierungspolitik durch das Unternehmen erörtert werden. An dieser Stelle geben wir eine kurze Vorschau auf einige der wesentlichen Ergebnisse.

Vollkommener Kapitalmarkt. Zu Beginn erinnern wir uns an die Erörterung in ▶Kapitel 3, in der argumentiert wurde, dass bei einem vollkommenen Kapitalmarkt[23] die Wahl der Finanzierung die Kapitalkosten oder den Kapitalwert eines Projektes nicht beeinflusst. Stattdessen werden die Kapitalkosten eines Projektes und der Kapitalwert nur durch die freien Cashflows des Projektes beeinflusst. In diesem Rahmen ist unsere Annahme im Hinblick auf die Finanzierung eines Projektes tatsächlich unverfänglich. Die Kapitalkosten des Projektes wären unabhängig davon, ob und inwieweit das Projekt teilweise über Schulden finanziert wird, gleich. Die intuitive Begründung für dieses Ergebnis, die wir in ▶Kapitel 3 gegeben haben, lautet, dass auf einem vollkommenen Kapitalmarkt sämtliche Finanztransaktionen einen Kapitalwert von null haben und damit keine wertmäßigen Auswirkungen mit sich bringen.

Steuern; eine erhebliche Unvollkommenheit. Bestehen Marktunvollkommenheiten, so kann die Entscheidung des Unternehmens im Hinblick auf die Finanzierung des Projektes Auswirkungen haben, die den Wert des Projektes beeinflussen. Das wichtigste Beispiel dafür dürfte aus dem Bereich des Körperschaftssteuergesetzes kommen, das den Unternehmen den Abzug von Schuldzinsen bei der Ermittlung ihrer steuerlichen Bemessungsgrundlage ermöglicht. Wie in ▶Kapitel 5 gezeigt, werden die Nettokosten des Unternehmens, wenn es auf seine Schulden einen Zinssatz r zahlt, nach Berücksichtigung des Steuerabzugs durch folgende Gleichung angegeben:

$$\text{Effektiver Zinssatz nach Steuern} = r(1 - \tau_C) \qquad (12.11)$$

wobei τ_c der Körperschaftssteuersatz des Unternehmens ist.

Die gewichteten durchschnittlichen Kapitalkosten. Wie in ▶Kapitel 15 gezeigt wird, profitiert das Unternehmen, wenn es ein Projekt mit Fremdkapital finanziert, von der steuerlichen Abzugsfähigkeit der Zinsen. Eine Möglichkeit, diesen Vorteil bei der Berechnung des Kapitalwerts zu berücksichtigen, besteht darin, die effektiven Kapitalkosten des Unternehmens nach Steuern zu verwenden, die als **durchschnittliche gewichtete Kapitalkosten** oder **WACC** bezeichnet werden:[24]

Durchschnittliche gewichtete Kapitalkosten (WACC)

$$r_{WACC} = \frac{E}{E+D} r_E + \frac{D}{E+D} r_D (1 - \tau_c) \qquad (12.12)$$

Beim Vergleich der durchschnittlichen gewichteten Kapitalkosten r_{WACC} mit den in ▶Gleichung 12.8 definierten Kapitalkosten bei Eigenfinanzierung r ist zu beachten, dass der WACC auf den effektiven Kosten des Fremdkapitals nach Steuern beruht, während die Kapitalkosten bei Eigenfinanzierung auf den Fremdkapitalkosten des Unternehmens vor Steuern basieren. Deshalb werden die Kapitalkosten bei Eigenfinanzierung auch als **WACC vor Steuern** bezeichnet. Im Folgenden sollen die wesentlichen Unterschiede betrachtet werden:

1. Die Kapitalkosten bei Eigenfinanzierung (oder WACC vor Steuern) entsprechen der erwarteten Rendite, die Investoren aus dem Halten der Vermögenswerte des Unternehmens erzielen. Bestehen Steuern, können diese Kapitalkosten zur Bewertung eines *vollständig mit Eigenkapital finanzierten Projektes* mit dem gleichen Risiko wie das Unternehmen verwendet werden.

---

23 Auf einem vollkommenen Kapitalmarkt gibt es keine Steuern, Transaktionskosten oder sonstigen Friktionen.

24 Der Anhang zu ▶Kapitel 18 enthält eine formale Herleitung dieser Formel. In ▶Gleichung 12.12 wird angenommen, dass die Zinsen auf Schulden gleich deren erwartete Rendite r_D sind. Dies bildet eine angemessene Annäherung, wenn die Schulden ein geringes Risiko aufweisen und beinahe zu pari gehandelt werden. Ist dies nicht der Fall, können die Fremdkapitalkosten nach Steuern genauer als $(r_D - \tau_C \bar{r}_D)$ geschätzt werden, wobei $\bar{r}_D = (\text{aktueller Zinsaufwand})/(\text{Marktwert der Schulden})$ *die aktuelle Verzinsung* der Schulden ist.

2. Die durchschnittlichen gewichteten Kapitalkosten (oder WACC) entsprechen den effektiven Kapitalkosten für das Unternehmen nach Steuern. Da der Zinsaufwand steuerlich abzugsfähig ist, ist der WACC niedriger als die erwartete Rendite der Vermögenswerte des Unternehmens. Bestehen Steuern, kann der WACC zur Bewertung eines Projektes mit dem gleichen Risiko und der *gleichen Kapitalstruktur wie das Unternehmen selbst* verwendet werden.

Durch den Vergleich von ▶Gleichung 12.8 mit ▶Gleichung 12.12 können wir bei einem gegebenen Zielverschuldungsgrad auch den WACC wie folgt berechnen:

$$r_{WACC} = r_U - \frac{D}{E+D}\tau_c r_D \qquad (12.13)$$

Der WACC ist somit gleich den Kapitalkosten bei Eigenfinanzierung abzüglich der mit den Schulden verbundenen Steuerersparnis. Diese Variante der WACC-Formel ermöglicht die Nutzung der in ▶Abschnitt 12.5 geschätzten Branchen-Betas bei der Bestimmung des WACC.[25] Wir kehren in ▶TEIL V noch einmal zum WACC mit weiteren Einzelheiten sowie anderen Auswirkungen der Entscheidungen des Unternehmens bezüglich der Kapitalstruktur zurück.

Beispiel 12.9: Schätzung des WACC

Fragestellung
Die Dunlap Corp. hat eine Marktkapitalisierung von EUR 100 Millionen und EUR 25 Millionen Fremdkapital. Die Eigenkapitalkosten von Dunlap betragen 10 % und die Fremdkapitalkosten belaufen sich auf 6 %. Wie hoch sind die Kapitalkosten von Dunlap bei Eigenfinanzierung? Wie hoch sind die durchschnittlichen gewichteten Kapitalkosten (WACC) von Dunlap bei einem Körperschaftssteuersatz von 40 %?

Lösung
Die Eigenkapitalkosten von Dunlap bei Eigenfinanzierung oder der WACC vor Steuern sind gegeben durch:

$$r_U = \frac{E}{E+D}r_E + \frac{D}{E+D}r_D = \frac{100}{125}10\ \% + \frac{25}{125}6\ \% = 9{,}2\ \%$$

Damit würden wir Kapitalkosten von 9,2 % zur Bewertung vollständig eigenkapitalfinanzierter Projekte mit dem gleichen Risiko wie die Vermögenswerte von Dunlap verwenden.

Die durchschnittlichen gewichteten Kapitalkosten oder WACC von Dunlap können mit ▶Gleichung 12.12 oder 12.13 berechnet werden:

$$r_{WACC} = \frac{E}{E+D}r_E + \frac{D}{E+D}r_D(1-\tau_c) = \frac{100}{125}10\ \% + \frac{25}{125}6\ \%(1-40\ \%) = 8{,}72\ \%$$

$$= r_U - \frac{D}{E+D}\tau_c r_D = 9{,}2\ \% - \frac{25}{125}(40\ \%)6\ \% = 8{,}72\ \%$$

Der WACC in Höhe von 8,72 % kann zur Bewertung von Projekten mit dem gleichen Risiko und der gleichen Kapitalstruktur, womit auch die Vermögenswerte von Dunlap finanziert sind, verwendet werden. Der WACC ist niedriger als die Kapitalkosten bei Eigenfinanzierung, da die steuerliche Abzugsfähigkeit des Zinsaufwandes berücksichtigt wird.

---

25 Gleichung 12.13 hat einen weiteren Vorteil: Da wir sie zur Schätzung des Tax Shield verwenden, kann bei risikobehafteten Schulden die laufende Verzinsung der Schulden ($\bar{r}_D$) statt r_D verwendet werden (siehe Fußnote 17).

12.7 Abschließende Überlegungen zur Verwendung des CAPM

In diesem Kapitel wurde ein Ansatz zur Schätzung der Kapitalkosten eines Unternehmens oder Projektes mithilfe des CAPM entwickelt. Dabei musste eine Reihe von praktischen Annahmen und Parameterschätzungen getroffen werden. Diese Punkte waren zusätzlich zu den Annahmen des CAPM erforderlich, die selbst nicht absolut realistisch sind. An dieser Stelle fragt man sich vielleicht: Wie zuverlässig und damit lohnend sind denn eigentlich die Ergebnisse, die mit diesem Ansatz erzielt werden?

Auch wenn es auf diese Frage keine definitive Antwort gibt, bieten sich doch mehrere Ansätze an. Erstens unterscheiden sich die Annahmen zur Schätzung der Kapitalkosten nicht von den anderen im Rahmen des Investitionsplanungsprozesses getroffenen Annahmen. Insbesondere sind die Erlös- und sonstigen Cashflow-Prognosen, die für die Bewertung einer Aktie oder die Investition in ein neues Projekt notwendig sind, wahrscheinlich viel spekulativer als jede der im Rahmen der Kapitalkostenschätzung getroffenen Annahmen. Damit sind die Mängel des CAPM im Kontext der Investitionsplanung und Unternehmensfinanzierung, bei denen Fehler bei der Schätzung der Cashflows eines Projekts weit größere Auswirkungen haben dürften als kleinere Abweichungen der Kapitalkosten, unter Umständen nicht von kritischer Bedeutung.

Zweitens ist der auf dem CAPM beruhende Ansatz, neben der Tatsache, dass er praktisch und leicht umzusetzen ist, sehr robust. Auch wenn das CAPM nicht völlig genau ist, sind die Fehler des CAPM, wenn sie denn auftreten, tendenziell gering. Andere Methoden, wie die Verwendung durchschnittlicher historischer Renditen, können zu viel größeren Fehlern führen.

Drittens erlegt das CAPM den Managern ein geordnetes Verfahren zur Bestimmung der Kapitalkosten auf. Es gibt nur wenige Parameter, die manipuliert werden können, um ein gewünschtes Ergebnis zu erreichen, und die getroffenen Annahmen können unkompliziert dokumentiert werden. Infolgedessen kann das CAPM die Anfälligkeit des Investitionsplanungsprozesses gegenüber Manipulationen durch Manager im Vergleich zu der Situation reduzieren, in der die Manager die Kapitalkosten eines Projektes unter Umständen ohne eindeutige Erklärung festlegen können.

Schließlich kommen wir zu dem vielleicht wichtigsten Aspekt: Das CAPM Modell zwingt, auch wenn es nicht ganz genau ist, die Manager dazu, *auf richtige Art und Weise über das Risiko nachzudenken*. Manager von Unternehmen mit breit gestreuten Aktien sollten sich keine Gedanken über das diversifizierbare Risiko machen, das die Aktionäre leicht in ihren eigenen Portfolios eliminieren können. Sie sollten sich stattdessen bei den von ihnen zu fällenden Entscheidungen auf das Marktrisiko konzentrieren und bereit sein, die Anleger dafür zu entschädigen.

Daher gibt es, trotz der möglichen Fehler dieses Modells, sehr gute Gründe, das CAPM als Grundlage zur Berechnung der Kapitalkosten zu verwenden. Unserer Ansicht nach ist das CAPM, insbesondere im Vergleich zu dem Aufwand, der zur Umsetzung eines anspruchsvolleren Modells (wie dem in ▶Kapitel 13 vorgestellten) erforderlich wäre, durchaus brauchbar. Demzufolge ist es nicht überraschend, dass das CAPM in der Praxis bei der Bestimmung der Kapitalkosten noch immer das vorherrschende Modell ist.

Auch wenn das CAPM einen angemessenen und praktischen Ansatz zur Investitionsplanung bieten dürfte, mag man sich fragen, wie zuverlässig die Schlussfolgerungen dieses Modells für Anleger sind. Ist beispielsweise die Anlage in den Marktindex tatsächlich die beste Strategie für Anleger oder können sie sich durch Portfolioumschichtungen bei neuen Informationen oder die Beauftragung eines professionellen Fondsmanagers besserstellen? Diese Fragen werden in ▶Kapitel 13 erörtert.

Z U S A M M E N F A S S U N G

12.1 Die Eigenkapitalkosten

■ Mit dem Beta eines Wertpapiers können mithilfe der CAPM-Gleichung für die Wertpapierlinie dessen Kapitalkosten geschätzt werden:

$$r_i = r_f + \underbrace{\beta_i \times (E[R_{Mkt}] - r_f)}_{\text{Risikoprämie für Wertpapier } i} \qquad \text{(s. Gleichung 12.1)}$$

12.2 Das Marktportfolio

■ Zur Umsetzung des CAPM muss (a) das Marktportfolio konstruiert und dessen erwartete Überrendite gegenüber dem risikolosen Zinssatz bestimmt und (b) das Beta der Aktie oder deren Sensitivität gegenüber dem Marktportfolio bestimmt werden.

■ Das Marktportfolio ist das wertgewichtete Portfolio sämtlicher auf dem Markt gehandelter Wertpapiere. Gemäß dem CAPM ist das Marktportfolio effizient.

■ In einem wertgewichteten Portfolio ist der in jedes Wertpapier investierte Betrag proportional zu dessen Marktkapitalisierung.

■ Ein wertgewichtetes Portfolio ist auch ein Portfolio mit gleichen Eigentumsanteilen. Damit ist es ein passives Portfolio. Dies bedeutet, dass bei täglichen Kursänderungen keine Anpassungen notwendig sind.

■ Da die Konstruktion des wirklichen Marktportfolios schwierig, wenn nicht gar unmöglich, ist, wird in der Praxis ein für das Marktportfolio stellvertretender Maßstab wie der S&P 500 oder Wilshire 5000 Index verwendet.

■ Der risikolose Zinssatz der Wertpapierlinie sollte im Durchschnitt die risikolosen Zinssätze für die Aufnahme und Vergabe von Fremdkapital widerspiegeln. In der Praxis wird der risikolose Zinssatz im Allgemeinen auf der Grundlage des Anlagehorizontes auf der Zinsstrukturkurve gewählt.

■ Auch wenn die historische Rendite des S&P 500 seit 1926 circa 7,7 % über der von einjährigen US-Staatsanleihen liegt, legt die Forschung nahe, dass die Überrenditen in der Zukunft wahrscheinlich niedriger sein werden. Seit 1962 liegt die durchschnittliche Überrendite des S&P 500 um 5,5 % über den Staatsanleihen mit einjähriger Laufzeit und um 3,8 % über den Staatsanleihen mit zehnjähriger Laufzeit.

12.3 Die Schätzung des Betas

■ Das Beta misst die Sensitivität eines Wertpapiers gegenüber dem Marktrisiko. Insbesondere ist das Beta die erwartete Änderung (in %) der Rendite eines Wertpapiers bei einer Änderung von einem Prozent der Rendite des Marktportfolios.

■ Zur Schätzung des Betas werden häufig historische Renditen verwendet. Das Beta entspricht der Steigung der Ausgleichsgeraden der Überrenditen eines Wertpapiers gegenüber den Überrenditen des Marktes.

- Bei einer Regression der Überrenditen einer Aktie gegen die Überrenditen des Marktes entspricht der Schnittpunkt der Regressionsgeraden dem Alpha der Aktie. Dieses misst die historische Wertentwicklung der Aktie in Bezug auf die Wertpapierlinie.

- Anders als im Fall der Schätzung von durchschnittlichen Renditen können mit Daten zu nur einigen Jahren zuverlässige Schätzwerte des Beta ermittelt werden.

- Betas sind über die Zeit hinweg tendenziell stabil, wohingegen Alphas nicht beständig zu sein scheinen.

12.4 Die Fremdkapitalkosten

- Aufgrund des Ausfallrisikos sind die Fremdkapitalkosten, die der erwarteten Rendite der Gläubiger entsprechen, niedriger als die Effektivverzinsung des Fremdkapitals, die dessen erwartete Rendite ist.

- Bei gegebenen jährlichen Ausfallraten und erwarteten Verlustquoten können die Fremdkapitalkosten wie folgt geschätzt werden:

$$r_d = \text{Effektivverzinsung} - \text{Wahrscheinlichkeit (Ausfall)} \times \text{erwartete Verlustquote}$$

(s. Gleichung 12.7)

- Die erwartete Rendite auf Fremdkapital kann auch auf der Grundlage seines Beta mithilfe des CAPM geschätzt werden. Allerdings sind Beta-Schätzungen für einzelne Schuldtitel schwer zu ermitteln. In der Praxis können Schätzungen auf der Grundlage des Ratings der Schuldtitel verwendet werden.

12.5 Die Kapitalkosten eines Projektes

- Die Kapitalkosten eines Projektes können auf der Grundlage der Kapitalkosten der Vermögensgegenstände oder der Kapitalkosten bei Eigenfinanzierung vergleichbarer Unternehmen in der gleichen Branche geschätzt werden. Bei einem bestimmten, auf dem *Markt*wert des Eigenkapitals und des Fremdkapitals des Unternehmens beruhenden Zielverschuldungsgrad sind die Kapitalkosten des Unternehmens bei Eigenfinanzierung gleich:

$$r_U = \frac{E}{E + D} r_E + \frac{D}{E + D} r_D$$

(s. Gleichung 12.8)

- Das Beta eines Projektes kann auch als unverschuldetes Beta oder Asset-Beta eines vergleichbaren Unternehmens geschätzt werden:

$$\beta_U = \frac{E}{E + D} \beta_E + \frac{D}{E + D} \beta_D$$

(s. Gleichung 12.9)

- Da liquide Mittel das Eigenkapital-Beta eines Unternehmens senken, können bei der Berechnung des Asset-Beta die Nettoschulden des Unternehmens, die gleich dem Fremdkapital abzüglich der liquiden Mittel sind, verwendet werden.

- Der Schätzfehler kann durch die Bildung des Durchschnitts der Asset-Betas für mehrere Unternehmen in der gleichen Branche zur Bestimmung eines Branchen-Betas reduziert werden.

12.6 Merkmale des Projektrisikos und der Einfluss der Finanzierung

- Asset-Betas von Unternehmen oder Branchen spiegeln das Marktrisiko des durchschnittlichen Projektes in einem Unternehmen oder einer Branche wider. Einzelne Projekte können eine höhere oder niedrigere Sensitivität gegenüber dem Gesamtmarkt haben. Der Operating Leverage ist ein Faktor, der das Marktrisiko eines Projektes erhöhen kann.

- Die Kapitalkosten sollten nicht bezüglich projektspezifischer Risiken (wie beispielsweise das Ausführungsrisiko) angepasst werden. Diese Risiken sollten in den Cashflow-Schätzungen des Projektes enthalten sein.

- Kapitalkosten bei Eigenfinanzierung können zur Bewertung eines mit Eigenkapital finanzierten Projektes verwendet werden. Wird das Projekt teilweise über Fremdkapital finanziert, sind die effektiven Fremdkapitalkosten des Unternehmens nach Steuern niedriger als die erwartete Rendite der Anleger. In diesem Fall können die durchschnittlichen gewichteten Kapitalkosten (WACC) verwendet werden:

$$r_{WACC} = \frac{E}{E+D}\, r_E + \frac{D}{E+D}\, r_D (1 - \tau_c) \qquad \text{(s. Gleichung 12.12)}$$

- Der WACC kann auch mithilfe von Branchen-Betas wie folgt geschätzt werden:

$$r_{WACC} = r_U - \frac{D}{E+D}\, \tau_c r_D \qquad \text{(s. Gleichung 12.13)}$$

12.7 Abschließende Überlegungen zur Verwendung des CAPM

- Auch wenn das CAPM nicht perfekt ist, lässt es sich leicht in der Praxis anwenden, ist relativ robust, nur schwer zu manipulieren und betont die Bedeutung des Marktrisikos zu Recht. Infolgedessen ist das CAPM die am weitesten verbreitete Methode für die Investitionsplanung.

Z U S A M M E N F A S S U N G

Weiterführende Literatur

Die **Literaturhinweise** zu diesem Kapitel finden Sie auf unserer begleitenden Website zum Buch unter *www.pearson-studium.de*.

Aufgaben

1. Die Aktien von Best Buy werden zu einem Preis von EUR 40 pro Aktie bei einer Marktkapitalisierung von EUR 16 Milliarden gehandelt und Walt Disney hat 1,8 Milliarden ausstehende Aktien. Wie viele Aktien von Walt Disney halten Sie, wenn Sie das Marktportfolio und als Bestandteil dessen 100 Aktien von Best Buy halten?

2. Sie müssen die Eigenkapitalkosten für das Unternehmen XYZ bestimmen. Dazu verfügen Sie über die folgenden Daten zu Renditen aus der Vergangenheit:

Jahr	Risikoloser Zins	Marktrendite	Rendite von XYZ
2007	3 %	6 %	10 %
2008	1 %	−37 %	−45 %

a. Wie hoch war die durchschnittliche historische Rendite von XYZ?

b. Berechnen Sie die Überrenditen des Marktes und des Unternehmens XYZ für jedes Jahr. Schätzen Sie das Beta von XYZ.

c. Schätzen Sie das historische Alpha von XYZ.

d. Der aktuelle risikolose Zinssatz beläuft sich auf 3 % und Sie erwarten eine Marktrendite in Höhe von 8 %. Verwenden Sie das CAPM zur Schätzung einer erwarteten Rendite für die Aktien des Unternehmens XYZ.

e. Würden Sie als Schätzwert der Eigenkapitalkosten von XYZ eher ihre Antwort auf Frage (a) oder Frage (d) verwenden? Wie beeinflusst Ihre Antwort auf Frage (c) die Schätzung?

3. Ihr Unternehmen plant, in eine automatisierte Verpackungsanlage zu investieren. Harburtin Industries ist ein völlig eigenfinanziertes Unternehmen, das sich auf dieses Geschäft spezialisiert hat. Das Eigenkapital-Beta von Harburtin beträgt 0,85, der risikolose Zinssatz beläuft sich auf 4 % und die Marktrisikoprämie beträgt 5 %. Schätzen Sie die Kapitalkosten des Projekts, wenn das Projekt Ihres Unternehmens vollständig über Eigenkapital finanziert wird.

4. Wie würden Sie die durchschnittlichen gewichteten Kapitalkosten für eine neue Fluggesellschaft schätzen? Auf der Grundlage des Branchen-Betas haben Sie bereits die Kapitalkosten des Unternehmens bei Eigenfinanzierung auf 9 % geschätzt, das neue Unternehmen wird jedoch zu 25 % über Fremdkapital finanziert. Sie erwarten, dass die Fremdkapitalkosten 6 % betragen. Wie hoch ist der WACC bei einem Körperschaftsteuersatz von 40 % für das neue Unternehmen?

Die **Antworten** zu diesen Fragen finden Sie auf unserer begleitenden Website zum Buch unter *www.pearson-studium.de.*

Anhang Kapitel 12: Praktische Erwägungen zur Prognose des Beta

Wie in ▶Abschnitt 12.3 erörtert, werden in der Praxis häufig Aktien-Betas durch die Regression vergangener Aktienrenditen in Bezug zu den Renditen des Marktportfolios bestimmt. Dabei ergeben sich einige praktische Überlegungen. Bezüglich der Beta-Schätzung zählen dazu folgende:

1. der verwendete Zeithorizont,

2. der als Marktportfolio verwendete Index,

3. die zur Extrapolation zukünftiger Betas auf Basis von historischen Betas verwendete Methode sowie

4. die Behandlung von Ausreißern in den Daten.

Zeithorizont

Bei der Schätzung des Betas auf Basis historischer Renditen muss der bei der Messung der Renditen zu verwendende Zeithorizont bestimmt werden. Wird ein zu kurzer Zeithorizont verwendet, ist die Schätzung des Betas unzuverlässig. Werden sehr alte Daten verwendet, können diese unter Umständen nicht repräsentativ sein für das aktuelle Marktrisiko des Wertpapiers. Bei Aktien ist es allgemein üblich, mindestens Daten von zwei Jahren zu wöchentlichen Renditen oder von fünf Jahren zu monatlichen Renditen zu verwenden.[26]

Marktreferenzwerte

Das CAPM prognostiziert, dass die erwartete Rendite eines Wertpapiers von dessen Beta gegenüber dem Marktportfolio *aller* risikobehafteten, Investoren zur Verfügung stehenden Wertpapiere abhängt. Wie bereits erwähnt, wird in der Praxis der S&P 500 als Marktreferenzwert (sogenanntes Stellvertreterportfolio) verwendet. Mitunter werden auch andere Referenzwerte wie der NYSE Composite Index (ein wertgewichteter Index aller an der New Yorker Börse gehandelten Aktien), der Wilshire 5000 Index aller US-amerikanischen Aktien oder ein noch umfassender Marktindex, der sowohl Stammaktien als auch festverzinsliche Wertpapiere beinhaltet, verwendet. Bei der Bewertung internationaler Aktien ist es üblich, einen landesspezifischen oder internationalen Marktindex zu verwenden. Dabei muss allerdings beachtet werden, dass die in ▶Gleichung 12.1 verwendete Marktrisikoprämie die Auswahl des Marktreferenzwertes widerspiegeln muss. So sollte beispielsweise eine niedrigere Risikoprämie verwendet werden, wenn der Marktreferenzwert auch festverzinsliche Wertpapiere umfasst.

Abbildung 12A.1: Geschätzte Betas für Cisco Systems von 1999-2012. Die geschätzten Betas schwanken im Laufe der Zeit. Die auf monatlichen Daten zu drei Jahren beruhende Schätzung des Betas von Cisco schwankt von einem Maximum bei ungefähr 2,5 im Jahr 2002 bis zu einem Minimum von 1,1 im Jahr 2007. Auch wenn ein Teil dieser Schwankungen tatsächliche Änderungen der Marktsensitivität des Unternehmens darstellen kann, ist ein Großteil wahrscheinlich auf einen Schätzfehler zurückzuführen.

---

26 Auch wenn tägliche Renditen sogar noch mehr Datenpunkte bieten würden, werden sie häufig aufgrund der – insbesondere bei weniger liquiden Aktien meist kleinerer Unternehmen bestehenden – Sorge nicht verwendet, dass die kurzfristigen Faktoren unter Umständen die täglichen Renditen beeinflussen, die für die längerfristigen, das Wertpapier beeinflussenden Renditen nicht repräsentativ sind. Ideal wäre die Verwendung eines Renditeintervalls, das dem Anlagehorizont entspricht. Aufgrund der Notwendigkeit ausreichender Daten werden die monatlichen Renditen jedoch in der Praxis am häufigsten verwendet.

Abweichungen und Schwankungen des Betas

Die geschätzten Beta-Faktoren tendieren dazu, über die Zeit hinweg zu schwanken. ▶Abbildung 12A.1 zeigt die Änderung eines Beta-Schätzwertes von Cisco von 1999 bis 2012. Ein Großteil dieser Änderung ist wahrscheinlich auf Schätzfehler zurückzuführen. Daher sollten wir kritisch gegenüber Schätzungen sein, die im Hinblick auf historische oder Branchennormen extrem sind. In der Tat bevorzugen viele Praktiker die Verwendung durchschnittlicher Branchen-Betas statt einzelner Aktien-Betas[27], um so den Schätzfehler zu senken. Überdies deuten Erkenntnisse darauf hin, dass sich die Betas im Laufe der Zeit tendenziell dem durchschnittlichen Beta von 1,0 annähern.[28] Aus beiden Gründen verwenden viele Praktiker **bereinigte Betas**, die durch die Mittelung des geschätzten Betas mit 1,0 berechnet werden. So berechnet beispielsweise Bloomberg bereinigte Betas unter Verwendung der folgenden Formel:

$$\text{Bereinigtes Beta des Wertpapiers } i = \frac{2}{3}\beta_i + \frac{1}{3}(1,0) \tag{12A.1}$$

▶Tabelle 12A.1 stellt die von fünf Datenanbietern verwendeten Schätzmethoden dar. Jeder Anbieter setzt eine spezifische Methodik ein, die Unterschiede der angegebenen Betas zur Folge hat.

Tabelle 12A.1					
Die Schätzmethoden ausgewählter Datenanbieter					
	Value Line	**Reuters**	**Bloomberg**	**Yahoo!**	**Capital IQ**
Renditen	Wöchentlich	Monatlich	Wöchentlich	Monatlich	Wöchentlich, monatlich (5-jährig)
Horizont	5 Jahre	5 Jahre	2 Jahre	3 Jahre	1, 2, 5 Jahre
Marktindex	NYSE Composite	S&P 500	S&P 500	S&P 500	S&P 500 (US-amerikanische Aktien) MSCI (internationale Aktien)
Bereinigt	Bereinigt	Nicht bereinigt	Beides	Nicht bereinigt	Nicht bereinigt

Ausreißer

Die auf Basis einer linearen Regression ermittelten Beta-Schätzungen können sehr sensitiv gegenüber Ausreißern, also Renditen ungewöhnlich hoher Größenordnung, sein.[29] So wird beispielsweise in ▶Abbildung 12A.2 ein Streudiagramm der monatlichen Renditen von Genentech im Vergleich zu den Renditen des S&P 500 von 2002 bis 2004 dargestellt. Auf der Grundlage dieser Renditen wird ein Beta von 1,21 für Genentech bestimmt. Bei genauer Betrachtung der monatlichen Renditen lassen sich allerdings zwei Datenpunkte mit Renditen ungewöhnlichen Ausmaßes finden: Im April 2002 fiel der Aktienkurs von Genentech um beinahe 30 % und im Mai 2003 stieg der Aktienkurs von Genentech um beinahe 65 %. In beiden Fällen waren diese extremen Schwankungen eine Reaktion auf die Bekanntgabe von Meldungen durch Genentech im Hinblick auf die Entwicklung neuer Medikamente. Im April 2002 meldete Genentech einen Rückschlag bei der Entwicklung des Medikaments Raptiva gegen Schuppenflechte. Im Mai 2003 meldete das Unternehmen einen Erfolg in klinischen Studien seines Krebsmedikaments Avastin. Diese beiden Renditen stellen eher das unternehmensspezifische als das marktweite Risiko dar. Da jedoch diese hohen Renditen zufällig in Monaten auftraten, in denen sich auch der Markt in die gleiche Richtung bewegte, beeinflussen sie die Beta-

---

27 Siehe ▶Abbildung 12.4.

28 Siehe M. Blume, „Betas and Their Regression Tendencies", *Journal of Finance*, Bd. 30 (1975), S. 785–795.

29 Siehe P. Knez und M. Ready, „On the Robustness of Size and Book-to-Market in Cross-Sectional Regressions", *Journal of Finance*, Bd. 52 (1997), S. 1355–1382.

Schätzung, die sich aus der Regression ergibt. Bei einer erneuten Durchführung der Regression und wenn wir die Rendite von Genentech für diese zwei Monate durch die durchschnittliche Rendite ähnlicher Biotechnologieunternehmen für den gleichen Zeitraum ersetzen, erhalten wir eine viel niedrigere Schätzung des Betas von Genentech in Höhe von 0,60, wie in ▶Abbildung 12A.2 gezeigt. Die letztgenannte Schätzung dürfte eine sehr viel genauere Bewertung des tatsächlichen Marktrisikos von Genentech während dieses Zeitraums sein.

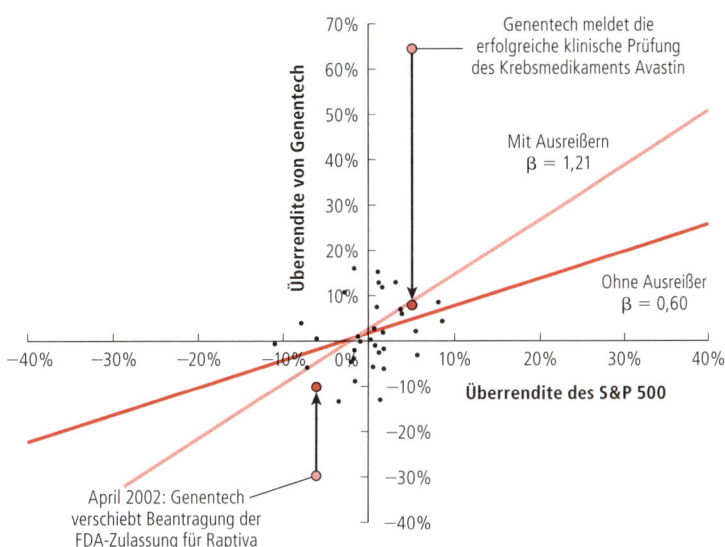

Abbildung 12A.2: Beta-Schätzung für Genentech mit und ohne Ausreißer unter Verwendung der monatlichen Renditen von 2002–2004. Die Überrenditen von Genentech für April 2002 und Mai 2003 sind zum großen Teil auf unternehmensspezifische Meldungen zurückzuführen. Durch die Ersetzung dieser Renditen (schwarze Punkte) durch durchschnittliche Renditen für diese Branche (rote Punkte) erhalten wir eine genauere Bewertung des Marktrisikos von Genentech während dieses Zeitraums.

Überdies können auch andere Gründe für den Ausschluss bestimmter historischer Daten als durch extreme Ereignisse beeinflusste Ausreißer bei der Schätzung des Betas bestehen. So befürworten einige Praktiker Daten aus den Jahren 1998 bis 2001 zu ignorieren, um Verzerrungen im Hinblick auf die Spekulationsblase der Technologie-, Medien- und Telekommunikationsbranche zu vermeiden.[30] Ähnliche Bedenken könnten auch im Hinblick auf die Wertentwicklung von Aktien aus dem Finanzsektor während der Finanzkrise in den Jahren 2008 bis 2009 vorgebracht werden. Andererseits kann die Berücksichtigung von Daten aus Rezessionsphasen bei der Bewertung der wahrscheinlichen Sensitivität der Aktie gegenüber zukünftigen Abschwüngen hilfreich sein.

Sonstige Überlegungen

Bei der Verwendung historischer Renditen zur Prognose zukünftiger Betas müssen wir auf Veränderungen im Umfeld achten, die in der Zukunft zu Änderungen gegenüber der Vergangenheit führen können. Wenn beispielsweise ein Unternehmen die Branche wechselt, wäre das historische Beta gegenüber der Verwendung des Betas anderer Unternehmen aus der neuen Branche geringwertiger. Überdies muss berücksichtigt werden, dass viele Praktiker neben den Renditen aus der Vergangenheit auch andere Informationen, wie beispielsweise Branchenmerkmale, Unternehmensgröße und andere finanzielle Merkmale bei der Prognose der Betas analysieren. Letztlich sind für die Prognose von Betas, wie auch bei den meisten anderen Prognosen umfassende Kenntnisse der Besonderheiten eines Unternehmens und seiner Branche notwendig und die Prognose ist ebenso Kunst wie Wissenschaft.

---

30 Siehe A. Annema und M. H. Goedhart, „Better Betas", *McKinsey on Finance*, Winter 2003, S. 10–13.

Ein häufiger Fehler

Wechsel des Index zur Verbesserung der Anpassung

Da die Regressionsanalyse zur Schätzung des Betas verwendet werden kann, wird häufig fälschlich angenommen, dass eine bessere Qualität der Anpassung zu genaueren Ergebnissen führt. Die Qualität der Anpassung wird durch das **R-Quadrat** der Regression gemessen, das dem Quadrat der Korrelation zwischen den Überrenditen der Aktie und des Marktes entspricht.

So würde beispielsweise unsere Regression der Renditen von Cisco ein viel höheres R-Quadrat ausweisen, wenn wir statt des S&P 500 den NASDAQ 100 Index verwenden, der sich viel stärker auf Technologieaktien konzentriert. Zu beachten ist hier, dass das Ziel der Regressionsanalyse darin besteht, die Sensitivität von Cisco gegenüber dem *Marktrisiko* zu bestimmen. Da der NASDAQ 100 Index selbst nicht gut diversifiziert ist, erfasst er das Marktrisiko nicht. Damit bietet das Beta von Cisco im Hinblick auf den NASDAQ 100 keine aussagekräftige Bewertung des Marktrisikos von Cisco.

Abkürzungen

- x_i Portfoliogewicht der Investition i
- R_S Rendite der Aktie oder des Portfolios s
- r_f risikoloser Zinssatz
- α_s Alpha der Aktie s
- β_s^i Beta der Aktie s bezüglich Portfolio i
- ε_s Fehlerterm

Anlegerverhalten und Kapitalmarkteffizienz

13

ÜBERBLICK

Als Fondsmanager des Legg Mason Value Trust hat sich William H. Miller den Ruf als einer der gewieftesten Anleger der Welt erworben. Millers Fonds erreichte von 1991 bis 2005 in jedem Jahr eine bessere Performance als der Gesamtmarkt. Dies entspricht einer Gewinnserie, die kein anderer Fondsmanager auch nur annähernd erreicht hat. Allerdings fiel der Legg Mason Value Trust von 2007 bis 2008 um beinahe 65 %, und damit zweimal so stark wie der gesamte Markt. Der Legg Mason Value Trust hat zwar 2009 besser abgeschnitten als der Gesamtmarkt, blieb aber ab 2010 wieder hinter dem Gesamtmarkt zurück, bis schließlich Miller 2012 als Manager und als der für die Anlagen Hauptverantwortliche zurücktrat. Infolge dieser Performance haben die Anleger, die seit 1991 in den Fonds investiert hatten, tatsächlich sämtliche Gewinne verloren, die sie in der Zwischenzeit gegenüber dem Markt erzielt hatten. Der Ruf von Miller war ruiniert. War die von Miller vor 2007 erzielte Performance einfach nur Glück oder stellte die Performance von 2007/2008 die Ausnahme dar?[1]

Nach dem CAPM ist das Marktportfolio effizient. Es sollte also nicht möglich sein, beständig eine bessere Performance als der Markt zu erreichen, ohne ein zusätzliches Risiko einzugehen. In diesem Kapitel werden wir diese Voraussage des CAPM näher betrachten und bewerten, inwieweit das Marktportfolio effizient ist oder nicht. Zunächst werden wir dazu die Rolle des Wettbewerbs als treibender Faktor für die CAPM-Ergebnisse betrachten und dabei feststellen, dass andere Anleger bereit sein müssen, Portfolios zu halten, die eine schlechtere Wertentwicklung als der Markt aufweisen, damit einige Investoren eine bessere Wertentwicklung als der Markt erzielen können. Daraufhin wird das Verhalten einzelner Anleger betrachtet, die dazu neigen, eine Reihe von Fehlern zu machen, durch die ihre Renditen sinken. Aber auch wenn einige professionelle Fondsmanager in der Lage sind, diese Fehler auszunutzen und von ihnen zu profitieren, gelangt anscheinend, wenn überhaupt, nicht viel dieser Gewinne in die Hände der Investoren, die diese Fonds halten.

Andererseits betrachten wir auch Belege dafür, dass bestimmte „Anlagestile", zum Beispiel das Halten von Aktien kleinerer Unternehmen und von sogenannten Value-Aktien sowie von Aktien, die vor Kurzem hohe Renditen aufwiesen, eine bessere Wertentwicklung als nach dem CAPM prognostiziert erzielen. Das deutet darauf hin, dass das Marktportfolio unter Umständen nicht effizient ist. Der Untersuchung dieser Erkenntnisse folgt die Betrachtung einer Kapitalkostenberechnung durch die Herleitung eines alternativen Risikomodells – des Mehrfaktorenmodells, für den Fall, dass das Marktportfolio tatsächlich nicht effizient ist.

13.1 Wettbewerb und Kapitalmärkte

Um die Rolle des Wettbewerbs am Markt verstehen zu können, ist es hilfreich zu überlegen, wie das in ▸Kapitel 11 hergeleitete CAPM-Gleichgewicht durch das Verhalten einzelner Investoren entstehen kann. In diesem Abschnitt wird erklärt, wie Anleger, die sich nur für die erwartete Rendite und die Varianz interessieren, auf neue Informationen reagieren und wie ihre Handlungen zum CAPM-Gleichgewicht führen.

Bestimmung des Alphas einer Aktie

Dazu betrachten wir zunächst ein weiteres Mal das Gleichgewicht, wie in ▸Abbildung 11.12 dargestellt, bei dem das CAPM gilt und das Marktportfolio effizient ist. Nun nehmen wir an, es treffen neue Informationen ein, denen zu Folge *bei unverändertem Marktpreis* die erwartete Rendite von GM- und Exxon Mobil-Aktien um 2 % steigen und die erwartete Rendite von IBM und Anheuser-Busch um 2 % fallen würde. Hierdurch bliebe die erwartete Marktrendite gleich.[2] In ▸Abbildung 13.1 wird der Effekt dieser Änderung auf die Effizienzlinie dargestellt. Mit den neuen Informationen ist das Marktportfolio nicht mehr effizient. Alternative Portfolios bieten eine höhere erwartete Rendite und eine niedrigere Volatilität als es durch das Marktportfolio erzielt werden kann. Anleger, die sich dieser Tatsache bewusst sind, ändern ihre Anlagen, um ihre Portfolios effizient zu gestalten.

---

1 T. Lauricella, „The Stock Picker's Defeat", *Wall Street Journal*, 10. Dezember 2008.

2 Nachrichten zu einzelnen Aktien beeinflussen die erwartete Marktrendite, da diese Aktien ein Teil des Marktportfolios sind. Zur Vereinfachung wird angenommen, dass sich die Auswirkungen der einzelnen Aktien gegenseitig aufheben, sodass die erwartete Rendite des Marktes unverändert bleibt.

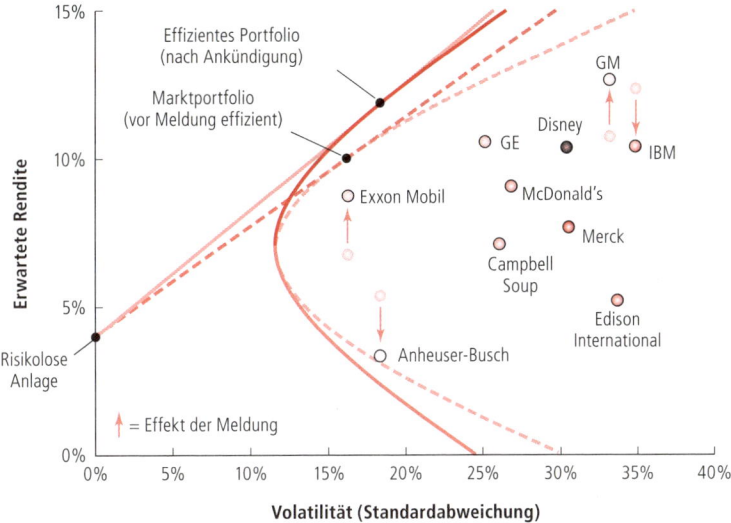

Abbildung 13.1: Ein ineffizientes Marktportfolio. Ist das Marktportfolio nicht gleich dem effizienten Portfolio, so befindet sich der Markt nicht im CAPM-Gleichgewicht. Die Abbildung verdeutlicht diese Möglichkeit, bei der Bekanntgabe von Nachrichten, durch die im Vergleich zu der in ▶Abbildung 11.12 dargestellten Situation die erwartete Rendite von GM- und Exxon Mobil-Aktien steigt, während die erwartete Rendite von IBM- und Anheuser-Busch-Aktien fällt.

Zur Verbesserung der Wertentwicklung ihrer Portfolios vergleichen Anleger, die das Marktportfolio halten, die erwartete Rendite jedes Wertpapiers s mit der geforderten Rendite aus dem CAPM:[3]

$$r_s = r_f + \beta_s \times (E[R_{Mkt}] - r_f) \tag{13.1}$$

Dieser Vergleich wird in ▶Abbildung 13.2 dargestellt. Zu beachten ist, dass die Aktien, deren Renditen sich verändert haben, nicht mehr auf der Wertpapierlinie liegen. Die Differenz zwischen der erwarteten Rendite einer Aktie und deren geforderter Rendite nach der Wertpapierlinie ist das Alpha der Aktie:

$$\alpha_s = E[R_s] - r_s \tag{13.2}$$

Ist das Marktportfolio effizient, liegen alle Aktien auf der Wertpapierlinie und haben ein Alpha von null. Wenn das Alpha einer Aktie nicht gleich null ist, können Anleger die Wertentwicklung des Marktportfolios noch verbessern. Wie in ▶Kapitel 11 gezeigt wurde, steigt die Sharpe Ratio eines Portfolios, wenn wir Aktien kaufen, deren erwartete Rendite ihre geforderte Rendite übersteigt, wenn wir also Aktien mit positiven Alphas kaufen. Desgleichen kann die Wertentwicklung unserer Portfolios durch den Verkauf von Aktien mit negativen Alphas verbessert werden.

---

3 Siehe ▶Gleichung 12.1.

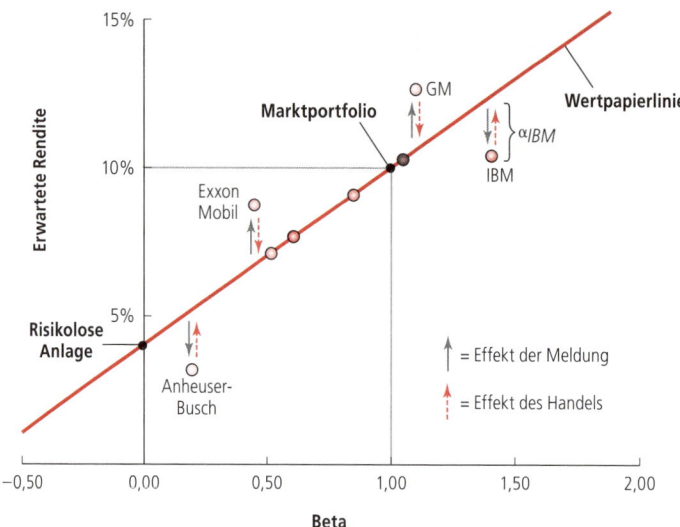

Abbildung 13.2: Abweichungen von der Wertpapierlinie. Ist das Marktportfolio nicht effizient, dann befinden sich nicht alle Aktien auf der Wertpapierlinie. Der Abstand einer Aktie oberhalb oder unterhalb der Wertpapierlinie entspricht dem Alpha einer Aktie. Das Marktportfolio kann durch den Kauf von Aktien mit positiven Alphas und den Verkauf von Aktien mit negativen Alphas verbessert werden. Dadurch ändern sich jedoch die Kurse und die Alphas schrumpfen auf null.

Profitieren von Aktien mit einem Alpha ungleich null

In der in ▶Abbildung 13.2 dargestellten Situation wollen kluge Anleger, die das Marktportfolio halten, Exxon Mobil- und GM-Aktien kaufen und Anheuser-Busch- und IBM-Aktien verkaufen. Durch die Welle an Kauforders für Exxon Mobil und GM steigen die Kurse dieser Aktien, während durch die Welle an Verkaufsorders die Aktienkurse von Anheuser-Busch und IBM sinken. Wenn sich die Aktienkurse ändern, ändern sich auch die erwarteten Renditen. Wir wissen bereits, dass die Gesamtrendite einer Aktie der Dividendenrendite zuzüglich der Kurssteigerungsrate entspricht. Bei ansonsten gleichen Bedingungen hat ein Anstieg des aktuellen Aktienkurses einen Rückgang der Dividendenrendite und der zukünftigen Kurssteigerungsrate der Aktie zur Folge. Infolgedessen fällt die erwartete Rendite. Aus diesem Grund verursachen kluge Investoren, die zur Verbesserung ihrer Portfolios versuchen Handelsgeschäfte durchzuführen, einen Anstieg des Kurses und einen Rückgang der erwarteten Rendite von Aktien mit positivem Alpha sowie einen Rückgang des Kurses und einen Anstieg der erwarteten Rendite von Aktien mit negativem Alpha, bis die Aktien wieder auf der Wertpapierlinie liegen und das Marktportfolio effizient ist.

Hierbei ist zu beachten, dass die Handlungen der Anleger zwei wichtige Konsequenzen haben. Obwohl die Schlussfolgerung des CAPM, dass der Markt immer effizient ist, wohl nicht wirklich zutrifft, sollte erstens der Wettbewerb unter klugen Investoren, die versuchen „den Markt zu schlagen" und ein positives Alpha zu erzielen, das Marktportfolio die meiste Zeit nahezu effizient halten. In diesem Sinn kann das CAPM als annähernde Beschreibung eines Wettbewerbsmarktes gesehen werden.

Zweitens können Handelsstrategien bestehen, die Aktien mit einem Alpha ungleich null ausnutzen und damit tatsächlich den Markt schlagen können. Im Rest dieses Kapitels werden beide Konsequenzen untersucht. Dabei betrachten wir Anhaltspunkte für die annähernde Effizienz des Marktes und bestimmen Handelsstrategien, mit denen man tatsächlich eine bessere Wertentwicklung als der Markt erzielen kann.

13.2 Informationen und rationale Erwartungen

Unter welchen Umständen könnte ein Anleger vom Handel einer Aktie mit einem Alpha ungleich null profitieren? Hierzu betrachten wir die Situation in ▶Abbildung 13.2 nach der Bekanntgabe der Nachricht. Da Exxon Mobil vor der Anpassung der Kurse ein positives Alpha aufweist, erwarten die Investoren einen Kursanstieg und werden wohl ihre Kauforders zu den aktuellen Kursen abgeben. Werden die Informationen, durch die sich die erwartete Rendite von Exxon Mobil geändert hat, öffentlich bekannt gegeben, erhält wahrscheinlich eine große Anzahl Anleger diese Nachricht und handelt entsprechend. Desgleichen will keiner, der diese Nachricht hört, zu den alten Kursen verkaufen. Es besteht somit ein großes Ungleichgewicht zwischen Kauf- und Verkaufaufträgen. Die einzige Möglichkeit, dieses Ungleichgewicht zu überwinden, besteht in einem Kursanstieg, sodass das Alpha gleich null wird. Hier ist zu beachten, dass es in diesem Fall durchaus möglich ist, dass die neuen Kurse *ohne Handel* zustande kommen. Der Wettbewerb unter den Anlegern kann so intensiv sein, dass sich die Kurse ändern, bevor ein Anleger zu den alten Kursen handeln kann. Auf diese Weise kann kein Anleger von der Nachricht profitieren.[4]

Informierte und uninformierte Anleger

Wie die obige Erörterung verdeutlicht, *muss es, um vom Kauf einer Aktie mit positivem Alpha profitieren zu können, jemanden geben, der bereit ist, diese zu verkaufen.* Nach der CAPM Annahme homogener Erwartungen, die besagt, dass alle Anleger über die gleichen Informationen verfügen, würden wir davon ausgehen, dass sich alle Anleger darüber im Klaren sind, dass die Aktie ein positives Alpha hat. Damit wäre niemand bereit, sie zu verkaufen.

Die Annahme homogener Erwartungen ist jedoch nicht zwangsläufig eine gute Beschreibung der realen Welt. In der Realität verfügen die Anleger über unterschiedliche Informationen und bemühen sich in unterschiedlichem Maß um die Recherche hinsichtlich der Aktien. Demzufolge könnten wir erwarten, dass erfahrene Anleger herausfinden würden, dass Exxon Mobil ein positives Alpha aufweist und dass sie dann Aktien von weniger erfahrenen Anlegern kaufen könnten.

Selbst die Unterschiede in der Qualität der Informationen der Anleger sind jedoch nicht zwangsläufig ausreichend, um in dieser Situation zu Handelsgeschäften zu führen. Eine wichtige Schlussfolgerung des CAPM ist, dass die Anleger das Marktportfolio (in Kombination mit risikolosen Anlagen) halten sollten, und diese Anlageempfehlung *hängt nicht von der Qualität der Informationen eines Investors oder dessen Geschick beim Handeln von Wertpapieren ab.* Selbst weniger erfahrene Anleger ohne Informationen können diesen Rat befolgen und, wie das folgende Beispiel zeigt, dadurch vermeiden, dass erfahrenere Anleger daraus ihren Nutzen ziehen.

---

4 Das Konzept, dass sich die Kurse ohne Handel an die Informationen anpassen, wird mitunter als „*No-Trade Theorem*" bezeichnet. Siehe P. Milgrom und N. Stokey, „Information, Trade and Common knowledge", *Journal of Economic Theory*, Bd. 26 (1982), S. 17–27.

Fragestellung

Sie sind ein Anleger ohne Zugang zu Informationen über Aktien. Sie wissen, dass andere Anleger am Markt über viele Informationen verfügen und diese Informationen aktiv zur Auswahl eines effizienten Portfolios nutzen. Da Sie weniger informiert sind als der durchschnittliche Anleger, machen Sie sich Sorgen, dass Ihr Portfolio eine schlechtere Wertentwicklung erzielen wird als das Portfolio des durchschnittlichen Anlegers. Wie können Sie dieses Ergebnis vermeiden und sicherstellen, dass Ihr Portfolio eine genauso gute Wertentwicklung erzielt wie das des durchschnittlichen Anlegers?

Lösung

Obwohl Sie nicht so gut informiert sind, können Sie für sich die gleiche Rendite wie der durchschnittliche Investor einfach dadurch sicherstellen, dass Sie das Marktportfolio halten. Da die Gesamtheit der Portfolios aller Anleger dem Marktportfolio entsprechen muss, das heißt die Nachfrage muss gleich dem Angebot sein, müssen Sie die gleiche Rendite wie der durchschnittliche Anleger erzielen, wenn Sie das Marktportfolio halten.

Nehmen wir nun andererseits an, dass Sie nicht das Marktportfolio, sondern stattdessen einen geringeren Anteil einer Aktie, beispielsweise Google, als deren Marktgewicht halten. Dies muss bedeuten, dass alle anderen Anleger Google in Bezug auf den Markt übergewichtet haben. Da jedoch andere Anleger besser informiert sind als Sie, müssen sie erkannt haben, dass Google ein gutes Geschäft ist und profitieren davon gern auf Ihre Kosten.

Rationale Erwartungen

▶ Beispiel 13.1 ist sehr aussagekräftig. Es impliziert, dass jeder Anleger, unabhängig davon, dass er über wenige Informationen verfügt, für sich selbst die durchschnittliche Rendite sicherstellen und ein Alpha von null erzielen kann, indem er einfach das Marktportfolio hält. Damit sollte kein Anleger ein Portfolio mit negativem Alpha auswählen. Da allerdings das durchschnittliche Portfolio aller Anleger das Marktportfolio ist, beträgt das durchschnittliche Alpha aller Anleger null. Erzielt kein Anleger ein negatives Alpha, so kann auch kein Anleger ein positives Alpha erzielen. Dies bedeutet, das Marktportfolio muss effizient sein. Infolgedessen hängt das CAPM nicht von der Annahme homogener Erwartungen ab. Es setzt vielmehr nur voraus, dass die Anleger **rationale Erwartungen** haben müssen. Alle Anleger müssen somit ihre eigenen Informationen sowie die Informationen, die aus Marktpreisen oder den Handelsgeschäften anderer abgeleitet werden können, richtig interpretieren und nutzen.[5]

Damit ein Investor ein positives Alpha erzielen und den Markt schlagen kann, müssen einige Anleger Portfolios mit negativen Alphas halten. Da diese Investoren durch das Halten des Marktportfolios ein Alpha von null hätten erzielen können, kommen wir zu der folgenden wichtigen Schlussfolgerung:

Das Marktportfolio kann nur dann ineffizient sein (sodass es möglich ist, den Markt zu schlagen), wenn eine erhebliche Anzahl von Anlegern entweder

1. *keine rationalen Erwartungen haben, sodass sie die Informationen falsch interpretieren und der Ansicht sind, dass sie ein positives Alpha erreichen, auch wenn sie tatsächlich ein negatives Alpha erzielen, oder*

2. *sich für andere Aspekte ihres Portfolios als die erwartete Rendite und die Volatilität interessieren und somit bereit sind, ineffiziente Wertpapierportfolios zu halten.*

Wie verhalten sich denn Anleger tatsächlich? Befolgen uninformierte Anleger den Rat aus dem CAPM und halten das Marktportfolio? Zur Beantwortung dieser Fragen werden wir im nächsten Abschnitt die Erkenntnisse im Hinblick auf das Verhalten von Privatanlegern betrachten.

---

5 Siehe dazu P. DeMarzo und C. Skiadas, „Aggregation, Determinacy and Informational Efficiency for a Class of Economies with Asymmetric Information", *Journal of Economic Theory*, Bd. 80 (1998), S. 123–152.

13.3 Das Verhalten von Privatanlegern

In diesem Abschnitt wird untersucht, ob Kleinanleger den Rat des CAPM befolgen und das Marktportfolio halten. Wir werden sehen, dass viele Anleger kein effizientes Portfolio zu halten scheinen, nicht diversifizieren und zu oft handeln. Anschließend wird betrachtet, ob diese Abweichungen vom Markt eine Möglichkeit für erfahrenere Anleger bieten, auf Kosten von Privatanlegern zu profitieren.

Unterdiversifikation und Portfolio-Verzerrungseffekte

Der Nutzen der Diversifikation ist eine der wichtigsten Schlussfolgerungen unserer Erörterung von Risiko und Rendite. Durch eine angemessene Diversifikation ihrer Portfolios können die Anleger das Risiko reduzieren, ohne ihre erwartete Rendite zu verringern. In diesem Sinn ist die Diversifikation ein „free lunch", also eine Einladung, die alle Anleger ausnutzen sollten.

Trotz dieses Vorteils gibt es viele Belege dafür, dass Privatanleger ihre Portfolios nicht angemessen diversifizieren. Erkenntnisse des U.S. Survey of Consumer Finances zeigen, dass bei Haushalten, die Aktien halten, im Jahr 2001 der Median der von den Anlegern gehaltenen Aktien bei vier lag und dass 90 % der Anleger weniger als zehn verschiedene Aktien hielten.[6] Überdies konzentrieren sich diese Anlagen häufig auf Aktien von Unternehmen, die in der gleichen Branche tätig sind oder geografisch nahe beieinander liegen, wodurch das erreichte Maß der Diversifikation weiter begrenzt wird. Eine damit im Zusammenhang stehende Erkenntnis stammt aus der Untersuchung der Frage, wie Privatanleger ihre Pensionssparkonten (US-amerikanische 401K-Sparpläne) aufteilen. In einer Untersuchung großer Sparpläne wurde festgestellt, dass die Arbeitnehmer beinahe ein Drittel ihres Vermögens in die Aktien ihres Arbeitgebers investiert haben.[7] Diese Ergebnisse hinsichtlich der Unterdiversifikation gelten nicht nur für US-amerikanische Anleger. Eine umfassende Untersuchung schwedischer Anleger dokumentiert, dass circa die Hälfte der Volatilität in den Portfolios der Anleger auf das unternehmensspezifische Risiko zurückzuführen ist.[8]

Für dieses Verhalten gibt es eine Reihe möglicher Erklärungen. Eine Erklärung ist, dass die Anleger Anlagen in Aktien ihnen bekannter Unternehmen bevorzugen, also einen sogenannten **Familiarity Bias** aufweisen.[9] Eine andere mögliche Erklärung ist, dass die Anleger Sorgen im Hinblick auf den **relativen Wohlstand** haben und sich am meisten um die Wertentwicklung ihres Portfolios im Vergleich zur Wertentwicklung der Portfolios gleichrangiger Anleger interessieren. Der Wunsch „mithalten zu können" kann dazu führen, dass Anleger keine diversifizierten Portfolios wählen, damit diese den Portfolios ihrer Kollegen oder Nachbarn entsprechen.[10] Diese Unterdiversifikation liefert jedoch jedenfalls einen wichtigen Beweis dafür, dass Anleger suboptimale Portfolios auswählen können.

---

6 V. Polkovnichenko, „Household Portfolio Diversification: A Case for Rank Dependent Preferences", *Review of Financial Studies*, Bd. 18 (2005), S. 1467–1502.

7 S. Benartzi, „Excessive Extrapolation and the Allocation of 401(k) Accounts to Company Stock", *Journal of Finance*, Bd. 56 (2001), S. 1747–1764.

8 J. Campbell, „Household Finance", *Journal of Finance*, Bd. 61 (2006), S. 1553–1604.

9 G. Huberman, „Familiarity Breeds Investment", *Review of Financial Studies*, Bd. 14 (2001), S. 659–680.

10 P. DeMarzo, R. Kaniel und I. Kremer, „Diversification as a Public Good: Community Effects in Portfolio Choice", *Journal of Finance*, Bd. 59 (2004), S. 1677–1715.

Übermäßiger Handel und übersteigertes Selbstvertrauen

Dem CAPM zufolge sollten Anleger die risikolose Anlage zusammen mit dem Marktportfolio aller risikobehafteten Wertpapiere halten. In ▶Kapitel 12 wurde gezeigt, dass das Marktportfolio, da es ein wertgewichtetes Portfolio ist, auch ein passives Portfolio insofern ist, als ein Anleger nicht als Reaktion auf tägliche Kursänderungen handeln muss, um das Portfolio beizubehalten. Damit gäbe es, wenn alle Investoren das Marktportfolio halten, ein vergleichsweise geringes Handelsvolumen auf den Finanzmärkten.

In der Realität gibt es aber an jedem Tag ein enormes Handelsvolumen. So lag beispielsweise im Jahr 2008 der Jahresumsatz an der New Yorker Börse an seinem Höchststand nahe bei 140 %. Das heißt, dass jede einzelne Aktie durchschnittlich 1,40-mal gehandelt wurde. Der durchschnittliche Umsatz ist zwar im Gefolge der Finanzkrise, wie in ▶Abbildung 2.3 dargestellt, drastisch zurückgegangen, liegt aber immer noch in einer Größenordnung, die weit über dem vom CAPM prognostizierten Niveau liegt. Überdies stellten Brad Barber und Terrance Odean in einer Studie über das Handelsverhalten von Anlegern mit Depots bei einem Discount Broker fest, dass Privatanleger im Untersuchungszeitraum für ihre Depots oft sehr aktiv Handelsgeschäfte ausführten bei durchschnittlichen Umsätzen in Höhe von beinahe eineinhalbmal den in ▶Abbildung 2.3 angegebenen Gesamtraten.[11]

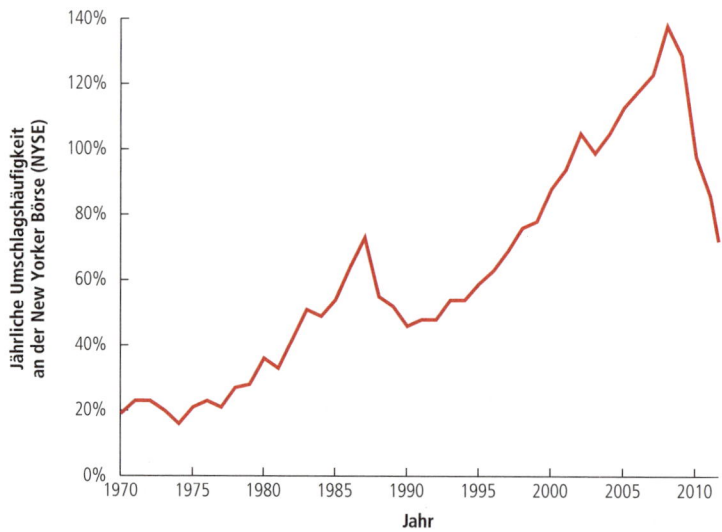

Abbildung 13.3: **Jährlicher Umsatz von Aktien an der New Yorker Börse von 1970 bis 2011.** Das Diagramm stellt den jährlichen Umsatz von Aktien (Anzahl der in einem Jahr gehandelten Aktien/Gesamtzahl der Aktien) dar. So hohe Umsätze lassen sich nur schwer mit dem CAPM vereinbaren, das besagt, dass die Anleger passive Marktportfolios halten sollten. Zu beachten ist auch die schnelle Zunahme der Umsätze bis einschließlich 2008, auf die ein drastischer Rückgang nach der Krise folgte.

Quelle: www.nyxdata.com

Wie könnte dieses Handelsverhalten erklärt werden? Psychologen wissen bereits seit den 1960er-Jahren, dass uninformierte Personen die Richtigkeit ihrer Kenntnisse tendenziell überschätzen. So kritisieren beispielsweise viele Sportfans, die auf der Tribüne sitzen, im Nachhinein die Entscheidungen des Trainers auf dem Spielfeld in der Überzeugung, dass sie es besser gemacht hätten. In der Finanzwirtschaft wird diese Vermessenheit als **Overconfidence Bias** (übersteigertes Selbstvertrauen) bezeichnet. Barber und Odean nahmen an, dass dieses Verhalten auch die Entscheidungsfindung von Anlegern charakterisiert: Wie die Sportfans sind auch die Anleger überzeugt, dass sie Gewinner und Verlierer bestimmen können, auch wenn dies nicht der Fall ist. Eben dieses übersteigerte Selbstvertrauen führt dazu, dass die Anleger zu oft handeln.

---

11 B. Barber und T. Odean, „Trading Is Hazardous to Your Wealth: The Common Stock Investment Performance of Individual Investors", *Journal of Finance*, Bd. 55 (2000), S. 773–806.

Eine Folge des übersteigerten Selbstvertrauens ist, dass die Anleger, die öfter handeln – wenn wir annehmen, dass sie in Wirklichkeit nicht über die entsprechende Kompetenz verfügen – keine höheren Renditen erzielen. Stattdessen schneiden sie unter Berücksichtigung der Transaktionskosten (Provisionen und Geld-Brief-Spannen) schlechter ab. Dieses Ergebnis, dass ein Großteil des Handels von Anlegern nicht auf einer rationalen Beurteilung der eigenen Leistung zu beruhen scheint, wird in ▶ Abbildung 13.4 dargestellt.

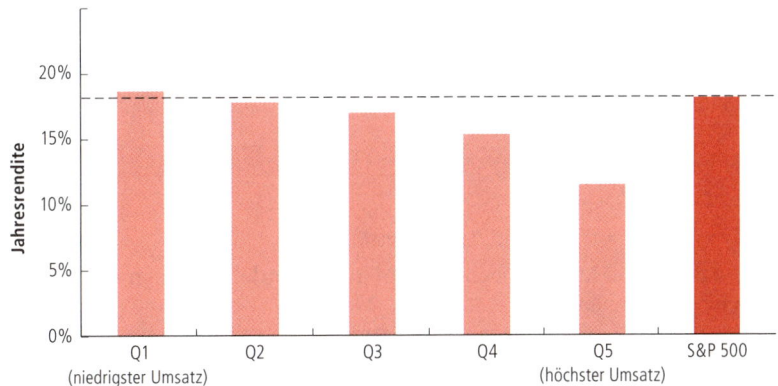

Abbildung 13.4: Renditen von Privatanlegern und Portfolioumsatz. In dem Diagramm wird die durchschnittliche jährliche Rendite (abzüglich Provisionen und Transaktionskosten) für Privatanleger bei einem großen Discount Broker von 1991 bis 1997 dargestellt. Die Anleger werden auf der Grundlage ihres Jahresumsatzes in Quintile eingeteilt. Während die Anleger mit der geringsten Aktivität eine leicht (aber nicht signifikant) bessere Wertentwicklung als der S&P 500 erzielten, sank die Wertentwicklung mit der Umschlagshäufigkeit.

Quelle: B. Barber und T. Odean, „Trading Is Hazardous to Your Wealth: The Common Stock Investment Performance of Individual Investors", Journal of Finance, Bd. 55 (2000), S. 773–806.

Als weitere Belege verglichen Barber und Odean das Verhalten und die Leistung von Männern und Frauen.[12] Psychologische Studien haben gezeigt, dass sich Männer in Bereichen wie der Finanzwirtschaft oft mehr zutrauen als Frauen. In Übereinstimmung mit der Hypothese des übersteigerten Selbstvertrauens haben die Wissenschaftler dokumentiert, dass Männer dazu neigen, öfter zu handeln als Frauen und dass ihre Portfolios infolgedessen eine geringere Rendite erzielen. Diese Unterschiede sind bei alleinstehenden Männern und Frauen noch ausgeprägter.

Wissenschaftler haben in einem internationalen Kontext ähnliche Ergebnisse ermittelt. Mithilfe einer außerordentlich detaillierten Datenbank zu finnischen Anlegern haben Mark Grinblatt und Matti Keloharju festgestellt, dass die Handelstätigkeit bei Untersuchungen mit psychologischen Kennzahlen des übersteigerten Selbstvertrauens zunimmt. Interessanterweise haben sie zudem festgestellt, dass die Handelstätigkeit mit der Anzahl der Strafzettel zunimmt, die ein Autofahrer wegen zu hoher Geschwindigkeit erhält. Dies wird als Maß des **Suchens nach Abwechslung und neuen Erlebnissen** oder des Wunsches einer Person nach neuen und intensiven riskanten Erfahrungen interpretiert. In beiden Fällen scheinen die gesteigerten Handelsaktivitäten für die Anleger nicht profitabel zu sein.[13]

Individuelles Verhalten und Marktpreise

Privatanleger haben daher in Wirklichkeit unterdiversifizierte Depots und handeln zu oft und missachten so eine wesentliche Prognose des CAPM. Bedeutet diese Feststellung, dass die anderen Schlussfolgerungen des CAPM ungültig sind?

Die Antwort lautet: „nicht zwangsläufig". Wenn einzelne Personen willkürlich und idiosynkratisch vom CAPM abweichen, so heben sich, trotz der Tatsache, dass jeder einzelne Anleger nicht den Markt hält, diese Abweichungen wie jedes andere idiosynkratische Risiko oft auf, wenn wir die

---

12 B. Barber und T. Odean, „Boys Will Be Boys: Gender, Overconfidence, and Common Stock Investment", *Quarterly Journal of Economics*, Bd. 116 (2001), S. 261–292.
13 M. Grinblatt und M. Keloharju, „Sensation Seeking, Overconfidence, and Trading Activity", *Journal of Finance*, Bd. 64 (2009), S. 549–578.

Depots dieser Anleger zusammenlegen. In diesem Fall halten die Anleger das Marktportfolio *insgesamt* und es gibt keine Auswirkungen auf die Marktpreise oder Renditen. Diese uninformierten Anleger handeln möglicherweise miteinander und generieren auf diese Weise Provisionen für ihre Broker. Dies bleibt jedoch ohne Auswirkungen auf die Effizienz des Marktes.

Damit das Verhalten uninformierter Anleger zu Auswirkungen auf den Markt führt, muss es Muster in ihrem Verhalten geben, aufgrund derer sie systematisch vom CAPM abweichen und damit den Kursen eine systematische Unsicherheit verleihen. Damit die Transaktionen der Anleger auf diese Art korrelieren, müssen sie eine gemeinsame Motivation haben. In ▶Abschnitt 13.4 wird daher untersucht, wodurch die Anleger veranlasst sein könnten, vom Marktportfolio abzuweichen. Überdies wird gezeigt, dass diese Anleger von einigen häufig auftretenden und vorhersehbaren Voreingenommenheiten beeinträchtigt zu sein scheinen.

Verständnisfragen

1. Halten Privatanleger gut diversifizierte Portfolios?

2. Warum ist das auf den Märkten beobachtete hohe Handelsvolumen nicht mit dem CAPM-Gleichgewicht vereinbar?

3. Was muss auf das Verhalten uninformierter Kleinanleger zutreffen, damit sie Auswirkungen auf die Marktpreise haben können?

13.4 Systematische Verzerrungseffekte beim Handeln von Wertpapieren

Damit das Verhalten von Privatanlegern Auswirkungen auf die Marktpreise haben und damit eine profitable Möglichkeit für erfahrenere Anleger schaffen kann, muss es systematische, vorhersehbare Muster in den Arten von Fehlern geben, die von Privatanlegern gemacht werden. Im folgenden Abschnitt werden einige der Erkenntnisse dargestellt, die Wissenschaftler für solche systematischen, die Handelsgeschäfte verzerrenden Effekte gefunden haben.

Festhalten an Verlierern und der Dispositionseffekt

Anleger neigen dazu, an Aktien festzuhalten, die an Wert verloren haben, und Aktien zu verkaufen, deren Wert seit dem Zeitpunkt des Kaufes gestiegen ist. Diese Tendenz, an Verlierern festzuhalten und Gewinner zu verkaufen, wird als **Dispositionseffekt** bezeichnet. Auf Grundlage der Arbeit der Psychologen Daniel Kahneman und Amos Tversky postulieren Hersh Shefrin und Meir Statman, dass dieser Effekt aufgrund der angesichts möglicher Verluste höheren Bereitschaft der Anleger entsteht, ein Risiko einzugehen.[14] Überdies kann dieser Effekt das Widerstreben widerspiegeln, durch das Hinnehmen des Verlustes „einen Fehler zuzugeben".

Der Dispositionseffekt ist von Wissenschaftlern in vielen Studien bestätigt worden. So war beispielsweise in einer Untersuchung sämtlicher Transaktionen am taiwanesischen Aktienmarkt von 1995 bis 1999 für die Anleger insgesamt die Wahrscheinlichkeit, Gewinne mitzunehmen doppelt so hoch wie die Wahrscheinlichkeit, Verluste zu realisieren. Überdies unterlagen beinahe 85 % der Privatanleger diesem Verzerrungseffekt.[15] Investmentfonds und ausländische Investoren wiesen nicht die gleiche Tendenz auf. In anderen Studien wurde gezeigt, dass erfahrenere Anleger weniger anfällig gegenüber dem Dispositionseffekt zu sein scheinen.[16]

---

14 H. Shefrin und M. Statman, „The Disposition to Sell Winners Too Early and Ride Losers Too Long: Theory and Evidence", *Journal of Finance*, Bd. 40 (1985), S. 777–790; D. Kahneman und A. Tversky, „Prospect Theory: An Analysis of Decision under Risk", *Econometrica*, Bd. 47 (1979), S. 263–291.

15 B. Barber, Y.T. Lee, Y.J. Liu und T. Odean, „Is the Aggregate Investor Reluctant to Realize Losses? Evidence from Taiwan", *European Financial Management*, Bd. 13 (2007), S. 423–447.

16 R. Dhar und N. Zhu, „Up Close and Personal: Investor Sophistication and the Disposition Effect", *Management Science*, Bd. 52 (2006), S. 726–740.

Diese Verhaltenstendenz, Gewinner zu verkaufen und an Verlierern festzuhalten, ist aus steuerlicher Perspektive betrachtet teuer. Da Kapitalgewinne nur bei einem Verkauf der Aktie besteuert werden, ist es für steuerliche Zwecke optimal, steuerpflichtige Gewinne durch das weitere Halten profitabler Anlagen hinauszuschieben. Somit kann die Steuerzahlung hinausgezögert und deren Barwert reduziert werden. Andererseits sollten Anleger steuerliche Verluste nutzen, indem sie ihre Verluste generierenden Anlagen insbesondere kurz vor Jahresende verkaufen, um die Steuerabschreibung zu beschleunigen.

Natürlich könnte das Festhalten an Verlierern und das Verkaufen von Gewinnern sinnvoll sein, wenn die Anleger vorhersehen, dass die verlustbringenden Anlagen sich wieder schnell erholen und in Zukunft besser abschneiden als die heutigen Gewinner. Auch wenn die Anleger dieser Überzeugung sind, scheint dies jedoch nicht gerechtfertigt zu sein. Wenn überhaupt, dann ist die Wertentwicklung der verlustbringenden Aktien, die Kleinanleger weiter halten, tendenziell *niedriger* als die der verkauften Gewinner.

Einer Studie zufolge lag die Wertentwicklung der Verlierer im Jahresverlauf 3,4 % unter der Wertentwicklung der Gewinner, nach dem die Gewinner verkauft wurden.[17]

Die Prospect Theory (Neue Erwartungstheorie) von Kahneman und Tversky

Im Jahr 2002 erhielt Daniel Kahneman den Nobelpreis für Wirtschaftswissenschaften für die Entwicklung der Prospect Theory zusammen mit seinem Kollegen Amos Tversky, der auch Psychologe ist. Tversky hätte sicher auch den Preis erhalten, wenn er nicht 1996 verstorben wäre. Die Prospect Theory liefert ein deskriptives Modell der Art und Weise, wie Menschen in Situationen der Unsicherheit Entscheidungen treffen und prognostiziert die Entscheidungen, die Menschen *tatsächlich* treffen und nicht die Entscheidungen, die sie treffen *sollten*. Sie postuliert, dass Menschen, die Ergebnisse in Bezug auf ihren Status quo oder ähnliche Bezugspunkte (der „Framing Effect") bewerten, zur Vermeidung der Realisierung von Verlusten Risiken eingehen und unwahrscheinliche Ereignisse zu stark gewichten. Der Dispositionseffekt folgt aus der Prospect Theory durch die Annahme, dass Anleger ihre Entscheidungen durch den Vergleich von Kauf- und Verkaufspreis einer Aktie „rahmen". Die Prospect Theory liefert eine wichtige Grundlegung für viele Forschungsarbeiten in den Bereichen Behavioral Finance und Finanzwirtschaft.

Aufmerksamkeit, Stimmung und Erfahrung der Anleger

Privatanleger sind in der Regel keine professionellen Händler. Infolgedessen verfügen sie nur über begrenzte Zeit und Aufmerksamkeit für ihre Anlageentscheidungen. Somit können sie durch Aufsehen erregende Nachrichten oder andere Ereignisse beeinflusst werden. Studien zeigen, dass Aktien wahrscheinlicher gekauft werden, die vor Kurzem in den Nachrichten waren, beworben wurden, ein besonders hohes Handelsvolumen oder extreme (positive oder negative) Renditen erreicht haben.[18]

Das Anlegerverhalten scheint auch durch die Stimmungen der Anleger beeinflusst zu werden. So habe beispielsweise Sonnenschein eine positive Wirkung auf die Stimmung, und in Studien wurde berechnet, dass die Aktienrenditen an einem am Standort der Börse sonnigen Tag tendenziell höher sind. In New York City beträgt die annualisierte Marktrendite an wolkenlosen sonnigen Tagen ungefähr 24,8 % pro Jahr verglichen mit 8,7 % pro Jahr an ganz bewölkten Tagen.[19] Weitere Indizien für die Verbindung

---

17 T. Odean, „Are Investors Reluctant to Realize Their Losses?", *Journal of Finance*, Bd. 53 (1998), S. 1775–1798.

18 Siehe G. Grullon, G. Kanatas und J. Weston, „Advertising, Breadth of Ownership and Liquidity", *Review of Financial Studies*, Bd. 17 (2004), S. 439–461; M. Seasholes und G. Wu, „Predictable Behavior, Profits and Attention", *Journal of Empirical Finance*, Bd. 14 (2007), S. 590–610; B. Barber und T. Odean, „All That Glitters: The Effect of Attention and News on the Buying Behavior of Individual and Institutional Investors", *Review of Financial Studies*, Bd. 21 (2008), S. 785–818.

19 Auf der Grundlage von Daten von 1982 bis 1997; s. D. Hirshleifer und T. Shumway, „Good Day Sunshine: Stock Returns and the Weather", *Journal of Finance*, Bd. 58 (2003), S. 1009–1032. Andere Studien bestätigten diesen Zusammenhang jedoch nicht.

zwischen der Stimmung der Anleger und den Aktienrenditen kommen aus der Wirkung großer Sportveranstaltungen auf die Renditen. In einer Studie wurde geschätzt, dass durch ein verlorenes Spiel in der K.o.-Runde der Fußballweltmeisterschaft die Aktienrenditen am nächsten Tag in dem Land, das verloren hat, um 0,50 % sinken – vermutlich aufgrund der schlechten Laune der Anleger.[20]

Schließlich scheinen die Anleger zu viel Gewicht auf ihre eigenen Erfahrungen zu legen, statt alle historischen Beweise zu berücksichtigen. Infolgedessen weisen Personen, die während einer Zeit mit hohen Aktienrenditen aufgewachsen sind und diese erlebt haben, eine höhere Wahrscheinlichkeit auf, in Aktien zu investieren, als Menschen, die Zeiten erlebt haben, in denen Aktien schlecht abgeschnitten haben.[21]

Herdenverhalten

Bisher wurden gemeinsame Faktoren betrachtet, die zu korreliertem Handelsverhalten der Anleger führen könnten. Ein anderer Grund, aus dem Investoren ähnliche Fehler beim Handel begehen können, liegt darin, dass sie aktiv *versuchen*, dem Verhalten anderer zu folgen. Dieses Phänomen, die Handlungen anderer nachzumachen, wird als **Herdenverhalten** bezeichnet.

Es gibt verschiedene Gründe, aus denen Anleger in ihren Portfolioentscheidungen Herdenverhalten aufweisen könnten. Zunächst könnten sie überzeugt sein, dass andere Anleger über bessere Informationen verfügen, die sie ausnutzen können, indem sie die gleichen Handelsgeschäfte ausführen. Dieses Verhalten kann zu einem **informationellen Kaskadeneffekt** führen, bei dem Anleger ihre eigenen Informationen in der Hoffnung ignorieren, von den Informationen anderer profitieren zu können.[22] Eine zweite Möglichkeit ist, dass Anleger aufgrund von Sorgen im Hinblick auf den relativen Wohlstand das Herdenverhalten wählen, um zu vermeiden schlechter abzuschneiden als Anleger mit ähnlichen Portfolios.[23] Drittens besteht für professionelle Fondsmanager unter Umständen ein Reputationsrisiko, wenn sie sich zu weit von der Vorgehensweise ihrer Kollegen entfernen.[24]

Auswirkungen von Verzerrungseffekten

Die Erkenntnis, dass Anleger Fehler machen, ist nicht neu. Jedoch überrascht die Tatsache, dass diese Fehler fortbestehen, auch wenn sie wirtschaftlich teuer sind und relativ leicht durch den Kauf und das Halten des Marktportfolios vermieden werden können.

Unabhängig davon, warum sich Privatanleger entscheiden, sich nicht durch das Halten des Marktportfolios zu schützen, hat die Tatsache, dass sie es nicht tun, mögliche Auswirkungen auf das CAPM. Verfolgen Privatanleger Strategien, die negative Alphas erzielen, ist es für erfahrenere Anleger möglich, dieses Verhalten auszunutzen und positive Alphas zu erzielen. Gibt es Belege dafür, dass solche gewieften Anleger wirklich existieren? In ▶Abschnitt 13.5 werden Erkenntnisse zu dieser Möglichkeit untersucht.

Verständnisfragen

1. Nennen Sie einige systematische Verzerrungseffekte bezüglich ihres Verhaltens, denen Anleger unterliegen können.

2. Welche Auswirkungen könnten diese Verzerrungseffekte auf das CAPM haben?

---

20 A. Edmans, D. Garcia und O. Norli, „Sports Sentiment and Stock Returns", *Journal of Finance*, Bd. 62 (2007), S. 1967–1998.

21 U. Malmendier und S. Nagel, „Depression Babies: Do Macroeconomic Experiences Affect Risk-Taking?", NBER Arbeitspapier Nr. 14813.

22 Siehe S. Bikhchandani, D. Hirshleifer und I. Welch, „A Theory of Fads, Fashion, Custom and Cultural Change as Informational Cascades", *Journal of Political Economy*, Bd. 100 (1992), S. 992–1026; C. Avery und P. Zemsky, „Multidimensional Uncertainty and Herd Behavior in Financial Markets", *American Economic Review*, Bd. 88 (1998), S. 724–748.

23 P. DeMarzo, R. Kaniel und I. Kremer, „Relative Wealth Concerns and Financial Bubbles", *Review of Financial Studies*, Bd. 21 (2008), S. 19–50.

24 D. Scharfenstein und J. Stein, „Herd Behavior and Investment", *American Economic Review*, Bd. 80 (1990), S. 465–479.

13.5 Die Effizienz des Marktportfolios

Gelingt es erfahrenen Anlegern leicht, von Fehlern der Privatanleger auf deren Kosten zu profitieren? Damit erfahrene Anleger von Anlegerfehlern profitieren können, müssen zwei Bedingungen zutreffen. Erstens müssen die Fehler ausreichend weit verbreitet und beständig sein, um Auswirkungen auf die Aktienkurse zu haben. Das Anlegerverhalten muss die Kurse so beeinflussen, dass sich wie in ▸Abbildung 13.2 Handelsmöglichkeiten mit einem von null abweichenden Alpha eröffnen. Zweitens muss es einen begrenzten Wettbewerb um die Ausnutzung dieser Handelsmöglichkeiten mit einem von null abweichenden Alpha geben. Ist der Wettbewerb zu intensiv, werden diese Möglichkeiten schnell eliminiert, bevor ein Händler sie profitabel ausnutzen kann. Im vorliegenden Abschnitt wird untersucht, ob es Belege dafür gibt, dass Privatanleger oder professionelle Investoren bessere Ergebnisse als der Markt erzielen können, ohne ein zusätzliches Risiko einzugehen.

Handel aufgrund von Nachrichten oder Empfehlungen

Natürlich würde man nach profitablen Handelsmöglichkeiten als Reaktion auf wichtige Meldungen oder auf Empfehlungen von Analysten suchen. Werden genügend andere Anleger nicht darauf aufmerksam, kann ein Anleger von diesen öffentlichen Informationsquellen vielleicht profitieren.

Übernahmeangebote. Eine der wichtigsten Meldungen für ein Unternehmen im Hinblick auf die Auswirkungen auf den Aktienkurs ist, wenn das Unternehmen Ziel eines Übernahmeangebots ist. In der Regel ist das Angebot wesentlich höher als der aktuelle Aktienkurs des Übernahmeziels. Auch wenn der Aktienkurs der Zielgesellschaft üblicherweise mit der Bekanntgabe steigt, steigt er häufig nicht bis auf den Angebotskurs. Obwohl diese Differenz scheinbar eine profitable Handelsmöglichkeit schafft, bleibt es meistens unsicher, ob die Übernahme zu dem anfänglich angebotenen Kurs, zu einem höheren Kurs oder überhaupt nicht abgeschlossen wird. In ▸Abbildung 13.5 wird die durchschnittliche Reaktion auf viele solcher Übernahmeangebote dargestellt, indem die **kumulierte abnormale Rendite** der Aktie der Zielgesellschaft gezeigt wird, mit der die Rendite der Aktie in Bezug auf die Prognose der Rendite auf der Grundlage ihres Betas zum Zeitpunkt des Ereignisses gemessen wird. In ▸Abbildung 13.5 wird deutlich, dass der anfängliche sprunghafte Anstieg des Aktienkurses ausreichend hoch ist, sodass die zukünftigen Renditen der Aktie im Durchschnitt keine bessere Wertentwicklung als der Markt erzielen. Wenn wir allerdings vorhersagen *könnten*, ob das Unternehmen letztendlich übernommen wird oder nicht, könnten wir durch Handeln von Aktien auf der Grundlage dieser Informationen Gewinne erzielen.

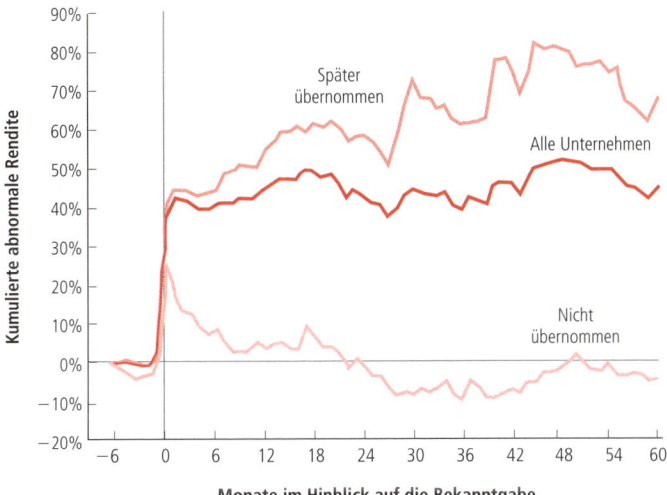

Abbildung 13.5: Renditen auf das Halten von Aktien von Zielgesellschaften nach der Bekanntgabe des Übernahmeangebots. Nach dem anfänglichen sprunghaften Anstieg des Aktienkurses zum Zeitpunkt der Bekanntgabe scheinen die Aktien der Zielgesellschaft später durchschnittlich keine anormalen Renditen zu erzielen. Allerdings steigen die Aktien der Unternehmen tendenziell, die letztendlich übernommen werden, und erzielen positive Alphas, während die nicht übernommenen Aktien negative Alphas haben. Damit könnte ein Anleger von der richtigen Prognose des Ergebnisses profitieren.
Quelle: Adaptiert aus M. Bradley, A. Desai und E.H. Kim, „The Rationale Behind Interfirm Tender Offers: Information or Synergy?", Journal of Financial Economics, Bd. 11 (1983), S. 183–206.

Aktienempfehlungen. Wir könnten auch Empfehlungen zu Aktien betrachten. So gibt beispielsweise der bekannte Kommentator Jim Cramer in seiner Abendsendung *Mad Money* im amerikanischen Fernsehen CNBC eine Vielzahl von Aktienempfehlungen. Profitieren die Anleger von diesen Empfehlungen? In ▶Abbildung 13.6 werden die Ergebnisse einer neueren Studie dargestellt, in der die durchschnittlichen Reaktionen der Aktienkurse auf solche Empfehlungen auf die Frage hin untersucht wurden, ob die Empfehlung gleichzeitig mit einer Nachrichtenmeldung über das betreffende Unternehmen erfolgte. Sofern eine Nachrichtenmeldung erfolgte, scheint der Aktienkurs diese Informationen am nächsten Tag korrekt widerzuspiegeln und verzeichnet danach (mit dem Markt verglichen) keinen Aufschlag. Andererseits scheint es bei Aktien ohne Nachrichtenmeldung am nächsten Tag zu einem beträchtlichen sprunghaften Anstieg des Aktienkurses zu kommen, wobei der Aktienkurs danach mit dem Markt verglichen tendenziell fällt und damit über die nächsten Wochen ein negatives Alpha erzeugt. Die Autoren der Studie haben festgestellt, dass die Aktien, über die keine Nachrichtenmeldung erfolgte, tendenziell kleinere, wenig liquide Aktien waren. Es scheint, dass Privatanleger, die diese Aktien auf der Grundlage der Empfehlung kaufen, den Kurs zu weit nach oben treiben. Sie scheinen der Selbstüberschätzung zu unterliegen, vertrauen Cramers Empfehlung zu sehr und berücksichtigen das Verhalten der anderen Anleger nicht ausreichend. Die interessantere Frage ist, warum gewiefte Anleger diese Aktien nicht leerverkaufen und damit die Überreaktion verhindern? Tatsächlich tun sie dies auch (die Summe der Leerverkaufspositionen dieser Aktien steigt). Da jedoch die kleinen Aktien schwer zu lokalisieren und zu leihen und somit im Leerverkauf teuer sind, passt sich der Kurs nicht sofort an.

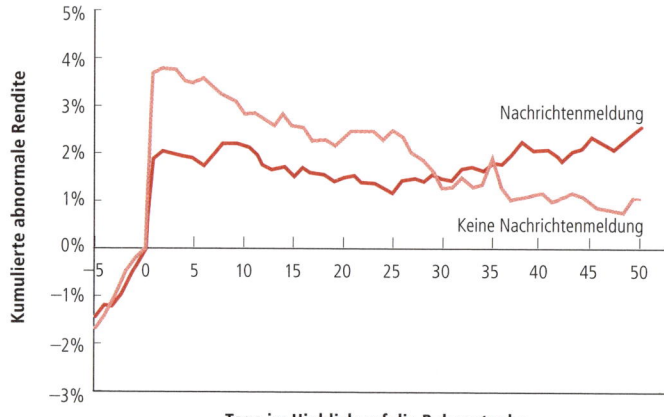

Abbildung 13.6: Reaktionen des Aktienkurses auf Empfehlungen in Mad Money. Wenn Empfehlungen gleichzeitig mit Nachrichtenmeldungen erfolgen, scheint die anfängliche Reaktion des Aktienkurses richtig zu sein und die zukünftigen Alphas unterscheiden sich nicht deutlich von null. Ohne Nachrichtenmeldung scheint allerdings der Aktienkurs überzureagieren. Während erfahrene Anleger durch den Leerverkauf dieser Aktien davon profitieren, wird das Ausmaß solcher Gewinne durch die Kosten des Leerverkaufs begrenzt.

*Quelle: Adaptiert aus J. Engelberg, C. Sasseville, J. Williams, „Market Madness? The Case of Mad Money",
Management Science, 2012.*

Die Performance von Fondsmanagern

Die obigen Ergebnisse legen nahe, dass erfahrenere Anleger, auch wenn es nicht einfach ist, durch das Handeln von Aktien als Reaktion auf Nachrichten Gewinne zu erzielen, doch dazu in der Lage sein könnten (beispielsweise, da es ihnen besser gelingt die Ergebnisse von Übernahmeversuchen vorherzusagen oder Aktien leerzuverkaufen). Vermutlich sollten professionelle Fondsmanager, wie Manager von Investmentfonds, am besten in der Lage sein, diese Möglichkeiten zu nutzen. Können sie an den Finanzmärkten Gewinnchancen entdecken?

Der Mehrwert von Fondsmanagern. Die Antwort lautet „ja". Die Berechnung des Bruttoalphas (vor Gebühren) und das Skalieren eines Fonds durch dessen verwaltete Vermögenswerte weist darauf hin, dass der durchschnittliche Investmentfondsmanager profitable Handelsmöglichkeiten im Wert von circa USD 2 Millionen im Jahr ausfindig machen kann.[25]

---

25 J.B. Berk und J. van Binsbergen, „Measuring Managerial Skill in the Mutual Fund Industry", *NBER working paper* Nr. 18184, 2012.

Natürlich bedeutet die Tatsache, dass der durchschnittliche Investmentfondsmanager profitable Handelsmöglichkeiten ausfindig machen kann, nicht, dass alle Manager das können. Tatsächlich können das die meisten nicht. Fonds mit einem mittleren Wertzuwachs vernichten sogar Wert. Das heißt, die meisten Fondsmanager scheinen sich im Großen und Ganzen wie Privatanleger zu verhalten, indem sie so viele Handelsgeschäfte durchführen, dass ihre Kosten höher sind als ihre Gewinne aus gefundenen Handelschancen.

Die Renditen der Anleger. Profitieren die Anleger davon, dass sie gewinnerzielende Fonds ausfindig machen und in diese anlegen? Dieses Mal lautet die Antwort „nein". Im Durchschnitt profitieren sie nicht davon, dass sie in einen aktiv gemanagten Fonds investieren. Wie in ▶Abbildung 13.7 dargestellt, haben typische Studien ergeben, dass die Renditen für die Anleger aus einem durchschnittlichen US-amerikanischen Aktienfonds ein negatives Alpha haben.[26] Die Aufnahme von Fonds, die internationale Aktien enthalten, führt zwar zu einem durchschnittlichen Alpha, das nicht wesentlich von null abweicht, doch stimmen alle Studien durchweg darin überein, dass der aktiv gemanagte durchschnittliche Fonds für die Anleger anscheinend nicht höhere Renditen erzielt als ein passiver Indexfonds.[27]

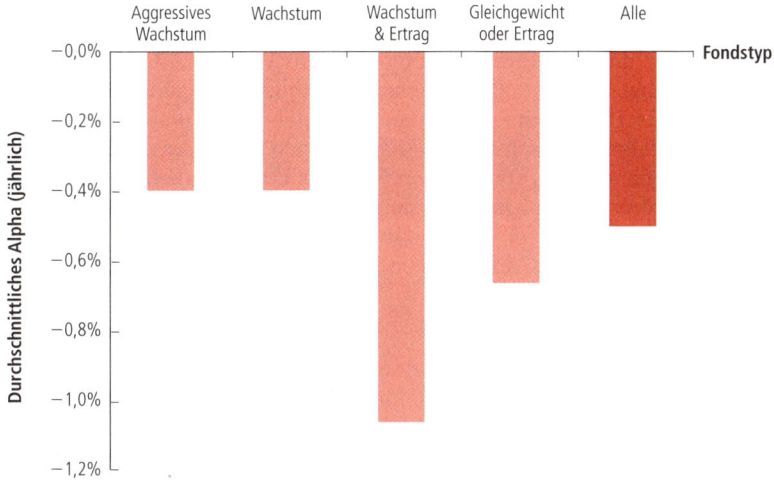

Abbildung 13.7: Geschätzte Alphas von US-amerikanischen Investmentfonds (1975–2002). In der Abbildung werden die durchschnittlichen jährlichen Alphas von Investmentfonds nach Fondstyp dargestellt. In jeder Kategorie weist der durchschnittliche Fonds ein negatives geschätztes Alpha auf.

Quelle: Adaptiert aus R. Kosowski, A. Timmermann, R. Wermers und H. White, „Can Mutual Fund 'Stars' Really Pick Stocks? New Evidence from a Bootstrap Analysis", Journal of Finance, Bd. 61 (2006), S. 2551–2596.

Natürlich bedeutet die Tatsache, dass der durchschnittliche Investmentfonds ein negatives Alpha hat, nicht, dass dies auf alle Investmentfonds zutrifft. Können die Anleger Fonds finden, die beständig positive Alphas erzielen? *Morningstar* erstellt in jedem Jahr eine Rangliste der Fondsmanager auf der Grundlage ihrer historischen Performance. So wurde beispielsweise William Miller von Legg Mason, dessen Performance in der Einführung zu diesem Kapitel hervorgehoben wurde, von Morningstar nicht nur im Jahr 1998 zum Manager des Jahres gekürt, sondern im darauffolgenden Jahr sogar zum Manager des Jahrzehnts ernannt. Wie allerdings bereits festgestellt, mussten Anleger, die

---

26 R. Kosowski, A. Timmermann, R. Wermers und H. White, „Can Mutual Fund „Stars" Really Pick Stocks? New Evidence from a Bootstrap Analysis", *Journal of Finance*, Bd. 61 (2006), S. 2551–2596; zu ähnlichen Ergebnissen für Daten bis einschließlich 2006 s. E. Fama und K. French, „Luck versus Skill in the Cross Section of Mutual Fund Alpha Estimates", *Tuck School of Business Arbeitspapier* Nr. 2009–2056.

27 Viele Studien geben negative durchschnittliche Alphas an; siehe z. B. R. Kosowski, A. Timmermann, R. Wermers und H.White, „Can Mutual Fund ‚Stars' Really Pick Stocks? New Evidence from a Bootstrap Analysis", Journal of Finance 61 (2006): 2551–2596 und E. Fama und K. French, „Luck versus Skill in the Cross Section of Mutual Fund Alpha Estimates", *Tuck School of Business Arbeitspapier* Nr. 2009–2056. J.B. Berk und J.van Binsbergen ermittelten unter Verwendung eines längeren Zeitraums und Einbeziehung von Fonds mit internationalen und amerikanischen Aktien, dass die Alphas nicht wesentlich von null abweichen (Measuring Managerial Skill in the Mutual Fund Industry, *NBER working paper* Nr. 18184, 2012).

aufgrund dieser Auszeichnung investierten, über die nächsten zehn Jahre eine schlechte Performance hinnehmen. Die Erfahrung mit William Miller ist nicht außergewöhnlich. Am Ende jeden Jahres veröffentlicht das Forbes Magazine auf Grundlage einer Analyse der Performance und des Risikos der Fonds in der Vergangenheit eine Rangliste der besten Investmentfonds. In einer berühmten Studie aus dem Jahr 1994 verglich der Vorstandsvorsitzende von Vanguard, John Bogle, die Rendite aus der Anlage in den Marktindex mit den Renditen aus der Anlage in jedem Jahr in die Fonds aus der jeweils neu bekanntgegebenen Rangliste. Über einen Zeitraum von 19 Jahren erzielte das Ranglisten-Portfolio eine jährliche Rendite von 11,2 %, während der Marktindexfonds eine Jahresrendite von 13,1 % erreichte.[28] Damit war die bessere Performance dieser Fonds in der Vergangenheit kein guter Indikator für ihre Fähigkeit, in der Zukunft eine bessere Performance als der Markt zu erzielen. Dieses Ergebnis wurde auch von anderen Studien bestätigt, in denen ebenfalls eine geringe Vorhersagbarkeit der Performance der Fonds festgestellt wurde.[29]

Auch wenn diese Ergebnisse im Hinblick auf die Performance von Investmentfonds überraschend scheinen, sind sie trotzdem mit einem Kapitalmarkt mit Wettbewerb vereinbar. Wenn die Anleger vorhersehen könnten, dass ein geschickter Manager in der Zukunft ein positives Alpha erzielen könnte, würden sie sich auf Anlagen bei diesem Manager stürzen, der dann mit Kapital überschüttet werden würde. So stieg beispielsweise während des kometenhaften Aufstiegs des Legg Mason Managers William Miller das von ihm verwaltete Kapital von circa USD 700 Millionen im Jahr 1992 auf USD 28 Milliarden im Jahr 2007. Je mehr Kapital der Manager aber investieren kann, desto schwerer ist es, profitable Handelsmöglichkeiten zu finden. Sind diese Möglichkeiten erschöpft, kann der Manager keine überdurchschnittliche Performance mehr erzielen. Schließlich sollten mit neuem dem Fonds zufließenden Kapital die Renditen des Fonds sinken, bis das Alpha nicht mehr positiv ist.[30] In der Tat könnten Alphas leicht negativ sein, um so andere Vorteile dieser Fonds zu verdeutlichen oder aus einem übersteigerten Selbstvertrauen herrühren. Die Anleger verlassen sich zu sehr auf ihre Kompetenz bei der Auswahl von Fondsmanagern und vertrauen den Managern zu viel Kapital an.[31]

Dieses Argument lässt darauf schließen, dass Anleger, wenn sie geschickte Manager ausfindig gemacht haben, zu diesen strömen sollten, damit diese Manager die größten Fonds verwalten. Demzufolge ist die Größe eines Fonds ein überzeugendes Anzeichen für den vom Fondsmanager verwalteten zukünftigen Mehrwert.[32] Obwohl also die Anleger bei der Auswahl von Managern geschickt zu sein scheinen, ziehen sie daraus letzten Endes nur einen geringen Nutzen, weil diese bessere Performance vom Manager in Form von Gebühren abgeschöpft wird – Investmentfonds berechnen ungefähr den gleichen Gebührensatz, die größeren berechnen also insgesamt höhere Gebühren. Dieses Ergebnis entspricht genau dem, das wir erwarten sollten: An einem Arbeitsmarkt mit Wettbewerb sollte der Fondsmanager die auf seine besonderen Fähigkeiten zurückgehende ökonomische Rente erhalten.

---

28 J. Bogle, *Bogle on Mutual Funds: New Perspectives for the Intelligent Investor*, McGraw-Hill, 1994.

29 Eine mögliche Ausnahme sind die Fondsgebühren. Ironischerweise scheinen Fonds mit höheren Gebühren vorhersagbar *niedrigere* Renditen für ihre Anleger zu erzielen. Siehe dazu M. Carhart, „On Persistence in Mutual Fund Performance", *Journal of Finance*, Bd. 52 (1997), S. 57–82.

30 Dieser Mechanismus wurde von J. Berk und R. Green postuliert in „Mutual Fund Flows in Rational Markets", *Journal of Political Economy*, Bd. 112 (2004), S. 1269–1295. Die folgenden Studien gelangten alle zu der Erkenntnis, dass neues Kapital in Fonds fließt, die eine gute Performance erzielen, und aus Fonds abfließt, die eine schlechte Performance erzielen: M. Gruber, „Another Puzzle: The Growth in Actively Managed Mutual Funds", *Journal of Finance*, Bd. 51 (1996), S. 783–810; E. Sirri and P. Tufano „Costly Search and Mutual Funds Flows", *Journal of Finance*, Bd. 53 (1998), S. 1589–1622; J. Chevalier und G. Ellison, „Risk Taking by Mutual Funds as a Response to Incentives", *Journal on Political Economy*, Bd. 105 (1997), S. 1167–1200.

31 In Millers Fall haben die meisten Anleger teuer für ihr Vertrauen in ihn bezahlt. Auch wenn seine Verluste nach 2007 den Gewinnen von 1992 an entsprachen, hatten die meisten Anleger 1992 noch nicht bei ihm investiert und erhielten so ein Gesamtergebnis, das hinter dem S&P 500 zurückblieb. Es überrascht daher nicht, dass viel Kapital aus seinem Fonds abgezogen wurde und er Ende des Jahres 2008 nur noch ca. USD 1,2 Milliarden verwaltete.

32 J.B. Berk und J. van Binsbergen, „Measuring Managerial Skill in the Mutual Fund Industry", *NBER working paper* Nr.18184, 2012.

Kurzum: Die von Fondsmanagern erzielten Gewinne bedeuten zwar, dass es möglich ist, an den Märkten profitable Handelsmöglichkeiten zu finden, dies jedoch beständig zu tun ein seltenes Talent ist, das sich nur bei den geschicktesten Fondsmanagern findet.

Bei der Bewertung von institutionellen Fondsmanagern, die für die Verwaltung von Rentensparplänen, Pensionsfonds und Stiftungsvermögen verantwortlich sind, haben Wissenschaftler ähnliche Ergebnisse ermittelt. In einer Studie, in der die Einstellungsentscheidungen von Trägern von Rentensparplänen untersucht wurden, wurde festgestellt, dass die Träger dabei Manager auswählten, die in der Vergangenheit eine deutlich bessere Performance als die Benchmark erzielt hatten.[33] Nach der Einstellung lag die Performance dieser neuen Manager allerdings sehr nahe an der von Durchschnittsfonds, wobei die Renditen ihre jeweilige Benchmark um einen Betrag überstiegen, der in etwa den Verwaltungsgebühren entsprach.

Gewinner und Verlierer

Die Erkenntnisse aus diesem Abschnitt deuten auf Folgendes hin: Auch wenn eine Verbesserung gegenüber dem Marktportfolio durchaus möglich ist, ist diese nicht einfach. Dieses Ergebnis dürfte nicht so überraschend sein, da, wie in ▸Abschnitt 13.2 festgestellt, der durchschnittliche Anleger (wertgewichtet) *vor* der Berücksichtigung von Transaktionskosten ein Alpha von null erzielt. Somit wären besondere Fähigkeiten notwendig, beispielsweise eine bessere Analyse von Informationen oder niedrigere Transaktionskosten, um den Markt zu schlagen.

Da Privatanleger im Hinblick auf beide Aspekte benachteiligt sind und überdies auch Verzerrungseffekten aufgrund ihres Verhaltens unterliegen, ist der kluge CAPM-Rat, dass Anleger „den Markt halten" sollten, für die meisten Menschen wahrscheinlich der beste Rat. Tatsächlich wurde in einer umfassenden Untersuchung des taiwanesischen Aktienmarktes festgestellt, dass Privatanleger dort im Durchschnitt 3,8 % pro Jahr durch Handeln verlieren, wobei circa 1/3 der Verluste auf schlechte Handelsgeschäfte und die restlichen 2/3 auf Transaktionskosten zurückzuführen sind.[34]

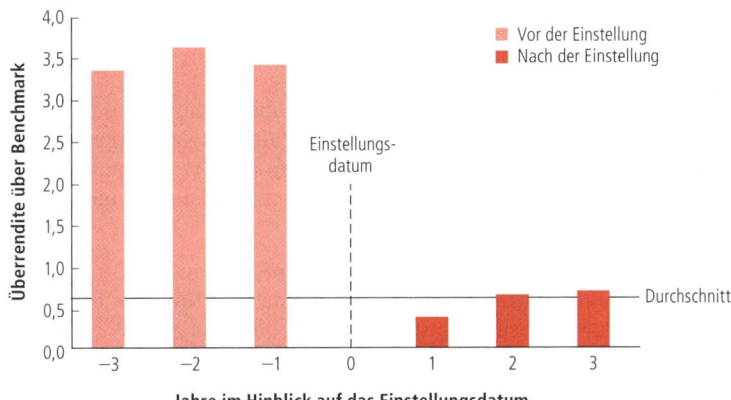

Abbildung 13.8: **Renditen von Investmentmanagern vor und nach der Einstellung.** Obwohl die Träger von Rentensparplänen tendenziell Manager einstellen, die die jeweiligen Benchmarks in der Vergangenheit deutlich übertroffen haben, ist deren Performance nach der Einstellung ähnlich der Überrendite eines Durchschnittsfonds (wertgewichtet 0,64 %). Die Daten beruhen auf 8.755 Einstellungsentscheidungen von 3.400 Trägern von Rentensparplänen von 1994 bis 2003. Die Renditen sind vor Abzug der Verwaltungsgebühren dargestellt (die tendenziell zwischen 0,5 % und 0,7 % pro Jahr liegen).

Quelle: A. Goyal und S. Wahal, „The Selection and Termination of Investment Management Firms by Plan Sponsors", Journal of Finance, Bd. 63 (2008), S. 1805–1847; J. Busse, A. Goyal und S. Wahal, „Performance and Persistence in Institutional Investment Management", Journal of Finance, Bd. 65, Nr. 2 (2010), S. 765–790.

---

33 Siehe ▸Abbildung 13.8.

34 Taiwan bietet eine einzigartige Möglichkeit zu untersuchen, wie sich Gewinne verteilen. Anders als beispielsweise in den USA wird die Identität der Käufer und Verkäufer bei sämtlichen Transaktionen zurückverfolgt. Siehe dazu: B. Barber, Y. Lee, Y. Liu und T. Odean, „Just How Much Do Individual Investors Lose by Trading?"; *Review of Financial Studies*, Bd. 22 (2009), S. 609–632.

In der gleichen Studie wurde auch berichtet, dass die Institute bei ihren Handelsgeschäften durchschnittlich 1,5 % pro Jahr erzielen. Während professionelle Fondsmanager aufgrund ihrer Begabung, ihrer Informationen oder ihrer überlegenen Handelsinfrastruktur profitieren können, legen die Ergebnisse in diesem Abschnitt nahe, dass nur ein geringer Anteil dieser Gewinne tatsächlich an die Anleger geht, die bei diesen Fondsmanagern investieren. Wenn nun aber nicht die Anleger von den Fähigkeiten der Fondsmanager profitieren, wer dann?

Verständnisfragen

1. Sollten uninformierte Anleger erwarten, aufgrund von Nachrichtenmeldungen aus ihren Handelsgeschäften Gewinne zu erzielen?

2. Warum weisen die Renditen der Anleger aus Fonds keine positiven Alphas auf, wenn doch die Fondsmanager kompetent sind?

13.6 Auf Anlagestile zurückgehende Handelsstrategien und die Debatte über die Markteffizienz

In ▶Abschnitt 13.5 haben wir nach Belegen dafür gesucht, dass professionelle Anleger auf Kosten kleiner Anleger profitieren und eine bessere Wertentwicklung als der Markt erreichen können. In diesem Abschnitt wird nun eine andere Richtung verfolgt. Statt der Gewinne der Manager werden mögliche *Handelsstrategien* betrachtet. Insbesondere unterscheiden viele Fondsmanager ihre Handelsstrategien auf der Grundlage der von ihnen gehaltenen Aktienarten – speziell Aktien kleinerer oder großer Unternehmen und Wert- oder Wachstumsaktien (Value- oder Growth-Strategien). Im vorliegenden Abschnitt werden diese alternativen Anlagestile betrachtet, und es wird untersucht, ob einige Strategien historisch höhere Renditen als durch das CAPM prognostiziert erzielt haben.

Größeneffekte

Wie in ▶Kapitel 10 angegeben, haben Aktien von Unternehmen mit einer geringeren Marktkapitalisierung historisch höhere durchschnittliche Renditen als das Marktportfolio erzielt. Überdies scheinen die Renditen dieser Aktien auch noch hoch zu sein, wenn man ihr tendenziell hohes Marktrisiko ausgedrückt in ihren höheren Betas berücksichtigt. Dies ist ein empirisches Ergebnis, das als **Größeneffekt** bezeichnet wird.

Überrendite und Marktkapitalisierung. Zum Vergleich der Wertentwicklung von Aktienportfolios unterschiedlicher Marktkapitalisierung haben Eugene Fama und Kenneth French[35] jedes Jahr zehn Aktienportfolios gebildet, deren Zusammenstellung sie jedes Jahr gemäß der Marktkapitalisierung der einzelnen Aktien geändert haben. Dabei teilten sie die zehn Prozent der Aktien mit der geringsten Marktkapitalisierung in ein Portfolio ein, die nächsten zehn Prozent in das zweite Portfolio und schließlich zehn Prozent der Aktien mit der größten Marktkapitalisierung in das zehnte Portfolio. Danach erfassten sie die monatlichen Überrenditen jedes dieser zehn Portfolios über das folgende Jahr. Nachdem dieses Verfahren für jedes Jahr wiederholt worden war, berechneten sie die durchschnittliche Überrendite jedes Portfolios sowie das Beta des betreffenden Portfolios. Das Ergebnis dieses Verfahrens wird in ▶Abbildung 13.9 dargestellt. Wie zu erkennen ist, sind, auch wenn die Portfolios mit höheren Betas höhere Renditen erzielen, die meisten Portfolios oberhalb der Wertpapierlinie (WML) dargestellt: Alle bis auf ein Portfolio wiesen ein positives Alpha auf. Die Portfolios mit der geringsten Marktkapitalisierung wiesen den extremsten Effekt auf.

---

35 Siehe dazu E. Fama und K. French, „The Cross-Section of Stock Returns", *Journal of Finance*, Bd. 47 (1992), S. 427–465.

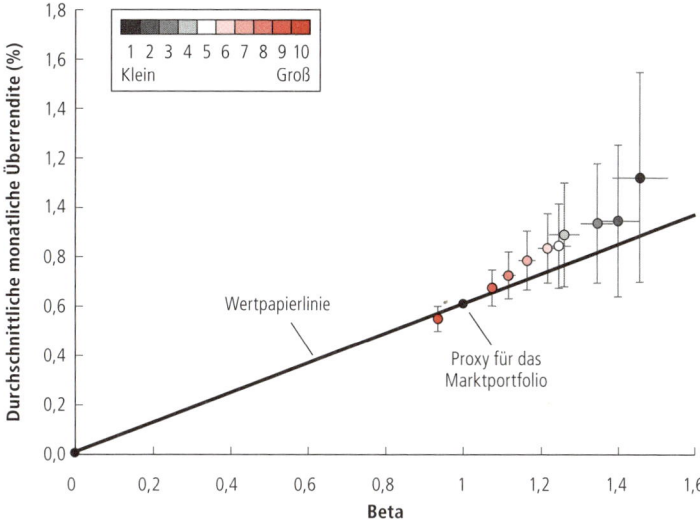

Abbildung 13.9: Überrenditen von Portfolios unterschiedlicher Marktkapitalisierung von 1926–2011. Das Diagramm stellt die durchschnittlichen monatlichen Überrenditen (die Rendite abzüglich des einmonatigen risikolosen Zinssatzes) von zehn Portfolios dar, die in jedem Jahr auf der Grundlage der Marktkapitalisierungen der Unternehmen gebildet und als Funktion des geschätzten Betas des Portfolios dargestellt werden. Die schwarze Linie ist die Wertpapierlinie. Ist das Marktportfolio effizient und gibt es keinen Messfehler, wären alle Portfolios entlang dieser Linie eingetragen. Die Fehlerbalken markieren die 95 %-Konfidenzbänder des Betas und die Schätzungen der erwarteten Überrendite. Hier ist die Tendenz der Aktien kleinerer Unternehmen für eine Lage oberhalb der Wertpapierlinie zu beachten.

Natürlich könnte dieses Ergebnis auf einen Schätzfehler zurückzuführen sein. Wie die Abbildung zeigt, sind die Standardfehler hoch und keine der Alpha-Schätzungen weicht deutlich von null ab. Allerdings sind neun der zehn Portfolios oberhalb der WML dargestellt. Wenn die positiven Alphas allein auf einen statistischen Fehler zurückzuführen wären, wäre zu erwarten, dass genauso viele Portfolios oberhalb wie unterhalb der Linie abgebildet wären. Folglich lässt sich der Test, ob die Alphas aller zehn Portfolios gemeinsam gleich null sind, statistisch zurückweisen.

Überrendite und Buchwert-Marktwert-Verhältnis. Wissenschaftler haben ähnliche Ergebnisse auch mit dem **Buchwert-Marktwert-Verhältnis**, dem Verhältnis des Buchwerts des Eigenkapitals zum Marktwert des Eigenkapitals, bei der Bildung von Aktienportfolios erzielt. Aus ▶Kapitel 2 ist bereits bekannt, dass Praktiker Aktien mit hohem Buchwert-Marktwert-Verhältnis als Substanzwerte oder Wertaktien (Value Stocks) und Aktien mit niedrigem Buchwert-Marktwert-Verhältnis als Wachstumsaktien (Growth Stocks) bezeichnen. In ▶Abbildung 13.2 wird gezeigt, dass Substanzwerte tendenziell positive Alphas und Wachstumsaktien tendenziell niedrige oder negative Alphas haben. Auch hier verläuft der Test, ob alle zehn Portfolios ein Alpha von null haben, negativ.

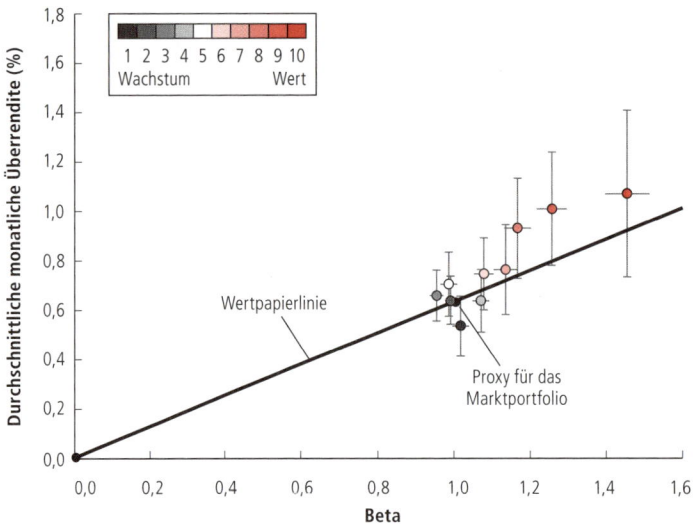

Abbildung 13.10: Überrenditen von Portfolios mit unterschiedlichem Buchwert-Marktwert-Verhältnis von 1926–2011. Das Diagramm stellt die gleichen Daten wie ▶ Abbildung 13.9 dar, wobei die Portfolios nicht auf Basis der Größe dargestellt sind, sondern auf Basis des Buchwert-Marktwert-Verhältnisses der Aktien. Hier ist die Tendenz von Wertaktien (hohe Buchwert-Marktwert-Verhältnisse) für eine Position oberhalb der Wertpapierlinie sowie die Tendenz von Wachstumsaktien (niedrige Buchwert-Marktwert-Verhältnisse) für eine Position in der Nähe oder unterhalb der Linie zu beachten.

Quelle: Die Daten wurden freundlicherweise von Kenneth French zur Verfügung gestellt.

Größeneffekte und empirische Beweise

Der Größeneffekt – die Beobachtung, dass Aktien mit niedrigerer Marktkapitalisierung (oder Aktien mit einem hohen Buchwert-Marktwert-Verhältnis (Book-to-Market Ratio) positive Alphas haben – wurde zuerst 1981 von Rolf Banz entdeckt.[36] Damals fanden Wissenschaftler die Beweise nicht überzeugend, da Finanzökonomen Daten gezielt nach Aktien mit positiven Alphas *durchsucht* hatten. Aufgrund von Schätzfehlern ist es immer möglich, Aktien mit geschätzten positiven Alphas zu finden. In der Tat ist es so, dass wir, wenn wir uns genug Mühe geben, immer etwas finden können, das diese Aktien gemeinsam haben. Infolgedessen waren viele Wissenschaftler geneigt, die Erkenntnisse von Rolf Banz dem **Data-Snooping** genannten Verzerrungseffekt zuzuschreiben. Dies bedeutet, dass es bei einer ausreichenden Anzahl gegebener Merkmale immer möglich ist, ein Merkmal zu finden, das zufällig mit dem Schätzfehler der durchschnittlichen Renditen korreliert ist.[37]

Nach der Veröffentlichung der Studie von Banz wurde jedoch eine theoretische Begründung entwickelt, die die Beziehung zwischen der Marktkapitalisierung und den erwarteten Renditen erklärt. Finanzökonomen erkannten, dass man *erwarten* kann, dass ein Größeneffekt auftritt, solange das Beta aufgrund von Schätzfehlern oder der Ineffizienz des Marktportfolios kein *vollkommenes* Risikomaß ist.[38] Um zu verstehen, warum dies so ist, betrachten wir eine Aktie mit positivem Alpha. Ceteris paribus impliziert ein positives Alpha, dass eine Aktie auch eine relativ hohe erwartete Rendite hat. Eine höhere erwartete Rendite impliziert einen niedrigeren Kurs: Die einzige Möglichkeit eine höhere Rendite zu erhalten, besteht darin, dass die Anleger den Dividendenstrom der Aktie zu einem niedrigeren Kurs kaufen. Ein niedrigerer Kurs bedeutet eine niedrigere Marktkapitalisierung

---

36 Siehe dazu R. Banz, „The Relationship between Return and Market Values of Common Stock", *Journal of Financial Economics*, Bd. 9 (1981), S. 3–18. Eine ähnliche Beziehung zwischen Aktienkurs (statt Größe) und zukünftigen Renditen stellen M. Blume und F. Husic fest, „Price, Beta and Exchange Listing", *Journal of Finance*, Bd. 28 (1973), S. 283–299.

37 David Leinweber veranschaulicht diesen Punkt in seinem Buch „Nerds on Wall Street" (Wiley Financial, 2008), indem er die Daten nach einem offensichtlich absurden Merkmal durchsucht, das mit den Renditen korreliert ist. Dabei stellte er fest, dass über einen Zeitraum von 13 Jahren die jährliche Butterproduktion in Bangladesch die jährliche Schwankung der Renditen des S&P 500 „erklärt"!

38 Siehe J. Berk, „A Critique of Size-Related Anomalies", *Review of Financial Studies*, Bd. 8 (1995), S. 275–286.

(sowie ebenso ein höheres Buchwert-Marktwert-Verhältnis – die Marktkapitalisierung ist Teil des *Nenners* des Buchwert-Marktwert-Verhältnisses). Bildet also ein Finanzwirtschaftler ein Portfolio aus Aktien mit niedrigen Marktkapitalisierungen (oder hohen Buchwert-Marktwert-Verhältnissen), enthält dieses auch Aktien mit wahrscheinlich höheren erwarteten Renditen, und, wenn das Marktportfolio nicht effizient ist, auch mit positiven Alphas. Desgleichen hat eine Aktie, die unterhalb der Wertpapierlinie liegt, eine niedrigere erwartete Rendite und ceteris paribus einen höheren Kurs, was bedeutet, dass sie eine höhere Marktkapitalisierung und ein niedrigeres Buchwert-Marktwert-Verhältnis hat. Daher hat ein Portfolio aus Aktien mit hohen Marktkapitalisierungen oder niedrigen Buchwert-Marktwert-Verhältnissen negative Alphas, wenn das Marktportfolio nicht effizient ist. Dies soll nun anhand eines einfachen Beispiels veranschaulicht werden.

Beispiel 13.2: Das Risiko und der Marktwert des Eigenkapitals

Fragestellung

Wir betrachten die beiden Unternehmen SM Industries und BiG Corporation. Von diesen wird erwartet, dass sie für einen ewigen Zeitraum Dividenden in Höhe von EUR 1 Million pro Jahr zahlen. Der Dividendenstrom von SM hat ein größeres Risiko als der Dividendenstrom von BiG, weswegen seine Kapitalkosten 14 % pro Jahr betragen. Die Kapitalkosten von BiG betragen 10 %. Welches Unternehmen hat den höheren Marktwert? Welches Unternehmen hat die höhere erwartete Rendite? Angenommen, beide Aktien haben aufgrund von Schätzfehlern oder der Ineffizienz des Marktportfolios das gleiche geschätzte Beta. Auf der Grundlage dieses Betas würde nach dem CAPM beiden Aktien eine erwartete Rendite von 12 % zugewiesen werden. In welcher Beziehung stehen die Marktwerte der Unternehmen zu deren Alphas?

Lösung

Der Zeitstrahl der Dividendenausschüttung ist für beide Unternehmen gleich:

Zur Berechnung des Marktwertes von SM berechnen wir den Barwert seiner zukünftigen erwarteten Dividenden mithilfe der Formel für die ewige Rente und Kapitalkosten von 14 %:

$$\text{Marktwert von SM} = \frac{1}{0,14} = \text{EUR 7,143 Millionen}$$

Analog ist der Marktwert von BiG gleich:

$$\text{Marktwert von BiG} = \frac{1}{0,10} = \text{EUR 10 Millionen}$$

SM hat den niedrigeren Marktwert und eine höhere erwartete Rendite (14 % gegenüber 10 %). Überdies hat SM auch das höhere Alpha:

$$\alpha_{SM} = 0,14 - 0,12 = 2\ \%$$

$$\alpha_{BiG} = 0,10 - 0,12 = -2\ \%$$

Demzufolge hat das Unternehmen mit dem niedrigeren Marktwert das höhere Alpha.

Ist das Marktportfolio nicht effizient, sagt die Theorie, dass Aktien mit geringen Marktkapitalisierungen oder hohen Buchwert-Marktwert-Verhältnissen positive Alphas haben. Angesichts dieser Beobachtung ist der Größeneffekt tatsächlich ein möglicher Beleg gegen die Effizienz des Marktportfolios.

Die Momentum-Strategie

Wissenschaftler haben historische Aktienrenditen auch zur Bildung von Portfolios mit positiven Alphas verwendet. So haben beispielsweise Narishiman Jegadeesh und Sheridan Titman[39] für die Jahre 1965 bis 1989 jeden Monat Aktien nach ihren realisierten Renditen über die vorangegangenen 6 bis 12 Monate in eine Rangordnung gebracht. Dabei haben sie festgestellt, dass die Aktien mit der besten Wertentwicklung positive Alphas über die nächsten 3 bis 12 Monate hatten. Dieses Ergebnis widerspricht dem CAPM: Ist das Marktportfolio effizient, dann sollte die Vorhersage der Alphas auf der Grundlage vergangener Renditen nicht möglich sein.

Anleger können dieses Ergebnis ausnutzen, indem sie Aktien kaufen, die in der Vergangenheit hohe Renditen hatten und Aktien (leer-)verkaufen, die in der Vergangenheit niedrige Renditen hatten. Dies wird als **Momentum-Strategie** bezeichnet. Jegadeesh und Titman haben nachgewiesen, dass diese Strategie im Zeitraum 1965 bis 1989 zu einem Alpha von mehr als 12 Prozent pro Jahr geführt hätte.

Auswirkungen von Handelsstrategien mit positivem Alpha

Seit der Entdeckung des CAPM ist sowohl Wissenschaftlern als auch Praktikern zunehmend klar geworden, dass Anleger durch die Bildung von auf der Marktkapitalisierung, Buchwert-Marktwert-Verhältnissen und vergangenen Renditen beruhenden Portfolios Handelsstrategien aufbauen können, die ein positives Alpha haben. Angesichts dieser Ergebnisse können wir eine von zwei möglichen Schlussfolgerungen ziehen:

1. Investoren ignorieren systematisch Anlagemöglichkeiten mit positivem Kapitalwert. Mit dem CAPM werden zwar die geforderten Risikoprämien korrekt berechnet, doch ignorieren die Anleger Möglichkeiten, zusätzliche Renditen ohne zusätzliches Risiko zu erzielen: Entweder weil sie diese Möglichkeiten nicht kennen oder weil die Kosten zur Umsetzung der Strategien höher als der Kapitalwert der Nutzung dieser Möglichkeiten sind.

2. Die Handelsstrategien mit positivem Alpha enthalten Risiken, die Anleger nicht einzugehen bereit sind, die das CAPM jedoch nicht erfasst. Dies bedeutet: Das Beta einer Aktie zum Marktportfolio misst das systematische Risiko einer Aktie nicht ausreichend, somit wird mit dem CAPM die Risikoprämie nicht richtig berechnet.

Ein positiver Kapitalwert kann auf dem Markt nur dann dauerhaft bestehen, wenn der Wettbewerb durch Eintrittsschranken begrenzt ist. In diesem Fall ist es sehr schwierig zu bestimmen, um welche Schranken es sich dabei handeln könnte. Die Existenz solcher Handelsstrategien ist seit mehr als 15 Jahren allgemein bekannt. Dabei sind nicht nur die zur Portfoliobildung erforderlichen Informationen leicht verfügbar, sondern viele Investmentfonds verfolgen auch Strategien, die auf dem Momentum-Konzept, der Marktkapitalisierung und Buchwert-Marktwert-Verhältnissen beruhen. Daher scheint die erste Schlussfolgerung unwahrscheinlich.

Damit bleibt nur die zweite Möglichkeit: Das Marktportfolio ist nicht effizient, weswegen das Beta einer Aktie gegenüber dem Markt kein angemessenes Maß für dessen systematisches Risiko ist. Mit anderen Worten sind die Gewinne aus der Handelsstrategie (positive Alphas) tatsächlich Renditen für die Übernahme des Risikos, das die Anleger eigentlich nicht eingehen wollen und das im CAPM nicht erfasst wird. Es gibt mehrere Gründe, warum das Marktportfolio nicht effizient ist. Jeder Grund soll nun der Reihe nach untersucht werden.

---

39 Siehe dazu N. Jegadeesh und S. Titman, „Returns to Buying Winners and Selling Losers: Implications for Market Efficiency", *Journal of Finance*, Bd. 48 (1993), S. 65–91.

Markteffizienz und die Effizienz des Marktportfolios

In ▸Kapitel 9 wurde die *Hypothese effizienter Märkte* eingeführt, die besagt, dass der Wettbewerb einen positiven Kapitalwert von Investment-Strategien verhindern sollte, oder dass Wertpapiere mit gleichwertigem Risiko die gleiche erwartete Rendite aufweisen sollten. Da allerdings das „gleichwertige Risiko" nicht klar definiert ist, kann die Hypothese effizienter Märkte nicht unmittelbar geprüft werden. Das Risikomaß ist jedoch nach den Annahmen des CAPM klar definiert: Damit kann die These, dass es im CAPM keine Anlagestrategien mit positivem Kapitalwert gibt, geprüft werden, indem untersucht wird, ob das Marktportfolio effizient ist und alle Strategien ein Alpha von null haben.

Einige Wissenschaftler treffen eine weitere Einteilung dieser Tests in die Kategorien *schwache, halbstrenge* und *strenge Kapitalmarkteffizienz*. **Schwache Kapitalmarkteffizienz** besagt, dass es nicht möglich sein sollte, durch Handelsgeschäfte, die nur auf der Grundlage der historischen Kursdaten erfolgen, Gewinne zu erzielen, beispielsweise durch den Verkauf von „Kursgewinnern" und das Festhalten an „Kursverlierern" oder, umgekehrt, durch Aktienhandel auf der Grundlage der Momentum-Strategie. Die **halbstrenge Effizienz** gibt an, dass es nicht möglich sein sollte, beständig Gewinne zu erzielen aus dem Aktienhandel auf der Grundlage öffentlich verfügbarer Informationen, wie beispielsweise Nachrichtenmeldungen oder Analysten-Empfehlungen. Die **strenge Effizienz** besagt schließlich, dass es auch auf Grundlage privater Informationen nicht möglich sein sollte, beständig Gewinne zu erzielen.

An dieser Stelle ist zu beachten, dass die Hypothese effizienter Märkte *nicht* besagt, dass die Marktpreise bezüglich *zukünftiger* Informationen immer richtig sind. So wurde durch die Finanzkrise im Jahr 2008 deutlich, dass die Aktien vieler Banken und anderer Unternehmen im Jahr 2007 überbewertet waren. Mit diesen Informationen wäre der Verkauf von Bankaktien im Jahr 2007 eine Handelsmöglichkeit mit positivem Kapitalwert gewesen. Diese Tatsache an sich steht nicht im Widerspruch zur Markteffizienz. Dazu müssten wir nachweisen, dass die Finanzkrise im Jahr 2007 leicht vorhersehbar war und dass viele Anleger durch Handelsgeschäfte auf der Grundlage dieses Wissens profitierten. Durch den Mangel an „Gewinnern" im Gefolge der Finanzkrise wird jedoch deutlich, dass diese Prognose in jenem Jahr alles andere als offensichtlich war. Tatsächlich weist John Paulson, der Händler, der am bekanntesten dafür ist, dass er die Bankenkrise kommen sah und hypothekengestützte Wertpapiere leerverkaufte, seitdem mit seinem Advantage Plus Fonds nur eine mittelmäßige Wertentwicklung aus. Dieser Fonds verzeichnete 2011 einen *Verlust in Höhe von 52 %*, was wohl darauf hinweist, dass seine erfolgreiche Spekulation damals mehr mit Glück und einem gesunden Risikoappetit zu tun hatte als mit seinen Fähigkeiten.

Wie die Erkenntnisse in diesem Kapitel verdeutlichen, ergeben die Belege für die Effizienz des Marktes bei der Verwendung des CAPM zur Messung des Risikos kein einheitliches Bild: Privatanleger scheinen den Markt durchschnittlich nicht schlagen zu können, doch scheinen zugleich bestimmte Handelsstrategien profitabel zu sein. Die Schlüsselfrage, mit der Finanzökonomen konfrontiert sind, ist: Auf welche Weise wird das Risiko korrekt gemessen? Enthalten diese „profitablen" Strategien systematische Risiken, die nicht durch das CAPM identifiziert werden – wodurch nach einem allgemeineren Risikomodell als dem CAPM ein angemessener Preis für sie ermittelt wird? Oder stellen sie eine echte Möglichkeit dar, ohne Erhöhung des Risikos höhere Renditen zu erzielen?

Proxy-Fehler. Das wahre Marktportfolio kann effizient sein, während der dafür verwendete Proxy (Stellvertreter) falsch sein kann. Das wahre Marktportfolio besteht aus allen in der Wirtschaft gehandelten Investitionsobjekten, einschließlich Anleihen, Immobilien, Kunst, Edelmetalle und so weiter. Die meisten dieser Investitionen können im Proxy für das Marktportfolio nicht berücksichtigt werden, da keine Daten zu Marktpreisen für sie verfügbar sind. Demzufolge können üblicherweise verwendete Proxies, wie der S&P 500 Index für den amerikanischen Markt, verglichen mit dem tatsächlichen Markt ineffizient sein: Aktien können Alphas aufweisen, die sich von null unterscheiden.[40] In diesem Fall geben die Alphas lediglich an, dass das falsche Proxy verwendet wird, doch geben sie keine entgangenen Investitionsobjekte mit positivem Kapitalwert an.[41]

Verzerrungseffekte aufgrund des Verhaltens von Anlegern. Wie in ▶Abschnitt 13.4 erörtert, können einige Anleger systematischen Verzerrungseffekten unterliegen. So können sie beispielsweise Aktien mit starkem Wachstum, über die stärker in den Medien berichtet wird, attraktiv finden, oder sie verkaufen „Kursgewinner" und halten an „Kursverlierern" fest und befolgen damit eine konträre Strategie. Aufgrund dieser Verzerrungseffekte halten diese Anleger ineffiziente Portfolios. Erfahrenere Anleger halten ein effizientes Portfolio, da aber das Angebot gleich der Nachfrage sein muss, muss dieses effiziente Portfolio mehr kleine, Wert- und Momentum-Aktien enthalten, damit die Transaktionen der Anleger, die Verzerrungseffekten unterliegen, ausgeglichen werden können. Während die Alphas im Hinblick auf dieses effiziente Portfolio gleich null sind, sind sie verglichen mit dem Marktportfolio (das dem Gesamtbestand der Aktien von Verzerrungseffekten unterliegenden Anlegern und erfahreneren Anleger entspricht) positiv.

Alternative Risikopräferenzen und nicht handelbares Vermögen. Anleger können auch ineffiziente Portfolios auswählen, wenn für sie andere Risikomerkmale als die Volatilität ihres gehandelten Portfolios wichtig sind. So können sie Investitionsobjekte mit unsymmetrischen Verteilungen attraktiv finden, bei denen eine geringe Wahrscheinlichkeit für eine extrem hohe Auszahlung besteht. Infolgedessen wären sie bereit, ein gewisses diversifizierbares Risiko zu halten, um diese Auszahlung zu erzielen. Überdies werden die Anleger außerhalb ihres Portfolios mit erheblichen Risiken konfrontiert, die nicht handelbar sind, wobei das wichtigste dieser Risiken auf das Humankapital zurückzuführen ist.[42] So wird beispielsweise ein Banker bei Goldman Sachs Risiken im Finanzbereich und ein Software-Ingenieur Risiken im Hochtechnologiebereich unterliegen. Bei der Auswahl eines Portfolios können die Anleger vom Marktportfolio abweichen, um diese beruflichen Risiken auszugleichen.[43]

Es ist wichtig zu verstehen, dass bloß weil das Marktportfolio nicht effizient ist, dies nicht bedeutet, dass die Möglichkeit, dass ein *anderes* Portfolio effizient sein kann, ausgeschlossen ist. Wie bereits in ▶Kapitel 11 gezeigt, gilt die CAPM-Preisbeziehung bei *jedem* effizienten Portfolio. Infolgedessen haben Wissenschaftler angesichts der Belege gegen die Effizienz des Marktportfolios alternative Risiko-Rendite-Modelle entwickelt, die sich nicht speziell auf die Effizienz des Marktportfolios stützen. Ein solches Modell wird in ▶Abschnitt 13.7 vorgestellt.

Verständnisfragen

1. Was bedeutet das Vorhandensein einer Handelsstrategie mit positivem Alpha?

2. Warum ist das Marktportfolio unter Umständen nicht effizient, wenn Anleger über eine beträchtliche Menge nicht handelbarer (aber risikobehafteter) Vermögensgegenstände verfügen?

---

40 Wenn das wahre Marktportfolio effizient ist, können selbst kleine Unterschiede zwischen dem Proxy und dem wahren Marktportfolio zu einem nicht signifikanten Zusammenhang zwischen dem Beta und den Renditen führen. Siehe dazu R. Roll und S. Ross: „On the Cross-Sectional Relation between Expected Returns and Beta", *Journal of Finance*, Bd. 49, Nr. 1 (1994), S. 101–121. Die amerikanischen Lehrbücher und viele Publikationen verwenden oft den S&P 500 Index, die deutschen den DAX 30 etc. Zumindest sollten aber weltweite Indizes wie der MSCI World Index als Proxy herangezogen werden.

41 Da wir das *wahre* Marktportfolio aus *allen* risikobehafteten Anlagen nicht konstruieren können, kann die Theorie des CAPM in gewisser Hinsicht nicht überprüft werden (siehe R. Roll, „A Critique of the Asset Pricing Theory's Tests", *Journal of Financial Economics*, Bd. 4 (1977), S. 129–176). Aus der Perspektive eines Unternehmensmanagers ist es natürlich unerheblich, ob das CAPM überprüft werden kann. Solange die Bestimmung eines effizienten Portfolios möglich ist, kann dieses zur Berechnung der Kapitalkosten herangezogen werden.

42 Obwohl dies selten vorkommt, gibt es innovative Märkte, auf denen Menschen ihr Humankapital zur Finanzierung ihrer Ausbildung eintauschen können. Siehe M. Palacios, *„Investing in Human Capital: A Capital Markets Approach to Student Funding"*, Cambridge University Press, 2004.

43 Das Humankapitalrisiko kann einen Teil der Ineffizienz allgemein verwendeter Proxies für das Marktportfolio erklären. Siehe R. Jagannathan und Z. Wang, „The Conditional CAPM and the Cross-Sections of Expected Returns", *Journal of Finance* 51 (1996), S. 3–53; I. Palacios-Huerta, „The Robustness of the Conditional CAPM with Human Capital", *Journal of Financial Econometrics*, Bd. 1 (2003), S. 272–289.

13.7 Mehrfaktoren-Risikomodelle

In ▸Kapitel 11 wurde die erwartete Rendite eines marktgängigen Wertpapiers als Funktion der erwarteten Rendite des effizienten Portfolios dargestellt:

$$E[R_S] = r_f + \beta_s^{eff} \times (E[R_{eff}] - r_f) \qquad (13.3)$$

Ist das Marktportfolio nicht effizient, muss eine alternative Methode zur Bestimmung eines effizienten Portfolios gefunden werden, um ▸Gleichung 13.3 verwenden zu können.

In der Praxis ist es äußerst schwierig, Portfolios zu bestimmen, die effizient sind, da die erwartete Rendite und die Standardabweichung eines Portfolios nicht mit hoher Genauigkeit gemessen werden können. Dennoch kennen wir einige Merkmale des effizienten Portfolios, auch wenn wir eventuell nicht in der Lage sind, das effiziente Portfolio selbst zu bestimmen. Erstens ist ein effizientes Portfolio gut diversifiziert. Zweitens kann ein effizientes Portfolio aus anderen, gut diversifizierten Portfolios konstruiert werden. Die letztgenannte Beobachtung mag trivial erscheinen, ist aber ganz hilfreich: Sie impliziert, dass *es nicht wirklich notwendig ist, das effiziente Portfolio an sich zu bestimmen.* Solange eine Reihe von gut diversifizierten Portfolios bestimmt werden kann, aus denen ein effizientes Portfolio konstruiert werden kann, können diese Portfolios an sich zur Messung des Risikos verwendet werden.

Die Verwendung von Faktorportfolios

Wir nehmen an, dass wir Portfolios bestimmt haben, die zur Bildung eines effizienten Portfolios zusammengefasst werden können. Diese Portfolios werden **Faktorportfolios** genannt. Dann wird, wie im Anhang zu diesem Kapitel gezeigt, bei der Verwendung von N Faktorportfolios mit den Renditen $R_{F1}, ..., R_{FN}$ die erwartete Rendite des Investitionsobjekts s durch folgende Gleichung gegeben:

Mehrfaktorenmodell des Risikos

$$E[R_S] = r_f + \beta_s^{F1}(E[R_{F1}] - r_f) + \beta_s^{F2}(E[R_{F1}] - r_f) + ... + \beta_s^{Fn}(E[R_{Fn}] - r_f) \qquad (13.4)$$

$$= r_f + \sum_{n=1}^{N} \beta_s^{Fn}(E[R_{Fn}] - r_f)$$

Hier sind $\beta_s^{F1}, ..., \beta_{sFN}$ die **Faktorbetas,** je ein Beta für jeden Risikofaktor, wobei die Faktorbetas gleich interpretiert werden wie das Beta im CAPM. Jedes Faktorbeta entspricht der erwarteten prozentualen Änderung der Überrendite eines Wertpapiers bei einer Änderung der Überrendite des Faktorportfolios um ein Prozent (wenn die anderen Faktoren konstant gehalten werden).

▸Gleichung 13.4 gibt an, dass die Risikoprämie jedes marktgängigen Wertpapiers als Summe der Risikoprämie jedes Faktors multipliziert mit der Sensitivität der Aktie gegenüber dem Faktor – den *Faktorbetas* – ausgedrückt werden kann. Es besteht kein Widerspruch zwischen ▸Gleichung 13.4, in der die erwartete Rendite in Bezug auf mehrere Faktoren angegeben wird, und ▸Gleichung 13.3, in der die erwartete Rendite nur in Bezug auf das effiziente Portfolio angegeben wird. *Beide* Gleichungen treffen zu: Der Unterschied liegt nur in den verwendeten Portfolios. Wird ein effizientes Portfolio verwendet, so erfasst dieses das gesamte systematische Risiko. Dementsprechend wird dieses Modell oft als **Einfaktormodell** bezeichnet. Werden mehrere Portfolios als Faktoren verwendet, so erfassen diese Faktoren zusammen das gesamte systematische Risiko. Hierbei ist jedoch zu beachten, dass jeder Faktor in ▸Gleichung 13.4 verschiedene Komponenten des systematischen Risikos erfasst. Bei der Verwendung von mehr als einem Portfolio zur Erfassung des Risikos wird dieses Modell **Mehrfaktorenmodell** genannt. Dabei kann jedes Portfolio selbst als Risikofaktor oder als mit einem nicht beobachtbaren Risikofaktor korreliertes Portfolio aus Aktien interpretiert werden.[44] Dieses Modell wird auch **Arbitragepreistheorie (APT)** genannt.

---

44 Diese Form des Mehrfaktorenmodells wurde ursprünglich von Stephen Ross entwickelt, obwohl Robert Merton bereits früher ein anderes Mehrfaktorenmodell entwickelt hatte. Siehe S. Ross, „The Arbitrage Theory of Capital Asset Pricing", *Journal of Economic Theory*, Bd. 13 (1976), S. 341–360; R. Merton, „An Intertemporal Capital Asset Pricing Model", *Econometrica*, Bd. 41 (1973), S. 867–887.

▶Gleichung 13.4 kann noch etwas weiter vereinfacht werden. Dazu interpretieren wir die erwartete Überrendite jedes Faktors, $E[R_{Fn}] - r_f$, als erwartete Rendite eines Portfolios, bei dem wir Geld zu einem Zinssatz r_f aufnehmen, um dieses in das Faktorportfolio zu investieren. Da die Konstruktion dieses Portfolios nichts kostet (wir nehmen das Kapital für die Investition auf), wird es **selbstfinanzierendes Portfolio** genannt. Ein selbstfinanzierendes Portfolio kann auch durch den Aufbau von Bestandspositionen in einigen Aktien und Leerverkaufspositionen in anderen Aktien mit gleichem Marktwert konstruiert werden. Im Allgemeinen ist ein selbstfinanzierendes Portfolio jedes Portfolio mit Portfoliogewichten, die sich statt auf eins auf null summieren. Vorausgesetzt alle Faktorportfolios sind selbstfinanzierend (entweder über Kreditaufnahme oder den Leerverkauf von Aktien), kann ▶Gleichung 13.4 wie folgt umgeschrieben werden:

Mehrfaktorenmodell des Risikos bei selbstfinanzierenden Portfolios

$$E[R_s] = r_f + \beta_s^{F1} E[R_{F1}] + \beta_s^{F2} E[R_{F2}] + ... + \beta_s^{Fn} E[R_{Fn}] \tag{13.5}$$

$$= r_f + \sum_{n=1}^{N} \beta_s^{Fn} E[R_{Fn}]$$

Zusammenfassend kann gesagt werden, dass die Kapitalkosten mithilfe eines Mehrfaktorenmodells ohne die tatsächliche Bestimmung des effizienten Portfolios bestimmt werden können. Anstatt sich auf die Effizienz eines einzigen Portfolios (wie den Markt) zu verlassen, stützen sich Mehrfaktorenmodelle auf die schwächere Bedingung, dass ein effizientes Portfolio aus einer Reihe gut diversifizierter Portfolios oder Faktoren gebildet werden kann. Im nächsten Abschnitt wird die Auswahl der Faktoren erläutert.

Die Auswahl der Portfolios

Das naheliegendste Portfolio, das bei der Bestimmung einer Reihe von Portfolios, die das effiziente Portfolio bilden, verwendet werden kann, ist das Marktportfolio selbst. Historisch hatte das Marktportfolio eine hohe Prämie gegenüber kurzfristigen risikolosen Anlagen wie Schatzwechseln. Selbst wenn das Marktportfolio nicht effizient ist, erfasst es doch viele Elemente des systematischen Risikos. Wie in ▶Abbildung 13.9 und ▶Abbildung 13.10 gezeigt wird, weisen Portfolios mit höheren durchschnittlichen Renditen *tatsächlich* tendenziell höhere Betas auf, selbst wenn das Modell versagt. Damit ist dieses Portfolio ein selbstfinanzierendes Portfolio, das aus einer Bestandsposition im Marktportfolio besteht, die durch eine Leerverkaufsposition in das risikolose Wertpapier finanziert wird.

Wie werden nun aber die anderen Portfolios ausgewählt? Wie bereits dargestellt, scheinen auf Marktkapitalisierung, Buchwert-Marktwert-Verhältnissen und dem Momentum beruhende Handelsstrategien positive Alphas aufzuweisen. Dies bedeutet, dass die Portfolios, in denen die Handelsstrategie umgesetzt wird, ein Risiko erfassen, das vom Marktportfolio nicht erfasst wird. Daher sind diese Portfolios gute Kandidaten für die anderen Portfolios in einem Mehrfaktorenmodell. Aus diesen Handelsstrategien werden nun drei zusätzliche Portfolios konstruiert: Bei der ersten Handelsstrategie werden Aktien auf der Grundlage ihrer Marktkapitalisierung ausgewählt, bei der zweiten Strategie kommt das Buchwert-Marktwert-Verhältnis zum Einsatz und bei der dritten Strategie historische Renditen.

Marktkapitalisierungsstrategie. Jedes Jahr werden Unternehmen auf Grundlage des Marktwertes ihres Eigenkapitals in eines von zwei Portfolios eingeordnet: Unternehmen mit Marktwerten unterhalb des Medians von an der New Yorker Börse gehandelten Unternehmen bilden ein gleichgewichtetes Portfolio S. Die Unternehmen oberhalb des Medians der Marktwerte bilden das gleichgewichtete Portfolio B. Eine Handelsstrategie, bei der in jedem Jahr das Portfolio S („kleine" Aktien) gekauft und diese Position durch den Leerverkauf von Portfolio B („große" Aktien) finanziert wird, hat historisch zu positiven risikobereinigten Renditen geführt. Dieses selbstfinanzierende Portfolio wird **Small-Minus-Big (SMB) Portfolio** genannt.

Buchwert-Marktwert-Verhältnis-Strategie. Bei einer zweiten Handelsstrategie, die in der Vergangenheit zu positiven risikobereinigten Renditen geführt hat, wird das Buchwert-Marktwert-Verhältnis zur Auswahl von Aktien verwendet. In jedem Jahr wird aus Unternehmen mit einem Buchwert-Marktwert-Verhältnis, das niedriger ist als das 30. Perzentil der an der New Yorker Börse gehandelten Unternehmen, ein „Low-Portfolio" L genanntes gleichgewichtetes Portfolio gebildet. Unternehmen mit einem Buchwert-Marktwert-Verhältnis, das höher ist als das 70. Perzentil der an der New Yorker Börse gehandelten Unternehmen bilden ein als „High Portfolio" H bezeichnetes, gleichgewichtetes Portfolio. Eine Handelsstrategie, bei der in jedem Jahr eine Bestandsposition in Portfolio H aufgebaut wird, die durch eine Leerverkaufsposition in Portfolio L finanziert wird, hat positive risikobereinigte Renditen erzielt. Dieses selbstfinanzierende Portfolio (Aktien mit hohem Buchwert-Marktwert-Verhältnis minus Aktien mit niedrigem Buchwert-Marktwert-Verhältnis) wird der Reihe der Portfolios hinzugefügt und als **High-Minus-Low (HML) Portfolio** bezeichnet (wobei wir uns dieses Portfolio auch als Bestandsposition mit Wertaktien und Leerverkaufsposition mit Wachstumsaktien vorstellen können).

Strategie vergangener Renditen. Die dritte Handelsstrategie ist eine Momentum-Strategie. In jedem Jahr werden dabei die Aktien nach der von ihnen über das vergangene Jahr erzielten Rendite eingeteilt.[45] Es wird ein Portfolio aufgebaut, das aus einer Bestandsposition der oberen 30 % der Aktien und einer Leerverkaufsposition der unteren 30 % besteht. Bei dieser Handelsstrategie muss das Portfolio für ein Jahr gehalten werden. Danach wird ein neues selbstfinanzierendes Portfolio gebildet, das wiederum für ein Jahr gehalten wird. Dieser Prozess wird dann jährlich wiederholt. Das sich daraus ergebende selbstfinanzierende Portfolio wird als **Prior One-Year Momentum (PR1YR) Portfolio** bezeichnet.

Fama-French-Carhart Faktorspezifikation. Die Zusammenstellung dieser vier Portfolios – die Überrendite des Marktes ($Mkt - r_f$), SMB, HML und PR1YR – ist zurzeit die bekannteste Auswahl für ein Mehrfaktorenmodell. Unter Verwendung dieser Zusammenstellung wird die erwartete Rendite des Wertpapiers s gegeben durch:

Fama-French-Carhart Faktorspezifikation

$$E[R_s] = r_f + \beta_s^{Mkt}(E[R_{Mkt}] - r_f) + \beta_s^{SMB}E[R_{SMB}]$$
$$+ \beta_s^{HML}E[R_{HML}] + \beta_s^{PR1YR}E[R_{PR1YR}] \tag{13.6}$$

wobei β_s^{Mkt}, β_s^{SMB}, β_s^{HML} und β_s^{PR1YR} die Faktorbetas der Aktie s sind und die Sensitivität der Aktie gegenüber jedem Portfolio messen. Da die vier Portfolios in ▸Gleichung 13.6 durch Eugene Fama, Kenneth French und Mark Carhart bestimmt wurden, wird diese Zusammenstellung von Portfolios **Fama-French-Carhart (FFC) Faktorspezifikation** genannt.

Die Kapitalkostenbestimmung bei der Fama-French-Carhart-Faktorspezifikation

Mehrfaktorenmodelle haben gegenüber Einfaktormodellen einen deutlichen Vorteil, da die Ermittlung einer Zusammenstellung von Portfolios, die das systematische Risiko erfassen, viel einfacher ist als die Bestimmung nur eines einzigen Portfolios. Sie haben jedoch auch einen gewichtigen Nachteil: Die erwartete Rendite *jedes* Portfolios muss geschätzt werden. Da die Schätzung der erwarteten Renditen nicht einfach ist, erhöht jedes hinzugefügte Portfolio die Schwierigkeit der Umsetzung des Modells. Diese Aufgabe ist besonders komplex, da unklar ist, *welches* wirtschaftliche Risiko die Portfolios erfassen. Somit können wir nicht hoffen, auf der Grundlage eines ökonomischen Arguments eine angemessene Schätzung der Rendite zu entwickeln (wie dies beim CAPM der Fall war). Zur Umsetzung dieses Modells besteht kaum eine andere Möglichkeit als die Verwendung von historischen Durchschnittsrenditen der Portfolios.[46]

Da die Renditen der FFC-Portfolios so volatil sind, werden zur Schätzung der erwarteten Rendite Daten zu mehr als 80 Jahren verwendet. In ▸Tabelle 13.1 werden die monatliche Durchschnittsrendite sowie die 95 %-Konfidenzbänder der FFC-Portfolios dargestellt. Hier wird ein wertgewichtetes Portfolio sämtlicher Aktien der NYSE, AMEX und NASDAQ als Proxy für das Marktportfolio verwendet. Selbst bei Daten zu 80 Jahren sind jedoch sämtliche Schätzungen der erwarteten Renditen ungenau.

---

45 Aufgrund kurzfristiger Handelseffekte wird die Rendite des letzten vergangenen Monats häufig ausgelassen, sodass hier tatsächlich eine Rendite über elf Monate verwendet wird.

46 Es gibt noch einen zweiten, subtilen Nachteil der meisten Faktormodelle. Da Faktormodelle zur Bestimmung des Preises gehandelter Wertpapiere entwickelt wurden, gibt es keine Garantie dafür, dass für Risiken, die momentan nicht gehandelt werden (wie das mit einer neuen Technologie verbundene Risiko), ein zutreffender Preis bestimmt wird. In der Praxis wird angenommen, dass jedes nicht gehandelte Risiko idiosynkratisch ist und deshalb keine Risikoprämie erfordert.

Tabelle 13.1

Durchschnittliche Monatsrenditen des FFC Portfolios von 1926 bis 2012

Faktorportfolio	Durchschnittliche Monatsrendite (%)	95 %-Konfidenzband (%)
$Mkt - r_f$	0,61	±0,34
SMB	0,25	±0,20
HML	0,38	±0,22
PR1YR	0,77	±0,29

Quelle: Kenneth French http://mba.tuck.dartmouth.edu/pages/faculty/ken.french/data_library.html

---

Beispiel 13.3:   Die Verwendung der FFC-Faktorspezifikation zur Berechnung der Kapitalkosten

Fragestellung

Sie erwägen eine Investition in ein Projekt in der Fastfood-Branche. Sie stellen fest, dass das Projekt dieselbe nicht diversifizierbare Risikohöhe hat wie eine Investition in McDonald's-Aktien. Bestimmen Sie mithilfe der FFC-Faktorspezifikation die Kapitalkosten.

Lösung

Sie entscheiden sich, zur Schätzung der Faktorbetas der McDonald's-Aktie (Börsenkürzel: MCD) Daten aus den vergangenen neun Jahren zu verwenden. Aus diesem Grund führen Sie eine Regression der monatlichen Überrendite (der in jedem Monate realisierten Rendite abzüglich des risikolosen Zinssatzes) der McDonald's-Aktie bezüglich der Rendite jedes Faktorportfolios durch. Die geschätzten Koeffizienten entsprechen den Faktorbetas. Im Folgenden werden die Schätzwerte der vier Faktorbetas und deren 95 %-Konfidenzintervalle auf der Grundlage von Daten aus den Jahren von 2003 bis 2011 dargestellt:

Faktor	Geschätztes Beta	Unteres 95 %	Oberes 95 %
Markt	0,687	0,449	0,926
SMB	−0,299	−0,725	0,127
HML	−0,156	−0,561	0,249
PR1YR	0,123	−0,068	0,314

Mithilfe dieser Schätzungen sowie des risikolosen monatlichen Zinssatzes von 1,5 % : 12 = 0,125 % kann die erwartete monatliche Rendite einer Anlage in McDonald's Aktien berechnet werden:

$$E\left[R_{MCD}\right] = 0,125 \% + 0,687 \times 0,61 \% - 0,299 \times 0,25 \% - 0,156 \times 0,38 \% + 0,123 \times 0,70 \%$$
$$= 0,496 \%$$

Als nominaler Jahreszins ausgedrückt entspricht die erwartete Rendite 0,496 % × 12 = 5,95 %. Die jährlichen Kapitalkosten der Anlagemöglichkeit betragen somit ungefähr 6 %. Hierbei ist jedoch die erhebliche Unsicherheit sowohl bei den Faktorbetas als auch deren erwarteten Renditen zu beachten.

Zum Vergleich: Eine Standard CAPM-Regression über denselben Zeitraum führt zu einem geschätzten Markt-Beta von 0,54 für McDonald's — das Markt-Beta unterscheidet sich von der Schätzung von 0,687 oben, weil in der CAPM-Regression nur ein einziger Faktor verwendet wird. Bei Verwendung der historischen Überrendite am Markt erhalten wir eine erwartete Rendite von 0,125 % + 0,54 × 0,61 % = 0,454 % pro Monat oder circa 5,5 % pro Jahr.

Die FFC-Faktorspezifikation wurde erst vor etwas mehr als 20 Jahren entwickelt. Obwohl die FFC-Faktorspezifikation in der wissenschaftlichen Literatur zur Risikomessung allgemein angewandt wird, gibt es noch immer viele Diskussionen darüber, ob sie tatsächlich eine wesentliche Verbesserung gegenüber dem CAPM darstellt.[47] Das Gebiet, für das Wissenschaftler festgestellt haben, dass die FFC-Faktorspezifikation anscheinend besser funktioniert als das CAPM, ist die Messung des Risikos aktiv gemanagter Investmentfonds. Hierzu haben Wissenschaftler festgestellt, dass Fonds mit in der Vergangenheit hohen Renditen nach dem CAPM positive Alphas haben.[48] Als Mark Carhart den gleichen Test mithilfe der FFC-Faktorspezifikation zur Berechnung der Alphas wiederholte, fand er keine Belege dafür, dass Investmentfonds mit in der Vergangenheit hohen Renditen positive zukünftige Alphas haben.[49]

Verständnisfragen

1. Welchen Vorteil hat ein Mehrfaktorenmodell gegenüber einem Einfaktormodell?

2. Wie kann die Fama-French-Carhart-Faktorspezifikation zur Schätzung der Kapitalkosten verwendet werden?

13.8 In der Praxis angewandte Methoden

Welche Methode setzen Manager angesichts der Beweise für und gegen die Effizienz des Marktportfolios zur Berechnung der Kapitalkosten ein? In einer von John Graham und Campbell Harvey durchgeführten Umfrage unter 392 Finanzvorständen wurde festgestellt, dass, wie in ▶Abbildung 13.11 dargestellt, 73,5 % der befragten Unternehmen das CAPM zur Berechnung der Kapitalkosten verwenden. Überdies wurde festgestellt, dass größere Unternehmen das CAPM häufiger verwendeten als kleinere Unternehmen.

Wie sieht es bei den anderen Verfahren aus? Nur ein Drittel der von Graham und Harvey befragten Unternehmen gab an, dass sie zur Berechnung der Kapitalkosten ein Mehrfaktorenmodell einsetzen. Zwei andere Verfahren, deren Verwendung einige Unternehmen in der Befragung angaben, waren die durchschnittlichen historischen Renditen (40 %) und das Dividendendiskontierungs-Modell (16 %). Mit Dividendendiskontierungs-Modell meinen Praktiker die ▶Gleichung 9.7 aus ▶Kapitel 9: Sie schätzen die erwartete zukünftige Kurssteigerungsrate des Unternehmens, addieren die aktuelle Dividendenrendite hinzu und bestimmen so die erwartete Gesamtrendite der Aktie.

Kurzum: Es gibt keine klare Antwort auf die Frage, welche Methode zur Messung des Risikos in der Praxis eingesetzt wird. Dies hängt stark vom Unternehmen und der jeweiligen Branche ab. Es ist nicht schwierig zu verstehen, warum in der Praxis so wenig Einigkeit über die zu verwendende Methode besteht: *Sämtliche von uns betrachteten Methoden sind ungenau.* Bisher hat die Finanzwirtschaft noch nicht den Punkt erreicht, an dem wir über eine Theorie der erwarteten Renditen verfügen, die eine genaue Schätzung der Kapitalkosten bietet. Zudem ist zu berücksichtigen, dass nicht alle Methoden gleich einfach umzusetzen sind. Da die Abwägung zwischen Einfachheit und Genauigkeit von Branche zu Branche unterschiedlich ist, wenden die Praktiker die Methoden an, die den jeweiligen Umständen am besten entsprechen.

Bei einer Investitionsplanungsentscheidung sind die Kapitalkosten nur eine von mehreren ungenauen Schätzgrößen, die in die Kapitalwertberechnung einfließen. In der Tat ist in vielen Fällen die Ungenauigkeit der Kapitalkostenschätzung weniger wichtig als die Ungenauigkeit der Schätzung der zukünftigen Cashflows. Oft werden die in ihrer Umsetzung am wenigsten komplizierten Modelle

---

47 Siehe M. Cooper, R. Gutierrez, Jr. und B. Marcum, „On the Predictability of Stock Returns in Real Time", *Journal of Business*, Bd. 78 (2005), S. 469–500.

48 Siehe M. Grinblatt und S. Titman, „The Persistence of Mutual Fund Performance", *Journal of Finance*, Bd. 47 (1992), S. 1977–1984; und D. Hendricks, J. Patel und R. Zeckhauser, „Hot Hands in Mutual Funds: Short-Run Persistence of Performance 1974–1988", *Journal of Finance*, Bd. 4 (1993), S. 93–130.

49 Siehe M. Carhart, „On Persistence in Mutual Fund Performance", *Journal of Finance*, Bd. 52 (1997), S. 57–82.

am häufigsten verwendet. In dieser Hinsicht bietet das CAPM den doppelten Vorteil, dass es sowohl einfach umzusetzen als auch hinreichend zuverlässig ist.

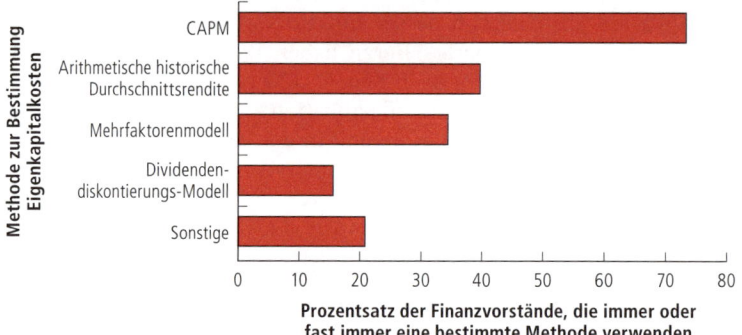

Abbildung 13.11: Wie Unternehmen die Kapitalkosten berechnen. In der Abbildung wird der prozentuale Anteil der Unternehmen dargestellt, die das CAPM, Mehrfaktorenmodelle, die historische Durchschnittsrendite und das Dividendendiskontierungs-Modell verwenden. Das Dividendendiskontierungs-Modell wurde bereits in ▶ *Kapitel 9* vorgestellt.

Quelle: J. R. Graham and C. R. Harvey, „The Theory and Practice of Corporate Finance: Evidence from the Field", Journal of Financial Economics, Bd. 60 (2001), S. 187–243.

Verständnisfragen

1. Welche Methode ist die von Unternehmen zur Berechnung der Kapitalkosten am häufigsten verwendete Methode?

2. Welche anderen Methoden setzen Unternehmen zur Berechnung der Kapitalkosten ein?

Z U S A M M E N F A S S U N G

13.1 Wettbewerb und Kapitalmärkte

■ Die Differenz zwischen der erwarteten Rendite einer Aktie und deren geforderter Rendite nach der Wertpapierlinie ist das Alpha der Aktie:

$$\alpha_s = E[R_s] - r_s \qquad \text{(s. Gleichung 13.2)}$$

■ Auch wenn die Schlussfolgerung des CAPM, dass der Markt immer effizient ist, nicht wortwörtlich zutrifft, sollte der Wettbewerb unter erfahrenen Anlegern, die versuchen „den Markt zu schlagen" und ein positives Alpha zu erzielen, das Marktportfolio die meiste Zeit nahezu effizient halten.

13.2 Informationen und rationale Erwartungen

■ Wenn alle Anleger homogene Erwartungen haben (alle Anleger würden über die gleichen Informationen verfügen), dann wüssten sie, dass die Aktie ein positives Alpha aufweist. Kein Anleger wäre dann bereit zu verkaufen. In diesem Fall könnte das Gleichgewicht nur dann wiederhergestellt werden, wenn der Kurs sofort ansteigt, sodass das Alpha gleich null ist.

■ Eine wichtige Schlussfolgerung des CAPM ist, dass Anleger das Marktportfolio (kombiniert mit der risikolosen Anlage) halten sollten. *Diese Empfehlung hängt nicht von der Qualität der Informationen oder den Fähigkeiten des Anlegers beim Wertpapierhandel ab.* Dadurch können diese nicht durch erfahrenere Anleger ausgenutzt werden.

- Das CAPM setzt nur voraus, dass Anleger rationale Erwartungen haben: Somit interpretieren und verwenden alle Anleger ihre eigenen Informationen sowie die Informationen richtig, die aus Marktpreisen oder den Transaktionen anderer abgeleitet werden können.

- Das Marktportfolio kann nur dann ineffizient sein, wenn eine erhebliche Anzahl von Anlegern entweder keine rationalen Erwartungen hat oder andere Portfoliokennzahlen als die erwartete Rendite und die Volatilität bei ihren Entscheidungen berücksichtigt.

13.3 Das Verhalten von Privatanlegern

- Es gibt Belege dafür, dass Anleger ihre Portfolios nicht angemessen diversifizieren (Verzerrungseffekt durch Unterdiversifikation) und Anlagen in Unternehmen bevorzugen, die sie kennen (Familiarity Bias).

- Einzelne Anleger handeln anscheinend zu oft. Dieses Verhalten rührt zumindest teilweise aus einer Selbstüberschätzung der Anleger her – bei uninformierten Personen ist dies die tendenzielle Überschätzung der Richtigkeit der eigenen Kenntnisse.

13.4 Systematische Verzerrungseffekte beim Handeln von Wertpapieren

- Damit das Verhalten uninformierter Anleger Auswirkungen auf den Markt hat, müssen sie Verhaltensmuster aufweisen, aufgrund derer sie systematisch vom CAPM abweichen und damit eine systematische Unsicherheit der Kurse verursachen.

- Zu den Beispielen für Verhaltensweisen, die über alle Anleger hinweg systematisch sein könnten, gehören der Dispositionseffekt (die Tendenz, an Verlierern festzuhalten und Gewinner zu verkaufen), Stimmungsschwankungen von Anlegern aufgrund normaler Ereignisse wie Änderungen des Wetters und die Überbetonung der eigenen Erfahrung. Zudem können Anleger ein Herdenverhalten aufweisen, sie versuchen aktiv, das Verhalten anderer nachzumachen.

13.5 Die Effizienz des Marktportfolios

- Es ist nicht leicht, durch den Aktienhandel aufgrund von Nachrichten Gewinne zu erzielen, doch professionelle Anleger könnten dazu in der Lage sein, da sie die Ergebnisse von Übernahmen besser vorhersagen können. Privatanleger sollten jedoch nicht erwarten, von den Vorteilen dieser Fähigkeit profitieren zu können, indem sie wie diese professionellen Anleger investieren. Diese Aussage wird durch empirische Beweise gestützt: Durchschnittlich erzielen Anleger Alphas von null, wenn sie in gemanagte Investmentfonds anlegen.

- Voraussetzung dafür den Markt zu schlagen, sind ausreichende Handelsfähigkeiten, um über den Transaktionskosten zu liegen und Verhaltenseffekte zu vermeiden. Daher ist die Schlussfolgerung des CAPM, dass Anleger „den Markt halten sollten" für die meisten Anleger wahrscheinlich die beste Empfehlung.

13.6 Auf Anlagestile zurückgehende Handelsstrategien und die Debatte über die Markteffizienz

- Der Größeneffekt bezieht sich auf die Beobachtung, dass, historisch betrachtet, Aktien mit geringen Marktkapitalisierungen im Vergleich mit den Prognosen des CAPM positive Alphas hatten. Der Größeneffekt belegt, dass das Marktportfolio nicht effizient ist, was darauf hindeutet, dass das CAPM die erwarteten Renditen nicht richtig abbildet. Bei der Verwendung des Buchwert-Marktwert-Verhältnisses statt der Unternehmensgröße haben Wissenschaftler ähnliche Ergebnisse festgestellt.

- Die Momentum-Handelsstrategie, bei der Bestandspositionen in Aktien mit in der Vergangenheit hohen risikobereinigten Renditen und Leerverkaufspositionen in Aktien mit in der Vergangenheit niedrigen risikobereinigten Renditen aufgebaut werden, erzielt ebenfalls positive CAPM-Alphas und liefert somit einen weiteren Beleg, dass das Marktportfolio nicht effizient ist und dass das CAPM die erwarteten Renditen nicht richtig abbildet.

- Wertpapiere können Alphas aufweisen, die ungleich null sind, wenn das verwendete Marktportfolio kein guter Proxy für das tatsächliche Marktportfolio ist.

- Das Marktportfolio ist ineffizient, wenn die Portfoliobestände einiger Anleger systematischen Verzerrungseffekten unterliegen.

- Das Marktportfolio ist ineffizient, wenn sich die Anleger entweder für andere Risikomerkmale als die Volatilität ihres gehandelten Portfolios interessieren oder mit anderen signifikanten Risiken außerhalb ihres Portfolios konfrontiert werden, die nicht handelbar sind, wobei das wichtigste dieser Risiken auf das Humankapital der Unternehmen zurückzuführen ist.

13.7 Mehrfaktoren-Risikomodelle

- Wird zur Erfassung des Risikos mehr als ein Portfolio verwendet, so wird dieses Modell Mehrfaktorenmodell genannt. Dieses Modell wird mitunter als Arbitragepreistheorie (APT) bezeichnet. Mit einer Zusammenstellung von N gut diversifizierten Portfolios ist die erwartete Rendite der Aktie s gleich:

$$E[R_s] = r_f + \beta_s^{F1}(E[R_{F1}]-r_f) + \beta_s^{F2}(E[R_{F2}]-r_f) + \ldots + \beta_s^{Fn}(E[R_{Fn}]-r_f) \text{ (s. Gleichung 13.4)}$$

$$= r_f + \sum_{n=1}^{N} \beta_s^{Fn}(E[R_{Fn}]-r_f)$$

- Eine einfachere Möglichkeit zum Erstellen eines Mehrfaktorenmodells ist, die Risikoprämie als erwartete Rendite eines selbstfinanzierenden Portfolios auszudrücken. Ein selbstfinanzierendes Portfolio ist ein Portfolio, dessen Bildung nichts kostet. Durch Verwendung der erwarteten Rendite des selbstfinanzierenden Portfolios kann die erwartete Rendite einer Aktie wie folgt ausgedrückt werden:

$$E[R_s] = r_f + \beta_s^{F1} E[R_{F1}] + \beta_s^{F2} E[R_{F2}] + \ldots + \beta_s^{Fn} E[R_{Fn}] \qquad \text{(s. Gleichung 13.5)}$$

$$= r_f + \sum_{n=1}^{N} \beta_s^{Fn} E[R_{Fn}]$$

- Die am häufigsten in Mehrfaktorenmodellen verwendeten Portfolios sind das Marktportfolio (Mkt), das Small-minus-Big Portfolio (SMB), das High-minus-Low Portfolio (HML) sowie das vorangehende Jahr umfassende Prior One-Year (PR1YR) Portfolio. Dieses Modell wird Fama-French-Carhart-Faktorspezifikation genannt:

$$E[R_s] = r_f + \beta_s^{Mkt}(E[R_{Mkt}]-r_f) + \beta_s^{SMB}E[R_{SMB}] \qquad \text{(s. Gleichung 13.6)}$$
$$+ \beta_s^{HML}E[R_{HML}] + \beta_s^{PR1YR}E[R_{PR1YR}]$$

Z U S A M M E N F A S S U N G

Weiterführende Literatur

Die **Literaturhinweise** zu diesem Kapitel finden Sie auf unserer begleitenden Website zum Buch unter *www.pearson-studium.de*.

Aufgaben

1. Das CAPM liefert eine gute Beschreibung der Aktienkursrenditen. Die erwartete Marktrendite beträgt 7 % bei einer Volatilität von 10 % und einem risikolosen Zinssatz von 3 %. Es werden Nachrichten veröffentlicht, durch die sich zwar nicht diese Zahlen ändern, wohl aber die erwartete Rendite der folgenden Aktien:

	Erwartete Rendite	Volatilität	Beta
Green Leaf	12 %	20 %	1,5
NatSam	10 %	40 %	1,8
HanBel	9 %	30 %	0,75
Rebecca Automobile	6 %	35 %	1,2

    a. Welche Aktien stellen zu den aktuellen Marktpreisen Kaufgelegenheiten dar?

    b. Für welche Aktien sollten Sie eine Verkaufsorder abgeben?

2. Betrachten Sie die Kursentwicklung der folgenden beiden Aktien über sechs Perioden:

	1	2	3	4	5	6
Aktie 1	10	12	14	12	13	16
Aktie 2	15	11	8	16	15	18

    Auf keine der Aktien werden Dividenden gezahlt. Sie sind ein Anleger, der dem Dispositionseffekt unterliegt, haben zum Zeitpunkt 1 gekauft und befinden sich nun am Zeitpunkt 3. Wir nehmen an, dass Sie (mit Ausnahme dessen, was angegeben ist) nicht mit diesen Aktien handeln.

    a. Zum Verkauf welcher Aktie(n) tendieren Sie? An welchen Aktien würden Sie festhalten wollen?

    b. Wie würde sich Ihre Antwort ändern, wenn wir uns am Zeitpunkt 6 befänden?

    c. Wie würde sich Ihre Antwort ändern, wenn Sie zum Zeitpunkt 3 statt zum Zeitpunkt 1 gekauft hätten und jetzt Zeitpunkt 6 wäre?

    d. Wie würde sich Ihre Antwort ändern, wenn Sie zum Zeitpunkt 3 statt zum Zeitpunkt 1 gekauft hätten und wir uns nun am Zeitpunkt 5 befänden?

3. Angenommen, in der Wirtschaft agieren drei Typen von Anlegern: 50 % folgen Modeerscheinungen, 45 % sind passive Anleger, die dieses Lehrbuch gelesen haben und deshalb das Marktportfolio halten. Bei weiteren 5 % handelt es sich um informierte Investoren. Das aus allen informierten Investoren bestehende Portfolio weist ein Beta von 1,5 und eine erwartete Rendite von 15 % auf. Die erwartete Marktrendite beträgt 11 % und der risikolose Zinssatz beläuft sich auf 5 %.

    a. Welches Alpha erzielen die informierten Investoren?

    b. Welches Alpha erzielen die passiven Anleger?

    c. Welche erwartete Rendite erzielen diejenigen, die Modeerscheinungen folgen?

    d. Welches Alpha erzielen diejenigen, die Modeerscheinungen folgen?

4. Betrachten Sie die folgenden Aktien, auf die in einem Jahr eine Liquidationsdividende und in der Zwischenzeit nichts gezahlt wird:

    a. Berechnen Sie die erwartete Rendite jeder Aktie.

    b. Welches Vorzeichen hat die Korrelation zwischen der erwarteten Rendite und der Marktkapitalisierung der Aktien?

	Marktkapitalisierung (EUR Millionen)	Erwartete Liquidationsdividende (EUR Millionen)	Beta
Aktie A	800	1.000	0,77
Aktie B	750	1.000	1,46
Aktie C	950	1.000	1,25
Aktie D	900	1.000	1,07

Die **Antworten** zu diesen Fragen finden Sie auf unserer begleitenden Website zum Buch unter *www.pearson-studium.de.*

Anhang Kapitel 13: Der Aufbau eines Mehrfaktorenmodells

In diesem Anhang soll gezeigt werden, wie ein effizientes Portfolio mit einer Kombination gut diversifizierter Portfolios gebildet wird und dadurch ein korrekter Wert für Investitionen bestimmt wird. Zur Vereinfachung nehmen wir an, dass wir zwei Portfolios bestimmt haben, durch deren Kombination ein effizientes Portfolio gebildet werden kann. Diese Portfolios werden als Faktorportfolios und die Renditen mit R_{F1} und R_{F2} bezeichnet. Das effiziente Portfolio besteht aus einer (unbekannten) Kombination dieser beiden Faktorportfolios, die durch die Portfoliogewichte x_1 und x_2 dargestellt wird:

$$R_{eff} = x_1 R_{F1} + x_2 R_{F2} \tag{13A.1}$$

Um zu verdeutlichen, dass diese Faktorportfolios zur Risikomessung verwendet werden können, betrachten wir die Regression der Überrenditen einer Aktie s in Bezug auf die Überrenditen *beider* Faktoren:

$$R_s - r_f = \alpha_s + \beta_s^{F1}(R_{F1} - r_f) + \beta_s^{F2}(R_{F2} - r_f) + \varepsilon_s \tag{13A.2}$$

Diese statistische Methode wird multiple Regression genannt und entspricht genau der in ▶Kapitel 12 beschriebenen Methode der linearen Regression. Während jedoch in ▶Kapitel 12 nur ein Regressor, die Überrendite des Marktportfolios, vorkam, haben wir nun zwei Regressoren $R_{F1} - r_f$ und $R_{F2} - r_f$. Abgesehen davon ist die Interpretation die gleiche. Die Überrendite der Aktie s wird als Summe einer Konstanten α_s beschrieben zuzüglich der mit jedem Faktor verbundenen Schwankung der Aktie und eines Fehlerterms ε_s, der einen Erwartungswert von null hat, und mit keinem der beiden Faktoren korreliert. Der Fehlerterm stellt das Risiko der Aktie dar, das nicht mit einem der beiden Faktoren verbunden ist.

Wenn die beiden Faktorportfolios wie in ▶Gleichung 13A.1 zum Aufbau des effizienten Portfolios verwendet werden können, entspricht der konstante Term α_s in ▶Gleichung 13A.2 null (bis zum Schätzfehler). Um zu erkennen, warum dies so ist, betrachten wir ein Portfolio, in dem wir die Aktie s kaufen, dann einen Anteil β_s^{F1} des ersten Faktorportfolios und β_s^{F2} des zweiten Faktorportfolios verkaufen. Den Erlös aus diesen Verkäufen investieren wir in eine risikolose Anlage. Dieses als P bezeichnete Portfolio weist folgende Rendite auf:

$$R_P = R_s - \beta_s^{F1} R_{F1} - \beta_s^{F2} R_{F2} + (\beta_s^{F1} + \beta_s^{F2}) r_f \tag{13A.3}$$
$$= R_s - \beta_s^{F1}(R_{F1} - r_f) - \beta_s^{F2}(R_{F2} - r_f)$$

Wenn wir ▶Gleichung 13A.2 für R_s einsetzen und vereinfachen, so entspricht die Rendite dieses Portfolios

$$R_P = r_f + \alpha_s + \varepsilon_s \tag{13A.4}$$

Das Portfolio P weist somit eine Risikoprämie von α_s auf. Das Risiko wird durch ε_s gegeben. Da ε_s mit jedem der Faktoren unkorreliert ist, muss es auch mit dem effizienten Portfolio unkorreliert sein. Das heißt:

$$Cov(R_{eff}, \varepsilon_s) = Cov(x_1 R_{F1} + x_2 R_{F2}, \varepsilon_s) \tag{13A.5}$$
$$= x_1 Cov(R_{F1}, \varepsilon_s) + x_2 Cov(R_{F2}, \varepsilon_s) = 0$$

Aus ▶Kapitel 11 ist bereits bekannt, dass *das nicht mit dem effizienten Portfolio korrelierte Risiko ein unternehmensspezifisches Risiko ist, das keine Risikoprämie erfordert*. Deshalb ist die erwartete Rendite des Portfolios P gleich r_f. Dies bedeutet, dass α_s gleich null sein muss.[50]

Durch das Nullsetzen von α_s und die Verwendung der Erwartungswerte beider Seiten der ▶Gleichung 13A.2 bestimmen wir das folgende Zweifaktormodell der erwarteten Renditen:

$$E[R_s] = r_f + \beta_s^{F1}(E[R_{F1}] - r_f) + \beta_s^{F2}(E[R_{F2}] - r_f) \tag{13A.6}$$

---

50 ▶Gleichung 13A.5 impliziert $\beta_P^{\,eff} = \dfrac{Cov\,(R_{eff}, \varepsilon_s)}{Var\,(R_{eff})} = 0$.

Durch Einsetzen dieses Ergebnisses in ▶Gleichung 13.3 erhalten wir $E[R_P] = r_f$. Aus ▶Gleichung 13A.4 gilt allerdings $E\left[R_P\right] = r_f + \alpha_s$ und damit $\alpha_s = 0$.

Eine der grundlegenden Fragen der Finanzwirtschaft ist, wie ein Unternehmen sich für die Wertpapiere entscheiden soll, die ausgegeben werden, um Kapital von Investoren zu beschaffen. Diese Entscheidung bestimmt die Kapitalstruktur des Unternehmens, also die Summe aus Fremdkapital, Eigenkapital und anderen Wertpapieren, die das Unternehmen ausgegeben hat. In ▸Kapitel 14 betrachten wir diese Frage an einem vollkommenen Markt. Wir wenden das Gesetz des einheitlichen Preises an, um zu zeigen, dass der Wert des Unternehmens – also der Gesamtwert der im Umlauf befindlichen Wertpapiere – von der Kapitalstruktur unabhängig ist, solange sich die Cashflows, die von den Vermögensgegenständen des Unternehmens erwirtschaftet werden, nicht ändern. Wenn die Kapitalstruktur für den Unternehmenswert eine Rolle spielt, muss diese aus Änderungen der Cashflows des Unternehmens aufgrund von wichtigen Marktunvollkommenheiten kommen, mit denen wir uns in den nachfolgenden Kapiteln beschäftigen. In ▸Kapitel 15 analysieren wir die Rolle des Fremdkapitals bei der Minderung der Steuern, die ein Unternehmen oder ein Investor zahlen, und in ▸Kapitel 16 untersuchen wir die Kosten einer finanziellen Notlage und die Veränderungen der Managementanreize, die aus der Verschuldung entstehen. In ▸Kapitel 17 betrachten wir schließlich die Auszahlungspolitik eines Unternehmens und fragen: Welche ist die beste Methode für das Unternehmen, Kapital an die Investoren zurückzugeben? Das Gesetz des einheitlichen Preises bedeutet, dass die Wahl des Unternehmens, Dividenden zu zahlen oder Aktien zurückzukaufen, an einem vollkommenen Markt keine Auswirkung auf den Unternehmenswert hat. Dann untersuchen wir, welche Auswirkung Marktunvollkommenheiten auf diese wichtige Erkenntnis haben und wie sie die optimale Auszahlungspolitik eines Unternehmens formen.

TEIL V

Kapitalstruktur

Abkürzungen

- *BW*   Barwert
- *KW*   Kapitalwert
- *E*   Marktwert des Eigenkapitals des verschuldeten Unternehmens
- *D*   Marktwert des Fremdkapitals
- *U*   Marktwert des Eigenkapitals des unverschuldeten Unternehmens
- *A*   Marktwert der Vermögensgegenstände des Unternehmens
- R_D Fremdkapitalrendite
- R_E Rendite auf das Eigenkapital des verschuldeten Unternehmens
- R_U Rendite auf das Eigenkapital des unverschuldeten Unternehmens
- r_D erwartete Rendite (Kapitalkosten) auf das Fremdkapital
- r_E erwartete Rendite (Kapitalkosten) auf das Eigenkapital des verschuldeten Unternehmens
- r_U erwartete Rendite (Kapitalkosten) auf das Eigenkapital des unverschuldeten Unternehmens
- r_A erwartete Rendite (Kapitalkosten) der Vermögensgegenstände des Unternehmens
- r_{WACC} gewichteter Durchschnitt der Kapitalkosten
- β_E Beta-Faktor (normiertes systematisches Risiko) des Eigenkapitals des verschuldeten Unternehmens
- β_U Beta-Faktor (normiertes systematisches Risiko) des Eigenkapitals des unverschuldeten Unternehmens
- β_D Beta-Faktor (normiertes systematisches Risiko) des Fremdkapitals
- *EPS*   Gewinn je Aktie

Die Kapitalstruktur an einem vollkommenen Markt

14

ÜBERBLICK

Wenn ein Unternehmen für Investitionen neue Mittel beschaffen muss, muss entschieden werden, welche Art Wertpapier an die *Anleger* verkauft werden soll. Selbst wenn keine Notwendigkeit besteht, neue Mittel zu beschaffen, kann ein Unternehmen neue Wertpapiere ausgeben und die Mittel für die Rückzahlung von Fremdkapital oder den Rückkauf von Aktien einsetzen. An welchen Faktoren sollte sich diese Entscheidung orientieren?

Nehmen wir als Beispiel Dan Harris, Finanzvorstand von Electronic Business Services Inc. (EBSI), der für die Prüfung der Pläne des Unternehmens für eine große Expansion zuständig ist. Um die Expansion umsetzen zu können, plant EBSI Mittel in Höhe von USD 50 Millionen von externen Investoren aufzunehmen. Eine Möglichkeit, die Mittel zu beschaffen, ist, Aktien von EBSI zu verkaufen. Aufgrund des Risikos des Unternehmens schätzt Dan, dass die Aktieninvestoren einen Risikoaufschlag von 10 % über dem risikolosen Zinssatz von 5 % verlangen werden. Dies bedeutet, dass die Kapitalkosten des Unternehmens bei 15 % liegen.

Einige Führungskräfte bei EBSI schlagen jedoch vor, stattdessen einen Kredit in Höhe von USD 50 Millionen aufzunehmen. EBSI hat bislang keinen Kredit aufgenommen und sollte angesichts der soliden Bilanzstruktur in der Lage sein, einen Kredit zu einem Zinssatz von 6 % aufzunehmen. Ist ein Kredit aufgrund des niedrigen Zinssatzes für EBSI die bessere Wahl für eine Finanzierung? Wenn EBSI einen Kredit aufnimmt, wird sich diese Entscheidung auf den Kapitalwert der Expansion auswirken und somit den Wert des Unternehmens und den Aktienkurs ändern?

In diesem Kapitel werden wir uns mit diesen Fragen beschäftigen. Es wird ein *vollkommener Kapitalmarkt* unterstellt, an dem alle Aktien fair bewertet sind, es keine Steuern oder Transaktionskosten gibt und sich die Art der Finanzierung nicht auf den Gesamt-Cashflow des Projektes auswirkt. Auch wenn Kapitalmärkte in der Realität nicht vollkommen sind, liefert uns diese Darstellung einen wichtigen Vergleichsmaßstab. Was bei vollkommenen Kapitalmärkten vielleicht überraschend ist: Das Gesetz des einheitlichen Preises bedeutet, dass sich die Wahl zwischen der Finanzierung durch Fremdkapital oder Eigenkapital nicht auf den Gesamtwert eines Unternehmens, dessen Aktienkurs oder die Kapitalkosten auswirkt. In einer vollkommenen Welt wäre es also gleichgültig, wie die Entscheidung hinsichtlich der Finanzierung der Expansion bei EBSI ausfällt.

14.1 Finanzierung durch Eigenkapital im Vergleich zur Finanzierung durch Fremdkapital

Die relativen Anteile an Fremdkapital, Eigenkapital und anderen im Umlauf befindlichen Wertpapieren eines Unternehmens ergeben seine **Kapitalstruktur**. Wenn Unternehmen Mittel durch externe Investoren beschaffen, muss entschieden werden, welche Art von Wertpapieren ausgegeben werden soll. Die gängigsten Varianten sind eine Finanzierung ausschließlich durch Eigenkapital und eine Finanzierung durch eine Kombination aus Fremd- und Eigenkapital. Wir beginnen diese Erörterung mit einer Betrachtung dieser beiden Optionen.

Finanzierung eines Unternehmens mit Eigenkapital

Nehmen wir an, ein Unternehmer habe folgende Investitionsmöglichkeiten. Für eine Anfangsinvestition von EUR 800 in diesem Jahr wird ein Projekt im nächsten Jahr Zahlungen in Höhe von entweder EUR 1.400 oder EUR 900 erwirtschaften. Die Zahlungen sind davon abhängig, ob die Wirtschaft stark oder schwach ist. Beide Szenarien sind gleich wahrscheinlich und in ▶ Tabelle 14.1 dargestellt.

Tabelle 14.1
Die Zahlungen eines Projektes

Zeitpunkt 0		**Zeitpunkt 1**	
	Starke Wirtschaft	**Schwache Wirtschaft**	
− EUR 800	EUR 1.400	EUR 900	

Da die Zahlungen eines Projekts von der Gesamtwirtschaft abhängig sind, unterliegen diese einem Marktrisiko. Aus diesem Grund verlangen die Investoren einen Risikoaufschlag. Der aktuelle risikolose Zinssatz beträgt 5 % und wir nehmen an, dass angesichts des Marktrisikos der Investition 10 % ein angemessener Risikoaufschlag ist.

Wie hoch ist der Kapitalwert (KW) dieser Investitionsmöglichkeit? Bei einem risikolosen Marktzins von 5 % und einem Risikoaufschlag von 10 % betragen die Kapitalkosten für dieses Projekt 15 %. Da die erwartete Zahlung in einem Jahr ½ (EUR 1.400) + ½ (EUR 900) = EUR 1.150 beträgt, erhalten wir folgenden Kapitalwert:

$$KW = -\text{EUR } 800 + \frac{\text{EUR } 1.150}{1,15} = -\text{EUR } 800 + \text{EUR } 1.000$$
$$= \text{EUR } 200$$

Diese Investition hat also einen positiven KW.

Wie viel wären Investoren bereit für die Aktien des Unternehmens zu zahlen, wenn dieses Projekt nur durch Eigenkapital finanziert wird? Aus ▶Kapitel 3 wissen wir, dass der Kurs eines Wertpapiers ohne Arbitrage dem *Barwert* seiner Zahlungen entspricht. Da das Unternehmen keine weiteren Verbindlichkeiten hat, werden die *Anteilseigner* die gesamte Zahlung erhalten, die das Projekt zum Zeitpunkt 1 erwirtschaftet. Der Marktwert des heutigen Unternehmenskapitals errechnet sich wie folgt:

$$BW = \frac{\text{EUR } 1.150}{1,50} = \text{EUR } 1.000$$

Der Unternehmer kann somit Mittel in Höhe von EUR 1.000 beschaffen, indem er Anteile des Unternehmens verkauft. Nach der Bezahlung der Investitionskosten von EUR 800 kann der Unternehmer die restlichen EUR 200, also den Kapitalwert des Projekts, als Gewinn behalten. Mit anderen Worten, der Kapitalwert des Projektes stellt den Wert für die ursprünglichen Inhaber des Unternehmens dar (in diesem Fall für den Unternehmer), der durch dieses Projekt geschaffen wird.

Tabelle 14.2

Zahlungen und Renditen des Eigenkapitals des unverschuldeten Unternehmens

	Zeitpunkt 0	Zeitpunkt 1: Zahlung		Zeitpunkt 1: Renditen	
	Anfangswert	**Starke Wirtschaft**	**Schwache Wirtschaft**	**Starke Wirtschaft**	**Schwache Wirtschaft**
Eigenkapital des unverschuldeten Unternehmens	EUR 1.000	EUR 1.400	EUR 900	40 %	−10 %

Eigenkapital eines Unternehmens ohne Fremdkapital bezeichnet man als **Eigenkapital des unverschuldeten Unternehmens**. Da hier kein Fremdkapital besteht, entsprechen die Zahlungen des Eigenkapitals des unverschuldeten Unternehmens denjenigen des Projektes. Bei einem Anfangswert des Eigenkapitals von EUR 1.000 beträgt die Rendite der Anteilseigner entweder 40 % oder −10 %, wie in ▶Tabelle 14.2 gezeigt wird. Die Eintrittswahrscheinlichkeiten der beiden Wirtschaftslagen betragen jeweils 50 %, somit beträgt die erwartete Rendite des Eigenkapitals des unverschuldeten Unternehmens $\frac{1}{2}$ (40 %) + $\frac{1}{2}$ (−10 %) = 15 %. Da das Risiko des Eigenkapitals des unverschuldeten Unternehmens dem Risiko des Projektes entspricht, erhalten die Anteilseigner für das übernommene Risiko eine angemessene Rendite.

Finanzierung eines Unternehmens mit Fremd- und Eigenkapital

Neben vollständiger Eigenfinanzierung stehen einem Unternehmer noch weitere Finanzierungsalternativen zur Verfügung. Das anfängliche Kapital kann auch zum Teil mit Fremdkapital aufgenommen werden. Wir nehmen an, der Unternehmer entscheidet sich zusätzlich zum Verkauf von Anteilen, anfangs einen Kredit in Höhe von EUR 500 aufzunehmen. Da der Cashflow aus dem Projekt immer ausreichen wird, um den Kredit zurückzuzahlen, ist dieser risikolos. Das Unternehmen kann den Kredit somit zum risikolosen Zinssatz von 5 % aufnehmen und schuldet den Kreditgebern in einem Jahr 500 × 1,05 = EUR 525.

Das Eigenkapital eines Unternehmens, welches auch ausstehendes Fremdkapital hat, bezeichnet man als **Eigenkapital des verschuldeten Unternehmens**. Die zugesagten Rückzahlungen an die *Gläubiger oder Halter des Fremdkapitals* müssen erfolgen, bevor Ausschüttungen an die Anteilseigner erfolgen können. Bei einer Kreditverpflichtung des Unternehmens in Höhe von EUR 525 erhalten die Anteilseigner bei guter Wirtschaftslage nur EUR 1.400 − EUR 525 = EUR 875 und bei schwacher Wirtschaftslage EUR 900 − EUR 525 = EUR 375. In ▶Tabelle 14.3 werden die Zahlungen des Fremdkapitals, des Eigenkapitals des verschuldeten Unternehmens sowie der *Gesamt-Cashflow* des Unternehmens dargestellt. Zu welchem Preis E sollte das Eigenkapital des verschuldeten Unternehmens verkauft werden und welches ist die beste Wahl der Kapitalstruktur für den Unternehmer? In einer bedeutenden Veröffentlichung gaben die Wissenschaftler Franco Modigliani und Merton Miller eine Antwort auf die Frage, welche Fachleute aus Wissenschaft und Praxis gleichermaßen überraschte.[1] Sie argumentierten, dass der Gesamtwert eines Unternehmens an einem vollkommenen Kapitalmarkt nicht von seiner Kapitalstruktur abhängt. Ihre Begründung: Die gesamten Zahlungen des Unternehmens entsprechen immer noch den Zahlungen des Projektes und haben somit den gleichen zuvor berechneten *Barwert* von EUR 1.000.[2]

		Tabelle 14.3

Werte und Zahlungen des Fremd- und Eigenkapitals des verschuldeten Unternehmens

	Zeitpunkt 0	Zeitpunkt 1: Zahlungen	
	Anfangswert	Starke Wirtschaft	Schwache Wirtschaft
Fremdkapital	EUR 500	EUR 525	EUR 525
Eigenkapital des verschuldeten Unternehmens	$E = ?$	EUR 875	EUR 375
Unternehmen	EUR 1.000	EUR 1.400	EUR 900

Da die Zahlungen des Fremdkapitals und des Eigenkapitals zusammen die Zahlungen des Projektes ergeben, muss nach dem *Gesetz des einheitlichen Preises* der Wert des Fremdkapitals zusammen mit dem Wert des Eigenkapitals EUR 1.000 ergeben. Wenn der Wert des Fremdkapitals EUR 500 beträgt, muss somit der Wert des Eigenkapitals im verschuldeten Unternehmen E = EUR 1.000 − EUR 500 = EUR 500 entsprechen.

Da die Zahlungen des Eigenkapitals des verschuldeten Unternehmens geringer sind als die des Eigenkapitals eines unverschuldeten Unternehmens, wird das Eigenkapital des verschuldeten Unternehmens zu einem niedrigeren Preis verkauft (EUR 500 im Vergleich zu EUR 1.000). Die Tatsache, dass das Eigenkapital durch die Verschuldung weniger wert ist, bedeutet jedoch nicht, dass sich der Unternehmer in einer nachteiligen Position befindet. Der Unternehmer bringt dennoch Kapital in Höhe von EUR 1.000 auf durch die Ausgabe von Fremdkapital und von Eigenkapital, wie es auch bei der Finanzierung allein durch Eigenkapital der Fall war. Folglich ist das Unternehmen hinsichtlich der Wahl seiner Kapitalstruktur indifferent.

---

1 F. Modigliani und M. Miller, „The Cost of Capital, Corporation Finance and the Theory of Investments," *American Economic Review*, Bd. 48, Nr. 3 (1958), S. 271–297.

2 Siehe letzte Zeile in ▶Tabelle 14.3.

Die Auswirkung der Verschuldung auf Risiko und Rendite

Die Schlussfolgerung von Modigliani und Miller entsprach nicht der allgemeinen Lehrmeinung, die besagte, dass sich die Verschuldung sogar bei vollkommenen Kapitalmärkten auf den Wert eines Unternehmens auswirkt. Insbesondere wurde angenommen, dass der Wert des Eigenkapitals des verschuldeten Unternehmens mehr als EUR 500 betragen würde, da der Barwert der erwarteten Zahlungen bei einem Zinssatz von 15 % wie folgt berechnet wird:

$$\frac{\frac{1}{2}(\text{EUR } 875) + \frac{1}{2}(\text{EUR } 375)}{1,15} = \text{EUR } 543$$

Diese Schlussfolgerung ist *nicht* richtig, weil sich durch die Verschuldung das Risiko für das Eigenkapital erhöht. Somit ist die *Abzinsung* der Zahlungen des Eigenkapitals des verschuldeten Unternehmens zum gleichen Satz von 15 %, den wir für das Eigenkapital des unverschuldeten Unternehmens verwendet haben, ungeeignet. Investoren, die in Eigenkapital eines verschuldeten Unternehmens investieren, verlangen eine höhere erwartete Rendite als Ausgleich für das höhere Risiko.

In ▶Tabelle 14.4 wird die Eigenkapitalrendite des Eigenkapitals des unverschuldeten Unternehmens mit dem Fall verglichen, in dem der Unternehmer einen Kredit in Höhe von EUR 500 aufnimmt und weitere EUR 500 in Form von Eigenkapital mit Verschuldung aufbringt. Zu beachten ist, dass sich die Renditen für die Anteilseigner mit und ohne Verschuldung erheblich unterscheiden. Das Eigenkapital des unverschuldeten Unternehmens hat entweder eine Rendite von 40 % oder –10 %, wodurch sich eine erwartete Rendite von 15 % ergibt. Das Eigenkapital des verschuldeten Unternehmens jedoch hat ein höheres Risiko bei einer Rendite von entweder 75 % oder –25 %. Als Ausgleich für dieses Risiko erhalten die Eigenkapitalgeber des verschuldeten Unternehmens eine höhere erwartete Rendite von 25 %.

Wir können das Verhältnis zwischen Risiko und Rendite formaler bewerten, indem wir die Sensitivität der Renditen der jeweiligen Wertpapiere gegenüber dem systematischen Risiko der Wirtschaft berechnen.[3] ▶Tabelle 14.5 zeigt die Sensitivität der Rendite und den *Risikoaufschlag* des jeweiligen Wertpapiers. Da die Rendite des Fremdkapitals keinem systematischen Risiko unterliegt, ist der Risikoaufschlag null. In diesem besonderen Fall jedoch ist das systematische Risiko des Eigenkapitals des verschuldeten Unternehmens zweimal so hoch wie das systematische Risiko des Eigenkapitals des unverschuldeten Unternehmens. Daher erhalten die Inhaber des Eigenkapitals des verschuldeten Unternehmens den zweifachen Risikoaufschlag.

Tabelle 14.4

Eigenkapitalrenditen mit und ohne Verschuldung

	Zeitpunkt 0	Zeitpunkt 1: Zahlungen		Zeitpunkt 1: Renditen		
	Anfangswert	Starke Wirtschaft	Schwache Wirtschaft	Starke Wirtschaft	Schwache Wirtschaft	Erwartete Rendite
Fremdkapital	EUR 500	EUR 525	EUR 525	5 %	5 %	5 %
Eigenkapital des verschuldeten Unternehmens	EUR 500	EUR 875	EUR 375	75 %	–25 %	25 %
Eigenkapital des unverschuldeten Unternehmens	EUR 1.000	EUR 1.400	EUR 900	40 %	–10 %	15 %

---

3 In unserem Beispiel mit zwei Zuständen legt diese Sensitivität den Betafaktor eines Wertpapiers fest. An dieser Stelle soll auf die Diskussion des Risikos im Anhang zu ▶Kapitel 3 verwiesen werden.

Tabelle 14.5

Systematisches Risiko und Risikoprämien für Fremdkapital, Eigenkapital des unverschuldeten Unternehmens und Eigenkapital des verschuldeten Unternehmens

	Renditesensitivität (systematisches Risiko) $\Delta R = R(\text{stark}) - R(\text{schwach})$	Risikoaufschlag $E[R] - r_f$
Fremdkapital	5 % – 5 % = 0	5 % – 5 % = 0
Eigenfinanziertes Kapital	40 % – (–10 %) = 50 %	15 % – 5 % = 10 %
Fremdfinanziertes Eigenkapital	75 % – (–25 %) = 100 %	25 % – 5 % = 20 %

Zusammengefasst lässt sich sagen: Bei einem vollkommenen Kapitalmarkt verlangen die Anteilseigner bei einer hundertprozentigen Eigenkapitalfinanzierung eine erwartete Rendite von 15 %. Wird das Unternehmen zu 50 % durch Fremdkapital und zu 50 % durch Eigenkapital finanziert, erhalten die Fremdkapitalgeber eine niedrigere Rendite von 5 %, während die Eigenkapitalgeber des verschuldeten Unternehmens wegen des höheren Risikos eine höhere erwartete Rendite von 25 % fordern. Wie dieses Beispiel zeigt, *erhöht die Verschuldung das Kapitalrisiko auch dann, wenn kein Risiko besteht, dass das Unternehmen in Verzug gerät*. Selbst wenn Fremdkapital für sich betrachtet somit günstiger ist, erhöht es jedoch die Kapitalkosten für das Eigenkapital. Betrachtet man beide Kapitalquellen zusammen, liegen die durchschnittlichen Eigenkapitalkosten mit Verschuldung bei ½ (5 %) + ½ (25 %) = 15 %, derselbe Wert wie für das Eigenkapital des unverschuldeten Unternehmens.

Beispiel 14.1:   Verschuldung und Eigenkapitalkosten

Fragestellung

Der Unternehmer nimmt für die Finanzierung des Projektes einen Kredit in Höhe von EUR 200 auf. Wie hoch sollte nach Modigliani und Miller der Wert des Eigenkapitals sein? Wie hoch ist die erwartete Rendite?

Lösung

Wenn ein Kredit in Höhe von EUR 200 aufgenommen wird, beträgt der Wert des Eigenkapitals EUR 800, da der Wert der gesamten Zahlungen des Unternehmens noch EUR 1.000 beträgt. Das Unternehmen schuldet in einem Jahr EUR 200 × 1,05 = EUR 210. Die Anteilseigner werden somit bei positiver Entwicklung der Wirtschaft EUR 1.400 – EUR 210 = EUR 1.190 bei einer Rendite von EUR 1.190 : EUR 800 – 1 = 48,75 % erhalten. Ist die Entwicklung der Wirtschaft negativ, erhalten Anteilseigner EUR 900 – EUR 210 = EUR 690, bei einer Rendite von EUR 690 : EUR 800 – 1 = –13,75 %. Das Eigenkapital hat eine erwartete Rendite von:

$$\frac{1}{2}(48{,}75\ \%) + \frac{1}{2}\ (-13{,}75\ \%) = 17{,}5\ \%$$

Zu beachten ist, dass das Eigenkapital eine Renditesensitivität von 48,75 % – (–13,75 %) = 62,5 % hat und damit eine Sensitivität von 62,5 % : 50 % =125 % des Eigenkapitals des unverschuldeten Unternehmens. Die Risikoprämie beträgt 17,5 % –5 % = 12,5 %. Dies entspricht ebenfalls 125 % der Risikoprämie des Eigenkapitals des unverschuldeten Unternehmens und stellt somit einen angemessenen Ausgleich des Risikos dar.

14.2 Modigliani-Miller I: Verschuldung, Arbitrage und Unternehmenswert

Im vorherigen Abschnitt haben wir das Gesetz des einheitlichen Preises angewendet, um zu argumentieren, dass sich Verschuldung nicht auf den Gesamtwert eines Unternehmens (der Betrag, den der Unternehmer aufbringen kann) auswirkt. Sie verändert lediglich die Aufteilung der Zahlungen zwischen Fremd- und Eigenkapital, ohne die Zahlungen des Unternehmens insgesamt zu verändern. Modigliani und Miller (oder einfacher gesagt MM) zeigten, dass dieses Ergebnis unter folgenden Bedingungen, die als **vollkommene Kapitalmärkte** bezeichnet werden, allgemeiner gültig ist:

1. Investoren und Unternehmen können die gleichen Wertpapiere zu wettbewerbsfähigen Marktpreisen entsprechend dem Barwert ihrer zukünftigen Zahlungen handeln.

2. Es gibt in Verbindung mit dem Wertpapierhandel keine Steuern, Transaktions- oder Emissionskosten.

3. Die Finanzierungsentscheidungen eines Unternehmens ändern weder die durch diese Investitionen generierten Zahlungen noch liefern sie neue Informationen über diese.

Unter diesen Bedingungen zeigten MM folgende Ergebnisse bezüglich der Rolle der Kapitalstruktur bei der Ermittlung des Unternehmenswertes.[4]

MM These I: *Bei einem vollkommenen Kapitalmarkt entspricht der Gesamtwert eines Unternehmens dem Marktwert der gesamten Zahlungen, die durch dessen Vermögensgegenstände generiert werden und ist von der Wahl der Kapitalstruktur unbeeinflusst.*

MM und das Gesetz des einheitlichen Preises

MM begründeten ihr Ergebnis mit folgendem einfachen Argument: Wenn Steuern oder andere Transaktionskosten nicht gegeben sind, entsprechen die gesamten Zahlungen, die an alle Wertpapierinhaber des Unternehmens erfolgen, den gesamten Zahlungen, die von den *Vermögensgegenständen* des Unternehmens erzielt werden. Nach dem *Gesetz des einheitlichen Preises* müssen somit die Wertpapiere des Unternehmens und dessen Vermögensgegenstände denselben Gesamtmarktwert haben. Folglich wird sich diese Entscheidung, solange die Wahl des Unternehmens hinsichtlich der Wertpapiere die durch deren Vermögensgegenstände generierten Zahlungen nicht ändert, nicht auf den Gesamtwert des Unternehmens oder den Kapitalbetrag, den das Unternehmen aufbringen kann, auswirken.

Wir können das Ergebnis von MM auch in Form des in ▶Kapitel 3 eingeführten *Trennungsprinzips* ausdrücken: Sind Wertpapiere fair bewertet, hat der Kauf oder Verkauf von Wertpapieren einen Kapitalwert von null und sollte daher den Wert eines Unternehmens nicht ändern. Die zukünftigen Rückzahlungen, die das Unternehmen für das Fremdkapital leisten muss, sind wertgleich mit der Höhe des Kredits, den das Unternehmen im Voraus erhalten hat. Somit gibt es keinen Nettogewinn oder Nettoverlust aus der Verwendung von Verschuldung, und der Wert eines Unternehmens wird vom Barwert der Cashflows aus dessen laufenden und zukünftigen Investitionen bestimmt.

---

4 Auch wenn dies zu diesem Zeitpunkt nicht allgemein anerkannt wurde, wurde das Konzept, dass der Wert eines Unternehmens von dessen Kapitalstruktur unabhängig ist, bereits früher von John Burr Williams in seinem bahnbrechenden Buch *The Theory of Investment Value* (North Holland Publishing, 1938, Nachdruck von Fraser Publishing, 1997,) vorgebracht.

MM und die Wirklichkeit

Studenten fragen oft, warum die Ergebnisse von Modigliani und Miller wichtig sind, wenn doch Kapitalmärkte in Wirklichkeit nicht vollkommen sind. Kapitalmärkte sind zwar nicht vollkommen, doch *alle* Theorien beginnen mit einer Reihe von idealisierten Annahmen, aus denen sich Schlussfolgerungen ziehen lassen. Bei der Anwendung einer Theorie müssen wir bewerten, inwieweit die Annahmen gelten, und die Folgen wichtiger Abweichungen berücksichtigen. Eine hilfreiche Analogie ist das Fallgesetz von Galileo. Galileo hat die gängige Lehrmeinung widerlegt, indem er gezeigt hat, dass Körper im freien Fall ohne Luftwiderstand ungeachtet ihrer Masse gleich schnell fallen. Bei einem Test dieses Gesetzes wird man wahrscheinlich feststellen, dass es nicht ganz zutrifft. Der Grund hierfür ist natürlich, dass der Luftwiderstand, anders als im Vakuum, einige Objekte oft mehr verlangsamt als andere.

Die Ergebnisse von MM sind ähnlich. In der Praxis werden wir feststellen, dass die Kapitalstruktur einen Einfluss auf den Unternehmenswert haben kann. Doch wie das Fallgesetz von Galileo zeigt, dass wir uns, um die unterschiedlichen Fallgeschwindigkeiten von Körpern zu erklären, auf den Luftwiderstand konzentrieren müssen und nicht auf die Schwerkraft, zeigt die These von MM, dass die Auswirkungen der Kapitalstruktur ebenso auf Friktionen, die an Kapitalmärkten bestehen, zurückzuführen sein müssen. Nachdem wir uns mit der vollständigen Bedeutung der Ergebnisse von MM in diesem Kapital auseinandergesetzt haben, werden wir uns in den folgenden Kapiteln wichtigen Ursprüngen dieser Friktionen und ihren Folgen zuwenden.

Homemade Leverage

MM zeigten, dass der Unternehmenswert von der Wahl der Kapitalstruktur nicht beeinflusst wird. Wir nehmen jedoch an, die Investoren würden eine andere Kapitalstruktur bevorzugen als die, für die sich das Unternehmen entschieden hat. MM zeigten, dass die Investoren in diesem Fall selbst Kredite aufnehmen oder vergeben und dadurch das gleiche Ergebnis erzielen können. Ein Investor, der mehr Verschuldung wünscht als das Unternehmen hat, kann einen Kredit aufnehmen und somit für eine stärkere Hebelwirkung für sein Portfolio sorgen. Wenn Investoren ihr Portfolio hebeln, um die vom Unternehmen getroffene Wahl hinsichtlich der Verschuldung auszugleichen, bezeichnen wir das als **Homemade Leverage (*selbst gemachter Hebel*)**. Solange ein Investor zum gleichen Zinssatz Kredite aufnehmen oder vergeben kann wie das Unternehmen[5], ist Homemade Leverage der perfekte Ersatz für den Einsatz von Verschuldung im Unternehmen.

Um dies zu verdeutlichen, nehmen wir an, der Unternehmer verwendet kein Fremdkapital und schafft ein Unternehmen, das zu hundert Prozent mit Eigenkapital finanziert ist. Ein Investor, der es vorzieht, Eigenkapital mit einem Anteil Fremdkapital zu halten, kann dies tun, indem er sein Portfolio durch Verschuldung hebelt: Er kann den Anteilskauf teilweise durch einen Kredit finanzieren, wie in ▶Tabelle 14.6 dargestellt.

---

5 Diese Annahme basiert auf einem vollkommenen Kapitalmarkt, da der Zinssatz auf einen Kredit allein vom Risiko abhängen sollte.

Tabelle 14.6

Nachbildung von teilweiser Verschuldung des Eigenkapitals durch Homemade Leverage

	Zeitpunkt 0	Zeitpunkt 1: Zahlungen	
	Anfangsauszahlung	Starke Wirtschaft	Schwache Wirtschaft
Eigenkapital ohne Verschuldung	EUR 1.000	EUR 1.400	EUR 900
Kredit für den Ankauf von Aktien	−EUR 500	−EUR 525	−EUR 525
Eigenkapital mit Verschuldung	EUR 500	EUR 875	EUR 375

Dienen die Zahlungen aus dem Eigenkapital ohne Verschuldung als Sicherheit für den Kredit, dann ist dieser Kredit risikolos und der Investor sollte diesen zum Zinssatz von 5 % aufnehmen können. Auch wenn das Unternehmen keine Verschuldung einsetzt, hat der Investor durch Homemade Leverage eine Nachbildung der Auszahlungen des in ▶Tabelle 14.3 dargestellten Eigenkapitals mit Verschuldung zu Kosten von EUR 500 erzielt. Auch hier muss nach dem Gesetz des einheitlichen Preises der Wert des Eigenkapitals mit Verschuldung EUR 500 betragen.

Jetzt nehmen wir an, dass der Unternehmer Fremdkapital einsetzt, der Investor aber Eigenkapital ohne einen Fremdkapitalanteil bevorzugt. Der Investor kann die Auszahlungen aus dem Eigenkapital ohne Verschuldung dadurch nachbilden, dass er *sowohl* das Fremdkapital *als auch* das Eigenkapital am Unternehmen kauft. Die Kombination der Zahlungen aus Eigen- und Fremdkapital liefert dieselben Zahlungen wie das Eigenkapital ohne Verschuldung, zu Kosten von insgesamt EUR 1.000.[6] In beiden Fällen ist die Wahl des Unternehmers hinsichtlich der Kapitalstruktur ohne Einfluss auf die Möglichkeiten, die den Investoren zur Verfügung stehen.

Tabelle 14.7

Nachbildung des Eigenkapitals ohne Verschuldung durch Halten von Fremdkapital und Eigenkapital

	Zeitpunkt 0	Zeitpunkt 1: Zahlungen	
	Anfangskosten	Starke Wirtschaft	Schwache Wirtschaft
Fremdkapital	EUR 500	EUR 525	EUR 525
Eigenkapital mit Verschuldung	EUR 500	EUR 875	EUR 375
Eigenkapital ohne Verschuldung	EUR 1.000	EUR 1.400	EUR 900

Investoren können die Wahl des Unternehmens hinsichtlich der Kapitalstruktur ihren Präferenzen entsprechend ändern, indem sie die Verschuldung durch Kreditaufnahme erhöhen oder durch den Kauf von Anleihen reduzieren. Da die verschiedenen Möglichkeiten der Kapitalstruktur an einem vollkommenen Markt den Investoren keine Vorteile bieten, haben diese keine Auswirkung auf den Wert des Unternehmens.

---

6 Siehe ▶Tabelle 14.7.

Beispiel 14.2: Homemade Leverage und Arbitrage

Fragestellung

Zwei Unternehmen weisen jeweils zum Zeitpunkt 1 die Zahlungen in Höhe von EUR 1.400 oder EUR 900 auf, wie in ▶Tabelle 14.1 dargestellt. Bis auf die Kapitalstruktur sind diese Unternehmen identisch. Ein Unternehmen ist vollständig eigenfinanziert und das Eigenkapital hat einen Marktwert von EUR 990. Das andere Unternehmen hat einen Kredit in Höhe von EUR 500 aufgenommen und das Eigenkapital hat einen Marktwert von EUR 510. Gilt These I von MM? Welche Arbitragemöglichkeit bietet sich durch Homemade Leverage?

Lösung

MM These I besagt, dass der Gesamtwert jedes Unternehmens jeweils dem Wert seiner Vermögensgegenstände entsprechen sollte. Da diese Unternehmen über identische Vermögensgegenstände verfügen, sollten ihre Gesamtwerte gleich sein. In der Fragestellung wird jedoch davon ausgegangen, dass das unverschuldete Unternehmen einen *Gesamtmarktwert* von EUR 990 hat, während das verschuldete Unternehmen einen Gesamtmarktwert von EUR 510 (Eigenkapital) + EUR 500 (Fremdkapital) = EUR 1.010 hat. Diese Zahlen widersprechen also der These I von MM.

Da diese beiden identischen Unternehmen zu unterschiedlichen Gesamtpreisen gehandelt werden, wird das Gesetz des einheitlichen Preises verletzt, und somit besteht eine Arbitragemöglichkeit. Um diese zu nutzen, können wir einen Kredit von EUR 500 aufnehmen und damit das *Eigenkapital des unverschuldeten Unternehmens* für EUR 990 kaufen und durch die Anwendung des Homemade Leverage das Eigenkapital des unverschuldeten Unternehmens zu Kosten von nur EUR 990 − EUR 500 = EUR 490 nachbilden. Dann können wir das Eigenkapital des verschuldeten Unternehmens für EUR 510 verkaufen und einen Arbitragegewinn von EUR 20 erzielen.

	Zeitpunkt 0	Zeitpunkt 1: Zahlungen	
	Zahlung	Starke Wirtschaft	Schwache Wirtschaft
Kredit	EUR 500	−EUR 525	−EUR 525
Ankauf von Eigenkapital ohne Verschuldung	−EUR 990	EUR 1.400	EUR 900
Verkauf von Eigenkapital mit Verschuldung	EUR 510	−EUR 875	−EUR 375
Zahlungen insgesamt	EUR 20	EUR 0	EUR 0

Zu beachten ist, dass die Handlungen der Arbitrageure, die das unverschuldete Unternehmen kaufen und das verschuldete Unternehmen verkaufen, dazu führen werden, dass der Aktienkurs des unverschuldeten Unternehmens steigt und der Aktienkurs des verschuldeten Unternehmens so lange sinkt, bis die Unternehmenswerte gleich sind und MM These I zutrifft.

Die Marktwertbilanz

In ▶Abschnitt 14.1 haben wir nur zwei mögliche Varianten der Kapitalstruktur eines Unternehmens betrachtet. MM These I findet jedoch eine viel allgemeinere Anwendung auf jede Wahl von Fremdkapital und Eigenkapital. Sie gilt sogar dann, wenn ein Unternehmen andere Arten von Wertpapieren ausgibt, wie beispielsweise Wandelanleihen oder Optionsscheine (eine Variante der Aktienoptionen, die wir später behandeln). Die Logik ist die gleiche: Da Investoren selbst Wertpapiere kaufen oder verkaufen können, wird kein Wert geschaffen, wenn das Unternehmen statt der Investoren Wertpapiere kauft oder verkauft.

Eine hilfreiche Anwendungsmöglichkeit der MM These I ist die Erstellung der Marktwertbilanz eines Unternehmens. Eine **Marktwertbilanz** ist der Standardbilanz ähnlich, unterscheidet sich jedoch in zwei wesentlichen Aspekten: Erstens werden *alle* Aktiva und Passiva des Unternehmens erfasst, auch immaterielle Vermögensgegenstände wie Ruf, Markenname oder Humankapital, die in einer Standardbilanz fehlen. Zweitens werden alle Werte zum gegenwärtigen Marktwert und nicht zu Anschaffungskosten bewertet. Bei der Marktwertbilanz, wie in ▶Tabelle 14.8 dargestellt, muss der Gesamtwert aller Wertpapiere, die vom Unternehmen ausgegeben werden, dem Gesamtwert der Vermögensgegenstände des Unternehmens entsprechen.

Der Marktwertbilanz liegt die Vorstellung zugrunde, dass durch die Wahl eines Unternehmens hinsichtlich der Vermögensgegenstände und Investitionen eine Wertschöpfung entsteht. Durch die Entscheidung für Projekte mit positivem Kapitalwert, die mehr wert sind als die Anfangsinvestition, kann das Unternehmen seinen Wert steigern. *Geht man von fixen Zahlungen aus*, die durch die Vermögensgegenstände des Unternehmens geschaffen werden, ändert die Wahl der Kapitalstruktur jedoch nicht den Wert des Unternehmens. Stattdessen teilt sie lediglich den Wert des Unternehmens auf unterschiedliche Wertpapiere auf. Durch die Erstellung einer Marktwertbilanz können wir den Wert des Eigenkapitals wie folgt berechnen.

$$\begin{aligned}
\text{Marktwert des Eigenkapitals} = \\
\text{Marktwert der Vermögensgegenstände} - \\
\text{Marktwert des Fremdkapitals und anderer Verbindlichkeiten}
\end{aligned} \tag{14.1}$$

Beispiel 14.3: Bewertung des Eigenkapitals bei mehreren Wertpapieren

Fragestellung

Unser Unternehmer beschließt, das Unternehmen zu verkaufen, indem er es in drei Wertpapiere aufteilt: Aktienkapital, Fremdkapital in Höhe von EUR 500 und eine dritte Wertpapierart, einen Optionsschein, aus dem EUR 210 gezahlt werden, wenn die Zahlungen des Unternehmens hoch sind, und nichts, wenn die Zahlungen niedrig sind. Dieses dritte Wertpapier ist mit EUR 60 fair bewertet. Wie hoch ist der Wert des Eigenkapitals an einem vollkommenen Markt?

Lösung

Gemäß MM These I sollte der Gesamtwert aller ausgegebenen Wertpapiere dem Wert der Vermögensgegenstände des Unternehmens entsprechen, der EUR 1.000 beträgt. Da das Fremdkapital einen Wert von EUR 500 hat und das neue Wertpapier EUR 60 wert ist, muss der Wert des Eigenkapitals EUR 440 betragen. Sie können dieses Ergebnis prüfen, indem sie im Vergleich mit den Wertpapieren in ▶Tabelle 14.5 feststellen, dass das Eigenkapital zu diesem Preis eine Risikoprämie entsprechend seinem Risiko hat.

Anwendung: Gehebelte Rekapitalisierung

Bisher haben wir die Kapitalstruktur aus Sicht eines Unternehmers betrachtet, der die Finanzierung einer Investitionsmöglichkeit erwägt. In der Tat lässt sich die MM These I auf Entscheidungen hinsichtlich der Kapitalstruktur zu jedem Zeitpunkt des Bestehens eines Unternehmens anwenden.

Betrachten wir folgendes Beispiel: Harrison Industries ist zurzeit ein vollständig eigenfinanziertes Unternehmen, das an einem vollkommenen Kapitalmarkt tätig ist, 50 Millionen Aktien im Umlauf hat, die für EUR 4 pro Aktie gehandelt werden. Harrison plant, durch die Aufnahme eines Kredits in Höhe von EUR 80 Millionen seine Verschuldung zu erhöhen und diese Mittel für den Rückkauf von 20 Millionen der umlaufenden Aktien einzusetzen. Wenn ein Unternehmen einen erheblichen Anteil seiner umlaufenden Aktien auf diese Weise zurückkauft, wird diese Transaktion **gehebelte Rekapitalisierung** (leveraged recapitalization) genannt.

Sehen wir uns diese Transaktion in zwei Stufen an. Zuerst verkauft Harrison Fremdkapital, um EUR 80 Millionen in bar aufzubringen. Als Nächstes verwendet Harrison diese Mittel für den Rückkauf von Aktien. ▶Tabelle 14.9 zeigt die Marktwertbilanz nach den jeweiligen Stufen.

Tabelle 14.8

Die Marktwertbilanz des Unternehmens	
Aktiva	**Passiva**
Gesamtheit der Vermögensgegenstände und getätigten Investitionen des Unternehmens	Gesamtheit der vom Unternehmen ausgegebenen Wertpapiere
Materielle Vermögensgegenstände	**Fremdkapital**
Barmittel	Kurzfristige Verbindlichkeiten
Sachanlagen	Langfristige Verbindlichkeiten
Vorräte (usw.)	Wandelanleihen
Immaterielle Vermögensgegenstände	**Eigenkapital**
Geistige Eigentumsrechte	Stammaktien
Ruf	Vorzugsaktien
Humankapital (usw.)	Optionsscheine (Optionen)
Marktwert der Aktiva gesamt	**Marktwert der Passiva gesamt**

Zunächst ist Harrison ein rein eigenfinanziertes Unternehmen. Das heißt, der Marktwert des Eigenkapitals von Harrison, 50 Millionen Aktien × EUR 4 pro Aktie = EUR 200 Millionen, entspricht dem Marktwert der bestehenden Aktiva. Nach der Aufnahme des Kredits nimmt die Passivseite von Harrison um EUR 80 Millionen zu, was ebenfalls dem Betrag entspricht, den das Unternehmen aufgenommen hat. Da sowohl Aktiva als auch Passiva um denselben Betrag steigen, bleibt der Marktwert des Eigenkapitals unverändert.

Um einen Aktienrückkauf durchzuführen, verwendet Harrison die aufgenommenen Barmittel in Höhe von EUR 80 Millionen, um EUR 80 Millionen : EUR 4 pro Aktie = 20 Millionen Aktien zurückzukaufen. Da die Aktiva des Unternehmens um EUR 80 Millionen verringert werden und sein Fremdkapital unverändert bleibt, muss der Marktwert des Eigenkapitals ebenfalls um EUR 80 Millionen sinken, von EUR 200 auf EUR 120 Millionen, damit Aktiva und Passiva ausgeglichen bleiben. Bei 30 Millionen verbleibenden Aktien bleibt der Aktienpreis jedoch unverändert, die Aktien sind EUR 120 Millionen : 30 Millionen Aktien = EUR 4 pro Aktie wert, genau wie vorher.

Die Tatsache, dass der Aktienpreis unverändert bleibt, sollte nicht überraschen. Durch den Verkauf von neuem Fremdkapital in Höhe von EUR 80 Millionen und Kauf von bestehendem Eigenkapital in Höhe von EUR 80 Millionen wird durch diese Null-Kapitalwert-Transaktion (Nutzen = Kosten) der Wert für die Aktionäre nicht geändert.

Tabelle 14.9

Marktwertbilanz nach den einzelnen Stufen der gehebelten Rekapitalisierung von Harrison (in Millionen Euro)

Anfang		Nach Kreditaufnahme		Nach Aktienrückkauf	
Aktiva	Passiva	Aktiva	Passiva	Aktiva	Passiva
		Bar	Fremdkapital	Bar	Fremdkapital
		80	80	0	80
vorhandene Vermögensgegenstände	Eigenkapital	vorhandene Vermögensgegenstände	Eigenkapital	vorhandene Vermögensgegenstände	Eigenkapital
200	200	200	200	200	120
200	**200**	**280**	**280**	**200**	**200**
Aktien im Umlauf (Millionen)	50	Aktien im Umlauf (Millionen)	50	Aktien im Umlauf (Millionen)	30
Wert pro Aktie	EUR 4,00	Wert pro Aktie	EUR 4,00	Wert pro Aktie	EUR 4,00

Verständnisfragen

1. Warum sind die Investoren in Bezug auf die Wahl der Kapitalstruktur des Unternehmens indifferent?

2. Was ist eine Marktwertbilanz?

3. Wie ändert sich die Marktkapitalisierung eines Unternehmens an einem vollkommenen Markt, wenn es einen Kredit aufnimmt, um Aktien zurückzukaufen? Wie wirkt sich das auf den Aktienkurs aus?

14.3 Modigliani-Miller II: Verschuldung, Risiko und Kapitalkosten

Modigliani und Miller zeigten, dass sich die Wahl eines Unternehmens hinsichtlich der Kapitalstruktur nicht auf den Unternehmenswert auswirkt. Wie aber lässt sich diese Schlussfolgerung mit der Tatsache vereinbaren, dass die Kapitalkosten für verschiedene Wertpapiere unterschiedlich sind? Nehmen wir als Beispiel erneut den Unternehmer aus ▶Abschnitt 14.1. Wird das Projekt allein durch Eigenkapital finanziert, verlangen die Anteilseigner eine erwartete Rendite von 15 %. Alternativ kann das Unternehmen zum risikolosen Zinssatz von 5 % einen Kredit aufnehmen. Ist in dieser Situation das Fremdkapital nicht eine günstigere und bessere Kapitalquelle als Eigenkapital?

Auch wenn Fremdkapital geringere Kapitalkosten verursacht als Eigenkapital, können wir diese Kosten nicht isoliert betrachten. Wie wir in ▶Abschnitt 14.1 gesehen haben, erhöht Fremdkapital, auch wenn es günstiger ist, das Risiko und damit die Kapitalkosten des Eigenkapitals des Unternehmens. In diesem Abschnitt betrachten wir die Auswirkung der Verschuldung auf die erwartete Rendite der Aktie eines Unternehmens oder auf die Eigenkapitalkosten. Dann betrachten wir, wie man die Kapitalkosten der Vermögensgegenstände des Unternehmens schätzt und zeigen, dass diese von der Verschuldung unbeeinflusst bleiben. Am Ende werden die Einsparungen aus der niedrigen erwarteten Rendite des Fremdkapitals, den Fremdkapitalkosten, genau durch die höheren Eigenkapitalkosten ausgeglichen und das Unternehmen hat keine Nettoeinsparungen.

Verschuldung und Eigenkapitalkosten

Wir können die erste These von Modigliani und Miller anwenden, um eine explizite Beziehung zwischen der Verschuldung und den Eigenkapitalkosten herzuleiten. Nehmen wir an, E und D bezeichnen den Marktwert des Eigenkapitals beziehungsweise des Fremdkapitals, falls das Unternehmen verschuldet ist. Nehmen wir an, U ist der Marktwert des Eigenkapitals, falls das Unternehmen unverschuldet ist. Und A ist der Marktwert der Aktiva des Unternehmens. Dann besagt MM These I, dass

$$E + D = U = A \tag{14.2}$$

Der Gesamtmarktwert der Wertpapiere eines Unternehmens entspricht dem Marktwert seiner Vermögensgegenstände, unabhängig davon, ob das Unternehmen unverschuldet oder verschuldet ist.

Wir können den ersten Summanden in ▶Gleichung 14.2 als Homemade Leverage ausdrücken: Hält man ein Portfolio mit Eigenkapital und Fremdkapital des Unternehmens, können wir den Zahlungsstrom aus dem Besitz des Eigenkapitals des unverschuldeten Unternehmens nachbilden. Da die Rendite eines Portfolios der gewichteten Durchschnittsrendite der darin enthaltenen Wertpapiere entspricht, impliziert diese Gleichung folgendes Verhältnis zwischen den Renditen aus dem Eigenkapital des verschuldeten Unternehmens (R_E), dem Fremdkapital (R_D) und dem Eigenkapital des unverschuldeten Unternehmens (R_U):

$$\frac{E}{E+D} R_E + \frac{D}{E+D} R_D = R_U \tag{14.3}$$

Lösen wir ▶Gleichung 14.3 nach (R_E) auf, erhalten wir den folgenden Ausdruck für die Rendite des Eigenkapitals des verschuldeten Unternehmens:

$$R_E = \underbrace{R_U}_{\substack{\text{Risiko ohne} \\ \text{Verschuldung}}} + \underbrace{\frac{D}{E}\left(R_U - R_D\right)}_{\substack{\text{Zusätzliches Risiko} \\ \text{aufgrund der Verschuldung}}} \tag{14.4}$$

Diese Gleichung zeigt die Auswirkung der Verschuldung auf die Rendite des Eigenkapitals des verschuldeten Unternehmens. Die Rendite auf das Eigenkapital des verschuldeten Unternehmens entspricht der Rendite auf das Eigenkapital des unverschuldeten Unternehmens plus eines zusätzlichen „Schubs" durch die Verschuldung. Dieser zusätzliche Effekt treibt die Rendite des Eigenkapitals des verschuldeten Unternehmens sogar noch höher, wenn das Unternehmen gut abschneidet ($R_U > R_D$), lässt diese aber noch tiefer fallen, wenn das Unternehmen schlecht abschneidet ($R_U < R_D$). Die Höhe des zusätzlichen Risikos hängt von der Höhe der Verschuldung ab und wird anhand des *Verschuldungsgrads $D : E$* des Marktwertes des Unternehmens gemessen. Da ▶Gleichung 14.4 für die realisierten Renditen gilt, gilt sie auch für die *erwarteten* Renditen (bezeichnet mit r anstelle von R). Diese Beobachtung führt zur zweiten These von Modigliani und Miller:

MM These II: *Die Kapitalkosten des Eigenkapitals des verschuldeten Unternehmens steigen mit dem Verschuldungsgrad des Unternehmens nach Marktwerten.*

Kapitalkosten des Eigenkapitals des verschuldeten Unternehmens

$$r_E = r_U + \frac{D}{E}\left(r_U - r_D\right) \tag{14.5}$$

Wir können MM These II anhand des Projekts des Unternehmens aus ▶Abschnitt 14.1 veranschaulichen. Wir erinnern uns: Ist das Unternehmen vollständig eigenfinanziert, dann beträgt die erwartete Rendite auf das Eigenkapital des unverschuldeten Unternehmens 15 %, wie in ▶Tabelle 14.4 dargestellt. Wird das Unternehmen mit Fremdkapital in Höhe von EUR 500 finanziert, entspricht die erwartete Rendite dieses Fremdkapitals dem risikolosen Zinssatz von 5 %. Daher ist die erwartete Rendite auf das Eigenkapital des verschuldeten Unternehmens laut MM These II

$$r_E = 15\ \% + \frac{500}{500}(15\ \% - 5\ \%) = 25\ \%$$

Dieses Ergebnis entspricht der in ▶Tabelle 14.4 errechneten erwarteten Rendite.

Beispiel 14.4:   Berechnung der Eigenkapitalkosten

Fragestellung

Der Unternehmer aus ▶Abschnitt 14.1 nimmt nur EUR 200 für die Finanzierung des Projekts auf. Wie hoch sind nach MM These II die Eigenkapitalkosten des Unternehmens?

Lösung

Da die Aktiva des Unternehmens einen Marktwert von EUR 1.000 haben, hat das Eigenkapital nach MM These I einen Marktwert von EUR 800. ▶Gleichung 14.5 ergibt:

$$r_E = 15~\% + \frac{200}{800}(15~\% - 5~\%) = 17,5~\%$$

Dieses Ergebnis stimmt mit der in ▶Beispiel 14.1 errechneten erwarteten Rendite überein.

Investitionsplanung und gewichtete durchschnittliche Kapitalkosten (WACC)

Wir können die Erkenntnisse von Modigliani und Miller verwenden, um die Auswirkung der Verschuldung auf die Kapitalkosten für neue Investitionen zu verstehen. Wird ein Unternehmen sowohl mit Eigenkapital als auch mit Fremdkapital finanziert, dann wird das Risiko der zugrunde liegenden Vermögenswerte dem Risiko eines Portfolios mit dessen Eigen- und Fremdkapital entsprechen. Somit sind die angemessenen Kapitalkosten für die Vermögensgegenstände des Unternehmens die Kapitalkosten dieses Portfolios, was einfach der gewichtete Durchschnitt der Kapitalkosten des Unternehmens für Eigenkapital und Fremdkapital ist.

Wir haben dies in ▶Kapitel 12 als Kapitalkosten bei Eigenfinanzierung oder als WACC vor Steuern definiert:

Kapitalkosten bei Eigenfinanzierung (WACC vor Steuern)

$$r_U = \begin{pmatrix} \text{Anteil des Unternehmenswertes,} \\ \text{der durch Eigenkapital finanziert wird} \end{pmatrix}\begin{pmatrix} \text{Eigenkapital-} \\ \text{kosten} \end{pmatrix}$$
$$+ \begin{pmatrix} \text{Anteil des Unternehmenswerts,} \\ \text{der durch Fremdkapital finanziert wird} \end{pmatrix}\begin{pmatrix} \text{Fremdkapital-} \\ \text{kosten} \end{pmatrix} = \frac{E}{E+D}r_E + \frac{D}{E+D}r_D \qquad (14.6)$$

Wir haben ebenfalls in ▶Kapitel 12 den effektiven gewichteten Durchschnitt der Kapitalkosten nach Steuern oder WACC vorgestellt, den wir anhand der Fremdkapitalkosten des Unternehmens nach Steuern errechnen. Da ein vollkommener Kapitalmarkt gegeben ist, gibt es keine Steuern. Somit stimmen der WACC und die Kapitalkosten des Unternehmens bei Eigenfinanzierung überein:

$$r_{WACC} = r_U = r_A \qquad (14.7)$$

Das bedeutet: *Der WACC eines Unternehmens ist an einem vollkommenen Kapitalmarkt von der Kapitalstruktur unabhängig und bei Eigenfinanzierung gleich den Eigenkapitalkosten, die mit den Kapitalkosten der Vermögensgegenstände übereinstimmen.*

▶Abbildung 14.1 zeigt die Auswirkung der Erhöhung der Verschuldung in der Kapitalstruktur eines Unternehmens auf die Eigenkapitalkosten, die Fremdkapitalkosten und den WACC.

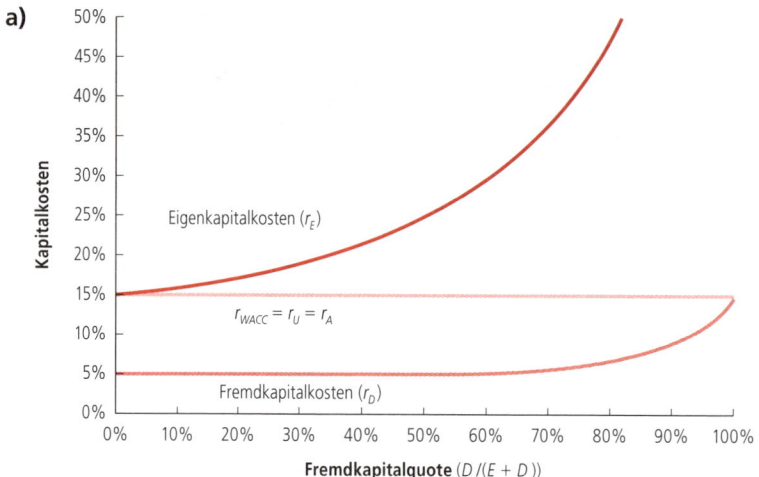

b)

E	D	r_E	r_D	$\dfrac{E}{E+D}r_E + \dfrac{D}{E+D}r_D$	$= r_{WACC}$
1.000	0	15,0 %	5,0 %	$1,0 \times 15,0\ \% + 0,0 \times 5,0\ \%$	= 15 %
800	200	17,5 %	5,0 %	$0,8 \times 17,5\ \% + 0,2 \times 5,0\ \%$	= 15 %
500	500	25,0 %	5,0 %	$0,5 \times 25,0\ \% + 0,5 \times 5,0\ \%$	= 15 %
100	900	75,0 %	8,3 %	$0,1 \times 75,0\ \% + 0,9 \times 8,3\ \%$	= 15 %

Abbildung 14.1: WACC und Verschuldung an vollkommenen Kapitalmärkten. Mit zunehmendem Anteil der Finanzierung des Unternehmens mit Fremdkapital weisen sowohl das Eigenkapital als auch das Fremdkapital ein höheres Risiko auf und die Kapitalkosten steigen. Da jedoch mehr Gewicht auf das Fremdkapital, das weniger Kosten verursacht, gelegt wird, bleiben die gewichteten durchschnittlichen Kapitalkosten konstant. a) Eigenkapital, Fremdkapital und gewichtete durchschnittliche Kapitalkosten für die verschiedenen Beträge der Verschuldung. Die Steigerungsrate von r_D und r_E und somit die Form der Kurve hängt von den Merkmalen des Zahlungstroms des Unternehmens ab. b) Die Berechnung des *WACC* für alternative *Kapitalstrukturen.* Die Daten in dieser Tabelle entsprechen dem Beispiel in ▶Abschnitt 14.1.

In dieser Abbildung messen wir die Verschuldung des Unternehmens hinsichtlich seiner *Fremdkapitalquote D : (E + D)*, das heißt hinsichtlich des Anteils des Unternehmensgesamtwertes, der dem Fremdkapital entspricht. Ohne Fremdkapital entspricht der *WACC* den *Kapitalkosten bei Eigenfinanzierung.* Da das Unternehmen einen Kredit zu geringen Fremdkapitalkosten aufnimmt, steigen gemäß ▶Gleichung 14.5 die Eigenkapitalkosten. Der Nettoeffekt ist, dass der WACC des Unternehmens unverändert bleibt. Mit zunehmender Höhe des Fremdkapitals bekommt dieses natürlich ein höheres Risiko, da die Möglichkeit besteht, dass das Unternehmen in Verzug gerät; deshalb steigen auch die Fremdkapitalkosten r_D. Bei einer Finanzierung zu hundert Prozent durch Fremdkapital hätte das Fremdkapital ein genauso hohes Risiko wie die Vermögensgegenstände selbst (ähnlich dem Eigenkapital des unverschuldeten Unternehmens). Aber auch wenn bei hoher Verschuldung sowohl die Fremdkapitalkosten als auch die Eigenkapitalkosten steigen, bleibt der WACC konstant, da das günstigere Fremdkapital stärker gewichtet wird. Wie wir aus ▶Kapitel 9 wissen, können wir den operativen Unternehmenswert dadurch errechnen, dass wir dessen zukünftigen freien Cashflow mit dem WACC diskontieren. Somit liefert ▶Gleichung 14.7 folgende intuitive Auslegung der MM These I: Auch wenn das Fremdkapital geringere Kapitalkosten hat als das Eigenkapital, mindert die Verschuldung den WACC eines Unternehmens nicht. Infolgedessen ändert sich der Wert des freien Cashflows eines Unternehmens, der mit dem WACC berechnet wurde, nicht. Die Wahl der Finanzierung eines Unternehmens hat somit keinen Einfluss auf den operativen Unternehmenswert. Dieses Ergebnis ermöglicht uns die Beantwortung der am Anfang dieses Kapitels an den Finanzvorstand von EBSI gestellten Fragen wie folgt: Bei einem vollkommenen Kapitalmarkt werden die gewichteten durchschnittlichen Kapitalkosten und somit der Kapitalwert der Expansion nicht dadurch berührt, für welche Finanzierung der neuen Investition sich EBSI entscheidet.

Beispiel 14.5: Verringerung der Verschuldung und der Kapitalkosten

Fragestellung

Die NRG Energy (NRG) ist ein Energieunternehmen mit einem *Verschuldungsgrad* von 2 am Markt. Angenommen, seine derzeitigen Fremdkapitalkosten liegen bei 6 % und die Eigenkapitalkosten bei 12 %. Wenn NRG Aktienkapital ausgibt und die Erträge daraus verwendet, um Fremdkapital zurückzuzahlen und seinen Verschuldungsgrad auf 1 zu verringern, werden die Fremdkapitalkosten auf 5,5 % zurückgehen. Welche Auswirkung hat diese Transaktion an einem vollkommenen Markt auf die Eigenkapitalkosten von NRG und den *WACC*? Was würde geschehen, wenn NRG noch mehr Aktien begibt und das Fremdkapital vollständig zurückzahlt? Wie würden sich diese alternativen Kapitalstrukturen auf den *operativen Unternehmenswert* von NRG auswirken?

Lösung

Wir können den anfänglichen WACC und die Kapitalkosten bei Eigenfinanzierung von NRG anhand der ▶Gleichungen 14.6 und 14.7 berechnen:

$$r_{WACC} = r_U = \frac{E}{E+D} r_E + \frac{D}{E+D} r_D = \frac{1}{1+2}(12\ \%) + \frac{2}{1+2}(6\ \%) = 8\ \%$$

Mit den Kapitalkosten bei Eigenfinanzierung von 8 % von NRG können wir ▶Gleichung 14.5 für die Berechnung der Eigenkapitalkosten von NRG nach der Verringerung der Verschuldung verwenden.

$$r_E = r_U + \frac{D}{E}(r_U - r_D) = 8\ \% + \frac{1}{1}(8\ \% - 5,5\ \%) = 10,5\ \%$$

Die Verringerung der Verschuldung führt dazu, dass die Eigenkapitalkosten von NRG auf 10,5 % sinken. Zu beachten ist allerdings, dass der WACC von NRG an einem vollkommenen Markt unverändert bei 8 % = ½ (10,5 %) + ½ (5,5 %) bleibt und kein Nettogewinn aus dieser Transaktion entsteht.

Nach vollständiger Rückzahlung des Fremdkapitals ist NRG unverschuldet. Somit werden die Eigenkapitalkosten dem WACC und den Kapitalkosten bei Eigenfinanzierung von 8 % entsprechen.

In beiden Szenarien bleiben der WACC und die freien Cashflows von NRG unverändert. Folglich wären die verschiedenen Kapitalstrukturen an einem vollkommenen Markt ohne Einfluss auf den operativen Unternehmenswert.

Ein häufiger Fehler

Ist Fremdkapital besser als Eigenkapital?

Da Fremdkapital geringere Kapitalkosten als Eigenkapital hat, wird häufig fälschlicherweise angenommen, dass ein Unternehmen seinen gesamten WACC reduzieren kann, indem der Anteil des Fremdkapitals erhöht wird. Wenn diese Strategie funktioniert, sollte ein Unternehmen dann nicht so viel Fremdkapital aufnehmen wie möglich, zumindest solange dieses Fremdkapital nicht risikobehaftet ist?

Dieses Argument lässt folgende Tatsache außer Acht: Selbst wenn das Fremdkapital risikolos ist und das Unternehmen nicht in Verzug gerät, erhöht die Steigerung der Verschuldung das Risiko des Eigenkapitals. Angesichts dieses erhöhten Risikos werden Anteilseigner eine höhere Risikoprämie verlangen und damit eine höhere erwartete Rendite. Dieser Anstieg der Eigenkapitalkosten gleicht die Vorteile einer höheren Inanspruchnahme des günstigeren Fremdkapitals genau aus, sodass die gesamten Kapitalkosten des Unternehmens unverändert bleiben.

Berechnung des WACC mit mehreren Wertpapieren

Wir haben die Kapitalkosten des Unternehmens bei Eigenfinanzierung und des WACC in den ▶Gleichungen 14.6 und 14.7 unter der Annahme berechnet, dass das Unternehmen nur zwei Arten von Wertpapieren (Aktien und Anleihen) ausgegeben hat. Ist die Kapitalstruktur eines Unternehmens jedoch komplexer, dann werden r_U und r_{WACC} berechnet, indem die gewichteten durchschnittlichen Kapitalkosten *aller* Wertpapiere des Unternehmens berechnet werden.

Beispiel 14.6: WACC mit mehreren Wertpapieren

Fragestellung

Berechnen Sie den WACC für das Projekt des Unternehmers mit der in ▶Beispiel 14.1 beschriebenen Kapitalstruktur.

Lösung

Da das Unternehmen drei Wertpapiere (Anleihen, Aktien und Optionsscheine) in seiner Kapitalstruktur hat, entsprechen die gewichteten durchschnittlichen Kapitalkosten der durchschnittlichen Rendite, die es an die drei Investorengruppen zahlen muss:

$$r_{WACC} = r_U = \frac{E}{E+D+W} r_E + \frac{D}{E+D+W} r_D + \frac{W}{E+D+W} r_W$$

Aus ▶Beispiel 14.3 wissen wir, dass *E = 440, D = 500* und *W = 60* sind. Wie hoch sind die erwarteten Renditen für jedes dieser Wertpapiere? Angesichts der Zahlungsströme des Unternehmens sind die Anleihen risikolos und haben eine erwartete Rendite von r_D = 5 %. Der Optionsschein hat eine erwartete Auszahlung von ½(EUR 210) + ½ (EUR 0) = EUR 105, also liegt die erwartete Rendite bei r_W = EUR 105 : EUR 60 − 1 = 75 %. Aus den Aktien ergibt sich eine Auszahlung von (EUR 1.400 − EUR 525 − EUR 210) = EUR 665 bei hohen Zahlungen und (EUR 900 − EUR 525) = EUR 375 bei niedrigen Zahlungen. Somit beträgt die erwartete Auszahlung ½ (EUR 665) + ½ (EUR 375) = EUR 520. Die erwartete Rendite für die Aktien beträgt dann r_E = EUR 520 : EUR 440 − 1 = 18,18 %. Nun können wir den WACC wie folgt berechnen:

$$r_{WACC} = \frac{EUR\ 440}{EUR\ 1.000}(18,18\ \%) + \frac{EUR\ 500}{EUR\ 1.000}(5\ \%) + \frac{EUR\ 60}{EUR\ 1.000}(75\ \%) = 15\ \%$$

Der WACC des Unternehmens und die Kapitalkosten liegen bei Eigenfinanzierung wiederum bei 15 %, ebenso wie im Fall der reinen Eigenfinanzierung.

Betafaktoren des Eigenkapitals des unverschuldeten und des verschuldeten Unternehmens

Zu beachten ist, dass ▶Gleichung 14.6 und ▶Gleichung 14.7 für die gewichteten durchschnittlichen Kapitalkosten mit unserer Berechnung der Kapitalkosten bei Eigenfinanzierung in ▶Kapitel 12 übereinstimmen. Dort zeigten wir, dass der Betafaktor des Eigenkapitals des unverschuldeten Unternehmens beziehungsweise das Asset-Beta dem gewichteten Durchschnitt des Eigenkapital-Betas und des Fremdkapital-Betas entspricht:

$$\beta_U = \frac{E}{E+D} \beta_E + \frac{D}{E+D} \beta_D \tag{14.8}$$

Wir erinnern uns, dass der Betafaktor des Eigenkapitals des unverschuldeten Unternehmens das Marktrisiko der zugrunde liegenden Vermögensgegenstände des Unternehmens misst und somit angewendet werden kann, um die Kapitalkosten vergleichbarer Investitionen zu bestimmen. Ändert ein Unternehmen seine Kapitalstruktur ohne seine Investitionen zu ändern, bleibt der Betafaktor des Eigenkapitals des unverschuldeten Unternehmens gleich. Jedoch wird sich der Betafaktor des Eigenkapitals des unverschuldeten Unternehmens so ändern, dass die Auswirkung der Änderung der Kapitalstruktur im Risiko[7] wiedergegeben wird. Stellen wir also ▶Gleichung 14.8 um, und lösen nach β_E auf.

$$\beta_E = \beta_U + \frac{D}{E}(\beta_U - \beta_D) \tag{14.9}$$

▶Gleichung 14.9 ist analog zu 14.5, wobei hier das Beta die erwarteten Renditen ersetzt. Sie zeigt, dass das Eigenkapital-Beta des Unternehmens ebenfalls mit der Verschuldung steigt.

Beispiel 14.7: Betas und Verschuldung

Fragestellung

Angenommen der Pharmaeinzelhändler CVS hat ein Eigenkapital-Beta von 0,80 und einen Verschuldungsgrad von 0,10. Schätzen Sie das Asset-Beta unter der Annahme, dass das Fremdkapital-Beta null ist. Angenommen, CVS würde eine Erhöhung der Verschuldung planen, sodass der Verschuldungsgrad bei 0,50 liegen würde. Das Fremdkapital-Beta liegt immer noch bei null. Wie hoch ist das Eigenkapital-Beta nach der Erhöhung der Verschuldung?

Lösung

Wir können den Betafaktor des Kapitals des unverschuldeten Unternehmens beziehungsweise das Asset-Beta für CVS mit ▶Gleichung 14.8 schätzen:

$$\beta_U = \frac{E}{E+D}\beta_E + \frac{D}{E+D}\beta_D = \frac{1}{1+D/E}\beta_E = \frac{1}{1+0,1} \times 0,8 = 0,73$$

Mit dem Anstieg der Verschuldung steigt das Eigenkapital-Beta von CVS entsprechend ▶Gleichung 14.9:

$$\beta_E = \beta_U + \frac{D}{E}(\beta_U - \beta_D) = 0,73 + 0,5(0,73 - 0) = 1,09$$

Somit steigt das Eigenkapital-Beta (und die Eigenkapitalkosten) von CVS mit der Verschuldung. Zu beachten ist, dass, wenn das Fremdkapital-Beta auch erhöht wird, die Auswirkung der Verschuldung auf das Eigenkapital-Beta etwas niedriger wäre – wenn die Halter der Anleihen einen Teil des Marktrisikos des Unternehmens tragen, müssen die Halter der Aktien weniger davon tragen.

Die Aktiva in einer Unternehmensbilanz enthalten sämtliche Barmittel und risikolose Wertpapiere. Da diese Positionen risikolos sind, reduzieren sie das Risiko – und somit die erforderliche Risikoprämie – der Aktiva des Unternehmens. Aus diesem Grund hat der Barmittelüberschuss den gegenteiligen Effekt der Verschuldung auf Risiko und Rendite. Von diesem Standpunkt aus können wird die Barmittel als negatives Fremdkapital betrachten. Folglich können wir, wie bereits in ▶Kapitel 12 erläutert, für die Ermittlung des operativen Unternehmenswerts – also die Aktiva eines Unternehmens getrennt von etwaigen Barpositionen – die Verschuldung als Nettoverschuldung eines Unternehmens messen, also das Fremdkapital abzüglich der Barreserven oder der kurzfristigen Anlagen.

---

7 Das Verhältnis der Betas von Verschuldung zu Eigenkapital wurde von R. Hamada in „The Effect of the Firm`s Capital Structure on the Systematic Risk of Common Stocks ", *Journal of Finance*, Bd. 27, Nr. 2 (1972), S. 435–452 und von M. Rubinstein in „A Mean-Variance Synthesis of Corporate Financial Theory", *Journal of Finance*, Bd. 28, Nr. 1 (1973), S. 167–181 entwickelt.

Beispiel 14.8: Barmittel und die Kapitalkosten

Fragestellung

Im Juli 2012 hatte Cisco System eine Marktkapitalisierung von USD 102,4 Milliarden. Das Unternehmen hatte Fremdkapital in Höhe von USD 16,2 Mrd. und Barmittel und kurzfristige Anlagen in Höhe von USD 48,6 Milliarden. Das Eigenkapital-Beta lag bei 1,23 und das Fremdkapital-Beta ungefähr bei null. Wie hoch war der operative Unternehmenswert von Cisco zu diesem Zeitpunkt? Schätzen Sie die Kapitalkosten bei Eigenfinanzierung von Ciscos Geschäft bei einem risikolosen Zinssatz von 2 % und einer Marktrisikoprämie von 5 %.

Lösung

Da Cisco Fremdkapital in Höhe von USD 16,2 Mrd. und Barmittel in Höhe von USD 48,6 Mrd. hatte, betrug Ciscos Nettoverschuldung USD 16,2 Mrd. − USD 48,6 Mrd. = − USD 32,4 Mrd. Somit lag der operative Unternehmenswert bei USD 102,4 Mrd. − USD 32,4 Mrd. = USD 70 Mrd.

Bei einem Fremdkapital-Beta für die Nettoverschuldung von null lag das unverschuldete Beta bei Eigenfinanzierung bei

$$\beta_U = \frac{E}{E+D}\,\beta_E + \frac{D}{E+D}\,\beta_D = \frac{102,4}{70}\,(1,23) + \frac{-32,4}{70}\,(0) = 1,80$$

Diese Kapitalkosten bei Eigenfinanzierung können wir als $r_U = 2\ \% + 1,80 \times 5\ \% = 11\ \%$ schätzen. (Wir erinnern uns, dass wir bei der Bewertung des HomeNet-Projekts von Cisco in ▶Kapitel 8 Kapitalkosten in Höhe von 12 % verwendet haben). Zu beachten ist, dass Ciscos Eigenkapital wegen der vorhandenen Barpositionen weniger risikobehaftet ist als das zugrunde liegende *Unternehmen*.

Verständnisfragen

1. Wie errechnen wir den gewichteten Durchschnitt der Kapitalkosten eines Unternehmens?

2. Wenn ein Unternehmen die Verschuldung erhöht, wie ändern sich dann an einem vollkommenen Kapitalmarkt die Fremdkapitalkosten? Die Eigenkapitalkosten? Der gewichtete Durchschnitt der Kapitalkosten?

Nobelpreis

Franco Modigliani und Merton Miller

Franco Modigliani und Merton Miller, die Verfasser der Modigliani-Miller-Thesen, erhielten für ihre Arbeit im Bereich Finanzwirtschaft, unter anderem für ihre Thesen zur Kapitalstruktur, den Nobelpreis für Wirtschaftswissenschaften. Modigliani erhielt den Nobelpreis im Jahr 1985 für seine Arbeit zu Sparanlagen von Privatanlegern und für seine Thesen zur Kapitalstruktur zusammen mit Miller. Miller erhielt den Nobelpreis im Jahr 1990 für seine Analyse der Portfolio-Theorie und Kapitalstruktur. Miller beschrieb einmal in einem Interview die MM-Thesen folgendermaßen: *Ich werde oft gefragt: Können Sie Ihre Theorie kurz zusammenfassen? Ich antworte dann: Nun, Sie verstehen das MM-Theorem, wenn Sie wissen, warum das ein Witz ist: Der Pizza-Lieferant kommt nach dem Spiel zu Yogi Berra und sagt: „Yogi, wie soll ich diese Pizza schneiden? In vier oder in acht Stücke?" Und Yogi antwortet: „Schneide sie in acht Stücke, ich bin heute Abend sehr hungrig."*

Jeder erkennt, dass das ein Witz ist, weil offensichtlich die Größe der Pizza nicht durch die Anzahl und Form der Stücke geändert wird. Und mit Aktien, Anleihen, Optionsscheinen usw. verhält es sich ganz ähnlich, denn nach ihrer Ausgabe wirken sie sich nicht auf den Wert des Unternehmens aus. Sie teilen einfach nur die zugrunde liegenden Gewinne auf unterschiedliche Art und Weise auf.*

Modigliani und Miller erhielten beide den Nobelpreis größtenteils für ihre Feststellung, dass sich an vollkommenen Kapitalmärkten die Kapitalstruktur nicht auf den Wert des Unternehmens auswirken sollte. Die den MM-Thesen zugrunde liegende intuitive Einsicht mag zwar so einfach sein wie das Aufteilen einer Pizza, ihre Auswirkungen auf die Finanzwirtschaft der Unternehmen sind jedoch weitreichend. Die Thesen bedeuten, dass die wirkliche Aufgabe der Finanzpolitik eines Unternehmens ist, sich mit Unvollkommenheiten der Finanzmärkte wie Steuern und Transaktionskosten auseinanderzusetzen und diese möglicherweise auszunutzen. Modiglianis und Millers Arbeit war der Beginn einer langen Reihe von Forschungsarbeiten zu diesen Marktunvollkommenheiten, denen wir uns in den nächsten Kapiteln widmen werden.

*Peter J.Tanous, Investment Gurus, Prentice Hall Press, 1997.

14.4 Trugschlüsse bei der Kapitalstruktur

MM These I und II besagen, dass an vollkommenen Kapitalmärkten die Verschuldung keine Auswirkungen auf den Unternehmenswert oder die Gesamtkapitalkosten des Unternehmens hat. Hier werfen wir einen kritischen Blick auf zwei falsche Argumente, die manchmal zugunsten der Verschuldung angeführt werden.

Verschuldung und Gewinn je Aktie

Die Verschuldung kann den erwarteten Gewinn je Aktie eines Unternehmens erhöhen. Ein Argument lautet, dass durch die Verschuldung auch der Aktienkurs eines Unternehmens steigen sollte. Nehmen wir folgendes Beispiel: Levitron Industries (LVI) ist derzeit ein rein eigenfinanziertes Unternehmen. Es erwartet, im nächsten Jahr einen Gewinn vor Zinsen und Steuern (EBIT) in Höhe von USD 10 Millionen zu erwirtschaften. Derzeit hat LVI 10 Millionen Aktien im Umlauf und die Aktien werden zu einem Kurs von USD 7,50 pro Aktie gehandelt. LVI möchte seine Kapitalstruktur ändern durch zusätzliche Aufnahme von Fremdkapital in Höhe von USD 15 Millionen zu einem Zinssatz von 8 % und damit 2 Millionen Aktien zu USD 7,50 je Aktie zurückkaufen.

Sehen wir uns die Folgen dieser Transaktion an vollkommenen Kapitalmärkten an und gehen wir von dem Fall aus, dass LVI kein Fremdkapital aufweist. Da LVI keine Zinsen zahlt und da es an vollkommenen Kapitalmärkten keine Steuern gibt, würden die Gewinne von LVI dessen EBIT entsprechen. Somit würde LVI ohne Fremdkapital einen Gewinn je Aktie (EPS, Earnings Per Share) wie folgt erwarten:

$$EPS = \frac{\text{Gewinne}}{\text{Anzahl der Aktien}} = \frac{\text{USD 10 Millionen}}{\text{10 Millionen}} = \text{USD 1}$$

Das neue Fremdkapital verpflichtet LVI zu Zinszahlungen in jedem Jahr in Höhe von

$$\text{USD 15 Millionen} \times 8 \text{ \% Zinsen/Jahr} = \text{USD 1,2 Millionen/Jahr}$$

Somit hat LVI einen erwarteten Gewinn nach Zinsen in Höhe von

$$\text{Gewinn} = \text{EBIT} - \text{Zinsen} = \text{USD 10 Millionen} - \text{USD 1,2 Millionen} = \text{USD 8,8 Millionen}$$

Die Zinszahlungen auf das Fremdkapital werden dazu führen, dass der Gesamtgewinn von LVI fällt. Aber da die Anzahl der ausstehenden Aktien nach dem Aktienrückkauf ebenfalls auf 10 Millionen – 2 Millionen = 8 Millionen fällt, liegt der erwartete EPS bei:

$$EPS = \frac{8,8 \text{ Millionen}}{8 \text{ Millionen}} = USD\ 1,10$$

Wie wir sehen, steigt der erwartete Gewinn pro Aktie mit der Verschuldung.[8] Dieser Anstieg könnte anscheinend dazu führen, dass die Aktionäre nun in einer besseren Position sind. Dies könnte zu einem möglichen Anstieg des Aktienkurses führen. Wir wissen jedoch aus MM These I: Solange die Wertpapiere fair bewertet sind, weisen diese Finanztransaktionen einen Kapitalwert von null auf und verschaffen den Aktionären keinen Nutzen. Wie können wir diese scheinbar widersprüchlichen Ergebnisse in Einklang bringen?

Die Antwort ist, dass sich das Gewinnrisiko geändert hat. Bisher haben wir nur den *erwarteten* Gewinn je Aktie betrachtet, nicht die Folgen dieser Transaktion auf das Gewinnrisiko. Um dies zu tun, müssen wir die Auswirkung dieses Anstiegs der Verschuldung auf den Gewinn je Aktie in mehreren Szenarien bestimmen.

Angenommen, der Gewinn vor Zinsen beträgt nur USD 4 Millionen. Ohne die Erhöhung der Verschuldung läge der Gewinn je Aktie bei USD 4 Millionen : 10 Millionen Aktien = USD 0,40. Mit der neuen Verschuldung jedoch würde der Gewinn nach Zinsen USD 4 Millionen – USD 1,2 Millionen = USD 2,8 Millionen betragen, was einen Gewinn pro Aktie von USD 2,8 Millionen : 8 Millionen Aktien = USD 0,35 ergibt. Sind also die Gewinne niedrig, führt die Verschuldung dazu, dass der EPS noch weiter fallen würde, als es andernfalls der Fall wäre. In ▶Abbildung 14.2 sind mehrere Szenarien dargestellt.

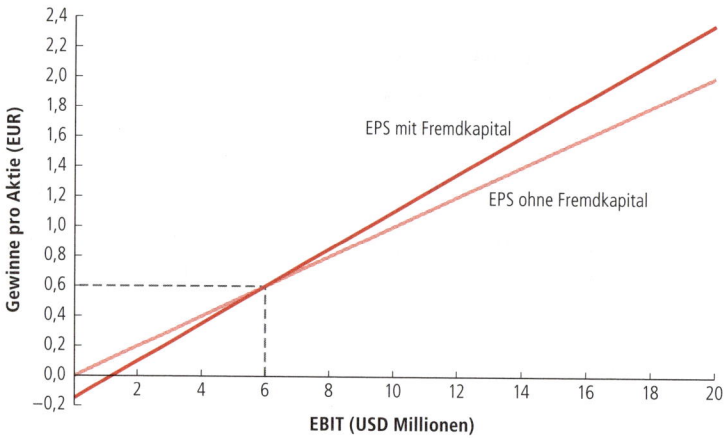

Abbildung 14.2: Gewinn je Aktie von LVI mit und ohne Verschuldung. Die Sensitivität des EPS gegenüber dem EBIT ist bei einem verschuldeten Unternehmen höher als bei einem unverschuldeten Unternehmen. Bei Vermögensgegenständen mit gleichem Risiko unterliegt das EPS eines verschuldeten Unternehmens einer stärkeren Volatilität.

▶Abbildung 14.2 zeigt, dass das EPS mit Verschuldung höher ist, wenn der Gewinn vor Zinsen über USD 6 Millionen liegt. Wenn er unter USD 6 Millionen fällt, ist das EPS mit Verschuldung niedriger als ohne. Tatsächlich erzielt LVI nach Zinsen ein negatives EPS, wenn der Gewinn vor Zinsen unter USD 1,2 Millionen (also unter das Niveau des Zinsaufwands) fällt. Obwohl das erwartete EPS von LVI mit Verschuldung steigt, nimmt das Risiko des EPS ebenfalls zu. Das erhöhte Risiko ist daran zu erkennen, dass die Gerade, die in ▶Abbildung 14.2 das EPS mit Verschuldung darstellt, steiler ist

---

8 Allgemeiner formuliert: Die Verschuldung wird den EPS (Gewinn je Aktie) immer dann steigern, wenn die Kreditkosten nach Steuern geringer sind als das Verhältnis des *erwarteten Gewinns zum Aktienkurs* (d. h. das Reziproke des prognostizierten KGV-Mehrfachen, auch *Gewinnrendite* genannt). Bei LVI gilt ohne Steuern: 8 % < *EPS : P* = 1 : 7,50 = 13,33 %.

als die Gerade ohne Verschuldung, was bedeutet, dass nach Einführung der Verschuldung die gleiche Schwankung des EBIT zu einer größeren Schwankung des EPS führt. Insgesamt stimmen diese Ergebnisse mit der MM These I überein. Während das EPS im Durchschnitt steigt, ist dieser Anstieg notwendig, um für die Aktionäre das zusätzliche Risiko, das sie tragen, auszugleichen. Somit führt diese Transaktion nicht zu einem Anstieg des Aktienkurses von LVI. Prüfen wir dieses Ergebnis nun anhand eines Beispiels.

Beispiel 14.9:   Die Thesen von MM und der Gewinn pro Aktie

Fragestellung
Wir gehen nun nicht davon aus, dass das EBIT von LVI in Zukunft steigt und dass alle Gewinne in Form von Dividenden ausgeschüttet werden. Verwenden Sie These I und II von MM, um zu zeigen, dass ein Anstieg des erwarteten EPS bei LVI nicht zu einem Anstieg des Aktienkurses führt.

Lösung
Ohne die Verschuldung liegt der erwartete Gewinn und somit die Dividende bei USD 1 pro Jahr und der Aktienkurs bei USD 7,50. Die Kapitalkosten von LVI ohne Verschuldung seien r_U, dann können wir LVI als ewige Rente bewerten:

$$P = 7,50 = \frac{Div}{r_U} = \frac{EPS}{r_U} = \frac{1,00}{r_U}.$$

Somit bedeutet der aktuelle Aktienkurs von LVI: $r_U = 1 : 7,50 = 13,33\ \%$.

Der Marktwert der LVI-Aktie ohne Verschuldung beträgt USD 7,50 pro Aktie × 10 Millionen Aktien = USD 75 Millionen. Wenn LVI Fremdkapital einsetzt, um Aktienkapital des Unternehmens in Höhe von USD 15 Millionen (also 2 Millionen Aktien) zurückzukaufen, dann hat das verbleibende Eigenkapital laut MM These I einen Wert von USD 75 Millionen – USD 15 Millionen = USD 60 Millionen. Nach der Transaktion beträgt der Verschuldungsgrad von LVI USD 15 Millionen : USD 60 Millionen = ¼. Nach MM These II betragen die Eigenkapitalkosten bei Fremdfinanzierung von LVI dann:

$$r_E = r_U + \frac{D}{E}\left(r_U - r_D\right) = 13,33\ \% + \frac{1}{4}\left(13,33\ \% - 8\ \%\right) = 14,66\ \%$$

Bei einem erwarteten EPS von jetzt USD 1,10 je Aktie beträgt der neue Wert der Aktien:

$$P = \frac{USD\ 1,10}{r_E} = \frac{USD\ 1,10}{14,66\ \%} = USD\ 7,50\ \text{pro Aktie}$$

Folglich werden die Aktionäre, auch wenn die Kennziffer EPS höher ist, wegen des zusätzlichen Risikos eine höhere Rendite verlangen. Diese Effekte heben einander auf und der Aktienpreis bleibt unverändert.

DIE GLOBALE FINANZKRISE

Regulierung des Bankkapitals und der ROE Trugschluss

Im Jargon der Banken verpflichtet die „Eigenkapitalanforderung" eine Bank dazu, sich mit einem bestimmten Mindestbetrag an Eigenkapital zu finanzieren, um sicherzustellen, dass das Verschuldungsverhältnis unter einem bestimmten Niveau bleibt. Die zulässige Höhe der Verschuldung ist sehr groß – laut internationalen Standards kann das Stammaktienkapital nur 2 % der Gesamtfinanzierung einer Bank ausmachen.[9] Um diese Zahl richtig einschätzen zu können: Das Eigenkapital eines typischen Unternehmens, das kein Finanzinstitut ist, liegt bei mehr als 50 % des Firmenwerts. Ein so extremer Verschuldungsgrad macht das Bankeigenkapital sehr riskant. Diese sehr hohen Verschuldungsgrade der Banken trugen wesentlich zur Finanzkrise im Jahr 2008 und der darauf folgenden Rezession bei. Bei einem so kleinen Eigenkapitalpolster kann schon ein geringer Rückgang der Vermögenswerte zur Insolvenz führen. Nach der Krise wurde mit den neuen internationalen Regeln, die den erforderlichen Anteil der Eigenkapitalfinanzierung mehr als verdoppelten, der Druck auf die Banken stärker, die Verschuldung zu verringern. Viele Entscheidungsträger glauben, dass die Kapitalanforderungen noch weit mehr erhöht werden müssen, um die Risiken des Finanzsektors und die davon ausgehenden Wirkungen auf die allgemeine Volkswirtschaft zu begrenzen. Die Banken entgegnen, dass eine geringere Verschuldung die Eigenkapitalrendite senkt und somit ihre Fähigkeit einschränkt im Wettbewerb zu bestehen. Laut Josef Ackermann, dem ehemaligen Vorstandsvorsitzenden der Deutschen Bank, würden die neuen Kapitalanforderungen „den ROE auf eine Größenordnung herunterdrücken, die Investitionen in den Bankensektor im Vergleich zu anderen Wirtschaftszweigen unattraktiv machen würde"[10]. Die Eigenkapitalrendite ist tatsächlich abhängig von der Verschuldung einer Firma. Wie beim EPS tendiert eine niedrigere Verschuldung dazu, im Durchschnitt den ROE einer Firma zu senken, obwohl der ROE in schlechten Zeiten dadurch gesteigert wird. Doch dieser Rückgang des durchschnittlichen ROE wird ausgeglichen durch einen Rückgang des Risikos des Eigenkapitals und damit der erforderlichen Risikoprämie. Daher macht aus Sicht der Investoren ein Rückgang des ROE, der nur die Folge einer geringeren Verschuldung ist, die Investition in die Firma *nicht* weniger attraktiv. Franco Modigliani und Merton Miller erhielten den Nobelpreis, weil sie darauf hinwiesen, dass an einem vollkommenen Kapitalmarkt die Kapitalstruktur einer Bank ihre Wettbewerbsfähigkeit nicht beeinträchtigen kann.

Die einzige Möglichkeit, dass sich eine Änderung der Verschuldung auf die „Attraktivität" des Eigenkapitals und damit die Konkurrenzfähigkeit einer Bank auswirkt, ist ein nicht vollkommener Kapitalmarkt. In den nächsten beiden Kapiteln werden diese Unvollkommenheiten erörtert und erklärt, warum sie tatsächlich Banken einen starken Anreiz geben, ihre Verschuldung zu maximieren. Leider gehen die wichtigsten Unvollkommenheiten auf Subventionen des Staates zurück, weshalb die Gewinne der Banken aufgrund von Verschuldung größtenteils zulasten der Steuerzahler erfolgen.

Da sich die Verschuldung auf den Gewinn je Aktie und das Kurs-Gewinn-Verhältnis auswirkt, können wir diese Kennzahlen von Unternehmen mit unterschiedlicher Kapitalstruktur nicht verlässlich vergleichen. Dasselbe gilt für Bilanzkennzahlen der Performance, also der Unternehmensleistung, wie die Eigenkapitalrendite (ROE).

Aus diesem Grund bevorzugen die meisten Analysten die Verwendung von Performance-Kennzahlen und Bewertungsvielfachen (Multiples), die auf dem Gewinn eines Unternehmens vor Abzug von Zinsen basieren. Zum Beispiel ist das Verhältnis des operativen Unternehmenswerts zum EBIT (oder

---

9 2 % ist die Tier 1 Stammkapitalanforderung des Basel II Abkommens, der globale regulatorische Standard für Bankkapital. Ab dem Jahr 2013 erfolgte durch das neue Abkommen Basel III eine stufenweise Anhebung dieser Kapitalanforderung bis auf 4,5 % im Jahr 2015.

10 J. Ackermann, „The new architecture of financial regulation: Will it prevent another crisis?", Special Paper 94, FMG Deutsche Bank Conference, London School of Economics, Oktober 2010.

EBITDA) nützlicher bei der Analyse von Unternehmen mit sehr unterschiedlichen Kapitalstrukturen als der Vergleich ihrer Kurse zum jeweiligen Gewinn (Kurs-Gewinn-Verhältnis, KGV).

Aktienkapitalemission und Kapitalverwässerung

Ein weiterer häufiger Trugschluss ist, dass die Emission von Aktien zur Verwässerung des Aktionärsbesitzes führt, sodass stattdessen eine Finanzierung mit Fremdkapital erfolgen sollte. Mit **Kapitalverwässerung** meinen die Befürworter dieses Trugschlusses Folgendes: Gibt ein Unternehmen neue Aktien aus, muss der vom Unternehmen generierte Zahlungsstrom auf eine größere Anzahl an Aktien verteilt werden und mindert so den Wert jeder einzelnen Aktie. Das Problem an dieser Argumentation ist, dass die Tatsache ignoriert wird, dass die liquiden Mittel, die durch die Ausgabe neuer Aktien aufgebracht werden, den Wert der Vermögensgegenstände des Unternehmens erhöhen. Sehen wir uns ein Beispiel an.

Jet Sky Airlines (JSA) ist eine sehr erfolgreiche Billigfluggesellschaft, die den Südosten der Vereinigten Staaten anfliegt. Sie hat derzeit kein Fremdkapital und 500 Millionen umlaufende Aktien. Diese Aktien werden derzeit zu einem Kurs von USD 16 gehandelt. Im letzten Monat gab das Unternehmen eine Expansion in Richtung Nordosten bekannt. Für diese Expansion müssen neue Flugzeuge im Wert von USD 1 Milliarde gekauft werden, die durch die Ausgabe von neuem Aktienkapital finanziert werden. Wie wird sich der Aktienkurs ändern, wenn diese neuen Aktien heute ausgegeben werden?

Auf der Grundlage des aktuellen Aktienkurses des Unternehmens (vor der Emission) haben das Eigenkapital und somit die Vermögensgegenstände des Unternehmens einen Marktwert von 500 Millionen Aktien × USD 16 pro Aktie = USD 8 Mrd. Da die Expansionsentscheidung bereits getroffen und bekanntgegeben wurde, würde dieser Wert an vollkommenen Märkten den mit der Expansion verbundenen Kapitalwert enthalten. JSA verkauft 62,5 Millionen neue Aktien zum aktuellen Kurs von USD 16 pro Aktie, um die erforderliche zusätzliche Milliarde USD für den Kauf neuer Flugzeuge zu beschaffen.

Vermögensgegenstände (USD Millionen)	Vor der Emission	Nach der Emission
Liquide Mittel		1.000
Bestehende Vermögensgegenstände	8.000	8.000
Gesamtwert	8.000	9.000
Aktien im Umlauf (Millionen)	500	562,5
Wert je Aktie	USD 16,00	USD 16,00

Zwei Dinge geschehen bei der Aktienkapitalemission von JSA: Erstens steigt der Marktwert der Vermögensgegenstände wegen der zusätzlichen USD 1 Milliarde, die das Unternehmen in bar aufgebracht hat. Zweitens steigt die Anzahl der Aktien. Obwohl die Anzahl der Aktien auf 562,5 Millionen gestiegen ist, bleibt der Wert pro Aktie unverändert: USD 9 Milliarden : 562,5 Millionen Aktien = USD 16 pro Aktie.

Im Allgemeinen gilt: Solange das Unternehmen die neuen Aktien *zu einem fairen Preis* verkauft, gibt es keinen Gewinn oder Verlust für die Aktionäre in Verbindung mit dem ausgegebenen Kapital selbst. Der Betrag, der vom Unternehmen aus der Aktienemission eingenommen wurde, gleicht die Verwässerung der Aktien exakt aus. *Jeder Gewinn oder Verlust in Verbindung mit der Transaktion resultiert aus dem Kapitalwert der Investition, den das Unternehmen mit den beschafften Mitteln erzielt.*

Verständnisfragen

1. Angenommen, eine Änderung der Verschuldung erhöht den Gewinn pro Aktie eines Unternehmens. Sollte dies an einem vollkommenen Markt dazu führen, dass der Aktienkurs steigt?

2. Richtig oder falsch: Wenn ein Unternehmen Aktienkapital ausgibt, steigt das Angebot an Aktien am Markt, was dazu führen sollte, dass der Aktienkurs fällt.

14.5 MM: Über die Thesen hinaus

Seit der Veröffentlichung ihrer Arbeit haben die Theorien von Modigliani und Miller die Finanz-forschung und -praxis stark beeinflusst. Wichtiger als die einzelnen Thesen selbst dürfte der Ansatz sein, den MM verwendeten, um diese herzuleiten. These I war eines der ersten Argumente, das zeigte, dass das Gesetz des einheitlichen Preises eine starke Auswirkung auf den Wertpapierpreis und die Unternehmenswerte in einem Wettbewerbsmarkt haben könnte. Es steht für den Beginn der modernen Theorie der *Corporate Finance*. Die Arbeit von Modigliani und Miller formalisierte eine neue Denkweise über die Finanzmärkte, die bereits von John Burr Williams in seinem im Jahr 1938 erschienenen Buch „*The Theory of Investment Value*" festgehalten wurde. Darin argumentiert Williams:

> *Wenn der Investitionswert eines Unternehmens als Ganzes per Definition dem Barwert aller seiner zukünftigen Ausschüttungen an Wertpapierhalter, ob als Zinsen oder Dividenden, ent-spricht, dann hängt dieser Wert in keiner Weise davon ab, wie die Kapitalisierung des Unterneh-mens gestaltet ist. Wenn ein einzelner Privatanleger oder ein einzelner institutioneller Anleger alle Anleihen, Aktien oder Optionsscheine hielte, die vom Unternehmen ausgegeben wurden, wäre die Kapitalisierung des Unternehmens für den Investor ohne Belang (außer die Einzel-heiten hinsichtlich der Ertragsteuer). Etwaige Zinserträge könnten nicht als Dividendenerträge vereinnahmt worden sein. Für diesen Anleger wäre es absolut offensichtlich, dass die gesamte Zahlungskraft des Unternehmens für Zinsen und Dividenden in keiner Weise davon abhängig ist, welche Art Wertpapiere an den Unternehmenseigner ausgegeben wurde. Ferner würde keine Änderung des Investitionswertes des Unternehmens als Ganzes aus einer Änderung der Kapi-talisierung entstehen. Anleihen könnten durch Aktienemissionen abgelöst werden oder zwei Klassen von nachrangigen Wertpapieren könnten zu einer zusammengefasst werden, ohne den Investitionswert des Unternehmens als Ganzes zu ändern. Diese Konstanz des Investitionswertes entspricht der Unzerstörbarkeit von Masse und Energie: Dies führt uns zum Werterhaltungsprin-zip der Investition, so wie Physiker vom Gesetz des Erhalts von Masse oder dem Energiebewah-rungsgesetz sprechen.*

Wir können somit die Ergebnisse aus diesem Kapitel weitreichender als **Werterhaltungsprinzip** für die Finanzmärkte interpretieren. *An vollkommenen Kapitalmärkten führen Finanztransaktionen weder zu einer Steigerung noch zu einer Zerstörung von Wert, sondern stellen lediglich eine Neuver-packung des Risikos (und somit der Rendite) dar.* Das Prinzip des *Werterhalts* geht weit über Frage-stellungen zum Fremdkapital im Vergleich zum Eigenkapital und sogar zur Kapitalstruktur hinaus. Es impliziert, dass jede Finanztransaktion, die ein gutes Geschäft hinsichtlich der Wertschöpfung zu sein scheint, entweder zu gut ist, um wahr zu sein, oder eine Art Marktunvollkommenheit ausnutzt. Um sicher zu gehen, dass der Wert nicht illusorisch ist, ist es wichtig, die Marktunvollkommenheit, die der Ursprung des Wertes ist, zu finden. In den nächsten Kapiteln untersuchen wir verschiedene Arten der Marktunvollkommenheit und die möglichen Quellen von Wert, die sie für die gewählte Kapitalstruktur eines Unternehmens sowie andere Finanztransaktionen bringen.

Verständnisfragen

1. Wenden Sie sich den Fragen zu, mit denen Dan Harris, Finanzvorstand von EBSI zu Beginn dieses Kapitels konfrontiert war. Welche Antworten würden Sie auf Grundlage der Modigliani-Miller-Thesen geben? Auf welchen Überlegungen sollte die Entscheidung hinsichtlich der Kapitalstruktur basieren?

2. Erklären Sie das Prinzip des Werterhalts für Finanzmärkte.

ZUSAMMENFASSUNG

14.1 Finanzierung durch Eigenkapital im Vergleich zur Finanzierung durch Fremdkapital

- Die Zusammensetzung der Wertpapiere, die ein Unternehmen ausgibt, um Kapital von Investoren zu beschaffen, bezeichnet man als Kapitalstruktur eines Unternehmens. Aktien und Anleihen sind die häufigsten von Unternehmen verwendeten Wertpapiere. Wird Eigenkapital ohne Fremdkapital verwendet, ist dieses Unternehmen rein eigenfinanziert. Andernfalls bestimmt die Höhe des Fremdkapitals die Verschuldung des Unternehmens.

- Der Eigentümer eines Unternehmens sollte sich für die Kapitalstruktur entscheiden, die den Gesamtwert der ausgegebenen Wertpapiere maximiert.

14.2 Modigliani-Miller I: Verschuldung, Arbitrage und Unternehmenswert

- Man bezeichnet Kapitalmärkte als vollkommen, wenn sie die folgenden drei Bedingungen erfüllen:

    a. Investoren und Unternehmen können die gleichen Wertpapiere zu wettbewerbsfähigen Markpreisen handeln, die dem Barwert ihres zukünftigen Zahlungsstroms entsprechen.

    b. In Verbindung mit dem Wertpapierhandel gibt es keine Steuern, Transaktionskosten oder Emissionskosten.

    c. Die Finanzierungsentscheidung eines Unternehmens hat weder Einfluss auf die Cashflows, die von seinen Investitionen erzeugt werden, noch gibt sie neue Informationen über diese preis.

- Laut MM These I ist der Wert eines Unternehmens an vollkommenen Märkten unabhängig von seiner Kapitalstruktur.

    a. An vollkommenen Kapitalmärkten ist Homemade Leverage ein perfekter Ersatz für die Verschuldung des Unternehmens.

    b. Haben ansonsten identische Unternehmen mit unterschiedlichen Kapitalstrukturen unterschiedliche Werte, wäre das Gesetz des einheitlichen Preises verletzt und es gäbe eine Arbitragemöglichkeit.

- Die Marktwertbilanz zeigt, dass der Gesamtmarktwert der Aktiva eines Unternehmens dem Gesamtwert der Passiva eines Unternehmens, einschließlich aller an Investoren ausgegebenen Wertpapiere, entspricht. Eine Änderung der Kapitalstruktur ändert also die Aufteilung des Wertes auf die verschiedenen Wertpapiere, nicht aber den Gesamtwert des Unternehmens.

- Ein Unternehmen kann seine Kapitalstruktur jederzeit durch Ausgabe neuer Wertpapiere ändern und die Mittel dafür einsetzen, an bestehende Investoren Zahlungen zu leisten. Ein Beispiel ist die gehebelte Rekapitalisierung, bei der ein Unternehmen Geld leiht (Ausgabe von Anleihen) und Aktien zurückkauft (oder eine Dividende zahlt). MM These I impliziert, dass sich solche Transaktionen nicht auf den Aktienkurs auswirken.

14.3 Modigliani-Miller II: Verschuldung, Risiko und Kapitalkosten

- Laut MM These II betragen die Kapitalkosten für das Eigenkapital des verschuldeten Unternehmens:

$$r_E = r_U + \frac{D}{E}\left(r_U - r_D\right)$$

(s. Gleichung 14.5)

- Fremdkapital trägt ein geringeres Risiko als Eigenkapital und hat somit geringere Kapitalkosten. Die Verschuldung erhöht jedoch das Risiko des Eigenkapitals und somit die Eigenkapitalkosten. Der Vorteil der geringeren Kapitalkosten des Fremdkapitals wird durch die höheren Eigenkapitalkosten ausgeglichen und bleibt somit an vollkommenen Kapitalmärkten ohne Einfluss auf den gewichteten Durchschnitt der Kapitalkosten (WACC):

$$r_{WACC} = r_A = r_U = \frac{E}{E + D}\, r_E + \frac{D}{E + D}\, r_D$$

(s. Gleichung 14.6 und 14.7)

- Das Marktrisiko der Vermögensgegenstände eines Unternehmens kann anhand seines unverschuldeten Betas geschätzt werden:

$$\beta_U = \frac{E}{E + D}\beta_E + \frac{D}{E + D}\beta_D$$

(s. Gleichung 14.8)

- Die Fremdfinanzierung erhöht den Betafaktor (das systematische Risiko) des Eigenkapitals eines Unternehmens:

$$\beta_E = \beta_U + \frac{D}{E}(\beta_U - \beta_D)$$

(s. Gleichung 14.9)

- Die Nettoverschuldung eines Unternehmens entspricht dem Fremdkapital abzüglich der Kassenbestände und risikolosen Wertpapiere. Wir können die Kapitalkosten und den Beta-Faktor der Vermögensgegenstände eines Unternehmens ohne Kassenbestände berechnen, indem wir die Nettoverschuldung bei der Berechnung des WACC oder des unverschuldeten Betas verwenden.

14.4 Trugschlüsse bei der Kapitalstruktur

- Eine Verschuldung kann den erwarteten Gewinn je Aktie und die Eigenkapitalrendite erhöhen, steigert jedoch auch die Volatilität des Gewinns je Aktie und den Risikogehalt des Eigenkapitals. Daher stellt diese an einem vollkommenen Markt keinen Nutzen für die Aktionäre dar und der Wert des Eigenkapitals bleibt unverändert.

- Solange die Aktien zu fairen Preisen an die Investoren verkauft werden, entstehen keine Kosten durch eine Verwässerung in Verbindung mit der Aktienemission. Während bei einer Aktienemission die Anzahl der Aktien steigt, steigen hierbei wegen der beschafften Barmittel auch die Vermögensgegenstände des Unternehmens und somit bleibt der Wert pro Aktie des Eigenkapitals unverändert.

14.5 MM: über die Thesen hinaus

- An vollkommenen Märkten haben Finanztransaktionen einen Kapitalwert von null, die von sich aus weder Wert schöpfen noch zerstören, sondern vielmehr das Risiko und die Renditen eines Unternehmens neu verpacken. Die Kapitalstruktur – und Finanztransaktionen im weiteren Sinne – wirken sich nur wegen ihrer Auswirkung auf eine Art Marktunvollkommenheit auf den Unternehmenswert aus.

Weiterführende Literatur

Die **Literaturhinweise** zu diesem Kapitel finden Sie auf unserer begleitenden Website zum Buch unter *www.pearson-studium.de*.

Aufgaben

1. Wolfrum Technology (WT) hat kein Fremdkapital. Seine Vermögensgegenstände werden bei guter Wirtschaftslage in einem Jahr einen Wert von EUR 450 Millionen haben, aber nur EUR 200 Millionen bei schwacher Wirtschaftslage. Beide Ereignisse sind gleichermaßen wahrscheinlich. Der Marktwert der Vermögensgegenstände beträgt zum jetzigen Zeitpunkt EUR 250 Millionen.

   a. Wie hoch ist die erwartete Rendite der WT-Aktie ohne Verschuldung?

   b. Der risikolose Zinssatz beträgt 5 %. Wenn WT heute EUR 100 Millionen zu diesem Zinssatz aufnimmt und verwendet, um eine sofortige Bardividende auszuschütten, wie hoch ist dann nach MM der Marktwert des Eigenkapitals gleich nach der Ausschüttung der Dividende?

   c. Wie hoch ist nach MM die erwartete Rendite für die Aktie, nachdem die Dividende aus (b) ausgeschüttet wurde?

2. Schwartz Industry (ein Industrieunternehmen) hat 100 Millionen Aktien im Umlauf und eine Marktkapitalisierung (Eigenkapitalwert) von EUR 4 Milliarden. Das Unternehmen hat ausstehendes Fremdkapital in Höhe von EUR 2 Milliarden. Das Management hat beschlossen, durch die Ausgabe von neuem Aktienkapital die Verschuldung abzubauen und alle ausstehenden Verbindlichkeiten zurückzuzahlen.

   a. Wie viele neue Aktien muss das Unternehmen ausgeben?

   b. Sie sind Aktionär und halten 100 Aktien und sind mit dieser Entscheidung nicht einverstanden. Wenn wir von einem vollkommenen Kapitalmarkt ausgehen, was können Sie tun, um die Auswirkung dieser Entscheidung auszugleichen?

3. Hardmon Enterprises ist derzeit ein rein eigenfinanziertes Unternehmen mit einer erwarteten Rendite von 12 %. Eine gehebelte Rekapitalisierung wird erwogen, bei der ein Kredit aufgenommen würde, um bestehende Aktien zurückzukaufen.

   a. Hardmon nimmt einen Kredit in der Höhe auf, dass sich ein Verschuldungsgrad von 0,50 ergibt. Bei diesem Betrag liegen die Fremdkapitalkosten bei 6 %. Welche erwartete Eigenkapitalrendite erhalten wir nach dieser Transaktion?

   b. Nehmen wir stattdessen an, Hardmon nimmt einen Kredit in der Höhe auf, dass sich ein Verschuldungsgrad von 1,50 ergibt. Bei dieser Höhe trägt das Fremdkapital von Hardmon ein viel höheres Risiko. Deshalb liegen die Fremdkapitalkosten bei 8 %. Wie hoch ist die erwartete Eigenkapitalrendite in diesem Fall?

   c. Ein Vorstandsmitglied argumentiert, dass es im besten Interesse der Aktionäre sei, sich für die Kapitalstruktur zu entscheiden, die zur höchsten erwarteten Rendite für die Aktie führt. Was würden Sie darauf antworten?

4. Sie sind CEO eines wachstumsstarken Technologieunternehmens und planen, EUR 180 Millionen aufzubringen, um eine Expansion zu finanzieren. Dies soll entweder durch die Ausgabe neuer Aktien oder durch neue Anleihen geschehen. Sie erwarten aus der Expansion im kommenden Jahr einen Gewinn von EUR 24 Millionen. Derzeit hat das Unternehmen 10 Millionen Aktien im Umlauf, die zu einem Kurs von EUR 90 pro Aktie gehandelt werden. Wir gehen von vollkommenen Kapitalmärkten aus.

   a. Wir nehmen an, Sie bringen EUR 180 Millionen durch den Verkauf neuer Aktien auf. Wie sieht die Prognose für den Gewinn pro Aktie für das nächste Jahr aus?

b. Wir nehmen an, Sie bringen EUR 180 Millionen durch die Ausgabe neuer Anleihen mit einem Zinssatz von 5 % auf. Wie sieht die Prognose für den Gewinn pro Aktie für das nächste Jahr aus?

c. Wie hoch ist das das zukünftige KGV (also der Aktienkurs geteilt durch den für das kommende Jahr erwarteten Gewinn) bei der Ausgabe von Aktien? Wie ist das zukünftige KGV bei der Ausgabe von Anleihen? Wie lässt sich der Unterschied erklären?

Die **Antworten** zu diesen Fragen finden Sie auf unserer begleitenden Website zum Buch unter *www.pearson-studium.de.*

Abkürzungen

- Int Zinsaufwand
- BW Barwert
- D Marktwert des Fremdkapitals
- r_E Eigenkapitalkosten
- τ_c Ertragsteuersatz
- τ_{AbgSt} Abgeltungsteuersatz
- τ_{ESt} Einkommensteuersatz
- τ_{Kst} Körperschaftsteuersatz
- τ_{Soli} Solidaritätszuschlag
- m Messzahl der Gewerbesteuer
- h Gewerbesteuerhebesatz
- τ_f risikoloser Zins
- E Marktwert des Eigenkapitals
- r_{WACC} gewichteter Durchschnitt der Kapitalkosten
- r_D Fremdkapitalkosten
- V^U Wert des unverschuldeten Unternehmens
- V^L Wert des verschuldeten Unternehmens
- r_D erwartete Rendite (Kapitalkosten) auf das Fremdkapital
- τ_i Steuersatz auf Anteilseignerebene auf Erträge aus Fremdkapital
- τ_e Steuersatz auf Anteilseignerebene auf Erträge aus Eigenkapital
- τ^* Effektiver Steuervorteil aus Fremdkapital
- τ^*_{ex} Effektiver Steuervorteil aus den das EBIT übersteigenden Zinsen

Fremdkapital und Steuern

15

ÜBERBLICK

An einem vollkommenen Kapitalmarkt impliziert das Gesetz des einheitlichen Preises, dass alle Finanztransaktionen einen Kapitalwert von null haben und weder einen Wert schaffen noch zerstören. Folglich haben wir in ▶Kapitel 14 festgestellt, dass sich die Entscheidung zwischen der Fremdfinanzierung und der Eigenfinanzierung nicht auf den Wert eines Unternehmens auswirkt. Die Mittel aus der Emission von Fremdkapital entsprechen dem Barwert der künftigen Kapital- und Zinszahlungen, die das Unternehmen leisten wird. Während die Verschuldung das Risiko und die Eigenkapitalkosten des Unternehmens steigert, bleiben der gewichtete Durchschnitt der Kapitalkosten (WACC), der Gesamtwert und der Aktienpreis von der Änderung der Verschuldung unbeeinflusst: *An einem vollkommenen Kapitalmarkt ist die Wahl der Kapitalstruktur unwichtig.*

Diese Aussage stimmt jedoch nicht mit der Beobachtung überein, dass Unternehmen für die Verwaltung ihrer Kapitalstruktur erhebliche Ressourcen wie Zeit, Arbeit und Kosten für das Investmentbanking aufwenden. In vielen Fällen ist die Wahl der Verschuldung von entscheidender Bedeutung für den zukünftigen Wert und Erfolg eines Unternehmens. Wie wir zeigen werden, gibt es weitreichende und systematische Unterschiede bei den typischen Kapitalstrukturen in den verschiedenen Branchen. Beispielsweise hatte Amgen (ein Biotechnologie- und Arzneimittelunternehmen) im Juli des Jahres 2012 Fremdkapital in Höhe von EUR 24 Milliarden, Barmittel in Höhe von EUR 22 Milliarden und Eigenkapital mit einem Wert von mehr als EUR 64 Milliarden. Dieses Unternehmen hatte also bei einer sehr geringen Nettoverschuldung einen Verschuldungsgrad von 0,38. Dagegen hatte Navistar International (ein Automobil- und Lkw-Hersteller) einen Verschuldungsgrad von 2,6. Lkw-Hersteller haben grundsätzlich einen höheren Verschuldungsgrad als Biotechnologie- und Arzneimittelunternehmen. Wenn die Kapitalstruktur so unbedeutend ist, warum finden wir in den verschiedenen Unternehmen und Branchen beständig so unterschiedliche Kapitalstrukturen? Warum investieren Manager so viel Zeit, Arbeit und Geld in die Wahl der Kapitalstruktur?

Wie Modigliani und Miller in ihrem ursprünglichen Werk deutlich gemacht haben, ist die Kapitalstruktur an *vollkommenen Märkten* ohne Belang. Wir wissen aus ▶Kapitel 14, dass folgende Annahmen einem vollkommenen Markt zugrunde liegen:

1. Investoren und Unternehmen können die gleichen Wertpapiere zu wettbewerbsfähigen Marktpreisen handeln, die dem Barwert (BW) ihrer zukünftigen Cashflows entsprechen.

2. Es gibt in Verbindung mit dem Wertpapierhandel keine Steuern, Transaktionskosten oder Emissionskosten.

3. Die Finanzierungsentscheidung eines Unternehmens ändert nicht die durch die Investition erwirtschafteten Cashflows und gibt auch keine neuen Informationen über diese preis.

Wenn die Kapitalstruktur *doch* von Bedeutung ist, dann muss dies an einer *Marktunvollkommenheit* liegen. In diesem Kapitel werden wir uns mit einer dieser Unvollkommenheiten, den Steuern, befassen. Unternehmen und Investoren müssen Steuern auf die Erträge zahlen, die sie aus ihren Investitionen erzielen. Wie wir sehen werden, kann ein Unternehmen seinen Wert auch dadurch steigern, dass es Verschuldung einsetzt, um die Steuerzahlungen, die das Unternehmen und die Investoren leisten müssen, zu senken.

15.1 Der fremdfinanzierungsbedingte Steuervorteil

Unternehmen müssen auf die Erträge, die sie erlösen, Steuern zahlen. Da sie Steuern auf ihren Gewinn nach Abzug von Zinszahlungen zahlen, mindert der Zinsaufwand die Höhe der *Ertragsteuern*, die ein Unternehmen entrichten muss. Dieses Merkmal des Steuerrechts schafft einen Anreiz für den Einsatz von Fremdkapital. Betrachten wir die Auswirkung des Zinsaufwands auf die Steuern, die Macy´s, Inc., eine Einzelhandelskette, gezahlt hat. Macy´s erwirtschaftete im Jahr 2012 einen Gewinn vor Zinsen und Steuern in Höhe von circa USD 2,5 Mrd. und verbuchte einen Zinsaufwand in Höhe von rund USD 430 Millionen. In ▶Tabelle 15.1 ist die Auswirkung der Verschuldung auf den Gewinn von Macy´s bei einem Ertragsteuersatz von 35 %[1] dargestellt.

---

1 Macy´s entrichtete nach Berücksichtigung sonstiger Steuerguthaben und Abgrenzungsposten im Jahr 2012 einen durchschnittlichen Steuersatz von 35,6 %. Da für uns hier interessant ist, wie sich die Änderung der Verschuldung auswirkt, ist Macy´s marginaler Ertragsteuersatz – der Steuersatz, der auf zusätzlich zu versteuernde Erträge anzuwenden wäre – für unsere Diskussion relevant.

Tabelle 15.1

Der Ertrag von Macy´s im Jahr 2012 mit und ohne Verschuldung (in Millionen USD), Geschäftsjahr 2012

	Mit Verschuldung	Ohne Verschuldung
EBIT	USD 2.500	USD 2.500
Zinsaufwand	−430	0
Ertrag vor Steuern	2.070	2.500
Steuern (35 %)	−725	−875
Ertrag nach Steuern	USD 1.345	USD 1.625

Wie ▶Tabelle 15.1 zeigt, war der Ertrag nach Steuern von Macy´s im Jahr 2012 mit Verschuldung geringer als er es ohne Verschuldung gewesen wäre. Somit hat die Verschuldung den Wert des für die Aktieninhaber verfügbaren Ertrags gemindert. Noch wichtiger ist aber, dass der *Gesamtbetrag*, der *allen* Investoren zur Verfügung steht, mit der Verschuldung höher war:

	Mit Verschuldung	Ohne Verschuldung
Zinsen, die an Fremdkapitalgeber gezahlt werden	430	0
Ertrag, der den Anteilseignern zur Verfügung steht	1.345	1.625
Gesamtbetrag, der den Investoren zur Verfügung steht	USD 1.775	USD 1.625

Mit Verschuldung konnte Macy´s insgesamt USD 1.775 Millionen an die Investoren auszahlen, ohne Verschuldung waren es nur USD 1.625 Millionen. Das stellt eine Steigerung von USD 150 Millionen dar.

Es mag seltsam klingen, dass sich ein Unternehmen mit Verschuldung in einer besseren Position befindet, auch wenn die Gewinne dadurch geringer sind. Aber wie wir aus ▶Kapitel 14 wissen, entspricht der Wert eines Unternehmens dem Gesamtbetrag, den das Unternehmen von allen Investoren, nicht nur von Anteilseignern, aufbringen kann. Da das Unternehmen durch die Verschuldung insgesamt mehr an seine Investoren auszahlen kann – unter anderem auch Zinszahlungen an Fremdkapitalgeber – kann es anfangs insgesamt mehr Kapital aufbringen.

Woher kommen diese zusätzlichen USD 150 Millionen? Wenn wir ▶Tabelle 15.1 betrachten, ist ersichtlich, dass dieser Gewinn der Steuerminderung aus der Verschuldung entspricht: USD 875 Millionen − USD 725 Millionen = USD 150 Millionen. Da Macy´s auf die USD 430 Millionen des Gewinns, die für die Zinszahlungen verwendet werden, keine Steuern zahlen muss, sind diese USD 430 Millionen von der Ertragsteuer befreit und stellen eine Steuerersparnis von 35 % × USD 430 Millionen = USD 150 Millionen dar.

Grundsätzlich bezeichnet man den Gewinn für die Investoren aus der Steuerabzugsfähigkeit von Zinsen als *fremdfinanzierungsbedingten Steuervorteil*. Der fremdfinanzierungsbedingte Steuervorteil ist der zusätzliche Betrag, den ein Unternehmen an Steuern gezahlt hätte, wenn es nicht verschuldet gewesen wäre. Wir können die Höhe des fremdfinanzierungsbedingten Steuervorteils pro Jahr wie folgt berechnen:

$$\text{Fremdfinanzierungsbedingter Steuervorteil} = \text{Ertragsteuersatz} \times \text{Zinszahlungen} \qquad (15.1)$$

Beispiel 15.1: Berechnung des fremdfinanzierungsbedingten Steuervorteils

Fragestellung

Unten abgebildet ist die *Gewinn- und Verlustrechnung* von D.F. Builders. Wie hoch ist der fremdfinanzierungsbedingte Steuervorteil für D.F. Builders in den Jahren 2009 bis 2012 bei einem Ertragsteuersatz von 35 %?

D.F. Builders G&V (in Mio.)	2009	2010	2011	2012
Gesamtumsatz	EUR 3.369	EUR 3.706	EUR 4.077	EUR 4.432
Umsatzkosten	−2.359	−2.584	−2.867	−3.116
Vertriebs-, Verwaltungs- und Gemeinkosten	−226	−248	−276	−299
Abschreibungen	−22	−25	−27	−29
Betriebsergebnis	762	849	907	988
Sonstige Erträge	7	8	10	12
EBIT	769	857	917	1.000
Zinsaufwand	−50	−80	−100	−100
Ergebnis vor Steuern	719	777	817	900
Steuern (35 %)	−252	−272	−286	−315
Ergebnis nach Steuern	EUR 467	EUR 505	EUR 531	EUR 585

Lösung

Aus ▶Gleichung 15.1 erhalten wir den fremdfinanzierungsbedingten Steuervorteil, indem wir den Steuersatz von 35 % mit den Zinszahlungen des jeweiligen Jahres multiplizieren:

(in Mio. EUR)	2009	2010	2011	2012
Zinsaufwand	−50	−80	−100	−100
Fremdfinanzierungsbedingter Steuervorteil (35 % x Zinszahlung)	17,5	28	35	35

Somit konnte D.F. Builders durch den fremdfinanzierungsbedingten Steuervorteil über diesen Zeitraum zusätzliche EUR 115,5 Millionen an die Investoren auszahlen.

Verständnisfragen

1. Erklären Sie anhand der Ertragsteuer, warum der Wert eines Unternehmens mit Verschuldung auch bei geringerem Gewinn höher sein kann.

2. Was ist der fremdfinanzierungsbedingte Steuervorteil?

15.2 Bewertung des fremdfinanzierungsbedingten Steuervorteils

Wenn ein Unternehmen Fremdkapital einsetzt, liefert der fremdfinanzierungsbedingte Steuervorteil jedes Jahr einen Ertragsteuervorteil. Um den Vorteil aus der Verschuldung für den Unternehmenswert zu ermitteln, müssen wir den Barwert des Stroms zukünftiger fremdfinanzierungsbedingter Steuervorteile errechnen, die das Unternehmen erhält.

Fremdfinanzierungsbedingter Steuervorteil und Unternehmenswert

Jedes Jahr, in dem ein Unternehmen Zinszahlungen leistet, sind die Cashflows, die an die Investoren ausgezahlt werden, um den Betrag des fremdfinanzierungsbedingten Steuervorteils höher, als sie ohne Verschuldung wären.

$$\begin{pmatrix} \text{Cashflows an Investoren} \\ \text{mit Verschuldung} \end{pmatrix} = \begin{pmatrix} \text{Cashflows an Investoren} \\ \text{ohne Verschuldung} \end{pmatrix} .$$

$$+ \begin{pmatrix} \text{fremdfinanzierungsbedingter Steuervorteil} \end{pmatrix}$$

▶Abbildung 15.1 verdeutlicht, wie jeder Euro aus dem Cashflow vor Steuern aufgeteilt wird. Das Unternehmen verwendet einen Teil, um Steuern zu zahlen und zahlt den Rest an die Investoren aus. Durch die Erhöhung des Betrags, der an Kapitalgeber in Form von Zinsen gezahlt wird, verringert sich der Betrag aus dem Cashflow vor Steuern, der für Steuern aufgewendet werden muss. Diese Steigerung des gesamten Cashflows an die Investoren ist der fremdfinanzierungsbedingte Steuervorteil.

Da die Cashflows des verschuldeten Unternehmens der Summe der Cashflows aus dem unverschuldeten Unternehmen plus fremdfinanzierungsbedingtem Steuervorteil entsprechen, muss das nach dem Gesetz des einheitlichen Preises auch für die Barwerte dieser Cashflows gelten. Wenn V^L und V^U den Wert eines Unternehmens mit beziehungsweise ohne Verschuldung darstellen, erhalten wir bei Bestehen von Steuern folgende Veränderung der MM-These I:

Der Gesamtwert des verschuldeten Unternehmens übersteigt aufgrund des Barwertes der Steuerersparnis aus dem Fremdkapital den Wert des unverschuldeten Unternehmens:

$$V^L = V^U + BW \text{ (fremdfinanzierungsbedingter Steuervorteil)} \tag{15.2}$$

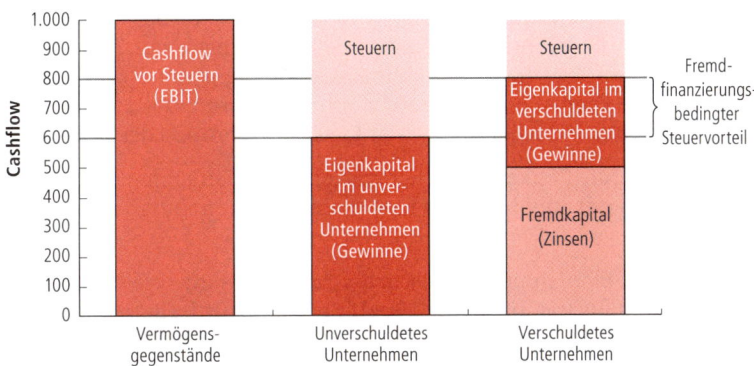

Abbildung 15.1: Die Cashflows des unverschuldeten und verschuldeten Unternehmens. Durch die Erhöhung der Cashflows, die an die Kapitalgeber in Form von Zinsen gezahlt werden, mindert ein Unternehmen den als Steuern gezahlten Betrag. Der Anstieg der gesamten Cashflows, der an die Investoren gezahlt wird, ist der fremdfinanzierungsbedingte Steuervorteil. In der Abbildung gehen wir von einem Ertragsteuersatz von 40 % aus.

Aus der Fremdfinanzierung entsteht in der Tat ein wichtiger Steuervorteil. Aber wie groß ist dieser Steuervorteil? Um den Anstieg des Gesamtwertes des Unternehmens durch den fremdfinanzierungsbedingten Steuervorteil zu ermitteln, müssen wir eine Voraussage dahingehend treffen, wie sich das Fremdkapital – und somit die Zinszahlungen – über einen bestimmten Zeitraum entwickeln werden. Mit einer Prognose der zukünftigen Zinszahlungen können wir den fremdfinanzierungsbedingten Steuervorteil ermitteln und dessen Barwert berechnen, indem wir ihn zu einem Satz abzinsen, der dessen Risiko entspricht.

Fragestellung

D.F. Builders plant, für die nächsten 10 Jahre jedes Jahr EUR 100 Millionen Zinsen zu zahlen und dann im Jahr 10 den Kapitalbetrag von EUR 2 Milliarden zurückzuzahlen. Diese Zahlungen sind risikolos und der Ertragsteuersatz von D.F. Builders wird während des gesamten Zeitraums bei 35 % liegen. Um wie viel erhöht der fremdfinanzierungsbedingte Steuervorteil den Wert von D.F. Builders, wenn der risikolose Zinssatz 5 % beträgt?

Lösung

In diesem Fall beträgt der fremdfinanzierungsbedingte Steuervorteil während der nächsten 10 Jahre 35 % × EUR 100 Millionen = EUR 35 Millionen pro Jahr. Somit können wir ihn als 10-Jahres-Annuität bewerten. Da die Steuereinsparungen bekannt und nicht risikobehaftet sind, können wir sie zum risikolosen Zinssatz von 5 % diskontieren.

$$BW\begin{pmatrix}\text{fremdfinanzierungsbedingter}\\\text{Steuervorteil}\end{pmatrix} = \text{EUR 35 Mio.} \times \frac{1}{0{,}05}\left(1 - \frac{1}{1{,}05^{10}}\right) = \text{EUR 270 Mio.}$$

Die letzte Tilgungsrate des Kapitalbetrags im Jahr 10 ist nicht abzugsfähig und trägt somit nicht zum Steuervorteil bei.

Der fremdfinanzierungsbedingte Steuervorteil bei einer Dauerschuld

In ▶Beispiel 15.2 kennen wir mit Sicherheit die zukünftigen Zinszahlungen des Unternehmens und die damit verbundenen Steuereinsparungen. Dies ist jedoch in der Praxis selten. In der Regel hängt die Höhe der zukünftigen Zinszahlungen von den Änderungen ab, die das Unternehmen an der Höhe des ausstehenden Fremdkapitals vornimmt sowie von Änderungen der Zinsen auf dieses Fremdkapital und von dem Risiko, dass das Unternehmen in Verzug geraten und seinen Zinsverpflichtungen nicht nachkommen kann. Zudem kann der Ertragsteuersatz des Unternehmens infolge von Änderungen des Steuerrechts und Änderungen der Ertragsteuergruppe des Unternehmens variieren.

Anstatt zu versuchen, alle Möglichkeiten zu berücksichtigen, betrachten wir den besonderen Fall, dass ein Unternehmen Fremdkapital ausgibt und plant, den Betrag des Fremdkapitals für immer konstant zu halten.[2]

Beispielsweise könnte das Unternehmen ewige Consol-Anleihen ausgeben, bei denen nur Zinszahlungen geleistet, aber der Kapitalbetrag nie zurückgezahlt wird. Realistischer ist, dass ein Unternehmen kurzfristiges Fremdkapital ausgibt, beispielsweise eine fünfjährige Kupon-Anleihe. Bei Fälligkeit des Kapitalbetrages beschafft das Unternehmen den Betrag, der erforderlich ist, um diesen zu tilgen, indem es neues Fremdkapital ausgibt. Dadurch tilgt das Unternehmen nie den Kapitalbetrag, sondern refinanziert diesen einfach, sobald er fällig wird. In dieser Situation ist die Schuld tatsächlich dauerhaft.

Viele große Unternehmen verfolgten die Politik, Fremdkapital in bestimmter Höhe in ihrer Bilanz beizubehalten. Werden alte Anleihen und Kredite fällig, wird ein neuer Kredit aufgenommen. Die wichtigste Annahme hierbei ist, dass das Unternehmen einen *festen* Eurobetrag an ausstehendem Fremdkapital beibehält und nicht einen Betrag, der sich mit der Größe des Unternehmens ändert.

---

2 Wir werden die Bewertung des fremdfinanzierungsbedingten Steuervorteils mit einer komplizierteren Verschuldungspolitik in ▶Kapitel 18 bearbeiten.

Pizza und Steuern

In ►Kapitel 14 erwähnten wir das Pizza-Beispiel, mit dem Merton und Miller die MM-Thesen an einem vollkommenen Kapitalmarkt veranschaulichten. Wie auch immer die Pizza aufgeteilt wird, sie wird nicht größer oder kleiner. Wir können diesen Vergleich auch auf Steuern anwenden, doch dann ist die Geschichte ein wenig anders. In diesem Fall erhält jedes Mal, wenn ein Aktionär ein Stück der Pizza erhält, auch das amerikanische Finanzamt ein Stück als Steuerzahlung. Doch wenn der Anleihehalter ein Stück bekommt, geht das Finanzamt leer aus. Wenn daher mehr Stücke an die Anleihehalter gehen und nicht an die Aktionäre, erhalten die Investoren mehr Pizzastücke. Die Gesamtzahl der Pizzastücke ändert sich zwar nicht, doch die Investoren können mehr Stücke verzehren, weil das Finanzamt weniger Stücke konsumiert.

Wir nehmen an, ein Unternehmen nimmt einen Kredit D auf und hält die Schuld dauerhaft. Wenn der Ertragsteuersatz des Unternehmens τ_c und der Kredit risikolos bei einem risikolosen Zinssatz r_f ist, so beträgt der fremdfinanzierungsbedingte Steuervorteil in jedem Jahr $\tau_c \times r_f \times D$ und wir können den fremdfinanzierungsbedingten Steuervorteil als ewige Rente berechnen.

$$BW(\text{fremdfinanzierungsbedingter Steuervorteil}) = \frac{\tau_c \times \text{Zinsen}}{r_f} = \frac{\tau_c \times (r_f \times D)}{r_f} = \tau_c \times D$$

Obige Berechnung geht davon aus, dass der Kredit risikolos und der risikolose Zinssatz konstant ist. Diese Annahmen sind jedoch nicht notwendig. Solange der Kredit fair bewertet ist, impliziert die Arbitragefreiheit, dass dessen Marktwert dem Barwert der zukünftigen Zinszahlungen entsprechen muss:[3]

$$\text{Marktwert des Fremdkapitals} = D = BW \text{ (zukünftige Zinszahlungen)} \qquad (15.3)$$

Wenn der Ertragsteuersatz des Unternehmens konstant ist[4], dann haben wir folgende allgemeine Formel:

Wert des fremdfinanzierungsbedingten Steuervorteils der Dauerschuld

$$\begin{aligned} BW \text{ (fremdfinanzierungsbedingter Steuervorteil)} &= BW (\tau_c \times \text{zukünftige Zinszahlungen}) \\ &= \tau_c \times BW \text{ (zukünftige Zinszahlungen)} \\ &= \tau_c \times D \end{aligned} \qquad (15.4)$$

Diese Formel zeigt die Höhe des fremdfinanzierungsbedingten Steuervorteils. Bei einem Ertragsteuersatz von 35 % bedeutet sie, dass für jeden Euro der neuen Dauerschuld, den das Unternehmen ausgibt, der Wert des Unternehmens um EUR 0,35 steigt.

Der gewichtete Durchschnitt der Kapitalkosten mit Steuern

Der Steuervorteil der Verschuldung kann auch hinsichtlich des gewichteten Durchschnitts der Kapitalkosten ausgedrückt werden. Wenn ein Unternehmen die Finanzierung mit Fremdkapital einsetzt, wird der daraus entstehende Zinsaufwand zum Teil durch die Steuerersparnis aus dem fremdfinanzierungsbedingten Steuervorteil ausgeglichen. Nehmen wir beispielsweise ein Unternehmen mit einem Steuersatz von 35 %, das einen Kredit in Höhe von EUR 100.000 zu einem Zinssatz von 10 % pro Jahr aufnimmt, dann betragen dessen Nettokosten am Ende des Jahres:

---

3 ►Gleichung 15.3 gilt auch dann, wenn die Zinssätze variabel sind und der Kredit risikoreich ist, solange etwaiges neues Fremdkapital ebenfalls fair bewertet ist. Die Gleichung setzt nur voraus, dass das Unternehmen den Kapitalbetrag eines Kredits nie zurückzahlt, sondern diesen entweder refinanziert oder bezüglich des Kapitalbetrags in Verzug gerät. Das Resultat folgt demselben Argument, das in ►Kapitel 9 verwendet wurde, um zu zeigen, dass der Preis des Aktienkapitals dem Barwert aller zukünftigen Dividenden entsprechen sollte.

4 Der Steuersatz kann sich ändern, wenn sich der zu versteuernde Ertrag des Unternehmens so ändert, dass sich die *Steuergruppe* des Unternehmens ändert. Diese Möglichkeit wird weiter in ►Abschnitt 15.5 erörtert.

		Jahresende
Zinsaufwand	$r \times$ EUR 100.000 =	EUR 10.000
Steuerersparnis	$-\tau_c \times r \times$ EUR 100.000 =	−3.500
Effektive Fremdkapitalkosten nach Steuern	$r \times (1 - \tau_c) \times$ EUR 100.000 =	6.500

Die effektiven Fremdkapitalkosten betragen nur EUR 6.500 : EUR 100.000 = 6,5 % des Kreditbetrags und nicht die vollen Zinsen von 10 %. Somit mindert die Steuerabzugsfähigkeit der Zinsen die effektiven Kosten der Fremdfinanzierung des Unternehmens. Allgemein gilt:[5]

Bei steuerabzugsfähigen Zinsen beträgt der effektive Verschuldungszinssatz nach Steuern
$$r(1 - \tau_c).$$

In ▶Kapitel 14 wurde gezeigt, dass der WACC eines Unternehmens ohne Steuern dessen Eigenkapitalkosten ohne Fremdkapitalanteil, das heißt der durchschnittlichen Rendite, die ein Unternehmen seinen Investoren (Anteilseigner und Anleihehalter) zahlen muss, entspricht. Die Steuerabzugsfähigkeit der Zinszahlungen mindert jedoch die effektiven Fremdkapitalkosten nach Steuern *für das Unternehmen*. Wie in ▶Kapitel 12 erörtert, können wir den Nutzen aus dem fremdfinanzierungsbedingten Steuervorteil berücksichtigen, indem wir den WACC unter Verwendung der effektiven Fremdkapitalkosten nach Steuern berechnen:

Gewichteter Durchschnitt der Kapitalkosten (nach Steuern)[6]

$$r_{WACC} = \frac{E}{E + D} r_E + \frac{D}{E + D} r_D (1 - \tau_c) \tag{15.5}$$

Der WACC stellt die effektiven Kapitalkosten für das Unternehmen nach Berücksichtigung des Nutzens aus dem fremdfinanzierungsbedingten Steuervorteil dar. Er ist somit niedriger als der WACC vor Steuern, der dem Durchschnitt der Rendite entspricht, die an die Investoren des Unternehmens gezahlt wird. Aus ▶Gleichung 15.5 haben wir folgendes Verhältnis zwischen dem WACC und dem WACC des Unternehmens vor Steuern:

$$r_{WACC} = \left(\underbrace{\frac{E}{E + D} r_E + \frac{D}{E + D} r_D}_{\text{WACC vor Steuern}} - \underbrace{\frac{D}{E + D} r_D \tau_c}_{\substack{\text{Reduktion durch den fremdfinanzierungs-}\\\text{bedingten Steuervorteil}}} \right) \tag{15.6}$$

Wie in ▶Kapitel 18 gezeigt wird, beeinflusst der Zielverschuldungsgrad eines Unternehmens auch bei Steuern nicht den WACC vor Steuern, der den Kapitalkosten bei Eigenfinanzierung entspricht und nur vom Risiko der Vermögensgegenstände abhängt.[7] Somit gilt: Je höher die Verschuldung des Unternehmens, desto mehr kann das Unternehmen den Steuervorteil aus dem Fremdkapital ausschöpfen und desto niedriger ist der WACC. ▶Abbildung 15.2 verdeutlicht diesen Rückgang des WACC mit dem Rückgang des Verschuldungsgrads des Unternehmens.

---

5 Dasselbe Ergebnis haben wir in ▶Kapitel 5 hergeleitet, als wir die Auswirkungen der Steuerabzugsfähigkeit von Zinsen für Privatpersonen (z.B. mit einer Hypothek) betrachtet haben.

6 Diese Formel wird in ▶Kapitel 18 hergeleitet; in ▶Kapitel 12 sind die Methoden für die Schätzung der Fremdkapitalkosten zu finden (siehe ▶Gleichung 12.12 und Fußnote 18 in Bezug auf WACC).

7 Insbesondere, wenn ein Unternehmen seine Verschuldung so anpasst, dass die Zielverschuldungsrate oder Zinsdeckungsrate beibehalten wird, bleibt der WACC vor Steuern konstant und entspricht den Kapitalkosten bei Eigenfinanzierung. In ▶Kapitel 18 findet sich eine ausführliche Erörterung des Verhältnisses zwischen den Kapitalkosten des Unternehmens bei Eigen- und Fremdfinanzierung.

Der fremdfinanzierungsbedingte Steuervorteil bei einem Zielverschuldungsgrad

Oben berechneten wir den Wert des fremdfinanzierungsbedingten Steuervorteils unter der Annahme, dass das Unternehmen die Höhe des Fremdkapitals konstant hält. In vielen Fällen ist diese Annahme jedoch unrealistisch, denn anstatt den Betrag des Fremdkapitals konstant zu halten haben viele Unternehmen das Ziel eines bestimmten Verschuldungsgrads. Wenn ein Unternehmen dieses Ziel hat, wächst (oder schrumpft) der Betrag des Fremdkapitals mit der Größe der Firma. Wie wir formal in ▶Kapitel 18 zeigen werden, können wir, wenn ein Unternehmen über die Zeit die Fremdfinanzierung einem Zielverschuldungsgrad so anpasst, dass erwartet wird, dass der Verschuldungsgrad konstant bleibt, dessen Wert mit Verschuldung V^L berechnen, indem wir den freien Cashflow mit dem WACC abzinsen. Der Wert des fremdfinanzierungsbedingten Steuervorteils kann ermittelt werden, indem wir V^L mit dem Wert ohne Verschuldung V^U des zu den Kapitalkosten im unverschuldeten Unternehmen, also dem WACC vor Steuern, diskontierten freien Cashflows, vergleichen.

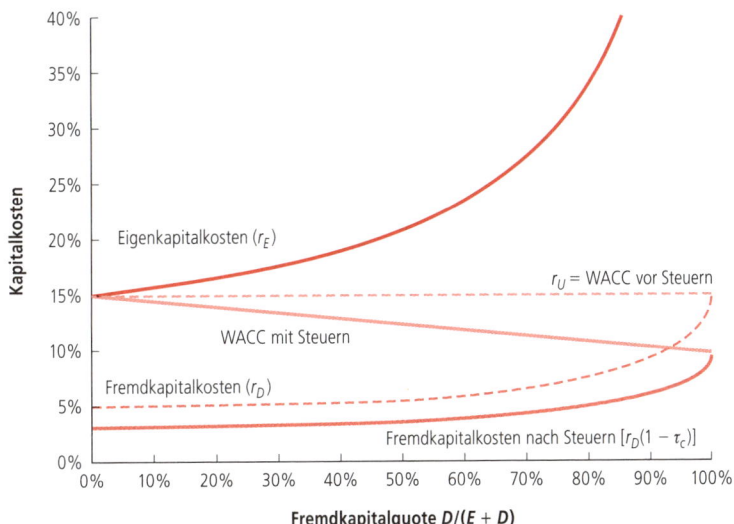

Abbildung 15.2: Der WACC mit und ohne Ertragsteuern. Wir berechnen den WACC als Funktion der Zielfremdkapitalquote unter Verwendung von ▶Gleichung 15.5. Wie in ▶Abbildung 14.1 gezeigt, sind die Kapitalkosten bei Eigenfinanzierung oder der WACC vor Steuern konstant und geben die Rendite wieder, die die Investoren auf Grundlage des Risikos der Vermögensgegenstände des Unternehmens verlangen. Jedoch geht der (effektive) WACC (nach Steuern), der die Kosten des Unternehmens nach Steuern darstellt, mit der Verschuldung in dem Maße zurück, wie der fremdfinanzierungsbedingte Steuervorteil steigt. In der Abbildung gehen wir von einem Ertragsteuersatz von $\tau_c = 35\,\%$ aus.

Beispiel 15.3:   Bewertung des fremdfinanzierungsbedingten Steuervorteils bei einem Zielverschuldungsgrad

Fragestellung

Western Lumber Company erwartet für das kommende Jahr einen freien Cashflow von EUR 4,25 Millionen und man rechnet für die darauffolgenden Jahre mit einer Wachstumsrate des freien Cashflows von 4 % pro Jahr. Western Lumber hat Eigenkapitalkosten von 10 % und Fremdkapitalkosten von 6 %. Außerdem werden Ertragsteuern zu einem Satz von 35 % gezahlt. Wie hoch ist der fremdfinanzierungsbedingte Steuervorteil, wenn Western Lumber einen Verschuldungsgrad von 0,50 beibehält?

Lösung

Wir können den Wert des fremdfinanzierungsbedingten Steuervorteils von Western Lumber schätzen, indem wir dessen Werte mit und ohne Fremdfinanzierung vergleichen. Der Wert ohne Fremdfinanzierung wird berechnet, indem der freie Cashflow zu dessen WACC vor Steuern diskontiert wird.

$$\text{WACC vor Steuern} = \frac{E}{E+D}\, r_E + \frac{D}{E+D}\, r_D = \frac{1}{1+0,5}\, 10\,\% + \frac{0,5}{1+0,5}\, 6\,\% = 8,67\,\%$$

Da wir davon ausgehen, dass der freie Cashflow von Western Lumber mit einer konstanten Rate wächst, können wir ihn als ewige Rente mit konstantem Wachstum bewerten:

$$V^U = \frac{4,25}{8,67\,\% - 4\,\%} = \text{EUR 91 Millionen}$$

Um den Wert von Western Lumber mit Verschuldung zu berechnen, ermitteln wir den WACC:

$$\text{WACC} = \frac{E}{E+D}\, r_E + \frac{D}{E+D}\, r_D \left(1 - \tau_c\right)$$

$$= \frac{1}{1+0,5}\, 10\,\% + \frac{0,5}{1+0,5}\, 6\,\%\left(1 - 0,35\right) = 7,97\,\%$$

Somit beträgt der Wert von Western Lumber einschließlich des fremdfinanzierungsbedingten Steuervorteils:

$$V^L = \frac{4,25}{7,97\,\% - 4\,\%} = \text{EUR 107 Millionen}$$

Der Wert des fremdfinanzierungsbedingten Steuervorteils beträgt somit:

$$BW(\text{fremdfinanzierungsbedingter Steuervorteil}) = V^L - V^U = 107 - 91 = \text{EUR 16 Millionen}$$

Verständnisfragen

1. Wie ändert sich der Wert eines Unternehmens mit Verschuldung gegenüber einem unverschuldeten Unternehmen, mit Ertragsteuern als einzige Marktunvollkommenheit?
2. Wie wirkt sich die Verschuldung auf den gewichteten Durchschnitt der Kapitalkosten aus?

15.3 Rekapitalisierung zur Nutzung von Steuervorteilen

Wenn ein Unternehmen seine Kapitalstruktur erheblich ändert, nennt man diese Transaktion Rekapitalisierung (oder „Recap"). In ▶Kapitel 14 haben wir die gehebelte Rekapitalisierung vorgestellt, bei der ein Unternehmen einen hohen Betrag an Fremdkapital ausgibt und den Emissionserlös für die Zahlung einer Sonderdividende oder den Rückkauf von Aktien verwendet. Gehebelte Rekapitalisierungen waren Mitte bis Ende der 1980er-Jahre besonders beliebt, als viele Unternehmen feststellten, dass sich diese Transaktion steuermindernd auswirkt.

Betrachten wir nun, welchen Nutzen eine solche Transaktion für die gegenwärtigen Aktionäre haben könnte. Midco Industries hat 20 Millionen umlaufende Aktien mit einem Marktpreis von EUR 15 je Aktie und kein Fremdkapital. Midco hat beständig stabile Gewinne und zahlt Steuern zu einem Satz von 35 %. Das Management plant, einen Kredit auf dauerhafter Basis in Höhe von EUR 100 Millionen durch eine gehebelte Rekapitalisierung aufzunehmen, bei der die aufgenommenen Mittel für den Aktienrückkauf verwendet werden sollen. Es wird erwartet, dass die Steuerersparnis aus dieser Transaktion den Aktienkurs von Midco in die Höhe treiben und somit den Aktionären einen Vorteil verschaffen wird. Nun wollen wir prüfen, ob diese Erwartung realistisch ist.

Der Steuervorteil

Zunächst untersuchen wir die steuerlichen Konsequenzen der gehebelten Rekapitalisierung von Midco. Ohne Verschuldung entspricht der Gesamtmarktwert von Midco dem Wert des Eigenkapitals des unverschuldeten Unternehmens. Nehmen wir an, der aktuelle Aktienkurs ist für die Aktien ohne Verschuldung der faire Preis:

$$V^U = (20 \text{ Millionen Aktien}) \times (\text{EUR } 15/\text{Aktie}) = \text{EUR } 300 \text{ Millionen}.$$

Mit der Verschuldung wird Midco seine jährliche Steuerlast mindern. Wenn Midco einen Kredit von EUR 100 Millionen als Dauerschuld aufnimmt, beträgt der Barwert der zukünftigen Steuerersparnis des Unternehmens:

$$BW(\text{fremdfinanzierungsbedingter Steuervorteil}) = \tau_c D = 35\,\% \times \text{EUR } 100 \text{ Millionen}$$
$$= \text{EUR } 35 \text{ Millionen}$$

Somit beträgt der Gesamtwert des verschuldeten Unternehmens:

$$V^L = V^U + \tau_c D = \text{EUR } 300 \text{ Millionen} + \text{EUR } 35 \text{ Millionen} = \text{EUR } 335 \text{ Millionen}$$

Dieser Gesamtwert stellt den kombinierten Wert des Fremdkapitals und des Eigenkapitals nach der Rekapitalisierung dar. Da der Wert des Fremdkapitals EUR 100 Millionen beträgt, hat das Eigenkapital einen Wert von:

$$E = V^L - D = \text{EUR } 335 \text{ Millionen} - \text{EUR } 100 \text{ Millionen} = \text{EUR } 235 \text{ Millionen}$$

Während der Gesamtwert des Unternehmens gestiegen ist, ging der Wert des Eigenkapitals nach der Rekapitalisierung zurück. Wie profitieren die Aktionäre von dieser Transaktion? Der Wert der umlaufenden Aktien ist zwar auf EUR 235 Millionen gefallen, doch müssen wir bedenken, dass die Aktionäre die EUR 100 Millionen erhalten werden, die Midco durch den Aktienrückkauf zahlen wird. Insgesamt erhalten diese die vollen EUR 335 Millionen, ein zusätzlicher Betrag von EUR 35 Millionen gegenüber dem Wert der Aktien ohne Verschuldung. Betrachten wir nun die Einzelheiten dieses Aktienrückkaufs, um zu erkennen, wie dieser zu einem Anstieg des Aktienkurses führt.

Der Aktienrückkauf

Midco kauft Aktien zum aktuellen Preis von EUR 15 je Aktie zurück. Das Unternehmen kauft EUR 100 Millionen : EUR 15 pro Aktie = 6,667 Millionen Aktien zurück und hat dann 20 − 6,667 = 13,333 Millionen Aktien im Umlauf. Da der Gesamtwert des Aktienkapitals EUR 235 Millionen beträgt, liegt der neue Aktienkurs bei

$$\frac{\text{EUR } 235 \text{ Millionen}}{13,333 \text{ Millionen Aktien}} = \text{EUR } 17,625$$

Die Aktionäre, die ihre Aktien behalten, erzielen einen Kapitalertrag von EUR 17,625 − EUR 15 = EUR 2,625 je Aktie bei einem Gesamtgewinn von

$$\text{EUR } 2,625/\text{Aktie} \times 13,333 \text{ Millionen Aktien} = \text{EUR } 35 \text{ Millionen}$$

In diesem Fall erhalten die nach der Rekapitalisierung verbliebenen Aktionäre diesen Steuervorteil. Ist Ihnen aufgefallen, dass an obiger Rechnung etwas nicht stimmt? Wir sind davon ausgegangen, dass Midco in der Lage war, die Aktien zum Anfangskurs von EUR 15 je Aktie zurückzukaufen und zeigten dann, dass die Aktien nach der Transaktion einen Wert von EUR 17,625 haben werden. Warum sollte ein Aktionär bereit sein seine Aktien für EUR 15 zu verkaufen, wenn sie EUR 17,625 wert sind?

Arbitragefreie Bewertung

Das vorherige Szenario stellt eine Arbitragemöglichkeit dar. Die Investoren könnten unmittelbar vor dem Aktienrückkauf Aktien für EUR 15 *kaufen* und diese Aktien unmittelbar danach zu einem höheren Kurs verkaufen. Aber dies würde dazu führen, dass der Aktienkurs bereits vor dem Rückkauf über EUR 15 steigen würde. Sobald die Investoren wissen, dass die Rekapitalisierung stattfindet, steigt der Aktienkurs sofort auf den Wert, der den fremdfinanzierungsbedingten Steuervorteil von EUR 35 Millionen, den das Unternehmen erhält, wiedergibt. Das heißt, der Wert des Eigenkapitals steigt *sofort* von EUR 300 Millionen auf EUR 335 Millionen. Bei 20 Millionen umlaufenden Aktien wird der Aktienkurs steigen auf

EUR 335 Millionen : 20 Millionen Aktien = EUR 16,75 je Aktie

Diesen Preis muss Midco mindestens bieten, um die Aktien zurückzukaufen.

Bei einem Rückkaufpreis von EUR 16,75 gewinnen infolge dieser Transaktion sowohl die Aktionäre, die ihre Aktien zum Verkauf anbieten, als auch die Aktionäre, die ihre Aktien behalten, EUR 16,75 – EUR 15 = EUR 1,75 je Aktie. Der Nutzen aus dem fremdfinanzierungsbedingten Steuervorteil geht an alle 20 Millionen ursprünglich umlaufenden Aktien und es ergibt sich ein Gesamtgewinn von EUR 1,75/Aktie × 20 Millionen Aktien = EUR 35 Millionen. Mit anderen Worten bedeutet dies:

> *Wenn Wertpapiere fair bewertet sind, erhalten die Aktionäre eines Unternehmens den vollen Vorteil aus dem fremdfinanzierungsbedingten Steuervorteil, der durch die Erhöhung der Verschuldung entsteht.*

Beispiel 15.4: Ein alternativer Rückkaufpreis

Fragestellung

Midco kündigt einen Preis an, zu dem Aktien im Wert von EUR 100 Millionen zurückgekauft werden. Zeigen Sie, dass EUR 16,75 der niedrigste Preis ist, der angeboten werden könnte und zugleich der niedrigste Preis, bei dem zu erwarten ist, dass die Aktionäre ihre Aktien verkaufen. Wie werden die Gewinne verteilt, wenn Midco mehr als EUR 16,75 je Aktie bietet?

Lösung

Wir können für jeden Rückkaufpreis die Anzahl der Aktien errechnen, die Midco zurückkaufen wird, sowie die Anzahl der Aktien, die nach dem Aktienrückkauf übrigbleiben werden. Wenn wir den Gesamtwert des Eigenkapitals von EUR 235 Millionen durch die Anzahl der übrig gebliebenen Aktien teilen, erhalten wir den neuen Aktienkurs von Midco nach der Transaktion. Kein Aktionär ist bereit, seine Aktien zu verkaufen, außer der Rückkaufpreis ist mindestens genauso hoch wie der Aktienkurs nach der Transaktion. Andernfalls wären die Aktionäre besser gestellt, wenn sie mit dem Verkauf warteten. Wie die folgende Tabelle zeigt, muss der Rückkaufpreis mindestens EUR 16,75 betragen, damit die Aktionäre zum Verkauf bereit sind, statt zu warten, bis ein höherer Preis erzielt werden kann.

Rückkaufspreis (EUR /Aktie)	Zurückgekaufte Aktien (in Millionen)	Verbleibende Aktien (in Millionen)	Neuer Aktienkurs (EUR /Aktie)
P_R	$R = 100 : P_R$	$N = 20 - R$	$P_N = 235 : N$
15,00	6,67	13,33	17,63
16,25	6,15	13,85	16,97
16,75	5,97	14,03	16,75
17,25	5,80	14,20	16,55
17,50	5,71	14,29	16,45

Bietet Midco einen Preis über EUR 16,75 an, werden alle Aktionäre bestrebt sein, ihre Aktien zu verkaufen, da die Aktien nach Abschluss der Transaktion einen niedrigeren Wert haben. In diesem Fall wird das Angebot, Aktien zurückzukaufen, überzeichnet werden und Midco müsste ein Losverfahren oder ein anderes Zuteilungsverfahren anwenden, um auszuwählen, wessen Aktien zurückgekauft werden. In diesem Fall wird ein Großteil des Vorteils aus der Rekapitalisierung an die Aktionäre gehen, die das Glück hatten, als Verkäufer ausgewählt worden zu sein.

Analyse der Rekapitalisierung: die Marktwertbilanz

Anhand der Marktwertbilanz lässt sich die Rekapitalisierung analysieren. Dieses Hilfsmittel haben wir bereits in ▶Kapitel 14 entwickelt. Die Marktwertbilanz besagt, dass der Gesamtmarktwert der Wertpapiere eines Unternehmens dem Gesamtmarktwert der Aktiva des Unternehmens entsprechen muss. Bei Bestehen von Ertragsteuern *müssen wir den fremdfinanzierungsbedingten Steuervorteil als Aktivposten des Unternehmens in die Marktwertbilanz aufnehmen.* Wir analysieren die gehebelte Rekapitalisierung, indem wir sie, wie in ▶Tabelle 15.2 gezeigt, in einzelne Schritte unterteilen. Zunächst wird die Rekapitalisierung angekündigt: Zu diesem Zeitpunkt nehmen die Aktionäre den zukünftigen fremdfinanzierungsbedingten Steuervorteil bereits vorweg, wodurch der Wert der Aktiva von Midco um EUR 35 Millionen steigt. Danach gibt Midco neues Fremdkapital in Höhe von EUR 100 Millionen aus, wodurch die Barmittel und die Verbindlichkeiten um denselben Betrag steigen. Schließlich verwendet Midco die Mittel, um Aktien zum Marktpreis von EUR 16,75 zurückzukaufen. Bei diesem Schritt vermindern sich die Barmittel ebenso wie die Anzahl der umlaufenden Aktien.

Zu beachten ist, dass der Aktienpreis bei Ankündigung der Rekapitalisierung steigt. Dieser Anstieg ist ausschließlich auf den Barwert des (vorweggenommenen) fremdfinanzierungsbedingten Steuervorteils zurückzuführen. Somit profitieren alle Aktionäre bereits im Vorfeld vom fremdfinanzierungsbedingten Steuervorteil, obwohl die Verschuldung den Gesamtwert des Eigenkapitals mindert.[8]

Tabelle 15.2

Marktwertbilanz für die einzelnen Schritte der gehebelten Rekapitalisierung von Midco

Marktwertbilanz (EUR Millionen)	Zu Anfang	Schritt 1: Ankündigung der Rekapitalisierung	Schritt 2: Fremdkapitalemission	Schritt 3: Aktienrückkauf
Aktiva				
Barmittel	0	0	100	0
Ursprüngliche Aktiva (V^U)	300	300	300	300
Fremdfinanzierungsbedingter Steuervorteil	0	35	35	35
Aktiva Gesamt	300	335	435	335
Passiva				
Fremdkapital	0	0	100	100
Eigenkapital = Aktiva — Fremdkapital	300	335	335	235
Aktien im Umlauf (Millionen)	20	20	20	14,03
Preis je Aktie	EUR 15,00	EUR 16,75	EUR 16,75	EUR 16,75

---

8 Andere mögliche Nebeneffekte der Verschuldung, wie die Kosten zukünftiger finanzieller Notlagen, werden außer Betracht gelassen und in ▶Kapitel 16 erörtert.

15.4 Steuern für Fremd- und Eigenkapitalgeber

Bislang haben wir die Vorteile aus der Verschuldung hinsichtlich der Steuern für ein Unternehmen betrachtet. Indem die Steuerpflicht eines Unternehmens verringert wird, kann das Unternehmen durch Aufnahme von Fremdkapital einen größeren Teil seiner Cashflows an die Investoren zahlen.

Leider müssen die Investoren, nachdem sie die Cashflows erhalten haben, diese im Allgemeinen noch einmal versteuern. Bei Privatanlegern werden die Zinszahlungen, die sie aus Fremdkapital erhalten, als Ertrag besteuert. Eigenkapitalgeber müssen ebenfalls Steuern auf Dividenden und Kapitalerträge zahlen. Welche Folgen ergeben sich aus diesen zusätzlichen Steuern für den Unternehmenswert?

Die Berücksichtigung der Steuern für Fremd- und Eigenkapitalgeber im fremdfinanzierungsbedingten Steuervorteil

Der Wert eines Unternehmens entspricht dem Betrag, den das Unternehmen durch die Ausgabe von Wertpapieren beschaffen kann. Der Betrag, den ein Investor für ein Wertpapier zahlen wird, hängt letztendlich von den Erträgen ab, die ein Investor erhalten wird, nämlich den Cashflows, die der Investor erhält, *nachdem alle Steuern entrichtet wurden*. Somit reduzieren die Steuern für Fremd- und Eigenkapitalgeber ebenso wie die Ertragsteuern die Cashflows an die Investoren und mindern den Unternehmenswert. Folglich ist der tatsächliche fremdfinanzierungsbedingte Steuervorteil von der Verringerung der gesamten (sowohl auf Unternehmensebene als auch für Fremd- und Eigenkapitalgeber) gezahlten Steuern abhängig.[9]

Steuern für Fremd- und Eigenkapitalgeber können einen Teil der beschriebenen Steuervorteile des Unternehmens aus der Verschuldung aufheben. Insbesondere wurden in den Vereinigten Staaten und vielen anderen Ländern Zinserträge in der Vergangenheit höher besteuert als Kapitalerträge aus Aktienkapital.

Um den wahren Steuervorteil aus der Verschuldung zu ermitteln, müssen wir die kombinierte Auswirkung der Steuern auf Unternehmensebene und für Fremd- und Eigenkapitalgeber bewerten. Als Beispiel betrachten wir ein Unternehmen mit einem Gewinn vor Zinsen und Steuern von EUR 1. Das Unternehmen kann diesen EUR 1 entweder an seine Fremdkapitalgeber in Form von Zinsen zahlen oder diesen an die Eigenkapitalgeber durch eine Dividendenzahlung direkt zahlen oder indirekt, indem die Gewinne einbehalten werden, sodass die Aktionäre einen Kapitalgewinn erhalten. ▶Abbildung 15.3 zeigt die steuerlichen Auswirkungen beider Optionen eines vereinfachten Steuermodells, das keine Differenzierung der Tarifbelastung zwischen Unternehmensebene und Fremd- und Eigenkapitalgeber macht. In ▶Tabelle 15.3 ist die Besteuerung nach deutschem Steuerrecht detailliert dargestellt. Die folgenden Erörterungen basieren ausschließlich auf dem in ▶Abbildung 15.3 enthaltenen Steuerkonzept.

---

9 Dieser Punkt wurde sehr eindrucksvoll in einem weiteren bahnbrechenden Artikel von Merton und Miller, „Debt and Taxes", *Journal of Finance*, Bd. 32 (1977), S. 261–275 dargestellt. Siehe auch M. Miller und M. Scholes, „Dividends and Taxes", *Journal of Financial Economics*, Bd. 6 (1978), S. 333–364.

Der Steuervorteil des Fremdkapitals soll anhand eines Beispiels verdeutlicht werden. Für jeden EUR des Cashflows vor Steuern, den die Fremdkapitalgeber erhalten, erhalten die Eigenkapitalgeber bei einem Ertragsteuersatz $\tau_c = 35\,\%$ weniger. Aber für Fremdkapitalgeber beträgt der Steuersatz auf Zinserträge $\tau_i = 35\,\%$, während der Steuersatz auf Erträge aus Eigenkapital nur $\tau_e \doteq 15\,\%$ beträgt. Die Zusammenfassung der Steuern auf Unternehmensebene und für Fremd- und Eigenkapitalgeber führt zu folgendem Vergleich.

	Cashflows nach Steuern	zum aktuellen Steuersatz
An Fremdkapitalgeber	$(1 - \tau_i)$	$(1 - 0{,}35) = 0{,}65$
An Eigenkapitalgeber	$(1 - \tau_c)(1 - \tau_e)$	$(1 - 0{,}35)(1 - 0{,}15) = 0{,}5525$

Bei Fremdkapital bleibt zwar ein Steuervorteil erhalten, dieser ist jedoch geringer als bei der Berechnung allein auf Grundlage der Ertragsteuern des Unternehmens. Um diesen Vergleich relativ betrachtet darzustellen, muss beachtet werden, dass Eigenkapitalgeber weniger erhalten als Fremdkapitalgeber. In diesem Fall mindern die Steuern für Fremd- und Eigenkapitalgeber den Steuervorteil aus dem Fremdkapital von 35 % auf 15 %:

$$\tau^* = \frac{0{,}65 - 0{,}5525}{0{,}65} = 15\,\%$$

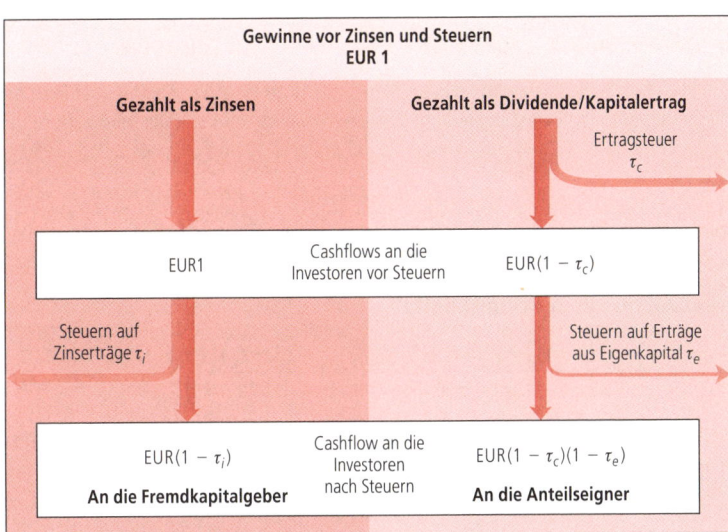

Abbildung 15.3: Cashflows an die Investoren nach Steuern infolge eines EBIT von 1 Euro. Der Zinsertrag wird zum Satz τ_i für den Investor besteuert. Dividenden oder Kapitalerträge werden zum Steuersatz τ_c für das Unternehmen und zu einem Satz von τ_e für den Investor besteuert.

Tabelle 15.3

Besteuerung der Cashflows auf Ebene der Investoren nach deutschem Steuerrecht (Stand 2011). Als Berechnungsgrundlage wurde EUR 1 EBIT verwendet

Es wird ein Hebesatz h von 400 % und eine Meßzahl $m = 3{,}5$ % angenommen. Der Körperschaftsteuersatz τ_{KSt} beträgt 15 %, die Abgeltungsteuer τ_{AbgSt} 25 % und der Solidaritätszuschlag τ_{Soli} 5,5 %. Ferner wird als Anteilseigener eine natürliche Person unterstellt. Ist der persönliche Steuersatz kleiner als 25 %, so werden Kapitalerträge mit dem persönlichen Einkommensteuersatz τ_{ESt} besteuert. Aus Vereinfachungsgründen wird $\min\{\tau_{ESt}; \tau_{AbgSt}\} = 25$ % angenommen.

EBIT EUR 1*

gezahlt als	Fremdkapitalzinsen	Dividende/Kapitalerträge
Tarifbelastung auf Unternehmensebene τ_c	$\tau_c = 0$	$\tau_c = mh + (1 + \tau_{Soli})\tau_{KSt}$ $= 4 \times 0{,}035 + 1{,}055 \times 0{,}15$ $= 0{,}2983$
Cashflow der Investoren vor Steuern	EUR 1	EUR 0,7017
Tarifbelastung auf Ebene der Fremdkapitalgeber τ_i bzw. Eigenkapitalgeber τ_e	$\tau_i = (1 + \tau_{Soli})\min\{\tau_{ESt}; \tau_{AbgSt}\}$ $= 1{,}055 \times 0{,}25 = 0{,}2638$	$\tau_e = (1 + \tau_{Soli})\min\{\tau_{ESt}; \tau_{AbgSt}\}(1 - \tau_c)$ $= 1{,}055 \times 0{,}25 \times (1 - 0{,}2983)$ $= 0{,}1851$
Cashflow der Investoren nach Steuern	EUR 0,7362	EUR 0,5166

* Bei der Besteuerung von Kapitalerträgen wird im deutschen Steuerrecht zwischen Kapital- und Personengesellschaften unterschieden. Die dargestellte Tarifbelastung bezieht sich ausschließlich auf Kapitalgesellschaften.

Grundsätzlich kostet jeder Euro, der nach Steuern von den Fremdkapitalgebern in Form von Zinszahlung erhalten wird, die Eigenkapitalgeber EUR $(1 - \tau^*)$ nach Steuern, wobei:

Effektiver Steuervorteil aus dem Fremdkapital

$$\tau^* = \frac{(1 - \tau_i) - (1 - \tau_c)(1 - \tau_e)}{(1 - \tau_i)} = 1 - \frac{(1 - \tau_c)(1 - \tau_e)}{(1 - \tau_i)} \tag{15.7}$$

Gibt es keine Steuern für Eigenkapital- oder Fremdkapitalgeber oder sind die Steuersätze auf Erträge aus Fremd- und Eigenkapital gleich ($\tau_i = \tau_e$), reduziert sich diese Formel auf $\tau^* = \tau_c$. Aber ist die Steuerlast auf Erträge aus Eigenkapital geringer, ($\tau_i > \tau_e$), dann ist τ^* kleiner als τ_c.

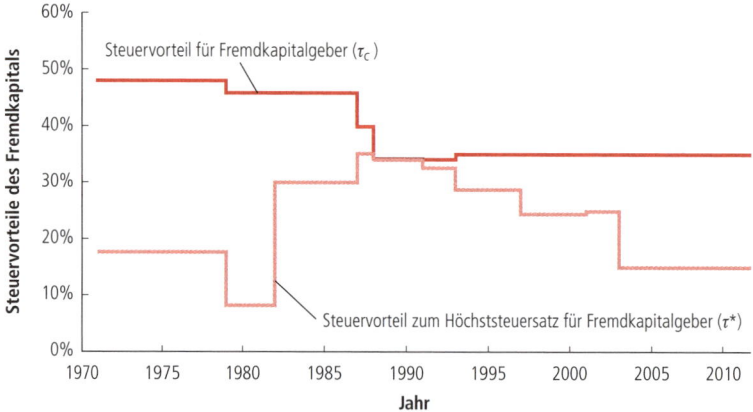

Abbildung 15.4: Der effektive Steuervorteil aus dem Fremdkapital mit und ohne Steuern für Fremdkapitalgeber, USA 1971–2012. Nach Berücksichtigung der Steuer für Fremdkapitalgeber ist der Steuervorteil des Fremdkapitals τ^* zwar immer noch positiv, aber generell kleiner als τ_c und hat in der Vergangenheit auch stark mit Änderungen des Steuerrechts geschwankt.

Bewertung des fremdfinanzierungsbedingten Steuervorteils bei Steuern für Eigenkapital- und Fremdkapitalgeber

Wie wirkt sich vorstehende Analyse der Steuern für Eigenkapital- und Fremdkapitalgeber auf unsere Bewertung des fremdfinanzierungsbedingten Steuervorteils aus? Wir heben uns eine detaillierte Antwort auf diese Frage für ▸Kapitel 18 auf und beschränken unsere Diskussion hier auf ein paar wichtige Beobachtungen. Erstens, solange $\tau^* > 0$ ist, verbleibt trotz eines etwaigen steuerlichen Nachteils aus dem Fremdkapital für Fremdkapitalgeber ein Nettosteuervorteil aus der Verschuldung. Im Fall der Dauerschuld liegt der Unternehmenswert mit Verschuldung bei:

$$V^L = V^U + \tau^* \, D \tag{15.8}$$

Da der Steuernachteil für Fremdkapitalgeber generell impliziert, dass $\tau^* < \tau_c$, stellen wir bei einem Vergleich von ▸Gleichung 15.8 mit ▸Gleichung 15.4 fest, dass der Vorteil aus der Verschuldung gemindert wird.

Steuern für Eigenkapital- und Fremdkapitalgeber haben eine ähnliche, jedoch indirekte Auswirkung auf den gewichteten Durchschnitt der Kapitalkosten. Während wir den WACC immer noch unter Verwendung des Ertragsteuersatzes τ_c wie in ▸Gleichung 15.5 berechnen, ändern sich die Eigenkapital- und Fremdkapitalkosten des Unternehmens bei Steuern für Eigenkapital- und Fremdkapitalgeber so, dass die Investoren für ihre jeweilige Steuerlast einen Ausgleich erhalten. Das Nettoergebnis ist, dass ein Steuernachteil für Fremdkapitalgeber den WACC bei Verschuldung langsamer verringert als es andernfalls der Fall wäre.

Beispiel 15.5:   Schätzung des fremdfinanzierungsbedingten Steuervorteils bei Steuern für Eigenkapital- und Fremdkapitalgeber

Fragestellung
Schätzen Sie den Wert von Midco nach der gehebelten Rekapitalisierung von USD 100 Millionen unter Berücksichtigung der Steuern für Eigenkapital- und Fremdkapitalgeber im Jahr 2012.

Lösung
Bei $\tau^* = 15\,\%$ im Jahr 2012 und bei dem aktuellen Wert von Midco $V^U =$ USD 300 Millionen schätzen wir $V^L = V^U + \tau^* \, D =$ USD 300 Millionen + 15 % (USD 100 Millionen) = USD 315 Millionen. Bei 20 Millionen anfänglich umlaufenden Aktien würde der Aktienkurs um USD 15 Millionen : 20 Millionen Aktien = USD 0,75 pro Aktie steigen.

Ermittlung des tatsächlichen Steuervorteils aus Fremdkapital

Bei der Schätzung des effektiven Steuervorteils aus Fremdkapital unter Berücksichtigung der Steuern für Eigenkapital- und Fremdkapitalgeber haben wir mehrere Annahmen getroffen, die eventuell angepasst werden müssen, wenn wir den tatsächlichen Steuervorteil für ein bestimmtes Unternehmen oder einen Investor ermitteln.

Erstens haben wir bezüglich der Steuer auf Kursgewinne angenommen, dass Investoren jedes Jahr diese Steuer zahlen. Im Gegensatz zu Steuern auf Zins- und Dividendenerträge, die jährlich gezahlt werden, werden Steuern auf Kursgewinne erst dann gezahlt, wenn der Investor die Aktie verkauft und den Gewinn realisiert. Der spätere Anfall der Steuer auf Kursgewinne mindert den Barwert der Steuern: Dies kann man als niedrigeren *effektiven* Steuersatz auf Kursgewinne auslegen. Bei einem Steuersatz auf Kursgewinne von 15 % und einem Zinssatz von 6 % würde sich beispielsweise der effektive Steuersatz in diesem Jahr auf (15 %) : $1,06^{10} = 8,4\,\%$ verringern, wenn man den Vermögensgegenstand zehn Jahre länger hielte. Auch Investoren mit aufgelaufenen Verlusten, die sie verwenden können, um Gewinne auszugleichen, erzielen einen effektiven Steuersatz auf Kursgewinne von null.

Folglich unterliegen Investoren, die ihre Wertpapiere länger halten oder aufgelaufene Verluste aufweisen, einem niedrigeren Steuersatz auf Erträge aus Eigenkapital, was den effektiven Steuervorteil aus dem Fremdkapital mindert.

Eine zweite wichtige Annahme in unserer Analyse ist die Berechnung des Steuersatzes auf Erträge aus dem Eigenkapital τ_e. Die Verwendung des durchschnittlichen Dividenden- und Kursgewinnsteuersatzes ist bei einem Unternehmen angebracht, das 50 % seiner Gewinne als Dividende auszahlt, sodass die Gewinne der Aktionäre aus zusätzlichen Gewinnen gleichmäßig auf Dividenden und Kursgewinne aufgeteilt wurden. Bei Unternehmen mit viel höheren oder viel niedrigeren Ausschüttungsraten wäre dieser Durchschnitt nicht treffend. Bei Unternehmen, die beispielsweise keine Dividende zahlen, sollte der Kursgewinnsteuersatz als Steuersatz auf Erträge aus Eigenkapital angewendet werden. Schließlich sind wir von dem Spitzensteuersatz für den Investor ausgegangen. In Wirklichkeit sind die Steuersätze für die einzelnen Investoren unterschiedlich und viele Investoren unterliegen niedrigeren Steuersätzen. Bei niedrigeren Steuersätzen sind die Auswirkungen der Steuern für Eigenkapital- und Fremdkapitalgeber weniger substanziell. Des Weiteren *unterliegen viele Investoren gar keinen Steuern für Eigenkapital- und Fremdkapitalgeber.* So ist beispielsweise die Anlage in einem Rentensparkonto oder einem Pensionsfonds in den USA steuerfrei.[10] Für diese Investoren entspricht der effektive Steuervorteil aus dem Fremdkapital $\tau^* = \tau_c$, dem vollen Ertragsteuersatz. Dieser volle Steuervorteil würde auch für Wertpapierhändler gelten, bei denen Zinsen, Dividenden und Kapitalerträge gleichwertig als Ertrag besteuert werden.

Die wesentlichen Punkte lassen sich wie folgt zusammenfassen: Die genaue Berechnung des effektiven Steuervorteils aus dem Fremdkapital ist äußerst schwierig und der Vorteil schwankt von Unternehmen zu Unternehmen (und von Investor zu Investor). Ein Unternehmen muss die Steuerklasse seines typischen Fremdkapitalgebers berücksichtigen, um τ_i zu schätzen und die Steuerklasse und Haltedauer seines typischen Anteilseigners, um τ_e zu ermitteln. Wenn die Investoren eines Unternehmens beispielsweise ihre Aktien hauptsächlich über ihre Pensionskonten halten, so gilt $\tau^* \approx \tau_c$. Da τ^* bei einem typischen Unternehmen wohl etwas geringer ist als τ_c, kann man darüber diskutieren, um wie viel er geringer ist. Unsere Berechnung von τ^* in ▶Abbildung 15.4 sollte bestenfalls als sehr grobe Orientierung betrachtet werden.[11]

Verständnisfragen

1. Warum besteht nach aktuell geltendem Recht (2009) ein Steuernachteil für Fremdkapitalgeber durch das Fremdkapital?

2. Wie ändert dieser Steuernachteil für Fremdkapitalgeber den Wert der Verschuldung des Unternehmens?

15.5 Die optimale Kapitalstruktur mit Steuern

An den von Modigliani und Miller beschriebenen, vollkommenen Kapitalmärkten könnten Unternehmen jede Kombination aus Fremdkapital und Eigenkapital verwenden, um ihre Investitionen zu finanzieren, ohne dass sich dies auf den Wert des Unternehmens auswirken würde. Tatsächlich war jede Kapitalstruktur optimal. In diesem Kapitel haben wir bereits festgestellt, dass Steuern diese Schlussfolgerung ändern, da Zinszahlungen einen wertvollen Steuervorteil mit sich bringen. Sogar nach der Bereinigung um Steuern für Eigenkapital- und Fremdkapitalgeber übersteigt der Wert eines Unternehmens mit Verschuldung den Wert eines unverschuldeten Unternehmens und das Fremdkapital verschafft dem Unternehmen einen Steuervorteil.

---

10 Belege aus Mitte der 1990er-Jahre weisen darauf hin, dass die Zunahme der Pensionsfonds den durchschnittlichen Steuersatz für Investoren auf ungefähr die Hälfte der in ▶Tabelle 15.3 gezeigten Sätze verringert hat. Siehe J.Poterba, „The Rate of Return to Corporate Capital and Factor Shares: New Estimates Using Revised National Income Accounts and Capital Stock Data", *NBER Arbeitspapier* Nr. 6263 (1997).

11 Eine Diskussion der Methoden für die Schätzung von τ^* und der Notwendigkeit, Steuern für Eigenkapital- und Fremdkapitalgeber zu berücksichtigen, finden Sie in J. Graham, „Do Personal Taxes Affect Corporate Financing Decisions?" *Journal of Public Economics*, Bd. 73 (1999), S. 147–185.

Bevorzugen Unternehmen Fremdkapital?

Ist bei Unternehmen in der Praxis eine Präferenz für Fremdkapital zu erkennen? ▶Abbildung 15.5 zeigt die Neuemissionen (netto) von Eigenkapital und Fremdkapital von US-Unternehmen. Bezüglich des Eigenkapitals stellen die Zahlen den Gesamtbetrag des neu ausgegebenen Aktienkapitals abzüglich des Betrags dar, der durch Aktienrückkäufe und Übernahmen eingezogen wurde. Bezüglich des Fremdkapitals wird der Gesamtbetrag neuer Kreditaufnahmen dargestellt, abzüglich des Betrags der zurückgezahlten Kredite.

Aus ▶Abbildung 15.5 wird ersichtlich, dass Unternehmen neues Kapital von Investoren hauptsächlich durch die Ausgabe von Schuldverschreibungen beschaffen. In der Tat waren in den meisten Jahren die Aktienkapitalemissionen insgesamt negativ. Dies bedeutet, dass Unternehmen die Höhe des ausstehenden Eigenkapitals durch den Kauf von Aktien reduzieren. Diese Beobachtung besagt nicht, dass *alle* Unternehmen Mittel in Form von Fremdkapital aufgenommen haben. Viele Unternehmen können auch Aktienkapital verkauft haben, um Mittel aufzubringen. Gleichzeitig haben jedoch andere Unternehmen einen gleichen oder auch höheren Betrag gekauft oder zurückgekauft, sodass insgesamt keine neue Finanzierung durch Aktienkapital entstanden ist. Die Daten zeigen bei der Gesamtheit der US-Unternehmen eine deutliche Präferenz für Fremdkapital als Quelle externer Finanzierung. Tatsächlich nehmen im Ganzen betrachtet die Unternehmen anscheinend mehr Mittel auf als sie selbst für den Rückkauf von Aktien benötigen.

Während Unternehmen die Beschaffung von Mitteln in Form von Fremdkapital anscheinend bevorzugen, werden nicht alle Investitionen extern finanziert. Wie ▶Abbildung 15.5 zudem zeigt, übersteigen die Kapitalaufwendungen in hohem Maße die externe Finanzierung der Unternehmen. Dies bedeutet, dass ein Großteil der Investitionen und des Wachstums durch von den Unternehmen selbst erwirtschaftete Mittel, wie beispielsweise einbehaltene Gewinne, unterstützt wird. Somit ist der Marktwert des Eigenkapitals im Laufe der Zeit mit dem Wachstum des Unternehmens gestiegen, auch wenn kein neues Eigenkapital *ausgegeben* wurde. In der Tat schwankte, wie in ▶Abbildung 15.6 gezeigt, bei einem durchschnittlichen Unternehmen der Fremdkapitalanteil des Unternehmenswerts zwischen 30 und 50 %. Die durchschnittliche Fremdkapitalquote fiel während der Börsenhausse in den 1990er-Jahren, ein Trend, der sich nach dem Jahr 2000 aufgrund der Rückgänge am Aktienmarkt sowie aufgrund einer dramatischen Zunahme bei der Ausgabe von Fremdkapital als Reaktion auf fallende Zinssätze umkehrte.

Die Gesamtheit der Daten in ▶Abbildung 15.5 verdeckt zwei wichtige Tendenzen: Erstens, dass die Verwendung von Verschuldung stark von der Branche abhängt. Zweitens, dass viele Unternehmen hohe Beträge liquider Mittel halten, um ihre effektive Verschuldung zu reduzieren. Diese Strukturen zeigt ▶Abbildung 15.6, in der die Nettoverschuldung als Teil des Unternehmenswerts einer Reihe von Branchen und des Gesamtmarkts dargestellt wird. Zu beachten ist, dass die Nettoverschuldung negativ ist, wenn die Barmittel eines Unternehmens die ausstehenden Verbindlichkeiten übersteigen. Deutlich zu erkennen sind die großen Unterschiede in der Nettoverschuldung von Branche zu Branche.

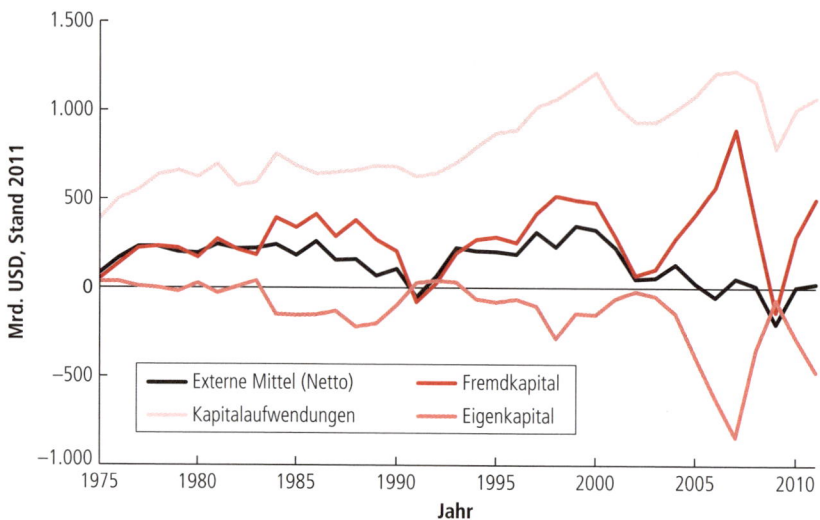

Abbildung 15.5: **Externe Finanzierung (netto) und Kapitalaufwendungen von US-Unternehmen, 1975–2011.** Insgesamt haben Unternehmen externes Kapital hauptsächlich durch die Fremdkapitalemission aufgebracht. Diese Mittel wurden verwendet, um Aktien-kapital einzuziehen und um Investitionen zu finanzieren, aber bei Weitem der größte Teil der Kapitalaufwendungen wird mit internen Mitteln finanziert. (Beträge sind inflationsbereinigt und geben den Dollarkurs im Jahr 2011 wieder.)

Quelle: Federal Reserve, Flow of Funds Accounts of the United States, 2012.

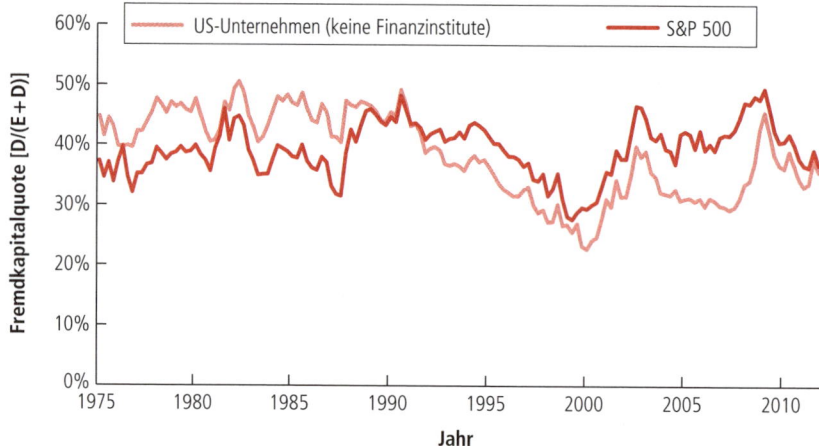

Abbildung 15.6: **Fremdkapitalqoute [D/(E+D)] von US-Unternehmen, 1975–2011.** Obwohl die Unternehmen hauptsächlich Schuldverschreibungen, nicht Aktien ausgegeben haben, ist der Anteil der Verschuldung an der Kapitalstruktur im Durchschnitt wegen der Wertsteigerung der bestehenden Aktien nicht gestiegen.

Quelle: Compustat and Federal Reserve, Flow of Funds Accounts of the United States, 2012.

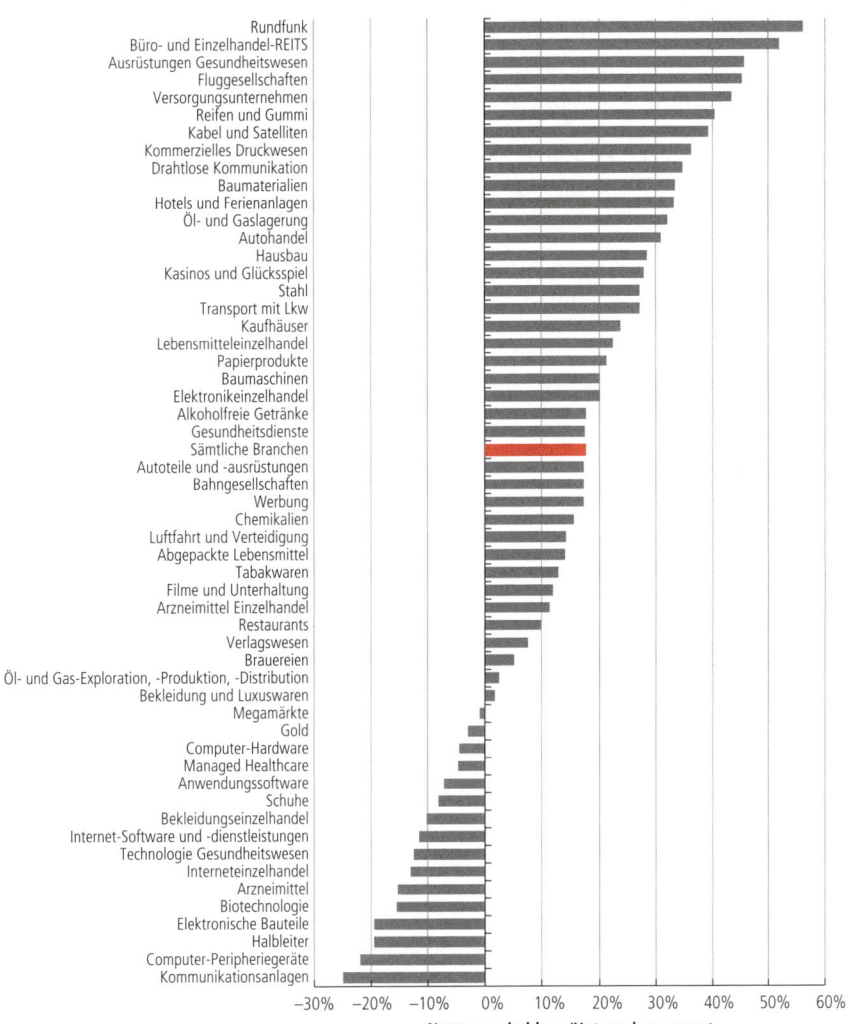

Abbildung 15.7: Nettoverschuldung-Unternehmenswert-Verhältnis für ausgewählte Branchen. Die Abbildung zeigt die Mediane der Nettoverschuldung (Gesamtbuchwert der Verschuldung abzüglich Barmittel und kurzfristige Anlagen) als Prozentsatz des Unternehmenswerts (Aktienmarktkapitalisierung plus Nettoverschuldung) der angegebenen Branchen. Die Mediane der Nettoverschuldung aller US-Aktien betrugen 17,5 % des Unternehmenswerts, sie sind jedoch von Branche zu Branche sehr unterschiedlich.

Quelle: Capital IQ, 2012.

Unternehmen in Wachstumsbranchen, wie Biotechnologie oder andere Hochtechnologie, haben sehr wenig Fremdkapital und verfügen über große Barreserven, während Fluggesellschaften, Immobilienunternehmen, Lkw-Transportfirmen, Autohersteller und Versorgungsunternehmen hohe Verschuldungsraten aufweisen. Somit handelt es sich bei den unterschiedlichen Verschuldungsraten von Amgen und Navistar, die in der Einführung dieses Kapitels genannt wurden, um keine Einzelfälle, sondern um typische Unternehmen der jeweiligen Branchen.

Diese Daten werfen wichtige Fragen auf. Warum macht das Fremdkapital weniger als die Hälfte der Kapitalstruktur der meisten Unternehmen aus, wenn Fremdkapital einen Steuervorteil verschafft, der den gewichteten Durchschnitt der Kapitalkosten senkt und den Firmenwert steigert? Warum fällt die Wahl der Verschuldung in den verschiedenen Branchen so unterschiedlich aus? Warum haben manche Unternehmen überhaupt keine Nettoverschuldung? Bevor wir diese Fragen beantworten, betrachten wir die optimale Kapitalstruktur aus Sicht der Steuern ein wenig genauer.

Beschränkungen des Steuervorteils aus Fremdkapital

Um den vollen Steuervorteil aus der Verschuldung zu erhalten, muss ein Unternehmen keine hundertprozentige Fremdfinanzierung einsetzen. Ein Unternehmen erhält nur dann einen Steuervorteil, wenn es überhaupt Steuern zahlt. Dies bedeutet, dass das Unternehmen versteuerbare Gewinne aufweisen muss. Diese Einschränkung kann die Höhe des Fremdkapitals beschränken, das für den Erhalt eines Steuervorteils erforderlich ist.

Um die optimale Höhe der Verschuldung zu ermitteln, vergleichen wir die drei Verschuldungsvarianten, die in ▶Tabelle 15.4 für ein Unternehmen mit einem Gewinn vor Zinsen und Steuern (EBIT) von EUR 1.000 und einem Ertragsteuersatz von $\tau_c = 35\,\%$ gezeigt werden. Ohne Verschuldung muss das Unternehmen Steuern in Höhe von EUR 350 auf das gesamte EBIT von EUR 1.000 zahlen. Ist das Unternehmen hoch verschuldet mit Zinszahlungen von EUR 1.000, dann kann es seinen Gewinn vor der Steuer abschirmen und somit die Steuern in Höhe von EUR 350 einsparen. Nehmen wir nun einen dritten Fall an, bei dem das Unternehmen übermäßig verschuldet ist, sodass die Zinszahlungen höher sind als das EBIT. In diesem Fall hat das Unternehmen einen operativen Nettoverlust, aber es entsteht keine Steigerung der Steuerersparnis. Da das Unternehmen bereits keine Steuern zahlt, besteht hier kein unmittelbarer Steuervorteil aus der übermäßigen Verschuldung.[12]

Folglich entsteht kein Ertragsteuervorteil aus Zinszahlungen, die regelmäßig das EBIT übersteigen. Da die Zinszahlungen zudem, wie bereits in ▶Abschnitt 15.4 erwähnt, einen Steuernachteil für die Investoren darstellen, zahlen die Investoren bei einer übermäßigen Verschuldung des Unternehmens höhere Steuern, wodurch sie schlechter dastehen.[13] Wir können diesen Steuernachteil aus den das EBIT übersteigenden Zinszahlungen quantifizieren, indem wir in ▶Gleichung 15.7 $\tau_c = 0$ setzen und nach τ^* auflösen (wir gehen davon aus, dass es keine Minderung der Ertragsteuern für das EBIT übersteigende Zinszahlungen gibt):

$$\tau_{ex}^* = 1 - \frac{\left(1 - \tau_e\right)}{\left(1 - \tau_i\right)} = \frac{\tau_e - \tau_i}{\left(1 - \tau_i\right)} < 0 \tag{15.9}$$

---

12 Hat das Unternehmen in den zwei vorangegangenen Jahren Steuern entrichtet, könnte es bezüglich des operativen Nettoverlusts des laufenden Jahres einen Verlustrücktrag verbuchen, um eine Rückerstattung eines Teils dieser Steuern zu beantragen. Eine andere Möglichkeit wäre, einen Verlustvortrag des operativen Nettoverlusts für bis zu 20 Jahre zu verbuchen, um zukünftige Erträge vor der Steuer abzuschirmen (auch wenn das Warten auf den Erhalt der Gutschrift deren Barwert mindert). Aus den das EBIT übersteigenden Zinsen kann somit ein Steuervorteil entstehen, wenn diese nicht regelmäßig auftreten. Der Einfachheit halber ignorieren wir Rückträge und Vorträge in dieser Diskussion.

13 Aus der übermäßigen Verschuldung kann natürlich ein weiteres Problem entstehen: Ein Unternehmen ist unter Umständen nicht in der Lage, die das EBIT übersteigenden Zinsen zu zahlen und könnte gezwungen sein, die Rückzahlungen des Kredits einzustellen. Die finanzielle Notlage (und die potenziellen daraus entstehenden Kosten) werden in ▶Kapitel 16 erörtert.

			Tabelle 15.4

Steuerersparnis bei unterschiedlicher Verschuldung

	Keine Verschuldung	Hohe Verschuldung	Übermäßige Verschuldung
EBIT	EUR 1.000	EUR 1.000	EUR 1.000
Zinsaufwand	0	−1.000	−1.100
Ertrag vor Steuern	1.000	0	0
Steuern (35 %)	−350	0	0
Ertrag nach Steuern	650	0	−100
Steuerersparnis aus der Verschuldung	EUR 0	EUR 350	EUR 350

Zu beachten ist, dass τ_{ex}^* negativ ist, da Eigenkapital einem geringeren Steuersatz unterliegt als die Zinsen für Investoren ($\tau_e > \tau_i$). Bei den im Jahr 2012 geltenden US-Steuersätzen beträgt dieser Nachteil

$$\tau_{ex}^* = \frac{15\,\% - 35\,\%}{(1 - 35\,\%)} = -30{,}8\,\%$$

Folglich ist die optimale Höhe der Verschuldung aus Sicht der Steuerersparnis die Höhe, bei der die Zinsen dem EBIT entsprechen. Das Unternehmen kann seinen gesamten zu versteuernden Ertrag vor der Steuer abschirmen und hat keine steuerlichen Nachteile aus etwaigen das EBIT übersteigenden Zinszahlungen. ▶Abbildung 15.8 zeigt die Steuerersparnis bei unterschiedlicher Höhe der Zinszahlungen, wenn das EBIT EUR 1.000 sicher entspricht. In diesem Fall wird durch eine Zinszahlung von EUR 1.000 die Steuerersparnis maximiert. Natürlich ist es unwahrscheinlich, dass ein Unternehmen sein künftiges EBIT präzise vorhersagen kann. Steht das EBIT nicht sicher fest, dann steigt mit höherem Zinsaufwand das Risiko, dass die Zinsen das EBIT übersteigen. Infolgedessen sinkt die Steuerersparnis bei höheren Zinsen und reduziert somit möglicherweise, wie in ▶Abbildung 15.8 gezeigt, die optimale Höhe der Zinszahlungen.[14] Grundsätzlich gilt, dass, je näher der Zinsaufwand an den erwarteten zu versteuernden Gewinn kommt, der Steuervorteil aus der Verschuldung zurückgeht, was die Höhe des Fremdkapitals, das das Unternehmen einsetzen sollte, begrenzt.

Wachstum und Fremdkapital

Bei einer steueroptimalen Kapitalstruktur ist die Höhe der Zinszahlungen von der Höhe des EBIT abhängig. Was sagt uns diese Schlussfolgerung über den optimalen Anteil des Fremdkapitals in der Kapitalstruktur eines Unternehmens?

Wenn wir junge Technologie- oder Biotechnologieunternehmen untersuchen, stellen wir häufig fest, dass diese Unternehmen keine zu versteuernden Erträge haben. Ihr Wert stammt hauptsächlich aus den Aussichten, dass sie in Zukunft hohe Gewinne erwirtschaften werden. Ein Biotechnologieunternehmen könnte zum Beispiel Medikamente mit großem Potenzial entwickeln, hat aber bislang noch keine Umsatzerlöse aus diesen Medikamenten erzielt. Dieses Unternehmen hat keinen zu versteuernden Gewinn. In diesem Fall hat eine steueroptimale Kapitalstruktur kein Fremdkapital.

---

14 Näheres zur Berechnung der optimalen Höhe des Fremdkapital bei riskanter Ertragslage ist in der Publikation von J. Graham, „How Big Are the Tax Benefits of Debt?", *Journal of Finance*, Bd. 55, Nr. 5 (2000), S. 1901–1941 zu finden.

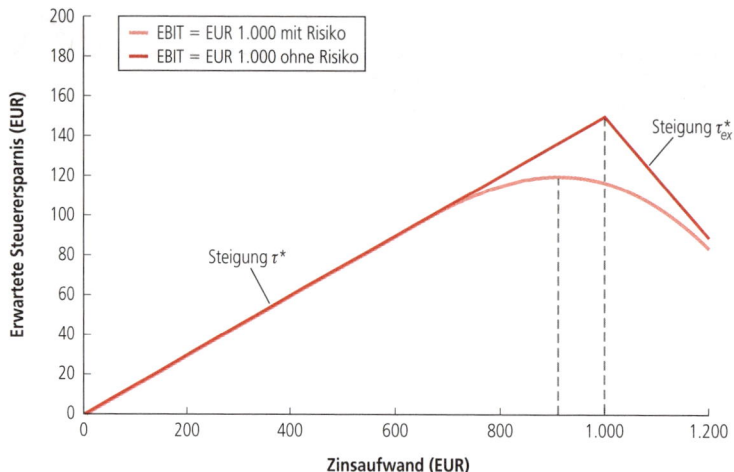

Abbildung 15.8: Steuerersparnis bei unterschiedlichem Zinsaufwand. Ist das EBIT mit Sicherheit bekannt, wird die Steuerersparnis maximiert, wenn der Zinsaufwand dem EBIT entspricht. Ist das EBIT unsicher, geht die Steuerersparnis bei hohen Zinszahlungen wegen des Risikos, dass die Zinszahlungen das EBIT übersteigen, zurück.

Wir würden erwarten, dass ein solches Unternehmen seine Investitionen ausschließlich mit Eigenkapital finanziert. Erst später, wenn das Unternehmen gereift und rentabel ist, wird es zu versteuernde Cashflows haben. Zu diesem Zeitpunkt sollte es Fremdkapital in seine Kapitalstruktur aufnehmen. Auch wenn ein Unternehmen positive Gewinne hat, beeinflusst das Wachstum den optimalen Verschuldungsgrad. Um übermäßige Zinszahlungen zu vermeiden, sollte diese Art von Unternehmen Fremdkapital mit Zinszahlungen haben, die unter den erwarteten zu versteuernden Gewinnen liegen:

$$\text{Zinsen} = r_D \times \text{Fremdkapital} \leq \text{EBIT oder}$$
$$\text{Fremdkapital} \leq \text{EBIT} : r_D$$

Das bedeutet, dass die optimale Höhe des Fremdkapitals aus steuerlicher Sicht proportional zur Höhe des laufenden Gewinns ist. Der Wert des Eigenkapitals hängt jedoch von der Wachstumsrate der Gewinne ab. Je höher die Wachstumsrate, desto höher ist der Wert des Eigenkapitals (und dementsprechend höher das Kurs-Gewinn-Vielfache). Daraus ergibt sich: *Je höher die Wachstumsrate des Unternehmens, desto geringer der optimale Fremdkapitalanteil in der Kapitalstruktur des Unternehmens [D/(E+D)].*[15]

Weitere Steuervorteile

Bis zu diesem Punkt sind wir davon ausgegangen, dass Zinsen das einzige Mittel sind, mit dem ein Unternehmen seine Gewinne vor Ertragsteuern abschirmen kann. Es gibt jedoch im Steuerrecht viele andere Bestimmungen für Abzugsfähigkeit und Steuergutschriften, beispielsweise die Abschreibung, Steuergutschriften für Investitionen, Vorträge von operativen Verlusten aus der Vergangenheit und Ähnliches. Viele Hochtechnologie-Unternehmen haben beispielsweise Ende der 1990er-Jahre wegen der Steuerabzüge in Verbindung mit Aktienoptionen für Mitarbeiter (dieses Thema wird im Kasten weiter unten erörtert) wenig bis gar keine Steuern gezahlt. In dem Umfang, in dem ein Unternehmen andere Steuervorteile besitzt, verringert sich der zu versteuernde Gewinn und das Unternehmen wird sich weniger stark auf den fremdfinanzierungsbedingten Steuervorteil verlassen.[16]

---

15 Diese Erklärung für die niedrige Verschuldung in wachstumsstarken Unternehmen wird in der Publikation von J. Berens und C. Cuny, „The Capital Structure Puzzle Revisited", *Review of Financial Studies*, Bd. 8 (1995), S. 1185–1208 entwickelt.

16 Siehe A. DeAngelo und R. Masulis, „Optimal Capital Structure Under Corporate and Personal Taxation", *Journal of Financial Economics*, Bd. 8 (1980), S. 3–27. Eine Diskussion der Methoden für die Schätzung des Ertragsteuersatzes eines Unternehmens zur Berücksichtigung dieser Auswirkungen findet sich in J. Graham, „Proxies for the Corporate Marginal Tax Rate", *Journal of Financial Economics*, Bd. 42 (1996), S. 187–221.

Das Rätsel der geringen Verschuldung

Entscheiden sich Unternehmen für Kapitalstrukturen, mit denen die Steuervorteile des Fremdkapitals voll ausgeschöpft werden? Die Ergebnisse dieses Abschnitts bedeuten, dass wir, um diese Frage beantworten zu können, das Verhältnis der Zinszahlungen eines Unternehmens mit dem zu versteuernden Ertrag vergleichen sollten, und nicht nur den Anteil des Fremdkapitals in der Kapitalstruktur betrachten. ▶Abbildung 15.9 vergleicht die Zinsaufwendungen und das EBIT in Unternehmen des S&P 500. Hier werden zwei Muster deutlich. Erstens haben Unternehmen Fremdkapital zur Abschirmung vor Steuern durchschnittlich von weniger als einem Drittel ihrer Erträge eingesetzt, und nur 50 % bei einem Rückgang der Geschäfte (wenn die Gewinne tendenziell fallen). Zweitens haben nur in circa 10 % der Fälle die Unternehmen negative zu versteuernde Erträge und würden somit nicht von einem stärkeren fremdfinanzierungsbedingten Steuervorteil profitieren. Insgesamt gesehen sind die Unternehmen weit weniger stark verschuldet als unsere Analyse des fremdfinanzierungsbedingten Steuervorteils voraussagen würde.[17]

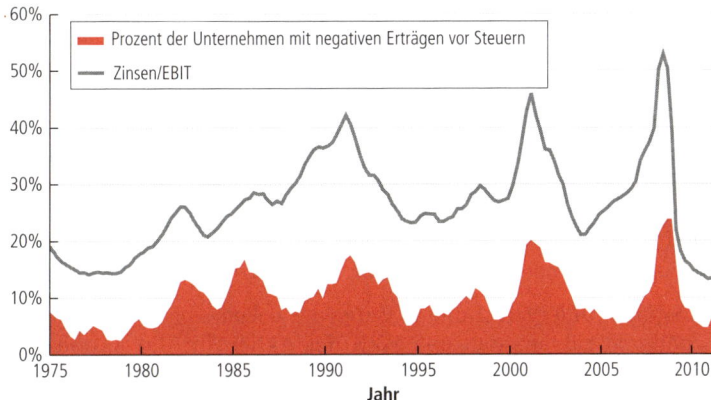

Abbildung 15.9: Zinszahlungen als Anteil des EBIT und Anteil der Unternehmen mit negativen Erträgen vor Steuern im S&P 500, 1975–2011. Im Durchschnitt schirmen die Unternehmen weniger als ein Drittel ihrer Erträge über Zinszahlungen ab, und dieser Zinsaufwand übersteigt die zu versteuernden Erträge nur in circa 10 % der Fälle.

Quelle: Compustat.

Dieses geringe Maß an Verschuldung ist keine Besonderheit von US-Unternehmen. ▶Tabelle 15.5 zeigt internationale Verschuldungshöhen aus einer Studie von 1995 von Raghuram Rajan und Luigi Zingales, in der Daten aus dem Jahr 1990 verwendet wurden. Zu beachten ist, dass Unternehmen weltweit einen ähnlich geringen Anteil an Fremdfinanzierung haben, während Unternehmen in Großbritannien eine besonders geringe Verschuldung aufweisen. Mit Ausnahme Italiens und Kanadas schirmen Unternehmen außerdem weniger als die Hälfte ihrer zu versteuernden Erträge durch Zinszahlungen vor der Steuer ab.

---

17 Weitere Belege werden von J. Graham in „How Big Are the Tax Benefits of Debt", *Journal of Finance*, Bd. 55 (2000), S. 1901–1941 geliefert, worin er schätzt, dass das typische Unternehmen weniger als die Hälfte des potenziellen Steuervorteils aus Fremdkapital nutzt.

Tabelle 15.5

Internationale Verschuldungsraten und Steuersätze (1990)

Land	D/(E+D)	Abzüglich Barmittel D/(E+D)	Zinsen/ EBIT	τ_c	τ^*
Vereinigte Staaten	28 %	23 %	41 %	34,0 %	34,0 %
Japan	29 %	17 %	41 %	37,5 %	31,5 %
Deutschland	23 %	15 %	31 %	50,0 %	3,3 %
Frankreich	41 %	28 %	38 %	37,0 %	7,8 %
Italien	46 %	36 %	55 %	36,0 %	18,6 %
Großbritannien	19 %	11 %	21 %	35,0 %	24,2 %
Kanada	35 %	32 %	65 %	38,0 %	28,9 %

Quelle: R. Rajan und L. Zingales, „What Do We Know About Capital Structure? Evidence from International Data", Journal of Finance, Bd. 50 (1995), S. 1421–1460. Die Daten beziehen sich auf mittelgroße Unternehmen und Spitzensteuersätze.

Das Ertragsteuerrecht aller Länder ist ähnlich hinsichtlich der Steuervorteile aus dem Fremdkapital. Persönliche Steuern unterscheiden sich deutlicher, was zu größeren Schwankungen von τ^* führt.[18]

Warum sind Unternehmen unterverschuldet? Entweder geben sich Unternehmen damit zufrieden mehr Steuern als nötig zu zahlen, statt den Wert der Aktien für die Aktionäre zu steigern, oder wir müssen uns mit dem Thema Kapitalstruktur noch eingehender befassen als bisher. Während sich manche Unternehmen bewusst für eine suboptimale Kapitalstruktur entscheiden können, kann kaum hingenommen werden, dass die meisten Unternehmen suboptimal agieren. Der Konsens so vieler Manager bei der Entscheidung für eine geringe Verschuldung lässt vermuten, dass die Fremdfinanzierung andere Kosten mit sich bringt, die Unternehmen von der vollen Nutzung des fremdfinanzierungsbedingten Steuervorteils abhält.

Wenn Sie mit Finanzmanagern sprechen, werden diese schnell auf einen wichtigen Aspekt der Fremdkapitalkosten zu sprechen kommen, der in unserer Analyse fehlt: Ein höheres Maß an Verschuldung erhöht die Wahrscheinlichkeit einer Insolvenz.

---

18 Ähnliche Ergebnisse in Bezug auf geringe Verschuldungen wurden auch mit aktuelleren Daten aus dem Jahr 2006 ermittelt; siehe J. Fan, S. Titmann und G. Twite, „An International Comparison of Capital Structures and Debt Maturity Choices", *SSRN Arbeitspapier*, 2008.

Aktienoptionen für Mitarbeiter

Für manche Unternehmen können Aktienoptionen eine wichtige Abschirmung vor der Zahlung von Steuern sein. Die typische Aktienoption für Mitarbeiter ermöglicht den Mitarbeitern eines Unternehmens, die Aktien des Unternehmens zu einem geringeren Kurs[19] zu kaufen. Übt der Mitarbeiter seine Option aus, verkauft das Unternehmen seinem Mitarbeiter die Aktie mit einem Abschlag. Ist der Abschlag hoch, kann der Mitarbeiter die Option ausüben und einen großen Gewinn erzielen. Die Höhe des Abschlags stellt für die Anteilseigner des Unternehmens Kosten dar, da der Verkauf der Aktien zu einem Preis unter ihrem Marktwert den Wert der Aktien des Unternehmens verwässert. Um diese Kosten zu berücksichtigen, erlaubt zum Beispiel das amerikanische Steuerrecht den Unternehmen, den Betrag des Abschlags zu Steuerzwecken von ihren Gewinnen abzuziehen.[20] Anders als beim fremdfinanzierungsbedingten Steuervorteil steigert der Steuerabzug von Aktienoptionen nicht den Wert des Unternehmens. Würden die gleichen Beträge an die Mitarbeiter als Gehälter gezahlt und nicht als Optionen, könnte das Unternehmen diese zusätzliche Vergütung ebenfalls vom zu versteuernden Ertrag abziehen. Bis vor Kurzem wirkten sich jedoch Aktienoptionen für Mitarbeiter nicht auf das EBIT aus, sodass das EBIT den zu versteuernden Ertrag von Unternehmen mit Optionsaufwand zu hoch auswies. Während des Aktienbooms Ende der 1990er-Jahre konnten viele Technologieunternehmen und andere Unternehmen, die viele Aktienoptionen für Mitarbeiter ausgegeben hatten, diese Abzüge geltend machen und ihre Steuern im Verhältnis zu dem, was man ohne Weiteres von deren EBIT abgeleitet hätte, mindern. Im Jahr 2000 hatten einige der profitabelsten Unternehmen in den Vereinigten Staaten (auf Grundlage des Ertrags nach Steuern), wie Microsoft, Cisco Systems, Dell und Qualcomm, *keine* zu versteuernden Erträge: Sie hatten den Abzug der Aktienoptionen geltend gemacht und konnten so für Steuerzwecke einen Verlust ausweisen.* In einer Studie von J. Graham, M. Lang und D. Shackelford wird berichtet, dass im Jahr 2000 die Abzüge für Aktienoptionen von allen im NASDAQ 100 gelisteten Unternehmen den gesamten Gewinn vor Steuern überstiegen.** Da es für diese Unternehmen keinen Steuervorteil in Verbindung mit Fremdkapital gegeben hätte, mag dies auch erklären, warum diese wenig bis gar kein Fremdkapital einsetzten.

Seit 2006 müssen Unternehmen Aktienoptionen für Mitarbeiter bilanziell und steuerlich als Aufwand verbuchen. Die bilanziellen Regeln für die Verbuchung der Optionen als Aufwand sind jedoch nicht die gleichen wie die Regeln für den Steuerabzug. Folglich können Aktienoptionen auch nach Änderung dieser Regel weiter zu einer erheblichen Differenz zwischen dem bilanziellen Gewinn und dem Gewinn zu Steuerzwecken führen. Beispielsweise führten Mark Zuckerbergs Optionen an Facebook als Unternehmensgründer zu einem in der Bilanz ausgewiesenen Aufwand von weniger als USD 10 Millionen, die Facebook aber einen Steuerabzug in Höhe von mehr als USD 2 Milliarden einbrachten.

* Siehe M. Sullivan, „Stock Options Take USD 50 Million Bite Out of Corporate Taxes", *Tax Notes* (18. März 2002), S. 1396–1401.

** „Employee Stock Options, Corporate Taxes and Debt Policy", *Journal of Finance*, Bd. 59 (2004), S. 1585–1618.

---

19 Häufig handelt es sich hierbei um den Kurs der Aktie, der zu Beginn des Beschäftigungsverhältnisses galt.

20 Das amerikanische Steuerrecht besteuert den Gewinn des Mitarbeiters. Somit besteht die Steuerlast weiterhin, geht jedoch vom Unternehmen auf den Mitarbeiter über. Ähnlich ist es auch im nationalen Steuerrecht anderer Länder, ohne dass darauf im Detail eingegangen werden soll.

Neben Steuern ist ein weiterer wichtiger Unterschied zwischen der Finanzierung mit Fremdkapital und der Finanzierung mit Eigenkapital, dass die Zahlungen des Fremdkapitals geleistet werden *müssen,* um eine Insolvenz zu vermeiden. Unternehmen sind hingegen bezüglich der Zahlung von Dividenden oder der Realisierung von Kursgewinnen nicht in gleicher Weise verpflichtet. Wenn eine Insolvenz Kosten mit sich bringt, könnten diese Kosten den Steuervorteil aus der Fremdfinanzierung aufheben. Die Rolle der Kosten einer Insolvenz und andere Marktunvollkommenheiten werden in ▶Kapitel 16 erörtert.

Verständnisfragen

1. Wie beeinflusst die Wachstumsrate eines Unternehmens den optimalen Anteil des Fremdkapitals in der Kapitalstruktur?

2. Wählen Unternehmen Kapitalstrukturen, die den Steuervorteil des Fremdkapitals voll nutzen?

ZUSAMMENFASSUNG

15.1 Der fremdfinanzierungsbedingte Steuervorteil

- Aufgrund der Steuerabzugsfähigkeit des Zinsaufwands erhöht die Verschuldung den Gesamtbetrag der Erträge, die den Investoren zur Verfügung stehen.

- Den Vorteil für die Investoren aus der Steuerabzugsfähigkeit der Zinszahlungen nennt man fremdfinanzierungsbedingten Steuervorteil.

$$\text{Fremdfinanzierungsbedingter Steuervorteil} = \text{Ertragsteuersatz} \times \text{Zinszahlungen} \qquad \text{(s. Gleichung 15.1)}$$

15.2 Bewertung des fremdfinanzierungsbedingten Steuervorteils

- Wenn wir die Ertragsteuern berücksichtigen, entspricht der Gesamtwert eines verschuldeten Unternehmens dem Wert eines unverschuldeten Unternehmens plus Barwert des fremdfinanzierungsbedingten Steuervorteils.

$$V^L = V^U + BW \text{ (fremdfinanzierungsbedingter Steuervorteil)} \qquad \text{(s. Gleichung 15.2)}$$

- Ist der Ertragsteuersatz eines Unternehmens konstant und gibt es keine persönlichen Steuern, so entspricht der Barwert des fremdfinanzierungsbedingten Steuervorteils aus der Dauerschuld dem Steuersatz multipliziert mit dem Wert des Fremdkapitals $\tau_c D$.

- Der WACC vor Steuern eines Unternehmens misst die erforderliche Rendite für die Investoren des Unternehmens. Deren effektiver WACC nach Steuern oder einfach WACC misst die Kosten für das Unternehmen nach Aufnahme des Vorteils aus dem fremdfinanzierungsbedingten Steuervorteil. Diese zwei Begriffe verhalten sich zueinander wie folgt:

$$r_{WACC} = \frac{E}{E+D} r_E + \frac{D}{E+D} r_D (1 - \tau_c) \qquad \text{(s. Gleichung 15.5)}$$

$$r_{WACC} = \underbrace{\frac{E}{E+D} r_E + \frac{D}{E+D} r_D}_{\text{WACC vor Steuern}} - \underbrace{\frac{D}{E+D} r_D \tau_c}_{\substack{\text{Reduktion durch den fremdfinanzierungs-} \\ \text{bedingten Steuervorteil}}} \qquad \text{(s. Gleichung 15.6)}$$

Ohne weitere Marktunvollkommenheiten sinkt der WACC mit der Verschuldung eines Unternehmens.

- Wenn das Unternehmen einen Zielverschuldungsgrad beibehält, errechnen wir den Wert mit Verschuldung V^L als Barwert der freien Cashflows unter Verwendung des WACC, während der Wert ohne Verschuldung V^U dem Barwert der freien Cashflows unter Verwendung der Eigenkapitalkosten oder des WACC vor Steuern entspricht.

15.3 Rekapitalisierung zur Nutzung von Steuervorteilen

■ Sind Wertpapiere fair bewertet, erhalten die Altaktionäre eines Unternehmens den vollen Vorteil aus dem fremdfinanzierungsbedingten Steuervorteil aus der Erhöhung der Verschuldung.

15.4 Steuern für Fremd- und Eigenkapitalgeber

■ Persönliche Steuern heben die Steuervorteile auf Unternehmensebene aus der Verschuldung auf. Jeder Euro, der nach Steuern von den Fremdkapitalgebern aus Zinszahlungen erhalten wird, kostet die Anteilseigner $EUR(1 - \tau^*)$ nach Steuern mit

$$\tau^* = 1 - \frac{(1-\tau_c)(1-\tau_e)}{(1-\tau_i)} \qquad \text{(s. Gleichung 15.7)}$$

15.5 Die Optimale Kapitalstruktur mit Steuern

■ Die optimale Höhe der Verschuldung aus Sicht der Steuerersparnis ist so, dass die Zinsen dem EBIT entsprechen. In diesem Fall nutzt das Unternehmen den vollen Vorteil aus dem Abzug der Zinsen von der Ertragsteuer, vermeidet jedoch die Steuernachteile aus einer übermäßigen Verschuldung der Fremdkapital- oder Eigenkapitalgeber.

■ Der optimale Anteil des Fremdkapitals an der Kapitalstruktur eines Unternehmens sinkt mit der Wachstumsrate des Unternehmens.

■ Der Zinsaufwand eines durchschnittlichen Unternehmens liegt weit unter dem zu versteuernden Ertrag, was bedeutet, dass Unternehmen den Steuervorteil aus dem Fremdkapital nicht voll nutzen.

Z U S A M M E N F A S S U N G

Weiterführende Literatur

Die **Literaturhinweise** zu diesem Kapitel finden Sie auf unserer begleitenden Website zum Buch unter *www.pearson-studium.de.*

Aufgaben

Die Aufgaben in diesem Kapitel stehen auf der begleitenden Webseite zur Verfügung. Ein Stern (*) kennzeichnet Aufgaben mit einem höheren Schwierigkeitsgrad.

1. Ein Unternehmen weist jährlich einen risikolosen Ertrag vor Zinsen und Steuern von EUR 1.000 auf. Der Ertragsteuersatz liegt bei 40 %. Die Kapitalaufwendungen des Unternehmens entsprechen jedes Jahr dessen Abschreibungsaufwand und das Betriebskapital wird sich nicht ändern. Der risikolose Zinssatz ist 5 %.

a. Das Unternehmen hat kein Fremdkapital und zahlt seinen Ertrag nach Steuern jedes Jahr als Dividende aus. Wie hoch ist der Wert des Eigenkapitals des Unternehmens?

b. Das Unternehmen leistet Zinszahlungen von EUR 500 pro Jahr. Wie hoch ist der Wert des Eigenkapitals? Wie hoch ist der Wert des Fremdkapitals?

c. Wie unterscheidet sich der Gesamtwert des Unternehmens mit und ohne Verschuldung?

d. Die Differenz aus Teil (c) entspricht welchem Anteil des Wertes des Fremdkapitals?

2. Rogot Instruments stellt Violinen und Cellos her. Rogot hat Fremdkapital von EUR 1 Million ausstehend, weist Eigenkapital im Wert von EUR 2 Millionen auf und zahlt einen Ertragsteuersatz von 35 %. Die Eigenkapitalkosten liegen bei 12 % und die Fremdkapitalkosten bei 7 %.

    a. Welchen WACC vor Steuern hat Rogot?

    b. Welchen WACC (effektiv nach Steuern) hat Rogot?

3. Apple Corp. hatte in der Bilanz des Jahres 2011 kein Fremdkapital ausgewiesen, jedoch Steuern in Höhe von USD 2 Milliarden gezahlt. Apple plant, so viel Fremdkapital auszugeben, dass die Steuern dauerhaft um USD 1 Milliarde pro Jahr gemindert werden. Apple zahlt einen Ertragsteuersatz von 35 % und die Kreditkosten liegen bei 7,5 %.

    a. Wenn die Anleger von Apple keine persönlichen Steuern zahlen (da sie die Aktien von Apple in steuerfreien Pensionskonten halten), welcher Mehrwert würde dann geschaffen werden? Wie hoch ist der Wert des Steuervorteils?

    b. Wie lautet Ihre Antwort, wenn die Investoren von Apple stattdessen einen Steuersatz von 15 % auf Erträge aus Eigenkapital und einen Steuersatz von 35 % auf Zinserträge zahlen?

4. Colt Systems wird im kommenden Jahr ein EBIT von EUR 15 Millionen erzielen. Zudem werden EUR 6 Millionen für Kapitalaufwendungen und die Erhöhung des Betriebskapitals aufgewendet und es entsteht ein Abschreibungsaufwand von EUR 3 Millionen. Colt ist derzeit ein rein eigenfinanziertes Unternehmen, unterliegt einem Ertragsteuersatz von 35 % und weist Eigenkapitalkosten von 10 % auf.

    a. Gehen Sie von einem Wachstum des freien Cashflows von 8,5 % pro Jahr aus. Welchen Marktwert hat das Eigenkapital heute?

    b. Der Zinssatz auf das Fremdkapital beträgt 8 %. Wie viel kann Colt jetzt aufnehmen, ohne einen negativen Ertrag nach Steuern im kommenden Jahr zu erhalten?

    c. Besteht ein steuerlicher Anreiz darin, eine Fremdkapitalquote zu wählen, die über 50 % liegt? Erklären Sie.

Die **Antworten** zu diesen Fragen finden Sie auf unserer begleitenden Website zum Buch unter *www.pearson-studium.de.*

Abkürzungen

- E Marktwert des Eigenkapitals
- D Marktwert des Fremdkapitals
- BW Barwert
- β_E Eigenkapital-Beta
- β_D Fremdkapital-Beta
- I Investitionsausgaben
- KW Kapitalwert
- V^U Wert des unverschuldeten Unternehmens
- V^L Wert des verschuldeten Unternehmens
- τ^* Effektiver Steuervorteil aus Fremdkapital

Finanzielle Notlage, Managementanreize und Information

16

ÜBERBLICK

Modigliani und Miller haben gezeigt, dass die Kapitalstruktur an einem *vollkommenen Kapitalmarkt* ohne Belang ist. In ▶Kapitel 15 haben wir festgestellt, dass ein Steuervorteil aus der Verschuldung zumindest so lange besteht, wie das EBIT höher ist als die Zinszahlungen auf das Fremdkapital. Dennoch haben wir gesehen, dass das durchschnittliche US-Unternehmen weniger als die Hälfte seiner Gewinne auf diese Weise vor der Zahlung von Steuern abschirmt. Warum setzen die Unternehmen nicht mehr Fremdkapital ein?

Wir gewinnen einige Erkenntnisse, wenn wir United Airlines (UAL Corporation) betrachten. Im Fünfjahreszeitraum 1996 bis 2000 zahlte UAL Zinsen in Höhe von USD 1,7 Milliarden, in Bezug zum EBIT von mehr als USD 6 Milliarden. In diesem Zeitraum verbuchte das Unternehmen eine Steuerrückstellung in seiner Gewinn- und Verlustrechnung von über USD 2,2 Milliarden. Das Unternehmen hatte anscheinend ein Verschuldungsniveau, das den fremdfinanzierungsbedingten Steuervorteil nicht gänzlich ausschöpfte. Trotzdem hat UAL infolge hoher Treibstoff- und Arbeitskosten, eines rückläufigen Reisemarktes nach den Anschlägen am 11. September 2001 sowie der zunehmenden Konkurrenz durch Billigfluggesellschaften im Dezember 2002 Insolvenzschutz beim Insolvenzgericht beantragt. Schließlich wurde im Jahr 2006 das Insolvenzverfahren abgeschlossen. UAL erlitt nach einem erfolgreichen Jahr 2007 im Zuge der Finanzkrise im Jahr 2008 Verluste und verunsicherte die Gläubiger erneut. Im Jahr 2010 kehrte es mit der Ankündigung des Plans Continental Airlines aufzukaufen zur Profitabilität zurück. Ende 2011 war die Fusion abgeschlossen, obwohl das Unternehmen im zweiten Quartal 2012 wegen der fortlaufenden Kosten im Zusammenhang mit der Fusion einen Rückgang des Gewinns von 37 % verzeichnete. Wie dieser Fall zeigt, riskieren Unternehmen wie Fluggesellschaften, deren zukünftige Cashflows instabil sind und sehr sensibel auf wirtschaftliche Schocks reagieren, eine Insolvenz, wenn sie zu viel Fremdkapital einsetzen. Die Kosten einer Insolvenz können zumindest teilweise den fremdfinanzierungsbedingten Steuervorteil aufheben, was Unternehmen dazu veranlasst weniger Fremdkapital einzusetzen, als wenn die Steuerersparnis die einzige Motivation wäre.

Hat ein Unternehmen Schwierigkeiten, seinen Kreditverpflichtungen nachzukommen, sprechen wir von einer **finanziellen Notlage**. In diesem Kapitel beschäftigen wir uns damit, wie sich die Wahl der Kapitalstruktur eines Unternehmens aufgrund von Marktunvollkommenheiten auf die Kosten einer finanziellen Notlage auswirken, die Management-Anreize ändern sowie Informationen an die Anleger signalisieren kann. Jede dieser Konsequenzen aus der Entscheidung hinsichtlich der Kapitalstruktur kann erheblich sein und jede kann bei hoher Verschuldung die fremdfinanzierungsbedingten Steuervorteile aufheben. Diese Unvollkommenheiten können somit dazu beitragen, das Verschuldungsniveau, das wir allgemein beobachten, zu erklären. Da ihre Auswirkungen auf verschiedene Arten von Unternehmen sehr unterschiedlich ausfallen dürften, können sie außerdem auch die großen Unterschiede bei der Wahl der Verschuldung zwischen den Branchen erklären, die in ▶Abbildung 15.7 des vorhergehenden Kapitels dargestellt sind.

16.1 Zahlungsausfall und Insolvenz an einem vollkommenen Markt

Die Fremdfinanzierung stellt eine Verpflichtung für das Unternehmen dar. Wenn ein Unternehmen die erforderlichen Zinszahlungen oder Tilgungen des Kredits nicht leistet, besteht ein **Zahlungsausfall**. In diesem Fall haben die Fremdkapitalgeber gewisse Rechte an den Vermögensgegenständen des Unternehmens. Im äußersten Fall übernehmen die Fremdkapitalgeber im Zuge eines Insolvenzverfahrens das rechtliche Eigentum an den Vermögensgegenständen des Unternehmens. Wie wir wissen, trägt die Eigenkapitalfinanzierung dieses Risiko nicht. Anteilseigner hoffen zwar, Dividenden zu erhalten, doch ist das Unternehmen rechtlich nicht dazu verpflichtet, diese zu zahlen.

Das Insolvenzrisiko scheint somit eine wichtige Folge der Verschuldung zu sein. Stellt dieses Risiko einen Nachteil aus der Inanspruchnahme von Fremdkapital dar? Nicht unbedingt: Wie wir bereits in ▶Kapitel 14 festgestellt haben, treffen die Ergebnisse von Modigliani und Miller an einem vollkommenen Kapitalmarkt auch dann zu, wenn das Fremdkapital ein Risiko trägt und das Unternehmen seinen Zahlungsverpflichtungen möglicherweise nicht nachkommt. Betrachten wir dieses Ergebnis nun anhand eines hypothetischen Beispiels.

Armin Industries: Verschuldung und das Ausfallrisiko

Armin Industries geht einer ungewissen Zukunft bei herausfordernden wirtschaftlichen Rahmenbedingungen entgegen. Aufgrund des zunehmenden Wettbewerbs durch ausländische Importeure sind die Erlöse im vergangenen Jahr dramatisch zurückgegangen. Die Manager hoffen, dass ein neues Produkt, das in Planung ist, die Situation zum Besseren wendet. Während das neue Produkt einen wesentlichen Vorsprung gegenüber den Produkten der Wettbewerber verschafft, ist unsicher, ob dieses Produkt bei den Verbrauchern ankommt. Wird das Produkt ein Erfolg, werden die Erlöse und Gewinne steigen und Armin wird am Ende des Jahres einen Wert von EUR 150 Millionen haben. Tritt dies nicht ein, ist Armin nur EUR 80 Millionen wert.

Armin Industries kann eine dieser beiden Kapitalstrukturen wählen: (1) die reine Eigenfinanzierung oder (2) Fremdkapital mit Fälligkeit von insgesamt EUR 100 Millionen am Ende des Jahres. Sehen wir uns die Folgen dieser Kapitalstrukturen an vollkommenen Märkten an, wenn das Produkt ein Erfolg wird und wenn nicht.

Szenario 1: Das neue Produkt wird ein Erfolg. Wenn das Produkt erfolgreich ist, hat Armin einen Wert von EUR 150 Millionen. Ohne Verschuldung gehört den Anteilseignern der volle Betrag. Mit Verschuldung muss Armin die Kreditzahlung von EUR 100 Millionen leisten und die restlichen EUR 50 Millionen gehen an die Anteilseigner.

Was aber, wenn Armin am Ende des Jahres die EUR 100 Millionen nicht in Form liquider Mittel hat? Auch wenn die Vermögensgegenstände EUR 150 Millionen wert sein werden, stammt ein Großteil dieses Wertes möglicherweise aus den vorweggenommenen, *zukünftigen* Gewinnen aus dem neuen Produkt und steht nicht in Form von Barmitteln auf einem Bankkonto zur Verfügung. Würde Armin in diesem Fall mit Fremdkapital zwangsläufig die Zahlungen nicht leisten können?

An vollkommenen Märkten lautet die Antwort „nein". Solange der Wert der Vermögensgegenstände die Verbindlichkeiten übersteigt, ist Armin in der Lage, den Kredit zurückzuzahlen. Selbst wenn die Mittel nicht unmittelbar zur Verfügung stehen, können durch eine weitere Kreditaufnahme oder die Emission neuer Aktien die Mittel beschafft werden.

Nehmen wir beispielsweise an, Armin hat derzeit 10 Millionen Aktien im Umlauf. Da der Wert des Eigenkapitals EUR 50 Millionen beträgt, sind die Aktien EUR 5 pro Aktie wert. Zu diesem Preis kann Armin EUR 100 Millionen durch die Emission von 20 Millionen neuen Aktien aufbringen und die Erträge daraus für die Tilgung der Kredite verwenden. Nachdem die Kredite getilgt sind, liegt der Wert des Eigenkapitals bei EUR 150 Millionen. Da nun insgesamt 30 Millionen Aktien im Umlauf sind, bleibt der Aktienkurs bei EUR 5 je Aktie.

Dieses Szenario zeigt: Hat ein Unternehmen Zugang zu Kapitalmärkten und kann es neue Wertpapiere zu einem fairen Preis ausgeben, *dann gerät es so lange nicht in Zahlungsausfall, wie der Marktwert der Aktiva die Verbindlichkeiten übersteigt.* Dies bedeutet, dass der Eintritt eines Zahlungsausfalls von den relativen Werten der Aktiva und Passiva des Unternehmens abhängt und nicht von den Cashflows. Viele Unternehmen weisen jahrelang negative Cashflows auf und bleiben dennoch solvent.

Szenario 2: Das neue Produkt ist ohne Erfolg. Wenn das neue Produkt kein Erfolg wird, ist Armin nur EUR 80 Millionen wert. Wenn das Unternehmen rein eigenfinanziert ist, werden die Anteilseigner nicht glücklich sein, doch es bestehen keine unmittelbaren rechtlichen Konsequenzen für das Unternehmen. Hat Armin hingegen fällige Verbindlichkeiten in Höhe von EUR 100 Millionen, gerät es in eine finanzielle Notlage. Das Unternehmen wird nicht in der Lage sein, den Kredit von EUR 100 Millionen zurückzuzahlen und hat keine andere Wahl, als die Zahlungen einzustellen. Bei einer Insolvenz erhalten die Fremdkapitalgeber das rechtliche Eigentum an den Vermögensgegenständen des Unternehmens und Armin und dessen Anteilseignern bleibt nichts. Da die Vermögensgegenstände, die die Fremdkapitalgeber erhalten, einen Wert von EUR 80 Millionen aufweisen, erleiden sie einen Verlust von EUR 20 Millionen im Verhältnis zu den geschuldeten EUR 100 Millionen. Die Anteilseigner eines Unternehmens haften nur beschränkt, sodass die Fremdkapitalgeber die EUR 20 Millionen nicht von den Aktionären von Armin einklagen können – und den Verlust akzeptieren müssen.

Vergleich der Szenarien. ▶Tabelle 16.1 vergleicht die Ergebnisse dieser Szenarien mit und ohne Verschuldung. Sowohl die Fremdkapitalgeber als auch die Anteilseigner sind in einer nachteiligen Position, wenn das Produkt kein Erfolg wird. Ohne Verschuldung verlieren die Anteilseigner EUR 150 Millionen – EUR 80 Millionen = EUR 70 Millionen. Mit Verschuldung verlieren die Anteilseigner

EUR 50 Millionen und die Fremdkapitalgeber EUR 20 Millionen, *der Gesamtverlust ist jedoch derselbe, nämlich EUR 70 Millionen. Wenn also das neue Produkt kein Erfolg wird, ist die Position der Investoren von Armin gleichermaßen schlecht, wenn das Unternehmen verschuldet ist und Insolvenz anmeldet oder wenn es unverschuldet ist und der Aktienkurs fällt.*[1]

Tabelle 16.1

Wert des Fremdkapitals mit und ohne Verschuldung (EUR Millionen)

	Ohne Verschuldung		Mit Verschuldung	
	Erfolg	Misserfolg	Erfolg	Misserfolg
Wert des Fremdkapitals	–	–	100	80
Wert des Eigenkapitals	150	80	50	0
Gesamtwert für alle Investoren	150	80	150	80

Dieser Punkt ist wichtig: Meldet ein Unternehmen Insolvenz an, macht diese Neuigkeit häufig Schlagzeilen. Den schlechten Ergebnissen des Unternehmens und den Verlusten der Investoren wird viel Aufmerksamkeit geschenkt. Aber der Rückgang des Wertes wird nicht durch die Insolvenz *verursacht*: Der Rückgang ist der gleiche, ob das Unternehmen verschuldet ist oder nicht. Dies bedeutet: Wird das neue Produkt ein Misserfolg, dann gerät Armin in eine **wirtschaftliche Notlage**, die einen erheblichen Rückgang des Werts der Aktiva des Unternehmens zur Folge hat, ob das Unternehmen wegen der Verschuldung in eine finanzielle Notlage geraten ist oder nicht.

Insolvenz und Kapitalstruktur

An vollkommenen Kapitalmärkten gilt Modigliani-Miller (MM) These I: Der Gesamtwert für alle Investoren ist von der Kapitalstruktur des Unternehmens unabhängig. Die Investoren befinden sich *nicht* aufgrund der Verschuldung in einer schlechteren Position. Es ist zwar richtig, dass die Insolvenz aus der Verschuldung resultiert, aber eine Insolvenz allein führt nicht zu einer größeren Verringerung des Gesamtwertes für die Investoren. Es besteht somit kein Nachteil aus der Fremdfinanzierung und ein Unternehmen hat bei beiden Kapitalstrukturen den gleichen Gesamtwert und kann anfangs den gleichen Betrag von den Investoren einwerben.

Beispiel 16.1: Insolvenzrisiko und Unternehmenswert

Fragestellung

Wir gehen von einem risikolosen Zinssatz von 5 % aus. Das neue Produkt von Armin wird bei gleicher Wahrscheinlichkeit ein Erfolg oder Misserfolg. Der Einfachheit halber nehmen wir an, dass die Cashflows von Armin nicht von der Wirtschaftslage abhängig sind, dass das Risiko also diversifizierbar ist. Das Projekt hat somit einen Betafaktor von 0 und die Kapitalkosten entsprechen dem risikolosen Zinssatz. Berechnen Sie den Wert der Wertpapiere von Armin zu Beginn des Jahres mit und ohne Verschuldung und zeigen Sie, dass MM These I zutrifft.

---

1 Es ist verlockend, sich nur die Aktionäre anzuschauen und zu sagen, dass sie in einer schlechteren Position sind, wenn Armin verschuldet ist, da ihre Aktien dann wertlos sind. Die Aktionäre verlieren in der Tat EUR 50 Millionen im Vergleich zum Erfolgsfall, wenn das Unternehmen verschuldet ist, und EUR 70 Millionen ohne Verschuldung. Worauf es jedoch wirklich ankommt, ist der Gesamtwert für alle Investoren, der festlegt, welchen Kapitalbetrag das Unternehmen anfangs aufnehmen kann.

Ohne Verschuldung ist das Eigenkapital am Ende des Jahres entweder EUR 150 Millionen oder EUR 80 Millionen wert. Da das Risiko diversifizierbar ist, ist keine Risikoprämie erforderlich und wir können den erwarteten Wert des Unternehmens zum risikolosen Zins diskontieren, um dessen Wert ohne Verschuldung zu Beginn des Jahres zu ermitteln.[2]

$$\text{Eigenkapital (unverschuldet)} = V^U = \frac{\frac{1}{2}(150) + \frac{1}{2}(80)}{1,05} = \text{EUR } 109,52 \text{ Millionen}$$

Mit Verschuldung erhalten die Anteilseigner EUR 50 Millionen oder nichts und die Fremdkapitalgeber erhalten EUR 100 Millionen oder EUR 80 Millionen. Daher ergibt sich Folgendes:

$$\text{Eigenkapital (verschuldet)} = \frac{\frac{1}{2}(50) + \frac{1}{2}(0)}{1,05} = \text{EUR } 23,81 \text{ Millionen}$$

$$\text{Fremdkapital} = \frac{\frac{1}{2}(100) + \frac{1}{2}(80)}{1,05} = \text{EUR } 85,71 \text{ Millionen}$$

Somit ist der Wert des verschuldeten Unternehmens $V^L = E + D = 23,81 + 85,71 = $ EUR 109,52 Millionen. Der Gesamtwert der Wertpapiere ist mit und ohne Verschuldung gleich und somit ist MM These I bestätigt. Das Unternehmen kann bei beiden Kapitalstrukturen den gleichen Betrag von Investoren aufnehmen.

Verständnisfragen

1. Stellt die Möglichkeit einer Insolvenz an vollkommenen Kapitalmärkten einen Nachteil der Fremdfinanzierung dar?
2. Mindert das Ausfallrisiko den Wert des Unternehmens?

16.2 Kosten der Insolvenz und der finanziellen Notlage

An vollkommenen Kapitalmärkten stellt das *Ausfallrisiko* keinen Nachteil des Fremdkapitals dar. Die Insolvenz verlagert lediglich das Eigentum am Unternehmen von den Anteilseignern zu den Fremdkapitalgebern, ohne dass dadurch der für alle Investoren verfügbare Betrag geändert wird.

Ist diese Beschreibung der Insolvenz realistisch? Nein. Eine Insolvenz ist selten eine einfache Sache. Die Anteilseigner übergeben nicht einfach in dem Moment die „Schlüssel" an die Fremdkapitalgeber, in dem das Unternehmen der Zahlungsverpflichtung nicht nachkommt. Eine Insolvenz ist vielmehr ein langer, komplizierter Prozess, der dem Unternehmen und den Investoren sowohl direkte als auch indirekte Kosten auferlegt, Kosten, die die Annahme der vollkommenen Kapitalmärkte ignoriert.

Das US-Insolvenzrecht

Wenn ein Unternehmen die erforderlichen Zahlungen an die Fremdkapitalgeber nicht leistet, spricht man von einem Zahlungsausfall. Die Fremdkapitalgeber können dann rechtliche Schritte gegen das Unternehmen einleiten, um die Zahlungen durch Inbesitznahme der Vermögensgegenstände des Unternehmens einzutreiben. Da die meisten Unternehmen viele Gläubiger haben, ist es ohne Koor-

---

2 Wäre das Risiko nicht diversifizierbar und eine Risikoprämie erforderlich, so wäre diese Berechnung komplizierter, doch das Ergebnis wäre das gleiche.

dination schwierig zu garantieren, dass jeder Gläubiger fair behandelt wird. Da die Vermögensgegenstände des Unternehmens außerdem mehr wert sein könnten, wenn sie zusammengehalten werden, könnten die Gläubiger durch die stückweise Inbesitznahme der Vermögensgegenstände einen Großteil des verbleibenden Unternehmenswertes vernichten.

Das US-Insolvenzrecht wurde geschaffen, um dieses Verfahren zu regeln, sodass die Gläubiger fair behandelt werden und der Wert der Vermögensgegenstände nicht unnötig vernichtet wird. Gemäß den Bestimmungen des Bankruptcy Reform Act von 1978 können US-Unternehmen zwei Arten von Insolvenzschutz beantragen: Chapter 7 und Chapter 11.

Bei einer **Liquidation nach Chapter 7** wird ein Treuhänder ernannt, der die Verwertung der Vermögensgegenstände des Unternehmens im Rahmen einer Auktion überwacht. Die Erlöse aus der Verwertung werden für die Zahlung der Gläubiger des Unternehmens verwendet und das Unternehmen wird aufgelöst.

Bei der üblicheren Form der Insolvenz für große Unternehmen, der **Sanierung nach Chapter 11**, werden alle laufenden Eintreibungsversuche automatisch ausgesetzt und die bestehende Unternehmensleitung erhält die Gelegenheit, einen Sanierungsplan vorzulegen. Während der Entwicklung des Plans läuft der Betrieb unter der Führung der Geschäftsleitung weiter. Der Sanierungsplan gibt im Einzelnen die Behandlung jedes Gläubigers des Unternehmens an. Zusätzlich zu Barzahlungen können Gläubiger auch neues Fremdkapital oder Aktien des Unternehmens erhalten. Der Wert der Barmittel und Wertpapiere ist meist geringer als der den Gläubigern geschuldete Betrag, jedoch höher als der Betrag, den sie erhalten würden, wenn das Unternehmen sofort geschlossen und liquidiert werden würde. Die Gläubiger müssen über die Annahme des Plans abstimmen, der vom Insolvenzgericht genehmigt werden muss.[3] Wird kein annehmbarer Plan vorgebracht, kann das Gericht letztlich eine Liquidation nach Chapter 7 erzwingen.

Direkte Insolvenzkosten

Das Insolvenzrecht soll einen geregelten Ablauf für die Begleichung der Verbindlichkeiten eines Unternehmens schaffen. Dieses Verfahren ist jedoch komplex, zeitraubend und teuer. Wenn ein Unternehmen in eine finanzielle Notlage gerät, werden generell externe Fachleute wie Rechtsberater, Bilanzexperten, Berater, Schätzer, Auktionäre und andere mit Erfahrung in der Veräußerung notleidender Vermögensgegenstände beauftragt. Auch Investmentbanker können bei einer möglichen finanziellen Sanierung hilfreich sein. Diese externen Fachleute sind teuer. Zwischen den Jahren 2003 und 2005 zahlte United Airlines einem Team aus 30 Beratungsunternehmen durchschnittlich USD 8,6 Millionen pro Monat für juristische und beratende Dienstleistungen in Verbindung mit der Sanierung nach Chapter 11. Enron gab in der Insolvenz die damalige Rekordsumme von USD 30 Millionen pro Monat für Rechts- und Bilanzberatung aus, wobei die Gesamtsumme mehr als USD 750 Millionen betrug. WorldCom zahlte seinen Beratern im Rahmen der Sanierung und Umwandlung zu MCI USD 620 Millionen und die Insolvenz von Lehman Brothers, die größte der Geschichte, hat angeblich Gebühren von USD 1,6 Milliarden zur Folge gehabt.[4]

Zusätzlich zu den Geldern, die das Unternehmen ausgegeben hat, können den Gläubigern im Insolvenzverfahren Kosten entstehen. Bei einer Sanierung nach Chapter 11 müssen die Gläubiger oft Jahre warten, bis der Sanierungsplan genehmigt ist und sie die Zahlungen erhalten. Um sicherzugehen, dass ihre Rechte und Interessen gewahrt werden und um sich bei der Bewertung ihrer

---

3 Insbesondere hat die Unternehmensleitung das ausschließliche Recht, für die ersten 120 Tage einen Sanierungsplan vorzuschlagen. Diese Frist kann vom Insolvenzgericht auf unbefristete Zeit verlängert werden. Danach kann jede beteiligte Partei einen Plan vorschlagen. Gläubiger, die die volle Zahlung erhalten oder deren Ansprüche laut Plan vollständig wiederhergestellt sind, gelten als unbeeinträchtigt und sind bezüglich des Sanierungsplans nicht stimmberechtigt. Alle beeinträchtigten Gläubiger werden gemäß der Art ihrer Ansprüche gruppiert. Stimmen die Gläubiger dem Plan zu, die zwei Drittel des Anspruchsbetrags in jeder Gruppe sowie die Mehrheit der Anzahl an Ansprüchen in jeder Gruppe halten, wird das Gericht den Plan bestätigen. Auch wenn dem Plan keine Gruppe zustimmt, kann das Gericht den Plan dennoch durchsetzen (in einem Verfahren, das als „cram down" bezeichnet wird), also einen Sanierungsplan, der höhere rechtliche Anforderungen erfüllen muss, als ein einvernehmlicher, wenn es den Plan für fair und gerecht im Hinblick auf die jeweiligen Gruppen, die abgelehnt haben, befindet.
4 M. Farrell, „Lehman bankruptcy bill: $ 1.6 billion", *CNN Money*, 6. März 2012.

Ansprüche im Rahmen einer geplanten Sanierung helfen zu lassen, nehmen die Gläubiger häufig Rechtsvertretung und professionelle Beratung in Anspruch. Diese direkten Kosten eines Vergleichs, ob vom Unternehmen oder von den Gläubigern getragen, mindern den Wert der Vermögensgegenstände des Unternehmens, den die Investoren schließlich erhalten. In einigen Fällen, wie bei Enron, können die Kosten der Sanierung 10 % der Vermögenswerte ausmachen. Studien zufolge liegt der Durchschnitt der direkten Kosten einer Insolvenz üblicherweise bei rund 3-4 % des Marktwertes der Vermögensgegenstände vor der Insolvenz.[5] Diese Kosten dürften bei Unternehmen mit komplexerer Geschäftstätigkeit und für Unternehmen mit einer höheren Anzahl Gläubiger höher sein, da es schwieriger ist, eine Einigung unter den Gläubigern bezüglich der letztlichen Veräußerung der Vermögensgegenstände des Unternehmens zu erzielen. Da viele Aspekte einer Insolvenz unabhängig von der Größe eines Unternehmens sind, sind die Kosten für kleinere Unternehmen normalerweise prozentual höher. Eine Studie über Liquidationen kleinerer Unternehmen nach Chapter 7 stellte fest, dass der Durchschnitt der direkten Kosten einer Insolvenz bei 12 % des Wertes der Vermögensgegenstände des Unternehmens liegt.[6]

Angesichts der erheblichen Rechtskosten und anderer direkter Insolvenzkosten können Unternehmen in finanzieller Notlage ein Insolvenzverfahren vermeiden, indem zuerst direkt mit den Gläubigern verhandelt wird. Gelingt einem Unternehmen in finanzieller Notlage eine Sanierung außerhalb des Insolvenzverfahrens, nennt man dies **Workout**. Folglich sollten die direkten Kosten eines Insolvenzverfahrens die Kosten eines Workouts nicht wesentlich übersteigen. Ein weiterer Ansatz ist das **Prepackaged-Bankruptcy-Verfahren** (oder „Prepack"), bei dem ein Unternehmen *zuerst* mit Zustimmung der Hauptgläubiger einen Sanierungsplan aufstellt und *dann* den Schutz von Chapter 11 beantragt, um diesen Plan umzusetzen (und Gläubiger unter Druck zu setzen, die auf bessere Bedingungen warten). Bei einem Prepack geht das Unternehmen aus der Insolvenz mit minimalen direkten Kosten hervor.[7]

Indirekte Kosten einer finanziellen Notlage

Neben den direkten Rechts- und Verwaltungskosten einer Insolvenz sind mit einer finanziellen Notlage viele *indirekte* Kosten verbunden, unabhängig davon, ob das Unternehmen einen formalen Insolvenzantrag gestellt hat oder nicht. Auch wenn diese Kosten schwer genau zu messen sind, sind sie oft viel höher als die direkten Kosten einer Insolvenz.

> *Verlust von Kunden.* Da durch eine Insolvenz ein Unternehmen in der Lage ist oder ermutigt wird, Verpflichtungen gegenüber Kunden nicht zu erfüllen, können Kunden nicht bereit sein, Produkte zu kaufen, deren Wert von zukünftiger Unterstützung oder Dienstleistungen des Unternehmens abhängt. Beispielsweise werden Kunden zögern, Flugtickets gegen Vorkasse von einer notleidenden Fluggesellschaft zu kaufen, die eventuell den Betrieb einstellt, oder Autos von einem Hersteller zu kaufen, der möglicherweise die Gewährleistung nicht übernimmt oder keine Ersatzteile liefern wird. Ebenso könnten Kunden von Technologieunternehmen zögern, sich für eine Software oder Hardware zu entscheiden, die in Zukunft nicht mehr unterstützt oder aktualisiert wird. Im Gegensatz dazu ist der Verlust von Kunden bei Herstellern

---

5 Siehe Warner, „Bankruptcy Costs: Some Evidence", *Journal of Finance*, Bd. 32 (1977), S. 337–347; L.Weiss, „Bankruptcy Resolution: Direct Costs and Violation of Priority of Claims", *Journal of Financial Economics*, Bd. 27 (1990), S. 285–314; E. Altmann, „A Further Empirical Investigation of the Bankruptcy Cost Questions" *Journal of Finance*, Bd. 39 (1984), S. 1067–1089; und B.,Betker, „The Administrative Costs of Debt Restructurings: Some Recent Evidence", *Financial Management*, Bd. 26 (1997), S. 56–68. L. LoPucki und J. Doherty schätzen, dass die direkten Kosten der Insolvenz während der 1990er-Jahre aufgrund der schnelleren Regelung um mehr als 50 % auf rund 1,5 % des Firmenwertes gefallen sind („The Determinants of Professional Fees in Large Bankruptcy Reorganization Cases", *Journal of Empirical Legal Studies*, Bd. 1 (2004), S. 111–141).

6 R. Lawless und S. Ferris, „Professional Fees and Other Direct Costs in Chapter 7 Business Liquidations", *Washington University Law Quarterly* (1997), S. 1207–1236. Internationale Vergleichsdaten finden Sie in K. Thorburn, „Bankruptcy Auctions: „Costs, Debt Recovery and Firm Survival", *Journal of Financial Economics*, Bd. 58 (2000), S. 337–368; und A. Raviv und S. Sundgren, „The Comparative Efficiency of Small-firm Bankruptcies: A Study of the U.S. and the Finnish Bankruptcy Codes", *Financial Management*, Bd. 27 (1998), S. 28–40.

7 Siehe E. Tashjian, R. Lease und J. McConnell, „An Empirical Analysis of Prepackaged Bankruptcies", *Journal of Financial Economics*, Bd. 40 (1996), S. 135–162.

von Rohmaterialien (wie Zucker oder Aluminium) wahrscheinlich geringer, da der Wert dieser Güter, sobald sie geliefert wurden, nicht mehr vom weiteren Erfolg des Verkäufers abhängig ist.[8]

Verlust von Lieferanten. Kunden sind nicht die einzigen, die sich von einem Unternehmen zurückziehen, das sich in einer finanziellen Notlage befindet. Lieferanten können ebenso wenig bereit sein, ein Unternehmen zu beliefern, wenn sie befürchten, nicht bezahlt zu werden. Beispielsweise ging Kmart Corporation im Januar 2002 auch deshalb in Insolvenz, weil der Rückgang des Aktienkurses die Lieferanten erschreckte und diese sich dann weigerten, Waren zu liefern. Ebenso war Swiss Air gezwungen, den Betrieb einzustellen, da die Lieferanten sich weigerten die Flugzeuge zu betanken. Diese Art der Betriebsstörung ist ein wichtiger Kostenpunkt einer finanziellen Notlage für Unternehmen, die sich weitgehend auf Lieferantenkredite verlassen. In vielen Fällen kann die Einreichung eines Insolvenzantrages diese Probleme durch ein *Massedarlehen* entschärfen. Die Finanzierung durch ein Massedarlehen ist die Ausgabe neuen Fremdkapitals durch ein insolventes Unternehmen. Da diese Art des Fremdkapitals vorrangig vor allen anderen Verbindlichkeiten ist, ermöglicht es dem Unternehmen, das den Insolvenzantrag gestellt hat, wieder Zugang zu Finanzmitteln, um den Betrieb weiterführen zu können.

Verlust von Mitarbeitern. Da Unternehmen, die sich in finanzieller Notlage befinden, keine sicheren Arbeitsplätze mit langfristigen Arbeitsverträgen bieten können, haben sie Schwierigkeiten, neue Mitarbeiter zu gewinnen und bestehende Mitarbeiter zu binden. Die Bindung von Schlüsselmitarbeitern kann kostspielig sein: Pacific Gas and Electric Corporation verhinderte mit einem Mitarbeiterbindungsprogramm die Abwanderung von 17 Schlüsselmitarbeitern während der Insolvenz, das mehr als EUR 80 Millionen kostete.[9] Diese Art der Kosten einer finanziellen Notlage ist wahrscheinlich bei solchen Unternehmen höher, deren Wert größtenteils auf die Qualität ihrer Mitarbeiter zurückzuführen ist.

Forderungsausfall. Unternehmen in finanzieller Notlage haben häufig Schwierigkeiten, die ihnen geschuldeten Gelder einzutreiben. Ein Insolvenzanwalt von Enron bemerkte: „Viele Kunden, die kleinere Beträge schulden, versuchen sich vor uns zu verstecken. Sie sind wohl der Meinung, dass Enron sich nie um sie kümmern wird, da die Beträge in jedem Einzelfall nicht besonders hoch sind."[10] Zu wissen, dass das Unternehmen pleitegehen könnte oder wenigstens ein wichtiger Wechsel der Unternehmensleitung bevorsteht, mindert den Anreiz für Kunden den Ruf eines pünklichen Zahlers beizubehalten.

Panikverkäufe. In dem Versuch, eine Insolvenz und die damit verbundenen Kosten zu vermeiden, können Unternehmen in einer Notlage versuchen, ihre Vermögensgegenstände schnell zu verkaufen, um flüssige Mittel zu beschaffen. Dabei akzeptiert das Unternehmen möglicherweise einen geringeren als den optimalen Preis, den das Unternehmen erzielen könnte, wenn es finanziell gesund wäre. Eine Studie über Fluggesellschaften von Todd Pulvino zeigt sogar, dass Unternehmen, die sich in einer Insolvenz oder einer finanziellen Notlage befinden, ihre Flugzeuge zu Preisen verkaufen, die 15-40 % unter den von ihren finanziell gesünderen Konkurrenten erzielten Preisen liegen.[11] Preisabschläge werden auch beobachtet, wenn Unternehmen in einer finanziellen Notlage versuchen Tochterunternehmen zu verkaufen. Die Kosten aus dem Verkauf von Vermögensgegenständen unter deren Wert sind bei Unternehmen mit Vermögenswerten, die keine wettbewerbsfähigen, liquiden Märkte haben, am höchsten.

---

8 Siehe S. Titman, „The Effect of Capital Structure on a Firm's Liquidation Decision", *Journal of Financial Economics*, Bd. 13 (1984), S. 137–151. T. Opler und S. Titman berichten, dass hochverschuldete Unternehmen in entwicklungs- und forschungsintensiven Branchen während eines Wirtschaftsabschwungs eine um 17,7 % geringere Umsatzwachstumsrate aufweisen als ihre weniger verschuldeten Konkurrenten. Siehe dazu „Financial Distress and Corporate Performance", *Journal of Finance*, Bd. 49 (1994), S. 1015–1040.

9 R. Jurgens, „PG&E to Review Bonus Program", *Contra Cost Times*, 13. Dezember 2003.

10 K. Hays, „Enron Asks Judge to Get Through on Deadbeat Customers", *Associated Press*, 19. August 2003.

11 „Do Asset Fire-Sales Exit? An Empirical Investigation of Commercial Aircraft Transactions", *Journal of Finance*, Bd. 53 (1998), S. 939–978, und „Effects of Bankruptcy Court Protection on Asset Sales", *Journal of Financial Economics*, Bd. 52 (1999), S. 151–186. Beispiele aus anderen Branchen finden sich in: T. Kruse, „Asset Liquidity and the Determinants of Asset Sales by Poorly Performing Firms", *Financial Management*, Bd. 31 (2002), S. 107–129.

Ineffiziente Liquidation. Der Insolvenzschutz kann vom Management eingesetzt werden, um die Liquidation eines Unternehmens, das seinen Betrieb einstellen sollte, hinauszuzögern. Eine Studie von Lawrence Weiss und Karen Wruck schätzt, dass Eastern Airlines mehr als 50 % ihres Wertes während der Insolvenz verloren hat, da dem Management ermöglicht wurde, weiterhin Investitionen mit negativem Kapitalwert zu tätigen.[12] Andererseits können Unternehmen im Zuge einer Insolvenz auch gezwungen sein, Vermögenswerte zu liquidieren, die einen höheren Wert hätten, wenn sie im Unternehmen verbleiben würden. Zum Beispiel war Lehman Brothers aufgrund des Zahlungsverzugs gezwungen, 80 % der Derivatekontrakte mit Gegenparteien zu kündigen – in vielen Fällen zu unattraktiven Bedingungen.[13]

Kosten der Gläubiger. Neben den direkten Rechtskosten, die den Gläubigern entstehen, wenn ein Unternehmen in Zahlungsverzug gerät, können den Gläubigern auch andere indirekte Kosten entstehen. Wenn der Kredit für das Unternehmen ein bedeutender Vermögensgegenstand des Gläubigers war, kann der Zahlungsverzug des Unternehmens zu einer kostspieligen finanziellen Notlage des *Gläubigers* führen.[14] Beispielsweise hat die Insolvenz von Lehman Brothers in der Finanzkrise 2008 viele ihrer Gläubiger ebenfalls in eine finanzielle Notlage gebracht.

Da die Insolvenz eine *Entscheidung* ist, die Investoren und Gläubiger des Unternehmens treffen, gibt es eine Beschränkung der direkten und indirekten Kosten für diese infolge der Entscheidung des Unternehmens, durch das Insolvenzverfahren zu gehen. Wären diese Kosten zu hoch, könnten sie größtenteils durch die Aushandlung eines Workouts oder durch ein Prepackaged-Insolvenzverfahren vermieden werden. Somit sollten diese Kosten nicht höher sein als die Kosten aus der Neuverhandlung mit den Gläubigern des Unternehmens.[15]

Andererseits gibt es keine solche Beschränkung der indirekten Kosten einer finanziellen Notlage, die durch Kunden, Lieferanten und Mitarbeiter des Unternehmens entstehen. Viele dieser Kosten entstehen sogar schon *vor* der Insolvenz und zwar, wenn erkennbar wird, dass das Unternehmen eine Insolvenz für die Neuverhandlung von Verträgen und Verpflichtungen nutzen könnte. Beispielsweise kann das Unternehmen eine Insolvenz dafür nutzen, Zusagen hinsichtlich zukünftiger Mitarbeitervergütungen oder Pensionsleistungen nicht zu erfüllen, die Gewährleistungen für seine Produkte nicht mehr zu erfüllen oder ungünstige Lieferverträge mit Lieferanten aufzukündigen. Aufgrund dieser Angst, dass das Unternehmen seine langfristigen Zusagen in einer Insolvenz nicht mehr einhält, müssen hochverschuldete Unternehmen möglicherweise höhere Gehälter an ihre Mitarbeiter zahlen, weniger für ihre Produkte verlangen und mehr an ihre Lieferanten zahlen als ähnliche Unternehmen mit geringerer Verschuldung.[16] Da diese Kosten nicht durch die Kosten einer Neuverhandlung zur Vermeidung der Insolvenz beschränkt sind, können sie wesentlich höher sein als andere Arten der Insolvenzkosten.

---

12 „Information Problems, Conflicts of Interest, and Asset Stripping: CH 11's Failure in the Case of Eastern Airlines", *Journal of Financial Economics*, Bd. 48, S. 55–97.

13 Siehe C. Loomis, „Derivatives: The risk, that still won't go away", *Fortune*, 24. Juni 2009.

14 Auch wenn diese Kosten vom Gläubiger und nicht vom Unternehmen getragen werden, wird der Gläubiger diese möglichen Kosten bei der Festlegung des Zinssatzes für den Kredit berücksichtigen.

15 Eine aufschlussreiche Diskussion dieses Aspekts finden Sie bei R. Haugen und L. Senbet, „Bankruptcy and Agency Costs: Their Significance to the Theory of Optimal Capital Structure", *Journal of Financial and Quantitative Analysis*, Bd. 23 (1988), S. 27–38.

16 Es gibt Belege, dass Unternehmen eine Insolvenz zur Verbesserung der Effizienz einsetzen können (dazu A.Kalay, R. Singhal, und E. Tashjian, „Is Chapter 11 really costly?", *Journal of Financial Economics*, Bd. 84, 772–796.), aber dass diese Vorteile zulasten der Arbeiter gehen (L. Jacobson, R. LaLonde und D. Sullivan, „Earnings losses of displaced workers", *American Economics Review*, Bd. 83 (1993), S. 685–709). J. Berk, R. Stanton und J. Zechner argumentieren in „Human Capital, Bankruptcy and Capital Structure, *Journal of Finance*, Bd. 65 (2009), S. 891–925, dass Unternehmen sich dazu entscheiden können kein Fremdkapital auszugeben, um besser in der Lage zu sein, langfristige Arbeitsverträge eingehen zu können.

DIE GLOBALE FINANZKRISE

Der Chrysler-Prepack

Im November 2008 flog Robert Nardelli, der Vorstandsvorsitzende von Chrysler, mit einem Privatflugzeug nach Washington und hatte eine einfache Botschaft im Gepäck: Ohne Rettung durch die Regierung ist die Insolvenz von Chrysler unvermeidbar. Der Kongress war nicht überzeugt: Man war der Ansicht, dass eine Insolvenz mit und ohne staatliche Rettung unvermeidbar ist und dass der Autohersteller einen überzeugenderen Plan vorlegen müsste, um die finanzielle Unterstützung der Regierung zu rechtfertigen. Eine weitere Reise im Dezember (dieses Mal mit dem Auto) brachte ein ähnliches Ergebnis. Ohne den Kongress einzubeziehen, beschloss der aus dem Amt scheidende Präsident Bush, Chrysler mit Mitteln aus dem Troubled Asset Relief Program (TARP) zu retten. Letztendlich erhielt Chrysler Kredite in Höhe von USD 8 Milliarden von der Regierung.

Als Hersteller von langlebigen Gütern hätte ein langwieriges Insolvenzverfahren erhebliche Insolvenzkosten mit sich gebracht. In der Tat litten die Umsätze bereits teilweise aufgrund der Bedenken der Kunden hinsichtlich der Zukunft von Chrysler. Als Reaktion darauf traf Präsident Obama eine noch nie dagewesene Maßnahme und garantierte im März 2009 die Gewährleistung für alle neuen Fahrzeuge von Chrysler. Trotz dieser Hilfen meldete Chrysler am 30. April 2009 im Rahmen des von der Regierung organisierten Prepack-Insolvenz an. Nur 41 Tage später ging Chrysler aus der Insolvenz hervor als ein von Fiat geführtes, staatlich finanziertes Unternehmen, das teilweise im Besitz der Mitarbeiter war.[17]

Viele mögliche Insolvenzkosten wurden deswegen vermieden, weil Chrysler das Insolvenzverfahren nach der Prepack-Vereinbarung schnell abschloss. Den Fremdkapitalgebern eine Zustimmung abzuringen erforderte jedoch zusätzliche staatliche Kapitalzusagen und noch nie dagewesenen politischen Druck. In vielen Fällen waren die vorrangigen Fremdkapitalgeber Banken, die bereits Hilfe im Rahmen von TARP in Anspruch nahmen. Vielleicht akzeptierten sie im Gegenzug für den Erhalt dieser Hilfen eine Vereinbarung, die die Ansprüche der nicht besicherten Gläubiger, wie die United Auto Workers, vor ihre vorrangigen Ansprüche stellte.[18] Einige Gläubiger wurden zwar geschädigt, aber zweifelsohne hat die noch nie dagewesene Kooperation zwischen den Investoren und, noch wichtiger, die staatliche Intervention eine langwierige und kostspielige Insolvenz vermieden.

Gesamtauswirkung der indirekten Kosten. Insgesamt können die indirekten Kosten einer finanziellen Notlage erheblich sein. Um diese zu schätzen, müssen wir jedoch zwei wichtige Punkte beachten. Erstens müssen wir die Verluste in Bezug zum gesamten Unternehmenswert kenntlich machen (und nicht nur die Verluste der Anteilseigner oder Fremdkapitalgeber oder die Übertragungen zwischen diesen). Zweitens müssen wir die inkrementellen Verluste bestimmen, die mit einer finanziellen Notlage verbunden sind und über die Verluste hinausgehen, die dem Unternehmen durch eine wirtschaftliche Notlage entstehen würden. Eine Studie über hochverschuldete Unternehmen von Gregor Andrade und Steven Kaplan schätzte den möglichen Verlust aufgrund einer finanziellen Notlage auf 10-20 % des Unternehmenswertes.[19] Als Nächstes betrachten wir die Konsequenzen dieser möglichen Verschuldungskosten für den Unternehmenswert.

---

17 Der Pensionsfonds von Chrysler hielt 55 % von Chrysler, Fiat 20 %, das US-Finanzministerium 8 % und die kanadische Regierung 2 %. Der Rest des Eigenkapitals wurde unter die restlichen anspruchsberechtigten Gläubiger aufgeteilt.

18 Nicht alle Gläubiger gaben freiwillig dem Druck der Regierung nach. Eine Gruppe von Pensionsfonds war gegen den Prepack. Am Ende stellte sich das Oberste Gericht an die Seite des Unternehmens und lehnte eine Anhörung ihrer Beschwerde ab. Es dürfte nicht überraschen, dass infolge dieses Widerstands die Finanzierungskosten anderer Unternehmen mit Gewerkschaftsmitgliedern und großen unterfinanzierten Pensionsplänen anstiegen, als die Kreditgeber die Möglichkeit einer ähnlichen Lösung vorwegnahmen. Siehe B. Blaylock, A. Edwards und J. Stanfield, „Creditor Rights and Government Intervention", 2012, http://ssrn.com/abstracts=1685618.

19 „How Costly Is Financial (Not Economic) Distress? Evidence from Highly Leveraged Transactions That Became Distressed", *Journal of Finance*, Bd. 53 (1998), S. 1443–1493.

16.3 Kosten einer finanziellen Notlage und Unternehmenswert

Die Kosten einer finanziellen Notlage, die im vorhergehenden Abschnitt dargestellt sind, stellen eine wichtige Abkehr von Modiglianis und Millers Annahme eines vollkommenen Kapitalmarktes dar. MM nahmen an, dass die Cashflows aus den Vermögenswerten eines Unternehmens nicht von der Wahl der Kapitalstruktur abhängen. Wie wir jedoch erörtert haben, riskieren verschuldete Unternehmen Kosten einer finanziellen Notlage, die die für die Investoren verfügbaren Cashflows mindern.

Armin Industries: die Auswirkung der Kosten einer finanziellen Notlage

Um zu verdeutlichen, wie sich die Kosten einer finanziellen Notlage auf den Unternehmenswert auswirken, betrachten wir erneut das Beispiel von Armin Industries an. Bei reiner Eigenfinanzierung haben die Vermögensgegenstände von Armin einen Wert von EUR 150 Millionen, wenn das neue Produkt ein Erfolg wird, und EUR 80 Millionen, wenn das neue Produkt ein Misserfolg wird. Mit Fremdkapital in Höhe von EUR 100 Millionen hingegen würde Armin in die Insolvenz geraten, wenn das neue Produkt ein Misserfolg wird. In diesem Fall wird ein Teil des Wertes der Vermögensgegenstände an die Kosten der Insolvenz und der finanziellen Notlage verloren gehen. Infolgedessen werden die Fremdkapitalgeber weniger als EUR 80 Millionen erhalten. Wir zeigen die Auswirkungen dieser Kosten in ▶Tabelle 16.2, wo wir davon ausgehen, dass die Fremdkapitalgeber nach der Berücksichtigung der Kosten der finanziellen Notlage nur EUR 60 Millionen erhalten.

Wie ▶Tabelle 16.2 zeigt, ist der Gesamtwert für alle Investoren mit der Verschuldung geringer als ohne Verschuldung, wenn das Produkt ein Misserfolg wird. Die Differenz von EUR 80 Millionen − EUR 60 Millionen = EUR 20 Millionen ist auf die Kosten der finanziellen Notlage zurückzuführen. Diese Kosten werden den Gesamtwert des Unternehmens mit Verschuldung mindern und MM These I trifft nicht mehr zu, wie in ▶Beispiel 16.2 gezeigt wird.

Beispiel 16.2: Unternehmenswert, wenn eine finanzielle Notlage kostspielig ist

Fragestellung

Vergleichen Sie den aktuellen Wert von Armin Industries mit und ohne Verschuldung anhand der Daten in ▶Tabelle 16.2. Gehen Sie von einem risikolosen Zinssatz von 5 % und davon aus, dass das neue Produkt mit gleicher Wahrscheinlichkeit ein Erfolg oder ein Misserfolg wird und das Risiko diversifizierbar ist.

Lösung

Die Zahlungen an die Anteilseigner sind mit und ohne Verschuldung dieselben wie in ▶Beispiel 16.1. Dort wurde ein Wert des Eigenkapitals des unverschuldeten Unternehmens von EUR 109,52 und ein Wert des Eigenkapitals des verschuldeten Unternehmens von EUR 23,81 Millionen errechnet. Aufgrund der Insolvenzkosten beträgt der Wert des Fremdkapitals jedoch nun

---

$$\text{Fremdkapital} = \frac{\frac{1}{2}(100) + \frac{1}{2}(60)}{1{,}05} = \text{EUR } 76{,}19 \text{ Millionen}$$

Der Wert des verschuldeten Unternehmens entspricht $V^L = E + D = 23{,}81 + 76{,}19 = \text{EUR } 100$ Millionen. Das ist weniger als der Wert des unverschuldeten Unternehmens $V^U = \text{EUR } 109{,}52$ Millionen. Somit ist der Wert des verschuldeten Unternehmens aufgrund der Insolvenzkosten um EUR 9,52 Millionen geringer als der Wert ohne Verschuldung. Dieser Verlust entspricht dem Barwert der EUR 20 Millionen der Kosten der finanziellen Notlage, die das Unternehmen zahlen muss, wenn das Produkt scheitert.

$$BW(\text{Insolvenzkosten}) = \frac{\frac{1}{2}(0) + \frac{1}{2}(20)}{1{,}05} = \text{EUR } 9{,}52 \text{ Millionen}$$

Wer zahlt die Kosten der finanziellen Notlage?

Die in ▸Tabelle 16.2 dargestellten Kosten der finanziellen Notlage mindern die Zahlungen an die Fremdkapitalgeber, falls das Produkt scheitert. In diesem Fall haben die Anteilseigner bereits ihre Investitionen verloren und sind nicht mehr am Unternehmen beteiligt. Diese Kosten könnten scheinbar aus Sicht der Aktionäre irrelevant sein.

Tabelle 16.2

Wert des Fremd- und Eigenkapitals mit und ohne Verschuldung (EUR Millionen)

	Ohne Verschuldung		Mit Verschuldung	
	Erfolg	Misserfolg	Erfolg	Misserfolg
Wert des Fremdkapitals	–	–	100	60
Wert des Eigenkapitals	150	80	50	0
Gesamtwert für die Investoren	150	80	150	60

Warum sollten Anteilseignern Kosten wichtig sein, die von den Fremdkapitalgebern gezahlt werden?

Richtig ist, dass die Insolvenzkosten für die Anteilseigner nach der Insolvenz nicht von Interesse sind. Die Fremdkapitalgeber sind jedoch nicht dumm – sie erkennen, dass sie nicht den vollen Wert der Vermögenswerte zurückerhalten können, wenn das Unternehmen die Zahlungen einstellt. Infolgedessen werden sie anfangs weniger für das Fremdkapital zahlen. Wie viel weniger? Genau den Betrag, den sie schließlich aufgeben werden, den Barwert der Insolvenzkosten.

Wenn jedoch die Fremdkapitalgeber weniger für das Fremdkapital zahlen, steht dem Unternehmen weniger Geld für Dividendenzahlungen, Aktienrückkäufe und Investitionen zur Verfügung: Diese Differenz ist somit Geld aus den Taschen der Anteilseigner. Diese Logik führt zu folgendem allgemeinen Ergebnis:

Wenn Wertpapiere fair bewertet sind, zahlt der Altaktionär den Barwert der Kosten in Verbindung mit einer Insolvenz und einer finanziellen Notlage.

Beispiel 16.3: Kosten einer finanziellen Notlage und Aktienkurs

Fragestellung

Angenommen, Armin Industries hat zu Beginn des Jahres 10 Millionen Aktien im Umlauf und kein Fremdkapital. Das Unternehmen kündigt dann an, dass es plant, Fremdkapital mit einer einjährigen Laufzeit und einem Nennwert von EUR 100 Millionen auszugeben und die Erträge für einen Aktienrückkauf einzusetzen. Wie hoch ist der neue Aktienkurs unter Verwendung der Daten aus ▶Tabelle 16.2? Wie im vorherigen Beispiel gehen wir von einem risikolosen Zinssatz von 5 % aus und dass das Produkt mit gleicher Wahrscheinlichkeit ein Erfolg oder ein Misserfolg wird und dieses Risiko diversifizierbar ist.

Lösung

Laut ▶Beispiel 16.1 beträgt der Wert des Unternehmens ohne Verschuldung EUR 109,52 Millionen. Bei 10 Millionen Aktien im Umlauf entspricht dieser Wert einem Anfangskurs von EUR 10,952 pro Aktie. In ▶Beispiel 16.2 haben wir festgestellt, dass der Gesamtwert des Unternehmens mit Verschuldung nur EUR 100 Millionen beträgt. In Erwartung dieses Rückgangs des Wertes sollte der Aktienkurs nach Ankündigung der Rekapitalisierung auf EUR 100 Millionen : 10 Millionen Aktien = EUR 10,00 pro Aktie fallen. Prüfen wir nun dieses Ergebnis. Gemäß ▶Beispiel 16.2 ist das neue Fremdkapital wegen der Insolvenzkosten EUR 76,19 Millionen wert. Somit wird Armin bei einem Preis von EUR 10 pro Aktie 7.619 Millionen Aktien zurückkaufen, woraufhin noch 2.381 Millionen Aktien im Umlauf sein werden. In ▶Beispiel 16.1 haben wir den Wert des Eigenkapitals des verschuldeten Unternehmens mit EUR 23,81 Millionen ermittelt. Dies geteilt durch die Anzahl der Aktien ergibt einen Aktienkurs nach der Transaktion von

$$\text{EUR 23,81 Millionen} : \text{2,381 Millionen Aktien} = \text{EUR 10,00 pro Aktie}$$

Somit kostet die Rekapitalisierung die Aktionäre EUR 0,952 pro Aktie beziehungsweise insgesamt EUR 9,52 Millionen. Diese Kosten entsprechen dem Barwert der Kosten der finanziellen Notlage, den wir in ▶Beispiel 16.2 errechnet haben. Somit zahlen die Aktionäre den Barwert der finanziellen Notlage im Voraus, obwohl letztlich die Fremdkapitalgeber diese Kosten tragen werden.

Verständnisfragen

1. Armin entstehen die Kosten einer finanziellen Notlage nur dann, wenn das neue Produkt scheitert. Warum könnten die Kosten einer finanziellen Notlage sogar schon anfallen, bevor der Erfolg oder Misserfolg des neuen Produkts bekannt ist?

2. Richtig oder falsch: Wenn die Insolvenzkosten nur dann anfallen, wenn das Unternehmen insolvent und das Eigenkapital wertlos ist, dann sind diese Kosten für den Anfangswert des Unternehmens ohne Einfluss.

16.4   Optimale Kapitalstruktur: die Trade-Off-Theorie

Nun können wir unser Wissen über den fremdfinanzierungsbedingten Steuervorteil aus der Verschuldung[20] mit den Kosten einer finanziellen Notlage zusammenführen, um die Höhe des Fremdkapitals zu ermitteln, das ein Unternehmen ausgeben sollte, um seinen Wert zu maximieren. Die in diesem Abschnitt dargestellte Analyse wird **Trade-Off-Theorie** genannt, da sie die Vorteile des Fremdkapitals aus der Abschirmung der Zahlungen vor der Steuer gegen die Kosten einer finanziellen Notlage in Verbindung mit der Verschuldung abwägt.

---

20 Dies wurde bereits in ▶Kapitel 15 erörtert.

Gemäß dieser Theorie entspricht der Gesamtwert eines verschuldeten Unternehmens dem Wert des Unternehmens ohne Verschuldung plus dem Barwert der Steuerersparnis aus dem Fremdkapital abzüglich des Barwerts der finanziellen Notlage:

$$V^L = V^U + BW(\text{fremdfinanzierungsbedingter Steuervorteil})$$
$$- BW(\text{Kosten der finanziellen Notlage}) \tag{16.1}$$

▶Gleichung 16.1 zeigt, dass die Verschuldung sowohl Kosten als auch Nutzen mit sich bringt. Unternehmen haben einen Anreiz, die Verschuldung zu erhöhen, um den Steuervorteil des Fremdkapitals auszuschöpfen. Aber mit zu viel Fremdkapital erhöht das Unternehmen die Ausfallwahrscheinlichkeit und die Wahrscheinlichkeit, dass Kosten einer finanziellen Notlage entstehen.

Der Barwert der Kosten einer finanziellen Notlage

Abgesehen von einfachen Beispielen ist die präzise Berechnung des Barwerts der Kosten einer finanziellen Notlage recht kompliziert. Drei wichtige Faktoren bestimmen den Barwert der Kosten einer finanziellen Notlage: (1) die Wahrscheinlichkeit der finanziellen Notlage, (2) die Höhe der Kosten, wenn das Unternehmen in eine finanzielle Notlage gerät und (3) der entsprechende Abzinsungssatz der Kosten für die Notlage. In ▶Beispiel 16.2 hängt bei Verschuldung von Armin der Barwert der Kosten der finanziellen Notlage von der Wahrscheinlichkeit ab, dass das neue Produkt ein Misserfolg wird (50 %), von der Höhe der Kosten, wenn es ein Misserfolg wird (EUR 20 Millionen), und vom Abzinsungssatz (5 %).

Was bestimmt diese Faktoren? Die Wahrscheinlichkeit einer finanziellen Notlage hängt von der Wahrscheinlichkeit ab, dass ein Unternehmen seinen Kreditverpflichtungen nicht nachkommen kann und dadurch in Zahlungsverzug gerät. Diese Wahrscheinlichkeit erhöht sich mit der Höhe der Verbindlichkeiten eines Unternehmens (im Verhältnis zu den Aktiva). Sie erhöht sich außerdem mit der Volatilität der Cashflows des Unternehmens und des Werts der Vermögensgegenstände. Somit können Unternehmen mit konstanten und verlässlichen Cashflows, zum Beispiel Versorgungsunternehmen, höhere Fremdkapitalbeträge einsetzen und haben dennoch eine sehr geringe Ausfallwahrscheinlichkeit. Unternehmen, deren Wert und Cashflows sehr volatil sind (wie Halbleiterunternehmen), müssen viel geringere Fremdkapitalbeträge einsetzen, um ein erhebliches Ausfallrisiko zu vermeiden.

Die Höhe der Kosten der finanziellen Notlage hängt von der relativen Bedeutung der in ▶Abschnitt 16.2 erörterten Kosten ab und dürfte von Branche zu Branche unterschiedlich sein. Unternehmen wie Technologieunternehmen, deren Wert weitgehend das Humankapital ist, erleiden wahrscheinlich aufgrund des möglichen Verlusts von Kunden und des Erfordernisses, Schlüsselpersonal zu halten oder einzustellen sowie wegen fehlender leicht zu liquidierender materieller Vermögensgegenstände höhere Kosten, wenn sie eine finanzielle Notlage riskieren. Unternehmen hingegen, deren wichtigste Vermögensgegenstände Sachkapital sind, zum Beispiel Immobilienunternehmen, haben wahrscheinlich geringere Kosten aus einer finanziellen Notlage, da ein größerer Anteil ihres Werts aus Vermögensgegenständen stammt, die relativ leicht zu veräußern sind.

Der Abzinsungssatz der Kosten der finanziellen Notlage hängt schließlich vom Marktrisiko des Unternehmens ab. Zu beachten ist, dass der Betafaktor der Kosten der Notlage das entgegengesetzte Vorzeichen zu dem des Unternehmens hat, da die Kosten einer Notlage hoch sind, wenn das Unternehmen schlecht abschneidet.[21] Auch gilt: Je höher der Betafaktor des Unternehmens, desto wahrscheinlicher wird es in einer Wirtschaftskrise eine Notlage erleiden und desto negativer wird somit der Betafaktor der Kosten einer Notlage sein. Da ein negativerer Betafaktor zu geringeren Kapitalkosten führt (unter dem risikolosen Satz), wird ceteris paribus *der Barwert der Kosten einer Notlage bei Unternehmen mit hohem Betafaktor höher sein.*

---

21 Um sich dies besser vorstellen zu können, nehmen wir als Beispiel eine Anwaltskanzlei, die sich auf Insolvenzen spezialisiert hat. Da die Gewinne während eines Abschwungs höher sein werden, wird die Kanzlei einen negativen Betafaktor haben. Formal betrachtet, ist der Betafaktor der Kosten einer Notlage ähnlich dem Betafaktor einer Verkaufsoption auf die Kanzlei, die wir in ▶Kapitel 21 berechnen werden (siehe ▶Abbildung 21.8). Siehe auch H. Almeida und T. Philippon, „The risk-adjusted cost of financial distress", *Journal of Finance*, Bd. 62 (2007), S. 2557–2586.

Optimale Verschuldung

▶Abbildung 16.1 zeigt, wie sich der Wert eines verschuldeten Unternehmens V^L mit der Höhe der Dauerschuld D gemäß ▶Gleichung 16.1 ändert. Ohne Fremdkapital ist der Wert des Unternehmens V^U. Bei geringer Verschuldung bleibt auch das Ausfallrisiko gering und die Hauptauswirkung einer Erhöhung der Verschuldung ist ein Anstieg des fremdfinanzierungsbedingten Steuervorteils, der einen Barwert von τ^*D hat, wobei τ^* der in ▶Kapitel 15 errechnete effektive Steuervorteil aus dem Fremdkapital ist. Ohne die Kosten einer finanziellen Notlage würde der Wert weiter zu diesem Satz steigen, bis die Zinsen auf das Fremdkapital den Gewinn des Unternehmens vor Zinsen und Steuern übersteigen und der Steuervorteil ausgeschöpft ist.

Die Kosten einer finanziellen Notlage mindern den Wert des verschuldeten Unternehmens V^L. Der Betrag dieser Minderung steigt mit der Ausfallwahrscheinlichkeit, die wiederum mit dem Verschuldungsniveau D steigt. Die Trade-Off-Theorie besagt, dass Unternehmen ihre Verschuldung so lange erhöhen sollten, bis sie das Niveau D^* erreicht hat, bei dem V^L maximiert wird. An diesem Punkt werden die Steuerersparnisse, die aus der erhöhten Verschuldung resultieren, gerade durch die gestiegene Wahrscheinlichkeit, dass Kosten einer finanziellen Notlage entstehen, aufgehoben.

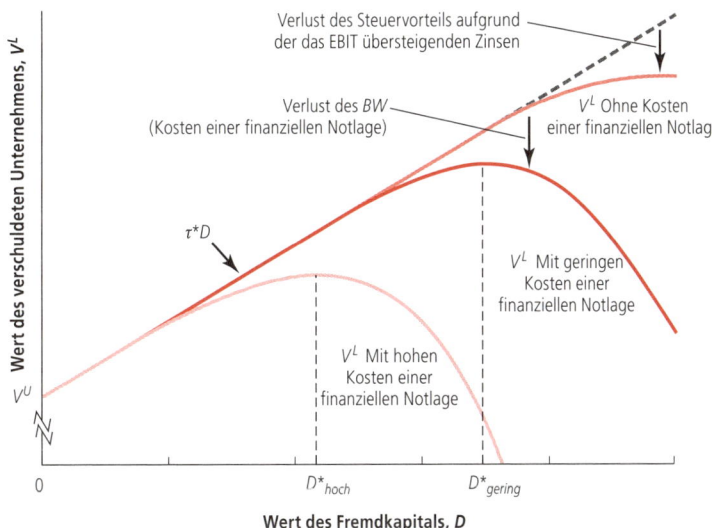

Abbildung 16.1: Optimale Verschuldung mit Steuern und Kosten einer finanziellen Notlage. Bei steigendem Fremdkapitalniveau D steigt der Steuervorteil aus dem Fremdkapital um τ^*D, bis der Zinsaufwand das EBIT des Unternehmens übersteigt.[22] Die Ausfallwahrscheinlichkeit und somit der Barwert der Kosten der finanziellen Notlage steigen ebenfalls mit D. Das optimale Verschuldungsniveau D^* besteht dann, wenn diese Auswirkungen sich ausgleichen und V^L maximiert wird. D^* ist bei Unternehmen mit höheren Kosten der finanziellen Notlage niedriger.

▶Abbildung 16.1 zeigt zudem die optimalen Verschuldungsmöglichkeiten für zwei Arten von Unternehmen. Die optimale Verschuldung bei einem Unternehmen mit geringen Kosten einer finanziellen Notlage ist durch D^*_{gering} und die optimale Verschuldung eines Unternehmens mit hohen Kosten einer finanziellen Notlage ist mit D^*_{hoch} dargestellt. Es überrascht nicht, dass es für ein Unternehmen mit höheren Kosten einer finanziellen Notlage optimal ist, eine geringere Verschuldung zu wählen.

Die Trade-Off-Theorie hilft uns, zwei Rätsel hinsichtlich der Verschuldung zu lösen, die in ▶Kapitel 15 aufgetreten sind: Erstens kann das Bestehen von Kosten einer finanziellen Notlage erklären, warum Unternehmen sich für Verschuldungsniveaus entscheiden, die zu gering sind, um den fremdfinanzierungsbedingten Steuervorteil voll auszuschöpfen. Zweitens können die unterschiedliche Höhe der Kosten einer finanziellen Notlage und die Volatilität der Cashflows die Unterschiede in der Verwendung der Verschuldung in den verschiedenen Branchen erklären. Gleichwohl reichen die Kosten einer finanziellen Notlage allein nicht aus, um alle beobachteten Abweichungen zu erklären. Glücklicherweise kann man die Trade-Off-Theorie leicht so erweitern, dass sie auch auf andere Aus-

---

22 Siehe ▶Abbildung 15.8.

wirkungen der Verschuldung anwendbar ist, die vielleicht noch wichtiger sind als die Kosten einer finanziellen Notlage und als Nächstes erörtert werden.

Beispiel 16.4: Die Wahl der optimalen Fremdkapitalhöhe

Fragestellung

Greenleaf Industries überlegt, seiner Kapitalstruktur Fremdkapital hinzuzufügen. Das Management von Greenleaf glaubt, EUR 35 Millionen an Fremdkapital hinzufügen und den Steuervorteil ausschöpfen zu können (man schätzt, dass $\tau^* = 15\%$). Die Unternehmensleitung erkennt jedoch auch, dass das höhere Fremdkapital das Risiko einer finanziellen Notlage erhöht. Auf der Grundlage einer Simulation der zukünftigen Cashflows des Unternehmens hat der Finanzvorstand folgende Schätzungen abgegeben (in Millionen Dollar):[23]

Fremdkapital	0	10	20	25	30	35
BW(fremdfinanzierungsbedingter Steuervorteil)	0,00	1,50	3,00	3,75	4,50	5,25
BW(Kosten der finanziellen Notlage)	0,00	0,00	0,38	1,62	4,00	6,38

Welche Wahl des Fremdkapitals ist für Greenleaf optimal?

Lösung

In ▸Gleichung 16.1 wird der Nettovorteil des Fremdkapitals dadurch ermittelt, dass der *BW (Kosten der finanziellen Notlage)* vom *BW(fremdfinanzierungsbedingter Steuervorteil)* subtrahiert wird. Der Nettovorteil bei den jeweiligen Fremdkapitalbeträgen ist

Fremdkapital	0	10	20	25	30	35
Nettovorteil	0,00	1,50	2,62	2,13	0,50	−1,13

Das Fremdkapitalniveau mit dem höchsten Nettovorteil liegt bei EUR 20 Millionen. Greenleaf gewinnt EUR 3 Millionen aufgrund des Steuervorteils und verliert EUR 0,38 Millionen aufgrund des Barwertes der Kosten der finanziellen Notlage bei einem Nettogewinn von EUR 2,62 Millionen.

Verständnisfragen

1. Was ist der „Trade-Off" in der Trade-Off-Theorie?
2. Welche Art von Unternehmen hat nach der Trade-Off-Theorie ceteris paribus ein höheres optimales Verschuldungsniveau: ein Unternehmen mit sehr volatilen Cashflows oder ein Unternehmen mit sehr sicheren, vorhersehbaren Cashflows?

---

23 Der *BW* des fremdfinanzierungsbedingten Steuervorteils wird berechnet als $\tau^* D$. Der *BW* der Kosten der finanziellen Notlage ist generell schwierig zu schätzen und verlangt Bewertungsverfahren für Optionen, die wir in ▸TEIL VII einführen werden.

16.5 Ausnutzung der Fremdkapitalgeber: die Agency-Kosten der Verschuldung

In diesem Abschnitt werden wir uns mit einer weiteren Auswirkung der Kapitalstruktur auf die Cashflows eines Unternehmens befassen: Sie kann die Managementanreize ändern und damit die Investitionsentscheidungen. Wenn diese Änderungen einen negativen *KW* haben, werden sie für das Unternehmen teuer.

Die Art der Kosten, die wir in diesem Abschnitt beschreiben, sind Beispiele für *Agency-Kosten*, also die Kosten, die aus Interessenkonflikten zwischen den Interessengruppen entstehen. Da Spitzenmanager häufig Anteile am Unternehmen halten und mit Genehmigung des Vorstands, der selbst von den Aktionären gewählt wird, eingestellt wurden und im Unternehmen gehalten werden, werden Manager generell Entscheidungen treffen, die den Wert des Aktienkapitals des Unternehmens steigern. Wenn ein Unternehmen verschuldet ist, besteht ein Interessenkonflikt dann, wenn Investitionsentscheidungen unterschiedliche Konsequenzen für den Eigenkapitalwert und den Fremdkapitalwert haben. Solch ein Konflikt tritt am wahrscheinlichsten dann auf, wenn das Risiko einer finanziellen Notlage hoch ist. Unter manchen Umständen können Manager Maßnahmen ergreifen, die die Aktionäre begünstigen, jedoch den Gläubigern des Unternehmens schaden und den Gesamtwert des Unternehmens senken.

Wir werden diese Möglichkeit veranschaulichen, indem wir Baxter Inc. betrachten, ein Unternehmen, das sich in einer finanziellen Notlage befindet. Baxter hat einen Kredit in Höhe von EUR 1 Million, der am Jahresende fällig wird. Ohne eine Änderung der Strategie wird der Marktwert der Vermögensgegenstände zu diesem Zeitpunkt nur EUR 900.000 betragen und Baxter wird in Zahlungsverzug geraten. Sehen wir uns die verschiedenen Agency-Kosten an, die in dieser Situation entstehen könnten.

Übermäßige Risikobereitschaft und Substitution von Vermögenswerten

Die Geschäftsführung von Baxter zieht eine neue Strategie in Betracht, die anfangs vielversprechend zu sein schien, sich aber nach näherer Analyse als riskant erweist. Die neue Strategie erfordert zwar keine Investition im Voraus, hat aber nur eine Erfolgschance von 50 %. Ist sie erfolgreich, wird sie den Wert der Vermögensgegenstände des Unternehmens auf EUR 1,3 Millionen steigern. Versagt sie, wird der Wert der Vermögensgegenstände auf EUR 300.000 fallen. Somit beläuft sich der erwartete Wert der Vermögensgegenstände des Unternehmens nach dieser neuen Strategie auf 50 % × EUR 1,3 Millionen + 50 % × EUR 300.000 = EUR 800.000. Das ist ein Rückgang um EUR 100.000 gegenüber ihrem Wert von EUR 900.000 mit der alten Strategie. Trotz der negativen erwarteten Auszahlung haben einige im Unternehmen vorgeschlagen, dass Baxter diese neue Strategie verfolgen sollte, um dem Interesse der Aktionäre noch besser gerecht zu werden. Wie können die Aktionäre von dieser Entscheidung profitieren?

Wie ▶Tabelle 16.3 zeigt, wird Baxter, wenn nichts unternommen wird, schließlich in Zahlungsverzug geraten und die Anteilseigner erhalten mit Sicherheit nichts. Daher haben die Anteilseigner nichts zu verlieren, wenn Baxter die neue riskante Strategie versucht. Ist die Strategie erfolgreich, erhalten die Anteilseigner EUR 300.000, nachdem das Fremdkapital zurückgezahlt wurde. Bei einer Erfolgschance von 50 % liegt die erwartete Auszahlung an die Aktionäre bei EUR 150.000. Zweifelsohne gewinnen die Anteilseigner bei dieser Strategie, auch wenn sie zu einer negativen erwarteten Auszahlung führt. Die Verlierer sind die Fremdkapitalgeber: Wenn die Strategie versagt, tragen sie den Verlust. Wie in ▶Tabelle 16.3 dargestellt, erhalten die Fremdkapitalgeber die volle Rückzahlung und EUR 1 Million, falls die Strategie erfolgreich ist. Wenn das Projekt ein Misserfolg wird, erhalten sie nur EUR 300.000. Insgesamt beträgt die erwartete Auszahlung an die Fremdkapitalgeber

Tabelle 16.3

Folgen der jeweiligen Strategien für das Eigenkapital und Fremdkapital von Baxter (EUR Tausend)

	Alte Strategie	Neue riskante Strategie		
		Erfolg	Misserfolg	Erwartung
Wert der Vermögenswerte	900	1.300	300	800
Fremdkapital	900	1.000	300	650
Eigenkapital	0	300	0	150

EUR 650.000, ein Verlust von EUR 250.000 gegenüber den EUR 900.000, die sie mit der alten Strategie erhalten hätten. Dieser Verlust entspricht dem erwarteten Verlust von EUR 100.000 aus der riskanten Strategie und dem Gewinn für die Anteilseigner von EUR 150.000. Im Grunde spielen die Anteilseigner mit dem Geld der Fremdkapitalgeber. Dieses Beispiel verdeutlicht einen allgemein gültigen Aspekt: *Wenn sich ein Unternehmen in einer finanziellen Notlage befindet, können die Aktionäre mit Entscheidungen gewinnen, die das Risiko des Unternehmens hinreichend steigern, auch wenn sie einen negativen KW haben.* Da die Verschuldung für Aktionäre einen Anreiz schafft, Vermögensgegenstände mit geringem Risiko durch solche mit höherem Risiko zu ersetzen, wird dieses Ergebnis häufig **Vermögenswert-Substitution-Problem (oder Asset-Substitution-Problem)** genannt.[24] Dies kann auch zu einer Überinvestition führen, da die Aktionäre einen Gewinn erzielen können, wenn das Unternehmen Projekte mit negativem, aber ausreichend riskantem KW umsetzt. In beiden Fällen wird der Gesamtwert des Unternehmens verringert, falls das Unternehmen das Risiko durch eine Entscheidung oder Investition mit negativem KW steigert. Da die Anleihekäufer dieses nachteilige Verhalten vorwegnehmen, werden sie von vornherein weniger für dieses Unternehmen zahlen. Diese Kosten sind wohl am höchsten bei Unternehmen, die das Risiko ihrer Investitionen leicht steigern können.

Schuldenüberhang und Unterinvestition

Wir nehmen an, Baxter verfolgt die riskante Strategie nicht. Stattdessen ziehen die Manager des Unternehmens eine attraktive Investitionsmöglichkeit in Betracht, die eine Anfangsinvestition von EUR 100.000 erfordert und eine risikolose Rendite von 50 % bringt. Das heißt, diese hat folgende Zahlungen (in tausend EUR)

Bei einem aktuellen risikolosen Zinssatz von 5 % hat diese Investition eindeutig einen positiven KW. Das einzige Problem ist, dass Baxter nicht über die nötigen Mittel für diese Investition verfügt.

Könnte Baxter diese EUR 100.000 durch die Emission neuen Eigenkapitals aufbringen? Leider nicht. Angenommen, die Anteilseigner müssten das neue erforderliche Kapital in Höhe von EUR 100.000 aufbringen. Ihre Auszahlung am Ende des Jahres ist in ▶ Tabelle 16.4 dargestellt.

Die Anteilseigner erhalten somit, wenn sie EUR 100.000 zur Finanzierung des Projektes beitragen, nur EUR 50.000 zurück. Die weiteren EUR 100.000 aus dem Projekt gehen an die Fremdkapitalgeber, deren Auszahlung von EUR 900.000 auf EUR 1.000.000 steigt. Da die Fremdkapitalgeber den größten

---

24 Siehe M. Jensen und W. Meckling, „Theory of the Firm: Managerial Behavior, Agency Costs and Ownership Structure", *Journal of Financial Economics*, Bd. 3 (1976), S. 305–360.

Teil des Gewinns erhalten, ist das Projekt trotz des positiven KW für das Unternehmen eine Investitionsmöglichkeit mit einem negativen KW für die Anteilseigner.

Dieses Beispiel verdeutlicht einen weiteren allgemeinen Aspekt: *Unternehmen in einer finanziellen Notlage können sich gegen die Finanzierung neuer Projekte mit positivem KW entscheiden.*

Tabelle 16.4

Folgen für das Fremd- und Eigenkapital von Baxter mit und ohne neues Projekt (EUR Tausend)

	Ohne neues Projekt	Mit neuem Projekt
Bestehende Vermögenswerte	900	900
Neues Projekt		150
Gesamtwert des Unternehmens	900	1.050
Fremdkapital	900	1.000
Eigenkapital	0	50

DIE GLOBALE FINANZKRISE

Rettungspakete, Kosten einer finanziellen Notlage und Schuldenüberhang

Unternehmen und Finanzinstitute, die sich inmitten der Finanzkrise 2008 in oder kurz vor einer finanziellen Notlage befanden, haben viele der Kosten in Verbindung mit einer finanziellen Notlage erlitten, die wir beschrieben haben und die weitere negative Konsequenzen für die reale Wirtschaft schufen.

Besonders besorgniserregend war die scheinbar fehlende Bereitschaft der Banken, den Kreditnehmern Kredite zu vernünftigen Bedingungen zu gewähren. Eine mögliche Erklärung war, dass die Kreditnehmer nicht kreditwürdig waren und somit eine Kreditvergabe eine Investition mit negativem Kapitalwert war. Viele aber, einschließlich Banken, brachten einen weiteren Grund vor: Die Banken unterlagen einem Schuldenüberhang, der es extrem schwierig machte, das Kapital zu beschaffen, das für die Vergabe von Krediten mit positivem Kapitalwert erforderlich war. Daher war der hauptsächliche Grund für die staatlichen Rettungsmaßnahmen während der Krise, die Banken direkt mit Kapital zu versorgen, um ihren Schuldenüberhang zu verringern und die Verfügbarkeit von Krediten für die restliche Wirtschaft zu erhöhen.

Diesen Fall, wenn die Aktionäre es vorziehen, nicht in Projekte mit einem positiven KW zu investieren, nennen wir **Schuldenüberhang** oder **Unterinvestitionsproblem**.[25] Diese fehlende Investition ist für die Fremdkapitalgeber und den Gesamtwert des Unternehmens teuer, da dadurch auf den KW der nicht wahrgenommenen Gelegenheit verzichtet wird. Die Kosten sind bei Unternehmen am höchsten, die künftig wahrscheinlich profitable Wachstumsgelegenheiten haben, welche umfangreiche Investitionen erfordern.

Cashing out (überhöhte Ausschüttung). Wenn sich ein Unternehmen in einer finanziellen Notlage befindet, ist dies ein Anreiz für die Aktionäre, nach Möglichkeit Barmittel aus dem Unternehmen abzuziehen. Nehmen wir an, Baxter hat Geräte, die zu Jahresbeginn für EUR 25.000 veräußert werden können. Diese Geräte werden jedoch benötigt, um den normalen Betrieb während des Jahres aufrechtzuerhalten. Ohne diese Geräte müssten einige Arbeiten eingestellt werden und das Unternehmen wäre am Jahresende nur noch EUR 800.000 wert. Auch wenn die Veräußerung der Geräte

---

25 Diese Agency-Kosten des Fremdkapitals wurden von S. Myers formalisiert, „Determinants of Corporate Borrowing", *Journal of Financial Economics*, Bd. 5 (1977), S. 147–175.

den Unternehmenswert um EUR 100.000 mindert, würden die Fremdkapitalgeber diese Kosten übernehmen, wenn die Wahrscheinlichkeit besteht, dass Baxter am Jahresende die Zahlungen einstellt. Somit gewinnen die Anteileigner, wenn Baxter die Geräte verkauft und die EUR 25.000 verwendet, um eine sofortige Bardividende auszuschütten. Dieser Anreiz für das Unternehmen, Vermögensgegenstände zu einem Preis unter deren tatsächlichen Wert zu veräußern, ist eine extreme Form der *Unterinvestition* infolge des *Schuldenüberhangs*.

Schätzung des Schuldenüberhangs. Wie hoch muss die Verschuldung eines Unternehmens sein, damit ein großes Problem mit dem Schuldenüberhang besteht? Wenn auch eine präzise Schätzung schwierig ist, können wir eine hilfreiche Annäherung verwenden. Angenommen, die Anteilseigner investieren einen Betrag I in ein neues Investitionsprojekt mit ähnlichem Risiko für den Rest des Unternehmens. Sagen wir D und E sind der Marktwert des Fremd- und Eigenkapitals des Unternehmens und β_D bzw. β_E die jeweiligen Betafaktoren. Dann gilt folgende Annäherungsregel: Die Anteilseigner profitieren von der neuen Investition nur dann, wenn[26]

$$\frac{KW}{I} > \frac{\beta_D D}{\beta_E E} \tag{16.2}$$

Der Rentabilitätsindex eines Projektes ($KW : I$) muss somit einen Grenzwert übersteigen, der dem relativen Risiko des Fremdkapitals ($\beta_D : \beta_E$) multipliziert mit dem Verschuldungsgrad ($D : E$) entspricht. Zu beachten ist: Wenn das Unternehmen kein Fremdkapital hat ($D = 0$) oder das Fremdkapital risikolos ist ($\beta_D = 0$), dann lautet die ▶Gleichung 16.2 $KW > 0$. Ist das Fremdkapital jedoch risikobehaftet, ist der erforderliche Grenzwert positiv und steigt mit der Verschuldung des Unternehmens. Anteilseigner werden Projekte mit positivem KW und einem Rentabilitätsindex unter dem Grenzwert ablehnen, was zu einer Unterinvestition und einer Verringerung des Unternehmenswerts führt.

Beispiel 16.5: Schätzung des Schuldenüberhangs

Fragestellung

In ▶Beispiel 12.7 haben wir geschätzt, dass Sears ein Eigenkapital-Beta von 1,36, ein Fremdkapital-Beta von 0,17 und einen Verschuldungsgrad von 0,30 hat, während Saks ein Eigenkapital-Beta von 1,85, ein Fremdkapital-Beta von 0,31 und einen *Verschuldungsgrad* von 1,0 hat. Schätzen Sie für beide Unternehmen den KW, den eine neue Investition von EUR 100.000 (was sich nicht auf die Volatilität des Unternehmens auswirkt) mindestens haben muss, damit die Aktionäre davon profitieren. Welches Unternehmen hat einen größeren Schuldenüberhang?

Lösung

Wir können ▶Gleichung 16.2 verwenden, um den Grenzwert des Rentabilitätsindexes für Sears von (0,17 : 1,36) × 0,30 = 0,0375 zu ermitteln. Somit müsste der KW mindestens EUR 3.750 betragen, damit die Investition für die Aktionäre von Vorteil ist. Bei Saks liegt der Grenzwert bei (0,31 : 1,85) × 1,0 = 0,1675. Somit liegt der KW von Saks bei mindestens EUR 16.750. Saks hat den größeren Schuldenüberhang, da die Aktionäre Projekte mit einem positiven KW bis zu diesem Grenzwert ablehnen werden. In gleicher Weise würden die Aktionäre von Saks profitieren, wenn das Unternehmen mit einem Cash-out durch die Veräußerung von Vermögenswerten im Wert von EUR 116.750 eine zusätzliche Dividende in Höhe von EUR 100.000 auszahlen würde.

---

26 Um dieses Ergebnis zu verstehen, gehen wir davon aus, dass dE und dD die Änderungen des Wertes des Fremd- bzw. Eigenkapitals sind, die aus einer Investition mit einem Gesamtwert von $dE + dD = I + KW$ resultieren. Anteilseigner gewinnen, wenn sie mehr erhalten, als sie investiert haben, $I < dE$. Das entspricht der Tatsache, dass die Fremdkapitalgeber weniger als den KW der Investition, $KW > dD$ erhalten. Teilt man die zweite Ungleichung durch die erste, erhält man $KW : I > dD : dE$. ▶Gleichung 16.2 folgt aus der Annäherung $dD : dE \approx \beta_D D : \beta_E E$; das heißt, die relative Sensibilität des Fremd- und Eigenkapitals gegenüber Änderungen der Werte der Vermögensgegenstände sind ähnlich, gleich ob diese Änderungen aus Investitionsentscheidungen oder Marktbedingungen entstehen. Wir leiten diese Annäherung in ▶Kapitel 21 her.

Agency-Kosten und der Wert der Verschuldung

Diese Beispiele verdeutlichen, wie die Verschuldung Manager und Aktionäre ermutigen kann, Maßnahmen zu ergreifen, die den Unternehmenswert mindern. In jedem Fall profitieren die Anteilseigner auf Kosten der Fremdkapitalgeber. Jedoch sind es genau wie bei den Kosten einer finanziellen Notlage die Aktionäre, die letztendlich diese Agency-Kosten tragen. Auch wenn Anteilseigner auf Kosten der Fremdkapitalgeber von diesen Entscheidungen mit negativem KW in Zeiten finanzieller Notlagen profitieren mögen, erkennen die Fremdkapitalgeber diese Möglichkeit und zahlen bei Erstausgabe weniger für das Fremdkapital, was den Betrag verringert, den das Unternehmen an die Aktionäre ausschütten kann. Der Nettoeffekt ist eine Verringerung des Anfangskurses der Aktie, der dem negativen KW dieser Entscheidung entspricht.

Diese Agency-Kosten des Fremdkapitals können nur dann entstehen, wenn die Möglichkeit besteht, dass das Unternehmen in Zahlungsverzug gerät und den Fremdkapitalgebern Verluste einbringt. Die Höhe dieser Agency-Kosten steigt mit dem Risiko und somit auch die Höhe der Verbindlichkeiten des Unternehmens. Agency-Kosten sind somit weitere Kosten, die durch die Erhöhung der Verschuldung entstehen und sich auf die Entscheidung des Unternehmens hinsichtlich der optimalen Kapitalstruktur auswirken.

Beispiel 16.6:   Agency-Kosten und die Höhe der Verschuldung

Fragestellung

Wären die oben beschriebenen Agency-Kosten auch entstanden, wenn Baxter weniger verschuldet gewesen wäre und EUR 400.000 statt EUR 1 Million geschuldet hätte?

Lösung

Wenn Baxter keine neuen Investitionen tätigt oder seine Strategie nicht ändert, ist das Unternehmen EUR 900.000 wert. Somit bleibt das Unternehmen solvent und das Eigenkapital ist EUR 900.000 − EUR 400.000 = EUR 500.000 wert.

Sehen wir uns zuerst die Entscheidung an, das Risiko zu erhöhen. Verfolgt Baxter die Risikostrategie, sind die Vermögensgegenstände entweder EUR 1,3 Millionen oder EUR 300.000 Millionen wert, sodass die Anteilseigner EUR 900.000 oder EUR 0 erhalten. In diesem Fall liegt die erwartete Auszahlung an die Anteilseigner aus dem riskanten Projekt bei nur EUR 900.000 × 0,5 = EUR 450.000. Somit werden die Anteilseigner diese Risikostrategie ablehnen.

Was ist mit der Unterinvestition? Wenn Baxter von seinen Anteilseignern EUR 100.000 aufbringt, um eine neue Investition zu finanzieren, die den Wert der Vermögensgegenstände um EUR 150.000 steigert, hat das Eigenkapital einen Wert von

$$\text{EUR } 900.000 + \text{EUR } 150.000 - \text{EUR } 400.000 = \text{EUR } 650.000$$

Dies ist ein Gewinn von EUR 150.000 über die EUR 500.000 hinaus, die die Anteilseigner ohne die Investition erhalten würden. Da ihre Auszahlung bei einer Investition von EUR 100.000 um EUR 150.000 gestiegen ist, werden sie bereit sein, in dieses neue Projekt zu investieren. In gleicher Weise hat Baxter keinen Anreiz, durch die Veräußerung von Geräten Geld einzunehmen, um eine Dividende zu zahlen. Wenn das Unternehmen die Dividende zahlt, erhalten Anteilseigner heute EUR 25.000. Aber ihre zukünftige Auszahlung sinkt auf EUR 800.000 − EUR 400.000 = EUR 400.000. Somit geben sie heute für einen Gewinn von EUR 25.000 die EUR 100.000 in einem Jahr auf. Bei einem angemessenen Abzinsungssatz ist dies ein schlechtes Geschäft und die Aktionäre werden die Dividende ablehnen.

Der Sperrklinken-Effekt der Verschuldung

Wie bereits dargestellt, tragen die Anteilseigner die erwarteten Agency- oder Insolvenzkosten über einen Abschlag auf den Preis, den sie für das neue Fremdkapital erhalten, wenn ein unverschuldetes Unternehmen neues Fremdkapital ausgibt. Wenn bei einem Unternehmen jedoch schon Fremdkapital vorhanden ist, entfällt ein Teil der Agency- oder Insolvenzkosten, die sich aus der Emission zusätzlichen Fremdkapitals auf die *bereits bestehenden* Fremdkapitalhalter ergeben. Da dieses Fremdkapital bereits verkauft wurde, werden die negativen Folgen für diese Fremdkapitalhalter nicht von den Anteilseignern getragen. Infolgedessen können die Anteilseigner von der Übernahme einer höheren Verschuldung auch dann profitieren, wenn sich dadurch der Gesamtwert des Unternehmens verringern könnte. (Dieses Ergebnis ist eine weitere Erscheinungsform des „Cashing out"-Effekts des Schuldenüberhangs – verschuldete Unternehmen können einen Anreiz haben weiteres Fremdkapital aufzunehmen und den Erlös an die Aktionäre auszuschütten.) Schließlich hindert der Schuldenüberhang die Unternehmen daran, die Verschuldung, sobald sie einmal da ist, zu verringern. Wenn in diesem Fall das Unternehmen versucht Fremdkapital zurückzukaufen, gewinnen die bereits vorhandenen Fremdkapitalhalter (und Fremdkapitalhalter, die verkaufen, werden einen Aufschlag verlangen) wegen der Minderung des Risikos, der Agency- und Insolvenzkosten im Zusammenhang mit der geringeren Verschuldung. Der Sperrklinken-Effekt der Verschuldung gibt die Beobachtung wieder, dass die Aktionäre, wenn Fremdkapital bereits vorhanden ist,

1. einen Anreiz haben die Verschuldung auch dann zu erhöhen, wenn sie den Wert des Unternehmens senkt,[27] und

2. keinen Anreiz haben, die Verschuldung durch den Rückkauf von Fremdkapital zu verringern, auch wenn dadurch der Wert des Unternehmens gesteigert würde.[28]

Beispiel 16.7:   Schuldenüberhang und der Sperrklinken-Effekt der Verschuldung

Fragestellung

Zeigen Sie, dass Baxters Aktionäre auch dann nicht davon profitieren, dass die Verschuldung von EUR 1 Million auf EUR 400.000 gesenkt wird, wenn der Unternehmenswert durch die Vermeidung der Kosten der Unterinvestition steigt.

Lösung

Wie bereits erwähnt, würde Baxter bei Schulden von EUR 1 Million auf eine Investition in ein risikoloses Projekt mit einem positiven KW (siehe ▶Tabelle 16.4) verzichten. Sein Eigenkapital läge daher bei null und die Schulden wären EUR 900.000 wert. Wie ▶Beispiel 16.6 zeigt, gäbe es das Problem nicht, falls die Höhe der Schulden statt EUR 1 Million EUR 400.000 wäre, denn die Eigenkapitalhalter würden sich für die Investition mit positivem KW entscheiden und der Unternehmenswert würde durch den KW des Projekts steigen.

Die Eigenkapitalhalter werden sich dennoch gegen eine Verringerung der Schulden entscheiden. Da die Schulden nach dem Rückkauf keinem Ausfallrisiko unterliegen, und aufgrund des risikolosen Zinssatzes von 5 %, müssen jedem Fremdkapitalhalter mindestens EUR 1 : 1,05 = EUR 0,952 je Euro des Kapitalbetrags zurückgezahlt werden. Andernfalls würden sie es vorziehen, ihr Fremdkapital weiter zu halten, während andere verkaufen. Um die Schulden auf EUR 400.000 zu senken, müsste Baxter daher von den Eigenkapitalgebern EUR 600.000 : 1,05 = EUR 571.429 aufnehmen. Baxter könnte dann von den Eigenkapitalgebern weitere EUR 100.000 als Investition für das neue Projekt aufnehmen. Das Unternehmen würde schließlich EUR 1,05 Millionen wert sein, und nach Zahlung von EUR 400.000 des Fremdkapitals würden die Eigenkapitalhalter EUR 650.000 erhalten. Doch dieser Betrag ist geringer als die Gesamtsumme von EUR 671.429, die die Eigenkapitalhalter im Voraus für die Investition bräuchten.

---

27 Eine Analyse dieses Effekts und seiner Folgen für die Kreditmärkte enthält D. Bizer und P. DeMarzo, „Sequential Banking", *Journal of Political Economy*, 100 (1992): 41–61.

28 Diese Ergebnis gilt generell, soweit das Fremdkapital zum fairen Wert ex post zurückgekauft werden muss. Siehe A. Admati, P. DeMarzo, M. Hellwig und P. Pfleiderer, „Debt Overhang and Capital Regulation", http://papers.ssrn.com/sol3/papers.cfm?abstract_id=2031204.

Der Grund, warum die Eigenkapitalhalter in ▸ Beispiel 16.7 nicht von einer Minderung der Schulden profitieren ist, dass das Unternehmen, um die Schulden zurückkaufen zu können, seinen Marktwert nach Abschluss der Transaktion zahlen muss, der den Wert der vorweggenommenen Investition enthält. Ein ähnliches Ergebnis käme zustande, wenn übermäßige Risiken eingegangen würden. Durch die Verringerung der Schulden verlieren die Eigenkapitalhalter den Anreiz, eine riskante Investition mit einem negativen KW anzunehmen. Dieser Effekt steigert zwar den Wert des Unternehmens, doch die Eigenkapitalhalter würden nicht gewinnen, da sie gezwungen wären für die Schulden einen Preis zu zahlen, der den Wert der Beseitigung des Anreizes übermäßige Risiken einzugehen wiedergibt.

Fälligkeit des Fremdkapitals und Covenants

Unternehmen haben verschiedene Möglichkeiten die Agency-Kosten des Fremdkapitals zu verringern. Zuerst ist zu beachten, dass die Höhe der Agency-Kosten wahrscheinlich von der Fälligkeit des Fremdkapitals abhängig ist. Bei langfristigem Fremdkapital haben Anteilseigner mehr Gelegenheiten, auf Kosten der Fremdkapitalgeber zu gewinnen, bevor das Fremdkapital fällig wird. Somit sind die Agency-Kosten bei kurzfristigen Verbindlichkeiten am geringsten.[29]

Wenn beispielsweise das Fremdkapital von Baxter heute fällig wäre, wäre das Unternehmen gezwungen die Zahlungen einzustellen oder müsste mit den Fremdkapitalgebern neu verhandeln, bevor es das Risiko erhöhen, eine Investition unterlassen oder den Erlös aus der Veräußerung von Vermögensgegenständen auszahlen könnte. Wenn sich das Unternehmen jedoch auf kurzfristige Verbindlichkeiten verlassen würde, wäre es verpflichtet, das Fremdkapital häufiger zurückzuzahlen oder zu refinanzieren. Kurzfristige Verbindlichkeiten können auch das Risiko einer finanziellen Notlage und die damit verbundenen Kosten steigern.

Zweitens beschränken Gläubiger häufig die Handlungsfreiheit des Unternehmens als Bedingung für die Kreditvergabe. Solche Beschränkungen nennen wir *Kreditklauseln* oder *Covenants*. Covenants können die Fähigkeit des Unternehmens, hohe Dividenden zu zahlen, oder die Art der Investitionen, die ein Unternehmen tätigen kann, einschränken. Typischerweise begrenzen sie auch die Höhe neuen Fremdkapitals, das vom Unternehmen aufgenommen werden kann. Da sie verhindern, dass das Management seine Fremdkapitalgeber ausnutzt, können Covenants zur Verringerung der Agency-Kosten beitragen. Da sie jedoch die Flexibilität des Managements einschränken, können sie Gelegenheiten mit positivem KW verhindern und so eigene Kosten mit sich bringen.[30]

Verständnisfragen

1. Warum ist es für Unternehmen in finanzieller Notlage ein Anreiz, hohe Risiken einzugehen und unterinvestiert zu sein?

2. Warum wünschen Fremdkapitalgeber Covenants, die die Fähigkeit des Unternehmens, eine Dividende zu zahlen, einschränken, und warum könnten Aktionäre ebenfalls von dieser Einschränkung profitieren?

---

29 Siehe S. Johnson, „Debt Maturity and the Effects of Growth Opportunities and Liquidity on Leverage", *Review of Financial Studies*, Bd. 16 (März 2003), S. 209–236.

30 Eine Analyse der Kosten und Vorteile von Covenants bei Anleihen finden Sie in C. Smith und J. Warner, „On Financial Contracting: An Analysis of Bond Covenants", *Journal of Financial Economics*, Bd. 7 (1979), S. 117–161.

DIE GLOBALE FINANZKRISE

Moral Hazard, staatliche Rettungsmaßnahmen und die Attraktivität der Verschuldung

Der Begriff **Moral Hazard** bezieht sich auf die Idee, dass Menschen ihr Verhalten ändern, wenn sie dessen Konsequenzen nicht voll ausgesetzt sind. Im Mittelpunkt der Diskussion über die Rolle der Moral Hazard während der Finanzkrise 2008 standen Hypothekenmakler, Investmentbanker und Unternehmensmanager, die hohe Bonuszahlungen erhielten, wenn es ihren Unternehmen gutging, diese aber nicht zurückzahlen mussten, wenn es schlecht lief. Die in diesem Kapitel beschriebenen Agency-Kosten stellen eine weitere Form des Moral Hazard dar, da Anteilseigner ein übermäßiges Risiko eingehen oder übermäßige Dividenden zahlen können, wenn die negativen Konsequenzen von den Inhabern der Anleihen getragen werden.

Wie hält man dieses missbräuchliche Verhalten der Anteilseigner in Schach? Die Inhaber von Anleihen werden entweder das Risiko dieses Missbrauchs den Anteilseignern in Rechnung stellen, indem sie die Fremdkapitalkosten erhöhen, oder aber, was eher der Fall sein wird, die Anteilseigner verpflichten sich glaubwürdig, kein übermäßiges Risiko einzugehen, indem sie zum Beispiel sehr strengen Anleiheklauseln und anderen Kontrollen zustimmen.

Ironischerweise hat die Regierung trotz möglicher unmittelbarer Vorteile der staatlichen Rettungsmaßnahmen im Zuge der Finanzkrise 2008, durch die die Inhaber von Anleihen vieler großer Unternehmen geschützt wurden, vielleicht gleichzeitig diese disziplinierenden Mechanismen geschwächt und somit die Wahrscheinlichkeit künftiger Krisen erhöht. Durch diesen Präzedenzfall könnten alle Kreditgeber von Unternehmen, die als „zu groß für eine Insolvenz" erachtet werden, annehmen, dass sie eine stillschweigende staatliche Garantie haben, was ihre Anreize mindert, auf strenge Klauseln zu bestehen und deren Einhaltung zu überwachen[31]. Ohne diese Kontrollen würde die Wahrscheinlichkeit künftiger Missbräuche durch die Anteilseigner und Manager sowie die Haftung der Regierung noch größer.

Moral Hazard könnte auch erklären, warum die Banken gegen höhere Kapitalanforderungen sind. Wie in Kapitel 14 dargelegt, können an einem vollkommenen Markt die Kapitalanforderungen die Wettbewerbsfähigkeit von Banken nicht beeinträchtigen. Da jedoch die Einlagenversicherung und die staatlichen Rettungsmaßnahmen die Verbindlichkeiten der Banken subventionieren, geben die Kreditkosten der Banken weder deren Risiko noch die mit einem Zahlungsausfall verbundenen Kosten wieder. Ein höherer Verschuldungsgrad mindert daher die Steuerverbindlichkeiten der Banken *und* erhöht den Nutzen, den sie im Insolvenzfall aus diesen Subventionen ziehen. Dadurch wird die Verschuldung in der Abwägung zwischen Steuersubventionen und Insolvenzkosten stark begünstigt. Da letztlich die Steuerzahler für diese Subventionen aufkommen, gehen die Vorteile der Verschuldung für die Aktionäre von Banken zu einem großen Teil zulasten der Steuerzahler.[32]

16.6 Motivation der Manager: der Agency-Nutzen aus der Verschuldung

In ▶Abschnitt 16.5 haben wir die Auffassung vertreten, dass Manager im Interesse der Anteilseigner des Unternehmens handeln. Zudem haben wir die möglichen Interessenkonflikte zwischen den Anteilseignern und Fremdkapitalgebern des verschuldeten Unternehmens betrachtet. Natürlich haben die Manager ihre eigenen persönlichen Interessen, die sowohl von denen der Anteilseigner als auch von denen der Fremdkapitalgeber abweichen können. Auch wenn die Manager häufig Aktionäre des Unternehmens sind, halten sie in den meisten großen Unternehmen nur einen sehr kleinen Bruchteil der im Umlauf befindlichen Aktien. Und auch wenn die Aktionäre die Macht haben, über

---

31 Viele große Banken zahlten während der Krise weiter Dividenden, nachdem sie staatliche Beihilfen erhalten hatten. Wären diese Mittel von externen Investoren ohne eine staatliche Garantie beschafft worden, hätten diese neuen Investoren diese Auszahlungen sehr wahrscheinlich eingeschränkt.

32 Siehe A. Admati, P. DeMarzo, M. Hellwig und P. Pfleiderer, „Fallacies, Irrelevant Facts, and Myths in the Discussion of Capital Regulation: Why Bank Equity Is Not Expensive", Rock Center for Corporate Governance Research Paper Nr. 86, August 2010.

den Vorstand Manager zu entlassen, tun sie das nur selten, es sei denn, die Ergebnisse des Unternehmens sind außerordentlich schwach.[33]

Diese Trennung von Eigentum und Kontrolle schafft die Möglichkeit eines **Management Entrenchment, also der Handlungsautonomie der Manger**: Da die Manager kaum von einer Entlassung oder Ersetzung bedroht sind, können sie das Unternehmen nach ihrem eigenen besten Interesse leiten. Daher können Manager Entscheidungen treffen, die ihnen auf Kosten der Investoren Vorteile verschaffen. In diesem Abschnitt betrachten wir, welchen Anreiz die Verschuldung Managern geben kann, das Unternehmen effektiver und effizienter zu führen. Die in diesem Abschnitt beschriebenen Vorteile sind zusätzlich zum fremdfinanzierungsbedingten Steuervorteil ein Anreiz für die Verwendung von Fremdkapital statt Eigenkapital.

Konzentration des Eigentums

Ein Vorteil der Verschuldung ist, dass sie den Altinhabern des Unternehmens ermöglicht, ihren Anteil am Eigenkapital zu behalten. Als Hauptaktionäre haben sie ein großes Interesse daran, das Beste für das Unternehmen zu tun. Als Nächstes sehen wir uns ein einfaches Beispiel an.

Ross Jackson ist Inhaber eines erfolgreichen Möbelgeschäfts. Er plant eine Expansion durch die Eröffnung weiterer Läden. Ross kann entweder die für die Expansion erforderlichen Mittel als Kredit aufnehmen oder das Geld durch den Verkauf von Aktien am Unternehmen beschaffen. Im Falle einer Aktienemission muss er 40 % des Unternehmens verkaufen, um die notwendigen Mittel aufzubringen.

Wenn Ross Fremdkapital einsetzt, bleibt er Inhaber von 100 % des Eigenkapitals. Solange das Unternehmen die Zahlungen nicht einstellt, führt jede Entscheidung von Ross, die zu einem Anstieg des Werts des Unternehmens um EUR 1 führt, zu einem Anstieg seines eigenen Anteils um EUR 1. Wenn Ross jedoch Eigenkapital ausgibt, behält er nur 60 % des Eigenkapitals. Somit gewinnt Ross nur EUR 0,60 bei jedem Anstieg des Unternehmenswerts um EUR 1.

Die unterschiedlichen Eigentumsanteile von Ross ändern seine Anreize bei der Führung des Unternehmens. Angenommen, der Unternehmenswert hängt weitgehend von seinen persönlichen Bemühungen ab, dann wird Ross wahrscheinlich härter arbeiten und das Unternehmen wird im Wert steigen, wenn Ross 100 % der Gewinne erhält und nicht nur 60 %.

Eine weitere Auswirkung der Ausgabe von Aktien ist die Versuchung für Ross, geldwerte Vorteile in Anspruch zu nehmen, wie zum Beispiel ein großes Büro mit teuren Kunstwerken, einen Geschäftswagen mit Fahrer, ein Flugzeug oder ein großzügiges Spesenkonto. Mit Verschuldung ist Ross der Alleininhaber und trägt die vollen Kosten dieser Zuwendungen. Mit Aktienkapital trägt Ross nur 60 % der Kosten, die anderen 40 % werden von den neuen Anteilseignern getragen. Somit ist es bei einer Finanzierung mit Aktienkapital wahrscheinlicher, dass Ross zu viel für diese Luxusgüter ausgibt.

Die Kosten des reduzierten Arbeitseinsatzes und der übermäßigen Ausgaben für diese Vorteile sind eine weitere Form der Agency-Kosten. Diese Agency-Kosten entstehen in diesem Fall aus der Verwässerung des Eigentums, wenn die Finanzierung durch Aktienkapital erfolgt. Wer trägt diese Agency-Kosten? Wie immer, wenn Wertpapiere fair bewertet sind, zahlt der Altinhaber des Unternehmens die Kosten. In unserem Beispiel wird Ross feststellen, dass, wenn er sich für die Aktienemission entscheidet, die neuen Investoren auf den Preis, den sie zahlen, einen Abschlag berechnen werden, um den geringeren Arbeitseinsatz von Ross und die erhöhten Ausgaben für Luxusgüter zu berücksichtigen. In diesem Fall kann das Unternehmen von der Verschuldung profitieren, indem die Eigentümerkonzentration beibehalten wird und Agency-Kosten vermieden werden.[34]

---

33 Siehe dazu beispielsweise J. Warner, R. Watts und K. Wruck, „Stock Prices and Top Management Changes", *Journal of Financial Economics*, Bd. 20 (1988), S. 461–492. Neuere Belege weisen darauf hin, dass die Fluktuation im Management bei schwachen Ergebnissen stärker ist, als früher ermittelt wurde. Siehe D. Jenter und K. Lewellen, „Performance-induced CEO turnover", Arbeitspapier, 2012.

34 Dieser potenzielle Vorteil der Verschuldung wird von M. Jensen und W. Meckling in „Theory of the Firm: Managerial Behavior, Agency Costs and Ownership Structure", *Journal of Financial Economics*, Bd. 3 (1976), S. 305–360 diskutiert. Da jedoch Manager, die einen Großteil der Aktien halten, schwieriger zu ersetzen sind, kann eine erhöhte Konzentration des Eigentums in geringem Umfang (d. h. im Bereich 5–25 %) das Entrenchment erhöhen und Anreize *mindern;* siehe R. Morck, A. Shleifer und R. Vishny, „Management Ownership and Market Valuation", *Journal of Financial Economics*, Bd. 20 (1988), S. 293–315.

Reduzierung von verschwenderischen Investitionen

Während man bei kleinen, jungen Unternehmen häufig eine Konzentration des Eigentums feststellt, wird dieses normalerweise verwässert, wenn das Unternehmen wächst. Erstens gehen die Altinhaber in den Ruhestand und die neuen Manager werden eher keinen großen Anteil am Unternehmen halten. Zweitens müssen Unternehmen häufig mehr Kapital für Investitionen aufbringen, als mit Fremdkapital allein möglich ist (siehe die Erörterung von Wachstum und Verschuldung in ▶Kapitel 15). Drittens entscheiden sich die Inhaber häufig, ihre Anteile zu veräußern und in ein gut diversifiziertes Portfolio zu investieren, um das Risiko zu reduzieren.[35] Daher halten in den großen US-Unternehmen die meisten Vorstandsvorsitzenden weniger als 1 % der Aktien des Unternehmens.

Bei solch geringen Aktienanteilen ist das Potenzial für Interessenkonflikte zwischen Managern und Anteilseignern hoch. Angemessene Kontrollen und Standards für die Rechenschaftspflicht sind erforderlich, um Missbrauch zu verhindern. Auch wenn die meisten erfolgreichen Unternehmen entsprechende Verfahren eingeführt haben, um die Aktionäre zu schützen, werden jedes Jahr Skandale aufgedeckt, in denen Manager gegen die Interessen der Aktionäre gehandelt haben.

Exzessive geldwerte Vorteile und Unternehmensskandale

Während sich die meisten Vorstandsvorsitzenden und Manager bei der Verwendung des Geldes der Aktionäre zurückhaltend verhalten, gab es einige Ausnahmen, die ans Licht gekommen sind und in den Medien als Firmenskandale große Aufmerksamkeit gefunden haben.

Der frühere Finanzvorstand von Enron, Andrew Fastow, hat Berichten zufolge komplizierte Finanztransaktionen durchgeführt, um sich selbst mit dem Geld der Aktionäre in Höhe von mindestens USD 30 Millionen zu bereichern. Der ehemalige Vorstandsvorsitzende von Tyco Corporation, Dennis Kozlowski, wird wegen seines USD 6.000 teuren Duschvorhangs, eines Nähkörbchens im Wert von USD 6.300 und eines USD 17 Millionen-Appartements in der Fifth Avenue in Erinnerung bleiben – alles bezahlt mit Geld von Tyco. Insgesamt wurden er und der frühere Finanzvorstand Mark Swartz wegen Veruntreuung von Firmengeldern in Höhe von USD 600 Millionen verurteilt.* Der frühere Vorstandsvorsitzende von WorldCom, Bernie Ebbers, der wegen seiner Rolle in einem Bilanzskandal des Unternehmens in Höhe von USD 11 Milliarden verurteilt wurde, lieh zwischen Ende 2000 und Anfang 2002 mehr als USD 400 Millionen vom Unternehmen zu günstigen Konditionen. Unter anderem verwendete er das Geld aus diesen Krediten für Geschenke an Freunde und Familie und um ein Haus zu bauen.** John Rigas und sein Sohn Timothy, ehemals Vorstandsvorsitzender beziehungsweise Finanzvorstand von Adelphia Communications, wurden wegen Diebstahls von USD 100 Millionen und der Verschleierung von Verbindlichkeiten der Firma in Höhe von USD 2 Milliarden verurteilt. Aber dies sind Ausnahmefälle und sie waren an und für sich nicht die Ursache für den Niedergang der Unternehmen, sondern eher ein Symptom für das allgemeinere Problem fehlender Kontrollen und der fehlenden Rechenschaftspflicht in diesen Unternehmen in Verbindung mit einer opportunistischen Einstellung der beteiligten Manager.

* M. Warner, „Exorcism at Tyco", *Fortune*, 28. April 2003.
**A. Backover, „Report Slams Culture at WorldCom", *USA Today*, 5. November 2002.

Auch wenn übermäßige Ausgaben für geldwerte Vorteile ein Problem in großen Unternehmen sein können, dürften diese Kosten relativ gering sein gegenüber dem Gesamtwert des Unternehmens. Größere Sorgen bereitet großen Unternehmen, dass Manager umfangreiche unprofitable Investitionen tätigen können. Schlechte Investitionsentscheidungen haben schon viele ansonsten erfolgreiche Unternehmen vernichtet. Was aber bringt Manager dazu, Investitionen mit negativem KW zu tätigen?

---

35 Nach einer Studie reduzieren die Altinhaber oft innerhalb von neun Jahren nach dem Börsengang eines Unternehmens ihren Anteil um mehr als 50 % (B. Urosevic, „Essays in optimal Dynamic Risk Sharing in Equity and Debt Markets", 2002, University of California, Berkley).

Manche Finanzwissenschaftler erklären die Bereitschaft der Manager, Investitionen mit negativem KW zu tätigen mit dem Gedanken des *Empire Building, also des Strebens des Mangements nach Macht, Prestige und Anerkennung zur Mehrung des individuellen Nutzens.* Entsprechend dieser Ansicht bevorzugen Manager es, große Unternehmen statt kleine zu führen, sodass sie Investitionen ausführen, die die Größe des Unternehmens steigern, jedoch nicht die Rentabilität. Ein möglicher Grund für diese Präferenz ist, dass Manager großer Unternehmen oft höhere Gehälter verdienen; außerdem haben sie mehr Prestige und werden von den Medien mehr beachtet als Manager kleinerer Unternehmen. Infolgedessen können Manager unrentable Geschäftsbereiche erweitern (oder eine Schließung unterlassen), zu viel für Übernahmen zahlen, unnötige Kapitalaufwendungen tätigen oder nicht notwendige Mitarbeiter einstellen.

Ein weiterer Grund für eine Überinvestition ist, dass die Manager zu zuversichtlich sind. Auch wenn sie versuchen, im Interesse der Aktionäre zu handeln, können Fehler unterlaufen.

Manager sind häufig zu optimistisch bezüglich der Aussichten des Unternehmens und halten neue Möglichkeiten für besser, als sie tatsächlich sind. Auch können sie sich an Investitionen binden, die das Unternehmen bereits getätigt hat, und weiter in Projekte investieren, die beendet werden sollten.[36] Damit Manager verschwenderische Investitionen tätigen können, müssen sie über die dafür erforderlichen Barmittel verfügen. Diese Beobachtung ist die Grundlage der *Hypothese des freien Cashflows.* Das ist die Annahme, dass verschwenderische Investitionen dann wahrscheinlicher sind, wenn Unternehmen hohe Cashflows aufweisen, die über das Niveau hinausgehen, das notwendig ist, um alle Investitionen mit positivem KW durchzuführen und die Zahlungen an die Fremdkapitalhalter zu leisten.[37] Nur dann, wenn die Barmittel knapp sind, sind Manager motiviert, das Unternehmen so effizient wie möglich zu führen. Entsprechend dieser Hypothese steigert die Verschuldung den Unternehmenswert, da sie das Unternehmen zu zukünftigen Zinszahlungen verpflichtet, und somit den überschüssigen Cashflow und den Umfang der verschwenderischen Investitionen von Managern verringert.[38] Ein ähnlicher Gedanke ist, dass die Verschuldung den Umfang des *Management Entrenchment*[39] verringern kann, da Manager in einer finanziellen Notlage eher entlassen werden. Weniger handlungsautonome Manager dürften sich mehr Sorgen über ihre Leistung machen und weniger verschwenderische Investitionen durchführen. Außerdem werden die Gläubiger eines hochverschuldeten Unternehmens die Maßnahmen des Managements genau überwachen, was eine weitere Aufsichtsebene bezüglich des Managements darstellt.[40]

Verschuldung und Verpflichtung

Durch die Verschuldung sind Managern häufig die Hände gebunden und sie sind gezwungen, Strategien tatkräftiger zu verfolgen als ohne drohende finanzielle Notlage. So konnte beispielsweise American Airlines in Tarifverhandlungen mit den Gewerkschaften im April 2003 Lohnzugeständnisse mit dem Argument erreichen, dass höhere Kosten zu einer Insolvenz führen würden (in einer ähnlichen Situation konnte Delta Airlines im November 2004 die Piloten überzeugen, eine Gehaltskürzung um 33 % hinzunehmen). Ohne eine drohende finanzielle Notlage hätten die Manager von

---

36 Belege zu dieser Beziehung zwischen übermäßigem Optimismus von Vorstandsvorsitzenden und Verzerrung von Investitionen finden Sie in U. Malmendier und G. Tate, „CEO Overconfidence and Corporate Investment", *Journal of Finance*, Bd. 60 (2005), S. 2661–2700; J. Heaton „Managerial Optimism and Corporate Finance", *Financial Management*, Bd. 31 (2002), S. 33–45; und R. Roll, „The Hubris Hypothesis of Corporate Takeovers", *Journal of Business*, Bd. 59 (1986), S. 197–216.

37 Die These, dass überschüssige Cashflows das Empire Building begünstigen, wurde von M. Jensen in „Agency Costs of Free Cash Flow, Corporate Finance and Takeovers", *American Economic Review*, Bd. 76 (1986), S. 323–329 vorgebracht.

38 Manager könnten neues Kapital für verschwenderische Investitionen natürlich auch aufnehmen, doch wären Investoren zurückhaltend, ihren Beitrag zu dieser Unternehmung zu leisten und würden ungünstige Bedingungen bieten. Zudem bringt die Beschaffung externen Kapitals umfangreichere Prüfungen und öffentliche Kritik bezüglich dieser Investition mit sich.

39 Größtmögliche Handlungsautonomie des Managers durch minimale Einschränkung, die durch Kontrollmechanismen auferlegt sind.

40 Ein Beispiel ist bei M. Harris und A. Raviv, „Capital Structure and the Informational Role of Debt", *Journal of Finance*, Bd. 45, Nr. 2 (1990), S. 321–349 zu finden.

American diese Vereinbarung mit der Gewerkschaft nicht so schnell zustande gebracht oder dieselben Gehaltszugeständnisse erreicht.[41]

Ein Unternehmen mit höherer Verschuldung ist möglicherweise auch ein härterer Konkurrent, der aggressiver dabei vorgeht, seine Märkte zu schützen, da er keine Insolvenz riskieren kann. Dieses aggressive Verhalten kann potenzielle Rivalen abschrecken. (Dieses Argument könnte auch umgekehrt funktionieren: Ein durch zu hohe Verschuldung geschwächtes Unternehmen könnte in finanzieller Hinsicht so schwach werden, dass es angesichts der Konkurrenz zerfällt und andere Unternehmen seine Märkte erodieren.)[42]

Verständnisfragen

1. Wie können Manager von überhöhten Aufwendungen für Übernahmen profitieren?

2. Wie können Aktionäre die Kapitalstruktur eines Unternehmens einsetzen, um dieses Problem zu verhindern?

16.7 Agency-Kosten und die Trade-Off-Theorie

Wir können nun ▶Gleichung 16.1 um den Unternehmenswert bereinigen und Kosten und Nutzen der Anreize aufnehmen, die durch die Verschuldung entstehen. Diese vollständigere Gleichung lautet:

$$V^L = V^U + BW(\text{fremdfinanzierungsbedingter Steuervorteil})$$
$$- BW(\text{Kosten der finanziellen Notlage}) - BW(\text{Agency-Kosten des Fremdkapitals})$$
$$+ BW(\text{Agency-Nutzen des Fremdkapitals}) \tag{16.3}$$

Der Nettoeffekt der Kosten und des Nutzens aus der Verschuldung auf den Unternehmenswert ist in ▶Abbildung 16.2 dargestellt. Ohne Fremdkapital ist der Wert des Unternehmens V^U. Durch Erhöhung des Fremdkapitals profitiert das Unternehmen aus dem fremdfinanzierungsbedingten Steuervorteil (der einen Barwert von τ^*D hat). Das Unternehmen profitiert außerdem von den gestiegenen Anreizen des Managements, wodurch verschwenderische Investitionen und geldwerte Vorteile vermindert werden. Ist die Verschuldung jedoch zu hoch, verringert sich der Unternehmenswert aufgrund des Verlusts des Steuervorteils (wenn die Zinsen das EBIT übersteigen), der Kosten der finanziellen Notlage und der Agency-Kosten des Fremdkapitals. Das optimale Niveau des Fremdkapitals D^* gleicht Kosten und Nutzen der Verschuldung aus.

---

41 Siehe E. Perotti und K. Spier, „Capital Structure as Bargaining Tool: The Role of Leverage in Contract Renegotiation", *American Economic Review*, Bd. 83 (1993), S. 1131–1141. Das Fremdkapital kann sich auch auf die Verhandlungsmacht gegenüber Lieferanten auswirken; siehe S. Dasgupta und K. Sengupta, „Sunk Investment, Bargaining and Choice of Capital Structure", *International Economic Review*, Bd. 34 (1993), S. 203–220; O. Sarig, „The Effect of Leverage on Bargaining with a Corporation", *Financial Review*, Bd. 33 (1998), S. 1–16; und C. Hennessy und D. Livdan, „Debt, Bargaining, and Credibility in Firm-Supplier Relationships", *Journal of Financial Economics*, Bd. 93 (2009), S. 382–399. Das Fremdkapital kann auch die Verhandlungsmacht des Zielunternehmens in einem Kampf um die Kontrolle stärken; siehe M. Harris und A. Raviv, „Corporate Control Contests and Capital Structure", *Journal of Financial Economics*, Bd. 20 (1988), S. 55–86; und R. Israel, „Capital Structure and the Market for Corporate Control: The Defensive Role of Debt Financing", *Journal of Finance*, Bd. 46 (1991), S. 1391–1409.

42 Siehe J. Brander und T. Lewis, „Oligopoly and Financial Structure: The Limited Liability Effect", *American Economic Review*, Bd. 76 (1986), S. 956–970. In einer empirischen Studie fand J. Chevalier heraus, dass die Verschuldung die Wettbewerbsfähigkeit von Supermarktketten mindert [„Capital Structure and Product-Market Competition: Empirical Evidence from the Supermarket Industry, „American Economic Review*, Bd. 85 (1995), S. 415–435]. P. Bolton and D. Scharfstein erörtern die Auswirkung einer fehlenden großen Finanzkraft in „A Theory of Predation Based on Agency Problems in Financial Contracting", *American Economic Review*, Bd. 80 (1990), S. 93–106.

Das optimale Fremdkapitalniveau

Es ist wichtig anzumerken, dass die relativen Höhen der verschiedenen Kosten und Nutzen des Fremdkapitals von den Merkmalen des Unternehmens abhängig sind. Ebenso schwankt das optimale Fremdkapitalniveau. Als Beispiel vergleichen wir die optimalen Kapitalstrukturen von zwei Arten von Unternehmen.[43]

R&D-intensive Unternehmen. Unternehmen mit hohen Kosten für Forschung und Entwicklung (R&D) und zukünftigen Wachstumsgelegenheiten haben normalerweise niedrige Fremdkapitalniveaus. Diese Unternehmen haben oft geringe laufende freie Cashflows, sodass sie wenig Fremdkapital benötigen, um sich einen Steuervorteil zu verschaffen oder die Ausgaben des Managements zu überwachen. Außerdem haben diese Unternehmen ein großes Humankapital und somit hohe Kosten im Fall einer finanziellen Notlage.

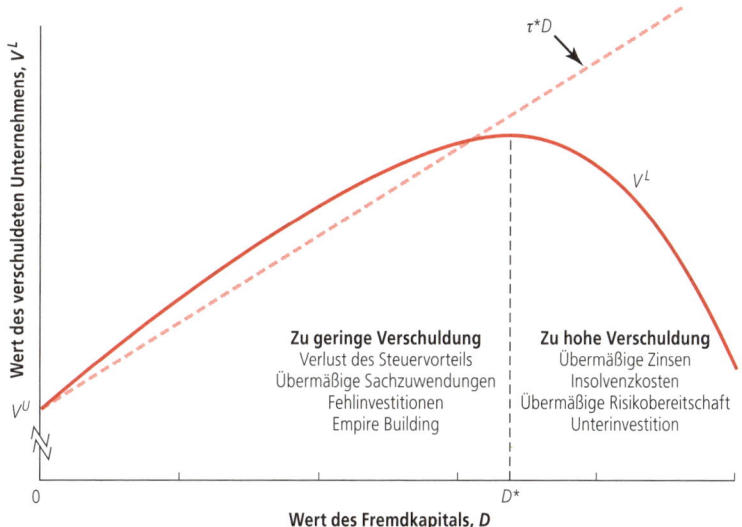

Abbildung 16.2: Optimale Verschuldung bei Steuern, Kosten einer finanziellen Notlage und Agency-Kosten. Steigt das Fremdkapitalniveau D, steigen durch den fremdfinanzierungsbedingten Steuervorteil auch der Unternehmenswert, und die Anreize des Managements werden besser. Bei zu hoher Verschuldung jedoch dominieren der Barwert der Kosten der finanziellen Notlage und die Agency-Kosten aus Konflikten zwischen Fremdkapitalgebern und Anteilseignern, und der Unternehmenswert wird gemindert. Das optimale Fremdkapitalniveau D^* gleicht diese Vorteile und Kosten der Verschuldung aus.

Auch fällt es diesen Unternehmen leicht, das Risiko ihrer Geschäftsstrategie (durch riskantere Technologien) zu erhöhen und sie müssen häufig zusätzliches Kapital beschaffen, um neue Investitionsgelegenheiten zu finanzieren. Somit haben sie außerdem hohe Agency-Kosten des Fremdkapitals. Biotechnologie- und Technologieunternehmen haben häufig eine Verschuldung von weniger als 10 %.

Reife Unternehmen mit geringem Wachstum. Reife Unternehmen mit geringem Wachstum, stabilen Cashflows und materiellen Vermögensgegenständen fallen häufig in die Kategorie „hochverschuldet". Diese Unternehmen haben eher hohe freie Cashflows mit wenigen guten Investitionsgelegenheiten. Somit sind Steuervorteil und Anreizvorteil der Verschuldung wahrscheinlich hoch. Bei materiellen Vermögenswerten sind die Kosten einer finanziellen Notlage aus der Verschuldung eher gering, da die Vermögensgegenstände fast zu ihrem vollen Wert veräußert werden können. Branchen mit geringem Wachstum, in denen die Unternehmen meist eine Verschuldung von mehr als 20 % haben, sind zum Beispiel Immobilien-, Versorgungsunternehmen und Supermarktketten.

---

43 Eine empirische Schätzung der Schwankungen in ▶Abbildung 16.2 zwischen verschiedenen Unternehmen und Branchen findet sich in J. van Binsbergen, J. Graham, and J. Yang, „The Cost of Debt", *Journal of Finance*, Bd. 65, (2010), S. 2089-2136 und A. Korteweg, „The Net Benefits to Leverage", *Journal of Finance*, Bd. 65, (2010), S. 2137–2170.

Verschuldungsniveaus in der Praxis

Die Trade-Off-Theorie erklärt, wie Unternehmen ihre Kapitalstruktur wählen *sollten*, um den Wert für die derzeitigen Aktionäre zu maximieren. Festzustellen, ob sie das tatsächlich tun, ist jedoch nicht so einfach, da viele Kosten der Verschuldung schwer zu messen sind. Warum könnte sich ein Unternehmen *nicht* für die optimale Kapitalstruktur entscheiden? Entscheidungen hinsichtlich der Kapitalstruktur, wie Investitionsentscheidungen, werden von Managern getroffen, die ihre eigenen Anreize haben. Vertreter der **Management Entrenchment Theorie** der Kapitalstruktur glauben, dass Manager eine Kapitalstruktur hauptsächlich wählen, um die Schuldendisziplin zu umgehen und ihre Handlungsautonomie zu sichern. Somit versuchen Manager die Verschuldung *zu minimieren,* um den Verlust ihres Arbeitsplatzes zu verhindern, der mit einer finanziellen Notlage einhergehen würde. Manager müssen sich jedoch auch bei der Verwendung von zu wenig Fremdkapital zurückhalten, um die Aktionäre bei Laune zu halten. Opfern Manager zu viel Unternehmenswert, können verärgerte Aktionäre versuchen, sie zu ersetzen oder das Unternehmen an einen Erwerber zu veräußern. Nach dieser These haben Unternehmen eine Verschuldung, die unterhalb des optimalen Niveaus D^* in ▸Abbildung 16.2 liegt, und nähern diese nur an D^* an, wenn eine Übernahme oder Maßnahmen der Aktionäre drohen.[44]

Verständnisfragen

1. Beschreiben Sie, wie sich die Handlungsautonomie der Manager auf den Unternehmenswert auswirken kann.

2. Coca-Cola Enterprises ist fast zu 50 % mit Fremdkapital finanziert, während Intel, ein Technologieunternehmen, kein Fremdkapital hat. Warum könnten sich diese Unternehmen für so unterschiedliche Kapitalstrukturen entschieden haben?

16.8 Asymmetrische Information und Kapitalstruktur

In diesem Kapitel sind wir davon ausgegangen, dass Manager, Aktionäre und Gläubiger über die gleichen Informationen verfügen. Wir haben zudem angenommen, dass Wertpapiere fair bewertet sind: Die Aktien des Unternehmens und dessen Fremdkapital sind entsprechend dem wahren zugrunde liegenden Wert bewertet. Diese Annahmen können in der Praxis jedoch nicht immer zutreffen. Die Informationen des Managers über das Unternehmen und dessen zukünftige Cashflows sind wahrscheinlich den Informationen der externen Investoren überlegen: Die Informationen von Managern und Investoren sind **asymmetrisch**. In diesem Abschnitt betrachten wir, wie asymmetrische Informationen Manager motivieren können, die Kapitalstruktur eines Unternehmens zu ändern.

Verschuldung als glaubwürdiges Signal

Sehen wir uns die Notlage von Kim Smith an, der Vorstandsvorsitzenden von Beltran International, die der Ansicht ist, dass die Aktien ihres Unternehmens unterbewertet sind. Marktanalysten und Investoren sind besorgt, dass mehrere der Patente von Beltran bald auslaufen und dass neue Konkurrenten Beltran zwingen werden, die Preise zu senken oder Kunden zu verlieren. Smith glaubt, dass durch Produktinnovationen und in Kürze eingeführte bessere Produktionsverfahren Beltran seinen Vorsprung vor den Wettbewerber behält und das Unternehmen so in die Lage versetzt, die derzeitige Rentabilität auch künftig beizubehalten. Sie versucht, die Investoren von Beltran von der vielversprechenden Zukunft des Unternehmens zu überzeugen und den Aktienpreis von Beltran zu erhöhen.

---

44 Siehe J. Zwieben, „Dynamic Capital Structure Under Managerial Entrenchment", *American Economic Review*, Bd. 86 (1996), S. 1197–1215; L. Zingales und W. Novaes, „Capital Structure Choice When Managers Are in Control: Entrenchment versus Efficiency", *Journal of Business*, Bd. 76 (2002), S. 49–82; und E. Morellec, „Can Managerial Discretion Explain Observed Leverage Ratios?", *Review of Financial Studies*, Bd. 17 (2004), S. 257–294.

Eine mögliche Strategie wäre eine Investor-Relations-Kampagne. Smith kann Pressemitteilungen ausgeben, in denen die Vorzüge der Innovationen und die Verbesserungen der Produktionsverfahren beschrieben werden. Aber Smith weiß, dass die Investoren bezüglich dieser Pressemitteilungen skeptisch sein können, wenn deren Inhalt nicht überprüft werden kann. Schließlich haben Manager wie Politiker einen Anreiz, bezüglich dessen, was sie erreichen können, optimistisch und zuversichtlich zu klingen. Da Investoren davon ausgehen, dass sie parteiisch ist, muss Smith Maßnahmen ergreifen, die glaubwürdige Signale bezüglich ihrer Kenntnis des Unternehmens aussenden. Das heißt, sie muss Maßnahmen ergreifen, die dem Markt deutlich machen, dass ihre Erklärungen der Wahrheit entsprechen. Dieser Gedanke gilt nicht nur für die Kommunikation zwischen Manager und Investor – er liegt jeder menschlichen Interaktion zugrunde. Wir nennen es **Glaubwürdigkeitsprinzip**.

Behauptungen, die im eigenen Interesse aufgestellt werden, sind nur dann glaubwürdig, wenn sie von Handlungen unterstützt werden, die zu kostspielig wären, wenn die Behauptungen nicht wahr wären.

Dies ist die Essenz des Sprichworts „Taten sagen mehr als tausend Worte". Eine Möglichkeit, wie ein Unternehmen den Investoren seine Stärke glaubwürdig vermitteln kann, sind Aussagen hinsichtlich der Zukunftsaussichten des Unternehmens, die die Investoren und Analysten letztlich überprüfen können. Da die Strafen für die vorsätzliche Täuschung von Investoren hoch sind,[45] werden Investoren diese Aussagen im Allgemeinen glauben.

Nehmen wir an, Smith kündigt an, dass ausstehende langfristige Verträge mit der amerikanischen, britischen und japanischen Regierung die Erlöse Beltrans im nächsten Jahr um 30 % steigern werden. Da diese Erklärung im Nachhinein überprüft werden kann, wäre es kostspielig, etwas Falsches zu behaupten. Für vorsätzliche Falschdarstellung würde die amerikanische Wertpapier- und Börsenaufsicht (SEC) das Unternehmen wahrscheinlich zu einer Geldstrafe verurteilen und Klage gegen Smith einreichen. Das Unternehmen könnte auch von seinen Investoren verklagt werden. Diese hohen Kosten würden wahrscheinlich jeden etwaigen Vorteil für Smith und Beltran aus der vorübergehenden Täuschung der Investoren und dem Anstieg des Aktienkurses überwiegen. Daher dürften die Investoren diese Ankündigung für glaubwürdig halten.

Was aber, wenn Beltran noch keine Details zu den Zukunftsaussichten bekanntgeben kann? Vielleicht wurden die Verträge für die staatlichen Aufträge noch nicht unterschrieben oder können aus anderen Gründen nicht offengelegt werden. Wie kann Smith ihre positiven Informationen bezüglich des Unternehmens glaubwürdig kommunizieren?

Eine Strategie ist, das Unternehmen zu hohen zukünftigen Kreditzahlungen zu verpflichten. Wenn Smith Recht behält, dann wird Beltran keine Schwierigkeiten haben, diese Zahlungen zu leisten. Aber wenn Smith Falsches behauptet und das Unternehmen nicht wächst, wird Beltran Schwierigkeiten haben, die Gläubiger zu bezahlen und in eine finanzielle Notlage geraten. Diese Notlage wird für das Unternehmen und auch für Smith teuer, die wahrscheinlich ihren Job verliert. Somit kann Smith die Verschuldung einsetzen, um die Investoren davon zu überzeugen, dass sie über Informationen verfügt, dass das Unternehmen wachsen wird, auch wenn sie keine überprüfbaren Einzelheiten dazu geben kann, woher das Wachstum kommt. Investoren wissen, dass Beltran ohne Wachstumschancen einen Zahlungsausfall riskieren würde, sodass sie diese zusätzliche Verschuldung als glaubwürdiges Signal der Zuversicht der Vorstandsvorsitzenden werten werden. Die Verwendung von Verschuldung als Mittel, den Investoren gute Informationen zu signalisieren, nennt man *die Signaling-Theorie des Fremdkapitals*.[46]

---

45 Das Sarbanes-Oxley-Gesetz von 2002 erhöhte die Strafen für Wertpapierbetrug unter anderem auf bis zu zehn Jahre Haft.

46 Siehe S. Ross, „The Determination of Financial Structure: The Incentive-Signalling Approach", *Bell Journal of Economics*, Bd. 8 (1977), S. 23–40.

Beispiel 16.8: Fremdkapital signalisiert Stärke

Fragestellung

Angenommen, Beltran ist derzeit rein eigenfinanziert und der Marktwert von Beltran in einem Jahr liegt je nach Erfolg der neuen Strategie entweder bei EUR 100 Millionen oder EUR 50 Millionen. Derzeit halten die Investoren diese Ergebnisse für gleichermaßen wahrscheinlich, aber Smith verfügt über die Information, dass der Erfolg praktisch sicher ist. Wird eine Verschuldung von EUR 25 Millionen die Behauptung von Smith glaubwürdig machen? Wie wäre es bei einer Verschuldung von EUR 55 Millionen?

Lösung

Liegt die Verschuldung weit unter EUR 50 Millionen, riskiert Beltran bei jedem Ergebnis keine finanzielle Notlage. Daher entstehen keine Verschuldungskosten, auch wenn Smith nicht über positive Informationen verfügt. Somit wäre eine Verschuldung von EUR 25 Millionen für die Investoren kein glaubwürdiges Signal der Stärke.

Eine Verschuldung von EUR 55 Millionen jedoch dürfte ein glaubwürdiges Signal sein. Ohne positive Informationen besteht ein erhebliches Risiko, dass Beltran aufgrund dieser Belastung in Insolvenz geht. Somit würde Smith dieser Verschuldung nur dann zustimmen, wenn sie sich bezüglich der Zukunftsaussichten des Unternehmens sicher ist.

Eigenkapitalemission und adverse Selektion

Ein Gebrauchtwagenhändler sagt Ihnen, dass er bereit sei, Ihnen einen Sportwagen für EUR 5.000 unter dem Normalpreis zu verkaufen. Statt sich zu freuen, sollte Ihre erste Reaktion eher skeptisch sein: Wenn der Händler bereit ist, dieses Auto zu einem so geringen Preis zu verkaufen, kann etwas mit dem Auto nicht stimmen – es ist wahrscheinlich eine „Zitrone", das heißt, es hat wahrscheinlich schwere Mängel.

Der Gedanke, dass Käufer bezüglich der Verkaufsmotivation eines Verkäufers skeptisch sind, wurde von George Akerlof formalisiert.[47] Akerlof zeigte, dass, wenn ein Verkäufer Informationen über die Qualität des Autos hat, sein *Verkaufswunsch* deutlich macht, dass das Auto wahrscheinlich von geringer Qualität ist. Die Käufer werden daher nur kaufen, wenn ein extremer Preisnachlass gegeben wird. Inhaber hochwertiger Autos verkaufen nur ungern, da sie wissen, dass Käufer denken werden, dass sie minderwertige Qualität verkaufen und daher nur einen geringen Preis anbieten. Somit sind sowohl Qualität als auch Preise auf dem Gebrauchtwagenmarkt gering. Dieses Resultat nennt man **adverse Selektion**: Die Auswahl an Autos, die auf dem Gebrauchtwagenmarkt verkauft werden, ist schlechter als der Durchschnitt.

Die adverse Selektion gibt es auch außerhalb des Gebrauchtwagenmarktes. Tatsächlich gilt sie für jede Situation, in der ein Verkäufer mehr Informationen als der Käufer hat. Die adverse Selektion führt zum **sogenannten Zitronen-Prinzip**:

Wenn ein Verkäufer eigene, nicht für andere verfügbare Informationen über den Wert einer Ware hat, sind die Käufer aufgrund der adversen Selektion nur bereit, einen niedrigeren Preis zu zahlen.

---

47 „The Market for Lemons: Quality, Uncertainty and the Market Mechanism", *Quarterly Journal of Economics*, Bd. 84 (1970), S. 488–500.

Der Nobelpreis für Wirtschaftswissenschaften im Jahr 2001

Im Jahr 2001 erhielten George Akerlof, Michael Spence und Joseph Stiglitz den Nobelpreis für Wirtschaftswissenschaften für ihre Analyse der Märkte mit asymmetrischen Informationen und adverser Selektion. In diesem Kapitel erörtern wir die Auswirkungen ihrer Theorie auf die Kapitalstruktur von Unternehmen. Diese Theorie hat jedoch viel allgemeinere Anwendungen. Auf der Internetseite des Nobelpreiskomitees (*www.nobelprize.org*) ist zu lesen:

Viele Märkte sind durch asymmetrische Informationen gekennzeichnet: Die Akteure auf der einen Seite des Marktes haben viel bessere Informationen als die Akteure auf der anderen Seite. Die Kreditnehmer wissen mehr als die Kreditgeber über die Rückzahlungsaussichten; Manager und Vorstände wissen mehr als die Aktionäre über die Rentabilität des Unternehmens, und mögliche Kunden wissen mehr als Versicherungsgesellschaften über ihr Unfallrisiko. In den 1970er-Jahren haben die diesjährigen Nobelpreisträger die Grundlage einer allgemeinen Theorie der Märkte mit asymmetrischen Informationen gelegt. Die Anwendungen sind sehr zahlreich, von den traditionellen Landwirtschaftsmärkten bis hin zu den modernen Finanzmärkten. Die Beiträge der Nobelpreisträger sind der Kern der modernen Informationswirtschaft.

© *The Nobel Foundation*

Wir können dieses Phänomen auch auf den Eigenkapitalmarkt anwenden.[48] Angenommen, der Inhaber eines neu gegründeten Unternehmens sagt Ihnen, dass sein Unternehmen eine wunderbare Investitionsgelegenheit ist und bietet Ihnen dann 70 % seiner Anteile am Unternehmen zum Kauf an. Er erklärt, dass er *nur* wegen der Diversifizierung verkauft. Auch wenn Sie seinen Wunsch verstehen, haben Sie den Verdacht, dass der Inhaber nur deshalb einen so großen Anteil verkaufen möchte, weil er negative Informationen über die Zukunftsaussichten des Unternehmens hat. Das heißt, er könnte versuchen, eine Auszahlung des Anteils zu erhalten, bevor die schlechte Nachricht bekannt wird.[49] Wie bei dem Gebrauchtwagenhändler kann der Wunsch des Inhabers, Eigenkapital zu verkaufen, dazu führen, dass die Qualität der Investition infrage gestellt wird. Nach dem Zitronen-Prinzip verringern Sie daher den Preis, den Sie zu zahlen bereit sind. Der Abschlag auf den Preis aufgrund der adversen Selektion sind potenzielle Kosten der Eigenkapitalemission und kann Inhaber, die über gute Informationen verfügen, von der Eigenkapitalemission abhalten.

Beispiel 16.9:   Adverse Selektion an Kapitalmärkten

Fragestellung

Die Aktie von Zycor ist entweder EUR 100, EUR 80 oder EUR 60 wert. Investoren nehmen an, dass jeder Wert mit gleicher Wahrscheinlichkeit eintritt. Der aktuelle Kurs entspricht dem Durchschnittswert von EUR 80.

Angenommen, der Vorstandsvorsitzende von Zycor kündigt an, einen Großteil seiner Aktien zum Zwecke der Diversifizierung zu verkaufen. Die Diversifizierung ist ihm ein Abschlag in Höhe von 10 % auf den Aktienkurs wert, das heißt, der Vorstandsvorsitzende wäre bereit, 10 % weniger zu erhalten als die Aktien wert sind, um den Nutzen der Diversifizierung zu erzielen. Wenn Investoren glauben, dass der Vorstandsvorsitzende den wahren Wert kennt, wie wird sich der Aktienkurs ändern, wenn er versucht zu verkaufen? Wird der Vorstandsvorsitzende zum neuen Kurs verkaufen?

---

48 Siehe H. Leland und D. Pyle, „Information Asymmetries, Financial Structure and Financial Intermediation", *Journal of Finance*, Bd. 32 (1977), S. 371–387.

49 Auch hier gibt es, falls der Inhaber des Unternehmens (oder des Autos im vorherigen Beispiel) ganz gezielte Informationen hat, die nachträglich überprüft werden können, mögliche rechtliche Konsequenzen für das nicht Veröffentlichen dieser Informationen gegenüber dem Käufer. Gewöhnlich gibt es jedoch viele Hintergrundinformationen, über die der Verkäufer verfügen könnte, die unmöglich zu überprüfen sind.

Lösung

Wenn der wahre Wert der Aktien EUR 100 betragen würde, wäre der Vorstandsvorsitzende nicht bereit, zu einem Marktkurs von EUR 80, also 20 % unter dem wahren Wert, zu verkaufen. Wenn also der Vorstandsvorsitzende zu verkaufen versucht, können die Aktionäre auf einen Wert der Aktien von entweder EUR 80 oder EUR 60 schließen. In diesem Fall sollte der Aktienkurs auf den Durchschnittswert von EUR 70 fallen. Läge der wahre Wert bei EUR 80, wäre der Vorstandsvorsitzende wiederum bereit, für EUR 72 zu verkaufen, jedoch nicht für EUR 70 pro Aktie. Wenn er also dennoch versucht zu verkaufen, wissen die Aktionäre, dass der wahre Wert pro Aktie EUR 60 beträgt. Somit wird der Vorstandsvorsitzende nur dann verkaufen, wenn der wahre Wert der niedrigste mögliche Kurs von EUR 60 ist. Wenn der Vorstandsvorsitzende weiß, dass die Aktie EUR 100 oder EUR 80 wert ist, wird er nicht verkaufen, auch wenn er es vorziehen würde zu diversifizieren.

Um die adverse Selektion zu erklären, sind wir davon ausgegangen, dass der Inhaber eines Unternehmens seine *eigenen* Aktien verkauft. Was ist, wenn ein Manager des Unternehmens beschließt, Wertpapiere im Namen des *Unternehmens* zu verkaufen? Werden die Wertpapiere zu einem Kurs unterhalb ihres wahren Wertes verkauft, stellt der Gewinn des Käufers Kosten für die aktuellen Aktionäre des Unternehmens dar. Da der Manager im Namen der aktuellen Aktionäre handelt, ist er wohl nicht zum Verkauf bereit.[50]

Sehen wir uns ein einfaches Beispiel an. Gentec ist ein Biotech-Unternehmen ohne Fremdkapital, seine 20 Millionen Aktien werden derzeit zu einem Kurs von EUR 10 pro Aktie gehandelt und haben einen Gesamtmarktwert von EUR 200 Millionen. Aufgrund der guten Aussichten für ein neues Medikament glaubt das Management, dass der wahre Wert des Unternehmens EUR 300 Millionen beziehungsweise EUR 15 pro Aktie beträgt. Das Management nimmt an, dass der Aktienkurs diesen höheren Wert widerspiegeln wird, nachdem die klinischen Tests im nächsten Jahr abgeschlossen sind. Gentec hat bereits Pläne mitgeteilt, EUR 60 Millionen von Investoren aufzubringen, um ein neues Forschungslabor zu bauen. Diese Mittel können heute beschafft werden, indem 6 Millionen neue Aktien zum aktuellen Kurs von EUR 10 ausgegeben werden. In diesem Fall wird der Wert der Vermögensgegenstände nach Bekanntwerden der guten Nachricht EUR 300 Millionen (bestehende Vermögensgegenstände) plus EUR 60 Millionen (neues Labor) betragen, insgesamt EUR 360 Millionen. Mit 26 Millionen umlaufenden Aktien liegt der Aktienkurs dann bei EUR 360 Millionen : 26 Millionen Aktien = EUR 13,85 pro Aktie.

Aber angenommen, Gentec wartet, bis die guten Nachrichten veröffentlicht sind und der Aktienkurs auf EUR 15 gestiegen ist, *bevor* die neuen Aktien ausgegeben werden. Dann kann das Unternehmen EUR 60 Millionen aufbringen, indem 4 Millionen Aktien verkauft werden. Die Vermögenswerte werden wieder einen Wert von insgesamt EUR 360 Millionen haben, jedoch werden nur 24 Millionen Aktien im Umlauf sein, was einen Aktienkurs von EUR 360 Millionen : 24 Millionen Aktien = EUR 15 pro Aktie ergibt.

Somit ist die Emission neuer Aktien, wenn das Management weiß, dass sie unterbewertet sind, teuer für die Altaktionäre. Ihre Aktien werden nur EUR 13,85 und nicht EUR 15 wert sein. Wenn sich die Manager von Gentec hauptsächlich um ihre Altaktionäre kümmern, werden sie nicht bereit sein die Wertpapiere zu einem Kurs unter dem wahren Wert zu verkaufen. Wenn sie glauben, dass die Aktien unterbewertet sind, werden Manager eher warten, bis der Aktienkurs gestiegen ist und dann Eigenkapital ausgeben.

Diese Präferenz, kein unterbewertetes Eigenkapital auszugeben, führt uns zum gleichen Zitronen-Problem wie vorher: Manager, die wissen, dass ihre Wertpapiere einen hohen Wert haben, werden nicht verkaufen und diejenigen, die wissen, dass sie einen niedrigen Wert haben, werden verkaufen. Aufgrund dieser adversen Selektion werden die Aktionäre nur bereit sein, einen geringen Preis für die Wertpapiere zu zahlen. Das Zitronen-Problem verursacht Unternehmen Kosten, die Kapital

---

50 S. Myers und N. Majluf zeigten dieses Resultat und eine Reihe der Auswirkungen auf die Kapitalstruktur in einer einflussreichen Arbeit, „Corporate Financing and Investment Decisions When Firms Have Information that Investors Do Not Have", *Journal of Finance Economics*, Bd. 13 (1984), S. 187–221.

für neue Investitionen von Investoren aufbringen müssen. Wenn sie versuchen, Eigenkapital auszugeben, werden Investoren nur bereit sein einen geringeren Preis zu zahlen, um die Möglichkeit zu berücksichtigen, dass die Manager vertrauliche negative Nachrichten haben.

Auswirkungen auf die Eigenkapitalemission

Die adverse Selektion hat mehrere wichtige Auswirkungen auf die Eigenkapitalemission. Zuallererst bedeutet das Zitronen-Prinzip unmittelbar, dass

1. **der Aktienkurs nach Ankündigung einer Eigenkapitalemission sinkt.** Wenn ein Unternehmen Eigenkapital ausgibt, signalisiert es den Investoren, dass das Eigenkapital möglicherweise überbewertet ist. Daher werden die Investoren nicht bereit sein, den vor der Ankündigung geltenden Preis für die Aktie zu zahlen und daher fällt der Aktienkurs. Zahlreiche Studien haben dieses Ergebnis bestätigt und festgestellt, dass der Aktienkurs nach der Ankündigung der Eigenkapitalemission einer amerikanischen Aktiengesellschaft um rund 3 % fällt. [51]

Wie im Beispiel Gentec haben Manager bei der Eigenkapitalemission einen Anreiz, die Emission zu verzögern, bis Nachrichten, die sich positiv auf den Aktienkurs auswirken könnten, öffentlich bekannt werden. Im Gegensatz dazu besteht kein Anreiz, die Emission hinauszuzögern, wenn Manager erwarten, dass negative Nachrichten bekannt werden. Diese Anreize führen zu folgendem Muster.

2. **Der Aktienkurs steigt oft vor der Ankündigung einer Eigenkapitalemission.** Dieses Ergebnis wird auch empirisch gestützt, wie in ▶ Abbildung 16.3 unter Verwendung der Daten einer Studie von Deborah Lucas und Robert McDonald gezeigt wird. Sie ermittelten, dass Aktien mit Eigenkapitalemissionen in den eineinhalb Jahren vor der Ankündigung der Emission den Markt um fast 50 % übertrafen.

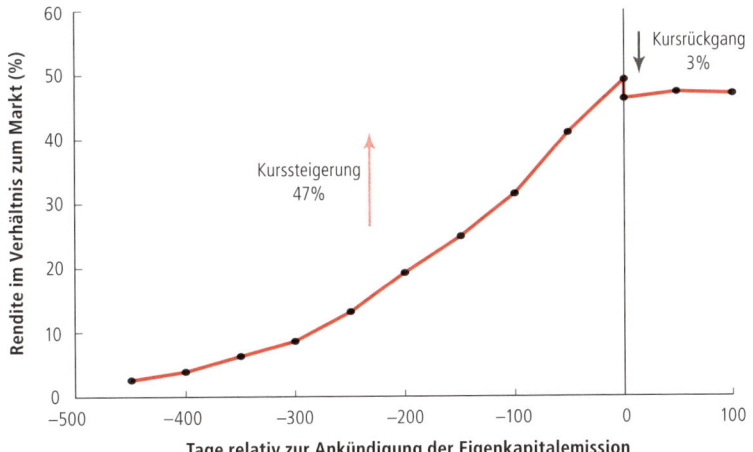

Abbildung 16.3: **Aktienrenditen vor und nach der Eigenkapitalemission.** Aktien steigen oft (im Verhältnis zum Markt) vor Bekanntgabe einer Eigenkapitalemission. Nach der Bekanntgabe fällt der Kurs im Durchschnitt. Diese Abbildung zeigt die durchschnittliche Rendite im Verhältnis zum Markt vor und nach der Bekanntgabe unter Verwendung der Daten von D. Lucas und R. McDonald, „Equity Issues and Stock Price Dynamics", *Journal of Finance*, Bd. 45 (1990), S. 1019–1043.

Die Manager können auch versuchen, den Preisrückgang in Verbindung mit der adversen Selektion zu vermeiden, indem sie Eigenkapital zu Zeiten ausgeben, in denen sie den geringsten Informationsvorteil gegenüber den Investoren haben. Da zum Beispiel viele Informationen zum Zeitpunkt der Gewinnmitteilung den Investoren bekannt werden, finden Eigenkapitalemissionen häufig unmittelbar nach dieser Mitteilung statt. Das heißt:

---

51 Siehe z. B. P. Asquith und D. Mullins, „Equity Issues and Offering Dilution", *Journal of Financial Economics*, Bd. 15 (1986), S. 61–89; R. Masulis und A. Korvar, „Seasoned Equity Offerings: An Empirical Investigation", *Journal of Financial Economics*, Bd. 15 (1986), S. 91–118; und W. Mikkelson und M. Partch, „Valuation Effects of Security Offerings and the Issuance Process", *Journal of Financial Economics*, Bd. 15 (1986), S. 31–60.

Unternehmen führen häufig dann eine Eigenkapitalemission durch, wenn die Asymmetrie der Informationen minimiert ist, zum Beispiel unmittelbar nach der Publikation von Ertragskennzahlen.[52]

Auswirkungen auf die Kapitalstruktur

Da Manager es teuer finden Aktien auszugeben, die unterbewertet sind, können sie nach alternativen Finanzierungsformen suchen. Auch wenn die Fremdkapitalausgabe ebenfalls von der adversen Selektion beeinträchtigt sein kann, ist das Ausmaß der Unterbewertung bei Fremdkapital oft kleiner als bei Eigenkapital, da der Wert des Fremdkapitals mit geringem Risiko nicht sehr sensibel auf die vertraulichen Informationen des Managers über das Unternehmen reagiert (sondern hauptsächlich vom Zinssatz bestimmt wird). Natürlich kann ein Unternehmen die Unterbewertung ganz vermeiden, indem eine Investition, wenn möglich, allein durch Barmittel (einbehaltene Gewinne) finanziert wird. Daher *werden Manager, die das Eigenkapital des Unternehmens für unterbewertet halten, eine Präferenz für die Finanzierung der Investition mit einbehaltenen Gewinnen oder Fremdkapital anstelle von Eigenkapital haben.*

Die Umkehrung dieser Erklärung ist ebenfalls richtig: Manager, die das Eigenkapital des Unternehmens für überbewertet halten, werden die Eigenkapitalemission der Fremdkapitalemission oder der Verwendung einbehaltener Gewinne für die Finanzierung einer Investition vorziehen. Aufgrund der negativen Reaktion des Aktienkurses auf die Eigenkapitalemission ist es jedoch weniger wahrscheinlich, dass das Eigenkapital überbewertet ist. Somit kann, wenn andere Gründe für die Eigenkapitalemission nicht gegeben sind, der Kursrückgang nach der Mitteilung ausreichen, Manager von einer Eigenkapitalemission abzuhalten, es sei denn als letztes Mittel, wenn sich sowohl Manager als auch Investoren rational verhalten.

Der Gedanke, dass Manager zunächst einbehaltene Gewinne verwenden und neues Eigenkapital nur als letztes Mittel ausgeben, wird häufig **Hackordnungstheorie (Pecking-Order-Theorie)** genannt, die von Stewart Myers aufgestellt wurde.[53]

Auch wenn es schwierig ist, diese Theorie direkt zu prüfen, stimmt sie mit den gesamten in ▶Abbildung 16.4 enthaltenen Daten über Unternehmensfinanzierung überein. Darin wird gezeigt, dass Unternehmen oft Nettorückkäufer (nicht Emittenten) von Eigenkapital sind, wohingegen sie Fremdkapitalemittenten sind. Außerdem wird der weitaus größte Teil der Investitionen durch einbehaltene Gewinne finanziert, während die externe Finanzierung in den meisten Jahren netto weniger als 30 % und durchschnittlich circa 10 % der Kapitalaufwendungen ausmacht. Diese Beobachtungen können auch mit der Trade-Off-Theorie der Kapitalstruktur übereinstimmen und es gibt gewichtige Belege dafür, dass Unternehmen von einer *strengen* Hackordnung abweichen, da sie häufig Eigenkapital ausgeben, auch wenn die Kreditaufnahme möglich ist.[54]

---

52 R. Korajczyk, D. Lukas und R. McDonald, „The Effect of Information Releases on the Pricing and Timing of Equity Issues", *Review of Financial Studies*, Bd. 4 (1991), S. 685–708.

53 S. Myers, „The Capital Structure Puzzle", *Journal of Finance*, Bd. 39 (1984), S. 575–592.

54 Siehe zum Beispiel M. Leary und M. Roberts, „The Pecking Order, Debt Capacity, and Information Asymmetry", *Journal of Financial Economics*, Bd. 95, (2010), S. 332–355.

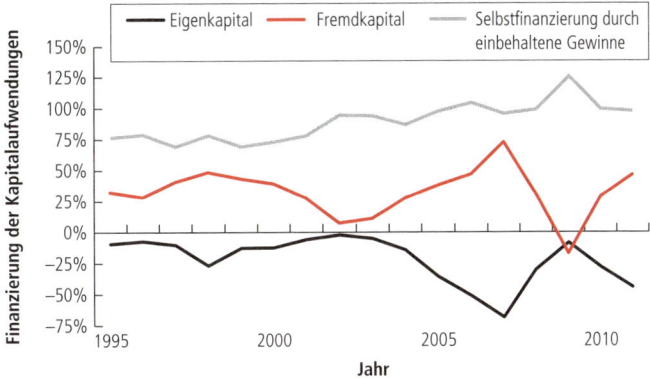

Abbildung 16.4: **Quellen der Finanzierung von Kapitalaufwendungen, US-Unternehmen.** Die Grafik zeigt Nettoeigenkapital und Fremdkapitalemission in Prozent der gesamten Kapitalaufwendungen. Insgesamt kaufen Unternehmen oft Aktien zurück und geben Fremdkapital aus. Aber mehr als 75 % der Kapitalaufwendungen werden mit einbehaltenen Gewinnen finanziert.

Quelle: Federal Reserve Flow of Funds.

Beispiel 16.10: Die Hackordnung der Finanzierungsalternativen

Fragestellung

Axon Industries benötigt EUR 10 Millionen für ein neues Investitionsprojekt. Wenn das Unternehmen Fremdkapital mit einer Laufzeit von einem Jahr ausgibt, können Zinsen zum Satz von 7 % anfallen, auch wenn die Manager von Axon glauben, dass angesichts des Risikos 6 % ein angemessener Satz wäre. Wenn das Unternehmen jedoch Eigenkapital ausgibt, glauben sie, dass das Eigenkapital um 5 % unterbewertet ist. Wie hoch sind die Kosten der Finanzierung des Projekts für die derzeitigen Aktionäre mit einbehaltenen Gewinnen, Fremdkapital und mit Eigenkapital?

Lösung

Wenn das Unternehmen einbehaltene Gewinne von EUR 10 Millionen aufwendet, statt dieses Geld an die Aktionäre als Dividende auszuzahlen, betragen die Kosten für die Aktionäre EUR 10 Millionen. Die Verwendung von Fremdkapital kostet das Unternehmen in einem Jahr EUR 10 × (1,07) = EUR 10,7 Millionen, was auf Grundlage der Einschätzung der Manager des Risikos einen Barwert von EUR 10,7 : (1,06) = EUR 10,094 Millionen hat. Wenn das Eigenkapital um 5 % unterbewertet ist, muss das Unternehmen Eigenkapital in Höhe von EUR 10,5 Millionen ausgeben, um EUR 10 Millionen zu beschaffen. Somit betragen die Kosten für die Altaktionäre EUR 10,5 Millionen. Im Vergleich sind die einbehaltenen Gewinne die billigste Kapitalquelle, gefolgt von Fremdkapital und schließlich von Eigenkapital.

Neben der generellen Präferenz für die Verwendung von einbehaltenen Gewinnen oder Fremdkapital als Finanzierungsquelle anstelle von Eigenkapital führen die Kosten der adversen Selektion nicht zu einer eindeutigen Prognose hinsichtlich der gesamten Kapitalstruktur des Unternehmens. Stattdessen implizieren diese Kosten, dass die Wahl des Managements hinsichtlich der Finanzierung, zusätzlich zu den anderen in diesem Kapitel erörterten Kosten und Vorteilen, davon abhängt, ob es glaubt, dass das Unternehmen derzeit von den Investoren unter- oder überbewertet ist. Diese Abhängigkeit wird manchmal **Markt-Timing-Hypothese** der Kapitalstruktur genannt: Die gesamte Kapitalstruktur eines Unternehmens hängt teilweise von den Marktbedingungen ab, zu denen eine Finanzierung in der Vergangenheit stattgefunden hat. Daher könnten ähnliche Unternehmen in derselben Branche sehr unterschiedliche und dennoch optimale Kapitalstrukturen haben.[55]

---

55 Siehe J. Wurgler und M. Baker, „Market Timing and Capital Structure", *Journal of Finance*, Bd. 57 (2002), S. 1–32.

In der Tat liefert nicht einmal die Hackordnungstheorie alleine eine eindeutige Prognose hinsichtlich der Kapitalstruktur. Während sie besagt, dass Unternehmen zuerst einbehaltene Gewinne, dann Fremdkapital und zuletzt Eigenkapital als Finanzierungsquellen verwenden sollten, sind einbehaltene Gewinne lediglich eine andere Form der Eigenkapitalfinanzierung (sie erhöhen den Wert des Eigenkapitals, während der Wert des Fremdkapitals unverändert bleibt). Daher könnten Unternehmen aus zwei Gründen eine geringe Verschuldung haben: Entweder weil sie kein zusätzliches Fremdkapital ausgeben können und zur Eigenkapitalfinanzierung gezwungen sind, oder weil sie ausreichend rentabel sind, um alle Investitionen mit einbehaltenen Gewinnen zu finanzieren.

Verständnisfragen

1. Wie erklärt die asymmetrische Information die negative Reaktion des Aktienkurses auf die Ankündigung einer Eigenkapitalemission?

2. Warum könnten Unternehmen die Finanzierung einer Investition mit einbehaltenen Gewinnen oder Fremdkapital gegenüber der Eigenkapitalemission bevorzugen?

16.9 Kapitalstruktur: die Quintessenz

In den letzten drei Kapiteln haben wir eine Reihe von Faktoren untersucht, die die Wahl eines Unternehmens hinsichtlich der Kapitalstruktur beeinflussen könnten. Was sind die wesentlichsten Erkenntnisse für den Finanzmanager?

Die wichtigste Erkenntnis hinsichtlich der Kapitalstruktur geht auf Modigliani und Miller zurück: An vollkommenen Kapitalmärkten ändert die Wahl der Wertpapierart das Risiko des Eigenkapitals, nicht aber den Unternehmenswert oder den Betrag, der von externen Investoren beschafft werden kann. Somit hängt die optimale Kapitalstruktur von Marktunvollkommenheiten wie Steuern, Kosten einer finanziellen Notlage, Agency-Kosten und asymmetrischen Informationen ab.

Von all den verschiedenen möglichen Unvollkommenheiten, die die Kapitalstruktur antreiben, sind die deutlichsten und wahrscheinlich signifikantesten die Steuern. Der fremdfinanzierungsbedingte Steuervorteil ermöglicht es Unternehmen, Geld an die Investoren zurückzuzahlen und die Ertragsteuer zu umgehen. Jeder Euro der permanenten Fremdfinanzierung schirmt das Unternehmen vor Steuern in Höhe von τ^* Euro ab, wobei τ^* der effektive Steuervorteil des Fremdkapitals ist. Bei Unternehmen mit beständigen zu versteuernden Erträgen ist dieser Vorteil der Verschuldung ein wichtiger Aspekt. Während Unternehmen Verschuldung verwenden sollten, um die Erträge vor Steuern abzuschirmen, stellt sich die Frage, in welchem Umfang dies geschehen sollte. Ist die Verschuldung zu hoch, besteht ein erhöhtes Risiko, dass das Unternehmen seinen Zahlungsverpflichtungen nicht nachkommen kann und gezwungen ist die Zahlungen einzustellen. Während das Ausfallrisiko selbst nicht das Problem ist, kann eine finanzielle Notlage weitere Konsequenzen mit sich bringen, die den Unternehmenswert mindern. Unternehmen müssen daher den Steuervorteil aus dem Fremdkapital gegen die Kosten einer finanziellen Notlage abwägen.

Agency-Kosten und Agency-Nutzen der Verschuldung sind ebenfalls wichtige Bestimmungsfaktoren der Kapitalstruktur. Zu viel Fremdkapital kann Manager und Anteilseigner zu übermäßigen Risiken oder zur Unterinvestition im Unternehmen motivieren. Sind die freien Cashflows hoch, kann eine zu geringe Verschuldung Manager zu verschwenderischen Investitionen veranlassen. Diese Auswirkungen sind besonders für Unternehmen in Ländern wichtig, die keinen starken Schutz der Investoren vor Managern haben, die im Eigeninteresse handeln.[56] Sind die Agency-Kosten erheblich, kann die Aufnahme kurzfristigen Fremdkapitals die attraktivste Form der externen Finanzierung sein.

Ein Unternehmen muss auch die potenzielle Signalwirkung und die adverse Selektion infolge der Wahl der Finanzierung beachten. Da eine Insolvenz für Manager teuer ist, kann die Erhöhung der Verschuldung die Zuversicht der Manager signalisieren hinsichtlich der Fähigkeit des Unterneh-

---

56 Siehe J. Fan. S. Titman und G. Twite, „An International Comparison of Capital Structure and Debt Maturity Choices", *SSRN Arbeitspapier*, 2008.

mens, seine Verpflichtungen aus dem Fremdkapital zu erfüllen. Wenn Manager unterschiedliche Ansichten hinsichtlich des Wertes der Wertpapiere haben, können sie die aktuellen Aktionäre begünstigen, indem Wertpapiere ausgegeben werden, die sehr überbewertet sind. Neue Investoren werden jedoch auf diesen Anreiz reagieren und den Preis, den sie bereit sind, für dieses Wertpapier zu zahlen, reduzieren, was zu einer negativen Reaktion des Kurses nach der Ankündigung einer Neuemission führt. Dieser Effekt ist am ausgeprägtesten bei Eigenkapitalemissionen, da der Wert des Eigenkapitals am sensibelsten auf die vertraulichen Informationen des Managers reagiert. Um diese „Zitronen-Kosten" zu vermeiden, sollten Unternehmen in erster Linie einbehaltene Gewinne, dann Fremdkapital und zuletzt Eigenkapital einsetzen. Diese Hackordnung der Finanzierungsalternativen ist dann am wichtigsten, wenn Manager umfangreiche vertrauliche Informationen über den Wert des Unternehmens haben.

Schließlich ist es wichtig zu erkennen, dass, da die aktive Änderung der Kapitalstruktur eines Unternehmens (zum Beispiel durch den Verkauf oder Rückkauf von Aktien oder Anleihen) Transaktionskosten mit sich bringt, Unternehmen ihre Kapitalstruktur eher nur dann ändern, wenn sie signifikant vom optimalen Niveau abgewichen ist. Somit erfolgen Änderungen des Verschuldungsgrads wahrscheinlich passiv, da der Marktwert eines Unternehmens mit der Änderung des Aktienkurses schwankt.[57]

Verständnisfragen

1. Betrachten Sie die unterschiedlichen Verschuldungsniveaus in den verschiedenen Branchen in ▶Kapitel Abbildung 15.7. Inwieweit können Sie diese begründen?

2. Nennen Sie einige Gründe, warum Unternehmen zumindest kurzfristig von ihrer optimalen Kapitalstruktur abweichen könnten.

Z U S A M M E N F A S S U N G

16.1 Zahlungsausfall und Insolvenz an einem vollkommenen Markt

■ In der von Modigliani-Miller untersuchten Situation kann Verschuldung zur Insolvenz führen, die Insolvenz allein reduziert jedoch nicht den Wert eines Unternehmens. An vollkommenen Kapitalmärkten verlagert die Insolvenz lediglich das Eigentum von den Anteilseignern an die Fremdkapitalgeber, ohne dass sich der Gesamtmarktwert, der allen Investoren zur Verfügung steht, ändert.

16.2 Kosten der Insolvenz und der finanziellen Notlage

■ US-Unternehmen können Insolvenzschutz gemäß den Bestimmungen des 1978 Bankruptcy Reform Act einreichen.

   a. Bei einer Liquidation nach Chapter 7 übernimmt ein Treuhänder die Aufsicht über die Liquidation der Vermögenswerte des Unternehmens.

   b. Bei einer Sanierung nach Chapter 11 versucht das Management einen Sanierungsplan zu entwickeln, der die operativen Tätigkeiten verbessert und den Wert für die Investoren maximiert. Scheitert die Sanierung, kann das Unternehmen nach Chapter 7 liquidiert werden.

---

57 Siehe I. Strebulaev, „Do Tests of Capital Structure Theory Mean What They Say?", *Journal of Finance*, Bd. 62 (2007), S. 1747–1787.

- Eine Insolvenz ist ein kostspieliges Verfahren, das dem Unternehmen und dessen Investoren direkte und indirekte Kosten verursacht.

  a. Zu den direkten Kosten gehören Kosten für Sachverständige und Berater wie zum Beispiel Anwälte, Wirtschaftsprüfer, Schätzer und Investmentbanker, die vom Unternehmen oder dessen Gläubigern während des Insolvenzverfahrens beauftragt werden.

  b. Zu den indirekten Kosten gehören der Verlust von Kunden, Lieferanten, Mitarbeitern und Forderungen im Zuge der Insolvenz. Es entstehen außerdem indirekte Kosten durch Veräußerung der Vermögenswerte zu schlechten Preisen.

16.3 Kosten einer finanziellen Notlage und Unternehmenswert

- Sind die Wertpapiere fair bewertet, zahlen die Altaktionäre den Barwert der Kosten in Verbindung mit der Insolvenz und der finanziellen Notlage.

16.4 Optimale Kapitalstruktur: die Trade-Off-Theorie

- Gemäß der Trade-Off-Theorie entspricht der Gesamtwert eines verschuldeten Unternehmens dem Wert des unverschuldeten Unternehmens plus dem Barwert der Steuerersparnis aus dem Fremdkapital minus dem Barwert der Kosten einer finanziellen Notlage.

$$V^L = V^U + BW(\text{fremdfinanzierungsbedingter Steuervorteil})$$
$$- BW(\text{Kosten der finanziellen Notlage}) \qquad \text{(s. Gleichung 16.1)}$$

- Die optimale Verschuldung ist das Niveau des Fremdkapitals, das V^L maximiert.

16.5 Ausnutzung der Fremdkapitalgeber: die Agency-Kosten der Verschuldung

- Agency-Kosten entstehen durch Interessenkonflikte zwischen den Interessengruppen. Ein hochverschuldetes Unternehmen mit risikoreichem Fremdkapital hat folgende Agency-Kosten:

  a. Ersetzung der Vermögenswerte: Die Aktionäre können durch Investitionen mit negativem KW oder Entscheidungen, die das Risiko der Unternehmens ausreichend steigern, gewinnen.

  b. Schuldenüberhang: Die Aktionäre können die Finanzierung neuer Projekte mit positivem KW ablehnen.

  c. Auszahlung: Aktionäre haben einen Anreiz, Vermögensgegenstände zu Preisen unter deren Marktwert zu veräußern und die Erträge als Dividende auszuschütten.

- Bei einem Schuldenüberhang profitieren die Eigenkapitalhalter von einer neuen Investition nur, wenn

$$\frac{KW}{I} > \frac{\beta_D D}{\beta_E E} \qquad \text{(s. Gleichung 16.2)}$$

- Wenn ein Unternehmen bereits Fremdkapital hat, führt der Schuldenüberhang zum Sperrklinken-Effekt der Verschuldung:

  a. Die Aktionäre können einen Anreiz haben die Verschuldung zu erhöhen, auch wenn dadurch der Wert des Unternehmens verringert wird.

  b. Die Aktionäre haben keinen Anreiz die Verschuldung durch den Rückkauf von Schuldverschreibungen zu verringern, selbst wenn dadurch der Wert des Unternehmens erhöht wird.

16.6 Motivation der Manager: der Agency-Nutzen aus der Verschuldung

■ Die Verschuldung hat einen Agency-Nutzen und kann die Anreize für Manager aus folgenden Gründen verbessern, ein Unternehmen effizienter und effektiver zu führen:

    a. Gesteigerte Eigentumskonzentration: Manager mit einer höheren Eigentumskonzentration arbeiten wahrscheinlich hart und bedienen sich eher weniger mit geldwerten Vorteilen.

    b. Verminderter freier Cashflow: Unternehmen mit weniger freiem Cashflow führen eher keine verschwenderischen Investitionen durch.

    c. Verringerte Handlungsautonomie der Manager und stärkeres Engagement; eine drohende finanzielle Notlage und Entlassung kann Manager dazu verpflichten engagierter Strategien zu verfolgen, die die Ergebnisse der Geschäftstätigkeit verbessern.

16.7 Agency-Kosten und die Trade-Off-Theorie

■ Wir können in die Trade-Off-Theorie auch die Agency-Kosten aufnehmen. Der Wert eines Unternehmens einschließlich Agency-Kosten und -Nutzen ist:

$$V^L = V^U + BW(\text{fremdfinanzierungsbedingter Steuervorteil})$$
$$- BW(\text{Kosten der finanziellen Notlage})$$
$$- BW(\text{Agency-Kosten des Fremdkapitals})$$
$$+ BW(\text{Agency-Nutzen des Fremdkapitals}) \qquad (\text{s. Gleichung 16.3})$$

■ Die optimale Verschuldung ist das Niveau des Fremdkapitals, das V^L maximiert.

16.8 Asymmetrische Information und Kapitalstruktur

■ Wenn Manager bessere Informationen als Investoren haben, nennen wir das asymmetrische Informationen. Bei asymmetrischen Informationen können Manager häufig die Verschuldung einsetzen als glaubwürdiges Signal für die Investoren, dass das Unternehmen fähig ist, zukünftige freie Cashflows zu generieren.

■ Nach dem Zitronen-Prinzip werden Investoren den Preis, den sie bereit sind, für eine neu ausgegebene Aktie zu zahlen, aufgrund der adversen Selektion verringern, wenn Manager vertrauliche Informationen über den Wert eines Unternehmens haben.

■ Manager verkaufen Aktien eher dann, wenn sie wissen, dass das Unternehmen überbewertet ist. Daher

    a. sinkt der Aktienpreis, wenn ein Unternehmen eine Eigenkapitalemission bekannt gibt;

    b. steigt der Aktienpreis oft vor der Ankündigung einer Eigenkapitalemission, da die Manager die Eigenkapitalemission häufig so lange hinauszögern, bis gute Nachrichten öffentlich bekannt werden;

    c. geben Unternehmen eher dann Eigenkapital aus, wenn Informationsasymmetrien minimal sind;

    d. präferieren Manager, die der Ansicht sind, dass das Eigenkapital des Unternehmens unterbewertet ist, die Finanzierung von Investitionen mit einbehaltenen Gewinnen oder Fremdkapital anstelle von Eigenkapital. Dieses Resultat bezeichnet man als Hackordnungstheorie.

16.9 Kapitalstruktur: die Quintessenz

■ Es gibt viele Friktionen, die die optimale Kapitalstruktur eines Unternehmens antreiben. Wenn die Änderung der Kapitalstruktur aber mit erheblichen Transaktionskosten einhergeht, geschehen die meisten Änderungen der Verschuldung wohl passiv, infolge von Schwankungen des Aktienkurses des Unternehmens.

ZUSAMMENFASSUNG

Weiterführende Literatur

Die **Literaturhinweise** zu diesem Kapitel finden Sie auf unserer begleitenden Website zum Buch unter *www.pearson-studium.de.*

Aufgaben

1. Sie haben zwei Stellenangebote erhalten. Unternehmen A bietet Ihnen ein Gehalt von EUR 85.000 pro Jahr für zwei Jahre. Unternehmen B bietet Ihnen ein Gehalt in Höhe von EUR 90.000 für zwei Jahre. Beide Stellen sind gleichwertig. Angenommen, der Vertrag mit Unternehmen A ist sicher und Unternehmen B wird mit einer Wahrscheinlichkeit von 50 % am Ende des Jahres Insolvenz anmelden. In diesem Fall wird Ihr Vertrag gekündigt und das Unternehmen zahlt Ihnen den geringstmöglichen Betrag dafür, dass Sie nicht kündigen. Sie gehen davon aus, dass Sie im Fall einer Kündigung eine neue Stelle mit einem Jahresgehalt von EUR 85.000 finden können, jedoch bis dahin drei Monate arbeitslos sein werden.

   a. Sagen wir, Sie nehmen die Stelle bei Unternehmen B an. Welchen Betrag kann Unternehmen B Ihnen nächstes Jahr mindestens zahlen, damit Sie den Betrag erhalten, den Sie im Falle einer Kündigung erhalten würden?

   b. Nehmen Sie Ihre Antwort aus Teil a). Angenommen, Ihre Kapitalkosten betragen 5 %, welches Angebot stellt für Sie einen höheren Barwert ihres erwarteten Gehalts dar?

   c. Geben Sie anhand dieses Beispiels eine Begründung dafür, dass Unternehmen mit einem höheren Insolvenzrisiko höhere Gehälter bieten müssen, um Mitarbeiter zu gewinnen.

2. Kohwe Corporation plant eine Eigenkapitalemission, um EUR 50 Millionen für die Finanzierung einer neuen Investition aufzubringen. Kohwe erwartet nach der Investition jedes Jahr freie Cashflows in Höhe von EUR 10 Millionen. Kohwe hat derzeit 5 Millionen Aktien im Umlauf und keine weiteren Vermögensgegenstände oder Investitionsgelegenheiten.

   Angenommen, der angemessene Abzinsungssatz für die zukünftigen freien Cashflows von Kohwe liegt bei 8 % und die einzigen Unvollkommenheiten des Kapitalmarkts sind Ertragsteuern und die Kosten einer finanziellen Notlage.

   a. Wie hoch ist der KW der Investition?

   b. Wie hoch ist der Aktienkurs von Kohwe heute bei diesen Plänen?

   Kohwe nimmt stattdessen EUR 50 Millionen auf. Das Unternehmen wird jedes Jahr nur auf diesen Kredit Zinsen zahlen und einen ausstehenden Saldo aus diesem Kredit in Höhe von EUR 50 Millionen behalten. Wenn wir von einem Ertragsteuersatz von 40 % ausgehen und die jährlichen erwarteten freien Cashflows weiterhin EUR 10 Millionen betragen:

   c. Wie hoch ist der Aktienkurs von Kohwe heute, wenn die Investition mit Fremdkapital finanziert wird?

   Die erwarteten freien Cashflows von Kohwe gehen bei Verschuldung aufgrund von rückläufigen Umsätzen und anderen Kosten der finanziellen Notlage auf EUR 9 Millionen pro Jahr zurück. Wir gehen davon aus, dass der angemessene Abzinsungssatz für die zukünftigen Cashflows immer noch bei 8 % liegt.

   d. Wie hoch ist der Aktienkurs von Kohwe heute bei Berücksichtigung der Kosten der finanziellen Notlage aus der Verschuldung?

3. Nehmen wir ein Unternehmen an, dessen einziger Vermögensgegenstand ein unbebautes Grundstück ist und dessen einzige Verbindlichkeit Fremdkapital in Höhe von EUR 15 Millionen ist, das in einem Jahr fällig wird. Lässt man das Grundstück unerschlossen, wird es in einem Jahr EUR 10 Millionen wert sein. Alternativ kann das Unternehmen das Grundstück mit einer Anfangsinvestition von EUR 20 Millionen erschließen. Das erschlossene Grundstück ist in einem Jahr EUR 35 Millionen wert. Wir gehen von einem risikolosen Zinssatz von 10 % aus und davon, dass die Cashflows risikolos sind und dass es keine Steuern gibt

   a. Wie hoch ist der Wert des Eigenkapitals des Unternehmens heute, wenn es sich gegen die Erschließung des Grundstücks entscheidet? Welchen Wert hat das Fremdkapital heute?

   b. Wie hoch ist der KW der Erschließung des Grundstücks?

   c. Das Unternehmen beschafft für die Erschließung des Grundstücks EUR 20 Millionen von den Anteilseignern. Wie hoch ist der Wert des Eigenkapitals des Unternehmens heute, wenn es sich für eine Erschließung entscheidet? Welchen Wert hat das Fremdkapital heute?

   d. Nehmen Sie Ihre Antwort aus Teil c). Wären Anteilseigner bereit, die für die Erschließung erforderlichen EUR 20 Millionen bereitzustellen?

4. Bei einem effizienten Management wird Remel Inc. nächstes Jahr Vermögensgegenstände mit einem Marktwert von EUR 50 Millionen, EUR 100 Millionen oder EUR 150 Millionen haben, wobei jedes Ergebnis mit gleicher Wahrscheinlichkeit eintritt. Die Manager können jedoch verschwenderische Investitionen durchführen, was den Marktwert des Unternehmens in jedem der Fälle um EUR 5 Millionen reduzieren würde. Die Manager können auch das Risiko des Unternehmens erhöhen, wodurch die Wahrscheinlichkeit der jeweiligen Ergebnisse bei 50 %, 10 % bzw. 40 % liegen würde.

   a. Wie hoch ist der erwartete Wert der Vermögenswerte von Remel bei effizientem Management?

   b. Remel hat Fremdkapital, das, wie unten dargestellt, in einem Jahr fällig wird. Geben Sie für jeden Fall an, ob die Manager verschwenderische Investitionen durchführen und ob sie das Risiko erhöhen werden. Wie hoch ist der erwartete Wert der Vermögensgegenstände von Remel in jedem Fall?

   - EUR 44 Millionen
   - EUR 49 Millionen
   - EUR 90 Millionen
   - EUR 99 Millionen

   c. Die Steuerersparnis aus dem Fremdkapital entspricht nach Berücksichtigung der Steuern auf Anlegerebene 10 % der erwarteten Auszahlungen aus dem Fremdkapital. Die Erträge aus dem Fremdkapital sowie der Wert einer Steuerersparnis werden sofort nach der Fremdkapitalemission als Dividende an die Aktionäre ausgezahlt. Welche Höhe des Fremdkapitals in Teil b) ist für Remel optimal?

Die **Antworten** zu diesen Fragen finden Sie auf unserer begleitenden Website zum Buch unter *www.pearson-studium.de.*

Abkürzungen

- *BW*   Barwert
- P_{cum} Aktienkurs Cum Dividende
- P_{ex} Aktienkurs Ex Dividende
- P_{rep} Aktienkurs bei Aktienrückkauf
- τ_d Dividendensteuersatz
- τ_g Kapitalertragssteuersatz
- τ^*_d Effektiver Dividendensteuersatz
- τ_c Ertragsteuersatz
- P_{retain} Aktienkurs bei einbehaltenem Barüberschuss (Gewinnthesaurierung)
- τ_i Steuersatz auf Zinsertrag
- τ^*_{retain} Effektiver Steuersatz auf einbehaltene Barmittel
- *Div*   Dividende
- r_f Risikoloser Zins

Ausschüttungsstrategie

17

ÜBERBLICK

Viele Jahre lang hat die Microsoft Corporation die Barmittel an die Anleger hauptsächlich durch den Rückkauf eigener Aktien ausgeschüttet. In den im Juni 2004 zu Ende gegangenen fünf Geschäftsjahren hat Microsoft durchschnittlich USD 5,4 Milliarden pro Jahr für Aktienrückkäufe ausgegeben. Microsoft schüttete erstmals im Jahr 2003 eine Dividende[1] aus und zwar in Höhe von USD 0,08 pro Aktie. Dann überraschte Microsoft am 20. Juli 2004 die Finanzmärkte durch die Mitteilung des Plans, die größte einzelne Bardividende der Geschichte an die zum 17. November 2004 registrierten Aktionäre auszuschütten. Dies geschah in Form einer einmaligen Dividende von USD 32 Milliarden beziehungsweise USD 3 pro Aktie. Seitdem hat Microsoft Aktien im Wert von mehr als USD 100 Milliarden zurückgekauft und die vierteljährliche Dividende siebenmal erhöht, sodass sich die Dividende Ende 2012 auf USD 0,23 je Aktie belief, was einer jährlichen Dividendenrendite von 3,5 % entspricht.

Wenn die Investitionen eines Unternehmens freie Cashflows generieren, muss das Unternehmen entscheiden, was damit geschehen soll. Verfügt ein Unternehmen über neue Investitionsgelegenheiten mit positivem Kapitalwert, kann es die Barmittel reinvestieren und den Unternehmenswert steigern. Viele junge Unternehmen mit schnellem Wachstum reinvestieren 100 % ihrer Cashflows auf diese Weise. Aber reifere, rentable Unternehmen wie Microsoft stellen oft fest, dass sie mehr Barmittel generieren als sie für die Finanzierung aller attraktiven Investitionsgelegenheiten benötigen. Hat ein Unternehmen einen Barüberschuss, kann es diesen als Teil seiner Barreserve halten oder an die Aktionäre ausschütten. Entscheidet sich das Unternehmen für Letzteres, hat es zwei Möglichkeiten: Es kann eine Dividende zahlen oder Aktien von den derzeitigen Aktionären zurückkaufen. Diese Entscheidungen stellen die Grundlage der *Ausschüttungsstrategie* eines Unternehmens dar.

In diesem Kapitel zeigen wir, dass die Ausschüttungsstrategie eines Unternehmens, wie auch bei der Kapitalstruktur, von *Marktunvollkommenheiten* wie Steuern, *Agency-Kosten*, *Transaktionskosten* und *asymmetrischen Informationen* geformt wird. Wir beschäftigen uns damit, warum einige Unternehmen eine Dividendenausschüttung bevorzugen, während andere ausschließlich Aktien zurückkaufen. Zudem gehen wir der Frage nach, warum einige Unternehmen hohe Barreserven aufbauen, während andere ihren Barüberschuss auszahlen.

17.1   Ausschüttung an die Aktionäre

▶Abbildung 17.1 zeigt die Verwendungsmöglichkeiten des freien Cashflows[2]. Aus der Entscheidung für eine dieser beiden Möglichkeiten ergibt sich die Ausschüttungsstrategie. Wir beginnen unsere Diskussion der Ausschüttungsstrategie eines Unternehmens mit einer Betrachtung der Wahl zwischen der Dividendenausschüttung und dem Aktienrückkauf. In diesem Abschnitt untersuchen wir die Einzelheiten dieser Auszahlungsmethoden der Barmittel an die Aktionäre.

Dividenden

Die Höhe der Dividende wird in den USA vom Vorstand einer Aktiengesellschaft festgelegt. Der Vorstand bestimmt den Betrag pro Aktie, der gezahlt wird, und entscheidet, wann diese Auszahlung stattfindet. Das Datum, an dem der Vorstand die Dividende genehmigt, ist das **Datum der Festlegung (Declaration Date)**. Nachdem der Vorstand die Dividende festgelegt hat, ist das Unternehmen rechtlich verpflichtet, diese Zahlung zu leisten.[3]

---

1   Der Finanzvorstand John Connors bezeichnete diese Dividende als „Anfangsdividende".

2   Genau genommen gilt ▶Abbildung 17.1 für ein rein eigenfinanziertes Unternehmen. Bei einem verschuldeten Unternehmen würden wir bei dem Free Cash Flow to Equity (FCFE), der in ▶Kapitel 18 als freier Cashflow abzüglich Zahlungen (nach Steuern) an Fremdkapitalgeber definiert wird, beginnen. Der freie Cashflow (FCF) müsste auch für Zinsen und Rückzahlung des Kapitalbetrags an die Fremdkapitalhalter verwendet werden.

3   Gemäß §174 Abs. 1 AktG wird in Deutschland die Dividende vom Vorstand vorgeschlagen und von der Hauptversammlung der Aktiengesellschaft mit einfacher Mehrheit beschlossen. Üblicherweise ist somit der Dividendenstichtag der Tag der Hauptversammlung der Aktiengesellschaft. Die Dividende wird anschließend in der Regel am darauffolgenden Arbeitstag (kein Samstag) ausbezahlt. Dieser Tag stellt gleichzeitig das Ex-Dividende-Datum dar. Aufgrund dieser gesetzlichen Vorgabe leisten deutsche Aktiengesellschaften in der Regel nur einmal jährlich eine Dividendenzahlung.

Das Unternehmen zahlt die Dividende an alle Aktionäre aus, die an einem vom Vorstand bestimmten Datum, dem **Dividendenstichtag (Record Date)**, registriert sind. Da es drei Tage dauert, bis Aktien registriert sind, erhalten nur Aktionäre, die mindestens drei Tage vor dem Dividendenstichtag eine Aktie kaufen, diese Dividende. Daher wird das Datum zwei Tage vor dem Dividendenstichtag als **Ex-Dividende-Datum** bezeichnet. Jeder, der an oder nach diesem Ex-Dividende-Datum Aktien erwirbt, erhält diese Dividende nicht. Schließlich versendet das Unternehmen am **Auszahlungstermin** (oder **Ausschüttungsdatum**) Dividendenschecks an die registrierten Aktionäre, was gewöhnlich etwa einen Monat nach dem Dividendenstichtag erfolgt. In ▶Abbildung 17.2 sind diese Termine in Bezug auf die USD 3,00 Dividende von Microsoft dargestellt.

Die meisten US-amerikanischen Unternehmen, die Dividenden ausschütten, zahlen diese in regelmäßigen, vierteljährlichen Intervallen. Unternehmen passen die Höhe ihrer Dividende in der Regel schrittweise an, sodass sich deren Höhe von Quartal zu Quartal kaum ändert. Gelegentlich zahlen Unternehmen eine einmalige **Sonderdividende**, die üblicherweise viel höher ist als die reguläre Dividende. Dies war auch bei der Dividende von Microsoft im Jahr 2004 mit USD 3,00 pro Aktie der Fall. ▶Abbildung 17.3 zeigt die von GM zwischen 1983 bis 2008 gezahlten Dividenden. Zusätzlich zur regulären Dividende zahlte GM im Dezember 1997 und im Mai 1999 (in Verbindung mit der Ausgliederung von Tochterunternehmen, näheres hierzu in ▶Abschnitt 17.7), eine Sonderdividende.

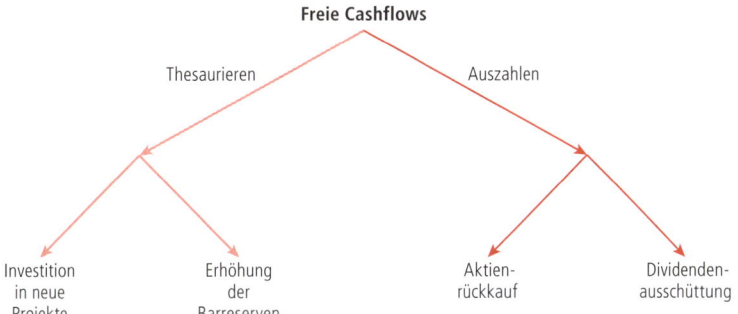

Abbildung 17.1: **Verwendung des freien Cashflows.** Ein Unternehmen kann seinen freien Cashflow thesaurieren und diesen entweder investieren oder akkumulieren oder ihn in Form von Dividendenausschüttungen oder Aktienrückkäufen auszahlen. Die Entscheidung für eine dieser Möglichkeiten wird durch die Ausschüttungsstrategie bestimmt.

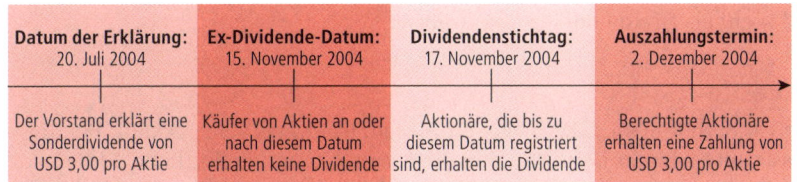

Abbildung 17.2: **Wichtige Daten der Sonderdividende von Microsoft.** Microsoft hat die Dividende am 20. Juli 2004 für den 2. Dezember an alle am 17. November registrierten Aktionäre als zahlbar festgelegt. Da der Dividendenstichtag der 17. November 2004 war, lag das Ex-Dividende-Datum zwei Geschäftstage vorher, also am 15. November 2004.

Anzumerken ist, dass GM im März 1989 einen Aktien-Split durchgeführt hat, sodass jeder Inhaber einer Aktie eine zweite Aktie erhielt. Diese Art der Transaktion nennt man 2:1 Aktien-Split. Das Unternehmen gibt bei einem **Aktien-Split** oder einer **Aktiendividende** zusätzliche Aktien anstelle einer Dividende an seine Aktionäre aus. Im Fall des Aktien-Splits von GM wurde die Anzahl der Aktien verdoppelt, die Dividende pro Aktie jedoch halbiert (von USD 1,50 pro Aktie auf USD 0,75 pro Aktie), sodass der Gesamtbetrag, den GM als Dividende auszahlte, vor und nach dem Split der gleiche war.[4] Während GM seine Dividenden während der 1980er-Jahre erhöhte, kürzte GM diese während der Rezession Anfang der 1990er-Jahre. GM erhöhte die Dividende erneut gegen Ende der 1990er-Jahre, musste diese jedoch Anfang 2006 wieder kürzen und aufgrund der finanziellen

---

4 In ▶Abschnitt 17.7 werden Aktien-Splits und Aktiendividenden näher erörtert.

Schwierigkeiten im Jahr 2008 vollständig aussetzen. Ein Jahr später beantragte GM nach Chapter 11 die Insolvenz und die bestehenden Aktionäre verloren alles. Seitdem hat GM das Insolvenzverfahren abgeschlossen und neue Aktien ausgegeben. Im März 2014 wurde wieder mit quartalsweisen Dividendenzahlungen (USD 0,30) begonnen.

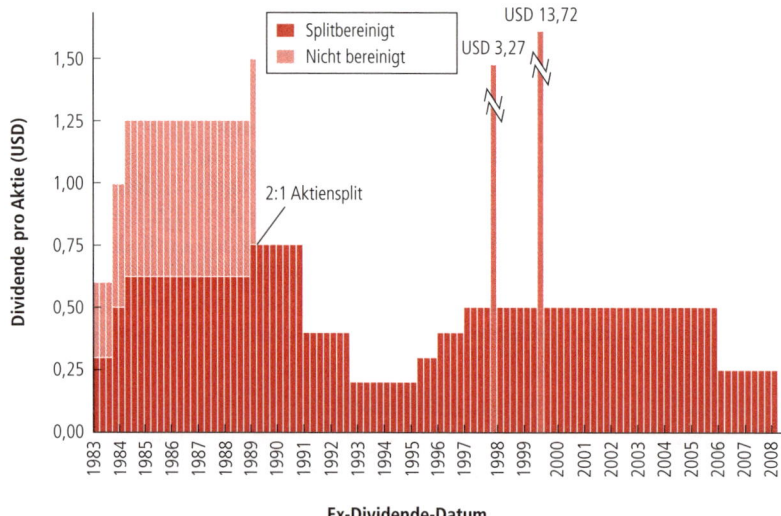

Abbildung 17.3: Dividendenhistorie der GM-Aktie, 1983–2008. Bis zur Aussetzung der Dividendenzahlungen im Juli 2008 hatte GM seit 1983 eine regelmäßige Quartalsdividende gezahlt. GM zahlte weitere Sonderdividenden im Dezember 1997 und im Mai 1999 und führte im März 1989 einen 2:1 Aktien-Split durch. Im Juni 2009 meldete das Unternehmen schließlich Insolvenz an und die bestehenden Aktionäre verloren alles. Seitdem hat GM das Insolvenzverfahren abgeschlossen und neue Aktien ausgegeben.

Dividenden sind Mittelabflüsse des Unternehmens. Aus bilanzieller Sicht reduzieren Dividenden gewöhnlich die aktuellen (oder akkumulierten) thesaurierten Gewinne des Unternehmens. In manchen Fällen werden Dividenden anderen Bilanzposten, wie zum Beispiel dem eingezahlten Kapital oder der Liquidierung von Vermögensgegenständen, zugewiesen. In diesem Fall nennt man die Dividende *Kapitalrückzahlung* oder *Liquidationsdividende*. Während die Herkunft der Mittel für das Unternehmen oder die Anleger kaum unmittelbar eine Rolle spielt, ist sie für die steuerliche Behandlung in den USA durchaus von Bedeutung. Eine Kapitalrückzahlung wird als Kursgewinn besteuert und nicht als Dividende für den Anleger.[5]

Aktienrückkäufe

Eine Alternative, Barmittel an die Anleger zu zahlen, ist der Aktienrückkauf. Bei dieser Transaktion verwendet das Unternehmen Barmittel, um eigene im Umlauf befindliche Aktien zurückzukaufen. Diese Aktien werden dann gewöhnlich im Bestand an eigenen Aktien des Unternehmens gehalten und können wiederverkauft werden, wenn das Unternehmen zu einem späteren Zeitpunkt Geldmittel aufbringen muss. Nun untersuchen wir drei mögliche Transaktionen eines Aktienrückkaufs.

Rückkauf eigener Aktien über die Börse. Bei einem **Rückkauf eigener Aktien über die Börse** handelt es sich um die gängigste Form des Aktienrückkaufs. Ein Unternehmen kündigt seine Absicht an, eigene Aktien über die Börse zurückzukaufen, und kauft dabei im Laufe der Zeit die Aktien wie jeder andere Investor an der Börse. Das Unternehmen kann die Aktien über einen Zeitraum von einem Jahr oder länger zurückkaufen und ist nicht verpflichtet, die volle, ursprünglich genannte Anzahl zurückzukaufen. Auch darf ein Unternehmen seine Aktien nicht so zurückkaufen, dass dies als Preismanipulation erscheinen könnte. Die Richtlinien der SEC in den USA empfehlen, dass Unternehmen nicht mehr als 25 % des durchschnittlichen täglichen Handelsvolumens seiner Aktien an

---

5 Auch gibt es einen Unterschied beim Ausweis in der Bilanz: Eine Bardividende reduziert die in der Bilanz ausgewiesenen Barmittel und einbehaltenen Gewinne, während eine Kapitalrückzahlung das eingezahlte Kapital mindert. Dieser unterschiedliche bilanzielle Ausweis hat jedoch keine direkten wirtschaftlichen Auswirkungen.

einem Tag zurückkaufen und keine Käufe über die Börse bei Markteröffnung oder innerhalb von 30 Minuten vor Handelsschluss tätigen.[6]

Während Aktienrückkäufe über die Börse rund 95 % aller Rückkauftransaktionen ausmachen,[7] stehen einem Unternehmen aber noch andere Methoden des Aktienrückkaufs zur Verfügung. Diese Methoden finden dann Anwendung, wenn das Unternehmen einen großen Teil seiner Aktien, häufig im Rahmen einer Rekapitalisierung, zurückkaufen möchte.

Übernahmeangebot. Ein Unternehmen kann seine Aktien im Rahmen eines **Übernahmeangebots** zurückkaufen, bei dem es anbietet, Aktien zu einem vorab festgelegten Preis innerhalb eines kurzen Zeitraums (üblicherweise innerhalb von 20 Tagen) zu kaufen. Der Preis wird gewöhnlich mit einem großen Aufschlag (10 %–20 % sind üblich) auf den aktuellen Marktpreis festgelegt. Das Angebot hängt oft davon ab, dass Aktionäre eine ausreichende Anzahl Aktien zum Kauf anbieten. Geschieht dies nicht, kann das Unternehmen das Angebot zurückziehen und es findet kein Rückkauf statt.

Eine ähnliche Methode ist der Aktienrückkauf im Rahmen einer **holländischen Auktion**, bei der das Unternehmen verschiedene Preise nennt, zu denen es bereit ist die Aktien zu kaufen, und die Aktionäre wiederum geben an, wie viele Aktien sie zum jeweiligen Preis bereit sind zu verkaufen. Das Unternehmen zahlt dann den geringsten Preis, zu dem es die gewünschte Anzahl an Aktien zurückkaufen kann.

Gezielter Rückkauf. Ein Unternehmen kann Aktien auch direkt von einem Großaktionär im Rahmen eines *gezielten Rückkaufs* zurückkaufen. In diesem Fall wird der Kaufpreis direkt mit dem Verkäufer verhandelt. Ein gezielter Rückkauf kann stattfinden, wenn ein Großaktionär eine große Zahl Aktien verkaufen möchte, der Markt für diese Aktien jedoch nicht ausreichend liquide ist, um einen Verkauf einer so großen Zahl Aktien auszuhalten, ohne dass sich dies nachteilig auf den Kurs auswirkt. Unter diesen Umständen kann der Aktionär bereit sein, Aktien an das Unternehmen mit einem Abschlag vom aktuellen Marktkurs zu verkaufen. Alternativ kann das Unternehmen, wenn ein Großaktionär mit Übernahme oder der Entlassung der Geschäftsführung droht, beschließen diesen Großaktionär auszuzahlen, was häufig mit einem hohen Aufschlag auf den aktuellen Marktpreis geschieht. Diese Art der Transaktion heißt **Greenmail**.

> ### Verständnisfragen
> **1.** Wie wird das Ex-Dividende-Datum einer Aktie ermittelt und was bedeutet es?
> **2.** Was ist ein Aktienrückkauf im Rahmen einer Holländischen Auktion?

17.2 Vergleich von Dividenden und Aktienrückkäufen

Wenn ein Unternehmen eine Barauszahlung an die Aktionäre beschließt, kann dies entweder durch eine Dividendenzahlung oder einen Aktienrückkauf erfolgen. Wie entscheiden sich Unternehmen für eine dieser Möglichkeiten? In diesem Abschnitt zeigen wir, dass an einem vollkommenen Kapitalmarkt nach Modigliani und Miller die Methode der Auszahlung ohne Einfluss ist.

Nehmen wir den Fall Genron Corporation, ein hypothetisches Unternehmen. Genron hat einen Barüberschuss von EUR 20 Millionen und kein Fremdkapital. Das Unternehmen erwartet, in den kommenden Jahren weitere freie Cashflows von EUR 48 Millionen pro Jahr zu erwirtschaften. Wenn die Kapitalkosten bei Eigenfinanzierung 12 % betragen, dann ist der operative Unternehmenswert aus dem laufenden Betrieb:

$$\text{Operativer Unternehmenswert} = BW\big(\text{künftige FCF}\big) = \frac{\text{EUR 48 Millionen}}{12\,\%} = \text{EUR 400 Millionen.}$$

---

6 SEC Rule 10b-18, eingeführt im Jahr 1983, definiert die Richtlinien für Aktienrückkäufe an der Börse

7 G. Grullon und D. Ikenberry, „What Do We Know About Stock Repurchases", *Journal of Applied Corporate Finance*, Bd. 13, Nr. 1 (2000), S. 31–51.

Einschließlich der Barmittel beträgt der Marktwert von Genron EUR 420 Millionen.

Der Vorstand von Genron kommt zusammen, um zu entscheiden, wie dieser Barüberschuss von EUR 20 Millionen an die Aktionäre ausgezahlt werden soll. Einige Vorstandsmitglieder befürworten die Verwendung der EUR 20 Millionen für eine Bardividende in Höhe von EUR 2 für jede der 10 Millionen umlaufenden Aktien. Andere schlagen vor, anstelle der Dividendenausschüttung Aktien zurückzukaufen. Wieder andere sind dafür, zusätzliche Barmittel aufzubringen, und in Erwartung der hohen zukünftigen freien Cashflows heute eine noch höhere Dividende zu zahlen. Wird sich die Höhe der aktuellen Dividende auf den Aktienkurs von Genron auswirken? Welche Verfahrensweise wäre den Aktionären lieber?

Wir werden die Folgen dieser drei alternativen Vorgehensweisen analysieren und unter der Bedingung eines vollkommenen Marktes vergleichen.

Alternative Vorgehensweise 1: Dividendenausschüttung bei Barüberschuss

Wir nehmen an, der Vorstand entscheidet sich für die erste Alternative und verwendet den gesamten Barüberschuss für die Zahlung einer Dividende. Bei 10 Millionen ausstehenden Aktien kann Genron sofort eine Dividende von EUR 2 zahlen. Da das Unternehmen zukünftige freie Cashflows in Höhe von EUR 48 Millionen pro Jahr erwartet, ist eine Dividende in jedem darauffolgenden Jahr in Höhe von EUR 4,80 geplant. Der Vorstand legt die Dividende und den 14. Dezember als Dividendenstichtag fest, sodass das Ex-Dividende-Datum der 12. Dezember ist[8]. Berechnen wir den Aktienkurs kurz vor und kurz nach dem Ex-Dividende-Datum.

Der faire Preis für die Aktie ist der Barwert der erwarteten Dividende bei gegebenen Eigenkapitalkosten von Genron. Da Genron kein Fremdkapital hat, entsprechen die Eigenkapitalkosten den Kapitalkosten bei Eigenfinanzierung von 12 %. Kurz vor dem Ex-Dividende-Datum wird die Aktie **Cum Dividende** („mit der Dividende") gehandelt, da jeder, der die Aktie kauft, Anspruch auf die Dividende hat. In diesem Fall beträgt der Kurs mit Dividende:

$$P_{cum} = \text{Aktuelle Dividende} + BW(\text{künftige Dividende}) = 2 + \frac{4,80}{0,12} = 2 + 40 = \text{EUR } 42$$

Nach dem Ex-Dividende-Datum erhalten neue Käufer die aktuelle Dividende nicht mehr. An diesem Punkt gibt der Aktienkurs nur die Dividenden der Folgejahre wieder:

$$P_{ex} = BW(\text{künftige Dividende}) = \frac{4,80}{0,12} = \text{EUR } 40$$

Der Aktienkurs fällt am Ex-Tag, dem 12. Dezember. Der Betrag des Kursrückgangs entspricht der Höhe der aktuellen Dividende, also EUR 2. Wir können diese Änderung des Aktienkurses auch unter Verwendung einer einfachen Marktwertbilanz ermitteln (Werte in Millionen Euro).

	11. Dez. (Cum-Dividende)	12. Dez. (Ex-Dividende)
Barmittel	20	0
Sonstige Aktiva	400	400
Gesamtmarktwert	420	400
Aktien (Millionen)	10	10
Aktienkurs	EUR 42	EUR 40

Wie die Marktwertbilanz zeigt, fällt der Aktienkurs, wenn eine Dividende gezahlt wird (Dividendenabschlag), da die Minderung der Barmittel den Marktwert der Vermögensgegenstände des Unternehmens verringert. Obwohl der Aktienkurs fällt, entsteht den Aktionären von Genron insgesamt kein Verlust.

---

8 Dieses Beispiel bezieht sich auf die US-amerikanischen Usancen bei Ausschüttungen. Die zeitliche Differenz zwischen Ex-Dividende-Datum und Dividendenstichtag ist länderspezifisch geregelt.

Vor der Dividende war die Aktie EUR 42 wert. Nach der Dividende ist die Aktie EUR 40 wert und die Aktionäre erhalten EUR 2 in bar als Dividende und somit insgesamt ebenfalls EUR 42.[9]

Die Tatsache, dass der Aktienkurs um den Betrag der Dividende fällt, folgt auch aus der Annahme, dass keine Arbitragegelegenheit besteht. Würde er um weniger als die Dividende fallen, könnte ein Anleger einen Gewinn einstreichen, indem er die Aktie kauft, kurz bevor die Aktie Ex-Dividende ist, und sie sofort danach wieder verkauft, da die Dividende den Kapitalverlust aus der Aktie mehr als ausgleichen würde. Auf ähnliche Weise könnte ein Anleger, wenn der Aktienkurs um mehr als die Dividende fiele, profitieren, indem er die Aktie verkauft, kurz bevor sie Ex-Dividende ist, und sie kurz danach kauft. Somit bedeutet die Arbitragefreiheit:

An einem vollkommenen Kapitalmarkt fällt der Aktienkurs zum Zeitpunkt der Dividendenzahlung um die Höhe der Dividende, sobald die Aktie Ex-Dividende gehandelt wird.

Alternative Vorgehensweise 2: Aktienrückkauf (keine Dividende)

Angenommen Genron zahlt in diesem Jahr keine Dividende, sondern verwendet die EUR 20 Millionen stattdessen für den Rückkauf eigener Aktien über die Börse. Wie wird sich dieser Rückkauf auf den Aktienkurs auswirken?

Bei einem Anfangskurs von EUR 42 wird Genron EUR 20 Millionen : EUR 42 pro Aktie = 0,476 Millionen Aktien zurückkaufen und es sind nur noch 10 − 0,476 = 9,524 Millionen Aktien im Umlauf. Auch hier können wir die Marktwertbilanz anwenden, um diese Transaktion zu analysieren:

	11. Dez. (vor dem Rückkauf)	12. Dez. (nach dem Rückkauf)
Barmittel	20	0
Sonstige Vermögensgegenstände	400	400
Gesamtmarktwert	420	400
Aktien (Millionen)	10	9,524
Aktienkurs	**EUR 42**	**EUR 42**

In diesem Fall fällt der Marktwert der Vermögensgegenstände von Genron, wenn das Unternehmen Barmittel auszahlt, jedoch sinkt auch die Anzahl der umlaufenden Aktien. Diese beiden Änderungen gleichen einander aus, sodass der Aktienkurs gleich bleibt.

Die zukünftigen Dividenden von Genron. Wir können auch erkennen, warum der Aktienkurs nach dem Rückkauf nicht fällt, wenn wir die Auswirkung auf die zukünftigen Dividenden berücksichtigen. Genron erwartet in den nächsten Jahren einen freien Cashflow von EUR 48 Millionen, der jedes Jahr als Dividende in Höhe von EUR 48 Millionen : 9,524 Millionen Aktien = EUR 5,04 pro Aktie ausgezahlt werden kann. Der aktuelle Aktienkurs von Genron beträgt daher bei einem Aktienrückkauf:

$$P_{rep} = \frac{5,04}{0,12} = \text{EUR } 42$$

Mit anderen Worten kann Genron die Dividende *pro Aktie* in Zukunft erhöhen, indem heute keine Dividende gezahlt, sondern stattdessen Aktien zurückgekauft werden. Diese Erhöhung der zukünftigen Dividende entschädigt die Aktionäre für die Dividende, auf die sie heute verzichten. Dieses Beispiel veranschaulicht die folgende allgemeine Schlussfolgerung für den Aktienrückkauf:

An vollkommenen Kapitalmärkten hat ein Aktienrückkauf über die Börse keine Auswirkung auf den Aktienkurs und der Aktienkurs entspricht dem Cum-Dividende-Kurs, wenn stattdessen eine Dividende gezahlt würde.

---

9 Der Einfachheit halber haben wir die kurze Verzögerung zwischen dem Ex-Tag und dem Ausschüttungstag der Dividende ignoriert. In der Realität erhalten die Aktionäre die Dividende nicht unmittelbar, sondern eher die *Zusage*, diese innerhalb der nächsten Wochen zu erhalten. Der Aktienkurs wird um den Barwert dieser Zusage berichtigt, die effektiv dem Betrag der Dividende entspricht, es sei denn, die Zinssätze sind extrem hoch.

Präferenzen der Anleger. Würde ein Anleger von Genron eine Dividendenausschüttung oder einen Aktienrückkauf bevorzugen? Beide Vorgehensweisen führen zum gleichen *Anfangskurs* von EUR 42. Aber ergibt sich ein unterschiedlicher Wert für den Aktionär *nach* der Transaktion? Betrachten wir den Fall, dass ein Anleger derzeit 2.000 Aktien von Genron hält. Verkauft dieser Anleger die Aktien nicht, ergibt sich nach einer Dividendenausschüttung oder einem Aktienrückkauf folgendes Ergebnis:

Dividende	Aktienrückkauf
EUR 40 × 2.000 = EUR 80.000 Aktien	EUR 42 × 2.000 = EUR 84.000 Aktien
EUR 2 × 2.000 = EUR 4.000 in bar	

In beiden Fällen hat das Portfolio des Anlegers unmittelbar nach der Transaktion einen Wert von EUR 84.000. Der einzige Unterschied ist die Verteilung zwischen Barmitteln und Aktienbestand. Somit könnte der Anleger scheinbar die eine Vorgehensweise der anderen vorziehen, je nachdem, ob er Barmittel benötigt oder nicht.

Wenn aber Genron Aktien zurückkauft und der Anleger Barmittel bevorzugt, kann er seine Barmittel durch einen Aktienverkauf erhöhen. Zum Beispiel kann er EUR 4.000 : EUR 42 pro Aktie = 95 Aktien verkaufen und so Barmittel in Höhe von circa EUR 4.000 beschaffen. Er hält dann 1.905 Aktien beziehungsweise einen Betrag von 1.905 × EUR 42 ≈ EUR 80.000. Somit kann ein Anleger im Fall eines Aktienrückkaufs durch den Verkauf von Aktien sich selbst eine Dividende verschaffen.

Ein häufiger Fehler

Aktienrückkäufe und das Angebot an Aktien

Es ist ein Trugschluss anzunehmen, dass der Aktienkurs nach einem Rückkauf eigener Aktien aufgrund des geringeren Angebots an ausstehenden Aktien steigt. Dieser intuitive Gedanke folgt natürlich der Standardanalyse von Angebot und Nachfrage, die in der Mikroökonomie gelehrt wird. Warum trifft diese Analyse hier nicht zu?

Wenn ein Unternehmen eigene Aktien zurückkauft, geschehen zwei Dinge: Zum einen wird das Angebot an Aktien reduziert. Zum anderen sinkt jedoch gleichzeitig der Wert der Vermögensgegenstände, wenn Barmittel für den Aktienkauf verwendet werden. Kauft das Unternehmen seine Aktien zu ihrem Marktpreis zurück, heben sich diese beiden Effekte auf und der Aktienkurs bleibt unverändert.

Dieses Ergebnis ist dem Trugschluss der Verwässerung ähnlich, den wir in ▶Kapitel 14 erörtert haben: Wenn ein Unternehmen Aktien zu ihrem Marktpreis begibt, fällt der Aktienkurs infolge des gestiegenen Angebots nicht. Das höhere Angebot wird durch den Anstieg des Werts der Vermögensgegenstände des Unternehmens ausgeglichen, der aus den Barmitteln resultiert, die durch die Emission erlöst werden.

Gleichermaßen kann ein Anleger, wenn Genron eine Dividende zahlt und er diese Barmittel nicht wünscht, die Dividende in Höhe von EUR 4.000 dafür verwenden, 100 zusätzliche Aktien zum Ex-Dividende-Kurs von EUR 40 pro Aktie kaufen. Somit wird er 2.100 Aktien mit einem Wert von 2.100 × EUR 40 = EUR 84.000 halten.[10]

Wir fassen diese beiden Fälle nachfolgend zusammen:

Dividende + Kauf von 100 Aktien	Rückkauf + Verkauf von 95 Aktien
EUR 40 × 2.100 = EUR 84.000 in Aktien	EUR 42 × 1.905 ≈ EUR 80.000 in Aktien
	EUR 42 × 95 ≈ EUR 4.000 in bar

---

10 In der Tat gestatten viele Unternehmen ihren Anlegern, sich für ein Dividendenreinvestitionsprogramm, oder *DRIP*, einzutragen. Hierbei werden etwaige Dividenden automatisch in neue Aktien angelegt.

Durch den Verkauf der Aktien oder die Wiederanlage der Dividende kann der Anleger jede gewünschte Kombination aus Barmitteln und Aktien schaffen. Somit ist der Investor bezüglich der verschiedenen Ausschüttungsmethoden des Unternehmens indifferent:

An vollkommenen Kapitalmärkten sind Anleger indifferent bezüglich der Ausschüttung von Mitteln als Dividende oder dem Aktienrückkauf. Durch die Wiederanlage der Dividende oder den Aktienverkauf kann er jede Ausschüttungsmethode selbst nachbilden.

Alternative Vorgehensweise 3: Hohe Dividende (Eigenkapitalemission)

Sehen wir uns eine dritte Möglichkeit für Genron an. Der Vorstand möchte genau jetzt eine noch höhere Dividende als EUR 2 pro Aktie zahlen. Ist das möglich? Wenn ja, wird die höhere Dividende die Aktionäre besserstellen?

Genron plant, ab nächstes Jahr EUR 48 Millionen an Dividenden auszuschütten. Angenommen das Unternehmen möchte mit der Auszahlung dieses Betrags heute beginnen. Da es heute nur über Barmittel von EUR 20 Millionen verfügt, benötigt Genron zusätzliche EUR 28 Millionen, um jetzt diese höhere Dividende zahlen zu können. Es könnte diese Mittel beschaffen, indem es die Investitionen zurückschraubt. Wenn aber die Investitionen einen positiven KW haben, würde deren Verringerung den Unternehmenswert mindern. Eine Alternative wäre eine Kreditaufnahme oder der Verkauf neuer Aktien. Betrachten wir eine Eigenkapitalemission. Bei einem aktuellen Aktienkurs von EUR 42 könnte Genron EUR 28 Millionen aufbringen, indem EUR 28 Millionen : EUR 42 pro Aktie = 0,67 Millionen Aktien verkauft werden. Da diese Eigenkapitalemission die Gesamtzahl der umlaufenden Aktien auf 10,67 Millionen erhöht, ergibt sich eine Dividende pro Aktie von:

$$\frac{\text{EUR 48 Millionen}}{10,67\ \text{Millionen}} = 4,50\ \text{pro Aktie}$$

Bei dieser neuen Vorgehensweise beträgt der Cum-Dividende-Kurs

$$P_{cum} = 4,50 + \frac{4,50}{0,12} = 4,50 + 37,50 = \text{EUR 42}$$

Wie in den vorherigen Beispielen bleibt der Anfangskurs durch diese Vorgehensweise unverändert und die Erhöhung der Dividende bringt den Investoren keinen Vorteil.

Beispiel 17.1: Die selbst erzeugte Dividende

Fragestellung
Genron wendet nicht die dritte Vorgehensweise an, sondern zahlt heute eine Dividende pro Aktie von EUR 2. Zeigen Sie, wie ein Anleger, der 2.000 Aktien hält, sich selbst eine Dividende von EUR 4,50 pro Aktie × 2.000 Aktien = EUR 9.000 pro Jahr schaffen könnte.

Lösung
Zahlt Genron eine Dividende von EUR 2, erhält der Anleger EUR 4.000 in bar und hält den Rest in Aktien. Um heute insgesamt EUR 9.000 zu erhalten, kann er zusätzlich EUR 5.000 aufbringen, indem er 125 Aktien zu EUR 40 pro Aktie kurz nach der Dividendenausschüttung verkauft. In zukünftigen Jahren zahlt Genron eine Dividende von EUR 4,80 pro Aktie. Da der Anleger 2.000 − 125 = 1.875 Aktien hält, wird er von da an eine Dividende in Höhe von 1.875 × EUR 4,80 = EUR 9.000 pro Jahr erhalten.

Modigliani-Miller und die Irrelevanz der Ausschüttungsstrategie

In unserer Analyse haben wir für das Unternehmen in diesem Jahr drei Varianten der Dividendenausschüttung betrachtet: (1) die Auszahlung aller Barmittel als Dividende, (2) keine Dividendenausschüttung, sondern Verwendung der Barmittel für den Aktienrückkauf oder (3) die Ausgabe von Eigenkapital zur Finanzierung einer höheren Dividende. Diese Vorgehensweisen sind in

▶Tabelle 17.1 dargestellt. ▶Tabelle 17.1 zeigt hierbei einen wichtigen *Trade-Off*: Wenn Genron eine höhere *aktuelle* Dividende pro Aktie zahlt, zahlt es eine geringere *zukünftige* Dividende pro Aktie. Finanziert das Unternehmen die aktuelle Dividende durch eine Eigenkapitalemission, hat es mehr Aktien und somit einen geringeren freien Cashflow pro Aktie für die Zahlung der zukünftigen Dividende. Verringert das Unternehmen die aktuelle Dividende und kauft seine Aktien zurück, hat es in Zukunft weniger Aktien und kann somit eine höhere Dividende pro Aktie zahlen. Der Nettoeffekt dieses Trade-Offs ist, dass der gesamte Barwert aller zukünftigen Dividenden und somit der aktuelle Aktienkurs unverändert bleiben.

Die Logik dieses Abschnitts entspricht der in unserer Diskussion der Kapitalstruktur in ▶Kapitel 14. Dort erklärten wir, dass an vollkommenen Märkten der Kauf und Verkauf von Eigenkapital und Fremdkapital Transaktionen mit einem Kapitalwert von null und ohne Auswirkung auf den Unternehmenswert sind. Des Weiteren kann jede Wahl der Verschuldung des Unternehmens von den Anlegern selbst nachgebildet werden. Somit ist die Wahl des Unternehmens hinsichtlich der Kapitalstruktur irrelevant.

Hier haben wir dasselbe Prinzip für die Wahl der Ausschüttungsstrategie festgestellt. Ungeachtet der Höhe der Barmittel, die einem Unternehmen zur Verfügung stehen, kann es eine geringere Dividende ausschütten (und die verbleibenden Barmittel für einen Aktienrückkauf einsetzen) oder eine höhere Dividende ausschütten (finanziert durch den Verkauf von Eigenkapital). Da Kauf und Verkauf Transaktionen mit einem KW von null sind, sind diese Transaktionen ohne Einfluss auf den Anfangskurs der Aktie. Des Weiteren können Aktionäre sich selbst eine Dividende in jeder Höhe dadurch schaffen, dass sie selbst Aktien kaufen oder verkaufen.

Modigliani und Miller haben diese These in einer weiteren einflussreichen Arbeit entwickelt, die im Jahr 1961 veröffentlicht wurde.[11]

			Tabelle 17.1

Die Dividende pro Aktie von Genron in den jeweiligen Jahren nach den drei alternativen Vorgehensweisen

		Ausgeschüttete Dividenden (EUR pro Aktie)			
	Anfangskurs	Jahr 0	Jahr 1	Jahr 2	...
Vorgehensweise 1:	EUR 42,00	2,00	4,80	4,80	...
Vorgehensweise 2:	EUR 42,00	0	5,04	5,04	...
Vorgehensweise 3:	EUR 42,00	4,50	4,50	4,50	...

Ebenso wie beim Ergebnis hinsichtlich der Kapitalstruktur widersprach es der gängigen Lehrmeinung, dass die Ausschüttungsstrategie auch bei keinen Marktunvollkommenheiten den Unternehmenswert ändern und die Aktionäre besserstellen könnte. Ihr wichtiger Lehrsatz lautet:

Die Irrelevanz der Dividende nach MM: *An vollkommenen Kapitalmärkten ist bei gegebener unveränderter Investitionspolitik eines Unternehmens die Wahl hinsichtlich der Ausschüttungsstrategie irrelevant und ohne Einfluss auf den Anfangskurs der Aktie.*

---

11 Siehe M. Modigliani und M. Miller, „Dividend Policy, Growth, and the Valuation of Shares", *Journal of Business*, Bd. 34 (1961), S. 411–433; und J. B. Williams, *The Theory of Investment Value* (Harvard University Press, 1938).

Ein häufiger Fehler

Der-Spatz-in-der-Hand-Trugschluss
„Besser den Spatz in der Hand als die Taube auf dem Dach"

Das Spatz-in-der-Hand-Paradoxon besagt, dass Unternehmen, die sich für eine höhere aktuelle Dividende entscheiden, einen höheren Aktienkurs erzielen werden, da die Aktionäre die aktuelle Dividende der zukünftigen Dividende (mit demselben Barwert) vorziehen. Nach dieser Meinung würde Vorgehensweise 3 zum höchsten Aktienkurs für Genron führen.

Modiglianis und Millers Antwort auf diese Meinung ist, dass Aktionäre an vollkommenen Märkten jederzeit durch den Verkauf von Aktien sich selbst eine gleichwertige Dividende schaffen können. Somit sollte die Wahl der Ausschüttungsstrategie ohne Belang sein.*

* Das Spatz-in-der-Hand-Paradoxon wurde in frühen Studien der Dividendenpolitik vorgeschlagen. Siehe M. Gordon, „Optimal Investment and Financing Policy", Journal of Finance, Bd. 18 (1963), S. 264–272; und J. Lintner, „Dividends Earnings, Leverage, Stock Prices and the Supply of Capital to Corporations", Review of Economics and Statistics, Bd. 44 (1962), S. 243–269.

Dividendenpolitik an vollkommenen Kapitalmärkten

Die Beispiele in diesem Abschnitt verdeutlichen den Gedanken, dass ein Unternehmen durch Aktienrückkäufe oder Eigenkapitalemissionen seine Dividendenausschüttung leicht ändern kann. Da diese Transaktionen ohne Einfluss auf den Unternehmenswert sind, hat auch die Ausschüttungsstrategie keinen Einfluss.

Dieses Resultat scheint auf den ersten Blick der Vorstellung zu widersprechen, dass der Kurs einer Aktie dem Barwert ihrer zukünftigen Dividende entsprechen sollte. Wie unsere Beispiele jedoch gezeigt haben, wirkt sich die Wahl der heute ausgeschütteten Dividende auf die Dividenden aus, die künftig gezahlt werden können, und zwar in kompensierender Weise. Somit legt zwar die Dividende *tatsächlich* den Aktienkurs fest, er wird jedoch nicht durch die Entscheidung des Unternehmens hinsichtlich der Ausschüttungsstrategie festgelegt. Wie Modigliani und Miller verdeutlichen, wird der Wert eines Unternehmens letztlich von dessen zugrunde liegenden Cashflows bestimmt. Der freie Cashflow eines Unternehmens bestimmt die Höhe der Ausschüttungen, die an die Anleger getätigt werden können. An einem vollkommenen Kapitalmarkt spielt es keine Rolle, ob diese Ausschüttungen in Form von Dividenden oder Aktienrückkäufen erfolgen. Natürlich sind die Kapitalmärkte in der Realität nicht vollkommen. Wie bei der Kapitalstruktur sind es die Unvollkommenheiten der Kapitalmärkte, die die Dividenden- und Ausschüttungsstrategie eines Unternehmens festlegen sollten.

Verständnisfragen

1. Richtig oder falsch: Wenn ein Unternehmen eigene Aktien zurückkauft, steigt der Aktienkurs aufgrund des verringerten Angebots an umlaufenden Aktien.

2. Wie wichtig ist an vollkommenen Kapitalmärkten die Entscheidung des Unternehmens, eine Dividende auszuschütten statt Aktien zurückzukaufen?

17.3 Der Steuernachteil der Dividenden

Wie bei der Kapitalstruktur sind Steuern eine wichtige Marktunvollkommenheit, die die Entscheidung eines Unternehmens, eine Dividende zu zahlen oder Aktien zurückzukaufen, beeinflusst.

		Tabelle 17.2
Vergleich der Steuersätze für langfristige Kapitalerträge mit den Steuersätzen für Dividenden in den Vereinigten Staaten, 1971–2012		
Jahr	**Kapitalerträge**	**Dividenden**
1971–1978	35 %	70 %
1979–1981	28 %	70 %
1982–1986	20 %	50 %
1987	28 %	39 %
1988–1990	28 %	28 %
1991–1992	28 %	31 %
1993–1996	28 %	40 %
1997–2000	20 %	40 %
2001–2002	20 %	39 %
2003–*	15 %	15 %

* Die aktuellen Steuersätze sollen 2013 ungültig werden, es sei denn, sie werden vom Kongress verlängert. Die dargestellten Steuersätze beziehen sich auf ein Finanzvermögen, das länger als ein Jahr gehalten wird. Bei Vermögensgegenständen, die ein Jahr oder kürzer gehalten werden, werden Kapitalerträge zum Einkommensteuersatz (derzeit 35 % für die höchste Steuerklasse) besteuert; dasselbe gilt für Dividenden, wenn die Vermögensgegenstände weniger als 61 Tage gehalten werden. Da die Kapitalertragssteuer erst nach dem Verkauf des Vermögensgegenstands gezahlt wird, entspricht der effektive Kapitalertragssteuersatz auf Vermögensgegenstände, die länger als ein Jahr gehalten werden, dem Barwert der dargestellten Sätze, wenn dieser zum risikolosen Zinssatz nach Steuern für die zusätzliche Anzahl an Jahren, die der Vermögensgegenstand gehalten wird, abgezinst wird.

Steuern auf Dividenden und Kapitalerträge

Aktionäre müssen üblicherweise auf die Dividenden, die sie erhalten, Steuern zahlen. Sie müssen auch Kapitalertragssteuern zahlen, wenn sie ihre Aktien verkaufen. ▸Tabelle 17.2 zeigt die historischen US-Steuersätze auf Dividenden und langfristige Kapitalerträge für Anleger in der höchsten Steuerklasse.[12]

Beeinflussen Steuern die Präferenz der Anleger für Dividenden im Vergleich zum Aktienrückkauf? Zahlt ein Unternehmen eine Dividende, werden Aktionäre gemäß Dividendensteuersatz besteuert. Kauft das Unternehmen stattdessen Aktien zurück und verkaufen Aktionäre ihre Aktien, um sich selbst eine Dividende zu verschaffen, wird diese Dividende gemäß Kapitalertragssteuersatz besteuert. Werden Dividenden zu einem höheren Satz als Kapitalerträge besteuert, was bis zur letzten Änderung der Abgabenordnung der Fall war, werden Aktionäre den Aktienrückkauf der Dividende vorziehen.[13] Und auch wenn die kürzlich vorgenommenen Änderungen der Abgabenordnung die Steuersätze für Dividenden und Kapitalerträge anglichen, besteht immer noch ein Steuervorteil aus Aktienrückkäufen gegenüber Dividenden für langfristig orientierte Anleger, da die Steuern auf Kapitalerträge bis zum Verkauf des Vermögensgegenstandes zurückgestellt werden.

---

12 In Deutschland werden Kapitalerträge und Dividenden einheitlich mit einem Steuersatz von 25 % zuzüglich 5,5 % Solidaritätszuschlag und ggf. Kirchensteuer belastet (Abgeltungsteuer).

13 In einigen Ländern werden Dividenden zu einem geringeren Satz besteuert als Kapitalerträge. Das Gleiche gilt derzeit in den USA für Aktien, die zwischen 61 Tagen und einem Jahr gehalten werden.

Der höhere Steuersatz für Dividenden macht es für Unternehmen wenig wünschenswert, Mittel aufzubringen, um eine Dividende zu zahlen. Ohne Steuern und Emissionskosten stehen Investoren weder besser noch schlechter da, wenn ein Unternehmen Geld durch eine Aktienemission aufbringt und dann dieses Geld den Aktionären als Dividende zurückgibt, denn sie erhalten das Geld zurück, das sie gezahlt haben. Werden Dividenden zu einem höheren Satz als Kapitalerträge besteuert, dann schadet diese Transaktion den Aktionären, da sie weniger als ihre Anfangsinvestition erhalten.

Beispiel 17.2:   Eigenkapitalemission für eine Dividendenausschüttung

Fragestellung

Ein Unternehmen beschafft EUR 10 Millionen von den Aktionären und verwendet diese, um ihnen eine Dividende in Höhe von EUR 10 Millionen zu zahlen. Wenn die Dividende zu einem Satz von 40 % und Kapitalerträge zu einem Satz von 15 % besteuert werden, wie viel erhalten die Aktionäre nach Steuern?

Lösung

Aktionäre schulden Dividendensteuern von 40 % der EUR 10 Millionen beziehungsweise EUR 4 Millionen. Da der Wert des Unternehmens nach der Dividendenausschüttung fallen wird, beträgt der Kapitalertrag der Aktionäre EUR 10 Millionen weniger, wenn sie verkaufen, wodurch die Kapitalertragssteuer um 15 % der EUR 10 Millionen beziehungsweise EUR 1,5 Millionen verringert wird. Somit zahlen die Aktionäre insgesamt EUR 4 Millionen – EUR 1,5 Millionen = EUR 2,5 Millionen an Steuern und erhalten nur EUR 7,5 Millionen ihrer Investition von EUR 10 Millionen zurück.

Optimale Dividendenpolitik mit Steuern

Wenn der Steuersatz auf Dividenden den Steuersatz auf Kapitalerträge übersteigt, zahlen Aktionäre weniger Steuern, wenn ein Unternehmen alle Ausschüttungen in Form von Aktienrückkäufen anstelle von Dividenden tätigt. Diese Steuerersparnis steigert den Wert des Unternehmens, das Aktienrückkäufe anstelle von Dividendenausschüttungen tätigt. Wir können diese Steuerersparnis auch in Bezug auf die Eigenkapitalkosten des Unternehmens ausdrücken. Unternehmen, die Dividenden ausschütten, müssen höhere Renditen vor Steuern leisten, um ihren Investoren die gleiche Rendite nach Steuern zu bieten wie Unternehmen, die Aktienrückkäufe tätigen.[14] Daraus ergibt sich, dass die optimale Dividendenpolitik die ist, *überhaupt keine Dividenden zu zahlen,* wenn der Dividendensteuersatz den Kapitalertragssteuersatz übersteigt.

Unternehmen zahlen zwar immer noch Dividenden, doch liegen stichhaltige Belege dafür vor, dass viele Unternehmen ihren Steuernachteil erkannt haben. Vor dem Jahr 1980 hat die Mehrheit der US-amerikanischen Unternehmen beispielsweise Dividenden verwendet, um Barmittel an die Aktionäre auszuschütten.[15] Von 1978 bis 2002 ist jedoch der Anteil der Unternehmen, die eine Dividende zahlen, drastisch um mehr als die Hälfte zurückgegangen. Die Abkehr von der Dividende hat sich jedoch seit der Herabsetzung des Dividendensteuersatzes im Jahr 2003 merklich verringert.[16] ▸Abbildung 17.4 zeigt jedoch nicht die ganze Geschichte der Verlagerung in der Ausschüttungsstrategie der Unternehmen. Wir erkennen einen dramatischeren Trend, wenn wir die Dollarbeträge beider Auszahlungsformen vergleichen. ▸Abbildung 17.5 zeigt die relative Bedeutung der Aktienrückkäufe als Anteil an den Gesamtauszahlungen an Aktionäre. Während Dividenden in den USA bis in die frühen 1980er-Jahre mehr als 80 % der Ausschüttungen ausmachten, nahm die Bedeutung der Aktien-

---

14 Eine Erweiterung des CAPM, das die Steuern der Investoren enthält, ist in M. Brennan, „Taxes, Market Valuation and Corporate Financial Policy", *National Tax Journal*, Bd. 23 (1970), S. 417–427 zu finden.

15 Siehe ▸Abbildung 17.4.

16 Siehe G. Grullon R. Michaely, „Dividends, Share Repurchase, and the Substitution Hypothesis", *Journal of Finance*, Bd. 57 (2002), S. 1649–1684 und E. Fama und K. French, „Disappearing Dividends: Changing Firm Characteristics or Lower Propensity to Pay?", *Journal of Financial Economics*, Bd. 60 (2001), S. 3–43. Eine Untersuchung aktueller Trends seit 2000 siehe B. Julio und D. Ikenberry, „Reappearing Dividends", *Journal of Applied Corporate Finance*, Bd. 16 (2004), S. 89–100.

rückkäufe Mitte der 1980er-Jahre dramatisch zu, nachdem die SEC Richtlinien ausgegeben hatte, die Unternehmen einen „sicheren Hafen" vor Beschuldigungen wegen Aktienkursmanipulation boten.[17] Die Rückkäufe gingen während der Rezession 1990-1991 zurück, überstiegen jedoch den Wert der Dividendenzahlungen von US-Industrieunternehmen am Ende der 1990er-Jahre.[18]

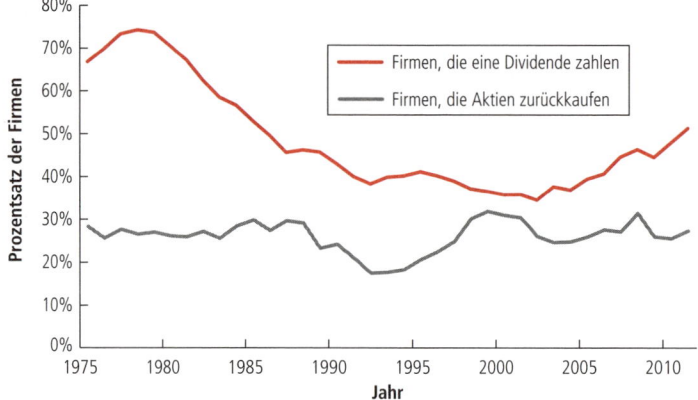

Abbildung 17.4: Trends der Verwendung von Dividenden und Rückkäufen. Die Grafik zeigt für jedes Jahr den Prozentsatz der börslich gehandelten US-Industrieunternehmen, die eine Dividende zahlten oder Aktien zurückkauften. Zu beachten ist der allgemeine Rückgang des Anteils der Unternehmen, die eine Dividende zahlten, von 1975 bis 2002 von 75 % auf 35 %. Dieser Trend hat sich seit der Senkung der Dividendensteuer im Jahr 2003 umgekehrt. Der Anteil der Firmen, die jedes Jahr Aktien zurückkaufen, lag im Durchschnitt bei circa 30 %.

Quelle: Compustat.

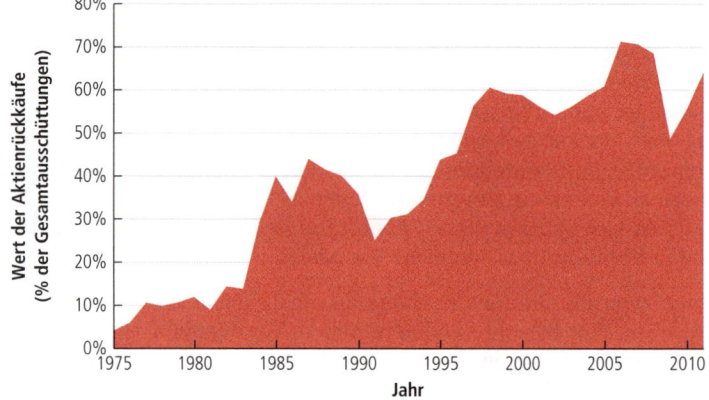

Abbildung 17.5: Entwicklung der Zusammensetzung von Auszahlungen an Aktionäre. Diese Abbildung zeigt den Wert der Aktienrückkäufe als Anteil an den gesamten Ausschüttungen an Aktionäre (Dividenden und Aktienrückkäufe). Ende der 1990er-Jahre überstiegen die Aktienrückkäufe die Dividendenzahlungen und wurden die meist verwendete Form der Ausschüttung durch US-Industrieunternehmen. Zu beachten sind jedoch die Rückgänge der Rückkäufe in konjunkturellen Abschwüngen.

Quelle: Daten von Compustat von US-Unternehmen, ohne Finanzinstitute und Versorgungsunternehmen.

---

17 SEC Rule 10b-18 (angenommen im Jahr 1982 und geändert im Jahr 2003) enthält Richtlinien bezüglich der Art der Käufe (ein einzelner Broker an einem bestimmten Tag), Zeitpunkt und Preis (nicht bei Eröffnung und nicht bei Handelsschluss, kein höherer Preis als bei der letzten Transaktion oder dem veröffentlichten Geldkurs) und des Volumens (weniger als 25 % des Handelsvolumens).

18 Weitere Belege für die Ablösung der Dividendenausschüttung durch Aktienrückkäufe finden Sie in A. Dittmar und R. Dittmar „Stock Repurchase Waves: An Examination of the Trends in Aggregate Corporate Payout Policy", 2004, Arbeitspapier, University of Michigan und G. Grullon und R. Michaely, „Dividends Share Repurchases, and the Substitution Hypothesis", *Journal of Finance*, Bd. 57 (2002), S. 1649–1684.

Auch wenn diese Belege auf die wachsende Bedeutung der Aktienrückkäufe als Bestandteil der Ausschüttungsstrategie von Unternehmen hinweisen, zeigen sie, dass Dividenden immer noch eine wichtige Ausschüttungsmethode sind. Die Tatsache, dass Unternehmen trotz ihres Steuernachteils weiterhin Dividenden ausschütten, wird häufig **Dividendenrätsel** genannt.[19] Im nächsten Abschnitt berücksichtigen wir einige Faktoren, die diesen Steuernachteil mildern könnten. In ▶Abschnitt 17.6 untersuchen wir andere Motivationen für die Verwendung von Dividenden auf der Grundlage asymmetrischer Informationen.

Verständnisfragen

1. Der Dividendensteuersatz übersteigt den Kapitalertragssteuersatz. Was ist in diesem Fall die optimale Dividendenpolitik?

2. Was ist das Dividendenrätsel?

17.4 Abschöpfung der Dividende und Steuerklientel

Während viele Anleger aus steuerlicher Sicht Aktienrückkäufen den Vorzug vor Dividendenausschüttungen geben, hängt das Maß dieser Präferenz von den Unterschieden zwischen dem jeweils geltenden Dividendensteuersatz und dem Kapitalertragsteuersatz ab. Die Steuersätze variieren je nach Einkommen, rechtlichem Zuständigkeitsbereich und Investitionshorizont und hängen außerdem davon ab, ob die Aktien in einem Pensionskonto gehalten werden. Wegen dieser Unterschiede können Unternehmen je nach verfolgter Dividendenpolitik für verschiedene Gruppen von Investoren attraktiv sein. In diesem Abschnitt sehen wir uns die steuerlichen Konsequenzen von Dividenden sowie Anlagestrategien näher an, die die Auswirkung der Dividendensteuer auf den Unternehmenswert mindern können.

Der effektive Dividendensteuersatz

Für einen Vergleich der Präferenzen der Anleger müssen wir die kombinierten Effekte der Dividenden- und Kapitalertragssteuern quantifizieren, um so den effektiven Dividendensteuersatz für einen Anleger zu ermitteln. Der Einfachheit halber nehmen wir einen Anleger, der heute eine Aktie kurz vor dem Ex-Dividende-Datum kauft, um sie kurz danach zu verkaufen.[20] Dadurch kommt der Anleger für den Erhalt der Dividende infrage und nimmt sie ein. Zahlt das Unternehmen eine Dividende in Höhe von Div und liegt der Steuersatz des Anlegers bei τ_d, dann ist seine Dividende nach Steuern $Div(1 - \tau_d)$.

Da der Preis kurz bevor dem Ex-Dividende-Datum P_{cum} den Preis P_{ex} unmittelbar danach übersteigt, wird der Investor von einem Kapitalverlust aus seinem Verkauf ausgehen. Ist der Kapitalertragssteuersatz τ_g, so beträgt der Verlust nach Steuern $(P_{cum} - P_{ex})(1 - \tau_g)$.

Somit erzielt der Anleger dann einen Gewinn aus dem Verkauf, der zu dem Zweck getätigt wird, die Dividende zu erhalten, wenn die Dividende nach Steuern höher ist als der Kapitalverlust nach Steuern. Umgekehrt gilt, wenn der Kapitalverlust nach Steuern die Dividende nach Steuern übersteigt, profitiert der Anleger, indem er die Aktie kurz von dem Ex-Dividende-Datum verkauft und sie kurz danach kauft und somit die Dividende umgeht. Mit anderen Worten: Es gibt eine Arbitragegelegenheit, es sei denn der Kursrückgang und die Dividende sind nach Steuern gleich:

$$(P_{cum} - P_{ex})(1 - \tau_g) = Div(1 - \tau_d) \tag{17.1}$$

---

19 Siehe F. Black, „The Dividend Puzzle", *Journal of Portfolio Management*, Bd. 2 (1976), S. 5–8.

20 Wir könnten genauso einen langfristig orientierten Anleger nehmen, der zwischen dem Verkauf der Aktie kurz vor oder kurz nach dem Ex-Dividende-Datum entscheidet. Die Analyse wäre identisch, auch wenn die anwendbaren Steuersätze von der Haltedauer abhängig sind.

Wir können ▸Gleichung 17.1 auch in Bezug auf den Kursrückgang umstellen:

$$P_{cum} - P_{ex} = Div \times \left(\frac{1-\tau_d}{1-\tau_g}\right) = Div \times \left(1 - \frac{\tau_d - \tau_g}{1-\tau_g}\right) = Div \times (1-\tau_d^*) \tag{17.2}$$

Wobei τ_d^* der **effektive Dividendensteuersatz ist:**

$$\tau_d^* = \left(\frac{\tau_d - \tau_g}{1-\tau_g}\right) \tag{17.3}$$

Der effektive Dividendensteuersatz τ_d^* misst die zusätzliche Steuer, die vom Anleger pro Euro des Kapitalertrags nach Steuern gezahlt wird, der stattdessen als Dividende erhalten wird.[21]

Beispiel 17.3: Änderungen des effektiven Dividendensteuersatzes

Fragestellung
Ein Privatanleger in der höchsten US-Steuerklasse plant eine Aktie länger als ein Jahr zu halten. Wie hoch war der effektive Dividendensteuersatz für diesen Anleger im Jahr 2002? Wie hat sich dieser effektive Dividendensteuersatz im Jahr 2003 verändert? (Wir lassen Steuern auf der Ebene der US-Einzelstaaten außer Betracht.)

Lösung
▸Tabelle 2.2 entnehmen wir einen Steuersatz für das Jahr 2002 von τ_d = 39 % und τ_g = 20 %. Somit ist

$$\tau_d^* = \frac{0,39 - 0,20}{1-0,20} = 23,75\ \%$$

Dies weist auf einen erheblichen Steuernachteil aus der Dividende hin: Jeder Dollar der Dividende entspricht einem Kapitalertrag von nur USD 0,7625. Nach der Steuersenkung im Jahr 2003 jedoch ist τ_d = 15 %, τ_g = 15 % und

$$\tau_d^* = \frac{0,15 - 0,15}{1-0,15} = 0\ \%$$

Somit beseitigte die Steuersenkung im Jahr 2003 den Steuernachteil der Dividende für eine einjährige Anlage.

Unterschiedliche Steuern bei verschiedenen Anlegern

Der effektive Dividendensteuersatz τ_d^* eines Anlegers hängt von dem Steuersatz ab, den ein Anleger auf Dividenden und Kapitalerträge zahlen muss. Diese Sätze unterscheiden sich von Anleger zu Anleger aus verschiedenen Gründen:

Einkommensniveau. Anleger mit unterschiedlichen Einkommensniveaus sind in verschiedenen Steuerklassen und unterliegen somit unterschiedlichen Steuersätzen.

---

21 Hilfe bei der Bestimmung und empirische Daten zu ▸Gleichung 17.2 und ▸Gleichung 17.3 finden Sie in E. Elton und M. Gruber, „Marginal Stockholder Tax Rates and the Clientele Effect", *Review of Economics and Statistics*, Bd. 52 (1970), S. 68–74. Informationen zur Reaktion der Anleger auf größere Änderungen des Steuerrechts finden sich in J. Koski, „A Microstructure Analysis of Ex-Dividend Stock Price Behavior Before and After the 1984 and 1986 Tax Reform Acts", *Journal of Business*, Bd. 69 (1996), S. 313–338.

Investitionshorizont. Kapitalerträge aus Aktien mit einer Haltedauer von unter einem Jahr und Dividenden auf Aktien mit einer Haltedauer von weniger als 61 Tagen werden in den USA zu höheren normalen Einkommensteuersätzen besteuert. Langfristig orientierte Anleger können die Zahlung der Kapitalertragssteuern zurückstellen (was ihren effektiven Kapitalertragssteuersatz sogar noch mehr mindert). Anleger, die ihren Erben Aktien hinterlassen möchten, können die Kapitalertragssteuer sogar vollständig umgehen.

Rechtlicher Zuständigkeitsbereich für die Steuer. US-Anleger unterliegen Steuern auf Ebene der einzelnen Bundesstaaten, die unterschiedlich ausfallen. Zum Beispiel erhebt New Hampshire eine Steuer von 5 % auf Erträge aus Zinsen und Dividenden, jedoch keine Steuer auf Kapitalerträge. Ausländische Investoren mit US-Aktien unterliegen einer Quellensteuer von 30 % auf die von ihnen erhaltenen Dividenden (es sein denn, dieser Satz wird durch ein Steuerabkommen mit dem jeweiligen Herkunftsland verringert).[22] Eine Quellensteuer auf Kapitalerträge gibt es nicht.

Art des Anlegers oder der Anlage. Aktien, die von Privatanlegern in einem Pensionskonto gehalten werden, unterliegen keinen Dividenden- oder Kapitalertragssteuern.[23] Ebenso unterliegen Aktien, die über Pensionsfonds oder gemeinnützige Stiftungen gehalten werden, keinen Dividenden- und Kapitalertragssteuern. US-amerikanische Unternehmen, die Aktien halten, können 70 % der Dividenden, die sie erhalten, nicht aber Kapitalerträge von den Ertragsteuern ausschließen.[24]

Um dies zu verdeutlichen, betrachten wir vier verschiedene US-amerikanische Anleger: (1) einen Anleger mit der Devise „kaufen und halten", der die Aktien auf einem zu versteuernden Konto hält und plant, die Aktien an seine Erben zu übertragen, (2) einen Anleger, der die Aktien auf einem zu versteuernden Konto hält, jedoch plant, die Aktien nach einem Jahr zu verkaufen, (3) einen Pensionsfonds und (4) ein Unternehmen. Nach dem aktuellen höchstmöglichen US-Ertragsteuersatz wäre der effektive Dividendensteuersatz für jeden Anleger wie folgt:

1. Kaufen- und- Halten-Anleger: $\tau_d = 15\ \%$, $\tau_g = 0$ und $\tau_d^* = 15\ \%$

2. Privatanleger mit Haltedauer von einem Jahr: $\tau_d = 15\ \%$, $\tau_g = 15\ \%$ und $\tau_d^* = 0\ \%$

3. Pensionsfonds: $\tau_d = 0\ \%$, $\tau_g = 0$ und $\tau_d^* = 0\ \%$

4. Unternehmen bei einem Ertragsteuersatz von 35 %: $\tau_d = (1 - 70\ \%) \times 35\ \% = 10{,}5\ \%$, $\tau_g = 35\ \%$ und $\tau_d^* = -38\ \%$

Aufgrund der unterschiedlichen Steuersätze haben diese Anleger unterschiedliche Präferenzen hinsichtlich der Dividende. Langfristig orientierte Anleger zahlen höhere Steuern auf Dividenden, sodass sie Aktienrückkäufe Dividendenausschüttungen vorziehen. Einjährige Anleger, Pensionsfonds und andere steuerbefreite Anleger haben keine Präferenz für Aktienrückkäufe gegenüber Dividenden; sie würden eine Ausschüttungsstrategie bevorzugen, die ihrem Bedarf an Barmitteln am ehesten entspricht. Ein steuerbefreiter Anleger beispielsweise, der laufende Erträge wünscht, würde hohe Dividenden bevorzugen, um die Broker-Gebühren und andere Transaktionskosten aus dem Aktienverkauf zu vermeiden.

Der negative effektive Dividendensteuersatz für Unternehmen impliziert schließlich, dass Unternehmen einen *Steuervorteil* in Verbindung mit Dividenden genießen. Aus diesem Grund wird ein Unternehmen, das sich für eine Investition seiner Barmittel entscheidet, es vorziehen, Aktien mit einer hohen Dividendenrendite zu halten.

Klientel-Effekt

▶Tabelle 17.3 fasst die unterschiedlichen Präferenzen der jeweiligen US-amerikanischen Anlegergruppen zusammen. Diese unterschiedlichen Steuerpräferenzen schaffen den **Klientel-Effekt**, bei dem die Dividendenpolitik eines Unternehmens für die steuerlichen Präferenzen des Anleger-

---

22 Das Doppelbesteuerungsabkommen zwischen der Bundesrepublik Deutschland und den Vereinigten Staaten von Amerika sieht einen ermäßigten Quellensteuersatz von 15 % vor.

23 Steuern (oder Bußgelder) können zwar geschuldet werden, wenn Geld vom Pensionskonto abgehoben wird, sind aber nicht davon abhängig, ob das Geld aus Dividenden oder Kapitalerträgen stammt.

24 Unternehmen können 80 % ausschließen, wenn sie mehr als 20 % der Aktien des Unternehmens halten, das die Dividende ausschüttet.

Klientels optimiert wird. Anleger in den höchsten Steuerklassen haben eine Präferenz für Aktien, die keine oder geringe Dividenden zahlen, während steuerbefreite Anleger und Unternehmen eine Präferenz für Aktien mit hohen Dividenden haben. In diesem Fall wird die Dividendenpolitik eines Unternehmens für die steuerlichen Präferenzen des Anleger-Klientels optimiert.

	Tabelle 17.3

Unterschiedliche Präferenzen hinsichtlich der Dividendenpolitik der verschiedenen US-amerikanischen Anlegergruppen		
Anlegergruppe	**Präferierte Dividendenpolitik**	**Anteil der Anleger**
Privatanleger	Steuernachteil aus Dividenden; bevorzugen generell Aktienrückkäufe (außer Rentenkonten)	~52 %
Institute, Pensionsfonds	Keine steuerliche Präferenz Präferieren eine Dividendenpolitik, die ihren Ertragsbedürfnissen entspricht	~47 %
Unternehmen	Steuervorteile aus Dividenden	~1 %

Quelle: Anteile basieren auf Federal Reserve Flow of Fund Accounts

Dass es Steuer-Klientele gibt, wird durch Belege gestützt. Zum Beispiel berichten Franklin Allen und Roni Michaely,[25] dass Privatanleger im Jahr 1996 54 % aller Aktien nach Marktwert hielten, jedoch nur 35 % aller ausgeschütteten Dividenden erhielten. Dies weist darauf hin, dass Anleger eher Aktien mit niedrigen Dividendenrenditen halten. Natürlich bedeutet die Tatsache, dass hoch besteuerte Anleger überhaupt Dividenden erhalten, dass die Klientele nicht perfekt sind: Dividendensteuern sind nicht die einzige Determinante des Portfolios eines Anlegers. Eine weitere klientelorientierte Strategie ist der dynamische Klientel-Effekt, auch bezeichnet als **Theorie der Dividendenabschöpfung (Dividend Capture)**.[26] Diese Theorie besagt, dass Anleger – wenn man Transaktionskosten vernachlässigt – ihre Aktien zum Zeitpunkt der Dividendenausschüttung handeln können, sodass von der Steuer befreite Anleger die Dividende erhalten. Dies bedeutet, dass von der Steuer befreite Anleger die Aktien, die hohe Dividenden zahlen, nicht ständig halten müssen; sie müssen sie lediglich dann halten, wenn die Dividende gezahlt wird.

Eine Auswirkung dieser Theorie ist, dass wir ein größeres Handelsvolumen einer Aktie um den Ex-Dividende-Tag herum verzeichnen sollten, da Anleger mit hohen Steuersätzen und Anleger mit niedrigen Steuersätzen die Aktie in Erwartung der Dividendenausschüttung verkaufen beziehungsweise kaufen und diese Handelsgeschäfte dann kurz nach dem Ex-Dividende-Datum umgekehrt werden. ▶Abbildung 17.6 zeigt den Preis und das Volumen der Aktie von Value Line Inc. im Jahr 2004. Am 23. April teilte Value Line mit, die akkumulierten Barmittel für die Zahlung einer Sonderdividende von USD 17,50 je Aktie zu verwenden, und setzte den 20. Mai als Ex-Dividende-Datum fest. Zu beachten ist der erhebliche Anstieg des Handelsvolumens vor und nach dem Tag der Sonderdividende. Das Handelsvolumen im Monat nach der Mitteilung der Sonderdividende war mehr als 25-mal so hoch wie im Monat vor der Mitteilung. In den drei Monaten nach der Mitteilung der Sonderdividende überstieg das Gesamtvolumen 65 % der gesamten Aktien, die zum Handel zur Verfügung standen.

Während diese Belege die Theorie der Dividendenabschöpfung stützen, trifft es auch zu, dass viele Anleger mit hohen Steuersätzen Aktien weiter halten, wenn Dividenden gezahlt werden. Bei einer

---

25 F. Allen und R. Michaely, „Payout Policy", in G. Constantinides, M. Harris und R. Stulz, eds., *Handbook of the Economics of Finance: Corporate Finance Volume* 1A (Elsevier 2003).

26 Diese Theorie wurde von A. Kalay in „The Ex-Dividend Day Behavior of Stock Prices: A Reexamination of the Clientele Effect", *Journal of Finance*, Bd. 37 (1982), S. 1059–1070 entwickelt. Siehe auch J. Boyd und R. Jagannathan, „Ex Dividend Price Behavior of Common Stocks", *Review of Financial Studies*, Bd. 7 (1994), S. 711–741, wo die Komplikationen diskutiert werden, die durch mehrere Steuer-Klientele entstehen.

kleineren, quartalsweisen regulären Dividende dürften die Transaktionskosten und das Handelsrisiko die Vorteile der Dividendenabschöpfung ausgleichen.[27]

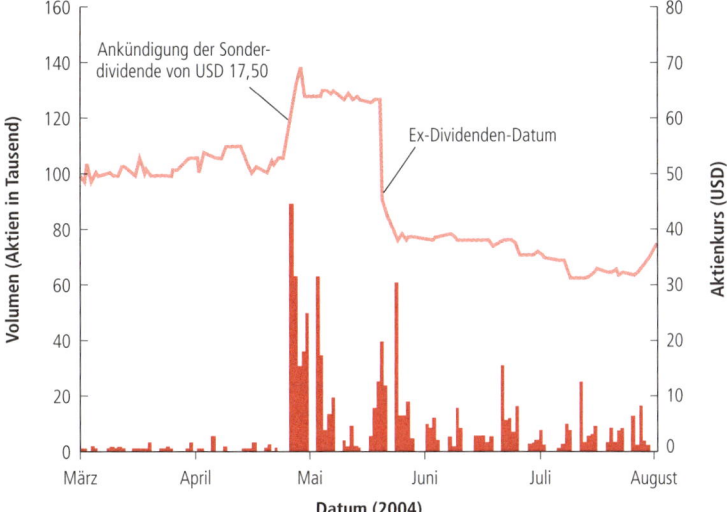

Abbildung 17.6: Auswirkungen der Sonderdividende auf das Volumen und den Aktienkurs von Value Line. Nach der Mitteilung der Sonderdividende von USD 17,50 stieg der Aktienkurs von Value Line ebenso wie das Handelsvolumen. Der Aktienkurs fiel am Ex-Dividende-Datum um USD 17,91 und das Volumen ging in den folgenden Wochen allmählich zurück. Dies entspricht dem Muster des von der Steuer befreiten Anlegers, der die Aktie vor dem Ex-Dividende-Datum kauft und sie danach verkauft.[28]

Nur hohe Sonderdividenden, wie im Fall von Value Line, haben oft eine große Zunahme des Volumens zur Folge. Somit werden die relativen steuerlichen Nachteile der Dividende zwar durch Klientel-Effekte und Strategien der Dividendenabschöpfung reduziert, jedoch nicht vollständig beseitigt.[29]

Verständnisfragen

1. Unter welchen Bedingungen werden Anleger eine steuerliche Präferenz für Aktienrückkäufe gegenüber Dividenden haben?

2. Was impliziert die Theorie der Dividendenabschöpfung bezüglich des Handelsvolumens einer Aktie in der Zeit um das Ex-Dividende-Datum?

27 Dividendenabschöpfungs-Strategien sind riskant, da der Aktienpreis vor Abschluss der Transaktion aus davon unabhängigen Gründen schwanken kann. J. Koski und R. Michaely, „Prices, Liquidity and the Information Content of Trades", *Review of Financial Studies*, Bd. 13 (2000), S. 659–696, zeigen, dass dieses Risiko durch den Abschluss eines gleichzeitigen Kaufs und Verkaufs, jedoch mit Abwicklungsdaten vor und nach dem Ex-Dividende-Datum ausgeschaltet werden kann. Sind solche Transaktionen möglich, wird die Höhe des aus der Dividende resultierenden Volumens erheblich gesteigert.

28 Wir berücksichtigen die Gründe für den Anstieg des Aktienkurses nach der Mitteilung der Dividende in ▶Abschnitt 17.5 und 17.6.

29 Dividendenabschöpfungs-Strategien sind ein Grund, warum es schwierig ist, Belege dafür zu finden, dass sich die Dividendenrendite auf die Kapitalkosten auswirkt. Zwar wurden Belege von R. Litzenberger und K. Ramaswamy gefunden („The Effects of Personal and Dividends on Capital Asset Prices: Theory and Empirical Evidence", *Journal of Financial Economics*, Bd. 7 (1979), S. 163–195), doch wird diesen Belegen von F. Black und M. Scholes widersprochen („The Effects of Dividend Yield and Dividend Policy on Common Stock Prices and Returns", *Journal of Financial Economics*, Bd. 1 (1974), S. 1–22). A. Kalay und R. Michaely liefern eine Erklärung für diese abweichenden Resultate und finden keine signifikante Auswirkung der Dividendenrendite auf die erwarteten Renditen („Dividends and Taxes: A Reexamination", *Financial Management*, Bd. 29 (2000), S. 55–75).

17.5 Auszahlung im Vergleich zur Thesaurierung von Barmitteln

Kehren wir zurück zu ▶Abbildung 17.1. Bislang haben wir nur einen Aspekt der Ausschüttungsstrategie eines Unternehmens betrachtet: Die Wahl zwischen der Zahlung von Dividenden und dem Aktienrückkauf. Wie aber sollte ein Unternehmen festlegen, wie viel an die Aktionäre auszuzahlen ist und wie viel an Barmitteln thesauriert werden soll? Um diese Frage zu beantworten, müssen wir zunächst überlegen, was das Unternehmen mit den einbehaltenen Barmitteln tun wird. Es kann diese Barmittel in neue Projekte oder Finanzinstrumente investieren. Wir werden zeigen, dass das Unternehmen unter der Annahme vollkommener Kapitalmärkte, nachdem es alle Investitionen mit positivem Kapitalwert getätigt hat, indifferent ist gegenüber der Thesaurierung des Barüberschusses und dessen Auszahlung. Wenn wir aber dann die Marktunvollkommenheiten betrachten, erkennen wir einen Trade-Off: Die Thesaurierung von Barmitteln kann die Kosten für die zukünftige Kapitalbeschaffung reduzieren, sie kann aber auch Steuern und Agency-Kosten erhöhen.

Thesaurierung von Barmitteln an vollkommenen Kapitalmärkten

Thesauriert ein Unternehmen Barmittel, kann es diese Mittel in neue Projekte investieren. Stehen Investitionen mit positivem KW zur Verfügung, ist diese Entscheidung eindeutig die richtige. Investitionen mit positivem KW schaffen einen Mehrwert für die Anleger des Unternehmens, während der Einbehalt von Barmitteln oder eine Ausschüttung dies nicht tut. Hat jedoch ein Unternehmen bereits alle Investitionen mit positivem KW getätigt, wird jede weitere Investition einen negativen KW oder einen KW von null haben. Investitionen mit negativem KW reduzieren den Wert der Aktie für die Anteilseigner, da der Nutzen aus diesen Investitionen nicht deren Kosten übersteigt.

Ein Unternehmen kann natürlich, statt überschüssige Barmittel in Investitionen mit negativem KW zu verschwenden, diese Mittel auf Bankkonten anlegen oder Finanzvermögensgegenstände erwerben. Das Unternehmen kann dann das Geld in Zukunft an die Aktionäre auszahlen oder es dann investieren, wenn wieder Investitionsgelegenheiten mit positivem KW verfügbar sind.

Was sind die Vorteile und Nachteile einer Thesaurierung von Barmitteln und einer Investition in Wertpapiere? An vollkommenen Kapitalmärkten ist der Kauf und Verkauf von Wertpapieren eine Transaktion mit einem KW von null, sodass sich dies nicht auf den Unternehmenswert auswirken sollte. Somit sollte es nicht überraschen, dass an vollkommenen Kapitalmärkten die Entscheidung Thesaurierung oder Ausschüttung – genauso wie die Entscheidung Dividende oder Aktienrückkauf – für den Gesamtwert des Unternehmens ohne Belang ist.

Beispiel 17.4:   Verzögerung von Dividendenzahlungen an vollkommenen Märkten

Fragestellung

Barston Mining weist einen Barüberschuss von USD 100.000 auf. Barston zieht in Betracht, die Barmittel in US-Schatzwechsel mit einjähriger Laufzeit und einer Verzinsung von 6 % anzulegen und dann im nächsten Jahr für eine Dividendenzahlung zu verwenden. Alternativ kann das Unternehmen sofort eine Dividende zahlen und die Aktionäre können diese Barmittel dann selbst investieren. Welche Option würden Aktionäre an einem vollkommenen Kapitalmarkt vorziehen?

Lösung

Wenn Barston eine sofortige Dividende zahlt, erhalten die Aktionäre heute USD 100.000. Wenn Barston die Barmittel thesauriert, kann das Unternehmen am Ende des Jahres eine Dividende in Höhe von

$$\text{USD } 100.000 \times (1,06) = \text{USD } 106.000$$

zahlen.

Dies ist der gleiche Betrag, den die Aktionäre durch eine Anlage der USD 100.000 in US-Schatzwechsel erzielt hätten. Mit anderen Worten, der Barwert dieser zukünftigen Dividende beträgt genau USD 106.000 : (1,06) = USD 100.000. Somit sind die Aktionäre indifferent hinsichtlich der sofortigen Zahlung einer Dividende oder der Thesaurierung der Barmittel.

Wie ▶Beispiel 17.4 zeigt, macht es für die Aktionäre keinen Unterschied, ob das Unternehmen die Barmittel sofort ausschüttet oder diese thesauriert und zu einem späteren Zeitpunkt auszahlt. Dieses Beispiel verdeutlicht erneut die grundlegenden Erkenntnisse von Modigliani und Miller bezüglich der Irrelevanz finanzieller Entscheidungen an vollkommenen Kapitalmärkten.

Irrelevanz der Auszahlung nach MM: Wenn ein Unternehmen an vollkommenen Kapitalmärkten Barüberschüsse in Wertpapiere investiert, ist die Entscheidung des Unternehmens für die Ausschüttung oder die Thesaurierung der Barmittel irrelevant und ohne Einfluss auf den Anfangswert des Unternehmens.

Somit hängt die Entscheidung eines Unternehmens hinsichtlich der Einbehaltung von Mitteln von den Marktunvollkommenheiten ab, denen wir uns als Nächstes zuwenden.

Steuern und Thesaurierung von Barmitteln

▶Beispiel 17.4 geht von vollkommenen Kapitalmärkten aus und lässt somit die Auswirkung von Steuern außer Betracht. Wie würde sich unser Ergebnis unter Berücksichtigung von Steuern ändern?

Beispiel 17.5: Thesaurierung von Barmitteln und Ertragsteuern

Fragestellung

Angenommen, Barston muss Ertragsteuern zu einem Satz von 35 % auf die Zinsen zahlen, die aus den einjährigen US-Schatzwechseln mit einer Verzinsung von 6 % erzielt werden. Würde ein Pensionsfonds als Investor (der keine Steuern auf Anlageerträge zahlt) die Verwendung des Barüberschusses für die sofortige Zahlung einer Dividende von USD 100.000 oder die Thesaurierung der Barmittel für ein Jahr präferieren?

Lösung

Wenn Barston sofort eine Dividende auszahlt, erhalten die Aktionäre heute USD 100.000. Wenn Barston sich für die einjährige Thesaurierung der Barmittel entscheidet, beträgt der Ertrag nach Steuern aus den US-Schatzwechseln

$$6 \text{ \%} \times (1 - 0{,}35) = 3{,}90 \text{ \%}$$

Somit wird Barston am Ende des Jahres eine Dividende von USD 100.000 × (1,039) = USD 103,900 zahlen. Dieser Betrag ist geringer als die USD 106.000, den die Anleger erhalten hätten, wenn sie die USD 100.000 selbst in US-Schatzwechsel angelegt hätten. Da Barston Ertragsteuern auf die erzielten Zinserträge zahlen muss, hat die Thesaurierung einen Steuernachteil. Ein Pensionsfonds als Investor würde daher die sofortige Ausschüttung der Dividende bevorzugen.

Wie ▶Beispiel 17.5 zeigt, ist die Thesaurierung von Barüberschüssen wegen der Ertragsteuern für ein Unternehmen teuer. Dieser Effekt ist genau derselbe wie der, den wir in ▶Kapitel 15 bezüglich der Verschuldung festgestellt haben: Zahlt ein Unternehmen Zinsen, sind diese Zinsen steuerlich absetzbar, während es, Steuern auf diese Zinsen schuldet, wenn es Zinsen erhält. Wie wir in ▶Kapitel 14 erörtert haben, sind Barmittel wie eine *negative* Verschuldung, sodass der Steuervorteil aus der Verschuldung einen Steuernachteil aus dem Besitz von Barmitteln bedeutet.

> ### Beispiel 17.6:   Die Sonderdividende von Microsoft
>
> **Fragestellung**
> In der Einführung dieses Kapitels haben wir die Sonderdividende von Microsoft in Höhe von USD 3 pro Aktie beziehungsweise USD 32 Milliarden beschrieben, die Ende 2004 ausgeschüttet wurde. Welchen Barwert hätten die zusätzlich gezahlten Steuern, wenn Microsoft die Barmittel dauerhaft thesauriert hätte?
>
> **Lösung**
> Hätte Microsoft die Barmittel thesauriert, wäre auf die Zinserträge ein Ertragsteuersatz von 35 % zahlbar gewesen. Da die Zinszahlungen risikolos sind, können wir die Steuerzahlung zum risikolosen Zinssatz abzinsen (unter der Annahme, dass der Ertragsteuersatz von Microsoft konstant bleibt oder dass etwaige diesbezügliche Änderungen einen Betafaktor von null haben). Somit läge der Barwert der Steuerzahlung auf den zusätzlichen Zinsertrag von Microsoft bei
>
> $$\frac{\text{USD 32 Milliarden} \times r_f \times 35\ \%}{r_f} = \text{USD 32 Milliarden} \times 35\ \% = \text{USD 11,2 Milliarden}$$
>
> Entsprechend beträgt die Steuerersparnis pro Aktie aus der Auszahlung der Barmittel im Vergleich zur Thesaurierung USD 3 × 35 % = USD 1,05 pro Aktie.

Bereinigung um Steuern auf Anlegerebene

Die Entscheidung für eine Auszahlung anstelle der Thesaurierung kann sich auch auf die von den Aktionären zu zahlenden Steuern auswirken. Während Pensions- und Rentenfonds steuerbefreit sind, sind die meisten Privatanleger verpflichtet, Steuern auf Zinsen, Dividenden und Kapitalerträge zu zahlen. Wie wirkt sich die Steuerpflicht der Anleger auf den Steuernachteil der Thesaurierung aus?

Wir veranschaulichen die steuerliche Auswirkung mit einem einfachen Beispiel. Betrachten wir ein Unternehmen, dessen einziger Vermögensgegenstand EUR 100 in bar sind und nehmen wir an, alle Anleger unterliegen dem gleichen Steuersatz. Vergleichen wir nun die Möglichkeit, diesen Betrag sofort als Dividende auszuschütten mit der Möglichkeit, diese EUR 100 dauerhaft zu thesaurieren und die Zinserträge für Dividendenausschüttungen zu verwenden.

Angenommen ein Unternehmen zahlt die Barmittel sofort als Dividende aus und wird geschlossen. Da der Ex-Dividende-Kurs der Aktie des Unternehmens null ist (das Unternehmen wurde geschlossen), erhalten wir unter Verwendung von ▶Gleichung 17.2 einen Aktienkurs vor der Dividendenzahlung von

$$P_{cum} = P_{ex} + Div_0 \times \left(\frac{1-\tau_d}{1-\tau_g}\right) = 0 + 100 \times \left(\frac{1-\tau_d}{1-\tau_g}\right) \tag{17.4}$$

Dieser Preis spiegelt die Tatsache wider, dass der Anleger Steuern auf die Dividende zu einem Satz von τ_d zahlt, jedoch aus dem Kapitalverlust, der durch die Schließung des Unternehmens entsteht, eine Steuergutschrift erhält (zum Kapitalertragssteuersatz τ_g).

Alternativ dazu kann das Unternehmen die Barmittel thesaurieren und in US-Schatzwechsel mit einer Verzinsung von r_f pro Jahr anlegen. Nach der Zahlung der Ertragsteuer auf diese Zinsen zum Satz τ_c kann das Unternehmen eine ewige Dividende von

$$Div = 100 \times r_f \times (1 - \tau_c)$$

pro Jahr zahlen und die EUR 100 in bar dauerhaft einbehalten. Welchen Preis würde ein Anleger in diesem Fall für das Unternehmen zahlen? Die Kapitalkosten des Anlegers entsprechen der Rendite nach Steuern, die er dadurch erzielen könnte, indem er selbst in US-Schatzwechsel anlegt: $r_f \times (1 - \tau_i)$, wobei τ_i der Steuersatz auf Zinserträge des Anlegers ist. Da der Anleger auch auf die Dividenden Steuern zahlen muss, liegt der Wert des Unternehmens, wenn es die EUR 100 thesauriert, bei[30]

$$P_{retain} = \frac{Div \times (1 - \tau_d)}{r_f \times (1 - \tau_i)} = \frac{100 \times r_f \times (1 - \tau_c) \times (1 - \tau_d)}{r_f \times (1 - \tau_i)}$$

$$= 100 \times \frac{(1 - \tau_c)(1 - \tau_d)}{(1 - \tau_i)} \qquad (17.5)$$

▶Gleichung 17.4 und 17.5 im Vergleich:

$$P_{retain} = P_{cum} \times \frac{(1 - \tau_c)(1 - \tau_g)}{(1 - \tau_i)} = P_{cum} \times (1 - \tau_{retain}^*) \qquad (17.6)$$

wobei τ_{retain}^* den effektiven Steuernachteil aus der Thesaurierung der Barmittel misst:

$$\tau_{retain}^* = \left(1 - \frac{(1 - \tau_c)(1 - \tau_g)}{(1 - \tau_i)}\right) \qquad (17.7)$$

Da die Dividendensteuer unabhängig davon gezahlt wird, ob das Unternehmen die Barmittel sofort ausschüttet oder ob sie diese thesauriert und im Laufe der Zeit Zinsen zahlt, ist der Dividendensteuersatz ohne Einfluss auf die Kosten der Thesaurierung der Barmittel in ▶Gleichung 17.7.[31] ▶Gleichung 17.7 basiert auf der intuitiven Vorstellung, dass ein Unternehmen, das Barmittel thesauriert, Ertragsteuern auf die Zinserträge zahlen muss. Außerdem schuldet der Anleger Kapitalertragssteuern auf den Anstieg des Unternehmenswerts. Das Ergebnis ist, dass die Zinsen auf thesaurierte Barmittel doppelt besteuert werden. Wenn das Unternehmen stattdessen die Barmittel an seine Aktionäre auszahlte, könnten diese sie anlegen und müssten nur einmal Steuern auf die Zinserträge zahlen. Die Kosten für die Thesaurierung von Barmitteln hängen somit von der kombinierten Auswirkung der Ertrags- und Kapitalertragsteuer im Vergleich zu der einzelnen Steuer auf Zinserträge ab. Unter Verwendung der Steuersätze von 2012[32], $\tau_c = \tau_i = 35\ \%$ und $\tau_g = 15\ \%$, erhalten wir für die USA einen effektiven Steuernachteil aus den thesaurierten Barmitteln von $\tau_{retain}^* = 15\ \%$. Somit bleibt nach der Bereinigung um Steuern auf Anlegerebene ein erheblicher *Steuernachteil* für das US-amerikanische Unternehmen aus der Thesaurierung des Barüberschusses.

---

30 In diesem Fall ergeben sich aus der Kapitalertragsteuer keine Konsequenzen, da der Aktienkurs jedes Jahr gleich bleibt.

31 ▶Gleichung 17.7 gilt auch, wenn das Unternehmen etwaige (konstante) Kombinationen aus Dividenden und Aktienrückkäufen verwendet. Wenn jedoch das Unternehmen anfangs die Barmittel allein durch Kürzung der Aktienrückkäufe thesauriert und dann später die Barmittel für die Zahlung einer Kombination aus Dividenden und Aktienrückkäufen verwendet, würden wir τ_g in Gleichung 17.7 mit dem durchschnittlichen Steuersatz auf Dividenden und Kapitalertragssteuern $\tau_e = \alpha \tau_d + (1 - \alpha) \tau_g$ ersetzen, wobei α der Anteil der Dividenden gegenüber den Rückkäufen ist. In diesem Fall entspricht τ_{retain}^* dem effektiven Steuernachteil des Fremdkapitals τ^*, den wir in ▶Gleichung 15.7 hergeleitet haben, wo wir implizit davon ausgingen, dass das Fremdkapital für die Finanzierung des Aktienrückkaufs (bzw. zur Vermeidung der Eigenkapitalemission) verwendet wird und dass die zukünftigen Zinszahlungen eine Kombination aus Dividenden und Aktienrückkäufen ersetzen. Die Verwendung von τ_g an dieser Stelle wird manchmal als „neue Sichtweise" oder „Perspektive des gefangenen Kapitals" auf einbehaltene Gewinne bezeichnet: Siehe z. B. A. Auerbach, „Tax Integration and the ‚New View' of the Corporate Tax: A. 1980s Perspective", *Proceedings of the National Tax Association – Tax Institute of America* (1981), S. 21–27. Die Verwendung von τ_e entspricht der „traditionellen Sichtweise"; siehe z.B. J. Poterba und L. Summers, „Dividend Taxes, Corporate Investment and ‚Q'", *Journal of Public Economics*, Bd. 22 (1983), S. 135–167.

32 Siehe ▶Tabelle 15.3.

Emissionskosten und Kosten einer finanziellen Notlage

Wenn aus der Thesaurierung von Barmitteln ein Nachteil entsteht, warum akkumulieren dann einige Unternehmen hohe Barbestände? Grundsätzlich thesaurieren sie Barguthaben, um mögliche zukünftige Fehlbeträge zu decken. Wenn zum Beispiel eine hinreichende Wahrscheinlichkeit besteht, dass zukünftige Gewinne nicht ausreichen, um zukünftige Investitionsgelegenheiten mit positivem KW zu finanzieren, kann ein Unternehmen anfangen Barmittel zu akkumulieren, um diese Differenz auszugleichen. Diese Motivation ist besonders für Unternehmen relevant, die umfangreiche Forschungs- und Entwicklungsprojekte oder größere Übernahmen finanzieren müssen.

Der Vorteil aus dem Halten von Barmitteln, um einen möglichen zukünftigen Bedarf an Barmitteln zu decken, liegt darin, dass ein Unternehmen mit dieser Strategie die Transaktionskosten aus der Beschaffung neuer Mittel (durch neues Fremdkapital oder Eigenkapitalemissionen) vermeiden kann. Die direkten Emissionskosten liegen zwischen 1 % und 3 % bei der Fremdkapitalemission und zwischen 3,5 % und 7 % bei der Eigenkapitalemission. Wegen der in ▶Kapitel 16 erörterten Agency-Kosten und Kosten der adversen Selektion (Zitronen) können auch erhebliche indirekte Kosten aus der Beschaffung von Kapital entstehen. Daher muss ein Unternehmen den Steueraufwand aus dem Halten von Barmitteln mit den möglichen Vorteilen daraus, dass in Zukunft keine externe Mittel beschafft werden müssen, ausgleichen. Unternehmen mit sehr volatilen Gewinnen können auch Barreserven bilden, um vorübergehende Phasen operativer Verluste überstehen zu können. Durch das Halten ausreichender Barmittel können diese Unternehmen eine finanzielle Notlage und die damit verbundenen Kosten vermeiden.

Agency-Kosten aus der Thesaurierung von Barmitteln

Aktionäre haben keinen Vorteil, wenn ein Unternehmen Barmittel über seinen zukünftigen Investitions- oder Liquiditätsbedarf hinaus thesauriert. Tatsächlich entstehen zusätzlich zum Steueraufwand wahrscheinlich Agency-Kosten in Verbindung mit einem zu hohen Barbestand im Unternehmen. Wie in ▶Kapitel 16 erörtert, können Manager, wenn Unternehmen überschüssige Barmittel haben, diese ineffizient einsetzen, indem sie verlustbringende Lieblingsprojekte weiterführen, übermäßige geldwerte Vorteile für Führungskräfte oder zu hohe Beträge für Übernahmen zahlen. Außerdem können Gewerkschaften, die Regierung oder andere Körperschaften von der Zahlungskraft des Unternehmens profitieren.[33] Die Verschuldung ist eine Möglichkeit, die Barüberschüsse eines Unternehmens zu reduzieren und diese Kosten zu vermeiden; Dividenden und Aktienrückkäufe spielen eine ähnliche Rolle bei der Entnahme von Barmitteln aus dem Unternehmen.

Bei hoch verschuldeten Unternehmen haben Anteilseigner einen zusätzlichen Anreiz für die Auszahlung von Barmitteln. Aufgrund des Schuldenüberhangproblems, das wir in ▶Kapitel 16 erörtert haben, wird ein Teil der thesaurierten Barmittel den Fremdkapitalgebern zugute kommen. Daher könnten die Anteilseigner den Verkauf ihrer Anteile und die Erhöhung der Auszahlungen vorziehen. Angesichts dessen werden die Fremdkapitalgeber höhere Kosten für das Fremdkapital berechnen oder auf Kreditklauseln bestehen, die die Ausschüttungsstrategie des Unternehmens einschränken.[34] Somit kann die Auszahlung des Barüberschusses als Dividende oder durch Rückkäufe den Aktienkurs in die Höhe treiben, indem eine Verschwendung oder Übertragung der Ressourcen des Unternehmens zu anderen Interessengruppen verringert wird. Diese potenziellen Einsparungen dürften zusammen mit dem Steuervorteil den Anstieg von rund USD 10 der Value Line-Aktie bei der Ankündigung der Sonderdividende erklären, der in ▶Abbildung 17.6 gezeigt wird.

---

33 Ford zum Beispiel war aufgrund der höheren Barbestände zwar in der Lage, die Finanzkrise 2008 zu überstehen, erhielt jedoch nicht die gleiche Unterstützung der Regierung oder tarifliche Zugeständnisse wie die Wettbewerber, die mehr Schwierigkeiten hatten.

34 Siehe die Diskussion in ▶Abschnitt 16.5.

Beispiel 17.7:   Kürzung von Wachstum mit negativem Kapitalwert

Fragestellung

Rexton Oil ist ein rein eigenfinanziertes Unternehmen und hat 100 Millionen Aktien im Umlauf. Rexton verfügt über Barmittel in Höhe von EUR 150 Millionen und erwartet zukünftige freie Cashflows von EUR 65 Millionen pro Jahr. Das Management plant, diese Barmittel für die Expansion der Geschäftstätigkeit einzusetzen, was wiederum die zukünftigen freien Cashflows um 12 % erhöhen wird. Wenn die Kapitalkosten der Investitionen von Rexton bei 10 % liegen, wie würde sich eine Entscheidung, die Barmittel für einen Aktienrückkauf und nicht für die Expansion einzusetzen, auf den Aktienkurs auswirken?

Lösung

Würde Rexton die Barmittel für die Expansion einsetzen, würden die zukünftigen freien Cashflows um 12 % auf EUR 65 Millionen × 1,12 = EUR 72,8 Millionen pro Jahr steigen. Unter Verwendung der Formel für die ewige Rente wird dann der Marktwert bei EUR 72,8 Millionen : 10 % = EUR 728 Millionen beziehungsweise EUR 7,28 pro Aktie liegen.

Expandiert Rexton nicht, beträgt der Wert der zukünftigen freien Cashflows EUR 65 Millionen : 10 % = EUR 650 Millionen. Mit den Barmitteln beträgt der Marktwert von Rexton EUR 800 Millionen beziehungsweise EUR 8,00 pro Aktie. Durch einen Aktienrückkauf würde sich der Aktienkurs nicht ändern: Rexton kauft EUR 150 Millionen : EUR 8,00/Aktie = 18,75 Millionen Aktien zurück und verfügt dann über Vermögensgegenstände mit einem Wert von EUR 650 Millionen und hat 81,25 Millionen Aktien im Umlauf zu einem Kurs von EUR 650 Millionen : 81,25 Millionen Aktien = EUR 8,00/Aktie.

In diesem Fall führt die Kürzung der Investitionen und des Wachstums wegen der Finanzierung des Aktienrückkaufs zu einem Anstieg des Aktienkurses um EUR 0,72 pro Aktie. Der Grund ist, dass die Expansion einen negativen KW hat: Die Kosten betragen EUR 150 Millionen, jedoch liegt der Anstieg der zukünftigen freien Cashflows bei nur EUR 7,8 Millionen bei einem KW von −EUR 150 Millionen + EUR 7,8 Millionen : 10 % = −EUR 72 Millionen beziehungsweise −EUR 0,72 pro Aktie.

Unternehmen sollten sich aus denselben Gründen für die Thesaurierung der Barmittel entscheiden, die auch für eine geringe Verschuldung sprechen[35]: um finanziellen Spielraum für zukünftige Wachstumsgelegenheiten zu bewahren und um die Kosten einer finanziellen Notlage zu vermeiden. Diese Erfordernisse müssen gegen den Steuernachteil aus dem Halten von Barmitteln und die Agency-Kosten verschwenderischer Investitionen abgewogen werden. Es überrascht somit nicht, dass Hochtechnologie- und Biotechnologieunternehmen, die sich üblicherweise für ein geringes Fremdkapitalniveau entscheiden, eher große Barbeträge akkumulieren und thesaurieren. ▶ Tabelle 17.4 listet einige US-Firmen mit hohen Barbeständen auf.

Wie bei den Entscheidungen hinsichtlich der Kapitalstruktur wird die Ausschüttungsstrategie jedoch auch von Managern festgelegt, deren Anreize von denen der Aktionäre abweichen können. Manager ziehen es möglicherweise vor, Barmittel zu thesaurieren und die Kontrolle über die Barmittel des Unternehmens zu behalten statt sie auszuzahlen. Die thesaurierten Barmittel können für die Finanzierung von Investitionen verwendet werden, die für Aktionäre teuer sind, jedoch den Managern Vorteile bringen (zum Beispiel Lieblingsprojekte und überhöhte Gehälter), oder sie können einfach der Minderung der Verschuldung und des Risikos einer finanziellen Notlage und somit der Sicherung des Arbeitsplatzes des Managers dienen. Gemäß der Theorie der Handlungsautonomie

---

35 Wie in ▶ Kapitel 14 diskutiert, können wir den Barüberschuss als negatives Fremdkapital interpretieren. Folglich sind die Trade-Offs aus dem Halten von Barmitteln den Trade-Offs sehr ähnlich, die auch in die Entscheidung hinsichtlich der Kapitalstruktur einbezogen sind.

von Managern bezüglich der Ausschüttungsstrategie zahlen Manager nur dann Barmittel aus, wenn die Anleger des Unternehmens diesbezüglich Druck ausüben.[36]

			Tabelle 17.4
Unternehmen mit hohen Barbeständen (September 2012)			
Tickersymbol	**Unternehmen**	**Barmittel und kurzfristige Anlagen (EUR Mrd.)**	**Anteil der Markt- kapitalisierung**
MSFT	Microsoft Corporation	62,0	24 %
CSCO	Cisco Systems	48,7	47 %
GOOG	Google Inc.	43,3	19 %
JNJ	Johnson & Johnson	32,3	17 %
GM	General Motors Company	31,6	84 %
ORCL	Oracle Corporation	30,7	19 %

Quelle: Google Finance

Verständnisfragen

1. Ist es für Unternehmen bei vollkommenen Kapitalmärkten von Vorteil, Barmittel zu behalten statt an die Aktionäre auszuschütten?

2. Wie beeinflussen Ertragsteuern die Entscheidung eines Unternehmens, Barüberschüsse zu behalten?

17.6 Ausschüttungsstrategie und ihre Signalwirkung

Eine Marktunvollkommenheit, die wir bislang nicht berücksichtigt haben, ist die asymmetrische Information. Wenn Manager über bessere Informationen als die Anleger bezüglich der Zukunftsaussichten des Unternehmens verfügen, kann die Ausschüttungsstrategie diese Informationen signalisieren. In diesem Abschnitt betrachten wir die Motivation der Manager bei der Festlegung der Ausschüttungsstrategie und bewerten, was diese Entscheidungen den Anlegern vermitteln können.

Dividendenglättung

Unternehmen können ihre Dividende jederzeit ändern. In der Praxis wird der Betrag der Dividende jedoch eher selten geändert. General Motors (GM) beispielsweise änderte den Betrag der ordentlichen Dividende in 20 Jahren nur achtmal. Wie in ▶Abbildung 17.7 gezeigt, schwankten die Gewinne von GM in diesem Zeitraum stark. Das Schema von GM ist für die meisten Unternehmen typisch, die eine Dividende ausschütten. Die Unternehmen passen die Dividende relativ selten an und die Höhe der Dividende schwankt weit weniger als die Gewinne. Die Beibehaltung einer relativ konstanten Dividende wird **Dividendenglättung** genannt. Die Unternehmen erhöhen die Dividende auch wesentlich häufiger als sie zu kürzen. Zum Beispiel waren von 1971 bis 2001 nur 5,4 % der

---

36 Wie in ▶Abschnitt 16.7 gezeigt, besagt die Theorie der Handlungsautonomie der Manager bezüglich der Kapitalstruktur, dass Manager eine geringe Verschuldung wählen, um die Schuldendisziplin zu umgehen und ihre Arbeitsplätze zu sichern. Wendet man diese Theorie auf die Ausschüttungsstrategie an, impliziert sie, dass Manager die Verschuldung weiter reduzieren, indem sie zu hohe Barbestände halten.

Änderungen der Dividende von US-Unternehmen Kürzungen.[37] Aus einer klassischen Umfrage bei Führungskräften zog John Lintner[38] den Schluss, dass diese Feststellungen folgten aus: (1) der Überzeugung des Managements, dass Anleger stabile Dividenden bei nachhaltigem Wachstum bevorzugen und (2) dem Wunsch des Managements, eine langfristige Zieldividende als Anteil an den Gewinnen beizubehalten. Somit erhöhen Unternehmen ihre Dividenden nur dann, wenn von einem langfristigen, nachhaltigen Anstieg der erwarteten zukünftigen Gewinne ausgegangen wird, und kürzen sie nur als letztes Mittel.[39]

Wie können Unternehmen ihre Dividende bei schwankenden Gewinnen konstant halten? Wie bereits erörtert, können Unternehmen kurzfristig nahezu jedes Dividendenniveau aufrechterhalten, indem die Anzahl der Aktien, die zurückgekauft oder ausgegeben werden sowie die Höhe der einbehaltenen Barbestände angepasst werden. Aufgrund der Steuern und Transaktionskosten durch die Finanzierung einer Dividende mit der Ausgabe neuen Eigenkapitals möchten sich Manager jedoch nicht zu einer Dividendenzahlung verpflichten, die das Unternehmen nicht aus den ordentlichen Gewinnen zahlen kann. Aus diesem Grund setzen Unternehmen die Dividende gewöhnlich auf eine Höhe, die aufgrund der Gewinnaussichten des Unternehmens beibehalten werden kann.

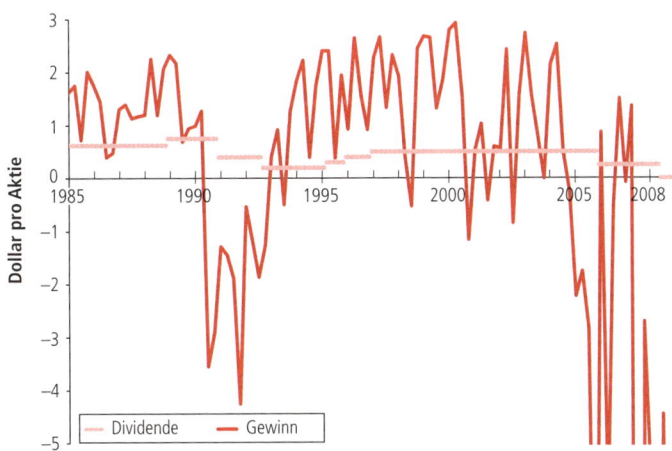

Abbildung 17.7: Gewinn und Dividende pro Aktie von GM, 1985–2008. Im Vergleich zum Gewinn von GM war die Dividende relativ stabil. (Daten bereinigt um Aktien-Splits, Gewinne ohne außerordentliche Posten.)

Quelle: Compustat und CapitalQ.

Signalwirkung der Dividende

Wenn ein Unternehmen die Dividenden glättet, wird die Wahl der Dividendenhöhe Informationen bezüglich der vom Management erwarteten zukünftigen Gewinne enthalten. Erhöht ein Unternehmen seine Dividende, sendet es ein positives Signal an die Aktionäre, dass das Management davon ausgeht, für die absehbare Zukunft eine höhere Dividende zahlen zu können. Eine Dividendenkürzung hingegen kann signalisieren, dass das Management die Hoffnung aufgegeben hat, dass sich die Gewinne in naher Zukunft erholen, und daher eine Kürzung der Dividende notwendig ist, um Barmittel einzusparen. Die These, dass Änderungen der Dividende die Einschätzungen des Managements hinsichtlich der zukünftigen Gewinnaussichten des Unternehmens widerspiegeln, nennt man **Hypothese der Signalwirkung der Dividende**.

---

37 F. Allen und R. Michaely, „Payout Policy", in: G. Constantinides, M. Harris und R. Stulz, eds., Handbook of the Economics of Finance: Corporate Finance Volume 1A, Elsevier, 2003.

38 J. Lintner, „Distribution of Incomes of Corporations Among Dividends, Retained Earnings and Taxes", *American Economic Review*, Bd. 46 (1956), S. 97–113.

39 Auch wenn dies vielleicht eine gute Beschreibung dafür ist, wie Unternehmen ihre Dividenden *tatsächlich* festlegen, gibt es, wie wir in diesem Kapitel gezeigt haben, keinen eindeutigen Grund, warum Unternehmen ihre Dividende glätten *sollten*, und auch keine überzeugende Belege dafür, dass Investoren diese Praxis präferieren.

Studien der Reaktion des Marktes auf Dividendenänderungen stimmen mit dieser Hypothese überein. Während des Zeitraums von 1967-1993 verzeichneten Unternehmen, die ihre Dividenden um 10 % oder mehr erhöht haben, einen Anstieg ihres Aktienkurses um 1,34 % nach der Ankündigung, während diejenigen, die ihre Dividende um 10 % oder mehr gekürzt haben, einen Kursrückgang von −3,71 % verzeichneten.[40] Das durchschnittliche Ausmaß der Aktienkursreaktion steigt mit der Höhe der Dividendenänderung und ist bei Dividendenkürzungen höher.[41]

Die Signalwirkung der Dividende gleicht der Verwendung von Verschuldung als Signal, die wir in ▶Kapitel 16 erörtert haben. Die Erhöhung von Fremdkapital signalisiert, dass das Management davon ausgeht, sich zukünftige Zinszahlungen leisten zu können, genauso wie die Erhöhung von Dividenden signalisiert, dass es sich das Unternehmen leisten kann, die Dividendenzahlungen in Zukunft beizubehalten. Während jedoch die Kürzung der Dividende für Manager hinsichtlich ihrer Reputation und der Reaktion der Anleger teuer sein kann, ist dies keinesfalls so teuer wie die Nichtzahlung von Kreditverbindlichkeiten. Folglich können wir annehmen, dass Dividendenänderungen ein etwas schwächeres Signal sind als eine Änderung der Verschuldung. In der Tat geht aus empirischen Studien hervor, dass der durchschnittliche Aktienkurs um mehr als 10 % steigt, wenn Unternehmen Eigenkapital durch Fremdkapital ersetzen und um 4 % bis 10 % zurückgeht, wenn Unternehmen Fremdkapital durch Eigenkapital ersetzen.[42]

Dividendenkürzung bei Royal & Sun Alliance

In einigen Quartalen hatte die von Julian Hance verfolgte Strategie beinahe etwas Ketzerisches. Am 8. November 2001 tat der Finanzdirektor von Royal & Sun Alliance, eine britische Versicherungsgesellschaft mit jährlichen Einnahmen von 12,6 Milliarden Pfund (EUR 20,2 Milliarden), das Undenkbare: Er kündigte an, die Dividende des Unternehmens zu kürzen.

Viele Beobachter staunten über diese Entscheidung. Sicherlich argumentierten sie, dass eine Dividendenkürzung ein Zeichen der Schwäche sei. Kürzen Unternehmen ihre Dividende nicht nur dann, wenn die Gewinne zurückgehen? Ganz im Gegenteil, konterte Hance. Aufgrund des weltweiten Anstiegs der Versicherungsprämien insbesondere nach dem Anschlag auf das World Trade Center, war man bei Royal & Sun Alliance der Ansicht, dass diese Branche herausragende Wachstumsmöglichkeiten bot. „Die Aussichten für das Jahr 2002 und darüber hinaus sprechen eindeutig dafür, Kapital in das Unternehmen zu reinvestieren statt es an die Aktionäre auszuschütten", erklärte Hance. Der Aktienmarkt stimmte ihm zu und die Aktien von Royal & Sun Alliance stiegen nach der Ankündigung um 5 %. „Die Kürzung der Dividende ist ein positives Signal", bemerkte Matthew Wright, ein Versicherungsanalyst bei Crédit Lyonnais. „Es zeigt, dass das Unternehmen für die Zukunft eine gute Rentabilität erwartet."

Quelle: Justin Wood, CFO Europe.com, Dezember 2001.

---

40 Siehe G. Grullon, R. Michaely und B. Swaminathan, „Are Dividend Changes a Sign of Firm Maturity?", *Journal of Business*, Bd. 75 (2002), S. 387–424. Die Auswirkungen sind laut Studien von R. Michaely, R. Thaler und K. Womack sogar noch höher bei Erstausschüttungen (+3,4 %) bzw. Ausfall der Dividende (−7 %), „Price Reactions to Dividend Initiations and Omissions: Overreaction or Drift?", *Journal of Finance*, Bd. 50 (1995), S. 537–608. Zu ähnlichen Ergebnissen kamen P. Healy und K. Palepu, „Earnings Information Conveyed by Dividend Initiations and Omissions", *Journal of Financial Economics*, Bd. 21 (1988), S. 149–176.

41 Es stimmen jedoch nicht alle Belege mit der Signalwirkung der Dividende überein. Zum Beispiel war es schwierig, eine Beziehung zwischen Dividendenänderungen und realisierten zukünftigen Gewinnen zu dokumentieren (S. Benartzi, R. Michaely und R. Thaler, „Do Changes in Dividends Signal the Future or the Past?", *Journal of Finance*, Bd. 52 (1997), S. 1007–1034).

42 C. Smith, „Raising Capital: Theory and Evidence", in D. Chew, ed., *The New Corporate Finance* (McGraw-Hill, 1993).

Auch wenn ein Anstieg der Dividende ein Zeichen für den Optimismus des Managements hinsichtlich der zukünftigen Cashflows sein kann, könnte es auch einen Mangel an Investitionsgelegenheiten signalisieren. Zum Beispiel wurde die Anfangsdividende von Microsoft im Jahr 2003 mehr als Folge rückläufiger Wachstumsaussichten gesehen und weniger als Signal für eine steigende künftige Rentabilität.[43] Im Gegensatz dazu könnte ein Unternehmen seine Dividende kürzen, um neue Investitionsgelegenheiten mit positivem KW wahrzunehmen. In diesem Fall könnte die Kürzung der Dividende zu einer positiven – und nicht zu einer negativen – Reaktion des Aktienkurses führen (siehe Kasten über die Dividendenkürzung von Royal & Sun Alliance). Generell sind Dividenden als Signal im Kontext der Art der neuen Informationen zu interpretieren, über die ein Manager wahrscheinlich verfügt.

Signalwirkung und Aktienrückkäufe

Aktienrückkäufe können, wie Dividenden, dem Markt die Informationen des Managements signalisieren. Jedoch bestehen zwischen Aktienrückkäufen und Dividenden mehrere bedeutende Unterschiede. Erstens sind Manager weitaus weniger verpflichtet Aktienrückkäufe als Dividendenausschüttungen vorzunehmen. Wie bereits angemerkt, nennen Unternehmen bei der Ankündigung der Genehmigung eines Aktienrückkaufs über die Börse gewöhnlich den Höchstbetrag, den sie für diesen Rückkauf auszugeben planen. Der tatsächlich ausgegebene Betrag kann jedoch viel niedriger sein. Auch kann es mehrere Jahre dauern, bis der Aktienrückkauf abgeschlossen ist.[44] Zweitens glätten Unternehmen anders als bei Dividenden ihre Aktienrückkäufe nicht jedes Jahr. Daher stellt ein heute angekündigter Aktienrückkauf nicht unbedingt eine langfristige Zusage zum Aktienrückkauf dar. In dieser Hinsicht können Aktienrückkäufe weniger ein Signal hinsichtlich der zukünftigen Gewinne eines Unternehmens sein als Dividenden. Ein dritter wichtiger Unterschied zwischen Dividenden und Aktienrückkäufen ist, dass die Kosten eines Aktienrückkaufs vom Marktpreis der Aktie abhängig sind. Wenn Manager der Ansicht sind, dass die Aktie derzeit überbewertet ist, wird ein Aktienrückkauf für die Aktionäre teuer, die sich dafür entscheiden, die Aktie zu behalten, da der Kauf der Aktie zum derzeitigen (überbewerteten) Marktpreis eine Investition mit negativem KW ist. Im Gegensatz dazu ist der Rückkauf der Aktien dann, wenn die Manager der Ansicht sind, dass die Aktie unterbewertet ist, für diese Aktionäre eine Investition mit positivem KW. Wenn also Manager im Interesse langfristig orientierter Aktionäre handeln und versuchen, den zukünftigen Aktienkurs des Unternehmens zu maximieren, werden sie eher dann Aktien zurückkaufen, wenn sie der Ansicht sind, dass die Aktie unterbewertet ist. (Wenn die Manager hingegen im Interesse aller Aktionäre – einschließlich derjenigen, die verkaufen – handeln, gibt es einen solchen Anreiz nicht: Der Gewinn der Aktionäre, die bleiben, stellt einen Verlust für diejenigen dar, die ihre Aktien zum niedrigen Preis verkaufen.)

In einer Umfrage aus dem Jahr 2004 stimmten 87 % der Finanzvorstände der Aussage zu, dass Unternehmen Aktien zurückkaufen sollten, wenn der Aktienkurs einen guten Wert im Verhältnis zu dessen wahren Wert darstellt.[45] Dies bedeutet, dass die meisten Finanzvorstände glauben, dass im Interesse der langfristig orientierten Aktionäre gehandelt werden sollte. Aktienrückkäufe sind daher ein glaubwürdiges Signal dafür, dass das Management die Aktien für unterbewertet hält. Wenn also Anleger glauben, dass Manager bessere Informationen bezüglich der Zukunftsaussichten des Unternehmens haben als sie selbst, sollten sie positiv auf die Ankündigung des Aktienrückkaufs reagieren. Und das tun sie auch: Die durchschnittliche Reaktion des Marktpreises auf die Ankündigung eines Aktienrückkaufs über die Börse ist ein Anstieg von rund 3 % (wobei das Ausmaß der Reaktion

43 Siehe „An End to Growth?", *The Economist* (22. Juli, 2004), S. 61.

44 C. Stephens und M. Weisbach vergleichen in „Actual Share Reacquisitions in Open-Market Repurchase Programs", *Journal of Finance*, Bd. 53 (1998), S. 313–333 die tatsächlichen Rückkäufe von Unternehmen mit den angekündigten Plänen. Weitere Einzelheiten zur Umsetzung von Rückkaufprogrammen finden sich in D. Cook, L. Krigman und J. Leach, „On the Timing and Execution of Open Market Repurchases", *Review of Financial Studies*, Bd. 17 (2004), S. 463–498.

45 A. Brav, J. Graham, C. Harvey und R. Michaely, „Payout Policy in the 21st Century", *Journal of Financial Economics*, Bd. 77 (2005), S. 483–527.

mit der Höhe des Rückkaufvolumens steigt).[46] Die Reaktion ist noch deutlicher bei Übernahmeangeboten mit Festpreisen (12 %) und bei Rückkäufen im Rahmen einer Holländischen Auktion (8 %).[47] Wie wir wissen, werden diese Verfahren des Rückkaufs gewöhnlich bei sehr umfangreichen Aktienrückkäufen angewendet, die in einem sehr kurzen Zeitraum stattfinden und häufig Bestandteil einer gesamten Rekapitalisierung sind. Außerdem werden die Aktien mit einem Aufschlag zum aktuellen Marktpreis zurückgekauft. Somit sind Aktienrückkäufe im Rahmen von Übernahmeangeboten und Holländischen Auktionen noch stärkere Signale dafür, dass das Management den derzeitigen Aktienkurs für unterbewertet hält, als Rückkäufe über die Börse.

Beispiel 17.8: Aktienrückkäufe und Markt-Timing

Fragestellung

Clark Industries hat 200 Millionen Aktien im Umlauf, der Kurs liegt derzeit bei EUR 30 und die Firma hat kein Fremdkapital. Das Management ist der Ansicht, dass die Aktien unterbewertet sind und dass der wahre Wert bei EUR 35 pro Aktie liegt. Clark plant, durch einen Aktienrückkauf zum aktuellen Marktpreis EUR 600 Millionen in bar an die Aktionäre auszuzahlen. Angenommen, kurz nach Abschluss der Transaktion werden neue Informationen bekannt, die die Anleger dazu veranlassen, ihre Meinung über das Unternehmen zu ändern und der Bewertung des Managements hinsichtlich des Wertes von Clark zuzustimmen. Wie hoch ist der Aktienkurs von Clark, nachdem die neuen Informationen bekannt wurden? Wie würde der Aktienkurs reagieren, wenn Clark die Aktien erst zurückkaufte, nachdem die neuen Informationen bekannt geworden sind.

Lösung

Die anfängliche Marktkapitalisierung von Clark beträgt EUR 30/Aktie × 200 Millionen Aktien = EUR 6 Milliarden. Davon stehen EUR 600 Millionen in bar zur Verfügung, die übrigen EUR 5,4 Milliarden sind anderen Vermögensgegenständen zuzuordnen. Zum derzeitigen Aktienkurs wird Clark EUR 600 Millionen : EUR 30/Aktie = 20 Millionen Aktien zurückkaufen. Die Marktwertbilanz vor und nach der Transaktion ist unten dargestellt (in Millionen Euro):

	Vor dem Rückkauf	Nach dem Rückkauf	Nach der neuen Information
Barmittel	600	0	0
Sonstige Aktiva	5.400	5.400	6.400
Gesamtmarktwert der Aktiva	6.000	5.400	6.400
Aktien (Millionen)	200	180	180
Aktienkurs	EUR 30	EUR 30	EUR 35,56

Nach Ansicht des Managements sollte die anfängliche Marktkapitalisierung von Clark bei EUR 35/Aktie × 200 Millionen Aktien = EUR 7 Milliarden liegen, wovon EUR 6,4 Milliarden sonstigen Vermögensgegenständen zuzuordnen sind. Wie die Marktwertbilanz zeigt, wird der Aktienkurs von Clark nach Bekanntwerden der neuen Information auf EUR 35,556 steigen.

---

46 Siehe D. Ikenberry, J. Lakonishok und T. Vermaelen, „Market Underreaction to Open Market Share Repurchases", *Journal of Financial Economics*, Bd. 39 (1995), S. 181–208; und G. Grullon und R. Michaely, „Dividends, Share Repurchases, and the Substitution Hypothesis", *Journal of Finance*, Bd. 57 (2002), S. 1649–1684. Eine Erklärung dafür, warum der Aktienkurs positiv auf die Ankündigung reagiert, auch wenn keine Verpflichtung zum Rückkauf besteht, finden Sie bei J. Oded „Why Do Firms Announce Open-Market Repurchase Programs?" *Review of Financial Studies*, Bd. 18 (2005), S. 271–300.

47 R. Comment und G. Jarell, „The Relative Signaling Power of Dutch-Auction and Fixed-Price Self-tender Offers and Open-Market Share Repurchases", *Journal of Finance*, Bd. 46 (1991), S. 1243–1271.

Würde Clark warten, bis die neue Information bekannt wird und erst dann die Aktien zurückkaufen, würde Clark die Aktien zu einem Marktpreis von EUR 35 pro Aktie kaufen. Somit würden nur 17,1 Millionen Aktien zurückgekauft werden. Der Aktienkurs nach dem Rückkauf läge bei EUR 6,4 Milliarden : 182,9 Millionen Aktien = EUR 35.

Durch den Rückkauf der unterbewerteten Aktien ist der Aktienkurs letztendlich um EUR 0,556 höher, was einen Gewinn von EUR 0,556 ×180 Millionen Aktien = EUR 100 Millionen für die langfristig orientierten Aktionäre darstellt. Dieser Gewinn entspricht dem Verlust der verkaufenden Aktionäre aus dem Verkauf von 20 Millionen Aktien zu einem Kurs, der EUR 5 unter dem wahren Wert liegt.

Wie dieses Beispiel zeigt, führt der Gewinn aus dem Kauf von unterbewerteten Aktien zu einem Anstieg des langfristigen Aktienkurses. Desgleichen mindert der Kauf überbewerteter Aktien den langfristigen Aktienkurs. Das Unternehmen kann daher versuchen, den Rückkauf richtig zu terminieren. In Erwartung dieser Strategie können Anleger einen Aktienrückkauf als Signal dafür auslegen, dass das Unternehmen unterbewertet ist.

Verständnisfragen

1. Welche möglichen Signale sendet ein Unternehmen durch eine Dividendenkürzung aus?

2. Würden Manager, die im Interesse ihrer langfristig orientierten Aktionäre handeln, Aktien eher dann zurückkaufen, wenn sie der Ansicht sind, dass sie überbewertet sind, oder wenn sie der Ansicht sind, dass sie unterbewertet sind?

17.7 Aktiendividende, Splits und Spin-offs

Im Mittelpunkt dieses Kapitels stand die Entscheidung eines Unternehmens, Barmittel an die Aktionäre auszuzahlen. Ein Unternehmen kann jedoch eine andere Art von Dividende auszahlen, die ohne Barmittel auskommt, nämlich eine Aktiendividende. In diesem Fall erhält jeder Aktionär, der vor dem Ex-Dividende-Datum die Aktie hält, zusätzliche Stammaktien des Unternehmens (Aktien-Split) oder eines Tochterunternehmens (Spin-off). Wir werden hier diese beiden Transaktionen kurz darstellen.

Aktiendividende und Aktien-Splits

Wenn ein Unternehmen eine 10 %-ige Aktiendividende erklärt, erhält jeder Aktionär eine neue Aktie für zehn bereits gehaltene Aktien. Aktiendividenden in Höhe von 50 % oder höher bezeichnet man als Aktien-Splits. Zum Beispiel erhält bei einer Aktiendividende von 50 % jeder Aktionär für zwei bereits gehaltene Aktien eine neue Aktie. Da ein Inhaber von zwei Aktien nach dieser Transaktion drei neue Aktien hat, nennt man sie auch 3:2- („3-zu-2") Aktien-Split. Ebenso entspricht eine Aktiendividende von 100 % einem 2:1-Aktien-Split. [48]

Bei einer Aktiendividende zahlt das Unternehmen keine Barmittel an die Aktionäre aus. Daher bleiben der Wert der Aktiva und Passiva des Unternehmens und damit der Wert des Eigenkapitals unverändert. Es ändert sich lediglich die Anzahl der im Umlauf befindlichen Aktien. Daher fällt der Aktienkurs, da sich nun der unveränderte Wert des Eigenkapitals auf eine höhere Anzahl an Aktien verteilt.

Sehen wir uns eine Aktiendividende von Genron an. Angenommen, Genron zahlt eine Aktiendividende von 50 % (ein 3:2-Aktien-Split) anstelle einer Bardividende. ▶Tabelle 17.5 zeigt die Marktwertbilanz und den Aktienkurs vor und nach der Aktiendividende.

---

48 In Deutschland wird dieser Vorgang auch als Kapitalerhöhung aus Gesellschaftsmitteln bezeichnet.

| | Tabelle 17.5 |

Cum-Dividenden- und Ex-Dividenden-Kurs von Genron bei einer Aktiendividende von 50 % (EUR Millionen)

	11. Dezember (Cum-Dividende)	12. Dezember (Ex-Dividende)
Barmittel	20	20
Sonstige Aktiva	400	400
Gesamtmarktwert der Aktiva	420	420
Aktien (Millionen)	10	15
Aktienkurs	EUR 42	EUR 28

Das Portfolio eines Aktionärs, der vor der Dividendenzahlung 100 Aktien hält, ist EUR 42 × 100 = EUR 4.200 wert. Nach der Dividendenzahlung hält der Aktionär 150 Aktien zum Wert von EUR 28, was einen Portfoliowert von EUR 28 × 150 = EUR 4.200 ergibt. (Zu beachten ist dieser wichtige Unterschied zwischen einem Aktien-Split und einer Aktienemission: Wenn das Unternehmen Aktien ausgibt, steigt die Anzahl der Aktien, aber das Unternehmen beschafft auch Barmittel, die den bestehenden Aktiva hinzuzurechnen sind. Werden die Aktien zu einem fairen Preis verkauft, sollte der Aktienkurs unverändert bleiben.)

Anders als Bardividenden werden Aktiendividenden in den USA nicht besteuert. Somit hat eine Aktiendividende weder für das Unternehmen noch für den Anleger wirkliche Konsequenzen. Die Anzahl der Aktien wird proportional erhöht und der Preis pro Aktie wird proportional verringert, sodass keine Änderung des Wertes entsteht.

Warum also zahlen Unternehmen Aktiendividenden oder splitten ihre Aktien? Der übliche Grund für einen Aktien-Split ist, den Aktienkurs in einem Bereich zu halten, der für Kleinanleger für attraktiv gehalten wird. Aktien werden üblicherweise in Einheiten von 100 Aktien gehandelt und in keinem Fall in kleineren Einheiten als eine Aktie. Daher könnte es, wenn der Aktienkurs erheblich steigt, für Kleinanleger schwierig sein, sich eine Aktie, geschweige denn 100 Aktien zu leisten. Dadurch, dass die Aktie für Kleinanleger attraktiver wird, kann die Nachfrage nach dieser Aktie und deren Liquidität steigen, was wiederum den Aktienkurs in die Höhe treiben kann. Im Durchschnitt sind Ankündigungen eines Aktien-Splits mit einem Anstieg des Aktienkurses von 2 % verbunden.[49]

Die meisten Unternehmen verwenden Splits, damit ihre Aktienkurse nicht über EUR 100 steigen. Von 1990 bis 2000 hat Cisco Systems neun Aktien-Splits durchgeführt, sodass eine Aktie, die bei der Neuemission gekauft wurde, in 288 Aktien aufgeteilt wurde. Ohne Splits hätte der Aktienkurs von Cisco zum Zeitpunkt des letzten Splits im März 2000 288 × EUR 72,19 beziehungsweise EUR 20.790,72 betragen.

Unternehmen möchten auch nicht, dass ihre Aktienkurse zu weit fallen. Erstens entstehen den Aktionären durch einen sehr niedrigen Kurs höhere Transaktionskosten. Die Spanne zwischen dem Geldkurs und dem Briefkurs einer Aktie hat unabhängig von dem Aktienkurs mindestens einen Tick (USD 0,01 an der NYSE und NASDAQ). In Prozent ausgedrückt ist der Tick bei Aktien mit einem niedrigen Kurs höher als bei Aktien mit hohem Kurs. Auch verlangen Börsen, dass Aktien einen

---

49 S. Nayak und N. Prabhala, „Disentangling the Dividend Information in Splits: A Decomposition Using Conditional Event-Study Methods", *Review of Financial Studies*, Bd. 14 (2001), S. 1983–1116. Belege dafür, dass Aktien-Splits Privatanleger anziehen, finden sich in R. Dhar, W. Goetzmann und N. Zhu, „The Impact of Clientele Changes: Evidence from Stock Splits", *Yale ICF Working Paper*, Nr. 03-14 (2004). Während Splits anscheinend die Anzahl der Aktionäre erhöhen, sind die Belege für die Auswirkung auf die Liquidität uneinheitlich; siehe zum Beispiel T. Copeland, „Liquidity Changes Following Stock Splits", *Journal of Finance*, Bd. 34 (1979), S. 115–141 und J. Lakonishok und B. Lev, „Stock Splits and Stock Dividends: Why, Who and When", *Journal of Finance*, Bd. 42 (1987), S. 913–932.

Mindestkurs beibehalten, um an der Börse notiert zu bleiben (zum Beispiel verlangen die NYSE und NASDAQ, dass notierte Unternehmen einen Kurs von mindestens USD 1 pro Aktie beibehalten).

Fällt der Kurs einer Aktie zu stark, kann das Unternehmen einen **umgekehrten Split (Reverse Split)** durchführen und die Anzahl der umlaufenden Aktien reduzieren. Bei einem 1:10-Reverse Split zum Beispiel werden jeweils 10 Aktien durch eine einzige Aktie ersetzt. Daher steigt der Aktienkurs um das Zehnfache. Umgekehrte Splits wurden nach dem Platzen der Internetblase im Jahr 2000 bei vielen Internet-Unternehmen notwendig. Citigroup zum Beispiel teilte ihre Aktie zwischen 1990 und 2000 siebenmal, was zu einer Steigerung von insgesamt 12 zu 1 führte. Doch im Mai 2011 führte sie einen Reverse Split von 1 zu 10 durch, um den Aktienkurs von USD 4,50 auf USD 45 je Aktie zu erhöhen.

Durch eine Kombination aus Splits und umgekehrten Splits können Unternehmen ihre Aktienkurse in jeder gewünschten Bandbreite halten. Wie ▶Abbildung 17.8 zeigt, haben fast alle Unternehmen Aktienkurse unter USD 100 pro Aktie, und 90 % der Aktienkurse von Unternehmen liegen zwischen USD 2,50 und USD 65 pro Aktie.

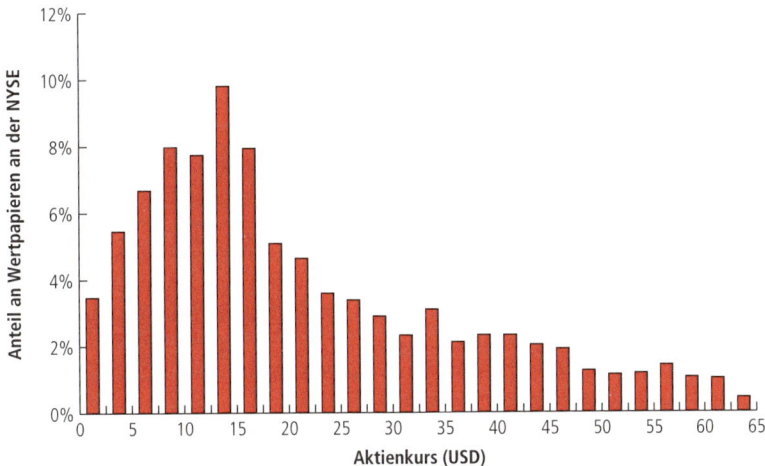

Abbildung 17.8: Verteilung der Aktienkurse an der NYSE (Januar 2012). Durch Splits und umgekehrte Splits halten die meisten Unternehmen ihre Aktienkurse zwischen USD 2,50 und USD 65, um die Transaktionskosten für die Anleger zu verringern. Der Mittelwert der Aktienkurse liegt bei USD 18.

Spin-off

Statt eine Dividende in Form von Barmitteln oder eigenen Aktien zu zahlen, kann ein Unternehmen mit einer Transaktion, die man als **Spin-off** bezeichnet, auch Aktien eines Tochterunternehmens verteilen. Unbare Sonderdividenden werden normalerweise verwendet, um Vermögensgegenstände oder ein Tochterunternehmen als eigenständiges Unternehmen auszugliedern.

Beispielsweise hat Pharmacia Corporation nach dem Verkauf von 15 % der Monsanto Corporation in einer Neuemission im Oktober 2000 im Juli 2002 die Ausgliederung der restlichen 85 % der Anteile der Monsanto Corporation angekündigt. Der Spin-off erfolgte durch eine Sonderdividende, bei der jeder Aktionär von Pharmacia 0,170593 Aktien von Monsanto für jede gehaltene Aktie von Pharmacia erhielt. Nach dem Erhalt der Monsanto-Aktien konnten die Aktionäre von Pharmacia diese getrennt von den Aktien der Muttergesellschaft handeln.

Am Tag der Ausschüttung, dem 13. August 2002, wurden die Aktien von Monsanto zu einem durchschnittlichen Kurs von EUR 16,21 gehandelt. Somit betrug der Wert der Sonderdividende:

$$0{,}170593 \text{ Monsanto-Aktien} \times \text{EUR } 16{,}21 \text{ pro Aktie} = \text{EUR } 2{,}77 \text{ pro Aktie}$$

Ein Aktionär, der anfangs 100 Aktien von Pharmacia hielt, erhielt 17 Aktien von Monsanto plus 0,0593 × EUR 16,21 = EUR 0,96 in bar anstelle des Bruchteils der Aktie.

Alternativ hätte Pharmacia die Aktien von Monsanto verkaufen und die Barmittel als Bardividende an die Aktionäre auszahlen können. Die Transaktion, für die sich Pharmacia entschied, hat gegenüber der Barausschüttung zwei Vorteile: (1) Sie vermeidet die Transaktionskosten in Verbindung mit diesem Verkauf und (2) die Sonderdividende wird nicht als Barausschüttung besteuert. Stattdessen sind die Aktionäre von Pharmacia, die die Monsanto-Aktien erhalten, nur dann verpflichtet Kapitalertragssteuern zu zahlen, wenn sie die Monsanto-Aktien verkaufen.[50] Hier haben wir nur die Verfahren der Ausschüttung von Aktien des ausgegliederten Unternehmens entweder als Aktiendividende oder durch den direkten Verkauf der Aktien und der darauf folgenden Ausschüttung (oder Thesaurierung) der Barmittel betrachtet. Die Entscheidung, ob überhaupt ein Spin-off durchgeführt werden soll, wirft die Frage auf: Wann ist es für ein Unternehmen besser, als getrennte Einheiten zu agieren und nicht als ein Unternehmen? Die Aspekte, die bei der Beantwortung dieser Fragen zu beachten sind, sind die gleichen wie diejenigen, die bei der Entscheidung hinsichtlich einer Fusion zweier Unternehmen auftreten.

Berkshire Hathaways A- und B-Aktien

Viele Manager splitten die Aktie ihres Unternehmens, damit der Kurs auch für Kleinanleger erschwinglich bleibt und diese Anleger die Aktie leichter kaufen und verkaufen können. Warren Buffett, der Aufsichtsrat- und Vorstandsvorsitzende von Berkshire Hathaway, ist anderer Meinung. Im Geschäftsbericht von Berkshire für das Jahr 1983 äußerte er sich wie folgt: „Wir werden oft gefragt, warum Berkshire seine Aktie nicht splittet … Wir wollen Aktionäre, die sich als Geschäftsinhaber betrachten mit der Absicht, lange dabeizubleiben. Und wir wollen auch solche Aktionäre, für die die Geschäftsergebnisse im Mittelpunkt stehen, nicht der Börsenkurs." In seiner 40-jährigen Geschichte hat Berkshire Hathaway nie die Aktie gesplittet. Infolge der guten Wertentwicklung und nicht erfolgter Aktien-Splits stieg der Aktienkurs immer weiter. Bis zum Jahr 1996 lag er über USD 30.000 je Aktie. Da der Kurs für Kleinanleger viel zu teuer war, gründeten mehrere Finanzintermediäre Investmentfonds, die nur in die Aktie von Berkshire investierten. Die Anleger konnten kleinere Anteile an diesen Fonds erwerben und so tatsächlich in den Besitz von Berkshire Aktien gelangen mit einem viel geringeren anfänglichen Anlagebetrag. Berkshire reagierte darauf und Buffett kündigte im Februar 1996 die Gründung einer zweiten Klasse der Aktie von Berkshire Hathaway an, die Klasse B Aktie. Jeder Inhaber der ursprünglichen Aktie, die jetzt Klasse A Aktie genannt wurde, erhielt die Möglichkeit, jede A-Aktie in 30 B-Aktien umzuwandeln. „Wir geben den Aktionären die Möglichkeit, die Aktie selbst zu splitten, wenn sie daran interessiert sind", meinte Buffett. Mit den B-Aktien konnten Anleger die Aktie von Berkshire mit einem kleineren Anlagebetrag erwerben und sie brauchten auch nicht die zusätzlichen Transaktionskosten zu zahlen, die bei einem Kauf von Aktien über einen Investmentfonds anfallen. Inzwischen ist der Wert der A-Aktie weiter gestiegen. Nach dem Höchststand von USD 148.000 Ende 2007 belief sich der Kurs einer Aktie der Klasse A von Berkshire Hathaway auf mehr als USD 130.000 im November 2012.*

* Die Logik der Argumentation von Buffett ist ein wenig rätselhaft. Wenn ein extrem hoher Aktienkurs vorteilhaft wäre, hätte Buffett diesen mit einem umgekehrten Split viel früher erhalten können.

Verständnisfragen

1. Was ist der Unterschied zwischen einer Aktiendividende und einem Aktien-Split?
2. Was ist der Hauptzweck eines Reverse Split?

---

50 Der Kapitalertrag wird errechnet, indem ein Bruchteil der Kostenbasis der Pharmacia-Aktien den erhaltenen Monsanto-Aktien zugeordnet wird. Da Pharmacia am Ausschüttungsdatum zu einem Ex-Dividende-Kurs von USD 42,54 gehandelt wurde, belief sich die Sonderdividende auf 6,1 % = 2,77 : (2,77 + 42,54) des Gesamtwertes. Somit wurde die ursprüngliche Kostenbasis der Pharmacia-Aktie durch die Zuordnung von 6,1 % zu den Monsanto-Aktien und der verbleibenden 93,9 % zu den Pharmacia-Aktien aufgeteilt.

Z U S A M M E N F A S S U N G

17.1 Ausschüttung an die Aktionäre

- Wenn ein Unternehmen Barmittel an seine Aktionäre auszahlen möchte, kann dies als Bardividende oder als Aktienrückkauf geschehen.

  a. Die meisten Unternehmen in den USA zahlen eine ordentliche Quartalsdividende. Manchmal kündigen Unternehmen eine einmalige Sonderdividende an.

  b. Unternehmen kaufen Aktien im Rahmen eines Rückkaufs über die Börse, eines Übernahmeangebots, eines Rückkaufs im Rahmen einer Holländischen Auktion oder eines gezielten Rückkaufs zurück.

- Am Datum der Festlegung der Dividende (Declaration Date) teilen Unternehmen mit, dass an alle zum Dividendenstichtag registrierten Aktionäre eine Dividende ausgeschüttet wird. Das Ex-Dividenden-Datum ist der erste Tag, an dem die Aktie ohne das Recht der bevorstehenden Dividende gehandelt wird; dieses liegt in den USA normalerweise zwei Handelstage vor dem Dividendenstichtag. Die Zahlung der Dividende erfolgt am Auszahlungsdatum.

- Bei einem Aktien-Split oder einer Aktiendividende gibt ein Unternehmen zusätzliche Aktien anstelle von Barmitteln an die Aktionäre aus.

17.2 Vergleich von Dividenden und Aktienrückkäufen

- An vollkommenen Kapitalmärkten fällt der Aktienkurs zum Zeitpunkt der Dividendenzahlung um den Betrag der Dividende. Da ein Rückkauf über die Börse keine Auswirkung auf den Aktienkurs hat, entspricht der Aktienkurs dem Cum-Dividende-Kurs, wenn stattdessen eine Dividende gezahlt würde.

- Die These der Irrelevanz der Dividende von Modigliani und Miller besagt, dass an vollkommenen Kapitalmärkten und bei gleich bleibender Investitionspolitik eines Unternehmens die Wahl des Unternehmens hinsichtlich der Dividendenpolitik irrelevant und ohne Einfluss auf den anfänglichen Aktienkurs ist.

17.3 Der Steuernachteil der Dividenden

- In der Realität sind Kapitalmärkte nicht perfekt und die Dividendenstrategie wird von Marktunvollkommenheiten beeinträchtigt.

- Wenn man Steuern als einzige Marktunvollkommenheit berücksichtigt und der Steuersatz auf Dividenden den Steuersatz auf Kapitalerträge übersteigt, ist die optimale Dividendenpolitik für ein Unternehmen, keine Dividenden auszuzahlen. Unternehmen sollten Aktienrückkäufe als einzige Auszahlungsmethode anwenden.

17.4 Abschöpfung der Dividende und Steuerklientel

- Der effektive Dividendensteuersatz τ^*_d misst die Nettosteuer für den Anleger pro Euro des erhaltenen Dividendenertrags

$$\tau^*_d = \left(\frac{\tau_d - \tau_g}{1 - \tau_g} \right) \qquad \text{(s. Gleichung 17.3)}$$

- Anleger unterliegen aus mehreren Gründen verschiedenen effektiven Dividendensteuersätzen. Dazu gehören die Höhe des Einkommens, der Investmenthorizont, die jeweiligen Steuergesetze und die Art des Anlagekontos.

- Die unterschiedlichen Steuern schaffen Klientel-Effekte, womit die Dividendenpolitik eines Unternehmens den steuerlichen Präferenzen des Anlegerklientels angepasst wird.

17.5 Auszahlung im Vergleich zur Thesaurierung von Barmitteln

■ Die Irrelevanz der Ausschüttungsstrategie nach Modigliani und Miller besagt: Wenn ein Unternehmen an vollkommenen Kapitalmärkten den überschüssigen Cashflow in Wertpapiere investiert, dann ist die Entscheidung des Unternehmens für die Auszahlung oder die Thesaurierung irrelevant und ohne Einfluss auf den Unternehmenswert.

■ Ertragsteuern machen die Thesaurierung von Barmitteln für Unternehmen kostspielig. Auch nach der Bereinigung um die Steuern auf Anlegerebene stellen einbehaltene Barüberschüsse einen erheblichen Steuernachteil für Unternehmen dar. Den effektiven Steuernachteil aus der Thesaurierung von Barmitteln erhält man durch:

$$\tau_{retain}^{*} = \left(1 - \frac{(1-\tau_c)(1-\tau_g)}{(1-\tau_i)}\right) \qquad \text{(s. Gleichung 17.7)}$$

■ Auch wenn die Thesaurierung von Barmitteln einen Steuernachteil mit sich bringt, akkumulieren einige Unternehmen Barbestände. Mithilfe dieser Barbestände können Unternehmen die Transaktionskosten aus der Beschaffung neuen Kapitals minimieren, wenn in Zukunft ein möglicher Bedarf an Barmitteln entsteht. Jedoch bringt der Einbehalt von Barüberschüssen über den zukünftigen Investitionsbedarf hinaus den Aktionären keinen Vorteil.

■ Zusätzlich zum Steuernachteil aus der Thesaurierung von Barmitteln können auch Agency-Kosten entstehen, da Manager versucht sein können, den Barüberschuss für ineffiziente Investitionen und geldwerte Vorteile auszugeben. Ohne Druck von den Aktionären können sich Manager dafür entscheiden, Barmittel für solche Ausgaben anzuhäufen oder als Mittel, die Verschuldung zu reduzieren, und die Sicherheit ihres Arbeitsplatzes zu erhöhen.

■ Dividenden und Aktienrückkäufe helfen, das Agency-Problem von verschwenderischen Ausgaben zu minimieren, das entsteht, wenn Unternehmen über Barüberschüsse verfügen. Sie reduzieren außerdem die Übertragung von Werten an Fremdkapitalgeber und andere Interessengruppen.

■ Unternehmen zahlen für gewöhnlich eine relativ konstante Dividende. Diese Praxis nennt man Dividendenglättung.

17.6 Ausschüttungsstrategie und ihre Signalwirkung

■ Die These, dass Dividendenänderungen die Ansicht der Manager hinsichtlich der zukünftigen Gewinnaussichten des Unternehmens widerspiegeln, nennt man Signalwirkung der Dividende.

   a. Manager erhöhen Dividenden für gewöhnlich nur, wenn sie zuversichtlich sind, dass das Unternehmen in der Lage sein wird, in absehbarer Zukunft höhere Dividenden zu zahlen.

   b. Wenn Manager die Dividende kürzen, kann dies signalisieren, dass sie eine Erholung der Gewinne bezweifeln.

■ Aktienrückkäufe können eingesetzt werden, um eine positive Information zu signalisieren, da Aktienrückkäufe dann attraktiver sind, wenn die Manager der Ansicht sind, dass die Aktie zum aktuellen Kurs unterbewertet ist.

17.7 Aktiendividende, Splits und Spin-offs

■ Bei einer Aktiendividende erhalten Aktionäre entweder zusätzliche Aktien des Unternehmens selbst (Aktien-Split) oder Aktien eines Tochterunternehmens (Spin-off). Der Aktienpreis fällt im Allgemeinen im Verhältnis zur Größe des Aktien-Splits.

■ Ein umgekehrter Split verringert die Anzahl der umlaufenden Aktien und führt daher zu einem höheren Aktienkurs.

Z U S A M M E N F A S S U N G

Weiterführende Literatur

Die **Literaturhinweise** zu diesem Kapitel finden Sie auf unserer begleitenden Website zum Buch unter *www.pearson-studium.de*.

Aufgaben

1. KMS Corporation hat Vermögensgegenstände mit einem Marktwert von EUR 500 Millionen, wovon EUR 50 Millionen in Barmittel sind. KMS hat Fremdkapital in Höhe von EUR 200 Millionen und 10 Millionen ausstehende Aktien. Wir gehen von vollkommenen Kapitalmärkten aus.

   a. Wie hoch ist der derzeitige Aktienkurs?

   b. Wenn KMS EUR 50 Millionen als Dividende ausschüttet; wie hoch ist der Aktienkurs nach der Dividendenausschüttung?

   c. Wenn KMS stattdessen EUR 50 Millionen in Form eines Aktienrückkaufs ausschüttet, wie hoch ist dann der Aktienkurs nach dem Aktienrückkauf.

   d. Wie hoch ist der jeweilige Verschuldungsgrad nach diesen beiden Transaktionen?

2. Sie haben vor einem Jahr CSH-Aktien für EUR 40 gekauft. Diese werden jetzt für EUR 50 gehandelt. Das Unternehmen hat seine Pläne bekannt gegeben, eine Sonderdividende von EUR 10 zu zahlen. Sie überlegen nun, ob Sie Ihre Aktie jetzt verkaufen oder den Erhalt der Dividende abwarten und dann verkaufen sollen.

   a. Bei welchem Ex-Dividende-Kurs wären Sie indifferent zwischen einem sofortigem Verkauf und dem Abwarten der Dividende, wenn wir von den Steuersätzen des Jahres 2008 ausgehen?

   b. Bei welchem Ex-Dividende-Kurs wären Sie diesbezüglich indifferent, wenn wir von einem Kapitalertragssteuersatz von 20 % und einem Dividendensteuersatz von 40 % ausgehen?

3. Raviv Industries hat EUR 100 Millionen in bar und kann diese für einen Aktienrückkauf einsetzen. Nehmen wir stattdessen an, Raviv investiert die Mittel in ein Konto, das für ein Jahr Zinsen in Höhe von 10 % zahlt.

   a. Wenn der Ertragsteuersatz bei 40 % liegt, um wie viel steigen dann die Barmittel von Raviv am Ende des Jahres abzüglich Ertragsteuern?

   b. Um wie viel wird der Wert ihrer Aktien abzüglich Kapitalertragssteuern steigen, wenn die Anleger einen Steuersatz von 20 % auf Kapitalerträge zahlen?

   c. Wie viel hätten die Anleger bei einem Steuersatz auf Zinserträge von 30 % erhalten, wenn sie die EUR 100 Millionen selbst investiert hätten?

   d. Raviv behält die Barmittel ein, sodass keine neuen Mittel von externen Anlegern für die für das nächste Jahr geplante Expansion beschafft werden müssten. Würde es neue Mittel beschaffen, müssten Emissionsgebühren bezahlt werden. Wie viel müsste Raviv an Emissionsgebühren sparen, damit der Einbehalt der Barmittel für die Anleger von Vorteil ist? (Wir nehmen an, dass diese Gebühren für Zwecke der Ertragsteuer als Aufwand verbucht werden können).

4. Erklären Sie, unter welchen Bedingungen eine Erhöhung der Dividendenzahlung als Signal für Folgendes ausgelegt werden kann:

   a. Gute Nachrichten

   b. Schlechte Nachrichten

Die **Antworten** zu diesen Fragen finden Sie auf unserer begleitenden Website zum Buch unter *www.pearson-studium.de*.

In diesem Teil des Lehrbuchs wenden wir uns erneut dem Thema Bewertung zu und integrieren unser Wissen über Risiko, Rendite und die Wahl der Kapitalstruktur des Unternehmens. ▸Kapitel 18 führt die Erkenntnisse aus den ersten fünf Teilen des Textes zusammen und entwickelt die drei Hauptmethoden der Investitionsplanung bei Verschuldung und Marktunvollkommenheiten: die Methode des gewichteten Durchschnitts der Kapitalkosten (WACC), die Adjusted Present Value Methode (APV) und die Flow-to-Equity-Methode (FTE). Während das Gesetz des einheitlichen Preises gewährleistet, dass alle drei Methoden letztlich zur gleichen Bewertung führen, werden wir Bedingungen identifizieren, die eine Methode am leichtesten verwendbar machen.

TEIL VI

Die Bewertung

Abkürzungen

- FCF_t — freie Cashflows zum Zeitpunkt t
- r_{WACC} — gewichteter Durchschnitt der Kapitalkosten
- r_E, r_D — Eigen- und Fremdkapitalkosten
- r^*_D — eigenkapitaläquivalente Fremdkapitalkosten
- E — Marktwert des Eigenkapitals
- D — Marktwert des Fremdkapitals (abzüglich Barmittel)
- τ_c — Ertragsteuersatz
- D_t — inkrementelles Fremdkapital des Projekts zum Zeitpunkt t
- V^L_t — Wert einer verschuldeten Investition zum Zeitpunkt t
- d — Fremdkapitalquote zu Marktwerten (Fremdkapital/Gesamtkapital)
- r_U — Kapitalkosten bei Eigenfinanzierung
- V^U — Wert der Investition bei Eigenfinanzierung
- T^s — Wert des im Voraus feststehenden Steuervorteils
- k — Zinsdeckungsgrad
- Int_t — Zinsaufwand zum Zeitpunkt t
- D^s — Fremdkapital abzüglich des im Voraus feststehenden Steuervorteils
- ϕ — Dauerhaftigkeit des Verschuldungsniveaus
- τ_e, τ_i — Steuersatz auf Eigenkapital- und Zinserträge
- τ^* — effektiver Steuervorteil des Fremdkapitals

Investitionsplanung und Bewertung bei Verschuldung

18

ÜBERBLICK

Im Herbst 2012 hatte General Electric Company eine Marktkapitalisierung von rund USD 235 Milliarden. Bei einer Nettoverschuldung von über USD 354 Milliarden lag der operative Unternehmenswert von GE bei USD 589 Milliarden und GE war somit das zweitwertvollste Unternehmen in der Welt (knapp hinter Apple und vor Exxon Mobil). Zu den Geschäftsbereichen von GE gehören Energieerzeugung und Ausrüstungen für den Lufttransport, medizinische Geräte und Ausrüstungen, Haushaltsgeräte, Konsumenten- und Handelsfinanzierung und Versicherungen sowie der Bereich Unterhaltung mit der Tochtergesellschaft NBC Universal. Mit einer Fremdkapitalquote d von über 50 % ist die Verschuldung eindeutig Bestandteil der Unternehmensstrategie von GE. Wie sollte ein Unternehmen wie GE, das Verschuldung einsetzt, den Nutzen und die Kosten aus der Verschuldung in die Entscheidungen hinsichtlich der Investitionsplanung einbeziehen? Wie kann ein Unternehmen den unterschiedlichen Risiken und *Fremdkapitalkapazitäten* in Verbindung mit seinen unterschiedlichen Geschäftsaktivitäten Rechnung tragen?

Wir haben die Investitionsplanung in ▶Kapitel 7 eingeführt. Dort haben wir folgendes grundlegende Verfahren kurz dargestellt: Zuerst schätzen wir den inkrementellen freien Cashflow, der durch das Projekt erzeugt wird. Dann zinsen wir den freien Cashflow auf Grundlage der Kapitalkosten des Projekts ab, um den KW zu ermitteln. Bislang haben wir uns auf rein eigenfinanzierte Projekte konzentriert. In diesem Kapitel nehmen wir die Erkenntnisse aus ▶Teil IV und V in unsere Darstellung der Investitionsplanung auf und betrachten andere Zusammenstellungen von Finanzierungen. Insbesondere beschäftigen wir uns damit, wie sich die Finanzierungsentscheidung des Unternehmens sowohl auf die Kapitalkosten als auch auf eine Reihe von Cashflows auswirkt, die wir schließlich abzinsen.

Wir beginnen mit der Einführung der drei wichtigsten Verfahren der Investitionsplanung bei Verschuldung und Marktunvollkommenheiten: das Verfahren des gewichteten Durchschnitts der Kapitalkosten (WACC), die Bewertungsmethode des Adjusted Present Value (APV) und das Flow-to-Equity-Verfahren (FTE). Während sich diese Verfahren im Detail unterscheiden, ergibt jede bei richtiger Anwendung die gleiche Schätzung des Wertes einer Investition (oder eines Unternehmens). Wie wir sehen werden, hängt die Wahl des Verfahrens davon ab, welches unter den gegebenen Bedingungen am einfachsten anwendbar ist. Schließlich werden wir je nach Finanzierungspolitik eines Unternehmens Empfehlungen entwickeln, welches Verfahren am besten geeignet ist. Im Mittelpunkt dieses Kapitels stehen die Entwicklung eines intuitiven Verständnisses und die Umsetzung der wichtigsten Verfahren der Investitionsplanung. Außerdem werden fortgeschrittene Rechenmethoden eingeführt, die in Excel gleichzeitig zur Auflösung nach Verschuldung und Wert verwendet werden können.

18.1 Die wichtigsten Konzepte im Überblick

In den ▶Abschnitten 18.2 bis 18.4 stellen wir die drei wichtigsten Verfahren der Investitionsplanung vor. Bevor wir uns den Einzelheiten zuwenden, betrachten wir noch einmal einige wichtige Konzepte, die wir bereits kennengelernt haben und die die Bewertungsverfahren stützen.

Wie ▶Kapitel 15 zeigte, stellt die Fremdfinanzierung einen wertvollen Steuervorteil für ein Unternehmen dar, da es Zinszahlungen als Aufwand von der Steuer abziehen kann. Wir haben mehrere Möglichkeiten den Wert dieses Steuervorteils in die Entscheidung hinsichtlich der Investitionsplanung aufzunehmen.

Erstens können wir die *WACC-Methode*, die in ▶Abschnitt 18.2 erklärt wird, anwenden, nach der wir die unverschuldeten freien Cashflows unter Verwendung des gewichteten Durchschnitts der Kapitalkosten, des WACC, diskontieren. Da wir den WACC unter Verwendung des effektiven Zinssatzes *nach Steuern* als Fremdkapitalkosten berechnen, beinhaltet diese Methode den Steuervorteil des Fremdkapitals implizit durch die Kapitalkosten.

Alternativ können wir zuerst die freien Cashflows eines Projekts ohne Verschuldung bewerten, indem wir diese unter Verwendung der unverschuldeten Fremdkapitalkosten diskontieren. Wir können dann den Barwert des Steuervorteils aus dem Fremdkapital getrennt schätzen und hinzuaddieren. Diese Methode, nach der wir den Wert des Steuervorteils zum unverschuldeten Wert des Projekts explizit addieren, nennt man *Adjusted-Present-Value-Verfahren (APV)*, das wir in ▶Abschnitt 18.3 erklären.

Unser drittes Verfahren nutzt die Feststellung aus ▶Kapitel 9, dass man den Eigenkapitalwert eines Unternehmens – anstelle der Bewertung des Unternehmens anhand seiner freien Cashflows – auch auf Grundlage der gesamten Ausschüttungen an die Aktionäre bewerten kann. Das *Flow-to-Equity-Verfahren (FTE)*, das in ▶Abschnitt 18.4 eingeführt wird, wendet dieses Konzept auf die Bewertung der inkrementellen Auszahlungen im Verhältnis zum Eigenkapital in Verbindung mit einem Projekt an.

Um diese Verfahren so deutlich wie möglich darzustellen, beginnen wir dieses Kapitel damit, jedes Verfahren auf ein Beispiel anzuwenden, in dem wir von einer Reihe vereinfachender Annahmen ausgehen:

1. *Das Projekt hat ein durchschnittliches Risiko.* Wir gehen anfangs davon aus, dass das Marktrisiko des Projekts dem durchschnittlichen Marktrisiko der Investitionen des Unternehmens entspricht. In diesem Fall können die Kapitalkosten des Projekts auf Grundlage des Risikos des Unternehmens bewertet werden.

2. *Der Verschuldungsgrad des Unternehmens ist konstant.* Anfangs betrachten wir ein Unternehmen, das seine Verschuldung so anpasst, dass es einen in Bezug auf den Marktwert konstanten Verschuldungsgrad beibehält. Diese Strategie legt die Höhe des Fremdkapitals fest, das ein Unternehmen für ein neues Projekt aufnimmt. Sie bedeutet außerdem, dass das Risiko des Eigen- und Fremdkapitals des Unternehmens und somit der gewichtete Durchschnitt der Kapitalkosten nicht wegen Änderungen des Verschuldungsgrads schwanken wird.

3. *Ertragsteuern sind die einzige Marktunvollkommenheit.* Wir nehmen anfangs an, dass der Ertragsteuervorteil die bedeutendste Auswirkung der Verschuldung auf die Bewertung ist. Wir lassen persönliche Steuern und Emissionskosten außer Betracht und gehen davon aus, dass andere Unvollkommenheiten (wie Kosten einer finanziellen Notlage und Agency-Kosten) bei dem gewählten Verschuldungsniveau nicht signifikant sind.

Auch wenn diese Annahmen restriktiv sind, sind sie doch eine vernünftige Annäherung für viele Projekte und Unternehmen. Die erste Annahme dürfte sich für typische Projekte von Unternehmen mit Investitionen eignen, die auf eine einzige Branche konzentriert sind. Die zweite Annahme, auch wenn sie wohl nicht völlig zutrifft, spiegelt die Tatsache wider, dass Unternehmen ihr Verschuldungsniveau oft erhöhen, wenn sie größer werden; einige haben sogar einen expliziten Zielverschuldungsgrad. Schließlich ist der fremdfinanzierungsbedingte Steuervorteil bei Unternehmen ohne eine sehr hohe Verschuldung die wichtigste Unvollkommenheit, die die Entscheidung hinsichtlich der Investitionsplanung beeinflusst. Daher ist die dritte Annahme ein guter Ausgangspunkt für unsere Analyse.

Auch wenn diese drei Annahmen natürlich in vielen Situationen angemessen sind, gibt es sicherlich Projekte und Unternehmen, auf die sie nicht zutreffen. Im Rest dieses Kapitels werden diese Annahmen daher gelockert und gezeigt, wie sich diese Verfahren für komplexere Rahmenbedingungen verallgemeinern lassen. In ▶Abschnitt 18.5 passen wir diese Verfahren an Projekte an, deren Risiko und Fremdkapitalkapazität sich erheblich vom übrigen Unternehmen unterscheiden. Diese Anpassungen sind besonders für multidivisionale Unternehmen wie GE wichtig. In ▶Abschnitt 18.6 betrachten wir alternative Verschuldungsstrategien für das Unternehmen (anstelle der Aufrechterhaltung eines konstanten Verschuldungsgrads) und wenden die APV-Methode auf diese Fälle an. In ▶Abschnitt 18.7 betrachten wir die Folgen anderer Marktunvollkommenheiten wie Emissionskosten, Kosten einer finanziellen Notlageund Agency-Kosten für die Bewertung. In ▶Abschnitt 18.8 schließlich untersuchen wir eine Reihe komplexerer Themen, einschließlich der in regelmäßigen Zeitabständen angepassten Verschuldungsstrategien und der Auswirkung von Steuern für Anleger.

Verständnisfragen

1. Welche drei Verfahren können wir verwenden, um den Wert des Steuervorteils in die Investitionsplanung aufzunehmen?

2. In welcher Situation dürfte das Risiko eines Projekts dem des gesamten Unternehmens entsprechen?

18.2 Die Methode des gewichteten Durchschnitts der Kapitalkosten

Die WACC-Methode berücksichtigt den fremdfinanzierungsbedingten Steuervorteil, indem die Kapitalkosten nach Steuern als Diskontierungssatz verwendet werden. Wenn das Marktrisiko des Projekts dem durchschnittlichen Marktrisiko der Investitionen des Unternehmens ähnlich ist, entsprechen dessen Kapitalkosten dem Durchschnitt der gewichteten Kapitalkosten (WACC) des Unternehmens. Wie wir in ▶Kapitel 15 gezeigt haben, beinhaltet der WACC den fremdfinanzierungsbedingten Steuervorteil, indem die Kapitalkosten des Fremdkapitals *nach Steuern* verwendet werden.

$$r_{WACC} = \frac{E}{E+D} \, r_E + \frac{D}{E+D} \, r_D (1 - \tau_D)$$

(18.1)

In dieser Formel gilt:

E = Marktwert des Eigenkapitals

D = Marktwert des Fremdkapitals (abzüglich Barmittel)

τ_c = Ertragsteuersatz

r_E = Eigenkapitalkosten

r_D = Fremdkapitalkosten

Zunächst nehmen wir an, dass das Unternehmen einen konstanten Verschuldungsgrad beibehält und dass der in ▶Gleichung 18.1 errechnete WACC für den betreffenden Zeitraum konstant bleibt.[1] Da der WACC den Steuervorteil aus dem Fremdkapital beinhaltet, können wir den *Wert mit Verschuldung* einer Investition, also den Wert einschließlich des fremdfinanzierungsbedingten Steuervorteils bei gegebener Verschuldungsstrategie des Unternehmens berechnen, indem wir dessen zukünftige freie Cashflows mit dem WACC diskontieren. Besonders wenn der FCF_t der erwartete freie Cashflow einer Investition zum Ende eines Jahres t ist, beträgt der anfängliche Wert der Investition mit Verschuldung[2] V^L_0.

$$V^L_0 = \frac{FCF_1}{1 + r_{WACC}} + \frac{FCF_2}{(1 + r_{WACC})^2} + \frac{FCF_3}{(1 + r_{WACC})^3} + \dots$$

(18.2)

Bewertung eines Projekts anhand des WACC

Wenden wir nun die WACC-Methode auf die Bewertung eines Projekts an. Avco Inc. ist Hersteller von kundenspezifischen Verpackungsprodukten. Avco überlegt die Einführung einer neuen Verpackungslinie, die Serie RFX, die eine integrierte Radiofrequenz-Identifikation (RFID) enthalten wird, eine kleine Radioantenne und einen Sender, wodurch eine Verpackung wesentlich effizienter mit weniger Fehlern nachverfolgt werden kann als mit herkömmlichen Strichcodes.

Die Ingenieure von Avco gehen davon aus, dass die in diesen Produkten verwendete Technologie nach vier Jahren veraltet sein wird. In den nächsten vier Jahren erwartet das Marketing-Team jedoch Jahresumsätze aus dieser Produktlinie von EUR 60 Millionen pro Jahr. Die Herstellungskosten und der operative Aufwand werden voraussichtlich bei EUR 25 Millionen beziehungsweise EUR 9 Millionen pro Jahr liegen. Die Entwicklung des Produktes erfordert eine Anfangsinvestition für Forschung, Entwicklung und Marketing in Höhe von EUR 6,67 Millionen und eine Investition in Anlagen von EUR 24 Millionen. Die Anlagen werden in vier Jahren veraltet sein und linear über diesen Zeitraum abgeschrieben. Avco stellt der Mehrheit seiner Kunden die Rechnungen im Voraus und erwartet keinen Bedarf an Nettoumlaufvermögen für das Projekt. Avco zahlt einen Ertragsteuersatz von 40 %. Anhand dieser Informationen erstellt die Kalkulationstabelle in ▶Tabelle 18.1 eine Prognose für die erwarteten freien Cashflows des Projekts.[3]

---

1 In ▶Abschnitt 18.8 betrachten wir den Fall, in dem sich der WACC aufgrund von Änderungen der Verschuldung im betreffenden Zeitraum ändert.

2 Der Anhang zu diesem Kapitel enthält eine formale Begründung dieses Ergebnisses.

3 Die Tabellenkalkulationen in diesem Kapitel können von der begleitenden Website heruntergeladen werden.

Man geht davon aus, dass das Marktrisiko des RFX-Projekts dem der anderen Produktlinien des Unternehmens ähnlich ist. Somit können wir das Eigen- und Fremdkapital von Avco für die Ermittlung des gewichteten Durchschnitts der Kapitalkosten dieses neuen Projekts verwenden. ▶Tabelle 18.2 zeigt die aktuelle Marktwertbilanz von Avco und die Eigen- und Fremdkapitalkosten. Avco hat Barmittel in Höhe von EUR 20 Millionen für den Investitionsbedarf angesammelt, sodass die *Nettoverschuldung D* = 320 – 20 = EUR 300 Millionen beträgt. Der *operative Unternehmenswert* von Avco, das heißt der Marktwert der unbaren Aktiva, ist *E* + *D* = EUR 600 Millionen. Avco plant, in der nahen Zukunft einschließlich der Finanzierung des RFX-Projekts einen ähnlichen (Netto-) Verschuldungsgrad beizubehalten.

Tabelle 18.1

Tabellenkalkulation Erwarteter freier Cashflow des RFX-Projekts von Avco

Jahr		0	1	2	3	4
Inkrementelle Gewinnschätzung (EUR Millionen)						
1	Umsatzerlöse	–	60,00	60,00	60,00	60,00
2	Umsatzkosten	–	–25,00	–25,00	–25,00	–25,00
3	**Bruttogewinn**	–	35,00	35,00	35,00	35,00
4	Betriebsaufwand	–6,67	–9,00	–9,00	–9,00	–9,00
5	Abschreibungen	–	–6,00	–6,00	–6,00	–6,00
6	**EBIT**	–6,67	20,00	20,00	20,00	20,00
7	Ertragsteuer 40 %	2,67	–8,00	–8,00	–8,00	–8,00
8	**Nettoergebnis ohne Verschuldung**	–4,00	12,00	12,00	12,00	12,00
Freier Cashflow						
9	Plus: Abschreibungen	–	6,00	6,00	6,00	6,00
10	Abzüglich: Kapitalaufwand	–24,00	–	–	–	–
11	Abzüglich: Erhöhung des NUV	–	–	–	–	–
12	**Freier Cashflow**	–28,00	18,00	18,00	18,00	18,00

Tabelle 18.2

Aktuelle Marktwertbilanz von Avco (EUR Millionen) und Kapitalkosten ohne das RFX-Projekt

Aktiva		Passiva		Kapitalkosten	
Barmittel	20	Fremdkapital	320	Fremdkapital	6 %
Bestehende Aktiva	600	Eigenkapital	300	Eigenkapital	10 %
Aktiva Gesamt	620	Passiva insgesamt und Eigenkapital	620		

Bei dieser Kapitalstruktur beträgt der gewichtete Durchschnitt der Kapitalkosten von Avco:

$$r_{WACC} = \frac{E}{E+D} r_E + \frac{D}{E+D} r_D (1-\tau_c) = \frac{300}{600}(10,0\ \%) + \frac{300}{600}(6,0\ \%)(1-0,40)$$
$$= 6,8\ \%$$

Wir können den Wert des Projekts einschließlich des fremdfinanzierungsbedingten Steuervorteils ermitteln, indem wir den Barwert der zukünftigen freien Cashflows V^L_0 mit dem WACC berechnen:

$$V^L_0 = \frac{18}{1,068} + \frac{18}{1,068^2} + \frac{18}{1,068^3} + \frac{18}{1,068^4} = \text{EUR 61,25 Millionen}$$

Da die Anfangsinvestition für die Einführung der Produktlinie nur EUR 28 Millionen beträgt, ist das Projekt eine gute Wahl. Die Durchführung des Projekts ergibt einen Kapitalwert für das Unternehmen in Höhe von 61,25 − 28 = EUR 33,25 Millionen.

Zusammenfassung der WACC-Methode

Die wichtigsten Schritte der WACC-Bewertungsmethode sind folgende:

1. Ermittlung des freien Cashflows der Investition.
2. Berechnung des gewichteten Durchschnitts der Kapitalkosten anhand von ▶Gleichung 18.1.
3. Berechnung des Wertes der Investition, einschließlich des Steuervorteils aus der Verschuldung durch die Diskontierung des freien Cashflows der Investition mit dem WACC.

In vielen Unternehmen führt der Finanzleiter des Unternehmens den zweiten Schritt durch, indem er den WACC des Unternehmens berechnet. Dieser Satz kann dann für das gesamte Unternehmen als Kapitalkosten für neue Investitionen verwendet werden, *deren Risiko mit dem Rest des Unternehmens vergleichbar ist und die den Verschuldungsgrad des Unternehmens nicht ändern werden*. Da es sehr einfach und direkt ist, die WACC-Methode so zu verwenden, wird diese in der Praxis für die Investitionsplanung am häufigsten angewendet.

Beispiel 18.1: Bewertung einer Übernahme anhand der WACC-Methode

Fragestellung
Avco überlegt die Übernahme eines anderen Unternehmens der gleichen Branche, das sich auf kundenspezifische Verpackungen spezialisiert hat. Die Übernahme soll den freien Cashflow von Avco im ersten Jahr um EUR 3,8 Millionen steigern und dieser Beitrag soll von da an pro Jahr um 3 % steigen. Avco hat einen Kaufpreis von EUR 80 Millionen ausgehandelt. Nach der Transaktion wird Avco seine Kapitalstruktur so anpassen, dass der derzeitige Verschuldungsgrad beibehalten wird. Wenn die Übernahme ein ähnliches Risiko wie der Rest von Avco hat, welchen Wert hat dann dieses Geschäft?

Lösung
Die freien Cashflows der Übernahme können als wachsende ewige Rente berechnet werden. Da das Risiko der Übernahme dem Risiko des übrigen Unternehmens entspricht und da Avco den derzeitigen Verschuldungsgrad beibehalten wird, können wir diese Cashflows anhand des WACC von 6,8 % diskontieren. Somit beträgt der Wert dieser Übernahme

$$V^L = \frac{3,8}{6,8\ \% - 3\ \%} = \text{EUR 100 Millionen}$$

Bei einem Kaufpreis von EUR 80 Millionen hat die Übernahme einen KW von EUR 20 Millionen.

Umsetzung eines konstanten Verschuldungsgrads

Bislang sind wir einfach davon ausgegangen, dass das Unternehmen die Strategie eines konstanten Verschuldungsgrads verfolgt. Ein wichtiger Vorteil der WACC-Methode ist tatsächlich, dass man nicht wissen muss, wie diese Strategie umgesetzt wird, um die Entscheidung hinsichtlich der Investitionsplanung treffen zu können. Dennoch hat die Beibehaltung eines konstanten Verschuldungsgrads Auswirkungen darauf, wie sich die Gesamtverschuldung des Unternehmens durch die neue Investition ändern wird. Zum Beispiel hat Avco derzeit einen Verschuldungsgrad von 300 : 300 = 1 beziehungsweise eine Fremdkapitalquote $[D : (E+D)]$ von 50 %. Um diese Quote aufrechtzuerhalten, müssen die neuen Investitionen des Unternehmens mit Fremdkapital entsprechend 50 % des Marktwerts finanziert werden.

Durch das RFX-Projekt fügt Avco dem Unternehmen neue Aktiva mit einem Anfangsmarktwert von V_0^L = EUR 61,25 Millionen hinzu. Daher muss Avco, um die Fremdkapitalquote aufrechtzuerhalten, neues Fremdkapital in Höhe von 50 % × 61,25 = EUR 30,625 Millionen aufnehmen.[4] Avco kann dieses Nettofremdkapital entweder durch eine Verringerung der Barmittel oder durch Aufnahme eines Kredits und Erhöhung des Fremdkapitals aufbringen. Wir nehmen an, dass Avco entscheidet, seine EUR 20 Millionen in bar auszugeben und weitere EUR 10,625 Millionen aufzunehmen. Da lediglich EUR 28 Millionen für die Finanzierung des Projekts erforderlich sind, wird Avco die 30,625 − 28 = EUR 2,625 Millionen als Dividende (oder als Aktienrückkauf) an die Aktionäre ausschütten. ▶Tabelle 18.3 zeigt die Marktwertbilanz von Avco mit dem RFX-Projekt in diesem Fall.

Tabelle 18.3

Aktuelle Marktwertbilanz von Avco (EUR Millionen) mit dem RFX-Projekt

Aktiva		Passiva	
Barmittel	–	Fremdkapital	330,625
Bestehende Aktiva	600,00		
RFX-Projekt	61,25	Eigenkapital	330,625
Aktiva insgesamt	661,25	Passiva und Eigenkapital insgesamt	661,25

Durch diesen Finanzierungsplan wird eine Fremdkapitalquote von 50 % aufrechterhalten. Der Marktwert des Eigenkapitals von Avco steigt um 330,625 − 300 = EUR 30,625 Millionen. Addiert man die Dividende von EUR 2,625 Millionen hinzu, beträgt der Gewinn für die Aktionäre insgesamt 30,625 + 2,625 = EUR 33,25 Millionen. Dieser Wert entspricht genau dem KW, den wir für das RFX-Projekt errechnet haben.

Was geschieht über die Lebensdauer des Projekts? Zuerst definieren wir die **Fremdkapitalkapazität** D_t des Projekts als Höhe des Fremdkapitals, das zum Zeitpunkt t erforderlich ist, um den Zielverschuldungsgrad d des Unternehmens beizubehalten. Wenn V_t^L der verschuldete Fortführungswert des Projekts zum Zeitpunkt t, also der verschuldete Wert des freien Cashflow nach dem Zeitpunkt t ist, dann gilt:

$$D_t = d \times V_t^L \tag{18.3}$$

Wir berechnen die Fremdkapitalkapazität des RFX-Projekts in der Tabellenkalkulation in ▶Tabelle 18.4. Wir beginnen zunächst mit dem freien Cashflow des Projekts und errechnen dessen verschuldeten Fortführungswert zu den jeweiligen Daten (Zeile 2), indem wir den zukünftigen freien Cashflow zum WACC wie in ▶Gleichung 18.2 diskontieren. Da der Fortführungswert zum jeweiligen Datum den Wert aller nachfolgenden Cashflows enthält, ist es noch einfacher, den Wert zu jedem Datum zu errechnen, indem man den freien Cashflow und den Fortführungswert der nächsten Periode rückwärts ab Periode 4 diskontiert:

---

4 Wir können das Fremdkapital des Projekts auch wie folgt berechnen: Von den EUR 28 Millionen der im Voraus erforderlichen Kosten werden 50 % (EUR 14 Millionen) mit Fremdkapital finanziert. Zusätzlich erzeugt das Projekt einen KW von EUR 33,25 Millionen, was den Marktwert des Unternehmens steigert. Um einen Verschuldungsgrad von 1 aufrechtzuerhalten, muss Avco zum Zeitpunkt, zu dem der KW des Projekts abzusehen ist (dies kann eintreten, bevor die Investition getätigt wird) neues Fremdkapital von 50 % × 33,25 = EUR 16,625 Millionen aufnehmen. Somit beträgt das neue Fremdkapital 14 + 16,625 = EUR 30,625 Millionen.

$$V_t^L = \frac{FCF_{t+1} + \overbrace{V_{t+1}^L}^{\substack{\text{Wert des FCF im Jahr} \\ t+2 \text{ und darüber hinaus}}}}{1 + r_{WACC}} \tag{18.4}$$

Sobald wir den Wert V_t^L des Projekts an den jeweiligen Daten errechnet haben, können wir ▶Gleichung 18.3 zur Errechnung der Fremdkapitalkapazität des Projekts an den jeweiligen Daten anwenden (Zeile 3). Wie die Tabellenkalkulation zeigt, geht die Fremdkapitalkapazität mit jedem Jahr zurück und liegt am Ende von Jahr vier bei null.

Tabelle 18.4

Tabellenkalkulation Fortführungswert und Fremdkapitalkapazität des RFX-Projekts über die Zeit

Jahr	0	1	2	3	4
Fremdkapitalkapazität des Projekts (EUR Millionen)					
1 **Freier Cashflow**	−28,00	18,00	18,00	18,00	18,00
2 Verschuldeter Wert V^L (bei r_{WACC} = 6,8 %)	61,25	47,41	32,63	16,85	–
3 **Fremdkapitalkapazität** D_t (bei d = 50 %)	30,62	23,71	16,32	8,43	–

Beispiel 18.2:   **Fremdkapitalkapazität bei einer Übernahme**

Fragestellung

Avco führt die in ▶Beispiel 18.1 beschriebene Übernahme durch. Wie viel Fremdkapital muss Avco für die Finanzierung der Übernahme verwenden, um den Verschuldungsgrad beizubehalten? Wie viel der Übernahmekosten muss mit Eigenkapital finanziert werden?

Lösung

Aus der Auflösung von ▶Beispiel 18.1 ergibt sich ein Marktwert der durch die Übernahme übernommenen Aktiva V^L von EUR 100 Millionen. Um eine Fremdkapitalquote von 50 % beizubehalten, muss Avco sein Fremdkapital daher um EUR 50 Millionen erhöhen. Die verbleibenden EUR 30 Millionen der Übernahmekosten von EUR 80 Millionen werden mit neuem Eigenkapital finanziert. Zusätzlich zum neuen Eigenkapital in Höhe von EUR 30 Millionen wird der Wert der Aktien um den Kapitalwert der Übernahme von EUR 20 Millionen steigen, sodass der gesamte Marktwert des Eigenkapitals von Avco um EUR 50 Millionen steigen wird.

Verständnisfragen

1. Beschreiben Sie die wichtigsten Schritte der WACC-Bewertungsmethode.

2. Wie wird der Steuervorteil bei der WACC-Methode berücksichtigt?

18.3 Die Adjusted-Present-Value-Methode

Die Adjusted-Present-Value-Methode (APV) ist eine alternative Bewertungsmethode, bei der wir den verschuldeten Wert V^L einer Investition ermitteln, indem wir zuerst deren *unverschuldeten Wert* V^U, also ihren Wert bei Eigenfinanzierung, berechnen, und dann den Wert des fremdfinanzierungsbedingten Steuervorteils hinzuaddieren. Daraus ergibt sich, wie wir in ▶Kapitel 15 gezeigt haben:[5]

die APV-Formel

$$V^L = APV = V^U + BW(\text{fremdfinanzierungsbedingter Steuervorteil}) \qquad (18.5)$$

Wie bei der WACC-Methode konzentrieren wir uns vorerst nur auf den Ertragsteuervorteil des Fremdkapitals und verschieben die Erörterung weiterer Konsequenzen der Verschuldung auf ▶Abschnitt 18.7. Wie ▶Gleichung 18.5 zeigt, beinhaltet die APV-Methode den Wert des fremdfinanzierungsbedingten Steuervorteils direkt und nicht durch Anpassung des Diskontierungssatzes wie bei der WACC-Methode. Sehen wir uns nun die APV-Methode anhand des RFX-Projekts von Avco an.

Der Wert eines Projekts ohne Verschuldung

Von der Schätzung der freien Cashflows in ▶Tabelle 18.1 wissen wir, dass das Projekt Anfangsausgaben von EUR 28 Millionen hat und in den nächsten vier Jahren pro Jahr einen Cashflow von EUR 18 Millionen erzielen wird. Der erste Schritt der APV-Methode ist die Berechnung dieser freien Cashflows anhand der Kapitalkosten des Projekts, wenn es ohne Verschuldung finanziert wäre.

Wie hoch sind die Kapitalkosten bei Eigenfinanzierung des Projekts? Da das RFX-Projekt ein ähnliches Risiko wie die anderen Investitionen von Avco hat, sind die Kapitalkosten bei Eigenfinanzierung die gleichen wie für das Unternehmen als Ganzes. Somit können wir, wie in ▶Kapitel 12, die Kapitalkosten bei Eigenfinanzierung anhand des WACC vor Steuern, also die durchschnittliche Rendite, die die Investoren des Unternehmens erwarten, berechnen:

Kapitalkosten ohne Verschuldung mit Zielverschuldungsgrad

$$r_U = \frac{E}{E+D}\, r_E + \frac{D}{E+D}\, r_D = WACC \text{ vor Steuern} \qquad (18.6)$$

Um zu verstehen, warum die Kapitalkosten bei Eigenfinanzierung des Unternehmens dem WACC vor Steuern entsprechen, ist zu beachten, dass der WACC vor Steuern die Rendite darstellt, die die Investoren dafür verlangen, dass sie das gesamte Unternehmen (Eigenkapital und Fremdkapital) halten. Somit hängt dieser nur vom gesamten Risiko des Unternehmens ab. Solange die gewählte Verschuldung des Unternehmens das gesamte Risiko des Unternehmens nicht ändert, muss der WACC vor Steuern mit oder ohne Verschuldung der gleiche sein, wie aus ▶Abbildung 15.2 hervorgeht.[6]

Natürlich beruht dieses Argument auf der Annahme, dass das gesamte Risiko des Unternehmens von der Wahl der Verschuldung unabhängig ist. Wie bereits in ▶Kapitel 14 gezeigt, gilt diese Annahme an einem *vollkommenen Markt* immer. Sie gilt in einer Welt mit Steuern auch immer dann, wenn das Risiko des Steuervorteils das gleiche ist wie das Risiko des Unternehmens (die Höhe des Steuervorteils lässt also das gesamte Risiko des Unternehmens unverändert). Im Anhang dieses Kapitels zeigen wir, dass der Steuervorteil dasselbe Risiko wie das Unternehmen hat, wenn das Unternehmen einen *Zielverschuldungsgrad* hat. **Zielverschuldungsgrad** bedeutet, dass das Unternehmen sein Fremdkapital proportional dem Wert des Projekts oder den Cashflows anpasst, sodass ein konstanter Verschuldungsgrad ein Sonderfall ist.

Wenn wir ▶Gleichung 18.6 auf Avco anwenden, dann erhalten wir das unverschuldete Eigenkapital als

$$r_U = 0{,}50 \times 10{,}0\ \% + 0{,}50 \times 6{,}0\ \% = 8{,}0\ \%$$

---

5 Stewart Myers entwickelte die Anwendung des *APV* auf die Investitionsplanung in „Interaction of Corporate Financing and Investment Decisions: Implications for Capital Budgeting", *Journal of Finance*, Bd. 29 (1974), S. 1–25.

6 Siehe dazu ▶Abbildung 15.2.

Die *Kapitalkosten bei Eigenfinanzierung* sind geringer als die *Eigenkapitalkosten* von 10,0 % (die das Finanzierungsrisiko der Verschuldung enthalten), jedoch höher als der WACC von 6,8 % (der den Steuervorteil aus der Verschuldung enthält).

Mit unserer Schätzung der Kapitalkosten bei Eigenfinanzierung r_U und den freien Cashflows des Projekts errechnen wir den Wert des Projekts ohne Verschuldung:

$$V^U = \frac{18}{1{,}08} + \frac{18}{1{,}08^2} + \frac{18}{1{,}08^3} + \frac{18}{1{,}08^4} = \text{EUR } 59{,}62 \text{ Millionen}$$

Bewertung des fremdfinanzierungsbedingten Steuervorteils

Der oben errechnete Wert des unverschuldeten Projekts V^U enthält nicht den Wert des durch die Zinszahlungen auf das Fremdkapital erzielten Steuervorteils, sondern stellt den Wert des Projekts bei ausschließlicher Finanzierung durch Eigenkapital dar. Bei der *Fremdkapitalkapazität* des Projekts aus ▶ Tabelle 18.4 können wir, wie in der Tabellenkalkulation in ▶ Tabelle 18.5 dargestellt, die erwarteten Zinszahlungen sowie den Steuervorteil, wie in der Tabellenkalkulation in ▶ Tabelle 18.5 angegeben, schätzen. Die in Jahr t gezahlten Zinsen werden auf Grundlage des zum Ende des Vorjahres ausstehenden Fremdkapitals geschätzt.

$$\text{Zinszahlung im Jahr } t = r_D \times D_{t-1} \tag{18.7}$$

Der fremdfinanzierungsbedingte Steuervorteil entspricht den Zinszahlungen multipliziert mit dem Ertragsteuersatz τ_c.

		Tabelle 18.5

Tabellenkalkulation Erwartete Fremdkapitalkapazität, Zinszahlungen und Steuervorteil des RFX-Projekts von Avco

Jahr		0	1	2	3	4
Fremdfinanzierungsbedingter Steuervorteil (EUR Millionen)						
1	**Fremdkapitalkapazität D_t** (bei $d = 50$ %)	30,62	23,71	16,32	8,43	–
2	Zinszahlungen (bei $r_D = 6$ %)	–	1,84	1,42	0,98	0,51
3	**Fremdfinanzierungsbedingter Steuervorteil** (bei $\tau_c = 40$ %)	–	0,73	0,57	0,39	0,20

Um den Barwert des fremdfinanzierungsbedingten Steuervorteils zu errechnen, müssen wir die entsprechenden Kapitalkosten ermitteln. Die in ▶ Tabelle 18.5 gezeigten fremdfinanzierungsbedingten Steuervorteile sind erwartete Werte und die wahre Höhe des fremdfinanzierungsbedingten Steuervorteils in den jeweiligen Jahren hängt von den Cashflows des Projekts ab. Da Avco einen festen Verschuldungsgrad beibehält, wird, wenn das Projekt erfolgreich ist, der Wert höher sein, das Unternehmen kann mehr Fremdkapital aufnehmen und der fremdfinanzierungsbedingte Steuervorteil steigt. Bringt das Projekt schlechte Ergebnisse, wird der Wert fallen; Avco wird das Verschuldungsniveau verringern und der fremdfinanzierungsbedingte Steuervorteil fällt geringer aus. Somit variiert der Steuervorteil und teilt das Risiko mit dem Projekt selbst:[7]

> *Wenn das Unternehmen einen Zielverschuldungsgrad beibehält, haben dessen zukünftige fremdfinanzierungsbedingte Steuervorteile ein ähnliches Risiko wie die Cashflows des Projekts und sollten daher zu den Kapitalkosten bei Eigenfinanzierung des Projekts diskontiert werden.*

---

7 In ▶ Abschnitt 18.6 betrachten wir einen Fall, in dem das Verschuldungsniveau im Voraus festgelegt und somit *nicht* von den Cashflows des Projekts abhängig ist. Wie wir sehen werden, trägt der Steuervorteil in diesem Fall ein geringeres Risiko und somit geringere Kapitalkosten als das Projekt.

Für das RFX-Projekt von Avco ergibt sich:

$$BW(\text{fremdfinanzierungsbedingter Steuervorteil}) = \frac{0,73}{1,08} + \frac{0,57}{1,08^2} + \frac{0,39}{1,08^3} + \frac{0,20}{1,08^4} = \text{EUR } 1,63 \text{ Millionen}$$

Um den Wert des Projekts mit Verschuldung zu ermitteln, addieren wir den Wert des fremdfinanzierungsbedingten Steuervorteils zum unverschuldeten Wert des Projekts:[8]

$$V^L = V^U + BW(\text{fremdfinanzierungsbedingter Steuervorteil})$$
$$= 59,62 + 1,63 = \text{EUR } 61,25 \text{ Millionen}$$

Wieder hat das Projekt bei der erforderlichen Anfangsinvestition von EUR 28 Millionen einen KW mit Verschuldung von 61,25 − 28 = EUR 33,25 Millionen, was exakt dem Wert entspricht, den wir in ▶Abschnitt 18.2 mit der WACC-Methode ermittelt haben.

Zusammenfassung des APV-Verfahrens

Um den Wert einer Investition mit Verschuldung anhand des APV-Verfahrens zu ermitteln, gehen wir wie folgt vor:

1. Ermittlung des Werts der Investition ohne Verschuldung V^U durch Diskontierung ihrer freien Cashflows zu den Kapitalkosten bei Eigenfinanzierung r_U. Bei einem konstanten Verschuldungsgrad kann man r_U anhand von ▶Gleichung 18.6 schätzen.

2. Ermittlung des Barwertes des fremdfinanzierungsbedingten Steuervorteils.

    a. Ermittlung des erwarteten fremdfinanzierungsbedingten Steuervorteils: Bei einem erwarteten Fremdkapital D_t zum Zeitpunkt t beträgt der fremdfinanzierungsbedingte Steuervorteil zum Zeitpunkt $t + 1$ $\tau_C r_D D_t$.[9]

    b. Diskontierung des fremdfinanzierungsbedingten Steuervorteils. Wird ein konstanter Verschuldungsgrad aufrechterhalten, ist die Verwendung von r_U angebracht.

3. Addition des unverschuldeten Werts V^U zum Barwert des fremdfinanzierungsbedingten Steuervorteils, um den Wert der Investition mit Verschuldung V^L zu ermitteln.

Das APV-Verfahren ist komplizierter als die WACC-Methode, da wir zwei Größen separat berechnen müssen: das unverschuldete Projekt und den fremdfinanzierungsbedingten Steuervorteil. Des Weiteren haben wir in diesem Beispiel bei der Ermittlung der Fremdkapitalkapazität des Projekts für die Berechnung des fremdfinanzierungsbedingten Steuervorteils auf die ▶Tabelle 18.4 vertraut, *die vom Wert des Projekts abhängig ist*. Daher müssen wir das Verschuldungsniveau kennen, um den APV zu berechnen. Bei einem konstanten Verschuldungsgrad müssen wir jedoch den Wert des Projekts kennen, um den Verschuldungsgrad zu berechnen. Folglich ist bei konstantem Verschuldungsgrad bei der Anwendung des APV-Ansatzes die *gleichzeitige* Auflösung nach dem Fremdkapital und dem Wert des Projekts erforderlich. (Der Anhang zu diesem Kapitel enthält ein Beispiel dieser Berechnung.)

Trotz seiner Komplexität hat das APV-Verfahren einige Vorteile. Wie wir in ▶Abschnitt 18.6 sehen werden, kann dieses Verfahren einfacher anzuwenden sein als die WACC-Methode, wenn das Unternehmen keinen konstanten Verschuldungsgrad beibehält. Sie bietet Managern zudem eine explizite Berechnung des Steuervorteils. Im Fall des RFX-Projekts von Avco ist der fremdfinanzierungsbedingte Steuervorteil relativ gering. Auch wenn sich die Steuersätze ändern oder Avco sich aus anderen Gründen gegen eine Erhöhung des Fremdkapitals entscheidet, wäre die Rentabilität des

---

8 Da wir für den freien Cashflow und den Steuervorteil den gleichen Diskontierungssatz verwenden, können die Cashflows des Projekts und der fremdfinanzierungsbedingte Steuervorteil zuerst zusammengelegt und dann zum Satz r_U diskontiert werden. Diese zusammengelegten Cashflows werden auch als Kapital-Cashflows (CCF) bezeichnet. CCF = FCF + fremdfinanzierungsbedingter Steuervorteil. Diese Methode nennt man CCF- oder „Compressed APV"-Methode (Siehe S. Kaplan und R. Ruback, „The Valuation of Cash Flow Forecast: An Empirical Analysis", *Journal of Finance*, Bd. 50 (1995), S. 1059–1093; und R. Ruback, „Capital Cash Flows: A Simple Approach to Valuing Risky Cash Flows", *Financial Management*, Bd. 31 (2002), S. 85–103).

9 Die Rendite auf das Fremdkapital muss nicht nur aus den Zinszahlungen entstehen, sodass dieser Wert eine Annäherung darstellt. Dieselbe Annäherung ist in der Definition des WACC enthalten (siehe Fußnote 33 im Anhang zu diesem Kapitel wegen weiterer Informationen).

Projekts nicht gefährdet. Dies muss jedoch nicht immer der Fall sein. Betrachten wir erneut die Übernahme in ▶Beispiel 18.1, wo das APV-Verfahren deutlich macht, dass der Gewinn aus der Übernahme entscheidend vom fremdfinanzierungsbedingten Steuervorteil abhängt.

Beispiel 18.3: Anwendung des APV-Verfahrens zur Bewertung einer Übernahme

Fragestellung

Wir betrachten nochmals die Übernahme durch Avco aus den ▶Beispielen 18.1 und 18.2. Die Übernahme wird im ersten Jahr einen freien Cashflow in Höhe von EUR 3,8 Millionen beitragen, der danach um 3 % pro Jahr steigt. Die Übernahmekosten von EUR 80 Millionen werden anfangs durch neues Fremdkapital von EUR 50 Millionen finanziert. Berechnen Sie den Wert der Übernahme mit dem APV-Verfahren unter der Annahme, dass Avco für die Übernahme einen konstanten Verschuldungsgrad beibehält.

Lösung

Zunächst errechnen wir den Wert bei Eigenfinanzierung. Bei Kapitalkosten bei Eigenfinanzierung von $r_U = 8 \%$ erhalten wir

$$V^U = 3,8 : (8 \% - 3 \%) = \text{EUR 76 Millionen}$$

Avco wird für die Finanzierung der Übernahme anfangs neues Fremdkapital in Höhe von EUR 50 Millionen hinzufügen. Bei einem Zinssatz von 6 % beträgt der Zinsaufwand im ersten Jahr 6 % × 50 = EUR 3 Millionen. Dies bietet einen fremdfinanzierungsbedingten Steuervorteil von 40 % × 3 = EUR 1,2 Millionen. Da der Wert der Übernahme um 3 % pro Jahr steigen soll, wird erwartet, dass der Fremdkapitalbetrag, den die Übernahme – und somit der fremdfinanzierungsbedingte Steuervorteil – trägt, zum gleichen Satz steigt. Der Barwert des fremdfinanzierungsbedingten Steuervorteils beträgt:

$$BW(\text{fremdfinanzierungsbedingter Steuervorteil}) = 1,2 : (8 \% - 3 \%) = \text{EUR 24 Millionen}$$

Der Wert der Übernahme mit Verschuldung ergibt sich aus dem APV:

$$V^L = V^U + BW(\text{fremdfinanzierungsbedingter Steuervorteil})$$
$$= 76 + 24 = \text{EUR 100 Millionen}$$

Dieser Wert ist mit dem in ▶Beispiel 18.1 errechneten Wert identisch und bedeutet einen KW von 100 − 80 = EUR 20 Millionen für die Übernahme. Ohne den fremdfinanzierungsbedingten Steuervorteil läge der KW bei 76 − 80 = −EUR 4 Millionen.

Wir können den APV-Ansatz leicht auf andere Marktunvollkommenheiten wie zum Beispiel die Kosten einer finanziellen Notlage, die Agency-Kosten und Emissionskosten erweitern. Wir erörtern diese Komplexitäten näher in ▶Abschnitt 18.7.

Verständnisfragen

1. Beschreiben Sie das APV-Verfahren.
2. Zu welchem Satz sollten wir den fremdfinanzierungsbedingten Steuervorteil diskontieren, wenn das Unternehmen einen Zielverschuldungsgrad beibehält?

18.4 Das Flow-to-Equity-Verfahren

Bei der WACC-Methode und dem APV-Verfahren bewerten wir ein Projekt anhand seines freien Cashflows, der ohne Berücksichtigung von Zins- und Tilgungszahlungen berechnet wird. Manche Studenten finden diese Verfahren verwirrend, da es ihnen angebracht erscheint, sich auf die Cashflows zu konzentrieren, die die *Aktionäre* erhalten werden, wenn das Ziel ist, den Nutzen des Projekts für die Aktionäre zu ermitteln.

Beim **Flow-to-Equity-Verfahren (FTE)** berechnen wir explizit den freien Cashflow, der den Anteilseignern *nach Berücksichtigung aller Zahlungen an die und von den Fremdkapitalgebern* zur Verfügung steht. Die Zahlungen an die Anteilseigner werden dann anhand der *Eigenkapitalkosten* diskontiert.[10] Trotz dieser unterschiedlichen Ausführung liefert das FTE-Verfahren die gleiche Bewertung des Projektes wie das WACC- oder APV-Verfahren.

Berechnung des freien Cashflows zum Eigenkapital (FCFE)

Der erste Schritt des FTE-Verfahrens ist die Ermittlung des freien Cashflows zum Eigenkapital (**Free Cash Flow to Equity, FCFE**) eines Projekts. Der FCFE ist der freie Cashflow, der nach der Bereinigung um Zinszahlungen, Fremdkapitalemission und Rückzahlung des Fremdkapitals übrigbleibt. Die in ▶Tabelle 18.6 dargestellte Kalkulation berechnet den FCFE des RFX-Projekts von Avco.

Im Vergleich der Schätzungen des FCFE in ▶Tabelle 18.6 mit den Schätzungen der freien Cashflows in ▶Tabelle 18.1 erkennen wir zwei Änderungen: Zuerst ziehen wir den Zinsaufwand vor Steuern (aus ▶Tabelle 18.5) in Zeile 7 ab. Dann errechnen wir den inkrementellen Nettoertrag des Projekts in Zeile 10 und nicht dessen *unverschuldeten* Nettoertrag wie bei der Errechnung des freien Cashflows. Die zweite Änderung ist Zeile 14, wo wir die Erträge aus der Nettoverschuldung des Unternehmens hinzuaddieren. Diese Erträge sind positiv, wenn das Unternehmen seine Nettoverschuldung erhöht, und negativ, wenn das Unternehmen die Nettoverschuldung durch Tilgungen (oder durch Einbehalt von Barmitteln) reduziert. Für das RFX-Projekt gibt Avco anfangs Fremdkapital in Höhe von EUR 30,62 Millionen aus. Zum Zeitpunkt 1 jedoch fällt die Fremdkapitalkapazität des Projekts auf EUR 23,71 Millionen (siehe ▶Tabelle 18.4), sodass Avco $30,62 - 23,71 =$ EUR 6,91 Millionen des Fremdkapitals zurückzahlen muss.[11] Grundsätzlich erhalten wir bei der Fremdkapitalkapazität des Projekts D_t eine

$$\text{Nettokreditaufnahme zum Zeitpunkt } t = D_t - D_{t-1} \tag{18.8}$$

---

10 Der FTE-Ansatz ist dem in ▶Kapitel 9 beschriebenen Gesamtausschüttungs-Modell für die Bewertung des Unternehmens sehr ähnlich. Bei dieser Methode bewerten wir die gesamten Dividenden und Aktienrückkäufe, die das Unternehmen an die Aktionäre ausschüttet. Sie entspricht auch dem Verfahren der Residualeinkommensbewertung, das im Rechnungswesen verwendet wird.

11 Die Differenz von EUR 0,01 Millionen in der Tabelle ist auf Rundung zurückzuführen.

		Tabelle 18.6

Tabellenkalkulation Erwartete freie Cashflows zum Eigenkapital aus dem RFX-Projekt von Avco

Jahr		0	1	2	3	4
Prognose der inkrementellen Erträge (EUR Millionen)						
1	Umsatzerlöse		60,00	60,00	60,00	60,00
2	Umsatzkosten	–	−25,00	−25,00	−25,00	−25,00
3	**Bruttogewinn**	–	35,00	35,00	35,00	35,00
4	Betriebsaufwand	−6,67	−9,00	−9,00	−9,00	−9,00
5	Abschreibungen	–	−6,00	−6,00	−6,00	−6,00
6	**EBIT**	−6,67	20,00	20,00	20,00	20,00
7	Zinsaufwand	–	−1,84	−1,42	−0,98	−0,51
8	**Ertrag vor Steuern**	−6,67	18,16	18,58	19,02	19,49
9	Ertragsteuern zu 40 %	2,67	−7,27	−7,43	−7,61	−7,80
10	**Nettoertrag**	−4,00	10,90	11,15	11,41	11,70
Freier Cashflow zum Eigenkapital (FCFE)						
11	Plus: Abschreibungen	–	6,00	6,00	6,00	6,00
12	Abzüglich: Kapitalaufwand	−24,00	–	–	–	–
13	Abzüglich: Erhöhung des NWC	–	–	–	–	–
14	Plus: Nettokreditaufnahme	30,62	−6,92	−7,39	−7,89	−8,43
15	**Freier Cashflow zum Eigenkapital**	2,62	9,98	9,76	9,52	9,27

Als Alternative zu ▸Tabelle 18.6 können wir den FCFE eines Projekts auch direkt aus dessen freien Cashflows errechnen. Da in Zeile 7 die Zinszahlungen vor Steuern abgezogen werden, bereinigen wir den FCF des Unternehmens um deren Kosten nach Steuern. Dann addieren wir die Nettoverschuldung hinzu, um den FCFE zu ermitteln:

Freier Cashflow zum Eigenkapital

$$FCFE = FCF - \underbrace{(1-\tau_c) \times (\text{Zinszahlungen})}_{\text{Zinsaufwand nach Steuern}} + (\text{Nettokreditaufnahme}) \qquad (18.9)$$

Wir verdeutlichen diese alternative Berechnung des RFX-Projekts von Avco in ▸Tabelle 18.7. Zu beachten ist, dass der FCFE des Projekts in den Jahren 1 bis 4 aufgrund der Zinszahlungen und Tilgungen des Fremdkapitals geringer ist als der jeweilige FCF. Im Jahr 0 jedoch gleichen die Erträge aus dem Kredit den negativen Cashflow mehr als aus, sodass der FCFE positiv ist (und den in ▸Abschnitt 18.2 berechneten Dividenden entspricht).

Bewertung der Cashflows des Eigenkapitals

Der Beitrag der freien Cashflows zum Eigenkapital (FCFE) zeigt die erwartete Höhe der zusätzlichen Barmittel, die dem Unternehmen für die Dividendenausschüttung (oder den Aktienrückkauf) jedes Jahr zur Verfügung stehen. Da diese Cashflows Zahlungen an die Anteilseigner sind, sollten sie zu den Eigenkapitalkosten des Projekts abgezinst werden. Geht man davon aus, dass Risiko und Verschuldung des RFX-Projekts dem Risiko und der Verschuldung des gesamten Unternehmens entsprechen, können wir die Eigenkapitalkosten von Avco $r_E = 10{,}0~\%$ verwenden, um den FCFE des Projekts abzuzinsen:

$$KW(FCFE) = 2{,}62 + \frac{9{,}98}{1{,}10} + \frac{9{,}76}{1{,}10^2} + \frac{9{,}52}{1{,}10^3} + \frac{9{,}27}{1{,}10^4} = \text{EUR } 33{,}25 \text{ Millionen}$$

Der Wert des FCFE des Projekts stellt den Gewinn aus dem Projekt für die Aktionäre dar. Er ist identisch mit dem KW, den wir anhand des WACC- beziehungsweise APV-Verfahrens errechnet haben.

Warum ist der KW des Projekts nun, nachdem wir die Zinszahlungen und Tilgungen von den Cashflows abgezogen haben, nicht niedriger? Erinnern wir uns daran, dass diese Fremdkapitalkosten durch die Barmittel, die wir bei der Ausgabe von Fremdkapital erhalten haben, ausgeglichen werden. In ▶ Tabelle 18.6 haben die Cashflows aus dem Fremdkapital in den Zeilen 7 und 14 bei fairer Bewertung des Fremdkapitals einen KW von null.[12] Am Ende wirkt sich nur die Verringerung der Steuerzahlungen auf den Wert aus, was zum gleichen Ergebnis führt wie die anderen Verfahren.

Zusammenfassung der Flow-to-Equity-Methode

Die wichtigsten Schritte der Flow-to-Equity-Methode für die Bewertung einer Investition mit Verschuldung sind Folgende:

1. Ermittlung des FCFE der Investition anhand von ▶ Gleichung 18.9,

2. Feststellung der Eigenkapitalkosten r_E,

3. Berechnung des Beitrags zum Eigenkapitalwert E durch Diskontierung des FCFE mit den Eigenkapitalkosten.

					Tabelle 18.7

Tabellenkalkulation Berechnung des FCFE aus dem FCF des RFX-Projekts von Avco

Jahr	0	1	2	3	4
Freier Cashflow zum Eigenkapital (EUR Millionen)					
1 Freier Cashflow (FCF)	−28,00	18,00	18,00	18,00	18,00
2 Zinsaufwand nach Steuern	–	−1,10	−0,85	−0,59	−0,30
3 Nettoverschuldung	30,62	−6,92	−7,39	−7,89	−8,43
4 Freier Cashflow zum Eigenkapital (FCFE)	2,62	9,98	9,76	9,52	9,27

Die Anwendung des FTE-Verfahrens wurde in unserem Beispiel vereinfacht, da das Risiko und das Fremdkapital des Projekts dem des Unternehmens entsprechen, und da man von konstanten Eigenkapitalkosten des Unternehmens ausgeht. Wie beim WACC ist diese Annahme jedoch nur dann ange-

---

12 Die Zinszahlungen und Tilgung für das RFX-Projekt sind folgende:

Jahr	0	1	2	3	4
1 Nettoverschuldung	30,62	−6,92	−7,39	−7,89	−8,43
2 Zinsaufwand	–	−1,84	−1,42	−0,98	−0,51
3 Cashflow aus dem Fremdkapital	30,62	−8,76	−8,81	−8,87	−8,93

Da diese Cashflows das gleiche Risiko tragen wie das Fremdkapital, diskontieren wir sie zu den Fremdkapitalkosten von 6 % um ihren KW zu berechnen:

$$30{,}62 + \frac{-8{,}76}{1{,}06} + \frac{-8{,}81}{1{,}06^2} + \frac{-8{,}87}{1{,}06^3} + \frac{-8{,}93}{1{,}06^4} = 0$$

bracht, wenn das Unternehmen einen konstanten Verschuldungsgrad beibehält. Ändert sich dieser im Verlauf der Zeit, ändern sich auch das Risiko des Eigenkapitals und somit die Kapitalkosten.

In dieser Situation hat der FTE-Ansatz denselben Nachteil wie der APV-Ansatz: Wir müssen die Fremdkapitalkapazität des Projekts berechnen, um die Zinsen und Nettoverschuldung zu ermitteln, bevor wir eine Entscheidung bezüglich der Investitionsplanung vornehmen können. Aus diesem Grund ist die WACC-Methode in den meisten Fällen einfacher anzuwenden. Die FTE-Methode bietet einen Vorteil, wenn wir den Wert des Eigenkapitals des gesamten Unternehmens berechnen, falls die Kapitalstruktur komplex und der Marktwert anderer Wertpapiere in der Kapitalstruktur des Unternehmens nicht bekannt ist. In diesem Fall ermöglicht uns die FTE-Methode die direkte Berechnung des Eigenkapitalwerts. Im Gegensatz dazu ermitteln die WACC- und APV-Verfahren den operativen Unternehmenswert, sodass eine getrennte Bewertung der anderen Bestandteile der Kapitalstruktur für die Ermittlung des Eigenkapitalwerts erforderlich ist. Schließlich kann die FTE-Methode dadurch, dass sie die Auswirkung eines Projekts auf das Eigenkapital betont, als transparenteres Verfahren für die Erörterung des Nutzens eines Projekts für die Aktionäre betrachtet werden – ein Anliegen der Manager.

Was zählt als „Fremdkapital"?

Firmen haben oft viele Arten von Fremdkapital sowie sonstige Verbindlichkeiten, wie zum Beispiel Leasing. In der Praxis werden verschiedene Richtlinien dafür verwendet, was bei der Berechnung des WACC als Fremdkapital gezählt werden kann. Einige zählen nur langfristiges Fremdkapital dazu, andere sowohl langfristige als auch kurzfristige Verbindlichkeiten sowie Leasing-Verbindlichkeiten. Die Studenten werden durch diese verschiedenen Ansätze oft verwirrt und sie fragen sich: Welche Verbindlichkeiten sollten zum Fremdkapital gezählt werden? Tatsächlich funktioniert jede Auswahl, wenn sie richtig erfolgt. Wir können das WACC- und FTE-Verfahren als Sonderfälle eines allgemeineren Ansatzes betrachten, bei dem wir *die Cashflows nach Steuern aus einer Reihe von Vermögensgegenständen und Verbindlichkeiten des Unternehmens bewerten, indem wir sie zu den gewichteten Durchschnittskosten nach Steuern der restlichen Vermögensgegenstände und Verbindlichkeiten des Unternehmens abzinsen.* Bei der WACC-Methode enthält der freie Cashflow nicht die Zins- und Kapitalbeträge auf das Fremdkapital, sodass das Fremdkapital in der Berechnung der gewichteten Durchschnittskosten des Kapitals enthalten ist. Beim FTE-Verfahren bezieht der FCFE die Cashflows nach Steuern an und von den Fremdkapitalhaltern ein, sodass das Fremdkapital von den gewichteten Durchschnittskosten des Kapitals (was einfach die Eigenkapitalkosten sind) ausgenommen ist. Auch andere Kombinationen sind möglich. Beispielsweise kann das langfristige Fremdkapital in die gewichteten Durchschnittskosten des Kapitals aufgenommen werden und das kurzfristige Fremdkapital als Teil des Cashflows. Ebenso können andere Vermögensgegenstände wie Barmittel oder Verbindlichkeiten wie Leasing entweder in die gewichteten Durchschnittskosten des Kapitals oder als Teil des Cashflows aufgenommen werden. Alle diese Verfahren führen zu einer gleichwertigen Bewertung, wenn sie konsistent angewendet werden. Normalerweise ist die zweckmäßigste Wahl diejenige, für die die Annahme eines konstanten Verschuldungsgrads eine angemessene Annäherung ist.

Beispiel 18.4: Verwendung des FTE-Verfahrens zur Bewertung einer Übernahme

Fragestellung

Wir betrachten erneut die Übernahme von Avco aus den ▶ Beispielen 18.1 bis 18.3. Diese Übernahme wird im ersten Jahr einen freien Cashflow von EUR 3,8 Millionen beitragen, der danach pro Jahr um 3 % wachsen wird. Die Kosten der Übernahme in Höhe von EUR 80 Millionen werden anfangs mit neuem Fremdkapital in Höhe von EUR 50 Millionen finanziert. Welchen Wert hat diese Übernahme nach dem FTE-Verfahren?

Lösung

Da die Übernahme mit Fremdkapital in Höhe von EUR 50 Millionen finanziert wird, müssen die restlichen EUR 30 Millionen aus dem Eigenkapital kommen:

$$FCFE_0 = -80 + 50 = -\text{EUR 30 Millionen}$$

In einem Jahr fallen Zinsen auf das Fremdkapital in Höhe von 6 % × 50 = EUR 3 Millionen an. Da Avco einen konstanten Verschuldungsgrad aufrechterhält, ist zu erwarten, dass das Fremdkapital in Verbindung mit der Übernahme ebenfalls um 3 % wachsen wird: 50 × 1,03 = EUR 51,5 Millionen. Somit wird Avco in einem Jahr einen Kredit in Höhe von EUR 51,5 Millionen – EUR 50 Millionen = 1,5 EUR Millionen aufnehmen.

$$FCFE_1 = +3,8 - (1 - 0,40) \times 3 + 1,5 = \text{EUR 3,5 Millionen}$$

Nach Jahr 1 wird der FCFE ebenfalls um 3 % wachsen. Anhand der Eigenkapitalkosten r_E = 10 % errechnen wir den KW:

$$KW(FCFE) = -30 + 3,5 : (10\ \% - 3\ \%) = \text{EUR 20 Millionen}$$

Dieser KW entspricht dem Ergebnis, das wir anhand des WACC- und APV-Verfahrens erhalten haben.

Verständnisfragen

1. Beschreiben Sie die wichtigsten Schritte des Flow-to-Equity-Verfahrens für die Bewertung einer Investition mit Verschuldung.

2. Warum vereinfacht die Annahme, dass das Unternehmen einen konstanten Verschuldungsgrad aufrechterhält, die Flow-to-Equity-Berechnung?

18.5 Projektbasierte Kapitalkosten

Bislang sind wir davon ausgegangen, dass sowohl Risiko als auch Verschuldung des Projekts denen des Unternehmens als Ganzes entsprechen. Diese Annahme gestattete uns wiederum anzunehmen, dass die Kapitalkosten eines Projekts den Kapitalkosten des Unternehmens entsprechen.

In der Realität weichen bestimmte Projekte oft von der durchschnittlichen Investition eines Unternehmens ab. Nehmen wir die General Electric Company aus der Einleitung dieses Kapitels. Die Projekte im Bereich Gesundheitswesen haben wahrscheinlich ein anderes Marktrisiko als die Projekte im Geschäftsbereich Ausrüstung für Lufttransport oder die von NBC Universal. Projekte können auch unterschiedliche Verschuldungsniveaus haben – zum Beispiel sind Übernahmen von Immobilien oder Investitionsgütern oft hoch verschuldet, Investitionen in geistige Eigentumsrechte aber nicht. In diesem Abschnitt zeigen wir, wie man die Kapitalkosten der Cashflows eines Projekts berechnet, wenn Risiko und Verschuldung des Projekts von denen des Unternehmens als Ganzes abweichen.

Schätzung der Kapitalkosten bei Eigenfinanzierung

Wir beginnen mit der Betrachtung der in ▶Kapitel 12 eingeführten Methode zur Berechnung der Kapitalkosten bei Eigenfinanzierung eines Projekts mit einem Marktrisiko, das erheblich von dem des restlichen Unternehmens abweicht. Angenommen Avco führt eine neue Sparte Kunststoffherstellung ein, die ein anderes Marktrisiko als das Hauptgeschäft Verpackung hat. Welche Kapitalkosten bei Eigenfinanzierung wären für diese Sparte angemessen?

Wir können r_U für die Sparte Kunststoff schätzen, indem wir andere Kunststoffunternehmen mit nur diesem Geschäftsbereich und ähnlichem Geschäftsrisiko betrachten. Nehmen wir zum Beispiel zwei Unternehmen, die mit der Sparte Kunststoff vergleichbar sind und folgende Merkmale haben:

Unternehmen	Eigenkapitalkosten	Fremdkapitalkosten	Fremdkapitalquote $D/(E+D)$
Vergleichsunternehmen 1	12,0 %	6,0 %	40 %
Vergleichsunternehmen 2	10,7 %	5,5 %	25 %

Wenn wir davon ausgehen, dass beide Unternehmen einen Zielverschuldungsgrad beibehalten, können wir die Kapitalkosten bei Eigenfinanzierung der Wettbewerber anhand des WACC vor Steuern aus ▶Gleichung 18.6 schätzen:

Wettbewerber 1: $\qquad r_U = 0,60 \times 12,0\ \% + 0,40 \times 6,0\ \% = 9,6\ \%$
Wettbewerber 2: $\qquad r_U = 0,75 \times 10,7\ \% + 0,25 \times 5,5\ \% = 9,4\ \%$

Auf Grundlage dieser Vergleichsunternehmen schätzen wir die Kapitalkosten bei Eigenfinanzierung der Sparte Kunststoff auf rund 9,5 %.[13] Mit dieser Quote können wir mit der APV-Methode den Wert der Investition von Avco in die Kunststoffsparte berechnen. Um jedoch das WACC- oder FTE-Verfahren anwenden zu können, müssen wir die Eigenkapitalkosten des Projekts schätzen, die vom inkrementellen Fremdkapital abhängig sind, das das Unternehmen aufgrund dieses Projekts aufnehmen wird.

Verschuldung des Projekts und Eigenkapitalkosten

Angenommen das Unternehmen finanziert nun das Projekt entsprechend eines Zielverschuldungsgrads. Dieser Verschuldungsgrad kann vom gesamten Verschuldungsgrad des Unternehmens abweichen, da verschiedene Sparten oder Investitionen unterschiedliche optimale Fremdkapitalkapazitäten haben können. Wir können ▶Gleichung 18.6 umstellen, um folgenden Ausdruck für die Eigenkapitalkosten zu erhalten:[14]

$$r_E = r_U + \frac{D}{E}(r_U - r_D) \qquad (18.10)$$

▶Gleichung 18.10 zeigt, dass die Eigenkapitalkosten eines Projekts von den Kosten bei Eigenfinanzierung r_U und dem Verschuldungsgrad der inkrementellen Finanzierung abhängig sind, die für die Finanzierung des Projekts eingesetzt werden. Nehmen wir beispielsweise an, Avco plant, für die Expansion in die Kunststoffherstellung eine gleiche Mischung aus Fremd- und Eigenkapital beizubehalten. Das Unternehmen erwartet, dass die Kreditkosten bei 6 % bleiben. Bei Kapitalkosten bei Eigenfinanzierung von 9,5 % ergeben sich Eigenkapitalkosten der Kunststoffsparte von:

$$r_E = 9,5\ \% + \frac{0,50}{0,50}(9,5\ \% - 6\ \%) = 13,0\ \%$$

Sobald wir die Eigenkapitalkosten ermittelt haben, können wir mit ▶Gleichung 18.1 den WACC der Sparte ermitteln:

$$r_{WACC} = 0,50 \times 13,0\ \% + 0,50 \times 6,0\ \% \times (1-0,40) = 8,3\ \%$$

Auf Basis dieser Schätzungen ergibt sich für die Kunststoffsparte ein WACC von 8,3 % gegenüber einem WACC von 6,8 % der Sparte Verpackung, den wir in ▶Abschnitt 18.2 errechnet haben. Kombinieren wir ▶Gleichung 18.1 und ▶Gleichung 18.10, erhalten wir eine direkte Formel für den

---

13 Verwenden wir den CAPM für die Schätzung der erwarteten Renditen, entspricht dieses Verfahren dem Entzug der Verschuldung der Betas der Vergleichsunternehmen anhand von ▶Gleichung 12.9: $\beta_U = [E/(E+D)]\,\beta_E + [D/(D+E)]\,\beta_D$.
14 Wir haben den gleichen Ausdruck in ▶Gleichung 14.5 an vollkommenen Kapitalmärkten hergeleitet.

WACC, sofern das Unternehmen einen Zielverschuldungsgrad für das Projekt aufrechterhält. Wenn d die Fremdkapitalquote $D : (E + D)$ des Projekts ist, dann erhalten wir:[15]

Projektbasierte WACC-Formel

$$r_{WACC} = r_U - d\tau_c r_D \tag{18.11}$$

Für die Kunststoffsparte von Avco ergibt sich somit:

$$r_{WACC} = 9,5\ \% - 0,50 \times 0,40 \times 6\ \% = 8,3\ \%$$

Beispiel 18.5: Berechnung der Kapitalkosten auf Spartenebene

Fragestellung

Hasco Corporation ist ein multinationaler Anbieter von Schneide- und Fräsmaschinen für Holz. Derzeit liegen die Eigenkapitalkosten von Hasco bei 12,7 % und die Kreditkosten bei 6 %. Hasco hat bislang eine Fremdkapitalquote von 40 % beibehalten. Die Ingenieure von Hasco haben ein GPS-basiertes Bestandskontrollsystem entwickelt, und das Unternehmen zieht in Betracht, dieses im Rahmen einer eigenständigen Geschäftseinheit kommerziell zu entwickeln. Das Management schätzt, dass das Risiko dieser Investition ähnlich dem Risiko von Investitionen anderer Technologieunternehmen ist, und Vergleichsunternehmen haben normalerweise Kapitalkosten bei Eigenfinanzierung von 15 %. Nehmen wir an, Hasco plant, diese neue Sparte mit 10 % Fremdkapital (konstante Fremdkapitalquote von 10 %) bei einem Kreditzins von 6 % und bei einem Ertragsteuersatz von 35 % zu finanzieren. Schätzen Sie die Kapitalkosten bei Eigenfinanzierung, die Eigenkapitalkosten und den gewichteten Durchschnitt der Kapitalkosten für jede Sparte.

Lösung

Für die Schneide- und Frässparte können wir die derzeitigen Eigenkapitalkosten des Unternehmens $r_E = 12{,}7$ % und die Fremdkapitalquote von 40 % verwenden. Dann erhalten wir:

$$r_{WACC} = 0,60 \times 12,7\ \% + 0,40 \times 6\ \% \times (1 - 0,35) = 9,2\ \%$$

$$r_U = 0,60 \times 12,7\ \% + 0,40 \times 6\ \% = 10,0\ \%$$

Für die Sparte Technik haben wir die Kapitalkosten bei Eigenfinanzierung anhand von Vergleichsunternehmen auf $r_U = 15$ % geschätzt. Da die Sparte Technik von Hasco Fremdkapital von 10 % haben wird, ergibt sich:

$$r_E = 15\ \% + \frac{0,10}{0,90}(15\ \% - 6\ \%) = 16\ \%$$

$$r_{WACC} = 15\ \% - 0,10 \times 0,35 \times 6\ \% = 14,8\ \%$$

Zu beachten ist, dass sich die Kapitalkosten der beiden Sparten erheblich unterscheiden.

Ermittlung der inkrementellen Verschuldung eines Projekts

Um die Eigenkapitalkosten beziehungsweise den gewichteten Durchschnitt der Kapitalkosten eines Projekts zu ermitteln, müssen wir die Höhe des Fremdkapitals in Verbindung mit dem Projekt kennen. Für die Investitionsplanung ist die Finanzierung des Projekts die *inkrementelle* Finanzierung,

---

15 Wir leiten ▶Gleichung 18.11 (die ▶Gleichung 12.13 entspricht) her, indem wir den WACC und den WACC vor Steuern in ▶Gleichung 18.1 und ▶Gleichung 18.6 vergleichen. Diese Formel wurde von R. Harris und J. Pringle vorgeschlagen in „Risk Adjustment Discount Rates: Transition from the Average Risk Case", *Journal of Financial Research*, Bd. 8 (1985), S. 237–244.

die sich aus der Umsetzung des Projekts ergibt. Es handelt sich also um die Änderung der Gesamtverschuldung des Unternehmens (abzüglich Barmittel) durch das Projekt im Vergleich zur Gesamtverschuldung ohne das Projekt.

Ein häufiger Fehler

Erneute Berechnung des WACC bei Veränderung der Verschuldung

Bei der Berechnung des WACC anhand dessen Definition in ▶Gleichung 18.1 ist stets zu bedenken, dass die Eigen- und Fremdkapitalkosten r_E und r_D von verschiedenen Möglichkeiten des Verschuldungsgrads des Unternehmens abhängig sind. Nehmen wir zum Beispiel ein Unternehmen mit einer Fremdkapitalquote von 25 %, Fremdkapitalkosten von 6,67 %, Eigenkapitalkosten von 12 % und einem Steuersatz von 40 %. Aus ▶Gleichung 18.1 ergibt sich ein derzeitiger WACC von:

$$r_{WACC} = 0,75(12\ \%) + 0,25(6,67\ \%)(1 - 0,40) = 10\ \%$$

Nun erhöht das Unternehmen die Fremdkapitalquote auf 50 %. Der Schluss liegt nahe, dass der WACC auf folgenden Wert fällt:

$$0,50(12\ \%) + 0,50(6,67\ \%)(1 - 0,40) = 8\ \%$$

In der Tat steigen die Eigen- und Fremdkapitalkosten, wenn ein Unternehmen seine Verschuldung erhöht. Um den neuen WACC richtig zu errechnen, müssen wir zuerst die Kapitalkosten bei Eigenfinanzierung aus ▶Gleichung 18.6 errechnen.

$$r_U = 0,75(12\ \%) + 0,25(6,67\ \%) = 10,67\ \%$$

Wenn die Fremdkapitalkosten mit Erhöhung der Verschuldung des Unternehmens auf 7,34 % steigen, steigen nach ▶Gleichung 18.10 auch die Eigenkapitalkosten:

$$r_E = 10,67\ \% + \frac{0,50}{0,50}(10,67\ \% - 7,34\ \%) = 14\ \%$$

Anhand von ▶Gleichung 18.1 können wir mit den neuen Eigen- und Fremdkapitalkosten den neuen WACC richtig ermitteln:

$$r_{WACC} = 0,50(14\ \%) + 0,50(7,34\ \%)(1 - 0,40) = 9,2\ \%$$

Wir können den neuen WACC auch anhand von ▶Gleichung 18.11 errechnen:

$$r_{WACC} = 10,67\ \% - 0,50(0,40)(7,34\ \%) = 9,2\ \%$$

Zu beachten ist, dass wir die Verringerung des WACC zu hoch einschätzen, wenn wir die Auswirkung einer Erhöhung der Verschuldung auf die Eigen- und Fremdkapitalkosten eines Unternehmens nicht berücksichtigen.

Die inkrementelle Finanzierung eines Projekts muss nicht der direkt an das Projekt gebundenen Finanzierung entsprechen. Nehmen wir an, dass ein Projekt den Ankauf eines neuen Lagerhauses einschließt und dass der Ankauf dieses Lagerhauses mit einer Hypothek in Höhe von 90 % dessen Wertes finanziert wird. Das Unternehmen wird jedoch, wenn es insgesamt eine *Fremdkapitalquote* von 40 % aufrechterhält, das Fremdkapital an anderer Stelle mindern, sobald das Lagerhaus gekauft ist, um diese Quote beizubehalten. In diesem Fall ist die bei der Bewertung des Lagerhaus-Projekts anzuwendende Fremdkapitalquote 40 % und nicht 90 %.

Es folgen einige wichtige Konzepte, die bei der Ermittlung der inkrementellen Finanzierung eines Unternehmens zu berücksichtigen sind.

Barmittel entsprechen negativem Fremdkapital. Die Verschuldung eines Unternehmens sollte auf Grundlage des Fremdkapitals abzüglich etwaiger Barmittel bewertet werden. Wenn eine Investition die Barbestände eines Unternehmens reduziert, entspricht dies daher einer Erhöhung der Verschuldung. Ebenso gilt: Wenn der positive Cashflow eines Projekts die Barbestände eines Unternehmens erhöht, entspricht dies einer Minderung der Verschuldung des Unternehmens.

Eine feste Eigenkapitalausschüttungsstrategie impliziert eine reine Fremdfinanzierung. Betrachten wir ein Unternehmen, dessen Dividendenausschüttungen und Aufwendungen für Aktienrückkäufe im Voraus festgelegt und von den freien Cashflows eines Projekts unbeeinflusst sind. In diesem Fall ist die einzige Finanzierungsquelle das *Fremdkapital*: Jeglicher Bedarf des Projekts an Barmitteln wird durch die Barmittel oder Kredite des Unternehmens finanziert und Barmittel, die das Projekt erlöst, werden für die Rückzahlung des Fremdkapitals oder die Erhöhung der Barbestände des Unternehmens verwendet. Daher ist die inkrementelle Auswirkung des Projekts auf die Finanzierung des Unternehmens, dass das Verschuldungsniveau geändert wird, sodass das Projekt zu 100 % fremdfinanziert ist (das heißt, dessen Fremdkapitalquote $d = 1$). Ist die *Ausschüttungsstrategie* für die gesamte Dauer eines Projekts festgelegt, ist der angemessene WACC des Projekts $r_U - \tau_c r_D$. Dieser Fall kann für ein hochverschuldetes Unternehmen relevant sein, das seinen freien Cashflow für die Abzahlung seines Fremdkapitals einsetzt oder für ein Unternehmen, das Barmittel hortet.

Die optimale Verschuldung hängt von den Merkmalen des Projekts und des Unternehmens ab. Projekte mit sichereren Cashflows können mehr Fremdkapital tragen, ohne das Risiko einer finanziellen Notlage des Unternehmens zu erhöhen. Wie wir aber in ▶Teil V erörtert haben, hängt die Wahrscheinlichkeit einer finanziellen Notlage, die ein Unternehmen tragen kann, von der Höhe der möglichen Kosten der finanziellen Notlage, der Agency-Kosten und der Kosten asymmetrischer Informationen ab. Diese Kosten sind nicht projektspezifisch, sondern hängen von den Merkmalen des gesamten Unternehmens ab. Folglich ist die optimale Verschuldung eines Projekts von den Merkmalen des Projekts und des Unternehmens abhängig.

Sichere Cashflows können zu 100 % fremdfinanziert sein. Weist eine Investition risikolose Cashflows auf, kann ein Unternehmen diese Cashflows zu 100 % durch Fremdkapital ausgleichen und sein Gesamtrisiko unverändert lassen. Dann liegt der entsprechende Diskontierungssatz für sichere Cashflows bei $r_D(1 - \tau_c)$.

Beispiel 18.6: Fremdfinanzierung bei Apple

Fragestellung

Mitte 2012 hielt Apple fast USD 28 Milliarden in bar und in Wertpapieren und hatte kein Fremdkapital. Betrachten wir ein Projekt mit Kapitalkosten bei Eigenfinanzierung von $r_U = 12\ \%$. Angenommen die Ausschüttungsstrategie von Apple ist für die Lebensdauer des Projekts unveränderlich festgelegt, sodass sich der freie Cashflow des Projekts lediglich auf die Barbestände des Unternehmens auswirken wird. Wie hoch sollte Apple die Kapitalkosten für die Bewertung des Projekts ansetzen, wenn Apple Zinsen von 4 % auf die Barbestände erhält und einen Ertragsteuersatz von 35 % zahlt?

Lösung

Da die Zu- und Abflüsse des Projekts die Barbestände von Apple ändern, ist das Projekt zu 100 % durch Fremdkapital finanziert, das heißt $d = 1$. Die entsprechenden Kapitalkosten des Projekts betragen

$$r_{WACC} = r_U - \tau_c\, r_D = 12\ \% - 0{,}35 \times 4\ \% = 10{,}6\ \%$$

Zu beachten ist, dass das Projekt effektiv zu 100 % fremdfinanziert ist, denn auch wenn Apple selbst kein Fremdkapital hatte, müsste Apple Steuern auf die Zinsen zahlen, die sich aus der Anlage der Barmittel ergeben hätten.

18.6 Der APV bei anderen Verschuldungsstrategien

Bislang haben wir angenommen, dass das inkrementelle Fremdkapital eines Projekts so gestaltet ist, dass ein konstanter Verschuldungsgrad (beziehungsweise eine konstante Fremdkapitalquote) aufrechterhalten wird. Obwohl ein konstanter Verschuldungsgrad eine nützliche Annahme ist, die die Analyse vereinfacht, verfolgen nicht alle Unternehmen diese Verschuldungsstrategie. In diesem Abschnitt sehen wir uns zwei alternative Verschuldungsstrategien an: die konstante Zinsdeckung und das im Voraus festgelegte Fremdkapitalniveau.

Wenn wir die Annahme des konstanten Verschuldungsgrads lockern, ändern sich die Eigenkapitalkosten und der WACC eines Projekts ändert sich im Zeitverlauf, da sich der Verschuldungsgrad ändert. Daher sind das WACC- und das FTE-Verfahren schwierig anzuwenden.[16] Das APV-Verfahren ist jedoch relativ einfach anzuwenden und somit bei alternativen Verschuldungsstrategien das bevorzugte Verfahren.

Konstanter Zinsdeckungsgrad

Wie in ▶Kapitel 15 erörtert, wird ein Unternehmen, das Verschuldung einsetzt, um die Erträge vor der Ertragsteuer abzuschirmen, sein Verschuldungsniveau so ansetzen, dass der Zinsaufwand mit den Gewinnen steigt. In diesem Fall liegt es nahe, den inkrementellen Zinsaufwand des Unternehmens als Zielanteil k des freien Cashflows eines Projekts festzulegen:[17]

$$\text{Zinszahlung im Jahr } t = k \times FCF_t \tag{18.12}$$

Wenn das Unternehmen seine Zinszahlungen auf einen bestimmten Bruchteil seines FCF hält, sagen wir, es hat einen **konstanten Zinsdeckungsgrad**.

Um das APV-Verfahren anzuwenden, müssen wir den Barwert des Steuervorteils aus dieser Strategie errechnen. Da der Steuervorteil proportional zum freien Cashflow des Projekts ist, trägt er dasselbe Risiko wie der Cashflow des Projekts und sollte zum gleichen Satz diskontiert werden, also zu den Kapitalkosten bei Eigenfinanzierung r_U. Jedoch ist der Barwert des freien Cashflows des Projekts zum Satz r_U der unverschuldete Wert des Projekts. Somit erhalten wir

$$BW(\text{fremdfinanzierungsbedingter Steuervorteil}) = BW(\tau_c\, k \times FCF) = \tau_c\, k \times BW(FCF) \tag{18.13}$$
$$= \tau_c\, k \times V^U$$

Der Wert des fremdfinanzierungsbedingten Steuervorteils ist somit bei konstanter Zinsdeckungsstrategie proportional zum unverschuldeten Wert des Projekts. Anhand des APV-Verfahrens erhält man den Wert des Projekts mit Verschuldung durch folgende Formel:

---

16 Weitere Einzelheiten finden sich in ▶Abschnitt 18.8.

17 Unter Umständen ist es besser, den Zinsaufwand als Bruchteil des zu versteuernden Gewinns festzulegen. Üblicherweise sind zu versteuernde Gewinne und freie Cashflows jedoch annähernd proportional, sodass diese beiden Festlegungen sehr ähnlich sind. Außerdem muss ein Unternehmen, damit ▶Gleichung 18.12 genau zutrifft, das Fremdkapital über das Jahr hinweg ständig anpassen. Wir werden diese Annahme in ▶Abschnitt 18.8 lockern, um sie auf eine Situation anzuwenden, in der ein Unternehmen sein Fremdkapital in regelmäßigen Abständen auf Grundlage seiner erwarteten zukünftigen Cashflows anpasst (siehe ▶Beispiel 18.10).

Verschuldeter Wert bei konstantem Zinsdeckungsgrad

$$V^L = V^U + BW(\text{fremdfinanzierungsbedingter Steuervorteil}) = V^U + \tau_c\, k \times V^U \qquad (18.14)$$

$$= (1 + \tau_c\, k)V^U$$

In ▶Abschnitt 18.3 errechneten wir beispielsweise einen Wert des RFX-Projekts von Avco bei Eigenfinanzierung von V^U = EUR 59,62 Millionen. Wenn Avco eine Zinszahlung von 20 % der freien Cashflows anstrebt, liegt der Wert mit Verschuldung bei V^L = [1 + 0,4 (20 %)] 59,62 = EUR 64,39 Millionen.[18]

▶Gleichung 18.14 liefert eine einfache Regel für die Ermittlung des Werts einer Investition mit Verschuldung auf Grundlage einer Verschuldungsstrategie, die für viele Unternehmen geeignet sein kann.[19] Zudem ist zu beachten, dass die Annahmen einer konstanten Zinsdeckungsrate und eines konstanten Verschuldungsgrads wie im folgenden Beispiel äquivalent sind, wenn erwartet wird, dass die freien Cashflows einer Investition mit konstanter Rate wachsen.

Beispiel 18.7: Bewertung einer Übernahme mit Zielzinsdeckungsgrad

Fragestellung

Betrachten wir erneut die Übernahme von Avco aus den ▶Beispielen 18.1 und 18.2. Die Übernahme wird im ersten Jahr einen Cashflow von EUR 3,8 Millionen erzielen, der danach pro Jahr um 3 % wächst. Die Übernahmekosten von EUR 80 Millionen werden anfangs mit neuem Fremdkapital in Höhe von EUR 50 Millionen finanziert. Berechnen Sie den Wert der Übernahme anhand des APV-Verfahrens unter der Annahme, dass Avco einen konstanten Zinsdeckungsgrad für die Übernahme beibehalten wird.

Lösung

Mit den Kapitalkosten bei Eigenfinanzierung von r_U = 8 % hat die Übernahme einen unverschuldeten Wert von

$$V^U = 3,8 : (8\ \% - 3\ \%) = \text{EUR 76 Millionen}$$

Bei neuem Fremdkapital von EUR 50 Millionen und einem Zinssatz von 6 % liegt der Zinsaufwand im ersten Jahr bei 6 % × 50 = EUR 3 Millionen beziehungsweise k = Zins : FCF = 3 : 3,8 = 78,95 %. Da Avco diese Zinsdeckung aufrechterhalten wird, können wir ▶Gleichung 18.14 für die Berechnung des Werts mit Verschuldung verwenden:

$$V^L = (1 + \tau_c k)\, V^U = [1 + 0,4\, (78,95\ \%)]\, 76 = \text{EUR 100 Millionen}$$

Dieser Wert ist mit dem Wert identisch, den wir in ▶Beispiel 18.1 anhand der WACC-Methode ermittelt haben, wo wir von einem konstanten Verschuldungsgrad ausgegangen sind.

---

18 Dieses Ergebnis weicht von den EUR 61,25 Millionen ab, die wir in ▶Abschnitt 18.3 als Wert des Projekts errechnet haben, wo wir von der Verschuldungsstrategie einer Fremdkapitalquote von 50 % ausgegangen sind.

19 J. Graham und C. Harvey berichten, dass die Mehrheit der Unternehmen bei der Ausgabe von Fremdkapital eine Bonitätsbewertung anstreben („The Theory and Practice of Corporate Finance: Evidence from the Field,“ *Journal of Financial Economics*, Bd. 60 (2001).). Die Zinsdeckungsgrade sind wichtige Determinanten der Bonitätsbewertungen. Unternehmen und Rating-Agenturen berücksichtigen außerdem den Verschuldungsgrad auf der Basis von Bilanzwerten, dessen Schwankungen oft stärker mit den Cashflows eines Unternehmens als mit dessen Marktwert verbunden sind. Beispielsweise steigt der Buchwert des Eigenkapitals, wenn das Unternehmen für eine Expansion in physisches Kapital investiert, was gewöhnlich zu höheren Cashflows führt.

Im Voraus festgelegte Verschuldungsniveaus

Ein Unternehmen kann sein Fremdkapital auch entsprechend einem im Voraus festgelegten Plan anpassen, statt die Höhe des Fremdkapitals anhand eines Zielverschuldungsgrads oder eines Zinsdeckungsgrads festzulegen. Nehmen wir an Avco plant, einen Kredit von EUR 30,62 Millionen aufzunehmen, und dann das Fremdkapital gemäß einem festen Plan nach einem Jahr auf EUR 20 Millionen, nach zwei Jahren auf EUR 10 Millionen und nach drei Jahren auf null herabzusetzen. Das RFX-Projekt hat ungeachtet seines Erfolges für die Verschuldung von Avco keine weiteren Konsequenzen. Wie können wir eine Investition wie diese bewerten, wenn dessen zukünftige *Verschuldungsniveaus* und nicht der *Verschuldungsgrad* im Voraus bekannt sind?

Da die Verschuldungsniveaus bekannt sind, können wir, wie in ▶Tabelle 18.8 dargestellt, die Zinszahlungen und den entsprechenden Steuervorteil sofort berechnen.

Zu welchem Satz sollten wir den Steuervorteil diskontieren, um den Barwert zu ermitteln? In ▶Abschnitt 18.3 haben wir die Kapitalkosten des Projekts bei Eigenfinanzierung verwendet, da die Höhe des Fremdkapitals und somit der Steuervorteil mit dem Wert des Projekts selbst schwankte und daher ein ähnliches Risiko hatte. Mit einem festen Fremdkapitalplan schwankt die Höhe des Fremdkapitals jedoch nicht. In diesem Fall trägt der Steuervorteil ein geringeres Risiko als das Projekt und sollte daher zu einem geringeren Satz diskontiert werden. Tatsächlich ist das Risiko des Steuervorteils dem Risiko der Kreditzahlungen ähnlich.

	Tabelle 18.8

Tabellenkalkulation Zinszahlungen und fremdfinanzierungsbedingter Steuervorteil des RFX-Projekts bei einem festen Fremdkapitalplan für das RFX-Projekt von Avco

Jahr		0	1	2	3	4
Fremdfinanzierungsbedingter Steuervorteil (EUR Millionen)						
1	Fremdkapitalkapazität D_t (fester Plan)	30,62	20,00	10,00	–	–
2	Gezahlte Zinsen (zum Zinssatz von $r_D = 6$ %)		1,84	1,20	0,60	–
3	Fremdfinanzierungsbedingter Steuervorteil (zum Steuersatz von $\tau_c = 40$ %)		0,73	0,48	0,24	–

Daher empfehlen wir folgende allgemeine Regel:[20]

> *Wenn die Verschuldungsniveaus einem festen Plan folgen, können wir den im Voraus festgelegten fremdfinanzierungsbedingten Steuervorteil anhand der Fremdkapitalkosten r_D berechnen.*

In Avcos Fall entspricht $r_D = 6$ %:

$$BW(\text{fremdfinanzierungsbedingter Steuervorteil}) = \frac{0,73}{1,06} + \frac{0,48}{1,06^2} + \frac{0,24}{1,06^3} = \text{EUR } 1,32 \text{ Millionen}$$

Dann legen wir den Wert des Steuervorteils mit dem Wert des Projekts bei Eigenfinanzierung zusammen, den wir bereits in ▶Abschnitt 18.3 errechnet haben, um den APV zu ermitteln:

$$V^L = V^U + BW(\text{fremdfinanzierungsbedingter Steuervorteil})$$
$$= 59,62 + 1,32 = \text{EUR } 60,94 \text{ Millionen}$$

---

20 Das Risiko des Steuervorteils entspricht nicht wirklich dem der Kreditzahlungen, da dieser nur auf dem Zinsanteil der Zahlungen basiert und Schwankungen des Ertragsteuersatzes des Unternehmens unterliegt. Dennoch ist diese Annahme in Ermangelung näherer Informationen eine angemessene Annäherung.

Der hier errechnete Wert des fremdfinanzierungsbedingten Steuervorteils, EUR 1,32 Millionen, weicht von den EUR 1,63 Millionen ab, die wir in ▶Abschnitt 18.3 auf Grundlage eines konstanten Verschuldungsgrads errechnet haben. Vergleicht man das Fremdkapital des Unternehmens in diesen beiden Fällen, erkennen wir, dass es in ▶Tabelle 18.8 schneller zurückgezahlt wird als in ▶Tabelle 18.4. Da sich der Verschuldungsgrad des Projekts in diesem Beispiel mit der Zeit ändert, ändert sich auch der WACC des Projekts, was es schwierig – jedoch nicht unmöglich – macht, hier die WACC-Methode anzuwenden. Wir zeigen, wie man diese anwendet, und bestätigen im Rahmen der fortgeschrittenen Themen in ▶Abschnitt 18.8, dass wir dasselbe Ergebnis erhalten.

Ein besonders einfaches Beispiel für ein im Voraus festgelegtes Fremdkapitalniveau ist gegeben, wenn das Unternehmen eine feste Dauerschuld hat und für immer dasselbe Verschuldungsniveau beibehält. Wir haben diese Fremdkapitalstrategie in ▶Abschnitt 15.2 diskutiert und gezeigt, dass der Wert des Steuervorteils $\tau_c \times D$ ist, wenn das Unternehmen ein festes Fremdkapitalniveau D beibehält[21]. Somit beträgt der Wert des Projekts mit Verschuldung in diesem Fall:

Wert mit Verschuldung bei Dauerschuld

$$V^L = V^U + \tau_c \times D \tag{18.15}$$

Ein wichtiger Hinweis: Sind die Verschuldungsniveaus im Voraus festgelegt, wird das Unternehmen sein Fremdkapital nicht an Schwankungen seiner Cashflows oder seines Werts entsprechend einem Zielverschuldungsgrad anpassen, und das Risiko des fremdfinanzierungsbedingten Steuervorteils weicht vom Risiko der Cashflows ab. Folglich *stimmt der WACC vor Steuern nicht mehr mit den Kapitalkosten bei Eigenfinanzierung überein, sodass die* ▶Gleichungen 18.6, 18.10 und 18.11 *nicht gelten.* (Wenn wir zum Beispiel den WACC anhand von ▶Gleichung 18.1 berechnen und diesen im Fall der Dauerschuld anwenden, wird der so ermittelte Wert *nicht* mit ▶Gleichung 18.15 übereinstimmen). Um das korrekte Verhältnis zwischen dem WACC des Unternehmens, dessen Kapitalkosten bei Eigenfinanzierung und den Kapitalkosten herzustellen, müssen wir allgemeinere Versionen dieser Gleichungen anwenden, die in den ▶Gleichungen 18.20 und 18.21 in ▶Abschnitt 18.8 dargestellt werden.

Ein Vergleich der Verfahren

Wir haben drei Verfahren für die Bewertung einer Investition mit Verschuldung vorgestellt: WACC, APV und FTE. In welcher Situation sollte man sich für welches Verfahren entscheiden?

Bei konsequenter Anwendung liefert jedes Verfahren die gleiche Bewertung für eine Investition. Somit ist die Wahl des Verfahrens eine Sache der Nützlichkeit. Generell ist die WACC-Methode am einfachsten anzuwenden, wenn das Unternehmen über die Lebensdauer einer Investition eine feste Fremdkapitalquote aufrechterhält. Bei anderen Verschuldungsstrategien ist das APV-Verfahren normalerweise der direkteste Ansatz. Das FTE-Verfahren wird meistens nur bei komplexeren Rahmenbedingungen angewendet, bei denen die Werte anderer Wertpapiere in der Kapitalstruktur des Unternehmens oder der fremdfinanzierungsbedingte Steuervorteil selbst schwer zu ermitteln sind.

Verständnisfragen

1. Welche Bedingungen muss ein Unternehmen erfüllen, um eine konstante Zinsdeckungsstrategie zu verfolgen?

2. Wie lautet der geeignete Diskontierungssatz für den Steuervorteil, wenn der Fremdkapitalplan im Voraus festgelegt wird?

---

21 Da der fremdfinanzierungsbedingte Steuervorteil dauerhaft $\tau_c r_D D$ ist, erhalten wir bei einem Diskontierungssatz r_D $BW(\text{fremdfinanzierungsbedingter Steuervorteil}) = \tau_c D : r_D = \tau_c D$.

18.7   Andere Auswirkungen der Finanzierung

Die Verfahren WACC, APV und FTE ermitteln den Investitionswert, der einen Steuervorteil aus der Verschuldung beinhaltet. Wie wir jedoch in ▶Kapitel 16 erörtert haben, sind mit der Verschuldung einige weitere mögliche Unvollkommenheiten verbunden. In diesem Abschnitt untersuchen wir Möglichkeiten, unsere Bewertung so anzupassen, dass Unvollkommenheiten wie Emissionskosten, Fehlbewertungen von Wertpapieren, Agency-Kosten und Kosten einer finanziellen Notlage berücksichtig werden.

Emissions- und andere Finanzierungskosten

Wenn ein Unternehmen einen Kredit aufnimmt oder Kapital durch die Emission von Wertpapieren beschafft, berechnen die Banken, die den Kredit bereitstellen oder den Verkauf der Wertpapiere übernehmen, Provisionen. ▶Tabelle 18.9 nennt die üblichen Entgelte für gängige Transaktionen. Die Provisionen in Verbindung mit der Finanzierung eines Projekts sind Kosten, die in die für ein Projekt erforderliche Investition einbezogen werden sollten, wodurch der KW eines Projekts gemindert wird.

Nehmen wir zum Beispiel ein Projekt mit einem Wert mit Verschuldung von EUR 20 Millionen und einer erforderlichen Anfangsinvestition von EUR 15 Millionen. Um dieses Projekt zu finanzieren, nimmt das Unternehmen einen Kredit in Höhe von EUR 10 Millionen auf und finanziert die restlichen EUR 5 Millionen durch eine Dividendenkürzung. Wenn die Bank, die den Kredit bereitstellt, Provisionen (nach etwaigen Steuerabzügen) von insgesamt EUR 200.000 berechnet, beträgt der KW des Projekts:

$$KW = V^L - \text{(Investition)} - \text{(Emissionskosten nach Steuern)}$$
$$= 20 - 15 - 0{,}2 = \text{EUR } 4{,}8 \text{ Millionen}$$

Tabelle 18.9

Typische Emissionskosten für verschiedene Wertpapiere als Prozentsatz der Erlöse[22]

Art der Finanzierung	Zeichnungsgebühren
Bankkredit	< 2 %
Unternehmensanleihen	
Investment-Grade	1–2 %
Non-Investment-Grade	2–3 %
Eigenkapitalemission	
Neuemission	8–9 %
Emission bereits eingeführter Aktien	5–6 %

Fehlbewertung von Wertpapieren

An vollkommenen Kapitalmärkten sind alle Wertpapiere fair bewertet und die Emission von Wertpapieren ist eine Transaktion mit einem KW von null. Wie in ▶Kapitel 16 erörtert, ist jedoch die Unternehmensleitung manchmal der Ansicht, dass die ausgegebenen Wertpapiere niedriger (oder höher) als ihr wahrer Wert bewertet sind. Ist das der Fall, sollte der KW der Transaktion, also die Differenz zwischen dem tatsächlichen aufgebrachten Betrag und dem wahren Wert der verkauften

---

22 Die Entgelte sind vom Transaktionsvolumen abhängig. Die Schätzungen hier basieren auf den üblichen Rechts-, Übernahme- und Abrechnungsprovisionen für eine EUR 50 Millionen-Transaktion. Siehe zum Beispiel I. Lee, S. Lochhead, J. Ritter und Q. Zhao, „The Cost of Raising Capital", *Journal of Financial Research*, Bd. 19 (1996), S. 59–74.

Wertpapiere bei Bewertung der Entscheidung berücksichtigt werden. Wenn zum Beispiel die Finanzierung eines Projekts eine Eigenkapitalemission beinhaltet und wenn die Manager der Ansicht sind, dass das Eigenkapital zu einem Wert unter dessen wahren Wert verkauft wird, stellt diese Fehlbewertung Kosten des Projekts für die *bestehenden* Aktionäre dar.[23] Diese Kosten können zusätzlich zu anderen Emissionskosten vom KW des Projekts abgezogen werden.

Nimmt ein Unternehmen einen Kredit auf, entsteht dann eine Fehlbewertung, wenn der berechnete Zinssatz von dem Satz abweicht, der angesichts des tatsächlichen Kreditrisikos angemessen ist. Zum Beispiel kann ein Unternehmen einen zu hohen Zinssatz zahlen, wenn Nachrichten, die die Bonitätsbewertung verbessern würden, noch nicht öffentlich bekannt sind. Bei der WACC-Methode führen diese Kosten eines höheren Zinssatzes zu einem höheren gewichteten Durchschnitt der Kapitalkosten und einem geringeren Wert der Investition. Beim APV-Verfahren müssen wir den KW der Kreditzahlungen zum Wert des Projekts hinzuaddieren, wenn diese zum „korrekten" Satz entsprechend deren tatsächlichem Risiko bewertet sind.[24]

Beispiel 18.8: Bewertung eines Kredits

Fragestellung

Gap Inc. überlegt einen Kredit in Höhe von EUR 100 Millionen aufzunehmen, um eine Expansion der Läden zu finanzieren. Aufgrund der Unsicherheit der Investoren hinsichtlich der Aussichten dieses Plans zahlt Gap einen Zinssatz von 6 % auf den Kredit. Die Unternehmensleitung weiß jedoch, dass das tatsächliche Risiko des Kredits extrem gering ist und dass 5 % angemessen wären. Angenommen, der Kredit hat eine Laufzeit von fünf Jahren und der gesamte Kapitalbetrag wird im fünften Jahr getilgt. Wie hoch ist die Nettoauswirkung des Kredits auf den Wert der Expansion, wenn Gap einen Ertragsteuersatz von 40 % zahlt?

Lösung

Unten sind die Zahlungen (in EUR Millionen) und der fremdfinanzierungsbedingte Steuervorteil eines fairen Kredits zu einem Zinssatz von 5 % und des Kredits mit dem über dem Markt liegenden Zinssatz von 6 %, den Gap erhält, dargestellt. Wir berechnen den KW der Kreditzahlungen und den Barwert des fremdfinanzierungsbedingten Steuervorteils dieser Kredite anhand des korrekten Satzes von $r_D = 5$ %.

Jahr		0	1	2	3	4	5
1	Fairer Kredit	100,00	−5,00	−5,00	−5,00	−5,00	−105,00
2	Fremdfinanzierungsbedingter Steuervorteil		2,00	2,00	2,00	2,00	2,00
3	Bei $r_D = 5$ %						
4	KW(Zahlungen des Kredits)	0,00					
5	BW(fremdfinanzierungsbedingter Steuervorteil)	8,66					
6	Tatsächlicher Kredit	100,00	−6,00	−6,00	−6,00	−6,00	−106,00
7	Fremdfinanzierungsbedingter Steuervorteil		2,40	2,40	2,40	2,40	2,40
8	Bei $r_D = 5$ %						
9	KW(Zahlungen des Kredits)	−4,33					
10	BW(fremdfinanzierungsbedingter Steuervorteil)	10,39					

---

23 Neue Aktionäre profitieren natürlich vom Erhalt der Aktien zu einem geringen Preis.

24 Auch müssen wir den korrekten Satz auf r_D anwenden, wenn wir die Kapitalkosten mit Fremdkapital versehen oder nicht versehen.

Zu beachten ist, dass der KW der Zahlungen des fairen Kredits null ist. Somit ist der Nutzen des Kredits für den Wert des Projekts der Barwert des fremdfinanzierungsbedingten Steuervorteils von EUR 8,66 Millionen. Bei dem tatsächlichen Kredit steigert der höhere Zinssatz den Wert des fremdfinanzierungsbedingten Steuervorteils, hat jedoch einen negativen KW der Zahlungen des Kredits zur Folge. Die kombinierte Auswirkung des Kredits auf den Wert des Projekts beträgt:

$$KW(\text{Zahlungen des Kredits}) + BW(\text{fremdfinanzierungsbedingter Steuervorteil})$$
$$= -4{,}33 + 10{,}39 = \text{EUR 6,06 Millionen}$$

Auch wenn die Verschuldung aufgrund des fremdfinanzierungsbedingten Steuervorteils Vorteile bringt, mindert der höhere Zinssatz den Nutzen für das Unternehmen um $8{,}66 - 6{,}06 =$ EUR 2,60 Millionen.

Kosten einer finanziellen Notlage und Agency-Kosten

Wie in ▶Kapitel 16 erörtert, sind die Kosten einer finanziellen Notlage und Agency-Kosten mögliche Folgen der Fremdkapitalfinanzierung. Da sich diese Kosten auf die zukünftigen, vom Projekt erlösten Cashflows auswirken, können sie direkt in die Schätzungen der erwarteten freien Cashflows des Projekts aufgenommen werden. Ist das Verschuldungsniveau – und somit die Wahrscheinlichkeit einer finanziellen Notlage – hoch, verringern sich die erwarteten freien Cashflows um die erwarteten Kosten in Verbindung mit einer finanziellen Notlage und dem Agency-Problem. (Andererseits veranlasst in bestimmten Situationen ein drohender Zahlungsausfall, wie wir in ▶Kapitel 16 festgestellt haben, die Unternehmensleitung aber auch dazu, die Effizienz zu steigern, was wiederum die Cashflows des Unternehmens erhöht.)

Die Kosten einer finanziellen Notlage und Agency-Kosten wirken sich auch auf die Kapitalkosten aus. Eine finanzielle Notlage ist zum Beispiel in Zeiten einer schlechten Konjunktur wahrscheinlicher. Infolgedessen führen die Kosten einer Notlage oft dazu, dass der Unternehmenswert bei einem Wirtschaftsabschwung weiter fällt. Die Kosten einer finanziellen Notlage steigern daher häufig die Sensitivität des Unternehmenswerts gegenüber dem Marktrisiko, was die Kapitalkosten hochverschuldeter Unternehmen weiter erhöht.[25]

Wie können wir die Kosten einer finanziellen Notlage in den in diesem Kapitel beschriebenen Bewertungsverfahren berücksichtigen? Ein Ansatz ist, unsere Schätzungen der freien Cashflows so anzupassen, dass die Kosten und das erhöhte Risiko aus einer finanziellen Notlage berücksichtigt werden. Eine alternative Methode ist, das Projekt zuerst ohne diese Kosten zu bewerten und dann den Barwert der inkrementellen Cashflows in Verbindung mit einer finanziellen Notlage und dem Agency-Problem getrennt hinzuzuaddieren. Da diese Kosten oft erst auftreten, wenn ein Unternehmen in Zahlungsausfall gerät oder kurz davor steht, ist deren Bewertung kompliziert und geschieht am besten anhand von Optionsbewertungstechniken. In einigen Sonderfällen können wir, wie im folgenden Beispiel, jedoch den Wert der bestehenden Wertpapiere des Unternehmens für die Schätzung der Kosten der finanziellen Notlage verwenden.

---

25 Mit anderen Worten: Die Kosten einer finanziellen Notlage haben eher ein negatives Beta (sie sind in schlechten Zeiten höher). Da sie Kosten sind, wird deren Berücksichtigung in den Cashflows des Unternehmens das Beta des Unternehmens steigern.

DIE GLOBALE FINANZKRISE

Staatliche Kreditgarantien

In Krisenzeiten können Unternehmen finanzielle Unterstützung bei der Regierung beantragen. Häufig erfolgt diese Hilfe in Form von subventionierten Krediten oder Kreditgarantien. So stellte die US-Regierung zum Beispiel nach den Anschlägen vom 11. September 2001 Kreditgarantien in Höhe von USD 10 Milliarden bereit, sodass Fluggesellschaften Kredite erhalten konnten. U.S. Airways erhielt die größte Garantie in Höhe von USD 900 Millionen und America West Airlines erhielt die zweitgrößte in Höhe von USD 429 Millionen. Schließlich wurden diese Kredite ohne Kosten für den Steuerzahler zurückgezahlt.

Kreditgarantien waren auch ein wichtiger Bestandteil der Reaktion der Regierung auf die Finanzkrise im Jahr 2008. Die US-Regierung hat Fremdkapital, das von Finanzinstituten ausgegeben wurde, und Vermögensgegenstände, die von Banken gehalten wurden, in Höhe von mehr als USD 1 Billion versichert. Außerdem stellte die Regierung notleidenden Unternehmen direkte Kredite von über USD 500 Milliarden zur Verfügung. Überdies ging man davon aus, dass Unternehmen und Banken, die angeblich „zu groß waren, um pleitegehen zu können", implizite Garantien hatten, auch wenn ihnen diese nicht ausdrücklich zugesagt worden waren.

Mit diesen Garantien konnten die Unternehmen Kredite zu geringeren Zinssätzen erhalten, als es ohne die staatliche Hilfe der Fall gewesen wäre. Bei fairer Bewertung zu Marktsätzen hätten diese mit staatlichen Garantien erhaltenen Kredite einen positiven KW für den Kreditnehmer gehabt und wären einer direkten Barsubvention gleichgekommen. Wenn die Marktsätze für diese Kredite hingegen zu hoch gewesen wären – vielleicht aufgrund asymmetrischer Informationen oder fehlender Kreditgeber – dann hätten diese Kredite und Garantien die Konditionen für Kreditnehmer verbessert zu geringeren Kosten für die Steuerzahler als eine direkte Rettung durch Barmittel.

Beispiel 18.9:   Bewertung der Kosten einer Notlage

Fragestellung

Ihr Unternehmen hat Nullkuponanleihen mit einem Nennwert von EUR 100 Millionen, die in fünf Jahren fällig werden, und kein weiteres ausstehendes Fremdkapital. Der aktuelle risikolose Zinssatz liegt bei 5 %, aber aufgrund des Ausfallrisikos liegt der Effektivzins des Fremdkapitals bei 12 %. Sie sind der Ansicht, dass bei Nichtzahlung 1/3 der Verluste den Insolvenzkosten und Kosten einer finanziellen Notlage zuzuordnen sind. (Wenn zum Beispiel Fremdkapitalgeber EUR 60 Millionen verlieren und EUR 40 Millionen wiedererlangen, wären EUR 20 Millionen des Wertverlusts nicht entstanden, wenn das Unternehmen unverschuldet gewesen wäre und somit die Insolvenz vermieden hätte.) Schätzen Sie den Barwert der Kosten der finanziellen Notlage.

Lösung

Bei einer Rendite von 12 % liegt der aktuelle Marktwert des Fremdkapitals des Unternehmens bei EUR 100 : $1,12^5$ = EUR 56,74 Millionen. Wäre das Fremdkapital des Unternehmens risikolos, läge der Marktwert bei EUR 100 : $1,05^5$ = EUR 78,35 Millionen. Die Differenz dieser Werte, EUR 78,35 − EUR 56,74 = EUR 21,61 Millionen, ist der Barwert des erwarteten Verlusts der Fremdkapitalgeber bei einem Zahlungsausfall. Wenn 1/3 dieser Verluste auf die Insolvenzkosten und Kosten einer Notlage zurückzuführen sind, beträgt der Barwert dieser Kosten EUR 21,61 : 3 = EUR 7,2 Millionen.

18.8 Fortgeschrittene Themen der Investitionsplanung

In den vorherigen Abschnitten haben wir die wichtigsten Verfahren der Investitionsplanung mit Verschuldung hervorgehoben und deren Anwendung unter normalen Bedingungen gezeigt. In diesem Abschnitt werden wir mehrere kompliziertere Szenarien betrachten und zeigen, wie unsere Werkzeuge auf diese Fälle angewendet werden können. Zunächst sehen wir uns Verschuldungsstrategien in Unternehmen an, die kurzfristig ein festes Verschuldungsniveau haben, dieses jedoch langfristig einem Zielverschuldungsgrad anpassen. Dann betrachten wir die Beziehung zwischen dem Eigenkapital des Unternehmens und den Kapitalkosten bei Eigenfinanzierung bei alternativen Verschuldungsstrategien. Schließlich wenden wir die WACC- und FTE-Verfahren auf Unternehmen an, die ihren Verschuldungsgrad mit der Zeit ändern. Wir schließen diesen Abschnitt ab mit der Berücksichtigung der persönlichen Steuern auf Anteilseignerebene.

Regelmäßig angepasstes Fremdkapital

Bisher haben wir Verschuldungsstrategien betrachtet, bei denen das Fremdkapital entweder ständig einem Zielverschuldungsgrad angepasst wird[26] oder gemäß einem festen Plan, der sich nie ändern wird, festgelegt ist. Wie ▶Abbildung 18.1 zeigt, scheinen die meisten Unternehmen in der realen Welt ihre Verschuldungsniveaus nicht ständig so anzupassen, dass stets ein Zielverschuldungsgrad aufrechterhalten wird.[27] Stattdessen lassen die meisten Unternehmen zu, dass der Verschuldungsgrad vom Ziel abweicht und passen die Verschuldung in regelmäßigen Abständen wieder dem Ziel an. Als Nächstes betrachten wir die Auswirkung einer solchen Fremdkapitalstrategie.

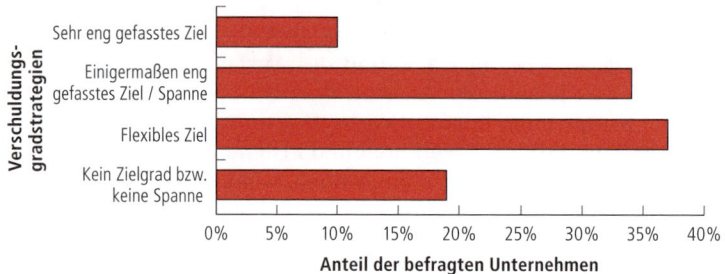

Abbildung 18.1: Verschuldungsstrategien von Unternehmen. Von den 392 Finanzvorständen, die von Professor J. Graham und C. Harvey befragt wurden, gaben 81 % an, einen Zielverschuldungsgrad zu haben. Jedoch nur 10 % der Befragten betrachteten dieses Ziel als unabänderlich. Die meisten lassen es zu, dass der Verschuldungsgrad des Unternehmens vom Ziel abweicht und passen die Verschuldung in regelmäßigen Abständen so an, dass sie wieder dem Ziel entspricht.

Quelle: J. R. Graham und C. Harvey, „The Theory and Practice of Corporate Finance: Evidence from the Field", *Journal of Financial Economics, Bd. 60 (2001), S. 187–243.*

---

26 Auch wenn wir unsere Darstellung bisher in diesem Kapitel vereinfacht haben, indem wir die Fremdkapital- und Zinszahlungen auf jährlicher Basis berechnet haben, basieren die Formeln, die wir im Fall des Zielverschuldungsgrads bzw. des Zinsdeckungsgrads verwendet haben, auf der Annahme, dass das Unternehmen den Zielverschuldungsgrad bzw. den Zinsdeckungsgrad während des Jahres aufrechterhält.

27 In ▶Abbildung 15.6 im ▶Kapitel 15 findet sich die Entwicklung der gesamten Verschuldungsraten über die Zeit.

Nun nehmen wir an, das Unternehmen passt seine Verschuldung, wie in ▶Abbildung 18.2 gezeigt, immer zum Zeitpunkt s an. Dann sind die fremdfinanzierungsbedingten Steuervorteile des Unternehmens jeweils bis zum Zeitpunkt s im Voraus festgelegt, sodass sie zum Satz r_D diskontiert werden sollten. Die fremdfinanzierungsbedingten Steuervorteile hingegen, die nach dem Datum s entstehen, hängen von den zukünftigen Anpassungen ab, die das Unternehmen in Bezug auf sein Fremdkapital vornimmt, sodass diese ein Risiko tragen. Wenn das Unternehmen das Fremdkapital gemäß dem Zielverschuldungsgrad oder dem Zinsdeckungsgrad anpasst, sollten die zukünftigen fremdfinanzierungsbedingten Steuervorteile für den Zeitraum, für den sie bekannt sind, zum Satz r_D diskontiert werden, für alle früheren Zeiträume, für die sie noch immer riskant sind, jedoch zum Satz r_U.

Ein wichtiger Sonderfall ist die jährliche Anpassung des Fremdkapitals. In diesem Fall ist der erwartete Zinsaufwand zum Zeitpunkt t, Int_t zum Zeitpunkt $t-1$ bekannt. Daher diskontieren wir den fremdfinanzierungsbedingten Steuervorteil zum Satz r_D für einen Zeitraum ab Datum t bis $t-1$ (da er zu diesem Zeitpunkt bekannt sein wird) und diskontieren ihn dann ab Zeitpunkt $t-1$ bis 0 zum Satz r_U:

$$BW(\tau_c \times Int_t) = \frac{\tau_c \times Int_t}{(1-r_U)^{t-1}(1+r_D)} = \frac{\tau_c \times Int_t}{(1+r_U)^t} \times \left(\frac{1+r_U}{1+r_D}\right) \tag{18.16}$$

Die ▶Gleichung 18.16 bedeutet, dass wir den Steuervorteil errechnen können, indem wir ihn wie zuvor zum Satz r_U diskontieren und dann das Ergebnis mit dem Faktor $(1+r_U) : (1+r_D)$ multiplizieren, um die Tatsache zu berücksichtigen, dass der Steuervorteil ein Jahr im Voraus bekannt ist.

Dieselbe Anpassung ist auch auf andere Bewertungsverfahren anwendbar. Wenn zum Beispiel das Fremdkapital jährlich und nicht laufend einer Zielfremdkapitalquote d angepasst wird, ergibt sich aus ▶Gleichung 18.11 folgende projektbasierte WACC-Formel:[28]

$$r_{WACC} = r_U - d\tau_c r_D \frac{1+r_U}{1+r_D} \tag{18.17}$$

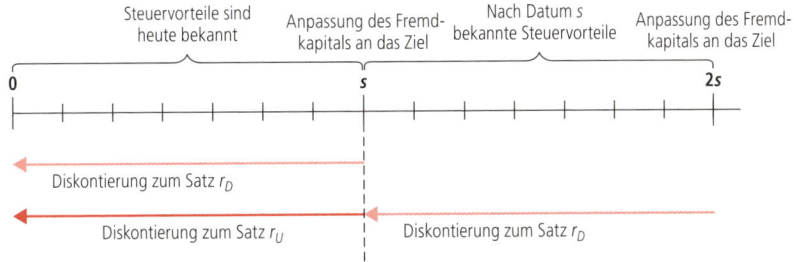

Abbildung 18.2: **Diskontierung des Steuervorteils bei periodischer Anpassung.** Wird das Fremdkapital nach jedem Zeitraum s wieder dem Zielverschuldungsgrad angepasst, sind die fremdfinanzierungsbedingten Steuervorteile in den ersten Zeiträumen s bekannt und sollten zum Satz r_D diskontiert werden. Fremdfinanzierungsbedingte Steuervorteile, die nach dem Datum s auftreten, sind noch nicht bekannt und sollten somit für die Zeiträume, in denen sie bekannt sein werden, zum Satz r_D und für frühere Zeiträume zum Satz r_U diskontiert werden.

Wenn das Unternehmen das Fremdkapital jährlich auf Grundlage der erwarteten freien Cashflows anpasst, wird das konstante Zinsdeckungsmodell aus ▶Gleichung 18.14 zu

$$V^L = \left(1 - \tau_c k \frac{1+r_U}{1+r_D}\right) V^U \tag{18.18}$$

▶Beispiel 18.10 verdeutlicht diese Verfahren bei konstantem Wachstum.

---

28 Eine entsprechende WACC-Formel wurde von J. Miles und J. Ezzell vorgeschlagen, „The Weighted Average Cost of Capital, Perfect Capital Markets and Project Life: A Clarification", *Journal of Financial and Quantitative Analysis*, Bd.15 (1980), S. 719–730.

Beispiel 18.10: Jährliche Anpassung des Verschuldungsgrads

Fragestellung

Celmax Corporation erwartet dieses Jahr freie Cashflows von EUR 7,36 Millionen und eine zukünftige Wachstumsrate von 4 % pro Jahr. Das Unternehmen hat derzeit ausstehendes Fremdkapital in Höhe von EUR 30 Millionen. Diese Verschuldung bleibt während des Jahres gleich, doch am Ende jedes Jahres wird Celmax das Fremdkapital erhöhen oder verringern, um einen konstanten Verschuldungsgrad beizubehalten. Celmax zahlt 5 % Zinsen auf das Fremdkapital, Ertragsteuern zum Satz von 40 % und hat Kapitalkosten bei Eigenfinanzierung von 12 %. Schätzen Sie den Wert von Celmax bei dieser Verschuldungsstrategie.

Lösung

Gemäß APV-Ansatz beträgt der Wert bei Eigenfinanzierung $V^U = 7{,}36 : (12\ \% - 4\ \%) =$ EUR 92,0 Millionen. Im ersten Jahr hat Celmax einen fremdfinanzierungsbedingten Steuervorteil von $\tau_c r_D D = 0{,}40 \times 5\ \% \times$ EUR 30 Millionen = EUR 0,6 Millionen. Da Celmax das Fremdkapital nach einem Jahr anpassen wird, erwartet man, dass der Steuervorteil mit dem Unternehmen um 4 % pro Jahr wachsen wird. Der Barwert des fremdfinanzierungsbedingten Steuervorteils beträgt daher:

$$BW(\text{fremdfinanzierungsbedingter Steuervorteil}) = \underbrace{\frac{0{,}6}{(12\ \% - 4\ \%)}}_{\substack{BW \text{ zum Satz } r_U}} \times \underbrace{\left(\frac{1{,}12}{1{,}05}\right)}_{\substack{\text{Fremdkapital} \\ \text{ist für ein Jahr} \\ \text{im Voraus festgelegt}}}$$

$$= \text{EUR } 8{,}0 \text{ Millionen}$$

Also erhalten wir $V^L = V^U + BW(\text{fremdfinanzierungsbedingter Steuervorteil}) = 92{,}0 + 8{,}0 =$ EUR 100 Millionen.

Wir können auch die WACC-Methode anwenden. Aus ▶Gleichung 18.17 ergibt sich für Celmax ein WACC von

$$r_{WACC} = r_U - d\tau_c r_D \frac{1 + r_U}{1 + r_D} = 12\ \% - \frac{30}{100}(0{,}40)(5\ \%)\frac{1{,}12}{1{,}05} = 11{,}36\ \%$$

Somit ist $V^L = 7{,}36 : (11{,}36\ \% - 4\ \%) =$ EUR 100 Millionen.

Schließlich kann auch das Modell der konstanten Zinsdeckung angewendet werden (in dieser Situation mit konstantem Wachstum impliziert eine konstante Fremdkapitalquote einen konstanten Zinsdeckungsgrad). Bei Zinsen im laufenden Jahr von 5 % × EUR 30 Millionen = EUR 1,50 Millionen ergibt sich aus ▶Gleichung 18.18

$$V^L = \left(1 + \tau_c k \frac{1 + r_U}{1 + r_D}\right) V^U$$

$$= \left(1 + 0{,}40 \times \frac{1{,}50}{7{,}36} \times \frac{1{,}12}{1{,}05}\right) 92{,}0 = \text{EUR } 100 \text{ Millionen}$$

Verschuldung und Kapitalkosten

Die Beziehung von Verschuldung und Kapitalkosten eines Projekts in den ▶Gleichungen 18.6, 18.10 und 18.11 beruht auf der Annahme, dass das Unternehmen einen Zielverschuldungsgrad aufrechterhält. Diese Beziehung trifft zu, da in diesem Fall die fremdfinanzierungsbedingten Steuervorteile das gleiche Risiko haben wie die Cashflows des Unternehmens. Wird jedoch das Fremdkapital nach einem festen Plan für einen bestimmten Zeitraum festgelegt, sind die fremdfinanzierungsbedingten Steuervorteile aus dem geplanten Fremdkapital bekannte und relativ sichere Cashflows. Diese sicheren Cashflows verringern die Auswirkung der Verschuldung auf das Risiko des Eigenkapitals des Unternehmens. Um diesen Effekt zu berücksichtigen, sollten wir bei der Bewertung der Verschuldung eines Unternehmens den Wert dieser „sicheren" Steuervorteile vom Fremdkapital abziehen – und zwar so, wie wir Barmittel abziehen. Das heißt, wenn T^S der Barwert des fremdfinanzierungsbedingten Steuervorteils aus dem zuvor festgelegten Fremdkapital ist, hängt das Risiko des Eigenkapitals eines Unternehmens von dessen *Fremdkapital abzüglich des im Voraus festgelegten Steuervorteils ab*:

$$D^S = D - T^S \tag{18.19}$$

Wir zeigen im Anhang dieses Kapitels, dass die ▶Gleichungen 18.6 und 18.10 auch dann gelten, wenn D durch D^S ersetzt wird, sodass wir folgendes allgemeinere Verhältnis zwischen den Kapitalkosten bei Eigenfinanzierung und den Eigenkapitalkosten erhalten:

Verschuldung und Kapitalkosten bei einem konstanten Fremdkapitalplan

$$r_U = \frac{E}{E + D^S} r_E + \frac{D^S}{E + D^S} r_D \text{ bzw. entsprechend } r_E = r_U + \frac{D^S}{E}(r_U - r_D) \tag{18.20}$$

Wir können auch ▶Gleichung 18.20 mit der Definition des WACC in ▶Gleichung 18.1 kombinieren und die Formel für den projektbasierten WACC aus ▶Gleichung 18.11 verallgemeinern:

Der WACC eines Projekts bei einem festen Fremdkapitalplan

$$r_{WACC} = r_U - d\tau_c[r_D + \phi(r_U - r_D)] \tag{18.21}$$

wobei $d = D/(D+E)$ die Fremdkapitalquote ist und $\phi = T^S/(\tau_c D)$ die Dauerhaftigkeit des Verschuldungsniveaus D misst. Hier werden drei Fälle dargestellt, die in der Praxis üblicherweise vorkommen und sich in der Häufigkeit unterscheiden, in der das Fremdkapital dem Wachstum der Investition angepasst wird:[29]

1. Laufend angepasstes Fremdkapital: $T^S = 0$, $D^S = D$, und $\phi = 0$

2. Jährlich angepasstes Fremdkapital:

$$T^S = \frac{\tau_c r_D D}{1 + r_D}, D^S = D\left(1 - \tau_c \frac{r_D}{1 + r_D}\right) \text{ und } \phi = \frac{r_D}{1 + r_D}$$

3. Dauerschuld: $T^S = \tau_c D$, $D^S = D(1 - \tau_c)$ und $\phi = 1$

Anzumerken ist, dass der WACC und die Eigenkapitalkosten von Zeitraum zu Zeitraum berechnet werden müssen, es sei denn d und ϕ bleiben über die Zeit konstant.

Beispiel 18.11: APV und WACC bei Dauerschuld

Fragestellung

International Paper Company plant den Kauf weiterer Waldgebiete im Südosten der Vereinigten Staaten. Das dort gerodete Holz wird bei Kapitalkosten bei Eigenfinanzierung von 7 % freie Cashflows von USD 4,5 Millionen pro Jahr erzielen. Als Folge dieses Kaufs wird International Paper sein Fremdkapital dauerhaft um USD 30 Millionen erhöhen. Wenn der Steuersatz bei 35 % liegt, welchen Wert hat dann dieser Kauf nach dem APV-Verfahren? Prüfen Sie das Ergebnis anhand der WACC-Methode.

---

29 Fall 1 reduziert sich auf die Harris-Pringle-Formel (siehe Fußnote 13), Fall 2 ist die Miles-Ezzell-Formel (siehe Fußnote 23) und Fall 3 entspricht der Modigliani-Miller-Hamada-Formel bei Dauerschuld. Siehe F. Modigliani und M. Miller, „Corporate Income Taxes and the Cost of Capital: A Correction", *American Economic Review*, Bd. 53 (1963), S. 433–443; und R. Hamada, „The Effect of a Firm's Capital Structure on the Systematic Risks of Common Stocks", *Journal of Finance*, Bd. 27 (1972), S. 435–452.

Lösung

Nach dem APV-Verfahren beträgt der Wert des Landes bei Eigenfinanzierung $V^U = FCF : r_U = 4,5 : 0,07 =$ USD 64,29 Millionen. Da es sich um eine Dauerschuld handelt, beträgt der Wert des Steuervorteils $\tau_c D = 0,35(30) = 10,50$.

Somit ist $V^L = 64,29 + 10,50 =$ USD 74,79 Millionen.

Für die WACC-Methode verwenden wir ►Gleichung 18.21 und $\phi = T^S/(\tau_c D) = 1$ und $d = 30 : 74,79 = 40,1\ \%$. Somit beträgt der WACC dieser Investition

$$r_{WACC} = r_U - d\tau_c r_U = 7\ \% - 0,401 \times 0,35 \times 7\ \% = 6,017\ \%$$

und $V^L = 4,5 : 0,06017 =$ USD 74,79 Millionen.

Das WACC- und FTE-Verfahren bei Änderung der Verschuldung

Wenn ein Unternehmen für ein Projekt keinen konstanten Verschuldungsgrad beibehält, ist das APV-Verfahren gewöhnlich in der Anwendung das direkteste Verfahren. Die WACC- und FTE-Verfahren sind schwieriger anzuwenden, da die Eigenkapitalkosten und der WACC eines Projekts über die Zeit nicht konstant bleiben, wenn sich der Anteil der Fremdkapitalfinanzierung ändert. Mit ein wenig Vorsicht können diese Verfahren jedoch trotzdem verwendet werden (und führen natürlich zum gleichen Ergebnis wie das APV-Verfahren).

Sehen wir uns als Beispiel an, wie wir das WACC- oder FTE-Verfahren auf das RFX-Projekt anwenden würden, wenn Avco den zuvor anhand des APV-Verfahrens analysierten festen Fremdkapitalplan umsetzt.

Die Tabellenkalkulation in ►Tabelle 18.10 errechnet die Eigenkapitalkosten und den WACC des RFX-Projekts für jedes Jahr nach dem in Zeile 3 dargestellten festen Fremdkapitalplan. Der Wert des Projekts wird anhand des APV-Verfahrens in Zeile 7 als Summe des Werts bei Eigenfinanzierung und des Steuervorteils berechnet. Da der Eigenkapitalwert und die Nettoverschuldung D^s gegeben sind, können wir ►Gleichung 18.20 zur Berechnung der Eigenkapitalkosten des Projekts in den jeweiligen Jahren (Zeile 11) anwenden. Zu beachten ist, dass die Eigenkapitalkosten über die Zeit in dem Maße zurückgehen, wie der Verschuldungsgrad $D^s : E$ des Projekts sinkt. Im Jahr 3 ist das Fremdkapital vollständig zurückgezahlt und die Eigenkapitalkosten entsprechen den Eigenkapitalkosten bei Eigenfinanzierung von 8 %.

Tabelle 18.10

Tabellenkalkulation Der Adjusted Present Value und die Kapitalkosten des RFX-Projekts von Avco bei festem Fremdkapitalplan

	Jahr	0	1	2	3	4
	Wert bei Eigenfinanzierung (EUR Millionen)					
1	Freier Cashflow	−28,00	18,00	18,00	18,00	18,00
2	Wert bei Eigenfinanzierung, V^U (mit $r_U = 8,0\ \%$)	59,62	46,39	32,10	16,67	–
	Fremdfinanzierungsbedingter Steuervorteil					
3	Fremdkapitalplan D_t	30,62	20,00	10,00	–	–
4	Gezahlte Zinsen (mit $r_d = 6\ \%$)	–	1,84	1,20	0,60	–
5	Fremdfinanzierungsbedingter Steuervorteil (mit $\tau_c = 40\ \%$)	–	0,73	0,48	0,24	
6	Wert des Steuervorteils T^S (bei $r_D = 6,0\ \%$)	1,32	0,67	0,23	–	–

Jahr		0	1	2	3	4
Adjusted Present Value						
7	Wert mit Verschuldung $V^L = V^U + T^S$	60,94	47,05	32,33	16,67	–
Effektive Verschuldung und Kapitalkosten						
8	Eigenkapital $E = V^L - D$	30,32	27,05	22,33	16,67	–
9	Effektives Fremdkapital $D^S = D - T^S$	29,30	19,33	9,77	–	–
10	Effektiver Verschuldungsgrad D^S/E	0,966	0,715	0,438	0,000	–
11	Eigenkapitalkosten r_E	9,93 %	9,43 %	8,88 %	8,00 %	
12	WACC r_{WACC}	6,75 %	6,95 %	7,24 %	8,00 %	

Aus den Eigenkapitalkosten des Projekts errechnen wir in Zeile 12 dessen WACC anhand von ▸Gleichung 18.1. Zu Beginn des Projekts beträgt dieser zum Beispiel:

$$r_{WACC} = \frac{E}{E+D} r_E + \frac{D}{E+D} r_D (1-\tau_c)$$
$$= \frac{30,32}{60,94} 9,93 \ \% + \frac{30,62}{60,94} 6 \ \% (1-0,40) = 6,75 \ \%$$

Zu beachten ist, dass der WACC des Projekts aufgrund der sinkenden Verschuldung so lange steigt, bis er schließlich den Kapitalkosten bei Eigenfinanzierung von 8 % entspricht, wenn das Fremdkapital des Projekts im Jahr 3 vollständig zurückgezahlt ist.

Sobald wir den WACC beziehungsweise die Eigenkapitalkosten errechnet haben, können wir das Projekt anhand des WACC- oder FTE-Verfahrens bewerten. Da sich die Kapitalkosten über die Zeit ändern, müssen wir bei Anwendung dieser Verfahren jedes Jahr einen anderen Diskontierungssatz verwenden. Wenn wir die WACC-Methode anwenden, errechnet sich zum Beispiel der Wert mit Verschuldung pro Jahr wie folgt:

$$V_t^L \ = \ \frac{FCF_{t+1} \ + \ V_{t+1}^L}{1 \ + \ r_{WACC} \ (t)} \tag{18.22}$$

Wobei $r_{WACC}(t)$ der WACC des Projekts im Jahr t ist. Diese Berechnung ist in ▸Tabelle 18.11 dargestellt.

Tabelle 18.11

Tabellenkalkulation Anwendung der WACC-Methode auf das RFX-Projekt von Avco bei festem Fremdkapitalplan

Jahr		0	1	2	3	4
WACC-Methode (EUR Millionen)						
1	Freier Cashflow	(28,00)	18,00	18,00	18,00	18,00
2	WACC, r_{WACC}	6,75 %	6,95 %	7,24 %	8,00 %	
3	Wert mit Verschuldung V^L (bei r_{WACC})	60,94	47,05	32,33	16,67	–

Zu beachten ist, dass der Wert mit Verschuldung dem Ergebnis aus dem APV-Verfahren (Zeile 7 in ▶Tabelle 18.10) entspricht. Derselbe Ansatz kann auch bei Anwendung des FTE-Verfahrens verwendet werden.[30]

Steuern auf Anteilseignerebene

Wie in ▶Kapitel 15 erörtert, hat die Verschuldung sowohl für Anleger als auch Unternehmen steuerliche Konsequenzen. Bei Privatanlegern in den USA wird der Zinsertrag aus dem Fremdkapital grundsätzlich höher besteuert als der Ertrag aus Eigenkapital (Kapitalerträge und Dividenden). Wie wirken sich also die persönlichen Steuern auf unsere Bewertungsverfahren aus?

Wenn Anleger Steuern auf den Ertrag zahlen, den sie aus dem Besitz von Anteilen oder Fremdkapital erhalten, wird dies die Rendite erhöhen, die sie für das Halten dieser Wertpapiere verlangen. Das heißt, die Eigen- und Fremdkapitalkosten am Markt spiegeln *bereits* die Auswirkung der Steuern auf Anlegerebene wider. Daher *ändert sich die WACC-Methode bei Steuern auf Anlegerebene nicht*; wir können den WACC weiterhin entsprechend ▶Gleichung 18.1 und den Wert mit Verschuldung wie in ▶Abschnitt 18.2 berechnen.

Der APV-Ansatz jedoch muss bei Steuern auf Anlegerebene geändert werden, da er die Berechnung der Kapitalkosten bei Eigenfinanzierung erfordert. Diese Berechnung *beeinflussen* Steuern auf Anlegerebene. Sagen wir τ_e ist der Steuersatz, den Anleger auf Erträge aus Eigenkapital (Dividenden) zahlen, und τ_i der Steuersatz, den Anleger auf Zinserträge zahlen. Dann definieren wir bei einer erwarteten Rendite auf das Fremdkapital r_D, r^*_D als die erwartete Rendite auf den Ertrag aus dem Eigenkapital, die den Anlegern dieselbe Rendite nach Steuern verschaffen würde:

$$r^*_D(1-\tau_e) = r_D(1-\tau_i)$$

Somit gilt:

$$r^*_D \equiv r_D \frac{(1-\tau_i)}{(1-\tau_e)} \tag{18.23}$$

Da die Kapitalkosten bei Eigenfinanzierung für ein hypothetisches, rein eigenfinanziertes Unternehmen gelten, entsprechen die Steuersätze der Anleger auf den Ertrag dieses Unternehmens den Eigenkapitalsätzen, daher müssen wir den Satz r^*_D für die Berechnung der Kapitalkosten bei Eigenfinanzierung anwenden. Aus ▶Gleichung 18.20 wird daher:

Kapitalkosten bei Eigenfinanzierung bei persönlichen Steuern

$$r_U = \frac{E}{E+D^S} r_E + \frac{D^S}{E+D^S} r^*_D \tag{18.24}$$

Als Nächstes müssen wir den fremdfinanzierungsbedingten Steuervorteil anhand des effektiven Steuervorteils des Fremdkapitals τ^* anstelle von τ_C berechnen. Der effektive Steuersatz τ^* beinhaltet die Steuern der Anleger auf Erträge aus dem Eigenkapital τ_e und auf Zinserträge τ_i und wurde in ▶Kapitel 15 wie folgt definiert:

$$\tau^* = 1 - \frac{(1-\tau_c)(1-\tau_e)}{(1-\tau_i)} \tag{18.25}$$

Dann berechnen wir den fremdfinanzierungsbedingten Steuervorteil anhand des Steuersatzes τ^* und des Zinssatzes r^*_D:

---

30 Wie Sie bemerkt haben, wurde zur Errechnung des Verschuldungsgrads in den jeweiligen Zeiträumen der APV verwendet, den wir benötigten, um r_E und r_{WACC} zu berechnen. Wäre nicht bereits nach dem APV aufgelöst worden, müssten wir den Wert und den WACC des Projekts gleichzeitig anhand des im Anhang dieses Kapitels beschriebenen Ansatzes errechnen.

Fremdfinanzierungsbedingter Steuervorteil im Jahr t

$$= \tau^* \times r_D^* \times D_{t-1} \tag{18.26}$$

Schließlich diskontieren wir den fremdfinanzierungsbedingten Steuervorteil zum Satz r_U, falls das Unternehmen einen Zielverschuldungsgrad hat, oder zum Satz r_D^*, wenn das Fremdkapital entsprechend einem im Voraus aufgestellten Plan festgelegt ist.[31]

Beispiel 18.12: Anwendung des APV-Verfahrens bei persönlichen Steuern

Fragestellung

Apex Corporation hat Eigenkapitalkosten von 14,4 % und Fremdkapitalkosten von 6 % und hält einen Verschuldungsgrad von 1 aufrecht. Apex plant eine Expansion, deren freie Cashflows im ersten Jahr EUR 4 Millionen betragen und danach pro Jahr um 4 % wachsen werden. Die Expansion kostet EUR 60 Millionen und wird anfangs mit neuem Fremdkapital in Höhe von EUR 40 Millionen finanziert, bei einem konstanten Verschuldungsgrad, der in den Jahren danach beibehalten wird. Der Ertragsteuersatz sowie der Steuersatz auf Zinserträge liegt bei 40 % und der Steuersatz auf Erträge aus Eigenkapital bei 20 %. Berechnen Sie den Wert der Expansion anhand des APV-Verfahrens.

Lösung

Zunächst errechnen wir den Wert bei Eigenfinanzierung. Laut ▶Gleichung 18.23 entsprechen die Fremdkapitalkosten von 6 % einem Eigenkapitalsatz von

$$r_D^* \equiv r_D \frac{(1-\tau_i)}{(1-\tau_e)} = 6\ \% \times \frac{1-0,40}{1-0,20} = 4,5\ \%$$

Da Apex einen konstanten Verschuldungsgrad beibehält, gilt $D^S = D$ und aus ▶Gleichung 18.24 ergeben sich folgende Kapitalkosten ohne Verschuldung:

$$r_U = \frac{E}{E + D^S}\, r_E + \frac{D^S}{E + D^S}\, r_D^* = 0,50 \times 14,4\ \% + 0,50 \times 4,5\ \% = 9,45\ \%$$

Somit ist $V^U = 4 : (9,45\ \% - 4\ \%) = $ EUR 73,39 Millionen.

Aus ▶Gleichung 18.25 erhalten wir den effektiven Steuervorteil des Fremdkapitals:

$$\tau^* = 1 - \frac{(1-\tau_c)(1-\tau_e)}{(1-\tau_i)} = 1 - \frac{(1-0,40)(1-0,20)}{(1-0,40)} = 20\ \%$$

Apex wird anfangs neues Fremdkapital in Höhe von EUR 40 Millionen hinzufügen, sodass sich aus ▶Gleichung 18.26 im ersten Jahr ein fremdfinanzierungsbedingter Steuervorteil von 20 % × 4,5 % × 40 = EUR 0,36 Millionen ergibt (zu beachten ist, dass wir hier r_D^* verwenden). Bei einer Wachstumsrate von 4 % beträgt der Barwert des fremdfinanzierungsbedingten Steuervorteils:

BW(fremdfinanzierungsbedingter Steuervorteil) = 0,36 : (9,45 % − 4 %) = EUR 6,61 Millionen

---

31 Handelt es sich um eine Dauerschuld, beträgt zum Beispiel der Wert des Steuervorteils $\tau^* r_D^* D : r_D^* = \tau^* D$, wie bereits in ▶Kapitel 15 gezeigt wurde.

Somit erhält man den Wert der Expansion mit Verschuldung durch den APV:

$$V^L = V^U + BW(\text{fremdfinanzierungsbedingter Steuervorteil}) = 73,39 + 6,61$$
$$= \text{EUR } 80 \text{ Millionen}$$

Bei Investitionsausgaben in Höhe von EUR 60 Millionen hat die Expansion einen KW von EUR 20 Millionen.

Prüfen wir nun dieses Ergebnis anhand der WACC-Methode. Zu beachten ist, dass die Expansion dieselbe Fremdkapitalquote von 40/80 = 50 % wie das gesamte Unternehmen hat. Somit entspricht der WACC dem WACC des Unternehmens:

$$r_{WACC} = \frac{E}{E+D}\, r_E + \frac{D}{E+D}\, r_D(1-\tau_C)$$
$$= 0,50 \times 14,4\ \% + 0,50 \times 6\ \% \times (1-0,40) = 9\ \%$$

Somit ist $V^L = 4 : (9\ \% - 4\ \%) = \text{EUR } 80$ Millionen, wie vorher.

Wie ▶Beispiel 18.12 verdeutlicht, ist die WACC-Methode bei Steuern auf Anlegerebene viel einfacher anzuwenden als das APV-Verfahren. Wichtiger ist, dass man beim WACC-Ansatz den Steuersatz der Anleger nicht kennen muss. Diese Tatsache ist von Bedeutung, da in der Praxis eine Schätzung des Ertragsteuersatzes des Anlegers sehr schwierig sein kann.

Wenn Verschuldung oder Risiko einer Investition von der Verschuldung beziehungsweise dem Risiko des Unternehmens abweichen, sind die Steuern der Anleger auch für die WACC-Methode erforderlich, da wir die Kapitalkosten des Unternehmens anhand von ▶Gleichung 18.24 erneut mit Verschuldung versehen oder die Verschuldung rückgängig machen müssen. Übersteigt der Steuersatz der Anleger auf Zinserträge den auf Erträge aus Eigenkapital, führt eine Erhöhung der Verschuldung zu einer geringeren Minderung des WACC.

Verständnisfragen

1. Wenn ein Unternehmen einen im Voraus festgelegten Steuervorteil hat, wie messen wir dann dessen Nettoverschuldung bei der Berechnung der Eigenkapitalkosten bei Eigenfinanzierung?

2. Kann die WACC-Methode auch dann angewendet werden, wenn sich der Verschuldungsgrad des Unternehmens im Verlauf der Zeit ändert?

Z U S A M M E N F A S S U N G

18.1 Die wichtigsten Konzepte im Überblick

■ Die drei wichtigsten Verfahren der Investitionsplanung sind der gewichtete Durchschnitt der Kapitalkosten (WACC), der Adjusted Present Value (APV) und der Flow-to-Equity (FTE).

18.2 Die Methode des gewichteten Durchschnitts der Kapitalkosten

■ Die wichtigsten Schritte des WACC-Bewertungsmodells sind:

a. Die Ermittlung des unverschuldeten freien Cashflows der Investition.

b. Die Berechnung des gewichteten Durchschnitts der Kapitalkosten:

$$ r_{WACC} = \frac{E}{E+D}\, r_E + \frac{D}{E+D}\, r_D (1 - \tau_C) \qquad \text{(s. Gleichung 18.1)} $$

c. Die Berechnung des Wertes mit Verschuldung V^L durch Diskontierung der freien Cashflows der Investition anhand der WACC-Methode.

18.3 Die Adjusted-Present-Value-Methode

■ Um den Wert einer verschuldeten Investition anhand des APV-Verfahrens zu berechnen, gehen wir wie folgt vor:

a. Die Berechnung des Wertes der Investition ohne Verschuldung V^U durch Diskontierung ihrer freien Cashflows zu den Kapitalkosten bei Eigenfinanzierung r_U.

b. Die Ermittlung des Barwertes des fremdfinanzierungsbedingten Steuervorteils:

– Bei einem Fremdkapital D_t zum Zeitpunkt t ist der Steuervorteil zum Zeitpunkt $t+1$ $\tau_c r_D D_t$.

– Wenn sich die Höhe des Fremdkapitals mit dem Wert oder den Cashflows der Investition ändert, verwenden wir den Diskontsatz r_U. Wenn die Höhe des Fremdkapitals im Voraus festgelegt ist, wird der Steuervorteil zum Satz r_D diskontiert. Siehe ▶Abschnitt 18.6.

c. Das Hinzuaddieren des Werts ohne Verschuldung V^U zum Barwert des fremdfinanzierungsbedingten Steuervorteils, um den Wert der Investition mit Verschuldung V^L zu ermitteln.

18.4 Das Flow-to-Equity-Verfahren

■ Die wichtigsten Schritte des Flow-to-Equity-Verfahrens (FTE) zur Bewertung einer Investition mit Verschuldung sind:

a. Die Ermittlung des freien Zuflusses zum Eigenkapital der Investition:

$$ FCFE = FCF - (1 - \tau_c) \times (\text{Zinszahlungen}) + (\text{Nettokreditaufnahme}) \quad \text{(s. Gleichung 18.9)} $$

b. Die Berechnung des Beitrags zum Eigenkapitalwert, E, durch Diskontieren des Zuflusses zum Eigenkapital mit den Eigenkapitalkosten.

18.5 Projektbasierte Kapitalkosten

■ Wenn das Risiko des Projekts von dem des Unternehmens als Ganzes abweicht, müssen wir dessen Kapitalkosten getrennt von den Kapitalkosten des Unternehmens schätzen. Wir schätzen die Kapitalkosten bei Eigenfinanzierung eines Projekts, indem wir die Kapitalkosten bei Eigenfinanzierung anderer Unternehmen mit ähnlichem Marktrisiko wie das Projekt betrachten.

■ Bei einem Zielverschuldungsgrad stehen die Kapitalkosten bei Eigenfinanzierung, die Eigenkapitalkosten und der gewichtete Durchschnitt der Kapitalkosten in folgendem Verhältnis zueinander:

$$r_U = \frac{E}{E+D} r_E + \frac{D}{E+D} r_D = WACC \text{ vor Steuern} \qquad \text{(s. Gleichung 18.6)}$$

$$r_E = r_U + \frac{D}{E}(r_U - r_D) \qquad \text{(s. Gleichung 18.10)}$$

$$r_{WACC} = r_U - d\tau_c r_D \qquad \text{(s. Gleichung 18.11)}$$

wobei $d = D : (D + E)$ die projektspezifische Fremdkapitalquote bezeichnet.

■ Bei der Bewertung der Verschuldung in Verbindung mit einem Projekt müssen wir dessen inkrementelle Auswirkung auf das Fremdkapital des gesamten Unternehmens, abzüglich der Barsalden, betrachten und nicht nur die jeweilige für dieses Projekt angewendete Finanzierung.

18.6 Der APV bei anderen Verschuldungsstrategien

■ Ein Unternehmen verfolgt eine konstante Zinsdeckungsstrategie, wenn es das Fremdkapital so festsetzt, dass der Zinsaufwand einen Bruchteil k des freien Cashflows darstellt. Der verschuldete Wert eines Projektes bei einer solchen Verschuldungsstrategie ist $V^L = (1 + \tau_c k) V^U$.

■ Wenn die Höhe der Verschuldung nach einem festen Plan festgelegt ist:

a. können wir den im Voraus festgelegten Steuervorteil abzinsen anhand der Fremdkapitalkosten r^*,

b. können die Kapitalkosten ohne Verschuldung nicht mehr als Vorsteuer-WACC berechnet werden (siehe ▶Abschnitt 18.8).

■ Wenn sich ein Unternehmen dafür entscheidet, das Verschuldungsniveau D dauerhaft konstant zu halten, dann beträgt der verschuldete Wert eines Projektes bei dieser Verschuldungsstrategie $V^L = V^U + \tau_c \times D$.

■ Grundsätzlich ist die WACC-Methode am einfachsten anzuwenden, wenn ein Unternehmen einen Zielverschuldungsgrad hat, der über die Lebensdauer einer Investition aufrechterhalten wird. Bei anderen Verschuldungsstrategien ist normalerweise das APV-Verfahren die direkteste Methode.

18.7 Andere Auswirkungen der Finanzierung

■ Emissionskosten und Kosten oder Erträge aus einer Fehlbewertung ausgegebener Wertpapiere sollten in die Bewertung eines Projekts einfließen.

■ Die Kosten einer finanziellen Notlage führen wahrscheinlich dazu, dass (1) der erwartete freie Cashflow eines Projekts gemindert wird und (2) die Kapitalkosten eines Unternehmens steigen. Die Berücksichtigung dieser Auswirkungen kann zusammen mit anderen Agency-Kosten und Kosten asymmetrischer Informationen dazu führen, dass ein Unternehmen weniger Verschuldung einsetzt.

18.8 Fortgeschrittene Themen der Investitionsplanung

■ Passt ein Unternehmen sein Fremdkapital jährlich einem Zielverschuldungsgrad an, steigt der Wert des Steuervorteils um den Faktor $(1 + r_U) : (1 + r_D)$.

■ Wenn das Unternehmen seine Verschuldung nicht laufend anpasst, sodass ein Teil des Steuervorteils im Voraus festgelegt ist, verhalten sich die Kapitalkosten bei Eigenfinanzierung, die Eigenkapitalkosten und der gewichtete Durchschnitt der Kapitalkosten zueinander wie folgt:

$$r_U = \frac{E}{E + D^s} r_E + \frac{D^s}{E + D^s} r_D \text{ bzw. entsprechend } r_E = r_U + \frac{D^s}{E}(r_U - r_D) \qquad \text{(s. Gleichung 18.20)}$$

$$r_{WACC} = r_U - d\tau_c \left[r_D + \phi (r_U - r_D) \right] \qquad \text{(s. Gleichung 18.21)}$$

wobei $d = D : (D + E)$ die Fremdkapitalquote des Projekts ist; $D^s = D - T^s$ und T^s entspricht dem Wert des im Voraus festgelegten Steuervorteils und $\phi = T^s : (\tau_c D)$ gibt die Dauerhaftigkeit des Verschuldungsniveaus wieder.

■ Die WACC-Methode muss nicht modifiziert werden, um die Steuern auf Anlegerebene zu berücksichtigen. Beim APV-Verfahren verwenden wir den Zinssatz:

$$r_D^* \equiv r_D \frac{(1 - \tau_i)}{(1 - \tau_e)} \qquad \text{(s. Gleichung 18.23)}$$

anstelle von r_D und ersetzen τ_c durch den effektiven Steuersatz:

$$\tau^* = 1 - \frac{(1 - \tau_c)(1 - \tau_e)}{(1 - \tau_i)} \qquad \text{(s. Gleichung 18.25)}$$

■ Wenn Verschuldung oder Risiko der Investition der des Unternehmens nicht entspricht, dann sind die Anlegersteuersätze auch bei der WACC-Methode erforderlich, da wir die Verschuldung der Kapitalkosten des Unternehmens rückgängig und/oder die Kapitalkosten erneut mit Verschuldung versehen müssen unter Verwendung von

$$r_U = \frac{E}{E + D^S} r_E + \frac{D^S}{E + D^S} r_D^* \qquad \text{(s. Gleichung 18.24)}$$

Z U S A M M E N F A S S U N G

Weiterführende Literatur

Die **Literaturhinweise** zu diesem Kapitel finden Sie auf unserer begleitenden Website zum Buch unter *www.pearson-studium.de*.

Aufgaben

1. Sie sind ein Berater, der damit beauftragt wurde, die neue Produktlinie von Markum Enterprises zu bewerten. Die für die Einführung dieser Produktlinie erforderliche Anfangsinvestition beträgt EUR 10 Millionen. Das Produkt wird im ersten Jahr einen freien Cashflow von EUR 750.000 generieren. Man erwartet, dass dieser Cashflow zu einem Satz von 4 % pro Jahr wachsen wird. Markum hat Eigenkapitalkosten von 11,3 %, Fremdkapitalkosten von 5 % und unterliegt einem Steuersatz von 35 %. Markum hält einen Verschuldungsgrad von 0,40 aufrecht.

   a. Wie hoch ist der KW der neuen Produktlinie (einschließlich etwaiger Steuervorteile aus der Verschuldung)?

   b. Wie viel Fremdkapital wird Markum anfangs aufnehmen, um die Produktlinie auf den Markt zu bringen?

   c. Wie hoch ist der Anteil des Wertes der Produktlinie, der dem Barwert des fremdfinanzierungsbedingten Steuervorteils zuzuordnen ist?

2. Im Jahr 1 hat AMC ein Ergebnis vor Zinsen und Steuern von EUR 2.000. Der Markt geht davon aus, dass dieser Gewinn um 3 % pro Jahr wachsen wird. Das Unternehmen tätigt keine Nettoinvestitionen (das heißt der Kapitalaufwand wird den Abschreibungen entsprechen) und nimmt keine Änderungen des Nettobetriebskapitals vor. Wir gehen von einem Ertragsteuersatz von 40 % aus. Derzeit hat das Unternehmen risikoloses Fremdkapital in Höhe von EUR 5.000. Geplant ist, jedes Jahr einen konstanten Verschuldungsgrad beizubehalten, sodass das Fremdkapital im Durchschnitt ebenfalls um 3 % pro Jahr steigen wird. Angenommen, der risikolose Satz beträgt 5 % und die erwartete Rendite für das Marktportfolio 11 %. Das Asset-Beta dieser Branche liegt bei 1,11.

   a. Wie hoch wäre der Marktwert von AMC, wenn es ein rein eigenfinanziertes (unverschuldetes) Unternehmen wäre?

   b. Das Fremdkapital ist fair bewertet. Welchen Zinsbetrag zahlt AMC im nächsten Jahr? Zu welchem Satz werden die Zinszahlungen steigen, wenn das Fremdkapital von AMC pro Jahr um 3 % wächst?

   c. Auch wenn das Fremdkapital von AMC *risikolos* ist (das Unternehmen gerät nicht in Zahlungsverzug), ist das zukünftige Wachstum der Verschuldung von AMC unsicher, sodass der exakte Betrag der zukünftigen Zinszahlungen ein Risiko trägt. Angenommen, die zukünftigen Zinszahlungen haben den gleichen Beta-Faktor wie die Aktiva von AMC, wie hoch ist dann der Barwert des fremdfinanzierungsbedingten Steuervorteils?

   d. Wie hoch ist nach dem APV-Verfahren der Gesamtmarktwert V^L von AMC? Wie hoch ist der Marktwert des Eigenkapitals?

   e. Wie hoch ist der WACC von AMC? (Hinweis: Gehen Sie rückwärts vor und beginnen Sie beim *FCF* und V^L).

   f. Wie hoch ist die für das Eigenkapital von AMC erwartete Rendite nach der WACC-Methode?

   g. Zeigen Sie, dass Folgendes für AMC gilt: $\beta_A = \dfrac{E}{D+E}\beta_E + \dfrac{D}{D+E}\beta_D$

   h. Angenommen alle Erlöse aus einem etwaigen Anstieg des Fremdkapitals werden an die Fremdkapitalhalter ausgezahlt. Wie hoch sind die Zahlungen, die die Fremdkapitalhalter in einem Jahr erhalten? Zu welchem Satz werden diese Zahlungen voraussichtlich steigen? Verwenden Sie diese Informationen sowie die Antworten zu Frage (f), um den Marktwert des Eigenkapitals anhand des FTE-Verfahrens herzuleiten. Wie verhält sich dies zu Ihrer Antwort auf Frage (d)?

3. Procter and Gamble (PKGR) hat bislang einen Verschuldungsgrad von ungefähr 0,20 beibehalten. Der aktuelle Aktienkurs beträgt EUR 50 pro Aktie und 2,5 Milliarden Aktien sind im Umlauf. Die Nachfrage nach den Produkten von PKGR ist sehr stabil und somit hat das Unternehmen ein geringes Eigenkapital-Beta von 0,50 und kann Kredite zu einem Zinssatz von 4,20 % aufnehmen, das sind nur 20 Basispunkte über dem risikolosen Zinssatz von 4 %. Die für das Marktportfolio erwartete Rendite beträgt 10 % und PKGR zahlt Steuern zum Satz von 35 %.

   a. In diesem Jahr werden freie Cashflows von EUR 6,0 Milliarden erwartet. Welche konstante erwartete Wachstumsrate des freien Cashflows stimmt mit dem aktuellen Aktienkurs überein?

   b. PKGR glaubt die Verschuldung erhöhen zu können, ohne ein ernsthaftes Risiko einer Notlage oder anderer Kosten einzugehen. PKGR ist der Ansicht, dass die Kreditkosten bei einem höheren Verschuldungsgrad von 0,50 nur geringfügig auf 4,50 % steigen werden. Ermitteln Sie den Anstieg des Aktienkurses, der sich aus erwarteten Steuereinsparungen ergeben würde, wenn PKGR bekannt gibt, dass der Verschuldungsgrad durch eine gehebelte Rekapitalisierung auf 0,5 erhöht wird.

4. Tybo Corporation passt sein Fremdkapital so an, dass der Zinsaufwand 20 % der freien Cashflows beträgt. Tybo plant eine Expansion, die freie Cashflows von EUR 2,5 Millionen in diesem Jahr erzielen wird. Man erwartet, dass diese Cashflows danach um 4 % pro Jahr wachsen werden. Wir gehen von einem Ertragsteuersatz von 40 % aus.

   a. Wie hoch ist der Wert bei Eigenfinanzierung, wenn die Kapitalkosten dieser Expansion bei Eigenfinanzierung 10 % betragen?

   b. Wie hoch ist der Wert dieser Expansion mit Verschuldung?

   c. Welchen Fremdkapitalbetrag wird Tybo anfangs für die Expansion aufnehmen, wenn der Zinssatz auf das Fremdkapital 5 % beträgt?

   d. Wie hoch ist die Fremdkapitalquote dieser Expansion? Welchen WACC hat sie?

   e. Wie hoch ist der Wert der Expansion mit Verschuldung nach der WACC-Methode?

Die **Antworten** zu diesen Fragen finden Sie auf unserer begleitenden Website zum Buch unter *www.pearson-studium.de.*

Anhang Kapitel 18: Grundlegung und weitere Einzelheiten

In diesem Anhang betrachten wir die Grundlegung für die WACC-Methode und für die Beziehung zwischen den Kapitalkosten bei Verschuldung und den Kapitalkosten bei Eigenfinanzierung. Wir gehen auch der Frage nach, wie wir gleichzeitig nach der Verschuldungsstrategie und dem Wert des Unternehmens auflösen können.

18A.1 Herleitung der WACC-Methode

Mithilfe des WACC kann, wie in ▶Gleichung 18.2, eine Investition mit Verschuldung bewertet werden. Wir betrachten eine Investition, die sowohl durch Fremdkapital als auch durch Eigenkapital finanziert wird. Da die Anteilseigner eine erwartete Rendite r_E aus ihrer Anlage verlangen und die Fremdkapitalhalter eine Rendite r_D, muss das Unternehmen den Anlegern im nächsten Jahr insgesamt zahlen:

$$E\left(1 + r_E\right) + D\left(1 + r_D\right) \tag{18A.1}$$

Wie hoch ist der Wert der Investition im nächsten Jahr? Das Projekt erzielt freie Cashflows FCF_1 am Ende des Jahres. Außerdem liefert der fremdfinanzierungsbedingte Steuervorteil eine Steuerersparnis von $\tau_c \times$ (Fremdkapitalzinsen) $\approx \tau_c\, r_D\, D$.[32] Wenn die Anlage länger als ein Jahr gehalten wird, hat sie einen Fortführungswert von V_0^L. Um die Anleger zufriedenzustellen, müssen die Zahlungen des Projekts so sein, dass

$$E(1 + r_E) + D(1 + r_D) = FCF_1 + \tau_c r_D D + V_1^L \tag{18A.2}$$

ist. Da $V_0^L = E + D$, können wir die Definition von WACC in ▶Gleichung 18.1 schreiben als

$$r_{WACC} = \frac{E}{V_0^L}\, r_E + \frac{D}{V_0^L}\, r_D(1 - \tau_c) \tag{18A.3}$$

Wenn wir den finanzierungsbedingten Steuervorteil auf die linke Seite der ▶Gleichung 18A.2 setzen, können wir die Definition des WACC verwenden, um ▶Gleichung 18A.2 wie folgt umzuschreiben:

$$\underbrace{E(1 + r_E) + D\left[1 + r_D(1 - \tau_c)\right]}_{V_0^L(1 + r_{WACC})} = FCF_1 + V_1^L \tag{18A.4}$$

---

32 Die Rendite des Fremdkapitals r_D muss nicht nur aus den Zinszahlungen kommen. Wenn C_t der gezahlte Zins ist und D_t der Marktwert des Fremdkapitals in Periode t, dann ist in Periode t, r_D definiert als

$$r_D = \frac{E\left[\text{Zinszahlung} + \text{Kapitalertrag}\right]}{\text{Aktueller Kurs}} = \frac{E\left[C_{t+1} + D_{t+1} - D_t\right]}{D_t}$$

Die Rendite, die den Zinsaufwand des Unternehmens bestimmt, ist $\bar{r}_D = \dfrac{E\left[C_{t+1} + \overline{D}_{t+1} - \overline{D}_t\right]}{D_t}$

wobei D_t der Wert des Fremdkapitals ist zum Termin t nach einem vom Steuergesetz festgelegten Plan auf der Grundlage der Differenz zwischen dem anfänglichen Preis der Anleihe und ihrem Nennwert ist, die Original Issue Discount (OID) der Anleihe genannt wird. (Wenn die Anleihe zum Nennwert ausgegeben wird, und das Unternehmen zum nächsten Zinstermin die Zahlung leistet, dann ist $\overline{D}_t = \overline{D} + 1$ und $\bar{r}_D = C_{t+1} : D_t$, die aktuelle Rendite der Anleihe.) Die wahren Kosten des Fremdkapitals sind daher $(r_D - \tau_c\, \bar{r}_D)$. In der Praxis wird diese Unterscheidung zwischen r_D und $\bar{r}_D$ oft ignoriert und die Fremdkapitalkosten nach Steuern werden berechnet als $r_D(1 - \tau_c)$. Statt r_D wird oft auch die Effektivverzinsung der Anleihe verwendet. Da die Rendite das Ausfallrisiko außer Betracht lässt, gibt sie r_D und damit den WACC zu hoch an. Alternative Methoden werden in ▶Kapitel 12 besprochen.

Durch Teilen mit $(1 + r_{WACC})$ können wir den Wert der Anlage heute als Barwert der freien Cashflows der nächsten Periode und Fortsetzungswert ausdrücken:

$$V_0^L = \frac{FCF_1 + V_1^L}{1 + r_{WACC}} \tag{18A.5}$$

Auf gleiche Weise können wir den Wert in einem Jahr, V_1^L als den diskontierten Wert der freien Cashflows und Fortsetzungswert des Projekts im Jahr 2 ausdrücken. Wenn der WACC im nächsten Jahr derselbe ist, dann ist

$$V_0^L = \frac{FCF_1 + V_1^L}{1 + r_{WACC}} = \frac{FCF_1 + \dfrac{FCF_2 + V_2^L}{1 + r_{WACC}}}{1 + r_{WACC}} = \frac{FCF_1}{1 + r_{WACC}} + \frac{FCF_2 + V_2^L}{(1 + r_{WACC})^2} \tag{18A.6}$$

Durch wiederholtes Ersetzen jedes Fortsetzungswerts und *unter der Annahme, dass der WACC konstant bleibt*, können wir ▶Gleichung 18.2 herleiten[33]:

$$V_0^L = \frac{FCF_1}{1 + r_{WACC}} + \frac{FCF_2}{(1 + r_{WACC})^2} + \frac{FCF_3}{(1 + r_{WACC})^3} + \dots \tag{18A.7}$$

Das heißt, *der Wert einer Investition mit Verschuldung ist der Barwert ihrer zukünftigen freien Cashflows bei Verwendung der gewichteten Durchschnittskapitalkosten.*

18A.2 Kapitalkosten bei Verschuldung und bei Eigenfinanzierung

In diesem Abschnitt leiten wir das Verhältnis zwischen den Kapitalkosten eines Unternehmens bei Verschuldung und bei Eigenfinanzierung her. Angenommen ein Investor hält ein Portfolio mit dem gesamten Eigen- und Fremdkapital des Unternehmens. Dann erhält der Investor die freien Cashflows plus den fremdfinanzierungsbedingten Steuervorteil. Das sind dieselben Cashflows, die ein Investor aus einem Portfolio des Unternehmens ohne Verschuldung (das die freien Cashflows erzeugt) erhalten würde und ein getrenntes „Steuervorteil"-Wertpapier, das dem Investor in jeder Periode den Betrag des fremdfinanzierungsbedingten Steuervorteils zahlt. Da diese beiden Portfolios dieselben Cashflows erzeugen, haben sie nach dem Gesetz des einheitlichen Preises denselben Marktwert:

$$V^L = E + D = V^U + T \tag{18A.8}$$

wobei T der Barwert des finanzierungsbedingten Steuervorteils ist. ▶Gleichung 18A.8 ist die Grundlage des APV-Verfahrens. Da diese Portfolios die gleichen Cashflows haben, müssen sie auch die gleichen erwarteten Renditen haben, das heißt

$$E\, r_E + D\, r_D = V^U r_U + T\, r_T \tag{18A.9}$$

wobei r_T die erwartete Rendite in Verbindung mit dem Steuervorteil ist. Die Beziehung zwischen r_E, r_D und r_U hängt von der erwarteten Rendite r_T ab, die vom Risiko des fremdfinanzierungsbedingten Steuervorteils bestimmt wird. Wir betrachten nun die zwei im Text erörterten Fälle.

---

33 Diese Erweiterung ist der gleiche Ansatz, den wir in ▶ Kapitel 9 vornahmen, um die diskontierte Dividendenformel für den Aktienkurs herzuleiten.

Zielverschuldungsgrad

Angenommen, eine Firma passt ihr Fremdkapital laufend an, um einen Zielverschuldungsgrad oder einen Zielquotienten von Zinsen zu freiem Cashflow beizubehalten. Da das Fremdkapital und die Zinszahlungen mit dem Firmenwert und den Cashflows schwanken, ist es angemessen zu erwarten, dass das Risiko des fremdfinanzierungsbedingten Steuervorteils dem des freien Cashflows der Firma entspricht, sodass $r_T = r_U$. Unter dieser Annahme, zu der wir unten zurückkehren, wird ▶Gleichung 18A.9 zu

$$E\, r_E + D\, r_D = V^U r_U + T\, r_U = (V_U + T)r_U \tag{18A.10}$$
$$= (E + D)r_U$$

Teilen durch $(E + D)$ führt zu Gleichung 18.6.

Im Voraus festgelegter Schuldenplan

Angenommen, ein Teil des Fremdkapitals erfolgt nach einem im Voraus festgelegten Plan, der nicht vom Wachstum der Firma abhängt. Der Wert des Steuervorteils aus dem geplanten Fremdkapital ist T_s und der restliche Wert des fremdfinanzierungsbedingten Steuervorteils $T - T_s$ kommt aus Fremdkapital, das gemäß Zielverschuldungsgrad angepasst wird. Da das Risiko des Steuervorteils aus dem geplanten Fremdkapital dem Risiko des Fremdkapitals ähnlich ist, wird ▶Gleichung 18A.9 zu

$$E\, r_E + D\, r_D = V^U r_U + T\, r_T = V^U r_U + (T - T^s)\, r_U + T^s r_D \tag{18A.11}$$

Substraktion von $T^s r_D$ von beiden Seiten und Verwendung von $D^s = D - T^s$ ergibt

$$E\, r_E + D^S r_D = (V^U + T - T^s)\, r_U = (V^L - T^s)r_U \tag{18A.12}$$
$$= (E + D^S)r_U$$

Teilen durch $(E + D^S)$ führt zu ▶Gleichung 18.20.

Risiko des Steuervorteils bei einem Zielverschuldungsgrad

Weiter oben nahmen wir an, dass es bei einem Zielverschuldungsgrad angemessen ist davon auszugehen, dass $r_T = r_U$. Unter welchen Umständen sollte dies der Fall sein?

Wir definieren einen Zielverschuldungsgrad als Rahmenbedingungen, in denen ein Unternehmen seine Schulden zum Zeitpunkt t als Anteil $d(t)$ am Unternehmenswert oder als Anteil $k(t)$ am freien Cashflow anpasst. (Bei beiden Vorgehensweisen muss der Zielverschuldungsgrad nicht im Zeitverlauf konstant sein, sondern kann nach einem im Voraus festgelegten Plan schwanken.)

Bei beiden Vorgehensweisen ist der Wert *FCFs* des inkrementellen Steuervorteils zum Termin t aus dem freien Cashflow des Projekts zum Zeitpunkt s proportional zum Wert des Cashflows *VtL* (*FCFs*) und sollte deshalb zum selben Satz wie der *FCFs* diskontiert werden. Somit hat die Annahme $r_T = r_U$ so lange Bestand, wie zu jedem Termin die Kapitalkosten in Verbindung mit dem jeweiligen freien Cashflow dieselben sind (eine Standardannahme in der Investitionsplanung).[34]

---

34 Wenn das Risiko der einzelnen Cashflows unterschiedlich ist, dann ist r_T der gewichtete Durchschnitt der unverschuldeten Kapitalkosten der einzelnen Cashflows, wobei die Gewichte von Plan d oder k abhängen. Siehe P. DeMarzo, „Discounting Tax Shields and the Unlevered Cost of Capital", 2005, http://ssrn.com/abstract=1488437.

18A.3 Gleichzeitige Auflösung nach Verschuldung und Wert

Wenn wir das APV-Verfahren verwenden, müssen wir die Höhe der Verschuldung kennen, um den finanzierungsbedingten Steuervorteil berechnen und den Wert des Projekts ermitteln zu können. Doch wenn ein Unternehmen einen konstanten Fremdkapitalanteil beibehält, müssen wir den Wert des Projekts kennen, um die Höhe der Verschuldung festlegen zu können. Wie können wir das APV-Verfahren in diesem Fall anwenden?

Wenn ein Unternehmen einen konstanten Verschuldungsgrad beibehält, müssen wir nach der Höhe der Verschuldung und dem Wert des Projekts gleichzeitig auflösen, um das APV-Verfahren anwenden zu können. Glücklicherweise ist es leichter nach diesem Verfahren mit Excel zu rechnen. Wir beginnen mit der in ▸Tabelle 18A.1 gezeigten Tabellenkalkulation, die die in ▸Abschnitt 18.3 dieses Textes dargestellte Standardrechnung nach APV veranschaulicht. Fürs Erste haben wir nur willkürlich Werte für die Verschuldungskapazität des Projektes in Zeile 3 eingegeben.

Tabelle 18A.1

TABELLENKALKULATION APV für das RFX-Projekt von Avco bei willkürlich gewählten Schuldenhöhen

Jahr		0	1	2	3	4
Wert bei Eigenfinanzierung (EUR Millionen)						
1	Freier Cashflow	−28,00	18,00	18,00	18,00	18,00
2	Wert bei Eigenfinanzierung, V^U (mit $r_U = 8,0\ \%$)	59,62	46,39	32,10	16,67	–
Fremdfinanzierungsbedingter Steuervorteil						
3	Fremdkapitalkapazität (willkürlich)	30,00	20,00	10,00	5,00	–
4	Gezahlte Zinsen (mit $r_d = 6\ \%$)	–	1,80	1,20	0,60	0,30
5	Fremdfinanzierungsbedingter Steuervorteil (mit $\tau_c = 40\ \%$)	–	0,72	0,48	0,24	0,12
6	Wert des Steuervorteils T^s (bei $r_U = 8,0\ \%$)	1,36	0,78	0,33	0,11	–
Adjusted Present Value (APV)						
7	**Wert mit Verschuldung $V^L = V^U + T$**	60,98	47,31	32,42	16,78	–

Zu beachten ist, dass die in Zeile 3 angegebene Schuldenkapazität nicht konsistent ist bei einem Fremdkapitalanteil von 50 % für das Projekt. Bei einem Wert von beispielsweise EUR 60,98 Millionen im Jahr 0 sollte die anfängliche Schuldenkapazität 50 % × EUR 60,98 Millionen = EUR 30,49 Millionen im Jahr 0 sein. Doch wenn wir jeden Wert der Schuldenkapazität in Zeile 3 zu einem *numerischen* Wert ändern, der 50 % des Werts in Zeile 7 ist, ändert sich der Steuervorteil und der Wert des Projekts und wir haben immer noch nicht einen Fremdkapitalanteil von 50 %.

Die Lösung ist die Eingabe einer Formel, die in Zeile 7 für dasselbe Jahr die Schuldenkapazität auf 50 % des Projektwerts setzt. Jetzt hängt Zeile 7 von Zeile 3 ab und Zeile 3 von Zeile 7, wodurch in der Tabellenkalkulation ein zirkularer Verweis entsteht (und sehr wahrscheinlich erhalten Sie eine Fehlermeldung). Wenn man die Rechenoption in Excel ändert, um die Tabellenkalkulation iterativ (linker oberer Microsoft Knopf > Excel Optionen > Formeln und Kästchen „iterative Berechnung aktivieren" anklicken) rechnen zu lassen, rechnet Excel so lange weiter, bis die Werte in Zeile 3 und Zeile 7 der Tabelle, wie in ▶ Tabelle 18A.2 gezeigt wird, konsistent sind.

Dasselbe Verfahren kann angewendet werden, wenn die WACC-Methode bei bekannten Schuldenhöhen eingesetzt wird. In diesem Fall müssen wir den Wert des Projekts kennen, um den Fremdkapitalanteil und den WACC ermitteln zu können und wir müssen den WACC kennen, um den Wert des Projekts errechnen zu können. Auch hier können wir das Iterationsverfahren in Excel verwenden, um gleichzeitig den Wert des Projekts und den Fremdkapitalanteil zu errechnen.

Tabelle 18A.2

TABELLENKALKULATION APV für das RFX-Projekt von Avco bei iterativ errechneten Schuldenhöhen

Jahr	0	1	2	3	4
Wert bei Eigenfinanzierung (EUR Millionen)					
1 Freier Cashflow	−28,00	18,00	18,00	18,00	18,00
2 Wert bei Eigenfinanzierung, V^U (mit r_U = 8,0 %)	59,62	46,39	32,10	16,67	−
Fremdfinanzierungsbedingter Steuervorteil					
3 Fremdkapitalkapazität (mit d = 50 %)	30,62	23,71	16,32	8,43	−
4 Gezahlte Zinsen (mit r_d = 6 %)	−	1,84	1,42	0,98	0,51
5 Fremdfinanzierungsbedingter Steuervorteil (mit τ_c = 40 %)	−	0,73	0,57	0,39	0,20
6 Wert des Steuervorteils T (bei r_U = 8,0 %)	1,63	1,02	0,54	0,19	−
Adjusted Present Value (APV)					
7 **Wert mit Verschuldung** $V^L = V^U + T$	**61,25**	**47,41**	**32,63**	**16,85**	−

Wie sollte ein Unternehmen die Mittel beschaffen, die es für seine Investitionen benötigt? In dem Teil, der die Kapitalstruktur behandelt, haben wir die Wahl des Managers zwischen den Hauptkategorien der Finanzierung, nämlich dem Eigen- und dem Fremdkapital erörtert. In diesem Teil des Lehrbuchs erklären wir die Umsetzungsmechanismen dieser Kategorien. ▸Kapitel 19 beschreibt das Verfahren, das ein Unternehmen bei der Beschaffung von Eigenkapital durchläuft. In ▸Kapitel 20 prüfen wir die Verwendung von Fremdkapitalmärkten zur Kapitalbeschaffung. In ▸Kapitel 21 wird das Leasing als Alternative zur langfristigen Finanzierung vorgestellt. Bei der Beschreibung von Leasing als Finanzierungsalternative wenden wir das Gesetz des einheitlichen Preises an, um festzustellen, dass der Nutzen des Leasings aus Steuerunterschieden, Anreizeffekten oder anderen Marktunvollkommenheiten stammen muss.

TEIL VII

Langfristige Finanzierung

Beschaffung von Eigenkapital

19

ÜBERBLICK

Wie bereits in ▶ Kapitel 1 erwähnt, sind die meisten Unternehmen kleine Einzelunternehmen und *Personengesellschaften*. Doch diese Unternehmen, beispielsweise in den Vereinigten Staaten, erwirtschaften nur etwa 10 % der gesamten Umsatzerlöse. Eine Beschränkung des Einzelunternehmens ist, dass es keinen Zugang zu externem Eigenkapital hat, sodass die Firma eine relativ geringe Wachstumskapazität hat. Eine weitere Beschränkung ist, dass ein Einzelunternehmer gezwungen ist, einen Großteil seines Vermögens an einen einzigen Vermögensgegenstand – das Unternehmen – zu binden und das Vermögen somit nicht diversifiziert sein dürfte. Die Gründung einer Kapitalgesellschaft (insbesondere einer Aktiengesellschaft) gibt dem Unternehmen Zugang zu externem Kapital, und die Gründer können das Risiko ihrer Portfolios durch den Verkauf und die Diversifizierung ihres Eigenkapitals verringern. Folglich sind fast 85 % der Umsatzerlöse der US-Wirtschaft den Kapitalgesellschaften zuzuschreiben, obwohl diese nur 20 % der US-Unternehmen ausmachen. In anderen Industrieländern ist das ähnlich.

In diesem Kapitel erörtern wir, wie Unternehmen Eigenkapital beschaffen. Um dieses Konzept zu verdeutlichen, verfolgen wir den Fall eines echten Unternehmens aus den Vereinigten Staaten, Real-Networks Inc. (Tickersymbol: RNWK). RealNetworks ist führend bei digitalen Mediendiensten und der Herstellung von Software. Die Kunden verwenden die Produkte von RealNetworks, um digitale Musik, Videos und Spiele zu finden, zu spielen, zu kaufen und zu verwalten. RealNetworks wurde 1993 gegründet und ist seit 1994 eine Kapitalgesellschaft. Anhand dieses Beispiels diskutieren wir zuerst alternative Möglichkeiten, wie neue Unternehmen Kapital beschaffen können und untersuchen dann die Auswirkung dieser Finanzierungsalternativen auf Alt- und Neuinvestoren.

19.1 Eigenkapitalfinanzierung für Privatunternehmen

Das Anfangskapital, das für die Gründung eines Unternehmens erforderlich ist, wird in der Regel vom Unternehmer selbst oder von dessen nächsten Verwandten gestellt. Aber nur wenige Familien haben die Mittel für die Finanzierung eines wachsenden Unternehmens, sodass Wachstum fast immer durch externes Kapital finanziert werden muss. Eine Personengesellschaft muss Quellen suchen, die dieses Kapital bereitstellen können, und verstehen, wie sich die Aufnahme von externem Kapital auf den Einfluss auf das Unternehmen auswirkt, insbesondere dann, wenn sich externe Investoren für eine Auszahlung ihrer Investitionen in das Unternehmen entscheiden.

Finanzierungsquellen

Beschließt ein Privatunternehmen externes Eigenkapital zu beschaffen, kann es diese Mittel aus mehreren möglichen Quellen erhalten: *Business Angels (Unternehmensengel), Venture-Capital-Gesellschaften (Wagniskapital-Gesellschaften), institutionelle Anleger* und *Unternehmen*.

Business Angels. Private Investoren, die Anteile an kleinen Privatunternehmen kaufen, werden **Business Angels** genannt. Bei vielen Neugründungen stammt das erste externe Eigenkapital von solchen „Engeln". Häufig sind diese Investoren Freunde oder Bekannte des Unternehmers. Da ihre Investition im Verhältnis zu dem bereits im Unternehmen vorhandenen Kapital häufig hoch ist, erhalten sie als Gegenleistung für die Bereitstellung der Mittel üblicherweise einen erheblichen Anteil am Eigenkapital des Unternehmens. Folglich können diese Investoren oft beträchtlichen Einfluss auf die Entscheidungen im Unternehmen haben und bringen häufig auch das Wissen mit, das einem Jungunternehmer fehlt.

Obwohl in einigen Fällen das Kapital, das von Unternehmensengeln bereitgestellt wird, ausreicht, brauchen die meisten Unternehmen mehr Kapital als ein paar „Engel" bereitstellen können. Engel zu finden ist schwierig und hängt oft davon ab, ob der Unternehmer gute Beziehungen zur örtlichen Gemeinschaft hat. Die meisten Unternehmer, besonders diejenigen, die zum ersten Mal ein Unternehmen gründen, haben nur wenige Beziehungen zu Personen mit großem Investitionskapital. Ab einem gewissen Punkt müssen sich viele Unternehmen, die für ihr Wachstum Eigenkapital benötigen, an Wagniskapital-Gesellschaften wenden.

Wagniskapital-Gesellschaften. Eine **Wagniskapital-Gesellschaft** oder auch Risikokapitalgesellschaft ist eine *Kommanditgesellschaft*, die sich darauf spezialisiert hat, Geld zu beschaffen, um es in das Eigenkapital junger Unternehmen zu investieren. ▶ Tabelle 19.1 listet die 10 aktivsten Venture-Capital-Gesellschaften im Jahr 2011 in den Vereinigten Staaten auf, und zwar auf Grundlage der Anzahl der Transaktionen.

Tabelle 19.1

Die aktivsten US-Venture-Capital-Gesellschaften im Jahr 2011 (nach Anzahl der durchgeführten Transaktionen)

Venture-Capital-Gesellschaft	Anzahl der Transaktionen	Durchschnittliche Investition pro Transaktion (in USD Millionen)
New Enterprise Associates	100	8,7
Kleiner Perkins Caufield & Byers	90	8,3
Sequoia Capital	75	8,2
Draper Fisher Jurvetson	72	2,4
Accel Partners	69	4,7
Intel Capital	69	3,7
First Round Capital	60	1,6
500 Startups	57	1,1
True Ventures	49	1,3
Canaan Partners	47	3,8

Quelle: „Most Active U.S.-based Venture Firms", Venture Capital Journal (27. Dezember 2011).

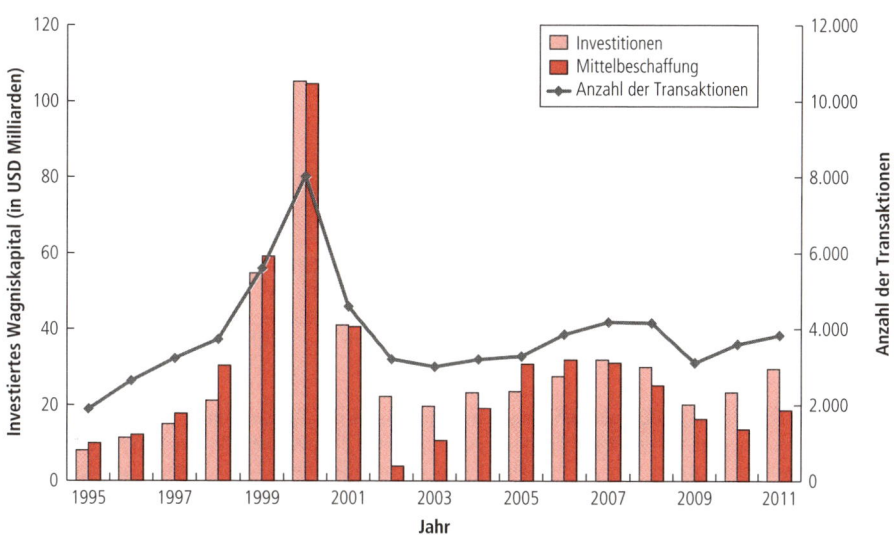

Abbildung 19.1: Finanzierung durch Wagniskapital in den Vereinigten Staaten. Die Säulen zeigen die insgesamt aufgebrachten Mittel und die jährlich von US-Venture-Capital-Gesellschaften investierten Beträge. Die Kurve in der Grafik zeigt die Anzahl der jeweiligen Transaktionen. Zu beachten ist der Höchststand der Transaktionen im Jahr 2000, gefolgt von einem scharfen Rückgang nach dem Platzen der Internet-Blase. Die Transaktionen sind zwar in der Finanzkrise nochmals zurückgegangen, doch im Jahr 2011 wurde wieder der Durchschnitt der Transaktionen vor der Krise erreicht.

Quelle: National Venture Capital Association.

In der Regel sind die institutionellen Anleger, wie zum Beispiel Pensionsfonds, die haftungsbeschränkten und nicht zur Unternehmungsleitung befugten Kommanditisten der *Kommanditgesellschaften*. Die *Komplementäre* betreiben die Wagniskapital-Gesellschaft und werden **Risikokapitalgeber** genannt. Wagniskapital-Gesellschaften bieten den Kommanditisten mehrere Vorteile im Vergleich zur direkten

Investition in Neugründungen. Risikogesellschaften investieren in viele Neugründungen, sodass die Kommanditisten von dieser Diversifizierung profitieren. Wichtiger ist, dass die Kommanditisten auch vom Wissen der Komplementäre profitieren. Diese Vorteile haben jedoch ihren Preis: Komplementäre berechnen beträchtliche Summen für die Leitung der Unternehmen. Zusätzlich zu einer jährlichen Verwaltungsgebühr von rund 1,5–2,5 % des zugesagten Kapitals erhalten die Komplementäre auch einen Anteil am positiven Ertrag, der durch diesen Fonds erzielt wird, **Carried Interest** genannt wird und eine Gewinnbeteiligung darstellt. Die meisten Unternehmen berechnen 20 %, einige jedoch bis zu 30 % der Gewinne als Carried Interest.

Wagniskapital-Gesellschaften (VCG) können jungen Unternehmen erhebliche Kapitalbeträge bereitstellen. Im Jahr 2011 haben Venture-Capital-Gesellschaften USD 29,5 Milliarden in 3.834 Transaktionen investiert, im Durchschnitt waren dies rund USD 7,7 Millionen pro Transaktion. Die Risikokapitalgeber verlangen im Gegenzug ein hohes Maß an Einfluss. Paul Gompers und Josh Lerner[1] berichten, dass Risikokapitalgeber üblicherweise etwa ein Drittel der Sitze im Vorstand eines neu gegründeten Unternehmens besetzen und häufig die meisten Stimmen im Vorstand auf sich vereinen. Auch wenn die Unternehmer diesen Einfluss gewöhnlich als notwendige Kosten der Kapitalbeschaffung betrachten, kann dieser auch ein wichtiger Vorteil aus der Inanspruchnahme von Venture-Capital sein. VCG setzen ihren Einfluss dafür ein, ihre Investition zu schützen und können so für das Unternehmen eine wichtige Rolle bei Förderung und Überwachung spielen.

Die Bedeutung der Venture-Capital-Finanzierung hat in den letzten 50 Jahren erheblich zugenommen. Das Wachstum dieser Branche stieg in den 1990er-Jahren und erreichte seinen größten Zuwachs auf dem Höhepunkt des Internet-Booms.

Auch wenn die Größe dieser Branche seitdem erheblich zurückgegangen ist, liegt sie dennoch über dem Volumen des Jahres 1997.

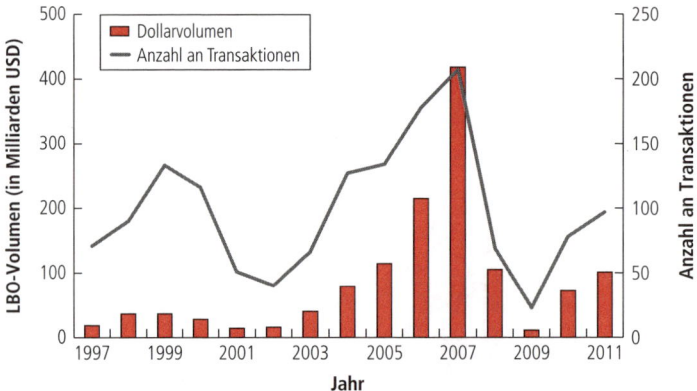

Abbildung 19.2: US-amerikanisches LBO-Volumen insgesamt und Anzahl der Transaktionen. Das US-amerikanische Volumen an Leveraged Buyouts gemessen anhand der Dollarbeträge und der Anzahl der Transaktionen . In den Jahren 2003 bis 2007 stieg das Private Equity Geschäftsvolumen stark an, was sich in einem Rekordvolumen, der Größe und der Anzahl der einzelnen Transaktionen niederschlug. In der Finanzkrise des Jahres 2008 ging das Geschäftsvolumen jedoch drastisch zurück.

Quelle: Standard & Poor´s Leveraged Buyout Review.

Private-Equity-Firmen. Eine **Private-Equity-Firma** ist einer Venture-Capital-Gesellschaft sehr ähnlich, investiert jedoch in das Eigenkapital bestehender Unternehmen und nicht in neu gegründete Unternehmen. Häufig beginnen Private-Equity-Firmen ihre Investition damit, eine Aktiengesellschaft zu suchen und deren umlaufendes Eigenkapital aufzukaufen und übernehmen somit das Unternehmen in einer Transaktion, die **Leveraged Buyout (LBO)** genannt wird. In den meisten Fällen finanzieren die Private-Equity-Firmen diese Übernahme auch mit Fremdkapital.

Private-Equity-Firmen weisen die gleichen Vorteile wie Venture-Capital-Unternehmen auf und berechnen auch ähnliche Gebühren. Ein wichtiger Unterschied zwischen Private-Equity-Firmen und

---

1 P. Gompers und J. Lerner, *The Venture Capital Cycle* (MIT Press, 1999).

Venture-Capital-Unternehmen ist jedoch der Umfang der Investition. ▶Abbildung 19.2 zeigt, dass das Gesamtvolumen der LBOs im Jahr 2007 (der Höchststand des Private-Equity-Marktes) in den Vereinigten Staaten bei über USD 400 Milliarden lag bei einer Durchschnittsgröße der Transaktionen von umgerechnet mehr als USD 2 Milliarden. ▶Tabelle 19.2 nennt die zehn größten Private-Equity-Fonds im Jahr 2011 auf Grundlage des insgesamt investierten Kapitals, das jede Firma im Laufe der letzten fünf Jahre aufgebracht hat.

Institutionelle Anleger. Institutionelle Anleger wie Pensionsfonds, Versicherungsgesellschaften oder Stiftungen verwalten große Geldsummen. Sie sind die größten Investoren in vielen Arten von Vermögensgegenständen. Somit überrascht es nicht, dass sie auch aktiv in Privatunternehmen investieren. Institutionelle Anleger können direkt in Privatunternehmen investieren oder indirekt investieren, indem sie Kommanditisten von Venture-Capital- oder Private-Equity-Firmen werden. Institutionelle Beteiligungen an Private Equity haben in den letzten Jahren drastisch zugenommen. Im Jahr 2011 zum Beispiel berichtete das California Public Employees Retirement System (CalPERS), dass es USD 33 Milliarden des Portfolios von USD 237 Milliarden in Private Equity investiert hatte, wobei Kapital in Höhe von weiteren USD 11 Milliarden in diesen Sektor investiert werden soll.

	Tabelle 19.2

Die 10 größten Private-Equity-Fonds im Jahr 2011

Rang	Name der Firma	Hauptsitz	In fünf Jahren insgesamt aufgebrachte Mittel (USD Milliarden)
1	TPG Capital	Forth Worth	50,6
2	Goldman Sachs Principal Investment Area	New York	47,2
3	The Carlyle Group	Washington, DC	40,5
4	Kohlberg Kravis Roberts	New York	40,2
5	The Blackstone Group	New York	36,4
6	Apollo Global Management	New York	33,8
7	Bain Capital	Boston	29,4
8	CVC Capital Partners	London	25,1
9	First Reserve Corporation	Greenwich	19,1
10	Hellman & Friedman	San Francisco	17,2

Quelle: Private Equity International, http://peimedia.com/pei300.

Corporate Investors. Viele etablierte Unternehmen kaufen Eigenkapital jüngerer Privatunternehmen. Eine Gesellschaft, die in Privatunternehmen investiert, hat viele verschiedene Bezeichnungen, unter anderen **Corporate Investor (Unternehmensanleger), Corporate Partner, Strategischer Partner** und **Strategischer Investor.** Die meisten anderen Arten von Investoren in Privatunternehmen, die wir bislang betrachtet haben, sind hauptsächlich an der Rendite interessiert, die sie durch die Investition erzielen. Unternehmensanleger hingegen könnten mit ihrer Investition zusätzlich zu den gewünschten Renditen auch strategische Ziele verfolgen. Im Mai 2009 hat zum Beispiel der Autokonzern Daimler im Rahmen einer strategischen Zusammenarbeit bei der Entwicklung von Lithium-Ionen-Batteriesystemen, Elektroantrieben und einzelnen Fahrzeugprojekten, USD 50 Millionen in einen Anteil von 10 % am Elektroautohersteller Tesla investiert.

Externe Investoren

Wenn sich ein Unternehmensgründer zum ersten Mal für den Verkauf von Eigenkapital an externe Investoren entscheidet, ist es in den Vereinigten Staaten gängige Praxis, **Vorzugsaktien** statt Stammaktien auszugeben, um Kapital zu beschaffen. *Vorzugsaktien*, die von reifen Unternehmen, zum Beispiel von Banken, ausgegeben werden, haben normalerweise eine Vorzugsdividende und Vorrechte bei einer Liquidierung und manchmal auch besondere Stimmrechte[2]. Die Vorzugsaktien junger Unternehmen zahlen hingegen üblicherweise keine regelmäßige Bardividende. Diese Vorzugsaktie gibt jedoch dem Inhaber normalerweise die Option, sie zu einem späteren Zeitpunkt in eine Stammaktie umzuwandeln und wird daher oft **Wandelvorzugsaktie** genannt.[3] Wenn das Unternehmen in finanzielle Schwierigkeiten gerät, haben Inhaber dieser Aktie im Vergleich zu Inhabern von Stammaktien, die oft Mitarbeiter des Unternehmens sind, einen bevorrechtigten Anspruch auf die Vermögenswerte des Unternehmens. Wenn das Unternehmen gut läuft, werden diese Anleger ihre Vorzugsaktien umwandeln und alle Rechte und Vorteile der Inhaber von Stammaktien erhalten.

RealNetworks wurde im Jahr 1993 mit einer Anfangsinvestition von ungefähr USD 1 Million von Robert Glaser gegründet und finanziert. Im April 1995 war die Anfangsinvestition von USD 1 Million in 13.713.439 Vorzugsaktien der Serie A aufgeteilt, was einen anfänglichen Kaufpreis von USD 0,07 pro Aktie ausmacht. RealNetworks benötigte mehr Kapital und das Management beschloss, dieses durch den Verkauf von Eigenkapital in Form von Wandelvorzugsaktien aufzubringen.

Die erste Finanzierungsrunde mit externem Eigenkapital erfolgte durch Vorzugsaktien der Serie B. RealNetworks verkaufte im April 1995 2.686.567 Aktien der Serie B für USD 0,67 pro Aktie.[4] Nach dieser Finanzierungsrunde war die Aufteilung des Aktienkapitals wie folgt:

	Anzahl an Aktien	Preis pro Aktie (USD)	Gesamtwert (USD Millionen)	Anteil am Aktienkapital in Prozent
Serie A	13.713.439	0,67	9,2	83,6 %
Serie B	2.686.567	0,67	1,8	16,4 %
	16.400.006		11,0	100,0 %

Die Vorzugsaktien der Serie B waren neue Aktien, die von RealNetworks verkauft wurden. Bei dem Preis, zu dem die neuen Aktien verkauft wurden, waren die Aktien von Glaser USD 9,2 Millionen wert und machten 83,6 % der ausstehenden Aktien aus. Den Wert der zuvor umlaufenden Aktien zum Preis der Finanzierungsrunde (USD 9,2 Millionen in diesem Beispiel) nennt man **Pre-Money-Bewertung**. Den Wert des gesamten Unternehmens (alte plus neue Aktien) zum Preis der Finanzierungsrunde (USD 11,0 Millionen) nennt man **Post-Money-Bewertung**. Mit anderen Worten:

$$\text{Post-Money-Bewertung} = \text{Pre-Money-Bewertung} + \text{investierter Betrag} \qquad (19.1)$$

---

2 Mehrfachstimmrechte bei Vorzugsaktien sind in Deutschland rechtlich nicht zulässig.

3 In Deutschland werden üblicherweise Wandelanleihen eingesetzt. Der Investor erhält regelmäßige Zinszahlungen und hat zusätzlich das Recht die Anleihe in Stammaktien zu tauschen.

4 Die hier bezüglich dieser und der nachträglichen Finanzierung genannte Anzahl der Vorzugsaktien von RealNetworks kommt aus dem Börsenprospekt (erhältlich auf EDGAR unter: *www.sec.gov/edgar/searchedgar/ webusers.htm*). Der Einfachheit halber haben wir Optionsscheine für den Kauf weiterer Aktien, die ebenfalls ausgegeben wurden, und auch eine kleine Anzahl bereits bestehender Mitarbeiterstammaktien nicht berücksichtigt.

Beispiel 19.1: Finanzierung und Eigentum

Fragestellung

Sie haben vor zwei Jahren Ihr eigenes Unternehmen gegründet. Anfangs haben Sie EUR 100.000 ihres Vermögens eingebracht und dafür 1.500.000 Aktien erhalten. Seitdem haben Sie weitere 500.000 Aktien an einen Unternehmensengel verkauft. Sie überlegen jetzt, noch mehr Kapital über eine Wagniskapital-Gesellschaft aufzubringen. Diese VCG hat zugestimmt, EUR 6 Millionen bei einer Post-Money-Bewertung von EUR 10 Millionen zu investieren. Angenommen, dass dies die erste Investition der VCG in Ihr Unternehmen ist, welchen Anteil am Unternehmen wird die VCG schließlich halten? Welchen Anteil halten Sie? Welchen Wert haben Ihre Aktien?

Lösung

Da die VCG EUR 6 Millionen der EUR 10 Millionen der Post-Money-Bewertung investiert, beträgt ihr Anteil am Eigentum 6/10 = 60 %. Aus ▶Gleichung 19.1 ergibt sich eine Pre-Money-Bewertung von 10 − 6 = EUR 4 Millionen. Da 2 Millionen Pre-Money-Aktien umlaufen, bedeutet dies einen Aktienpreis von EUR 4 Millionen : 2 Millionen Aktien = EUR 2 pro Aktie. Die VCG erhält daher 3 Millionen Aktien für ihre Investition, und nach dieser Finanzierungsrunde werden insgesamt 5.000.000 Aktien im Umlauf sein. Sie besitzen jetzt 1.500.000 : 5.000.000 = 30 % am Unternehmen und die Bewertung Ihrer Aktien nach der Transaktion beläuft sich auf EUR 3 Millionen.

In den folgenden Jahren beschaffte RealNetworks in weiteren drei Finanzierungsrunden Kapital von externen Investoren zusätzlich zur Serie B Finanzierungsrunde. Zu beachten ist die Zunahme des aufgenommenen Kapitals im Zeitverlauf:

Serie	Datum	Anzahl an Aktien	Aktienpreis (USD)	Aufgenommenes Kapital (in USD Millionen)
B	April 1995	2.686.567	0,67	1,8
C	Okt. 1995	2.904.305	1,96	5,7
D	Nov. 1996	2.381.010	7,53	17,9
E	Juli 1997	3.338.374	8,99	30,0

In jedem Fall haben die Investoren Vorzugsaktien des Privatunternehmens gekauft. Diese Investoren waren dem Profil des typischen Investors in Privatunternehmen sehr ähnlich, das wir zuvor beschrieben haben. Business Angels kauften die Aktien der Serie B. Die Investoren der Aktien der Serien C und D waren hauptsächlich Wagniskapital-Fonds. Microsoft kaufte die Aktien der Serie E als Unternehmensanleger.

Beendigung der Investition in ein Privatunternehmen

Mit der Zeit sind die Aktien von RealNetworks und der Umfang der Finanzierungsrunden gestiegen. Da die Investoren der Serie E im Juli 1997 bereit waren, USD 8,99 für eine Vorzugsaktie mit im Wesentlich gleichen Rechten zu zahlen, hatte die Bewertung der bestehenden Vorzugsaktien beträchtlich zugelegt, was einen erheblichen Kursgewinn für die anfänglichen Investoren bedeutete. Da es sich jedoch bei RealNetworks immer noch um ein Privatunternehmen handelte, konnten Investoren ihre Investition nicht durch einen Verkauf ihrer Aktien über die Börse veräußern.

Ein wichtiger Aspekt für Investoren in Privatunternehmen ist ihre **Ausstiegsstrategie**, also wie sie schließlich den Ertrag aus ihrer Investition realisieren werden. Dieser Ausstieg erfolgt hauptsächlich auf zwei Arten: Durch Übernahme oder Börsengang. Häufig kaufen große Unternehmen erfolgreiche Neugründungen. In diesem Fall kauft der Erwerber die ausstehenden Aktien des Privatunternehmens und ermöglicht den Investoren eine Auszahlung. In den Vereinigten Staaten erfolgten rund 88 % aller Ausstiege von Wagniskapital-Gesellschaften in den Jahren 2002 bis 2012 durch Fusionen und Übernahmen, wobei sich die Größe der Transaktion normalerweise in einer Bandbreite von USD 100 bis 150 Millionen bewegte.[5]

Eine andere Möglichkeit für ein Unternehmen, den Investoren Liquidität zu verschaffen, ist ein an der Börse gehandeltes Unternehmen zu werden, was wir als Nächstes erörtern werden.

Verständnisfragen

1. Nennen Sie die Hauptfinanzierungsquellen für Privatunternehmen, aus denen externes Eigenkapital beschafft werden kann.

2. Was ist eine Venture-Capital-Gesellschaft?

19.2   Der Börsengang

Der Vorgang, Aktien erstmals an der Börse zu handeln wird als **Börsengang oder Neuemission (Initial Public Offering, IPO)** bezeichnet. In diesem Abschnitt sehen wir uns das Verfahren eines IPO an und erörtern einige damit verbundene Merkwürdigkeiten.

Vor- und Nachteile einer Neuemission

Die beiden Vorteile einer Neuemission sind höhere Liquidität und ein besserer Zugang zu Kapital. Durch die Neuemission ermöglichen es Unternehmen ihren privaten Investoren zu diversifizieren. Außerdem haben Aktiengesellschaften über die Börsen sowohl bei der Neuemission als auch bei nachfolgenden Emissionen Zugang zu viel höheren Kapitalbeträgen. Im Herbst 2012 zum Beispiel wurden, wie in ▶ Tabelle 19.3 dargestellt, bei den größten amerikanischen Neuemissionen mehr als USD 5 Milliarden aufgebracht. Natürlich sind die meisten Neuemissionen kleiner und hatten im Jahr 2011 eine mittlere Größe von USD 150 Millionen. Bei RealNetworks brachte die letzte Runde der Eigenkapitalemission im Juli 1997 rund USD 30 Millionen. Das Unternehmen brachte USD 43 Millionen auf, als es im November desselben Jahres an die Börse ging; weniger als zwei Jahre später beschaffte das Unternehmen durch den Verkauf weiterer Aktien an der Börse weitere USD 267 Millionen. Als börsennotierte Aktiengesellschaft war es RealNetworks möglich, erheblich mehr Geld zu beschaffen als ohne den Börsengang.

Der größte Vorteil des Börsengangs ist zugleich einer der größten Nachteile: Wenn Investoren ihren Anteilsbesitz diversifizieren, wird auch das Eigentum am Unternehmen breiter verteilt. Die fehlende Eigentumskonzentration schwächt die Fähigkeit der Investoren, das Management des Unternehmens zu überwachen. Investoren können den Preis verringern, den sie zu zahlen bereit sind, um dem Rechnung zu tragen. Außerdem haben mehrere hochkarätige Unternehmensskandale zu Beginn des 21. Jahrhunderts zu strengeren Regelungen geführt, die sich mit missbräuchlicher Unternehmensführung befassen. Organisationen wie die *US-amerikanische Wertpapier- und Börsenaufsichtsbehörde* (SEC), die Börsen (unter anderen die New Yorker Börse und die NASDAQ) sowie der US-Kongress (durch das *Sarbane-Oxley-Gesetz* im Jahr 2002 und andere Gesetze) übernahmen neue Standards, in deren Mittelpunkt die weitergehende Veröffentlichung finanzieller Informationen, umfangreichere Rechenschaftspflichten und strengere Anforderungen an Vorstände standen. Auch in Europa wurden die Überwachungsstandards für Aktiengesellschaften verschärft. Diese Standards dienen grundsätzlich dem besseren Schutz der Investoren. Die Einhaltung der neuen Standards ist jedoch für Aktiengesellschaften kostspielig und zeitraubend.

Emissionsarten

Nach der Entscheidung an die Börse zu gehen arbeiten die Manager des Unternehmens mit einer *Emissionsbank* zusammen, einer Investmentbank, die den Börsengang verwaltet und dessen Struk-

---

5 The National Venture Capital Association.

tur gestaltet. Die zu treffenden Entscheidungen beziehen sich auf die Art der Aktien und das Verfahren, durch das die Investmentbank die Aktien verkauft.

Erst- und Zweitemission. Bei einer Neuemission bietet ein Unternehmen zum ersten Mal ein großes Aktienpaket zum Verkauf an der Börse an. Die bei einer Neuemission verkauften Aktien können entweder neue Aktien sein, die neues Kapital beschaffen, was man als **Erstemission** bezeichnet, oder bestehende Aktien, die von derzeitigen Aktionären (im Rahmen ihrer Ausstiegstrategie) verkauft werden, was **Zweitemission** heißt.

Verkaufsvermittlung, feste Übernahme und Neuemission mittels Auktionsverfahren. Bei kleineren Neuemissionen übernimmt die Emissionsbank in der Regel die Transaktion auf Vermittlungsbasis. In diesem Fall garantiert die Emissionsbank nicht den Verkauf der Aktien, sondern versucht die Aktien zum bestmöglichen Preis zu verkaufen. Häufig enthalten diese Transaktionen eine Alles-oder-nichts-Klausel: Entweder alle Aktien werden bei der Emission verkauft oder das Geschäft findet nicht statt.

Üblicher ist, dass Emissionsbank und Emittent eine **feste Emissionsübernahme** vereinbaren, bei der die Emissionsbank garantiert, dass sie alle Aktien zum Emissionspreis verkaufen wird. Die Emissionsbank kauft die gesamte Emission (zu einem etwas niedrigeren Kurs als der Emissionspreis) und verkauft diese dann zum Emissionspreis. Wird nicht die gesamte Emission verkauft, ist die Emissionsbank in einer sehr schlechten Position: Die verbleibenden Aktien müssen zu einem geringeren Preis verkauft werden und die Emissionsbank trägt den Verlust. Der bekannteste Verlust dieser Art trat ein, als die britische Regierung British Petroleum privatisierte. In einem sehr ungewöhnlichen Geschäft wurde das Unternehmen nach und nach an die Börse gebracht. Die britische Regierung verkaufte ihren letzten Anteil an British Petroleum zum Zeitpunkt des Börsenkrachs im Jahr 1987. Der Emissionspreis wurde kurz davor festgelegt, aber der Börsengang fand danach statt.[6] Am Ende des ersten Handelstages verzeichneten die Konsortialbanken einen Verlust von USD 1,29 Milliarden. Der Kurs fiel dann noch weiter, bis das Kuwaiti Investment Office einschritt und einen großen Anteil am Unternehmen erwarb.

Tabelle 19.3

Die größten Neuemissionen in den USA

Emittent	Emissionstag	Börse	Branche	Emissionsbank	Betrag (USD Millionen)
Visa	18. März 2008	NYSE	Finanzbranche	J.P. Morgan	17.864
Enel SpA	1. November 1999	NYSE	Versorgungs- unternehmen	Merrill Lynch	16.452
Facebook	17. Mai 2012	NASDAQ	Internet- Dienstleistungen	Morgan Stanley	16.007
General Motors	17. November 2010	NYSE	Autos	Morgan Stanley	15.774
Deutsche Telekom	17. November 1996	NYSE	Telekommunikation	Goldman Sachs	13.034
AT&T Wireless Group	26. April 2000	NYSE	Telekommunikation	Goldman Sachs	10.620
Kraft Foods	12. Juni 2001	NYSE	Abgepackte Lebensmittel	Crédit Suisse	8.680
France Telekom	17. Oktober 1997	NYSE	Telekommunikation	Merrill Lynch	7.289
Telstra Corporation	17. November 1997	NYSE	Telekommunikation	Warburg Dillon Read	5.582
United Parcel Service	9. November 1999	NYSE	Luftfracht	Morgan Stanley	5.470
Infineon	12. März 2000	NYSE	Halbleiter	Goldman Sachs	5.230

Quelle: Renaissance Capital IPO Home.

---

6 Diese Transaktion war deshalb ungewöhnlich, weil der Emissionspreis mehr als eine Woche vor dem Emissionsdatum festgelegt wurde. In den Vereinigten Staaten legt die Emissionsbank den endgültigen Emissionspreis meistens einen Tag vor dem Börsengang fest.

Ende der 1990er-Jahre hat die Investmentbank WR Hambrecht and Company versucht, das Verfahren des Börsengangs dahingehend zu verändern, dass neue Aktien über eine **Neuemission durch Auktion** online direkt verkauft werden, was als OpenIPO bezeichnet wird. Statt den Preis auf herkömmliche Weise selbst festzulegen, lässt Hambrecht den Markt den Kurs der Aktie per Auktion bestimmen.[7] Die Investoren geben ihre Angebote innerhalb eines festgelegten Zeitraums ab. Bei einer Emission per Auktion wird dann der höchste Preis so ermittelt, dass die Anzahl der Angebote zu oder über diesem Preis der Anzahl der angebotenen Aktien entspricht. Alle erfolgreichen Bieter zahlen diesen Preis, auch wenn ihr Gebot höher lag. Der erste OpenIPO war die Neuemission in Höhe von USD 11,55 Millionen der Ravenswood Winery, die im Jahr 1999 durchgeführt wurde.

Beispiel 19.2: Ermittlung des Neuemissionspreises per Auktion

Fragestellung

Fleming Educational Software Inc. verkauft 500.000 Aktien in einer Neuemission per Auktion. Am Ende der Gebotsphase hat die Investmentbank von Fleming folgende Gebote erhalten:

Preis (USD)	Anzahl der Aktien
8,00	25.000
7,75	100.000
7,50	75.000
7,25	150.000
7,00	150.000
6,75	275.000
6,50	125.000

Wie lautet der Gebotspreis für die Aktien?

Lösung

Zuerst errechnen wir die Gesamtanzahl an Aktien, für die zu einem bestimmten Preis oder darüber eine Nachfrage besteht:

Preis (USD)	Kumulierte Nachfrage
8,00	25.000
7,75	125.000
7,50	200.000
7,25	350.000
7,00	500.000
6,75	775.000
6,50	900.000

Das Unternehmen hat beispielsweise Gebote für insgesamt 125.000 Aktien zu USD 7,75 oder höher (25.000 + 100.000 = 125.000) pro Aktie erhalten.

Fleming bietet insgesamt 500.000 Aktien zum Kauf an. Der erfolgreiche Auktionspreis liegt bei USD 7 pro Aktie, da Investoren Gebote für insgesamt 500.000 Aktien zu einem Preis von USD 7 oder höher abgegeben haben. Alle Investoren, die mindestens diesen Preis geboten haben, können die Aktie für USD 7 pro Aktie kaufen, auch wenn ihr ursprüngliches Gebot höher war.

---

7 Weitere Details zum Börsengang mittels einer Auktion von Hambrecht finden sich unter *www.openipo.com*.

In diesem Beispiel entspricht die kumulierte Nachfrage zum erfolgreichen Preis genau dem Angebot. Wenn die gesamte Nachfrage zu diesem Preis größer wäre als das Angebot, würden alle Teilnehmer an der Auktion, die Preise über dem erfolgreichen Preis geboten haben, das volle nachgefragte Gebot erhalten (zum erfolgreichen Preis). Die Aktien würden anteilig den Bietern zugeteilt werden, die genau den erfolgreichen Preis geboten haben.

Im Jahr 2004 ging Google im Rahmen einer Auktion an die Börse, was für großes Interesse an dieser Alternative gesorgt hat. Im Mai 2005 beschaffte Morningstar USD 140 Millionen durch eine Hambrecht OpenIPO Auktion.[8] Doch obwohl die Neuemission per Auktion eine machbare Alternative zum herkömmlichen Verfahren eines Börsengangs zu sein scheint, wurde sie weder in den Vereinigten Staaten noch in anderen Ländern allgemein angewendet. Nach der Durchführung von weniger als 30 Transaktionen von 1999 bis 2008 hat Hambrecht seitdem keine Emission per Auktion mehr durchgeführt.

Der Börsengang von Google

Am 29. April 2004 kündigte Google, Inc. Pläne für den Börsengang an. Entgegen der Tradition überraschte Google die Wall Street mit der Absicht, die Ausgabe der Wertpapiere hauptsächlich im Rahmen einer Auktion durchzuführen. Google erwirtschaftete seit dem Jahr 2001 Gewinne, weswegen laut Führungskräften von Google der Zugang zu Kapital nicht der einzige Grund für den Börsengang war. Das Unternehmen wollte auch den Mitarbeitern und Private-Equity-Investoren Liquidität bieten.

Einer der Hauptgründe für das Auktionsverfahren war die Möglichkeit, Aktien mehr Privatanlegern zuzuteilen. Google hoffte außerdem, kurzfristige Spekulationen zu verhindern, indem man den Preis durch Marktgebote bestimmen ließ. Nach dem Internetaktienboom gab es viele Gerichtsverfahren über die Art und Weise, wie Emissionsbanken die Aktienzuteilung durchführten. Google hoffte, einen Zuteilungsskandal durch die Auktion zu vermeiden.

Investoren, die bieten wollten, eröffneten ein Broker-Konto bei einer der Emissionsbanken und platzierten dann ihre Gebote bei ihrem Broker. Google und die Emissionsbanken ermittelten das höchste Gebot, bei dem das Unternehmen alle zum Verkauf stehenden Aktien verkaufen konnte. Man hatte auch die Flexibilität, die Aktien zu einem niedrigeren Preis anzubieten.

Am 18. August 2004 verkaufte Google 19,6 Millionen Aktien zu USD 85 pro Aktie. Mit den beschafften USD 1,67 Milliarden war dies mit Abstand der größte jemals in den Vereinigten Staaten durchgeführte Börsengang mittels einer Auktion. Der Handel mit der Google-Aktie (Tickersymbol GOOG) wurde am nächsten Tag an der NASDAQ zu USD 100 je Aktie eröffnet. Auch wenn die Neuemission von Google manchmal etwas ins Stolpern geriet, ist sie dennoch das bemerkenswerteste Beispiel für die Verwendung des Auktionsmechanismus als Alternative zum traditionellen Börsengang.

Quelle: K. Delaney und R. Sidel, „Google IPO Aims to Change the Rules", The Wall Street Journal, 30. April 2004, S. C1; R. Simon und E. Weinstein, „Investors Eagerly Anticipate Google`s IPO", The Wall Street Journal, 30. April 2004, S. C1; G. Zuckerman, „Google Shares Prove Big Winners – for a Day", 20. August 2004, S. C1.

---

8 Einen Vergleich von Auktion und herkömmlicher Neuemission finden Sie bei A. Sherman, „Global Trends in IPO Methods: Book Building versus Auctions with Endogenous Entry", *Journal of Financial Economics*, Bd. 78, Nr. 3 (2005), S. 615–649.

Das Neuemissionsverfahren

Der herkömmliche Ablauf einer Neuemission ist standardisiert. In diesem Abschnitt erläutern wir die einzelnen Schritte einer Emissionsbank bei einer Neuemission.

Emissionsbanken und das Konsortium. Viele Neuemissionen, insbesondere größere, werden von einer Gruppe von Emissionsbanken durchgeführt. Die *Hauptemissionsbank* ist das Bankinstitut, das federführend für die Durchführung der Wertpapieremission verantwortlich ist. Die Hauptemissionsbank übernimmt den größten Teil der Beratung und stellt eine Gruppe anderer Emissionsbanken zusammen, die man das **Konsortium** nennt, um die Vermarktung und den Verkauf der Wertpapiere zu unterstützen. ▶Tabelle 19.4 zeigt die Emissionsbanken, die im Jahr 2011 für die größte Anzahl an Börsengängen in den Vereinigten Staaten verantwortlich waren. Wie man sehen kann, dominieren die großen US-Investmentbanken und Geschäftsbanken das Emissionsgeschäft, wobei die ersten 10 Banken die Hälfte des Geschäfts auf sich vereinen. Auch die Daten für die Jahre 2010 bis 2011 weisen auf eine starke Zunahme im Vergleich zum Jahr 2008 hin, als sich die Zahl der Neuemissionen lediglich auf 29 belief und nur USD 26 Milliarden aufgenommen wurden.

Tabelle 19.4

Neuemissionen weltweit von US-Emittenten, nach Beträgen im Jahr 2011

Manager	2011			2010			
	Betrag (USD Milliarden)	Markt-anteil	Anzahl der Emissionen	Betrag (USD Milliarden)	Rang im Jahr 2010	Markt-anteil	Anzahl der Emissionen
Goldman Sachs	11,3	6,7 %	54	17,7	3	6,7 %	72
Morgan Stanley	10,1	6,0 %	67	23,0	1	8,2 %	100
Deutsche Bank	9,0	5,4 %	56	15,0	5	5,3 %	61
Citi	8,7	5,2 %	54	10,6	8	3,8 %	49
Credit Suisse	8,5	5,1 %	51	14,8	6	5,3 %	76
JP Morgan	8,2	4,9 %	59	18,6	2	6,6 %	94
Bank of America Merrill Lynch	7,5	4,5 %	44	15,4	4	5,5 %	58
Barclays Capital	5,7	3,4 %	33	6,1	12	2,2 %	26
UBS	4,7	2,8 %	36	11,0	7	3,9 %	64
Ping An Securities Co Ltd	4,5	2,7 %	33	5,3	13	1,9 %	40
Erste 10 insgesamt	78,2	46,7 %	244*	137,7	–	49,4 %	334*
Branche insgesamt	168,1	100,0 %	1 285	281,1	–	100,0 %	1.484

*Die Gesamtanzahl der Emissionen liegt unterhalb der Summe der einzelnen Zahlen, da oft mehrere Manager für dieselbe Emission zuständig sind.

Quelle: The Wall Street Journal Year End Review of Markets and Finance, 30.12.11.

Die Konsortialbanken vermarkten die Neuemission und helfen dem Unternehmen bei allen erforderlichen Anträgen. Wichtiger ist jedoch ihre aktive Beteiligung an der Ermittlung des Angebotspreises. In vielen Fällen verpflichten sich die Konsortialbanken auch, nach der Emission für die Aktie einen Markt zu schaffen und so zu garantieren, dass die Aktie liquide ist.

Anträge an die SEC. Die SEC verlangt, dass Unternehmen einen *Registrierungsantrag* erstellen, ein rechtliches Dokument, das finanzielle und andere Informationen über das Unternehmen vor dem Börsengang für die Investoren enthält. Die Manager des Unternehmens arbeiten bei der Erstellung dieses Antrags eng mit den Konsortialbanken zusammen und reichen diesen bei der SEC ein. Ein Teil des Registrierungsantrags, der **vorläufige Prospekt** oder **Red Herring**,[9] geht an die Investoren, bevor die Aktie angeboten wird.

Die SEC prüft den Registrierungsantrag, um sicherzustellen, dass das Unternehmen alle Informationen offengelegt hat, die die Anleger benötigen, um zu entscheiden, ob sie die Aktie kaufen oder nicht. Sobald das Unternehmen die Offenlegungspflichten der SEC erfüllt hat, lässt die SEC die Aktie zum Verkauf an der Börse zu. Das Unternehmen erstellt den endgültigen Registrierungsantrag und den **endgültigen Emissionsprospekt**, der alle Angaben zum Börsengang, einschließlich der Anzahl der angebotenen Aktien und den Angebotskurs, enthält.[10]

Um diesen Vorgang zu verdeutlichen, kehren wir zu RealNetworks zurück. ▶Abbildung 19.3 zeigt das Deckblatt des endgültigen Emissionsprospekts der Neuemission von RealNetworks. Dieses Deckblatt enthält den Namen des Unternehmens, die Liste der Konsortialbanken (mit der konsortialführenden Bank an erster Stelle) und eine Zusammenfassung der Informationen über die Kursfestlegung der Emission. Das Angebot war ein Zeichnungsangebot von 3 Millionen Aktien.

Bewertung. Vor der Festlegung des Angebotspreises arbeiten die Konsortialbanken eng mit dem Unternehmen zusammen, um eine Preisspanne zu ermitteln, die ihrer Meinung nach gemäß den in ▶Kapitel 9 beschriebenen Verfahren eine angemessene Bewertung des Unternehmens liefert. Wie wir in diesem Kapitel bereits festgehalten haben, gibt es zwei Möglichkeiten, ein Unternehmen zu bewerten: Die Schätzung der zukünftigen Cashflows und Berechnung des Barwerts oder die Schätzung des Wertes durch die Untersuchung von Vergleichsunternehmen. Die meisten Konsortialbanken wenden beide Verfahrensarten an. Wenn jedoch diese Verfahren Ergebnisse liefern, die sich erheblich voneinander unterscheiden, verlassen sie sich häufig auf Vergleichszahlen aus kürzlich durchgeführten Börsengängen.

Sobald die Spanne für den Anfangspreis feststeht, versuchen die Konsortialbanken herauszufinden, was der Markt von der Bewertung hält. Begonnen wird mit einer **Road Show**, bei der die Geschäftsführung und die führenden Emissionsbanken durch das Land (und manchmal um die ganze Welt) reisen und für das Unternehmen werben sowie die Gründe für den Angebotspreis den größten Kunden der Emissionsbanken – hauptsächlich institutionellen Anlegern, wie Investmentfonds und Pensionsfonds – erklären.

---

9 Dieser englische Begriff bedeutet „roter Faden" bzw. „das Wesentliche".

10 Registrierungsanträge findet man auf EDGAR, der Internetseite der SEC, die den Investoren Registrierungsinformationen bietet: *www.sec.gov/edgar/searchedgar/webusers.htm*.

3,000,000 Shares

RealNetworks, Inc.
(formerly "Progressive Networks, Inc.")

Common Stock
(par value $.001 per share)

All of the 3,000,000 shares of Common Stock offered hereby are being sold by RealNetworks, Inc. Prior to the offering, there has been no public market for the Common Stock. For factors considered in determining the initial public offering price, see "Underwriting".

The Common Stock offered hereby involves a high degree of risk. See "Risk Factors" beginning on page 6.

The Common Stock has been approved for quotation on the Nasdaq National Market under the symbol "RNWK," subject to notice of issuance.

THESE SECURITIES HAVE NOT BEEN APPROVED OR DISAPPROVED BY THE SECURITIES AND EXCHANGE COMMISSION OR ANY STATE SECURITIES COMMISSION NOR HAS THE SECURITIES AND EXCHANGE COMMISSION OR ANY STATE SECURITIES COMMISSION PASSED UPON THE ACCURACY OR ADEQUACY OF THIS PROSPECTUS. ANY REPRESENTATION TO THE CONTRARY IS A CRIMINAL OFFENSE.

	Initial Public Offering Price(1)	Underwriting Discount(2)	Proceeds to Company(3)
Per Share	$12.50	$0.875	$11.625
Total(4)	$37,500,000	$2,625,000	$34,875,000

(1) In connection with the offering, the Underwriters have reserved up to 300,000 shares of Common Stock for sale at the initial public offering price to employees and friends of the Company.

(2) The Company has agreed to indemnify the Underwriters against certain liabilities, including liabilities under the Securities Act of 1933, as amended. See "Underwriting".

(3) Before deducting estimated expenses of $950,000 payable by the Company.

(4) The Company has granted the Underwriters an option for 30 days to purchase up to an additional 450,000 shares at the initial public offering price per share, less the underwriting discount, solely to cover over-allotments. If such option is exercised in full, the total initial public offering price, underwriting discount and proceeds to Company will be $43,125,000, $3,018,750 and $40,106,250, respectively. See "Underwriting".

The shares offered hereby are offered severally by the Underwriters, as specified herein, subject to receipt and acceptance by them and subject to their right to reject any order in whole or in part. It is expected that certificates for the shares will be ready for delivery in New York, New York on or about November 26, 1997, against payment therefor in immediately available funds.

Goldman, Sachs & Co.
BancAmerica Robertson Stephens
NationsBanc Montgomery Securities, Inc.

The date of this Prospectus is November 21, 1997.

Abbildung 19.3: **Das Deckblatt des Prospektes zum Börsengang von RealNetwork.** Das Deckblatt enthält den Namen des Unternehmens, eine Liste der Konsortialbanken und eine Zusammenfassung der Informationen über die Preisfestlegung der Emission.

Quelle: RealNetworks Inc.

Beispiel 19.3: Bewertung eines Börsengangs anhand von Vergleichszahlen

Fragestellung

Wagner Inc. ist ein Privatunternehmen, das Markenprodukte entwickelt, herstellt und vertreibt. Während des letzten Geschäftsjahres erwirtschaftete Wagner Umsatzerlöse von USD 325 Millionen und einen Gewinn von USD 15 Millionen. Wagner hat einen Registrierungsantrag bei der SEC für den Börsengang eingereicht. Bevor die Aktie angeboten wird, würden die Investmentbanker von Wagner gerne den Wert des Unternehmens anhand der Zahlen von Vergleichsunternehmen schätzen. Die Investmentbanker haben folgende Informationen auf Grundlage der Daten anderer Unternehmen aus derselben Branche zusammengestellt, die vor Kurzem an die Börse gegangen sind. In jedem Fall basieren die Kennzahlen auf dem Angebotspreis der Neuemission.

Unternehmen	Kurs/Gewinn	Kurs/Umsatzerlös
Ray Products Corp	18,8 ×	1,2 ×
Byce-Frasier Inc.	19,5 ×	0,9 ×
Fashion Industries Group	24,1 ×	0,8 ×
Recreation International	22,4 ×	0,9 ×
Mittelwert	21,2 ×	0,9 ×

Nach dem Börsengang wird Wagner 20 Millionen Aktien im Umlauf haben. Schätzen Sie den Angebotspreis der Neuemission anhand des Kurs-Gewinn-Verhältnisses und des Kurs-Umsatz-Verhältnisses.

Lösung

Wenn der Angebotspreis von Wagner auf einem Kurs-Gewinn-Verhältnis basiert, das denen der aktuellen Neuemissionen ähnlich ist, dann wird dieses Verhältnis dem Mittelwert der aktuellen Emissionen bzw. 21,2 entsprechen. Bei einem Gewinn von USD 15 Millionen liegt der Gesamtmarktwert der Aktien von Wagner bei (USD 15 Millionen)(21,2) = USD 318 Millionen. Bei 20 Millionen Aktien im Umlauf sollte der Preis pro Aktie USD 15,90 betragen.

Wenn der Angebotspreis der Neuemission von Wagner ein Kurs-Umsatzerlös-Verhältnis bedeutet, das dem aktuellen Durchschnitt von 0,9 entspricht, dann liegt der Marktwert von Wagner bei Verwendung der Umsatzerlöse von USD 325 Millionen bei insgesamt (USD 325 Millionen)(0,9) = USD 292,5 Millionen bzw. (USD 292,5 : 20) = USD 14,63 pro Aktie.

Auf Grundlage dieser Schätzungen werden die Emissionsbanken wahrscheinlich eine Spanne für den Anfangspreis von USD 13 bis USD 17 in den Informationsveranstaltungen anbieten.

Am Ende der Informationsveranstaltung informieren die Kunden die Konsortialbanken über ihr Interesse, indem sie ihnen mitteilen, wie viele Aktien sie kaufen möchten. Auch wenn diese Zusagen nicht verbindlich sind, schätzen die Kunden der Konsortialbanken die langfristigen Beziehungen zu den Konsortialbanken, sodass sie meist zu ihren Zusagen stehen. Die Emissionsbanken addieren dann die Gesamtnachfrage und passen den Preis so an, dass ein Fehlschlag der Emission unwahrscheinlich ist. Diesen Vorgang, bei dem der Angebotspreis auf Grundlage der Mitteilungen der Kunden Anteile zu erwerben festgelegt wird, nennt man **Bookbuilding-Verfahren**. Da bei einem Börsengang mittels Auktionsverfahrens kein Angebotspreis festgelegt wird, ist das *Bookbuilding-Verfahren* in diesem Zusammenhang nicht so wichtig wie bei einer herkömmlichen Neuemission. In einer Studie untersuchten Ravi Jagannathan und Ann Sherman, warum Auktionen als Neuemissionsverfahren keinen großen Anklang fanden und durch ungenaue Preisfestlegung und schlechte Wertentwicklung am Markt unmittelbar nach der Neuemission negativ auffielen. Sie weisen darauf hin, dass

Auktionen kein Bookbuilding-Verfahren zur Preisfestlegung verwenden und Investoren deshalb von der Teilnahme an diesen Auktionen abgehalten werden.[11]

Preisfestlegung und Risiko-Management. Bei der Neuemission von RealNetworks lag der endgültige Angebotspreis bei USD 12,50 pro Aktie.[12] Auch verpflichtete sich das Unternehmen, den Emissionsbanken eine Gebühr, die sogenannte *Konsortialspanne*, von USD 0,875 pro Aktie zu zahlen – genau 7 % des Emissionspreises. Da es sich um eine Emission mit *fester Emissionsübernahme* handelte, kauften die Emissionsbanken die Aktien von RealNetworks für USD 12,50 – USD 0,875 = USD 11,625 pro Aktie und verkauften sie dann an ihre Kunden für USD 12,50 pro Aktie.

Wie wir wissen, ist eine Emissionsbank, die eine feste Emissionsübernahme zusagt, dem Risiko ausgesetzt, dass die Bank die Aktien zu einem Preis unter dem Angebotspreis verkaufen und einen Verlust erleiden muss. Laut Tim Loughran und Jay Ritter mussten in den Jahren 1990 bis 1998 nur 9 % der Neuemissionen in den Vereinigten Staaten einen Rückgang des Aktienkurses am ersten Tag hinnehmen.[13] Bei weiteren 16 % der Unternehmen war der Preis bei Handelsschluss am ersten Tag der gleiche wie der Angebotspreis. Somit verzeichnete eine große Mehrzahl der Neuemissionen am ersten Handelstag einen Kursanstieg, was darauf hinweist, dass der Anfangspreis im Allgemeinen unter dem Preis lag, den die Investoren am Aktienmarkt zu zahlen bereit waren.

Die Emissionsbanken scheinen die Informationen, die sie während des Bookbuilding-Verfahrens erhalten, für die Neuemission zu nutzen, um absichtlich unterzubewerten und dadurch ihr Verlustrisiko zu verringern. Außerdem können die Emissionsbanken, sobald der Emissions- oder Angebotspreis feststeht, ein weiteres Verfahren anwenden, um sich gegen einen Verlust abzusichern – die *Mehrzuteilungsoption* oder den *Greenshoe*.[14] Diese Option ermöglicht den Emissionsbanken, mehr Aktien zum Angebotspreis auszugeben und zwar bis zu 15 % des ursprünglichen Umfangs. Fußnote 4 auf dem Deckblatt des Prospektes von RealNetworks in ▶Abbildung 19.3 beschreibt so eine Greenshoe-Bestimmung.

Sehen wir uns an, wie Emissionsbanken diese Greenshoe-Bestimmung nutzen, um sich vor einem Verlust zu schützen und so das Risiko zu managen. Der RealNetworks Prospekt besagt, dass 3 Millionen Aktien zu USD 12,50 pro Aktie angeboten werden. Außerdem gestattete die Greenshoe-Bestimmung die Emission weiterer 450.000 Aktien zu USD 12,50 pro Aktie. Die Emissionsbanken vermarkten anfangs sowohl die anfängliche Zuteilung wie auch die Greenshoe-Zuteilung: Im Fall RealNetworks ist der Preis von USD 12,50 pro Aktie so festgelegt, dass sie davon ausgehen, dass alle 3,45 Millionen Aktien verkauft werden, und „leerverkaufen" somit sozusagen die Greenshoe-Zuteilung. Ist die Emission erfolgreich, übt die Emissionsbank die Greenshoe-Option aus, und deckt so die *Leerverkaufsposition*. Ist die Emission nicht erfolgreich und der Kurs fällt, deckt die Emissionsbank die Leerverkaufsposition, indem sie die Greenshoe-Zuteilung (450.000 Aktien der Neuemission von RealNetworks) am ersten Tag des Börsenhandels zurückkauft, und somit den Preis stützt.[15]

Sobald der Börsengang abgeschlossen ist, werden die Aktien an der Börse gehandelt. Die Konsortialführerin sorgt üblicherweise für einen Markt für diese Aktie und lässt die Aktie durch einen Analysten beobachten. Dadurch steigert die Emissionsbank die Liquidität der Aktie am Sekundärmarkt. Dies ist sowohl für den Emittenten als auch für die Kunden der Emissionsbank wertvoll. Ein liquider Markt stellt sicher, dass Investoren, die Aktien bei einem Börsengang erworben haben, diese Aktien problemlos handeln können. Wird die Aktie aktiv gehandelt, hat der Emittent weiter Zugang zu den Eigenkapitalmärkten, falls er sich entscheidet, weitere Aktien in einem neuen Angebot auszugeben. In den meisten Fällen unterliegen die bisherigen Aktionäre einer **Sperrfrist** von 180 Tagen. Das

---

11 „Why do IPO Auctions Fail?", NBER Arbeitspapier 12151, März 2006.

12 Die Aktienkurse von RealNetworks wurden im ganzen Kapitel nicht um zwei nachfolgende Aktien-Splits bereinigt. RealNetworks führte 1999 und 2000 einen 2:1 Split durch und einen 1:4 umgekehrten Split im Jahr 2011.

13 „Why Don`t Issuers Get Upset About Leaving Money on the Table in IPOs?" *Review of Financial Studies*, Bd. 15, Nr. 2 (2002), S. 413–443.

14 Die Bezeichnung stammt von der Green Shoe Company, dem ersten Emittenten, der bei seinem Börsengang eine Mehrzuteilungsoption hatte.

15 R. Aggarwal, „Stabilization Activities by Underwriters After IPOs", *Journal of Finance*, Bd. 55, Nr. 3 (2000), S. 1075–1103, stellt fest, dass Emissionsbanken anfangs eine Überzeichnung von durchschnittlich 10,75 % durchführen und dann gegebenenfalls mit der Greenshoe-Option für Deckung sorgen.

heißt, sie können ihre Aktien erst nach Ablauf einer Frist von 180 Tagen nach dem Börsengang verkaufen. Nach Ablauf dieser Sperrfrist steht ihnen der Handel mit ihren Aktien frei.

Verständnisfragen

1. Was sind einige der Vor- und Nachteile eines Börsengangs?

2. Erklären Sie das Verfahren eines Börsengangs mittels Auktionsverfahren.

19.3 Auffälligkeiten bei Neuemissionen

Vier Merkmale einer Neuemission sind für Finanzwirtschaftler rätselhaft und für Finanzmanager relevant:

1. Im Durchschnitt scheinen Neuemissionen unterbewertet zu sein: Der Kurs am Ende des ersten Handelstages ist häufig erheblich höher als der Aktienpreis der Neuemission.

2. Die Anzahl der Emissionen ist sehr zyklisch. In guten Zeiten wird der Markt mit Neuemissionen überflutet, in schlechten Zeiten gibt es hingegen kaum Neuemissionen.

3. Die Kosten eines Börsengangs sind sehr hoch und es ist unklar, warum Unternehmen diese bereitwillig auf sich nehmen.

4. Die langfristige Wertentwicklung einer neuen börslich gehandelten Gesellschaft (drei bis fünf Jahre ab dem Datum der Emission) ist schlecht. Dies bedeutet, dass eine Kaufen-und-Halten-Strategie von drei bis fünf Jahren im Durchschnitt anscheinend eine schlechte Investition ist.

Wir werden nun jede dieser Merkwürdigkeiten untersuchen.

Unterbewertung

Grundsätzlich legen die Emissionsbanken den Emissionspreis so fest, dass der durchschnittliche Ertrag des ersten Tages positiv ist. Bei RealNetworks haben die Emissionsbanken die Aktie am 21. November 1997 zu einem Emissionspreis von USD 12,50 pro Aktie angeboten. Die Aktie von RealNetworks wurde zu einem Eröffnungskurs am NASDAQ-Markt von USD 19,357 gehandelt und schloss am Ende des ersten Handelstages mit USD 17,875. Diese Entwicklung ist nicht untypisch. Im Durchschnitt war der Preis am US-Markt in den Jahren 1960 bis 2011 am Ende des ersten Handelstages um 17 % höher. Wie in ▶Abbildung 19.4 deutlich wird, war weltweit der Emissionsgewinn am ersten Tag bei Börsengängen in der Vergangenheit durchschnittlich sehr hoch.

Wer profitiert von dieser Unterbewertung? Wir haben bereits erklärt, dass der Vorteil der Emissionsbank in der Beherrschung ihres Risikos liegt. Natürlich profitieren Investoren, die Aktien zum Emissionspreis von der Emissionsbank erwerben können, auch von der Unterbewertung am ersten Tag. Wer trägt die Kosten? Die Anteilseigner des Emittenten vor dem Börsengang. Tatsächlich verkaufen diese Inhaber Anteile an ihrem Unternehmen für weniger, als sie am Aktienmarkt nach der Emission erhalten würden.

Warum nehmen die Anteilseigner von Emittenten diese Unterbewertung in Kauf? Eine naive Sichtweise ist, dass sie keine Wahl haben, da eine relativ geringe Anzahl an Emissionsbanken den Markt beherrscht. In Wirklichkeit dürfte dies jedoch nicht die Erklärung sein. Diese Branche scheint zumindest dem Vernehmen nach hart umkämpft zu sein. Außerdem waren Neueinsteiger, die wie WR Hambrecht günstigere Alternativen zu den herkömmlichen Emissionsverfahren bieten, nicht sehr erfolgreich dabei, einen bedeutenden Marktanteil für sich zu gewinnen.

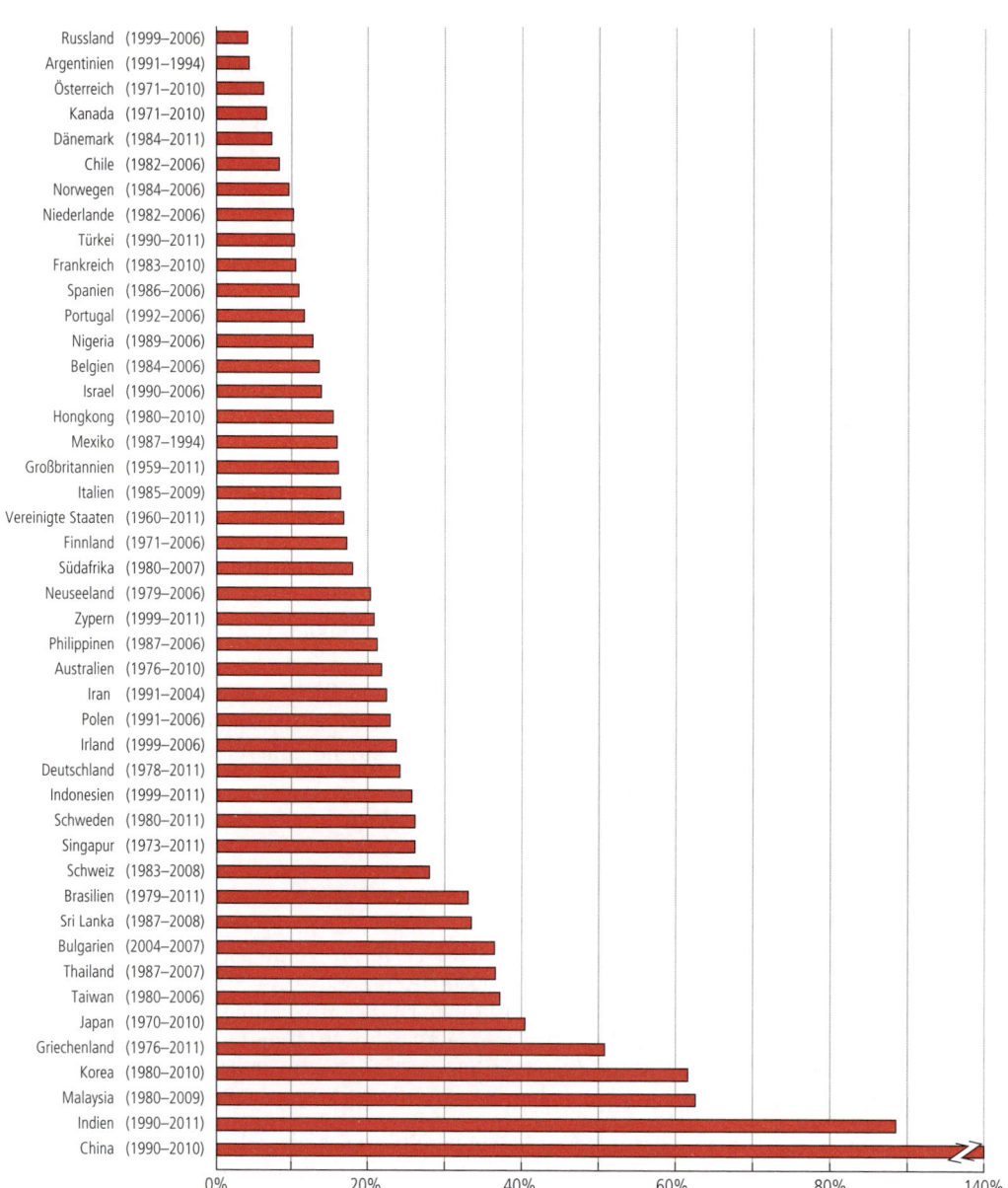

Abbildung 19.4: Zeichnungsgewinne am ersten Tag im internationalen Vergleich. Die Balken zeigen den Durchschnitt des Zeichnungsgewinns aus dem Angebotspreis bis zum Schlusskurs des ersten Handelstages. Bei China zeigt der Balken den durchschnittlichen Zeichnungsgewinn aus einer Neuemission von Aktien der Klasse A, die nur von chinesischen Staatsbürgern gekauft werden können. Die Jahreszahlen geben den Beispielszeitraum für das jeweilige Land an.

Quelle: Übernommen von Jay Ritter (http://bear.warrington.ufl.edu/ritter).

Angesichts dieser Unterbewertung scheint eine Investition in Neuemissionen ein lukratives Geschäft zu sein. Wenn der durchschnittliche Zeichnungsgewinn am ersten Tag bei 17 % liegt und man zu Beginn eines jeden Geschäftstages in eine Neuemission investieren und die Aktie dann am Ende des Tages verkaufen könnte, läge bei 250 Geschäftstagen pro Jahr die gesamte Jahresrendite bei $(1,17)^{250}$ − 1 = 11.129.238.168.937.200.000 %. Warum handeln nicht alle Investoren so? Bei obiger Rechnung wird davon ausgegangen, dass man an jedem Tag alle Erträge aus der Investition des Vortages investieren kann. Bei einer erfolgreichen Neuemission jedoch übersteigt die Nachfrage nach der Aktie das Angebot.[16] Somit wird die Zuteilung der Aktien begrenzt. Ist ein Börsengang hingegen nicht erfolgreich, ist die Nachfrage zum Angebotspreis schwach, sodass alle Order vollständig ausgeführt werden können. Wenn man die Investitionsstrategie verfolgt, den Ertrag aus der Neuemission des Vortages in die nächste zu investieren, würde die Order in diesem Szenario vollständig ausgeführt werden, wenn der Kurs fällt, jedoch begrenzt werden, wenn er steigt. Diese Form der adversen Selektion nennt man **den Fluch des Gewinners**: Man „gewinnt" (erhält alle georderten Aktien), wenn die Nachfrage nach den Aktien von anderen gering ist und die Neuemission wahrscheinlich ohne Erfolg ist. Dieser Effekt kann groß genug sein, dass die Strategie, in jede Neuemission zu investieren, keine überdurchschnittlichen Erträge bringt, ganz zu schweigen von der oben angegebenen astronomischen Zahl.[17] Zudem bedeutet dieser Effekt, dass es notwendig sein könnte, dass die Emissionsbank die Neuemission im Durchschnitt unterbewertet, damit weniger informierte Investoren bereit sind, sich an Neuemissionen zu beteiligen, wie das folgende Beispiel zeigt.

Beispiel 19.4: Investoren eines Börsengangs und der Fluch des Gewinners

Fragestellung

Thompson Brothers, ein großes Emissionshaus, bietet den Kunden folgende Gelegenheit: Thompson garantiert einen Anteil an jeder Neuemission, an der es beteiligt ist. Angenommen, Sie sind ein Kunde. Sie müssen sich verpflichten, bei jeder Emission 2.000 Aktien zu kaufen. Sind die Aktien verfügbar, erhalten Sie diese. Ist die Emission überzeichnet, wird die Zuteilung der Aktien anteilig zur Überzeichnung begrenzt. Ihre Recherche ergibt, dass üblicherweise 80 % der Emissionen von Thompson im Verhältnis 16 zu 1 überzeichnet sind (nur jede 16. Order kann ausgeführt werden), und dieser Nachfrageüberschuss führt am ersten Tag zu einem Kursanstieg von 20 %. Jedoch sind 20 % der Emissionen nicht überzeichnet, und auch wenn Thompson den Kurs am Markt stützt (indem die Greenshoe-Option nicht ausgeübt wird, sondern stattdessen Aktien zurückgekauft werden), geht der Kurs am ersten Tag oft um 5 % zurück. Wie hoch ist auf Grundlage dieser statistischen Daten die durchschnittliche Unterbewertung einer Neuemission von Thompson? Wie hoch ist die durchschnittliche Rendite für Sie als Anleger?

Lösung

Zunächst ist zu beachten, dass die durchschnittliche Rendite der Emissionen von Thompson Brothers am ersten Tag hoch ist: $0,8(20\%) + 0,2(-5\%) = 15\%$. Bei einer Neuemission pro Monat würde man nach einem Jahr eine Jahresrendite von $1,15^{12} - 1 = 435\%$ erhalten!

In der Realität kann diese Rendite nicht erreicht werden. Bei erfolgreichen Neuemissionen erhält man eine Rendite von 20 %, aber nur $2.000 : 16 = 125$ Aktien. Würde der durchschnittliche Angebotspreis bei USD 15 pro Aktie liegen, ergäbe dies einen Gewinn von:

$$\text{USD 15/Aktie} \times (125 \text{ Aktien}) \times (20\% \text{ Rendite}) = \text{USD 375}$$

Bei erfolglosen Börsengängen erhalten Sie die volle Zuteilung von 2.000 Aktien. Da diese Aktien oft um 5 % fallen werden, beträgt Ihr Gewinn:

$$\text{USD 15/Aktie} \times (2.000 \text{ Aktien}) \times (-5\% \text{ Rendite}) = -\text{USD 1.500}$$

Da 80 % der Börsengänge von Thompson erfolgreich sind, liegt Ihr durchschnittlicher Gewinn bei:

$$0,80(\text{USD 375}) + 0,20(-\text{USD 1.500}) = \text{USD 0}$$

Somit gleichen Sie im Durchschnitt Gewinne und Verluste gerade aus! Wie dieses Beispiel zeigt, kann Ihre durchschnittliche Rendite, auch wenn die durchschnittliche Neuemission erfolgreich sein mag, viel geringer sein, da Sie von den weniger erfolgreichen Neuemissionen eine höhere Zuteilung erhalten. Auch würden uninformierte Investoren Geld verlieren und wären nicht bereit, sich an diesen Neuemissionen zu beteiligen, wenn die durchschnittliche Unterbewertung geringer als 15 % wäre

---

16 Das ist eine andere Formulierung dafür, dass die Aktie unterbewertet ist.

17 Diese Erklärung wurde erstmals von K. Rock vorgeschlagen: „Why New Issues Are Underpriced", *Journal of Financial Economics*, Bd. 15, Nr. 2 (1986), S. 197–212. Siehe auch M. Levis, „The Winner`s Curse Problem, Interest Costs and the Underpricing of Initial Public Offerings", *Economic Journal*, Bd. 100 (1990), S. 76–89.

Zyklizität

▸Abbildung 19.5 zeigt die Anzahl und den Dollarbetrag der Neuemissionen pro Jahr von 1975 bis 2011. Wie diese Abbildung zeigt, erreichte der Dollarbetrag der Neuemissionen in den Jahren 1999 und 2000 einen Höchststand. Ein noch wichtigerer Punkt ist, dass Betrag und Anzahl der Emissionen ein deutliches zyklisches Muster aufweisen. Manchmal, wie im Jahr 2000, ist der Betrag der Neuemissionen höher als jemals zuvor und doch kann der Betrag der Neuemissionen innerhalb von einem oder zwei Jahren erheblich sinken. Diese Zyklizität ist an sich nicht besonders überraschend. In Zeiten mit mehr Wachstumsgelegenheiten würden wir einen höheren Bedarf an Kapital erwarten als in Zeiten mit weniger Wachstumsgelegenheiten.

DIE GLOBALE FINANZKRISE

Neuemissionen in den Jahren 2008 und 2009 weltweit

Der Rückgang der Neuemissionen während der Finanzkrise im Jahr 2008 war auf der ganzen Welt zu verzeichnen und dramatisch. Untenstehende Abbildung zeigt den gesamten weltweiten Betrag der Erträge aus Neuemissionen in Milliarden Dollar (rote Balken) und die Anzahl der Emissionen (rote Linie) je Quartal ab dem letzten Quartal 2006 bis zum ersten Quartal 2009. Vergleicht man das vierte Quartal 2007 (ein Rekordquartal, was Neuemissionen betrifft) mit dem vierten Quartal 2008, fiel der Dollarbetrag um erstaunliche 97 % von USD 102 Milliarden auf nur USD 3 Milliarden. Im ersten Quartal 2009 verschlechterte sich die Lage weiter und das Volumen lag bei nur USD 1,4 Milliarden. Der Markt für Neuemissionen kam fast zum Stillstand.

Während der Finanzkrise 2008 war der Markt für Neuemissionen nicht der einzige Markt für Eigenkapitalemissionen, der einen Zusammenbruch des Volumens zu verzeichnen hatte. Auch die Märkte für Aktienemissionen von bereits börslich notierten Gesellschaften (Seasoned Equity Offerings, SEO) und fremdfinanzierte Übernahmen (Leveraged Buyouts, LBO) brachen zusammen. Die damals bestehende extreme Unsicherheit am Markt führte zu einer „Flucht in Qualität". Investoren waren nicht mehr risikobereit und strebten danach, ihr Kapital in risikolose Anlagen wie US-Schatzpapiere anzulegen. Das Ergebnis war ein Zusammenbruch der Aktienkurse und ein stark verringertes Angebot an frischem Kapital für risikobehaftete Anlageklassen.

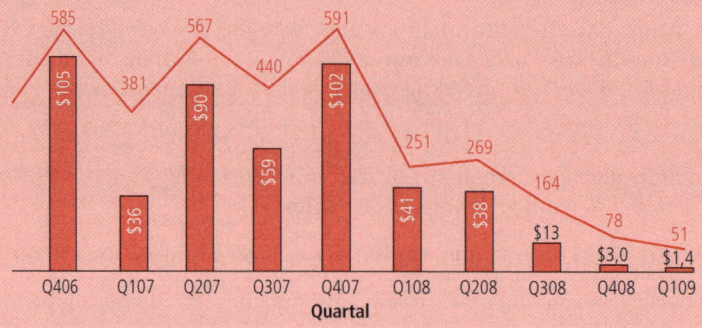

Quelle: Shifting Landscape – Are You Ready? Global IPO Trends Report 2009, Ernst & Young.

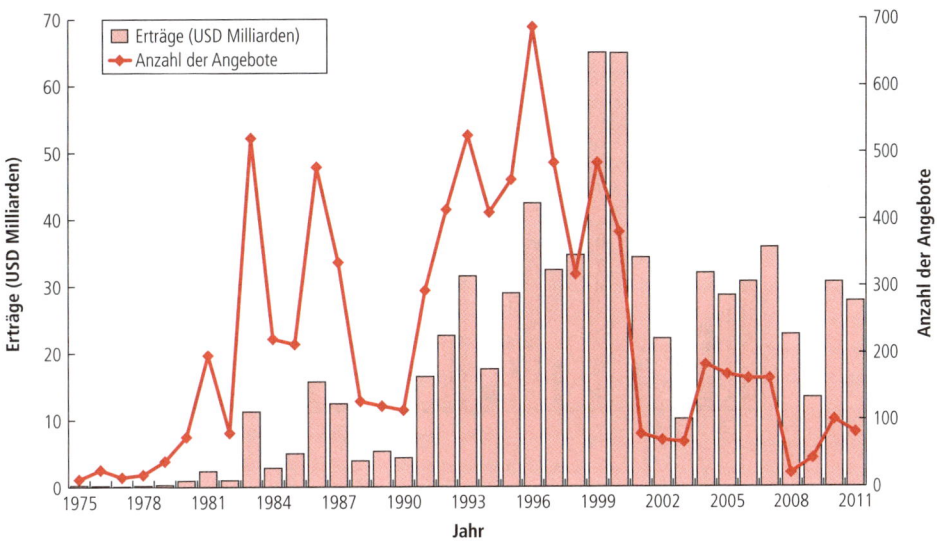

Abbildung 19.5: Zyklizität von Neuemissionen in den Vereinigten Staaten. Die Grafik zeigt die Anzahl der Neuemissionen und den gesamten Dollarbetrag der angebotenen Aktien pro Jahr. Die Anzahl und der Betrag der Neuemissionen erreichten Ende der 1990er-Jahre einen Höchststand und sie sind sehr zyklisch.

Quelle: Übernommen von Jay Ritter aus „Initial Public Offerings: Tables Updated through 2011"
(http://bear.warrington.ufl.edu/ritter).

Das Ausmaß der Schwankungen überrascht. Es ist sehr schwierig zu glauben, dass die Verfügbarkeit von Wachstumsgelegenheiten und der Kapitalbedarf in den Jahren 2000 bis 2003 so drastisch zurückgegangen ist, dass ein Rückgang des Dollarbetrags der Neuemissionen von 75 % verursacht wurde. Es scheint, dass die Anzahl der Neuemissionen nicht allein durch die Nachfrage nach Kapital bedingt ist. Manchmal bevorzugen Investoren und Unternehmen Neuemissionen und manchmal verlassen sich Unternehmen anscheinend auf alternative Kapitalquellen und Finanzwirtschaftler sind sich nicht sicher, warum das so ist.

Kosten einer Neuemission

Die übliche Spanne, der Abschlag vom Emissionspreis, zu dem die Emissionsbank die Aktien vom Emittenten kauft, liegt bei 7 % des Emissionspreises. Bei einem Emissionsvolumen von EUR 50 Millionen sind das EUR 3,5 Millionen. Gemessen an den üblichen Gebühren ist dieser Betrag sehr hoch, besonders wenn man die zusätzlichen Kosten berücksichtigt, die dem Unternehmen durch die Unterbewertung entstehen. Wie ▶ Abbildung 19.6 zeigt, sind die Gesamtkosten einer erstmaligen Aktienemission im Vergleich zu anderen Wertpapieremissionen erheblich höher.

Noch verwunderlicher ist die scheinbar fehlende Sensitivität der Gebühren gegenüber der Größe der Emission. Auch wenn größere Emissionen etwas aufwändiger sind, würde man nicht erwarten, dass dieser zusätzliche Aufwand so lukrativ vergütet wird. Zum Beispiel haben Hsuan-Chi Chen und Jay Ritter ermittelt, dass fast alle Emissionen mit einem Umfang von USD 20 Millionen bis USD 80 Millionen mit Provisionen von rund 7 % belastet waren.[18] Es ist nicht leicht zu verstehen, wie eine Emission mit einem Volumen von USD 20 Millionen bei einem Einsatz von „nur" USD 1,4 Millionen profitabel durchgeführt werden kann, während eine Emission mit einem Umfang von USD 80 Millionen Gebühren von USD 5,6 Millionen mit sich bringt.

---

18 „The Seven Percent Solution", *Journal of Finance*, Bd. 55, Nr. 3 (2000), S. 1105–1131.

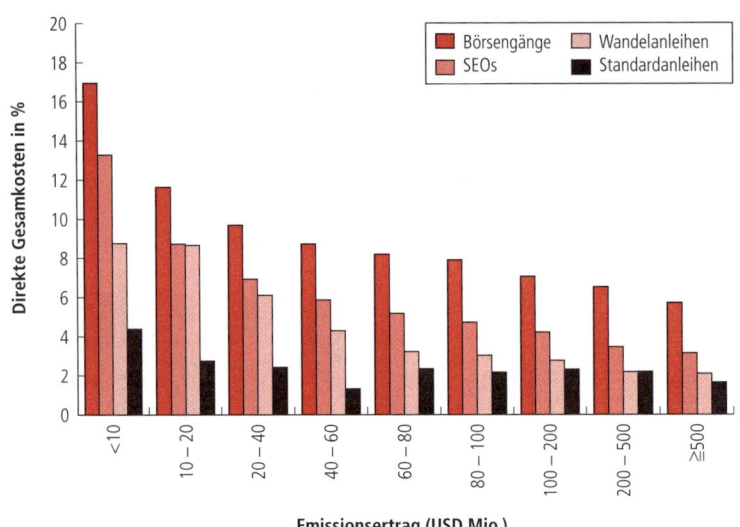

Abbildung 19.6: Relative Kosten einer Wertpapieremission. Diese Abbildung zeigt die direkten Gesamtkosten (alle Zeichnungs-, Rechts- und Prüfungskosten) einer Wertpapieremission als Anteil des beschafften Kapitalbetrags. Die Grafik zeigt die Ergebnisse von Neuemissionen, Seasoned-Equity-Offerings (Angebot neuer Aktien), Wandelanleihen und Festzinsanleihen von Emissionen unterschiedlicher Größe in den Jahren 1990 bis 1994.

Quelle: Übernommen von I. Lee, S. Lochhead, J. Ritter und Q. Zhao, „The Costs of Raising Capital", Journal of Financial Research 19 (1)1996, S.59–74.

Bislang konnte kein Wissenschaftler eine zufriedenstellende Antwort auf diese Frage geben. Chen und Ritter argumentieren, dass sich die Emissionsbanken indirekt verabreden. In seiner Antwort auf diese These findet Robert Hansen jedoch keine Belege für eine solche Absprache.[19] Er zeigt, dass es eine geringe Konzentration der Emissionsbanken gibt, dass es am Markt der Emissionsbanken viele neue Teilnehmer gibt, und dass eine Spanne von 7 % weniger profitabel ist als die sonstige Geschäftstätigkeit von Investmentbanken.

Eine mögliche Erklärung ist, dass eine Emissionsbank bei dem Versuch, die Konkurrenz zu unterbieten, riskiert zu signalisieren, dass sie nicht die gleiche Qualität bietet wie Wettbewerber mit höheren Gebühren. Dies dürfte dazu führen, dass sich weniger Unternehmen für diese Emissionsbank entscheiden. Craig Dunbar hat diese These untersucht.[20] Er stellte fest, dass Emissionsbanken, die geringfügig niedrigere Gebühren berechnen, anscheinend einen größeren Marktanteil, die Institute aber, die erheblich geringere Gebühren berechnen, einen kleineren Marktanteil haben. Tatsächlich wird diese These, dass die Qualität der Emissionsbank von Bedeutung ist, dadurch gestützt, dass Emissionsbanken, die sehr hohe Gebühren berechnen, Marktanteile gewinnen.

Langfristig unterdurchschnittliche Kursentwicklung

Wir wissen, dass die Aktien einer Neuemission unmittelbar nach dem Börsengang generell eine sehr gute Entwicklung zeigen. Daher mag es vielleicht überraschen, dass Jay Ritter feststellte, dass neu notierte Unternehmen danach für einen Zeitraum von drei bis fünf Jahren relativ schwach abzuschneiden scheinen.[21] Alon Brav, Christopher Geczy und Paul Gompers haben in Folgestudien herausgefunden, dass Neuemissionen zwischen 1975 und 1992 in den fünf Jahren nach dem Börsengang im Durchschnitt bei 44 % der Wertentwicklung des S&P 500 lagen.[22] Jay Ritter und Ivo

---

19 „Do Investment Banks Compete in IPOs?: The Advent of the 7 % Plus Contract", *Journal of Financial Economics*, Bd. 59, Nr. 3 (2001), S. 313–346.

20 „Factors Affecting Investment Banks Initial Public Offering Market Share", *Journal of Financial Economics*, Bd. 55, Nr. 1 (2000), S. 3–41.

21 „The Long-Run Performance of Initial Public Offerings", *Journal of Finance*, Bd. 46, Nr. 1 (1991), S. 3–27.

22 „Is the Abnormal Return Following Equity Issuances Anomalous?", *Journal of Financial Economics*, Bd. 56 (2000), S. 209–249.

Welch ermittelten, das Neuemissionen zwischen 1980 und 2001 während der drei Jahre nach dem Börsengang um durchschnittlich 23,4 % schlechter als der Markt abgeschnitten haben.[23] Wie wir im nächsten Abschnitt sehen werden, findet sich eine unterdurchschnittliche Entwicklung nicht nur in Verbindung mit einer Neuemission, sondern auch bei der Emission neuer Aktien im Rahmen von Kapitalerhöhungen. Dadurch ergibt sich die mögliche Erklärung, dass eine unterdurchschnittliche Entwicklung nicht eine Folge der Ausgabe von Eigenkapital ist, sondern eine Folge der Bedingungen, die die Emission veranlassten. Wir werden diese These im nächsten Abschnitt detaillierter erläutern, nachdem wir erklärt haben, wie eine Aktiengesellschaft weiteres Eigenkapital ausgibt.

Verständnisfragen

1. Nennen Sie die vier Merkmale eines Börsengangs, die für Finanzwirtschaftler rätselhaft sind und erörtern Sie diese.

2. Wie lässt sich die Unterbewertung einer Neuemission erklären?

19.4 Aktienemissionen börslich notierter Unternehmen

Der Kapitalbedarf eines Unternehmens endet selten mit dem Börsengang. Normalerweise treten rentable Wachstumsgelegenheiten während der gesamten Lebensdauer eines Unternehmens auf und in einigen Fällen ist es nicht möglich, diese mit einbehaltenen Gewinnen zu finanzieren. Somit kehren die Unternehmen meistens an die Eigenkapitalmärkte zurück und bieten im Rahmen einer Kapitalerhöhung neue Aktien zum Kauf an. Diese Art von Angebot nennt man **Seasoned Equity Offering (SEO)**.

Das Verfahren eines SEO

Wenn ein Unternehmen Aktien im Rahmen eines SEO ausgibt, ähneln viele Schritte des Verfahrens denen der Neuemission. Der Hauptunterschied ist, dass die Aktie bereits einen Marktkurs hat, sodass ein Preisfestlegungsprozess nicht erforderlich ist.

RealNetworks hat seit dem Börsengang im Jahr 1997 mehrere SEO durchgeführt. Am 17. Juni 1999 hat das Unternehmen 4 Millionen Aktien im Rahmen eines SEO zu einem Preis von USD 58 pro Aktie angeboten. Von diesen Aktien waren 3.525.000 **junge Aktien**, also neue Aktien, die vom Unternehmen begeben wurden. Die verbleibenden 475.000 Aktien waren **alte Aktien**, also Aktien, die von Aktionären des Unternehmens verkauft wurden, einschließlich des Gründers des Unternehmens, Robert Glaser, der 310.000 seiner Aktien verkaufte. Die meisten übrigen SEO von RealNetworks fanden zwischen 1999 und 2004 statt und bezogen auch alte Aktien ein, die von Aktionären und nicht direkt von RealNetworks verkauft wurden.

In der Vergangenheit haben Intermediäre den Verkauf der Aktien (sowohl Neuemissionen als auch SEO) beworben, indem sie die Wertpapieremission durch eine Zeitungsanzeige ankündigten, die wegen ihres Aussehens **Tombstone** (Grabstein) genannt wird. Durch diese Anzeigen erfuhren die Investoren, an wen sie sich wenden mussten, um die Aktien zu kaufen. Heute werden Investoren über den bevorstehenden Verkauf von Aktien über die neuen Medien, Informationsveranstaltungen oder durch das Bookbuilding-Verfahren informiert, sodass diese Finanzanzeigen rein förmlich sind.

Es gibt zwei Arten von Seasoned Equity Offerings in den USA: Das *Barangebot* und das *Bezugsangebot*. Bei einem **Barangebot** bietet das Unternehmen die neuen Aktien Anlegern im Allgemeinen an. Bei einem **Bezugsangebot** werden neue Aktien nur Altaktionären angeboten. In den Vereinigten Staaten überwiegen die Barangebote, in anderen Ländern ist das nicht der Fall. In Großbritannien zum Beispiel sind die meisten Seasoned Offerings neuer Aktien Bezugsangebote.[24]

---

23 „A Review of IPO Activity, Pricing and Allocations", *Journal of Finance*, Bd. 57, Nr. 4 (2002), S. 1795–1828.

24 In Deutschland regelt das Aktiengesetz das Bezugsrecht bei Kapitalerhöhungen. Die rechtlichen Regelungen des Aktiengesetztes unterscheiden sich wesentlich von den US-amerikanischen Usancen.

Bezugsangebote schützen die Aktionäre vor einer Unterbewertung. Um zu verstehen wie, nehmen wir ein Unternehmen an, das Barmittel in Höhe von EUR 100 und 50 Aktien im Umlauf hat. Jede Aktie ist EUR 2,00 wert. Das Unternehmen kündigt ein Barangebot für 50 Aktien zu EUR 1,00 pro Aktie an. Nach Abschluss dieses Angebots wird das Unternehmen Barmittel in Höhe von EUR 150 und 100 Aktien im Umlauf haben. Der Preis pro Aktie liegt nun bei EUR 1,50 und berücksichtigt so die Tatsache, dass die neuen Aktien mit einem Abschlag verkauft wurden. Die neuen Aktionäre erhalten somit auf Kosten der Altaktionäre einen Gewinn von EUR 0,50. Die Altaktionäre wären geschützt, wenn das Unternehmen anstelle des Barangebots ein Bezugsangebot durchführen würde. Statt die neuen Aktien der Allgemeinheit zum Kauf anzubieten, hätte in diesem Fall jeder Aktionär das Recht, eine weitere Aktie zu EUR 1,00 pro Aktie zu kaufen (Bezugsrecht). Würden sich alle Aktionäre für die Ausübung ihres Bezugsrechts entscheiden, wäre der Wert des Unternehmens nach dem Verkauf der gleiche wie beim Barangebot. Es wäre EUR 150 wert und hätte 100 Aktien zu einem Kurs von EUR 1,50 je Aktie im Umlauf. In diesem Fall jedoch fällt der Gewinn von EUR 0,50 den Altaktionären zu, was genau den Rückgang des Aktienkurses ausgleicht.[25] Wenn also das Management eines Unternehmens sich sorgt, dass dessen Eigenkapital am Markt unterbewertet ist, kann es durch ein Bezugsangebot weiterhin Kapital ausgeben, ohne dass den derzeitigen Aktionären ein Verlust entsteht.

Beispiel 19.5:   **Beschaffung von finanziellen Mitteln durch Bezugsangebote**

Fragestellung

Sie sind Finanzchef eines Unternehmens, das derzeit EUR 1 Milliarde wert ist. Das Unternehmen hat 100 Millionen Aktien im Umlauf, sodass die Aktien zu EUR 10 pro Aktie gehandelt werden. Sie müssen EUR 200 Millionen aufbringen und haben die Ausgabe von Bezugsrechten angekündigt. Jeder Aktionär erhält für jede gehaltene Aktie ein Bezugsrecht. Sie haben noch nicht festgelegt, wie viele Bezugsrechte für den Kauf einer neuen Aktie erforderlich sind. Entweder sind vier Rechte für den Kauf einer Aktie zum Preis von EUR 8 erforderlich oder fünf Bezugsrechte für den Kauf von zwei neuen Aktien zum Preis von EUR 5 pro Aktie. Welche Variante bringt mehr Geld?

Lösung

Wenn alle Aktionäre ihre Rechte ausüben, dann werden im ersten Fall 25 Millionen neue Aktien zu einem Preis von EUR 8 pro Aktie gekauft und Kapital in Höhe von EUR 200 Millionen beschafft. Im zweiten Fall werden 40 Millionen neue Aktien zu einem Preis von EUR 5 pro Aktie gekauft und ebenfalls EUR 200 Millionen beschafft. Wenn alle Aktionäre ihre Rechte ausüben, ergibt sich aus beiden Varianten der gleiche Kapitalbetrag.

In beiden Fällen liegt der Wert des Unternehmens nach der Emission bei EUR 1,2 Milliarden. Im ersten Fall sind 125 Millionen Aktien im Umlauf, sodass der Preis pro Aktie nach der Emission EUR 9,60 beträgt. Dieser Kurs übersteigt den Emissionspreis von EUR 8, sodass die Aktionäre ihre Rechte ausüben werden. Im zweiten Fall wird die Anzahl der im Umlauf befindlichen Aktien auf 140 Millionen steigen, was einen Marktwert der Aktie nach der Emission von EUR 1,2 Milliarden bei 140 Millionen Aktien = EUR 8,75 pro Aktie ergibt (also höher als der Emissionspreis). Auch hier werden die Aktionäre ihre Rechte ausüben. In beiden Fällen wird derselbe Kapitalbetrag beschafft.

---

25 In Deutschland werden Bezugsrechte regelmäßig an der Börse gehandelt. Der Aktionär muss somit nicht unbedingt die jungen Aktien beziehen, sondern kann den Vermögensverlust, der als Folge der Ausgabe der jungen Aktien entsteht, durch den Verkauf der Bezugsrechte ausgleichen.

Preisreaktion

Forscher ermittelten, dass der Markt auf die Nachricht eines SEO im Durchschnitt mit einem Kursrückgang reagiert. Häufig kann der Wert, der durch den Kursrückgang vernichtet wird, ein erheblicher Teil des neu beschafften Kapitals sein. Dieser Kursrückgang entspricht der adversen Selektion, die wir in ▶Kapitel 16 erörtert haben. Da ein Unternehmen, das bestrebt ist, seine Aktionäre zu schützen, eher nur zu einem Preis verkaufen wird, der das Unternehmen zutreffend oder höher bewertet, schließen die Anleger aus der Entscheidung zu verkaufen, dass das Unternehmen wahrscheinlich überbewertet ist. Daher fällt der Kurs nach der Ankündigung des SEO.

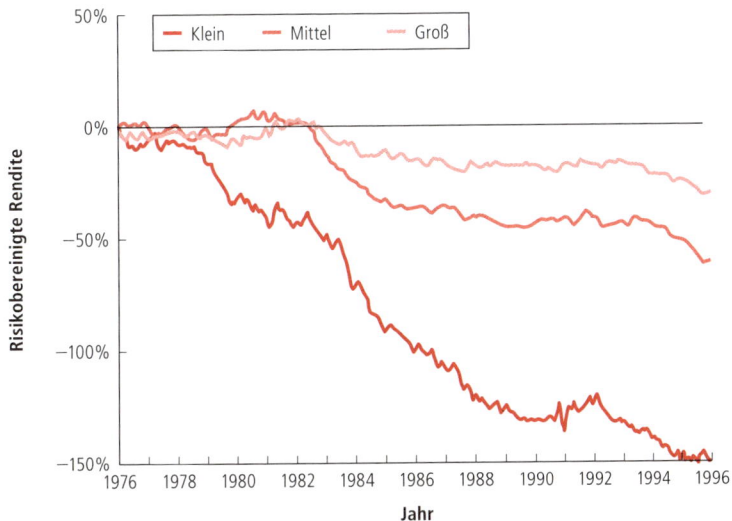

Abbildung 19.7: Wertentwicklung nach einem SEO. Diese Abbildung stellt die kumulativen, abnormalen Renditen (das realisierte Alpha unter Verwendung der *Fama-French-Cahart-Faktorenspezifikation)* für Portfolios dar, die aus Seasoned Equity Offerings aus den Jahren 1976 bis 1996 bestehen. Die langfristig unterdurchschnittliche Entwicklung scheint in kleineren Unternehmen viel ausgeprägter zu sein.

Übernommen von A. Brav, C. Geczy und P. Gompers, „Is the Abnormal Return Following Equity Issuances Anomalous", Journal of Financial Economics, Bd. 56 (2000), S. 209–249, Abbildung 3.

Auch wenn die adverse Selektion eine plausible Erklärung für die Preisreaktion nach einem SEO ist, bleiben einige Rätsel ungeklärt. Erstens kann ein Unternehmen durch die Emission von Bezugsrechten die adverse Selektion mindern. Es ist daher unklar, warum Unternehmen, zumindest in den Vereinigten Staaten, nicht mehr Bezugsrechte ausgeben. Zweitens lassen, wie bei einer Neuemission, Belege vermuten, dass sich die Aktienkurse nach einem SEO schlechter entwickeln.[26] Auf den ersten Blick scheint diese unterdurchschnittliche Entwicklung darauf hinzuweisen, dass der Rückgang des Aktienkurses nicht groß genug ist, da die unterdurchschnittliche Entwicklung bedeutet, dass der Kurs nach der Emission zu hoch war.

---

26 Siehe ▶Abbildung 19.7

Eine mögliche Erklärung für die unterdurchschnittliche Entwicklung nach einem SEO, die von Murray Carlson, Adlai Fisher und Ron Giammarino vorgebracht wurde, ist, dass dieses Ergebnis nicht unbedingt mit der Ankündigung des SEO selbst zusammenhängen könnte, sondern eher mit den Bedingungen, die das Unternehmen veranlassten, sich für einen SEO zu entscheiden.[27] Die Entscheidung für eine externe Finanzierung impliziert normalerweise, dass ein Unternehmen eine Investitionsgelegenheit wahrzunehmen plant. Ein Unternehmen, das investiert, nimmt eine Investitionsgelegenheit wahr. Wachstumsmöglichkeiten sind riskanter als die Projekte selbst, somit sinkt mit deren Ausführung das Beta des Unternehmens, was die geringeren Renditen nach einem SEO erklärt. Forscher haben empirische Belege für diese These gefunden.[28]

Emissionskosten

Seasoned Offerings sind zwar nicht so kostspielig wie eine Neuemission, sie sind, wie ▶Abbildung 19.5 zeigt, dennoch kostspielig. Die Emissionsgebühren betragen bis zu 5 % des Emissionsertrages und wie bei der Neuemission sind die Unterschiede bei Emissionen verschiedener Größe relativ gering. Außerdem haben Bezugsangebote geringere Kosten als Barangebote.[29] Angesichts der anderen Vorteile von Bezugsrechten ist es ein Rätsel, warum die Mehrheit der Angebote in den Vereinigten Staaten Barangebote sind. Der einzige Vorteil eines Barangebots ist, dass die Emissionsbank eine größere Rolle spielt und somit die Qualität der Emission glaubhaft bestätigt. Wenn es ein hohes Maß an asymmetrischen Informationen gibt und ein Großteil der Aktionäre das Angebot ohnehin kauft, könnten die Vorteile dieser Bestätigung den Unterschied der Kosten wettmachen. Espen Eckbo und Ronald Masulis haben empirische Belege für diese These gefunden.[30]

Verständnisfragen

1. Was ist der Unterschied zwischen einem Barangebot und einem Bezugsangebot bei einem Seasoned Equity Offering?

2. Wie sieht die durchschnittliche Reaktion des Aktienkurses auf einen SEO aus?

---

27 M. Carlson, A. Fisher und R. Giammarino, „Corporate Investment and Asset Price Dynamics: Implications for the Cross-section of Returns", *Journal of Finance*, Bd. 59, Nr. 6 (2004), S. 2577–2603.

28 A. Brav, C. Geczy und P. Gompers (siehe Fußnote 18); B. E. Eckbo, R. Masulis und O. Norli, „Seasoned Public Offerings: Resolution of the New Issues Puzzle", *Journal of Financial Economics*, Bd. 56, Nr. 2 (2000), S. 251–291; E. Lyandres, L. Sun und L. Zhang, „The New Issues Puzzle: Testing the Investment-Based Explanation" *Review of Financial Studies*, Bd. 21, Nr. 6 (2008), S. 2825–2855; und M. Carlson, A. Fisher und R. Giammarino, „SEO Risk Dynamics", University of British Columbia Arbeitspapier (2009).

29 Für Großbritannien haben M. Slovin, M. Sushka und K. Lai (*Journal of Financial Economics*, Bd. 57, Nr. 2 (2000)) herausgefunden, dass die durchschnittliche Gebühr für ein Barangebot 6,1 % gegenüber 4,6 % bei der Zeichnung von Bezugsrechten beträgt.

30 „Adverse Selection and the Rights Offer Paradox", *Journal of Financial Economics*, Bd. 32 (1992), S. 293–332.

Z U S A M M E N F A S S U N G

19.1 Eigenkapitalfinanzierung für Privatunternehmen

- Privatunternehmen können externes Kapital von Unternehmensengeln, Wagniskapital-Gesellschaften, Private-Equity-Unternehmen und Unternehmensanlegern beschaffen.

- Wenn ein Unternehmensgründer Aktien an Externe verkauft, um Kapital zu beschaffen, wird der Anteil des Gründers und dessen Kontrolle über das Unternehmen gemindert.

- Eigenkapitalinvestitionen in Privatunternehmen werden oft in Bezug auf die Pre-Money-Bewertung des Unternehmens ausgehandelt, das heißt die Anzahl der früheren Aktien im Umlauf multipliziert mit dem Aktienpreis der Finanzierungsrunde.

- Bei einer Pre-Money-Bewertung und einem investierten Betrag:

  Post-Money-Bewertung = Pre-Money-Bewertung + investierter Betrag (s. Gleichung 19.1)

  und dem Anteil des Unternehmens, der von neuen Investoren gehalten wird, ergibt sich investierter Betrag/Post-Money-Bewertung.

- Eigenkapitalinvestoren in Privatunternehmen planen den Verkauf ihrer Anteile letztlich mittels einer dieser beiden hauptsächlich verwendeten Ausstiegs-Strategien: Übernahme oder Neuemission.

19.2 Der Börsengang

- Eine Neuemission (IPO) ist der erstmalige Verkauf von Aktien eines Unternehmens an der Börse.

- Die Hauptvorteile eines Börsengangs sind eine höhere Liquidität und besserer Zugang zu Kapital. Die Nachteile sind unter anderem aufsichtsbehördliche und finanzielle Offenlegungspflichten und die Einschränkung der Möglichkeiten der Investoren, das Management des Unternehmens zu überwachen.

- Während eines Börsengangs können die verkauften Aktien entweder eine Erstemission (wenn Aktien verkauft werden, um neues Kapital zu beschaffen) oder eine Zweitemission (wenn die Aktien durch bestehende Aktionäre verkauft werden) sein.

- Aktien können im Rahmen einer Neuemission auf Basis der Verkaufsvermittlung, als Börsengang mit fester Emissionsübernahme oder mittels einer Auktion verkauft werden. Die feste Emissionsübernahme ist in den Vereinigten Staaten die gängigste Praxis.

- Eine Emissionsbank ist eine Investmentbank, die den Börsengang verwaltet und das Unternehmen beim Verkauf der Aktien unterstützt.

  a. Die konsortialführende Bank ist für die Neuemission verantwortlich.

  b. Die konsortialführende Bank bildet eine Gruppe von Emissionsbanken, die man als Konsortium bezeichnet und die den Verkauf der Aktien unterstützt.

- Die US-amerikanische Wertpapier- und Börsenaufsichtsbehörde (SEC) verlangt, dass ein Unternehmen vor der Neuemission einen Registrierungsantrag abgibt. Der vorläufige Prospekt ist Teil des Registrierungsantrags, der vor dem Angebot der Aktien an die Investoren geht. Nach dem Geschäftsabschluss reicht das Unternehmen den Wertpapierprospekt ein.

■ Die Emissionsbanken bewerten das Unternehmen vor dem Börsengang anhand von Bewertungsverfahren und Bookbuilding-Verfahren.

■ Die Emissionsbanken sind während einer Neuemission einem Risiko ausgesetzt. Eine Greenshoe-Bestimmung ist eine Möglichkeit, mit der Emissionsbanken dieses Risiko managen können.

19.3 Auffälligkeiten bei Neuemissionen

■ Mit Neuemissionen werden mehrere Rätsel in Verbindung gebracht.

    a. Neuemissionen sind im Durchschnitt unterbewertet.

    b. Neuemissionen sind sehr zyklisch.

    c. Die Transaktionskosten einer Neuemission sind sehr hoch.

    d. Die langfristige Wertentwicklung nach einem Börsengang ist im Durchschnitt schlecht.

19.4 Aktienemissionen börslich notierter Unternehmen

■ Ein Seasoned Equity Offering ist der Verkauf von Aktien durch ein Unternehmen, das bereits an der Börse gehandelt wird.

■ Es gibt zwei Arten von SEO: Ein Barangebot (wenn neue Aktien an Investoren im Allgemeinen angeboten werden) und ein Bezugsangebot (wenn neue Aktien nur bestehenden Aktionären angeboten werden).

■ Der Aktienkurs reagiert auf einen SEO im Durchschnitt negativ.

Z U S A M M E N F A S S U N G

Weiterführende Literatur

Die **Literaturhinweise** zu diesem Kapitel finden Sie auf unserer begleitenden Website zum Buch unter *www.pearson-studium.de*.

Aufgaben

1. Welche Vor- und Nachteile hat die Beschaffung von finanziellen Mitteln durch einen Unternehmensanleger für ein Privatunternehmen?

2. Starware Software wurde letztes Jahr gegründet, um Software für Spieleanwendungen zu entwickeln. Anfangs investierte der Gründer EUR 800.000 und erhielt 8 Millionen Aktien. Starware muss nun eine zweite Kapitalrunde durchführen und eine Wagniskapital-Firma ausfindig gemacht. Diese Wagniskapital-Firma wird EUR 1 Million investieren und möchte nach der Investition einen Anteil von 20 % am Unternehmen halten.

   a. Wie viele Aktien muss die Wagniskapital-Firma erhalten, um zu 20 % am Unternehmen beteiligt zu sein? Welchen Aktienkurs hat diese Finanzierungsrunde zur Folge?

   b. Wie hoch ist der Wert des gesamten Unternehmens nach dieser Investition (die Post-Money-Bewertung)?

3. Roundtree Software geht mittels eines Auktionsverfahrens an die Börse. Das Unternehmen hat folgende Gebote erhalten:

Kurs (EUR)	Anzahl der Aktien
14,00	100.000
13,80	200.000
13,60	500.000
13,40	1.000.000
13,20	1.200.000
13,00	800.000
12,80	400.000

Roundtree möchte in der Neuemission 1,8 Millionen Aktien verkaufen. Für welchen Angebotspreis wird man sich entscheiden?

4. Margoles Publishing hat kürzlich seine Neuemission durchgeführt. Die Aktie wurde zu einem Preis von EUR 14 pro Aktie angeboten. Am ersten Handelstag schloss die Aktie mit EUR 19 pro Aktie. Wie hoch war die Anfangsrendite? Wer profitierte von dieser Unterbewertung? Wer verlor und warum?

Die **Antworten** zu diesen Fragen finden Sie auf unserer begleitenden Website zum Buch unter *www.pearson-studium.de*.

Abkürzungen

- *YTC* Yield-to-Call (Rendite bis zum frühestmöglichen Kündigungstermin)
- *YTM* Endfälligkeitsrendite
- *BW*   Barwert

Fremdfinanzierung

20

ÜBERBLICK

Mitte des Jahres 2005 beschloss die Ford Motor Company, die Hertz Corporation, eines ihrer Tochterunternehmen, im Rahmen konkurrierender Preisgebote zum Kauf anzubieten. Am 13. September 2005 berichtete das *Wall Street Journal*, dass eine Gruppe privater Investoren unter Leitung von Clayton, Dubilier & Rice (CDR), ein *Private-Equity-Unternehmen,* mit Ford den Erwerb des ausgegebenen Eigenkapitals in Höhe von USD 5,6 Milliarden vereinbart hatte. Außerdem hatte Hertz Fremdkapital in Höhe von USD 9,1 Milliarden, das im Rahmen dieses Geschäfts refinanziert werden musste. CDR plante, diese Transaktion zum Teil durch neues Fremdkapital in Höhe von mehr als USD 11 Milliarden zu finanzieren. Anhand dieses Beispiels werden wir in diesem Kapitel untersuchen, wie sich Unternehmen an den Fremdkapitalmärkten Kapital beschaffen.

Wenn ein Unternehmen Kapital durch eine Fremdkapitalemission beschaffen möchte, kann es auf mehrere mögliche Quellen zurückgreifen. Um die Übernahme von Hertz durchzuführen, nahm die Gruppe unter Führung von CDR mindestens vier unterschiedliche Arten von Fremdkapital in Anspruch: Hochrentierliche Inlands- und Auslandsanleihen, Bankkredite und Asset-Backed-Securities (auf Forderungen oder Vermögenswerte gestützte Wertpapiere, ABS). Außerdem hat jede Fremdkapitalemission je eigene Konditionen, die zum Zeitpunkt der Emission festgelegt werden. Daher beginnen wir unsere Untersuchung der Fremdkapitalfinanzierung damit, das Verfahren der Fremdkapitalemission zu erklären.

Unternehmen sind nicht die einzigen Körperschaften, die Fremdfinanzierung einsetzen. Auch Staaten, Gemeinden und andere lokale Körperschaften sowie quasistaatliche Körperschaften wie staatliche Unternehmen verwenden die Fremdkapitalmärkte zur Kapitalbeschaffung. Die Themen dieses Kapitels sind daher notwendigerweise vielfältiger als in ►Kapitel 19: Hier werden die wichtigsten Fremdkapitalarten und nicht nur Fremdkapital in Unternehmen vorgestellt. Schließlich erörtern wir einige komplexere Anleihethemen wie Kündigungsklauseln und Umwandlungsoptionen.

20.1   Fremdkapital in Unternehmen

In ►Kapitel 19 haben wir untersucht, wie aus *Privatunternehmen* börslich notierte Aktiengesellschaften werden. Die Übernahme von Hertz durch CDR ist ein Beispiel für die umgekehrte Transaktion: Eine Aktiengesellschaft wird zu einem Privatunternehmen, in diesem Fall durch einen Leveraged Buyout (fremdfinanzierte Übernahme, LBO). Wie wir wissen, kauft bei einer fremdfinanzierten Übernahme eine Gruppe von Privatinvestoren das gesamte Eigenkapital einer Aktiengesellschaft.[1] Mit einem Gesamtwert von USD 15,2 Milliarden[2] war der Leveraged Buyout von Hertz zum Zeitpunkt seiner Bekanntgabe die zweitgrößte Transaktion dieser Art (der damals größte LBO war die Übernahme in Höhe von USD 31,3 Milliarden von RJR-Nabisco im Jahr 1989). Eine solche Umwandlung einer Aktiengesellschaft in ein Privatunternehmen erfordert hohe Fremdkapitalbeträge. ►Tabelle 20.1 zeigt das Fremdkapital, das für die Finanzierung des LBO von Hertz begeben wurde. Am Beispiel dieser Fremdkapitalemissionen beginnen wir mit der Erklärung, wie Unternehmen Fremdkapital begeben.

---

1   Zum Zeitpunkt der Übernahme war Hertz eine hundertprozentige Tochter der Ford Motor Company, die selbst eine Aktiengesellschaft ist. Bevor Ford im Jahr 2001 alle im Umlauf befindlichen Aktien von Hertz kaufte, war Hertz eine börslich notierte Aktiengesellschaft.

2   Der Gesamtwert beinhaltet Eigenkapital in Höhe von USD 5,6 Milliarden, Fremdkapital in Höhe von USD 9,1 Milliarden und Gebühren und Aufwendungen in Höhe von USD 0,5 Milliarden. Zusätzlich zum neuen Fremdkapital in Höhe von USD 11,1 Milliarden wurde die Transaktion mit eigenen Barmitteln in Höhe von USD 1,8 Milliarden und Wertpapieren von Hertz finanziert (einschließlich einer Verbindlichkeit in Höhe von USD 1,2 Milliarden von Ford, auf die im Rahmen der Zahlungen an Ford verzichtet wurde). Das restliche außerbörsliche Eigenkapital (Private Equity) in Höhe von USD 2,3 Milliarden wurde von Clayton, Dubilier & Rice, The Carlyle Group und Merrill Lynch Global Private Equity eingebracht.

Tabelle 20.1

Emission neuen Fremdkapitals im Rahmen des Hertz LBO

Art des Fremdkapitals	Betrag (USD Millionen)
Börslich notiertes Fremdkapital	
Emissionen von Schrottanleihen	2.668,9
Privates Fremdkapital	
Befristeter Kredit	1.707,0
Forderungsgestützte revolvierende Kreditlinie	400,0
Forderungsgestützte Verbindlichkeiten der „Flotte"	6.348,0
Gesamt	**USD 11.123,9**

Börslich notiertes Fremdkapital

Unternehmensanleihen sind Wertpapiere, die von Unternehmen ausgegeben werden. Sie machen einen erheblichen Anteil des investierten Kapitals aus. Mitte 2012 lag der Wert der umlaufenden US-Unternehmensanleihen bei rund USD 8,5 Billionen.

Der Prospekt. Eine Anleiheemission ist der Aktienemission ähnlich. Ein Prospekt (auch Angebotsmemorandum genannt) muss erstellt werden, in dem die Einzelheiten des Angebots beschrieben werden.[3] Für Angebote zur Notierung an der Börse muss der Prospekt außerdem einen **Anleihevertrag**, ein formaler Vertrag zwischen dem Anleiheemittenten und einer Treuhandgesellschaft, enthalten. Die Treuhandgesellschaft vertritt die Inhaber der Anleihen und stellt sicher, dass die Bedingungen des Anleihevertrages durchgesetzt werden. Im Fall eines Zahlungsausfalls vertritt die Treuhandgesellschaft die Interessen der Inhaber der Anleihen.

Während Unternehmensanleihen fast immer Halbjahreskupons zahlen, haben einige Unternehmen (beispielsweise Coca-Cola) Nullkuponanleihen ausgegeben. In der Vergangenheit wurden Unternehmensanleihen mit einer Vielzahl von Laufzeiten ausgegeben. Die meisten Unternehmensanleihen haben Laufzeiten von 30 Jahren oder weniger, auch wenn es in der Vergangenheit Ursprungslaufzeiten von bis zu 999 Jahren gab. Im Juli 1993 zum Beispiel hat die Walt Disney Company Anleihen in Höhe von USD 150 Millionen mit einer Laufzeit von 100 Jahren ausgegeben; diese Anleihen wurden bald „Dornröschen" (Sleeping Beauty)-Anleihen genannt.

---

3 Siehe ▶Abbildung 20.1.

CCMG Acquisition Corporation
to be merged with and into The Hertz Corporation
$1,800,000,000 8.875% Senior Notes due 2014
$600,000,000 10.5% Senior Subordinated Notes due 2016
€225,000,000 7.875% Senior Notes due 2014

The Company is offering $1,800,000,000 aggregate principal amount of its 8.875% Senior Notes due 2014 (the "Senior Dollar Notes"), $600,000,000 aggregate principal amount of its 10.5% Senior Subordinated Notes due 2016 (the "Senior Subordinated Notes" and, together with the Senior Dollar Notes, the "Dollar Notes"), and €225,000,000 aggregate principal amount of its 7.875% Senior Notes due 2014 (the "Senior Euro Notes"). The Senior Dollar Notes and the Senior Euro Notes are collectively referred to as the "Senior Notes," and the Dollar Notes and the Senior Euro Notes are collectively referred to as the "Notes."

The Senior Notes will mature on January 1, 2014 and the Senior Subordinated Notes will mature on January 1, 2016. Interest on the Notes will accrue from December 21, 2005. We will pay interest on the Notes on January 1 and July 1 of each year, commencing July 1, 2006.

We have the option to redeem all or a portion of the Senior Notes and the Senior Subordinated Notes at any time (1) before January 1, 2010 and January 1, 2011, respectively, at a redemption price equal to 100% of their principal amount plus the applicable make-whole premium set forth in this offering memorandum and (2) on or after January 1, 2010 and January 1, 2011, respectively, at the redemption prices set forth in this offering memorandum. In addition, on or before January 1, 2009, we may, on one or more occasions, apply funds equal to the proceeds from one or more equity offerings to redeem up to 35% of each series of Notes at the redemption prices set forth in this offering memorandum. If we undergo a change of control or sell certain of our assets, we may be required to offer to purchase Notes from holders.

The Senior Notes will be senior unsecured obligations and will rank equally with all of our senior unsecured indebtedness. The Senior Subordinated Notes will be unsecured obligations and subordinated in right of payment to all of our existing and future senior indebtedness. Each of our domestic subsidiaries that guarantees specified bank indebtedness will guarantee the Senior Notes with guarantees that will rank equally with all of the senior unsecured indebtedness of such subsidiaries and the Senior Subordinated Notes with guarantees that will be unsecured and subordinated in right of payment to all existing and future senior indebtedness of such subsidiaries.

We have agreed to make an offer to exchange the Notes for registered, publicly tradable notes that have substantially identical terms as the Notes. The Dollar Notes are expected to be eligible for trading in the Private Offering, Resale and Trading Automated Linkages (PORTAL℠) market. This offering memorandum includes additional information on the terms of the Notes, including redemption and repurchase prices, covenants and transfer restrictions.

Investing in the Notes involves a high degree of risk. See "Risk Factors" beginning on page 23.

We have not registered the Notes under the federal securities laws of the United States or the securities laws of any other jurisdiction. The Initial Purchasers named below are offering the Notes only to qualified institutional buyers under Rule 144A and to persons outside the United States under Regulation S. See "Notice to Investors" for additional information about eligible offerees and transfer restrictions.

Price for each series of Notes: 100%

We expect that (i) delivery of the Dollar Notes will be made to investors in book-entry form through the facilities of The Depository Trust Company on or about December 21, 2005 and (ii) delivery of the Senior Euro Notes will be made to investors in book-entry form through the facilities of the Euroclear System and Clearstream Banking, S.A. on or about December 21, 2005.

Joint Book-Running Managers

Deutsche Bank Securities   **Lehman Brothers**

Merrill Lynch & Co.   **Goldman, Sachs & Co.**   **JPMorgan**

Co-Lead Managers

BNP PARIBAS   **RBS Greenwich Capital**   **Calyon**

The date of this offering memorandum is December 15, 2005.

Abbildung 20.1: Deckblatt des Angebotsmemorandums der Schrottanleihe-Emission von Hertz.

Quelle: Bereitgestellt von der Hertz Corporation.

Der Nennwert oder Kapitalbetrag der Anleihe lautet auf Standardstückelungen, meist USD 1.000. Der Nennwert entspricht wegen der Zeichnungsgebühren und der Möglichkeit, dass die Anleihe beim anfänglichen Verkaufsangebot nicht tatsächlich zum Nennwert verkauft werden könnte, nicht immer dem tatsächlich beschafften Betrag. Eine Kuponanleihe, die mit einem Abschlag ausgegeben wird, bezeichnet man als Diskontanleihe (Original Issue Discount, OID).

Inhaberanleihen und Namensanleihen. Bei einem Börsengang legt der Anleihevertrag die Bedingungen der Emission fest. Die meisten Unternehmensanleihen sind Kuponanleihen und es gibt zwei Möglichkeiten, die Kupons, das heißt die Zinsen, zu zahlen. In der Vergangenheit waren die meisten

Anleihen Inhaberanleihen. **Inhaberanleihen** sind wie Bargeld. Wer diese Anleihe physisch besitzt, ist Inhaber dieser Anleihe. Um eine Kuponzahlung zu erhalten, muss der Inhaber einen eindeutigen Nachweis des Eigentums vorlegen. Dies geschieht dadurch, dass tatsächlich ein Kupon vom Anleihezertifikat abgetrennt und an die Zahlstelle geschickt wird. Jeder, der einen solchen Kupon vorlegt, hat Anspruch auf die Zahlung – daher der Name „Kupon"-Zahlung. Neben dem offensichtlichen Aufwand in Verbindung mit der Abtrennung und Versendung der Kupons gibt es noch schwerwiegendere Bedenken hinsichtlich der Sicherheit von Inhaberanleihen. Der Verlust einer solchen Anleihe ist wie der Verlust von Bargeld.

Folglich sind fast alle Anleihen, die heute begeben werden, **Namensanleihen.** Der Emittent führt eine Liste aller Inhaber der Anleihen. Die Makler halten die Emittenten über etwaige Änderungen der Inhaber auf dem Laufenden. An jedem Kuponzahlungstermin schaut der Anleiheemittent auf die Liste mit den eingetragenen Inhabern und sendet jedem eine Zahlung (oder zahlt die Zinsen direkt auf das Broker-Konto des Inhabers ein). Dieses System vereinfacht auch den Einzug der Steuern, da der Staat alle erfolgten Zinszahlungen leicht nachverfolgen kann.

Die verschiedenen Unternehmensanleihen. Üblicherweise werden vier Arten von Unternehmensanleihen begeben:

- Anleihen mit mittelfristiger Laufzeit,
- unbesicherte Schuldtitel,
- Hypothekenanleihen,
- forderungsbesicherte Anleihen.[4]

Schuldtitel und mittelfristige Anleihen sind **unbesichertes Fremdkapital**. Dies bedeutet, dass die Inhaber der Anleihe im Falle einer Insolvenz lediglich Anspruch auf die Vermögensgegenstände des Unternehmens haben, die nicht bereits als Sicherheit für andere Verbindlichkeiten verpfändet wurden. Üblicherweise haben mittelfristige Anleihen kürzere Laufzeiten (unter zehn Jahren) als unbesicherte Schuldtitel. Durch Forderungen oder Vermögenswerte besicherte Anleihen und Hypothekenanleihen sind **besichertes Fremdkapital**: Bestimmte Vermögensgegenstände sind als Sicherheit verpfändet und auf diese haben die Inhaber einer Anleihe im Fall einer Insolvenz direkten Anspruch. Hypothekenanleihen sind direkt oder oder als Pfandbriefe indirekt durch Immobilien besichert, während forderungsbesicherte Anleihen mit jeder Art Vermögensgegenstand besichert werden können.

	Tabelle 20.2
Arten von Unternehmensanleihen	
Besichert	**Unbesichert**
Hypothekenanleihen (mit Immobilien besichert), sog. Mortgage Bonds	Mittelfristige Anleihen (ursprüngliche Laufzeit weniger als 10 Jahre)
Mit Forderungen und Vermögenswerten besicherte Anleihen (Asset Backed Securities)	Schuldverschreibung (Debentures)

Betrachten wir nun diese unterschiedlichen Schuldtitel anhand des LBO von Hertz. Wie wir wissen, plante CDR die Refinanzierung der bestehenden Unternehmensanleihen von rund USD 9 Milliarden. Somit machte Hertz nach Abschluss des Vertrages ein Übernahmeangebot: Allen Inhabern von Anleihen wurde öffentlich ein Angebot mitgeteilt, das bestehende Fremdkapital zurückzukaufen. Dieser Rückkauf von Fremdkapital wurde durch die Emission mehrerer Arten neuen Fremdkapitals (sowohl besichert als auch unbesichert) finanziert, die alle Ansprüche auf die Vermögenswerte von Hertz waren.

---

4 Siehe ►Tabelle 20.2.

Tabelle 20.3

Emissionen von Schrottanleihen von Hertz im Dezember 2005

	Vorrangige auf Dollar lautende Anleihe	Vorrangige auf Euro lautende Anleihe	Nachrangige auf Dollar lautende Anleihe
Nennwert	USD 1,8 Milliarden	EUR 225 Millionen	USD 600 Millionen
Fälligkeit	1. Dezember 2014	1. Dezember 2014	1. Dezember 2016
Kupon	8,875 %	7,875 %	10,5 %
Ausgabepreis	Pari	Pari	Pari
Rendite	8,875 %	7,875 %	10,5 %
Kündigungs-bedingungen	Bis zu 35 % des ausstehen-den Kapitalbetrags sind zu 108,875 % in den ersten drei Jahren kündbar	Bis zu 35 % des ausstehen-den Kapitalbetrags sind zu 107,875 % in den ersten drei Jahren kündbar	Bis zu 35 % des ausstehen-den Kapitalbetrags sind zu 110,5 % in den ersten drei Jahren kündbar
	Nach vier Jahren voll kündbar zu: ■ 104,438 % im Jahr 2010 ■ 102,219 % im Jahr 2011 ■ Danach zum Pariwert	Nach vier Jahren voll kündbar zu: ■ 103,938 % im Jahr 2010 ■ 101,969 % im Jahr 2011 ■ Danach zum Pariwert	Nach vier Jahren voll kündbar zu: ■ 105,25 % im Jahr 2010 ■ 103,50 % im Jahr 2011 ■ 101,75 % im Jahr 2013 ■ Danach zum Pariwert
Abrechnung	21. Dezember 2005	21. Dezember 2005	21. Dezember 2005
Rating			
Standard & Poor's	B	B	B
Moody's	B1	B1	B3
Fitch	BB–	BB–	B+

Im Rahmen der Finanzierung plante CDR die Emission unbesicherten Fremdkapitals[5] im Wert von USD 2,7 Milliarden: In diesem Fall hochrentierliche Anleihen (High Yield Bonds), die auch Junk Bonds (Schrottanleihen) genannt werden (Anleihen mit einem Rating unter Investment-Grade).[6] Diese hochrentierliche Emission wurde in drei Arten von Fremdkapital beziehungsweise **Tranchen** aufgeteilt,[7] die alle halbjährliche Kuponzahlungen hatten und zum Pariwert ausgegeben wurden. Die größte Tranche war eine Anleihe zum Nennwert von USD 1,8 Milliarden mit einer Laufzeit von neun Jahren. Diese zahlte einen Kupon von 8,875 %, was zum damaligen Zeitpunkt einem Spread gegenüber Schatzwechseln von 4,45 % entsprach. Eine zweite Tranche lautete auf Euro und die dritte Tranche war gegenüber den beiden anderen nachrangig und zahlte einen Kupon von 10,5 %. Der Rest der Fremdkapitalfinanzierung bestand aus forderungsbesichertem Fremdkapital, das an Privatanleger verkauft wurde, und Bankkrediten.

Rangfolge. Wie wir wissen, sind bestimmte Schuldtitel und mittelfristige Anleihen unbesichert. Da sich mehr als ein Schuldtitel im Umlauf befinden könnte, ist die Reihenfolge, in der die Inhaber von Anleihen bei einem Zahlungsausfall ihre Ansprüche auf das Vermögen geltend machen können, also die **Rangfolge**, von Bedeutung. Daher enthalten die meisten ausgegebenen Schuldtitel Klauseln, die das Unternehmen dahingehend beschränken, neues Fremdkapital mit gleichem oder höherem Rang als das bestehende auszugeben.

---

5 Letztlich gab das Unternehmen nur Fremdkapital in Höhe von USD 2 Milliarden aus, da weniger Inhaber von Anleihen ihre Anleihen anboten als erwartet (USD 1,6 Milliarden des bestehenden Fremdkapitals verblieben nach Abschluss des LBO in der Bilanz).

6 Eine Beschreibung der Ratings von Unternehmen findet sich in ▶Kapitel 8 in ▶Tabelle 8.4.

7 Siehe ▶Tabelle 20.3.

Gibt das Unternehmen später Schuldtitel mit einer niedrigeren Rangfolge als das bereits im Umlauf befindliche Fremdkapital heraus, nennt man dieses neue Fremdkapital **nachrangige Schuldtitel.** Bei einem Zahlungsausfall können die Vermögensgegenstände, die nicht als Sicherheit für im Umlauf befindliche Anleihen verpfändet wurden, erst dann für die Auszahlung an Inhaber nachrangiger Schuldtitel eingesetzt werden, wenn das vorrangigere Fremdkapital ganz ausgezahlt wurde. Im Fall von Hertz handelt es sich bei einer Tranche der Emission der Schrottanleihe um eine Anleihe, die gegenüber den anderen beiden Tranchen nachrangig ist. Im Fall einer Insolvenz haben die Ansprüche aus dieser Anleihe auf die Vermögensgegenstände des Unternehmens einen geringeren Rang. Da die Inhaber dieser Tranche bei einem Zahlungsausfall von Hertz wahrscheinlich weniger erhalten, ist die Rendite aus diesem Fremdkapital höher als die der anderen Tranchen: 10,5 % gegenüber 8,875 % der ersten Tranche.

Anleihemärkte. Die andere Tranche der Schrottanleihe-Emission von Hertz ist eine Anleihe, die auf Euro, nicht auf Dollar lautet, also eine internationale Anleihe. Internationale Anleihen werden in vier weit definierte Kategorien eingeteilt. **Inlandsanleihen** sind Anleihen, die von einer lokalen Körperschaft ausgegeben und auf einem lokalen Markt gehandelt, jedoch von ausländischen Anlegern erworben werden. Sie lauten auf die lokale Währung. **Auslandsanleihen** sind Anleihen, die von einem ausländischen Unternehmen an einem lokalen Markt ausgegeben werden und für lokale Anleger gedacht sind. Sie lauten ebenfalls auf die lokale Währung. Auslandsanleihen in den Vereinigten Staaten heißen **Yankee Bonds**. In anderen Ländern haben Auslandsanleihen ebenfalls eigene Bezeichnungen. In Japan heißen sie **Samurai Bonds**, in Großbritannien **Bulldogs**.

Eurobonds sind internationale Anleihen, die auf die jeweilige Währung des Landes lauten, in dem sie ausgegeben werden. Folglich gibt es keine Verbindung zwischen dem tatsächlichen Ort des Marktes, an dem sie gehandelt werden, und dem Sitz des Emittenten. Sie können auf jede beliebige Anzahl von Währungen lauten, die mit dem Sitz des Emittenten in Verbindung stehen oder nicht. Der Handel dieser Anleihen unterliegt nicht den Vorschriften eines bestimmten Landes. **Global Bonds (weltweite Anleihen)** verbinden die Merkmale von Eurobonds, Inlands- und Auslandsanleihen und werden an unterschiedlichen Märkten gleichzeitig zum Kauf angeboten. Die Schrottanleihe-Emission von Hertz ist ein Beispiel für eine weltweite Anleiheemission: Sie wurde gleichzeitig in den Vereinigten Staaten und in Europa zum Kauf angeboten.

Eine Anleihe, aus der Zahlungen in einer Fremdwährung erfolgen, trägt das Risiko, das mit dem Besitz dieser Währung verbunden ist. Somit richtet sich der Preis nach den Renditen ähnlicher Anleihen in dieser Währung. Daher hat die auf Euro lautende Tranche der Schrottanleihe-Emission von Hertz eine andere Rendite als die auf Dollar lautende, auch wenn beide Anleihen den gleichen Rang und die gleiche Laufzeit haben. Obwohl sie das gleiche Ausfallrisiko aufweisen, unterscheiden sie sich in ihrem Wechselkursrisiko – dem Risiko, dass die Fremdwährung im Verhältnis zur lokalen Währung im Wert sinkt.

Private Verbindlichkeiten

Zusätzlich zur Emission von Junk Bonds nahm Hertz Bankkredite von mehr als USD 2 Milliarden auf. Bankkredite sind ein Beispiel für **private Verbindlichkeiten (Private Debt)**, also Fremdkapital, das nicht an der Börse gehandelt wird. Der Markt für private Verbindlichkeiten ist größer als der börsliche Fremdkapitalmarkt (Public Debt). Private Verbindlichkeiten haben den Vorteil, dass die Kosten einer Registrierung an einer Börse vermieden werden, haben aber den Nachteil der Illiquidität.

Es gibt zwei Segmente des Marktes für private Verbindlichkeiten: *befristete Kredite* und *Privatplatzierungen*.

Befristeter Kredit. Hertz erhielt einen **befristeten Kredit** in Höhe von USD 1,7 Milliarden, also einen Bankkredit mit fester Laufzeit. Im Fall von Hertz betrug die Laufzeit sieben Jahre. Dieser Kredit ist ein Beispiel für einen **Konsortialkredit**: Ein Kredit wird von einer Gruppe von Banken statt nur von einer Bank bereitgestellt. In der Regel verhandelt ein Mitglied des Konsortiums (die Konsortialführerin) die Bedingungen des Bankkredits. Im Fall von Hertz verhandelte die Deutsche Bank AG den Kredit mit CDR und verkaufte dann Teile davon an andere Banken – hauptsächlich kleinere regionale Banken, die zwar überschüssige liquide Mittel hatten, aber nicht die Ressourcen, selbst einen Kredit dieser Größenordnung auszuhandeln.

Die meisten Konsortialkredite haben ein Investment-Grade-Rating. Der befristete Kredit von Hertz ist jedoch eine Ausnahme. Befristete Kredite wie der von Hertz, die mit einem LBO verbunden sind, nennt man gehebelte Konsortialkredite und sie werden als spekulativ bewertet. Im Fall von Hertz erhielt der befristete Kredit von Hertz von Standard & Poor's das Rating BB und von Moody's das gleichwertige Ba2.

Dow Jones berichtete, dass Hertz zusätzlich zum befristeten Kredit eine mit Vermögenswerten besicherte revolvierende Kreditlinie ausgehandelt hat. Eine **revolvierende Kreditlinie** ist eine Kreditzusage für einen bestimmten Zeitraum bis zu einer bestimmten Höhe (im Fall Hertz fünf Jahre und USD 1,6 Milliarden), die ein Unternehmen nach Bedarf in Anspruch nehmen kann. Hertz nahm anfangs USD 400 Millionen in Anspruch. Da diese Kreditlinie mit bestimmten Vermögensgegenständen besiert ist, ist sie sicherer als der befristete Kredit, sodass sie von Standard & Poor's ein BB+-Rating erhielt.

Privatplatzierungen. Eine **Privatplatzierung** ist eine Anleiheemission, die nicht an der Börse gehandelt wird, sondern an eine kleine Gruppe von Anlegern verkauft wird. Da eine Privatplatzierung nicht registriert werden muss, ist sie weniger kostspielig. Anstelle eines Anleihevertrages reicht häufig ein einfacher Solawechsel aus. Auch muss privat platziertes Fremdkapital nicht dieselben Standards wie börslich notiertes Fremdkapital erfüllen. Somit kann es der jeweiligen Situation angepasst werden.

Kommen wir zu Hertz zurück. CDR führte eine Privatplatzierung von US-Wertpapieren in Höhe von weiterer USD 4,2 Milliarden und internationalen Wertpapieren in Höhe von USD 2,1 Milliarden durch, in beiden Fällen durch Vermögenswerte besichert. In diesem Fall waren die Kredite durch die Flotte der Mietwagen von Hertz besichert. Daher wurde dieses Fremdkapital im Verkaufsprospekt als „Fleet Debt" (Flottenkredit) bezeichnet.

Im Jahr 1990 wurde von der US-amerikanischen Wertpapier- und Börsenaufsichtsbehörde (SEC) Rule 144A erlassen, die die Liquidität von bestimmtem privat platziertem Fremdkapital erheblich erhöhte. Privates Fremdkapital, das gemäß dieser Regel ausgegeben wurde, kann von großen Finanzinstituten untereinander gehandelt werden. Dieser neuen Regel lag die Absicht zugrunde, den Zugang ausländischer Unternehmen zu den amerikanischen Fremdkapitalmärkten zu erweitern. Bei Anleihen, die gemäß dieser Regel ausgegeben werden, handelt es sich nominell um private Verbindlichkeiten. Da sie jedoch zwischen Finanzinstituten gehandelt werden können, sind sie nur geringfügig weniger liquide als börslich gehandeltes Fremdkapital. Tatsächlich handelt es sich bei der Junk-Bond-Emission von Hertz in Höhe von USD 2,8 Milliarden in ▶Tabelle 20.3 um Fremdkapital, das gemäß Regel 144A begeben wurde (was erklärt, warum das Dokument in ▶Abbildung 20.1 als „Offering Memorandum" und nicht als „Prospectus" bezeichnet wird, da Letzteres die Bezeichnung für den Handel an der Börse ist). Im Rahmen des Angebots haben sich die Emittenten jedoch darauf geeinigt, die Anleihen innerhalb von 390 Tagen an der Börse zu registrieren.[8] Da dieses Fremdkapital unter der Voraussetzung vermarktet und verkauft wurde, dass es börslich gehandeltes Fremdkapital wird, haben wir diese Emission als börslich notiertes Fremdkapital klassifiziert.

Verständnisfragen

1. Nennen Sie die vier gängigsten Arten von Unternehmensanleihen.
2. Wie lauten die vier Kategorien internationaler Anleihen?

20.2 Andere Arten von Fremdkapital

Unternehmen sind nicht die einzigen Körperschaften, die Anleihen verwenden. Wir beginnen mit dem größten Anleihesektor – Anleihen staatlicher Körperschaften.

Staatsanleihen

In ▶Kapitel 6 wurde bereits erwähnt, dass **Staatsanleihen** Anleihen sind, die von Nationalstaaten begeben werden. Wir wissen bereits, dass Anleihen, die von der US-Regierung ausgegeben werden, Treasury Securities (Schatzpapiere), kurz Treasuries, genannt werden. Sie machen den größten Sektor des

---

8 Hätte Hertz diese Zusage nicht eingehalten, wäre der Zinssatz auf die umlaufenden Anleihen um 0,5 % gestiegen.

US-Anleihemarktes aus. Am 29. Juni 2012 betrug der Marktwert der umlaufenden US-Schatzpapiere USD 11,03 Billionen. Durch diese Anleihen kann die US-Regierung Geld leihen, sodass eine Defizitfinanzierung möglich ist (das heißt, mehr ausgeben als das, was an Steuern eingenommen wird). Das US-Finanzministerium gibt vier Arten von Wertpapieren aus:[9] US-Schatzwechsel sind reine Diskontanleihen mit Laufzeiten von wenigen Tagen bis zu einem Jahr.

<table>
<tr><td colspan="3">**Arten von US-Schatzpapieren**</td><td>**Tabelle 20.4**</td></tr>
<tr><td>**Schatzpapiere**</td><td>**Art**</td><td>**Ursprüngliche Laufzeit**</td></tr>
<tr><td>Schatzwechsel</td><td>Diskont</td><td>4, 13, 26 und 52 Wochen</td></tr>
<tr><td>Mittelfristige Anleihen</td><td>Kupon</td><td>2, 3, 5, 7 und 10 Jahre</td></tr>
<tr><td>Anleihen</td><td>Kupon</td><td>30 Jahre</td></tr>
<tr><td>TIPS (vor Inflation geschützte Schatzpapiere)</td><td>Kupon</td><td>5, 10 und 30 Jahre</td></tr>
</table>

Derzeit gibt das US-Finanzministerium Schatzwechsel mit einer Ursprungslaufzeit von 4, 13, 26 und 52 Wochen aus. Mittelfristige Schatzanleihen sind Anleihen mit Halbjahreskupon und einer Ursprungslaufzeit von 1 bis 10 Jahren. Das Finanzministerium gibt diese Anleihen derzeit mit Laufzeiten von 2, 3, 5, 7 und 10 Jahren aus. Schatzanleihen sind Anleihen mit Halbjahreskupon und Laufzeiten von mehr als 10 Jahren. Das Finanzministerium gibt Anleihen mit Laufzeiten von 30 Jahren (oft auch **Long Bonds genannt**) aus. Alle diese Schatzpapiere werden am Anleihemarkt gehandelt.

Die letzte Art von Wertpapieren, die das US-Finanzministerium derzeit ausgibt, sind inflationsindexierte Anleihen, die **TIPS** (Treasury Inflation-Protected Securities) genannt werden und Laufzeiten von 5, 10 und 30 Jahren haben. Diese Anleihen sind Standardkuponanleihen mit einem Unterschied: Der ausstehende Kapitalbetrag wird inflationsbereinigt. Somit schwankt der Dollarkupon trotz festem *Kuponzinssatz*, da die halbjährlichen Kuponzahlungen ein fester Satz des inflationsbereinigten Kapitalbetrages sind. Außerdem ist die endgültige Rückzahlung des Kapitalbetrages bei Fälligkeit (jedoch nicht die Zinszahlungen) vor Deflation geschützt: Ist der endgültige inflationsbereinigte Kapitalbetrag geringer als der ursprüngliche Kapitalbetrag, wird der ursprüngliche Kapitalbetrag zurückgezahlt.

Beispiel 20.1:   Kuponzahlungen aus inflationsindexierten Anleihen

Fragestellung

Am 15. Januar 2004 gab das US-Finanzministerium inflationsindexierte Anleihen mit einer Laufzeit von 10 Jahren und einem Kupon von 2 % aus. Am Tag der Emission lag der amerikanische Verbraucherpreisindex (VPI) bei 184.77419. Am 15. Januar 2012 war der VPI auf 226.33474 gestiegen. Welche Kuponzahlung wurde am 15. Januar 2012 getätigt?

Lösung

Zwischen dem Emissionsdatum und dem 15. Januar 2012 stieg der VPI um 226.33474 : 184.77419 = 1,22493. Folglich stieg der Kapitalbetrag der Anleihe ebenfalls um diesen Betrag; das heißt, der ursprüngliche Nennwert von USD 1.000 stieg auf USD 1.224.93. Da die Anleihe Halbjahreskupons zahlt, betrug die Kuponzahlung USD 1.224,93 × 0,02 : 2 = USD 12,25.

US-Schatzpapiere werden anfangs in einer Auktion verkauft. Zwei Arten von Geboten sind zulässig: konkurrierende Gebote und nicht konkurrierende Gebote. Nicht konkurrierende Bieter (in der Regel Privatanleger) geben lediglich die Anzahl an Anleihen an, die sie kaufen möchten, und erhalten die Garantie, dass ihre Order in der Auktion ausgeführt wird. Alle konkurrierenden Bieter geben hin-

---

9 Siehe ▶Tabelle 20.4.

sichtlich der Rendite und der Anzahl der Anleihen, die sie zu kaufen bereit sind, versiegelte Gebote ab. Das Finanzministerium nimmt dann die konkurrierenden Gebote an, die bis zur Höhe des für die Finanzierung der Transaktion erforderlichen Betrages die geringste Rendite (den höchsten Preis) bieten. Die höchste angenommene Rendite wird als **Stop-Out-Rendite** bezeichnet. Alle erfolgreichen Bieter, einschließlich der nicht konkurrierenden Bieter, erhalten diese Rendite. Bei einem Angebot von US-Schatzwechseln wird die Stop-Out-Rendite für die Festlegung des Preises des Schatzwechsels verwendet und alle Bieter zahlen diesen Preis. Bei mittelfristigen oder langfristigen Schatzanleihen legt diese Rendite den Kupon der Anleihe fest und alle Bieter zahlen den Nennwert für diese mittel- oder langfristige Anleihe.[10] Alle Erträge aus den Schatzpapieren sind auf Bundesebene zu versteuern, jedoch nicht auf der Ebene der Einzelstaaten oder Gemeinden.[11]

Nullkupon-Schatzpapiere mit Laufzeiten von mehr als einem Jahr werden auch am Anleihemarkt gehandelt. Diese nennt man STRIPS (Separate Trading of Registered Interest and Principal Securities). Das Finanzministerium gibt keine STRIPS aus. Stattdessen kaufen Investoren (häufiger Investmentbanken) Schatzanleihen und verkaufen dann jeden Kupon und alle Kapitalzahlungen getrennt als Nullkupon-Anleihe.

Kommunalobligationen

Kommunalobligationen (Municipal Bonds oder „Munis") werden von den Gemeinden oder den einzelnen Staaten der USA ausgegeben. Der wichtigste Unterschied ist, dass deren Erträge nicht auf Bundesebene zu versteuern sind. Daher werden Kommunalanleihen auch manchmal als steuerfreie Anleihen bezeichnet. Einige Emissionen sind auch von Steuern auf kommunaler und Einzelstaatebene befreit.

Die meisten Kommunalanleihen zahlen Halbjahreskupons. Eine einzelne Emission enthält oft mehrere Fälligkeitsdaten. Solche Emissionen werden oft **Serienschuldverschreibung** genannt, da die Anleihen der Reihe nach über mehrere Jahre fällig werden. Die Kupons auf Kommunalanleihen können entweder *fest* oder *variabel* sein. Eine Festkuponanleihe hat über die Laufzeit der Anleihe denselben Kupon. Bei einer Anleihe mit variablem Kupon wird der Kupon regelmäßig angepasst. Die Anpassungsformel ist eine Spanne über dem Referenzsatz, wie dem Satz auf Schatzwechsel, die bei der Erstemission der Anleihe festgelegt wird. Es gibt auch einige Nullkupon-Kommunalobligationen.

Kommunalobligationen können sich hinsichtlich der Herkunft der Mittel unterscheiden, die diese garantieren. **Revenue Bonds (Ertragsanleihen)** verpfänden bestimmte Einnahmen, die von Projekten erwirtschaftet werden, die ursprünglich mit der Anleiheemission finanziert wurden. Der Bundesstaat Nevada hat zum Beispiel Revenue Bonds für die Finanzierung der Las Vegas Monorail ausgegeben, deren Rückzahlung durch die Beförderungsentgelte erfolgen sollte. Anleihen, die durch die Kreditwürdigkeit und Steuerhoheit einer Gemeinde besichert sind, nennt man **General Obligation Bonds**. Manchmal verstärken die Gemeinden ihre Verpflichtung noch, indem die Zusage an eine bestimmte Ertragsquelle gebunden wird, wie zum Beispiel an eine bestimmte Gebühr. Da eine Gemeinde immer ihre allgemeinen Einnahmen für die Rückzahlung von Anleihen verwenden kann, steht diese Verpflichtung noch über der üblichen Verpflichtung, sodass diese Anleihen als **doppelt gedeckte Anleihen** bezeichnet werden. Trotz dieser Absicherungen sind Kommunalanleihen nicht annähernd so sicher wie Anleihen, die von der Bundesregierung garantiert sind. Infolge des starken Konjunkturabschwungs stellten im Jahr 2008 sogar 136 Kommunalanleihen im Wert von insgesamt mehr als USD 8 Milliarden die Zahlungen ein (einschließlich der oben genannten Las-Vegas-Monorail-Anleihe). Eine Studie der New Yorker Federal Reserve Bank aus dem Jahr 2012 berichtete, dass zwischen 1970 und 2011 circa 4 % der Kommunalanleihen die Zahlungen einstellten.[12]

---

10 Da Kupons als Achtel dargestellt werden, wird der Kupon, falls die zugeteilte Rendite nicht durch acht teilbar ist, zu dem Satz festgelegt, der dem Preis am nächsten kommt, jedoch nicht über dem Nennwert liegt.

11 Weitere Informationen finden Sie auf der Internetseite des US-Finanzministeriums *www.treasurydirect.gov*. Die Hinweise zur Besteuerung sind an US-Bürger und US-Unternehmen gerichtet. Die Besteuerung ausländischer Investoren richtet sich nach nationalen Vorschriften und Doppelbesteuerungsabkommen.

12 M. Walsh, „Muni Bonds Not as Safe as Thought", The New York Times, 15. August 2012.

Asset-Backed Securities

Asset-Backed Securities (ABS) sind Wertpapiere, die aus anderen Finanzwertpapieren zusammengesetzt sind, das heißt, die Cashflows des Wertpapiers stammen aus den zugrunde liegenden Wertpapieren, die diese stützen. Wir beziehen uns hier auf das Verfahren, auf Vermögenswerte oder Forderungen gestützte (ABS-) Wertpapiere zu kreieren – die Zusammenstellung von Wertpapierportfolios und die Ausgabe von ABS-Wertpapieren, die durch dieses Portfolio gestützt sind – als **Verbriefung von Vermögenswerten.**

Der bei Weitem größte Bereich des ABS-Marktes ist der Markt der hypothekengestützten Wertpapiere *(Mortgage-Backed Securities).* **Mortgage-Backed Securities (MBS)** sind durch Hypotheken gestützte ABS-Wertpapiere. US-Regierungsbehörden und staatlich gestützte Finanzinstitute, wie die Government National Mortgage Association (GNMA oder „Ginnie Mae") sind die größten Emittenten in diesem Sektor. Wenn die Immobilieneigentümer der zugrunde liegenden Hypotheken ihre Hypothekenzahlungen leisten, gehen diese Mittel (abzüglich Bearbeitungsgebühr) an die Inhaber der hypothekengestützten Wertpapiere. Die Zahlungen aus diesen MBS-Papieren geben daher die für die Hypotheken zu leistenden Zahlungen wieder. Im Fall der von der GNMA begebenen MBS-Papiere gibt die US-Regierung den Anlegern eine ausdrückliche Garantie für den Fall der Nichtzahlung. Diese Garantie bedeutet jedoch nicht, dass diese Wertpapiere risikolos sind. Der Hypothekennehmer kann nämlich seine Hypothek ganz oder teilweise vorzeitig tilgen (häufig aufgrund eines Umzugs oder einer Refinanzierung) und diese vorzeitige Tilgung wird dann an die Inhaber der MBS-Papiere weitergegeben. Daher tragen die Inhaber dieser Wertpapiere das **Vorauszahlungsrisiko**, also das Risiko, dass die Anleihe ganz oder teilweise vorzeitig zurückgezahlt wird.[13]

Andere staatlich gestützte Finanzinstitute, die MBS-Papiere ausgeben, sind die Federal National Mortgage Association (FNMA oder „Finnie Mae") und die Federal Home Loan Mortgage Corporation (FHLMC oder „Freddy Mac"). Die Student Loan Marketing Association („Sally Mae") emittiert ABS-Wertpapiere, die durch Studentenkredite unterlegt sind. Obwohl diese Institute, im Gegensatz zu Ginnie Mae, nicht explizit durch die Kreditwürdigkeit und Steuerhoheit der US-Regierung gestützt sind, bezweifeln die meisten Anleger, dass die Regierung einen Zahlungsausfall dieser Institute zulassen würde und gehen daher davon aus, dass diese Emissionen eine implizite Garantie haben. Im September 2008 wurde dieses Vertrauen bestätigt, als Fannie Mae und Freddie Mac, die beide kurz davor standen, die Zahlungen einzustellen, unter die Verwaltung der Federal Housing Finance Agency gestellt wurden, was einer staatlichen Rettungsaktion gleichkam. Am 16. Juni 2010 wurde die Zulassung der Aktien von Fannie Mae und Freddie Mac zum Börsenhandel an der NYSE widerrufen.

Private Körperschaften wie zum Beispiel Banken begeben auch ABS-Papiere. Diese Wertpapiere können durch Hypotheken unterlegt sein (üblicherweise Darlehen, die die Kriterien für eine Aufnahme in die von Regierungsbehörden ausgegebenen ABS-Papiere nicht erfüllen) oder durch andere Arten von Verbraucherkrediten, zum Beispiel durch Forderungen aus Autokrediten und Kreditkartenforderungen. Außerdem können private ABS-Papiere durch andere ABS-Papiere unterlegt sein. Wenn Banken ABS-Papiere und andere festverzinsliche Wertpapiere ein weiteres Mal verbriefen, nennt man das neue Wertpapier **Collateralized Debt Obligation (CDO)**. Die Zahlungsströme aus diesen CDO werden normalerweise in Tranchen aufgeteilt, die verschieden hohe Bewertungen haben. Investoren der nachrangigen Tranche eines ABS-Papiers zum Beispiel erhalten erst dann Zahlungen, wenn die Investoren der vorrangigen Tranche ihre zugesagten Zahlungen erhalten haben. Aufgrund dieser Rangfolge unterscheiden sich einzelne CDO-Wertpapiere sehr stark hinsichtlich des Risikos und des Risikos der zugrunde liegenden Aktiva (siehe Kasten weiter unten).

Verständnisfragen

1. Nennen Sie vier Arten von Wertpapieren, die vom US-Finanzministerium ausgegeben werden.
2. Welches besondere Merkmal haben Kommunalanleihen?
3. Was ist ein ABS-Wertpapier?

---

13 Dieses Merkmal unterscheidet diese Art von Anleihen von den in Deutschland bekannten Hypothekenanleihen.

20.3 Covenants von Anleihen

Covenants sind restriktive Klauseln in einem Anleihevertrag, die Handlungen des Emittenten einschränken, die möglicherweise seine Fähigkeit untergraben, die Anleihe zurückzuzahlen. Man könnte vermuten, dass solche Klauseln nicht notwendig sind – warum sollte schließlich ein Manager von sich aus Maßnahmen ergreifen, die das Ausfallrisiko des Unternehmens erhöhen? Wir wissen jedoch aus ▶Kapitel 16, dass Manager eines verschuldeten Unternehmens einen Anreiz haben können, Maßnahmen zu ergreifen, von denen die Anteilseigner auf Kosten der Fremdkapitalgeber profitieren.

DIE GLOBALE FINANZKRISE

CDO, Subprime-Hypotheken und die Finanzkrise

GNMA und die anderen staatlich unterstützten Finanzinstitute, die hypothekengestützte Wertpapiere ausgeben, schränken die Art von Hypotheken ein, die sie zu verbriefen bereit sind. Beispielsweise verbriefen sie nur Hypotheken, die unterhalb eines bestimmten Nennwerts liegen und, was wichtiger ist, zudem bestimmte Bonitätskriterien erfüllen. Hypotheken, die diese Kriterien nicht erfüllen und eine hohe Ausfallwahrscheinlichkeit aufweisen, werden **Subprime-Hypotheken** genannt. Ein Teil des Immobilienbooms Mitte der 2000er-Jahre kann auf die höhere Verfügbarkeit von Subprime-Hypotheken zurückgeführt werden. Ebenso wie die Anzahl der Subprime-Hypotheken explodierten auch die Anreize diese zu verbriefen. Private Institute, wie zum Beispiel Banken, emittierten in großer Zahl hypothekengestützte Wertpapiere, die mit Subprime-Hypotheken unterlegt waren. Um die Ursprünge dieser Krise verstehen zu können, ist es hilfreich zu wissen, wie die Subprime-Darlehen verbrieft werden. Banken, die diese Darlehen verbrieften, bündelten diese zuerst in großen **Pools**. Die Zahlungsströme aus diesen Pools aus MBS-Papieren wurden dann verwendet, um die Zahlungszusagen aus den unterschiedlichen Tranchen von Wertpapieren zu besichern, die sich in ihrer Rangfolge unterscheiden und **Collateralized Mortgage Obligations (CMO)** heißen. Dadurch, dass die Hypotheken erst zusammengefasst und diversifiziert und dann in Tranchen mit vorrangigen und nachrangigen Wertpapieren unterteilt werden, ist es möglich, vorrangige Wertpapiere zu begründen, die ein viel geringeres Risiko haben als die zugrunde liegenden Hypotheken. Nehmen wir beispielsweise ein Wertpapier an mit einem vorrangigen Anspruch auf Rückzahlungen des Kapitalbetrages bis zur Hälfte des gesamten ausstehenden Kapitalbetrages: Dieses Wertpapier würde nur dann beeinträchtigt, wenn aus mehr als 50 % der Hypotheken im Pool die Zahlungen eingestellt würden. Unten stehende Abbildung verdeutlicht dieses Konzept und zeigt den Zahlungsstrom aus den Hypotheken zuerst in die MBS-Pools und dann in die Zylinder, die die CMO-Wertpapiertranchen darstellen. Die ersten Zylinder in der Reihe werden sehr wahrscheinlich gefüllt.

Diese vorrangigen Tranchen erhielten AAA-Ratings und waren wegen der hohen Renditen für Investoren attraktiv, weil sie vermeintlich sicher waren. Natürlich bergen die Zylinder, die weiter unten stehen, ein viel größeres Risiko, nicht vollständig gefüllt zu werden. Die nachrangigsten Tranchen hatten niedrige Ratings (oder sogar gar keine) und waren viel riskanter als die ursprünglichen Pools (der Ausfall von nur einer Hypothek im gesamten Pool hätte diese Wertpapiere beeinträchtigt). Daher waren diese nachrangigen Tranchen nur für sehr kompetente und risikofreudige Investoren attraktiv, die das Risiko einschätzen konnten.

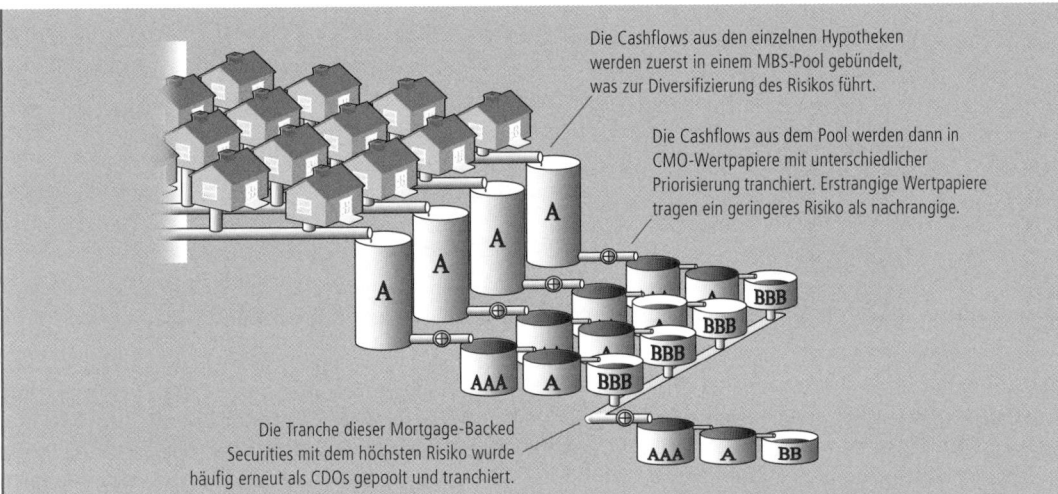

Die Cashflows aus den einzelnen Hypotheken werden zuerst in einem MBS-Pool gebündelt, was zur Diversifizierung des Risikos führt.

Die Cashflows aus dem Pool werden dann in CMO-Wertpapiere mit unterschiedlicher Priorisierung tranchiert. Erstrangige Wertpapiere tragen ein geringeres Risiko als nachrangige.

Die Tranche dieser Mortgage-Backed Securities mit dem höchsten Risiko wurde häufig erneut als CDOs gepoolt und tranchiert.

Als der Subprime-Markt wuchs, wurde es schwieriger, Investoren zu finden, die bereit waren, die nachrangigen Tranchen zu halten. Um dieses Problem zu lösen, schufen die Investmentbanken Pools dieser nachrangigen Wertpapiere, die sie dann in neue Serien aus vorrangigen und nachrangigen Wertpapieren (CDO) tranchierten. Mit derselben Begründung wie zuvor waren die vorrangigen Tranchen dieser neuen CDO vermeintlich sehr wenig riskant, erhielten AAA-Ratings und waren somit leicht an ein breites Anlegerspektrum zu verkaufen.[14]

Was ging schief? In den Jahren 2002 bis 2005 waren die Ausfallquoten bei Subprime-Hypotheken ziemlich niedrig und fielen auf unter 6 %. Infolgedessen lockerten die Ratingagenturen ihre Anforderungen und erhöhten die Größe der Tranchen, die ein AAA-Rating erhielten. Diese geringen Ausfallquoten kamen jedoch deshalb zustande, weil die Immobilienpreise stiegen, weshalb die Subprime-Hypothekennehmer ihre Darlehen problemlos refinanzieren und Ausfälle vermeiden konnten. Sobald sich das Wachstum des Immobilienmarkts verlangsamte und in den Jahren 2006 und 2007 zurückging, war eine Refinanzierung nicht mehr möglich, da die Banken nicht bereit waren, mehr zu verleihen, als das Haus wert war, und die Ausfallquote stieg steil an auf mehr als 40 %.

Die gestiegene Ausfallquote hatte zwei schwerwiegende Konsequenzen. Erstens erwiesen sich die ursprünglichen MBS-Papiere als riskanter als angenommen: Wertpapiere, die zu mehr als 20 % vor einem Ausfall geschützt waren, was im Jahr 2005 extrem sicher schien, erlitten erstmals Verluste. Doch der Schaden bei den CDO-Wertpapieren, die auf den nachrangigen MBS-Papieren basierten, war noch dramatischer. Die Sicherheit der vorrangigen Tranchen dieser CDO beruhte auf der Diversifizierung: Wenn nicht mehr als 20 % der nachrangigen MBS-Papiere ausfielen, würden diese Wertpapiere vollständig zurückgezahlt. Aber die unerwartet flächendeckende Auswirkung dieser Immobilienkrise bedeutete, dass fast *allen* Wertpapieren, die diese CDO deckten, „die Luft ausging". Daher wurden viele der vorrangigsten CDO-Tranchen mit AAA-Rating praktisch ausgelöscht, und ihre Werte fielen auf kleine Cent-Beträge. Dieses Ergebnis war für viele Investoren ein extremer Schock, die diese Wertpapiere in der Überzeugung hielten, dass diese sicher waren.

---

14 Zudem ist zu beachten, dass die CDO aufgrund der Diversifizierung ein höheres durchschnittliches Rating haben können als die einzelnen Aktiva, die diese decken.

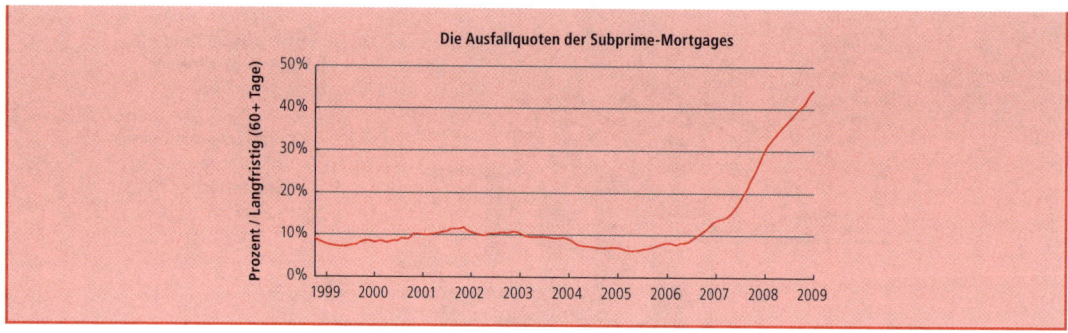

Nachdem Anleihen ausgegeben wurden, haben die Anteilseigner einen Anreiz die Dividende auf Kosten der Fremdkapitalgeber zu erhöhen. Gehen wir beispielsweise von dem extremen Fall aus, bei dem ein Unternehmen eine Anleihe begibt und dann dessen Vermögenswerte sofort veräußert, die Erlöse (einschließlich derjenigen aus der Anleiheemission) als Dividende an die Anteilseigner auszahlt und Insolvenz anmeldet. In diesem Fall erhalten die Anteilseigner den Wert der Vermögensgegenstände des Unternehmens plus den Erlös aus der Anleihe, während die Inhaber der Anleihen leer ausgehen. Folglich enthalten Anleiheverträge häufig Klauseln, die die Möglichkeiten der Unternehmensleitung Dividenden zu zahlen einschränken.

Andere Klauseln können das Ausmaß einer weiteren Verschuldung beschränken und festlegen, dass der Emittent ein Mindestmaß an Betriebskapital aufrechterhalten muss. Wenn der Emittent eine dieser Klauseln nicht erfüllt, gerät die Anleihe in Zahlungsverzug. Klauseln der von Hertz ausgegebenen Schrottanleihe beschränkten die Möglichkeiten von Hertz, mehr Fremdkapital aufzunehmen, Dividendenzahlungen zu leisten, Aktien zurückzukaufen, Investitionen zu tätigen, Pfandrechte zu schaffen, Vermögensgegenstände zu übertragen oder zu verkaufen und zu fusionieren oder zu konsolidieren. Sie enthielten außerdem die Anforderung, die Anleihen zu 101 % des Nennwertes zum Rückkauf anzubieten, falls im Unternehmen ein Kontrollwechsel stattfindet.

Wie wir wissen, machte CDR ein Übernahmeangebot für den Rückkauf des gesamten ausstehenden Fremdkapitals von Hertz. CDR machte dieses Angebot, da das ausstehende Fremdkapital eine restriktive Klausel hatte, die eine Fusion oder Übernahme von Hertz erschwerte. Sobald die Gruppe unter der Leitung von CDR mehr als 50 % dieses Fremdkapitals hielt, war es CDR gemäß den Bestimmungen des Prospektes möglich, die Klauseln einseitig zu ändern, und somit konnte CDR mit dem LBO fortfahren.

Man möchte meinen, dass Anteilseigner versuchen, so wenige Klauseln wie möglich in einen Anleihevertrag aufzunehmen. Dies ist jedoch nicht unbedingt der Fall. Je zwingender die Klauseln im Anleihevertrag, desto unwahrscheinlicher ist es, dass der Emittent die Zahlungen auf die Anleihe einstellt, und desto geringer der Zinssatz, den die Investoren verlangen, die die Anleihe kaufen. Das heißt, durch die Aufnahme von mehr Klauseln können die Emittenten die Kreditkosten mindern. Wie in ▶Kapitel 16 kann auch hier die Verringerung der Kreditkosten des Unternehmens die Kosten des Verlusts der Flexibilität in Verbindung mit den Klauseln mehr als ausgleichen, wenn die Klauseln so gestaltet sind, dass sie die Agency-Kosten mindern, indem sie die Möglichkeiten der Unternehmensleitung beschränken, Maßnahmen mit negativem KW auf Kosten der Fremdkapitalgeber zu ergreifen.

Verständnisfragen

1. Was geschieht, wenn ein Emittent eine Klausel der Anleihe nicht einhält?

2. Warum können Anleiheklauseln die Kreditkosten eines Unternehmens mindern?

20.4 Rückzahlungsbestimmungen

Ein Anleiheemittent zahlt seine Anleihen durch Kupon- und Kapitalzahlungen gemäß Anleihevertrag zurück. Dies ist jedoch nicht die einzige Möglichkeit der Rückzahlung einer Anleihe. Der Emittent kann zum Beispiel einen Teil der umlaufenden Anleihen am Markt zurückkaufen oder ein Übernahmeangebot für die gesamte Emission machen, wie Hertz es für die bestehenden Anleihen getan hat. Eine weitere Möglichkeit, wie ein Emittent Anleihen zurückzahlen kann, ist die Ausübung einer *Kündigungsbestimmung*, die es dem Emittenten ermöglicht, die Anleihen zu einem vorbestimmten Preis zurückzukaufen. Anleihen, die eine solche Bestimmung enthalten, nennt man **kündbare Anleihen**.

Kündigungsbestimmungen

Die Schrottanleihe von Hertz ist ein Beispiel für kündbare Anleihen. ▶Tabelle 20.3 nennt die Kündigungsmerkmale der jeweiligen Tranchen. Ein Kündigungsmerkmal gibt dem Emittenten das Recht (jedoch nicht die Pflicht), alle umlaufenden Anleihen an (oder nach) einem bestimmten Datum (der **Kündigungstermin**) zum **Kündigungspreis** zu tilgen. Der Kündigungspreis ist grundsätzlich so hoch wie der Nennwert der Anleihe oder liegt darüber und wird als Prozentsatz des Nennwerts ausgedrückt. Bei Hertz lagen die Kündigungstermine für die beiden vorrangigen Tranchen am Ende des vierten Jahres. Für das Jahr 2010 hatte die Emission in Höhe von USD 1,8 Milliarden einen Kündigungspreis von 104,438 % des Nennwerts der Anleihe. In den folgenden Jahren reduzierte sich der Kündigungspreis schrittweise, bis die Anleihe im Jahr 2012 zum Nennwert kündbar war. Die auf Euro lautende Anleihe hat ähnliche Bestimmungen mit leicht abweichenden Kündigungspreisen. Der Kündigungszeitpunkt der nachrangigen Tranche liegt ein Jahr später und hat eine andere Kündigungspreisstruktur.

Die Hertz-Anleihen sind also in den ersten drei Jahren auch teilweise kündbar. Hertz hat die Option, bis zu 35 % des ausstehenden Kapitals zu den in ▶Tabelle 20.3 genannten Kündigungspreisen zurückzuzahlen, solange die für den Rückkauf der Anleihen erforderlichen Mittel aus den Erträgen einer Eigenkapitalemission stammen.

Um zu verstehen, wie Kündigungsbestimmungen den Preis einer Anleihe beeinflussen, müssen wir zunächst betrachten, wann ein Emittent sein Recht, die Anleihe zu kündigen, ausübt. Ein Emittent kann eine seiner Anleihen immer durch einen Rückkauf über den Markt tilgen. Wenn jedoch die Kündigungsoption eine günstigere Möglichkeit für die Tilgung der Anleihe bietet, wird der Emittent darauf verzichten, die Anleihen am Markt zurückzukaufen, und die Anleihe stattdessen kündigen.

Zur Verdeutlichung gehen wir von einem konkreteren Beispiel aus: Ein Emittent hat zwei Anleihen begeben, die in jeder Hinsicht identisch sind, außer dass eine zum Pariwert kündbar (rückkaufbar zum Nennwert) und die andere nicht kündbar ist. Der Emittent möchte eine der beiden Anleihen tilgen. Wie entscheidet er, welche Anleihe er tilgen soll? Wenn die Renditen der Anleihen seit der Emission gefallen sind, wird die nicht kündbare Anleihe mit einem Aufschlag gehandelt. Somit müsste der Emittent, wenn er diese Anleihe (durch den Rückkauf am Markt) tilgen möchte, mehr als das ausstehende Kapital zurückzahlen. Entscheidet er sich jedoch für die Kündigung der kündbaren Anleihe, zahlt er nur den ausstehenden Kapitalbetrag. Somit ist es bei niedrigeren Renditen günstiger, die kündbare Anleihe zu tilgen. Mit anderen Worten, der Emittent kann seine Kreditkosten durch die Kündigung der kündbaren Anleihe und eine unmittelbar anschließende Refinanzierung mindern, da die Renditen gefallen sind. Sind die Renditen jedoch nach der Emission gestiegen, gibt es keinen Grund für eine Refinanzierung. Außerdem würden dann beide Anleihen mit einem Abschlag gehandelt werden. Auch wenn der Emittent einige Anleihen tilgen möchte, wäre er besser gestellt, wenn er eine der beiden Anleihen unter dem Pariwert auf dem Markt zurückkaufte, als wenn er die kündbare Anleihe zum Pariwert kündigte. Somit wird sich der Emittent bei gestiegenen Renditen gegen die Kündigung der kündbaren Anleihe entscheiden.

Betrachten wir dieses Szenario nun aus der Perspektive eines Inhabers einer Anleihe. Wie wir gesehen haben, wird der Emittent seine Kündigungsoption nur dann ausüben, wenn der Kuponzins der Anleihe über dem aktuellen Marktzinssatz liegt. Wenn der Marktzinssatz niedriger ist als der Kuponzinssatz und die Kündigungsoption dann ausgeübt wird, muss der Anleihehalter daher andere Anlagen ausfindig machen. Das heißt, der Inhaber einer kündbaren Anleihe ist mit dem Risiko der Wiederanlage genau dann konfrontiert, wenn es weh tut, nämlich dann, wenn der Marktzinssatz unter dem Kuponzins liegt, den der Inhaber derzeit erhält. Dies macht die kündbare Anleihe gegenüber der gleichen, nicht kündbaren Anleihe relativ uninteressant für den Inhaber. Folglich wird die kündbare Anleihe zu einem niedrigeren Preis gehandelt (und hat daher eine höhere Rendite) als ansonsten gleichwertige, nicht kündbare Anleihen.

Um die Beziehung zwischen den Preisen ansonsten gleicher kündbarer und nicht kündbarer Anleihen zu verstehen, betrachten wir zunächst, was mit einer Anleihe geschieht, die zum Pariwert und nur zu einem bestimmten Zeitpunkt kündbar ist. In ▶ Abbildung 20.2 sind der Preis der kündbaren Anleihe und eine ansonsten gleiche nicht kündbare Anleihe am Kündigungstermin als Funktion der Rendite der nicht kündbaren Anleihe dargestellt. Ist die Rendite der nicht kündbaren Anleihe geringer als der Kupon, wird die kündbare Anleihe gekündigt, sodass der Preis EUR 100 beträgt. Ist die Rendite höher als der Kupon, wird die kündbare Anleihe nicht gekündigt und hat somit denselben Preis wie die nicht kündbare Anleihe. Zu beachten ist, dass der Preis der kündbaren Anleihe auf den Pariwert begrenzt ist: Der Preis kann niedrig sein, wenn die Renditen hoch sind, steigt jedoch nicht über den Pariwert, wenn die Rendite niedrig ist.

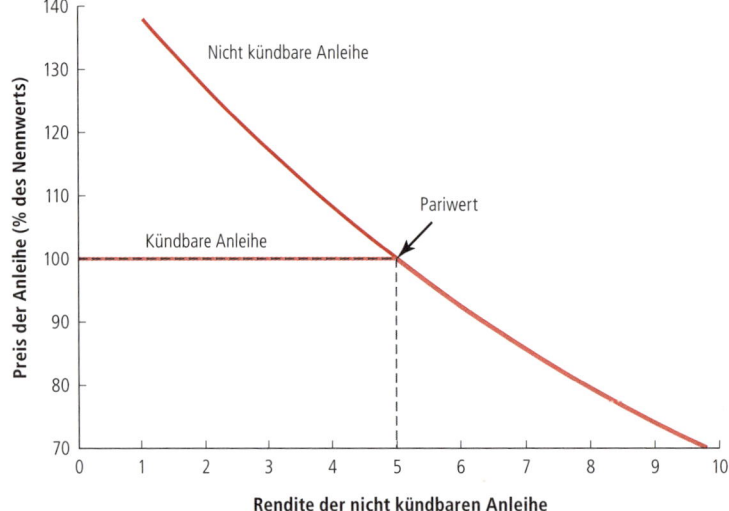

Abbildung 20.2: Preise der kündbaren und nicht kündbaren Anleihen am Kündigungstermin. Diese Abbildung zeigt die Preise einer kündbaren Anleihe (hellrote Linie) und einer ansonsten gleichen, nicht kündbaren Anleihe (rote Linie) am Kündigungstermin als Funktion der Rendite der nicht kündbaren Anleihe. Beide Anleihen haben einen Kuponzins von 5 %. Es wird davon ausgegangen, dass die kündbare Anleihe nur zu einem Datum zum Pariwert kündbar ist.

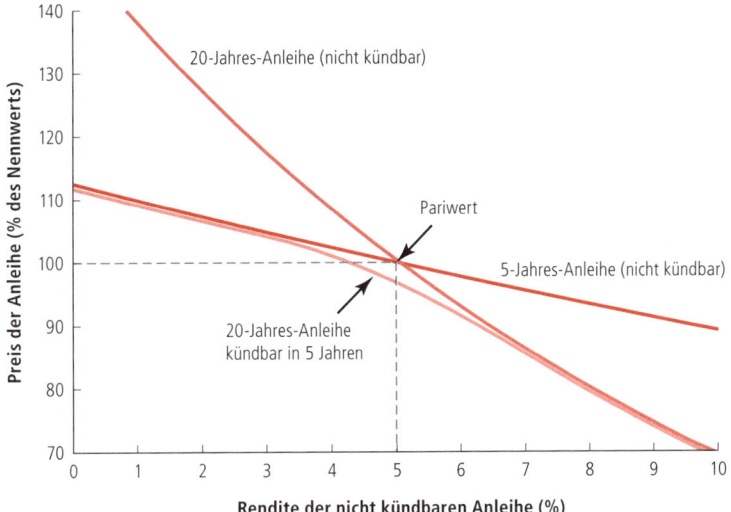

Abbildung 20.3: Preise der kündbaren und nicht kündbaren Anleihen vor dem Kündigungstermin. Wenn die Rendite einer nicht kündbaren Anleihe im Vergleich zum Kupon der kündbaren Anleihe hoch ist, gehen Investoren davon aus, dass die Wahrscheinlichkeit der Ausübung der Kündigung gering und der Preis der kündbaren Anleihe dem der ansonsten gleichen nicht kündbaren Anleihe ähnlich ist. Wenn die Marktrendite im Vergleich zum Anleihekupon niedrig ist, gehen Investoren davon aus, dass die Anleihe wahrscheinlich gekündigt wird, sodass der Preis weitgehend dem Preis einer nicht kündbaren Anleihe, die am Kündigungstermin fällig wird, entspricht.

Vor dem Kündigungstermin antizipieren Investoren die optimale Strategie, die der Emittent verfolgen wird, und der Anleihepreis spiegelt diese Strategie wider, wie ▸Abbildung 20.3 zeigt. Wenn die Marktrenditen im Vergleich zum Kupon der Anleihe hoch sind, gehen die Investoren davon aus, dass die Wahrscheinlichkeit der Ausübung der Kündigung gering ist, und der Anleihepreis ist der ansonsten gleichen, nicht kündbaren Anleihe ähnlich. Auf der anderen Seite nehmen die Investoren an, dass die Anleihe wahrscheinlich gekündigt wird, wenn die Marktrenditen im Vergleich zum Anleihekupon niedrig sind, sodass der Preis weitgehend dem Preis einer nicht kündbaren Anleihe entspricht, die am Kündigungstermin fällig wird.

New York City kündigt Kommunalanleihen

Im November 2004 gab New York City Pläne bekannt, Kommunalanleihen in Höhe von USD 430 Millionen zu kündigen. New York City war ein Kreditnehmer mit einem AAA-Rating und diese Anleihen zahlten relativ hohe Zinssätze von 6 % bis 8 %. Die Stadt wollte diese Anleihen mit neuen Anleihen refinanzieren, die Zinssätze zwischen 3 % und 5 % zahlen würden. Insgesamt kündigte New York City 63 einzelne Anleiheemissionen mit ursprünglichen Fälligkeiten zwischen 2012 und 2019.

Für Investoren waren die älteren Kommunalanleihen wegen der höheren Renditen interessant. Trotz dieser Renditen erwarteten sie nicht, dass New York City diese Anleihen kündigen würde, weshalb der Marktpreis Anfang des Jahres 10 % bis 20 % höher war als der Nennwert. Als New York City den Plan bekanntgab, die Anleihen zu einem leicht höheren Preis als den Nennwert zu kündigen, waren die Investoren überrascht und der Marktwert dieser Anleihen fiel entsprechend. Die Investoren erlitten aus ihrer Anlage mit AAA-Rating Verluste von 15 % oder mehr.

Die Investoren hatten nicht erwartet, dass New York City die Anleihen kündigen würde, da die Stadt ihre Schulden bereits Anfang der 1990er-Jahre refinanziert hatte. Den Bestimmungen des US-amerikanischen Finanzamts gemäß konnte die Stadt keine weitere Refinanzierung mit einer steuerbefreiten Emission vornehmen. Die Stadt überraschte den Markt jedoch mit der Entscheidung, die Anleihen stattdessen mit der Emission zu versteuernder Anleihen zu refinanzieren. Auch wenn es selten vorkommt, zeigt dieses Beispiel, dass Investoren manchmal von der Kündigungsstrategie der Anleiheemittenten überrascht werden.

Quelle: A. Lucchetti, Copyright 2005 von DOW JONES & COMPANY, INC. Abgedruckt mit Genehmigung der DOW JONES & COMPANY, Inc. über das Copyright Clearance Center.

Da der Emittent die Option hat, die Anleihe zu kündigen, liegt der Preis der kündbaren Anleihe immer unter dem der nicht kündbaren Anleihe.

Die Endfälligkeitsrendite einer kündbaren Anleihe wird so berechnet, als wäre die Anleihe nicht kündbar. Das heißt, die Rendite ist immer noch als der Abzinsungssatz definiert, der den Barwert der zugesagten Zahlungen mit dem aktuellen Preis gleichsetzt, und zwar *ohne Berücksichtigung* des Kündigungsmerkmals. Wir können uns die Rendite einer kündbaren Anleihe als den Zinssatz vorstellen, den der Inhaber erhält, wenn die Anleihe nicht gekündigt und vollständig zurückgezahlt wird. Da der Preis einer kündbaren Anleihe niedriger ist als der Preis einer ansonsten gleichen, nicht kündbaren Anleihe, wird die Endfälligkeitsrendite einer kündbaren Anleihe höher sein als die Endfälligkeitsrendite der nicht kündbaren Anleihe.

Die Annahme, die der Berechnung der Rendite einer kündbaren Anleihe zugrunde liegt – dass sie nicht gekündigt wird – ist nicht immer realistisch, daher geben die Händler oft die *Yield-to-Call* an. Die **Yield-to-Call (YTC)** ist die jährliche Rendite einer kündbaren Anleihe unter der Annahme, dass die Rendite zum frühestmöglichen Zeitpunkt gekündigt wird. Auch hier wird die YTC höher sein als die Rendite einer gleichen, kündbaren Anleihe, die zum Kündigungstermin fällig wird, da der Emittent die Option hat, die Anleihe nicht zum Kündigungstermin zu kündigen.

Beispiel 20.2: Berechnung der Yield-to-Call

Fragestellung

Angenommen, IBM hat gerade eine kündbare (zum Pariwert) Fünf-Jahres-Anleihe mit einem Kupon von 8 % und jährlichen Kuponzahlungen ausgegeben. Die Anleihe kann in einem Jahr und danach an jedem Kuponzahlungsdatum zum Pariwert gekündigt werden. Sie hat einen Preis von USD 103 pro USD 100 Nennwert. Wie hoch sind die Endfälligkeitsrendite (YTM) und die Yield-to-Call?

Lösung

Der Zeitstrahl der zugesagten Zahlungen für diese Anleihe (wenn sie nicht gekündigt wird) sieht folgendermaßen aus:

Durch Gleichsetzung des Barwerts der Zahlungen mit dem aktuellen Preis erhalten wir:

$$103 = \frac{8}{(YTM)}\left(1 - \frac{1}{(1+YTM)^5}\right) + \frac{100}{(1+YTM)^5}$$

Wenn wir nach YTM auflösen (anhand der Annuitätentabelle), erhalten wir die Endfälligkeitsrendite der Anleihe:

	ZZR	Zinssatz	BW	RMZ	ZW	Excel-Formel
Gegeben	5		−103	8	100	
Auflösen nach Zinssatz		7,26 %				=ZINS(5;8;−103;100)

Die Anleihe hat eine Endfälligkeitsrendite von 7,26 %.

Der Zeitstrahl der Zahlungen, wenn die Anleihe zum frühestmöglichen Zeitpunkt gekündigt wird, ist

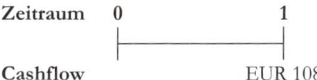

Die Gleichsetzung des Barwerts dieser Zahlungen mit dem aktuellen Preis ergibt:

$$103 = \frac{108}{(1+YTC)}$$

Die Auflösung nach der YTC ergibt die Yield-to-Call:

$$YTC = \frac{108}{103} - 1 = 4,85\ \%$$

Mit der Annuitätentabelle können wir dasselbe Ergebnis herleiten:

	ZZR	Zinssatz	BW	RMZ	ZW	Excel-Formel
Gegeben	1		−103	8	100	
Auflösen nach Zinssatz		4,85 %				=ZINS(1;8;−103;100)

Tilgungsfonds

Eine andere Möglichkeit der Rückzahlung von Anleihen sind **Tilgungsfonds**. Statt der Rückzahlung des gesamten Kapitalbetrags zum Fälligkeitstermin nimmt das Unternehmen über die Laufzeit der Anleihe hinweg regelmäßige Zahlungen in einen von einem Treuhänder verwalteten Tilgungsfonds vor. Diese Zahlungen werden dann für den Rückkauf der Anleihe verwendet. So kann das Unternehmen die Höhe des ausstehenden Fremdkapitals ohne Auswirkung auf die Zahlungen aus den verbleibenden Anleihen reduzieren.

Wie entscheidet der Treuhänder, welche Anleihen zurückgekauft werden? Wenn die Anleihen unter ihrem Nennwert gehandelt werden, kauft das Unternehmen die Anleihen einfach am Markt zurück. Wenn jedoch eine Anleihe über ihrem Nennwert gehandelt wird, erfolgt die Entscheidung nach dem Losverfahren, da die Anleihen zum Pariwert zurückgekauft werden.

Die Bestimmungen des Tilgungsfonds enthalten normalerweise einen Mindestsatz, zu dem der Emittent in den Fonds einzahlen muss. In einigen Fällen hat der Emittent die Option, diese Zahlungen zu beschleunigen. Da der Tilgungsfonds den Emittenten ermöglicht, die Anleihen zum Pariwert zurückzukaufen, ist die beschleunigte Zahlung eine andere Form der Kündigungsbestimmung.

Die Art und Weise, in der der ausstehende Betrag über einen Tilgungsfonds beglichen wird, hängt von der Emission ab. Einige Emissionen bestimmen gleiche Zahlungen über die Laufzeit der Anleihe hinweg und tilgen die Anleihe am Fälligkeitsdatum vollständig. In anderen Fällen reichen die Zahlungen des Tilgungsfonds nicht aus, um die gesamte Emission zu tilgen und das Unternehmen muss zum Fälligkeitszeitpunkt einen hohen Betrag zahlen, den man als **Schlusszahlung** bezeichnet. Häufig wird mit den Zahlungen des Tilgungsfonds erst einige Jahre nach der Emission der Anleihe begonnen. Anleihen können sowohl mit einem Tilgungsfonds als auch mit einer Kündigungsbestimmung ausgegeben werden.

Wandelbestimmungen

Eine weitere Möglichkeit, Anleihen zu tilgen, ist die Umwandlung in Eigenkapital. Einige Unternehmensanleihen haben eine Bestimmung, die den Inhabern die Option gibt, jede gehaltene Anleihe in einem bestimmten Verhältnis, dem **Wandlungsverhältnis**, in eine bestimmte Anzahl an Stammaktien umzuwandeln. Solche Anleihen nennt man **Wandelschuldverschreibungen** oder **Wandelanleihen**. Die Bestimmung gibt dem Inhaber der Wandelanleihe üblicherweise das Recht, diese bis zu ihrer Fälligkeit jederzeit in Aktien umzuwandeln.[15]

Um zu verstehen, wie sich dieses Umwandlungsmerkmal auf den Wert einer Anleihe auswirkt, ist zu beachten, dass diese Bedingung dem Inhaber einer Anleihe eine Kaufoption gibt. Man kann sich eine Wandelanleihe somit als normale Anleihe plus eine besondere Art der Kaufoption, den **Optionsschein**, vorstellen. Ein Optionsschein ist eine vom Unternehmen auf *neue* Aktien ausgestellte Kaufoption (während eine normale Kaufoption auf bestehende Aktien ausgestellt wird). Übt der Inhaber eines Optionsscheins diesen aus und kauft die Aktie, so liefert das Unternehmen diese Aktie durch die Emission neuer Aktien. In allen anderen Punkten sind der Optionsschein und die Kaufoption identisch.[16]

Bei Fälligkeit der Anleihe entspricht der Basispreis des in einer Wandelanleihe eingebetteten Optionsscheins dem Nennwert der Anleihe geteilt durch das Umwandlungsverhältnis, also dem Wandelpreis. Würde man also eine Wandelanleihe mit einem Nennwert von EUR 1.000 und einem Umwandlungsverhältnis von 15 in Aktien umwandeln, würde man 15 Aktien erhalten. Ohne Wandlung würde man EUR 1.000 erhalten. Bei der Wandlung „zahlt" man somit EUR 1.000 für 15 Aktien, was zu einem Preis pro Aktie von 1.000 : 15 = EUR 66,67 führt. Wenn der Aktienkurs über EUR 66,67 liegt, würde man sich für die Wandlung, andernfalls für das Bargeld entscheiden. Bei Fälligkeit würde man sich immer für eine Wandlung entscheiden, wenn der Aktienkurs über dem Wandelpreis liegt. Wie in ▶ Abbildung 20.4 dargestellt, ist der Wert der Anleihe das Maximum ihres Nennwerts (EUR 1.000) beziehungsweise des Werts der 15 Aktien.

Wie sieht es aber vor dem Fälligkeitszeitpunkt aus? Wenn die Aktie keine Dividende zahlt, dann ist es niemals optimal, die Kaufoption vorzeitig auszuüben. Daher sollte der Inhaber einer Wandelanleihe bis zum Fälligkeitsdatum warten und dann eine Entscheidung bezüglich der Wandlung treffen. Der Wert der Anleihe vor Fälligkeit ist in ▶ Abbildung 20.4 dargestellt. Ist der Aktienkurs niedrig, sodass der eingebettete Optionsschein weit aus dem Geld (out of the money) ist, ist die Wandelbestimmung nicht viel wert, und der Wert der Anleihe kommt fast dem einer Standardanleihe, einer ansonsten identischen Anleihe ohne die Wandlungsbedingung, gleich.

Ist der Aktienkurs hoch und der eingebettete Optionsschein tief im Geld (in the money), dann wird die Wandelanleihe nahe dem Wert der Anleihe im Falle einer Umwandlung gehandelt, der jedoch höher als dieser Wert ist (um den Zeitwert der Option widerzuspiegeln).

---

15 Einige Wandelanleihen können erst nach einem bestimmten Zeitraum ab der Emission umgewandelt werden.

16 Wird ein normaler Kauf ausgeübt, fällt der Verlust, der dem Optionsverkäufer entsteht, einem unbekannten Dritten zu. Wird jedoch ein Optionsschein ausgeübt, fällt der Verlust den Anteilseignern des Unternehmens zu (da sie gezwungen sind, neues Eigenkapital unter dem Marktwert auszugeben). Dies *schließt* den Inhaber des Optionsscheins *ein. (Nach der Ausübung wird aus dem Optionsscheininhaber ein Aktionär.)* Dieser Verwässerungseffekt bedeutet, dass der Ertrag aus der Ausübung von Optionsscheinen geringer als bei einer Kaufoption ist, sodass ein Optionsschein weniger wert ist als eine Kaufoption.

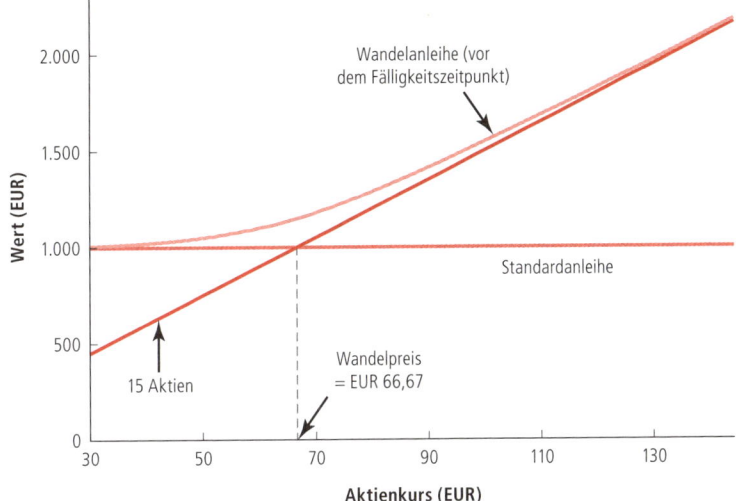

Abbildung 20.4: Wert einer Wandelanleihe. Bei Fälligkeit ist der Wert einer Wandelanleihe das Maximum des Wertes einer EUR 1.000-Anleihe ohne Wandlungsrecht oder der 15 Aktien und sie wird dann umgewandelt, wenn der Aktienkurs über dem Wandelpreis liegt. Vor dem Fälligkeitszeitpunkt ist der Wert der Wandelanleihe von der Wahrscheinlichkeit der Wandlung abhängig und wird über dem einer Standardanleihe oder dem Wert der 15 Aktien liegen.

Nicht selten geben Unternehmen kündbare Wandelanleihen aus. Bei diesen Anleihen kann der Inhaber, wenn der Emittent seine Kündigungsoption ausübt, diese umwandeln statt sie kündigen zu lassen. Werden die Anleihen gekündigt, steht der Inhaber genau vor der gleichen Entscheidung wie bei Fälligkeit der Anleihe: Er wird sich für die Wandlung der Anleihe entscheiden, wenn der Aktienpreis über dem Wandelpreis liegt und sie andernfalls kündigen lassen. Somit kann ein Unternehmen durch die Kündigung einer Anleihe die Inhaber gegen deren Willen dazu zwingen, sich früher für eine Ausübung der Wandlung zu entscheiden. Daher überträgt die Kündigung einer Wandelanleihe den restlichen Zeitwert der Wandeloption von den Inhabern der Anleihen auf die Aktionäre.

Gibt ein Unternehmen Wandelanleihen aus, gewährt es den Inhabern eine Option, in diesem Fall einen Optionsschein. Optionen haben immer einen positiven Wert, weswegen eine Wandelanleihe mehr wert ist als eine ansonsten gleiche Standardanleihe. Werden beide Anleihen zum Pariwert ausgegeben, muss folglich die nicht wandelbare Anleihe einen höheren Zinssatz bieten. Viele verweisen auf den niedrigeren Zinssatz von Wandelanleihen und argumentieren, dass wandelbares Fremdkapital deshalb günstiger sei als Fremdkapital ohne Wandlungsrecht.

Wie wir aus ▶Kapitel 14 wissen, ist die Wahl der Finanzierung an vollkommenen Märkten ohne Einfluss auf den Unternehmenswert. Daher ist das Argument trügerisch, dass wandelbares Fremdkapital wegen des geringeren Zinssatzes günstiger ist. Wandelbares Fremdkapital hat einen geringeren Zinssatz, da es einen eingebetteten Optionsschein hat. Wenn der Kurs der Aktie eines Unternehmens später steigt, sodass die Inhaber einer Anleihe sich für eine Wandlung entscheiden, müssen die Aktionäre einen Anteil am Unternehmen unter dem Marktwert verkaufen. Der geringere Zinssatz ist ein Ausgleich für die Möglichkeit, dass dies eintritt.

Verständnisfragen

1. Was ist ein Tilgungsfonds?
2. Haben kündbare Anleihen höhere oder niedrigere Renditen als ansonsten gleiche Anleihen ohne Kündigungsmerkmal? Warum?
3. Warum hat eine Wandelanleihe eine niedrigere Rendite als eine ansonsten gleiche Anleihe ohne Wandlungsoption?

20.1 Fremdkapital in Unternehmen

■ Unternehmen können zur Beschaffung von Fremdkapital auf verschiedene Quellen zurück-greifen. Typische Arten sind öffentlich angebotenes Fremdkapital, das an einer Börse gehandelt wird, und privat angebotenes Fremdkapital, das direkt bei einer Bank oder einer kleinen Gruppe von Investoren erworben wird. Die Wertpapiere, die Unternehmen bei der Beschaffung von Fremdkapital ausgeben, nennt man Unternehmensanleihen.

■ Bei einem Angebot über die Börse wird ein Anleihevertrag als formaler Vertrag zwischen dem Emittenten und einer Treuhandgesellschaft geschlossen. Der Anleihevertrag legt die Bedingungen der Emission fest.

■ Es werden vier Arten von Unternehmensanleihen begeben:
   – mittelfristige Anleihen
   – Schuldverschreibungen
   – hypothekengestützte Anleihen und
   – forderungsgestützte Anleihen

   Mittelfristige Anleihen und Schuldverschreibungen sind nicht besichert, hypotheken- und forderungsgestützte Anleihen sind besichert.

■ Unternehmensanleihen unterscheiden sich in ihrer Rangfolge. Im Falle einer Insolvenz wird das vorrangige Fremdkapital zuerst vollständig zurückgezahlt, bevor das nachrangige Fremdkapital zurückgezahlt wird.

■ Internationale Anleihen werden in vier weit definierte Kategorien eingeteilt: Inlandsanleihen, die an ausländischen Märkten gehandelt werden, Auslandsanleihen, die von ausländischen Unternehmen an einem lokalen Markt begeben werden, Eurobonds, die nicht auf die lokale Währung des Landes lauten, in dem sie begeben werden, und Globalanleihen, die auf meh-reren Märkten gleichzeitig gehandelt werden.

■ Privat angebotenes Fremdkapital kann in Form von zeitlich befristeten Darlehen und Privat-platzierungen aufgenommen werden. Eine Privatplatzierung ist die Emission einer Anleihe, die an eine kleine Gruppe von Investoren verkauft wird.

20.2 Andere Arten von Fremdkapital

■ Regierungen, Länder und andere staatlich gestützte Körperschaften geben ebenfalls Anlei-hen aus.

■ Das US-Finanzministerium begibt vier Arten von Wertpapieren: Treasury Bills, Treasury Notes, Treasury Bonds und TIPS.

■ Kommunalanleihen („Munis") werden von der Verwaltung eines Landes und von Gemein-den ausgegeben. Ihr Unterscheidungsmerkmal ist, dass der Ertrag aus Kommunalanleihen nicht auf Bundesebene zu versteuern ist.

■ Ein Asset-Backed Security (ABS) ist ein Wertpapier, das aus anderen Wertpapieren zusam-mengesetzt ist, das heißt die Zahlungen aus diesem Wertpapier kommen aus den Zahlungen der zugrunde liegenden Wertpapiere, die es „stützen".

■ Ein Mortgage-Backed Security (MBS) ist ein Asset-Backed Security das auf Hypotheken basiert. US-Behörden der Regierung wie die Government National Mortgage Association (GNMA oder „Ginnie Mae") sind die größten Emittenten in diesem Bereich.

■ Die Inhaber von Mortgage-Backed Securities, die von staatlichen Behörden begeben wer-den, tragen das Vorauszahlungsrisiko, also das Risiko, das entsteht, wenn die Anleihe teil-weise (oder ganz) früher als erwartet zurückgezahlt wird. Die Inhaber von Mortgage-Backed Securities privater Emittenten haben auch ein Ausfallrisiko.

■ Bei einer Collateralized Debt Obligation handelt es sich um ein Asset-Backed Security, das durch andere Asset-Backed Securities gestützt ist.

20.3 Covenants von Anleihen

■ Anleiheklauseln sind restriktive Bestimmungen eines Anleihevertrages, die Investoren dabei helfen, die Möglichkeiten des Emittenten einzuschränken, Maßnahmen zu ergreifen, die das Ausfallrisiko erhöhen und den Wert der Anleihen mindern.

20.4 Rückzahlungsbestimmungen

■ Eine Kündigungsbestimmung gibt dem Emittenten der Anleihe das Recht (jedoch nicht die Verpflichtung), die Anleihe nach einem bestimmten Datum (jedoch vor Fälligkeit) zu tilgen.

■ Eine kündbare Anleihe wird grundsätzlich zu einem geringeren Preis gehandelt als eine ansonsten gleiche, nicht kündbare Anleihe.

■ Die Yield-to-Call ist die Rendite einer kündbaren Anleihe, bei der davon ausgegangen wird, dass die Anleihe zum frühestmöglichen Zeitpunkt gekündigt wird.

■ Eine weitere Möglichkeit, eine Anleihe vor Fälligkeit zurückzuzahlen, ist der regelmäßige Rückkauf eines Teils des Fremdkapitals über einen Tilgungsfonds.

■ Einige Unternehmensanleihen, die als Wandelanleihen bezeichnet werden, haben eine Bestimmung, die dem Inhaber die Wandlung der Anleihe in Aktien ermöglicht.

■ Wandelbares Fremdkapital hat einen niedrigeren Zinssatz als vergleichbares nicht wandelbares Fremdkapital.

ZUSAMMENFASSUNG

Weiterführende Literatur

Die **Literaturhinweise** zu diesem Kapitel finden Sie auf unserer begleitenden Website zum Buch unter *www.pearson-studium.de*.

Aufgaben

1. Erklären Sie einige Unterschiede zwischen öffentlich angebotenem und privat angebotenem Fremdkapital.

2. Warum haben Anleihen mit niedrigerem Rang höhere Renditen als gleichwertige Anleihen mit höherem Rang?

3. General Electric hat gerade eine kündbare 10-Jahres-Anleihe mit einem Kupon von 6 % und jährlichen Kuponzahlungen ausgegeben. Die Anleihe ist in einem Jahr und danach jeweils zum Kuponzahlungstermin zum Pariwert kündbar. Sie kostet USD 102. Wie hoch sind die Endfälligkeitsrendite der Anleihe und die Yield-to-Call?

4. Erklären Sie, warum die Rendite einer Wandelanleihe geringer ist als die Rendite einer ansonsten gleichen Anleihe ohne Wandlungsmerkmal.

Die **Antworten** zu diesen Fragen finden Sie auf unserer begleitenden Website zum Buch unter *www.pearson-studium.de*.

Abkürzungen

- L Leasing-Zahlungen
- BW Barwert
- r_t Fremdkapitalkosten
- τ_c Grenzsteuersatz der Ertragsteuer des Unternehmens
- r_U Kapitalkosten bei Eigenfinanzierung
- r_{WACC} Gewichtete durchschnittliche Kapitalkosten

Leasing

21

ÜBERBLICK

Um ein Investitionsprojekt umzusetzen, muss ein Unternehmen die notwendigen Sachanlagen erwerben. Als Alternative zum Kauf kann das Unternehmen diese leasen. Sie kennen das Leasing wahrscheinlich bereits, wenn Sie ein Auto oder eine Wohnung gemietet haben. Diese Art Mietverträge ist dem Leasing ähnlich, das in Unternehmen angewendet wird. Der Eigentümer behält das Eigentumsrecht am Vermögensgegenstand und das Unternehmen zahlt für dessen Nutzung mit regelmäßigen Leasing-Zahlungen. Wenn Unternehmen Sachanlagen leasen, geschieht dies meist für länger als ein Jahr. In diesem Kapitel beschäftigen wir uns mit diesem langfristigen Leasing.

Wenn man einen Vermögensgegenstand erwerben kann, kann man ihn wahrscheinlich auch leasen. Gewerbeimmobilien, Computer, Lastwagen, Kopierer, Flugzeuge und sogar Kraftwerke sind Beispiele für Vermögensgegenstände, die ein Unternehmen leasen statt kaufen kann. Das Leasing von Ausrüstung und Produktionsmitteln ist eine schnell wachsende Branche und mehr als die Hälfte des weltweiten Leasings findet in Unternehmen in Europa und Japan statt. Im Jahr 2012 wurden beispielsweise 33 % der Produktionsmittel, die von US-Unternehmen erworben wurden, durch Leasing-Verträge beschafft, bei einem Leasing-Volumen von insgesamt mehr als USD 264 Milliarden. Über 70 % der europäischen Unternehmen und 85 % der US-Unternehmen[1] leasen ihre Ausrüstungen ganz oder zum Teil. Es mag überraschen, dass beispielsweise viele Flugzeuge nicht Eigentum der Fluglinien sind. An erster Stelle der Flugzeug-Leasing-Unternehmen nach Flottengröße stand Anfang 2012 GE Commercial Aviation Services. GE ist Inhaber und Verwalter von mehr als 1.725 Flugzeugen und hat somit die größte kommerzielle Flugzeugflotte der Welt.[2] GE vermietet diese Flugzeuge an 235 Fluggesellschaften in 75 Ländern.

Wie Sie sehen werden, ist Leasing nicht nur eine Alternative zum Kauf, es ist auch eine wichtige Finanzierungsmethode für materielle Vermögensgegenstände. Das langfristige Leasing ist in der Tat die am meisten verwendete Art der Finanzierung von Ausrüstungen. Wie legen Unternehmen wie GE Commercial Aviation Services die Bedingungen für Leasing-Verträge fest? Wie bewerten und verhandeln ihre Kunden, die Fluggesellschaften, diese Leasing-Verträge? In diesem Kapitel erörtern wir zunächst die Grundarten des Leasings und geben einen Überblick über die bilanzielle und steuerliche Behandlung des Leasings. Als Nächstes zeigen wir, wie die Alternativen Leasing oder Kauf zu vergleichen sind. Unternehmen nennen häufig verschiedene Vorteile des Leasings im Vergleich zum Kauf von Sachanlagen, und wir schließen das Kapitel mit einer Bewertung dieser Begründungen.

21.1 Die Grundlagen des Leasings

Ein Leasing-Vertrag ist ein Vertrag zwischen zwei Parteien: Dem *Leasing-Nehmer* und dem *Leasing-Geber*. Der **Leasing-Nehmer** ist für das Recht auf Nutzung des Vermögensgegenstandes zu regelmäßigen Zahlungen verpflichtet. Der **Leasing-Geber** ist Eigentümer des Vermögensgegenstandes und hat Anspruch auf die Leasing-Zahlungen für die Überlassung des Vermögensgegenstandes. Bei den meisten Leasing-Verträgen sind geringe oder keine Vorauszahlungen zu leisten. Stattdessen verpflichtet sich der Leasing-Nehmer zu regelmäßigen Leasing- (oder Miet-) Zahlungen für die Laufzeit des Vertrages. Am Ende der Vertragslaufzeit bestimmt der Leasing-Vertrag, wer das Eigentumsrecht am Vermögensgegenstand hält und zu welchen Bedingungen. Der Leasing-Vertrag enthält außerdem Kündigungsbestimmungen, die Optionen für Verlängerung und Kauf und die Verpflichtungen hinsichtlich der Wartung und damit verbundene Instandhaltungskosten.

Beispiele für Leasing-Transaktionen

Zwischen Leasing-Nehmer und Leasing-Geber sind viele Arten von Leasing-Transaktionen möglich. Bei einem **Hersteller-Leasing** ist der Leasing-Geber Hersteller (oder Ersthändler) des Vermögensgegenstandes. Beispielsweise stellt IBM Computer her und vermietet diese. Ebenso vermietet Xerox seine Kopierer. Gewöhnlich legen die Hersteller die Bedingungen des Leasings im Rahmen einer umfassenden Verkaufs- und Preisstrategie fest und können andere Dienstleistungen und Waren (wie Software, Wartung oder Produkt-Upgrades) in das Leasing einbeziehen.

---

1 Beacon Funding (http://beaconfunding.com/vendor_programs/statistics.aspx).
2 GE Capital Aviation Service Global Fact Sheet (*http://gecas.com/News/GECAS_Fact_Sheet.pdf*).

Bei einem **Direkt-Leasing** ist der Leasing-Geber nicht der Hersteller, sondern oft ein eigenständiges Unternehmen, das sich auf den Kauf und das Leasing von Vermögensgegenständen an Kunden spezialisiert hat. Ryder Systems Inc. ist Eigentümer von mehr als 135.000 Lastwagen, Traktoren und Anhängern, die an kleine und große Unternehmen in den Vereinigten Staaten, Kanada und Großbritannien vermietet werden. In vielen Fällen des Direkt-Leasings nennt der Leasing-Nehmer zuerst die Geräte, die er benötigt, und sucht dann ein Leasing-Unternehmen, das diese Vermögensgegenstände kauft.

Wenn ein Unternehmen bereits Eigentümer eines Vermögensgegenstands ist, den es lieber leasen würde, kann es eine **Sale-and-Lease-Back-(Kauf-Rückmiete)-Transaktion** abschließen. Bei dieser Art des Leasings erhält der Leasing-Nehmer die Barmittel aus dem Verkauf des Vermögensgegenstandes und tätigt dann die Leasing-Zahlungen, um den Vermögensgegenstand weiter nutzen zu können. Im Jahr 2002 hat die San Francisco Municipal Railway (Muni) den Erlös von USD 35 Millionen aus einem Sale-and-Lease-Back von 118 Leichtschienenfahrzeugen für den Ausgleich eines großen Defizits des laufenden Geschäfts verwendet. Der Käufer, CIBC World Markets of Canada, erhielt einen Steuervorteil aus der Abschreibung der Schienenfahrzeuge, was der Muni als öffentlicher Verkehrsgesellschaft nicht möglich war.

Bei vielen Leasing-Verträgen stellt der Leasing-Geber das Anfangskapital, das für den Kauf des Vermögensgegenstandes erforderlich ist, und erhält und behält dann die Leasing-Zahlungen. Bei einem **fremdfinanzierten Leasing** nimmt jedoch der Leasing-Geber ein Darlehen bei einer Bank oder einem anderen Kreditgeber auf, um das Anfangskapital für den Kauf zu beschaffen und verwendet die Leasing-Zahlungen für die Zinszahlungen und Tilgung des Darlehens. Manchmal ist der Leasing-Geber kein unabhängiges Unternehmen, sondern eine eigene Gesellschaft, eine **Zweckgesellschaft (SPE)**, die vom Leasing-Nehmer für den alleinigen Zweck das Leasing zu erhalten gegründet wurde. Diese Zweckgesellschaften werden gewöhnlich für das **synthetische Leasing** eingesetzt, um eine bestimmte bilanzielle und steuerliche Behandlung zu erreichen (näher erörtert in ▶Abschnitt 21.2).

Leasing-Zahlung und Restwert

Nehmen wir an, Ihr Unternehmen benötigt einen neuen elektrischen Gabelstapler für das Lagerhaus. Er kostet EUR 20.000 und Sie ziehen in Betracht, den Gabelstapler für vier Jahre zu leasen. In diesem Fall kauft der Leasing-Geber den Gabelstapler und gibt Ihnen das Recht, diesen für vier Jahre zu nutzen. Danach geben Sie dem Leasing-Geber den Gabelstapler zurück. Wie hoch sollten die Zahlungen für das Recht der Nutzung des Gabelstaplers in den ersten vier Jahren seiner Nutzungsdauer sein?

Die Kosten des Leasings sind vom **Restwert** des Vermögensgegenstandes abhängig, also von dessen Marktwert am Ende des Leasing-Vertrages. Wir nehmen an, der Restwert des Gabelstaplers beträgt in vier Jahren EUR 6.000. Wenn die Leasing-Zahlungen in Höhe L monatlich geleistet werden, ergeben sich für den Leasing-Geber folgende Zahlungen aus der Transaktion:[3]

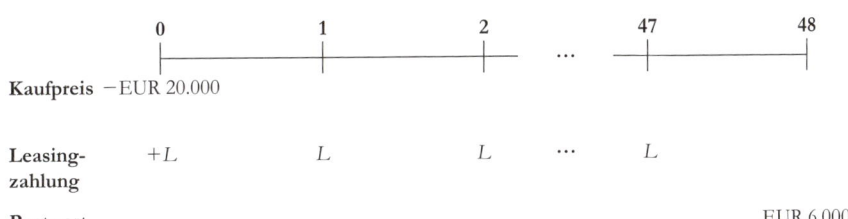

An einem vollkommenen Kapitalmarkt, an dem Leasing-Geber bezüglich Leasing-Verträgen Konkurrenten sind, sollten die Leasing-Zahlungen so gestaltet sein, dass der KW der Transaktion null ist und der Leasing-Geber seine Kosten deckt:

$$BW(\text{Leasing-Zahlungen}) = \text{Kaufpreis} - BW(\text{Restwert}) \qquad (21.1)$$

An einem vollkommenen Kapitalmarkt entsprechen die Kosten des Leasings dem Kaufpreis und dem Wiederverkaufswert des Vermögensgegenstandes.

---

3 Leasing-Zahlungen werden üblicherweise zu Beginn einer Periode geleistet.

Somit ist die Höhe der Leasing-Zahlung abhängig vom Kaufpreis, dem Restwert und dem entsprechenden Diskontierungssatz für die Zahlungen.

Beispiel 21.1: Leasing-Bedingungen an einem vollkommenen Markt

Fragestellung

Der Kaufpreis für einen Gabelstapler beträgt EUR 20.000. Der Restwert nach vier Jahren entspricht sicher EUR 6.000 und es besteht kein Risiko, dass der Leasing-Nehmer mit den Leasing-Zahlungen in Verzug gerät. Wir nehmen an, der risikolose nominelle Jahreszinssatz beträgt 6 % (mit monatlicher Zinsverrechnung). Wie hoch sind an einem vollkommenen Markt dann die monatlichen Leasing-Zahlungen für einen Zeitraum von vier Jahren?

Lösung

Da alle Zahlungen risikolos sind, können wir diese zum risikolosen Zinssatz von 6 % : 12 = 0,5 % pro Monat diskontieren. Aus ▶Gleichung 21.1 ergibt sich:

$$BW(\text{Leasing-Zahlungen}) = \text{EUR } 20.000 - \text{EUR } 6.000 : 1,005^{48} = \text{EUR } 15.277,41$$

Welche monatliche Leasing-Zahlung L entspricht diesem Barwert? Wir können die Leasing-Zahlungen als Annuität interpretieren. Da die erste Leasing-Zahlung heute erfolgt, können wir die Leasing-Zahlung als Anfangszahlung L plus einer 47-monatigen Annuität von L betrachten. Anhand der Annuitätenformel erhalten wir L, sodass

$$15.277,41 = L + L \times \frac{1}{0,005}\left(1 - \frac{1}{1,005^{47}}\right) = L \times \left[1 + \frac{1}{0,005}\left(1 - \frac{1}{1,005^{47}}\right)\right]$$

Wenn wir nach L auflösen, erhalten wir:

$$L = \frac{15.277,41}{1 + \dfrac{1}{0,005}\left(1 - \dfrac{1}{1,005^{47}}\right)} = \text{EUR } 357,01 \text{ pro Monat}$$

Leasing im Vergleich zum Darlehen

Alternativ könnte man ein Vier-Jahres-Darlehen für den Kaufpreis aufnehmen und den Gabelstapler direkt kaufen. Wenn M die monatliche Zahlung für ein Tilgungsdarlehen mit vollständiger Rückzahlung ist, ergibt sich für den Kreditgeber folgender Zahlungsstrom:

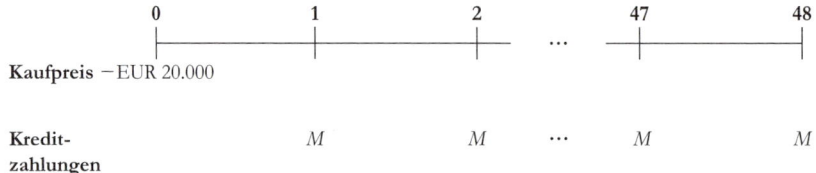

Ist der Preis des Kredits fair, entsprechen die Kreditzahlungen

$$BW(\text{Kreditzahlungen}) = \text{Kaufpreis} \tag{21.2}$$

Wenn wir ▶Gleichung 21.2 mit ▶Gleichung 21.1 vergleichen, stellen wir fest: Während wir bei einem klassischen Kredit die gesamten Kosten des Vermögensgegenstandes finanzieren, finanzieren wir beim Leasing lediglich die Kosten der wirtschaftlichen Wertminderung des Vermögensgegenstandes während der Leasing-Dauer. Da wir den Vermögensgegenstand ganz erhalten, wenn wir ihn mit einem Kredit kaufen, übersteigen die Kreditzahlungen die Leasing-Zahlungen.

Beispiel 21.2: Kreditzahlungen an einem vollkommenen Markt

Fragestellung

Sie kaufen den Gabelstapler für EUR 20.000, indem Sie den Kaufpreis in Form eines vierjährigen Annuitäten-Kredits aufnehmen. Wie hoch wäre die monatliche Kreditzahlung an einem vollkommenen Kapitalmarkt, wenn der risikolose nominelle Jahreszins bei monatlicher Zinsverrechnung 6 % beträgt und kein Ausfallrisiko besteht? Wie sieht das im Vergleich zur Leasing-Zahlung in ▶Beispiel 21.1 aus?

Lösung

Da alle Zahlungen risikolos sind, können wir sie zum risikolosen Zinssatz von 6 % : 12 = 0,5 % pro Monat diskontieren. Da Kreditzahlungen am Ende des Monats erfolgen, verwenden wir die Annuitätenformel für die Berechnung der Kreditzahlungen und aus ▶Gleichung 21.2 ergibt sich:

$$M \times \frac{1}{0,005}\left(1 - \frac{1}{1,005^{48}}\right) = 20.000$$

Wenn wir nach M auflösen, erhalten wir die Kreditzahlung:

$$M = \frac{20.000}{1 + \dfrac{1}{0,005}\left(1 - \dfrac{1}{1,005^{48}}\right)} = \text{EUR } 469,70 \text{ pro Monat}$$

Die Leasing-Zahlungen sind zwar geringer, aber natürlich können wir den Gabelstapler nur vier Jahre lang nutzen. Mit einem Kredit sind wir für die gesamte Nutzungsdauer des Gabelstaplers Eigentümer.

Berechnung der Leasing-Zahlungen für ein Auto

Anstelle einer Annuitäten-Formel für die Berechnung der Leasing-Zahlungen wie in ▶Beispiel 21.1 wird in der Praxis häufig folgende Näherung für die Berechnung der Leasing-Zahlung verwendet:

$$L = \underbrace{\frac{\text{Kaufpreis} - \text{Restwert}}{\text{Laufzeit}}}_{\text{durchschnittliche Wertminderung}} + \underbrace{\left(\frac{\text{Kaufpreis} + \text{Restwert}}{2}\right) \times \text{Zinssatz}}_{\text{Finanzierung}}$$

wobei der Kaufpreis Gebühren enthält, die für das Leasing berechnet werden (abzüglich Anzahlungen), und die Laufzeit die Anzahl an Zahlungsperioden ist und der Zinssatz für eine Periode gilt. Dieser Annäherung liegt der Gedanke zugrunde, dass der erste Teil der Formel die durchschnittliche Abschreibung über einen Zahlungszeitraum und der zweite Teil der Formel die Zinskosten in Verbindung mit dem durchschnittlichen Wert des Vermögensgegenstandes sind. Die Summe ist das, was man für die Nutzung des Vermögensgegenstandes in einer Zahlungsperiode zahlen muss.

Trotz ihrer Einfachheit ist diese Formel für Laufzeiten bis zu fünf Jahren und Zinssätzen bis 10 % sehr genau. Wenn wir sie verwenden, um die Leasing-Zahlungen aus ▶Beispiel 21.1 zu berechnen, erhalten wir

$$\frac{20.000 - 6.000}{48} + \left(\frac{20.000 + 6.000}{2}\right) \times 0,005 = \text{EUR } 356,67$$

Das entspricht fast auf den Euro genau dem in ▶Beispiel 21.1 berechneten Betrag.

Diese Annäherung für die Leasing-Zahlung wird für die Berechnung der Zahlungen für ein geleastes Auto verwendet. In diesem Fall wird die Formel häufig wie folgt dargestellt:

$$L = \frac{\text{Kaufpreis} - \text{Restwert}}{\text{Laufzeit}} + (\text{Kaufpreis} + \text{Restwert}) \times \text{Geldfaktor}$$

Viele, die zum ersten Mal ein Auto leasen, wundern sich, warum sie *sowohl* Zinsen auf den Kaufpreis *als auch* auf den Restwert zahlen müssen. In Wirklichkeit ist es so, dass der Faktor 2 im Geldfaktor eingerechnet ist: Der Geldfaktor ist der halbe Zinssatz.

Die monatlichen Kreditzahlungen in ▶Beispiel 21.2 übersteigen die Leasing-Zahlungen in ▶Beispiel 21.1. Diese Differenz bedeutet nicht, dass Leasing besser als ein Darlehen ist. Die Leasing-Zahlungen sind zwar geringer, aber wir haben bei Leasing nur ein vierjähriges Nutzungsrecht. Wenn wir den Kauf des Gabelstaplers mit einem Kredit finanzieren, sind wir nach vier Jahren dessen Eigentümer und können ihn zum Restwert von EUR 6.000 verkaufen. Wenn wir andererseits den Gabelstapler leasen und ihn nach dem Ende des Leasings behalten wollen, können wir ihn zum fairen Marktwert von EUR 6.000 kaufen. Wenn wir den Nutzen dieses Restwerts berücksichtigen, sind die Gesamtkosten des Kaufs nach dem Gesetz des einheitlichen Preises bei Leasing und Finanzierung durch einen Kredit gleich, das heißt, wenn wir die ▶Gleichungen 21.1 und 21.2 zusammenfassen, erhalten wir:

$$BW(\text{Leasing-Zahlungen}) + BW(\text{Restwert}) = BW(\text{Kreditzahlungen}) \qquad (21.3)$$

An einem vollkommenen Markt sind die Kosten des Leasings und der anschließende Kauf des Vermögensgegenstandes und die Kosten für die Aufnahme eines Kredits für den Kauf des Vermögensgegenstandes gleich.[4]

Möglichkeiten nach Ablauf der Leasing-Laufzeit

In ▶Beispiel 21.1 sind wir davon ausgegangen, dass der Gabelstapler nach Ablauf der Leasing-Laufzeit an den Leasing-Geber zurückgeht, der dann den Restwert von EUR 6.000 erhält. In der Realität sind andere Leasing-Bedingungen möglich. In vielen Fällen kann der Leasing-Nehmer zu einem bestimmten Preis Eigentümer des Vermögensgegenstandes werden.

■ Ein **Fair-Market-Value (FMV)-Leasing** gibt dem Leasing-Nehmer die Option, den Vermögensgegenstand nach Ablauf der Laufzeit zum Verkehrswert zu kaufen. Je nach Vermögensgegenstand kann die Ermittlung des Verkehrswerts kompliziert sein. Im Leasing-Vertrag ist normalerweise die diesbezügliche Vorgehensweise genannt und häufig sind Schätzungen des Verkehrswertes erforderlich, die von einem unabhängigen Dritten abzugeben sind. An einem vollkommenen Kapitalmarkt besteht kein Unterschied zwischen einem FMV-Leasing und einem Leasing, bei dem die Vermögensgegenstände vom Leasing-Geber behalten werden, da der Erwerb des Vermögensgegenstandes zum Verkehrswert eine Transaktion mit einem Kapitalwert (KW) von null ist.

■ Bei einem **Finanzierungs-Leasing** wird das Eigentum am Vermögensgegenstand am Ende der Leasing-Laufzeit zu nominalen Kosten von EUR 1,00 auf den Leasing-Nehmer übertragen. Der Leasing-Nehmer kann somit den Vermögensgegenstand für dessen gesamte Nutzungsdauer weiter nutzen. Der Leasing-Nehmer hat den Vermögensgegenstand im Grunde durch die Leasing-Zahlungen erworben. Diese Art des Leasings entspricht daher in vielen Aspekten der Finanzierung des Vermögensgegenstandes mit einem klassischen Kredit.

■ Bei einem **Festpreis-Leasing** hat der Leasing-Nehmer die Option, den Vermögensgegenstand am Ende der Leasing-Laufzeit zu einem Festpreis zu kaufen, der im Leasing-Vertrag vorher festge-

---

4 Eine theoretische Analyse der Leasing-Preise im Wettbewerb finden Sie bei M. Miller und C. Upton, „Leasing, Buying and the Cost of Capital Services", *Journal of Finance*, Bd. 31, Nr. 3 (1976), S. 761–786; und W. Lewellen, M. Long und J. McConnell, „Asset Leasing in Competitive Capital Markets", *Journal of Finance*, Bd. 31, Nr. 3 (1976), S. 787–798.

legt wurde. Diese Art des Leasings ist beim Verbraucher-Leasing (wie bei Autos) sehr üblich. Zu beachten ist, dass der Leasing-Nehmer bei dieser Art des Leasings wählen kann, ob er am Ende der Leasing-Laufzeit, wenn der Verkehrswert des Vermögensgegenstandes den Festpreis übersteigt, den Vermögensgegenstand unter dessen Verkehrswert erwerben möchte, oder ob er, wenn der Verkehrswert des Vermögensgegenstandes den Festpreis nicht übersteigt, aus dem Leasing-Vertrag aussteigt und den Vermögensgegenstand woanders günstiger kauft. Folglich wird der Leasing-Geber als Ausgleich für den Wert dieser Wahlmöglichkeit des Leasing-Nehmers eine höhere Leasing-Rate ansetzen.

■ Bei einem **Fair-Market-Value-Cap-Leasing** kann der Leasing-Nehmer den Vermögensgegenstand mindestens zu dessen Verkehrswert beziehungsweise einem Festpreis (oder „Höchstpreis") kaufen. Der Leasing-Nehmer hat dieselbe Wahlmöglichkeit wie bei einem Festpreis-Leasing, doch die Möglichkeit ist in diesem Fall einfacher auszuüben, da der Leasing-Nehmer nicht einen ähnlichen Vermögensgegenstand woanders zum Kauf finden muss, falls der Festpreis den Verkehrswert übersteigt.

Beispiel 21.3: Leasing-Zahlungen und Optionen am Ende der Leasing-Laufzeit

Fragestellung

Berechnen Sie die Leasing-Zahlungen für den Gabelstapler aus ▸Beispiel 21.1, wenn es sich um (a) ein Fair-Value-Market-Leasing, (b) ein Finanzierungs-Leasing bzw. (c) ein Festpreis-Leasing handelt, das dem Leasing-Nehmer ermöglicht, den Vermögensgegenstand am Ende der Leasing-Laufzeit für EUR 4.000 zu kaufen.

Lösung

Bei einem FMV-Leasing kann der Leasing-Nehmer den Gabelstapler am Ende der Leasing-Laufzeit zum Verkehrswert von EUR 6.000 erwerben. Der Leasing-Geber erhält den Restwert von EUR 6.000 entweder aus dem Gabelstapler selbst oder aus der Zahlung des Leasing-Nehmers. Somit sind die Leasing-Zahlungen aus ▸Beispiel 21.1 unverändert und betragen EUR 357 pro Monat.

Bei einem Finanzierungs-Leasing erhält der Leasing-Geber im Grunde keinen Restwert. Somit müssen die Leasing-Zahlungen dem Leasing-Geber den vollen Kaufpreis von EUR 20.000 ausgleichen. Die Leasing-Zahlungen betragen daher:

$$L = \frac{20.000}{1 + \dfrac{1}{0,005}\left(1 - \dfrac{1}{1,005^{47}}\right)} = \text{EUR } 467{,}36 \text{ pro Monat}$$

Diese Zahlungen sind geringfügig niedriger als die Kreditzahlungen von monatlich EUR 470, die wir in ▸Beispiel 21.2 berechnet haben, da die Leasing-Zahlungen am Anfang und nicht am Ende des Monats erfolgen.

Beim Festpreis-Leasing wird der Leasing-Nehmer seine Option, den Gabelstapler für EUR 4.000 zu kaufen, ausüben, da der Gabelstapler sicher EUR 6.000 wert sein wird. Daher erhält der Leasing-Geber am Ende der Leasing-Laufzeit nur EUR 4.000. Damit das Leasing einen KW von null hat, muss der Barwert der Leasing-Zahlungen EUR 20.000 − EUR 4.000 : $1{,}005^{48}$ = EUR 16.851,61 betragen. Die Leasing-Rate liegt somit bei

$$L = \frac{16.851{,}61}{1 + \dfrac{1}{0,005}\left(1 - \dfrac{1}{1,005^{47}}\right)} = \text{EUR } 393{,}79 \text{ pro Monat}$$

Diese Zahlung liegt aufgrund der Möglichkeit des Leasing-Nehmers, den Vermögensgegenstand am Ende der Laufzeit mit einem Abschlag zu kaufen, über der des FMV-Leasings.

Andere Leasing-Bestimmungen

Leasing-Verträge sind privat verhandelte Verträge und können neben den hier beschriebenen Bestimmungen noch viele weitere enthalten. Sie können beispielsweise Möglichkeiten einer vorzeitigen Kündigung enthalten, die dem Leasing-Nehmer das Recht geben, das Leasing vorzeitig (eventuell gegen eine Gebühr) zu beenden. Sie können Kaufoptionen enthalten, die es dem Leasing-Nehmer gestatten, den Vermögensgegenstand vor Ablauf der Leasing-Laufzeit zu kaufen. Bestimmungen können dem Leasing-Nehmer ermöglichen, den Vermögensgegenstand zu bestimmten Zeitpunkten während der Leasing-Laufzeit gegen ein neueres Modell umzutauschen. Jeder Leasing-Vertrag kann so angepasst werden, dass er genau den Merkmalen des Leasing-Gegenstands und den Erfordernissen der Vertragsparteien entspricht.

Diese Merkmale des Leasings werden im Rahmen der Leasing-Raten preislich bestimmt. Bestimmungen, die dem Leasing-Nehmer Optionen mit Mehrwert bieten, steigern die Höhe der Leasing-Zahlungen, während Bestimmungen, die diese Optionen einschränken, die Zahlungen verringern. Wenn es keine Marktfriktionen gibt, stellt das Leasing für Unternehmen eine weitere Form der Finanzierung mit einem Kapitalwert von null dar und die Modigliani-Miller-Thesen sind anwendbar:

Weder steigert Leasing den Unternehmenswert noch mindert es diesen, sondern teilt lediglich die Cashflows und Risiken des Unternehmens auf verschiedene Arten auf.[5]

Verständnisfragen

1. Wie wird die Höhe der Leasing-Zahlung an einem vollkommenen Kapitalmarkt festgelegt?

2. Welche Arten von Leasing-Optionen würden die Leasing-Zahlungen erhöhen?

21.2 Bilanzierung, Steuern und rechtliche Konsequenzen des Leasings

An vollkommenen Kapitalmärkten ist Leasing, wie bereits erwähnt, eine weitere Finanzierungsalternative mit einem Kapitalwert von null. Die Entscheidung für Leasing ist oft auf reale Marktunvollkommenheiten in Verbindung mit der Bilanzierung, den Steuern und den rechtlichen Konsequenzen des Leasings zurückzuführen.[6] Insbesondere wenn ein Unternehmen einen Vermögensgegenstand least, treten eine Reihe wichtiger Fragen auf: Sollte das Unternehmen den Vermögensgegenstand in der Bilanz ausweisen und einen Abschreibungsaufwand geltend machen? Sollte das Unternehmen das Leasing bilanziell ausweisen? Können die Leasing-Zahlungen als Aufwand abgezogen werden? Sollte das Unternehmen das Leasing als Verbindlichkeit buchen? Ist der geleaste Gegenstand im Falle einer Insolvenz vor den Gläubigern geschützt? Wie wir in diesem Abschnitt sehen werden, sind die Antworten auf diese Fragen davon abhängig, wie das Leasing gestaltet ist.

---

5   Eine Analyse der Optionen, die in Leasing-Verträgen enthalten sind, findet sich in: J. McConnel und J. Schallheim, „Valuation of Asset Leasing Contracts", *Journal of Financial Economics*, Bd. 12, Nr. 2 (1983), S. 237–261; und S. Grenadier, „Valuing Lease Contracts: A Real-Options Approach", *Journal of Financial Economics*, Bd. 38 , Nr. 3 (1995), S. 297–331.

6   Jeder, der in Betracht gezogen hat, ein Auto zu leasen, wird mit einer dieser Unvollkommenheiten vertraut sein. In den meisten Ländern zahlen Leasing-Nehmer keine Mehrwertsteuer auf den Kaufpreis des Autos, sondern nur auf die Leasing-Zahlungen. Dies bedeutet in der Regel, dass Leasing-Nehmer einen erheblichen Teil der Mehrwertsteuer umgehen können, die Käufer zahlen müssen.

Operating Lease bei der Alaska Air Group

Die Alaska Air Group wurde 1985 als Holding-Gesellschaft mit den beiden größten Tochtergesellschaften Alaska Airlines, Inc. und Horizon Air Industries gegründet. Alaska Airlines ist eine große Fluggesellschaft, die Flughäfen überall in den Vereinigten Staaten anfliegt. Horizon Air ist eine regionale Fluggesellschaft, die hauptsächlich den pazifischen Nordwesten anfliegt. Wie viele andere Fluggesellschaften least die Alaska Air Group zahlreiche Flugzeuge, wie in folgender Tabelle dargestellt wird:

	Eigene	Geleast	Gesamt
Alaska Airlines	86	31	117
Horizon Air	33	15	48

Quelle: Alaska Air Group, Inc., Dezember 2011 (aus dem 10K-Bericht an die SEC).

Alaska Airlines least mehr als ein Viertel ihrer Flugzeuge, Horizon fast ein Drittel. Bei diesen Leasing-Verhältnissen handelt es sich fast ausschließlich um Operating-Leasing-Verträge. Außerdem least Alaska die meisten Flughafen- und Terminalanlagen. Da es sich um Operating-Leasing handelt, verbucht Alaska Air die gesamten Leasing-Zahlungen als Betriebsaufwand. Im Jahr 2011 verbuchte Alaska Air einen Leasingaufwand von USD 116,3 Millionen gegenüber Einnahmen aus dem Geschäftsbetrieb von USD 4,3 Milliarden. Das Unternehmen nahm bei den geleasten Flugzeugen keinen Abzug von Abschreibungen vor und diese Flugzeuge wurden nicht als Aktiva in der Bilanz ausgewiesen, obwohl Alaska Air den Wert der eigenen Flugzeuge als Aktiva in der Bilanz ausweist. Und obwohl diese Leasing-Verpflichtungen nicht als Passiva verbucht werden, würden sie bei deren Verbuchung die ausgewiesenen Verbindlichkeiten von Alaska mehr als verdoppeln.

Bilanzierung des Leasings

Legen börslich notierte Aktiengesellschaften ihre Leasing-Transaktionen in ihren Finanzausweisen offen, dann müssen sie die Empfehlungen des Financial Accounting Standard Board (FASB) einhalten. Der FASB unterscheidet bei Leasing-Nehmern zwei Arten von Leasing-Verträgen nach ihren Bedingungen und diese Klassifizierung ist für die Bilanzierung maßgebend:

- Ein **Operating-Leasing** wird zum Zwecke der Bilanzierung als Mietverhältnis betrachtet. In diesem Fall verbucht der Leasing-Nehmer die gesamten Leasing-Zahlungen als Betriebsaufwand. Der Leasing-Nehmer verbucht keinen Abschreibungsaufwand für den Vermögensgegenstand und weist ihn und die Leasing-Verbindlichkeiten nicht in der Bilanz aus. Das Operating-Leasing wird in den Fußnoten der Finanzausweise des Leasing-Nehmers offengelegt.

- Ein **Kapital-Leasing** (oder **Finanz-Leasing**) wird zum Zwecke der Bilanzierung als Kauf betrachtet. Der erworbene Vermögensgegenstand wird in der Bilanz des Leasing-Nehmers ausgewiesen und dem Leasing-Nehmer entstehen Abschreibungsaufwendungen in Verbindung mit diesem Vermögensgegenstand. Außerdem wird der Barwert der zukünftigen Leasing-Zahlungen als Verbindlichkeit ausgewiesen und der Zinsanteil der Leasing-Zahlungen wird als Zinsaufwand abgezogen.[7]

Die unterschiedliche Bilanzierung der jeweiligen Leasing-Art wirkt sich, wie in ▶Beispiel 21.4 gezeigt, auf die Bilanz und den Verschuldungsgrad des Unternehmens aus.

---

7 Die Bilanzierung eines Kapital-Leasings seitens des Leasing-Gebers hängt davon ab, ob es sich um ein Verkaufs-Leasing, ein Direkt-Leasing oder ein fremdfinanziertes Leasing handelt. Beim Direkt-Leasing erhält der Leasing-Geber mehr als 60 % der Fremdfinanzierung für den Kauf des Vermögensgegenstandes und das Fremdkapital ist dahingehend rückgriffsfrei, dass es nur durch den Erlös aus dem Vermögensgegenstand gedeckt ist. Die Bilanzierung nach HGB oder anderen nationalen Vorschriften weicht hiervon ab.

Beispiel 21.4: Leasing und die Bilanz

Fragestellung

Harbord Cruise Lines hat derzeit folgende Bilanz (in Millionen Euro):

Aktiva		Passiva	
Barmittel	100	Fremdkapital	900
Sachanlagen	1.500	Eigenkapital	700
Aktiva gesamt	**1.600**	**Passiva gesamt**	**1.600**

Harbord übernimmt eine neue Kreuzschifffahrtsflotte. Der Preis dieser Flotte beträgt EUR 400 Millionen. Wie sieht die Bilanz von Harbord aus, wenn (a) die Flotte gekauft und dafür ein Kredit von EUR 400 Millionen aufgenommen wird, (b) die Flotte durch ein Kapital-Leasing in Höhe von EUR 400 Millionen erworben wird oder (c) die Flotte durch ein Operating-Leasing erworben wird?

Lösung

Bei (a) und (b) sind die bilanziellen Auswirkungen gleich. Die Flotte wird ein neuer Vermögensgegenstand des Unternehmens und die EUR 400 Millionen werden eine weitere Verbindlichkeit.

Aktiva		Passiva	
Barmittel	100	Fremdkapital	1.300
Sachanlagen	1.900	Eigenkapital	700
Aktiva gesamt	**2.000**	**Passiva gesamt**	**2.000**

Zu beachten ist, dass der Verschuldungsgrad des Unternehmens in diesem Fall steigt (von 900 : 700 = 1,29 auf 1.300 : 700 = 1,86).

Wird die Flotte durch ein Operating-Leasing nach c) erworben, ändert sich die ursprüngliche Bilanz nicht: Die Flotte wird nicht in den Aktiva ausgewiesen und das Leasing nicht in den Passiva. Somit bleibt der offensichtliche Verschuldungsgrad unverändert.

Da Kapital-Leasing den offensichtlichen Verschuldungsgrad des Unternehmens in der Bilanz erhöht, bevorzugen Unternehmen manchmal ein als Operating-Leasing eingestuftes Leasing, um es nicht in der Bilanz ausweisen zu müssen. Im Statement of Financial Accounting Standards No. 13 (FAS13) gibt der FASB bestimmte Kriterien an, die ein Operating-Leasing vom Kapital-Leasing unterscheiden. Das Leasing wird seitens des Leasing-Nehmers als Kapital-Leasing behandelt und muss in der Bilanz ausgewiesen werden, wenn es eine der folgenden Bedingungen erfüllt:

1. Das Eigentumsrecht am Gegenstand geht nach Ablauf der Leasing-Laufzeit auf den Leasing-Nehmer über.

2. Das Leasing enthält eine Kaufoption zu einem Vorzugspreis, der erheblich unter dem Verkehrswert liegt.

3. Das Leasing hat eine Dauer von mindestens 75 % der geschätzten wirtschaftlichen Nutzungsdauer des Vermögensgegenstandes.

4. Der Barwert der Mindest-Leasing-Zahlungen zu Beginn des Leasings beträgt 90 % oder mehr des Verkehrswerts des Vermögensgegenstandes.

Mit diesen Bedingungen will man Situationen gerecht werden, in denen das Leasing dem Leasing-Nehmer die Nutzung des Vermögensgegenstandes für die meiste Zeit der Nutzungsdauer gewährt. Ein Finanzierungs-Leasing zum Beispiel erfüllt die zweite Bedingung und würde für bilanzielle

Zwecke als Kapital-Leasing gewertet. Unternehmen, die die bilanzielle Erfassung des Leasings umgehen wollen, gestalten Leasing-Verträge häufig so, dass diese Bedingungen vermieden werden.[8]

Beispiel 21.5: Operating- gegenüber Kapital-Leasing

Fragestellung

Betrachten wir einen Leasing-Vertrag zum Verkehrswert für sieben Jahre für einen Gulfstream Jet im Wert von EUR 12,5 Millionen und einer restlichen Nutzungsdauer von 10 Jahren. Die monatliche Leasing-Rate beträgt EUR 175.000 und der entsprechende Diskontierungssatz ist ein nomineller Jahreszins von 6 % bei monatlicher Zinsverrechnung. Würde dieses Leasing für den Leasing-Nehmer als Operating-Leasing oder Kapital-Leasing gewertet werden? Was wäre, wenn der Leasing-Vertrag dem Leasing-Nehmer die Option gäbe, den Vertrag nach fünf Jahren zu kündigen?

Lösung

Wir berechnen den Barwert der monatlichen Leasing-Rate zu Beginn des Leasings anhand der Annuitätenformel mit einem monatlichen Zinssatz von 6 % : 12 = 0,5 % und $7 \times 12 - 1 = 83$ Monatsraten nach der Anfangszahlung. Dann ist

$$BW(\text{Leasingzahlungen}) = 175.000 \times \left[1 + \frac{1}{0,005}\left(1 - \frac{1}{1,005^{83}}\right)\right]$$
$$= \text{EUR } 12,04 \text{ Millionen}$$

Da der Barwert der Leasing-Zahlungen 12,04 : 12,50 = 96,3 % des Wertes des Flugzeuges beträgt, erfüllt dieses Leasing Bedingung 4 und ist somit nach FAS13 als Kapital-Leasing zu betrachten.

Wenn der Leasing-Nehmer den Vertrag nach fünf Jahren kündigen kann, ist die Mindestanzahl der Leasing-Raten 60. In diesem Fall ist

$$BW(\text{Leasingzahlungen}) = 175.000 \times \left[1 + \frac{1}{0,005}\left(1 - \frac{1}{1,005^{59}}\right)\right]$$
$$= \text{EUR } 9,10 \text{ Millionen}$$

Dies sind nur 9,10 : 12,05 = 73 % des Wertes des Flugzeugs. Da keine anderen Bedingungen für ein Kapital-Leasing erfüllt werden, würde dieses Leasing als Operating-Leasing gewertet werden.

Die steuerliche Behandlung des Leasings

Die Kategorien, die für die Erfassung des Leasings in den Finanzausweisen verwendet werden, wirken sich auf den Wert der Aktiva in der Bilanz aus, haben jedoch keinen direkten Einfluss auf die Zahlungen, die aus einer Leasing-Transaktion resultieren. Die nationalen Finanzbehörden haben jeweils eigene Klassifizierungsregeln, die die steuerliche Behandlung des Leasings festlegen. Da sich die steuerliche Behandlung auf die Zahlungen auswirkt, sind diese nationalen Regeln aus Sicht der finanziellen Bewertung von größerer Bedeutung.

Die Finanzbehörden unterteilen das Leasing in zwei Kategorien: steuerbegünstigte Verträge und steuerlich als Mietkauf behandelte Verträge (Non-Tax-Leasing). Diese Kategorien stimmen mit Operating-Leasing und Kapital-Leasing weitgehend überein, wenn auch die definierenden Kriterien nicht identisch sind.

Bei einem **steuerbegünstigten Leasing** erhält der Leasing-Geber die Abschreibungsaufwendungen in Verbindung mit dem Eigentum am Vermögensgegenstand. Der Leasing-Nehmer kann den vollen

---

8 Mitte 2012 verhandelten FASB und IASB neue Standards für die Verbuchung des Leasings, die 2013 abgeschlossen wurden. Das endgültige Ergebnis der Verhandlungen ist, dass die neuen Standards erfordern, dass alle Leasing-Verhältnisse in der Bilanz ausgewiesen werden.

Betrag der Leasing-Zahlungen als Betriebsaufwand geltend machen und der Leasing-Geber muss diese Leasing-Zahlungen als Einnahmen verbuchen.

Auch wenn das rechtliche Eigentum am Vermögensgegenstand beim Leasing-Geber verbleibt, erhält bei einem **Non-Tax-Leasing** der Leasing-Nehmer die Abschreibungsaufwendungen. Der Leasing-Nehmer kann auch den Zinsanteil der Leasing-Zahlungen als Zinsaufwand geltend machen. Seitens des Leasing-Gebers ist der Zinsanteil der Leasing-Zahlungen als Zinsertrag zu werten.

In den USA beispielsweise gibt das IRS Revenue Ruling 55-540 die Bedingungen für die steuerliche Wertung eines Leasing-Vertrages vor. Wenn das Leasing eine der folgenden Bedingungen erfüllt, wird es als Non-Tax-Lease behandelt.

1. Der Leasing-Nehmer erhält einen Anteil am geleasten Vermögensgegenstand.
2. Der Leasing-Nehmer erhält nach Zahlung aller Leasing-Raten das Eigentum am Vermögensgegenstand.
3. Der Gesamtbetrag, den der Leasing-Nehmer für einen relativ kurzen Zeitraum der Nutzung zahlen muss, stellt einen unverhältnismäßig hohen Anteil am Gesamtwert des Vermögensgegenstandes dar.
4. Die Leasing-Zahlung übersteigt den aktuellen Verkehrsmietwert des Vermögensgegenstandes deutlich.
5. Der Vermögensgegenstand kann zu einem Preis erworben werden, der zum Zeitpunkt, an dem die Option ausgeübt werden kann, im Verhältnis zum Verkehrswert erheblich günstiger ist.
6. Ein Anteil der Leasing-Zahlungen wird ausdrücklich als Zins oder Zinsäquivalent bezeichnet.[9]

Wie die bilanziellen Kriterien, sollen auch diese Regeln Fälle kenntlich machen, in denen ein Leasing-Verhältnis den Leasing-Nehmer wahrscheinlich für einen Großteil der Nutzungsdauer den Vermögensgegenstand nutzen lässt. Diese Regeln sind etwas vage und geben den Finanzbehörden (IRS) in den USA ausreichend Ermessensspielraum, um zu verhindern, dass Leasing nur zur Vermeidung von Steuerzahlungen eingesetzt wird. In Deutschland werden die Voraussetzungen in den sogenannten Leasing-Erlassen deutlich enger geregelt und enthalten kaum Spielräume.

Nehmen wir zum Beispiel einen Vermögensgegenstand im Wert von EUR 200.000, der zu Steuerzwecken über zehn Jahre zu EUR 20.000 pro Jahr abgeschrieben werden muss. Durch den Erwerb dieses Vermögensgegenstandes durch ein Finanzierungs-Leasing über vier Jahre mit jährlichen Zahlungen von EUR 50.000 könnte ein Unternehmen einen Gesamtabzug von EUR 200.000 schneller erreichen, wenn das Leasing als steuerbegünstigtes Leasing eingestuft würde.[10] Die IRS Rules verhindern diese Art der Transaktion durch die Einstufung dieses Leasings als Non-Tax-Leasing (durch Bedingung 3 und 5).

Leasing und Insolvenz

Wir wissen aus ▶Kapitel 16, dass in den USA die Vermögensgegenstände eines Unternehmens, wenn ein Unternehmen nach Chapter 11 des US-Insolvenzrechts Insolvenz anmeldet, vor der Pfändung durch Gläubiger geschützt sind, solange dem Unternehmen ermöglicht wird, einen Sanierungsplan vorzulegen. Auch besicherte Kreditgeber haben während dieses Zeitraums, der oft mehrere Monate oder sogar Jahre dauern kann, keinen Zugriff auf die Vermögensgegenstände, die ihre Kredite besichern. Stattdessen gestattet das Insolvenzrecht dem Unternehmen weiter die Nutzung der Vermögensgegenstände, damit der Betrieb fortgeführt werden kann. Dies gilt ähnlich auch in Deutschland und vielen anderen Ländern.

---

9 IRS Revenue Ruling 55–540, 1995. Weitere Aspekte für die steuerliche Behandlung bestehen für den Leasing-Geber, wenn es sich um ein fremdfinanziertes Leasing handelt. In Deutschland gelten der Mobilien-Leasing-Erlass (Bundesminister der Finanzen vom 19. April 1971 – IV B/2 – S 2170 – 31/71) und der Teilamortisations-Erlass des BMF: Steuerrechtliche Zurechnung des Leasing-Gegenstandes beim Leasing-Geber (Bundesminister der Finanzen, Schreiben vom 22.12.1975 – IV B 2 – S 2170 – 161/75). Entsprechende Erlasse gibt es auch für das Immobilien-Leasing.

10 Diese Transaktion hätte für den Leasing-Geber die gegenteilige steuerliche Konsequenz: Die Leasing-Zahlungen würden als Einnahmen besteuert werden, die Kosten des Vermögensgegenstandes würden langsamer abgeschrieben werden. Es kann allerdings von Vorteil sein, wenn der Leasing-Geber in einer niedrigeren Steuerklasse als der Leasing-Nehmer ist.

Die Behandlung der geleasten Gegenstände im Fall einer Insolvenz hängt davon ab, ob das Leasing vom Insolvenzgericht als Sicherungsrecht oder als steuerbegünstigtes Leasing klassifiziert wird. Wird das Leasing als **Sicherungsrecht** eingestuft, wird davon ausgegangen, dass das Unternehmen tatsächlich Eigentümer des Vermögensgegenstandes ist und dieser somit vor einer Pfändung geschützt ist. Der Leasing-Geber wird dann wie jeder andere besicherte Gläubiger behandelt und muss die Sanierung oder die schließliche Liquidierung des Unternehmens abwarten.

Wird das Leasing bei einer Insolvenz als **steuerbegünstigtes Leasing** eingestuft, behält der Leasing-Geber das Eigentumsrecht am Vermögensgegenstand. Innerhalb von 120 Tagen nach Einreichung gemäß Chapter 11 muss sich in den Vereinigten Staaten das insolvente Unternehmen entscheiden, ob es den Vermögensgegenstand übernimmt oder ablehnt. Bei einer Annahme muss das Unternehmen alle ausstehenden Ansprüche begleichen und weiterhin die zugesagten Leasing-Zahlungen leisten. Bei Ablehnung des Vermögensgegenstandes wird dieser an den Leasing-Geber zurückgegeben (und ausstehende Ansprüche des Leasing-Gebers werden zu unbesicherten Ansprüchen gegen das insolvente Unternehmen).

Somit ist der Leasing-Geber im Falle eines Zahlungsausfalls des Unternehmens dann in einer besseren Position als ein Kreditgeber, wenn der Leasing-Vertrag als steuerbegünstigtes Leasing eingestuft wird. Aufgrund des Eigentumsvorbehalts hat der Leasing-Geber bei einem Ausfall der Leasing-Zahlungen das Recht, den Vermögensgegenstand auch dann wieder in seinen Besitz zu nehmen, wenn das Unternehmen Gläubigerschutz beantragt. Das Leasing ermöglicht daher dem Leasing-Nehmer sich zu verpflichten, in einer Insolvenz den Leasing-Geber gegenüber den nicht bevorrechtigten Gläubigern vorrangig zu behandeln. Diese Verpflichtung ist nützlich, wenn der Vermögensgegenstand in Händen des Leasing-Gebers wertvoller wäre als wenn er weiter vom in Insolvenz befindlichen Unternehmen gehalten würde. In diesem Fall könnte sich das Unternehmen dazu entscheiden, Vermögensgegenstände zu leasen, die es sonst nicht finanzieren würde.[11]

Synthetisches Leasing

Ein synthetisches Leasing ist so gestaltet, dass es zu bilanziellen Zwecken als Operating-Leasing und zu Steuerzwecken als Non-Tax-Leasing behandelt wird. Bei einem synthetischen Leasing kann der Leasing-Nehmer die Abschreibung und Zinsaufwendungen steuerlich geltend machen, so als ob er einen Kredit für den Kauf des Vermögensgegenstandes aufgenommen hätte. Er muss den Vermögensgegenstand oder die Verbindlichkeit aber nicht in der Bilanz ausweisen. Um diese bilanzielle und steuerliche Behandlung zu erreichen, werden synthetische Leasings üblicherweise strukturiert, indem eine Zweckgesellschaft (SPE) gegründet wird, die als Leasing-Geber fungiert, die Finanzierung beschafft, den Vermögensgegenstand erwirbt und ihn an das Unternehmen least. Um sicherzustellen, dass das Leasing als Operating-Leasing infrage kommt, ist es so strukturiert, dass es (1) einen Festpreis für den Kauf am Ende der Laufzeit auf Grundlage eines anfänglichen Schätzwerts enthält (der somit kein Vorzugspreis ist), (2) eine Laufzeit von weniger als 75 % der wirschaftlichen Nutzungsdauer des Vermögensgegenstandes hat (die zu bestimmten Bedingungen verlängert werden kann) und (3) Mindest-Leasing-Zahlungen mit einem Barwert von weniger als 90 % des Verkehrswertes des Vermögensgegenstandes vorgibt. Außerdem muss der eingetragene Inhaber der SPE, um eine Konsolidierung der Bilanz zu vermeiden, eine Mindestinvestition von 3 % tätigen, die während der gesamten Leasing-Laufzeit risikobehaftet bleibt. Das Leasing-Verhältnis kann als Non-Tax-Leasing infrage kommen, wenn ein bestimmter Anteil an den Leasing-Zahlungen als Zinszahlung bezeichnet wird. Ein Leasing dieser Art scheint hauptsächlich dadurch motiviert zu sein, dass Unternehmen so Fremdkapital einsetzen, die bilanziellen Folgen des Fremdkapitals jedoch vermeiden können. Insbesondere wird dadurch, dass das Fremdkapital bilanziell nicht erfasst wird, der Verschuldungsgrad des Unternehmens verbessert, die Gesamtkapitalrendite gewöhnlich gesteigert und, sofern die Leasing-Zahlungen geringer sind als die Zins- und Abschreibungsaufwendungen, steigt dadurch auch der Gewinn pro Aktie.

---

11 Eine Analyse der Konsequenzen dieser Behandlung von Leasing-Verhältnissen für die Möglichkeit Kredite aufzunehmen, bezogen auf die USA finden Sie in A. Eisfeldt und A. Rampini, „Leasing, Ability to Repossess and Debt Capacity", *Review of Financial Studies*, Bd. 22, Nr. 4 (2008), S. 1621–1657.

Diese Art von Transaktionen wurden von der Enron Corporation vor dem Untergang des Unternehmens dazu verwendet und missbraucht, die Gewinne zu steigern und die Verbindlichkeiten des Unternehmens zu verbergen. Nach dem Enron-Skandal hat der FASB die Anforderungen für SPE erheblich verschärft und die risikobehaftete Mindestinvestition in eine SPE auf 10 % erhöht und zur Voraussetzung gemacht, dass das Eigentum tatsächlich unabhängig vom Leasing-Geber ist. Auch die Investoren haben skeptisch auf diese Art Transaktion reagiert, was viele Unternehmen dazu gezwungen hat, diese synthetischen Leasing-Verträge zu vermeiden oder bereits bestehende Strukturen aufzulösen. Im Jahr 2002 hat zum Beispiel Krispy Kreme Doughnuts Corporation ihre Entscheidung rückgängig gemacht, ein synthetisches Leasing für die Finanzierung einer neuen Anlage mit einem Wert von EUR 35 Millionen zu verwenden, nachdem ein kritischer Artikel über diese Transaktion im *Forbes* Magazin veröffentlicht wurde.

Ob eine Transaktion als steuerbegünstigtes Leasing oder als Sicherungsrecht klassifiziert wird, hängt vom Einzelfall ab, aber die Unterscheidung ist der zuvor festgelegten bilanziellen und steuerlichen Unterscheidung sehr ähnlich. Operating- und steuerbegünstigtes Leasing werden im Allgemeinen von den Gerichten als echtes Leasing betrachtet, während Kapital- und Non-Tax-Leasing eher als Sicherungsrecht betrachtet werden. Insbesondere gelten solche Leasing-Verhältnisse gewöhnlich als Sicherungsrecht, bei denen der Leasing-Nehmer für die restliche wirtschaftliche Nutzungsdauer des Vermögensgegenstandes Besitzer des Vermögensgegenstandes wird (ob im Rahmen des Vertrages oder einer Option auf Verlängerung oder Kauf zu einem Nominalwert).[12]

Verständnisfragen

1. Wie wird ein Finanzierungs-Leasing zu bilanziellen und steuerlichen Zwecken klassifiziert?

2. Kann ein Leasing zu bilanziellen Zwecken als Operating-Leasing und zu steuerlichen Zwecken als Non-Tax-Leasing behandelt werden?

21.3 Die Entscheidung für Leasing

Wie trifft ein Unternehmen die Wahl zwischen Kauf und Leasing? Wie wir wissen, ist diese Entscheidung bei vollkommenen Märkten irrelevant, sodass die Entscheidung in der realen Welt von Marktfriktionen abhängig ist. In diesem Abschnitt betrachten wir eine wichtige Marktfriktion, die Steuern, und bewerten die finanziellen Konsequenzen der Leasing-Entscheidung aus Sicht des Leasing-Nehmers. Wir zeigen, wie man feststellt, ob es günstiger ist, einen Vermögensgegenstand zu leasen oder zu kaufen und (möglicherweise) den Kauf mit Fremdkapital zu finanzieren. Zuerst betrachten wir ein steuerbegünstigtes Leasing und wenden uns dann am Ende des Abschnitts dem Non-Tax-Leasing zu.

Die Zahlungen bei einem steuerbegünstigten Leasing

Wenn ein Unternehmen eine Ausrüstung erwirbt, ist die Ausgabe dafür eine Investition. Dies schafft einen abschreibungsbedingten Steuervorteil, da der Kaufpreis über die Zeit abgeschrieben werden kann. Wenn die Ausrüstung als steuerbegünstigtes Leasing geleast wird, ist sie zwar keine Investitionsaufwendung, doch die Leasing-Zahlungen sind Betriebsaufwand.

Vergleichen wir nun die Zahlungen aufgrund eines steuerbegünstigten Leasings mit denjenigen aus einem Kauf anhand eines Beispiels: Emory Printing benötigt eine neue Hochgeschwindigkeitsdruckpresse, die für EUR 50.000 in bar erworben werden kann. Die Maschine hält fünf Jahre und wird

---

12 Siehe Artikel 1 des Uniform Commercial Code, Paragraf 1–203 auf *http://www.Law.upenn.edu/bll/ulc/ulc. htm#ucc1*.

zu Steuerzwecken über diesen Zeitraum linear abgeschrieben.[13] Dies bedeutet, dass Emory pro Jahr EUR 10.000 abschreiben kann. Bei einem Steuersatz von 35 % wird Emory daher aus der Abschreibung EUR 3.500 pro Jahr an Steuern sparen.

Alternativ dazu kann Emory Printing das Gerät leasen. Ein Leasing-Vertrag über fünf Jahre kostet EUR 12.500 pro Jahr. Emory muss diese Zahlung zu Beginn eines jeden Jahres leisten. Da es sich um ein steuerbegünstigtes Leasing handelt, kann Emory diese Zahlungen in der jeweiligen Periode als Betriebsaufwand geltend machen. Somit betragen die Kosten jeder Leasing-Zahlung nach Steuern $(1 - 35\%) \times 12.500 = EUR\ 8.125$. Im Leasing-Vertrag sind Wartung und Instandhaltung des Geräts nicht vorgesehen, sodass diese Kosten bei Kauf und Leasing gleich sind.

▶Tabelle 21.1 zeigt die Auswirkungen des Kaufs und des Leasings auf die freien Cashflows. Hier berücksichtigen wir nur die Cashflows, die beim Leasing anders als beim Kauf sind. Wir berücksichtigen keine Cashflows, die in beiden Situationen gleich wären, wie zum Beispiel die Umsatzerlöse, die von der Maschine erzielt werden, oder die Wartungskosten. Wir sind zudem davon ausgegangen, dass die Maschine, wenn sie gekauft wird, nach fünf Jahren keinen Restwert aufweist. Wenn es hier Unterschiede gäbe, würden wir diese in die Cashflows einrechnen. Wir wissen aus ▶Gleichung 7.6 in ▶Kapitel 7, dass der freie Cashflow als EBITDA abzüglich Steuern, Investitionsaufwendungen und Anstieg des Nettoumlaufvermögens plus abschreibungsbedingtem Steuervorteil berechnet werden kann (das heißt, Steuersatz mal Abschreibungsaufwand). Somit kommt die einzige Veränderung des freien Cashflows bei einem Kauf aus dem Investitionsaufwand und dem abschreibungsbedingten Steuervorteil. Beim Leasing ist die einzige Veränderung eine Verringerung des EBIDTA und somit der Steuern aus den Leasing-Zahlungen.

Tabelle 21.1

Tabellenkalkulation Leasing im Vergleich zu Kauf bezüglich der Cashflows

	Jahr	0	1	2	3	4	5
	Kauf						
1	Investitionsaufwand	−50.000	−	−	−	−	−
2	Abschreibungsbedingter Steuervorteil bei 35 %	−	3.500	3.500	3.500	3.500	3.500
3	**Freier Cashflow (Kauf)**	−50.000	3.500	3.500	3.500	3.500	3.500
	Leasing						
4	Leasing-Zahlung	−12.500	−12.500	−12.500	−12.500	−12.500	−
5	Ertragsteuervorteil bei 35 %	4.375	4.375	4.375	4.375	4.375	
6	**Freie Cashflows (Leasing)**	−8.125	−8.125	−8.125	−8.125	−8.125	−

Die Cashflows aus dem Leasing unterscheiden sich somit von denen des Kaufs. Ein Kauf erfordert eine hohe Anfangsinvestition gefolgt von Steuervorteilen aus der Abschreibung. Die Kosten eines geleasten Geräts hingegen sind gleichmäßiger über die Zeit verteilt.

Leasing im Vergleich zum Kauf (ein ungerechter Vergleich)

Ist es für Emory Printing rentabler, die Druckpresse zu kaufen oder zu leasen? Um diese Frage zu beantworten, vergleichen wir den Barwert der Cashflows dieser beiden Transaktionen.[14] Zunächst müssen wir die Kapitalkosten ermitteln, um den Barwert berechnen zu können.

---

13 In der Praxis würde zu Steuerzwecken eine schnellere Abschreibung angewendet werden. Wir nehmen hier der Einfachheit halber die lineare Abschreibung.

14 Wir können genauso den Kapitalwert der Differenz zwischen diesen Cashflows berechnen.

Die entsprechenden Kapitalkosten hängen natürlich vom Risiko der Cashflows ab. Leasing-Zahlungen sind für das Unternehmen eine feste Verbindlichkeit. Wenn Emory Printing diese Zahlungen nicht leistet, kommt es zu einem Zahlungsausfall. Der Leasing-Geber wird die verbleibenden Zahlungen eintreiben und darüber hinaus die Druckpresse zurücknehmen. In dieser Hinsicht ist das Leasing ähnlich dem Kredit, der mit dem geleasten Vermögensgegenstand besichert ist. Außerdem ist der Leasing-Geber, wie bereits in ▸Abschnitt 21.2 erörtert, wenn das Unternehmen Insolvenz anmeldet, bei einem echten Leasing in einer besseren Position als ein besicherter Gläubiger. Daher *ist das Risiko der Leasing-Zahlungen nicht höher als das Risiko eines besicherten Kredits* und es ist angebracht, die Leasing-Zahlungen zum Satz der besicherten Kreditaufnahme des Unternehmens zu diskontieren.

Die Steuerersparnis aus den Leasing-Zahlungen und aus dem Abschreibungsaufwand sind Cashflows mit geringem Risiko, da sie im Voraus festgelegt sind und realisiert werden, solange das Unternehmen positive Erträge erwirtschaftet.[15] Somit ist eine gängige Annahme in der Praxis, auch für diese Cashflows den Kreditzinssatz des Unternehmens anzuwenden.

Wenn der Kreditzinssatz von Emory bei 8 % liegt, haben die Kosten für den Kauf des Geräts folgenden Barwert:

$$BW(\text{Kauf}) = -50.000 + \frac{3.500}{1,08} + \frac{3.500}{1,08^2} + \frac{3.500}{1,08^3} + \frac{3.500}{1,08^4} + \frac{3.500}{1,08^5} = -\text{EUR } 36.026$$

Die Kosten für das Leasen des Geräts haben folgenden Barwert:

$$BW(\text{Leasing}) = -8.125 - \frac{8.125}{1,08} - \frac{8.125}{1,08^2} - \frac{8.125}{1,08^3} - \frac{8.125}{1,08^4}$$
$$= -\text{EUR } 35.036$$

Somit ist bei einer Nettoeinsparung von EUR 36.026 − EUR 35.036 = EUR 990 das Leasing günstiger als der Kauf. Vorstehende Analyse lässt jedoch einen wichtigen Punkt außer Betracht: Wenn ein Unternehmen einen Leasing-Vertrag abschließt, verpflichtet es sich zur Zahlung der Leasing-Raten, die eine feste zukünftige Verbindlichkeit des Unternehmens sind. Wenn das Unternehmen in eine finanzielle Notlage gerät und diese Zahlungen nicht leisten kann, kann der Leasing-Geber das Gerät pfänden. Außerdem könnten die Leasing-Verpflichtungen selbst eine finanzielle Notlage auslösen. Daher erhöht ein Unternehmen durch das Leasen eines Vermögensgegenstandes die Verschuldung in seiner Kapitalstruktur (ob das Leasing in der Bilanz erscheint oder nicht).

Da Leasing eine Form der Finanzierung ist, sollten wir es mit anderen Finanzierungsoptionen vergleichen, die Emory möglicherweise hat. Statt den Vermögensgegenstand direkt zu kaufen, könnte Emory Mittel aufnehmen (oder den geplanten Barsaldo verringern und dadurch die Nettoverschuldung erhöhen), um den Kauf des Geräts zu finanzieren. Dieses Vorgehen würde der Verschuldung aus dem Leasing entsprechen. Bei einem Kredit würde Emory auch vom fremdfinanzierungsbedingtem Steuervorteil aus der Verschuldung profitieren. Dieser Vorteil könnte eine Kreditaufnahme für den Kauf des Geräts attraktiver machen als das Leasing. Um also ein Leasing richtig bewerten zu können, sollten wir es mit dem Kauf des Vermögensgegenstandes durch Verschuldung in entsprechender Höhe vergleichen. Mit anderen Worten: Der richtige Vergleich ist nicht Leasing mit Kauf, sondern Leasing mit Kreditaufnahme.

Leasing im Vergleich zur Kreditaufnahme (der richtige Vergleich)

Um das Leasing mit einer Kreditaufnahme vergleichen zu können, müssen wir den Kreditbetrag festlegen, der zu festen Verbindlichkeiten in der gleichen Höhe führt wie das Leasing. Wir nennen diesen Kredit einen **leasing-äquivalenten Kredit**. Das heißt, der leasing-äquivalente Kredit ist der

---

15 Auch bei einem negativen Ertrag können diese Steuervorteile durch Rückstellungen für Rück- oder Vorträge erzielt werden, durch die das Unternehmen diese Vorteile mit den Erträgen in vergangenen oder zukünftigen Jahren verrechnen kann.

Kredit, der für den Kauf des Vermögensgegenstandes erforderlich ist, damit der Käufer die gleichen Verpflichtungen hat, wie sie ein Leasing-Nehmer hätte.[16]

Der leasing-äquivalente Kredit. Um den leasing-äquivalenten Kredit im Fall Emory zu berechnen, ermitteln wir zuerst die Differenz zwischen den Cashflows aus dem Leasing und dem Kauf, was wir als inkrementellen freien Cashflow des Leasings bezeichnen. Wie ▶Tabelle 21.2 zeigt, spart man anfänglich beim Leasing im Vergleich zum Kauf, hat jedoch geringere zukünftige Cashflows. Die inkrementellen freien Cashflows in den Jahren 1 bis 5 stellen die effektive Verschuldung dar, die das Unternehmen beim Leasing eingeht. Alternativ könnte Emory die gleiche Verschuldung durch den Kauf der Druckpresse eingehen, indem ein Kredit mit den gleichen Schuldenrückzahlungen nach Steuern aufgenommen wird. Wie viel könnte Emory durch einen derartigen Kredit aufnehmen? Da es sich bei den zukünftigen inkrementellen Cashflows um Zahlungen für den Kredit nach Steuern handelt, entspricht der Anfangssaldo des leasing-äquivalenten Kredits dem Barwert dieser Cashflows gemäß Emorys Fremdkapitalkosten nach Steuern:

$$\text{Kreditsaldo} = BW[\text{zukünftige FCF des Leasings gegenüber dem Kauf bei } r_D(1 - \tau_c)] \qquad (21.4)$$

	Jahr	0	1	2	3	4	5
	Leasing im Vergleich zum Kauf (EUR)						
1	FCF-Leasing (Zeile 6, ▶Tabelle 21.1)	−8.125	−8.125	−8.125	−8.125	−8.125	−
2	Abzgl. FCF-Kauf (Zeile 3, ▶Tabelle 21.1)	50.000	−3.500	−3.500	−3.500	−3.500	−3.500
3	**Leasing-Kauf**	**41.875**	**−11.625**	**−11.625**	**−11.625**	**−11.625**	**−3.500**

Tabelle 21.2

Tabellenkalkulation Vergleich Leasing und Kauf bezüglich der inkrementellen freien Cashflows

Aus den Kreditkosten nach Steuern von 8 % (1 − 35 %) = 5,2 % ergibt sich ein anfänglicher Kreditsaldo von

$$\text{Kreditsaldo} = \frac{11.625}{1,052} + \frac{11.625}{1,052^2} + \frac{11.625}{1,052^3} + \frac{11.625}{1,052^4} + \frac{3.500}{1,052^5} \qquad (21.5)$$
$$= \text{EUR } 43.747$$

▶Gleichung 21.5 bedeutet: Ist Emory bereit, die zukünftigen Verpflichtungen aus dem Leasing einzugehen, so wäre auch ein Kauf der Druckpresse mit einem Kredit in Höhe von EUR 43.747 möglich. Dieser übersteigt, wie ▶Tabelle 21.2 zeigt, die Einsparung aus dem Leasing im Jahr 0 in Höhe von EUR 41.875. Da Emory anfangs durch den Kauf und die Aufnahme eines leasing-äquivalenten Kredits zusätzliche EUR 43.747 − EUR 41.875 = EUR 1.872 spart, ist das Leasen des Geräts gegenüber dieser Alternative unattraktiv.

---

16 Siehe S. Myers, D. Dill und A. Bautista, „Valuation of Financial Lease Contracts" *Journal of Finance*, Bd. 31, Nr. 3 (1976), S. 799–819, um mehr über die Entwicklung dieser Methode zu erfahren.

Tabelle 21.3

Tabellenkalkulation Vergleich Kauf und leasing-äquivalenter Kredit bezüglich der Cashflows

	Jahr	0	1	2	3	4	5
	Leasing-äquivalenter Kredit (EUR)						
1	Kreditsaldo (BW zu 5,2 %)	43.747	34.397	24.561	14.213	3.327	–
	Kauf mit leasing-äquivalentem Kredit (EUR)						
2	Nettoschuld (Tilgung)	43.747	−9.350	−9.836	−10.348	−10.886	−3.327
3	Zinsen (zu 8 %)		−3.500	−2.752	−1.965	−1.137	−266
4	Fremdfinanzierungsbedingter Steuervorteil		1.225	963	688	398	93
5	Cashflows aus dem Kredit (nach Steuern)	43.747	−11.625	−11.625	−11.625	−11.625	−3.500
6	FCF-Kauf	−50.000	3.500	3.500	3.500	3.500	3.500
7	Cashflows aus Kredit und Kauf	−6.253	−8.125	−8.125	−8.125	−8.125	–

Wir prüfen dieses Ergebnis in ▶Tabelle 21.3. Hier berechnen wir die Cashflows, die sich aus dem Kauf des Geräts und der Aufnahme eines leasing-äquivalenten Kredits ergeben. Zeile 1 zeigt den Saldo des leasing-äquivalenten Kredits, den wir zu den jeweiligen Daten anhand von ▶Gleichung 21.4 berechnen. Zeile 2 zeigt die Höhe des Kredits zu Beginn und die Tilgung des Kredits (berechnet als Änderung des Kreditsaldos gegenüber dem Vorjahr). Zeile 3 zeigt die jährlich fälligen Zinsen (8 % des vorherigen Kreditsaldos) und Zeile 4 berechnet den fremdfinanzierungsbedingten Steuervorteil (35 % des Zinsbetrages). Zeile 5 zeigt die Summe der Cashflows des Kredits nach Steuern, die wir mit den freien Cashflows aus dem Kauf der Druckpresse zusammenfassen, um die gesamten Cashflows aus dem Kauf und dem Kredit in Zeile 7 zu erhalten.

Wenn wir die Cashflows aus dem Kauf der Druckpresse und der Finanzierung mit dem leasing-äquivalenten Kredit (Zeile 7 in ▶Tabelle 21.3) mit den Cashflows des Leasings (z.B. Zeile 1 in ▶Tabelle 21.2) vergleichen, erkennen wir, dass Emory in beiden Fällen eine zukünftige Verpflichtung für vier Jahre von EUR 8.125 pro Jahr hat. Die Verschuldung bei beiden Strategien ist zwar gleich, nicht jedoch die anfänglichen Cashflows. Beim Leasing zahlt Emory anfangs EUR 8.125; beim Kredit zahlt Emory den Kaufpreis der Druckpresse abzüglich des Betrags des aufgenommenen Kredits, also EUR 50.000 − EUR 43.747 = EUR 6.253. Wieder zeigt sich, dass bei einer Ersparnis von EUR 8.125 − EUR 6.253 = EUR 1.872 eine Kreditaufnahme für den Kauf des Geräts günstiger ist als das Leasing. Für Emory ist das Leasing nicht attraktiv. Wenn Emory bereit ist, diese hohe Verschuldung in Kauf zu nehmen, ist der Kauf durch den Kredit besser als das Leasing.

Eine direkte Methode. Da wir die Rolle des leasing-äquivalenten Kredits betrachtet haben, können wir die Werkzeuge aus ▶Kapitel 18 verwenden und das Leasing direkt mit einem gleichwertigen fremdfinanzierten Kauf vergleichen. Aus ▶Kapitel 18 wissen wir, dass man, wenn die Cashflows einer Investition vollständig durch die Verschuldung ausgeglichen werden, den entsprechenden gewichteten Durchschnitt der Kapitalkosten der Investition aus $r_U − \tau_c r_D$ erhält, wobei r_U die Kapitalkosten der Investition bei Eigenfinanzierung darstellt (siehe ▶Gleichung 18.11). Da die inkrementellen Cashflows aus dem Leasing gegenüber der Kreditaufnahme relativ sicher sind, gilt $r_U = r_D$ und somit $r_{WACC} = r_D(1 − \tau_c)$. *Wir können daher das Leasing mit dem Kauf anhand der entsprechenden Verschuldung vergleichen, indem wir die inkrementellen Cashflows des Leasings gegenüber dem Kauf zum Kreditzinssatz nach Steuern diskontieren.*

Bei Emory erhalten wir durch die Diskontierung der inkrementellen freien Cashflows aus ▶Tabelle 21.2 zu den Kreditkosten nach Steuern von 8 % × (1 – 35 %) = 5,2 %

$$BW(\text{Leasing gegenüber Kauf mit Kreditaufnahme})$$
$$= 41.875 + \frac{11.625}{1,052} + \frac{11.625}{1,052^2} + \frac{11.625}{1,052^3} + \frac{11.625}{1,052^4} + \frac{11.625}{1,052^5}$$
$$= \text{EUR } 1.872$$

Beachten Sie, dass dies genau der zuvor berechneten Differenz entspricht.

Der effektive Kreditzins des Leasings nach Steuern. Wir können auch das Leasing mit dem Kauf im Hinblick auf den effektiven Kreditzins nach Steuern in Verbindung mit dem Leasing vergleichen. Dieser ist gegeben durch den internen Zinsfuß der inkrementellen Cashflows des Leasings aus ▶Tabelle 21.2, den wir als 7 % errechnen können:

$$41.875 - \frac{11.625}{1,07} - \frac{11.625}{1,07^2} - \frac{11.625}{1,07^3} - \frac{11.625}{1,07^4} - \frac{3.500}{1,07^5} = 0$$

Somit entspricht das Leasing der Kreditaufnahme zu einem Zinssatz nach Steuern von 7 %. Diese Option ist im Vergleich zum Zinssatz nach Steuern von nur 8 % × (1 – 35 %) = 5,2 %, den Emory auf das Fremdkapital zahlt, nicht attraktiv. Da wir einen Kredit aufnehmen (auf positive Cashflows folgen negative), ist ein niedrigerer interner Zinsfuß besser. Aber bei diesem Ansatz ist Vorsicht geboten: Wie in ▶Kapitel 6 erörtert, ist die Methode des internen Zinsfußes nicht verlässlich, wenn die Cashflows mehr als einmal ihre Vorzeichen ändern.

Bewertung eines steuerbegünstigten Leasings

Zusammengefasst lässt sich sagen, dass wir bei der Bewertung des steuerbegünstigten Leasings das Leasing mit einem Kauf vergleichen sollten, der durch eine äquivalente Verschuldung finanziert wird. Wir schlagen folgenden Ansatz vor:

1. Berechnung des *inkrementellen Cashflows* des Leasings im Vergleich zum Kauf wie in ▶Tabelle 21.2. Einbeziehung des abschreibungsbedingten Steuervorteils (beim Kauf) und der Steuerabzugsfähigkeit der Leasing-Zahlungen (beim Leasing).

2. Berechnung des Kapitalwertes des Leasings im Vergleich zum Kauf anhand einer äquivalenten Verschuldung durch Diskontierung der inkrementellen Cashflows zum *Kreditzins nach Steuern*.

Wenn der in Schritt 2 berechnete Kapitalwert negativ ist, dann ist das Leasing im Vergleich zur herkömmlichen Fremdfinanzierung unattraktiv. In diesem Fall sollte das Unternehmen vom Leasing Abstand nehmen und den Vermögensgegenstand stattdessen unter Verwendung eines optimalen Verschuldungsniveaus kaufen (auf Grundlage der Trade-Offs und der in ▶Teil V und ▶Teil VI erörterten Verfahren).

Ist der in Schritt 2 errechnete KW positiv, bietet das Leasing einen Vorteil gegenüber der klassischen Fremdfinanzierung und sollte in Betracht gezogen werden. Das Management sollte jedoch berücksichtigen, dass Leasing, auch wenn es nicht in der Bilanz ausgewiesen wird, die effektive Verschuldung des Unternehmens um den Betrag des leasing-äquivalenten Kredits erhöht.[17]

---

17 Sind die Kosten einer finanziellen Notlage oder andere Kosten der Verschuldung hoch, könnte das Unternehmen versuchen, diesen Anstieg der Verschuldung teilweise durch eine Verringerung des anderen Fremdkapitals des Unternehmens auszugleichen.

Beispiel 21.6: Bewertung neuer Leasing-Bedingungen

Fragestellung

Emory lehnt das Leasing, das wir analysiert haben, ab und der Leasing-Geber stimmt einer niedrigeren Leasing-Rate von EUR 11.800 pro Jahr zu. Macht diese Änderung das Leasing attraktiv?

Lösung

Die inkrementellen Cashflows sind in folgender Tabelle dargestellt:

	Jahr	0	1	2	3	4	5
	Kauf						
1	Investitionsaufwand	−50.000	–	–	–	–	–
2	Abschreibungsbedingter Steuervorteil bei 35 %	–	3.500	3.500	3.500	3.500	3.500
3	**Freier Cashflow (Kauf)**	−50.000	3.500	3.500	3.500	3.500	3.500
	Leasing						
4	Leasing-Zahlung	−11.800	−11.800	−11.800	−11.800	−11.800	–
5	Ertragsteuervorteil bei 35 %	4.130	4.130	4.130	4.130	4.130	–
6	**Freie Cashflows (Leasing)**	−7.670	−7.670	−7.670	−7.670	−7.670	–
	Leasing im Vergleich zum Kauf						
7	**Leasing-Kauf**	42.330	−11.170	−11.170	−11.170	−11.170	−3.500

Unter Verwendung der Kreditkosten nach Steuern von 5,2 % beträgt der Vorteil aus dem Leasing gegenüber Kauf mit Kreditaufnahme:

$$KW(\text{Leasing gegen\"uber Kauf mit Kreditaufnahme}) = 42.330 - \frac{11.170}{1,052} - \frac{11.170}{1,052^2} - \frac{11.170}{1,052^3} - \frac{11.170}{1,052^4} - \frac{3.500}{1,052^5}$$

$$= \text{EUR } 42.330 - 42.141$$

$$= \text{EUR } 189$$

Somit ist das Leasing zu den neuen Bedingungen attraktiver.

Bewertung eines Non-Tax-Leasing

Die Bewertung eines Non-Tax-Leasing ist viel einfacher als die eines steuerbegünstigten Leasings. Bei einem Non-Tax-Leasing erhält der Leasing-Nehmer die Abschreibungsabzüge (wie bei einem Kauf). Jedoch ist lediglich der Zinsanteil der Leasing-Zahlung abzugsfähig. Somit ist ein Non-Tax-Leasing hinsichtlich der Cashflows direkt mit einem herkömmlichen Kredit vergleichbar. Daher ist es dann attraktiv, wenn es einen besseren Zinssatz bietet, als man bei einem Kredit erhalten würde. Um festzustellen, ob der Zinssatz tatsächlich besser ist, können wir die Leasing-Zahlungen zum Kreditzins des Unternehmens *vor Steuern* diskontieren und diesen dann mit dem Kaufpreis des Vermögensgegenstandes vergleichen.

Beispiel 21.7: Vergleich eines Non-Tax-Leasings mit einem klassischen Kredit

Fragestellung

Angenommen, bei dem Leasing in ▶Beispiel 21.6 handelt es sich um ein Non-Tax-Leasing. Wäre es in diesem Fall für Emory attraktiv?

Lösung

Statt das Gerät für EUR 50.000 zu kaufen, leistet Emory Leasing-Zahlungen von EUR 11.800 pro Jahr: Emory nimmt im Grunde EUR 50.000 auf, indem pro Jahr Zahlungen in Höhe von EUR 11.800 geleistet werden. Bei einem Kreditzins von 8 % und jährlichen Zahlungen von EUR 11.800 auf einen klassischen Kredit könnte Emory einen Kredit in folgender Höhe aufnehmen:

$$BW(\text{Leasingzahlungen}) = 11.800 + \frac{11.800}{1,08} + \frac{11.800}{1,08^2} + \frac{11.800}{1,08^3} + \frac{11.800}{1,08^4} = \text{EUR } 50.883$$

Emory könnte, wenn Zahlungen gleicher Höhe für einen Kredit geleistet werden, mehr als EUR 50.000 aufnehmen. Somit ist das Leasing, wenn es sich um ein Non-Tax-Leasing handelt, zu diesen Bedingungen nicht attraktiv.

Wir haben sowohl beim steuerbegünstigten Leasing als auch beim Non-Tax-Leasing den Restwert des Vermögensgegenstandes, Differenzen bei den Wartungs- und Instandhaltungsvereinbarungen beim Vergleich von Leasing und Kauf sowie etwaige Kündigungs- oder andere Leasing-Optionen nicht berücksichtigt. Diese sollten gegebenenfalls in den Vergleich des Leasings mit einem fremdfinanzierten Kauf einbezogen werden.

Verständnisfragen

1. Warum ist ein Vergleich von Leasing mit einem Kauf nicht angebracht?
2. Welcher Diskontsatz sollte für die inkrementellen Cashflows aus dem Leasing verwendet werden, um ein steuerbegünstigtes Leasing mit der Aufnahme eines Kredits zu vergleichen?
3. Wie können wir ein Non-Tax-Leasing mit der Aufnahme eines Kredits vergleichen?

21.4 Was spricht für das Leasing?

In ▶Abschnitt 21.3 haben wir untersucht, wie man feststellt, ob Leasing für den Leasing-Nehmer attraktiv ist. Ein ähnliches, jedoch umgekehrtes Argument kann aus Sicht des Leasing-Gebers verwendet werden. Der Leasing-Geber könnte das Leasen des Geräts damit vergleichen, dem Unternehmen das Geld für den Kauf des Geräts zu leihen. Unter welchen Umständen wäre Leasing sowohl für den Leasing-Geber als auch den Leasing-Nehmer rentabel? Wenn das Leasing für eine der Parteien von Vorteil ist, ist es dann für die andere Partei von Nachteil? Oder gibt es einem Leasing-Vertrag zugrunde liegende wirtschaftliche Vorteile?

Gültige Argumente für das Leasing

Damit Leasing für beide Parteien attraktiv ist, müssen die Vorteile aus einem zugrunde liegenden wirtschaftlichen Nutzen aus dem Leasing-Verhältnis stammen. Hier betrachten wir einige gültige Gründe für das Leasing.

Steuerliche Unterschiede. Bei einem steuerbegünstigten Leasing ersetzt der Leasing-Nehmer den Abzug der Abschreibung und Zinsen durch den Abzug der Leasing-Zahlungen. Je nach Zeitpunkt der Zahlungen haben die verschiedenen Abzüge einen höheren Barwert. Ein Steuervorteil entsteht dann, wenn das Leasing die höheren Abzüge auf die Partei verlagert, die dem höheren Steuersatz unterliegt. Grundsätzlich ist ein steuerbegünstigtes Leasing, wenn die steuerliche Abschreibung des Vermögensgegenstandes schneller erfolgt als die Leasing-Zahlungen, dann vorteilhaft, wenn der Leasing-Geber in einer höheren Steuerklasse ist als der Leasing-Nehmer.[18] Wenn hingegen die steuerliche Abschreibung langsamer erfolgt als die Leasing-Zahlungen, entsteht ein steuerlicher Vorteil aus einem steuerbegünstigten Leasing, wenn der Leasing-Geber in einer niedrigeren Steuerklasse ist als der Leasing-Nehmer.

Beispiel 21.8: Ausschöpfung von Steuerunterschieden durch Leasing

Fragestellung

Emory erhält ein Angebot über ein steuerbegünstigtes Leasing für die Druckpresse mit einer jährlichen Leasing-Zahlung von EUR 11.800 pro Jahr. Zeigen Sie, dass dieses Leasing sowohl für Emory als auch einen Leasing-Geber bei einem Steuersatz von 15 % und Kreditkosten von 8 % rentabel ist.

Lösung

Wir haben das Leasing zu diesen Bedingungen bereits in ▶ Beispiel 21.6 bewertet. Wir haben festgestellt, dass der KW des Leasings für Emory im Vergleich zur Kreditaufnahme EUR 189 beträgt. Betrachten wir dieses Leasing nun vom Standpunkt des Leasing-Gebers aus. Der Leasing-Geber kauft die Druckpresse und least sie dann an Emory. Die inkrementellen Cashflows für den Leasing-Geber aus dem Kauf und dem Leasen sind Folgende:

	Jahr	0	1	2	3	4	5
Kauf							
1	Investitionsaufwand	−50.000	–	–	–	–	–
2	Abschreibungsbedingter Steuervorteil bei 15 %	–	1.500	1.500	1.500	1.500	1.500
3	Freier Cashflow (Kauf)	−50.000	1.500	1.500	1.500	1.500	1.500
Leasing							
4	Leasing-Zahlung	11.800	11.800	11.800	11.800	11.800	–
5	Ertragsteuern zu 15 %	−1.770	−1.770	−1.770	−1.770	−1.770	–
6	**Freie Cashflows (Leasing)**	10.030	10.030	10.030	10.030	10.030	–
Freie Cashflows des Leasing-Gebers							
7	**Kauf und Leasen**	**−39.970**	**11.530**	**11.530**	**11.530**	**11.530**	**1.500**

Bei der Auswertung der Cashflows zum Zinssatz nach Steuern von 8 % × (1 − 15 %) = 6,8 % erhalten wir für den Leasing-Geber den KW = EUR 341 > 0 (die Verwendung des nachsteuerlichen Zinssatzes für den Leasing-Geber bedeutet, dass der Leasing-Geber den Kredit gegen die zukünftigen freien Cashflows der Transaktion aufnimmt). Aufgrund der unterschiedlichen Steuersätze haben somit beide Parteien aus dieser Transaktion einen Vorteil dadurch, dass Emory beim Leasing den Steuerabzug schneller geltend machen kann als das Unternehmen aus der Abschreibung der Druckpresse erhalten würde. Da Emory in einer höheren Steuerklasse als das Leasing-Unternehmen ist, ist die Verlagerung der schnelleren Steuerabzüge auf Emory von Vorteil.

---

18 J. Graham, M. Lemmon und J. Schallheim belegen in „Debt, Leases, Taxes, and the Endogeneity of Corporate Tax Status", *Journal of Finance* 53 (1), 1998, S. 131–162, dass Unternehmen mit niedrigen Steuersätzen oft mehr leasen als Unternehmen mit hohen Steuersätzen.

Verringerte Weiterverkaufskosten. Der Verkauf vieler Vermögensgegenstände ist zeitraubend und teuer. Wenn ein Unternehmen den Vermögensgegenstand nur für kurze Zeit nutzen muss, ist es wahrscheinlich günstiger, ihn zu leasen als ein Kauf mit anschließendem Weiterverkauf. In diesem Fall ist der Leasing-Geber dafür zuständig, einen neuen Nutzer für den Vermögensgegenstand zu finden, aber Leasing-Geber sind häufig darauf spezialisiert und haben deshalb viel geringere Kosten. Autohäuser zum Beispiel sind beim Verkauf von Gebrauchtwagen am Ende der Leasing-Laufzeit in einer besseren Position als der Verbraucher. Ein Teil dieses Vorteils kann als niedrigere Leasing-Rate weitergegeben werden. Außerdem kann ein kurzfristiges Leasing den Nutzer eines Vermögensgegenstandes dazu verpflichten, ihn zurückzugeben, und zwar unbeschadet seiner Qualität, während Inhaber eines Vermögensgegenstandes diesen wahrscheinlich nur dann verkaufen, wenn es sich um „Zitronen" handelt. So kann Leasing das Problem der adversen Selektion auf dem Markt der gebrauchten Güter verringern.[19]

Effizienzsteigerung aus der Spezialisierung. Leasing-Geber haben bei der Wartung und dem Betrieb bestimmter Arten von Vermögensgegenständen häufig einen Effizienzvorteil gegenüber dem Leasing-Nehmer. Ein Leasing-Geber von Kopiergeräten kann zum Beispiel Techniker einstellen und einen Bestand an Ersatzteilen aufrechterhalten, die für die Wartung notwendig sind. Einige Arten von Leasing sind auch mit der Bereitstellung von Bedienpersonal verbunden, wie zum Beispiel ein Lkw mit einem Fahrer (der Begriff „Operating-Leasing" stammt von dieser Art Leasing). Indem man diese Vermögensgegenstände zusammen mit diesen ergänzenden Dienstleistungen anbietet, können Leasing-Geber eine Effizienzsteigerung erzielen und attraktive Leasing-Raten anbieten. Außerdem wäre ein Unternehmen, das den Vermögensgegenstand kauft, von einem Dienstleister abhängig, der dann die Preise erhöhen und das Unternehmen ausbeuten könnte, wenn der Wert des Vermögensgegenstandes von diesen zusätzlichen Dienstleistungen abhängig ist.[20] Durch das Leasen des Vermögensgegenstands und der dazugehörigen Dienstleistungen als Bündel behält das Unternehmen seine Verhandlungsmacht, indem es flexibel bleibt, zu einem konkurrierenden Hersteller des Geräts zu wechseln.

Verringerung der Kosten einer finanziellen Notlage und Steigerung der Fremdkapitalkapazität. Wie bereits in ▶Abschnitt 21.2 erwähnt, haben Vermögensgegenstände, die im Rahmen eines echten Leasings geleast werden, keinen Gläubigerschutz und können bei einem Zahlungsausfall gepfändet werden. Infolgedessen haben Leasing-Verpflichtungen einen höheren Vorrang und ein niedrigeres Risiko als sogar besicherte Verbindlichkeiten. Der Leasing-Geber kann zudem in einer besseren Position sein, den vollen wirtschaftlichen Wert wiederzuerlangen (indem er es erneut verleast) als der Kreditgeber. Aufgrund des geringeren Risikos und des höheren Wiedererlangungswerts bei einem Zahlungsausfall kann ein Leasing-Geber durch das Leasing eine attraktivere Finanzierung anbieten als ein klassischer Kreditgeber. Studien weisen darauf hin, dass diese Auswirkung für kleine Unternehmen und Unternehmen mit eingeschränkter Kapitalkapazität wichtig ist.[21]

Abschwächung des Schuldenüberhangs. Leasing kann für die Unternehmen einen zusätzlichen Vorteil haben, die unter einem Schuldenüberhang leiden. Wie wir wissen, kann ein Unternehmen bei einem Schuldenüberhang möglicherweise keine Investitionen mit einem positiven KW vornehmen, weil die Fremdkapitalhalter einen großen Teil des Werts der neuen Vermögensgegenstände erlangen werden. Da das Leasing tatsächlich vorrangig ist, kann es einem Unternehmen ermöglichen, seine Expansion zu finanzieren und gleichzeitig den Anspruch auf die neuen Vermögenswerte praktisch abzutrennen und so das Problem des Schuldenüberhangs zu bewältigen.[22] Nehmen wir beispielsweise an, Andreano Ltd., ein Designer von Kleidung, hat eine Investitionsgelegenheit, die den Einsatz einer Robotnähmaschine im Wert von EUR 1,1 Millionen erfordert. Die Maschine verliert nicht

---

19 Einen Beleg für diese Auswirkung finden Sie bei T. Gilligan, „Lemons and Leases in the Used Business Aircraft Market", *Journal of Political Economy*, Bd. 112, Nr. 5 (2004), S. 1157–1180.

20 Dieser Aspekt wird oft als „Hold-up-Problem" bezeichnet. Die Bedeutung des Hold-up-Problems bei der Wahl des optimalen Eigentums von Vermögensgegenständen wurde von B. Klein, R. Crawford und A. Alchian in „Vertical Integration, Appropriable Rents, and the Competitive Contracting Process", *Journal of Law and Economics*, Bd. 21 (1978), S. 279–326 festgestellt.

21 Siehe S. Sharpe und H. Nguyen, „Capital Market Imperfections and the Incentive to Lease", *Journal of Financial Economics*, Bd. 39, Nr. 2–3 (1995), S. 271–294. und A. Eisfeldt und A. Rampini (siehe auch Fußnote 9).

22 Siehe R. Stulz und H. Johnson, „An Analysis of Secured Debts", *Journal of Financial Economics*, 14 (1985), S. 501–521.

an Wert und kann deshalb am Ende des Jahres für EUR 1,1 Millionen verkauft werden. Das Projekt erwirtschaftet mit Sicherheit zusätzliche EUR 550.000 und hat einen Ertrag von insgesamt EUR 1,65 Millionen. Bei einem risikolosen Zinssatz von 10 % hat die Investitionsgelegenheit einen KW von EUR 1,65 Millionen : 1,10 − 1,1 Millionen = EUR 400.000. Doch angenommen, Andreano wird mit einer Wahrscheinlichkeit von 40 % im nächsten Jahr in Konkurs gehen und sein Eigenkapital wird vernichtet. In diesem Fall beträgt der Barwert des Ertrags an die Eigenkapitalhalter nur 60 % × EUR 1,65 Millionen : 1,10 = EUR 900.000. Andreano wird dann nicht bereit sein, EUR 1,1 Millionen zu investieren, die am Anfang für den Kauf der Maschine gezahlt werden müssen.[23] Andererseits kann Andreano die Maschine für das ganze Jahr leasen. Aus ▶Gleichung 21.1 ergibt sich die auf Wettbewerb beruhende einjährige Leasing-Rate von EUR 1,1 Millionen − 1,1 Millionen : 1,10 = EUR 100.000. Die Eigenkapitalhalter wären bereit, diesen Betrag beizutragen, da der Barwert des Ertrags der Eigenkapitalhalter aus dem neuen Projekt 60 % × EUR 550.000 : 1,10 = EUR 300.000 ist. Durch Leasing wird das Problem des Schuldenüberhangs gelöst, da Andreano die Maschine nutzen kann, ohne den Fremdkapitalhaltern einen Anspruch auf diese im Fall der Nichtzahlung zu geben.[24]

Risikoübertragung. Zu Beginn eines Leasings kann eine erhebliche Unsicherheit bezüglich des Restwerts des geleasten Vermögensgegenstandes bestehen, und derjenige, der Inhaber des Vermögensgegenstandes ist, trägt dieses Risiko. Durch das Leasing kann das Risiko bei demjenigen verbleiben, der am besten in der Lage ist, es zu tragen. Kleine Unternehmen mit einer geringen Risikotoleranz zum Beispiel ziehen wahrscheinlich das Leasing dem Kauf vor.

Verbesserte Anreize. Wenn der Leasing-Geber auch der Hersteller ist, kann ein Leasing, bei dem der Leasing-Geber das Risiko des Restwerts trägt, die Anreize erhöhen und die Agency-Kosten verringern. Dieses Leasing gibt dem Hersteller den Anreiz, hochwertige, langlebige Produkte herzustellen, die ihren Wert über die Zeit behalten. Ist der Hersteller Monopolist, stellt das Leasing des Produkts überdies einen Anreiz für ihn dar, eine Überproduktion und eine Minderung des Restwerts zu unterlassen und kann außerdem den Wettbewerb im Verkauf gebrauchter Güter einschränken.

Trotz dieser möglichen Vorteile können mit dem Leasing auch erhebliche Agency-Kosten verbunden sein. Bei einem Leasing, in dem der Leasing-Geber maßgeblich am Restwert des Vermögensgegenstandes beteiligt ist, hat der Leasing-Nehmer einen geringeren Anreiz, den geleasten Vermögensgegenstand sorgfältig zu behandeln, als es bei einem gekauften Gegenstand der Fall wäre.[25]

Fragwürdige Argumente für das Leasing

Einige Gründe, die Leasing-Nehmer und Leasing-Geber dafür anführen, das Leasing dem Kauf vorzuziehen, lassen sich wirtschaftlich schwer belegen. Auch wenn sie unter bestimmten Umständen von Bedeutung sein mögen, bedürfen sie einer sorgfältigen Prüfung.

Vermeidung der Prüfung von Kapitalaufwendungen. Ein Grund, warum einige Manager Ausrüstung leasen statt zu kaufen, ist, die Prüfung von Vorgesetzten zu umgehen, die oft mit großen Kapitalaufwendungen verbunden ist. Beispielsweise geben einige Unternehmen eine Obergrenze für die Summen vor, die Manager in einem bestimmten Zeitraum investieren können; Leasing-Zahlungen liegen, anders als die Kosten für den Kauf, eher unter dieser Grenze. Durch das Leasing vermeidet der Manager eine besondere Anforderung dieser Mittel. Dieser Grund für das Leasing gilt auch im öffentlichen Bereich, in welchem große Vermögensgegenstände häufig geleast werden, um zu vermeiden, dass man die Genehmigung für die Mittel, die für den Kauf des Vermögensgegenstandes nötig sind, von

---

23 Der Einfachheit halber haben wir in diesem Beispiel angenommen, dass das gesamte Risiko idiosynkratisch ist, sodass wir zum risikolosen Zinssatz abzinsen können. Allgemeiner gesagt, kommt es zu denselben Ergebnissen, auch wenn das Risiko nicht idiosynkratisch ist, solange wir die Wahrscheinlichkeiten als risikoneutrale Wahrscheinlichkeiten interpretieren.

24 Obwohl in diesem Beispiel auch besichertes Fremdkapital nützlich sein könnte, besteht ein gewisses Risiko, dass die Fremdkapitalhalter bei einem Konkurs die Vermögenswerte nicht rechtzeitig pfänden lassen könnten und deshalb nicht den vollen Liquidationswert erhalten würden.

25 Autohersteller verlangen von den Leasing-Nehmern, dass sie das Fahrzeug ordnungsgemäß instand halten. Ohne diese Anforderungen wären Leasing-Nehmer versucht, Zahlungen für Ölwechsel und andere Instandhaltungsarbeiten gegen Ende der Leasing-Laufzeit zu vermeiden. Natürlich gibt es noch andere Möglichkeiten wie Leasing-Nehmer das Auto unsachgemäß gebrauchen können (wie zu schnelles Fahren), die nicht leicht zu kontrollieren sind.

der Regierung oder der Öffentlichkeit einholen muss. Das Leasing kann jedoch höhere Kosten als ein Kauf verursachen und langfristig das Geld der Anteilseigner oder der Steuerzahler verschwenden.

Kapitalerhaltung. Ein gängiges Argument zugunsten des Leasings ist, dass es eine „100 %-Finanzierung" bietet, da keine Anzahlung erforderlich ist und der Leasing-Nehmer so Geld für andere Dinge spart. Natürlich ist an einem vollkommenen Markt die Finanzierung irrelevant, so dass Friktionen gegeben sein müssen, damit das Leasing einen finanziellen Vorteil bringt. Mögliche Unvollkommenheiten sind die Kosten einer finanziellen Notlage, ein Schuldenüberhang und die oben erörterten steuerlichen Unterschiede. Wichtig ist jedoch anzuerkennen, dass der Vorteil des Leasings aus der unterschiedlichen Behandlung für Steuerzwecke und im Konkursfall kommt, nicht weil das Leasing eine 100- %-Finanzierung möglich macht. Für Unternehmen, die diesen Friktionen nicht unterliegen, dürfte die Höhe der Verschuldung, die ein Unternehmen durch Leasing erhalten kann, nicht die Höhe der Verschuldung übersteigen, die ein Unternehmen mit einem Kredit erhalten kann.

Verringerung der Verschuldung durch eine außerbilanzielle Finanzierung. Durch die sorgfältige Vermeidung der vier Kriterien, die für bilanzielle Zwecke ein Kapital-Leasing definieren, kann ein Unternehmen verhindern, dass ein langfristiges Leasing als Verbindlichkeit erfasst werden muss. Da das Leasing einem Kredit entspricht, kann das Unternehmen seine tatsächliche Verschuldung ohne Steigerung des Verschuldungsgrads in der Bilanz erhöhen. Aber ob es in der Bilanz ausgewiesen wird oder nicht, stellt Leasing eine Verbindlichkeit für das Unternehmen dar. Folglich hat es dieselbe Auswirkung auf das Risiko und die Rendite des Unternehmens wie andere Verbindlichkeiten auch. Die meisten Finanzanalysten und kompetenten Investoren verstehen dies und betrachten das Operating-Leasing (das in den Fußnoten der Finanzausweise genannt werden muss) als zusätzliche Quelle der Verschuldung.

Verständnisfragen

1. Nennen Sie einige mögliche Vorteile des Leasings, wenn der Leasing-Nehmer den Vermögensgegenstand nur für eine geringe Dauer seiner Nutzungsdauer halten möchte.

2. Wenn Leasing nicht als Verbindlichkeit in der Bilanz ausgewiesen wird, bedeutet das, dass ein Unternehmen durch das Leasing weniger Risiko trägt als bei Aufnahme eines Kredits?

ZUSAMMENFASSUNG

21.1 Die Grundlagen des Leasings

- Leasing ist ein Vertrag zwischen zwei Parteien: dem Leasing-Nehmer und dem Leasing-Geber. Der Leasing-Nehmer ist für das Recht, den Vermögensgegenstand nutzen zu können, zu regelmäßigen Zahlungen verpflichtet. Der Leasing-Geber, der Eigentümer des Vermögensgegenstandes ist, hat Anspruch auf die Leasing-Zahlungen für die Verleihung des Vermögensgegenstandes.

- Je nach Verhältnis zwischen Leasing-Nehmer und Leasing-Geber sind viele Arten von Leasing-Transaktionen möglich:

  a. Bei einem Hersteller-Leasing ist der Leasing-Geber Hersteller und erster Verkäufer des Vermögensgegenstandes.

  b. Bei einem Direkt-Leasing ist der Leasing-Geber ein unabhängiges Unternehmen, das sich auf den Kauf und das Leasen von Vermögensgegenständen an Kunden spezialisiert hat.

  c. Ist ein Unternehmen bereits Inhaber des Vermögensgegenstandes, den es lieber leasen möchte, kann es ein Sale-and-Lease-Back vornehmen.

- An einem vollkommenen Markt entsprechen die Kosten eines Leasings den Kosten des Kaufs und Weiterverkaufs des Vermögensgegenstandes. Auch entsprechen die Kosten des Leasings und der anschließende Kauf den Kosten für die Aufnahme eines Kredits, um den Vermögensgegenstand zu kaufen.

■ In vielen Fällen gibt das Leasing dem Leasing-Nehmer Optionen, nach Ablauf der Leasing-Laufzeit das Eigentumsrecht am Vermögensgegenstand zu erwerben. Einige Beispiele hierfür sind Fair-Value-Market-Leasing, Finanzierungs-Leasing und Festpreis- oder Fair-Market-Value-Cap-Leasing.

21.2 Bilanzierung, Steuern und rechtliche Konsequenzen des Leasings

■ Der FASB erkennt zwei Arten von Leasing auf Grundlage der Leasing-Bestimmungen an: Operating-Leasing und Kapital-Leasing. Das Operating-Leasing wird zu bilanziellen Zwecken als Mietverhältnis betrachtet. Das Kapital-Leasing gilt als Kauf.

■ Die amerikanische Finanzbehörde IRS teilt das Leasing in zwei allgemeine Kategorien ein, in das steuerbegünstigte Leasing und in das Non-Tax-Leasing. Bei einem steuerbegünstigen Leasing kann der Leasing-Nehmer die Leasing-Zahlungen als Betriebsaufwand geltend machen. Ein Non-Tax-Leasing wird zu Steuerzwecken als Kredit betrachtet, weshalb der Leasing-Nehmer den Vermögensgegenstand abschreiben muss und nur den Zinsanteil der Leasing-Zahlungen geltend machen kann.

■ Bei einem echten Leasing ist der Vermögensgegenstand, wenn der Leasing-Nehmer Insolvenz anmeldet, nicht geschützt und der Leasing-Geber kann den Vermögensgegenstand pfänden, wenn die Leasing-Zahlungen nicht erfolgen. Wenn das Leasing vom Insolvenzgericht als Sicherungsrecht eingestuft wird, ist der Vermögensgegenstand geschützt und der Leasing-Geber wird ein besicherter Gläubiger.

21.3 Die Entscheidung für Leasing

■ Um die Entscheidung für oder gegen ein steuerbegünstigtes Leasing zu treffen, sollten Manager die Leasing-Kosten mit den Kosten einer Finanzierung anhand der entsprechenden Höhe der Verschuldung vergleichen.

   a. Berechnung der inkrementellen Cashflows für den Vergleich von Leasing und Kauf mit Kreditaufnahme.

   b. Berechnung des KW durch die Diskontierung der inkrementellen Cashflows zum nachsteuerlichen Kreditzinssatz.

■ Die Cashflows eines Non-Tax-Leasings sind direkt mit den Cashflows eines klassischen Kredits vergleichbar. Daher ist ein Non-Tax-Leasing nur dann attraktiv, wenn es einen besseren Zinssatz bietet als ein Kredit.

21.4 Was spricht für das Leasing?

■ Gute Gründe für das Leasing sind Steuerdifferenzen, geringere Weiterverkaufskosten, Effizienzsteigerungen aus der Spezialisierung, ein geminderter Schuldenüberhang, verringerte Insolvenzkosten, Risikoübertragung und höhere Anreize.

■ Fragwürdige Gründe für das Leasing sind die Vermeidung von Kontrollen der Kapitalaufwendungen, Kapitalerhalt und Verringerung der Verschuldung durch außerbilanzielle Finanzierung.

Z U S A M M E N F A S S U N G

Weiterführende Literatur

Die **Literaturhinweise** zu diesem Kapitel finden Sie auf unserer begleitenden Website zum Buch unter *www.pearson-studium.de*.

Aufgaben

1. Der H1200 Supercomputer kostet EUR 200.000 und hat in fünf Jahren einen Restwert von EUR 60.000. Der risikolose nominelle Jahreszinssatz liegt bei 5 % mit monatlicher Verzinsung.

   a. Wie hoch ist die risikolose monatliche Leasing-Rate für ein Fünf-Jahres-Leasing an einem vollkommenen Markt?

   b. Wie hoch wäre die monatliche Zahlung für einen risikolosen Fünf-Jahres-Kredit in Höhe von EUR 200.000 für den Kauf des H1200?

2. Der risikolose nominelle Jahreszinssatz beträgt 5 % mit monatlicher Verzinsung. Wenn ein MRI-Gerät im Wert von EUR 2 Millionen für sieben Jahre mit einer monatlichen Zahlung von EUR 22.000 geleast werden kann, welchen Restwert muss der Leasing-Geber wiedererlangen, um an einem vollkommenen Markt ohne Risiko seine Kosten zu decken?

3. Riverton Mining plant, einen Bagger im Wert von EUR 220.000 zu leasen oder zu kaufen. Beim Kauf würde der Bagger über fünf Jahre linear abgeschrieben werden und wäre danach wertlos. Beim Leasing würde die jährliche Leasing-Zahlung EUR 55.000 für fünf Jahre betragen. Angenommen der Kreditzins von Riverton liegt bei 8 %, der Steuersatz beträgt 35 % und das Leasing kommt als steuerbegünstigtes Leasing infrage.

   a. Wenn Riverton den Bagger kauft, wie hoch ist der leasing-äquivalente Kredit?

   b. Ist Riverton beim Leasing oder bei der Finanzierung des Kaufs mit einem leasing-äquivalenten Kredit in einer besseren Position?

   c. Wie hoch ist der effektive nachsteuerliche Kreditzins? Wie verhält sich dieser im Vergleich zum tatsächlichen nachsteuerlichen Kreditzins?

4. Netflix zieht den Kauf eines Computer-servers und einer Netzwerkinfrastruktur in Betracht, um den Eintritt in das Geschäft mit Video-on-Demand-Diensten zu ermöglichen. Insgesamt werden neue Geräte im Wert von EUR 48 Millionen gekauft. Diese Geräte kommen für eine beschleunigte Abschreibung infrage: 20 % können sofort als Aufwand geltend gemacht werden, dann 32 %, 19,2 %, 11,52 %, 11,52 % und 5,76 in den nächsten fünf Jahren. Aufgrund der erheblichen Verlustvorträge des Unternehmens schätzt Netflix jedoch, dass der Grenzsteuersatz der Ertragsteuern in den nächsten fünf Jahren bei 10 % liegen wird und daher ein geringer Steuervorteil aus den Abschreibungsaufwendungen erreicht werden kann. Daher beschließt Netflix, das Gerät stattdessen zu leasen. Wir gehen davon aus, dass Netflix und der Leasing-Geber beide einen Kreditzins von 8 % zahlen, der Leasing-Geber jedoch einen Steuersatz von 35 % hat. Für diese Frage unterstellen wir, dass die Geräte nach fünf Jahren wertlos sind, dass die Leasing-Laufzeit fünf Jahre beträgt und dass das Leasing als steuerbegünstigtes Leasing infrage kommt.

   a. Wie hoch ist die Leasing-Rate, bei der der Leasing-Geber seine Kosten deckt?

   b. Wie hoch ist der Gewinn für Netflix aus dieser Leasing-Rate?

   c. Woher stammt der Gewinn aus dieser Transaktion?

Die **Antworten** zu diesen Fragen finden Sie auf unserer begleitenden Website zum Buch unter *www.pearson-studium.de.*

Register